全国煤矿顶板管理与支护新技术

中国煤炭工业协会
冀中能源集团有限责任公司 编

中国矿业大学出版社

图书在版编目(CIP)数据

全国煤矿顶板管理与支护新技术/中国煤炭工业协会,冀中能源集团有限责任公司编. —徐州:中国矿业大学出版社,2015.5

ISBN 978 - 7 - 5646 - 2699 - 0

Ⅰ. ①全… Ⅱ. ①中…②冀… Ⅲ. ①煤矿—顶板管理—文集②煤矿—矿山支护—文集 Ⅳ. ①TD327.2—53②TD35—53

中国版本图书馆 CIP 数据核字(2015)第 105228 号

书　　名	全国煤矿顶板管理与支护新技术
编　　者	中国煤炭工业协会　冀中能源集团有限责任公司
责任编辑	姜　华　吴学兵　陈　慧　周　丽
出版发行	中国矿业大学出版社有限责任公司
	（江苏省徐州市解放南路　邮编 221008）
营销热线	(0516)83885307　83884995
出版服务	(0516)83885767　83884920
网　　址	http://www.cumtp.com　**E-mail**：cumtpvip@cumtp.com
印　　刷	徐州中矿大印发科技有限公司
开　　本	889×1194　1/16　**印张** 43.5　**字数** 1280 千字
版次印次	2015 年 5 月第 1 版　2015 年 5 月第 1 次印刷
定　　价	160.00 元

（图书出现印装质量问题,本社负责调换）

《全国煤矿顶板管理与支护新技术》编委会

前　言

　　煤炭作为我国的主体能源和重要的工业原料,在我国一次能源生产和消费结构中的比重一直保持在75%和70%左右,对国民经济总量和增量的贡献率分别为15%和18%左右。新中国成立以来,截至2014年,共生产了660多亿吨煤炭,有力地支撑了国民经济和社会的平稳较快发展。2002年以来,全国煤矿事故死亡人数连续12年下降,由2002年的6 995人降到2014年的931人,百万吨死亡率也由4.64大幅度下降到0.255。2013年全国442处安全高效矿井的百万吨死亡率仅为0.004,安全水平进入世界先进行列,2014年全国煤矿安全生产实现"五个下降"。但是,由于我国煤炭资源的禀赋差,已探明的煤炭资源中约占50%埋深超过千米,目前开采平均深度已经达到500多米,开采条件复杂,自然灾害严重,水、火、瓦斯、煤尘、地压、地热等灾害聚集,煤矿事故总量仍然偏大,特别是煤矿顶板和瓦斯事故仍时有发生。2000年以来的15年中,共发生各类煤矿事故3万多起,死亡5万多人,其中顶板事故起数和死亡人数均为最高,分别占51.68%和35.81%。根据国家煤矿安全监察局的事故统计,2014年顶板事故仍高居首位,发生196起,死亡292人。因此,进一步加强煤矿顶板管理意义重大。

　　为总结全国煤矿顶板管理经验,交流煤矿顶板管理新技术、新工艺、新材料和新装备方面的成果,以推进煤矿顶板安全管理水平不断提升,推动实现煤炭安全、绿色、高效开采,中国煤炭工业协会决定召开"全国煤矿顶板管理技术交流会议"。各煤炭企业、高校、科研院所等积极响应,高度重视,组织撰写了390多篇论文报至我会,现遴选120篇优秀论文汇编成《全国煤矿顶板管理与支护新技术》并正式出版。

　　《全国煤矿顶板管理与支护新技术》论文集分综述、技术研究、井巷工程技术、采场技术、冲击地压防治、工程监测、井巷爆破技术和支护产品研发等八个板块,其中综述收录论文3篇,为近年来煤矿支护优秀专家站在理论前沿及技术高地对相关领域进行的全方位展示;技术研究收录论文8篇,主要是顶板锚固机理、高应力大变形巷道让压支护技术及喷浆材料方面的技术革新内容;井巷工程技术收录论文72篇,涉及围岩控制理论与技术、沿空留(掘)巷技术、顶板管理与事故防治、快速掘进新技术及新装备等；采场技术收录论文 12 篇，对近年来综采新技术、新装备及顶板管理技术进行了探讨；冲击地压防治收录论文 8 篇，对急倾斜特厚煤层、大埋深掘进头构造区煤层冲击地压防治技术及相应的监测、检测技术进行了探讨；还收录了工程监测论文 5 篇，井巷爆破技术论文 3 篇，支护产品研发论文 9 篇。这些论文在煤矿顶板管理实践中产生，具有创新性和实用性，对促进我国煤矿顶板管理和支护技术进步具有重要作用，并可为煤矿支护技术领域的专家学者、煤矿安全生产管理和技术等人员提供一本有价值的参考书。

在此，我们对提供论文的单位和作者，参加编写和审稿的专家学者表示衷心的感谢！由于编者水平所限且编写时间紧，书中疏漏在所难免，恳请各位读者给予批评指正。

编委会

2015 年 5 月 10 月

目　次

1　综　述

2　技术研究

3　井巷工程技术

4　采 场 技 术

5　冲 击 地 压 防 治

6 工 程 监 测

7 井巷爆破技术

8 支护产品研发

1 综 述

煤矿巷道预应力锚索支护技术及应用

康红普

(煤炭科学研究总院开采设计研究分院;天地科技股份有限公司开采设计事业部,北京   100013)

摘要 小孔径树脂锚固预应力锚索作为煤矿巷道的一种有效支护方式,已得到大面积推广应用。本文在分析传统锚索支护原理的基础上,介绍了对锚索支护机理的新认识,指出锚索的本质作用是在围岩中产生支护应力场,对围岩施加压应力,与锚杆共同形成预应力承载结构,并调动深部围岩的承载能力;阐述了预应力锚索支护形式及支护参数的选取方法,确定了锚索预应力、直径、强度与长度的合理取值范围;介绍了锚索支护材料与构件的力学性能,注浆锚索的结构与特点,及锚索张拉设备的技术性能;论述了锚索预应力损失的主要影响因素和控制措施;介绍了预应力锚索在特大断面开切眼、强烈采动影响巷道及千米深井岩巷中的应用实例,井下应用有效控制了巷道围岩变形,取得了良好的支护效果。最后,分析了预应力锚索存在的问题,并提出改进建议。

关键词 锚索;预应力;支护机理;支护参数;预应力损失;应用

0 前言

预应力锚索一般由索体、锚固剂、锚具和托板等组成,具有锚固深度大、承载能力高、可施加较大的预应力等诸多优点,在交通、铁路、水利水电隧道和地下硐室工程,城市基坑工程,边坡工程,及坝体工程中得到广泛应用[1]。

在煤矿,美国、英国、澳大利亚等巷道支护技术先进的国家,很早就开展了预应力锚索支护技术的研究与应用[2-4],锚索成为大断面巷道与交岔点、复合破碎顶板巷道、地质构造影响带等困难巷道的主要加固手段。英国还专门制定了煤矿锚索支护规范[5],保证了锚索支护技术的规范、安全应用。

我国煤矿在20世纪60年代引进锚索支护技术。早期采用的锚索主要是大孔径(50～110 mm)、注浆锚固锚索[6]。一般采用2～7根钢绞线,水泥浆锚固。这种锚索锚固长度大(10～30 m),预应力高(200～1 000 kN),承载能力大,但施工工艺比较复杂,水泥养护后才能张拉,不能及时施加预应力。因此,这类锚索只适用于煤矿井下重点工程,如井筒、马头门、大跨度硐室及岩石大巷等。

为了满足煤巷快速掘进、低成本的要求,1996年煤炭科学研究总院开发出适合在煤巷掘进期间按正规循环施工的新型小孔径树脂锚固预应力锚索[7-9]。这种锚索采用单根钢绞线,钻孔直径仅为28 mm,采用索体搅拌树脂药卷锚固,具有以下特点:

① 钻孔直径小,单体锚杆钻机即可施工,钻孔速度快,安装工序简单,支护速度大幅提高;

② 树脂锚固剂固化速度快,可及时施加预应力,实现了锚索主动、快速承载。

由于上述突出的优点,小孔径树脂锚固预应力锚索很快在各种类型的煤巷中得到大面积推广应用,在解决大断面巷道、松软破碎围岩巷道、煤顶和全煤巷道、深部高应力巷道、受强烈采动影响巷道及沿空巷道等复杂困难条件支护难题方面起到不可替代的作用[10-13],显著扩大了锚杆支护应用范围,成为巷道支护与加固的一种重要手段。

随着小孔径树脂锚固预应力锚索的不断推广应用,相关学者对这种锚索进行了比较全面、深入、系统的研究,并开发了新型锚索材料与施工机具,主要体现在以下方面:

(1)锚索支护机理与参数设计

研究了锚索支护机理,特别是预应力在锚索支护中的关键作用[14-16],锚索与锚杆之间的协调作用关系[17,18]。在此基础上提出锚索支护参数设计的基本原则,及锚索长度、预应力、密度等参数的选择范围,为锚索井下应用提供了理论指导。

(2)锚索支护材料

在原有建筑用钢绞线的基础上,开发出煤矿专用新型 1×19 结构钢绞线,增大了钢绞线直径,大幅提高了锚索破断载荷与延伸率[19,20]。研制了与新型钢绞线配套的锚具、托板,保证了锚索整体支护能力的发挥。

(3)锚索施工机具与监测仪器

针对锚索钻孔深、长度大的特点,开发了大扭矩、大推力的锚索钻机,提高了锚索施工速度。研制出与新型钢绞线配套的大吨位锚索张拉设备,满足了锚索高预应力施加的要求。开发出锚索测力计,能够比较准确地监测锚索受力变化。

(4)锚索预应力损失及控制

锚索在张拉和锁定过程中都会出现预应力损失,有些锚索的预应力损失甚至高达 50% 以上,对锚索的主动支护作用与效果产生严重影响。针对这种现象,从钢绞线材料、锚具及与钢绞线的匹配性、张拉设备及围岩强度与变形特性等方面,研究了锚索预应力损失的机理及主要影响因素,并提出控制预应力损失的方法与措施[21,22]。

下面全面介绍煤矿小孔径树脂锚固预应力锚索支护技术取得的研究成果。

1 预应力锚索支护原理

1.1 传统锚索支护原理

传统的锚索支护原理认为锚索主要起悬吊作用,要求锚索应锚固到上部稳定的岩层中,悬吊下部不稳定的岩层。基于悬吊原理,对锚索参数提出两个要求:一是锚索应足够长,保证锚索锚固端能深入到稳定岩层中;二是锚索能够承受下部不稳定岩层的重量,应由足够的拉断载荷与密度。而对于锚索的预应力及其他参数没有要求。

基于悬吊理论的锚索支护参数设计出现了以下特点:

① 为了使锚索能深入到稳定的岩层中,导致锚索长度过大。很多矿区锚索长度为 $7 \sim 10$ m,有的甚至达到 15 m。

② 为了让锚索悬吊全部不稳定岩层的重量,导致锚索密度过大。当锚索直径较小时,这种现象更加突出。

③ 不重视锚索预应力的作用,设计预应力小,锚索主动支护作用不能充分发挥。

1.2 对锚索支护原理的新认识

近年来,通过不断研究锚索支护作用机理,结合大量的井下锚索支护实践发现,锚索的支护作用并不仅仅是被动地悬吊不稳定岩层,更主要的是锚索主动支护围岩,与锚杆共同在围岩中形成预应力结构,有效控制围岩离层、滑动、裂隙张开及新裂纹产生等扩容变形,保持围岩的连续性与稳定性。同时,由于锚索长度大于锚杆长度,两者联合使用时,锚索还可将锚杆形成的预应力结构与深部围岩相连,发挥深部围岩的承载能力,提高预应力承载结构的稳定性。

预应力是锚索支护的关键参数,对锚索支护效果及受力状态起决定性作用。为了更好地描述锚索的支护作用,提出锚索支护应力场的概念,即:锚索在围岩中产生的应力场,及在锚索各构件内部产生的应力场。图 1 是单根锚索、锚索群及锚索与锚杆联合支护时锚索、锚杆预应力引起的支护应力场分布[15],从图中可看出以下几点:

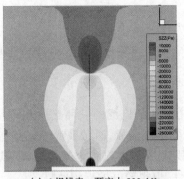

(a) 1 根锚索,预应力 200 kN

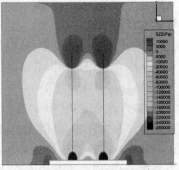

(b) 2 根锚索,预应力 200 kN

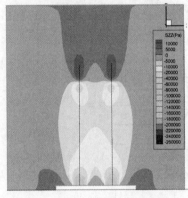

(c) 2 根锚索,预应力 50 kN

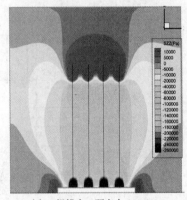

(d) 4 根锚索,预应力 200 kN

图 1 锚索与锚杆支护应力场分布

① 一定预应力的单根锚索在围岩中形成了类椭圆状的压应力分布区域[图 1(a)],压应力超过 0.01 MPa。压应力在锚索尾部附近最大,随着深入顶板远离锚索尾部,压应力迅速减小,至锚索长度的 1/5 处,压应力减小到 0.06 MPa。在锚索自由段中部压应力较小。在锚索锚固起始端下方附近也出现了应力集中现象,但应力集中程度与范围都比较小。在锚固段附近出现了较大范围的拉应力区,但拉应力值很小。

② 顶板 2 根锚索时,单根锚索形成的支护应力场进行了叠加[图 1(b)]。最大压应力仍然出现在锚索尾部附近。随着深入顶板压应力逐渐减小,至锚索长度的 1/5 处,压应力减小到 0.06 MPa。在锚索长度一半左右的范围内形成了应力值大于 0.04 MPa 的压应力区。可见,由于 2 根锚索的叠加作用,不仅提高了压应力值,而且扩大了压应力范围。随着锚索根数增加,单根锚索形成的压应力区逐渐靠近、相互叠加,锚索之间具有较高压应力值的区域扩大,并连成一体,形成类似"鼓"形的整体支护结构[图 1(d)],锚索预应力及主动支护作用扩散到大部分锚固区域。但是,当锚索数增加到一定程度,再增加密度,对压应力区扩大、锚索预应力的扩散作用变得不明显。

③ 预应力是影响锚索支护应力场的关键因素。预应力低导致锚索预应力场应力值小,形成的压应力区范围小,具有较高压应力值的区域孤立分布,没有连成整体[图 1(c)]。随着锚索预应力增大,围岩中的压应力增大,分布范围扩大。单根锚索产生的应力场相互叠加,显著提高了锚索的主动支护作用与范围。

可见,只有给锚索施加足够大的预应力,并选择合理的锚索密度、长度等参数,使锚索支护阻力能有效地扩散到围岩中,与锚杆支护共同作用形成相互连成一片的、叠加的压应力区,才能充分发挥锚索的支护作用。

2 预应力锚索支护形式与参数

2.1 预应力锚索支护形式

小孔径树脂锚固预应力锚索一般与锚杆联合使用支护巷道顶板、两帮及底板,也可采用全锚索支护巷道,或与注浆联合使用加固围岩。

(1) 预应力锚杆与锚索联合支护

预应力锚杆与锚索联合支护(图2)是目前煤矿巷道应用最广泛的一种支护方式。锚杆与锚索相互配合,充分发挥各自的作用,共同支护围岩。锚索可用于顶板、两帮及底板支护。锚杆与锚索可交错布置,也可布置在一排。这种支护方式已大面积应用于煤顶和全煤巷道,松软破碎围岩巷道,深部高应力巷道,大断面巷道及沿空巷道等多种条件,取得较好的支护效果。

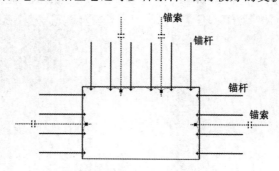

图 2 预应力锚杆与锚索联合支护

(2) 全锚索支护

全锚索支护是巷道顶板、两帮,甚至底板全部采用预应力锚索的支护方式(图3)。这种支护方式充分发挥了锚索高预应力、长度比锚杆大的优势,适用于高地应力巷道、受强烈动压影响巷道及软岩巷道等非常困难的条件。

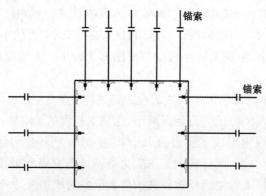

图 3 全锚索支护

(3) 预应力锚杆、锚索与注浆联合加固

当巷道围岩松软破碎时,锚杆与锚索的锚固力一般比较小,不能满足设计要求。在这种情况下单独采用锚杆与锚索支护很难取得较好效果。注浆可将破碎围岩黏结在一起,提高围岩整体强度,同时为锚杆、锚索提供可锚的基础。因此,预应力锚杆、锚索与注浆联合加固是适用于破碎围岩巷道支护与加固的有效方法。

按注浆与锚杆、锚索的施工顺序有两种联合方法:一是先对围岩实施注浆加固,等浆液固化后再进行锚杆、锚索支护;二是采用注浆锚索(图4),在锚索孔中注浆,同时达到锚索全长锚固和围岩注浆两个目的。

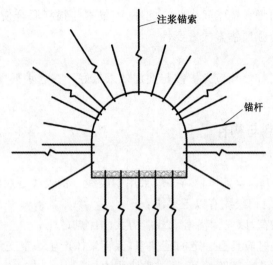

图4 锚杆、锚索与注浆联合加固

2.2 预应力锚索支护参数

预应力锚索支护参数包括预应力,索体直径、强度、长度、密度、角度等。

(1) 锚索预应力

预应力是锚索的关键参数,其设计原则是锚索与锚杆预应力(对于锚杆与锚索联合支护)或锚索之间(对于全锚索支护)能够形成相互连接、重叠的压应力结构。锚索预应力与锚索其他参数密切相关,锚索长度、直径越大,强度越高,施加的预应力应越大。根据我国煤矿巷道围岩条件及锚索材料与张拉设备,确定锚索预应力一般应为其拉断载荷的 $40\% \sim 70\%$。如对于传统的 1×7 结构、直径 15.2 mm 的锚索,其拉断载荷为 260 kN,预应力取值范围为 $100 \sim 180$ kN;对于 1×19 结构、直径 21.8 mm 的锚索,其拉断载荷为 582 kN,预应力取值范围为 $230 \sim 400$ kN。

(2) 锚索长度

锚索长度首先应保证锚索能够锚固在相对较稳定煤岩层中,确保锚索锚固力达到设计要求。同时,锚索长度应与锚索预应力相匹配。已有的研究成果表明:当预应力一定时,锚索越长,锚索预应力的作用越不明显,主动支护性越差;高预应力的短锚索主动支护作用优于相同预应力的长锚索;锚索越长,施加的预应力应越大,才能充分发挥锚索的支护作用;通过提高锚索预应力,可适当减少锚索长度。根据目前锚索预应力水平,锚索不宜过长。对于一般断面的巷道,锚索长度选择在 $4 \sim 6$ m 比较合理。

(3) 锚索直径

小孔径树脂锚固预应力锚索采用树脂药卷锚固,锚索索体直径应与钻孔直径相匹配。锚索钻孔直径一般为 28 mm,索体与钻孔直径差应控制在 $6 \sim 10$ mm。因此,锚索索体直径合理取值范围为 $18 \sim 22$ mm。

(4) 锚索载荷

不同结构、不同材料与直径的锚索拉断载荷相差很大。如传统的 1×7 结构、直径 15.2 mm、强度级别 1 860 MPa 锚索的拉断强度仅为 1×19 结构、直径 21.8 mm、同强度级别锚索的 44.7%。高预应力锚索要求锚索拉断载荷也比较高,在复杂困难巷道中,建议选用直径较大、拉断载荷较高的锚索。

(5) 锚索密度

锚索密度应与锚索预应力、拉断载荷、长度等参数及联合使用的锚杆支护参数相匹配。首先应提高单根锚索的预应力、强度,在保证支护效果与安全条件下降低支护密度。实践表明,通过提高锚索预应力、直径、强度,可增大锚索间排距。此外,当锚索与锚杆联合使用时,一定要充分发挥锚杆的支护作用,而不能过分强调锚索的重要性。

(6)锚索布置方式

锚索垂直巷道表面布置时,预应力扩散与叠加效果最好。在近水平煤层掘进的矩形巷道中,顶板锚索垂直布置效果较好。

3 预应力锚索支护材料与构件

3.1 锚索钢绞线

小孔径树脂锚固预应力锚索索体材料一般采用钢绞线。钢绞线是一组钢丝以螺旋状形式沿同一根纵轴绕转而成。锚索对钢绞线有以下要求:

① 具有较大的拉断载荷,以发挥锚索承载能力大的优点;

② 具有较大载荷的同时应具有一定的延伸率,保证索体产生一定变形量后不破断;

③ 钢绞线直径应与钻孔直径匹配,保证锚索锚固力;

④ 钢绞线应具有一定的柔性,井下使用时可弯曲插入钻孔。

小孔径树脂锚固锚索应用初期,由于没有煤矿专用锚索钢绞线,只能选用建筑行业已有的钢绞线规格。1×7结构、直径15.2 mm的钢绞线[图5(a)]是一种常用的锚索索体,其力学性能指标见表1。大量的井下实践表明,这种锚索存在以下弊端:

① 索体直径偏小,与钻孔直径不匹配,锚固力低;

② 索体破断载荷仅为260 kN,承载能力小,容易出现拉断现象;

③ 索体延伸率低,不适应围岩大变形;预应力小,控制围岩变形的作用差。

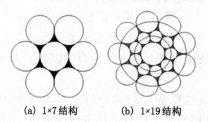

(a) 1×7结构　　　　(b) 1×19结构

图5　锚索钢绞线结构

表1　　　　　　　　　　　　不同锚索钢绞线技术指标

钢绞线结构	公称直径/mm	拉断载荷/kN	延伸率/%
1×7结构	15.2	260	3.5
	17.8	353	3.5
	18.9	409	3.5
	21.6	530	3.5
1×19结构	18.0	399	6.5
	20.3	504	6.5
	21.8	582	7.0
	28.6	900	7.0

为了克服上述弊端,煤炭科学研究总院开采设计研究分院联合有关单位,开发出1×19结构大

直径、高吨位锚索,并形成系列产品,其规格尺寸与力学性能指标见表1。一方面加大了索体直径,从 15.2 mm 增加到 18.0 mm、20.3 mm、21.8 mm,最大达 28.6 mm。不仅显著提高了索体的破断力,而且使索体直径与钻孔直径的配合更加合理。另一方面,改变了索体结构,采用新型的 1×19 根钢丝代替了原来的 7 根钢丝[图 5(b)],索体结构更加合理,而且明显提高了锚索的延伸率。

图 6 是 1×19 结构、直径 21.8 mm 钢绞线实验室拉伸试验曲线。钢绞线试件长度为 1 200 mm,拉伸试验机夹头之间的距离为 800 mm,共进行了 4 个试件试验。从图中可看出,在施加载荷的初期,由于试验机夹头与钢绞线之间产生滑动,导致试件位移增加较快;随后载荷—位移基本呈线性关系,直到钢绞线屈服;之后载荷增加速度显著降低,而位移增加很快,直到钢绞线破断。每个试件的屈服力均超过 470 kN,拉断力超过 550 kN。试件的延伸率有所差别,但都达到 8% 以上(包括试件与夹头滑动位移)。

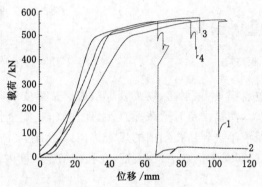

图 6 锚索钢绞线拉伸载荷与位移曲线

3.2 锚具

锚具是在后张法构件中,为保持预应力钢绞线的拉力并将其传递到被锚围岩上所用的永久性锚固装置。锚具应具有可靠的锚固性能和足够的承载能力,以保证充分发挥预应力钢绞线的强度。在预应力钢绞线与锚具组装件达到实测极限拉力时,应当是钢绞线断裂,而不是锚具破坏。锚具部件会有一定的残余变形,但应能确保锚具的可靠性。

小孔径预应力锚索配套锚具为瓦片式锚具,可承受动、静荷载。锚具由锚环和夹片组成,夹片有两片式和三片式等形式。

3.3 锚索托板

锚索托板一般由钢板或型钢制成,按照几何形状与尺寸可划分为平托板、型钢托板和拱形托板等形式。平托板是常用的一种托板形式,由一定厚度和面积的普通钢板制成;型钢托板常由一段槽钢(如 12#、14# 槽钢)制成,有的还采用一段工字钢、U 型钢制成。这两种托板只适用于锚索垂直巷道表面布置,而且力学性能差。当锚索预应力和承受的载荷比较大时,平托板四周易翘起,承载能力显著降低;槽钢托板易变形、扭曲,甚至被压穿,使锚索失去支护作用。

为克服上述托板的缺点,开发了与大直径、高吨位锚索配套使用的拱形托板,并配调心球垫(图7)。与平托板相比,拱形托板的承载能力显著提高,同时还具有一定的变形性;此外,托板可调心,明显改善了锚索受力状态,使锚索支护能力能够充分发挥。

3.4 注浆锚索

对于结构面发育的破碎煤岩体,树脂锚固锚索、锚杆与围岩的黏结力小,锚固力一般很难达到设计要求,导致锚索、锚杆的支护作用不能充分发挥,不能有效控制围岩变形。在这种条件下,将锚固与注浆加固技术有机结合,可有效解决破碎围岩巷道支护问题。注浆锚索就是一种较好的锚固与注浆结合方式。目前注浆锚索主要有以下两种形式:

（1）实心索体注浆锚索

这种锚索结构如图 8 所示。

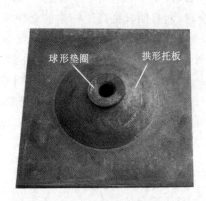

图 7　锚索托板结构

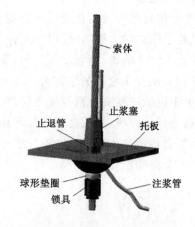

图 8　实心索体注浆锚索结构

锚索由实心钢绞线、托板、锚具、止浆塞、注浆管等组成。锚索安装时，先用索体搅拌树脂锚固剂进行端部锚固，施加预应力，使锚索及时承载；然后水泥注浆，实施全长锚固。同时，通过控制注浆压力、注浆量和时间，使浆液渗透到钻孔周围的煤岩体内，达到注浆加固目的。锚索钻孔直径为 28～32 mm，为了在孔口能顺利安装止浆塞、注浆管，在孔口一定长度内进行扩孔，将钻孔直径增大到 50～56 mm。

（2）中空索体注浆锚索

这种锚索由索体、锚具、托板、中心注浆管、止浆塞等组成。索体前端 1 m 左右为实心结构，其余部分为中空结构。中心设置注浆管，高强度预应力钢丝围绕在注浆管周围，绞制成与钢绞线一样的外形。安装锚索时，先采用树脂药卷对前端实心索体进行锚固，施加预应力，然后通过中心注浆管进行注浆。提高注浆压力，浆液可渗透、扩散到钻孔周围煤岩体结构面中，起到注浆加固作用。这种注浆锚索有两个明显的优点：一是浆液先到达钻孔底部，然后沿钻孔向孔口流出，有利于抑制气穴空洞现象的出现；二是孔口不需要扩孔，施工单一直径钻孔即可。对于直径 22 mm 的索体，钻孔直径为 30～35 mm，索体破断力达到 400 kN。

注浆材料有多种形式，包括水泥基材料和高分子材料（聚氨酯树脂、脲醛树脂等），此外，还有多种复合材料。可根据巷道围岩条件和工程要求选择合理的注浆材料。

4　预应力锚索施工机具

锚索施工机具包括锚索钻机、锚索张拉设备及注浆泵等。随着小孔径树脂锚固预应力锚索的大面积推广应用，开发出多种型号、规格的锚索施工机具，基本满足了锚索施工的要求。

相对于锚杆钻机，施工锚索要求锚索钻机应有较大的功率与扭矩。针对这种要求，我国有关厂家研制出大功率、大扭矩的气动、液压单体锚索（杆）钻机，为锚索支护推广应用提供了有效的钻孔设备。

预应力锚索的显著特点是在安装过程中施加较大的预应力，因此，锚索张拉设备是锚索施工的关键设备。我国已研制出多种型式与规格的锚索张拉设备，主要包括油泵、张拉千斤顶。按油泵动力源的不同，可分为手动式、电动式和气动式锚索张拉设备，额定张拉力一般为 180～250 kN，能够满足一般等级锚索预应力施加的要求。

为进一步提高锚索预应力水平，充分发挥大直径、强力锚索的支护作用，煤炭科学研究总院联合有关预应力设备研究单位，研制了额定张拉力更大的锚索张拉设备。图 9 是 YCN30-180 型张拉千斤顶，其额定张拉力为 300 kN，张拉行程为 180 mm，适用于直径 17.8～22 mm 的锚索。此外还研制出 YCN45-150 型张拉千斤顶，额定张拉力达 450 kN，最大张拉力达 560 kN，行程为 150 mm，能够满足 400 kN 预应力级别的施加。

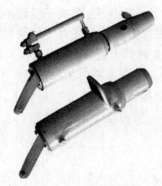

图 9　YCN30-180 型锚索张拉千斤顶

5　锚索预应力损失及控制

在锚索预应力施加过程中，由于多种因素会引起预应力出现损失，经常导致锚索预应力达不到设计要求，严重影响锚索支护效果。为此，应采取有效措施减少锚索预应力损失。

5.1　锚索预应力损失的主要影响因素

很多学者对锚索预应力损失的原理与影响因素进行了研究[23-25]，将预应力损失的主要影响因素归纳为以下几方面：

（1）锚索材料引起的预应力损失

预应力损失由锚索钢绞线应力松弛引起，与钢绞线材料性能有关。钢绞线应力松弛越大，锚索预应力损失越大。

（2）锚索张拉与锁定过程中的预应力损失

张拉与锁定系统的预应力损失主要包括两个方面：张拉过程中锚具、夹片和锚索三者之间的摩擦阻力损失；千斤顶卸压后锚索回弹带动夹片回缩的锁定损失。图 10 是在潞安漳村煤矿井下实测得到的不同长度锚索的预应力损失曲线。从图中可见，锚索最大预应力损失超过 50%，很多超过了 20%。随着锚索长度减小，预应力损失率不断增大，短锚索的预应力损失更加明显。

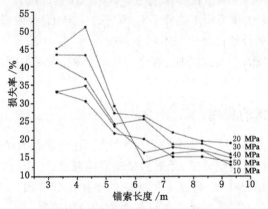

图 10　漳村矿不同长度锚索锁定预应力损失率

（3）护表构件变形引起的预应力损失

当锚索施加较大预应力时，托板、组合构件与金属网会在预应力施加后继续发生一定的变形，从而引起预应力损失。这种损失与护表构件的形状、尺寸及材料等有关。

（4）围岩蠕变引起的预应力损失

围岩蠕变引起的、与时间有关的预应力损失，取决于煤岩体强度与刚度、锚索张拉载荷、锚索托板的形状与几何尺寸等因素。在潞安漳村煤矿井下对 2 根顶锚索和 2 根帮锚索进行了预应力损失测试，在张拉卸载后 15 min 内监测锚索受力变化，预应力损失监测结果如图 11 所示。从图中可见，煤帮锚索由于煤层压缩变形导致的预应力损失速率和最终损失率大于岩石顶板锚索，主要原因是顶板岩层的强度与刚度明显大于煤体，顶板压缩变形量较小。

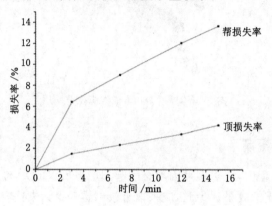

图 11   漳村矿顶板与煤帮锚索预应力损失率

（5）振动或冲击引起的预应力损失

井下爆破振动、冲击载荷均有可能引起锚索周围的煤岩体松动，导致锚索预应力出现一定程度的损失。

5.2   锚索预应力损失的控制措施

如上所述，小孔径锚索预应力损失的影响因素很多，包括锚索材料、锚具性能、锚索长度、张拉千斤顶结构、张拉机具与锚具的配套及煤岩体蠕变等。针对这些因素，控制锚索预应力损失的措施主要有以下方面：

① 选用高强度、低松弛预应力钢绞线，并采用与钢绞线配套的高性能锚具。同时，护表构件的力学性能也应与锚索匹配。

② 改造张拉千斤顶结构，使其限位槽深度与最优限位距离匹配。

③ 进行超张拉，即锚索张拉力高于锚索设计预应力一定比例，使锚索在张拉锁定后的张拉力达到预应力设计要求。超张拉的比例根据不同条件确定，一般为 20%～30%。

④ 对于松软破碎煤岩体，应增加托板、组合构件的面积、强度与刚度，减少由于围岩蠕变引起的锚索预应力损失。

6   预应力锚索支护技术的应用

小孔径树脂锚固预应力锚索支护技术开发出来之后，在全国各大矿区得到大面积推广应用，在松软破碎围岩巷道、煤顶巷道、沿空巷道、受强烈采动影响巷道、大断面巷道等复杂困难巷道中取得较好的支护效果[26-30]，成为复杂困难巷道不可或缺的支护加固手段。下面以大断面开切眼、受强烈动压影响巷道及深部高应力岩石巷道为例介绍锚索的应用效果。

6.1   大断面开切眼锚杆与锚索联合支护

（1）开切眼地质与生产条件

潞安屯留矿 S2201 工作面开采 3# 煤层，采用综采放顶煤开采方法，工作面开采深度约为 550

m。3#煤层平均厚度为 5.35 m,单轴抗压强度在 12～17 MPa 之间,属中等硬度煤层。煤层节理、裂隙非常发育,煤体完整性差,致使巷道掘进过程中经常出现冒顶、片帮现象。3#煤层直接顶为砂质泥岩,厚度平均 5.5 m 左右,单轴抗压强度在 35～60 MPa 之间。

开切眼沿 3#煤层底板掘进。断面为矩形,正常段宽度 7.8 m、高 3.2 m,两端最宽段宽 9.8 m、高 3.2 m,属于特大断面开切眼。

(2)支护方案

根据数值模拟多方案比较结果,结合已有实践经验,确定开切眼支护方案如下:

采用强力锚杆与强力锚索联合支护,布置方式如图 12 所示。

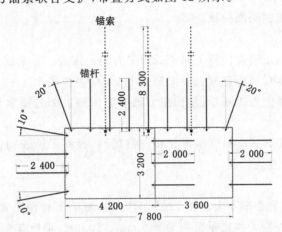

图 12 屯留矿大断面开切眼锚杆锚索联合支护布置图

顶板和靠采空区侧帮锚杆直径 22 mm、长度 2.4 m,屈服强度为 600 MPa,抗拉强度为 800 MPa。树脂加长锚固,预紧力矩为 400 N·m。锚杆排距 1 000 mm,顶板锚杆间距 900 mm,采空区侧帮锚杆间距 850 mm。靠工作面推进侧帮采用直径 20 mm、长 2 m 的玻璃钢锚杆,锚杆间距 1 000 mm。

采用 W 钢带和金属网护顶、护帮,W 钢带厚度为 4 mm。

顶板锚索为直径 21.8 mm、长 8 300 mm 的 1×19 结构钢绞线,树脂端部锚固。每 2 m 安设 3 根锚索,间距为 2 m,垂直顶板岩层。锚索预应力为 250 kN。

(3)支护效果

开切眼分两次掘进,第一次掘进时两帮总移近量为 75 mm,其中强力锚杆支护煤帮位移量仅为 20 mm,玻璃钢锚杆支护煤帮位移量为 55 mm。第二次掘进时两帮移近量为 30 mm,其中强力锚杆支护帮位移量仅为 10 mm。两次掘进过程中,顶板下沉量均不明显。

锚索预应力最高达 420 kN,随着时间推移,锚索受力略有增加,但幅度不大,基本上保持在 380～450 kN 之间。锚杆受力最大达 140 kN。锚索、锚杆受力状态良好,顶板完整,围岩变形量小。高预应力、强力锚索与锚杆充分发挥支护作用,有效控制了特大断面开切眼围岩变形,保持了开切眼稳定。

6.2 强烈动压影响巷道全锚索支护

(1)巷道地质与生产条件

潞安漳村矿 2203 工作面开采 3#煤层,工作面埋深 325～396 m。3#煤层平均单轴抗压强度为 8 MPa,属于比较软的煤层。直接顶 3.6 m 厚的泥岩,基本顶为厚度 4 m 的细砂岩。瓦排巷沿 3#煤层顶板掘进。巷道断面为矩形,宽 4.2 m,高 3.3 m。由于采掘接续紧张,导致瓦排巷不得不与邻近正在回采的 2202 工作面对头掘进。瓦排巷将经受相邻巷道掘进影响、2202 工作面采动影响及本工作面回采影响,动压影响非常强烈。

(2)支护方案

采用数值模拟方法,对三种支护形式:锚杆支护、锚杆与锚索联合支护、全锚索支护,及不同锚索长度、直径,不同锚索强度、预应力,不同锚固方式及布置方式进行了多方案比较,确定瓦排巷采用全长预应力锚固、全断面锚索支护,支护布置如图3所示。具体支护参数为:

锚索采用直径 22 mm、长 4 300 mm 的 1×19 结构钢绞线。先树脂端部锚固,施加预应力,预应力值为 200~250 kN,然后水泥浆全长锚固。锚索排距 1 200 mm,顶板每排 5 根锚索,间距 900 mm,每帮每排 3 根锚索,间距 1 200 mm。锚索配用高强度可调心注浆用托板,托板规格为 300 mm ×300 mm×16 mm。采用钢筋网护顶、护帮。

上述设计有以下特点:

① 采用了高预应力的短锚索代替了原来低预应力的长锚索。原来锚索长度一般为 7 m 左右,预应力为 100~150 kN,本设计将锚索长度缩短 43%,预应力提高 1.5~2 倍。

② 锚索采用了全长预应力锚固,既使预应力能够施加到大部分锚索长度上,又充分发挥了全长锚固的优点。

③ 采用了与锚索相配套的高强度拱形托板与钢筋网,提高了护表构件的强度与刚度,有利于锚索预应力与工作阻力的有效扩散。

(3)支护效果

瓦排巷在掘进初期围岩变形不大。在 2202 工作面后方矿压显现比较强烈,顶底板、两帮移近量增幅较大。两帮、顶底板最大移近量分别为 280 mm、210 mm,顶板基本无离层现象。总的来说,巷道围岩位移较小,两帮移近量与原支护相比降低 90%,而且主要是整体位移。巷道围岩没有出现明显的破坏,支护效果良好。

图 13 是锚索受力监测曲线。从图中可看出,锚索施加高预应力后,除个别锚索外,锚索受力受掘进及临近 2202 工作面回采影响不大,锚索受力变化不大,基本趋于稳定。表明高预应力、强力锚索有效控制了锚固区内围岩离层,锚固区位移差小,保证了锚固区的完整性。反过来,锚固区围岩完整又保证了锚索锚固力不降低,锚固区位移差小使锚索受力变化不大。

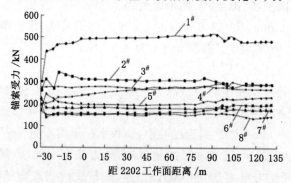

图 13 全锚索支护巷道锚索受力监测曲线

6.3 深部高应力巷道锚杆与注浆锚索联合支护

(1)巷道地质与生产条件

新汶华丰煤矿－1180 东岩石集中运输大巷,埋深为 1 270 m。巷道沿岩层走向穿层掘进,顶板为中粒砂岩,两帮为粉砂岩,底板部分为粉砂岩,部分为石灰岩。虽然巷道围岩强度不低,但围岩内节理、裂隙发育,岩体强度较低。地应力测量结果表明:垂直主应力为 31.8 MPa,最小水平主应力为 16.7 MPa,最大水平主应力 31.2 MPa,属于超高应力区。

巷道断面为直墙半圆拱形,宽度 5.2 m,高度 4.5 m。

(2)支护方案

在理论分析、数值模拟多方案比较的基础上,确定采用全断面高预应力锚杆与注浆锚索联合支护方式,如图 4 所示。具体支护参数如下:

锚杆直径 22 mm、长度 2.4 m,屈服强度 600 MPa,拉断强度 800 MPa,树脂全长锚固。锚杆预紧力矩 350 N·m。采用 W 钢护板和钢筋网护表。锚杆排距 900 mm,拱顶间距 800 mm,两帮间距 700 mm。

顶板、两帮注浆锚索:锚索结构如图 8 所示。锚索索体为直径 22 mm,长度 5.3 m 的 1×19 结构钢绞线,树脂端部锚固,施加 300 kN 的预应力,然后注水泥浆全长锚固。锚索孔口 500 mm 深度钻孔直径为 56mm,其余钻孔直径为 30 mm。每排布置 6 根锚索,拱顶 4 根,两帮 2 根。注浆材料采用 32.5 级普通硅酸盐水泥配合 XPM 纳米注浆添加剂,注浆压力控制在 3.0 MPa 左右。

底板注浆锚索:锚索规格同顶板、两帮锚索,在锚索端头安装专用搅拌头。钻孔直径 56 mm,锚固方式为"下锚上注"式,采用直径 42 mm 的树脂锚固剂进行孔底锚固,施加 150～180 kN 的预应力,然后钻孔上部水泥浆全长锚固。采用直径 20 mm 的钢筋托梁护底。锚索排距 1 m,间距 1.1 m。底板进行矸石回填和喷射混凝土。注浆材料采用 32.5 级普通硅酸盐水泥配合 XPM 纳米注浆添加剂,注浆压力为 3.0 MPa 左右。

(3)支护效果

巷道表面位移监测曲线如图 14 所示。顶底板移近量为 168 mm,其中顶板下沉 76 mm,底鼓 92 mm;两帮移近量为 58 mm。巷道表面位移 40 d 后基本趋于稳定。

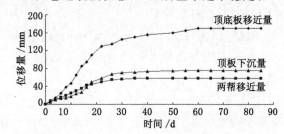

图 14　华丰矿深部高应力岩巷位移曲线

施加预应力后,锚索在 5 d 内受力降低,之后开始逐渐增大,10 d 后增速加快,在 50 d 后受力趋于稳定,锚索最大受力达 430 kN。底板锚索受力明显小于顶板和两帮,且变化过程较平缓。锚索受力降低的主要因素是巷道炮掘的振动影响。总之,全断面高预应力锚杆、注浆锚索有效控制了千米深井岩巷大变形与强烈底鼓,保证了岩巷的稳定。

7 存在的问题及改进建议

尽管煤矿巷道锚索支护技术取得长足发展,解决了大量支护难题,但还存在很多问题,有待今后继续进行深入地研究与试验。

① 预应力锚索与围岩相互作用关系及支护机理,锚索与锚杆的协调支护作用等基础理论还需深入、细致地研究。

② 预应力锚索支护参数有待进一步优化。很多煤矿存在锚索过长、过密的现象,过度重视锚索的作用而轻视锚杆的作用。有些矿区不重视锚索预应力的作用,虽然安设了很多锚索,但支护效果比较差,而且造成支护材料的浪费。

③ 锚索支护材料与构件需要进一步系列化、标准化,不断开发新的锚索结构,提高锚索的力学性能,适应不同的围岩条件。

④ 完善现有锚索预应力施加设备的结构与性能,开发预应力水平更高的施加设备,满足大直径、高吨位锚索施工的要求。

⑤ 进一步优化锚索施工工艺,提高锚索安装质量与施工速度。重视锚索张拉过程中存在的预应力损失,采取措施减小预应力损失,保证损失后的预应力达到设计要求。

⑥ 加强井下锚索受力、工况监测,实时进行信息反馈,保证锚索支护效果与安全性。

⑦ 制定我国煤矿锚索支护技术规范,促进锚索支护技术在煤矿的安全、有效使用及健康发展。

8 结论

① 预应力锚索的本质作用是在巷道围岩中产生支护应力场,对围岩施加压应力,与锚杆共同形成预应力承载结构,并调动深部围岩的承载能力,有效控制围岩扩容变形,保持围岩的完整性。

② 预应力是锚索的关键参数,其设计原则是锚索与锚杆或锚索之间能够形成相互连接、重叠的压应力结构。锚索预应力一般应为其拉断载荷的 40%～70%。锚索长度、强度、密度等参数应与预应力匹配。高预应力的短锚索支护效果优于低预应力的长锚索。对于一般断面巷道,锚索长度宜为 4～6 m。

③ 我国煤矿已开发出不同结构、不同规格的锚索材料、构件及配套施工机具,并形成了系列产品,适用于不同的巷道围岩条件。

④ 锚索预应力施加过程中不可避免地存在预应力损失。引起预应力损失的因素很多,应有针对性地采取有效措施,减少预应力损失,保证预应力达到设计要求。

⑤ 小孔径树脂锚固预应力锚索已在煤矿井下得到大面积推广应用,解决了大量复杂困难巷道支护难题,显著扩大了锚杆支护的应用范围。

⑥ 在预应力锚索支护机理、锚索与锚杆协调作用、锚索支护参数优化,锚索材料、结构、施工机具、监测,及锚索支护规范等方面还有很多内容需要进一步研究和完成。

参考文献

[1] 程良奎,范景伦,韩军. 岩土锚固[M]. 北京:中国建筑工业出版社,2003.

[2] THOMPSON A G. Tensioning reinforcing cables[C]. Proc. Int. Symp. On Rock Support. 1992,Sudbury,285-291,Balkema,Rotterdam.

[3] THOMPSON A G,WINDSOR C R. Tensioned cable bolt reinforcement-an integrated case study[C]. Proc. 8th Int. Cong. On Rock Mechanics. 1995,Tokyo,679-683,Balkema,Rotterdam.

[4] HUTCHINSON D J. Observational design of underground cable bolt support systems utilizing instrumentation[J]. Bulletin of Engineering Geology and the Environment,2000,58(3):227-241.

[5] Health and Safety Executive. Guidance on the use of cablebolts to support roadways in coal mines[R],1996.

[6] 闫莫民. 预应力锚索参数设计与工程应用[J]. 煤矿支护,2006(3):10-14,46.

[7] 李家螯,王圣公,崔惟精. 煤巷锚索支护技术[J]. 煤炭科学技术,1997,25(12):21-24.

[8] 侯朝炯,郭励生,勾攀峰. 煤巷锚杆支护[M]. 徐州:中国矿业大学出版社,1999.

[9] 康红普,王金华. 煤巷锚杆支护理论与成套技术[M]. 北京:煤炭工业出版社,2007.

[10] 胡学军,范世民. 煤巷锚杆支护成套技术在潞安矿区的应用[J]. 煤炭科学技术,2003,31(6):33-35.

[11] 吴志祥,赵英利,梁建军,等. 预应力注浆锚索技术在加固大巷中的应用[J]. 煤炭科学技术,

2001,29(8):10-12.

[12] 冯京波.松散厚煤层全煤巷沿空掘巷锚索支护技术[J].煤炭科学技术,2008,36(2):23-26.

[13] 李如波.高地压复合顶煤巷全锚索支护技术应用研究[J].煤炭工程,2005(8):42-44.

[14] 康红普,姜铁明,高富强.预应力在锚杆支护中的作用[J].煤炭学报,2007,32(7):673-678.

[15] 王金华,康红普,高富强.锚索支护传力机制与应力分布的数值模拟[J].煤炭学报,2008,33(1):1-6.

[16] 张农,高明仕.煤巷高强预应力锚杆支护技术与应用[J].中国矿业大学学报,2004,33(5):524-527.

[17] 赵庆彪,侯朝炯,马念杰.煤巷锚杆－锚索支护互补原理及其设计方法[J].中国矿业大学学报,2005,34(4):490-493.

[18] 张镇,康红普,王金华.煤巷锚杆－锚索支护的预应力协调作用分析[J].煤炭学报,2010,35(6):881-886.

[19] 康红普,王金华,林健.高预应力强力支护系统及其在深部巷道中的应用[J].煤炭学报,2007,32(12):1233-1238.

[20] 康红普,林健,吴拥政.全断面高预应力强力锚索支护技术及其在动压巷道中的应用[J].煤炭学报,2009,34(9):1153-1159.

[21] 康红普,吴拥政,褚晓威,等.小孔径锚索预应力损失影响因素的试验研究[J].煤炭学报,2011,36(8):1245-1251.

[22] 林健,康红普.煤矿锚索预紧应力损失原因分析及解决途径[J].煤矿开采,2008,13(6):6-8.

[23] 朱晗迤,尚岳全,陆锡铭,等.锚索预应力长期损失与坡体蠕变耦合分析[J].岩土工程学报,2005,27(4):464-467.

[24] 陈安敏,顾金才,沈俊,等.软岩加固中锚索张拉吨位随时间变化规律的模型试验研究[J].岩石力学与工程学报,2002,21(2):251-256.

[25] 余开彪,程凯兵,杨明亮.预应力锚索预应力损失研究[J].岩土力学,2005,26(增刊):159-162.

[26] 王金华.全煤巷道锚杆锚索联合支护机理与效果分析[J].煤炭学报,2012,37(1):1-7.

[27] 孙玉福.高强度锚索支护技术及在潞安矿区的应用[J].采矿与安全工程学报,2010,27(4):595-599.

[28] 张辉,康红普,徐佑林.深井巷道底板预应力锚索快速加固技术研究[J].煤炭科学技术,2013,41(4):16-19,23.

[29] 桂祥友,张辉,徐佑林.超千米深井巷道围岩变形破坏机理分析及控制[J].煤炭科学技术,2013,41(增):1-3,7.

[30] 范明建,林健,任勇杰,等.深井超高地应力复合岩层巷道围岩控制技术研究[C]//深部煤炭开采灾害防治工程技术论坛论文集.徐州:中国矿业大学出版社,2014:277-284.

煤矿工作面支护与液压支架技术的发展

王国法[1,2]

(1. 煤炭科学研究总院 开采设计研究分院;2. 天地科技股份有限公司 开采设计事业部,北京 100013)

摘　要　针对煤矿长壁综采工作面支护和开采技术难题,笔者与其合作团队持续进行了 30 年研究和实践,建立了工作面支护与液压支架技术理论体系,摸清了液压支架与围岩耦合作用特点和适应性,提出了液压支架与围岩耦合原理,把支架与围岩耦合关系分为强度耦合、刚度耦合、稳定性耦合,以此作为围岩控制和液压支架设计的基础。研究分析了支架护帮装置的护帮作用及与采高的关系,论述了液压支架架型发展、技术特点和适应性,液压支架架型结构型式特点和适应性,液压支架与围岩耦合三维动态优化设计方法,介绍了综采工作面液压支架支护质量智能监测系统研发成果,最后,概括出结论并提出发展方向。

关键词　长壁综采工作面;液压支架;围岩耦合;动态优化设计

0　引言

煤矿长壁综合机械化开采是安全高效矿井主要开采方法,工作面支护是开采的首要条件,液压支架支得住、走得动是综采系统的核心。20 世纪 70 年代,我国开始从国外引进液压支架等综采设备,试验综采,因对液压支架与围岩关系和综采工作面矿压规律认识不清,支护技术理论缺乏,引进的液压支架多次出现因不适应煤层赋存条件而发生严重事故,导致综采失败。自 20 世纪 80 年代中期以来,笔者与其合作团队持续 30 年致力于长壁综采工作面支护与液压支架技术理论的研究和实践,建立了我国独具特色的综采工作面支护与液压支架技术理论体系,开发了适应我国煤炭开采条件的各种液压支架及成套技术和装备,推动了煤炭安全高效和绿色开采技术的发展进步[1,2]。

1　液压支架与围岩耦合适应性

1.1　液压支架与围岩耦合作用特点

综采工作面液压支架依托煤层底板、支护煤层顶板、防护煤壁及隔绝采空区冒落矸石,通过充分利用围岩结构的自承能力及发挥支架的力学结构特性,以维护工作面安全作业空间为目的,与围岩结构耦合为一个动态的平衡系统。在支架与围岩动态平衡系统中,煤层开挖导致顶板垮落运动失稳对系统的稳定性起决定作用,支架为响应围岩运动失稳需要与围岩系统保持一定的强度、刚度及稳定性,因此,支架与围岩耦合关系可分为强度耦合、刚度耦合、稳定性耦合[3]。

井下采掘活动破坏了围岩的应力平衡状态,引起应力的重新分布。重新分布后的应力如果超过煤岩的强度极限,则必然引起地下工程结构不同程度的破坏,并引起一系列的矿压显现现象,给矿山生产带来严重影响,如煤壁片帮、底鼓、直接顶破坏加剧、巷道变形、冲击地压、瓦斯突出等。认识并掌握矿山压力分布规律,在生产实践中利用、改变矿山压力的分布状态,是矿山围岩控制的重要内容之一[4]。

工作面液压支架是控制采场矿山压力的一个基本手段。液压支架的基本功能是平衡工作面顶

板压力。由于采煤工作面支架必须与开采后形成的上覆岩层大结构相适应,因此其必须具备以下几个特征:

① 必须具有良好的支撑性能;

② 必须具备一定的可伸缩性(让压性);

③ 必须具有良好的防护性能。

支架的支护性能,一般是指支架的支撑力与支架可伸缩量的关系特征。支架处于对上覆岩层形成的支撑体系"煤壁—支架—采空区已冒落矸石"之中。煤壁相对有较大刚性,采空区已冒落的矸石则具有较大的可伸缩性,支架处于两者之间,其性能将直接影响支架受力的大小和工作面围岩运动。支架结构及其性能的设计必须符合采煤工作面围岩运动规律,只有这样才能使支护结构设计既经济又合理。同时,也只有支架的支撑力分布合理,护顶装置可靠,才有可能维护好顶板,保证工作面安全和生产的正常进行[5]。

工作面支架与围岩耦合关系有如下特点:

① 支架与围岩是相互作用的一对力。在小范围内,支架可以视为一个反力,围岩形成的顶板压力则是一个作用力,两者应相互适应,使其大小相等,而且尽可能使合力作用点重合。

② 支架受力的大小及其在采煤工作面分布的规律与支架性能有关。

③ 支架结构及尺寸对顶板压力的影响。

支架结构设计必须适应围岩条件,对围岩来说,主要是考虑在各种支架反力作用下的顶板状态。所有国内外对"支架工作阻力—顶板下沉量"即"$P—\Delta L$"的研究表明,支架在一定的工作阻力以上,支架工作阻力增加对顶板下沉量影响较小,但低于此值则影响极大。同时,采场支架的工作阻力并不能改变上覆岩层的总体运动规律。

支架对顶板下沉量的控制是有一定限度的,超过此限度,支架也是无能为力的。因而,只有在工作阻力偏低的情况下,提高支架工作阻力才能对顶板下沉有显著的影响。另一方面,各类岩层的允许下沉量是不一样的。对于坚硬岩层,虽然顶板下沉可能导致顶板整体破断,但局部仍然很完整;对于强度低而脆性大的岩层,下沉量很小就可能导致顶板破碎不堪。掩护式支架的发展,更证明在一定条件下采用护顶的方法改善顶板状况是可行的。

在周期来压比较剧烈,而且经常发生台阶下沉的工作面,合理的工作阻力只能是指防止顶板不发生上述现象时所需的工作阻力。也就是平衡基本顶初次来压或周期来压时,不能自身取得平衡的直接顶和基本顶岩块的重量。前提是支架必须具有与基本顶岩层活动过程中形成的顶板下沉量相适应的活柱下缩量。

由于开采引起的围岩离层和下沉运动、支撑压力引起的剪切破坏,以及底板在通过高、低应力区时发生的松动,导致顶、底板岩层发生弱化趋势;另一方面,由于直接顶和直接底的岩层初始力学特性不同,在采场表现了不同的稳定性和压力显现特征。为了保持采煤工作面可靠的工作空间,支架的基本任务是对控顶区暴露的顶、底板给予支护,主要包括以下几个方面:

① 对直接顶的纵向和横向卸压运动给予控制,对于已经被裂隙分割的暴露的顶板岩块给予承托或遮盖,避免在控顶区内出现冒落;

② 对基本顶的破断失稳运动引起的周期性高载荷给予足够的平衡阻力,以避免控顶区过大的下沉和离层;

③ 限制支架对底板岩层的比压(或称载荷强度)以避免出现支架底座压入底板而引起对顶板控制恶化的可能。

采场支护是顶板控制的主要手段,合理支架支护强度的确定是采场支护与控制的首要任务。支架支护强度的确定既要保证对工作面顶板实现有效控制,又要满足回采工艺的各种要求,需要在液压支架与围岩力学相互作用研究基础上,综合分析不同地质、技术条件下支护强度确定方法,并分析不同支架的结构力学特征,为支架选型提供依据。

1.2　液压支架的护帮作用

　　液压支架一般在顶梁上设置护帮装置,护帮装置或铰接在顶梁前端或铰接在伸缩梁前端,通过四连杆机构或直接与护帮千斤顶连接,根据支架高度,护帮板采用单级、两级或三级结构,两级或三级护帮板有伸缩式和铰接式不同结构,采用多级协动控制。

　　随着工作面采高的增大,煤壁片帮的概率增大,煤壁片帮的次数和深度也将加大,而煤壁片帮又使得支架端面距增大,往往引起端面顶板冒落,造成事故。因此,研究和控制煤壁片帮,搞好煤壁管理是大采高综采工作面生产技术管理的重要内容之一,也是厚煤层整层开采取得良好经济效益的根本保证[6]。

　　煤体内存在不同程度的微裂隙,未开采的煤体在原始应力条件下处于相对平衡状态。因煤层开采的影响,尤其是上覆岩层的移动,导致了原岩应力的重新分布,前方支承压力的作用下距开采边界一定宽度的煤体内微裂隙会逐渐发育,直到出现不同程度的损坏,承载能力降低,使得集中应力向煤体深部转移,直到煤体的承载能力与上覆岩层的压力达到平衡时,出现稳定状态。

　　煤岩材料的破坏常常是材料变形模式从缓慢平稳的状态突然进入强烈变形的局部窄条带为主导变形的阶段,即局部化破坏现象。对于材料的细微观稳定性,细微观断裂和损伤力学认为孔洞和裂纹是材料在细微观层次上发生突变和失稳的两种主要机制。

　　大采高综采发生片帮是必然的,而且随着采高的加大,将愈加严重。改善端面片帮冒顶的途径主要有以下三个方面:

　　① 应设法提高无立柱空间顶煤的稳定性,尽可能缩小端面距,提高支架工作阻力,维持支架合力作用点距煤壁距离基本不变;

　　② 要设计合理的支架结构;

　　③ 工艺上要采煤机过后即时移架,使无立柱空间及时全封闭。

　　不同采高与所需护帮高度关系如图1所示。

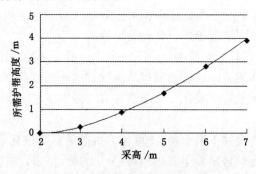

图1　煤壁所需护帮高度与采高的关系

2　液压支架架型发展

　　经过半个世纪的综采发展,目前,液压支架主要有两种基本架型,即两柱掩护式液压支架和四柱支撑掩护式液压支架[7]。其他架型可以看成是这两种基本架型的衍生产品。

2.1　四柱支撑掩护式液压支架

　　四柱支撑掩护式液压支架如图2所示,它是20世纪综采主导架型,在普通一次采全高综采四柱支撑掩护式液压支架的基础上发展起四柱式铺网液压支架、四柱式放顶煤液压支架和充填开采液压支架等架型。

　　四柱支撑掩护式液压支架的主要特点是:

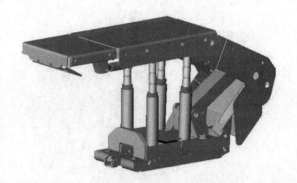

图 2 四柱支撑掩护式液压支架

① 顶梁和底座间有前后两排立柱，顶梁和底座都较长，整架尺寸和通风断面一般较大，采煤工作面的开切眼宽度要求较大。

② 前、后排柱载荷往往差别较大，工作面支架压力实测表明，通常只有三根立柱有载荷，有一根立柱载荷较小，或者前后两排立柱受力严重不均衡，在不稳定顶板或综放工作面多显现为前柱受力大，后柱受力小，甚至不受力或者受拉力，当工作面仰采时，若上覆岩层顶板松软破碎时，当顶板岩层极易冒落，外载在顶梁上的合力作用点前移，支架后立柱受力小或不受力，当顶板岩层充分冒落后，支架后立柱不但不能承载，反而受拉，进而出现拔后柱现象。液压支架四根立柱工作阻力很难共同发挥出来，立柱的实际支护效率较低。

③ 受四柱式架型结构的限制，立柱一般垂直布置倾斜角度较小，支架的调高范围较小，适应煤层厚度的变化能力较小，同时，支架顶梁水平支撑力较小，不利于直接顶的稳定。

④ 支架的支撑合力作用点距切顶线近、切顶能力强，适用于较稳定的顶板，但是，支架顶梁前端支撑力较小，不利于破碎顶板的支护。

⑤ 前、后排立柱升降架动作明显，便于人工手动操作。但由于两排立柱控制较复杂，支架升、降速度慢，不利于电液控制、快速移架。

2000 年以来，随着电液控制技术的应用，四柱支撑掩护式支架逐步被两柱掩护式支架取代。美国和澳大利亚等国家已全部采用两柱掩护式支架，我国大部分矿区采用了两柱掩护式支架，四柱支撑掩护式支架在放顶煤支架中应用还较多。在 1.5 m 以上的坚硬顶板工作面，四柱支撑掩护式支架还表现出较大优势。淮南等矿区对四柱支撑掩护式支架还"情有独钟"，认为四柱支撑掩护式支架较两柱掩护式支架对深部复杂煤层开采具有更好的适应性。

四柱式架型在放顶煤液压支架中仍广泛应用，四柱式放顶煤液压支架具有支护能力大、适应顶煤变化能力较强、操作直观等特点。但是，四柱式放顶煤液压支架使用中普遍存在前后排立柱受力不均衡现象，通过前后排立柱受力的变化，改变支架合力作用点，适应顶煤的冒放状态，这种前后排立柱受力的变化以损失支架支撑合力为代价，实现支架与顶煤传递顶板压力间的耦合平衡，降低了支架的支护效率。

2.2 两柱掩护式液压支架

两柱掩护式支架如图 3 所示。两柱掩护式支架是目前国内外综采主导架型，在两柱式一次采全高普通液压支架的基础上，发展了两柱式放顶煤液压支架等架型。

两柱掩护式液压支架的主要特点是：

① 顶梁和底座间单排立柱支撑。支撑合力距离煤壁较近，可较为有效地防止端面顶板的早期离层和破坏；

② 平衡千斤顶可调节合力作用点的位置，增强了支架对难控顶板的适应性；

③ 立柱向煤壁方向倾斜，支架能经常给顶板向煤壁方向的水平支撑力，有利于维护顶板的完

图 3 两柱掩护式液压支架

整,支架调高范围较大,适应工作范围大;

④ 顶梁相对较短,对顶板的反复支撑次数少,减少了对直接顶板的破坏;

⑤ 底座前端对底板的比压一般大于四柱支架,但是通过优化设计也可改善底座对底板比压分布,并设置抬底座装置,更好地适应较软底板,实现快速移架;

⑥ 支架单排立柱动作简短,有利于电液系统配套,实现快速移架。

两柱掩护式支架对破碎顶板及中等稳定顶板适应性好,对煤层变化较大的工作面适应性较强。近 20 年来两柱掩护式支架向大工作阻力高可靠性发展,其适应范围也逐步加大,能较好地适应坚硬顶板支护。

2003 年以来,我们先后发明研制了两柱式放顶煤液压支架、超大伸缩比薄煤层液压支架和超大采高两柱掩护式液压支架等新架型,并成功推广应用,取得很好效果。两柱式放顶煤液压支架在兖矿、平朔、神东、阳泉、榆林、额尔多斯等矿区替代四柱式放顶煤支架,成套技术出口到澳大利亚。

复杂薄煤层赋存不稳定,厚度变化较大,要求液压支架调高幅度尽量大,常规立柱的伸缩比不能满足要求,这是薄煤层支架结构设计的重大难题;为提高支护效果和可靠性,薄煤层支架要有足够工作阻力,而液压支架工作阻力的提高又使支架结构的最小高度要加大,这是一个突出矛盾。现有薄煤层支架普遍工作阻力较小,最小高度较大,伸缩比小,手动操纵困难,难以满足薄煤层高效综采要求。为解决此难题,发明如下关键技术:

① 创新研发单进液口大伸缩比双伸缩立柱。立柱伸缩比直接决定着薄煤层液压支架支撑高度的变化范围,受结构强度和稳定性制约,常规双伸缩立柱结构无法满足薄煤层液压支架调高幅度要求。单进回液口双伸缩大伸缩比立柱,改变立柱结构和进回液原理,采用非半球体的大弧度缸底结构和活柱无上腔外进液口的结构形式,通过中缸壁上的通液孔连通外缸上腔和中缸上腔实现双作用,将外缸上腔(外缸与中缸之间的空腔)和设在活柱上的中缸上腔(中缸与活柱之间的空腔)进液口合并为一个进液口,增大了立柱的伸缩比,大大提高了薄煤层液压支架的支撑范围;突破液压支架工作阻力决定最小高度的极限,满足了薄煤层工作面开采支护需求。

② 创新研发了板式顶梁及叠位布置等新型液压支架结构型式,创新研制了板式整体顶梁、双连杆双平衡千斤顶叠位布置等新结构,将两根平衡千斤顶分别布置在双前、后连杆外侧,克服了平衡千斤顶布置在中档低位时与推移千斤顶干涉的缺陷,解决了薄煤层液压支架在低位状态下安全通道小和支架结构件无法布置的难题。成功研制最小高度 0.45～1.0 m 的系列薄煤层液压支架。

针对蒙陕晋 7 m 稳定厚煤层,研制发明了超大采高两柱式液压支架,创新研制大侧护板过渡液压支架和大采高工作面端头过渡段大梯度过渡配套技术(如图 4 所示),成套技术和装备在神东补连塔矿、陕煤红柳林矿、神华三道沟矿等成功应用,实现大采高综采技术的新突破。

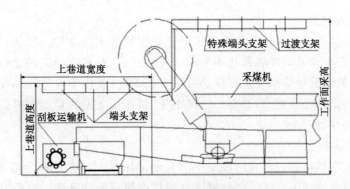

图 4 大梯度过渡配套方式

3 支架架型结构适应性

3.1 支架整体顶梁与铰接顶梁的比较

顶梁直接与顶板接触,是支架的主要承载部件之一,选择合理的顶梁结构对支架使用效果有重要作用。目前顶梁结构形式主要有整体刚性顶梁、铰接分体顶梁两种,如图5、图6所示。

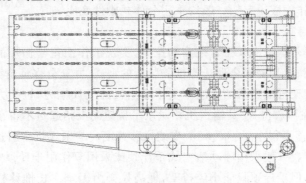

图 5 整体刚性顶梁

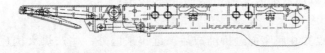

图 6 铰接分体顶梁

铰接分体顶梁前端可以上下摆动,与顶板接触效果较好,对不平顶板及过断层等地质构造时适应性强,支架整体运输尺寸小。但铰接分体顶梁支架前端支撑力小,不利于维护顶板以及抑制煤壁片帮。同时铰接分体顶梁由于前端架间铰接前梁无活动侧护板,对顶板密封性较差。铰接分体顶梁用于四柱式放顶煤液压支架有利于改善前后排立柱受力不均衡现象。

整体顶梁结构简单、可靠,支架前端支撑力大,对顶板载荷的平衡能力强,有利于维护顶板以及抑制煤壁片帮;同时整体顶梁全长设置活动侧护板,对顶板密封性较好。但支架整体纵向运输尺寸较长。

3.2 支架伸缩梁的型式选择

伸缩梁是设置在整体顶梁或铰接顶梁内滑动,从前端伸缩的梁体,分为内伸式和外伸式两种型式。伸缩梁的作用是在移架前能及时伸出,补偿梁端距,及时或超前支护顶板,增强护帮效果。内伸式伸缩梁结构强度好,伸出顺畅,是目前重型支架普遍采用的伸缩梁型式。

3.3 支架底座型式的确定

支架的底座是支架承受顶板压力传至底板并稳固支架的承载部件。因此,底座除满足一定的刚度和强大要求外,还要求其对底板起伏不平的适应性要强,对底板的接触比压要小;要有足够的空间为立柱、推移装置和其他辅助装置提供必要的安装条件;要便于人员的操作和行走;能起一定的挡矸作用及具有一定的排矸能力;要有一定的重量,以保证支架的稳定性等。目前,常用的底座结构形式有整体式底座、底分式底座。

（1）整体式刚性底座

整体式刚性底座中挡前部一般有高度 50～100 mm 小箱形结构,中挡后部上方为箱形结构,推移千斤顶一般安装在箱形体下。整体刚性底座立柱柱窝前一般要设计一过桥,以提高底座的整体刚性和抗扭能力。整体刚性底座的整体刚度和强度好,底座接底面积大,有利于减小对底板的比压,但中挡推移机构处易积存浮煤碎矸,清理较困难,一般用于软底板条件下的工作面支架。

（2）底分式刚性底座

底分式刚性底座的底座底板是中分式的,中挡推移机构直接落在煤层底板上,前立柱柱窝前有过桥,中挡后部上方为箱形结构。由于底分式刚性底座在推移装置处的浮煤、碎矸可随支架移架从后端排到采空区,不需要人工清理,适应安全高效要求,但减少了底座接底面积,增大了对底板的比压。目前,安全高效工作面液压支架一般均采用分体式刚性底座。

3.4 支架推移装置的选择

液压支架推移装置是保证支架正常推溜和拉架,实现工作面正常循环的重要装置。在设计支架时,应根据支架结构和配套要求合理选择推移装置的型式,并充分保证支架推移装置对工作面条件和配套的适应性。支架推输送机的力应不大于输送机的设计推力,拉架力一般应为支架重量的2.5～3 倍。移架装置在回收位置,其输送机相对水平位置向上抬起量不得小于 200 mm(薄煤层支架不小于 100 mm),下落不得小于 100 mm、支架推移速度应与采煤机牵引速度相适应。

短推移杆式推移装置一般采用浮动活塞式千斤顶或采用双作用千斤顶差动连接。这种推移装置结构比较简单、紧凑,但千斤顶只能小腔拉架,提高拉架力困难。长推移杆(框架)倒拉式推移装置具有千斤顶大腔拉架、小腔推溜及拉架力大的特点,且拉架时推移千斤顶作用力对底座前端产生垂直向上的分力,可将底座前端向上抬,有助于顺利移架。

3.5 支架抬底装置

抬底千斤顶一般设置在底座前过桥前或后。近年来国外一些产煤大国(如美国、德国、澳大利亚等)的综采工作面液压支架普遍采用抬底千斤顶,作为实现安全高效的重要措施之一。

当工作面底板条件较差(例如底板松软、泥岩遇水膨胀等)时,支架底座前端易扎底,造成支架行走困难。

设置抬底千斤顶,拉支架时稍降架,操纵抬底千斤顶伸出,以推拉杆上表面为支点,使底座前端上翘而脱离底板;底座通过抬底千斤顶下端沿推拉杆滑行,从而实现支架的顺利前移。

当工作面底板条件较好时,支架正常使用过程中,架前浮煤是不可避免的。拉架时,如底座不抬起,会造成浮煤在架前堆积,严重时会影响移架,需人工清理。采用抬底装置,可使支架跨在浮煤上前移,不需人工清理,有利于快速移架。

安全高效矿井建设实践证明,液压支架抬底装置是提高工作面移架速度,减少工艺环节的重要措施。

4 液压支架与围岩耦合三维动态优化设计方法

基于围岩应力场与液压支架支护系统间的耦合作用规律,分析围岩载荷在支护系统中的传递特性及支架动态响应特性,提出液压支架三维动态优化设计理论和方法。该方法采用"自顶向下"

设计思想,将围岩下沉、断裂等力、力矩以及边界条件的变化通过支架骨架模型传递和分解到具体的支架结构上,并通过三维动态模拟仿真,全面了解支架的力学性能及其对围岩的支护效果。液压支架可靠性是其完成支护功能的基础,通过有限元可靠性设计实现对支架详细结构的优化[8]。

液压支架的安全性和可靠性是其最为重要的指标,液压支架结构优化设计中首先要精准地计算支架工作过程中每个零部件所承受的最大载荷和应力分布,进行相应的强度校核,这些方法在有关文献中已有详细论述。通常情况下支架结构设计与强度计算是分别进行的,难以实现结构最优化。为此,采用有限元分析软件,建立结构优化模型与 CAD 系统间的直接双向参数互动关联,可将优化分析的参数结果直接导入 CAD 模型。这样,在结构设计过程中可随时进行结构强度有限元分析计算,在结构有限元分析模型上得出的优化结果也可实时传递到 CAD 的几何模型上,即刻利用到设计方案中,实现了液压支架高效优化设计。液压支架强度计算及结构优化设计流程如图7所示。

基于上述技术理论和方法,利用 Pro/E 二次开发,将已有的液压支架设计知识和经验固化到程序中,并结合 Pro/E 系统的 Top-Down 流程、有限元分析模块和动态模拟系统,开发液压支架三维动态优化设计软件系统,集设计、运动仿真、力学分析和工作面总体配套动态模拟为一体,大大提高了支架的设计效率,充分保证了支架的设计质量和适应性。

液压支架三维动态优化设计软件系统的设计流程如图8所示。实现这一过程的总体思路为:充分利用 Pro/E 的三维设计和计算功能,通过 Pro/ToolKit 编程,将自顶向下结构设计、参数优化、有限元分析和工作面三维配套模拟集中到一个平台之上。通过数据的双向传递将设计、计算和动态仿真有机联系起来,实现设计、分析和动态仿真的一体化。在设计系统中,Pro/E 设计完成的三维模型通过接口程序导入到有限元分析及优化模块中,优化计算完成后,结果返回 Pro/E 生成最优方案,再通过工作面总体配套仿真系统验证其是否符合使用要求。

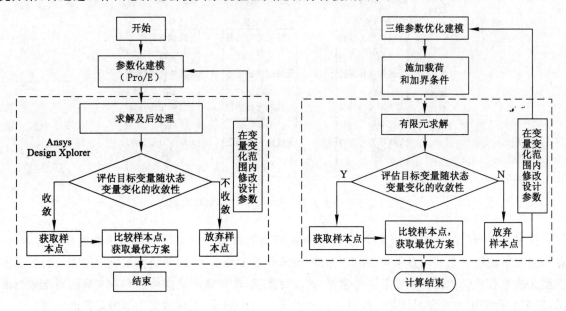

图7　液压支架强度计算及结构优化流程　　　　图8　支架有限元计算及三维动态优化流程

5　工作面支护质量智能监测

提高工作面支护质量是实现安全高效生产的前提条件,液压支架的姿态是反映其支护质量的有效参量之一,其姿态监测主要包括:顶梁、掩护梁和底座水平倾斜角度和仰俯角度的实时监测。通过姿态的监测可以得出支架高度、工作面采高、工作面仰俯采角度等监测信息。液压支架的受力状态也是反映其支护质量的又一重要参量,其监测范围主要包括:平衡千斤顶受力状态和立柱受力状态。通过平衡千斤顶和立柱受力状态的监测与分析可以得知支架合力作用点的位置、支架工作阻力、立柱压力等情况。

通过液压支架姿态监测和受力状态监测可以得出当前支架的综合支护质量状态信息,实现对支架歪斜、倒架、挤架、扭曲度、不规则受力、压力超限、初撑力不足、顶板周期来压步距等现象与趋势进行预警,从而为提高支架支护质量的调整提供依据。通过对液压支架支护质量的监测和处理,实现对液压支架合理支护状态和不合理支护状态的在线显示和统计,给出液压支架提高支护质量的合理化操作建议,根据长时间的使用情况对液压支架的检修和维护保障项目进行及时的提醒,以提高工作面液压支架支护质量,延长液压支架的使用寿命。

笔者创新团队研发的工作面支护质量智能监测监控系统如图9所示,其特点是:系统全部采用无线通信方式,但具有有线通信的功能;传感器具有多种采集方式,且压力传感器自带显示屏;终端及传感器全部采用不锈钢冲压和铸造设计;传感器两节电池使用寿命1.5年以上;终端具有应急电源,在系统断电情况下能保证系统工作;终端具有高清液晶显示屏,实时显示系统情况;终端具有U盘取数、无线、总线、以太网、光纤等多种通信方式;终端具有数字量、模拟量多种采集方式;系统上位机具有大容量存储、处理和远程访问等功能。

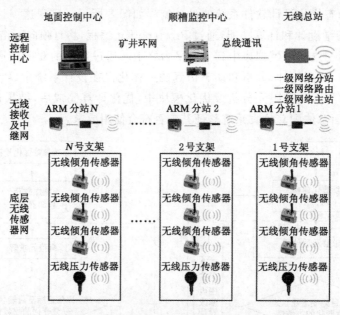

图9 工作面支护质量综合监测保障系统框图

布置方式为间隔性布置,每隔一定数量的液压支架布置一套矿用本安型多功能显示终端(站点),完成对液压支架的信息采集、处理、存储、显示和收发等功能,每套监控系统内安装3台矿用本安型无线兼有线微功耗自供电姿态传感器,完成对顶梁、掩护梁和底座前后和左右倾斜角度进行测量,安装2台矿用本安型无线兼有线微功耗自供电压力传感器,完成对支架压力数据的采集。

通过双轴角度测量模块测量出当前设备的左右和前后倾斜角度,通过 AD 采集模块对双轴角度数据进行模拟量到数字量的转换,然后传送给 MUC 核心处理单元,通过高精度温度传感器对当前设备的姿态数据进行复杂的运算校准,通过 RS485 通信模块将数据以总线的形式上传,也可通过无线射频收发模块将数据以无线的方式上传,姿态传感器既可以采用内部电池供电也可以采用外部电源供电,通过智能电源切换和管理模块可以实现内部和外部供电的智能切换及对电池的充电。

通过高精度压力传感器单元测量出当前连接设备的压力值,通过模拟量与数字量的转化和滤波处理电路将模拟量进行数字量转换,通过 MUC 处理器完成所有数据的采集、处理和管理功能,通过液晶显示屏将当前压力值、电池电量等信息进行显示,通过 RS485 通信模块将数据以总线的形式上传,也可通过无线射频收发模块将数据以无线的方式上传,压力传感器既可以采用内部电池供电也可以采用外部电源供电,通过智能电源切换和管理模块可以实现内部和外部供电的智能切换及对电池的充电。

系统具有多功能终端显示;液压支架姿态显示;液压支架姿态不合理及危险状况预警;液压支架初撑力、循环末阻力、周期来压等受力状况显示;液压支架受力不合理和危险状况预警;液压支架支护质量显示;具有液压支架支护质量不合理及危险情况预警;液压支架保障信息显示;液压支架不合理使用和隐患预警;具有数字、列表、曲线、直方图、二维图、三维图等多种显示方式;具有工作面整体、单架、历史等多种查询方式;具有班报表、日报表、月报表、年报表等多种报表形式。

6 结论

① 长壁综采工作面支护要求液压支架与围岩实现有效的强度耦合、刚度耦合和稳定性耦合,强度耦合要求支架合理支护强度应能承受顶板动载冲击,并充分利用围岩结构的自承能力将顶板来压的动载荷降低为支架支护强度能够平衡的静载荷;刚度耦合要求保持直接顶板—支架—底板的整体刚度,防止直接顶与基本顶过早离层,降低基本顶载荷运动空间,减小形成的冲击动载荷;稳定性耦合的关键是保持支架自身稳定性及支护系统对围岩动态失稳的适应性。

② 工作面煤帮控制是综采正常生产的重要保证,应充分利用液压支架的支护和护帮作用,抑制片帮冒顶,特别是随着采高增大,片帮趋势增强,应合理加大护帮力和护帮高度。

③ 两柱掩护式液压支架与工作面围岩适应性良好,是国内外综采主导架型,两柱放顶煤液压支架已成功应用,成为放顶煤液压支架架型改革的方向。液压支架参数和结构型式选择要因地制宜,针对具体开采条件,进行充分论证、选型和设计。

④ 液压支架与围岩耦合三维动态优化设计方法是液压支架技术理论体系的重要组成部分,该方法是将围岩下沉、断裂等力、力矩以及边界条件的变化通过支架骨架模型传递和分解到具体的支架结构上,借助三维设计平台动态模拟仿真支架与围岩耦合作用的力学特征,优化得出对围岩最优支护效果的支架结构参数。

⑤ 工作面支护质量综合监测保障系统,基于小精尖、免维护、易安装、微功耗、自供电、全无线、易观察的设计理念和可靠的产品,为综采工作面安全高效生产提供简易实用有效的保障。

参考文献

[1] 王国法.煤矿高效开采工作面成套装备技术创新与发展[J].煤炭科学技术,2010,38(1):63-68.

[2] 王国法.煤矿综采自动化成套技术与装备创新和发展[J].煤炭科学技术,2013,11(11):1-9.

[3] 王国法.工作面支护与液压支架技术理论体系[J].煤炭学报,2014,39(8):1593-1601.

[4] 钱鸣高,缪协兴,何富连,等.采场支架与围岩耦合作用机理研究[J].煤炭学报,1996,21(1):40-44.

[5] 徐亚军.两柱掩护式液压支架围岩耦合关系研究与相关参数优化[D].北京:煤炭科学研究总院,2013.

[6] 王国法,庞义辉,刘俊峰.特厚煤层大采高综放开采机采高度的确定与影响[J].煤炭学报,2012,37(11):1777-1782.

[7] 王国法.高效综合机械化采煤成套技术[M].北京:煤炭工业出版社,2008.

[8] 王国法,刘俊峰,任怀伟.大采高放顶煤液压支架围岩耦合三维动态优化设计[J].煤炭学报,2011,36(1):145-151.

无煤柱沿空留巷技术

张　农[1,2]，阚甲广[1]，韩昌良[1]，郑西贵[1]

(1. 中国矿业大学 矿业工程学院 深部煤炭资源开采教育部重点实验室，江苏　徐州　221116；

2. 湖南科技大学 煤矿安全开采技术湖南省重点实验室，湖南　湘潭　411201)

摘　要　沿空留巷是煤矿实现无煤柱连续开采的关键技术，并在煤层群卸压开采和煤与瓦斯共采技术中获得创新应用。本文分析了沿空留巷围岩结构的演变过程，提出了基于留巷大小结构稳定的区域应力优化与控制原理，制定了以煤巷"三高"锚杆支护配合采前顶板预裂爆破、采动加固、二次利用的留巷围岩动态过程控制技术，总结了留巷"三大"系统、四类常用留巷墙体留设方式和相应留巷装备及材料。介绍了 3 种典型开采条件下留巷在无煤柱连续开采、二次利用及煤与瓦斯共采中的应用实效。最后对沿空留巷在煤炭资源回收和煤与瓦斯共采方面的应用前景进行展望，提出我国东、西部矿区应用沿空留巷存在的技术问题。

关键词　沿空留巷；围岩结构；应力优化；工艺；材料；装备

0　引言

沿空留巷是在采煤工作面后方沿采空区边缘维护原回采巷道，实现 Y 型通风、瓦斯抽采、下区段回采等功能的回采巷道布置方式和控制技术。由于其在提高煤炭资源回收率、改善采掘接替紧张局面、降低巷道掘进率、消除煤柱应力集中和瓦斯、动力灾害等方面效果显著[1-3]，已经成为我国煤炭资源绿色、安全、高效的开采技术之一[4]。

0.1　发展历程

国内外沿空留巷研究已有较长的历史[5-10]。英国在井下试验高水材料巷旁充填取得成功，随后德国、波兰等国引入沿空留巷技术。我国沿空留巷技术发展始于 20 世纪 50 年代，巷旁支护经历了矸石墙、密集支柱、砌块、高水材料到高强混凝土材料的发展过程，巷内支护形式由木棚支护、工字钢梯形支架支护演变到型钢可缩性金属支架支护和锚梁网索支护，工程应用由薄煤层、中厚煤层到厚煤层综放开采和大采高一次采全厚开采。2003 年以来，以袁亮院士为首的无煤柱煤与瓦斯共采团队在淮南矿区以沿空留巷为手段，以治理瓦斯为目的，在实现充填材料技术经济合理化、充填工艺及装备机械化、留巷围岩控制系统化的基础上，成功地将留巷技术应用到低透气性煤层群连续卸压开采和煤与瓦斯共采等新的领域，使沿空留巷的研究和应用进入更高水平[11]。

0.2　研究现状

目前沿空留巷相关研究主要集中在围岩结构分析、巷旁支护以及充填材料性能等方面。代表性的有陆士良提出的沿空留顶板受裂隙带岩层取得平衡之前的"给定变形"影响[12]，朱德仁、何廷峻等提出的工作面端头"三角形悬板"对留巷变形影响[13-14]，孙恒虎等提出的留巷顶板岩层"叠加层板"理论[15]，漆泰岳、涂敏等分析了留巷基本顶应力及结构对留巷墙体受力及变形的影响[16-17]，李化敏等提出的基于沿空留巷各阶段不同矿压规律的留巷支护讨论[18]，何满潮等提出的卸压沿空切顶成巷无煤柱开采技术等[19,20]。

近年来,中国矿业大学从开拓开采源头出发,统筹考虑深井开采面临的安全技术难题,利用煤系地层的差异化赋存特点,对沿空留巷技术进行了长期的科研攻关,在留巷围岩控制理论与技术、留巷墙体充填材料与工艺等方面取得了诸多突破。如典型顶板条件下巷旁支护阻力计算和"三位一体"的留巷围岩控制、基于侧向顶板超前预裂的留巷围岩区域应力优化,基于沿空留巷 T 型区围岩分区治理思路的留巷围岩结构稳定控制技术、深井厚层复合顶板大变形沿空留巷二次利用等[21-25]。

1 沿空留巷围岩结构及应力优化

1.1 沿空留巷围岩结构

沿空留巷位处采空区边缘,其围岩结构是在工作面回采过程中形成的,掌握采场覆岩的活动规律是实现沿空留巷围岩稳定性有效控制的基础。如图 1 所示。

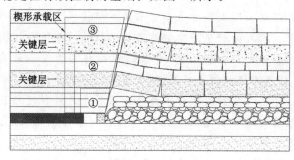

图 1 沿空留巷围岩结构图

工作面开始回采后,采空区直接顶逐渐产生裂隙和离层,达到极限跨距时,直接顶发生初次垮落。随着工作面不断向前推进,直接顶发生渐次上向垮落,基本顶悬露面积不断增大,达到极限跨距时,发生 O—X 破断[13],在采空区侧向形成以"弧形三角板"为核心的"砌体梁"结构,沿空留巷处于"弧形三角板"下方,受到残留直接顶自重和悬臂基本顶的"给定变形"影响[12]。采空区侧残留岩层形成楔形承载区[22],该区域岩层既承担上覆载荷又向低位岩层传递压力,是沿空留巷围岩应力的来源。随着采空区顶板垮落层位逐步升高,采空区侧向岩层不断弱化,高位岩层承载基础缺失,楔形承载区范围不断向上方和侧方扩展,如图 1 中①②③所示,留巷上方"弧形三角板"也不断发生回转下沉。当采空区上覆岩层达到充分垮落时,留巷顶板结构调整也逐渐结束,对留巷稳定性的影响趋于缓和。

1.2 沿空留巷区域应力优化

多数情况下,煤体上方依次赋存直接顶和基本顶岩层,工作面回采后,基本顶岩层往往断裂成规则块体,块体间相互挤压咬合形成"砌体梁"结构(如图 2 所示),沿空留巷处于基本顶岩层形成的大结构之内,其结构特征本质上决定着沿空留巷围岩控制的难易程度。

直接顶在基本顶运动中起着重要的协调作用,它一方面通过自身裂隙的闭合和侧向变形缓解一部分顶板压力,另一方面采空区垮落的直接顶作为基本顶岩块的垫层,能够及时支撑住回转块体,将旋转角控制在较小的范围内,使留巷免遭过大的载荷和变形。当煤层直接顶很薄,或厚层坚硬顶板直覆时,顶板运动与巷道来压将呈现出特殊性[如图 2(a)所示],坚硬顶板由于其强度高和完整性好,不易在墙体外侧产生破断,形成的长悬臂结构对沿空留巷围岩形成高值附加应力的长时影响;大范围悬顶发生突然垮落时又容易对留巷产生冲击作用,不利于留巷的稳定性控制,必须采取特殊措施,促进坚硬顶板沿墙体外侧切落,减小 B 块体长度。

超前工作面进行顶板钻孔预裂爆破,通过控制爆破参数使留巷坚硬顶板在墙体外侧破断,破断后 B 块能够直接切落,不再对 A 块产生压力作用,充分缓解墙体压力[如图 2(b)所示];随着不断

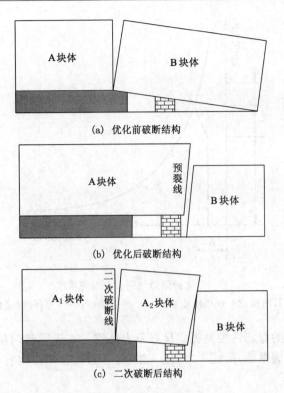

(a) 优化前破断结构

(b) 优化后破断结构

(c) 二次破断后结构

图 2 沿空留巷顶板结构优化图

回转下沉,块体 A 将发生二次破断并与切落块体 B 产生铰接[如图 2(c)所示],切落块体 B 对原位基本顶 A₂ 产生支撑作用,为留巷围岩小结构的稳定性控制提供最优的应力环境。

1.3 沿空留巷大小结构稳定

虽然留巷上方顶板经过爆破致裂等措施后,结构得到调整,应力得到优化,对留巷影响降低到最小,但是该顶板岩层仍然会回转下沉,以给定变形的形式对下方留巷造成影响。相比其他普通回采巷道,由"直接顶—墙体—底板"组成的留巷内层围岩小结构变形破坏依然严重,不能实现自稳,需要采用相应巷内控制技术。

2 沿空留巷围岩动态控制技术

沿空留巷是一项系统工程,包括巷道掘进、本工作面回采及留巷、相邻工作面复用等三个主要阶段,必须采用动态过程控制技术,考虑不同阶段巷道服务功能的多样化与差异性特点,制定相应的控制指标。

2.1 煤巷锚杆支护技术

"三高"锚杆技术的实质是以高强度锚杆、高刚度支护附件为基础,以高预拉力为核心的锚杆支护技术(高强度、高刚度、高预拉力)。高强度锚杆是实现初期高预拉力、后期高承载力的前提条件,高刚度支护附件则是保证支护阻力有效扩散的必要条件。相对于传统的砌碹支护、棚式支护及普通锚杆支护形式,三高锚杆技术能够在支护初期为巷道围岩提供更高的径向应力补偿,有效抑制初期变形,而杆体对变形的高敏感度则能够实现对围岩离层和扩容变形的高效控制。支护阻力与围岩变形的关系曲线如图 3 所示,三高锚杆支护相对其他支护形式具有明显的技术优势,其工作原理如图 3 中曲线 5 所示:强初撑(第 I 阶段)、急增阻(第 II 阶段)和高工作阻力状态(第 III 阶段),围岩的变形量(Δs)控制在较小的范围内。

2.2 采动加固技术

基于沿空留巷区域应力优化理论,提出特殊条件下的采前深孔预裂技术,以实现留巷大结构的

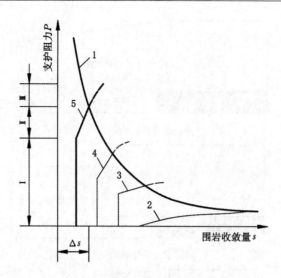

图 3　支护阻力与围岩变形关系图

1——典型支护—围岩关系曲线；2——传统支护；3——高强锚杆；4——高性能锚杆；5——"三高锚杆"支护

优化，为沿空留巷小结构的稳定性控制提供良好应力环境。基于留巷内层围岩小结构不能实现自稳的理论，提出相应的加固思路，形成了"三位一体"留巷围岩整体控制技术、"四大区域"控顶技术和深锚浅注技术。

2.2.1　采前深孔预裂技术

采前深孔预裂是一种通过优化留巷顶板结构来达到留巷围岩卸压的技术手段，适用于厚层坚硬顶板直覆条件，因直接顶厚度不足而基本顶"给定变形"过大的条件和巷旁充填体强度与顶板压力不相协调的条件。

爆破卸压对钻孔的成孔质量有较高的要求，因此在超前工作面施工钻孔并实施预裂爆破。考虑到采场和留巷围岩控制的双重要求，侧向顶板预裂卸压应遵循以下原则：

① 卸压后可有效缓解沿空留巷的顶板压力，其内涵包括：维持沿空留巷顶板的完整性和稳定性，使之不受破坏；确保充填体形成的初期不受过大的顶板压力；预裂断口内外两个断裂块体能够形成稳定的结构，使之构成巷道的掩护承载层。

② 卸压后不影响工作面顶板的安全性，其内涵包括：断裂块体间能够形成抑制作用，块体间不发生滑落失稳；需要超前开缺口并对待充填区顶板进行支护时，能够保证缺口空间的安全。

顶板的预裂爆破技术包括两个方面：一是超前工作面倾向深孔放顶爆破技术，以减小工作面来压步距，缓解来压强度，同时减小侧向悬臂宽度；二是超前工作面走向小水平转角钻孔群切顶爆破技术，以减小侧向悬臂长度，调整留巷区域顶板结构，优化区域应力场。

2.2.2　采前加固技术

（1）"三位一体"留巷围岩整体控制技术

基于沿空留巷围岩应力分布与破坏特征的阶段性，提出了采动应力调整阶段动态让压、整体强化的留巷围岩控制思想，形成了巷内锚杆强化、巷旁充填体强化、巷内自移式主动强力控顶支架辅助加强的"三位一体"强化支护技术体系。

（2）"四大区域"控顶技术

基于深井留巷变形的快速性和剧烈性，提出留巷围岩分区重点加固的顶板控制思想，形成了超前撕帮控顶区、端头支架控顶区、待充填控顶区、充填墙体控顶区的"四大区域"顶板控制技术。明确了"四大区域"顶板控制对提高留巷围岩系统刚度、维护工作面上端头 T 型空间、减小充填体载荷等方面的重要性。

（3）"深锚浅注"技术

基于巷道围岩弱化分区特征，将围岩分为浅部注浆区、中部让压区和深部承载区，提出调动注浆岩体与深部岩体的承载能力和自稳性能的围岩控制思想，形成了先进行 1～3 m 范围的注浆形成浅部承载壳，再进行深锚强化支护的深锚浅注技术。

2.3 留巷二次利用技术

留巷断面往往不能满足下一工作面回采对通风、运输等的需求，必须对其进行扩刷修复。因此，留巷复用已经成为深部沿空留巷真正实现其"一巷两用"技术优势的重要保障。

扩刷前留巷围岩原有的锚固区域整体移动，此部分围岩极度破碎，必须对其进行锚梁网索主动支护，确保锚固区域的整体性，避免局部破坏而导致留巷整体失稳。特别是新扩刷的实体煤帮和顶板，原有支护结构全部破坏，采取新型"三高"锚杆配合小孔径超高强预拉力锚索的主动支护，才能适应下一工作面强采动影响，维护扩刷巷道的长期安全稳定。

但是，巷道经过上一工作面的全过程、长时间的采动影响后，巷道围岩离层和裂隙已经产生。特别是留巷没有扩刷的顶板区域，后期主动支护不能阻止浅部围岩与深部稳定岩层间的离层继续扩大，必须实施巷内单体配合铰接顶梁、木点柱等被动的辅助支护形式，增大扩刷后巷道的安全系数。主被动协同承载才能确保巷道的长期安全稳定。

3 沿空留巷充填工艺、装备及材料

3.1 沿空留巷施工工艺

3.1.1 上料系统

目前沿空留巷充填料的上料方式有两种，一种是用矿车将袋装充填料运输至充填泵站，人工拆袋上料至充填泵搅拌机，此种方式工作效率低，环境污染严重。另一种方式为全机械化自动上料系统，该工艺主要流程为：利用安装在顺槽外侧机头的真空吸盘将袋装充填料卸载，通过自动拆封机拆封实现袋料分离，散装充填料通过管状带式输送机输送至充填泵上料系统。

3.1.2 充填系统

充填料通过人工或管状带式输送机输送至充填泵后，可进行充填工作。充填工作包括充填前检查、充填、充填后冲洗充填泵和充填管路等工序。

充填前需清洗管路，管路畅通后，方可进行材料的搅拌输送；进料要均匀连续，配水要严格控制水灰比，进水管安装有压力表，注意观察设备的工作压力和状况，防止管路阻塞，保证供水均压，水量均衡。充填工作完成后，进行充填泵和充填管路的清洗。

3.1.3 模板系统

以 ZZTM11300/19/35H 型巷旁充填支架为例进行说明。充填前，要调整三块模板处于良好状态；调整好充填模板后，将充填空间内杂物清理干净，顶底板整理平整，在充填模板内铺上塑料膜或胶织袋，避免充填料泄漏，模板不能充分接顶，不严密处使用抗静电阻燃胶织袋装煤或用双面扒皮料、大板等封堵间隙，保证充填体接顶密实，并在充填墙体内布置钢筋网架结构以加强墙体，而后将充填管路架设好，准备进行充填。

充填后，为了使沿空留巷充填墙体能够达到质量要求，充填支架及模板要保持静止不动，要保证不少于 4 h 的凝固时间，确保承压能力达到 7 MPa 以上，再重新移动、调整充填支架及模板。

3.2 沿空留巷墙体留设方式

3.2.1 人工立模

早期的沿空留巷端头区域控制采用单体液压支柱，在待充填区域用单体液压支护及木点柱支护顶板，并在充填区域周围布置密集单体液压支柱，依靠单体液压支柱布置木板或者特制充填模板，形成封闭的充填空间，同时在充填空间内铺设防止浆液外流的塑料布，最终构成人工充填模板。

3.2.2 机械模板立模

机械模板构筑法又分为支架模板构筑法和框架模板构筑法。支架模板由3架构成,分别为采空区侧模板支架、后模板支架、巷道侧模板支架。框架模板由前部三架支架和后部充填框架组成,前三架支架为六柱四连杆支撑掩护式型式,后部充填框架由一个前模板、一个单侧模板和一个双侧模板组成,它们通过销轴连接组成U型空间,每个模板都是由上部的模板套和下部的模板套接在一起,通过模板千斤顶控制其升降伸缩。

两种支架都能与运输机、采煤机、过渡支架配套使用,可实现工作面的割煤、支护、移架和运煤等综合机械化作业。框架模板是在支架模板基础上发展而来,二者比较而言,框架模板对工作面生产制约较小,能够实现采煤、充填互不干扰,因此既能够满足充填要求,又能够适应工作面快速推进的要求,近年来在淮南、淮北、铁法、晋煤等矿区得到了较好的应用。

3.2.3 柔性模板立模

柔性模板构筑充填墙体是一种新型沿空留巷墙体构筑方法。随采煤工作面推进,在单体支柱掩护和支撑下,在巷旁支护的外侧将柔性模板固定,将充填材料泵入柔性模板,形成充填墙体。与传统的刚性模板相比,柔性模板是软接触,可以适应任何形状的巷道,刚性模板是硬接触,难以适应复杂形状断面;柔性模板密闭性强,实现了混凝土带压操作,克服了刚性模板的不足,模板质量轻,劳动强度低。目前,国内还开发了柔模充填支架,避免了工人在采空区挂袋作业,提高了工人操作的安全性,实现了机械化。柔性模板构筑充填墙体方法在冀中能源、山西焦煤等多个矿井成功应用。

3.2.4 预制块体

在地面预置块体,然后在井下按照一定的堆砌方式将块体堆砌起来,形成留巷墙体。地面预置混凝土块体,不受施工时间和空间的限制,能够控制材料配比和凝结时间,墙体砌筑后可立即承载。其原材料来源广泛,易于就地取材和加工,砌体结构具有良好的耐火性和耐久性。砌体结构的施工设备和方法较简单,施工的实用性较强,造价低廉。预制块体构筑充填墙体应用历史悠久,具有一定的适应性,但与机械模板构筑法相比,构筑墙体速度较慢,难以满足工作面快速推进的要求。如华晋焦煤沙曲矿24202工作面采用预制块体方式沿空留巷满足了留巷承载要求,试验取得成功。

3.3 沿空留巷充填装备及材料

3.3.1 充填装备

(1) 充填泵

留巷用充填泵大致有两种类型,一种为德国普茨迈斯特公司生产的BSM1002-E混凝土充填泵,理论输送量为12~15 m³/h,最大出口压力为10 MPa(图4);另一种为国内相关企业系列,煤矿用混凝土泵主要型号有:HBMG-50/16-132S、HBMG30/21-110S、HBMD-40/10-110S等。

图4 BSM1002-E混凝土充填泵实照

(2) 真空吸盘

真空吸盘[图5(a)]又称真空吊具,一般来说,利用真空吸盘抓取制品是最廉价的一种方法。利用真空吸盘抓取袋装充填材料,实现充填材料从矿车到上料皮带的运输。

（3）自动拆袋分离机

自动拆袋分离机[图5(b)]是煤矿企业专用自动拆包设备,由皮带输送机、割刀装置、滚筒筛、中间支架、手动反吹布袋除尘器、控制箱共六部分组成。利用该设备可实现机械化袋装充填材料破袋,且破袋过程中无任何粉尘外泄,有效地保护环境和作业空间,有利于工人身心健康。

（a）真空吸盘 　　　　　　　　　（b）自动拆袋分离机

图5　真空吸盘和自动拆袋分离机实照

（4）管状带式输送机

管状带式输送机[图6(a)]由机头卸料装置、传动装置、驱动装置、张紧装置、机身、支座、机尾受料装置、阻燃管状输送机、有关电气控制及保护等组成。管状带式输送机用于运输充填材料,运输过程中无任何粉尘外漏,有效地减少了粉尘的产生,保护作业环境和工人健康。

（a）管状皮带图 　　　　　　　　　（b）混凝土搅拌机

图6　管状皮带图和混凝土搅拌机实照

（5）双卧轴强制式混凝土搅拌机

双卧轴强制式混凝土搅拌机[图6(b)]由上料装置、搅拌装置、供水系统、卸料机构、电气控制系统等组成,可用来搅拌干硬性、塑性、轻骨料混凝土以及各种砂浆、灰浆和硅酸盐混合料。

（6）沿空留巷模板支架

沿空留巷模板支架(图7)是在吸收同类型支架优点的基础上而开发出的新型国内首创液压充填模板支架。该型支架与运输机、采煤机、过渡支架配套使用,可实现工作面的割煤、支护、移架和运煤等综合机械化作业。

该支架的特点:一是前部三台支架平行排列使用,形成足够的通行空间和支护强度;二是在支架后部设置的液压模板形成了U型空间,确保在靠采空区一侧浇注隔离墙;三是四个步距移一次模板,以满足浇注后隔离墙有足够的凝固时间。

3.3.2　充填材料

2003～2009年的留巷攻关试验中,成功研制了以水泥、粉煤灰、石子及若干添加剂组成的巷旁充填材料,该材料所用水泥为P.O32.5普通硅酸盐水泥,骨料为粒径小于6 mm的碎石,28天抗压

（a）前视图　　　　　　　　　　　　　　（b）后视图

图 7　沿空留巷模板支架实照

强度约为 28 MPa。先后在淮南新庄孜矿、顾桥矿、潘二矿、谢桥矿，以及皖北卧龙湖矿，铁煤小青矿，华晋焦煤中兴矿等数十个矿推广应用，取得了较好的效果。

鉴于第一阶段充填材料形成的充填体强度低，不能满足深井留巷要求，展开了新一轮的攻关，将所用水泥更换为 P.O42.5 普通硅酸盐水泥，粗骨料粒径增大至 18～30 mm，墙体终凝强度达到 26～40 MPa，成功实现了充填材料升级。与小骨料巷旁充填相比，墙体强度提高了 30%，可直接降低充填材料成本费 15%。

4　工程案例

4.1　坚硬顶板沿空留巷及连续开采

4.1.1　工程概况

朱庄矿Ⅱ646 工作面是Ⅱ64 采区首采工作面（图 8），主采 6# 煤层，煤层结构简单，平均厚度 1.6 m，倾角 4°～12°，埋深约 300 m。工作面走向长 900 m，倾向宽 113～170 m，顶板为 10 m 灰黑色薄层状中细粒砂岩，往上为 8.0 m 灰色中粒砂岩，共 18 m 厚层砂岩顶板直覆，砂岩抗压强度均大于 70 MPa。

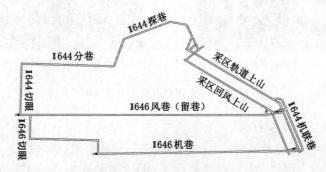

图 8　Ⅱ646 工作面采掘布置图

4.1.2　技术方案

4.1.2.1　采前顶板预裂爆破

采用超前爆破预裂方法调整基本顶岩层破断形态。超前工作面每隔 25 m 施工一个钻场，在每个钻场内施工 2 组爆破钻孔，每组含 3 个钻孔并呈扇形布置，与工作面走向成 2°～10° 转角施工。炮孔孔底距离工作面 10～20 m 时装药爆破。钻孔施工选用 SGZ-ⅢA-150 型钻机，钻头直径 75 mm。采用煤矿三级安全水胶炸药，药卷规格为直径 60 mm、长 1 000 mm，封孔长度均为 10 m。

4.1.2.2　巷内支护方案

（1）掘进期间支护

矩形断面宽 4 200 mm、高 2 400 mm。采用锚梁网索支护。顶板锚杆直径 20 mm、长 2 400

mm,顶板锚杆间排距为 950 mm×1 100 mm;顶板锚索为直径 15.24 mm、长 6 400 mm 的钢绞线,排距 1 100 mm;两帮锚杆直径为 18 mm、长 2 200 mm,间排距为 650 mm×850 mm;顶板 M4 钢带长 4 000 mm,两帮 M4 钢带长 2 100 mm。参数如图 9 所示。

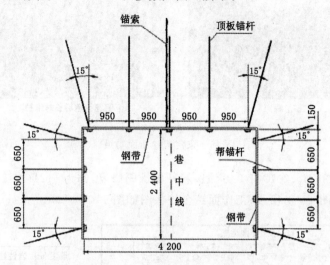

图 9 掘进期间巷道支护设计图

(2) 回采前补强加固

回采期间在原有支护基础上重点对顶板进行加固:

① 巷内顶板采用直径 17.8 mm、长 6 400 mm 锚索加固,加固形式为"2-1-2",其中"2"为锚索梁、"1"为单体锚索,加固在工作面前方 30 m 之外完成。

② 充填墙体处顶板加固方案:采用混凝土膏体材料充填构筑巷旁墙体,墙体尺寸宽 2.2 m、2.4 m。在采煤工作面前方 3.0 m 内对回采侧煤壁进行开缺口处理,开缺口上方顶板加固采用直径 20 mm、螺纹直径 22 mm、长 2 400 mm 锚杆配合 2 800 mm 长的 M4 型钢带、8# 菱形金属网联合支护,间排距 950 mm×1 100 mm。

(3) 工作面前方及后方巷内辅助支护

超前工作面 30~40 m、滞后工作面 180 m 范围内采取单体液压支柱加强支护,巷内每排布置 4 根单体支柱进行加强支护。

4.1.3 效果分析

巷道开掘至报废,对围岩变形进行了连续观测,围岩活动主要经历以下 4 个阶段:

① 掘巷影响阶段两帮相对移近量为 30~40 mm,顶底板移近量为 40~50 mm;

② 超前采动影响阶段顶板下沉量、底鼓量、回采侧移近量、非回采侧移近量分别为 16 mm、12 mm、32 mm、22 mm;

③ 滞后采动影响阶段顶板下沉量、底鼓量、回采侧移近量、非回采侧移近量分别为 157 mm、283 mm、246 mm、184 mm;

④ 二次复用阶段留巷成功后作为Ⅱ644 工作面机巷使用,在Ⅱ644 工作面回采期间全程(900 m)复用,不需任何修复即可正常使用,断面控制在 9~11 m²。巷道维护实照如图 10 所示。

4.2 深井厚层复合顶板沿空留巷及二次利用

4.2.1 工程概况

1111(1)工作面是朱集矿第一个采煤工作面,埋深 900 m,主采 11-2 煤,煤层平均厚度 1.2 m,工作面走向长 1700 m,倾向宽 260 m,采用 Y 型通风分阶段沿空留巷方式进行回采,2012 年 7 月回

| (a) 掘进稳定后 | (b) 留巷稳定后长时维护 |

图 10　朱集留巷断面实照

采完毕,成功留巷 1 300 m。2012 年 9 月该留巷开始扩刷修复,作为 1121(1)工作面轨道顺槽使用。采掘工程平面布置如图 11(a)所示;工作面综合柱状图如图 11(b)所示。

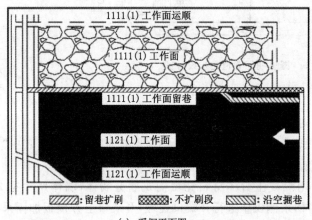
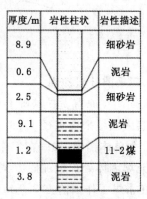

厚度/m	岩性柱状	岩性描述
8.9		细砂岩
0.6		泥岩
2.5		细砂岩
9.1		泥岩
1.2		11-2煤
3.8		泥岩

(a) 采掘平面图　　　　　　(b) 综合柱状图

图 11　采掘工程平面布置图

4.2.2　技术方案

(1) 修复前真实状态分析

经过对朱集留巷分别在掘进阶段、回采影响阶段、留巷阶段和后期蠕变阶段围岩变形统计发现,由于朱集留巷埋深大、地应力高,留巷围岩在压力相对稳定的留巷稳定阶段仍保持较高的蠕变速度,是留巷产生大变形的主要原因。朱集留巷各阶段变形曲线如图 12 所示。

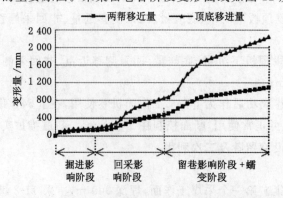

图 12　1111(1)工作面留巷修复前围岩变形曲线

为保证留巷扩刷修复的施工安全,对留巷顶板岩层进行钻孔窥视,如图13所示。

窥视结果显示,顶板岩层仅在距围岩表面0～1.5 m范围内极为破碎,1.5 m往上范围岩层完整,没有出现明显离层,说明顶板浅部岩层虽然在经历多次剧烈采动影响后松散、破碎,但浅部离层没有向深部发展,留巷上方基本顶结构稳定,为后期扩刷修复提供可行性。

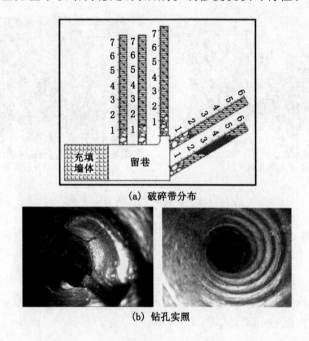

(a) 破碎带分布

(b) 钻孔实照

图13 留巷破碎围岩实照及破碎带分布图

（2）支护方案

① 根据留巷扩刷前的巷道维护情况和巷道围岩变形特征,对新扩刷巷道的顶板和充填墙体不再进行主动支护,支护设计如图14所示。

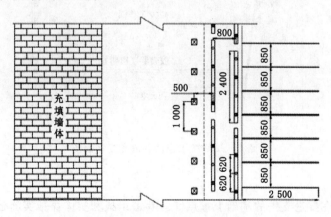

图14 1111(1)留巷扩刷修复时支护设计图

② 留巷修复结束后,顶板网兜严重地段采取套棚加强支护。棚梁为长度4 000～4 500 mm的11#工字钢,工字钢平面向上呈"工"字使用。棚腿为长度合适的单体,一梁三柱,棚距1 200 mm。帮部两棚腿尽量靠近充填墙体和煤壁,中间棚腿尽量布置在梁中部。

4.2.3 效果分析

成功指导朱集矿完成1 300 m的留巷扩刷修复工程,扩刷后留巷两帮移近量小于90 mm,顶底板移近量小于 200 mm,顶底板没有出现明显离层,锚杆索受力均匀且合理。解决了朱集矿采掘接替紧张局面,节省相关掘巷及支护费用 800 余万元,取得了较好的社会经济效益。扩刷前后断面如图 15 所示。

(a) 扩刷修复前断面   (b) 扩刷修复后断面

图 15   留巷扩刷前后断面对比实照

4.3   大采高沿空留巷及煤与瓦斯共采

4.3.1   工程概况

沙曲矿 24207 工作面开采 3#、4# 合并层煤层,平均厚度 4.2 m,直接顶为 5.5 m 砂质泥岩,基本顶为 4.5 m 砂岩,底板为 3.6 m 中砂岩,采用大采高一次采全厚无煤柱沿空留巷煤与瓦斯共采的开采模式。24207 工作面巷道布置如图 16 所示。

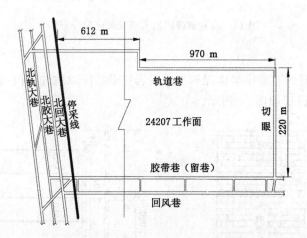

图 16   24207 工作面巷道布置平面图

4.3.2   技术方案

回采留巷之前,在掘进支护的基础上重点针对巷道顶板和实体煤帮实施强化支护:顶板采用锚索梁补强的方式,形成"4－3－4－3"的锚索布置,锚索为直径 22 mm、长 6 300 mm 的钢绞线,其预拉力 90 kN 以上;非回采帮采用 W5 钢带和直径 20 mm、长 2 000 mm 螺纹钢锚杆的锚杆梁支护方式,锚杆预紧扭矩不低于 300 N·m;间排距 800 mm×800 mm,具体支护参数如图 14 所示。

留巷充填之前,超前采煤工作面 2～3 m 进行开缺口(撕帮)处理,撕帮宽度定为 3.2m,高度与巷道一致。墙体宽度 4 m,其中 1 m 在巷道内,顶板施工 4 根直径 20 mm、长 2 400 mm 锚杆,加 W型钢带支护,锚杆间排距为 900 mm×800 mm,预紧扭矩 300 N·m;在开缺口顶板中部垂直向上施工规格为直径 22 mm、长 6 300 mm 单体锚索,锚索预紧力不低于 90 kN,排距 1 600 mm;非回采侧帮部采用直径 20 mm、长 2 000 mm 的螺纹钢锚杆。具体支护参数如图 17 所示。

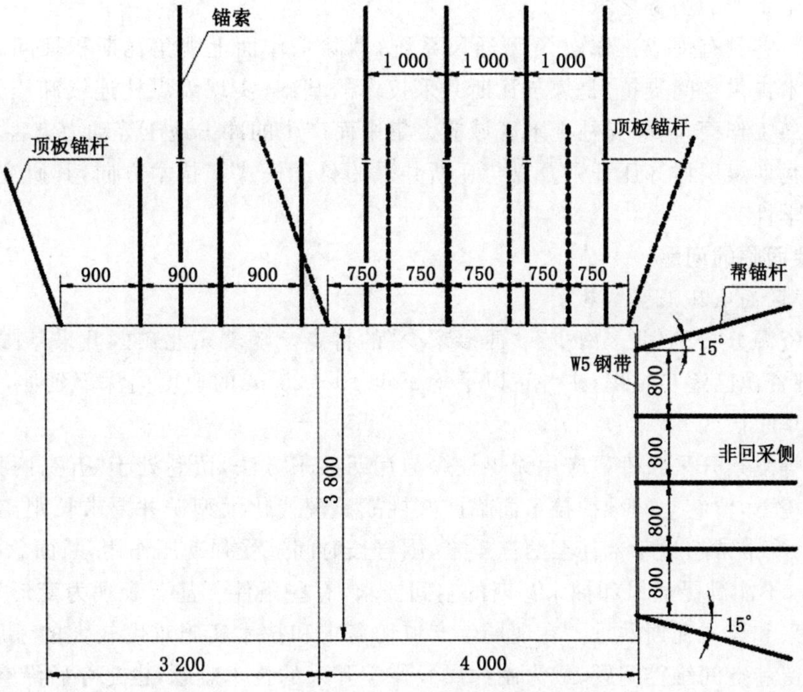

图 17　支护参数设计图

4.3.3　效果分析

研究成果于 2010 年 12 月～2011 年 8 月应用在沙曲矿 4.2 m 大采高工作面，沿空留巷与瓦斯治理两个方面均取得了成功：留巷围岩变形得到了良好的控制，平均断面收缩率 34%，平均断面 7.9 m²，满足了工作面通风的需求，围岩未发生破坏失稳，可为下个工作面继续复用。Y 型通风系统解决了高瓦斯煤层开采瓦斯治理的重要技术难题，杜绝了工作面上隅角瓦斯积聚超限的问题，正常回采期间瓦斯平均抽采率达到 72.71%，工作面回风流瓦斯浓度均控制在 0.6% 以下。

5　结束语

5.1　沿空留巷的应用前景展望

5.1.1　满足资源高效回收的要求

国家《能源中长期发展规划纲要（2004～2020 年）》和《国家能源发展战略 2030～2050》均已明确指出[26-27]，煤炭作为我国的主导能源在相当长的时期内不可替代。煤炭属于不可再生能源，随着我国煤炭产量的不断增加，煤炭资源的回收率却常年停滞不前（仅有发达国家的一半左右）[28]，不仅造成极大的资源浪费和生态环境破坏，而且使煤炭资源匮乏区的开采环境加速向深部恶化，加快了该区域资源枯竭速度，不利于我国能源结构的统筹部署和煤炭开采的可持续发展。

根据采区煤炭损失构成情况统计，煤柱损失所占比重最大，在部分厚煤层矿区甚至高达 50% 以上。无煤柱沿空留巷节约了区段煤柱，可提高采区采出率 10% 以上。是我国东部深部矿区和西北厚煤层矿区提高煤炭资源回收率的重要方法之一。

5.1.2　满足高瓦斯煤层群卸压开采及煤与瓦斯共采的要求

在我国煤矿事故类型中，顶板和瓦斯事故最为严重。据统计[29]，顶板和瓦斯事故死亡人数和事故发生的次数均占全国煤矿事故死亡人数和次数的 65%，不但造成国家财产和矿工生命的巨大损失,还严重地影响了我国的国际声誉[30]。进一步提高顶板和瓦斯灾害的治理技术水平,已经成为保障煤炭安全生产的当务之急。

由于沿空留巷具有促成工作面 Y 型通风系统,消除工作面上隅角瓦斯积聚问题;为留巷钻孔法瓦斯抽采技术提供空间支持,是煤与瓦斯共采技术的基础;实现无煤柱连续卸压开采,避免因跳采而形成的孤岛工作面,消除煤柱上下区域应力集中而产生的冲击地压等动力灾害等突出优点,已经成为我国高瓦斯煤层群卸压开采及煤与瓦斯共采的科学模式和技术方向,其研究成果具有普遍的适用性和科学性。

5.2 沿空留巷面临的问题

5.2.1 东部矿区高地压沿空留巷

我国煤炭资源分布显“北多南少”、“西多东少”的特点。随着东北矿区开采年限和开采能力的逐年增加,浅部资源已逐步枯竭,矿井正以平均每年 10～25 m 的速度向深部延伸,全国约 90% 的千米深井处于华东矿区。

但在深部等复杂开采条件下应用无煤柱煤与瓦斯共采方法,留巷处于“五高两扰动”的特殊地质力学开采环境下,留巷空间维护技术面临严峻挑战。现代化大型矿井要求长距离大断面布置回采巷道,留巷长度常常超过千米甚至两三千米,围岩长时间遭受强动压作用,断面急剧收缩,收缩率常在 50% 以上,不能满足通风和抽采瓦斯的空间要求,有些条件下甚至表现为变形失稳,难以实施无煤柱连续开采和煤与瓦斯共采。在现场生产迫切需求和技术实施难度较大的矛盾之下,如何解决高地压沿空留巷空间维控问题,成为制约煤炭科学开采的技术难题,也是今后沿空留巷研究的重点方向之一。

5.2.2 西北矿区大采高、厚煤层等优质资源沿空留巷

按照我国能源发展“十二五”规划,我国煤炭整体的开拓布局正向华北西北部含煤区和西北含煤区转移。这些地区煤质优良且煤层赋存相对稳定,构造相对简单,是我国今后大型、集约化现代化矿井开采的重点区域。

但是,上述部分煤层区域由于构造运动发生急倾斜、直立、倒转现象,出现大量的厚煤层、特厚煤层甚至巨厚煤层,对传统的煤层开采方式提出挑战。随着我国大采高技术的不断发展,预计今后大采高开采方式将是解决该区域特殊赋存条件下煤炭高效回收的主要开采模式。所以,研究大采高开采条件下沿空留巷的围岩控制理论与技术、矿压显现规律,是实现西北矿区优质煤炭资源高效回收和煤炭开采与环境保护和谐发展的重要基础。

参考文献

[1] 徐永圻.煤矿开采学[M].徐州:中国矿业大学出版社,1999.

[2] 袁亮.低透气性煤层群无煤柱煤气共采理论与实践[J].中国工程科学,2009,11(5):72-80.

[3] 吴淑鸿.降低巷道掘进率方法[J].辽宁工程技术大学学报(自然科学版),2008(S1):19-20.

[4] 钱鸣高,许家林,缪协兴.煤矿绿色开采技术[J].中国矿业大学学报,2003,32(4):343-347.

[5] WHITTAKER-B-N,SINGH-R-N. Design and Stability of Pillar in Longwall Mining[J]. The Mining Engineer,June,1979:59-70.

[6] SALAMON-MDG. A Study of the Strength of Coal Pillars[J]. Journal of the South African Inst Min Metall,1967,68:55-67.

[7] WHITTAKER-B-N,Woodron-G-G-M, etc. Design Loads for Gateside pack and Support System[J]. The Mining Engineer,Feb,1997.

[8] WILLIAMS-B-C. Packing Technology[J]. The Mining Engineer,1988(3).

[9] SMART-B-G-D,DAVIES-D-O, etc. Application of the Rock-Title Approach to pack Design in an Arch-Sharped Roadway[J]. Mining Engineer,Dec,1982.

[10] BJURSTROM-S. Shear Strength of Hard Rock Joints Reinforced by Grouted Untensioned Bolts,Proc. of 3rd Congress,ISRM Denver,Vol. II. B. 1974.

[11] 袁亮.低透气煤层群首采关键层卸压开采采空侧瓦斯分布特征与抽采技术[J].煤炭学报,2008,33(12):1362-1367.

[12] 陆士良.无煤柱巷道的矿压显现与受力分析[J].煤炭学报,1981(4):29-37.

[13] 朱德仁.长壁工作面老顶的破断规律及其应用[D].徐州:中国矿业大学,1987.

[14] 何廷峻.工作面端头悬顶在沿空巷道中破断位置的预测[J].煤炭学报,2000,25(1):28-31.

[15] 孙恒虎,赵炳利.沿空留巷的理论与实践[M].北京:煤炭工业出版社,1993.

[16] 漆泰岳.沿空留巷支护理论研究及实例分析[D].徐州:中国矿业大学,1996.

[17] 涂敏.沿空留巷顶板运动与巷旁支护阻力研究[J].辽宁工程技术大学学报,1999,18(4):347-351.

[18] 李化敏.沿空留巷顶板岩层控制设计[J].岩石力学与工程学报,2000,19(5):651-654.

[19] 朱川曲,张道兵,施式亮,等.沿空留巷支护结构的可靠性分析[J].煤炭学报,2006(2).

[20] 张国锋,何满潮,等.白皎矿保护层沿空切顶成巷无煤柱开采技术研究[J].采矿与安全工程学报,2011(4).

[21] 阚甲广.典型顶板条件沿空留巷围岩结构分析及控制技术研究[D].徐州:中国矿业大学,2009.

[22] 韩昌良.沿空留巷围岩应力优化与结构稳定控制[D].徐州:中国矿业大学,2013.

[23] 郑西贵,张农,等.无煤柱分阶段沿空留巷煤与瓦斯共采方法与应用[J].中国矿业大学学报,2012(3).

[24] 张农,张志义,等.深井沿空留巷扩刷修复技术及应用[J].岩石力学与工程学报,2014(3).

[25] 韩昌良,张农,等.沿空留巷厚层复合顶板传递承载机制[J].岩土力学,2013(S1).

[26] 《能源中长期发展规划纲要》草案原则通过[J].中国能源,2004,26(7):24.

[27] 袁亮.煤矿瓦斯灾害防治理论与关键技术[A]//中国工程科技论坛第118场——2011国际煤矿瓦斯治理及安全论文集[C].徐州:中国矿业大学出版社,2011:34-57.

[28] 中国煤炭产业可借鉴美国经验[EB/OL].新华网.[2003-11-06].http://news.xinhuanet.com/fortune/2003-11/06/content_1164232.htm.

[29] 中国煤炭工业协会.中国煤炭经济研究2005~2008[M].北京:煤炭工业出版社,2009.

[30] 卫修君,林柏泉.煤岩瓦斯动力灾害发生机理及综合治理技术[M].北京:科学出版社,2009.

2 技术研究

高应力大变形巷道让压锚索支护技术及其装置研制 *

高明仕[1,2],曹志安[3],赵一超[2],程志超[2],权修才[2]

(1.新疆大学 地质与矿业工程学院,新疆 乌鲁木齐 830046;

2.中国矿业大学 矿业工程学院 深部煤炭资源开采教育部重点实验室,江苏 徐州 221116;

3.永城煤电控股集团有限公司,河南 永城 476600)

摘 要 深部巷道围岩的高应力、大变形特点,要求支护系统具备高强让压的特性。普通锚索由于其延伸率较低容易提前过度受载而破坏,造成巷道围岩破坏或垮冒。新型的让压锚索与围岩介质在强度、变形及刚度上的耦合性,使其不仅能提供与普通锚索同样的支护强度,还可以随围岩变形提供一定的变形量而适度让压,通过强化支护和适度让压,充分发挥锚网—围岩整体力学效应。让压装置的变形强度为锚索强度的屈服极限,因此当锚索承载力达到或接近其屈服极限时让压装置先屈服劲缩,产生一定的位移量,释放部分高应力,从而避免了锚索过早超载而提前破坏,实现巷道支护系统的完好性。采用 MTS815 电液伺服岩石力学性能实验系统,进行了不同规格让压装置单轴压缩力学性能试验,选定了 3 种不同规格的让压装置,分别配套 ϕ15.24 mm、ϕ17.8 mm、ϕ18.9 mm 三种不同规格和强度的锚索支护系统。工程实践表明,该支护技术和新型让压装置的研制成功,有效保护了锚网支护系统的完好性,提高了深部巷道围岩的支护质量和支护水平。

关键词 深部巷道;让压锚索;屈服变形;产品研制;性能试验;工程实践

随着我国煤炭资源开采的日益增大,我国煤矿逐渐进入深部开采,国内大多数矿井都已开拓延伸到了地下 800～1 000 m 左右的深度。深部岩层裂隙发育,断层构造多,地应力大,矿压显现强烈,围岩变形大,常常出现锚索被过载拉断,造成巷道支护系统破坏导致巷道围岩垮冒等[1-4]。因此,要求支护系统能提供一定的让压伸缩量,以释放部分高应力,同时保护支护系统的完好性,维护巷道的长期稳定性。

1 高应力大变形巷道锚索高阻让压支护原理

1.1 高应力大变形巷道对支护系统的要求

由于复杂的工程地质条件和特殊的围岩结构,深部煤巷围岩的大变形是不能完全避免的,关键是支护系统如何去适应这种大变形。支护系统应能充分释放围岩的膨胀能或其他非线性能量,并能很好地保护支护系统不被破坏;应能最大限度地保护围岩的承载能力不被破坏,使深部复合顶板煤层巷道不致失稳;应能在围岩与支护的共同作用过程中,实现支护一体化,荷载均匀化,使锚杆锚索协同受力共同发挥作用[5-8]。

普通锚索由于其延伸率较低(约 3.5%)容易提前过度受载而破坏,造成巷道的变形与垮冒。深部复合顶板煤层巷道围岩的高应力、大变形特点,要求支护系统具备高阻而且让压的特性,即强调围岩地质条件和锚网索支护系统的适应性,恰到好处地及时限制围岩发生有害的变形损伤,做到

* "天山学者"资助项目(TSS20150105);江苏省"青蓝工程"资助(JSQL 20140207);江苏高校优势学科建设工程资助项目(PAPD)

强化支护和适度让压的统一。

1.2 巷道围岩与锚网支护的变形耦合

深部复合顶板煤层巷道支护存在的最大问题是不耦合问题,具体表现为强度不耦合、刚度不耦合以及变形不耦合[9-12]。当支护系统与围岩扩容碎胀变形不耦合时,就会造成支护构件的破坏和失效。巷道围岩与锚索变形耦合模型如图1所示。

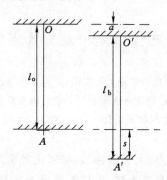

图1 巷道围岩与锚索变形耦合模型

在图1中,锚索原长 l_o,锚固端位移为 a,锚索受力后长度为 l_b,在巷道表面位移显现为 s。

$$a + l_b - s = l_o \tag{1}$$

受力后锚索实际伸长量为:

$$\Delta l_m = l_b - l_o = s - a \tag{2}$$

所以,锚索应能提供的延伸量包括自身原来的延伸量 l_{mr} 和另外一个辅助延伸量 Δl_{my}:

$$l_{mr} + \Delta l_{my} = s - a \tag{3}$$

$$l_{mr} = s - a - \Delta l_{my} \tag{4}$$

因锚索自身的延伸率很低,可以看做 $l_{mr} = 0$,则

$$s - a = \Delta l_{my} \tag{5}$$

若锚固端很稳定,即 $a \to 0$,则

$$\Delta l_{my} = s \tag{6}$$

因此,可以在高强度锚索的尾部加设一个让压装置,在岩体变形压力超过锚索极限破断能力 80% 时,该装置屈服变形产生一定收缩量,相当于锚索提供了一定的延伸量,从而使锚索随围岩的大变形而适当地让压收缩,在维护巷道围岩稳定的过程中,充分发挥锚索高阻力支护的性能,并能有效控制围岩变形,降低锚索过早损坏甚至拉断的几率,保护锚索支护系统,实现深部巷道围岩的长期稳定性。

2 让压装置研制

2.1 让压锚索设计[13]

让压锚索,主要由锚索钢绞线1、托盘2、金属垫圈3、让压装置4和锁具5构成,将托盘2、金属垫圈3、让压装置4和锁具5顺序穿套在锚索钢绞线1的尾部,对围岩实施紧固。让压装置4为一鼓形套环,两端分别设有金属垫圈3,设在托盘2与锁具5之间。产品设计造型见图2。

2.2 让压装置研制

根据以上分析研究,针对锚索研制了专门的让压装置,如图3所示。

3 让压装置性能的实验室测试

试验采用 MTS815 电液伺服岩石实验系统。试验前对所选的试件进行编号和分组,设置

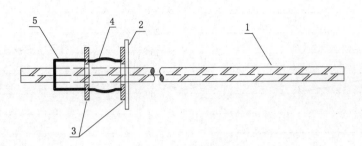

图 2 让压锚索的结构示意图

1——锚索钢绞线;2——托盘;3——金属垫圈;4——让压装置;5——锁具

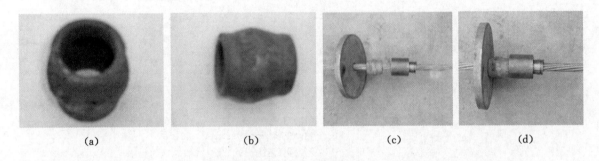

(a)　　　　　　　(b)　　　　　　　(c)　　　　　　　(d)

图 3 锚索让压装置的研制与装配

MTS815 电液伺服岩石实验系统的相关参数。将试件放在 MTS815 仪器受压托架上,按设置参数进行加载,并同步记录相关实验参数。三种不同规格试件如图 4 所示。

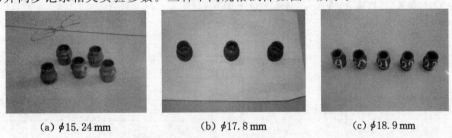

(a) ϕ15.24 mm　　　　　(b) ϕ17.8 mm　　　　　(c) ϕ18.9 mm

图 4 三种不同规格试件的实物图

单轴压缩后三种不同规格试件如图 5 所示。

(a) ϕ15.24 mm　　　　　(b) ϕ17.8 mm　　　　　(c) ϕ18.9 mm

图 5 压扁后三种不同规格让压试件实物图

三种不同规格试件荷载—位移曲线如图 6 所示,试件力学性能及参数测定见表 1。

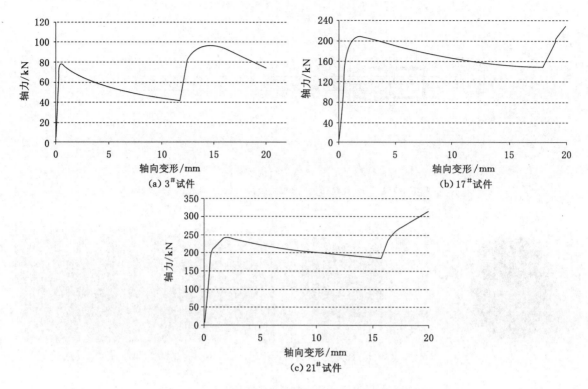

(a) 3#试件   (b) 17#试件

(c) 21#试件

图 6   三种不同规格试件载荷—位移曲线图

表 1   三种不同规格让压试件力学性能及参数测定

试件编号	长度/mm	厚度/mm	内径/mm	外径/mm	屈服强度/kN	屈服前位移/mm	屈服后最小承载力/kN	屈服阶段位移/mm	总位移/mm
1	41.7	2.5	21.0	23.5	74.59	1.45	42.02	10.25	11.70
2	43.0	2.5	21.0	23.5	81.17	0.60	43.03	10.15	10.75
3	42.0	2.5	21.0	23.5	78.25	0.50	41.02	11.20	11.70
4	41.8	2.5	21.0	23.5	76.59	0.54	42.79	10.05	11.35
5	41.6	2.5	21.0	23.5	79.79	0.85	41.71	10.50	11.35
6	42.6	2.5	21.0	23.5	76.74	0.50	40.68	10.35	10.85
7	40.6	2.5	21.0	23.5	82.17	0.65	42.95	10.50	11.15
8	40.5	2.5	21.0	23.5	76.49	1.65	42.87	9.59	11.24
9	38.6	2.5	21.0	23.5	79.12	1.75	41.49	8.55	10.30
10	37.6	2.5	21.0	23.5	84.70	0.90	46.41	8.55	9.45
11	38.2	2.5	21.0	23.5	83.12	1.15	38.89	12.70	13.85
12	39.0	2.5	21.0	23.5	88.60	0.90	48.35	9.59	0.49
13	39.6	2.5	21.0	23.5	68.16	1.50	43.71	8.50	9.20
14	38.0	2.5	21.0	23.5	89.27	2.55	42.92	6.85	9.40
15	38.3	2.5	21.0	23.5	90.54	2.90	24.15	7.15	4.25
平均	40.2	2.5	21.0	23.5	80.62	1.23	41.53	9.63	9.80
16	40.0	3.5	18.5	25.0	213.24	2.20	156.19	16.10	18.30
17	39.6	3.5	18.5	25.0	207.89	2.00	148.65	15.75	17.75

续表1

试件编号	长度/mm	厚度/mm	内径/mm	外径/mm	屈服强度/kN	屈服前位移/mm	屈服后最小承载力/kN	屈服阶段位移/mm	总位移/mm
18	39.5	3.5	18.1	25.2	211.70	1.95	152.99	15.85	17.80
平均	39.7	3.5	18.4	25.1	210.94	2.05	152.61	15.90	17.95
19	40.0	4.0	19.7	27.3	247.65	2.10	190.14	13.65	15.75
20	40.0	4.0	19.7	27.3	240.44	1.69	182.08	13.75	15.44
21	40.0	4.0	19.7	27.3	241.70	1.95	184.63	13.60	15.55
22	40.0	4.0	19.7	27.3	242.33	1.80	185.62	13.40	15.20
23	40.0	4.0	19.7	27.3	242.35	1.95	184.91	13.60	15.55
平均	40	4.0	19.7	27.3	242.89	1.90	185.48	13.60	15.50

试验结果表明:

(1) 1~15 号试件为长度 40 mm、壁厚 2.5 mm、内径 21 mm 的让压管,屈服强度范围 68.16~90.54 kN,平均为 80.62 kN,让压管的平均让压总位移为 9.80 mm,可配套于常规螺纹钢锚杆支护使用。

(2) 16~18 号试件为长度 40 mm、壁厚 3.5 mm、内径 18.5 mm 的让压管,屈服强度范围 207.89~213.24 kN,平均为 210.94 kN,让压管的平均让压总位移为 17.95 mm,可配套于锚索支护使用。

(3) 19~23 号试件为长度 40 mm、壁厚 4.0 mm、内径 19.7 mm 的让压管,屈服强度范围 240.44~247.65 kN,平均为 242.89 kN,让压管的平均让压总位移为 15.50 mm,可配套于相近直径的锚索支护使用。

4 工程应用

4.1 巷道地质条件

车集煤矿 28 轨道下山设计长度 738.59 m,服务年限 41 年,水平标高 −810~1 060 m,巷道岩性多为泥岩、页岩和砂质泥岩等互层,属于典型的深部高应力大变形巷道。

4.2 支护方案和参数

巷道断面形状为直墙半圆拱,巷宽 4.2 m,墙高 1.5 m,拱高 2.1 m,断面面积为 13.2 m²,具体设计如下:

(1) 初喷:掘巷成型达到设计要求,敲帮问顶后即进行喷浆,喷浆前应处理活矸,及时喷射混凝土封闭围岩。混凝土配比为水泥∶砂∶石子∶水=1∶2∶2∶0.6,喷浆前必须清洗岩面,喷层厚度 20~30 mm。

(2) 顶帮锚杆:全断面布置锚杆配合钢筋网联合支护,锚杆规格为 ϕ20 mm×2 500 mm,钢筋网采用 ϕ6.5 mm 钢筋焊制而成(网孔 70 mm×70 mm)。锚杆间、排距均为 700 mm,锚杆预紧力不低于 50 kN,锚固力不低于 200 kN。

(3) 顶锚索:巷道顶板采用 3 根预应力钢绞线让压锚索配双托盘支护,钢绞线规格 ϕ17.8 mm×7 500 mm,3 根让压锚索间距 2 000 mm,排距 1 400 mm。让压锚索预紧力不低于 100 kN,锚固力不低于 250 kN。

(4) 帮锚索:巷道两帮分别采用 2 根让压锚索加强支护。巷道两侧最下根让压锚索向下带 30°~45°布置,另 2 根让压锚索向上斜带 10°~15°布置。两帮让压锚索间距 1 100 mm,最下 1 根让压锚索距离底板 200 mm。巷道支护参数示意图如图 7 所示。

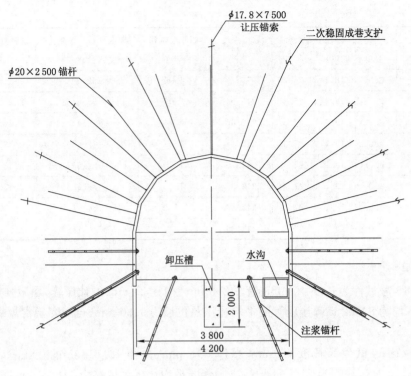

图 7　锚杆+让压锚索支护参数图

4.3　现场应用效果

巷道在掘进后的 7 d 以内,顶板下沉速度和两帮相对移近速度都比较大,巷道表面位移急剧增大;半个月以后,围岩移近速度变慢,巷道表面位移缓慢增加;锚索显著让压,让压装置收缩变形近 25 mm[见图 8(a)],巷道整体支护效果如图 8(b)所示。

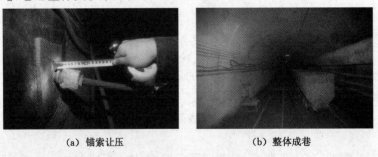

　　　　　(a) 锚索让压　　　　　　　　　　　　　　　(b) 整体成巷

图 8　试验巷道支护效果实照

5　结论

(1)深部巷道围岩的高应力、大变形特点,要求支护系统具备高强让压的特性,普通锚索由于其延伸率较低容易提前过度受载而破坏,继而造成巷道的变形与垮冒。新型的让压锚索与围岩介质在强度、变形及刚度上的耦合性,可随围岩变形提供一定的变形量并适度让压,通过强化支护和适度让压,充分发挥锚网—围岩整体力学效应,保护锚索不被过载提前破坏,从而实现围岩巷道的长期稳定性。

(2)研制了不同规格的让压装置,可配套不同直径(ϕ15.24 mm、ϕ17.8 mm、ϕ18.9 mm)和强度的锚索支护系统,工程实践证明,该让压锚索支护技术有效维护了深部软岩大变形巷道的稳定性。新型支护产品的研制和应用,对类似工程实践有很好的参考借鉴价值。

参考文献

[1] 张士林,冯夏庭,等. 控制极软巷道围岩大变形合理支护强度理论研究[J]. 金属矿山,2001(5)：4-6.

[2] 陈新,郭宏云,何满潮,等. 深部高应力巷道的非对称大变形[J]. 黑龙江科技学院学报,2007,17(6)：415-419.

[3] 余伟健,高谦,韩阳,等. 不稳定围岩开挖与让压支护的优化设计及数值分析[J]. 煤炭学报,2008,33(1)：11-16.

[4] 陈启永. 高应力大变形巷道锚注支护技术实践[J]. 煤炭科学技术,2005,33(10)：45-47.

[5] 林惠立,石永奎. 深部构造复杂区大断面硐室群围岩稳定性模拟分析[J]. 煤炭学报,2011,36(10)：1619-1623.

[6] 牛双建,靖洪文,张忠宇,等. 深部软岩巷道围岩稳定控制技术研究及应用[J]. 煤炭学报,2011,36(6)：914-919.

[7] 常聚才,谢广祥. 深部巷道围岩力学特征及其稳定性控制[J]. 煤炭学报,2009,34(7)：881-886.

[8] 高明仕,张农,张连福,等. 伪硬顶高地压水患巷道围岩综合控制技术及工程应用[J]. 岩石力学与工程学报,2005(21)：3996-4002.

[9] 孙晓明,杨军,曹伍富. 深部回采巷道锚网索耦合支护时空作用规律研究[J]. 岩石力学与工程学报,2007,26(5)：895-900.

[10] 王卫军,彭刚,黄俊. 高应力极软破碎岩层巷道高强度耦合支护技术研究[J]. 煤炭学报,2011,36(2)：223-228.

[11] 何满潮,杨军,杨生彬,等. 济宁二矿深部回采巷道锚网索耦合支护技术[J]. 煤炭科学技术,2007,35(3)：23-26.

[12] 李伟,冯增强. 南屯煤矿深部沿空巷道耦合支护技术[J]. 辽宁工程技术大学学报,2008,27(5)：683-685.

[13] 高明仕,郭春生,张农,等. 一种让压锚索：中国,ZL200920037596.7[P]. 2009-11-18.

围岩自然承压环加固机理与支护参数研究

张卫东,邹永德,何 岗

(徐州矿务集团有限公司,江苏 徐州 221006)

摘 要 本文阐述了"围岩自然承压环"形成机理及其加固机理基本内容,首次提出预紧力场强度的概念,指出巷道支护加固对象是塑性变形围岩体,主动支护主要有围岩自然承压环支护厚度和预紧力场强度两大参数。通过在夹河煤矿7449运输机道应用,验证了所述理论的正确性。

关键词 围岩;自然承压环;预紧力场强度;加固机理;支护;参数设计

0 引言

锚网索支护是当前煤矿巷道普遍采用的支护方式,但存在支护设计不合理,该弱支护的不能弱支护,该强支护的不能强支护等现象。针对深部、软岩巷道支护强度、支护围岩厚度等问题,缺少定量的理论指导,故有必要对围岩破坏、加固机理及支护参数进行研究。

1 围岩自然承压环破坏及其加固机理

1.1 围岩自然承压环的概念

围岩自然承压环是巷道开挖后,围岩在地应力作用下从巷道边缘至深部围岩原始应力边界,自然形成一个封闭环状的力学结构体。从巷道边缘向围岩深部依次为破碎环、塑性环、弹性环,各个分环所受应力特点如图1所示。当围岩没有发生破坏时,破碎环不存在,塑性环承受的应力值范围为从零到第一次达原始应力的区域,弹性环承受的应力值范围为应力增高区,弹性环外为原始应力区。弹性区的围岩发生弹性形变,围岩不会发生破坏,而塑性区围岩形变较大,当达到极限形变时,围岩发生破坏。

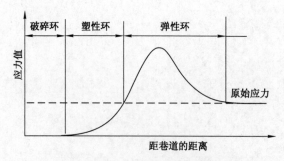

图1 围岩自然承压环组成各部分受力特征图

根据以上分析,塑性环以内的岩体是支护加固的对象。围岩所受应力大小、岩体硬度等是影响围岩自然承压环大小的主要因素。其受力特征是各个方向都受力,环内岩体在切向受压应力,各向所受力不一定相等,各向不一定同性。形状为类圆形,根据水平应力和垂直应力的大小不同而不同。图 2(a)为水平应力大时形成的承压环形状;图 2(b)为垂直应力大时形成的承压环形状。

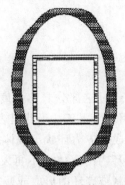 

(a) 水平应力大时形成的承压环　　　　　　(b) 垂直应力大时形成的承压环

图 2　水平应力与垂直应力不一致时形成承压环形状

围岩承压环加固存在两个临界值:一是临界加固厚度;二是临界预紧力场强度。当加固参数超过临界值时,支护比较容易成功,反之支护较为困难。

1.2　预紧力场强度

预紧力场强度是锚杆、锚索等支护材料在安装时加在单位岩体上的力的大小,一般用平均值表示(单位为 kN/m^3)。预紧力场强度与锚杆、锚索的间排距、杆体的直径等有关。一般而言,在相同的地质条件下,预紧力场强度越大,支护的强度越强;加固后岩体强度越高,抵抗地应力能力也越强。巷道支护存在临界预紧力场强度,当预紧力场强度超过临界值时,支护比较容易成功,反之支护较为困难。

预紧力场强度与预紧力不同。预紧力是锚杆或锚索长度内施加在岩体上力的大小(单位为 kN)。预紧力相同,锚杆、锚索长度不同,排列间距不同,则预紧力场强度不同。相同的预紧力施加在不同体积的岩体上,岩体的强度变化不同;施加在体积越小的岩体上,岩体的强度会变得越大。也就是说相同间排距,锚杆长度越长效果越弱。因此,采用预紧力场强度来描述支护的强度是比较合适的。

在临界支护厚度范围内,锚杆(索)长度越短,被加固岩体上预紧力场强度越大,支护效果越好;现有材质的矿用锚杆、锚索对围岩施加的预紧力场强度越大,岩体强度会越大。

巷道支护的预紧力场强度由锚杆和锚索分别形成的预紧力场强度组成,计算时应是两值之和,按式(1)进行计算:

$$E = \frac{P}{L_1 ab} + \frac{nP_s}{L_s a_s b_s} \tag{1}$$

式中　E——预紧力场强度临界值;

P——锚杆预紧力,按不同规格锚杆要求的扭矩对应的预紧力,kN;

L_1——锚杆自由段长度,m;

a——锚杆的间距,m;

b——锚杆的排距,m;

P_s——锚索预紧力,kN;

L_s——锚索自由段长度,m;

a_s——巷道毛宽,m;

b_s——锚索的排距,m;

n——单排锚索个数,个。

其中,锚杆自由段长度按式(2)计算:

$$L_1 = L - L_2 - L_3 \tag{2}$$

L——锚杆全长，m；

L_2——锚固段长度按锚固剂长度，m；

L_3——外露长度，m。

1.3 围岩破坏机理

（1）顶板破坏机理

巷道开掘后，巷道边缘围岩受拉应力作用，当拉应力超过这部分岩体强度时岩体发生破坏，就形成了围岩破碎环，顶板部分的破碎岩体由于重力的作用发生冒落。当巷道表面围岩破坏后，承压环会自然向外扩大，直到环内岩体受切向压应力作用，形成压应力环状承载体。这时岩体有足够大的承载能力来支撑地应力，承压环不会再向外继续扩大，环内的岩体也不再发生破坏，此时顶板不再冒落，形成了冒落平衡拱。巷道开挖后应及时支护，控制破碎环的形成或减小其厚度。

（2）帮部破坏机理

根据图 2 可知，当垂直应力大时承压环的长轴在水平方向，环内在帮部需支护岩石厚度要比顶部厚，此时仍采用帮顶一样的支护方式，会造成支护失败，支护失败后帮部的环会向深部移动，顶部的环会相应地向深部移动，造成顶部需支护岩体变厚，原有顶板支护失去支护作用，造成顶板下沉和底鼓，从而导致整个巷道顶板支护失败。因此，在深部垂直应力大的巷道，帮部支护应强于顶部，否则巷道难以支护。

（3）底板破坏机理

根据围岩自然承压环受力特征可知，巷道顶、底、帮都受地应力的作用，而多数巷道底板不支护或支护强度不足，在深部或软岩巷道，地应力形成的张应力大于底板岩体强度，环内底板岩石就会发生破坏，底板中间部位受弯矩最大发生破断，形成底鼓。同样，像顶部一样，底板表面围岩破坏后，承压环会自然向更下部岩体扩展，直到形成压应力环状承载体，来支撑地应力，底板深部岩体才不再发生破坏。

1.4 围岩承压环加固机理

1.4.1 加固原则

巷道开挖后存在一个塑性变形区，如这个塑性变形区不及时进行支护，就可能发展成破坏区。因此，及时支护是防止围岩发生破坏的重要原则。

支护厚度与预紧力存在相互影响关系。当围岩没有受到预紧力时，巷道支护厚度应超过开挖时的塑性变形区。当对围岩施加预紧力时，围岩的强度会提高，围岩锚固体抵抗地应力的能力加强，应力会重新分布，原来塑性区的部分有一部分转化成弹性区，巷道支护成功，弹性环会向巷道内侧移动，塑性环范围缩小甚至消失。在一定预紧力范围内，施加在岩体上预紧力越大，岩体的强度越高，需要支护的厚度越小。若施加的预紧力不足，会导致支护失败，塑性环、弹性环都会向岩体深处扩展，需支护的范围会加大。支护前后变化如图 3 所示。

图 3 支护前后自然承压环的变

影响锚杆巷道支护因素主要有两方面:一是加在围岩自然承压环上地应力的大小;二是围岩自然承压环内岩体强度。当地应力和围岩自然承压环半径越大时,所需加固的围岩厚度越大;围岩强度越大,所需加固的围岩厚度越小;承压环越小,说明围岩支护体支护能力越大,越有利于支护,反之说明围岩支护体强度弱,支护比较困难。非圆形巷道在尖角处环内岩岩石较其他处薄,为了保证围岩承压环的稳定和应力集中的减小,应在尖角处加强支护,提高该处的刚度和强度。锚杆、锚索的设计应尽量按圆形布置,形成最有利抵抗地应力的结构。

1.4.2 支护临界值的取得

临界值可通过多种技术手段获取,从理论上讲,锚杆、锚索对岩体临界加固厚度和预紧力场强度的临界值,通过测巷道周围的地应力变化就可以得到。测出巷道开挖时第一次达到原始应力值岩体厚度就是需要支护的临界值;当支护完成后塑性应力环没有向外扩大也没有向巷道内移动,支护厚度一般要小于巷道边缘到弹性应力环内边缘厚度(即破碎环+塑性环厚度),这时锚杆、锚索对围岩施加的预紧力场强度为临界值。现在工程中临界值的获取,一般通过统计分析邻近水平、地质条件相近、支护成功巷道得到。

1.5 支护参数确定方法

支护厚度的确定。根据临界支护厚度确定锚杆的长度。锚杆或锚索长度取值等于或大于临界加固厚度即可。

锚杆、锚索间排距的确定。确定间排距参数时应根据公式(1)按设计的锚杆、锚索间排距,先计算出预紧力场强度与临界值进行比较,确定锚杆、锚索间排距。用锚杆屈服强度的 40%~70% 作为预紧力,计算出的预紧力场强度大于临界值时,支护参数是合理的,公式(1)中 a、b 的值即分别是间距和排距的施工参数,反之应重新设计支护参数。施工时加固材料应达到设计的预紧力,才可使支护材料达到设计的性价比。

2 工程实践

根据围岩自然承压环加固机理对夹河煤矿 7449 运输机道支护参数进行了重新设计。

2.1 支护参数临界值确定

使用已回采结束的 7447 两道的预紧力场强度和支护厚度可作为 7449 面的临界值。7447 两道锚杆长 2.4 m,间排距 0.8 m×0.8 m;锚索长度 7.25 m,排距 2.4 m,每排 3 根。

7449 面的临界支护厚度:7449 面锚杆长度取 7447 两道锚杆长度,为 2.4 m;锚杆预紧力为与扭矩 300 N·m 所对应值 61.57 kN;锚杆全长 2.4 m,锚固段长度按取值 0.7 m,外露长度取 0.1 m,间排距取 0.8 m×0.8 m;锚索全长 7.25 m,排距设为 2.4 m,预紧力取 140 kN,锚固段长度取 1.4 m,外露长度取 0.3 m;巷道毛宽 4.7 m。根据上述数据,临界预紧力场强度值为 66.84 kN/m³。

2.2 重新设计支护参数

7449 运输机道原设计巷道毛宽 4.7 m,净宽 4.5 m,用直径 22 mm、长 2.4 m 的 335 MPa 左旋无纵筋锚杆,二次紧固扭矩 300 N·m,预紧力为 62 kN,约为屈服强度的 47%,锚杆间排距 0.8 m×0.8 m,锚索长度 7.25 m、排距 2.4 m,每排 3 根。

重新设计后扭矩增大到 400 N·m,根据实测此时预紧力平均为 81.7 kN,约为屈服强度的 62%,锚杆排距增大到 850 mm;锚索预紧力取 140 kN,排距增大到 2.55 m。其他参数不变。试验了 50 m 巷道。7449 运输机道参数重新设计后预紧力场强度值为 81.46 kN/m³,大于临界预紧力场强度值为 66.84 kN/m³。

重新设计参数后预紧力场强度大于临界值,排距放大到 850 mm 时,安全系数为 1.22。

2.3 矿压观测数据分析

在夹河煤矿 7449 运输机道中,正常施工段和试验段分别设点观测,矿压观测结果如表1、表2所示。

表1 7449 运输机道移近量观测数据表

观测地点	正常施工段	试验段
观测期/d	32	35
顶板下沉量/mm	7	9
底鼓量/mm	135	159
两帮移近量/mm	10	18

表2 7449 运输机道移近速度观测数据表

观测地点	正常施工段	试验段
观测期/d	32	35
顶板下沉速度/(mm/d)	0.218	0.257
底鼓速度/(mm/d)	4.220	4.540
两帮移近量速度/(mm/d)	0.313	0.514

从表1、表2中可以看出,正常施工段与试验段顶板下沉量、底鼓量基本接近,35 d 后经分析试验段支护参数能满足要求,又恢复了试验的支护参数,该段巷道直到回采结束都满足安全生产要求。

2.4 经济效益分析

夹河煤矿 7449 运输道重新设计参数后,材料成本可节约 29.66 元/m,可节约人工 0.365 个工/m,可节约人工费用 65.7 元/m,共计可节约资金 95.36 元/m。

3 结论

① "围岩自然承压环"是客观存在的,环内的塑性环是巷道支护加固的主要对象。

② 巷道支护的核心参数是围岩自然承压环加固岩体厚度和预紧力场强度。加固的厚度和预紧力都存在临界值,当两者都大于临界值时支护较容易成功,反之较困难。

③ 采用围岩自然承压环加固机理确定的支护参数,可以提高支护材料的利用率。夹河煤矿 7449 运输道工程实践中,锚杆的预紧力从屈服强度 47% 提高 62%,由于充分利用了支护材料的性能,锚杆、锚索的排距增加了,节省了支护材料的使用。

④ 影响锚杆巷道支护地质因素主要有两方面:加在围岩自然承压环上地应力的大小、围岩自然承压环内岩体强度。

⑤ 在水平应力大和采深较深服务年限较长的巷道,为防止底鼓,底板应采取加固支护措施。

⑥ 在临界支护厚度范围内,锚杆(索)长度越短支护效果会越好。

一起顶板断裂诱发冲击地压的声发射效应

刘广建[1,2]，薛俊华[3,4]，余国锋[3,4]，刘　洋[1,2]，罗慈友[1,2]，左源耀[1,2]

(1. 中国矿业大学 矿业工程学院，2. 深部煤炭资源开采教育部重点实验室，江苏　徐州　221116；
3. 淮南矿业集团公司，4. 深部煤炭开采与环境保护国家重点实验室，安徽　淮南　232001)

摘　要　峻德煤矿某工作面在 2012 年 8 月 30 日发生一次强冲击显现，通过分析声发射监测的数据，得出声发射在回采期间冲击前兆的变化规律。声发射与岩石断裂有密切联系，能监测煤层顶板诱发的冲击地压。研究表明：声发射活动值和能量值的变化趋势能够反映工作面的冲级矿压危险程度，当其值稳定在一个数值附近时，工作面处于安全状态，当数值突然升高或者降低时，工作面处于危险状态。研究结论为煤矿利用声发射监测系统对冲击矿压进行预警提供了一定依据和参考。

关键词　声发射；冲击地压；监测预警；前兆效应

0　引言

声发射是一种声学效应，这种效应来源于是煤岩体破裂过程中向外传递的弹性波，记录的是释放的能量，也称地音[1]。与微震现象不同的是，声发射为一种高频率、低能量的震动。大量试验及现场研究也表明，声发射是煤岩体内应力释放的前兆，利用声发射现象与煤岩体受力状态的这种相关性，可以监测到采矿或顶底板的局部范围内未来几天可能发生的动力现象，进行冲击地压的评价。

通过对冲击地压预防实践和数据分析，表明现场监测对于冲击地压发生有着良好的预测预防效果。由于声发射现象与岩石的微破裂过程直接相关，很多学者都对声发射进行了大量的研究，发现用于监测预报岩石的破坏甚至冲击地压方面较为合适，对于声发射的研究已越来越受到人们的青睐[2,3]。早在 1930 年，美国的学者 Obert 和 Duvall 就应用声发射检测技术来分析和确定岩石受到压载后的破裂位置[4]。随后国内外许多学者以及工程师都进行了很多的试验和现场研究，对于煤岩体破坏过程中的声发射特征有着较为深刻的认识。谭云亮等[5]认为，冲击地压的声发射效应具有前兆信息，可以用来对冲击地压进行监测预警以及防治。潘一山等[6]认为，将损伤力学的观点和声发射技术相结合来综合分析冲击地压的孕育过程，将使人们很清楚地研究冲击地压的发生机理。李秋林等[7]研究了声发射来自于岩石微破裂的现象，从岩石损伤力学的角度，深刻解释了声发射预测预防冲击地压的内在原因，同时明确了两者之间的关系。贺虎等[8]通过分析煤岩体损伤破坏与声发射之间的耦合关系，以及对利用声发射评价冲击矿压危险的可行性进行了分析论述，提出了评价冲击矿压危险性的声发射指标及其表达方式和危险等级的划分。

本文通过峻德煤矿的声发射监测系统进行数据分析，对"8·30"冲击地压事故进行分析总结，得到冲击地压发生前声发射现象的规律，以便应用于现场实践，期望能促进声发射技术的发展。

1　声发射效应监测冲击地压原理

声发射研究的目的是，根据测得的数据确定煤岩体中的应力状态以及预测强矿震的发生[9]。

煤岩体中裂缝的扩展会导致煤岩体中的微破裂超限,进而引发大断裂,最终产生冲击地压[10,11]。

声发射信号的形成是力学现象,可由多种因素引发,最常见的是岩石的变形和破断,也可能由岩石相位错动、摩擦滑动及其他引发。对于最低能量信号,声发射源是煤岩体中的微断裂,这与金属研究中的结果类似。由塑性变形的断裂理论可知,煤岩体断裂速度变化时,会产生一定的弹性波。声发射能量较高时,煤岩体会出现脆性破断、颗粒间的滑移,以及塑性滑移和塑性变形等现象。岩石的宏观破断则会产生更大能量的信号[12]。

声发射频度为单位时间内的脉冲总数。声发射频度的变化反映的是岩石非弹性体积变形速度的变化,而脉冲总数量的变化与岩石非弹性体积变形的变化密切相关[13]。Mogi 总结了岩石结构与声发射信号之间的关系,将其分为三类:Ⅰ类,超过岩石强度极限后主震动(断裂)而且很强烈,预先没有信号而出现断裂(再次),这种岩石为均质,很小的空隙率和解理,应力分布均质;Ⅱ类,主震动(断裂)比Ⅰ类弱,但预先有震动脉冲,这类为非均质,而空隙、解理、压力分布非均匀;Ⅲ类,缺少明显的主震动。裂隙(震动)增加后减小,变形释放能量(一些塑性岩石与裂隙)。

研究表明,声发射的脉冲数量 n 与岩石非弹性变形 ε 或者声发射频度 N 与变形速度存在如下关系:

$$n = \frac{\mathrm{d}N}{\mathrm{d}t} = b\left(\frac{\mathrm{d}\varepsilon}{\mathrm{d}t}\right)^{p} \tag{1}$$

式中:n——声发射的脉冲数量;

N——声发射频度;

t——时间;

ε——岩石非弹性变形;

b,p——为常数,p 稍大于 1。

通过实验研究看出,岩石的声发射指标与岩石裂隙的发育破坏的过程紧密相关。

$$0 \leqslant Z(t) = C_0 + C_1 W(t) \leqslant 1 \tag{2}$$

式(2)表明了地音与岩石破坏过程和岩石破坏危险之间的关系。

在煤块压载破坏的声发射试验结果(图1)表明,随着压载的过程,声发射频率降低,说明有小裂隙发育扩展成为大裂隙,直至破坏。

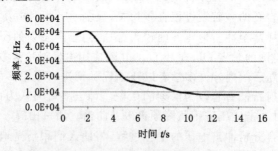

图 1　煤块声发射实验

2　声发射效应监测冲击地压的现场实践

2.1　冲击地压的介绍

峻德煤矿三水平北 17 层三四区一段工作面开采 17 层煤顶分层,采高 3.5 m,工作面走向长 1 486 m,倾斜长 168 m。上区段已采完,下区段未开采。17 层煤厚 8.21～14.15 m,平均为 11.18 m,倾角为 28°～30°,平均为 29°。伪顶为 0.2～3.33 m 炭页岩,直接顶为 5.2～14.9 m 的灰色粉砂岩,基本顶为 10.2～30.9 m 的中粗砂岩,底板为 4.5～5.5 m 的凝灰质粉砂岩。17 层煤与上覆 11

层煤(北部区工作面已开采完毕)间距为117~191 m,与下覆21层煤间距为95~126 m。冲击倾向性鉴定结果表明17煤具有弱冲击倾向,但基本顶岩层具有强冲击倾向。北17层三四区一段工作面上覆3、9、11层煤遗留有15个煤柱区,对工作面造成了一定程度的应力集中。

工作面8月1日开始回采,至8月29日工作面回风道回采52 m,机道回采63 m,工作面平均回采57 m。8月30日风道共49 m的区域内发生矿压显现。采空区侧上帮移进1.0~1.2 m不等,上帮网裂开塌陷,靠近上板底板鼓起0.5~0.6 m不等,下帮略有变形。下图2所示为冲击矿压的破坏区域。

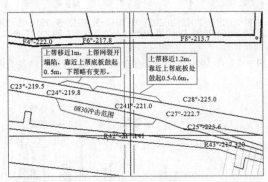

图2 "8·30"冲击地压显现区域

2.2 声发射监测系统

峻德煤矿2012年4月安装了波兰EMAG矿业电气自动化中心研制的ARES-5/E声发射监测系统。该系统由4个部分组成,即地面中心站、井下发射器、地音探头和系统分析软件等,其中地音探头一共8个,4个探头安装在三水平北17层三四区一段工作面,在回风道及机道内各安设2个声发射监测探头,两道的第一个探头布置在距上下出口50 m处,第二个探头布置在距上下出口80 m处。工作面推进过程中,当工作面推进至距工作面前第一个探头20 m时,将该探头向前移动60 m至第二个探头前30 m处。

声发射监测是应用布置完整的探测器网络对全矿进行实时监测,其主要的接收数据区域一般集中在主要生产空间(如采场和掘进迎头)。声发射监测系统的工作原理是:通过提供统计单位时间监测区域内声发射事件的数量和释放的能量,来判断监测区域的冲击地压的危险程度;经过长期监测后,进行数据处理和分析,得出规律,以便对下一时间段内待测区域危险程度进行预测,从而实现对矿井工作面的危险性评价和预警。ARES-5/E声发射监测系统自带的OceanWin和Hestia软件,可以根据声发射接收的数据自动进行数据分析和冲击危险性分级。

2.3 声发射监测结果分析

声发射监测系统通过探头接受煤岩体破裂信号,通过信号采集器将接收到的信号进行处理,最后得到的是表征破裂事件强度的能量和一段时间内的声发射次数。声发射监测方法侧重的是破裂事件的变化,即声发射事件偏差值,并以此为根据对工作面的危险性进行评价,并给出危险等级和相应的对策。

从峻德煤矿声发射监测系统中调取了安装在冲击矿压发生位置附近的5号和6号通道(5#和6#探头安装在回风道)声发射监测记录,通过分析其在回采过程以及冲击发生前的声发射规律,得出回采及前期预警规律,为冲击矿压的监测和预警提供一定的依据和参考。

2.3.1 回采期间声发射监测数据分析

从现场提取出了2012年8月15到29日回采期间5#和6#的地音数据,通过处理,声发射能量和活动频次如图3~图6所示。

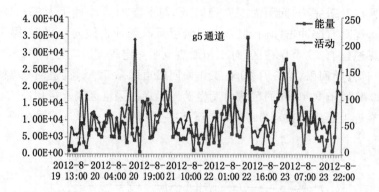

图 3   8 月 19～23 日 g5 通道声发射能量与活动变化

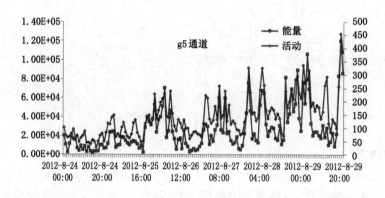

图 4   8 月 24～29 日 g5 通道声发射能量与活动变化

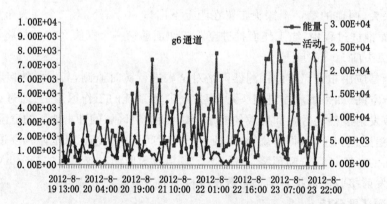

图 5   8 月 19～23 日 g6 通道声发射能量与活动变化

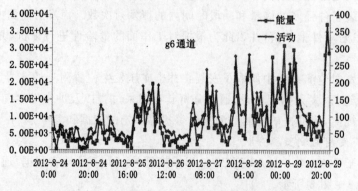

图 6   8 月 24～29 日 g6 通道声发射能量与活动变化

从图 3、图 4 可以看出,g5 通道从正常接受声发射数据开始,无论是能量还是活动频次的数值都随着时间有不断增强的趋势,说明监测区域的压力值是在不断上升的,一直到 8 月 30 日冲击矿压发生。发生矿压显现的区域处于区段煤柱的变化区域(14~25 m),该区域的上帮煤柱应力较高,又处于向斜翼部,造成应力集中(项目实施方案中划定的危险区)。上述声发射数据反映的压力规律和实际区段煤柱应力集中相符。

从图 5、图 6 中可以看出,g6 通道从正常接受声发射数据开始,同 g5 通道相同,整体的趋势是不断地上升,无论是能量还是活动频次的数值都随着时间有不断增强的趋势,这说明监测区域的压力值是在不断增高的,一直到 8 月 30 日冲击矿压发生。

综上,声发射能量和活动频次能够正确地反映监测区域内的应力状况,可以为冲击矿压监测预警提供依据。

2.3.2 冲击发生前声发射监测数据分析

图 7 所示为声发射 g5 通道从 8 月 29 日到 31 日监测信号的能量和活动频次变化曲线。

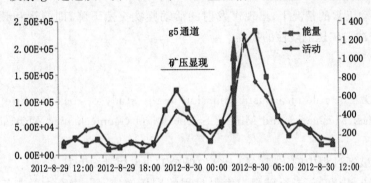

图 7　8 月 29~31 日 g5 通道声发射能量与活动变化

从图 7 中可以看出,8 月 29 日 20:00 时信号的能量和活动出现了一个上升,随后有一个下降的过程,在 8 月 30 日 0:00 时又开始出现不断上升,直到 3:03 时冲击矿压发生,声发射信号持续上升到极值后迅速下降。

图 8 所示为声发射 g6 通道从 8 月 29 日到 31 日监测信号的能量和活动频次变化曲线。

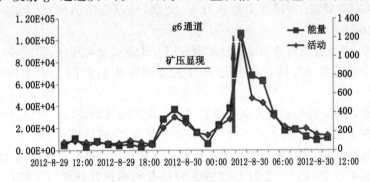

图 8　8 月 29~31 日 g6 通道声发射能量与活动变化

图 8 中可以看出,g6 通道的变化趋势同 g5 通道类似。8 月 29 日 20:00 时信号的能量和活动出现了一个上升,随后下降,在 8 月 30 日 0:00 时又出现上升阶段,3:03 时冲击矿压发生,信号持续上升到极值后下降。

2.3.3 声发射监测数据来分析顶板状态

从图 7、图 8 的声发射的能量与活动变化曲线中可以看出,声发射信号的较高能量,来源于岩石的脆性破断或者宏观破断;微震监控显示工作面从开始回采至8月30日基本顶并没有出现明显的初次破断来压。因此造成此次强矿压显现可能和基本顶的破断扰动有关,并诱发风道区段煤柱应力集中区巷道出现上帮下移、底鼓的现象。因此,顶板破断为主要的声发射源。

综上,可以推定当非均质煤层顶板断裂产生的声发射信号的能量和活动频次的数值有突然的升高或下降时,工作面就会处于冲击危险的状态。

3　结论

① 声发射的能量和活动频次这两个指标比较常用,根据其数值的变化趋势,可以对工作面冲击地压进行危险程度预警。当其值变化趋势不明显,较稳定时,工作面的冲击危险程度较低。当数值突然升高或者降低时,工作面处于危险状态。

② 冲击矿压可能发生在声发射活动持续上升的过程中。遇到类似情况要结合钻屑法和微震监测结果等加强综合监测。

③ 在采掘活动正常的情况下,出现声发射的活动频次突然下降,即能量和频次都处于一个较低水平,也预示着冲击矿压危险性的提高。

参考文献

[1] LOCKNER D. The role of acoustic emission in the study of rock fracture[J]. International Journal of Rock Mechanics and Mining Sciences and Geomechanics Abstracts, 1993, 30(7): 883-899.

[2] 唐春安. 岩石破坏过程中的灾变[M]. 北京:煤炭工业出版社, 1993.

[3] 陈忠辉,傅宇方,唐春安. 岩石破裂声发射过程的围压效应[J]. 岩石力学与工程学报, 1997, 16(1):65-70.

[4] OBERT L. DUVALL WI. Use of sub audible noises for prediction of rockbursts II-report of investigation[R]. Denver: U. S. Bureau of Mines, 1941.

[5] 谭云亮,李芳成,周辉,等. 冲击地压声发射前兆模式初步研究[J]. 岩石力学与工程学报, 2000, 19(4):425-428.

[6] 潘一山,李忠华,章梦涛. 我国冲击地压分布、类型、机理及防治研究[J]. 矿业研究与开发, 2000, 20(1):16-18.

[7] 李秋林,吕贵春. 声发射预测冲击地压技术研究[J]. 矿业安全与环保, 2007, 34(5):4-6.

[8] 贺虎,窦林名,巩思源,等. 冲击矿压的声发射监测技术研究[J]. 岩土力学, 2011, 32(4): 1262-1267.

[9] 白庆升,史先影,王磊. 煤岩破裂及其探测技术[J]. 山西焦煤科技, 2009(7):18-20.

[10] 丁广友,等. 煤矿综合防治冲击地压[J]. 科技创新导报, 2012(6):53-54.

[11] 孔丹,李许伟,赵红超. 采矿地球物理方法预测冲击矿压[J]. 煤矿现代化, 2009(6):39-40.

[12] 曹振兴,彭勃,王长伟,等. 声发射与电磁辐射综合监测预警技术[J]. 煤矿安全, 2010(11): 58-64.

[13] 刘辉,刘亚静,徐超,等. 关于煤岩破裂震动整体再生分析场的假设[J]. 山东煤炭科技, 2010(1):91-92.

三软煤层巷道底板破坏深度计算与底鼓控制

刘玉卫，傅永波

（郑煤集团技术中心，河南 郑州 450042）

摘 要 针对典型的三软煤层巷道围岩松散破碎的特点，结合经典土力学中朗肯土压力理论，通过分析建立了巷道底板破坏模型，并给出了底板破坏的极限深度计算公式，揭示了底板破坏与底鼓关系，为三软煤层巷道稳定支护提供理论依据。

关键词 底板破坏；底鼓计算；支护

0 前言

三软煤层巷道的支护问题一直是困扰煤矿安全生产的一大技术难题，由于其围岩条件差，支护不当易造成巷道失稳破坏。过去对软岩巷道顶板围岩的研究较多，如最初的普氏压力拱假说（1907）和太沙基公式（1942）、卡斯特纳公式（1948）[1]，后来考虑支护体与围岩作用关系的锚杆支护方式——"组合梁、加固拱"等理论[2]，以及近年来的围岩松动圈理论[3]、关键圈理论[4]等，这些理论主要以顶板的破坏为出发点加以研究，而从底板研究三软煤层巷道的理论相对较少。最早研究巷道底鼓的是苏联的秦巴列维奇 N. M[5]，认为巷道底鼓可看做是在两个压模传递给松散体底板上的荷载作用下压出的现象；德国的奥顿哥特 M[6]则认为，巷道两帮岩体在垂直应力的作用下被压裂，巷道顶底板在水平应力的作用下向巷道内鼓出；曲永新[7]等人认为巷道底鼓的本质是底板泥岩遇水膨胀；康红普[8]认为巷道底鼓的原因在于失稳的底板岩层向巷道内的压曲，偏应力作用下的扩容以及岩石遇水膨胀；贺永年、何亚男[9]认为底鼓是由于巷道两帮岩柱传递顶板压力，两帮围岩在挤压底板的同时一起下沉，底板在严重挤压变形的情况下发生断裂，然后底板隆起。本文综合国内外以往对底鼓机理的研究成果，在不考虑遇水膨胀情况下，将三软煤层巷道围岩看做抗拉、抗弯、抗剪能力都极其微弱的理想松散体加以研究。

1 底板破坏深度计算公式

不考虑遇水膨胀情况下，巷道在开挖后底板岩层局部应力得到卸载，其他应力则主要通过巷道两侧帮岩体向下进行传递，假设巷道底板两侧帮内受重力均布荷载 $q = \gamma H$ 的作用（理想状态下左右均布对称），按照朗肯土压力理论，底板岩体在均布荷载 q 的作用下，MFD 区岩体会处于主动塑性应力状态，而 MOD 区岩体则处于被动塑性应力状态，这样会产生向上的底板围岩挤压应力 T，当挤压应力超过底板岩体的屈服强度时，导致 OD 面破坏，底板就会产生向巷道内的塑性变形，向上隆起或者挤压流入到巷道内造成底鼓，受力模型如图1所示。

当巷道岩体处于极限平衡状态时，主动塑性应力区 MDF 的滑动面 MF 与水平线的夹角为 $45° + \varphi/2$，被动塑性应力区域 MDO 的滑动面 MO 与水平线的夹角为 $45° - \varphi/2$。假定 MD 为理想分界面，根据朗肯土压力理论，则 MD 分界面上各点上所受的主动应力和被动应力分别为：

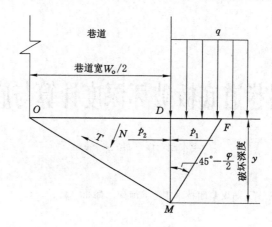

图 1 巷道右侧底板受力分析

$$\begin{cases} \sigma_a = (q + \gamma \cdot y)K_a \\ \sigma_p = \gamma \cdot yK_p \end{cases}$$

式中　γ——上覆岩层的平均重力密度，kN/m^3；

　　　K_a——主动土压力系数，$K_a = \tan^2(45° - \dfrac{\varphi}{2})$；

　　　K_p——被动土压力系数，$K_p = \tan^2(45° + \dfrac{\varphi}{2})$；

　　　φ——底板破碎岩体折算出的摩擦角，(°)，$\varphi = \arctan \dfrac{\sigma_c}{10}$；

　　　σ_c——岩石的单轴抗压强度，MPa。

在 M 点以上的 MD 范围内，因为 $\sigma_a > \sigma_p$，底板岩体处于塑性应力状态；在 M 点以下，$\sigma_a < \sigma_p$，底板岩体处于弹性应力状态；在 M 点处，$\sigma_a = \sigma_p$，底板岩体处于极限平衡状态。在 M 点极限平衡状态时，可求得巷道底板极限破坏深度 y，即当 $\sigma_a = \sigma_p$ 时，有 $\gamma \cdot yK_p = (q + \gamma \cdot y)K_a$，整理得：

$$y = \frac{q}{\gamma} \cdot \frac{K_a}{K_p - K_a}$$

2　巷道底板底鼓量公式推导

由上式可知，在底板下部 y 以上的岩体将有可能发生向上鼓起，而 y 以下的岩体将不会出现移动。当极限平衡状态被打破以后，MDF 区域的岩体处于主动滑移应力状态，而 MOD 区域的岩体处于被动受压应力状态，MD 上所受的主动压力 p_1 和被动压力 p_2 的差值，就是推动 MOD 区域岩体向左滑动的实际推力 Δp（见图2），则有：

$$\Delta p = p_1 - p_2$$

而 $p_1 = (qy + \dfrac{1}{2}\gamma y^2)K_a$，$p_2 = \dfrac{1}{2}\gamma y^2 K_p$，将推力 Δp 沿滑动面 MO 分解为法向力 N 和切向力 T，则

$$\begin{cases} N = \Delta p\sin(45° - \dfrac{\varphi}{2}) \\ T = \Delta p\cos(45° - \dfrac{\varphi}{2}) \end{cases}$$

则沿滑动面 MO 的有效滑移力 T_1 为：

$$T_1 = T - N\tan \varphi$$

当 $T_1 > [T]$ 时，底板岩体发生底鼓破坏，其中 $[T]$ 为岩体的最大抗剪强度。

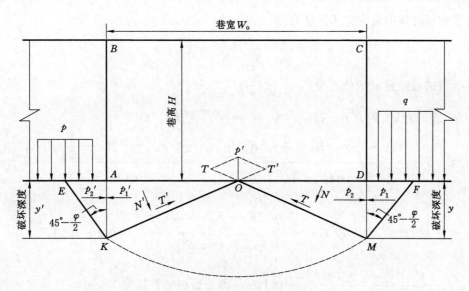

图 2　巷道底板综合受力分析

巷道底板两侧滑动面以上的有效滑动力分别为 T、T'，它们的合力为巷道的底压力 p'，T、T' 在 x 和 y 轴上的分力分别是 p_x 和 p_y

$$p_x = (T - T')\cos\left(45° - \frac{\varphi}{2}\right); \quad p_y = (T + T')\sin\left(45° - \frac{\varphi}{2}\right)$$

则底压力 p' 为：

$$p' = \sqrt{p_x^2 + p_y^2}$$

由应力—应变公式 $\varepsilon = \dfrac{\sigma}{E}$，推导由滑动力的合力 p' 引起的底鼓量 μ 约为：

$$\mu = \frac{p'}{S \cdot E} = \frac{p'}{1 \times W_0 \cdot E} = \frac{p'}{W_0 \cdot E}$$

3　底板破坏公式在支护中的应用

以郑煤集团公司告成煤矿 21051 工作面回采巷道为例，求巷道底板破坏范围及底鼓量，21051 工作面下副巷平均埋深约 460 m。主采二$_1$煤层，厚度 4.2 m，倾角约 10°，结构简单。煤层直接顶中下部为细粒砂岩，基本顶为中细粒长石、石英砂岩，厚 7 m 左右；底板为砂质泥岩，厚 5.1 m。21051 工作面下副巷断面为直墙半圆拱形，断面宽 5 000 mm，高 4 300 mm，净断面约 13.0 m²。

（1）锚网支护基本参数

原岩应力：$q = \gamma h = 0.026 \times 460 = 11.96$ MPa。

煤层：抗压强度 $\sigma_c = 2.6$ MPa，抗拉强度 $\sigma_t = 0.31$ MPa。

综合顶底板性质：抗压强度 $\sigma_c = 105$ MPa，抗拉强度 $\sigma_t = 6.8$ MPa。

巷道：巷帮高度 $h_w = 1.8$ m，宽度 $W_0 = 5.0$ m。

（2）巷道顶板破坏高度确定

借助西安科技大学黄庆享教授的极限平衡拱公式[10]，求巷道顶板的破坏深度：

$$y_{lim} = (W_{01} + 2L)\sqrt{\frac{3P_0}{4P_0 + 12\sigma_t}} - \sqrt{2}L = 4.3 \text{ m}$$

（3）巷道底板破坏深度计算

γ 取 2 600 kg/m³；均布荷载 q 取 11.96 MPa；岩体的单轴抗压强度 σ_c 为 105 MPa；φ 经计算取为 81°；主动土压力系数 K_a 经计算为 0.01；被动土压力系数 K_p 经计算为 161.45。

则巷道底板计算的最大破坏深度为：

$$y = \frac{q}{\gamma} \cdot \frac{K_a}{K_p - K_a} = 1.76 \text{ m}$$

计算巷道的底鼓量 μ 的公式为：$\mu = \dfrac{p'}{W_0 \cdot E}$

由于 p' 是 T 和 T' 的合力，求解 p' 得：$p' = \sqrt{T^2 + T'^2}$

又因为 $\quad T = \dfrac{(qy + \frac{1}{2}\gamma y^2)K_a - \frac{1}{2}\gamma y^2 K_p}{2\cos(45° - \frac{\varphi}{2})}$，$T' = \dfrac{(qy' + \frac{1}{2}\gamma y'^2)K_a - \frac{1}{2}\gamma y'^2 K_p}{2\cos(45° - \frac{\varphi}{2})}$

在 $y = y'$ 时，求得 $p' = \sqrt{2}T = \dfrac{\frac{\sqrt{2}}{2}\gamma y^2(K_a - K_p) + \sqrt{2}qy K_a}{2\cos(45° - \frac{\varphi}{2})} = 1.9 \times 10^8 \text{ kN}$

则，$\mu = \dfrac{p'}{W_0 \cdot E} = \dfrac{1.9 \times 10^8}{5 \times 2.1 \times 10^8} = 0.18 \text{ m}$，即求得的底鼓量为 180 mm，这与实测底鼓量 200 mm 较为接近。

（4）确定锚杆（索）长度

根据自稳平衡拱极限状态平衡拱为 4.3 m，可设计锚杆长度为 2 000 mm，锚杆间、排距按 700 mm 布置，配合选用普通钢绞线直径为 17.8 mm、长度为 5 000 mm 的加强锚索，断面支护方案如图 3 所示。

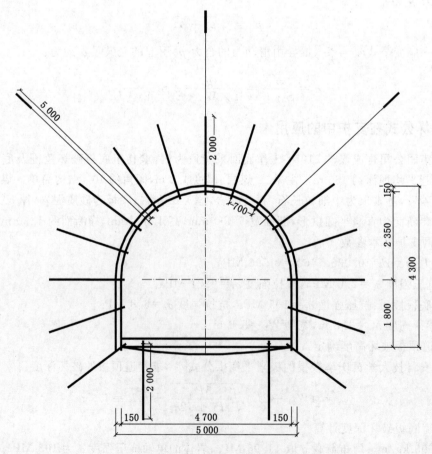

图 3　巷道断面支护方案

根据底板破坏公式的计算，确定底板加强锚杆的长度为 2 000 mm，并实施 200 mm 的反底拱措施。

4 结论

（1）通过对巷道底板破坏的力学模型分析可知，底板的破坏深度随埋深增大而增大。

（2）巷道底板底鼓量的大小随有效滑移力的增大而增大。

（3）巷道底板深度和底鼓量的确定为巷道稳定支护设计提供了计算依据。

参考文献

[1] 李世平. 岩石力学简明教程[M]. 徐州：中国矿业学院出版社，1986.

[2] 康红普，王金华，等. 煤巷锚杆支护理论与成套技术[M]. 北京：煤炭工业出版社，2007.

[3] 董方庭，宋宏伟，郭志宏，等. 巷道围岩松动圈支护理论[J]. 煤炭学报，1994，19(1).

[4] 康红普. 巷道围岩的关键圈理论[J]. 力学与实践，1997，19(1).

[5] 姜耀东. 巷道底鼓机理及控制方法的研究[D]. 徐州：中国矿业大学，1993.

[6] 奥顿哥特 M. 巷道底鼓的防治[M]. 北京：煤炭工业出版社，1985.

[7] 曲永新，谢兵，时梦熊，等. 地下工程建设中潜在膨胀性岩体的工程地质问题[M]. 北京：科学出版社，1990.

[8] 康红普. 软岩巷道底鼓的机理及防治[M]. 北京：煤炭工业出版社，1993.

[9] 贺永年，何亚男. 茂名矿区巷道底鼓实测与分析[J]. 岩土工程学报，1994(16).

[10] 黄庆享，冉隆明，李培树. 构造破碎带大巷复修的支护理论与实践[J]. 煤炭科学技术，2008，36(6).

基于层次分析法的喷浆材料优选综合评价

吴建生

（煤炭科学研究总院南京研究所，江苏　南京　210018）

摘　要　依据层次分析法的基本原理，分别研究了封闭型喷浆支护和加固型喷浆支护两类工程。在建立评价层次结构的基础上，结合定性与定量分析确定评价指标权重，并进行数学处理获得评价结果。结论表明：对于封闭型喷浆支护工程的性能需求来说，煤科-11薄喷支护材料要优于水泥基薄喷材料，进而更优于混凝土喷浆材料；对于加固类工程来说，薄喷支护材料的性能要优于煤科-11薄喷支护材料，进而更优于混凝土支护喷浆材料。

关键词　喷浆；薄喷；锚喷支护；层次分析法

锚喷支护是我国煤矿井下巷道的主要支护方式，且普遍采用锚、网、喷联合支护方式[1]。但在喷浆支护技术运用了一个世纪后（国内应用历史不足百年），国内外近年来围绕新型喷浆材料和锚喷支护技术的讨论和研究日益增强。

薄喷（Thin spray-on liner）技术是国际上近年来兴起的一种全新的封闭支护理念[2,3]，国内一些单位也已展开先期研究并取得了一定的成果[4-6]。但是，由于国内尚未经历大规模的应用，现场对于新型封闭支护材料适用的范围和环境都缺乏认知，客观上限制了新技术的推广和发展。本文拟针对典型工程利用层次分析法作为评价手段，考察不同喷射材料在典型工程中的适用性，从而为新型喷浆材料的工程应用提供参考依据。

1　现有喷浆材料的分类与特点

（1）喷射混凝土

喷射混凝土是借助喷射机械，利用压缩空气或其他动力，将按一定比例拌合的混合料（水泥、骨料、水组成）通过管道以高速喷射到受喷面（岩石、土层、建筑结构物或模板）上凝结硬化而成的一种混凝土。按照所使用的拌合料的含水量和喷射工艺不同可分为干喷法、潮喷法和湿喷法。其喷射前的准备和喷射完成后的收尾工作较为繁琐，因此实际有效施工时间会受到压缩，影响施工速度。施工过程粉尘和回弹也较为严重，湿喷工艺虽可克服上述问题，但因为设备和工艺复杂，一直未能在煤矿推广。

（2）水泥基薄喷材料

水泥基薄喷材料是采用水泥作为主要胶凝剂，通过添加具有特殊功能的聚合物改性或纤维增强等手段制备的高性能复合材料。较之于喷射混凝土具有以下优点：① 支护厚度减少，降低了支护材料使用量；② 喷射速度快，节约劳动量；③ 解决了传统喷射混凝土支护（潮喷或湿喷）拌料不均、喷射不稳定引起的回弹率较高问题；④ 大幅度降低粉尘，改善劳动工作环境。水泥基薄喷材料与喷射混凝土材料性能比较详见表1。

表 1   水泥基薄喷材料和混凝土性能比较

指标 项目	水泥基	混凝土
抗压强度/MPa	>36.3	<20
抗折强度/MPa	>6.2	<3
抗劈裂强度/MPa	>3.2	<2.0
阻燃性	不可燃	不可燃
回弹率/%	<10	10~30
喷射厚度/mm	10~30	50~150

（3）煤科-11 薄喷材料

煤科-11 是煤炭科学研究总院南京研究所开发的一种新型薄喷材料,遇水后能快速溶解并乳化分散成为稳定的聚合物乳液,喷涂后可聚结成整体涂膜。具有非反应性成膜固化、附着力强、力学性能优异、综合成本相对低廉等特点。通过使用煤科-11 可快速完成围岩的封闭支护,施工工艺与现有喷射混凝土工艺类似。主要性能见表 2。

表 2   煤科-11 材料主要理化性能和工程性能

序号	项目	性能
1	混合物类型	粒度均匀的乳白色粉末
2	粉末的容积密度	(0.68± 0.09) g/mL
3	每 $m^2 \times mm$ 的使用量	0.9 kg 粉末
4	使用温度	+5~+45 ℃
5	抗拉强度（张力）	4 h>0.5 MPa,1 d>1.0 MPa,7 d>2.6 MPa,56 d>5.4 MPa
6	喷层厚度	10 mm 以下
7	阻燃性	自熄
8	环保性	国家涂料质量监督检验中心根据《室内装饰装修材料 内墙涂料中有害物质限量》(GB 18582－2008)测试,达到国标要求

2 层次分析法评价喷浆材料

层次分析法(Analytic Hierarchy Process,简称 AHP)由美国运筹学家匹茨堡大学教授萨蒂(T. L. Saaty)于 20 世纪 70 年代初发明。它是将决策总是有关的元素分解成目标、准则、方案等层次,在此基础之上进行定性和定量分析的决策方法[7]。应用这种方法,决策者通过将复杂问题分解为若干层次和若干因素,在各因素之间进行简单的比较和计算,就可以得出不同方案的权重,为最佳方案的选择提供依据。

（1）喷浆材料的层次分析模型

将"喷浆材料性能的工程适用性"作为层次分析的目标层,将材料的力学性能、封闭性能等五种必需的性能作为层次分析的标准层,将所使用的喷浆材料如混凝土、水泥基薄喷材料、煤科-11 薄喷材料做方案层,如图 1 所示。

本项目拟从用途出发,分别对加固工程、防风化工程、金属支护设施防腐工程和煤体自燃防治四类工程进行研究和分析,并将上述四类工程可以归并为两大类——加固类工程和封闭类工程。

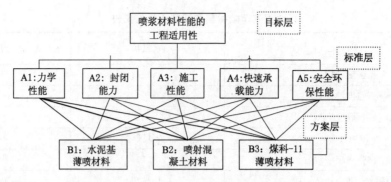

图 1 喷浆材料性能的工程适用性层次图

（2）封闭型支护系统评价模型与分析

喷浆材料的力学性能、封闭能力、施工性能、快速承载能力和安全环保性能分别对应着表 3 中 A1～A5。

根据封闭工程的需求与特点，我们可以发现其最为首要的需求是封闭能力，然后依次是力学性能、快速承载能力、安全环保性能和施工性能。因此可获得各个主要性能的比较结果见表 3。

表 3　　　　　　　　　　　　封闭类工程中喷浆材料各性能重要性比较

Z	A1	A2	A3	A4	A5
A1	1	1/2	4	3	3
A2	2	1	7	5	5
A3	1/4	1/7	1	1/2	1/3
A4	1/3	1/5	2	1	1
A5	1/3	1/5	3	1	1

由上述结果可得对比矩阵如下：

$$A = \begin{bmatrix} 1 & 1/2 & 4 & 3 & 3 \\ 2 & 1 & 7 & 5 & 5 \\ 1/4 & 1/7 & 1 & 1/2 & 1/3 \\ 1/3 & 1/5 & 2 & 1 & 1 \\ 1/3 & 1/5 & 3 & 1 & 1 \end{bmatrix}$$

$$B1 = \begin{bmatrix} 1 & 2 & 5 \\ 1/2 & 1 & 2 \\ 1/5 & 1/2 & 1 \end{bmatrix}; B2 = \begin{bmatrix} 1 & 1/3 & 1/8 \\ 3 & 1 & 2 \\ 8 & 3 & 1 \end{bmatrix}; B3 = \begin{bmatrix} 1 & 1 & 3 \\ 1 & 1 & 3 \\ 1/3 & 1/3 & 1 \end{bmatrix};$$

$$B4 = \begin{bmatrix} 1 & 3 & 4 \\ 1/3 & 1 & 2 \\ 1/4 & 1 & 1 \end{bmatrix}; B5 = \begin{bmatrix} 1 & 1 & 1/4 \\ 1 & 1 & 1/4 \\ 4 & 4 & 1 \end{bmatrix}$$

对成对比较矩阵 A 求解最大特征值可得：$\lambda = 5.073$。

该特征值所对应的归一化特征向量为：$\omega = \{0.263, 0.475, 0.055, 0.099, 0.110\}$。

则可得：$CI = (5.073 - 5)/(5 - 1) = 0.018$；$RI = 1.12$。

由此可得：$CR = CI/RI = 0.018/1.12 = 0.016 < 0.1$。

因此，可表明矩阵 A 通过了一致性检验。

$B1$ 对总目标的权值为：$0.595 \times 0.263 + 0.082 \times 0.475 + 0.429 \times 0.055 + 0.633 \times 0.099 + 0.166 \times 0.110 = 0.3$。

同理可求得 $B2,B3$ 对目标的总权值为:0.246,0.456。

决策层对应总目标的权向量为:{0.3,0.246,0.456}。

$CR_k = (0.263 \times 0.003 + 0.475 \times 0.001 + 0.055 \times 0 + 0.099 \times 0.005 + 0.110 \times 0)/0.58 = 0.015 < 0.1$

因此,层次总排序可通过一致性检验。决策层目标向量可作为最后的决策依据。即各解决方案 $B3 > B1 > B2$,这意味着在解决封闭的问题上,煤科-11 薄喷材料优于水泥基薄喷材料,更优于传统喷射混凝土。

(3)加固型支护系统评价模型与分析

根据加固工程的需求与特点,我们可以发现其最为首要的需求是力学性能,然后依次是施工性能、快速承载能力、安全环保性能和封闭能力。各个主要性能的比较结果见表 4。

表 4　　　　　　　　　　加固类工程中喷浆材料各性能重要性比较

Z	A1	A2	A3	A4	A5
A1	1	7	3	5	5
A2	1/7	1	1/4	1/2	1/2
A3	1/3	4	1	2	2
A4	1/5	2	1/2	1	1
A5	1/5	2	1/2	1	1

计算过程同上,此处不再赘述。

决策层目标向量可作为最后的决策依据。即各解决方案 $B1 > B3 > B2$,这意味着在解决封闭的问题上,水泥基薄喷材料优于煤科-11 薄喷材料,更优于传统喷射混凝土。

3　结论

我国煤矿行业 90% 以上的规模化矿井都采用锚喷支护,支护工程量巨大,支护费用常高达巷道工程总费用的 50% 以上。同时随着机械化程度的提高和开采深度的加大,各种新的问题不断出现,如采掘衔接紧张问题仍然存在并随着掘进、支护难度的增加趋于严重。

本文针对几类典型的工程建立喷射材料性能适用性的评价手段,并针对不同应用环境进行评价,通过性能优选确定了水泥基薄喷材料和煤科-11 薄喷材料分别为加固类和封闭类的工程最优解决方案。通过该手段对薄喷支护材料和混凝土喷射材料进行评价和比对,验证了新型喷浆材料性能优势,为薄喷支护材料的工程应用提供了依据。

参考文献

[1] 中国矿业学院.井巷工程[M].北京:煤炭工业出版社,1980.

[2] 阿奇博尔德 J F,德加内 D O.加拿大地下矿山聚合物喷层支护方法的研究概况(一)[J].国外金属矿山,2002(5):32-35.

[3] 阿奇博尔德 J F,德加内 D O.加拿大地下矿山聚合物喷层支护方法的研究概况(二)[J].国外金属矿山,2002(6):31-37.

[4] 于龙先,肖军.新型锚喷支护技术[J].煤炭技术,2007,26(4):129-131.

[5] 张少波,吴建生,等.煤矿巷道薄喷支护技术研究[J].煤矿支护,2011(4):8-14.

[6] 煤炭科学研究总院南京研究所.密闭式粉状物料喷射机:中国,201220522084.1[P].2012-10-12.

[7] 中华人民共和国国家质量监督检验检疫总局.科学技术研究项目评价通则(GB/T 22900—2009)[S].北京:中国标准出版社,2009.

聚合物改性喷射混凝土在软岩巷道
锚喷支护中的应用研究

李世凯，卢振涛

(郑州华辕煤业有限公司，河南 新郑 451171)

摘 要 本研究针对于软岩巷道锚喷支护体系中出现的喷层易折断、掉皮等现象，采用有机聚合物——可分散乳胶粉对喷射混凝土进行改性研究，在满足支护强度要求的前提下，降低喷层强度、减小喷层的弹性模量，增加喷层的有效变形量以及与围岩的黏结力来实现软岩巷道大变形下喷层与围岩的同步变形，提高锚喷支护体系的稳定性。研究表明，改性喷射混凝土中可分散乳胶粉的合理掺量为水泥质量的 2.5%～3.0%。用 FLAC^{3D} 软件对所得胶粉改性喷层进行了数值模拟计算，结果表明：胶粉改性喷射混凝土喷层有较好的抵抗变形的能力，能够实现围岩应力的二次或多次分布，增加了锚喷支护的有效性；通过工业性试验得出喷层强度降低了 10%～20%，韧度提高了近 70%，巷道变形量明显减少，使用寿命提高了近 4 倍。

关键词 喷射混凝土；可分散乳胶粉；喷层强度

在煤矿锚喷支护体系中，喷射混凝土作为一种类岩石材料，具有强度高、弹性模量大，支护工艺简单、原料来源广等优点，但是变形易折断、韧度低（极限变形量约为 2%），特别是在软岩—半煤岩巷道中，由于围岩松动圈较大，破碎较严重，开挖后变形速率、变形量大，而使得喷层与围岩不能产生有效的同步变形，导致喷层受挤压开裂、脱落而失去支护强度。将分散乳胶粒作为一种可在无机材料当中使用的有机黏结剂，已经广泛应用于建筑行业，而作为一种湿法喷射混凝土的外加剂也已经在国外矿井喷射混凝土工程中得到了大量的应用，并取得了很好的提高混凝土喷层抗变形能力的效果。本研究以可分散乳胶粉(5054)为单一变量因子，对其对喷射混凝土的抗压强度、劈裂抗拉强度以及黏结强度进行了研究，并借以 FLAC^{3D} 数值模拟和工业性试验对胶粉改性喷射混凝土的性能进行了验证，研究成果对当代煤矿锚喷支护技术的发展具有重要的指导意义。

1 聚合物改性喷射混凝土力学性能

1.1 试验室条件下力学性能研究

依据某矿原有的喷射混凝土设计配比，固定喷射混凝土各组分的比例（按质量）即水泥：石子：砂子：水＝1：2：2：0.42 不变，分别加入掺量为胶凝材料（水泥）用量 0%～7% 的胶粉有机聚合物，机械搅拌、振动，浇注成型，养护室条件下自然养护至 28 d，并测试其力学性能，其测试结果如图 1 所示。

从图 1 中可以看出，在 3 d、7 d、28 d 龄期内，掺加胶粉聚合物改性剂以后，混凝土的抗压强度有明显的下降，在掺量为 5% 范围内，随着掺入量的增加，抗压强度下降的幅度较小；胶粉掺量为 5% 和 7% 时，力学性能出现较大幅度下降，超过 35% 时，已不满足支护强度要求。

1.2 拉拔黏结试验

采用 100 mm×100 mm×100 mm 的混凝土块作为基准块（基准块的面中心有一个拉拔固定

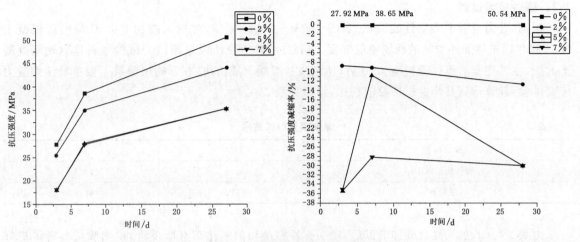

图 1　胶粉影响因子抗压强度

头),然后在两块基准块的中间添加一层新拌合混凝土,黏结部位的尺寸为 100 mm×100 mm×50 mm,用插刀捣实。在养护室条件下自然养护到规定龄期,然后在 WDW-20 电子式万能试验机上进行拉拔试验,拉拔曲线如图 2 所示,得到黏结界面破坏时所需拉力的大小来测量新拌混凝土与老混凝土(相当于围岩)界面的黏结强度,以此推导出普通混凝土和改性混凝土对围岩黏结力的不同。

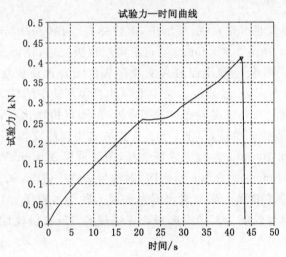

图 2　拉拔试验曲线

经测试,3 d、14 d 的拉拔试验结果见表 1。

表 1　　　　　　　　　　　拉拔试验结果

编号	3 d 拉拔强度/MPa	14 d 拉拔强度/MPa
普通喷射混凝土(C1)	0.53	1.1
3%胶粉改性喷射混凝土(C2)	0.81	1.69

从 3 d、14 d 的拉拔试验结果来看,掺加外加剂的 C2 组的拉拔力要明显高于未掺加外加剂的 C1 组。说明掺加外加剂后,可以增大新拌合喷射混凝土与围岩的黏结力,从而提高喷层与围岩的黏结力。

1.3 弹性模量试验

根据《普通混凝土力学性能测试》(GB 50081—2002)标准,对掺入胶粉3‰、现场喷射混凝土(D1)和普通未掺加外加剂的现场喷射混凝土(D2)做静力弹性模量测试。试验原料选自现场混凝土大板,在井底自然条件养护至28 d后,切割大板混凝土成块,在万能试验机上做单轴压缩应力应变试验,计算得到其弹性模量及泊松比,结果见表2。

表2 弹性模量测试结果

测试内容	D2	D1
弹性模量/GPa	26.66	20.17
泊松比	0.204	0.152

由表2可知,加入复合外加剂以后,喷层弹性模量和泊松比都有所下降,说明喷层具有了更好的变形能力,也就是柔韧性提高了,有利于提高喷层支护的有效性。

2 FLAC³ᴰ 数值模拟研究

为预测胶粉改性喷射混凝土的支护效果,选取某矿戊二采区下延回风下山进行了FLAC³ᴰ数值模拟分析,主要分析了不同喷层的受力情况和变形情况以及在锚喷联合支护下的巷道变形和锚杆受力。

某矿戊二采区下延回风巷布置在戊₈煤层中,上口标高−446.976 m,下口标高−558 m,巷道呈方形,净宽4 700 mm,净高2 600 mm。巷道沿煤层顶板掘进,顶板基本顶为灰色泥岩、砂质泥岩夹少量细砂岩,局部存在灰色砂质泥岩夹灰及深灰色泥岩含菱铁质,条带状,类型为Ⅱ类,厚度13.4 m;直接顶为灰色泥岩、砂质泥岩夹少量细砂岩含菱铁矿结核,厚度1.3 m。底板为戊8煤层底板,直接底为灰色泥岩、砂质泥岩夹少量细砂岩,下部含植物化石,遇水易膨胀,厚底7 m;老底为细至中粒砂岩,含菱铁矿结核,厚度2 m。支护方式为锚喷支护,采用锚网索喷联合支护。锚杆帮部采用φ20 mm×2 200 mm左旋无纵筋锚杆,顶部采用φ20 mm×2 400 mm左旋无纵筋高强锚杆,锚网采用2 400 mm×900 mm钢笆网,钢丝为10#冷拔丝,锚索为φ17.8 mm×7 000 mm,间排距为1 600 mm×2 100 mm,喷浆比例为水泥∶砂子∶石子＝1∶2∶2,水泥强度等级为42.5级,喷射混凝土设计强度为C20。选用普通喷层和3‰胶粉改性喷层作为对象,计算参数设定见表3～表5。

表3 围岩参数设定

围岩	弹性模量/GPa	泊松比	抗拉强度/MPa	黏聚力 C/MPa	内摩擦角 φ/(°)
砂质泥岩	5.43	0.147	1.84	2.16	33.4
灰色泥岩	5.4	0.26	0.75	1.1	30
煤	5.3	0.32	0.15	0.25	32
砂质泥岩	10.85	0.147	2.01	2.45	40
中粒砂岩	19	0.2	1.84	3.75	38

表4 锚杆支护参数设定

抗拉强度/MPa	弹性模量/GPa	砂浆黏聚力/(N/m)	砂浆摩擦角/(°)	砂浆刚度/(N/m²)
256	221	$2.5×10^5$	0	$2.1×10^8$

表5　　　　　　　　　　　　　　　　　喷层支护参数设定

喷层种类	弹性模量/GPa	泊松比	抗拉强度/MPa	黏聚力/MPa	摩擦角/(°)	厚度/mm
普通喷层	26.66	0.204	3.2	1.1	40	120
改性喷层	20.17	0.152	3.68	1.6	38	120

2.1　喷层受力及变形对比

喷层受力模拟是在巷道仅在喷射混凝土支护的前提下进行的,其结果如图3~图12所示,其中图3~图8为应力对比,图9~图12为应变对比。

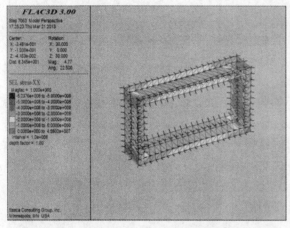

图3　普通喷层所受水平应力　　　　　　　　图4　改性喷层所受水平应力

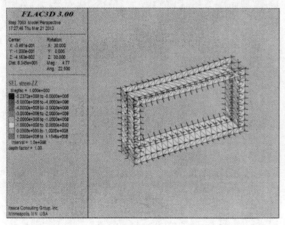
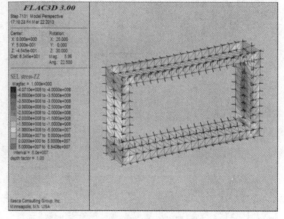

图5　普通喷层所受垂直应力　　　　　　　　图6　改性喷层所受垂直应力

从图3~图8可以看出,在水平方向上,喷层上除了在顶角部位和底角部位出现拉应力,其余都是压应力,并且在四个顶角都出现应力集中现象。拉应力大小为普通喷层:4.58e7 Pa,大于改性喷层:3.454e7 Pa;压应力大小为普通喷层:1e8~2e8 Pa,大于改性喷层:5e7~1e8 Pa;在应力集中的四个顶角处,压应力大小为普通喷层:4e8~5.237e8 Pa,大于改性喷层:2.5e8~4.07e8 Pa。

在垂直方向上,喷层从中部到两端,在喷层与围岩的接触面部分出现拉应力,而在其余部分均出现压应力,同样在四个顶角处出现应力集中现象。拉应力大小为普通喷层:1e8 Pa,大于改性喷层:5e7 Pa;压应力大小为普通喷层:1e8 Pa,大于改性喷层5e7 Pa;在应力集中的四个顶角处,压应力大小为普通喷层:2e8~5.237e8 Pa,大于改性喷层:1.5e8~4.07e8 Pa。

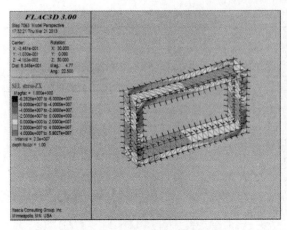
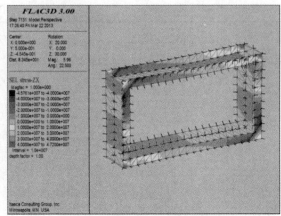

图 7　普通喷层所受剪切应力　　　　　　　　　图 8　改性喷层所受剪切应力

在 zx 剪切方向上,普通喷层受剪切力比较不均匀,出现正剪切和逆剪切相互交叉的现象,容易出现喷层受剪切而发生断裂,从而失去支护强度;而改性喷层所受的剪切力比较一致,这样就可以减少喷层受剪切破坏的可能。并且从喷层受到的最大剪切力来看,普通喷层:6.282 6e7 Pa,大于改性喷层:4.576e7 Pa。

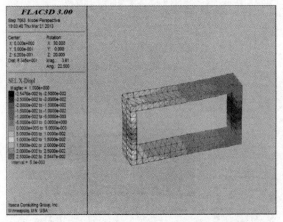
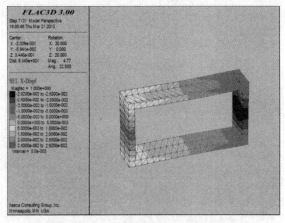

图 9　普通喷层水平变形　　　　　　　　　　图 10　改性喷层水平变形

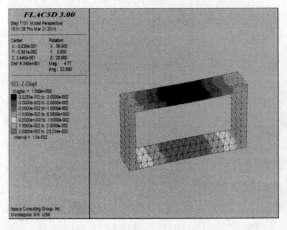
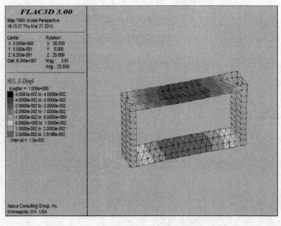

图 11　普通喷层垂直变形　　　　　　　　　图 12　改性喷层垂直变形

从图9～图12可以看出,在水平方向上,普通喷层两帮的最大收缩量为51 mm,小于改性喷层两帮的最大收缩量58.4 mm;而从垂直方向上来看,普通喷层顶底板的最大移近量为50.5 mm,小于改性喷层的顶底板最大移近量69.5 mm。而从喷层的受力情况来看,改性喷层上受到的应力要小于普通喷层,说明改性喷层通过自身的变形,起到了很好的让压作用,同时也说明了改性喷层产生的变形是有效的让压变形。

从普通喷层和改性喷层所受应力对比来看,普通喷层所受的应力要大于改性喷层,不论是压应力、拉应力还是剪切应力,两者对于巷道围岩应力产生的变形改性喷层要大于普通喷层。这是因为改性喷层具有更好的韧度和抗变形能力,其可以根据围岩的应力分布来调节自身的变形,从而使巷道围岩的应力产生二次或者多次重新分布,减小了围岩对喷层的直接作用力,并且改性喷层的黏结性能也高于普通喷层,这就保证了喷层受力的连续性和完整性,也就是保证了围岩应力在喷层上的均匀分布。因此改性喷层所受应力要低于普通喷层,但整体上提供的支护力高于普通喷层。结合实验室的研究表明,改性喷层(混凝土)的黏聚性要好于普通喷层,因此可以推断,改性喷层的极限支护强度要高于普通喷层。

2.2　喷层受力及变形对比

在相同锚杆支护条件下,对不同混凝土喷层进行了数值模拟,其结果如图13～图16所示。

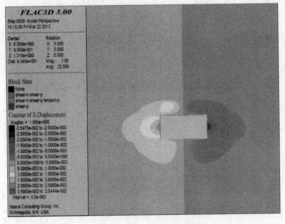

图13　普通喷层锚喷支护水平应变云图

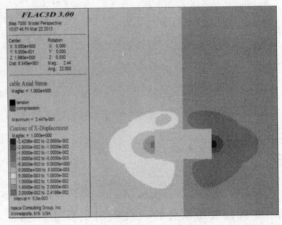

图14　改性喷层锚喷支护水平应变云图

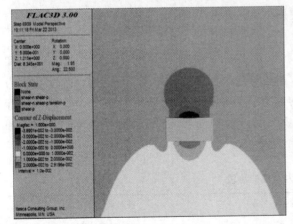

图15　普通喷层锚喷支护垂直应变云图

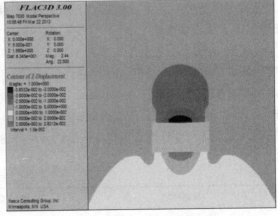

图16　改性喷层锚喷支护垂直应变云图

从图13～图16可看出,经过锚杆和喷射混凝土联合支护以后,普通混凝土锚喷支护情况下巷道两帮收缩量最大为 50 mm,而改性混凝土锚喷支护情况下巷道两帮收缩量最大为 48.40 mm;普通混凝土锚喷支护情况下巷道顶底板移近量最大为 68.1 mm,而改性混凝土锚喷支护情况下巷道顶底板移近量最大为 66.7 mm,两者相差不大。考虑到此巷道所受的最大主应力方向与巷道轴向方向夹角很大,而在巷道两帮收缩量方面,改性喷层锚喷联合支护的效果要好于普通喷层锚喷联合支护的效果,因此改性喷层在锚喷联合支护体系中也可以发挥优势。

图 17 和图 18 显示了锚杆在普通喷层和改性喷层存在时的轴向受力状况,两者的差距不大,但是改用改性喷层后,在巷道右上角应力集中点处的锚杆的受力被弱化,而在巷道两帮上,锚杆的受力被加强,这说明采用改性喷层后,巷道围岩应力产生了重新分布,应力由顶板向两帮传递,促使巷道围岩承载拱的形成,并促使了锚杆整体作用的发挥,对巷道支护的稳定性增强有了明显的帮助。

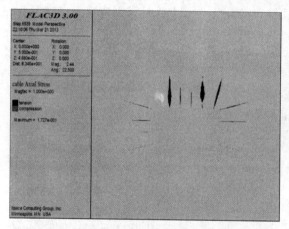
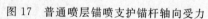
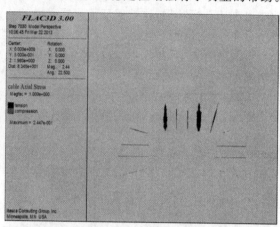

图 17　普通喷层锚喷支护锚杆轴向受力　　　　图 18　改性喷层锚喷支护锚杆轴向受力

3　工业性试验

试验地点选在香山矿戊二采区下延回风巷道,选取 100 m 巷道按设计施工工艺进行工业性试验,来验证胶粉聚合物改性喷射混凝土在实际工程应用中的使用效果,试验地点水文地质见 FLAC³D 数值模拟研究。

3.1　喷射方案

为了提高喷射混凝土强度、改善喷层质量,使用"水泥裹石法"和"水泥包砂"潮喷法新工艺。

3.2　喷大板力学性能

在施工的同时,将混凝土喷射在 450 mm×350 mm×120 mm 的木质开口试模内,为了保持和喷层所处的使用环境相似,在喷大板实验完成后,在巷道内进行自然养护至 28 d。然后在实验室内用切石机加工成 100 mm×100 mm×100 mm 的立方体试块。按照普通混凝土力学性能测试标准,进行抗压强度和抗劈裂强度测试(精确到 0.1 MPa),来反映喷射混凝土喷层的真实抗压强度和黏结强度。选用胶粉掺量为水泥质量的 3%,试验结果见表 6。

表 6　　　　　　　　　　　　　　28 d 喷大板力学性能比较

检测指标	普通喷射混凝土	改性喷射混凝土
抗压强度/MPa	27.4(6组)	22.7(6组)
劈裂抗拉强度/MPa	2.33(6组)	4.06(6组)

从表 6 可以看出,喷射混凝土的实际强度要远小于标准试件的强度,经过胶粉聚合物改性剂改

性后喷射混凝土的抗压强度有所下降,但是劈裂抗拉强度却得到了很大的提高。经过添加复合外加剂后,喷层抗压强度降低了近17%,但是能达到设计要求,劈裂抗拉强度提高了74.2%,这有利于提高喷层的抗剪切破坏能力,延长巷道的使用寿命。

3.3 巷道位移及喷层破坏性观测

锚喷支护巷道由于受地应力和构造应力等影响,随着时间的推移,巷道出现顶底板移近、两帮收缩和喷层开裂、脱落等破坏。通过巷道形变量观测,可以掌握巷道围岩应力大小情况和支护强度合理与否。采用十字布点法,对巷道两帮收缩量、顶底板移近量和喷层破坏形变量进行观测,观测数据见表7。

表7 巷道破坏性对比结果

观测点	距戊组二延回风联巷口距离	原始巷道实际测量值/mm		巷道累计收缩量/mm		观察时间/d	平均收缩速率/(mm/d)		巷道破坏性形变
		左右	上下	左右	上下		左右	上下	
普通喷层支护段									
1号	−30	4 610	2 488	15	20	60	0.25	0.33	左帮喷浆体裂缝长30 cm,缝宽8 mm
2号	−60	4 617	2 357	18	40	60	0.33	−0.66	顶部掉皮0.3 m²
3号	−80	4 630	2 507	22	35	60	0.37	0.58	右侧喷浆皮裂缝长50 cm,缝宽7 mm
4号	−110	4 625	2 495	30	30	60	0.50	0.50	右肩窝掉皮0.6 m²
5号	−130	4 608	2 229	35	50	60	0.58	0.83	左帮喷浆体裂缝长25 cm,缝宽5 mm
改性喷层支护段									
6号	−150	4 605	2 730	8	10	60	0.12	0.16	无破坏性形变
7号	−180	4 660	2 770	10	16	60	0.16	0.26	无破坏性形变
8号	−210	4 650	2 710	10	6	60	0.16	0.10	无破坏性形变
9号	−230	4 630	2 780	12	0	60	0.20	0.00	无破坏性形变
10号	−250	4 625	2 760	16	12	60	0.26	0.20	左帮肩窝裂缝25 cm,缝宽2 mm

从表7的观测数据可以看出,在相同锚杆支护条件下,采用普通喷层支护的巷道顶底板移近量和两帮收缩量是采用改性喷层支护后的近2倍,说明了改性喷层能够更好地发挥锚杆支护的优势,其与锚杆协同作用增强了锚喷支护的牢固性;同时经过60 d的观察,改性喷层支护的巷道,喷层没有出现大面积脱落和开裂,说明其良好的抗弯曲能力(韧性好)和耐久性,减少了巷道返修带来的资金浪费。

4 结论

胶粉聚合物虽然在国外湿喷工艺中应用比较多,但是在煤矿干喷或潮喷工艺中却应用很少,它可以改变喷射混凝土的耐久性、韧性和抗变形性能,其与锚杆支护一起协同作用,组成的锚喷支护体系的稳定性更高,使用寿命更长。随着开采深度的增加,在未来的煤矿锚喷支护体系中定能发挥出更大的作用。

参考文献

[1] 程良奎,杨志银.喷射混凝土与土钉墙[M].北京:中国建筑工业出版社,1998.

[2] 赵星瑜,夏东海.几种喷射混凝土工艺分析比较[J].中国科技信息,2006(20):73-76.

[3] 于龙先,肖军.新型锚喷支护技术[J].煤炭技术,2007,26(4):129-131.

[4] 王利.新型喷射混凝土技术的运用[J].四川水利,2008(1):59-61.

[5] 徐道富.新型聚丙烯纤维混凝土喷层力学性能研究及其工程应用[D].淮南:安徽理工大学,2006.

[6] 李世凯.聚合物改性喷射混凝土的研制与应用[D].焦作:河南理工大学,2013.

[7] 何娟,杨长辉.聚合物改性混凝土的研究[J].混凝土,2005(5):235.

[8] 梅宁.掺聚合物粘合剂的喷射混凝土[J].建井技术.2009(8):20.

[9] 房晓敏.3DGIS构模与FLAC-3D建模网格数据融合技术研究[D].淮南:安徽理工大学,2010.

[10] 刘波,韩彦辉.FLAC原理、实例与应用指南[M].人民交通出版社,2005.

[11] 王国华,王福龙.高性能喷射混凝土施工工艺改进[J].河南工程学院学报(自然科学版),2010(3).

煤层顶板巷道锚固机理及控制技术研究

刘海泉[1],王中亮[1],刘　棚[2]

(1. 煤炭工业济南设计研究院有限公司,山东　济南　250031;
2. 山东鲁能菏泽煤电开发有限公司彭庄煤矿,山东　菏泽　274700)

摘　要　针对煤层顶板巷道地质特点和锚杆锚固范围,将煤层顶板巷道分为复合型、薄顶、中厚顶和厚顶四种类型,提出了松散破碎型和层状镶嵌结构煤顶失稳原因和控制该类巷道顶板稳定的支护技术。提出了"煤体—锚固"复合承载体概念并分析了承载体受力情况,研究了煤层顶板巷道锚固机理,推导了支护及煤体特性各参数与上覆均匀载荷的关系公式。基于"煤体—锚固"复合承载体作用机理,设计了张集矿胶带顺槽煤层顶板支护,避免了冒顶的发生,保证了巷道的稳定。

关键词　煤层顶板巷道;控制技术;"煤体—锚固"复合承载体;力学分析

0　引言

近年来,煤炭单矿井生产规模由小型、中型矿井逐步向大型、特大型生产矿井转变。而大型和特大型生产矿井通常的煤层条件均为厚煤层和巨厚煤层,工作面通常采用大采高或放顶煤的回采工艺,回采巷道属于"煤层顶板巷道"。已有的巷道围岩控制研究包括高地压巷道、软岩巷道、动压作用下的巷道等类型,对于煤层顶板巷道的围岩控制研究还较少,所以系统地研究煤层顶板巷道顶板的失稳原因、支护原理以及支护方式具有重要的理论和现实意义。

张保东[1]等通过单因素对煤层顶板进行客观的评价,并提出了一套相关二级模糊的综合性质评价办法;涂敏[2]针对现场特殊的地质条件,通过模糊聚类的运算方法,综合性地对煤层顶板进行分类;邵传林[3]对煤层复合直接顶板进行详细的分类并分析了地质构造对复合直接顶板的影响;王祖发等[4]针对某特厚煤层条件下采用放顶煤开采的煤矿,工程性地研究了适合该矿工作面回采巷道"锚杆+锚索+网+槽钢"的支护方式;刘波等[5]采用 FLAC 软件研究了工字钢、锚杆、锚索等不同支护形式对软弱厚煤顶板围岩变形、应力分布、塑性区发展破坏等的影响;杨久云[6]通过现场实践研究了锚索支护技术在托顶煤巷道中的应用;娄淼根[7]在综采放顶煤工作面顺槽煤层顶板支护的实践中,验证了采用锚杆、锚索、金属网、钢带联合支护技术的可行性;文献[8]、[9]对大采高煤层顶板的活动规律进行了研究;宋宏伟[10]对软岩巷道的锚喷支护机理进行了分析研究,研究了锚固组合体的承载能力;余伟健[11]研究了主压缩拱和次压缩拱作用所形成的叠加拱承载体,分别对压缩拱进行受力分析。

已有的关于煤层顶板巷道的研究主要是针对顶板分类或简单地进行支护方式的工业性试验,对煤层顶板锚固体的系统分析还很少,从支护原理上对煤层顶板巷道顶板的锚固承载体进行研究并对相应的控制技术进行总结,可以给该类巷道的支护提供参考依据。

1 "煤层顶板巷道"顶板失稳机理及支护技术

1.1 "煤层顶板巷道"类型

随着锚杆支护技术的发展,工作面回采巷道顶板通常采用锚杆及其他辅助构件进行支护。基于锚杆支护理论,可以将"煤层顶板巷道"按照巷道顶板煤层的厚度分为四类。

(1)当"煤层顶板巷道"顶板直接顶以泥岩、砂质泥岩为主,中间重复性夹杂着 0.1～0.6 m 厚度的煤线,该种类型巷道称为复合型煤层顶板巷道。

(2)当"煤层顶板巷道"顶板煤层厚度为 0.6～1.5 m 时,定义为薄煤顶煤层顶板巷道,该种类型巷道可以将锚杆锚固到煤层上覆岩层中,单独采用锚杆支护即可达到较好的支护效果。

(3)当"煤层顶板巷道"顶板煤层厚度为 1.5～3 m 时,定义为中厚煤顶煤层顶板巷道,该种类型巷道锚杆已不能完全锚固到煤层上覆顶板岩层中,通常采用锚杆支护或锚杆＋锚索联合支护方式。

(4)当"煤层顶板巷道"顶板煤层厚度大于 3 m 时,定义为厚顶煤层顶板巷道,该种类型巷道锚杆不能锚固到煤层上覆顶板岩层中,通常采用锚杆＋锚索联合支护方式。

1.2 "煤层顶板巷道"失稳机理

煤层顶板巷道区别于普通的岩石巷道,有其独特的围岩力学性质,根据煤层顶板巷道中顶煤的力学特性和受力特点可以将其失稳机理总结如下:

(1)煤层较岩石抗拉、抗剪、抗压强度均低,在相同的垂直和水平应力作用下,更容易产生塑性破坏;煤层顶板巷道通常为分层综采或综放工作面的回采巷道,掘进扰动会造成顶煤松散破碎,回采过程中,煤层顶板受工作面回采动压影响剧烈,更加剧了脆弱煤顶的破坏。

(2)从锚杆支护的角度考虑,当煤顶为破碎软弱类型时,顶板在节理裂隙的影响下,如果不采取合理及时的支护,在相邻锚杆支护之间首先会发生局部抽漏继而形成大面积的冒落拱,造成支护失效,顶板破坏。

(3)当煤顶为容易离层性的层状或镶嵌结构时,在不合理的支护情况下,顶板容易发生离层,进而可能较大范围的呈层状整体冒落,当煤顶锚固范围外存在松软煤岩层时,顶板冒落距离增大。

1.3 "煤层顶板巷道"支护技术

煤层巷道作为一种特殊的"软岩"巷道,不仅有一般软岩强度低的特性,还具有松散破碎的性质,对支护的强度和支护的方式有更强的要求。

(1)煤层厚度过大,会对锚杆的锚固力造成巨大的挑战,煤层中锚杆的锚固能力明显降低,要求采取相应的措施来解决锚固力丧失可能性的问题。

(2)面对松散破碎的煤顶,要注意煤层的整体性支护问题,采用合理的支护措施,提高护顶面积,避免煤层顶板处于无支护状态,阻止煤层因无支护出现局部冒顶现象的发生。

(3)在厚顶煤层顶板巷道中,过厚的顶煤导致锚杆支护无有力的锚固基点,需要配合其他支护方式联合支护。

针对以上煤层顶板中存在的支护问题,对于煤层顶板巷道顶板的支护方式通常有以下几种:

(1)在煤层中的锚杆采用端部锚固时,锚固剂与孔壁煤体的黏结力低,容易造成锚固失效,可以增加锚固剂数量,实现锚杆的全长锚固,增加锚固剂与孔壁之间的黏结强度,从而提高锚固力,形成稳定的"煤体—锚固"复合承载体。

(2)根据悬吊理论,若厚煤顶板存在稳定顶板时,可以增加锚索支护,与锚杆支护形式相互耦合作用,将所形成的"煤体—锚固"复合承载体与上覆稳定岩层连接成整体,利于系统的整体稳定。

(3)针对煤层松散的特性,采用金属网辅助构件配合锚杆支护起到护顶的作用,防止支护软弱区的煤体冒落;采用钢带或槽钢不仅能增加护表面积,也能将锚杆索的支护力扩散,减小支护软弱区的存在。

2 "煤体—锚固"复合承载体力学分析

2.1 "煤体—锚固"复合承载体概念

锚杆锚固在煤层中对开挖后二向受力状态下的顶煤实现三向作用力,使煤体成为支护体的一部分,与锚杆对上覆围岩共同作用,这种共同作用的整体称之为"煤体—锚固"复合承载体。

回采巷道通常为矩形或梯形巷道,为方便"煤体—锚固"复合承载体的受力分析,通常将矩形巷道等效转换成直墙半圆拱形巷道。

(1) 面积当量半径的求解

$$R_1 = k_x \left(\frac{S}{\pi}\right)^{\frac{1}{2}} \tag{1}$$

式中　　R_1——等效半径,m;

　　　　S——矩形巷道的断面面积,m^2;

　　　　k_x——矩形断面的修正系数,取 1.2。

(2) 几何当量半径

利用矩形外接圆计算。

$$R_2 = \frac{1}{2}\sqrt{a^2 + c^2} \tag{2}$$

式中　　R_2——几何当量半径,m;

　　　　a,c——巷道的宽和高,m。

(3) 矩形断面的等效半径

$$R_0 = \min\{R_1, R_2\}$$

为分析煤层顶板巷道中锚杆支护的各要素与"煤体—锚固"复合承载体极限承载强度的关系,作出以下 3 个假设:

① 锚杆支护在破碎煤体中,巷道环向没有切应力;

② 锚杆对巷道煤体表面为均匀分布的力;

③ 作用在"煤体—锚固"复合承载体外部的力均匀分布。

如图 1 所示为"煤体—锚固"复合承载体。

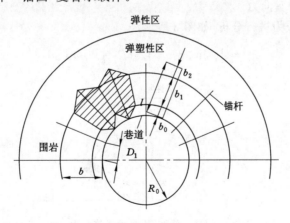

图 1　"煤层—锚杆"复合承载体

图中 R_0 为当量半径,D_1 为当量断面上锚杆之间的距离,l 是锚杆有效支护长度。在一个当量断面上采用 N 根锚杆进行支护,则:

$$D_1 = \pi R_0 / (N - 1)$$

锚杆锚固到煤层内可以形成 3 个压缩带：b_0、b_1 和 b_2；定义"煤体—锚固"复合承载体厚度为：

$$b = b_0 + b_1$$

锚杆上端挤压椎体厚度为：

$$b_2 = (R_0 + l)D_1 / (2R_0)$$

则挤压加固承载圈厚度为：

$$b = l - b_2 = l - \frac{\pi(R_0 + l)}{2(N - 1)} \tag{3}$$

2.2 "煤体—锚固"复合承载体力学分析

如图 2 所示为"煤体—锚固"复合承载体所受外力分布图。

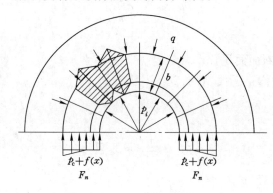

图 2 "煤体—锚固"复合承载体外力分布图

（1）底部垂向力 F_n

$$p_c = p_i \frac{1 + \sin\varphi}{1 - \sin\varphi} + 2c\sqrt{\frac{1 + \sin\varphi}{1 - \sin\varphi}} \tag{4}$$

式中　φ——煤层内摩擦角；

　　　c——煤层的内聚力。

$$F_n = \left(p_i \frac{1 + \sin\varphi}{1 - \sin\varphi} + 2c\sqrt{\frac{1 + \sin\varphi}{1 - \sin\varphi}}\right) \cdot b + \int_0^b f(x)\,\mathrm{d}x \tag{5}$$

（2）复合承载体外围垂向力

对复合承载体内部应力进行分析，如图 3 所示。

$$F_q = \int_s q\sin\alpha\,\mathrm{d}s = \int_0^\pi q(R_0 + b)\sin\alpha\,\mathrm{d}\alpha \tag{6}$$

图 3 "煤体—锚固"复合承载体应力分析

（3）复合承载体内面支护垂向分力

对承载体内面支护应力计算：

$$F_p = \int_s p_i \sin \alpha \, \mathrm{d}'s = \int_0^\pi p_i R_0 \sin \alpha \, \mathrm{d}\alpha \tag{7}$$

（4）静力平衡方程

综合式（5）、（6）和（7）并带入公式 $2F_n = F_q - F_p$ 可以得到下式：

$$2(p_i \frac{1+\sin \varphi}{1-\sin \varphi} + 2c \sqrt{\frac{1+\sin \varphi}{1-\sin \varphi}}) \cdot b + 2\int_0^b f(x)\mathrm{d}x = \int_0^\pi q(R_0 + b) \sin \alpha \, \mathrm{d}\alpha - \int_0^\pi p_i R_0 \sin \alpha \, \mathrm{d}\alpha$$

$$q = \frac{b}{R_0 + b}(\frac{2+\sin \varphi}{1-\sin \varphi}p_i + 2c \sqrt{\frac{1+\sin \varphi}{1-\sin \varphi}}) + \frac{\int_0^b f(x)\mathrm{d}x}{R_0 + b} \tag{8}$$

$$p_i = Q/D_1 D_2$$

式中　Q——锚杆的作用力;

　　　D_1, D_2——间、排距。

按照杆体的极限强度计算,则有：

$$Q = \pi d^2 \sigma_b / 4$$

式中　d——锚杆的直径;

　　　σ_b——抗拉强度。

假定 $D_1 = D_2$,则

$$q = \frac{l - \frac{(R_0 + l)}{R_0}\frac{D_1}{2}}{R_0 + l - \frac{(R_0 + l)}{R_0}\frac{D_1}{2}}(\frac{2+\sin \varphi}{1-\sin \varphi}\frac{\pi d^2 \sigma_b}{4 D_1^2} + 2c \sqrt{\frac{1+\sin \varphi}{1-\sin \varphi}}) + \frac{\int_0^b f(x)\mathrm{d}x}{R_0 + l - \frac{(R_0 + l)}{R_0}\frac{D_1}{2}} \tag{9}$$

假设 $f(x) = kx$,则可以得到：

$$q = \frac{l - \frac{\pi(R_0 + l)}{2(N-1)}}{R_0 + l - \frac{\pi(R_0 + l)}{2(N-1)}}\left\{\frac{2+\sin \varphi}{1-\sin \varphi}\frac{\pi d^2 \sigma_b}{4\left[\frac{\pi(R_0 + l)}{2(N-1)}\right]^2} + 2c \sqrt{\frac{1+\sin \varphi}{1-\sin \varphi}}\right\} + \frac{\frac{1}{2}k\left[l - \frac{\pi(R_0 + l)}{2(N-1)}\right]^2}{R_0 + l - \frac{\pi(R_0 + l)}{2(N-1)}}$$

$$\tag{10}$$

3　工业性试验

3.1　工程地质概况

张集煤矿首采工作面为 1302 工作面,工作面布置在 $3_上$ 煤层中,工作面埋深为 800～850 m,属于深埋矿井。首采面煤层实际厚度为 6.5 m,煤层普氏系数 $f=1$,煤层强度低,完整性差;顶板多为粗粒砂岩,底板为泥岩、砂质泥岩,顶底板的围岩条件较好。首采面胶带顺槽掘进宽度 4 400 mm,高度 3 200 mm,首采面采用放顶煤的开采方式,为提高回采率,顺槽沿煤层底板掘进,直接顶板有 3.3 m 厚的煤层,属于厚顶煤层顶板巷道。

胶带顺槽顶板原支护设计采用锚网支护,支护一段时间后出现严重的冒顶现象。分析顶煤锚固失效原因主要有:巷道顶板为近 3.3 m 厚的顶煤,煤层硬度低,完整性差,在掘进扰动的影响下易松散破碎;锚杆的锚固范围在破碎的顶煤范围内,采用端头或加长锚固支护,锚杆没有有效的着力点,锚固剂的黏结力较低,锚固效果差;在破碎的顶板煤层条件下,锚杆间的锚固力不能实现有效扩散,支护效果差;最终导致锚杆之间发生局部漏顶,继而扩大塌漏抽冒,形成大范围的冒落。

3.2　支护设计及支护效果

（1）支护设计

根据张集矿首采面胶带顺槽地质条件和锚固失效原因分析,结合"煤体—锚固"复合承载体受力特点,进行力学计算,最终确定首采面胶带顺槽顶板支护方式和参数为:锚杆采用Ⅲ级左旋无纵筋螺纹钢高强锚杆,规格 $\phi20$ mm×2 400 mm,间、排距为 700 mm×800mm,配合 W 型钢带;为保证锚固剂—锚杆—煤体之间有足够的黏结力,采用全长锚固的方式,锚固长度为 2 200 mm;采用规格 $\phi17.8$ mm×6 300 mm 的锚索,间、排距为 1 400 mm×1 600 mm,配合 16# 槽钢梁支护。考虑帮部未发生失稳状况,采用锚网支护,锚杆间、排距为 800 mm。支护设计如图 4 所示。

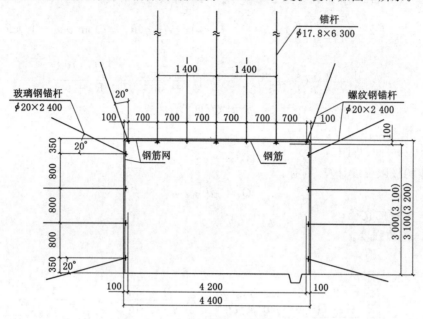

图 4　胶带顺槽支护设计

(2) 支护效果

按照支护设计现场施工,保证施工质量,掘进成巷后胶带顺槽没有出现冒顶现象;紧跟掘进迎头设立矿压观测站,经过 30 d 的矿压观测:顶板最终下沉量为 10 mm,底板鼓起量为 8 mm,两帮最大移近量为 15 mm,掘进影响期为巷道掘进后 15 d。

4　结论

(1) 根据锚杆的支护范围以及顶煤厚度,将煤层顶板巷道分为:复合型、薄煤顶、中厚煤顶和厚煤顶四种类型。

(2) 煤层巷道顶板失稳原因为:当煤层松散破碎时,易发生局部冒落,进而形成大的冒落拱;当煤层为层状或镶嵌结构时,不合理的支护条件下,首先发生煤体内离层,继而发生整体性破坏。

(3) 阐述了"煤体—锚固"复合承载体概念,并对承载体进行力学分析,推导了支护及煤体特性各参数与上覆均匀载荷的关系公式。

(4) 基于"煤体—锚固"复合承载体理论,对张集煤矿首采面胶带顺槽进行支护设计,避免了顶板冒落事故的发生,并维持了煤层顶板巷道的稳定,确保了巷道施工和使用的安全。

参考文献

[1] 张保东.利用煤田地质勘探成果资料评价煤层顶板稳定性的方法[J].煤矿安全,2007(10):73-75.

[2] 涂敏.运用模糊聚类法分析煤层顶板稳定性[J].矿山压力与顶板管理,1995(Z1):171-173.

[3] 邵传林.煤层复合直接顶板及管理[J].煤矿安全,1982(02):45-48.

[4] 王祖发,周根立,刘传安,等.特厚煤层松软顶板综放回采巷道支护技术[J].煤矿安全,2012

(06):50-53.

[5] 刘波,郭德勇,杨玉生.软厚煤层综放回采巷道支护优化数值模拟[J].矿山压力与顶板管理,2001(3):1-4.

[6] 杨久云.锚索支护技术在托顶煤巷道中的应用[J].煤矿安全,2006(1):27-28.

[7] 娄淼根.锚杆锚索支护技术在阳泉矿区综采放顶煤工作面巷道的应用[J].煤矿安全,2007(11):33-35.

[8] 张义顺,勾攀峰,李德海.大倾角煤层顶板活动规律[J].矿山压力与顶板管理,1995(Z1):31-34,197.

[9] 索永录,李得玺,李振明,等.坚硬煤层大放高综放面顶煤顶板活动特征[J].矿山压力与顶板管理,2002(01):75-76,78,109.

[10] 宋宏伟,牟彬善.破裂岩石锚固组合拱承载能力及其合理厚度探讨[J].中国矿业大学学报,1997(02):33-36.

[11] 余伟健,高谦,朱川曲.深部软弱围岩叠加拱承载体强度理论及应用研究[J].岩石力学与工程学报,2010(10):2134-2142.

改善锚杆耐磨和耐蚀性的化学镀表面改性

林乃明,张红彦,邹娇娟,唐 宾

(太原理工大学 表面工程研究所,山西 太原 030024)

摘 要 本文采用化学镀镍技术对锚杆进行表面改性,使其表面形成均匀、致密的镍磷镀层,锚杆的表面硬度提高了3倍,显著提高了锚杆表面的耐磨和耐蚀性能。

关键词 锚杆;化学镀;耐磨性;耐蚀性

0 前言

锚杆是地下支护工程中常用的支护材料,常被用于巷道、矿井、地下隧道及岩石边坡支护等工程。由于地下支护工程的隐蔽性,锚杆的质量在工程建设和安全方面起着至关重要的作用。锚杆会在复杂多变的地质与水质环境中发生恶化,磨损与腐蚀是这种环境下常见的失效模式。因此着力于改善锚杆抵抗腐蚀及磨损方法的研究显得格外重要。化学镀因具有工艺简单、仿形性好的特点而被广泛应用。本文采用化学镀技术在锚杆表面制备镍磷镀层,对比评价基体材料和镍磷镀层的耐磨和耐蚀性能,以期为工程应用提供实验依据。

1 实验

基体材料为RB400锚杆钢,用电火花线切割机切成尺寸为 $\phi 18\ mm \times 3\ mm$ 的试样,使用SiC砂纸打磨到 $1000^{\#}$,放入丙酮溶液中进行超声清洗,干燥待用。施镀前试样分别进行碱洗、酸洗和活化处理,化学镀溶液的组成及参数见表1,施镀时间为1 h。

表1 化学镀液组分及配方

组分	浓度 /(g/L)
$NiSO_4 \cdot 7H_2O$	40
NaH_2PO_2	25
Sodium citrate	45
sodium acetate	40
pH	4.5~6.0
$T/℃$	85~88

分别采用X射线分析仪,扫描电镜和光学显微镜,辉光光谱分析仪分析,获得镍磷镀层的相结构、表面和截面特征及元素分布。采用往复磨损试验机测试各试样的耐磨性,选择 $\phi 5\ mm$ 的GCr15钢球作摩擦配副,载荷5 N和20 N,时间为30 min。利用电化学工作站测定各试样的开路电位、极化曲线和交流阻抗谱,腐蚀介质为5 wt.%的氯化钠溶液。

2 结果与讨论

2.1 结构特征

肉眼观察 Ni-P 镀层呈银灰色，图 1 给出了镀层的表面形貌，镀层形态均匀、致密，表现出类似于菜花状的胞状结构，是化学镀层具有的典型结构特点。通过 XRD 图谱分析表面的相组成（图 2），在衍射角为 45°的位置存在唯一且较宽的衍射峰。由此可知该镀层为晶体和非晶混合结构。

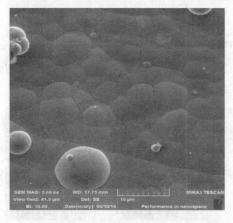

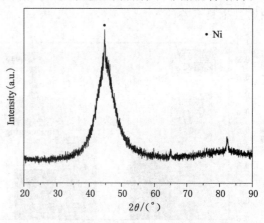

图 1 化学镀 Ni-P 合金镀层的表面形貌   图 2 化学镀 Ni-P 合金镀层的 XRD 图谱

图 3 为 Ni-P 镀层的横截面形貌图，可看出镀层连续、致密，厚度均匀，与锚杆基体结合紧密、无裂缝，界限明显。通过标度尺可估计镀层约为 16 μm。辉光放电发射光谱分析方法不仅可给出镀层中包含的元素及其含量，而且可以检查所含元素含量随深度变化的变化趋势。图 4 为镀层的元素分布图谱，表明镀层中主要包含 Ni 和 P 两种主要元素，而且它们的含量保持稳定，由此说明镀层中的镍、磷元素是均匀分布的。

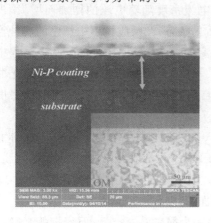

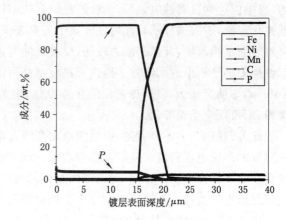

图 3 化学镀 Ni-P 合金镀层的截面形貌图   图 4 化学镀 Ni-P 镀层的成分图谱

2.2 硬度

硬度为评估金属材料机械性能的常用参数指标，化学镀层的硬度直接关系到所研究材料的适用性。选择测试表面显微硬度数值，分别选择处理前后的锚杆基材表面 5 个点进行硬度值测试，最终硬度结果通过计算平均值得到。试验结果表明，有镀层的材料比未处理的基材具有更高的硬度值，基材的硬度在经过 Ni-P 化学镀处理之后增至原本硬度的 3 倍，增强的硬度源于镀层特有的组成及结构特点。

2.3 耐磨性

图5给出了在不同载荷下,锚杆基体和镀层的摩擦系数柱状图,可以看出镀层具有更小的摩擦系数值:当载荷为5 N时,摩擦系数由0.711降低到0.467;当载荷为20 N时,摩擦系数平均值由0.396降低到0.283。镀层填平钢表面的几何凹凸不平的峰谷,表面变得相对平滑、光整,从而有利于滑动,使得镀层具有很好的减摩效果。两种载荷下,镀层的磨损失重均低于锚杆基材(图6),镀层表现出的减摩效果对于降低镀层的磨损具有积极作用。高硬度的镀层表面对于有效改善锚杆的耐磨性也是有益的。

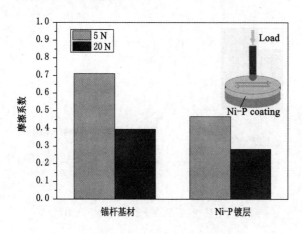

图5 锚杆基材及 Ni-P 镀层的摩擦系数　　　图6 锚杆和 Ni-P 镀层的质量减少量

2.4 耐蚀性

锚杆基材和镀层的极化曲线如图7所示。由图7可以发现,两条极化曲线的总体走势是不同的,当电位达到自腐蚀电位后,锚杆基材试样的阳极反应电流密度随着电压的增加而增大,没有出现钝化现象,表明锚杆基材在腐蚀介质中一直处于腐蚀活化状态,在反应过程中产生的腐蚀产物在材料表面堆积疏松,其保护能力较弱,反应后的腐蚀介质变为轻微黄绿色,判断在反应过程中可能有铁的阳离子析出进入溶液。这说明锚杆基材耐蚀性差。与锚杆基材试样相比,镀层极化曲线的 Tafel 斜率明显增大,自腐蚀电位值显著提高,电位达到自腐蚀电位后,其阳极反应电流密度增加缓慢,阳极反应受到抑制。

此外,在图7中还可看到,镀层的极化曲线在电压为 $0 \sim 0.5$ V 时存在类钝化区,与基体相比具有更低的腐蚀电流密度。随着电压的增加,电流增加速度缓慢,说明在极化过程中有钝化膜生成,钝化膜对基体提供保护作用,可以降低材料的腐蚀速率。图中圆圈标示的 E_b 为击穿电压,在击穿电压之后电流快速增大说明此时发生了钝化膜的破裂及保护作用的丧失。

由图8可见,锚杆基材和镀层的 Nyquist 图都表现为一个简单的容抗弧,而容抗弧半径的大小则直接反映了测试试样的耐蚀性,半径越大,表明其溶解阻力越大,即在腐蚀介质中的稳定性越好。对比图7和镀层对应的容抗弧半径远大于锚杆基材的容抗弧半径,说明镀层的耐蚀性要优于锚杆基材。

为了进一步对奈奎斯特图谱进行分析,使用图9给出的等效电路模型来模拟反应系统中金属与溶液的界面情况。表2列出了电荷转移电阻 R_{ct} 和双电层电容 C_{dl} 的模拟计算数值。镀层更高的电荷转移电阻数值预示着其对基体更好的腐蚀保护作用。而双电层电容与镀层的孔隙存在有关,镀层更小的 C_{dl} 数值也证明了该镀层更小的孔隙率。结合以上的极化和阻抗测试及分析结果可得出镀层表现出优异的耐蚀性能的结论。从物理作用上看,镀层作为阻挡膜层,隔断了金属表面与腐

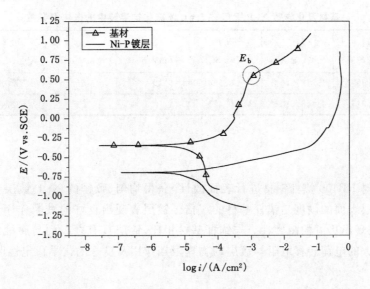

图 7　锚杆基材及 Ni-P 镀层在 5 wt.％氯化钠溶液中的电化学极化曲线

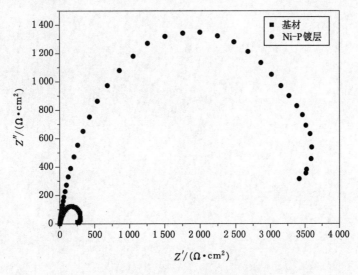

图 8　锚杆基材及 Ni-P 镀层在 5 wt.％氯化钠溶液中的电化学阻抗

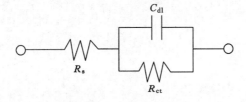

图 9　阻抗曲线的等效电路

蚀溶液的直接接触。从结构及化学角度分析,耐蚀性主要源于镀层中的非晶结构及其钝化特性。非晶的合金组织类似玻璃的结构不存在或者有很小部分的晶界,它们比同等条件下的多晶结构材料具有更好的保护性能。钝化膜的形成机制分析如下:在开路电位时,镍元素会有少部分优先溶解,使得表面富集大量的磷元素,磷元素会与水分子发生反应形成一层次磷酸盐离子($H_2PO_2^-$)的吸附层,阻断了金属表面与水分子的进一步接触,从而提高了耐蚀性。

表 2   基材及化学镀 Ni-P 镀层在 5 wt. %氯化钠溶液中的电化学参数

项目 材料	E_{corr} /(Vvs. SCE)	I_{corr} /(A/cm²)	OCP /(Vvs. SCE)	β_c /(mV/dec)	β_a /(mV/dec)	C_{dl} /(μF/cm²)	R_{ct} /(Ω·cm²)
锚杆基材	−0.697	1.318×10⁻⁵	−0.554	394	86	333.2	271.1
Ni-P 镀层	−0.343	4.456×10⁻⁶	−0.421	403	245	33.05	3 279

3   结论

利用化学镀对 RB400 锚杆钢材进行表面改性,获得均匀、致密的 Ni-P 镀层,镀层由晶体和非晶结构组成。镀层表面的硬度是锚杆基材的 4 倍。镀层表现出良好的减摩作用,且磨损失重显著低于锚杆基材,表现出更好的耐磨性。与锚杆基材相比,镀层具有更高的自腐蚀电位,更低的自腐蚀电流密度和更大的电荷转移电阻。镀层的物理阻挡作用及良好的化学稳定性明显改善了锚杆基材的耐蚀性。

3 井巷工程技术

朱集矿深部高地应力复合岩层巷道围岩控制技术研究

范明建[1,2],段昌瑞[3,4]

(1. 天地科技股份有限公司 开采设计事业部;2. 煤炭科学研究总院 开采设计分院,北京　100013;
3. 淮南矿业(集团)有限责任公司;4. 深部煤炭开采与环境保护国家重点实验室,安徽　淮南　232001)

摘　要　针对深部矿井高地应力作用下,岩石巷道围岩整体变形量大、持续时间长、局部破坏严重的支护难题,以朱集矿—965东翼轨道大巷为工程背景,在进行系统地质力学测试、围岩变形破坏特征分析、支护形式选取与现场试验的基础上,对深部高地应力复合岩层巷道围岩控制技术进行研究。通过优化锚杆支护参数、合理选择护表形式与构件,实现了深部高地应力复合岩层巷道围岩的一次主动支护,有效控制了深部高地应力巷道围岩的长期持续变形,改变了深部岩巷"前掘后修、反复维修"的局面,取得了良好的现场应用效果。

关键词　深部矿井;高地应力;复合岩层;围岩控制技术

0　前言

深部煤炭资源开采以其开采环境的特殊性、生产与地质条件的复杂性、工程灾害的突发性和频发性,成为国内外煤矿开采领域研究的焦点。多年来,专家学者和现场技术人员,在解决深部巷道围岩控制与支护技术难题方面做了大量理论研究和实践工作[1-4]。从巷道支护方式来看,包括俄罗斯、德国、美国、澳大利亚在内的世界主要深部煤炭开采国家,已由原来的"架棚支护、强力锚杆、组合锚杆(索)桁架"等单一支护形式,向"锚、网、索、带、喷+封闭式刚性支架+架后岩体注浆"相结合、集支护与加固为一体的复合支护形式发展。目前,尽管俄罗斯和部分西欧国家在深部巷道围岩多重高强联合支护方面进行了较广泛的研究,但因其支护工艺复杂、施工速度慢、支护成本高等原因,未能得到广泛应用[5]。

目前,我国煤矿深部高应力巷道主要多以"锚网索+U钢棚"联合支护为主,部分矿井深部困难复杂巷道处于"前掘后修、反复维修、多次起底,套棚修复"的状态,平均返修率达到70%以上。巷道掘进与维修成本最高达到2万~3万元/m[6,7]。近年来,随着高强超高强支护材料的开发和部分施工机具的研制与引进,高预应力、强力锚杆锚索支护系统在多个矿区的深部高应力困难复杂巷道中得到了推广应用并取得良好的支护效果与经济技术效益。

1　巷道围岩赋存条件

淮南矿区朱集煤矿北盘区—965东翼轨道大巷位于矿井—965水平,巷道埋深980~1 010 m之间。巷道所处区域地层为二叠系煤系地层,位于8煤与11煤之间的泥岩、砂质泥岩、中砂岩等岩层中,各岩层厚度一般集中在0.8~10 m之间,局部为厚度20~30 m的泥岩、中砂岩(如图1所示)。—965东翼轨道大巷所处层位无明显标志层,为典型的深部复合岩层巷道。

采用井下单孔多参数耦合快速地质力学测试系统与装备对—965东翼轨道大巷围岩应力环境、围岩强度及围岩结构分布状况进行测试[8]。围岩最大水平主应力17.67~18.8 MPa,最小水平主应力 9.79～9.96 MPa,垂直主应力为 24.08～24.33 MPa,属于高地应力区域。巷道围岩受偏应力作用显著,相互垂直的主应力差值最大达 14.54 MPa。围岩强度原位测试曲线(如图 2 所示)波动幅度较大,虽然顶板主要为砂岩,但含有弱面、节理、裂隙发育。砂岩平均强度在 85～90 MPa,泥岩平均强度 69.7 MPa。巷道浅部围岩强度偏低,集中在 30～60 MPa。巷道埋藏深度大、地应力水平高、偏载作用显著、复合岩层岩性变化频繁、弱面夹层多、岩体强度变化大等多重复杂条件,为巷道围岩控制造成较大困难。

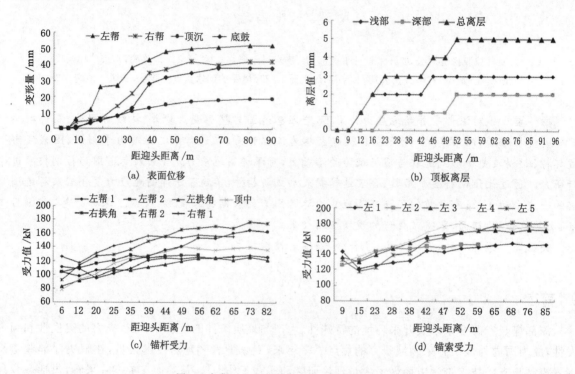

图 1 朱集−965 东翼轨道大巷岩层综合柱状图

2 围岩变形特征与支护参数问题分析

2.1 支护形式与变形特征

−965 东翼轨道大巷断面为直墙半圆拱形,掘进断面宽度为 5 700 mm,墙高 1 600 mm,拱高 2 850 mm。巷道采用"锚网喷"联合支护,锚杆选用直径 22 mm、长 2 500 mm 的高强螺纹钢锚杆,间排距均为 800 mm;巷道拱顶选用直径 22 mm、长 6 300 mm 高强锚索进行加强支护,每排布置 5 根拱顶锚索,间排距 1 000 mm×1 500 mm。局部围岩破碎时,采用 U29 金属棚进行加强支护。

由于巷道整体支护强度较高,特别是巷道顶板采用 5 根直径为 22 mm 的锚索进行加强支护,顶板下沉量得到较好的控制。巷道掘进期间,顶板下沉量一般在 70～100 mm。巷道围岩两帮移近和底鼓一般发生在距迎头 20～30 m 以后,呈现"持续时间长、累计变形量大"的特点。部分巷道掘进期间,两帮移近量平均为 300～400 mm,底鼓量大于 500 mm。巷道拱顶两肩和底角出现断锚杆的现象。

2.2 支护参数存在问题分析

通过观察巷道围岩变形破坏过程与现场施工状况,结合煤矿巷道围岩控制理论与锚杆支护技术的相关研究成果,−965 东翼回风大巷在支护形式与参数选取方面存在以下问题:

① 支护系统缺少必要护表构件,锚杆的支护应力难以在围岩中得到有效扩散。由于巷道断面为直墙半圆拱形,钢带安装难度较大且不易贴紧巷道顶板。在现场施工时,将锚杆托板直接压在钢

岩层名称	平均厚度/m	岩性描述
11-2煤	1.4	黑色,粉末状,弱玻璃光泽暗煤和亮煤组成,属半暗~半亮型
砂质泥岩	8.15	灰色,砂泥质结构,断口较平坦,局部夹薄层细砂质及菱铁,见植化碎片,砂质分布不均
11-1煤	1.35	黑色,粉末状为主,夹少量碎粒状,弱玻璃光泽,染手,易碎,属半暗~半亮型
砂质泥岩	2.65	灰色,砂泥质结构,平坦状断口,见植化碎片,砂质分布不均
细砂岩	8.30	浅灰色,细粒结构,泥质胶结为主,矿物以石英长石为主,暗色矿物次之,局部含少量粉砂质及泥质
泥岩	1.30	灰色,泥质结构,近似平坦状断口,致密,性脆,见植化碎片
中砂岩	32.9	灰白色,中粒结构,泥质结构,交错层理,矿物以石英长石为主,暗色矿物次之,含少量白云母片,较坚硬,见菱铁结核及泥质包体,局部富集菱铁细粒,夹中厚层泥岩
泥岩	0.8	灰色,泥质结构,近似平坦状断口,含少量粉砂质
粉细砂岩	2.20	浅灰色,细粒结构,泥质胶结,矿物以石英长石为主,半坚硬,夹薄层泥岩
砂质泥岩	9.95	灰色,砂泥质结构,平坦状~参差状断口,薄层状,见植化碎片,砂质分布不均
9煤	0.55	黑色,多为块状,暗煤为主,属半暗半亮型煤
泥岩	21.05	灰~深灰色,致密,性脆,含较多植物化石碎片,夹薄层粉砂岩,具滑面构造及水平层理
8煤	3.95	黑色,粉末状,属半暗型煤,天然焦为深灰黑色,块状性坚硬,条痕色褐色,夹矸为闪长岩
泥岩	1.20	深灰N-m灰色,致密,性脆,夹薄层细砂岩,含植化碎片,具滑面构造,缓波状层理,岩石有烘烤变质现象

图 2   顶板围岩强度测试曲线及对应钻孔柱状

筋网上,大大降低了锚杆支护作用范围和对巷道围岩的有效控制。对于拱形巷道,合理的锚杆护表构件应具有:与杆体强度相匹配的强度和刚度;较合理的结构尺寸,能够有效扩大锚杆的作用范围,在保证支护效果的同时,降低锚杆密度;能够贴紧巷道表面,便于现场施工,减轻劳动强度。

② 锚索支护全部布置在巷道拱顶,整体支护强度分布不均衡,锚索布置参数有待优化。锚索的支护作用是将浅部围岩中锚杆形成的承载结构与深部围岩相连接。锚索具有能够施加较高预紧力的优点,能够将锚杆端部产生的拉应力区消失,并转换成有一定区域的压应力区。原设计中将5根锚索全部布置在巷道拱顶,支护强度极不均匀。在支护参数选取方面,应首先考虑巷道整体支护强度,避免因局部支护强度偏低而造成的初期破坏,进而引起全断面的变形破坏。

③ 锚杆(索)预紧力偏低,主动支护作用未能充分发挥。现场施工时锚杆预紧扭矩为200 N·m,其轴向预紧力仅为20~30 kN,不足锚杆屈服载荷的15%。现场锚索张拉力120 kN,仅为锚索破断强度21.4%。根据巷道条件和施工机具水平,一般要求锚杆预紧力应为杆体屈服强度的30%~50%,锚索预紧力为索体拉断载荷的40%~70%[9]。

④ 帮部围岩支护强度偏低,底角锚杆角度偏大,造成两帮及底板变形明显。巷道围岩应力场以垂直应力为主,垂直应力对巷道两帮的影响要大于对顶底板的影响。同时,通过提高帮部支护强度可有效控制底板的变形和破坏程度。现场巷道帮部底角锚杆要求与水平方向呈30°~45°夹角,导致底角锚杆的支护应力与其他锚杆形成整体的承载结构分离,无法有效控制两帮底角及附近底板的变形破坏。

3　深部巷道支护理念与参数选取原则

随着巷道埋藏深度的逐步增加，煤矿开采地质与生产条件复杂多变，巷道二次支护理论遇到了很大的挑战。在深部高地应力、强烈动压影响、特殊地质构造影响等区域，巷道采用二次支护后仍出现严重的变形破坏问题。与此同时，以强调支护系统初期支护强度和刚度的"高预应力强力一次支护理论"在深部困难复杂巷道中得到推广和应用，并取得了良好的支护效果。

针对矿井−965东翼回风大巷埋深大、地应力水平高、复合岩层等地质条件，在分析围岩变形特征、原支护形式与参数选取存在问题的基础上，提出以下巷道支护参数选取原则：

① 支护系统应具备与巷道围岩应力环境相匹配的初期支护强度与刚度，确保能够有效控制围岩内部离层、滑移、错动以及裂隙张开和新裂纹的产生，保持围岩的整体结构不被破坏。

② 在保证巷道整体支护强度的前提下，提高帮部支护强度。通过强化帮部支护，实现对底板围岩变形破坏的控制，避免因巷道局部破坏而造成的大面积持续破坏。

③ 支护系统具有韧性和抗冲击能力，在高应力和动压影响的作用下，允许围岩具有一定的变形和整体位移能力，以适应深部高应力巷道围岩大变形的特点。同时，巷道服务期间的总位移量应满足生产需要，围岩整体支护结构不应出现失稳和破坏。

④ 支护形式与参数具有可操作性，便于井下施工，有利于提高巷道掘进速度和降低巷道综合维护成本。

4　现场试验与支护效果评价

根据巷道现场条件与支护现状，在地质力学测试、存在问题分析、参数选取原则合理确定的基础上，对原支护参数进行优化设计（如图3所示）。巷道开挖并初喷后，进行锚网索支护。锚杆为直径22 mm、长2 400 mm的屈服强度不低于500 MPa的高强抗冲击螺纹钢锚杆，冲击吸收功不低于60 J。锚杆树脂全长预应力锚固，预紧力80～100 kN。锚杆排距900 mm，每排15根锚杆。选用高强度双向四肋井型W钢护板作为强力锚杆的附属构件，实现锚杆高预紧力在围岩中的有效扩散。锚索为1×19股，直径22 mm煤矿专用钢绞线，顶板长度为6.3 m，帮部长度为4.3 m，端部加长锚固，排距1 800 mm，每排5根，均布在巷道顶板与两帮，锚索锁定张拉力为250～300 kN。局部围岩破碎时，对锚索自由段进行注浆加固，实现锚索全长预应力锚固。井型W钢护板、锚索托板与直径6.5 mm的高强度钢筋网共同组成巷道围岩的护表系统，对锚杆（索）施加初始预紧力的同时，也给钢筋网一定的拉紧力，实现巷道围岩的高预紧力强力主动支护。

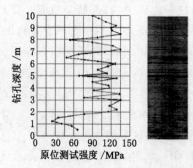

图3　巷道关键支护参数示意图

掘进期间，巷道表面位移一般在距掘进迎头50～60 m范围内趋于稳定（如图4所示）。两帮最大移近量94 mm，为巷道宽度的1.65%。上、下帮移近量分别为42 mm和52 mm。巷道顶底移近量57 mm，其中底鼓量38 mm。顶板离层值一般在5～7 mm之间。锚杆（索）受力增加幅度普遍较小,一般保持在 30～50 kN 之间。从不同位置处锚杆(索)最大受力值看,位于巷道拱顶左肩和左帮的锚杆(索)受力值普遍大于顶板中部和右帮的锚杆(索)。

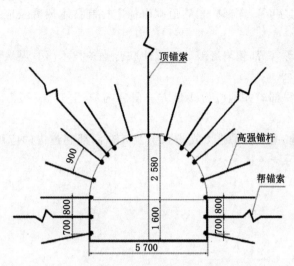

图 4   巷道矿压监测结果与支护效果

5   结论

(1) 深部高地应力复合岩层巷道支护单靠减小锚杆(索)间排距,难以有效控制围岩变形破坏。通过恢复和强化围岩的完整性和承载能力,与高预应力强力锚杆支护系统共同组成具有高强度、高抗变形能力的、完整承载结构,实现对深部高应力巷道围岩的有效控制,尽量做到巷道一次支护便能满足生产的需要,避免二次支护和巷道维修。

(2) 选择合理护表构件形式与参数,是保证锚杆(索)支护应力扩散效果的关键。对于拱形巷道建议采用"双向四肋井型 W 钢护板＋钢筋网"的方式进行护表。W 钢护板的强度与刚度应与锚杆的强度相匹配。

(3) 深部高地应力巷道围岩控制应在保证整体支护强度的前提下,对关键部位进行强化支护,避免因局部破坏而造成的整个支护系统失效。支护系统应具有一定的韧性和抗冲击能力,在高应力和动压影响的作用下,允许围岩具有一定的变形和整体位移能力,以适应深部高应力巷道围岩大变形的特点。

(4) 高预应力强力锚杆锚索支护系统有效控制了深部高地应力巷道围岩的长期持续变形,改变了深部岩巷"前掘后修、反复维修"的局面,现场应用效果良好。

参考文献

[1] 谢和平. 深部高应力下的资源开采——现状、基础科学问题与展望[C]//香山科学会议.科学前沿与未来(第 6 集),北京:中国环境科学出版社,2002:179-191.

[2] 何满潮,谢和平,彭苏萍,等.深部开采岩体力学研究[J].岩石力学与工程学报,2005,24(16):2803-2813.

[3] 贺永年,韩立军,邵鹏,等.深部巷道稳定的若干岩石力学问题[J]. 中国矿业大学学报,2006,35(3):288-296.

[4] 许兴亮,张农,徐基根,等.高地应力破碎软岩巷道过程控制原理与实践[J].采矿与安全工程学报,2007,24(1):51-55.

［5］史元伟,张声涛,尹世魁,等.国内外煤矿深部开采岩层控制技术［M］.北京:煤炭工业出版社,2009,114-213.

［6］牛双建,靖洪文,张忠宇,等.深部软岩巷道围岩稳定控制技术研究及应用［J］.煤炭学报,2011,36(6):914-919.

［7］王振,刘超,张建新,等.深部软岩底鼓巷道锚注联合支护技术［J］.煤炭科学技术,2012,40(8):24-27.

［8］康红普,林健,张晓.深部矿井地应力测量方法研究与应用［J］,岩石力学与工程学报,2007,26(5):929-933.

［9］康红普,王金华,林健.高预应力强力支护系统及其在深部巷道中的应用［J］.煤炭学报,2007,32(12):1233-1238.

大变形高应力软岩巷道多支护单元联合加固技术研究

黄庆显

（平顶山天安煤业股份有限公司 四矿,河南　平顶山　467000）

摘　要　针对平煤四矿丁戊组石门大巷"大弧板"段巷道复杂构造、高应力、大变形以及岩石松软破碎等特点,基于软岩岩石力学及锚注支护和注浆加固机理,通过多支护单元注浆加固技术提高围岩自身强度与力学状态,据此设计了支护方案,并严格精准控制施工工艺,制定实施了相应的监测方案,成功解决了长久困扰该段巷道的支护难题,达到安全有效控制顶板和巷道支护长期稳定的目的。

关键词　软岩巷道;大变形;高应力;多支护单元;注浆加固

0　前言

随着我国浅部煤炭资源的枯竭,地下开采的深度越来越大。由于岩层压力大,巷道位移量显著增大,支架损坏严重,巷道返修量剧增,巷道维护变得异常困难,严重制约了矿井的高产高效生产和长期可持续发展[1-3]。针对深部大变形高应力软岩巷道的支护问题,国内外现有的支护方式均未能很好解决,且施工复杂、巷道支护成本高,巷道破坏后进行修复极为困难[4-6]。因此,探索和实行此类条件下新的高效支护技术成为非常紧迫的任务。

1　工程概况

平煤股份四矿丁戊组石门大巷"大弧板段"是四矿二水平关键运输通风巷道中的一段,曾经采用过重型 U 型钢、水泥灌注钢管棚支架和大弧板等高强支护,都未能有效地控制此段巷道围岩的稳定。巷道两帮移近量大,底鼓严重;断面变形量超过设计断面的 70%（由原来 12 m² 缩小到目前仅有的 3.6 m²,见图 1）。此段运用各种高强支护方式的巷道由此也被称为"大弧板"段巷道。

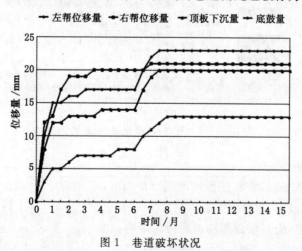

图 1　巷道破坏状况

1.1 巷道基本情况

丁戊组石门大巷净宽 5 600 mm,净高 4 200 mm。大巷处于二水平中,巷道底板标高为－256.8 m,埋深为 558.8～651.8 m。巷道连接丁组和戊组,上覆岩层中已掘巷道错综复杂,对本巷道的掘进和维护产生影响。丁戊组石门大巷经过的戊组某处的岩层柱状图如图 2 所示。大巷其中一段的布置情况如图 3 所示。

图 2 丁戊组石门大巷大弧板段柱状图

层厚/m	累厚/m	柱状	岩石名称	岩性特征
10.2	10.2		粉砂质泥岩	灰～深灰色,含砂量不均,含植物化石碎片
2.0	12.2		细砂岩	浅灰色,成分以岩屑、石英为主,中厚层状
7.0	19.2		粉砂质泥岩	灰～深灰色,含砂量不均,含植物化石碎片,含大个完整的海豆芽化石及少量黄铁矿鲕粒
1.9	21.1		戊8煤层	黑色,粉末及碎块状,半亮型,以亮煤为主,金属光泽
10.0	31.1		粉砂质泥岩及砂岩	深灰色块状,含植物化石下部含砂量增高,上部含镜煤包体,厚度为7~17 m
			戊9煤层	黑色,碎块状,粒状,以亮煤、暗煤为主,次为镜煤
1.0	32.1		泥岩及粉砂质泥岩	灰色,块状,含少量植物化石,多见滑面,底部含砂量偏高,近似粉砂岩,自西向东由0.3 m增厚至2 m左右
1.2	33.3			
2.2	35.5		戊10煤层	黑色,碎块状,以亮煤、暗煤为主,底部夹有泥岩夹矸
10.4	45.9		粉砂质泥岩	灰色,底部黑灰色,块状,粉砂泥岩结构,含植物根部化石,底部有泥岩,微含碳质

图 3 石门大巷(网格填充部分)布置情况

1.2 支护困难原因分析

丁戊组石门大巷"大弧板段"支护困难原因分析如下:

① 围岩极其松软、破碎,流变性强;

② 巷道通过断层组,受到较强烈构造应力的影响;

③ 多次被动修复，不断扰动围岩，造成围岩松动圈不断扩大，带来的支护压力也越来越大；

④ 多次扰动造成围岩应力释放，使这一区域围岩压力高度集中，进一步加大巷道支护的困难。

经研究决定，采取多支护单元注浆加固技术来解决四矿丁戊组石门大巷（大弧板段）的支护难题[7]。

2 技术方案

2.1 技术原理

大变形高应力软岩巷道开挖后，由于高应力和岩性差等原因难免要发生一次失稳，继而出现松动圈，而巷道发生严重变形破坏是由于其初次失稳无限制发展造成的。巷道围岩在初次失稳后，表现出强度衰减的特性。在没有外界约束（支护）的条件下，围岩强度的衰减将导致其力学参数的进一步恶化，而力学参数的恶化又加剧围岩的强度衰减，同时扩大失稳区（松动圈）的范围，正是这种恶性循环最终导致巷道的完全失稳[8-10]。

针对复杂应力下软岩巷道的特点，采用多层次、多结构和多单元的综合支护体系，基于软岩岩石力学及锚注支护和注浆加固机理，以调动和提高围岩自身强度为核心，以改变围岩的力学参数为切入点，通过技术手段，激活围岩体内的裂隙与解理面使其拓展，主动诱导围岩体内应力泄出，并为稳定注浆胶结围岩造就匀密、顺畅的通道，成功施行动态注浆，从而实现多层次立体支护体系。通过多层次锚杆、注浆锚杆和注浆胶结后的围岩，形成以围岩本身为支护依托的重造组合体，提高围岩自身强度和承载能力，保持巷道长期稳定，为矿井安全生产提供可靠保障[11-13]。

2.2 支护对策与技术关键

① 预控，加大松散围岩清理力度，合理扩大巷道毛断面；

② 严把支护的第一道工序强韧封层的设计和施工，确保后续各支护单元的支护功能充分达到容错集成的支护功效；

③ 强化泄压槽技术要求，合理选择泄压槽位置，因地适宜地加大泄压槽断面规格[14]；

④ 认真执行稳压注浆的各项要求，采用"自固、自封、内自闭"式注浆锚杆确保注浆胶结效果，同时对动态注浆要及时掌控；

⑤ 喷浆和注浆水泥都要采用高标号的水泥，以确保支护层质量和胶结圈体的强度；

⑥ 确立一年期内的监测监控、适时动态注浆的至关重要的复注工作，来抵御缓慢释放压力的软弱松散和具有构造应力的围岩。

2.3 支护方案

2.3.1 总体方案

① 设计采用三层次喷浆层和二层次的钢丝绳组合成为强韧封层；

② 采用二层次高强锚杆作为支护加固围岩的主体部分的第二单元；

③ 在完成前两项的基础上，开挖泄压槽，进行第一次注浆，保证锚杆支护作用得以充分加强和围岩强度提高的第三单元；

④ 在监测监控的指导下适时，进行二次注浆（时间 6～12 个月）作为第四支护单元。

2.3.2 支护参数

（1）石门采用直墙半圆拱形断面，刷大断面至 23.5 m²，即净宽 5 600 mm、净高 4 200 mm。

（2）石门强韧封层设计为三喷层，喷层总厚度 240 mm。

① 一喷层为初喷层，厚度 100 mm，为锚杆和钢丝绳组合，锚杆间排距 700 mm×700 mm，钢丝绳间距 350 mm×350 mm；

② 二喷层厚度 80 mm，锚杆、钢丝绳和钢筋网组合，锚杆间排距 700 mm×700 mm，钢丝绳间距 350 mm×350 mm，钢筋网网格为 100 mm×100 mm；

③ 三喷层厚度为 60 mm；

（3）锚杆采用直径 22 mm、长 2 400 mm 的等强锚杆，锚杆外露 30～50 mm，每孔用 2 卷 Z2937 树脂锚固剂，锚固力不小于 80 kN，锚杆螺母扭矩不少于 100 N·m；

4）注浆管采用钢管制作，规格为直径 26 mm、长 2 200 mm（底板注浆管长度选择 1 600 mm），间排距 1 200 mm×1 200 mm，注浆管外露 50 mm。

（5）金属网采用钢筋方格网，用直径 6 mm 的钢筋制作，网孔规格为 100 mm×100 mm。

"大弧板"段石门大巷支护形式如图 4 所示。

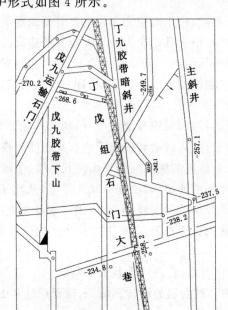

图 4 "大弧板"段石门大巷支护形式

3 施工工艺

工艺流程为：在巷道掘出合格断面后，实施第一次喷射混凝土→布置高强锚杆→挂设钢丝绳→进行第二次喷浆→第二次布置高强锚杆→挂设钢丝绳→进行第三次喷浆→开挖泄压槽→安设注浆锚杆→注浆→第二次安设注浆锚杆注浆→以巷道围岩表面位移监测监控的数据为依据进行多次注浆。

（1）锚杆

底角锚杆和底板锚杆的锚头均低于底板 100 mm，由于断层带围岩软弱，底板打眼极其困难，可以考虑底板锚杆和注浆管长度选择 1 600 mm 左右，有利于正常施工[15]。

（2）挂绳

钢丝绳吊挂纵向长度不得少于 8 m，横向应以巷道轮廓长度为准；钢丝绳规格两股绳；钢丝绳搭接长度大于 400 mm，并且要求插交搭接。

（3）注浆

注浆水泥用 425# ，水要清洁，水灰比为 0.7～1，注浆压力为 1.5～2.5 MPa，底脚注浆压力可以加大到 3 MPa，每孔用水泥约 6～8 袋。注浆时既不漏浆又不致注浆管被高压冲出。可根据断层中岩石裂隙状况，视其具体情况适当加长注浆孔的裸孔长度（加大注浆管孔的深度，注浆管长度不变）以拓展浆液扩散范围。长期实践证明，在注浆压力达到 1.5 MPa 的情况下，岩石裂隙宽度大于 0.1 mm，注浆扩散半径可达 2.5 m 以上，因而，封闭圈可达到 3.5～5m。裂隙过大地段，注浆量要求适当加大，一般在 8～16 袋。如果注浆压力未快速增大，能继续进浆，并且无跑、漏浆现象，应继续注浆，直至升到措施要求的注浆压力为止。

（4）喷浆

喷浆用 425# 水泥（喷浆材料配比最好为灰：沙：石子为 1：2：2），速凝剂的掺入量为水泥用量的 5%。

（5）卸压

采取人工卸压法，人工挖掘卸压槽。卸压槽尺寸为：净宽 600 mm、净高 400 mm。卸压程序及时间安排为：卸压槽开挖应在初喷、锚杆、挂绳等一层次支护完成三日后进行。

（6）补强支护

本着"动态设计、动态支护、动态管理"的原则，适时对巷道进行补强支护，当巷道移变量达到 50～100 mm 时，就应该及时进行二次补注。考虑巷道处于断层带，要求提前按照每 2 m 一排，每排布置 7 个复注孔，以保证做到随时注浆补强。

4 围岩控制效果

（1）巷道围岩表面位移监测

巷道围岩表面位移测试测点布置：每 10 m 一组（排），每组 5 个点，初期每天观测一次，一周后每周观测 2 次，3 个月后每月观测 1 次。主要测试两帮位移量、顶板下沉量、底鼓量。测点安设应先打孔，再用直径 6 mm 钢筋置入，用快硬水泥药卷或水泥固定，采用钢卷尺或测枪测试，要求精确到 1 mm。

（2）围岩控制效果

监测结果表明，采用多支护单元注浆加固技术后，四矿丁戊组石门大巷（大弧板段）围岩控制效果良好：施工 8 个月后，巷道的左、右帮位移量，顶板下沉量以及底鼓量的变化均趋于平稳，底鼓量和两帮位移量峰值均低于 25 mm，顶板的下沉量峰值低于 15 mm。此段巷道的支护难题通过支护单元注浆加固技术得到有效解决。监测从 2011 年 7 月 15 日（成巷时间）开始，到 2012 年 10 月 31 日结束，持续 15.5 个月。监测结果曲线图如图 5 所示。

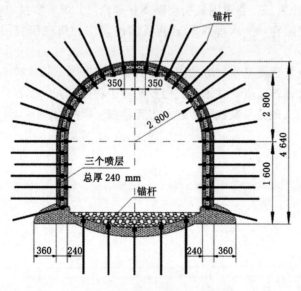

图 5 围岩表面位移测试曲线图

5　结论

将多支护单元注浆加固支护应用于矿井深部大变形高应力软岩巷道,成功解决平煤四矿丁戊组石门大巷大弧板段巷道支护难题,节省大量的翻修的支出,为企业带来直接的经济效益和安全、高效的生产环境。

多支护单元注浆加固支护技术是通过提高围岩自身整体强度和稳定性,改变围岩的力学状态,形成整体均质的承载结构,达到控制围岩的目的。该技术成果拓展了对巷道破坏机理,围岩复杂应力以及锚注支护机理的分析,为深部软岩及不稳定围岩中的各类地下工程的支护设计提供经验。尤其对解决大埋深、复杂构造和采动应力下的深井困难巷道的支护问题,具有重要的意义。

参考文献

[1] 钱鸣高,石平五,等.矿山压力与岩层控制[M].徐州:中国矿业人学出版社,2003.

[2] 于学馥,郑颖人,刘怀恒,等.地下工程围岩稳定分析[M].北京:煤炭工业出版社,1983.

[3] 何满潮.软岩工程概论[M].徐州:中国矿业大学出版社,1993.

[4] 冯豫.我国软岩巷道支护的研究[J].矿山压力与顶板管理,1990,2(1):1-5.

[5] 何满潮.煤矿软岩工程技术现状及展望[J].中国煤炭,1998,6(2):26-45.

[6] 郑雨天.关于软岩巷道地压与支护的基本观点[J].软岩巷道掘进与支护论文集,1985,3(5):3-35.

[7] 柏建彪,侯朝炯.深部巷道围岩控制原理与应用研究[J].中国矿业大学学报,2006,35(2):145-148.

[8] 李国富.高应力软岩巷道变形破坏机理与控制技术研究[J].矿山压力与顶板管理,2003,10(2):50-52.

[9] 何杰,方新秋,徐伟,等.深井高应力破碎区巷道破坏机理及控制研究[J].采矿与安全学报,2008,25(5):494-498.

[10] 陈宗基.地下巷道长期稳定性的力学问题[J].岩石力学与工程学报,1982,2(1):1-19.

[11] 董方庭,宋宏伟,郭志宏,等.巷道围岩松动圈支护理论[J].煤炭学报,1994,(2):21-32.

[12] 张玉国,谢康和,庄迎春,等.大埋深软岩巷道锚网索支护机理研究[J].科技通报,2005,21(2):57-66.

[13] 陆家梁.软岩巷道支护原则及支护方法[J].软岩工程,1990,3(3):20-24.

[14] 李达军.深部软岩巷道卸压支护技术研究[J].矿业工程研究,2009,24(6):10-13.

[15] 潘立友.软岩底板侵入理论与实践[J].岩土工程学报.1996.2:48-50.

薄煤层开采高水材料巷旁充填沿空留巷技术

魏永启

(兖州煤业股份有限公司 南屯煤矿,山东 邹城 273515)

摘 要 以南屯矿薄煤层 3602 工作面运输顺槽为工程背景,提出了沿空留巷的支护方法;用数值模拟分析了不同巷旁充填体宽度时的沿空留巷维护效果,确定了合理的巷旁充填体宽度。工程实践表明,该支护手段效果显著,高水材料巷旁充填沿空留巷效果达到了预期要求。

关键词 薄煤层;沿空留巷;巷旁充填;填体宽度;值模拟

0 引言

20 世纪 70 年代以来,沿空留巷在薄及中厚煤层中得到了广泛的应用。采用该技术,具有降低巷道掘进量、实现工作面 Y 形通风系统、提高资源回收率等突出优势[1]。伴随着高强度锚杆、锚索的应用,使得巷内支护基本适应了巷内围岩的大变形[2-4]。巷旁支护采用机械化整体式浇注高强度充填体,克服了以往巷旁支护增阻速度慢、初撑力低等缺点[5]。但是,沿空留巷技术在复杂地质条件下的薄煤层中的利用很少。以往的研究对巷旁支护体参数的确定、巷旁支护体的受力特点、变形特征和作用机制研究并不充分[6-10]。

本文以南屯矿 3602 工作面运输顺槽采用高水充填材料巷旁充填沿空留巷为工程背景,建立沿空留巷顶巷旁支护体与顶板相互作用的力学模型,分析支护体的受力特点及支护阻力;采用数值模拟分析不同充填体宽度时的围岩控制效果,确定了合理的充填体宽度;根据煤层开采厚度及巷旁支护体阻力,确定充填体的高度。

1 工程概况及支护条件

3602 工作面运输顺槽位于十三采区东南部。工作面面长 164.5 m,推进长度 1 147 m,开采范围面积 188 682 m²,平均煤厚 0.92 m,煤层密度 1.25 t/m³,回采率 97%,可采储量 210.5 kt。北部为采区四条上山;东部为 3604 工作面(未开采);西为 3601 工作面(未开采);南为与北宿煤矿矿井边界保护煤柱。直接顶为十下灰岩,厚 5.3 m;基本顶为泥岩,厚 8 m;直接底为铝质泥岩,厚 1.2 m。

3602 运输顺槽顶板选用直径 20 mm、长 1 800 mm 的 KMG400 左旋无纵筋等强螺纹钢锚杆,间距为 1 500 mm、排距为 1 300 mm,用 1 卷 CK2860 型树脂锚固剂端锚,菱形金属网护顶等作为补强支护。帮采用直径 20 mm、长 1 500 mm 螺纹钢等强锚杆,用 1 卷 CK2860 型树脂锚固剂端锚,排距为 1 300 mm,每排布置 2 根,上部一根布置在煤岩界面以下 100 mm 处,下部一根布置在距底板不大于 400 mm 处。

2 巷旁受力分析及力学模型的建立

随着工作面的开采和不断推进,顶板呈现弧形破坏,形成"弧形三角板","弧形三角板"的稳定与否对沿空留巷影响较大,巷旁支护性能和早期支护参数要借助于"弧形三角板"结构来进行计算。

由于巷内支护阻力远小于巷旁支护阻力,巷内支护阻力可忽略不计。巷旁支护体与顶板相互作用的力学模型如图1所示,以板的中间破断线位置所作的剖面。

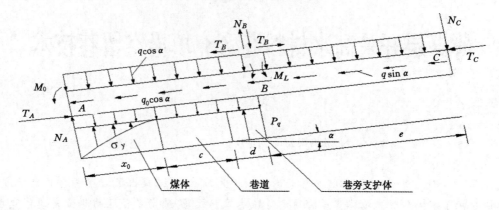

图1 沿空留巷力学模型

对上述模型作如下简化:

① 矸石对结构块 AC 的支撑力为零,在采空区侧受到的剪力为 N_c,沿岩层方向的推力为 T_c:

$$T_c = \frac{L \cdot q \cos \alpha}{2(h - \Delta S_c)} \tag{1}$$

式中 T_c——沿岩层方向的推力;

α——煤层倾角;

L——AC 岩块的长度;

q——AC 岩块单位长度的自重;

h——AC 岩块的厚度;

ΔS_c——AC 岩块被切断时 C 端的下沉量。

② 因采空区上方直接顶与基本顶之间的离层,以及基本顶之上软弱岩层与更上位岩层之间的离层,认为其间的剪力为零;

③ 基本顶的自重沿平行岩层和垂直岩层方向分解成两组力;

④ 基本顶之上的软弱岩层,均匀地加到基本顶上;

⑤ 基本顶以煤体弹塑性交界处为旋转轴向采空区侧旋转倾斜;

⑥ 沿空留巷下侧煤体支承压力 σ_y 和应力极限平衡区宽度 x_0 计算式为[11]:

$$\sigma_y = \left(\frac{C_0}{\tan \varphi_0} + \frac{P_x}{A}\right) e^{\frac{2\tan \varphi_0}{M \cdot A} \cdot x} - \frac{C_0}{\tan \varphi_0} \tag{2}$$

$$x_0 = \frac{M \cdot A}{2\tan \varphi_0} \cdot \ln \frac{k\gamma \cos \alpha \cdot H + \dfrac{C_0}{\tan \varphi_0}}{\dfrac{C_0}{\tan \varphi_0} + \dfrac{P_x}{A}} \tag{3}$$

式中 σ_y——侧煤体支承压力;

x_0——应力极限平衡区宽度;

C_0、φ_0——煤层与顶底板岩层交界面的黏聚力和内摩擦角;

α——煤层倾角;

P_x——支架对煤帮的支护阻力;

A——侧压系数;

M——采高;

H——开采深度;

γ——上覆岩层平均容重;

k——应力集中系数。

根据图 1,用平衡法对 AB、BC 两岩块分别建立力学方程。

BC 岩块,垂直于倾角 α 方向,$\sum F_n = 0$;平行于 α 方向,$\sum F_s = 0$;AB 岩块,$\sum M_A = 0$。求解得到:

$$P_q = [M_L + (N_C + q\cos\alpha \cdot e)(x_0 + c + d) + \frac{1}{2}(q + q_0)\cos\alpha \cdot (x_0 + c + d)^2 - \int_0^{x_0}\sigma_y(x_0 -$$

$$x)\mathrm{d}x - (T_C + q\sin\alpha \cdot e)(h - \Delta S_B) - M_0 - q\sin\alpha(x_0 + c + d) \cdot (\frac{h}{2} - \Delta S_B)]/(x_0 + c + \frac{d}{2})$$

$$\tag{4}$$

式中 α——煤层倾角;

c——巷道宽度;

d——巷旁支护体宽度;

h——基本顶岩层厚度;

P_q——巷旁支护体的切顶阻力;

M_L——基本顶岩层的极限弯矩;

M_0——端基本顶的残余弯矩;

q——基本顶及其上部软弱岩层单位长度的自重;

q_0——直接顶单位长度自重;

ΔS_B——基本顶垮落前端的下沉量。

3 巷旁充填参数的确定

3.1 充填体巷旁支护阻力的确定

充填参数中的关键参数是沿空留巷每米巷道合理的巷旁支护阻力,3602 工作面地质技术参数如下:α 为 $4°$,b 为 25m,c 为 3.8m,d 为 1.2m,h 为 5 m,q 为 1.5×106 N/m,q_0 为 0(无直接顶),A 为 0.4,M 为 0.92m,L_m 为 164.5 m,C_0 为 0.5 MPa,φ_0 为 $30°$,γ 为 2.5×104 N/m³,H 为 430 m,k 为 2.5,P_x 为 0.375 MPa,M_0 为 0(考虑最危险情况),M_L 为 8 MN·m。根据式2、式3、式4求得,巷旁支护体的切顶阻力为8.7 MN/m。

3.2 充填体宽度的确定

采用数值模拟的方法,研究分析在不同充填宽度时巷道围岩垂直应力分布图,如图2~图5所示。在确保安全生产的基础上,考虑生产成本等因素确定合理的充填体宽度。

顺槽围岩变形与充填体宽度关系如表1所示。

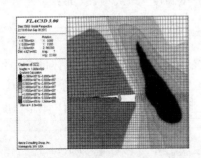 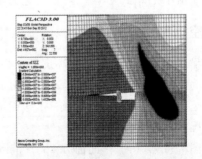

图 2 充填体宽度为 0.6 m 时巷道围岩垂直应力分布　图 3 充填体宽度为 0.8 m 时巷道围岩垂直应力分布

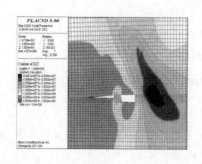 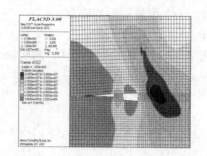

图 4　充填体宽度为 1.2 m 时巷道围岩垂直应力分布　　图 5　充填体宽度为 1.6 m 时巷道围岩垂直应力分布

表 1　顺槽围岩变形量与充填体宽度关系

充填体宽度/m	0.6	0.8	1.2	1.6
顶底板移近/mm	383.9	364.6	347.5	372.4
顶板下沉量/mm	329.8	309.6	274.5	264.5
底鼓量/mm	54.1	55.01	72.97	107.9
煤帮移近量/mm	109.4	107.1	104.7	102.2
充填体变形量/mm	596.7	470.9	338.6	318.9

从表 1 可以看出：

① 巷旁充填体宽度为 0.6 m 时,充填体破坏严重,其充填体变形量达 596.7 mm,不能满足生产需要。

② 当充填体宽度为 1.2 m 时,巷道底鼓量为 72.97 mm,相比较 0.8 m 时增加 32.6%;而充填体宽度为 1.6 时,相比较 1.2 m 时巷道底鼓量增加 47.9%,实体煤帮变形量随充填体宽度的增加只有略微的减小。

综合上述分析,顺槽巷旁充填体宽度可以选择 1.2 m 或 1.6 m。但当充填体宽度为 1.6 m 时,充填材料消耗过多,其对围岩变形的控制效果和 1.2 m 情况下相比并无明显改善。因此选择 1.2 m 的巷旁充填体宽度,既能满足留巷的需要,同时也能提高回采的经济效益。

3.3　充填高度的确定

根据巷旁支护阻力 8.7 MN/m,取顺槽巷旁充填体宽度为 1.2 m,则要求巷旁支护体强度不低于 7.25 MPa。根据高水速凝材料单轴抗压强度与水灰比关系,确定巷旁充填体水灰比为 1.5∶1。3602 综采工作面每天平均推进 3 m,则取每次充填长度为 3 m,日充填 1 次。工作面平均采高为 0.92 m,由于是薄煤层开采,需要一定的卧底量,因此取充填高度为 1.0~1.1 m。

4　沿空留巷支护井下试验

运输顺槽采空帮以平行距离皮带中心线 2.1 m 的位置为沿空留巷巷旁充填体的外边沿,充填体尺寸为:长 3 m、宽 1.2 m、高 1.1 m,使用规格为长 3 m、宽 1.4 m、高 1.2 m 的充填袋。

在运输顺槽附近设置观测站,工作面前方巷道围岩变形情况如图 6 所示;工作面后方巷道围岩变形情况如图 7 所示。

由图 6 可见,在工作面前方 20 m 范围内,充填体侧顶底板相对移近量 37 mm,占工作面前方上帮顶底总移近量的 86.04%;煤帮侧顶底板相对移近量为 40 mm,占工作面前方下帮顶底总移近量的 85.11%;两帮相对移近量为 31mm,占工作面前方两帮总移近量的 88.57%。说明虽受超前支承压力的影响,但巷道两帮及顶底板围岩完整性好,这对工作面后方控制沿空留巷总变形量起到积极的作用。

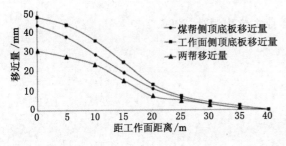 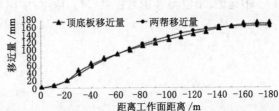

图6 工作面前方巷道围岩变形与工作面距离的关系　　图7 工作面后方巷道围岩变形与工作面距离的关系

由图7可以看出,测站表面位移距离工作面越近变形量越大,随着工作面向前推进,巷道表面变形量和变形速度逐渐降低。随着工作面推进,工作面上方顶板岩层不断的回转、下沉破坏,巷道围岩变形明显,工作面后方60 m范围内巷道围岩变形较为剧烈。

5　结论

① 建立了沿空留巷巷旁支护阻力的力学模型和沿空留巷支护阻力的计算式,为合理确定巷旁充填体支护参数提供了依据。

② 运用数值计算对巷道围岩变形与充填体宽度的关系进行了详细分析,并结合该矿实际情况确定沿空留巷巷旁充填体的合理宽度为1.2 m。

③ 给出了沿空留巷的支护方法即高强度锚杆+有效的巷旁支护,工程实践表明,该方法可适应顶板运动规律,较好地发挥了充填体支撑顶板以及控制巷道剧烈变形的作用,能满足下一个工作面安全回采的需要。

参考文献

[1] 陈勇,柏建彪,朱涛垒,等.沿空留巷巷旁支护体作用机制及工程应用[J].岩土力学,2012,35(5):1426-1433.

[2] 张农,高明仕.煤巷高强预应力锚杆支护技术与应用[J].中国矿业大学学报,2004,33(2):524-527.

[3] 康红普.煤巷锚杆支护成套技术研究与实践[J].岩石力学与工程学报,2005,24(21):3959-3964.

[4] 康红普,牛多龙,张镇,等.深部沿空留巷围岩变形特征与支护技术[J].岩石力学与工程学报,2010,29(10):1977-1987.

[5] 柏建彪,周华强,侯朝炯,等.沿空留巷巷旁支护技术的发展[J].中国矿业大学学报,2004,33(2):183-186.

[6] 郭育光,柏建彪,侯朝炯.沿空留巷巷旁充填体主要参数研究[J].中国矿业大学学报,1992,(4):1-11.

[7] 黄艳利,张吉雄,巨峰.巷旁充填沿空留巷技术及矿压显现规律[J].西安科技大学学报,2009,29(5):515-520.

[8] 华心祝,马俊枫,许庭教.锚杆支护巷道巷旁锚索加强支护沿空留巷围岩控制机制研究应用[J].岩石力学与工程学报,2005,24(12):2107-2112.

[9] 张东升,茅献彪,马文顶.综放沿空留巷围岩变形特征的试验研究[J].岩石力学与工程学报,

2002,21(3):331-334.

[10] 谢文兵.综放沿空留巷围岩稳定性影响分析[J].岩石力学与工程学报,2004,23(18):
3059-3065.

[11] 柏建彪.沿空掘巷围岩控制[M].徐州:中国矿业大学出版社,2006.

金属矿山立井深井筒水面抛石注浆法堵水技术实践

刘 波

(山东能源龙口矿业集团 工程建设有限公司,山东 龙口 265700)

摘 要 在金属矿山立井井筒施工过程中,遇到流量、水压均较大的集中出水点。针对出水点集中治理代价高、时间久、效果差等问题,结合实际出水点集中的情况,尝试采用了在静水表面下抛石、注浆堵水技术,成功实践了 456 m 深的井筒下端集中出水点的封堵技术。

关键词 金属矿山;井筒;水表;抛石;注浆;堵水

0 前言

山东东平盛鑫铁矿副井井筒于 2011 年 5 月 7 日破土开挖,副井井口临时标高+49.5 m,井筒设计净直径为 5.0 m,井筒段采用 C_{20} 素混凝土灌注,支护厚度 300mm。副井井筒施工装备采用Ⅲ型亭式井架,主提升机选用 JK2.5-20 单滚筒矿用提升机,提升速度 v_{max} 为 4.7 m/s,选用定制的 2.5 m 吊桶提升。段高 3.3 m 整体下滑模板,两层吊盘,吊盘下悬挂 HZ-4 中心回转式抓岩机。井筒内布置一路直径 800 mm 的风筒,一路直径 159 mm 的溜灰管路,一路直径 108 mm 的排水管。井筒内−340 m 利用中段马头门设中转水仓,安设卧泵排水。

2012 年 9 月 8 日井筒掘进至−410.6 m 时(−400 m 水平马头门施工),井筒工作面涌水量逐步增大至 50m³/h。为保证施工安全,施工止浆垫并对工作面围岩进行了预注浆。

2013 年 1 月 5 日工作面预注浆结束,止浆垫破除,并对−410～−407m 段已浇筑井筒进行破除修补。当天下午 4 时左右,−410～−407 m 段井筒混凝土体破除后,工作面涌水量很快达到 80m³/h,瞬间出水量最大时达到 120 m³/h,出水初始水头压力达到 8 MPa,逐渐降到 4.5 MPa,水温 18 ℃。

由于工作面出水点主要集中在−407～410 m,且水量、水压都较大,直接封堵难度大,且封堵质量难以保证。由于现有排水能力是根据最初提供地质资料设计最大排水能力,约为 50 m³/h,还须安装排水能力大于出水量的水泵及管路,目前集中出水点涌水量远大于排水设备排水能力,临时增加排水设备仓促之间论证不细致。综合分析了出水点水量、压力等情况,认定直接在出水点封堵投入多、难度大、风险高,决定采用静水位下填石注浆法进行堵水,具体步骤为:停止排水,上提吊盘及供电、排水、通风系统,待井筒水上涨至静水位后,采取水下填石注浆构筑止浆垫封堵出水点,然后排干井筒积水的堵水技术。

1 突水机理分析

出水后及治水期间,结合施工期间的实际揭露地层资料、构造情况、井筒钻孔柱状图等对临近的主井井筒井壁出水量进行了分析。

副井−407～−410 m 集中出水后,随着副井井筒水位上升,临近的主井井筒井壁淋水水量、水压相无明显变化。

从井筒施工揭露地层来看,自地表表土段以下岩石均为灰黑色辉绿岩,可见裂隙不发育,目视岩层完整性较好,岩层倾角约 60°~80°。以往几次壁后注浆堵水施工发现,虽然岩石较完整,但在其间多发大角度的或接近于纵向的毛细裂隙,该种裂隙肉眼极难看到,用注浆泵利用带颜色的水试验后即可验证,且这种岩石中的裂隙极为微小,虽透水却不能通过水泥颗粒。由此可见,副井的出水点主要集中在 −407~−410 m,应该是爆破揭露较大的导水构造裂隙所致。

随着副井水位逐渐升高,涌水量及出水压力逐渐减小,最终到达±0 m 后水面不再变化。据此判断,该深部突水点为构造形成的裂隙带存水,水量、水压稳定,与浅层地下水联系通道不发育,正常补给量不是很大。

2　出水点治理方案论证

国内外治理井筒出水点的方法基本分为两大类:一类是强排疏干,然后治理集中出水点的方法;另一类是先堵后排,再进行工作面探水预注浆的方法。两类方法又可分为 3 种方案,方案 1 为强排疏干,方案 2 和方案 3 为先堵后排,3 个方案的优缺点如下。

方案 1:强排疏干

(1)实施方法

在井筒内安装超过目前涌水量的排水系统,强行排水至集中出水点后施工止浆垫注浆封堵。

(2)优点

① 能够直接靠近集中出水点进行注浆封堵,效果较好;

② 不需要打钻等辅助工程;

③ 涌水量较小时速度较快。

(3)缺点

① 投入大。一是排水系统投入大;二是顶着较大流量、较大压力的集中出水施工止浆垫投入大(需要埋泵),止浆垫施工质量难以保证;三是排水费用高。

② 大量排水。有可能引起应力重新分布,对井筒支护不利。

方案 2:地面预注浆封堵出水点

(1)实施方法

向井筒内充填黄土、砂子至预定厚度,在其表层构筑混凝土盖,在井口施工钻孔安装注浆管,直达集中出水点进行注浆封堵。

(2)优点

① 地面施工方便、安全;

② 多用于井筒未开工井检孔发现有流沙层等地质构造时,适用于较浅地层地面预注浆。

(3)缺点

① 投入大,需要专门钻机施工队伍;

② 钻孔施工难度大;

③ 地面注浆堵水难度大。

方案 3:先堵后排

(1)实施方法

地面抛石注浆封底,排水注浆加固。

(2)优点

① 投入少;

② 涌水量越大,所需资金相对强排越少,速度也快;

③ 封堵成功后再治理集中出水点效果好、针对性强。

（3）缺点

① 可借鉴经验少;

② 风险大;

③ 不适用于水量较小。

由此可见,方案 1 虽然较简单,但需要具备大流量、高扬程的排水设备。井深较大时还须分段接力排水。此外,即使将水排到井底后,高压涌水点的封堵也是极困难的;方案 2 由于目前井深约－456 m,钻孔施工控制难度大,并且注浆堵水也无条件可施;方案 3 比较合理,隔断突水水源后,只需排干井筒积水即可恢复井筒。

水下浇筑混凝土封底有 2 种方法:一是垂直导管浇筑混凝土法;二是填石注浆法。

垂直导管浇筑混凝土法的操作为:在井筒内安设一根或几根管径为 100～150 mm 的可移动的导管,每根导管控制混凝土扩散半径约 1～1.2 m。浇筑前,在管路内安装木球,混凝土下落时顶出木球,用以验证管路是否通畅;先注厚度约 0.5 m 的速凝水泥浆作为底层;如果木球不能压出漂浮于水面,则继续下放水泥:砂:水比例为 1:1:0.5 的砂浆压出;连续浇筑混凝土,直至达到设计数量。混凝土的基本要求是:要有足够大流动性,和易性好,粗骨料以粒径小于管径 1/4 的卵石为佳,砂子要占混合料总体积的 40%～45%。

填石注浆的操作为:待井筒出水到达静水位后,放下直径 50～75 mm,端部封堵并带有枝杈的注浆管,然后撒入粒径 25～30 mm 的石子,注入水灰比为 0.5 的水泥浆液,待凝固后即可抽水至井底,然后在其上施工 0.5 m 左右的混凝土止浆垫,采取进一步治水措施。

上述两种治水方法仅在《建井手册》中有短短的一段文字叙述,但在现场施工中,没有实践经验,且无相应借鉴资料。

考虑到由于副井较深,混凝土长距离运送容易产生离析;混凝土易被地下水浸渍、稀释,浇注质量难以保证;垂直导管浇注法施工工艺复杂;如果发生堵管事故,处理十分困难等因素,经过研究,决定采用水表抛渣注浆封底技术。该技术综合了两种方案,在技术上作了调整,进行互补:

① 将抛渣石由石子更换为抛片石、半砖、狗头石。主要原因是:考虑石子堆积后比较密实,水泥浆在其中很难充填密实,即使有支管扩散,也难以保证浆液遍布石子空隙,为保证水泥浆液有效扩散,将石子更换为片石、半砖、狗头石,三者堆积后空隙较大,便于浆液扩散分布。

② 为防止堵管,取消钢管抛渣石,直接用吊桶在吊盘抛渣石。

3 封水层结构设计

3.1 注浆管路

抛渣石封底构筑封水层,首先要在被淹井筒中下放注浆管直至井底(留 0.5 m 间距),抛渣石后,再利用注浆管向石堆注浆。渣石层是均质砾石层,水泥浆在其中的有效扩散半径按马格公式计算:

$$R = \sqrt[3]{\frac{3 \cdot K \cdot h \cdot r_0 \cdot t}{\beta \cdot n} + r_0^3}$$

式中　R——浆液有效扩散半径,m;

　　　R_0——注浆管半径,m;

　　　n——渣石层孔隙率,%;

　　　K——渣石层渗透系数,cm/s;

　　　β——注浆材料的黏度系数,用 C_1、C 相比所得;

　　　C——水的黏度,Pa·s;

　　　C_1——水泥浆黏度,Pa·s;

P——注浆压力 MPa；

T——注浆时间,h。

已知,注浆管直径 159 mm,井筒荒径 5.6 m,碎石实测孔隙率为 50％,相应渗透系数 K 为 0.1 cm/s,水灰比 1:1,水泥浆黏度 0.004 42 Pa·s,注浆压力 6 MP,初步估算水泥浆液 145 m³,使用泥浆泵,压力控制在 6 MPa,流量 110 L/min。经计算,水泥浆在其中的有效扩散半径为 10.7 m,而副井井筒荒井直径 6.6 m,所以,布设 1 根注浆管即可满足注浆要求。

由于没有实践经验,最初设计注浆管路时,考虑压力、堵管等因素,按照下述方案考虑:

① 注浆花管主管路采用外径 159 mm 壁厚 6.0 mm 的无缝流体用钢管加工,总长度不少于 10 m,上管口焊接与高压胶管相连的快速高压接头,下管口封死。

② 管底往上 2.0 m、4.5 m 处分别布置一层花管,每层花管均匀斜分出三根长 2 m 的注浆花管(为保证主管强度,每层花管外缘布置时在高度上错开 100～150 mm),与主管夹角为 45°,花管终端开口,圈径 2.8 m。

③ 花管采用直径 25 mm 钢管加工,上钻直径 8 mm 单孔,孔距为 150 mm,呈 45°螺旋布置。

④ 主管连接高压接头处、主管连接处、花管与主管连接处焊接质量要能承受不小于 12 MPa 以上的压力。

⑤ 注浆主管上口焊接快速接头与直径 32 mm 的高压胶管相连接。

结合上述计算后修改为:

① 注浆花管主管路采用外径 54 mm、壁厚 4.0 mm 的无缝钢管加工,总长度不少于 10 m,花管上管口与直径 159 mm 无缝钢管焊接,花管终端开口。

② 在花管终端以上 1 m 位置焊接三根直径 25 mm、长 1.5 m 的钢管,呈 45°均匀布置。

③ 各管连接处焊接质量要能承受不小于 12 MPa 以上的压力。

3.2 抛石与注浆数量

抛石后注浆所形成的封水层作为一种低渗透的人工介质,起隔水塞作用,使竖井底部的地下水不能向上突出。其力学行为就是,利用一定厚度的封水层的自重及封水层与井壁接触面间的摩擦力,以平衡竖井底部向上突起的水压力。参照工作面预注浆时,计算止浆垫厚度按照公式,计算抛石注浆形成混凝土垫的厚度。

经计算,止浆垫设计厚度取 3.5 m 即满足需要。考虑水下所形成的混凝土垫强度偏低,因此按照 2 倍系数考虑。初步按照抛石注浆混凝土垫厚度不少于 8 m。

根据现场提供参数,工作面标高为 −410.6 m 左右,井筒局部帮部爆破破除后,混凝土碎落在井底,因此在井底先抛撒粒径为 20～30 mm 碎石 8 m³,用以充分充填破碎矸石,作为垫层。

根据地面试验获得经验,抛撒碎石充填后,虽然碎石之间孔隙度较高,约 30％左右,但由于长距离下落后,碎石之间结合比较致密,水泥浆液在碎石中不易扩散。因此采用半砖加少量片石、狗头石,不大于半砖用量的 1/2,从水面抛撒充填井底,按照抛砖累计高度 8 m,估算出填半砖(含片石、狗头石)用量约为 160 m³ 左右。但现场操作时,必须进行准确测量,以验证抛石数量、堆积高度。

考虑井底碎混凝土及碎石体积约为 120 m³,封水层抛碎砖体积 120 m³,按照孔隙率为 50％～60％考虑,如果全部胶结需浆液结石体积 86～103 m³,水泥浆水灰比为 1:1,参考相关资料中的结石率为 72％,故所需浆液体积为 120～145 m³。每 1 m³ 水泥浆用水泥 750 kg,则水泥总用量为 90～108 t。考虑注浆过程中浆液将向突水裂隙中流动,在封水层注浆的同时,对导水裂隙封堵。因此,水泥准备用量必须要比计算的量超出一些,建议按照设计水泥用量的 1.3 倍准备,约为 117～140 t 水泥,避免因为水泥浆液比重较大、流向裂隙损失或表层接触水的水泥不固化所造成的损失量。

4 抛石注浆方案的实施

4.1 上提吊盘步骤及方法

上提吊盘步骤及方法为：

第一步，将吊盘下的排水设备以及−340 m 处的排水系统拆除升井，停止排水，提升吊盘拆除管路，始终保证吊盘不被水淹。

第二步，待水位保持静止状态后，下放加工好的注浆管路，向井筒中抛碎渣石。

第三步，利用注浆管向碎砖石中注入水泥浆，注入的水泥浆量要经过计算确定。

第四步，养护、安装排水设备，待养护期满，封底混凝土达到强度后进行排水。

第五步，排水完毕后，清理马头门，−400 m 以下局部井筒加固注浆，破除多余混凝土体。

−410 m 以下岩层虽然已经进行了预注浆，但仍然极可能存在局部涌水的情况。如继续掘进井筒，则利用混凝土垫，在加厚后，再进行工作面注浆，然后破除混凝土垫，继续掘进井筒。如调整层位，则加固混凝土垫后实施。

提吊盘、回撤风筒、管路、电缆方法：

① 吊盘提升过程中，上层盘专人监护，统一指挥，观察提升状况并及时拆除风筒、电缆、管路，吊盘上回撤的物料、管路等及时升井，保证吊盘无障碍上提，确保安全。

② 在井口进行压风管、排水管、溜灰管路拆除以及电缆回撤，回撤的管路要及时运离井口至妥善地点存放，电缆理顺规整。因压风、排水管路均为套管焊接，需要气割工配合作业，每 6 m 割除一段。翻矸平台的人员通过二层平台口使用大绳捆绑管路顶端配合下放拆卸管路。使用大绳捆绑、吊挂管路要牢固可靠，防止脱扣滑出，人员要佩戴好保险带并合理选择站位。

③ 吊盘最终提至静止水面以上 10 m 的位置，便于随时观察水位变化情况，计算出此时水深度。以静止水面为起点，在井壁向上每隔 5 m 进行标注。

④ 利用现有溜灰管稳车及钢丝绳布设注浆管吊点。为了使注浆浆液尽可能扩散，保证封底效果，注浆管尽量靠近井筒中心布置。为将其调整到井筒中心，需增加一组双 600 天轮，与原压风管天轮配合使用。

4.2 下放注浆主管

注浆主管、花管加工完后，在上口连接直径 159 mm 钢管，将钢管利用管卡固定在钢丝绳上；将悬吊钢丝绳穿过吊盘，施工人员乘坐吊桶并佩带保险带，利用铁钩将钢丝绳拖到吊盘喇叭口或吊桶附近，利用卡子将注浆管牢固与钢丝绳连接；去除固定钢丝绳，利用提前固定在注浆管上的调整绳与悬吊钢丝绳配合，缓慢将注浆管放到位。

缓慢下放注浆管路，直至井底。注浆管的位置至关重要，因此必须安排专人，测量注浆管的下放深度。可采用在钢丝绳上标记法量测，即首先记录开始下放时候注浆主管下端距离吊盘上标志点的数据、井口标志点到吊盘标志点距离，然后在井口标志点对应钢丝绳位置标记，该标记下放到吊盘时，此时下放深度为吊盘标志点到井口标志点之间的距离，此长度加上注浆主管下端距离吊盘上标志点的数据，即为一个下放深度，如此重复进行，直至注浆管到达井底，此时统计下放深度与理论计算深度对比确认即可。注浆管下放控制深度为其终端到达−410 m。

4.3 吊盘抛石

抛石前，必须先用测量钢丝线配合重锤，测出井底实际高程。人工在吊盘上连续均匀将备好的碎砖、片石均匀抛撒入井筒，直至测量抛石的高度足够。尽可能避免半砖、片石飘入各中段马头门。抽水过程中现场观察，各中段马头门均有十几至几十块半砖或片石。

4.4 注浆封底

封水层注浆前，井内水位必须恢复至稳定水位，才能形成注浆的必要条件。因此只有水位连续观测至少 3 天不再继续上涨,方可实施注浆方案。

利用注浆主管连接的高压胶管及大流量注浆泵,连续不断地向井底注入水灰比1∶1的水泥浆,水泥选用普通硅酸盐水泥,水泥标号为 P.O42.5。

为保证效果,采用以下办法检测水泥情况:

① 加工钢制锥形桶取样器。在注浆的后期,用钢绳将取样器放到碎石层表面,隔一段时间提上井口查看,开始提出的只是清水,后来取样器中可看到稀水泥浆,直到取出了浓水泥浆,说明浆液已经漫到封水层面,注浆可以结束。

② 控制注入水泥总量不少于 120 t。

4.5　井筒排水、管路撤除

① 注浆完成后,养护 7 d。养护期间进行排水设备的安装,养护期满后进行排水。排水采用潜水泵配 DN80 管路,利用稳车吊挂排水。随水位下降,随下放水泵及管路。

② 排水分三步进行:第一步先将水位排至静止水位下 10 m 位置停止,观察水位变化情况来判定浇注封堵效果;第二步将水位排至静止水位下 50 m 位置停止,观察水位变化情况来判定浇注封堵效果;第三步将水排至井底工作面。

③ 排水至井底后,清理马头门的石子,−400 m 以下局部井筒加固注浆,破除多余混凝土。

④ 根据注浆堵水效果确定后续施工。

4.6　安全措施

① 封口盘作业时,使用的工具要有防坠措施,拆卸或准备安装的螺丝等要有专用的容器盛放,不得随意乱扔乱放,井口要动态保持干净利索。

② 井口、井下、吊盘、登高以及所有涉及进入工程施工现场人员必须佩戴安全帽。乘坐吊桶、登高、吊盘、天轮平台以及所有登高作业人员必须佩戴保险带,保险带要牢固生根。

③ 封口盘要封闭严密,升降管路时打开管路盖门,拆装螺丝或气割作业时必须将管口封闭严密,不得有坠物的隐患。

④ 稳车等机电设备在使用前安排机电维修人员全面检修,确保使用过程中正常运行和制动。同时必须有紧急制动措施。

⑤ 安监员现场监护作业,所有人员必须听从安监员的安全指导工作。

⑥ 天轮平台作业的同时,正对下方的所有平台严禁从事其他作业。

⑦ 吊盘起落过程中,上层盘至少 2 人监护,1 人指挥,确保吊盘安全起落。

⑧ 吊车起吊期间,起吊司机应先检查起吊设备的完好性,确认一切正常之后方可开始起吊,起重臂下严禁站人。

5　结论

通过采取静水位抛石注浆法堵水,井筒水抽干后发现堵水效果较好,取得预期效果。该技术方案实施的重点是,尽可能精确地估算抛石数量、合理确定水泥浆液的材料及配比合理估算注浆量及凝固后的混凝土体积。在没有任何实践经验可依据的情况下,经现场反复实践,取得了该技术的各类数据与经验:

① 创新性地在地面进行水泥浆液扩散性试验。虽然各种理论书籍中提供的石子、砂中孔隙率均大于30%,但水泥浆液在其中的扩散及充填效果差。于是,尝试将最初方案设想的抛撒石子调整为抛撒半砖、片石、狗头石,增大堆积物孔隙率,保证浆液扩散半径及浆液能够充填密实。

② 水泥浆液进入水下后,现场观测可知,平静的水面立即掀起连串波动,水泥浆液进入水中后慢慢沉淀充填砖、片石间隙。为检测、检查浆液分布,采用了钢制锥形桶取样器取样观测和控制注入水泥总量不少于设计量的方法,取得良好的效果。

③ 积水抽干后发现，混凝土垫表层约有 0.6～1.0 m 厚的沉积水泥。因此，在设计方案、计算水泥用量时，必须考虑进入裂隙充填出水裂隙及表层未凝固水泥量，约为总量的 1.3～1.5 倍。

④ 抛撒骨料强度越大，混凝土垫强度越大。由于粗砂堆积物中水泥浆液不能全部充填密实，因此建议采用卵石、片石、狗头石以及强度较高的碎瓦片、青砖等。

⑤ 注浆应一次连续性完成，以免二次注浆造成混凝土垫形成未凝固水泥沉淀物，影响混凝土垫强度。

综上所述，本次抛石堵水工程既通过试验总结了抛石堆积体积计算、水泥配比、水泥用量估算，以及堵水应注意事项，估算了浆液扩散半径、密实度等，并现场得到验证。在类似条件下，大涌水集中出水点治理有较大借鉴、参考意义。

高预应力全锚索支护技术在深部高应力区巷道的应用

邹永德

(徐州矿务集团有限公司,江苏 徐州 221006)

摘 要 在深部高应力区巷道采用高预应力全锚索支护技术,其较大的支护强度、支护范围和刚度,能提高调动深部稳定岩体的承载能力,有效地控制巷道变形,支护效果十分明显。工程实践表明,采用全锚索支护,巷道变形得到了有效控制,为安全生产提供了保障。

关键词 全锚索支护;机理;参数;应用;效果

0 引言

煤矿锚杆支护经历了低强度、高强度、高预应力、强力支护等发展过程,形式上也从单一的锚杆支护,逐步发展为锚网支护、锚梁支护、锚梁网支护、锚梁网索支护等多种方式,以适应不同的巷道条件,保证巷道支护的安全。

进入深部开采后,巷道所处环境极其复杂,矿压显现明显,锚杆支护技术已逐渐不能满足要求,即使在巷道增设锚索加强支护,仍普遍出现顶板严重下沉、帮部收缩、底鼓、锚杆断裂失效等现象。深部高应力区巷道一般都采用套棚加强支护方式,但由于架棚支护为被动支护方式,架棚与锚网支护之间存在一定的间隙,支护初期无法支撑巷道顶帮,抵抗、限制巷道顶帮变形,而当顶帮变形压实这部分间隙,架棚"有力"时,巷道顶板离层、两帮滑移加大,架棚已无法支撑,造成巷道顶帮变形严重。严重变形的巷道断面不能满足通风、行人和运输安全,由此造成的卧底、扩刷等修护工作日趋繁重,影响了矿井的安全生产。深部高应力区巷道支护是煤矿支护工作的难点之一。

1 全锚索支护技术[1]

1.1 锚索支护机理

自 1996 年研制成功煤矿小孔径树脂锚固预应力锚索后,由于其良好的支护性能,预应力锚索支护技术推广迅速,延展了锚杆支护的使用范围,在正常的锚杆支护巷道中,锚索主要用于新掘锚杆巷道和修护巷道的加强支护,与锚杆一起共同支护围岩,有效地控制了巷道的变形。

通过分析锚索支护作用应力场(如图 1 所示),锚索的压应力在锚索尾部最大,锚固端次之,自由段最小;较大预应力锚索附近应力集中明显,随着远离锚索位置,压应力逐渐减小,高预应力锚索形成的压应力区范围较大,有效压应力区连成一体,锚索加固围岩的范围增加、作用明显;增加锚索的数量,各锚索间应力区逐渐靠近、相互叠加,锚索之间的有效压应力区扩大,并连成一体,锚索预应力及主动支护作用扩散到大部分锚固区域;当锚索垂直布置时,两根锚索形成的有效压应力区相互连接与叠加,在顶板形成厚度较大的压应力区,锚索预应力扩散与叠加效果最好。

锚索的预应力可以在施工后就给围岩一定强度的约束作用,避免围岩在变形或位移过程中出现离层、松散而导致围岩承力结构失效的现象;锚索的支护层厚度较大,其锚固力可达数百千牛,可提高围岩结构承载能力和抗变形能力。与锚杆相比,锚索的锚固深度大、承载能力高、可施加较大预应力,具有更好的支护性能。

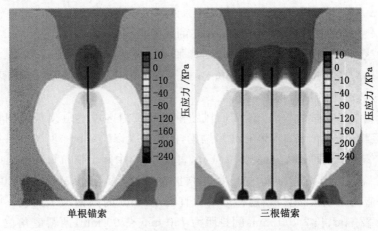

单根锚索　　　　　　　三根锚索

图 1　锚索作用应力场

1.2　高预应力全锚索支护技术

深部巷道所处的环境极其复杂,需采用更高强度、更合理的支护方式,才能满足深部巷道的支护要求,高预应力全锚索支护就是采用高预应力锚索取代锚杆进行支护,利用锚索优异的支护性能,实现对巷道围岩有效控制的支护方式。

① 采用更长、更大锚固力的锚索取代锚杆支护,增加支护体厚度,较大程度地提高支护强度,提高调动深部稳定岩体的承载能力。

② 高预应力大直径锚索,较大的锚索预应力,提高了初期支护的强度与刚度,有效控制巷道围岩变形。

③ 采用较大直径钢筋梯形梁和金属网护顶护帮,给锚索施加高预应力的同时,也给梁网施加了较高的预应力,有力地限制顶帮变形,提高了整个支护体的强度。

④ 通过长锚索的悬吊与挤压加固作用,加强了锚索支护体的支护作用,把应力集中向更深处转移,充分调动深部围岩的承载能力,使更大范围内的岩体共同承载,提高了支护系统的整体稳定性。

2　工程应用

2.1　工程概况

夹河矿－1 010 m 西一采区为 7、9 煤联合布置,7、9 煤层间距 24 m,其中 9441 工作面为－1 010 m 西一采区孤岛工作面,上下均为采空区,上覆 7443 工作面采空区。9441 面走向长 440 m,倾向长 140 m,煤层平均厚 2.3 m,煤层平均倾角 23°。煤层泥岩伪顶,厚 0.2~0.4 m;直接顶岩性为砂岩,厚 3.8 m,直接底为砂泥岩,厚度 15.7 m,含植物化石,遇水易膨胀。

9441 运输顺槽及 9441 回风顺槽外段有上覆 7443 工作面煤柱下掘进,处在应力集中叠加区,前期 9441 运输顺槽过高应力区掘进时,采用锚网索支护后,套 11# 工字钢梯形对棚(每棚打一中柱)加强支护,但这种支护方式现场效果不好,9441 运输顺槽掘后不久便开始出现严重地收缩变形现象,顶板沿走向方向开裂,局部形成坠兜,锚杆、锚索崩断,棚梁弯曲打滚,中柱弯曲歪斜,巷道底鼓严重,经多次修护后仍不能有效地控制巷道变形,给安全生产带来了严重的隐患。

如 9444 回风顺槽仍采用运输顺槽的支护方式和参数,巷道的大变形将严重影响安全和掘进进度,因此,在 9444 回风顺槽探索使用了顶板全锚索支护,取得了较好的支护效果。

2.2　支护参数

9441 运输顺槽和回风顺槽巷道断面均为净宽 4.5 m、净高 2.6 m,跟顶掘进。

9441 运输顺槽采用直径 22 mm、长 2 400 mm 的左旋无纵筋螺纹钢等强锚杆，间排距为 750 mm×700 mm；钢筋梯形梁为直径 14 mm 的圆钢加工；菱形金属网为 8# 镀锌铁丝，规格为 5.0 m×1.0 m；顶板采用直径 18.9 mm、长 7 250 mm 的锚索加强支护，间排距 900 mm×2 100 mm，每排 3 根；过高应力区巷道采用 11# 工字钢梯形对棚加强支护，棚距 800 mm。

根据 9441 运输顺槽巷道变形量观测分析，主要表现为顶板下沉和底鼓，两帮移近量相对较小，掘进期间未出现过较严重的片帮现象。

鉴于 9441 运输顺槽支护的教训，9441 回风顺槽过高应力区段巷道顶板采用长、短锚索支护，正常支护采用直径 18.9 mm、长 4 250 mm 短锚索，间排距为 850 mm×800 mm；加强支护采用直径 18.9 mm、长 7 250 mm 的长锚索，排距 2.1 m，每排 3 根，中间 1 根布置在巷道中心线上，另外 2 根距巷道中心线各 900 mm 对称布置；除正常支护上帮两根锚索与垂线呈 15°～20° 布置外，其余锚索均相互平行，垂直巷道顶板布置；钢筋梯形梁为直径 16 mm 的圆钢加工而成。两帮仍采用锚网梁支护，锚杆直径 22 mm、长 2 400 mm，间排距为 750 mm×700 mm，两帮底角位置各安设一根与水平呈 30°底角锚杆控制巷道底角。9444 回风顺槽支护断面如图 2 所示。

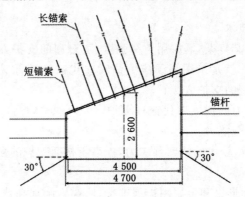

图 2　9444 回风顺槽支护断面图

2.3　应用效果

根据现场 120 d 观测期，9441 运输顺槽和回风顺槽过高应力区巷道顶板下沉量、两帮移近量和底鼓量观测与比较见表 1。

表 1　　　　　　　　　　　　9441 运输顺槽和回风顺槽表面位移比较表

巷道名称	9441 运输顺槽	9441 回风顺槽	减少量/%
顶板下沉量/mm	602	159	73.6
两帮移近量/mm	335	186	44.4
底鼓量/mm	1 031	205	80.1
备注	掘进后 30 d 时卧底 450 mm	—	—

根据现场观测，深部高应力区采用全锚索支护后，支护效果十分明显。

① 两帮移近量减少 44.4%，顶板下沉和底鼓量分别减少达 73.6% 和 80.1%，控制巷道变形效果明显。9441 运输顺槽掘后 30 d 就进行卧底，而 9441 回风顺槽观测期内没有进行卧底工作，没有了卧底修护改棚等工作，增加了迎头有效掘进时间，提高了单进速度。

② 减少了架棚、改棚等很多环节，减少了较多的安全隐患；减少了运料、架棚、修护等工作，较大程度地减轻了工人的劳动强度。

③ 巷道顶板下沉量、底鼓量及两帮移近量均大幅度减少，保证了巷道断面，改善了掘进工作面

的作业环境,保证了安全生产。

3 结论

在深部高应力区巷道,采用高预应力全锚索支护,较大程度地提高了支护强度,扩大了支护范围,充分调动了深部稳定岩体的承载能力;高预应力锚索与大直径钢筋梯形梁、金属网共同作用,提高了支护体的强度与刚度,有力地限制顶帮变形;长锚索加强支护,更大程度地提高了围岩强度,有效地控制了巷道围岩的变形,取得了较好的支护效果。因此,高预应力全锚索支护是深部高应力区巷道的一种有效的支护方式。

参考文献

[1] 王金华,康红普,高富强.锚索支护传力机制与应力分布的数值模拟[J].煤炭学报,2008,33(1):1-6.

厚煤层巷内预构膏体充填带无煤柱开采技术

王永涛,刘　森,张连良,江兆利

(淄博矿业集团公司,山东　淄博　255120)

摘　要　淄博矿业集团许厂煤矿利用地面商品混凝土搅拌站制作膏体(特殊混凝土),通过钻孔管道输送到井下工作面巷道,砌筑膏体充填带,替代保护煤柱,提高了煤炭资源回收率。

关键词　无煤柱;商品混凝土;保护煤柱;回收率

0　前言

许厂煤矿长壁工作面开采区域,工作面一般长度为 195 m,推进长度 1 000 m 左右,与邻近工作面之间保留宽 5 m 保护煤柱。每留设一条保护煤柱,将损失煤炭资源约 2 万 t。

许厂煤矿开采煤层($3_下$煤层)为厚煤层,留 5 m 窄煤柱护巷,煤层节理裂隙发育,采空区侧漏风较严重,巷道围岩变形量也比较大,容易形成安全隐患。

膏体充填体具有密实程度高、接顶效果好、增阻速度快、支护阻力高的特点,膏体充填带作巷旁充填体,取消了保护煤柱,提高了煤炭资源出采率,有效地杜绝采空区漏风,消除安全生产隐患。

许厂矿选择在 330 西翼采区 3302 工作面皮带顺槽进行膏体充填带作巷旁充填体的试验。

1　支护设计

330 西翼采区 3302 工作面皮带顺槽设计宽度 5.7 m、高度 4.0 m,矩形大断面,为巷旁充填预留宽度空间 2 m。

试验工作面皮带顺槽沿煤层顶板掘进,选择许厂矿目前回采巷道普遍应用的支护形式,即锚网索联合支护,顶板锚杆左侧 3 根直径 20 mm、长 2 400 mm 左旋高强螺纹钢锚杆,右侧为 4 根直径 18 mm、长 2 400 mm 的 MnSi 高强全螺纹锚杆;左侧帮为直径 20 mm、长 1 800 mm 的玻璃钢锚杆,右侧帮为直径 18 mm、长 1 800 mm 的 MnSi 高强全螺纹锚杆。支护方案如图 1 所示。

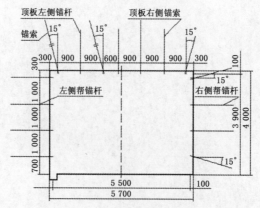

图 1　巷道支护断面图

2 充填材料及工艺

2.1 填充材料

无煤柱充填膏体为普通商品混凝土,充填混凝土强度为C30。

2.2 充填工艺

(1)充填前的准备工作

在充填区外侧支设单体支柱,固定侧模板,提前回撤已充填区的端头模板,在充填区内敷设钢筋及观测管,固定充填区端头模板及布料管,实现充填区全部密封。

(2)充填施工

地面开启水泵,向混凝土泵料浆斗供水,将管内气体全部排出→加隔离清洗柱→罐车向充填泵料浆斗泄入灰浆(砂)浆→向充填泵泄入混凝土,待混凝土泵送完毕后→加隔离清洗柱→泵送清水。

(3)充填完毕后工作

拆除下一循环距离的管路,并安装端头截止阀及三通泄压阀,为下一循环做准备。

填充系统如图2所示。

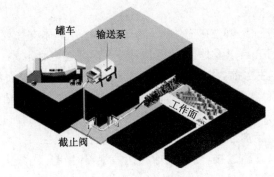

图2 充填系统示意图

3 无煤柱膏体充填实施方法

(1)充填区支设

充填区一次支设20 m,分两次充填,第一次充底,第二次接顶。充填区外预先支设7 m的废料区,以防备混凝土过量。充填区采用DW45-250/110XL单体液压支柱配合铰接顶梁、建筑用钢模板以及撑木进行支设。

从巷道中心线向充填侧偏800 mm支设单体支柱。紧贴单体支柱自下向上支设模板。模板支设前,在底模板支设处先挖一条深200 mm、宽50 mm的沟,将彩条布压在模板下,彩条布铺设在模板内侧。模板用铁丝绑扎在单体支柱上。模板与单体支柱之间有间隙时,加入木楔进行加固。最上层模板和巷道顶板接茬处,采用在铰接顶梁上部放置彩条布。

为防止充填区内混凝土侧压过大,挤到单体支柱造成跑灰,在单体支柱底部、中部、顶部分别顺着巷道架设一根18#槽钢作为横梁,然后在底部、中部、顶部三个部位垂直于槽钢支设3根撑木,其顶部、中部用单体支柱。填模板支设如图3所示。

为了增强墙体的整体性、抗压性,在充填区内距底板200 mm、2 500 mm高度各安设一条横锚杆,顶板锚索外露处绑扎一根竖锚杆,与横锚杆绑扎成一体。

端头模板支设前,要将支设处的锚网剪开,然后垂直于顶底板在巷帮上凿一道深200 mm,宽50 mm的槽,将长4.5 m、宽2.5 m的彩条布随模板一同塞入巷帮。充填区端头处用2 000 mm×300 mm、厚度不小于50 mm的木板封闭,并用三棵单体支柱进行加固,为防止压力过大,造成跑

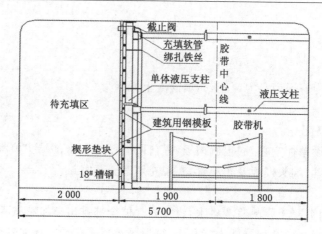

图 3　充填模板支设断面图

模。在端头模板外 2 m 处,另支设 2~3 根液压支柱,作为端头液压支柱的撑木支撑点,下部用 150 mm×150 mm 的方木做撑木,撑木两端背紧、背牢,上部用 2.8 m 的液压支柱作为斜支撑立柱。

（2）充填管路注水

充填区支设完毕后,进行充填。在充填前,对支设的所有单体支柱要进行二次注液。充填过程由跟班队长指挥,所有阀门开启以及地面混凝土泵送等都通过电话联系。

首先进行注水排气。注水前,将井下所有截止阀全部开启,从地面混凝土泵送站向管路内注水,以便排出管路内的空气,当管路内注满水后加入清洗球。为了润滑管路,隔离水和混凝土,首先泵送 6 m³ 灰浆,然后再泵送混凝土。当清洗柱到达钻孔底 1# 截止阀时,看守阀门的人要立刻打电话通知跟班队长,泵送一定距离之后,开始停止泵送进行自流。在 2# 截止阀前段安装一个清洗球捕捉器,通过捕捉器与排水管路连接,当清洗球到达捕捉器时,将 2# 截止阀关闭,拆下捕捉器,接好充填布料管,布料管另一端与可视控制模板连接。连接好之后,开启 2# 截止阀开始充填混凝土。

（3）充填混凝土

混凝土充填时,地面充填站要同时具备两辆混凝土罐车,一辆浇注混凝土,一辆备用,待前一辆浇注完毕后,备用罐车进行浇注,浇注过程不能间断,防止管路中混入空气。充填现场观察,要控制好充填过程中混凝土的流量和浓度。

当混凝土泵送完毕后,再加入一组清洗球,泵送清水,同样当清洗球通过 1# 截止阀时,看守阀门的人要立刻打电话通知跟班队长,泵送一定距离之后,开始停止泵送进行自流,自流的过程中通过 1# 截止阀来控制水的流量,当充填区充满后,关闭 2# 截止阀,将布料管拆开放至废料区,再开启 2# 截止阀,将剩余的混凝土充填至废料区,清洗球打入废料区后,关闭 2# 截止阀,拆除布料管,连接排水管,将 1#、2# 截止阀全部打开,泵送清水清洗管路,并将拆除的布料管用水清洗一遍,充填完毕。

4　充填墙体矿压观测

为了加强对混凝土墙回采期间以及后期掘进邻近巷道期间的压力观测,在混凝土墙充填过程中先后安装了三组压力观测设备,每组安装 4 个位移计、6 个压力盒,10 条数据观测线（150 m/条）。图 4 为压力盒应力与工作面回采关系曲线,图 5 为水平位移计位移与工作面回采关系曲线。

在每组观测设备以外 150 m 处,对位移计以及压力盒的数据用数据收集仪进行采集,整理数据之后进行分析总结。矿压观测结果表明,工作面前方充填体受力较小,工作面前方 60 m 以内,最大应力仅为1.91 MPa,说明充填体受本工作面超前采动影响不明显;工作面推过测站充填体后,

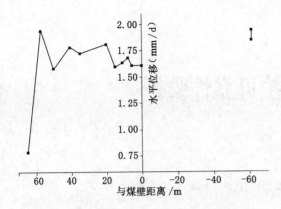

图4 压力盒应力与工作面回采关系曲线

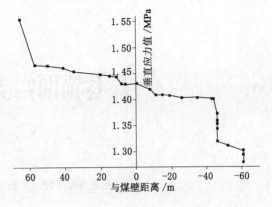

图5 水平位移计位移与工作面回采关系曲线

60 m 以内充填体受力整体呈现下降趋势。

5 经验总结

① 利用地面商品混凝土,可以大规模机械化生产,生产效率高。

② 巷旁充填所需要材料通过钻孔管道输送到井下工作面,不需矿车运输下井,减小了矿井辅助运输压力。

③ 巷旁充填安排在顺槽一侧进行,并超前回采工作面,对回采工作面生产没有影响。

④ 巷旁充填需要人员少,工人劳动强度低。由于该方法巷旁充填所需要材料在地面混凝土搅拌站机械化完成,井下不需要人员卸车、装料等,只需要设立两面隔离板,既减少了人员需要量,又显著减少了工人劳动强度。

⑤ 下一工作面相邻巷道沿巷旁充填体掘进,区隔明显,便于方向控制,沿空掘进巷道只受一次采动影响,易于维护。

实践证明,膏体充填能够有效地回收保护煤柱,提高煤炭回收率,创造巨大利润,而且能有效杜绝采空区漏风,消除安全隐患,解决后期沿空掘巷围岩变形问题,具有广阔的推广应用前景。

煤巷锚网索支护可靠性验证

周金城

（冀中能源峰峰集团有限公司 黄沙矿，河北　邯郸　056200）

摘　要　根据多年的生产实践，通过工程实例应用，从直观、宏观角度，介绍了煤巷锚网索支护应用的可靠性，对煤巷锚网索支护推广应用具有指导作用。

关键词　锚网索支护；工程应用；可靠性

0　前言

煤巷锚网索支护经过几十年的研究、应用、推广，在理论和实践上取得了很多经验和成果，对煤炭安全高效生产作出了巨大贡献。但是，锚网索支护研究基本停留在巷道支护前和支护过程中，对受到采动影响后煤巷锚网索支护的结果研究分析不多。本文通过现场观测，分别以薄煤层开采沿空掘巷、厚煤层开采大跨度巷道、厚煤层开采小煤柱巷道工程实例为对象，从直观角度，分析了煤巷锚网索支护技术在受回采工作面采动影响后支护变化情况，对增强锚网索支护可靠性认识有指导意义。

1　薄煤层开采沿空掘巷工程实例

1.1　工作面情况

以辛安矿85工作面运料巷沿空掘巷工程为例。辛安矿位于峰峰矿区南部，85工作面位于－280 m水平，煤层埋深400 m，煤层平均倾角为18°，煤层稳定。85工作面开采煤层2-1#煤，该煤层厚度0.8 m。85工作面位于采空区上面，与2#煤开采形成的采空区间距约20 m。工作面下部2#煤于2001年开采，2#煤层厚度4.5 m，开采工艺综采放顶煤，煤层顶板采用全部垮落法管理。85工作面与83工作面相邻，83工作面于2010年12月回采结束，随后矿井遭受水灾，83工作面采空区被水淹没。2012年1月恢复了85工作面掘进，85工作面走向长800 m，工作面长度100 m，于2012年12月进行开采，2013年4月回采结束。83、85工作面布置如图1所示。2-1#煤层顶底板情况：直接顶为粉砂岩，厚3.1 m，深灰色，含少量植物根化石；基本顶为细砂岩，厚6.0 m，浅灰色，局部呈中细砂岩互层；直接底细砂岩，厚3.0 m，浅灰色，局部呈中细砂岩互层，含植物根化石；基本底中砂岩，厚7.0 m，浅灰色，结构致密，含石英、长石，层面含炭质。2-1#煤层顶底板情况如图2所示。

1.2　83工作面溜子道支护情况

83工作面2-1#煤层虽然受到过2#煤开采影响，由于间隔时间长，煤层间距较大，采空区已经压实，煤层及顶底板比较完整，整体上煤岩层看不出采动破坏的迹象，只是岩石硬度比没有受采掘活动的原岩软得多，可以用综掘机直接截割煤岩。根据岩石硬度确定83工作面使用EBZ-200综掘机掘进；根据掘进设备体积情况，确定巷道宽度4.5 m，高度2.8 m。巷道采用锚网索支护，摸煤层顶板掘进。

巷道采用锚网索支护。锚杆采用直径20 mm、长2 000 mm的MSGLW-335普通左旋螺纹钢，间排距为800 mm×900 mm，托盘规格为直径130、厚10 mm，锚固长度800 mm，破断力不小

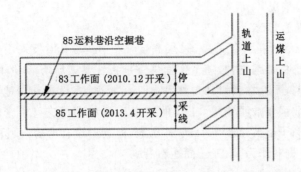

图1 83、85工作面布置图

厚度/m	柱状	岩石名称
6.0		细砂岩
3.1		粉砂岩
0.8		2-1#煤
3.0		细砂岩
7.0		中砂岩
8.0		细砂岩
2.0		粉砂岩
4.5		2#煤(采空区)

图2 2-1#煤层顶底板柱状图

于180 kN;锚索采用直径20 mm、长7 000 mm的1×19-1860钢绞线,间排距为1 600 mm×1 800 mm,托盘规格为300 mm×300 mm×16 mm,锚固长度为2 100 mm,破断力不小于480 kN。支护方式如图3所示。

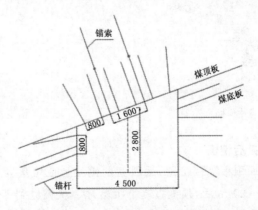

图3 巷道支护断面示意图

1.3　85 运料巷沿空掘巷情况

1.3.1　85 运料巷沿空掘巷背景

83、85 工作面均采用综合机械化采煤，采煤高度 1.2 m，煤层顶板采用全部垮落法管理，两巷超前支护采用单体液压支柱加强支护，随工作面推进顶板在支架后垮落，但两巷锚网支护段没有垮落。由于该工作面煤层薄，不存在丢煤和自然发火且瓦斯很小，没有冲击地压危害等因素，所以工作面两巷回采时没有采取强制放顶措施，工作面结束后两巷直接进行了密闭。在 85 工作面准备时，调查发现 83 工作面溜子道虽然经受 12 个月水泡，但巷道没有垮落，顶板仍然完整，因此决定利用 83 工作面溜子道沿空掘巷作为 85 工作面运料巷。

1.3.2　85 运料巷沿空掘巷前巷道情况

① 巷道顶板稳定没有冒落情况，顶板表现为整体下沉；顶板靠上帮侧下沉量较大，下沉量 400～800 mm，最大达到 1 100 mm；靠上帮顶部一排锚杆 30％以上随采空区顶板垮落而失效，靠上帮顶部第二排锚杆有少量失效；靠巷道中部两排顶锚杆拉断 34 根，占中部锚杆总数比例 1.9％，占顶部锚杆总数的 0.06％；锚索拉断 2 根。

② 巷道底鼓明显，底鼓段占巷道 1/3，底鼓量在 200～500 mm，最大达到 900 mm；其余有少量底鼓。

③ 巷道下帮基本没有变化，锚杆没有断裂，有少量网兜，不用修复，直接使用。

④ 巷道上帮没有变化。

⑤ 巷道内有采空区冒落滚下的矸石，主要靠上帮堆积，没有接顶；下帮基本没有矸石。下帮巷道高度 2.1～2.4 m。

⑥ 通过用 7 m 锚索钻杆对巷中顶板探查，结合围岩窥视仪观测，顶板比较稳定，没有明显离层现象。

85 运料巷沿空掘巷前巷道断面如图 4 所示。

1.3.3　85 运料巷沿空掘巷

85 工作面运料巷沿空掘巷长度 800 m，巷道基本为斜矩形，巷高 2.2～3.0 m，巷宽 3.3 m，巷道上帮沿走向支设一排单体液压支柱，支柱间距 500 mm/根，顶板锚杆断裂处重新补打锚杆，沿空掘巷巷道断面示意图见图 5。

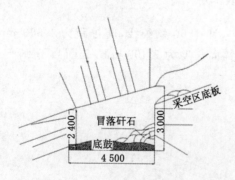

图 4　85 运料巷沿空掘巷前巷道断面示意图

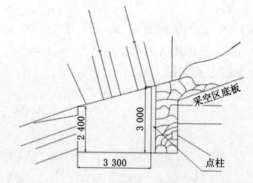

图 5　沿空掘巷巷道示意图

1.4　85 运料巷沿空掘巷回采后情况

85 工作面回采后，工作面顶板直接垮落，运料巷两侧均形成垮落区，但 85 运料巷顶板依然很稳定，没有直接垮落，大约 5～20 m 后，顶板缓慢下沉落地。从掘进到工作面结束，支护时间 40 个月，中间经受两次回采动压影响、巷道经受水泡 12 个月，巷道能够保持长期稳定。85 工作面运料巷沿空掘巷采后情况如图 6 所示。

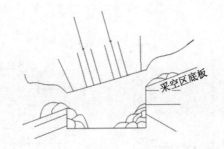

图 6 85 工作面运料巷沿空掘巷采后示意图

2 厚煤层开采大跨度巷道工程实例

2.1 工作面情况

以辛安矿 21 工作面切眼为例。21 工作面开采 2# 煤层,煤层厚度 4.5 m,开采工艺综采放顶煤,煤层顶板管理全部垮落法。21 工作面位于 −500 m 水平,煤层埋深 750 m,煤层平均倾角为 20°,煤层稳定。21 工作面于 2012 年 10 月开始掘进,2013 年 6 月份回采,工作面走向 850 m,工作面长度 120 m。工作面切眼沿底板掘进,其余巷道均沿顶板掘进。2# 煤层直接顶为粉砂岩,厚 1.7 m,深灰色;基本顶为细砂岩,厚 18 m,浅灰色;直接底为粉砂岩,厚 7.0 m。2# 煤层顶底板情况如图 7 所示。

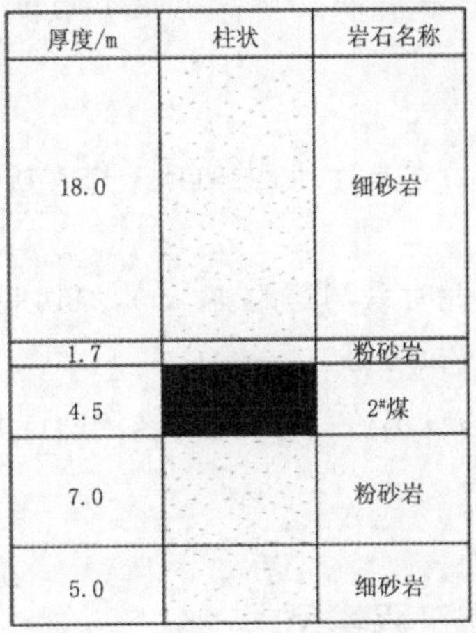

厚度/m	柱状	岩石名称
18.0		细砂岩
1.7		粉砂岩
4.5		2# 煤
7.0		粉砂岩
5.0		细砂岩

图 7 2# 煤层顶底板柱状图

2.2 21 工作面切眼支护情况

根据采煤工作面支架安装需要,切眼巷道宽度 7.5 m,高度 2.8 m。巷道采用锚网索支护。

顶板锚杆采用直径 20 mm、长 2 400 mm 的 MSGLW-335 普通左旋螺纹钢,间排距为 800 mm×800 mm,锚固长度为 800 mm,托盘直径 130 mm、厚 10 mm;顶板锚索为直径 20 mm、长 9 000 mm 的 1×19-1860 钢绞线,间排距为 1 400 mm×1 600 mm,锚固长度为 2 100 mm,托盘规格为 300 mm×300 mm×16 mm。

采空区侧帮锚杆采用直径 20 mm、长 2 400 mm 的 MSGLW-335 普通左旋螺纹钢,间排距为 800 mm×800 mm,锚固长度为 800 mm,托盘规格为 300 mm×300 mm×12 mm。

煤帮锚杆采用直径 20 mm、长 2 000 mm 的玻璃钢锚杆,间排距为 800 mm×800 mm,锚固长度为 800 mm,托盘 300 mm×200 mm×12 mm。

切眼分两次施工,一次掘巷宽度 4.5 m,二次扩巷宽度 3.0 m。二次扩巷后在不影响支架安装的位置沿巷道走向每 800 mm 安设 2 根单体液压支柱增强支护。巷道支护情况如图 8 所示,巷道支护顶板情况如图 9 所示。

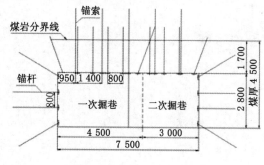

图 8　巷道支护断面示意图

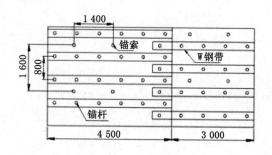

图 9　巷道支护顶板示意图

2.3　切眼掘进期间变化情况

切眼采用爆破落煤,从开始掘进到工作面安装结束,时间 100 天,巷道变化情况:

① 巷道顶板稳定,没有冒落情况,顶板表现为整体下沉;锚杆、锚索没有断裂。在 0～2.4 m 的锚杆支护段内顶板下沉量一般 10～30 mm,最大下沉量 60 mm;锚索支护段顶板下沉量一般 20～60 mm,最大下沉量 90 mm。因为是留顶煤掘进,顶板网兜较多。

② 巷道底鼓量一般 100～300 mm。

③ 巷道两帮稳定,有少量收敛,巷道两帮总收敛量不超过 500 mm;巷道两帮有一定数量的网兜。

2.4　切眼回采后情况

① 支架全部推出切眼后,随综采支架移动,支架顶上煤直接垮落;但原切眼锚网索支护处顶板支护完好,没有丝毫垮落。

② 支架推出切眼 6.5 m 开始(此时采场跨距 14 m),原切眼锚网索支护处靠煤帮一侧顶板上的煤开始逐步垮落,并伴随有直接顶板垮落。

③ 推出切眼 15 m 时(此时采场跨距 22 m),通过支架间隙和上下两巷观测,切眼顶板大部分垮落,垮落直接顶面积达到 1/2 以上。

④ 基本顶来压不明显。

3　厚煤层开采留设小煤柱巷道工程实例

3.1　巷道支护情况

以 21 工作面溜子道为例。21 工作面东部(溜子道下边)是 2002 年开采形成的 23 采空区,其他三个方向均为实体煤柱,围岩稳定。溜子道沿煤层顶板综合机械化掘进,掘进时因防水需求留设 6 m 煤柱,巷道正好处于压力峰值区域,巷道下帮煤壁松软。类比 23 工作面矿压资料,23 工作面压力比较大,当时 U 型钢支护巷道需整体翻修 1～2 次。21 溜子道为锚网索支护,掘进巷道宽度 4.5 m,高度 3.2 m。锚杆长度 2 000 mm,间排距 700 mm×700 mm;锚索沿巷道走向布置两排,长度 9 000 mm,间排距 2 100 mm×1 400 mm;巷道两帮加打长度 4 m 锚索;支护材质与切眼相同。巷道支护如图 10 所示。

3.2　回采前巷道变化情况

① 巷道顶板稳定完好,从掘进到回采共 18 个月时间,巷中顶板下沉量一般 20～50 mm,局部最大下沉量 120 mm;顶部靠两侧锚杆受煤壁挤压被拉弯、变形数量达到 20%,整修时重新补打,其余锚杆、锚索完好,没有断裂。

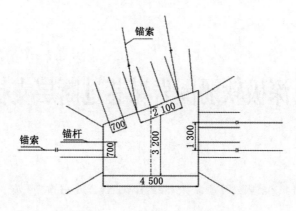

图 10　巷道支护断面示意图

② 巷道底鼓量明显,变形量一般 500~1 000 mm,最大底鼓量达 1 500 mm;卧底 2~3 次。

③ 巷道两帮变形量大,但锚杆、锚索没有断裂,呈现整体向内位移。上、下帮变形量相当;由于巷道上帮高,上帮出现大量网兜;两帮总变形量大部分达到 1 000~2 000 mm,局部累计变形达到 3 500 mm,普遍进行了 1~2 次扩整。扩整时表层 600 mm 煤体破碎,深部煤体较硬。

④ 巷道虽然反复扩帮、卧底,表面收敛严重,矿压显现明显,但巷道顶板变化量不大,顶板稳定安全,没有顶板冒落的情况发生。巷道支护是安全可靠的。

3.3　回采后巷道情况

回采期间溜子道采用单体液压支柱超前支护,巷道顶板没有随工作面放顶一起垮落,切顶线以里巷道顶板依然很稳定,大约滞后切顶线 30~50 m 原锚网支护巷道顶板缓慢下落到底板。

4　结论

锚网索支护有广泛应用空间和很高的安全性,可以放心大胆使用。在高应力条件下锚网索支护巷道整体变形,是正常的矿压显现,应正确对待和理解,不必有太大的疑虑。正确分析巷道变形和围岩离层,采取合适的措施可以保持巷道安全,锚网索支护是可靠的。

① 锚网索支护应用范围广泛,不仅可以用于一般巷道支护,还可以应用于采空区上巷道支护,适用于上行开采;可以应用于沿空掘巷、沿空留巷,应用于小煤柱、高应力区支护。

② 锚网索支护能够承受采动压力影响,保持顶板稳定。

③ 锚网索支护具有抗灾性能好的优点,能够抵抗水灾、火灾等矿井灾害。

④ 在留煤假顶大跨度巷道锚网索支护可以保持巷道支护长期稳定可靠。

⑤ 锚网索支护在压力较大,煤体松软区域使用,巷道虽然反复扩帮、卧底,表面收敛严重,矿压显现明显,但巷道顶板稳定安全,没有顶板冒落情况发生,巷道支护是安全可靠的。

⑥ 通过不断分析总结不同矿井矿压规律,锚网索支护还有很大的优化空间,可以进一步优化支护参数,确保安全性可靠性,提高经济效益。

千米采深极软弱围岩煤巷过断层支护技术

赵　峰

（徐州矿务集团有限公司 平凉新安煤业有限责任公司，甘肃　平凉　744200）

摘　要　新安煤矿自建矿以来，遇到了世界罕见、国内少有的软岩支护难题。本文阐述了煤巷过断层，密集使用钢管，借助锚索形成假顶的支护技术方案，取得了明显的控制效果。

关键词　极软弱围岩；断层；支护技术

0　前言

平凉新安煤矿位于甘肃华亭矿区崇信县境内，为侏罗系中下统延安组含煤地层。围岩多以泥质岩与砂质岩互层分布，形成年代较近、胶结程度差，岩石主要矿物成分为黏土矿物和石英，矿物颗粒中间有较强的膨胀性，即遇水后颗粒水膜加厚、吸水性大、易软化、强度和稳定性差。饱和状态下砂质岩单轴抗压强度在 5.0～15.0 MPa，泥质岩单轴抗压强度在 3.0～5.0 MPa，均属不坚固岩层，属于典型的极软岩。煤层埋藏深度 700～1 000 m，矿井压力大，巷道顶压底鼓、两帮收敛严重。巷道围岩控制难度极大，将会对巷道掘进速度带来严重影响。

1　工作面概况

1207 工作面走向长 2 400 m，倾向长 140 m，煤层厚度 4.8 m，倾角 4°～10°。工作面不仅埋深大，而且该工作面靠近安口—新窑向斜的轴部，小断层较为发育。煤层直接顶为泥岩或砂泥岩，厚度 1.4 m；基本顶为砂岩或砂泥岩，厚度 7.5 m。巷道跟煤层顶板掘进，初期运输顺槽及回风顺槽均遇见一条落差为 5 m 左右的逆断层，为保证巷道的正常掘进，需适当地进行破顶。断层处围岩极为破碎，破顶以后，顶板更难支护，煤壁两帮处的围岩也相对破碎。

2　巷道设计支护方式

巷道断面为矩形，宽 5 000 mm、高 3 200 mm。断面全部采用直径 18.9 mm、长 4 300 mm 钢绞线锚索支护，间排距为 800 mm×800 mm，顶部采用直径 18.9 mm、长 8 300 mm 的钢绞线锚索加强支护，间排距为 1 250 mm×1 600 mm。

3　巷道过断层支护技术

常规的过小断层方法主要有：注浆、架棚及锚喷等多种方法。注浆一般采用注水泥、马丽散等方法，但是成本较高，也影响了巷道的掘进速度；采用架棚方式可以局部加强支护，但是受巷道断面影响较大；采用锚喷方式对巷道断面要求较高，对顶板围岩要求也比较高。

根据新安煤矿 1207 工作面地质资料，上述几种支护方案均不适合 1207 工作面巷道掘进过断层。结合矿上实际情况，提出巷道过断层的密集钢管超前支护技术方案，并在断层前后的 10 m 范围内使用。

（1）顶帮支护

巷道顶板选用 6 根直径 18.9 mm、长 4 300 mm 的钢绞线预应力锚索（可实现连续一体化安装）和 5 根直径 60 mm、长 4 000 mm 的钢管。顶板锚索间距为 800 mm，中间 4 根锚索杆垂直顶板布置，靠边锚索倾斜布置，距巷帮 100 mm，角度为 30°。紧跟掘进头，巷道顶板处在已被锚索固定金属网的边缘，将一根钢管斜插入距金属网约 30 mm 的距离，随着掘进头的推进，钢管另一头直接依靠金属网固定，钢管间距 650 mm。顶板每排短锚索再加安设 3 根直径 18.9 mm、长 8 300 mm 锚索补强支护。

两帮各选用 3 根直径 18.9 mm、长 4 300 mm 的钢绞线预应力锚索及 3 根直径 60 mm、长 3 000 mm 的钢管。帮中部 2 根锚索垂直煤帮布置，上角锚索布置角度为 15°，且距顶板 300 mm，钢管布置方式与顶部布置类似，实际布置方式示意图如图 1 所示。

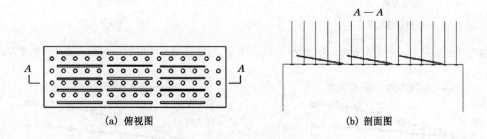

(a) 俯视图　　　　　　　　　(b) 剖面图

图 1　断层顶板密集钢管布置示意图

（2）锚固方式

锚索均采用端部锚固方式。

（3）锚索排距

锚索排距为 800 mm。

（4）护表构件

钢带采用直径 12 mm 的 Q235-AF（A3）型圆钢焊制，规格为长 4 160 m、3 360 m、2 560 m 三种。

菱形金属网用 10# 铁丝编织，规格为 1 000 mm×6 000 mm 和 1 000 mm×3 000 mm 两种。

木托板规格为 400 mm×200 mm×50 mm，必须使用优质湿柳木加工而成。

金属网用直径 6.5 mm 钢筋制成，规格为 2 000 mm×900 mm。

4　巷道断层处围岩控制效果

采用上述的支护方案过断层后，在运输顺槽及回风顺槽断层处前后 5 m 处各布置测点，共 4 个测点，每当巷道推进 30 m 以后记录一次巷道表面位移变形量。测点处的表面移近量如图 2～图 5 所示。

从图 2 至图 5 中的(a)分析可知：在断层附近随着掘进的进行，顶板下沉量一直较大，最大可达 97 mm，经过一定的推进距离后，下沉逐渐趋于平缓至稳定，底鼓量也处于可接受的范围内。通过在金属网顶端植入密集钢管以后，钢管处于泥岩之中，两端也被固定住，可以起到"锚固作用"，此外，钢管间接地被长锚索固定，在近水平方向上加固了泥岩，有效地增加了顶板的稳定性。

5　结束语

（1）1207 工作面回采巷道小断层较多，采用在断层处铺设金属网之前密集插入钢管，将钢管通过金属网下部的长锚索间接固定住，以控制断层处的巷道顶板下沉、冒落以及两帮的表面变形。

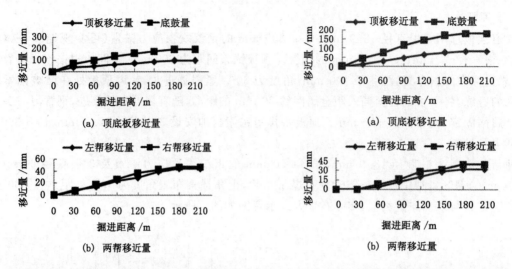

图 2　运输顺槽断层前 5 m 处测点表面位移情况(一)　图 3　运输顺槽过断层 5 m 处测点表面位移情况(二)

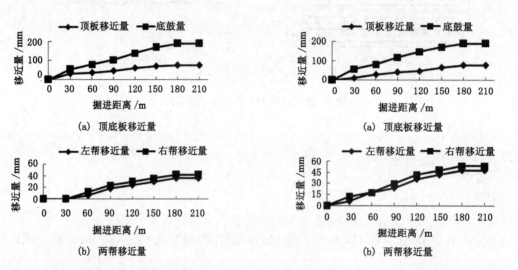

图 4　回风顺槽断层前 5 m 处测点表面位移情况(一)　图 5　回风顺槽过断层 5 m 处测点表面位移情况(二)

　　(2)巷道变形得到明显改善,表明采用 4 300 mm 锚索和 8 300 mm 长锚索联合支护大大增加了锚固区范围,锚索悬吊作用明显,极大改善了锚固区范围内围岩受力状态,有效控制了围岩变形,满足安全生产的需要。

松散破碎煤巷高预应力锚杆支护技术研究及应用

汪占领[1,2],林　健[1,2]

(1. 煤炭科学研究总院开采设计研究分院;

2. 天地科技股份有限公司开采设计事业部,北京　100013)

摘　要　针对松散破碎煤层条件,提出了高预应力锚杆支护设计原则,认为大幅度提高支护系统的初期支护刚度与强度及护表构件面积,利于保持围岩的完整性和减少围岩强度降低。高预应力锚杆支护技术成功应用于石炭井焦煤公司松散破碎煤层巷道,巷道变形控制在7%以内,巷道支护状况发生了本质改变。实践证明,高预应力锚杆支护技术可有效控制围岩变形与破坏。

关键词　松散破碎煤巷;高预应力;锚杆支护

0　前言

我国煤炭95%以上属于井工开采,随着矿井开采深度的增加和一些难采煤层的开采,一方面地质条件、开采条件越来越复杂;另一方面原岩应力、构造应力、开采扰动应力相互叠加,致使巷道支护效果差,巷道变形与破坏剧烈,需要多次维修与翻修。这样造成不仅支护成本很高,掘进速度低,而且带来很多安全隐患,严重制约采煤工作面的快速推进及矿井产量和效益的提高。

石炭井焦煤公司是神宁集团在银北矿区的焦煤生产主力矿井,所采4号煤层节理裂隙特别发育,在石门揭煤时,经常出现顶部煤层冒落现象,给巷道支护带来很大困难。4号煤采用分层开采方法开采上分层时,上下顺槽两帮变形严重,在回采过程中必须进行刷帮处理才能满足生产要求。综放开采是一种高效采煤方法,目前综放开采技术已在我国煤炭生产企业大面积推广使用。神宁集团石炭井焦煤公司在4号煤以外的其他厚煤层均采用了这种采煤方法,在4号煤却从未尝试过综放开采。究其原因,主要是4号煤节理裂隙非常发育,全煤巷道的支护问题成为制约该煤层综放开采应用的最大技术难题。

1　生产地质条件

4号煤层为复杂结构的厚煤层,含8层夹矸,煤层属于半光亮型,是炼焦煤,煤体极松散,节理裂隙特别发育,倾角为23°,平均煤厚为5.6 m,煤层普氏硬度为0.73。上部为3号煤层,层间距为19 m。根据围岩强度测试结果顶板泥岩强度主要集中在20~40 MPa之间,砂岩强度在50~70 MPa之间,煤体强度主要集中在5~20 MPa之间。

煤层直接顶为泥岩,灰黑色,薄层状,水平层理含植物化石,平均厚度为2.6 m;基本顶为3.0 m的粉砂岩,灰黑色,含植物化石及泥质结核,水平层理。

煤层伪底为泥岩,灰黑色,炭质光面,性脆,平均厚度为0.4 m;直接底为5.7 m左右的粉砂岩,灰黑色,中厚层状,含植物化石。煤层柱状图见图1。

2474综放工作面上部为2374采空区,其他区域为未开拓煤岩系地层。工作面距地表垂深449~520 m,机巷、风巷均布置在4号煤层中,沿底掘进。机巷在2374采空区下,风巷在煤柱,见图2。

地层单位		柱状	层次	厚度	岩性名称	岩性描述
统	组					
下 二 叠 统	山 西 组		1	$\dfrac{3.2-4.6}{3.9}$	粉砂岩	灰黑色,中厚层状,含云母碎屑
			2	$\dfrac{3.0-4.8}{3.9}$	中粒砂岩	灰黑色,中厚层状,含石英晶体
			3	$\dfrac{2.3-2.9}{2.6}$	泥岩	灰黑色,薄层状,水平层理含植物化石
			4	$\dfrac{5.5-6.1}{5.6}$	四层煤	复杂结构厚煤层
			5	$\dfrac{0.1-0.7}{0.4}$	泥岩	灰黑色,岩质光面,性脆
			6	$\dfrac{4.7-6.7}{5.7}$	粉砂岩	灰黑色,中厚层状,含植物化石
			7	$\dfrac{4.5-4.7}{4.6}$	五层煤	复杂结构厚煤层

图 1 煤层柱状图

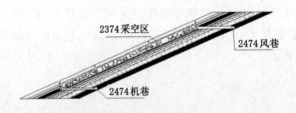

图 2 2474 风巷机巷与 2374 采空区位置关系

2 锚杆锚索支护设计

2.1 设计原则

针对松散破碎煤岩体,在掘进和支护过程中应把握以下几个原则:

① 尽量减小对围岩的扰动,保证围岩的完整性和稳定性。

② 应及时支护,尽量缩短空顶时间。

③ 支护系统应采用高强度、高刚度的支护材料和护表面积大的护表构件,确保锚杆预应力的有效扩散和良好的护帮护顶效果。有效控制煤岩体早期离层与破坏,尽量减小煤岩体强度与完整

性的丧失。

④ 锚杆、锚索预紧力大小要协调,避免出现支护系统不合理,导致部分支护构件失效。

2.2 高预应力锚杆支护技术井下试验

针对煤层松散破碎特点,结合数值模拟结果,确定支护方案为:锚杆采用直径 22 mm、长度 2.4 m 的 500 号左旋无纵筋专用螺纹钢锚杆,极限拉断力 266 kN,屈服力为 190 kN,延伸率为 22%。树脂锚固剂加长锚固,预紧力矩设计为 400 N•m。采用宽 280 mm、长 450 mm、厚 5 mm 的 W 型钢护板等组合支护构件。锚杆间距 700 mm,每排 13 根,排距 700 mm;锚索采用直径 22 mm、长 6.3 m 的 1×19 股高强度低松弛预应力钢绞线,锚索托板采用 300×300×16(mm)拱型托板,每排两根和每排一根交错布置,排距 700 mm,锚索预紧力达到 200 kN。具体支护参数见图 3。

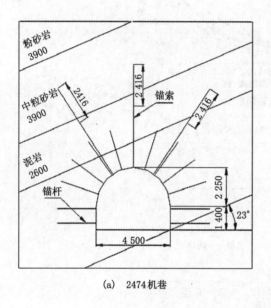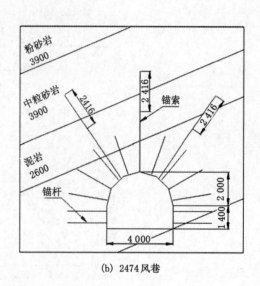

(a) 2474 机巷   (b) 2474 风巷

图 3 2474 综放工作面巷道锚杆支护布置图

2.3 高预应力锚杆支护效果分析

掘进期间,为了尽量减少围岩扰动,掘进采用人工掘进,综掘机只负责出煤;并且掘够一个锚杆间距,及时安装锚杆和施加预紧力。

从井下现场来看,巷道支护效果比原来支护的有明显改善。掘进期间,原来随掘随冒,采用高强度高预应力支护系统后,围岩变得完整、稳定;回采期间,顶板和两帮煤体基本保持完整,巷道变形量也控制在 7% 之内,两帮最大移近量 383 mm,顶板最大下沉量 262.5 mm,满足了巷道安全使用,见图 4、图 5。

3 结论

① 高预应力锚杆支护技术在石炭井焦煤公司松散破碎煤巷中得到成功应用,巷道围岩变形控制在 7% 以内,巷道支护状况发生了本质的改变,为 4# 煤实现综放开采提供了技术保证。

② 实践证明,大幅度提高锚杆支护系统的刚度与强度以及护表构件面积可有效减小围岩变形与破坏范围。高预应力锚杆支护技术为松散破碎巷道提供了有效的支护方式。

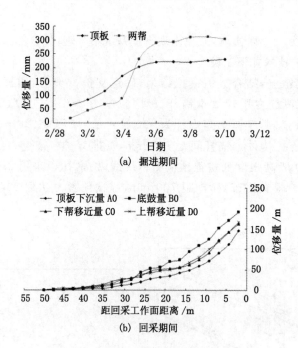

(a) 掘进期间

(b) 回采期间

图 4 2474 综放工作面风巷表面位移曲线

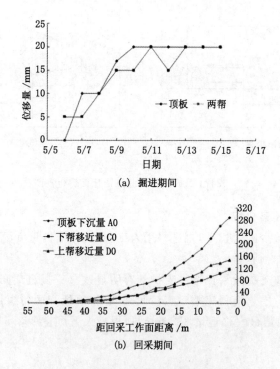

(a) 掘进期间

(b) 回采期间

图 5 2474 综放工作面机巷表面位移曲线

参考文献

[1] 张镇,康红普,王金华.煤巷锚杆—锚索支护的预应力协调作用分析[J].煤炭学报,2010,35(6):881-886.

[2] 康红普,姜铁明,高富强.预应力在锚杆支护中的作用[J].煤炭学报,2007,32(7):673-678.

[3] 林健,范明建,司林坡,等.近距离采空区下松软破碎煤层巷道锚杆锚索支护技术研究[J].煤矿

开采,2010,15(4):45-62.

[4] 康红普,王金华.煤巷锚杆支护理论与成套技术[M].北京:煤炭工业出版社,2007.

[5] 汪占领,康红普,林健.褶皱区构造应力对巷道支护影响研究[J].煤炭科学技术,2011,39(5):25-28.

大倾角综放工作面初采倒架原因分析及处理

冯胜利

(上海大屯能源股份有限公司,江苏　沛县　221611)

摘　要　为了解决龙东煤矿7161综放工作面在出切眼过程中的倒架问题,采用理论与实践结合的方法,研究了倒架事故的预防和处理方法。通过分析工作面顶底板分类特征,采取及时改善顶板管理、加强设备检修、合理控制工作面回采工艺等预防措施,人工做超前导硐逮顶煤、安装防倒千斤顶并辅助单体移架、打超前铁刹杆及移超前支架逮顶煤、人工强制放顶等处理技术,实现了工作面安全高效回采。该成果对倒架的预防和处理具有很好的参考价值和指导意义。

关键词　大倾角;工作面;倒架;处理

0　前言

龙东煤矿西一采区煤层结构为倾斜煤层,倾角在20°~30°之间,煤层顶板以较坚硬的中砂岩为主,底板以较坚硬的粉砂岩为主,顶板初次来压和周期来压强度大,来压显现明显。该矿自2010年初开始已经连续回采了7183、7162和7161三个大倾角综放工作面。在这几个工作面的回采过程中,均不同程度地出现了支架歪斜、偏倒现象,造成工作面初撑力不够,顶板管理难度加大等问题,严重制约了工作面推进速度。特别是在7161综放工作面初次放顶期间,出现了大面积倒架现象。现就工作面的倒架原因及处理过程进行归纳和总结,以防治类似事故再次发生。

1　工作面概况

7161工作面标高-203.0~-284.8 m,地面标高+33.04~+34.85 m,走向长度750 m,倾向长度142 m。开采煤层为7煤,厚度0.8~6.8 m,平均厚5.25 m,煤层倾角20~31°,平均25°。7162工作面的回采工艺,采用走向长壁采煤法,轻型综采放顶煤一次采全高工艺,全部垮落法控制顶板,采高2.4 m,采放比1:1.19。工作面的平面布置如图1所示。

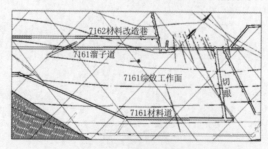

图1　7161综放工作面平面布置示意图

工作面基本顶为中砂岩,厚度3.15~19.25 m,平均厚11.65 m;直接顶为中砂岩,厚度1.99~32.61 m,平均厚18.53 m;伪顶为泥岩,厚度0~5.89 m,平均厚3.07 m;直接底为泥岩,厚度

0.37～0.75 m,平均 0.53 m；老底为粉砂岩,厚度 2.93～25.65 m,平均厚 8.9 m。煤层结构较复杂,煤层下部含一层夹矸,岩性为泥岩和砂质泥岩,厚度 0～2.10 m。工作面地质构造较复杂,共揭露 22 条正断层,其中落差 6.0～3.0 m 的 1 条,1.40～2.20 m 的 1 条,其余落差为 0.5～1.4 m。

2 煤层顶板运动特征参数

经测试,工作面煤、岩物理及力学性质见表 1。

表 1　工作面煤、岩物理及力学性质

岩层类别		直接顶	基本顶	老底	7# 煤
岩性		中砂岩	中砂岩	粉砂岩	煤
物理性质	密度/(kg/m³)	2 590	2 428	2 499	1 357
	容重/(×10 kN/m³)	2.54	2.38	2.45	1.33
	碎胀系数	1.08	1.16	1.06	1.29
力学性质	单轴抗压强度/MPa	117.42	33.34	44.71	17.60
	弹性模量/MPa	10 585	4 748	5 097	5 017
	泊松比	0.29	0.34	0.41	0.44
	抗拉强度/MPa	15.48	5.71	6.98	3.01
	抗剪强度/MPa	12.82	5.77	11.08	2.11
	内摩擦角/(°)	48.55	51.33	47.70	17.21
	残余强度/MPa	9.50	2.50	12.06	2.02
	脆/韧性	韧	脆	韧	脆
	普氏硬度系数	11.74	3.33	4.47	1.76

　　按照工作面顶底板分类与分级国家标准,以相邻工作面矿压观测资料为基础,得到工作面的顶底板运动特征参数和分类与分级结果,详见表 2。

表 2　顶底板运动特征参数及分类分级表

	岩性	中砂岩
直接顶	厚度/m	12.40
	强度指数/(kg/cm²)	264.78
	初次冒落步距/m	52.00
	单向抗压强度/MPa	117.42
	分类	Ⅳ类/非常稳定
基本顶	厚度/m	中砂岩
	岩性	7.11
	初次来压/m	68
	周期来压/m	17.00
	初次来压当量/MPa	1 266.61
	分级	Ⅳb级/非常强烈
底板	岩性	粉砂岩
	容许底板比压/MPa	68.98
	容许刚度/(MPa/mm)	14.92
	单向抗压强度/MPa	44.71
	类别	Ⅴ类/坚硬

说明:直接顶板为厚层坚硬的中砂岩,实际工程中采取了强制放顶措施。

3 工作面倒架情况

工作面切眼沿煤层底板布置，切眼净高 2.3 m、净宽 6.5 m，锚网索支护。工作面配备 ZF3200-16/26 型轻型放顶煤液压支架 130 台，配套 mG200/468-WD 型采煤机、SGZ-630/400 型刮板输送机、SZB-630/75 型转载机和 ZF3600-17/28H 型过渡液压支架。

工作面于 2012 年 12 月份安装完成，1 月 5 号正式开始试生产。工作面出切眼后，根据顶板情况，开始适当放煤，至 2013 年 1 月 25 日，由于直接顶坚硬，初次垮落还没有开始，在下巷推进 17 m，上巷推进 21 m 时，顶煤松动加剧，架间漏煤增多，并逐步发展到从工作面机头向上共 35 台支架出现空顶、倒架。

4 倒架原因分析

4.1 工作面自然条件差

工作面自然条件主要指工作面所在的煤层的赋存状况，主要包括煤层硬度、厚度、倾角、顶底板岩性、断层情况等。由于西一采区直接顶为砂岩，7# 煤层厚度一般在 6 m 以下，且倾角较大，给工作面的正常回采带来了较大难度，增加了倒架的可能性。在工作面从下巷揭露一倾向断层的过程中，顶煤破碎，架间漏煤多；由于顶板坚硬且被切眼外及下巷下部末开采区支撑，在工作面向前推进的一定范围内，直接顶没有垮落，老塘悬顶沿走向约 15 m，倾向达 30 架，在支架前移的过程中，顶煤随采随掉，支架超高无法接触到顶板，且底板倾角大于 25°，支架失重而向倾向歪倒。

4.2 人为因素影响

人为因素主要包括职工素质高低、现场管理及规程措施落实是否到位等。由于龙东煤矿大倾角放顶煤技术引入时间晚，作业管理人员对大角度放顶煤的回采工艺只有理论上的认识，在现场管理、实际操作和设备维护方面经验不足，在放煤工艺方面经验缺乏，管理不到位。在工作面出切眼的过程中，放煤控制不合理，放煤量太多，顶煤放空，顶板坚硬，出切眼后顶板没有垮落，支架接触不到顶板，造成倒架。

5 倒架的预防及处理

5.1 倒架的预防

为防止工作面发生倒架事故，就必须采取切实可行的预防措施，加强设备检修，减少机电事故；根据工作面地质情况变化，及时调整回采工艺，改善顶板管理状况。

（1）加强工作面地质预报，及时改善顶板管理。

根据工作面地质预报，及时采取切实可行的控制方法，改善工作面管理状况。工作面回采期间，要提前根据地质资料了解工作面前方顶板状况。如果有大断层、顶板坚硬、顶煤疏松或工作面倾角有增大趋势时，应在工作面距这些地段 10 m 左右，开始在工作面相应支架范围内，铺金属网，每割一刀煤，上一块规格为 4 000 mm×200 mm×50 mm 大板护顶，保证顶煤完整，防止顶煤在架前及架间冒落，确保支架的初撑力，防止支架超高接触不到顶板。为防止煤炭丢失，可采取老塘剪网放煤的办法提高煤炭回收率。

（2）加强设备检修，合理控制工作面回采工艺。

针对工作面设备状况，制定切实可行的检修计划，并保证有足够的技术熟练的职工，能够按时完成各班的检修任务，确保设备的正常运转。在生产中，特别是在放煤工艺管理过程中，严格执行作业规程的放煤要求，严禁盲目抢产量，超量放煤，放空顶部煤体。保证支架上部煤体的完整性，支架的初撑力符合作业规程的规定，消除倒架事故发生的可能性。

（3）加强煤壁管理，及时采取煤壁加固措施。

采用高分子材料马丽散加固煤壁。马丽散是由2种成分组混合而成的聚亚胶脂产品，用于松散煤岩体的加固，可与松散煤体产生高度黏合，注入煤体后，低黏度混合物保持液体状态数秒钟，渗透到细小的缝隙中膨胀胶结，从而有效加固和密封处理区域。其特点有黏度低，能很好地渗入细小的缝隙中；极好的黏合能力，与松散煤体形成很好黏合；良好的柔韧性，能承受随后的采动影响；可与水反应并封闭水流；提高煤体支撑力、机械阻力等；膨胀率高，达到原来体积的20倍左右。

施工所需材料及设备：马丽散N；封孔器；400～600 kPa压力风泵；马丽散注浆泵及注射枪各1台；高压胶管；封孔器及套管；煤电钻或风钻及钻头。

马丽散注浆加固工艺流程图如图2所示。

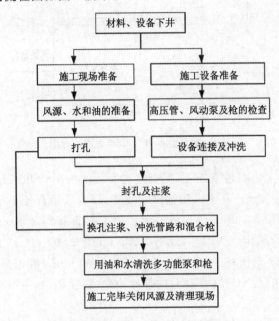

图2　马丽散注浆加固工艺流程示意图

根据工作面顶煤完整情况，从2月2日开始对工作面实施注马丽散作业。注浆范围在40#～60#支架。打孔方法为：每隔2架钻1个注浆孔。孔距3～5 m，孔深8 m，眼口距支架前梁200 mm，钻孔仰角42°，终孔位置在顶板附近，孔径42 mm。注浆孔施工示意图如图3所示。

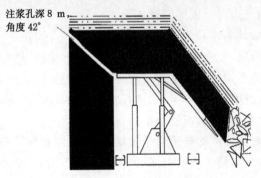

图3　注浆钻孔布置示意图

5.2　倒架的处理

工作面发生歪、倒架事故，不仅不能有效支护顶板，而且给推溜、移架作业带来相当大的困难。为尽快把支架调整好，采取了切实可行的调架措施，使工作面步入正规循环。

5.2.1 做人工超前导硐逮顶煤

工作面发生歪、倒架情况后,在倒架范围内的煤壁做超前导硐,采取锚网索和铺金属网及大板支护,加快倒架段推进速度,让支架尽快接触到顶煤实体的办法调正支架。超前导硐及工作面支护方法如图4所示。

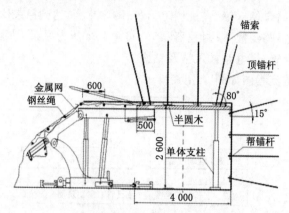

图4 超前导硐及工作面支护示意图

导硐从工作面机头向上由掘进队施工,先掘进宽度2 m的小巷道到工作面的35#架,后刷透工作面侧巷帮,一次超前宽度4 m。巷道采用锚网索支护,顶板采用直径20 mm、长2 000 mm的螺纹钢锚杆,其间排距为800 mm×800 mm;顶板锚索长7.3 m,间排距2 200 mm×1 600 mm,配12#、长2.6 m的槽钢带;金属网采用点焊网片,规格2 200 mm×2 000 mm。工作面侧帮支护采用直径16 mm、长1 800 mm的A3钢锚杆,间排距为700 mm×800 mm。巷道采用爆破方式掘进落煤,按照"浅打眼、打底眼,少装药、放小炮"的原则,向前放小炮、锚顶维护,用扒斗直接将煤扒入溜子道转载机。

导硐巷道全部掘进完成后,采用半圆木棚子加强支护,并铺设菱形金属网。半圆木规格为直径200 mm、长3.2～3.5 m,单体液压支柱规格2.5 m,一梁三柱。半圆木老塘侧一端搭在支架前梁上(不少于0.5 m),金属网采用走向无接头连接。扶棚做超前全部完成后,开始割煤调架和移架。采煤机割煤时,只扫底煤,支架在单体液压支柱斜向上的辅助移架过程中可实现一次移到位,减少对顶煤的频繁支护,加快逮顶煤的速度。采用这种方法后,基本做到了一循环一逮顶,工作面支架逐渐扶正,接实架顶煤体,杜绝了歪架范围的继续扩大。

5.2.2 安装防倒千斤顶并辅助单体移架

为便于工作面的移架、调架,使空顶范围内的支架具有整体性、稳定性,在1#～40#号支架上安设防倒千斤顶,使每台支架手拉手,上、下连接起来,并将防倒千斤顶最上端安装在顶板完整、支护有力的支架上。在移架过程中,每台支架前、后各支设一棵单体,配合防倒千斤顶辅助移架,逮顶煤,确保支架一次扶正,一次移到位,不再发生歪架、倒架。

为增加支架的稳定性,对倒架段支架采取单体辅助支护,即在每一台支架中部斜向上架设一斜撑单体。该单体一端打在本台支架的顶梁中部,另一端打在下方相邻支架的底座厢内。由于该单体生根在实底上,对支架起到了较好的辅助支撑作用,对解决支架的歪、倒架问题起到了较好的作用。

5.2.3 打超前铁刹杆

对顶板、煤壁相对都较完整40#～50#支架段,采取在支架前梁处打超前刹杆的方法帮助支护顶板,见图5。刹杆用直径32 mm的圆钢制成,长2.5～3.0 m,一端带尖。使用时,将刹杆沿支架前梁按向上10°～15°的仰角平行打入煤壁,刹杆间距200 mm。采煤机从铁刹杆下部割过时,顶板的完整性得到了较好的加强。在工作面扶架推进的过程中,支架前梁紧托刹杆底部推进,加快了支架生根速度,调架速度加快。

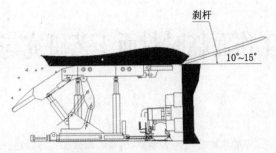

图5　打超前铁刹杆示意图

5.2.4　移超前支架逮顶煤

　　工作面发生歪架事故后,在单体液压支柱及防倒千斤顶的配合下,采取了移超前支架的方法。此法的关键是要把顶煤逮住,为此需要在采煤机割煤前煤帮打刹杆护顶,支架前梁铺金属网,铺大板,降支架前梁托住网子、大板及铁刹杆,移超前支架,支架前梁挤紧煤帮,然后煤机从前梁下割过,煤机过后再次移超前,直到逮牢顶煤。

6　结论

　　通过采取上述预防和处理措施后,工作面支架支护状态逐步好转,咬架、倒架数量逐步减少。导硐施工结束后,利用6 d时间全工作面共推进5 m,倒架段支架全部进入导硐。在支架状态调整好后,对工作面下端头采空区侧进行了强制放顶,加快了顶板初次垮落速度。

　　工作面发生歪架、倒架的原因及处理方法很多,生产中需因地制宜,根据现场情况及时采取果断措施,预防、控制和处理事故。本技术对类似工作面的倒架预防和处理具有很好的参考价值和指导意义。

参考文献

[1] 阎琇璋.煤矿地质学书名[M].徐州:中国矿业大学出版社,1989.

[2] 丁兆国,韩可琦,李明.煤炭企业全面安全管理研究[J].能源技术与管理,2006(2):106-109.

[3] 尚海涛,王家臣.综采放顶煤的发展与创新[M].徐州:中国矿业大学出版社,2005.

[4] 成家钰.煤矿作业规程编制指南[M].北京:煤炭工业出版社,2005.

[5] 姚建国,邹正立,耿德庸,等.地下开采现代技术理论与实践[M].北京:煤炭工业出版社,2002.

[6] 居建国,宋永健,李靓.9113综放工作面煤体加固技术[J].煤矿开采,2008(10):49-51.

综放工作面临时封面工艺研究与应用

李　林，孔德顺，唐子波

（兖矿集团公司鲍店煤矿，山东　邹城　273513）

摘　要　工作面封闭期间，采取了锚网、锚索支护措施，提高了顶板支护强度，使工作面及顺槽顶板完整性更好，有效地防止了因封闭时间过长而引起的顶板下沉量较大、开裂、离层等现象，工作面启封后，有利于顶板管理，设备的维护、更换，从而缩短工期，为下一步的生产创造良好条件。

关键词　综放工作面；锚杆；锚索；支护；封面

1　工程背景

每年4～9月份为河道汛期，兖矿集团鲍店煤矿回采的5304工作面受地面河道汛期影响，需要封闭工作面。该面2010年9月份组织调试生产，在2011年4月至9月汛期封闭一次，在2012年4月份汛期来临之前组织第二次停采封闭，9月份启封组织设备更换及生产调试。

该面2011年4月至9月份组织了第一次的汛期停采、封闭，然后恢复生产。由于封闭经验不足，造成35个支架立柱被压死，126颗单体压弯压断。恢复生产后，更换支架底座箱10件，立柱204棵，各种千斤顶940棵，投入设备费用达680多万元，给整个生产组织和安全管理带来极大的困难。

2　工作面基本概况

5304综放面回采的煤层为山西组3煤，厚度8.3～8.8 m，采高3.0 m，煤层倾角平均8°，工作面北部5304－1采空区下方煤层余厚3～7 m；煤层厚度稳定，结构简单，属半暗～半亮型煤，具条带状结构，层状构造，煤层普氏硬度系数 f 值为2.9。

5304工作面采用综采放顶煤一次采全高走向长壁采煤法。工作面共配置154架液压支架，其中ZFS6200/18/35型低位放顶煤支架146架；ZTF6500/19/32型排头支架8架。工作面选用mG-TY400/930-3.3D双滚筒电牵引采煤机，前部输送机选用SGZ-1000/1050型刮板输送机，后部输送机选用SGZ-1000/1050型刮板输送机，运输顺槽内选用SZZ-1000/400型桥式转载机一部，铺设长度55 m。

3　核心技术

根据第一次封闭的情况，本次封闭制定了三套方案。第一方案是设备全部回撤，重新施工切眼；第二方案是临时支护，部分设备上井大修；第三方案是工作面面采取锚网、锚索支护的方式，待汛期过后启封对设备进行维护。由于该面液压支架为修复设备，为确保该面的封闭、启封及恢复生产的安全、科学、高效实施，在2012年汛期封闭前，在分析现场情况的基础上，确定第三方案为实施方案。

3.1 通防管理

（1）封闭情况

距临时停采线约 50 m 处，在运输、轨道顺槽分别施工 1 道砖闭（打点柱维护）（见图 1 密闭③、⑥），并对其外部喷赛福特进行了封堵，喷涂厚度不小于 0.2 m；运输顺槽中部施工 1 道柔性密闭（见图 1 密闭②），轨道顺槽距里段砖闭 1.5 m 处施工 1 道柔性密闭（见图 1 密闭⑤），在距离上、下顺槽门口 3 m 范围内分别施工了 1 道柔性密闭（见图 1 密闭①、④），对其全部喷涂赛福特进行了封堵；两顺槽巷道门口柔性密闭施工前，在两顺槽低洼点排水硐室里侧分别施工金属网闭 1 道。2012 年 6 月初完成了全部封闭工程，并调整了外围通风系统。

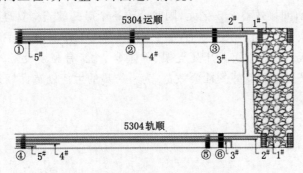

图 1   5304 工作面封闭示意图

封闭期间，对工作面进行了注氮气防灭火处理，每周人工取样一次。当工作面氧气浓度 >10% 时，立即启动注氮作业。从监测系统对封闭区域气体监测数据来看，封闭区域内回风隅角处氧气浓度维持在 9% 以下，无 CO、C_2H_2、C_2H_4、C_2H_6 等气体，封闭区域无自燃迹象。

3.2 工作面顶板管理

3.2.1 工作面支护

（1）肩窝支护

肩窝处按照与垂直呈 25° 的夹角斜向上安设一排锚杆。锚杆为直径 22 mm、长 2 400 mm 的左旋无纵筋螺纹钢锚杆，间距 1.5 m，用 2 卷 MSCK2370 型树脂锚固剂加长锚固，锚固力不小于 100 kN。托盘的规格为 150 mm×150 mm×10 mm。锚杆托盘压紧金属网和煤壁，锚杆预紧力不小于 60 N·m。

（2）煤壁支护

煤壁布置 3 排直径 20 mm、长 2 000 mm 的左旋无纵筋螺纹钢锚杆，水平打注，锚杆排距自肩窝分别为 800 mm、900 mm、900 mm，间距 1.5 m，三排锚杆矩形布置，用 1 卷 MSCK2370 型树脂锚固剂锚固。施工过程中可根据现场实际情况适当加大支护密度，锚固力不小于 100 kN。托盘规格为 150 mm×150 mm×10 mm。第三排锚杆使用钢筋梯沿工作面倾向方向连接，梯形网压紧单层金属网，防止煤壁折帮后浮煤堆积在面前。

（3）顶板支护

工作面距停采位置 2.1 m（最后 3 刀）时，在支架架间顶梁头位置开始安设顶板锚杆和锚索。停采后，距肩窝 4 m 范围内，保证在每个架间顶板间隔 800 mm 交错安设顶板锚杆或锚索，锚杆间距 1.5 m，锚索间距 3 m；先在距肩窝 800 mm 处施工一排锚杆，再在距肩窝 1 600 mm 处施工一排锚索，依次类推，全面共在顶板施工 3 排锚杆和 2 排锚索。锚杆采用直径 22 mm、长 2 400 mm 的左旋无纵筋螺纹钢锚杆，锚固力不小于 100 kN。锚索采用直径 22 mm、长 7 000 mm 的钢绞线，锚索长度视煤层厚度变化适当调整，要求锚索深入顶板稳定岩层 1.0 m，采用两支 K2350 型树脂药卷锚固，锚索预紧力为 60~80 kN。

3.2.2　两顺槽支护

两顺槽采用直径 22 mm、长 7 000 mm 的锚索加强支护。在以下位置安设锚索:临时停采位置以里 10 m,运顺向外 40 m,轨顺向外 80 m,在巷道中间。锚索间距 1.6 m。

4　应用效果分析与评价

如果按照回撤方案,重新施工切眼计算,需要投入材料及人工费用 200 余万元,安装撤除费用 400 万元以上,设备更换大修费用 1 500 万元,由于造条件和初产,造成煤炭损失 70 kt 以上,价值 4 000 余万元,并且会严重影响我矿的生产接续,造成主采队生产脱节约 1 个月,直接影响产量约 200 kt,直接效益 1 亿元,间接效益 2.5 亿元,同时会给整个矿井的安全管理带来极大的压力。

本次封闭、启封及恢复生产仅用 15 d 时间,实现了 5304 工作面启封后的成功调试及生产。通过此次封闭的改进,顶板未发生下沉及压死支架、单体等情况,有利于设备的维护、更换,从而缩短工期,取得了巨大的经济效益和良好的社会效益,为下一步的生产创造良好条件。

深井沿空留巷冒顶事故分析及防治

李俊斌,侯俊领

(淮南矿业集团生产部,安徽 淮南 232001)

摘 要 本文以淮南某矿深井沿空留巷巷修冒顶事故为工程实例,通过对冒顶事故原因进行深入、系统的技术理论分析,提出了"断裂、离层及去路"冒顶三要素概念,三要素同时具备必然会发生冒顶;深井巷道由于受"三高一扰动"及地质构造影响,离层现象是不可避免的,断裂是客观存在的,去路管理是防控冒顶的关键;对于深井地质异常区、交岔点、破碎带、采动影响带、淋水带等应采用"锚注+架棚+挑棚"联合支护,锚注充填离层裂隙并加固围岩,架棚、挑棚阻止冒顶去路;深井沿空留巷及其二次复用技术要求高、管理难度大,留巷必须要经过严密的技术论证后方可再次使用。本文研究成果为类似条件下巷道安全管控提供了理论依据和现场指导。

关键词 深井;沿空留巷;冒顶;顶板管理

随着煤矿开采深度不断增加,深部开采工程环境高地应力、高地温、高渗透压和强烈的开采扰动即"三高一扰动"影响显著,顶板灾害问题更加突出,深部巷道围岩稳定性控制已经成为制约矿井安全生产的技术难题之一[1-7]。

2014年1月14日9时55分,淮南某矿1122(1)工作面上风巷巷修时发生一起顶板事故,冒顶长度13.5 m、宽度4.8 m。事故造成人员伤亡、多人被堵,后经抢险救援,被堵人员全部脱险。

1 概况

1122(1)工作面为某矿东一南盘区Y型通风沿空留巷工作面,该面上风巷为1112(1)工作面下顺槽沿空留巷,巷道埋深941~977 m,全长2 209 m。直接顶为泥岩,均厚5.0 m,最大10.3 m;基本顶为细砂岩及中细砂岩,均厚12.2 m;直接底为泥岩,均厚4.5 m。煤层厚度1.25 m,煤层平均倾角3°。巷道设计断面为宽×高=5.0 m×3.0 m,顶板锚杆为超高强 ϕ22 mm×2 800 mm 锚杆,间排距750 mm×800 mm。顶板锚索为 ϕ22 mm×6 300 mm 锚索,顶板破碎段为"4-3-4"布置,排距800 mm,间距为1 m、1.2 m、1 m(顶板完整段锚索为"2-0-2"布置,间距为2 m,其余支护参数与破碎段相同)。局部过断层和地质异常区采用架29U型棚支护,设计断面为宽×高=5.2 m×3.8 m。支护锚杆、锚索中,除靠近巷帮的顶板锚杆安设角度为与铅垂线成30°外,其余锚杆、锚索均为垂直岩面。在巷道原有的支护基础上,沿巷道顶板走向新增5排锚索,其中第1、3、5排采用 ϕ22 mm×6 300 mm 锚索,第2、4排使用 ϕ22 mm×6 300 mm 中空注浆锚索。

该面上风巷于2011年7月份开始掘进,2012年5月完工,1112(1)工作面于2012年7月1日正式回采,2013年10月25日收作,2013年11月6日开始对沿空留巷从外向里进行修巷。该巷道巷修后拟做1122(1)工作面运输顺槽,巷修前开茬处至2#联巷段巷宽4.0 m,巷高1.6 m;2#至3#联巷巷道内顶、底板移近量逐渐加大;3#联巷以里巷道全部压实。1122(1)上风巷修巷采用锚梁网(索)支护,局部顶板压力大处采用工字钢棚和点锚索加强支护。扩刷处顶板采用锚杆、锚索交替布置配合20#槽钢支护,间排距800 mm×800 mm。帮部采用锚杆配合 L=2 800 mm 的横向钢带加固,锚杆间排距为 700 mm×800 mm,如图 1 所示。

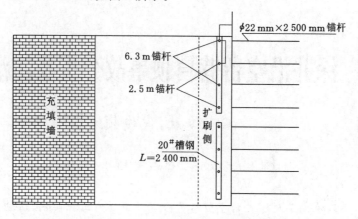

图 1   1122(1)工作面上风巷巷修刷帮支护示意图

巷修由外向里依次进行,迎头采用卧底、拆除木垛、延车并加强顶板管理→后续采用卧底、人工或爆破方式扩刷→最后采用支护补强和卧底成巷,分段多茬多工序平行作业。

2 沿空留巷冒顶原因分析

沿空留巷及二次复用技术要求高、管理难度大,巷修过程中出现了巷道冒顶事故。为吸取本次事故教训,防范类似事故重复发生,有必要对沿空留巷冒顶原因进行分析研究。

2.1 冒顶技术分析

(1)地质条件

1122(1)工作面上风巷为 1112(1)工作面下顺槽的沿空留巷。根据冒顶段附近的探孔资料,1122(1)工作面上风巷顶板 4 m 附近普遍发育有 0.2 m 的煤线,顶板结构复杂。事故段巷道埋深 969 m,地应力高,且冒顶段位于 DF118 断层($\angle 75°$,$H=3\sim8$ m,平均落差 5 m)和 3# 联巷交岔点之间,DF118 断层距 3# 联巷 43 m,距冒顶里端 13.5 m,受断层切割影响,局部顶板断裂,构造应力场复杂。

(2)开采设计

采后留巷二次复用巷道布置方式不合理,留巷二次复用难度大,传统的巷道只使用一次,即随着工作面推进就废弃不用了,而留巷要受到两次采动影响,冒顶段巷道为 2011 年 12 月份施工,该段巷道距冒顶时已使用 25 个月,服务时间长,采后留巷支护没有相应的行业标准,生产过程中难以满足安全生产需要。

沿空留巷巷道压力大、变形严重,若再次复用,应优选考虑作为轨道顺槽使用,而现场实际用作运输顺槽。运输顺槽设计断面大,成巷施工及维护难度及安全风险高。

留巷巷修是为了成巷,是作为工作面回采巷道使用,不同于常规巷修,施工设计应由矿总工程师组织会审,但现场未做到。

瓦斯治理由 1121(1)工作面的底抽巷更改为 1122(1)工作面的顶抽巷布置方式,如图 2 所示。高抽巷内每隔 10 m 施工一组穿层钻孔,如图 2(a)所示,每组钻孔设计 9 个,控制巷道两帮各 15 m,终孔间距 5 m,如图 2(b)所示,穿层钻孔的密集施工及施工工艺给顶板的支护带来很大影响,由此带来了顶板岩性的破碎及顶板支护强度的削弱。

受 1112(1)工作面采动及高抽巷瓦斯抽采钻孔影响,破坏了顶板的完整性,降低了巷道围岩的强度。

(3)支护设计

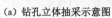

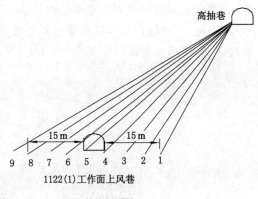

(a) 钻孔立体抽采示意图

(b) 钻孔剖面图

图 2 穿层钻孔布置示意图

1122(1)工作面上风巷支护类比北盘区的 1121(1)工作面上风巷设计,前者(941～977 m)相对于后者(904～941 m)埋藏深达近 40 m、构造复杂,巷修断面增加,其原始支护、采前加固、巷修方案参照 1121(1)上风巷,本应该提高支护强度,但实际上未能加强。与 1121(1)工作面上风巷相比,1122(1)工作面上风巷顶部锚索减少,帮部锚杆变短、间距增加,且取消了锚索梁,降低了支护强度;采前加固锚索垂直施工,减小了对顶板的悬吊能力;巷修措施中减少了部分加强支护程序,加速了顶板的离层和断裂。具体情况见表 1。

表 1   1122(1)工作面上风巷与 1121(1)工作面上风巷比较

内容		类比巷道 1121(1)上风巷	1122(1)上风巷	支护设计比较
支护设计	顶部	锚索按 5—4—5 布置	锚索按 4—3—4 布置	1122(1)上风巷掘进期间巷道顶板锚索数量少,非回采侧帮部未使用锚索梁支护,总体支护强度降低,对初期顶板离层和帮部位移控制能力降低
	非回采侧帮部	ϕ22 mm×2 500 mm 锚杆,间排距 650 mm×800 mm,沿巷道布置两排走向锚索梁	ϕ22 mm×2 000 mm 锚杆,间排距 700 mm×800 mm,未布置锚索梁	
采前加固	顶板加固锚索	锚索外扎 30°生根在非回采侧煤体上方稳定岩层中,对切断的顶板具有一定的牵引能力	锚索均垂直顶板布置	1111(1)下顺槽采前加固的锚索生根在非回采侧煤体上方稳定岩层中,对切断的顶板具有一定的牵引能力。1112(1)下顺槽顶板锚索均垂直顶板施工,煤壁剪断顶板情况下,锚索生根点处于被剪断的顶板中
巷修设计	断面	梯形 4/4.5 m×2.8 m	矩形 4.8 m×2.8 m	刷扩断面增加,加速顶板的离层和断裂;巷修前未采取加固措施
	顶板加固	在靠近扩刷侧顶板补打一排点锚索进行补强加固	在顶板条件较差的地方补打一排点锚索	
	喷注浆	超前喷、注浆加固顶板离层围岩后再加补锚索		
	挑棚	巷道顶板超前 20 m 施工两排连续单体挑棚	局部施工单体挑棚或单体点柱	

(4) 开采扰动

沿空留巷经过上阶段强烈开采扰动影响,采动应力向留巷实体煤侧转移,覆岩向留巷采空区侧移动,侧向上看直接顶先沿充填墙体切落,基本顶回转下沉,其断裂位置在实体煤上方,形成斜跨梁结构,即覆岩"大结构";实体煤帮是沿空留巷围岩的主要承载体,是覆岩"大结构"回转下沉的支点,直接顶、充填墙和实体煤为覆岩"小结构"[8];顶板结构如图3所示。

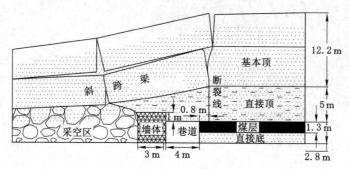

图3 沿空留巷覆岩结构失稳示意图

受上阶段采动影响,留巷底鼓及巷帮变形严重,留巷侧实体煤的巷修扩刷,巷道跨度增大,造成新揭露实体煤及巷角处应力集中;反复卧底与刷帮对顶板形成了扰动,巷道维护期长,加剧了巷道顶板离层;巷修的刷帮及锚索眼施工,破坏了顶板的相对稳定;事故发生前,冒落段巷道永久锚索支护未完成,单体临时支护数量不足,当扩刷到顶板断裂线位置时,发生顶板整体切落。

(5)现场管理

修巷安全技术措施执行不到位,帮部刷扩没有及时完成永久支护;刷扩期间,3#联巷向前30 m范围内顶板没有采取加强支护措施;扩刷卧底期间,巷道两侧单体临时支护没有达到措施规定的数量;多单位、多人、多茬、多工种平行作业,且后路不畅,撤无退路,现场缺乏统一指挥,管理不到位。另外,矿压观测工作不到位,现场顶板离层监测数据不能真实有效地反映顶板离层情况,冒顶区向外90 m(G138点)处有一台顶板离层仪(2013年12月底安装),显示顶板离层位移量为19 mm,实际上顶板离层仪安装时顶板已经下沉约1 m。

2.2 冒顶理论分析

顶板岩层运动趋势是向巷道自由空间运动的,由于顶板岩层刚度不同,因此各分层顶板向下运动过程中出现水平裂隙,即离层现象;当顶板向下弯曲下沉运动,岩体内附加的拉剪应力超过岩石的自身强度,就会发育竖向裂隙,即断裂现象;当断裂的顶板岩块向下运动去路形成时,必然发生冒顶。综上所述,离层、断裂和去路为冒顶发生的必要条件,定义为冒顶三要素,三要素同时存在必然发生冒顶。图4为冒顶三要素示意图。

天然岩体中存在着大量的断层、节理、裂隙和孔隙等原生裂隙,深井巷道由于受"三高一扰动"影响,围岩必然发育大量采动裂隙,离层现象是不可避免的,断裂是客观存在的,若不采取有效支护手段阻止顶板岩石的去路,必然发生冒顶,如图4(a)所示。

去路管理是防控冒顶发生的最后一道防线,现场应提高支护强度和施工质量,如锚网支护通过提高支护材料材质、提高锚杆锚索预紧力、增大锚固区的范围以及增大支护强度等方法加强管理,如图4(b)所示。对于深井地质异常区、交岔点、破碎带、采动影响带、淋水带等应采用"锚注+架棚+挑棚"联合支护,锚注充填离层裂隙并加固围岩,架、挑棚阻止冒顶去路。

巷道顶板受采动、断层、节理等因素影响,如图3所示沿空留巷顶板结构,离层和断裂普遍存在,具有极高的冒顶风险,可采用注浆锚索、注浆锚杆高强锚注支护,注浆充填顶板岩层中的裂隙同时强化顶板岩层。在矿山压力的持续作用下,巷道顶板向下运动的趋势不可避免,现场要开展矿压观测工作,如图4(c)所示,当离层发生时必须及时采取有效措施。离层、断裂和去路三个因素均不存在的巷道是本质安全的,如图4(d)所示。

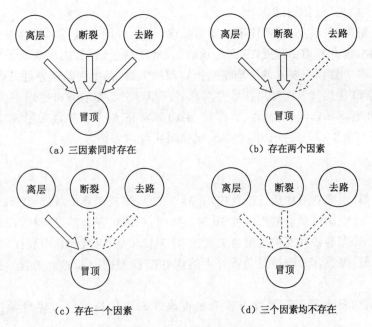

（a）三因素同时存在　　　　　　　（b）存在两个因素

（c）存在一个因素　　　　　　　（d）三个因素均不存在

图 4　冒顶三要素示意图

2.3　冒顶原因综述

综上所述，冒顶事故巷修前巷道受上阶段工作面强采动影响，巷高由 2.8 m 减小至 1.6 m，2# 至 3# 联巷高度 1.5～1.0 m；3# 联巷以里 1.0～0.5 m，局部地段巷道压实；巷道经反复卧底、刷帮，长时间维护，加剧了顶板离层；根据顶板离层观测，冒顶区向外 90 m 处的顶板已下沉 1 m，说明巷道顶板早已离层。

从巷道横向上看，充填墙切入直接顶 1 m，基本顶深入实体煤侧上方断裂，如图 3 所示，说明巷道横向顶板已发生断裂；从巷道纵向上看，冒顶段位于 DF118 断层（$\angle 75°$，$H=3～8$ m/5 m）和 3# 联巷交岔点之间，受断层切割影响顶板已断裂，位于 3# 联巷交岔点前方，处于应力集中区，说明巷道横、纵向均发生了断裂。

冒顶区域下方同时有 13 人在进行卧底与刷帮和锚索眼施工，加速了顶板的离层和断裂；冒落段巷道支护不到位，当扩刷到顶板断裂线位置时，如图 3 所示，冒顶去路形成，发生顶板整体切落。

3　防范措施

采用沿空留巷技术，留巷只准使用一次。

对于深井地质异常区、交岔点、破碎带、采动影响带、淋水带等，采取"锚注＋架棚＋挑棚"联合支护措施。

拆除锚杆支护巷道内点柱、挑棚、套棚时，必须在其周围加强支护，冒顶"去路"封闭后方可拆除。

煤巷锚杆支护必须使用锚索，做到一巷道一支护设计。

加强矿压观测及顶板岩性探测，并根据矿压观测和岩性探测成果，及时修改变更支护设计。

4　结论

（1）沿空留巷覆岩可分为"大、小结构"，沿空留巷直接顶先沿充填墙体切落，基本顶回转下沉，其断裂位置在实体煤上方，形成斜跨梁结构，即覆岩"大结构"；实体煤帮是覆岩"大结构"回转下沉的支点，直接顶、充填墙和实体煤为覆岩"小结构"。本文阐述的沿空留巷冒顶是由于"小结构"失稳,继而诱发的"大结构"整体切落。

（2）提出了"断裂、离层及去路"冒顶三要素概念,三要素同时具备必然会发生冒顶,即三要素为冒顶的必要条件;深井巷道由于受"三高一扰动"及地质构造影响,离层现象是不可避免的,断裂是客观存在的;加强对冒顶三要素的管理是防控冒顶的关键,其中去路管理是最后的一道防线。

（3）深井沿空留巷及其二次复用技术要求高、管理难度大,留巷只准使用一次。

（4）对于深井地质异常区、交岔点、破碎带、采动影响带、淋水带等应采用"锚注＋架棚＋挑棚"联合支护,锚注充填离层裂隙并加固围岩,架、挑棚阻止冒顶去路。

参考文献

[1] 马念杰,侯朝炯.采准巷道矿压理论及应用[M].北京:煤炭工业出版社,1995.

[2] 陈炎光,陆士良.中国煤矿巷道围岩控制[M].徐州:中国矿业大学出版社,1994.

[3] 康红普,王金华.煤巷锚杆支护理论与成套技术[M].北京:煤炭工业出版社,2007.

[4] 侯朝炯,柏建彪,张农,等.困难复杂条件下的煤巷锚杆支护[J].岩土工程学报,2001,23(1):84-88.

[5] 柴肇云,康天合,杨永康,等.高岭石软岩包覆改性的试验研究[J].煤炭学报,2010,35(5):734-738.

[6] 李学华,杨宏敏,刘汉喜,等.动压软岩巷道锚注加固机理与应用研究[J].采矿与安全工程学报,2006,23(2):159-163.

[7] 马占国,兰摇天,潘银光,等.饱和破碎泥岩蠕变过程中孔隙变化规律的试验研究[J].岩石力学与工程学报,2009,28(7):1447-1454.

[8] 袁亮.低透气性高瓦斯煤层群无煤柱快速留巷 Y 型通风煤与瓦斯共采关键技术[J].中国煤炭,2008,31(6):9-13.

特厚煤层大断面回撤通道支护技术研究

冯 宇

(神木县隆德矿业有限责任公司,陕西 榆林 719303)

摘 要 针对内蒙古蒙泰不连沟煤矿具体地质条件特征,提出了大断面回撤通道采用锚网索梁联合支护的方案,采用理论计算和有限差分数值计算程序FLAC3.0对巷道支护效果进行比较分析,并在回采过程中对主回撤通道巷道进行变形监测。结果表明,巷道采用联合支护技术能够合理、有效地控制围岩变形,满足综采工作面设备顺利回撤。

关键词 大断面;回撤通道;联合支护;理论计算;数值模拟

0 前言

随着我国综采(放)技术的不断成熟,在神东矿区形成了多通道快速回撤工艺。多通道快速回撤工艺的巷道布置特点是在采煤工作面停采线处掘出两条平行于采煤工作面的辅助巷道,靠工作面侧的通道称为主回撤通道,靠大巷侧的通道称为辅回撤通道,在两条通道之间掘4～6个联络巷,形成多通道巷道系统。该工艺可以使300 m长工作面在8天之内完成快速回撤,与传统工艺相比,极大地缩短了回撤时间,有效地保证了矿井的高效生产。但是在工作面末采期间,主、辅回撤通道要经历采煤工作面超前支承压力影响的全部过程,采动影响十分强烈,巷道变形严重,给回撤工作带来危险和困难,进而回撤速度缓慢,为此回撤通道支护参数选择就显得尤为重要。

内蒙古蒙泰不连沟煤矿在井下地质条件尚未摸清的情况下,盲目效仿神东综采工作面多通道快速回撤技术,主回撤通道支护参数选取不合理,致使首采工作面与回撤通道贯通后主回撤通道变形超出预期,通道内单体液压支柱压折80%左右,部分垛式支架被压死。如图1所示。

图1 主回撤通道垛式支架和单体液压支护变形情况

1 概述

内蒙古蒙泰不连沟煤矿F6202地表为粉砂质黄土层,上有植被生长,有少量农田。地表标高

1 247~1 114 m。东部沟壑发育，最大冲沟为不连沟、清水沟及分支沟，均斜穿本面。不连沟常年流水，斜穿本面 310 m 左右，走向 NE-W，沟底最低标高为 1 114 m（切眼处），6 煤最小埋深为243 m。煤层结构复杂，含夹矸 4~7 层，多集中在煤层的上部。伪顶：灰黑色碳质泥岩，厚度0.3~0.94 m，赋存不稳定，薄层状结构。直接顶：泥岩、粉砂岩、细砂岩，灰色，厚度 0.0~9.9 m，局部夹炭质岩薄层，致密，较坚硬。基本顶：粗砂岩，厚 13.3~16.7 m。在 Y0307 孔处 6# 煤直接与基本顶砂岩接触。在切眼附近基本顶为砂砾岩层。直接底：泥岩、砂质泥岩、粉砂岩，厚度 0.5~6.5m。具体岩石力学参数见表 1。

表 1　　　　　　　　　　　　　　　　　　　　岩石力学参数

岩性	密度 d /(kg/m³)	体积模量 K /GPa	剪切模量 G /GPa	黏结强度 σ /MPa	抗拉强度 σ /MPa	内摩擦角 φ /(°)
细砂岩(基本顶)	2 467	18.67	8.48	3.08	9.84	33.60
粉岩(直接顶)	2 234	8.76	13.43	1.74	5.27	32.72
煤	1 300	2.42	1.69	1.39	0.43	25.60
泥岩(直接底)	2 234	5.76	8.48	1.74	5.27	32.72
中砂岩(基本底)	2 736	14.36	10.33	8.46	9.84	33.60

2　主回撤通道支护参数计算

随着锚杆与锚索支护技术应用范围的不断扩大，这种支护方式也逐步应用于工作面回撤巷道，本节以不连沟矿为背景，根据相关支护理论设计出回撤通道支护参数。

2.1　围岩破坏范围

如图 2 所示，根据相关巷道支护理论确定围岩破坏范围计算图。煤层巷道煤帮破坏深度 C 由下式确定[1]：

$$C = \left(\frac{K_c \gamma H B}{10^4 f_y} - 1\right) h \tan\frac{90° - \varphi}{2} \tag{1}$$

式中　K_c——巷道周边挤压应力集中系数，查表得 $K_c=2.82$；

　　　γ——巷道上方至地面表土之间地层的平均重力密度，取 25 kN/m³；

　　　H——巷道据地表的深度，取 249.8 m；

　　　B——表征采动影响程度的无因次参数，取 1；

　　　f_y——巷帮硬度系数，取 1.67；

　　　h——巷道的高度，取 3.8 m；

　　　φ——煤的内摩擦角，取 33.2°。

则　　　　$C = \left(\dfrac{2.82 \times 25 \times 249.8 \times 1}{10^4 \times 1.67} - 1\right) \times 3.8 \times \tan\dfrac{90° - 33.2°}{2} = 0.755$ m

顶板岩层的破坏深度 b，按相对层理的法线计，可根据下式求出：

$$b = \frac{(a + C)\cos\alpha}{f_y} \tag{2}$$

式中　b——冒落拱高度；

　　　a——巷道的半跨距，本次取 2.75 m；

　　　α——煤层倾角，本次取 4°。

则　　　　　　　$b = \dfrac{(2.75 + 0.755) \times \cos 4°}{1.67} = 2.078$ m

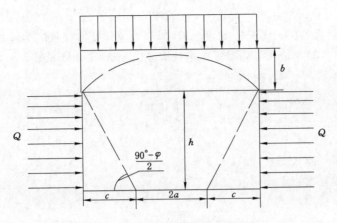

图 2　巷道围岩破坏范围计算图

2.2　锚杆长度

顶板锚杆长度按下式计算：

$$L_r = b + \Delta \tag{3}$$

式中　Δ——锚杆锚入围岩破坏范围之外的深度与锚杆外露长度之和,取 0.4 m。

则顶板锚杆长度取 2.078+0.4＝2.478。

2.3　两帮支护载荷

$$Q = C\left(\gamma h \sin \alpha + \gamma b \tan \frac{90^\circ - \varphi}{2}\right) \tag{4}$$

式中　γ——巷帮煤的重力密度,取 14 kN/m³。

则　$Q = 0.755 \times \left(14 \times 3.8 \times \sin 4^\circ + 14 \times 2.078 \times \tan \dfrac{90^\circ - 33.2^\circ}{2}\right) = 14.68$ kN

2.4　顶板支护载荷

$$Q_H = 2\gamma ab \tag{5}$$

则　　$Q_H = 2 \times 14 \times 2.75 \times 2.078 = 160.01$ kN

2.5　顶板锚杆布置密度

$$n = \frac{kQ_H}{2aF} \tag{6}$$

式中　k——安全系数,取 2;

　　　F——顶板锚杆的锚固力,取 64 kN。

则　　$n = \dfrac{2 \times 160.01}{2 \times 2.75 \times 64} = 0.91$

2.6　两帮锚杆布置密度

$$n_B = \frac{kQ}{cF_B} \tag{7}$$

式中　F_B——帮部锚杆的锚固力,取 40 kN。

则　　$n_B = \dfrac{2 \times 14.68}{0.755 \times 40} = 0.97$

2.7　锚杆间排距

锚杆间排距按下式计算：

$$a_r = \Pi Z \sqrt{\frac{(a+b)Z}{ab}} \tag{8}$$

式中　Z——锚杆锚入拱范围之外的深度,$Z = 2.4 - 1.84 - 0.1 = 0.46$ m。

则
$$a_r = 0.934 \text{ m}$$

故主回撤通道顶板单位长度锚杆数为 6 根,帮部单位长度锚杆数应为 4 根。查相关资料,顶锚杆规格取 $\phi22 \text{ mm} \times 2\,500 \text{ mm}$,帮部锚杆规格选取 $\phi20 \text{ mm} \times 2\,400 \text{ mm}$。

2.8 锚索长度

锚索长度可按下式确定

$$L_a = L_{a1} + L_{a2} + L_{a3} \tag{9}$$

式中 L_a ——锚索长度,m;

L_{a1} ——锚索外露长度,一般取 0.3 m;

L_{a2} ——锚索有效长度,m;

L_{a3} ——锚索锚固长度,m。

计算锚索长度时,视直接顶为不稳定岩层,即顶板上方 5～6 m 的软煤层,取平均值为 5.5 m,外露长度一般为 0.3 m,锚入稳定岩层深度不小于 2 m,取 2 m,则锚索总长为 $L=5.5+0.3+2=7.8$,故 $L=8$ m。

3 力学计算模型

3.1 力学计算模型建立

根据蒙泰不连沟煤矿地质条件及实际开采情况建立力学计算模型,模型长 170 m,宽 100 m,高 66 m,主回撤巷道 5.5 m,副回撤巷道 5 m,两回撤巷道之间煤柱 20 m。

在模型中 y 方向只采 60 m 宽,留有 40 m 保护边界,首先开挖主、副回撤通道,然后开挖采煤工作面,一次推进 10 m,回采过程中模拟开挖 100 m,前 70 m 为放顶煤开采,距离主回撤通道 30 m 为不放煤段,即采高为巷高 3.8 m,主要分析研究工作面开采过程中主、副回撤通道在不同支护参数,不同锚杆、锚索预紧力水平下围岩变形及应力分布特征。对主、副回撤通道周围网格适度加密,模型的三维图形如图 3 所示。

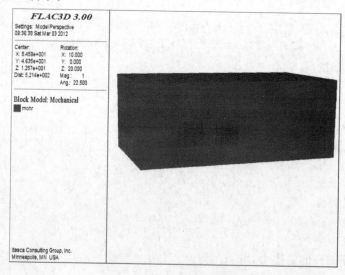

图 3 FLAC[3D] 三维模型图

3.2 数值模拟方案计算

本节主要研究不同支护参数条件下综放工作面末采期间回撤通道围岩变形及应力分布规律,根据理论计算结果结合现场调研给出以下三种支护方案,分别计算三种方案在工作面末采期间回撤通道围岩变形及应力状态。模拟方案如表 2 所示。

表2   支护方案   单位:mm

	锚杆	锚索	锚杆间排距	锚索间排距	锚杆材料	锚索材料
方案一	正帮:$\phi20\times2\ 400$ 副帮:$\phi20\times2\ 400$ 顶:$\phi20\times2\ 400$	$\phi17.8\times8\ 000$	正帮:$1\ 000\times1\ 000$ 副帮:$1\ 000\times900$ 顶:$1\ 000\times1\ 000$	$1\ 750\times2\ 700$	等强螺纹钢 等强螺纹钢 高强螺纹钢	钢绞线
方案二	正帮:$\phi20\times2\ 400$ 副帮:$\phi20\times2\ 400$ 顶:$\phi22\times2\ 500$	$\phi17.8\times8\ 000$	正帮:800×900 副帮:800×900 顶:$1\ 000\times900$	$1\ 750\times2\ 700$	等强螺纹钢 等强螺纹钢 高强螺纹钢	钢绞线
方案三	正帮:$\phi20\times2\ 400$ 副帮:$\phi20\times2\ 400$ 顶:$\phi22\times2\ 500$	$\phi17.8\times8\ 000$	正帮:800×900 副帮:800×900 顶:$1\ 000\times900$	$1\ 750\times1\ 800$	等强螺纹钢 等强螺纹钢 高强螺纹钢	钢绞线

3.3　回撤通道围岩位移分布规律研究

分别在不同支护参数条件下,综放工作面每推进10 m对主、副回撤通道位移云图、应力云图进行模拟,工作面末采期间距离主回撤通道30 m处停止放煤,采高3.8 m,主要研究分析停放煤段至工作面贯通推进过程中回撤通道受采动的影响。结果如图4~图7所示。

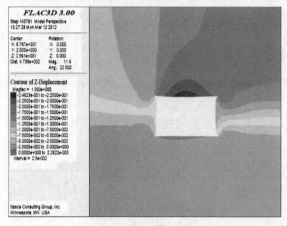

图4　距回撤通道30 m时垂直位移   图5　与主回撤通道贯通时垂直位移

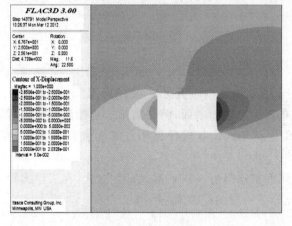
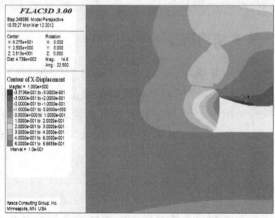

图6　距回撤通道30 m时水平位移   图7　与主回撤通道贯通时水平位移

为分析对比三种支护条件下，回撤通道受工作面采动影响，主回撤通道顶底板相对移近量、两帮相对移近量在工作面推进过程中的变化如图8和图9所示

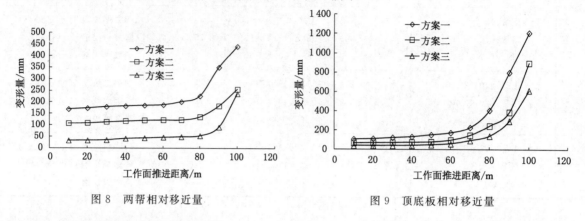

图8　两帮相对移近量　　　　　　　　图9　顶底板相对移近量

4　F6202工作面支护参数确定

根据上述分析，在工作面的推进过程中，三种不同支护方案下回撤通道的位移变形、保护煤柱中垂直应力分布规律基本相似，工作面放煤开采段，呈现线性增长趋势，增长趋势缓慢；工作面推进至停放煤段继续推进过程中，受超前应力的影响，回撤通道矿压显现，巷道表面位移变化急速增大，呈抛物线趋势增加。

工作面推进100 m及贯通时，主回撤通道顶底板相对变形量达到最大值，方案三比方案二减小了31.5%，方案二比方案一减小了25.8%；两帮相对移近量方案三比方案二减小了7.5%，方案二比方案一减小了41.9%。

通过对比分析结合支护参数理论计算，得知支护方案三能有效地控制回撤通道的围岩变形，为工作面撤面创造出有效的空间。

故F6202工作面主回撤通道采用"锚网索喷＋钢筋梯子梁"支护，顶板锚杆采用 ϕ22 mm×2 500 mm的左旋无纵筋螺纹钢锚杆配合 ϕ14 mm圆钢焊制的钢筋梯子梁支护，并挂双层8#铁丝金属菱形网护顶，锚杆间排距1 000 mm×900 mm；采用 ϕ17.8 mm×8 000 mm钢绞线锚索配合W型钢带对顶板加强支护，间排距为2 000 mm×1 800 mm，每排3根；帮部采用 ϕ20 mm×2 500 mm的右旋等强全螺纹钢锚杆配合 ϕ14 mm圆钢焊制的钢筋梯子梁支护，挂8#铁丝金属菱形网护帮，锚杆间排距为800 mm×900 mm，如图10所示。

5　末采期间回撤通道变形监测

5.1　观测站设计

为监测工作面末采期间回撤通道变形控制情况，在试验区内布置测站，测站采用"十"字布点法布设，见图11。为保证数据的可靠性，每隔40 m布置一个监测断面，两端测站分别距两顺槽副帮25 m。监测断面内，在两帮中部水平方向贴有红色反光纸。巷道顶板用红漆在锚杆托盘上做标记。

观测站自5月31日开始观测至7月19日工作面贯通最后一次观测，历时50天，在工作面距主撤通道100 m时开始观测，每天观测一次。测站布置示意图如图12所示。

5.2　末采期间主回撤通道观测数据处理及分析

根据50天的观测结果，绘制出了主回撤通道6个测站两帮移近量、顶底板相对移近量曲线，如图13、图14所示。

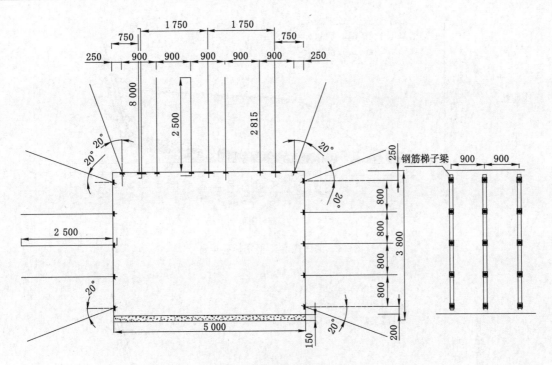

图 10　主回撤通道断面图

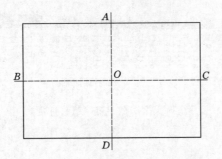

图 11　巷道变形测站布置剖面图

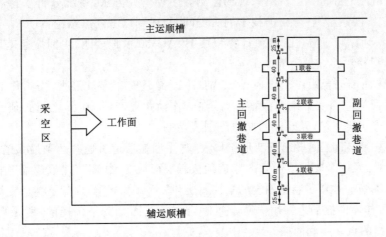

图 12　测站布置示意图

　　工作面末采期间,主回撤通道的变形量随着工作面的推进逐步增加,但增幅不大,至工作面贯通后顶底板最大变形量为 462 mm,工作面贯通前一天,两帮变形量最大值为 679 mm。

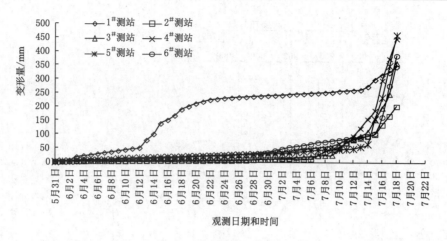

图 13　主回撤巷道顶底板移近量

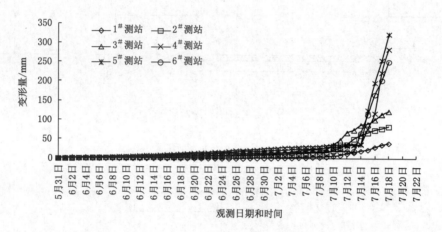

图 14　主回撤巷道两帮移近量

6　结论

本文综合采用理论分析、数值计算、现场监测等多种研究方法,系统分析了特厚煤层综放工作面回撤通道采用"锚网索梁"联合支护技术的关键问题,得到以下几点结论:

(1) 通过理论计算和有限差分数值计算程序 FLAC3.0 模拟表明,主回撤通道顶底板相对移近量为 462 mm,两帮相对移近量为 679 mm。

(2) 综放工作面推进至距停产线 30 m 之前,主回撤通道变形量很小,当工作面推进至距停产线 26.5 m 时,主回撤通道变形量明显增加,故在工作面距停产线 30 m 之前必须完成主回撤通道的补强支护和垛式支架支护,以确保回撤通道围岩控制。

(3) 随着综采工作面主回撤通道变形量增大,与主回撤通道贯通时达到最大值。

(4) 由于锚网索梁联合支护使锚固的巷道顶板岩层形成"承载环"和"承载梁"结构,从而提高了围岩整体承载能力,有效控制了巷道围岩的早期离层和回采动压影响,保障了巷道支护的可靠性。

(5) F6201 工作面回撤通道采用锚网索梁联合支护锚固方案是合理的,所采用的支护参数完全能够满足工作面的设备顺利回撤。

参考文献

[1] 康红普,王金华,等.煤巷锚杆支护理论与成套技术[M].北京:煤炭工业出版社,2007.

复杂应力—采动条件下大变形巷道围岩控制数值模拟及应用研究

刘文静,黄克军,耿耀强,李　亮,乔懿林

(陕西煤业化工技术研究院有限责任公司,陕西　西安　710065)

摘　要　本文以山西亚美大宁煤矿 502 巷道为研究对象,研究其在复杂应力条件下巷道受采动因素影响的围岩变形机理。首先通过对该巷道原岩地应力的测试以及对主要岩层的力学参数的测试,得出该巷道所处围岩地应力及主要岩层的强度等参数;其次采用 UDEC 软件针对大宁煤矿 502 巷道的围岩变形特征及围岩应力分布规律等问题进行数值模拟计算,据此提出合理的支护设计参数并采用 FLAC 软件进行验证性数值模拟研究;最后采用现场实测的方法对该支护方案的效果进行监测反馈,实测结果表明针对亚美大宁煤矿 502 巷道在复杂应力—采动条件下的巷道围岩控制支护方案是有效的,该研究成果对于类似条件下其他矿井巷道围岩控制问题具有一定的理论指导意义及实践意义。

关键词　复杂应力—采动条件;大变形;围岩控制;数值模拟

近年来,随着煤炭资源的开采不断地向深部延伸,山西亚美大宁煤矿深部巷道围岩应力环境愈趋恶劣,这给巷道围岩控制带来极大挑战,尤其是在工作面回采期间,回采巷道受采动影响导致的巷道变形破坏极为严重,顶板下沉量大、两帮片帮严重,巷道不断被扩帮返修,给正常的矿井生产秩序带来极大干扰,已成为制约矿井高效安全生产亟待解决的关键问题。另一方面,由于巷道受复杂构造应力、松软围岩及采动等多因素耦合作用影响[1],对此相关的研究目前存在的几种理论及研究成果还尚不成熟。所以对于该问题的研究解决具有重大理论及实践意义。

1　工程背景

1.1　地质采矿条件

山西大宁煤矿位于山西阳城县町店镇,目前主采煤层为 3 号煤层,核定生产能力为 4.0 Mt/a,井田分布范围为南北宽约为 4~6 km,东西长约为 5~12 km,面积约为 38.8 km^2。煤层倾角一般在 10°以内,局部受构造影响可达 18°,井田内各种地质构造较多且发育较为充分,井田范围内东部主要以褶皱构造为主,有较小断层,断距不大;受冲刷带、岩性变化异常区和小型陷落柱的影响,煤层厚度分布不均、变化较大;井田西部地区分布有几条断裂带,煤层被分割形成几个块段。本文研究对象为主采煤层 3 号煤层 502 回采巷道,该巷道埋深 203 m,大宁煤矿采用壁式全垮落综采采煤法。

1.2　原岩应力及岩石物理力学参数测试

本文所研究矿区的地质构造比较简单,呈单斜构造,矿区东部分布有褶皱,矿区西部分布有断层,基本没有陷落柱存在。为此对该地区地应力进行测试,测试项目主要包括:最大主应力、最小主应力、中间主应力和垂直应力,测试结果数据如表 1 所示。通过对表中原岩应力数据进行分析可知 $\sigma_1 > \sigma_2 > \sigma_3$ 说明大宁煤矿井下原岩应力场的最大主应力不是竖直重力应力,而是水平应力,其方向为 NE284.4°,处于近东西方向。由此看出巷道破坏的主要因素之一是最大水平主应力[2]。

表1 地应力测试结果

地点	参数	σ_1	σ_2	σ_3	σ_v
503巷	量值/MPa	6.39	5.19	2.32	5.06
	方位/(°)	284.4	52.6	191.4	
	倾角/(°)	11.8	71.3	14.2	

在对原岩应力测试后，对503巷道主要围岩的物理力学性质进行了测试，主要包括弹性模量、泊松比、单轴抗压强度、黏聚力、内摩擦角、抗拉强度及密度[3]，测试结果如表2所示。

表2 岩石力学参数表

岩石名称	弹性模量/GPa	泊松比	单轴抗压强度/MPa	黏聚力/MPa	内摩擦角/(°)	抗拉强度/MPa	密度/(kg/m³)
砾岩	15.8	0.24	21.89	6.23	33.50	2.35	2 400
粗砂岩	20.10	0.28	23.31	13.3	39.90	3.73	2 770
中砂岩	17.20	0.21	38.50	5.40	33.20	3.50	2 760
细砂岩	20.50	0.22	48.80	6.60	37.10	3.73	2 670
粉砂岩	10.40	0.34	20.40	4.50	32.10	0.89	2 890
煤	0.55	0.23	9.80	1.50	30.00	0.44	1 420
粉砂岩	10.00	0.36	20.40	4.60	32.00	0.87	2 880

2 复杂应力—采动条件下巷道围岩大变形数值模拟研究

2.1 采动条件下巷道围岩运移特征UDEC分析

建立二维模型进行计算，这里对建模过程及计算不再赘述[4]。模型边界长270 m，边界留设20 m，采高4.2 m，模型所需岩石力学参数见表2。

（1）回采巷道掘成时围岩变形破坏分析

模拟结果可得巷道围岩破坏图如图1所示，从图中可看出，在巷道刚掘成时，三条巷道均有一定的变形破坏，且巷道变形破坏基本发生在顶板及底板处，而两帮变形较小。这也进一步说明巷道受水平应力影响较大，另外也说明巷道顶底板需要加强支护。

图2所示为顺槽开挖后围岩位移矢量图，从图中可以看出巷道围岩变形破坏主要发生在巷道顶板处，且巷道帮肩处变形也比较明显，说明巷道顶板与巷道帮肩处的支护是巷道围岩控制的重点所在。

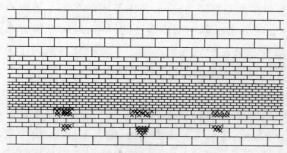

图1 顺槽开挖后围岩破坏图

图2 顺槽开挖后围岩位移矢量图

综合图1与图2结果分析可知,在该处地质采矿条件下,巷道围岩的变形破坏主要是顶底板及帮肩处。

(2)上区段工作面开采完成后巷道围岩变形分析

图3为上区段工作面开挖后巷道围岩破坏图,图4为上区段工作面开采后巷道围岩位移矢量图。

从图3可以看出,当上区段工作面回采完成覆岩完全垮落后,导致靠近采空区的巷道覆岩发生松动、破碎及弯曲等移动变形现象,且离采空区越近,巷道围岩的变形破坏也越严重;随着上区段工作面的开采完成,两条顺槽均有向采空区侧倾斜的趋势,而且中间顺槽更为严重。从图4可以看出,上区段工作面开采结束后,位于采空区一侧的煤柱出现应力集中现象,而采空区上覆岩层出现应力降低,分析其原因是由于工作面推过之后,上覆岩层垮落而煤壁上方岩体出现回转,采空区上覆岩体部分应力将转移至煤柱,所以煤柱上覆岩体应力出现集中现象,此时,靠近采空区侧巷道帮部应成为重点支护的对象。

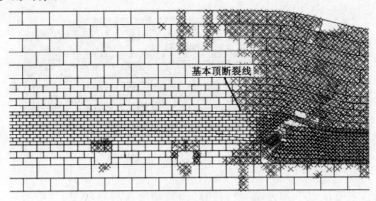

图3　上区段开挖后顺槽围岩破坏图

图4　上区段开挖后顺槽围岩位移矢量图

(3)顺槽下区段工作面开采完成后围岩运移分析

如图5、图6所示分别为下区段工作面开采后的围岩破坏图及位移矢量云图。

如图5所示,当上、下区段工作面均回采完成之后其上覆岩层完全垮落,且中间巷道两帮变形破坏较为严重,其机理是:对于中间巷道而言,其两侧煤柱均承受了两侧采空区上覆岩层转移作用力导致该巷道两帮受力破坏较为严重。从图6可知,当上下区段工作面回采完成后位移由煤柱向采空区方向上覆岩层的位移逐渐增大,煤柱上方岩体位移最小,也说明了两条煤柱不光承受了煤柱上方岩体的重量,也承受了由采空区上覆岩体转移而来的作用力[5,6]。

2.2　巷道墩柱支护效果的 FLAC 分析

考虑到巷道跨度较大、巷道顶板变形破坏的特征,根据支护减跨原理,提出采用墩柱支护方式进行支护[7]。墩柱具有急阻、横阻的特点,而且具有变形可缩性特点,是一种可靠的支护材料。

本次针对墩柱支护效果进行的数值模拟计算采用 FLAC³ᴰ软件进行[8],选取大宁矿新掘 502

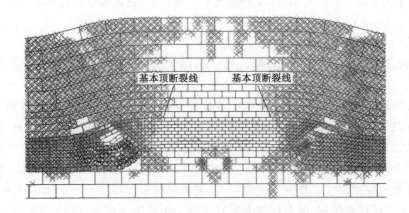

图 5　下区段开挖后顺槽围岩破坏图

图 6　下区段开挖后顺槽围岩位移矢量图

巷道作为研究对象,主要从以下几方面进行计算分析:塑性区分布状况,剪应力分布规律,水平位移以及竖向位移分布规律。模拟巷道模型围岩力学参数如表 2 所示。

本次模拟所定模型长 128 m,高 36 m,厚 1 m,502 巷道与 501、503 巷道之间的保护煤柱宽度留设取实际煤柱宽度为 30 m。

计算结果主要有塑性区分布图、位移变形图,如图 7~图 9 所示。

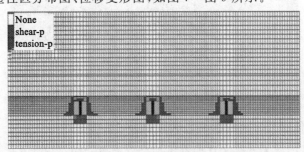

图 7　塑性区分布图

由图 7 可知,对巷道进行"锚网索＋墩柱"支护后,巷道围岩塑性区的分布范围明显减小,巷道围岩情况得到了很好的控制,特别是在巷道进行了墩柱支护后,巷道两帮煤柱的应力集中程度有所降低,煤柱所受承载力部分地转移至墩柱上,这样墩柱与巷道煤柱共同承载很好地改善了巷道围岩的受力情况。由图 8、图 9 可知,在没有进行支护的情况下,巷道顶底板及两帮变形量大、破坏严重,在采用"锚网索＋墩柱"支护后,顶板的最大下沉值只有 18 mm,由此数值模拟的结果说明"锚网索＋墩柱"联合支护方案是有效的、可行的。

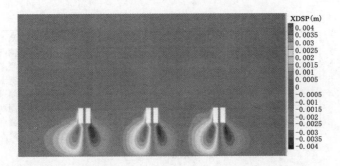

图 8　水平位移云图

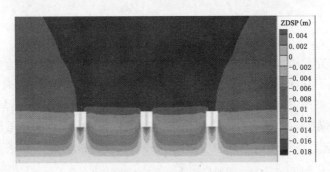

图 9　垂直位移云图

3　工程试验实测研究

3.1　观测目的及内容

观测目的:为了掌握 502 巷道在上区段及下区段工作面回采时的矿压规律,并针对 502 巷道进行的"锚网索＋墩柱"支护方案进行现场实测验证。

观测内容:① 顶底板移近量;② 两帮移近量;③ 巷道的冒顶、片帮等变形破坏现象。

3.2　数据整理及分析

在对巷道的 8 个测点经过历时 60 d 共计 20 余次的巷道顶底板及两帮变形监测,得到如图 10、图 11 所示的巷道变形—时间图。由图 10 可知,该巷道在进行"锚网索＋墩柱"支护后,巷道顶底板及两帮的变形量经过 25 d 左右的时间逐渐趋于稳定,其中顶底板移近量最大的测点五的变形值为 33 mm,两帮移近量最大测点也是测点五,其值为 12 mm,与未进行墩柱支护的巷道相比,巷道变形显著减小。

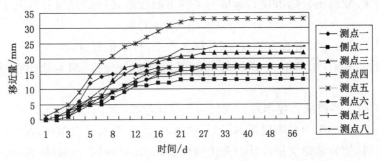

图 10　巷道顶底板移近量图

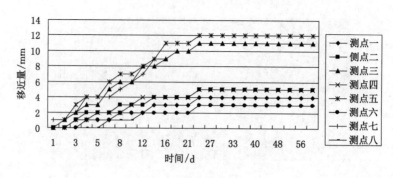

图 11　巷道两帮移近量图

4　结论

本文通过对所研究巷道的原岩应力及围岩主要岩层力学性质的测试，为后续数值模拟研究巷道围岩变形特征奠定了基础，并在此基础上提出"锚网索＋墩柱"支护方案，对支护后的围岩变形及受力特征规律进行了模拟，最后进行现场验证性试验研究，主要取得了如下结论：

（1）通过对大宁煤矿 502 等巷道围岩原岩应力的测试发现，影响该巷道围岩变形的主要地应力为水平应力，水平应力值达到竖直方向应力的 2～3 倍，这将成为影响巷道两帮变形的主要影响因素。

（2）采用离散元软件研究在采动条件下巷道靠近采空区一侧的煤柱将出现应力增高现象，巷道帮部变形破坏较为严重，这是因为附近采空区上覆岩层的部分载荷转移至煤柱上致使煤柱所受承载力增大、帮部变形严重。

（3）采用 FLAC 数值模拟巷道在"锚网索＋墩柱"的支护条件下，巷道围岩受力及变形情况得到了极大的改善，巷道顶板下沉变形只有 18 mm，说明采用墩柱来缓解巷道煤柱应力集中程度、改善巷道围岩应力环境是非常有效的。

（4）最后通过现场验证性地实测得到巷道在"锚网索＋墩柱"支护条件下顶底板最大移近量只有 33 mm，两帮移近量最大只有 12 mm，说明该支护方案对于控制巷道围岩变形是有效的、可行的，保证了巷道在回采期间的安全使用。

参考文献

[1] 段庆伟,何满潮,张世国. 复杂条件下围岩变形特征数值模拟研究[J]. 煤炭科学技术,2002,30(6):55-58.

[2] 张志强,关宝树. 软弱围岩隧道在高地应力条件下的变形规律研究[J]. 岩土工程学报,2000,22(6):696-700.

[3] 蔡美峰,何满潮,刘东燕. 岩石力学与工程[M]. 北京:科学出版社,2002.

[4] 谢文兵,陈晓祥,郑百生. 采矿工程问题数值模拟研究与分析[M],徐州:中国矿业大学出版社,2005.

[5] 杨双锁. 煤矿回采巷道围岩控制理论探讨[J]. 煤炭学报,2010,35(11):1842-1853.

[6] 钱鸣高,石平五. 矿山压力与岩层控制[M]. 徐州:中国矿业大学出版社,2003.

[7] 何满潮,孙晓明. 软岩巷道支护设计与施工指南[M]. 北京:科学出版社,2004.

[8] 许敏,刘文静,黄克军. 基于流变模型的软岩巷道补强支护计算及数值模拟研究[J]. 煤矿安全,2013,45(7):34-36.

[9] 郑颖人. 地下工程锚喷支护设计指南[M]. 北京:中国铁道出版社,1988.

孤岛综放面回采顺槽支护数值模拟研究

刘德利[1],蔡　敏[2]

(1. 煤炭工业济南设计研究院有限公司,山东　济南　250031;

2. 太平洋保险山东分公司,山东　济南　250031)

摘　要　本文以大型有限元数值模拟FLAC[3D]软件为技术手段,主要针对综放孤岛回采顺槽不同锚杆支护参数影响下的围岩支护情况进行模拟,并结合模拟情况进行分析,从技术、安全、经济等方面进行对比剖析,制定了一套适合该种情况下科学合理的支护设计方案。结合山东肥城矿业集团公司某煤矿实际的孤岛综放工作面回采巷道的开采条件,对以上支护设计方案进行实地检验,取得了不错的支护效果,保证了巷道的安全、快速、经济、可靠的施工,从而保证了矿井安全正常生产。

关键词　数值模拟;孤岛综放面;回采顺槽;有限元

0　前言

在近年来的煤矿开采中,很多矿区出现了大量的孤岛综放面,该种工作面情况下的回采顺槽掘进工程量相应的增加。但从现有资料来看,针对该种情况下的工作面采场情况的分析,以及回采顺槽矿压显现情况和锚杆支护设计并没有系统的认识,另外考虑地质因素,工作面受多次采动的影响,回采顺槽的围岩应力情况复杂,变化较大。本文通过对该条件下的回采顺槽的围岩变化机理及其支护设计方案进行研究,找出合理适应该种类型的支护体系,以提高围岩稳定性,减少回采顺槽维护和支护费用,降低该顺槽的返修率,进而降低工人劳动强度,提高顺槽的安全性。

1　孤岛综放面回采顺槽围岩变形特征

考虑孤岛综放面回采顺槽实际情况,该巷道围岩大部分属于软弱破碎围岩。其回采顺槽围岩的变形在实质上是发生明显非光滑、非线性的塑性变形,软弱破碎围岩巷道核心问题是大变形失稳[1]。大部分情况下,软弱破碎围岩变形破坏有以下特征[2]:变形量大、变形速度快、持续周期长、围岩破坏范围大、变形破坏程度不同、来压快等。

2　预应力在加固围岩中的作用机理

随地下工程条件的变化,在支护体系加固围岩时,围岩的状态会变得十分复杂,锚杆支护体系所施加的预应力也不尽相同,锚杆杆体的受力状态也随着围岩状态的变化而相应变化,特别是受采煤工作面反复采动的影响下回采顺槽,在各种影响因素下会发生扭、剪、拉等力学现象。强加在锚杆上的预应力通过杆体对围岩起到加固作用,主要有以下几个特征[3,4]:

(1)改善围岩体的应力分布状态以及其周围的应力场。

(2)通过锚杆杆体强加的预应力,给回采顺槽围岩提供支护作用力,从而改变了该巷道掘进边界约束力的分布,进而达到约束周围岩石的剪胀变形发展目的。

(3)减缓结构面的滑移,加强其抗剪能力和抗滑能力,提高围岩的稳定性。

（4）改善围岩应力分布，强化整体岩性的力学性质，加强其稳定性，增加了围岩体残余强度。

（5）进一步加固围岩，增强围岩的塑性区及破碎区的岩体整体性能，充分发挥围岩自身承载能力，从而形成具备较强承载能力的组合拱或组合梁。

针对受反复采动影响的回采顺槽来说，增加锚杆强度是一种途径。但实验研究表明，当锚杆杆体的强度增加到一定数值时，对所支护围岩的力学性能并没有多大的改变，随着锚杆杆体强度越高，其延伸率反而越低，支护所消耗的变形能力也就越小。若通过某种方式将回采顺槽的围岩所储存的能量释放出来，反而对巷道围岩的稳定起到积极的作用。能起到了释放巷道围岩变形能量的让压均压的锚杆在预应力支护作用下，不仅能够提高围岩岩体力学参数，而且对改善围岩的应力状态有着明显的效果。

3　让压均压性在加固围岩中的作用机理

对于孤岛综放面回采顺槽，不仅其巷道围岩的层状结构明显，其围岩强度一般也很低，而且受到相邻采煤工作面的反复采动的影响，会再次产生应力集中区域。当相同情况下的顺槽围岩所受压力小时，仅通过增加锚杆杆体的支护强度，就可以起到控制巷道围岩塑性区及破碎区的发展目的；但当同等条件下的顺槽围岩频繁受动压影响或受压过大时，随着围岩的变形量的增大，其所需支护阻力随着变形量的增大进而急剧上升，锚杆会很快达到它的屈服极限甚至失效。锚杆支护一旦失效，围岩失去约束力，其破碎区及塑性区会进一步扩大，而通过锚杆支护体系中的让压均压装置可以提前释放掉一部分围岩的变形能量，进而保证支护体系的完整性，使其更好地控制围岩的破碎区和塑性区的扩大，保证回采顺槽围岩的稳定性。

4　数值模拟

4.1　概况

通过有限元数值模拟 FLAC³ᴰ软件进行计算，根据山东肥城矿业集团公司某煤矿实际地质情况建立有限元模型。本次在实际巷道围岩应力场中进行模拟。采用应变软化模型模拟回采顺槽的直接顶板、直接底板，其余岩层采用摩尔库仑模型[4]进行研究。回采顺槽布置在煤层中，右侧为采煤工作面，面长为 150 m；左侧为开采煤层。巷道断面为矩形，宽约 4.6 m，高约 3.5 m，沿开采煤层底板走向掘进，顶部留设 3 m 左右的顶煤。固定模型的前、后、左、右及下部为边界，暂考虑模型没有水平移动。通过矿方实测的地应力情况，模型设定的应力条件分别为 $\sigma_x = 16$ MPa，$\sigma_y = 16$ MPa，$\sigma_z = 12$ MPa。详见巷道位置及锚杆布置模型图 1。根据现场实测的地质资料，本模型建立了 7 种不同性质的岩层，详见模型地质柱状表 1。

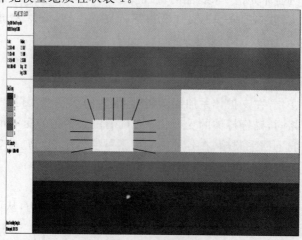

图 1　布置模型图

表1　　　　　　　　　　　　　　　　　　　　模型地质柱状表

名称	岩石性质	厚度/m	密度/(kg/m³)
基本顶以上	砂质叶岩	15	2 410
基本顶	细砂岩	3.1	2 520
直接顶	粗砂岩	1.2	2 420
煤层	3煤层	6.5	1 220
直接底	粉砂	1	2 250
基本底	中砂岩	2.1	2 420
基本底以下	石灰岩	10	2 510

4.2　锚杆间距影响分析

　　锚杆间距的模拟共分8个有限元模型，分别为0.7 m、0.8 m、0.9 m、1.0 m、1.1 m、1.2 m、1.3 m、1.4 m时的支护效果。以表2中锚杆参数设定，回采顺槽顶板左右边窝处布置锚杆角度为10°，左右帮地脚处布置锚杆角度为20°。

表2　　　　　　　　　　　　　　　　　　　锚杆间距模拟模型参数表

支护方式	长度/m	直径/mm	强度级别/MPa	屈服强度/kN	抗拉强度/kN	预应力/kN	锚固长度/m
锚杆	2.4	22	>500	200	250	20	1

　　随着锚杆间距的变化，回采巷道围岩支护情况也不尽相同。通过相同条件下不同锚杆间距的模拟，分析对比模型的支护情况，从而选择合适的锚杆间距。

　　通过分析模拟结果表3可知，锚杆间距由0.7 m增至1 m时，顶板下沉量增加了3.8 mm，底板底鼓量增加了0.1 mm，顶底板相对位移量增加了4 mm，两帮位移量仅增加了3.5 mm；当间距从1 m增加到1.4 m时，顶板下沉量增加了5 mm，底板底鼓量增加了0.3 mm，顶底板相对位移量增加了5.2 mm，两帮位移量增加了10.3 mm。从整体来看，当间距小于1 m时，随着锚杆间距的减少，巷道围岩变形量相应降低，其减小的速率明显变缓，而当间距大于1 m后，随着锚杆间距的增加，巷道围岩变形量变大，其增大的速率较明显。由此确定锚杆间距1 m为其支护的最佳设计间距。

表3　　　　　　　　　　　　　　　　　　不同锚杆间距模拟结果表

间距/m	顶板下沉量/mm	底板底鼓量/mm	顶底板相对位移量/mm	两帮位移量/mm
0.7	63.5	11.8	75.3	52.9
0.8	64.2	11.8	76.1	53.8
0.9	67.2	11.9	79.2	55.7
1.0	67.3	11.9	79.3	56.4
1.1	69.5	12.1	81.6	58.0
1.2	69.8	12.1	81.9	60.2
1.3	71.0	12.2	83.2	63.1
1.4	72.3	12.2	84.5	66.7

4.3　锚杆长度影响分析

　　设计锚杆的参数大部分与表2相同，间距设为1 m，以锚杆的支护长度1.6 m、1.7 m、1.8 m、

1.9 m、2.0 m、2.1 m、2.2 m、2.3 m、2.4 m、2.5 m、2.6 m 为模型,进行有限元分析,共建立 11 个模型。结果见表 4。

表 4　　　　　　　　　　　　　不同锚杆长度模拟结果表

锚杆长度/m	顶板下沉量/mm	底板底鼓量/mm	顶底板相对位移量/mm	两帮位移量/mm
1.6	86.8	12.6	99.4	65.1
1.7	80.8	12.5	93.3	62.6
1.8	75.0	12.4	87.4	60.2
1.9	69.0	12.2	81.2	58.0
2.0	64.0	12.1	76.1	56.0
2.1	63.2	12.0	75.2	55.6
2.2	61.1	12.0	73.1	55.1
2.3	59.0	11.9	70.9	54.6
2.4	56.8	11.8	68.6	54.0
2.5	54.5	11.8	66.3	53.5
2.6	52.5	11.8	64.3	53.0

通过分析模拟结果表 4 可知,锚杆长度由 1.6 m 增至 2 m 时,顶板下沉量减少了 22.8 mm,底板底鼓量减少了 0.5 mm,顶底板相对位移量减少了 23.3 mm,两帮位移量减少了 9.1 mm;当锚杆长度从 2 m 增加到 2.6 m 时,顶板下沉量仅减少了 11.5 mm,底板底鼓量仅减少了 0.3 mm,顶底板相对位移量仅减少了 11.8 mm,两帮位移量仅减少了 3 mm。由此可知,当长度大于 2 m 时,随着锚杆长度的增加,巷道围岩变形量相应降低,其减小的速率变化不大,而当长度小于 2 m 后,随着锚杆长度的减少,巷道围岩变形量变大,其增大的速率变化较大。由此确定锚杆理想的长度为 2 m 较合适。

4.4　锚杆排距影响分析

大部分锚杆确定参数与表 2 相同,间距设为 1 m,长度为 2 m,以锚杆的排距 0.6 m、0.7 m、0.8 m、0.9 m、1.0 m、1.1 m、1.2 m、1.3 m、1.4 m 为模型,共建立 9 个模型进行分析。结果见表 5。

表 5　　　　　　　　　　　　　不同锚杆排距模拟结果表

排距/m	顶板下沉量/mm	底板底鼓量/mm	顶底板相对位移量/mm	两帮位移量/mm
0.6	54.8	12.1	66.9	48.6
0.7	56.9	12.1	69.0	56.6
0.8	59.0	12.1	71.1	65.7
0.9	61.5	12.2	73.7	72.9
1.0	63.0	12.2	75.2	81.0
1.1	70.0	12.2	82.2	86.2
1.2	77.2	12.3	89.5	92.5
1.3	82.4	12.3	94.7	97.0
1.4	90.9	12.4	103.3	103.0

通过分析模拟结果表 5 可知,锚杆排距由 0.6 m 增至 1.0 m 时,顶板下沉量增加了 8.2 mm,底板底鼓量增加了 0.1 mm,顶底板相对位移量增加了 8.3 mm,两帮位移量增加了 32.4 mm;当排

距从 1 m 增加到 1.4 m 时,顶板下沉量增加了 27.9 mm,底板底鼓量增加了 0.2 mm,顶底板相对位移量增加了 28.1 mm,两帮位移量增加了 22.0 mm。从整体来看,当排距小于 1 m 时,随着锚杆排距的减少,巷道围岩变形量相应降低,其减小的速率较慢,而当排距大于 1 m 后,随着锚杆排距的增加,巷道围岩变形量变大,其增大的速率较显著。由此确定锚杆排距 1 m 为其支护的最佳设计间距。

4.5 锚杆直径影响分析

设计锚杆的参数大部分与表 2 相同,间距设为 1 m,长度为 2 m,排距设为 1 m,以锚杆的直径 16 mm、17 mm、18 mm、19 mm、20 mm、21 mm、22 mm、23 mm、24 mm 为模型进行分析,共建立 9 个模型。结果见表 6。

表 6   不同锚杆直径模拟结果表

直径/mm	顶板下沉量/mm	底板底鼓量/mm	顶底板相对位移量/mm	两帮位移量/mm
16	65.5	12.3	77.8	57.5
17	65.4	12.3	77.7	56.8
18	65.3	12.2	77.5	56.5
19	65.2	12.2	77.4	56.3
20	65.2	12.1	77.3	56.2
21	65.1	12.1	77.2	56.2
22	65.1	12.1	77.2	56.1
23	65.0	12.0	77.0	56.0
24	65.0	12.0	77.0	55.9

通过分析模拟结果表 6 可知,不同锚杆直径作用下,对回采顺槽围岩变形影响不大。

4.6 锚杆预应力影响分析

设计锚杆的参数大部分与表 2 相同,间距设为 1 m,长度为 2 m,排距为 1 m,直径为 20 mm,给予锚杆的预应力分别为 10 kN、20 kN、30 kN、40 kN、50 kN、60 kN,共建立 6 个有限元模型进行分析。结果见表 7。

表 7   预应力不同时模拟结果表

预应力/kN	顶板下沉量/mm	底板底鼓量/mm	顶底板相对位移量/mm	两帮位移量/mm
10	64.8	12.2	77.0	57.8
20	63.0	12.2	75.2	56.6
30	61.5	12.1	73.6	56.0
40	59.0	12.1	71.1	55.2
50	56.9	12.1	69.0	57.3
60	50.2	12.0	62.2	53.3

通过分析模拟结果表 7 可知,锚杆预应力控制回采顺槽围岩变形十分有效,预应力由 10 kN 增至 30 kN 时,顶板下沉量减少了 3.3 mm,底板底鼓量减少了 0.1 mm,顶底板相对位移量减少了 3.4 mm,两帮位移量仅减少了 1.8 mm;当预应力由 30 kN 增加到 60 kN 时,顶板下沉量减少了 11.3 mm,底板底鼓量减少了 0.1 mm,顶底板相对位移量减少了 11.4 mm,两帮位移量减少了 2.7 mm。因此,当给予锚杆的预应力大于 30 kN 时,其支护系统对围岩的作用较为明显。

5 支护系统确定

根据上述数值模拟情况,结合本矿实际回采顺槽的地质情况,设计采用支护系统为:直径 20 mm、长度 2 m、间排距为 1 m×1 m、40 kN 预应力的高强度螺纹钢锚杆。同时考虑实际掘进过程中的地质条件影响,配长 6 m 锚索。在回采巷道设置了观测站进行实测,观测成果见表 8。

表 8 不同阶段变形情况表

变形区域	掘进期间阶段变化情况			最大值/mm
	移近剧烈阶段	缓慢阶段	稳定阶段	
两帮位移量	距回采面 20 m 范围内,移近速度快	距回采面 20～40 m 范围内,移近速度减小明显	距回采面 40～60 m,移近速度趋近于 0	44
顶板位移量	距回采面 10 m 范围内,下沉速度快	距回采面 10～20 m 范围内,下沉量速度减小显著	距回采面 20～60 m,下沉速度趋近于 0	14

6 结论

通过不同参数下的模拟研究,结合现场观测的资料,得到以下结论:随着锚杆不同参数的变化,围岩的变形也随之变化。针对该条件下,锚杆支护参数宜取 1 m 间距、2 m 长度、不大于 1 m 排距、20 mm 以上直径、30 kN 以上预应力为最合适。另外通过让压装置,减少了围岩变形对支护的影响,使围岩整体强度相应加强。由现场支护试验段内观测成果可知,通过该种方式能够有效地控制围岩的变形。

参考文献

[1] 杨林德. 岩土工程问题的反演理论与工程实践[M]. 北京:科学出版社,1999.

[2] 孙钧. 地下工程设计理论与实践[M]. 上海:上海科学技术出版社,1996.

[3] 何满潮,袁和生,靖洪文,等. 中国煤矿锚杆支护理论与实践[M]. 北京:科学出版社,2004.

[4] 陆士良,汤雷,杨新安. 锚杆锚固力与锚固技术[M]. 北京:煤炭工业出版社,1998.

大断面大采高大倾角条件下快速沿空留巷技术研究与应用

李文昌,张　海,张海洋

(冀中能源邯郸矿业集团有限公司,河北　邯郸　056008)

摘　要　为缓解采掘生产衔接紧张以及减少工作面之间煤柱损失,延长矿井服务年限,邯郸矿业集团云驾岭煤矿积极开展沿空留巷技术研究。针对应用地区大采高、大倾角以及大断面留巷的特殊条件,该矿在总结以往留巷经验的基础上,科学分析和对比各种留巷方案,最终确定了应用高水材料构筑巷旁充填包体的留巷总体思路。通过对包体规格、结构参数、充填体位置的设计优化,以及留巷工作中巷道超前扩帮护顶、采空区打设木点柱、工作面3号支架改造、打设切顶锚索、充填留巷工艺与工作面回采协同作业等一系列关键技术的研究和改进,成功地保证了留巷工作的安全、高效、快速进行。目前在12303运巷已完成留巷750 m,留巷断面在3.5 m×2.5 m以上,留巷效果明显。

关键词　沿空留巷;大断面;大采高;大倾角

0　前言

近年来,随着沿空留巷技术的不断成熟,材料、工艺的不断进步和完善,沿空留巷技术越来越多地被应用到生产实践中。其减少巷道掘进量和煤柱损失、加快工作面接替、提高经济效益、解决工作面Y型通风问题等方面的作用更加明显[1-3]。冀中能源邯郸矿业集团在许多矿井推广应用了沿空留巷技术,并取得了明显的效果。但按照安全高效矿井建设的要求,综采工作面、自动化工作面的产量要求越来越高,推进速度越来越快,对沿空留巷技术的要求也越来越高。尤其是在大采高、大断面、大倾角的特殊条件下,如何提高充填进度、保证留巷效果、实现快速高效沿空留巷已成为目前主要研究任务。因此,在总结以往经验的基础上,针对云驾岭矿工作面,在大采高、大倾角、大断面的条件下进行了快速高效留巷技术研究工作。总结提出了多项关键技术和措施,并进行了实践应用。

1　工作面概况

云驾岭煤矿12303工作面运巷走向长750 m,平均埋深550 m。煤层倾角19°~30°,平均22°,煤层厚度在3.07~5.13 m之间,平均4.3 m。原巷道实际断面规格为:4.2 m×2.8 m,留巷后断面为:3.5 m×2.8 m。工作面直接顶为粉砂岩,局部见泥岩岩组。直接底板以粉砂岩、泥岩岩组为主,局部为中、细砂岩岩组,偶见有泥岩、碳质泥岩伪底。

原巷道采用"锚网+W钢带+小孔径预应力锚索补强"联合支护。锚杆采用 $\phi20$ mm×2 400 mm 的 Q500 高强度左旋螺纹钢锚杆,间排距为 900 mm×900 mm;顶锚索采用 $\phi22$ mm×7 300 mm 普通钢绞线锚索,间排距为 2 600 mm×1 800 mm;帮锚索采用 $\phi17.8$ mm×4 300 mm "鸟窝"锚索,间排距为 1 400 mm×1 800 mm。

2 留巷关键技术与措施

2.1 留巷充填整体设计

2.1.1 支护体断面形状设计

考虑到留巷地区倾角较大,充填体会在自重、上覆岩层压力及垮塌矸石的挤压等作用下有下滑的趋势,这就要求充填体与煤层底板间的摩擦阻力要大于充填体受力过程中的下滑力。因此,从充填体稳定性的角度分析可知,将巷旁充填体设置成上窄下宽的梯形要比等宽矩形更为有利。此外,考虑到保留巷道将继续为下一工作面使用,在靠近巷道一侧充填体边缘与底板垂直。

2.1.2 支护体宽度设计

计算充填体上方载荷采用"分离岩块法"[4-5],其力学计算模型如图 1 所示。

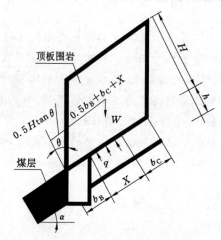

图 1　分离岩块法力学计算模型

其计算公式如下:

$$q = \frac{8H\tan\theta + 2(b_B + X + b_C)}{X} \cdot \frac{h(b_B + X + b_C)\gamma_s\cos\theta}{b_B + 0.5X}$$

式中　q——支护体载荷,MPa;

　　　H——冒落高度,选 4 倍的采高,取 16 m;

　　　θ——剪切角,取 26°;

　　　b_B——煤壁到充填体的支护距离,取 3.5 m;

　　　X——支护体支撑顶板的距离,取 2.5 m;

　　　b_C——支护体的悬顶距离,取 0.7 m;

　　　γ_s——岩块重力密度,取 24 kN/m³;

　　　h——采高,取 4.0 m。

经计算可得支护宽度为 2.5 m 时支护体的载荷为 0.42 MPa,即 2 100 kN。

考虑到采动影响,采动影响压力可靠系数取 2~4,支护载荷最大可达 8 400 kN。

通过对高水材料进行模拟实验,高水材料 3 d 时抗压强度为 3.5 MPa,即充填体的承载能力为 17 500 kN。支护体的承载能力大于支护体的载荷,安全系数为 2.1,因此充填体上宽为 2.5 m,充填体下宽 3.22 m。

2.1.3 支护体高度设计

(1) 按煤层厚度确定,该巷道掘进揭露煤层平均厚度 4.3 m,所以确定充填体高度不大于 4.3 m。

(2) 按使用的材料确定,由于充填体两侧需要打设木点柱进行支护,矿副井正常回料最大长度

4.0 m,故充填体最高边高度不得大于 4.0 m。

（3）按工作地点现场环境确定,工作面倾角平均在 22°,计算可知充填体最低边高度应为 3 270 mm。综合以上三种因素,最终确定充填体的最大高度中高为 3.6 m。

2.1.4　支护体长度设计

由于充填袋是柔性的,且高水材料凝固时间较短,过大的充填袋不利于现场施工,生产组织也较为困难,同时充填体断面越大,所受垂向和侧向应力也越大,不利于充填体稳定。考虑到 12303 工作面每天可推进 2.1～2.8 m,因此确定充填包沿走向方向长 2.0 m 和 3.0 m 两种规格,视工作面推进度分别使用。

2.1.5　充填体结构设计

由于高水材料充填体本身强度不高,同时该矿顶板岩性差、地压较大,因此优化充填体结构,实施必要的加固措施是很重要的。主要做法是：

（1）充填体布置 2～3 排锚栓,每排 3 根,锚栓间排距 1 000 mm×1 200 mm,材质用直径为 20 mm 的左旋螺纹钢加工而成。锚栓之间架设纵向和横向梯子梁,纵向梯子梁用 $\phi 16$ mm×2 400 mm 圆钢制作。

（2）充填体表面加固：充填体表面铺设 $\phi 6.5$ mm 金属网,金属网外采用纵横梯子梁压紧,以增加充填体表面强度。

2.1.6　充填体位置设计

充填体位置大部分（2.5 m）置于采空区,少部分（0.7 m）位于巷内,留下巷道宽度（3.5 m）满足使用要求,这种布置方式可以实现全断面留巷,无需巷道掘进工程,有效解决了工作面衔接问题。

2.2　充填材料配比及快速充填工艺流程

充填材料选择高水速凝充填材料,该材料由甲料、乙料两种组分构成。甲、乙料以质量比 1∶1 配合使用,水灰比为 1.8∶1。

充填工艺选择远距离水力泵送快速充填工艺。充填泵选择矿用双液变量注浆泵,型号为 2ZBSB-200～20/5～15-37。充填工艺流程主要分为充填点和充填泵站准备两大部分。泵站准备主要是设备管路检修维护、制浆以及清洗管路等工作;充填点准备主要是充填体下方底板清理、固定单体架模板、挂充填包和充填等工作。充填工艺流程图如图 2 所示。

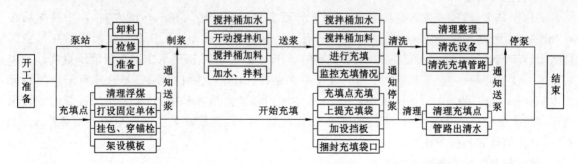

图 2　充填工艺流程图

2.3　充填体的初次保护技术

首先是在充填体灌浆前,在上侧靠近采空区处打设密集木点柱,其主要作用：一是为防止采空区顶板流矸窜入充填空间;二是起到固定充填体的作用;三是起到切顶线作用;四是加固作用;然后是在充填体下帮顺巷方向打设一排液压单体支柱,其主要作用是加强包体上方顶板支护,防止充填体过早受到挤压。

2.4 成型后的充填体二次保护技术

（1）在超前支护打设前，在充填体下侧顺巷布置一排锚索进行补强支护；

（2）在拆模板、去单体后，沿充填体下侧及时打设一排木点柱，以减轻充填体初期受力程度。

2.5 充填区顶板超前支护技术

在试验初期，采用拉架后在充填空间顺巷布置2排单体支柱护顶，不仅占用充填时间，且在回收点柱后采空区顶板很快出现离层，给充填工作带来较大安全隐患。为此，我们改采空区支护为架前扩帮护顶，扩帮宽度3.0 m，扩帮处只对顶板进行锚网支护，在加强顶板支护的同时也大大节约了充填的准备时间。

2.6 充填区全空间快速维护技术

由于充填体大部分置于采空区内，充填体上帮木点柱需打设在2号支架上边缘位置，上方采空区冒落的矸石常常会涌入到1、2号支架后，造成木点柱施工困难，进度很慢。该矿在3号支架后尾梁安装后支护架和侧护板，通过后支护架控制3号架拉架后的顶板，延缓顶板冒落时间，通过侧护板挡住采空区上方滚落的矸石，实现了安全、快速维护。支架改进效果图见图3。

图3 支架改进效果图

2.7 采空区切顶技术

工作面开采后，顶板以断裂和冒落为主，工作面直接顶厚度平均在3.5 m左右，而采高平均在4.3 m左右，因此大部分情况下采空区冒落矸石不能充满采空区。为了让基本顶断裂后在采空区自然回转下沉与冒落矸石形成平衡，沿空留巷的矿压显现不明显，需采取主动切顶泄压措施。主要采取的方法有两种：一是沿充填体上帮打设密集木点柱，以利于早期切顶；二是在靠近采空区距充填体500 mm处打设9 000 mm的切顶锚索，锚索的内锚固点进入基本顶，在采空区边缘的直接顶内形成较大的剪应力和弯矩，易于直接顶断裂，同时使切顶线范围在采空区以里距充填体700 mm左右，对充填体起到保护作用。

2.8 留巷段巷道的支护和维护技术

（1）在运巷超前和滞后支护均采用单体柱＋木梁背修，超前支护距离30 m，滞后支护距离30 m，排距1.0 m，柱距不大于0.7 m，滞后支护距离超过30 m时，方可进行回柱；

（2）对留巷段个别受力变形处及时进行维修和补强支护。

2.9 留巷充填与工作面生产协同技术

12303工作面走向长750 m，倾向长130 m，设计储量75万 t。此工作面为安全高效采煤工作面，采煤服务时间为9个月，生产组织方式为"两采一准"，即2班生产、1班检修，全天推进4刀（2.8 m）。根据充填泵的输送能力和充填作业时间，为了避免充填与回采作业相冲突，确定全天1班准备、1班充填。即在生产班时进行打设密集木点柱，超前单体支护，滞后回柱，架前扩帮护顶，上一循环充填体模板拆除、挂网、上梯子梁、紧锚栓、打木点柱等准备工作，检修班开始充填。经过合理组织安排，目前充填进度完全满足生产需要。

3 应用效果

3.1 留巷效果评价

通过矿压观测数据分析，留巷100 m后巷道表面位移基本稳定。稳定后两帮移近量可控制在600 mm以内。顶板下沉不明显，一般在200～300 mm，属于采空区顶板整体弯曲下沉；局部顶板破碎段有断锚杆、断锚索现象，但经补打后能够控制顶板变形。底鼓现象较为明显，稳定后底鼓量一般在500 mm左右。

从现场看，除最初的170 m巷道受工作面调斜、充填体宽度、顶底板围岩条件等因素影响所造成的留巷断面比较小外，随后的留巷整体都比较规则，留巷宽度多数保持在3 500 mm左右，留巷高度一般在2 500～2 700 mm，完全能够满足使用要求。

3.2 留巷效益评价

该地区共计留巷750 m，全部留巷费用640万元。与窄煤柱沿空掘巷相比，留巷后可多回收煤柱资源44 t/m，新增利润900万元；减少下个工作面巷道掘进750 m，可节省掘进综合费用450万元。留巷750 m，可创造经济效益710万元。

3.3 工作面生产效果

12303工作面运巷留巷工作完全满足工作面正常生产需要，同时经过简单卧底后就可作为下一工作面——12305工作面副巷直接使用，减少了掘进准备时间4个月，成功地解决了三采区的单翼采区的采掘衔接问题，实现了采煤工作面顺序开采。

4 存在的问题以及今后改进的措施

在这次留巷中，虽然我们对沿空留巷的认识有了更进一步的提高，对充填工艺进行了不断优化，但还存在一些问题需要我们再进一步的研究、改进。

4.1 充填材料方面

高水充填材料的抗压强度低，试验中最大抗压强度为4.7 MPa，充填体支护强度较低。因此，在今后的应用中，一是加强不同生产厂家材料的检验，寻找性能稳定的产品；二是调研充填材料的替代品，提高充填材料的强度。

4.2 切顶效果

在本次充填实践中该矿虽然采取了打切顶锚索、密集点柱等切顶措施，但在现场看，切顶效果还不是很明显，切顶范围控制较为困难。在今后的工作中，该矿将试验超长锚索进行切顶等技术方法，进一步加强切顶管理。

4.3 矿压显现与充填体的稳定关系

在充填留巷过程中该矿虽然进行了一系列矿压监测试验，但对工作面周期来压与充填体稳定关系方面还没有总结出准确规律，因此在下一步留巷工作中，该矿将继续开展矿压监测工作，准确总结出工作面周期来压与充填体稳定关系，提前做好补强措施，对充填体进行有效保护。

5 结论

云驾岭煤矿在大倾角、大采高工作面采取高水材料进行巷旁充填留巷，通过合理设计充填包体规格，优化充填体结构，以及对充填空间顶板进行超前扩帮，支架增加后支护架和侧护板，打切顶锚索等一系列措施，高效、快速地完成了留巷750m。所留巷道断面大，完全满足下一工作面继续使用。该项技术为创造经济效益710余万元，同时实现了单翼采区工作面连续开采，具有较高的推广价值。

参考文献

[1] 钱鸣高,石平五.矿山压力与岩层控制[M].徐州:中国矿业大学出版社,1992.

[2] 柏建彪,周华强,侯朝炯,等.沿空留巷巷旁支护技术的发展[J].中国矿业大学学报,2004,33(4):183-186.

[3] 高永格,郭亮亮,张希.高水材料巷旁预充填在煤矿开采中的应用[J].河北工程大学学报,2013,30(1):59-62.

[4] 胡炳南,郭爱国.矸石充填材料压缩仿真实验研究[J].煤炭学报,2009,34(8):1076-1080.

[5] 赵才智,周华强,柏建彪,等.膏体充填材料强度影响因素分析[J].辽宁工程技术大学学报,2006,25(6):904-906.

厚煤层综放工作面控制端头大面积悬顶技术研究

辛龙泉，孙念昌，王永平，王 兵，王 伟，张 浩，王贺新

（兖州煤业股份有限公司杨村煤矿，山东 济宁 272118）

摘 要 综放工作面回采过程中两顺槽三角区容易产生大面积悬顶，难以垮落，存在重大隐患。本文利用高压水致裂煤岩体理论，对综放工作面端头采取高压注水致裂顶煤进行理论分析，结果表明：高压水造成的裂隙长度随原生裂隙长度的增加而线性增加，且水压力必须克服围岩压力及围岩强度才能使得原生裂隙扩展。基于杨村矿厚煤层综放工作面端头大面积悬顶问题，工作面端头采取高压注水、拆除锚杆及锚索紧固件、支架降低初撑力的方法，有效解决了端头大面积悬顶问题，提高了煤炭回收率，取得了较好的经济效果。

关键词 控顶技术；高压注水；拆卸紧固件；综放工作面；端头悬顶

0 前言

提高坚硬顶煤的冒放性是放顶煤开采面临的主要技术难题之一[1,2]。杨村矿厚煤层工作面采用综采放顶煤工艺，工作面端头顶煤不易垮落（最大悬顶面积为 67.5 m²），而一旦垮落，严重危及端头支护工作人员的生命安全。此外，新鲜风流容易通过端头悬顶空间流向采空区，造成采空区煤炭自然发火。因此研究杨村矿厚煤层综放工作面端头大面积悬顶机理，并提出可靠的控顶技术方法，对保证矿井的安全生产有着十分重要的意义。

1 工作面形成端头悬顶原因

基本顶破断后，随着工作面的推进，端头顶板发生周期性断裂。有研究表明[3]，工作面端头大面积悬顶的原因主要是端头基本顶弧形三角悬板结构的最大弯矩处的载荷小于其破断应力，使基本顶不能有规律的周期性垮落。尤其在厚煤层综放工作面，造成此种现象一是由于顶板自身强度大；二是外力对顶板的作用，工作面顺槽多由锚网索联合支护，使得端头顶煤悬吊在基本顶上，或与直接顶形成组合梁结构，增加了端头顶煤的强度，厚煤层综放工作面端头支护示意图见图1。

2 高压水对煤体的影响

2.1 水对煤体的弱化作用

有研究表明[4]，水可以通过煤体裂隙弱化煤体，减弱煤体的物理力学性质。当岩体的空隙及裂隙上有水压力作用时，岩体黏聚力、抗压强度都将发生变化，见式（1）、（2）。即岩体黏聚力减少 $\alpha p \tan \varphi$，抗压强度减小 $\alpha p \sin \varphi / (1 - \sin \varphi)$。

$$C_{\mathrm{w}} = C - \alpha p \tan \varphi \tag{1}$$

$$R_{\mathrm{w}} = R - \frac{2\alpha p \sin \varphi}{1 - \sin \varphi} \tag{2}$$

式中 C, C_{w}——水影响前、后岩石的黏聚力；

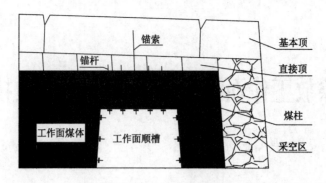

图 1　工作面端头支护示意图

R, R_w——水影响前、后岩石的抗压强度；

p——水压力；

φ—岩石的内摩擦角；

α——等效空隙压力系数，取决于岩石的孔隙、裂隙发育程度，$0 \leqslant \alpha \leqslant 1$。

水压对莫尔—库仑强度准则的影响见图 2。

2.2　高压水对煤体的致裂破坏作用

水力致裂法是通过钻孔向坚硬煤体注入高压水，利用高压水使煤体内的原有裂隙扩大，进而产生新裂隙，使煤体失去整体性，降低煤体强度。

可认为高压水对煤体裂隙产生张开破坏。以单一裂隙为研究对象，设裂隙长度为 $2a$，裂隙内有水压力 p 作用，围岩应力为 σ，如图 3 所示，可采用 Dugdale 模型求解。

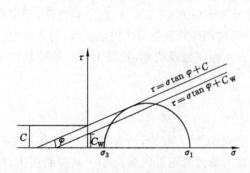

图 2　水对岩石强度的影响

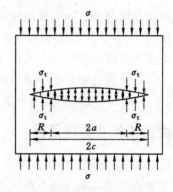

图 3　水压力作用下的裂隙力学模型

据此条件，可以求出屈服区的宽度为

$$R = c - a \tag{3}$$

裂隙尖端任意一点（A 点或 B 点）的应力强度因子 k_1 由两部分组成，一部分是均匀水压及围岩应力引起的 k_{11} 值，由线弹性断裂力学可得

$$k_{11} = (p - \sigma) \sqrt{\pi c}$$

另一个是在 R 上分布力引起的 k_{12}

$$k_{12} = \int_a^c \frac{-2\sigma_t}{\sqrt{\pi c}} \frac{c}{\sqrt{c^2 - b^2}} \mathrm{d}b = -\frac{2\sigma_t}{\sqrt{\pi c}} \left(\frac{\pi}{2} - \arcsin \frac{a}{c} \right)$$

则裂隙尖端总的应力强度因子为

$$k_1 = k_{11} + k_{12} \tag{4}$$

由于屈服区端部 A 点和 B 点应力无奇异性，则 $k_1 = 0$，所以

$$k_1 = (p - \sigma)\sqrt{\pi c} - \frac{2c\sigma_t}{\sqrt{\pi c}}\left(\frac{\pi}{2} - \arcsin\frac{a}{c}\right) = 0$$

解得

$$\frac{a}{c} = \sin\frac{(p - \sigma - \sigma_t)\pi}{-2\sigma_t}$$

所以,水压力作用下裂隙两端裂隙区的长度 R 为

$$R = c - a = a\left(\frac{c}{a} - 1\right) = a\left[\frac{1}{\sin\dfrac{(p - \sigma - \sigma_t)\pi}{-2\sigma_t}} - 1\right] \tag{5}$$

从式(5)可以看出:水压造成裂隙的长度 R 随原生裂隙 a 的增加而线性增加;水压必须克服围岩压力及围岩强度后原生裂隙才能扩展变形。当围岩处于拉应力时有利于裂隙的扩展。

3 锚杆、锚索支护解除原理

国内外学者对锚杆锚固前后煤岩体力学性能进行了比较全面的研究。研究结果表明[5-7],煤岩体锚固后可不同程度地提高其强度、弹性模量、黏聚力和内摩擦角等力学参数。在煤层巷道,巷道锚杆支护作用的实质就是改善锚固区域的岩体力学参数,强化锚固区域的围岩强度,特别是强化围岩破裂后的强度,从而保持巷道围岩的稳定。

锚固体的加固作用引起锚固体变形模量的增加值可用下式表示:

$$E_m = \frac{\pi d^2 E_b}{4a_1 a_2} \tag{6}$$

式中　E_m——锚固体变形模量的增加值,MPa;

　　　E_d——锚杆的弹性模量,MPa;

　　　a_1, a_2——锚杆的间、排距,m。

锚杆提供的支护强度为:

$$\sigma_m = \frac{\pi d^2 \sigma_b}{4a_1 a_2} \tag{7}$$

式中　σ_b——锚杆抗拉强度,MPa。

由摩尔强度理论可知,岩石强度与其所受的围压有如下关系:

$$\sigma_1 = \frac{1 + \sin\varphi}{1 - \sin\varphi}\sigma_3 + \frac{2C\cos\varphi}{1 - \sin\varphi} \tag{8}$$

式中　σ_1——岩石强度,MPa;

　　　σ_3——围压,MPa;

　　　φ——岩石内摩擦角,(°);

　　　C——岩石黏聚力,MPa。

在巷道顶板采用锚杆、锚索支护就相当于给巷道顶板提供了围压,围压越大,围岩强度越大。

有无锚杆约束时岩石应力、应变曲线如图4所示。可见,锚杆显著增加了岩石屈服后的强度,使岩石的破坏变得比较平缓。

在锚杆、锚索支护的煤层巷道内,顶煤、直接顶被锚杆、锚索悬吊在基本顶上不能及时垮落,因为端头顶煤处于三向应力状态,锚固区域顶板强度大[8]。但在端头顶板拆除锚杆、锚索紧固件后,工作面端头顶煤处于两向应力状态,巷道顶煤、直接顶岩层在上覆岩层及采动影响下容易与直接顶、基本顶出现离层、分离、垮落,如图5所示。

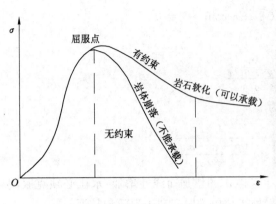

图 4 锚固前后岩体强度变化曲线

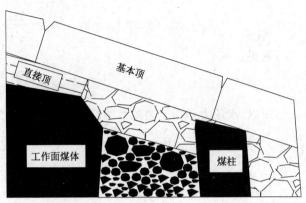

图 5 拆除锚杆、锚索紧固件后端头悬顶垮落示意图

4 工程实践

4.1 工程情况

杨村矿 320 综放工作面所采煤层为山西组 3 层煤,煤层结构简单,煤层厚度变化为 7.30～8.64 m,平均厚度为 8.33 m,工作面走向长度 830 m。煤层普氏系数 $f=1.91$,为软～中等硬度煤层。顶底板岩性见表 1。

表 1 320 工作面顶底板岩性表

顶底板名称	岩石名称	厚度/m
基本顶	中细砂岩互层	$\dfrac{15.70 \sim 20.77}{18.10}$
直接顶	粉砂岩	$\dfrac{0 \sim 5.04}{3.31}$
直接底	泥岩	$\dfrac{1.20 \sim 2.96}{1.85}$
基本底	粉细砂岩互层	$\dfrac{14.36 \sim 20.81}{16.83}$

320 轨道顺槽、运输顺槽为梯形断面,上净宽 4.0 m,下净宽 4.5 m,净高 3.0 m,净断面面积 12.75 m²,采用锚、网、梯、锚索联合支护,沿空侧及顶板一半喷浆,喷厚为 50 mm。顶板锚杆间排距为 740 mm×900 mm,锚索间距 2.7 m。因此随着工作面的回采,工作面两端头容易出现阶段性大面积悬顶。

4.2 高压注水致裂顶煤

两顺槽超前范围使用锚索钻机施工钻孔。靠近工作面肩窝处斜向工作面(45°)施工一排,间距 6 m,第一个钻孔距离支架最前端 3 m;距离巷中向工作面侧 0.1～0.3 m 施工一排钻孔;非工作面侧距离煤帮 0.3 m 垂直向上施工一排钻孔。3 排钻孔成“三花眼”布置,钻孔深度 5～8 m(至煤层顶板),直径 50 mm,如图 6 所示。

由于工作面提供煤机负压降尘,支架喷雾用高压喷雾压力为 8 MPa,现场通过两巷端头改接管路采用该高压喷雾泵加压,初始压力 8 MPa。采用封孔器封孔,封孔器安装位置距离孔口 2 m,见图 7。3 孔 1 组,统一注水。

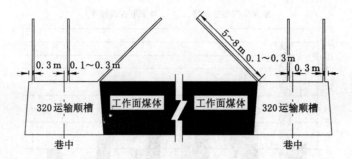

图 6   工作面端头高压注水钻孔示意图

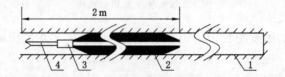

图 7   高压注水封孔示意图
1——钻孔孔壁;2——封孔器;3——接头;4——导杆

4.3   巷道端头拆卸锚杆、锚索紧固件

为方便拆卸锚杆、锚索紧固件,在超前工作面 40～60 m 范围内对锚杆螺栓、锚索紧固件喷松动剂。随着工作面的推进,采用风动扳手辅以专用断锚器拆除端头支架上方的锚杆螺栓、锚索紧固件,解除锚杆、锚索对顶板的锚固力。同时回收锚杆盘、锚杆螺栓、锚索盘等部件。

4.4   工作面端头支架降低初撑力

在综采放顶煤工作面,液压支架初撑力 F_0 是支架对顶板的主动支撑力。初撑力的主要作用是缓解顶板的早期下沉,保持顶板稳定。足够的初撑力能够增强基本顶破断块体之间的挤压力及摩擦力,缓解或消除顶板的离层量,改善顶板结构[9]。顶板下沉量 S_d 可以用下式计算:

$$S_d = \frac{(F_m - F_0)L_d}{KL} \tag{9}$$

式中 F_m——末阻力,kN;

$\quad\quad$ L_d——顶梁长度,m;

$\quad\quad$ L——循环进尺,m;

$\quad\quad$ K——支架—煤—底板串联整体的抗压缩刚度,kN/m。

从式(9)可以看出,在支架额定工作阻力不变的情况下,端头支架初撑力减小后,端头顶煤下沉量增大,有利于解决端头顶煤悬顶问题。

4.5   工程效果

杨村煤矿 320 工作面端头采用高压注水,拆卸锚杆、锚索紧固件,降低支架初撑力的控顶方法有效解决了端头大面积悬顶难以垮落的难题。较未实施控顶方法前,平均端头悬顶面积降低 56.6%。端头悬顶面积对比见图 8。

根据工作面回采实践,320 工作面通过采用端头控顶技术后多回收锚杆盘约 5 600 个,锚索盘 250 个,回收价值约为 4 万元。端头顶煤垮落后及时剪网放煤,多回收煤炭约 2.3 万 t,为矿井增加煤炭销售收入 1 000 多万元。

5   结论

杨村煤矿厚煤层综放工作面采用顺槽高压注水,端头拆卸锚杆、锚索紧固件,工作面端头支架

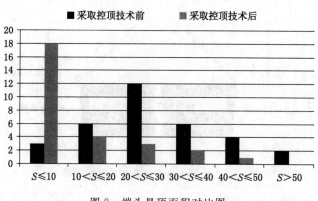

图 8　端头悬顶面积对比图

让压的方式有效解决了工作面端头大面积悬顶问题。通过在 320 工作面的技术实践，主要结论如下：

（1）综放工作面端头采用高压注水致裂坚硬顶煤时，水通过物理、化学作用，破坏了顶煤的整体性，进而使得顶煤强度降低；高压水必须克服围岩压力及围岩强度后原生裂隙才能扩展变形。

（2）当顶煤处于压应力时，顶煤裂隙不容易扩展。采用拆卸端头锚杆、锚索紧固件及端头支架让压的方法，降低端头顶煤的围压，顶煤裂隙容易扩展。

（3）通过该项技术实践解决了端头大面积悬顶问题，提高了煤炭资源回收率，为后期相类似综放工作面端头技术管理提供了实践经验。

参考文献

［1］宋选民，康天合，靳钟铭，等.顶煤冒放性影响因素研究［J］.矿山压力与顶板管理，1995(3).

［2］曲民强，康天合，靳钟铭，等.顶煤冒放性及其预测分类研究［J］.焦作工学院学报，1998(2).

［3］栗成杰，李树伟.综放工作面端头大面积悬顶控顶技术［J］.煤炭科学技术，2008(8).

［4］张金才，等.岩体渗流与煤层底板突水［M］.北京：地质出版社，1997.

［5］陈荣华，张连英.厚硬顶板采场注水软化的数值模拟［J］.矿山压力与顶板管理，2004(3).

［6］侯朝炯，勾攀峰.巷道锚杆支护围岩强度强化机理研究［J］.岩石力学与工程学报，2000(5).

［7］康红普，王金华，等.煤巷锚杆支护理论与成套技术［M］.北京：煤炭工业出版社，2007.

［8］李冲，徐金海，吴锐，等.综放工作面回采巷道锚杆支护解除机理与实践［J］.煤炭学报，2011(12).

［9］万峰，张洪清，韩振国.液压支架初撑力与工作面矿压显现关系研究［J］.煤炭科学技术，2011(6).

表土及风化基岩巷道管棚网喷支护的研究与应用

安丰存，余　杰，邢士强，邢志强

（山西锦兴能源有限公司肖家洼煤矿，山西　吕梁　033600）

摘　要　基于肖家洼煤矿主斜井表土及风化基岩段距离长、节理发育、支护困难的地质特点，针对表土及风化基岩段原钢筋混凝土砌碹支护方案存在施工缓慢、劳动强度大、安全隐患多、单价高等缺点，本文创造性地提出钢棚网喷支护的新方案，并采用理论分析与数值模拟的方法，分析验证了钢棚网喷支护机理及其优越性。现场应用实践证明，钢棚网喷支护施工进度快、施工安全、支护效果好，平均比钢筋混凝土砌碹支护减少费用 8 000 元/m，四个井筒表土及风化基岩段均采用此支护方式，共计节约成本 1 300 万元，为企业创造了显著的经济效益。钢棚网喷支护在肖家洼煤矿主斜井支护工程中成功应用，为类似地质条件的斜井支护提供了技术参考。

关键词　钢棚网喷支护；风化基岩；斜井；支护方式

0　前言

肖家洼煤矿是华电集团在山西建设"煤—电—化"一体化能源基地的基础项目，总投资 50.89 亿元，矿井可采储量 7.53 亿 t，主采煤层均厚 12.4 m，以气煤和 1/3 焦煤为主，矿井设计生产能力 1 000 万 t/a，服务年限 62.8 a。

肖家洼煤矿目前正在进行前期 1 000 万 t/a 矿井及 1 000 万 t/a 洗煤厂等建设，矿建初期主斜井表土段支护设计是必须解决的首要问题，而该矿主斜井表土及风化基岩段距离长、节理发育，支护困难，而传统的混凝土砌碹支护在承受顶压、对顶压不均匀或不对称、侧压较大的条件下受力较差，易出现裂隙，不宜在此复杂地质条件下采用[1]。亟须优化设计主斜井支护方式，实现快速、安全、经济的目标。

1　工程概况

肖家洼煤矿主斜井井筒全长 3 434.5 m，倾角 6°，井口标高为 +1 103 m，井底标高 +744 m，设计服务年限 62.8 a。断面形状为直墙半圆拱，净宽 5 m、净高 4 m[2]。井筒实际揭露条件显示：主斜井由新至老依次穿过地层 N_2（新生界上第三系）、P_{2sh}（二叠系上统石千峰组）、P_{2s}（二叠系上统上石盒子组）、P_{1x}（二叠系下统下石盒子组）、P_{1s}（二叠系下统山西组）、C_{3t}（石炭系上统太原组）等地层，主斜井表土及风化基岩段距离长达 525 m，此段多为黏土、砂砾和岩屑，结构疏松、节理发育，支护困难。主斜井井筒支护方式及工程量见表 1。

表 1　　　　　　　　　　　　　　矿井井筒支护方式及工程量一览表

巷道名称		净断面/m²	掘进断面/m²	支护方式	支护厚度/mm	工程量/m
主斜井	表土层	17.3	25.4	钢筋混凝土	330	290
	基岩段	17.3	20	锚网喷	150	3 114.1

2 支护方式创新

主斜井表土及风化基岩段原设计支护采用 ϕ20 mm 双层双向螺纹钢混凝土砌碹支护,螺纹钢间距为 300 mm,碹体厚度 450 mm。由于混凝土砌碹支护存在着施工进度缓慢、工人劳动强度大、安全隐患多、单价高等诸多缺点,多用于压力大的破碎带和要求不准渗漏水的火药库、机电硐室等工程[3]。

肖家洼煤矿本着安全、优质、快速和经济地完成井筒掘进,充分借鉴先进的矿建经验,通过支护机构内力理论计算,采用 FLAC[3D] 大型数值模拟分析研究手段,优化支护设计,最终创造性地提出采用钢棚网喷支护方式进行斜井表土及风化基岩段支护[4]。

3 钢棚网喷支护结构设计

3.1 支护结构内力计算

3.1.1 计算原理

根据直墙拱衬砌计算的基本原理[5],首先求出主动荷载作用下的衬砌内力,然后以最大弹性抗力 $\sigma_h = 1$ 分布图形作为荷载(被动荷载),求出结构的内力。求出主动荷载作用下的内力和被动荷载 $\sigma_h = 1$ 作用下的内力后,根据位移叠加原理及位移与弹性抗力的线性关系反算出 σ_h。最后把 $\sigma_h = 1$ 作用下求出的内力乘以 σ_h,再与主动荷载作用下的内力叠加起来,得到最终结构的内力。边墙支承拱圈承受水平围岩压力,可看做置于侧向弹性抗力系数为 k 的弹性地基上的直梁。

3.1.2 基本计算参数

围岩重力密度取 20 kN/m³,围岩弹性抗力系数 $k = 1.0 \times 10^6$ kN/m³,墙底弹性抗力系数取 $k_d = 1.25k$,受力钢筋抗拉、压强度设计值 $f_y = 300$ N/mm²,混凝土弹性模量 $E = 2.50 \times 10^7$ kPa,保护层厚度取 50 mm。

3.1.3 荷载计算

按照浅部巷道地压进行估算取垂直均布荷载 $q = 160$ kN/m³,水平均布荷载 $e = 68$ kN/m³,边墙弹性特征值 $\alpha = 1.287$,边墙换算高度为 $\lambda = 1.93$ m,即 $1 < \lambda < 2.75$,属于短梁,故直墙内力按弹性地基短梁进行内力计算[6]。

3.1.4 内力计算结果

沿井筒纵向上取 1 m 为计算宽度进行内力计算,经计算,拱圈既有正弯矩又有负弯矩,边墙受正弯矩,轴力皆为压力。最不利截面在拱顶处,所受轴力为 $N = 301$ kN,弯矩为 $M = 35$ kN·m。从拱顶起算到 60°圆心角处所受轴力为 $N = 420$ kN,弯矩为 $M = -30$ kN·m。边墙脚轴力为 $N = 450$ kN,弯矩为 $M = 0$ kN·m。

3.1.5 衬砌结构配筋计算及验算

分析井筒断面内力分布特征,根据《混凝土结构设计规范》,按偏压构件受力计算,构件最不利长度取拱顶两弯矩值等于零点之间的长度。经计算:衬砌断面受压区高度 $x = 62.7$ mm $< 2a'_s = 100$ mm,则假定受压区混凝土的合力点通过受压钢筋的重心,此时直接对受压钢筋取矩即可求出受拉钢筋 A_s。

计算得:$A_s = A'_s = 1\,086$ mm²。

由单侧最小配筋率计算最小配筋面积为:$A_{min} = \rho_{min}bh_0 = 0.002 \times 1\,000 \times 310 = 620$ mm²。

由双侧最小配筋率计算最小配筋面积为:$A_{min} = \rho_{min}bh_0 = 0.006 \times 1\,000 \times 310 = 1\,860$ mm²。

根据以上计算可知:$A_s = A'_s > A_{min}$,需按计算配筋才能满足正常荷载作用下衬砌结构的安全。设计采用 ϕ6.5 mm 圆钢制作的经纬网作为配筋。圆钢经纬网及支护结构如图 1 所示。

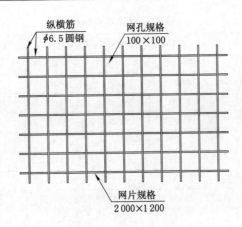

图 1 圆钢经纬网示意图

3.2 支护结构数值模拟分析

3.2.1 数值计算软件

支护结构数值模拟需根据具体工程地质条件，建立相应的数值计算模型，通过适当的计算方案，得出围岩变形、破坏特征。综合考虑几何模型的建立、网格划分、材料本构模型、结构单元、非线性计算收敛性等因素，选取 FLAC[3D] 软件进行模拟[7]。具体的数值模拟过程可分为以下两步：

（1）根据工程地质条件，建立几何模型，选取适当的材料本构模型，为岩体赋予适当的材料参数，给定载荷及边界条件，求解原岩应力。

（2）在上述计算文件的基础上，将所有节点的位移、速度清零，然后开挖硐室、施加支护结构。

3.2.2 数值计算模型及方案

根据肖家洼矿工程地质条件，建立如图 2 所示的力学模型，巷道为半圆拱形，直墙高 2.0 m，圆弧半径为 2.83 m，考虑到开挖后的影响范围，巷道距模型两侧距离取 22 m，距模型顶部及底部距离分别为 22.17 m 及 25 m，模型尺寸为 50 m×50 m。根据计算精度及计算时间的要求，对巷道附近围岩进行网格细化，模型共划分网格 3 020 个。模型两侧约束水平方向位移，底部约束垂直方向位移，顶部施加与覆岩重量大小相等的面力。围岩采用摩尔库仑模型，各个岩层物理力学参数如表 2 所示。支护结构采用 FLAC[3D] 内置的 liner 单元来模拟，其参数如表 3 所示。

数值计算方案为：固定其他参数，考察采深 $H=160$ m、240 m、300 m、360 m 时，巷道围岩变形破坏特征及应力分布特征。模拟时，由于模型垂直方向尺寸为 50 m，在不同埋深时，保证巷道圆弧圆心处于坐标(25 m，25 m)处，再通过表 1 对各个岩层参数进行赋值。

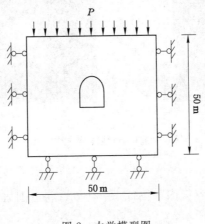

图 2 力学模型图

表2 各岩层物理力学参数

岩层	厚度/m	底板深度/m	密度/(kg/m³)	体积模量/GPa	剪切模量/GPa	黏聚力/MPa	摩擦角/(°)	抗拉强度/MPa
泥岩	35	190	2 200	3.2	2.8	3.1	25	2.2
粉砂岩	3	193	2 500	4.6	3.8	4.2	31	3.4
泥岩	30	223	2 200	3.2	2.8	3.1	25	2.2
砂质泥岩	3	226	2 300	4.1	3.2	3.6	28	2.8
粉砂岩	3	229	2 500	4.6	3.8	4.2	31	3.4
砂质泥岩	65	294	2 300	4.1	3.2	3.6	28	2.8
粉砂岩	5	299	2 500	4.6	3.8	4.2	31	3.4
砂质泥岩	14	314	2 300	4.1	3.2	3.6	28	2.8
粉砂岩	3	317	2 500	4.6	3.8	4.2	31	3.4
细粒砂岩	2	319	2 600	5.0	4.2	4.8	32	3.8
砂质泥岩	6	325	2 300	4.1	3.2	3.6	28	2.8
粉砂岩	2	327	2 500	4.6	3.8	4.2	31	3.4
泥岩	5	329	2 200	3.2	2.8	3.1	25	2.2
砂质泥岩	8	337	2 300	4.1	3.2	3.6	28	2.8
泥岩	120	457	2 200	3.2	2.8	3.1	25	2.2

表3 支护结构物理力学参数

厚度/m	弹性模量/GPa	泊松比
0	15.0	0.15

3.2.3 数值计算结果及支护效果分析

（1）巷道围岩塑性区分布特征

不同埋深下巷道围岩塑性区分布如图3所示，顶板、底板及左帮的塑性区半径随埋深的变化如图4所示，由模拟结果可以得出：由于支护结构的作用，巷道围岩在埋深 $H=180$ m、240 m、300 m 时，巷道围岩破坏范围很小，当埋深 $H=360$ m 时，塑性区半径最大值仅为 5 m；随着埋深的增加，巷道围岩塑性区半径逐渐增大，且底板塑性区半径大于顶板及两帮。

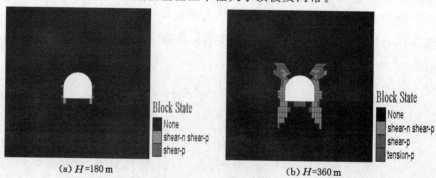

(a) $H=180$ m　　　　　　　(b) $H=360$ m

图3　塑性区分布图

（2）巷道围岩变形特征

巷道围岩水平位移、垂直位移云图如图5、图6所示；巷道围岩顶板下沉量、两帮移近量、底鼓量随埋深 H 的变化规律如图7所示。

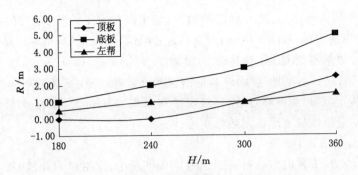

图 4 塑性区半径随埋深的变化规律

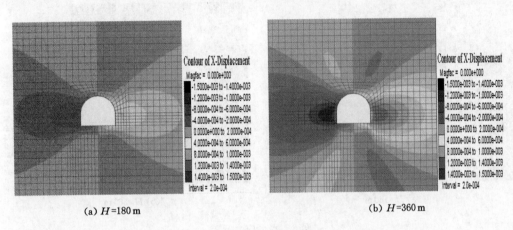

(a) H=180 m   (b) H=360 m

图 5 水平位移云图

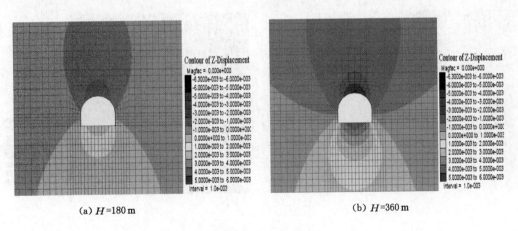

(a) H=180 m   (b) H=360 m

图 6 垂直位移云图

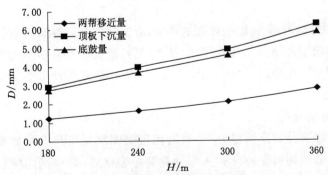

图 7 巷道围岩变形随埋深的变化规律

从图 5～图 7 中可以得出[8]：随着埋深的增加，巷道围岩水平位移、垂直位移逐渐向围岩深部转移，同时，随着埋深的增加，顶板下沉量、两帮移近量、底鼓量均增加，当埋深从 180 m 增加到 360 m 时，顶板下沉量、两帮移近量、底鼓量分别增加 3.35 mm、1.60 mm、3.14 mm，增幅分别为：114.7%、131.1%、114.6%，可见，埋深对巷道围岩变形影响显著；当埋深为 360 m 时，巷道围岩变形达到最大值，顶板下沉量、两帮移近量、底鼓量分别为 6.27 mm、2.82 mm、5.88 mm，变形较小，可见，此支护体系对巷道围岩变形控制效果很好。

(3) 巷道围岩应力分布特征

巷道围岩水平应力、垂直应力分布云图如图 8、图 9 所示，水平应力峰值、垂直应力峰值随埋深的变化曲线如图 10 所示。

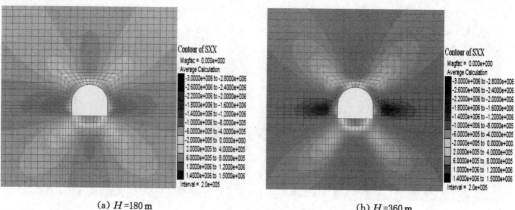

(a) $H=180$ m   (b) $H=360$ m

图 8　水平应力云图

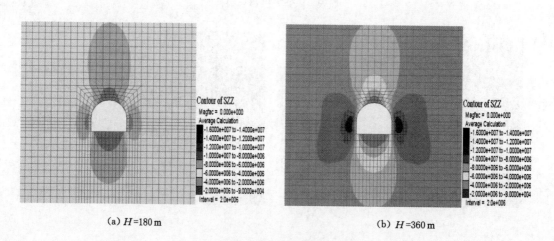

(a) $H=180$ m   (b) $H=360$ m

图 9　垂直应力云图

从图 8～图 10 中可以得出[9]：随着埋深的增加，巷道围岩应力逐渐向围岩深部转移；在巷道周边局部出现了拉应力状态，但由于支护结构的存在，受拉范围较小且拉应力值较小，在埋深为 360 m 时，水平、垂直拉应力大小分别为 2.67 MPa、0.22 MPa，巷道围岩几乎全部处于三向受压状态，支护效果好。

3.3　钢棚网喷支护方案确定

经支护结构内力计算及数值模拟分析，最终确定钢棚网喷支护方案如图 11 所示。采用 $\phi40$ mm×2 000 mm 钢导管做超前支护，18# 工字钢棚背单层钢筋网＋喷射混凝土 100 mm 为一次支护，滞后迎头 20～30 m 喷射混凝土 130 mm＋焊接钢筋网＋喷射混凝土 100 mm 成巷。

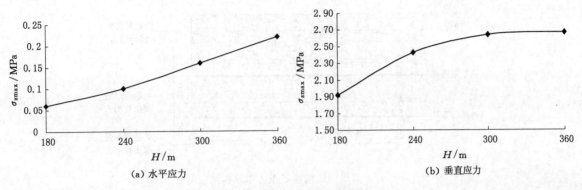

（a）水平应力　　　　　　　　　（b）垂直应力

图 10　应力峰值随埋深的变化曲线

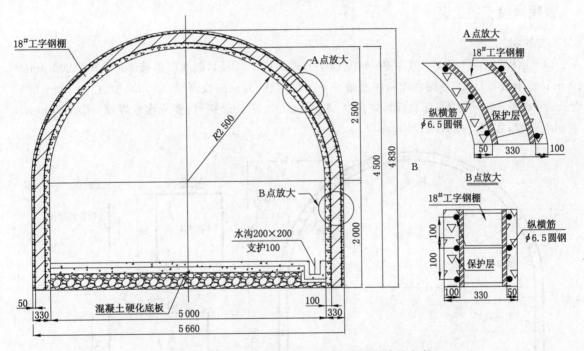

图 11　主斜井表土及风化基岩段钢棚网喷支护方案

钢棚网喷支护形成的支护体,具有较强的抗压能力和一定柔性,完全满足表土及风化基岩巷道支护要求,其支护作用如下:

（1）钢棚网喷支护体中,钢棚具有较强的抗压性能,作为支护骨架,对巷道起主要支撑作用;钢筋网、拉钩将钢棚连成一个整体,提高了支护体的稳定性,同时可以增加混凝土结构的柔性。

（2）初喷 50 mm 混凝土保护层,可以及时封闭因巷道掘进施工而暴露的围岩,使围岩保持原有的应力状态,从而增加巷道顶、帮部稳定性。

（3）总厚 330 mm 的混凝土本身具有较强的抗压性能和稳定性,将钢棚、金属网、导管、拉钩紧密固定在一起,形成具有较强抗压性能和一定柔性的支护体。

双层钢筋网和喷射混凝土形成如图12所示的力学结构。

钢筋网具有较好的抗拉性能,混凝土抗压性能远远大于抗拉性能。巷道围岩对支护体施加作用力,首先使内层钢筋网产生一定变形,内层钢筋网的变形反过来对混凝土施加反向作用力,使混凝土处于三相应力状态下,充分发挥混凝土抗压性能和钢筋网抗拉性能。同样,外层钢筋网也会对围岩和网间混凝土施加反向作用力,使混凝土处于三相应力状态,使得整个支护结构的支护能力大大增强。

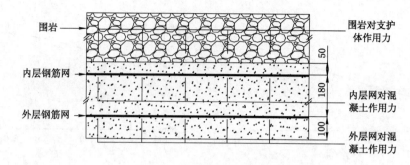

图 12 双层钢筋网混凝土力学结构示意图

4 钢棚网喷支护工艺

4.1 支护材料

（1）钢棚：采用 18# 矿用工字钢，钢棚加工方式如图 13 所示，棚腿底焊接 300 mm×200 mm× 10 mm 的钢板，以增加钢棚在软弱底板条件下的稳定性；棚梁腹板每隔 300 mm 加工 ϕ45 mm 的导管孔，用来固定超前导管；棚腿腹板焊接 2 节 ϕ20 mm×50 mm 钢管，棚梁腹板焊接 3 节 ϕ20 mm× 50 mm 钢管，用来连接架间拉钩。

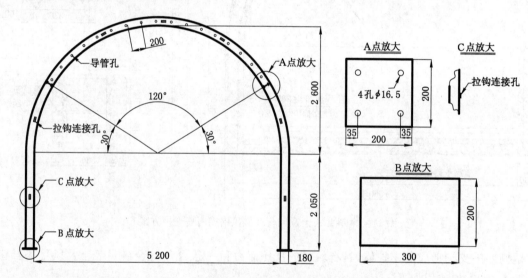

图 13 钢棚加工示意图

（2）钢筋网：采用 ϕ6.5 mm 圆钢制作的经纬网，网规格为 2 000 mm×1 200 mm，网孔为 100 mm×100 mm。网片要求表面无毛刺、浮锈，焊缝光滑平整。

（3）导管：ϕ40 mm×2 000 mm 无缝钢管，壁厚 4mm。

（4）拉钩：采用 ϕ16 mm 圆钢加工而成。

（5）喷射混凝土：强度不低于 C25，水泥与砂、石子重量比为 1:2:4，水灰比为 0.45。

4.2 施工工艺流程

4.2.1 钢棚架设

掘出巷道轮廓后，先检查巷道是否符合钢棚的尺寸，对尺寸小的地方进行处理。然后将所需材料和工具准备齐全，搭好作业平台。用钢钎插入棚腿后部挡住棚腿，将其固定。然后 2 人分别扶住左右棚腿，5 人在作业平台上将棚梁架起。上棚梁时要使棚梁与棚腿接口处吻合，棚梁上好后用螺栓将梁腿缝合并将螺帽拧紧。最后将棚与棚之间的拉钩挂上，使钢棚之间相互连接，形成整体，增加钢棚稳定性。

4.2.2 网片搭接

立好钢棚后，将钢筋网沿钢棚和巷壁间隙插入，钢筋网横筋贴岩面，纵筋贴支架。相邻两块网片之间压茬连接，压茬长度为100～200 mm，网片之间用双股14#铁丝绑紧，连接点要均匀布置，间距为200 mm，钢筋网沿顶、帮铺至巷道底板。

4.2.3 打注浆导管

导管布置如图14所示，采用风动钻机打孔，孔深1.8 m，使用大锤配合手持风钻打入导管，导管在支架外部露出200 mm。每隔两架钢棚打注一排导管，导管布置参数为：钢棚顶梁腹板定位孔，间距200 mm，与巷道轴线成10°夹角。

4.2.4 初喷混凝土

完成钢棚架设、网片铺设和导管注入后，先拆除作业面障碍物，清除开挖面的浮石、活矸和墙角的岩渣、堆积物，用高压风水冲洗受喷面；对遇水易潮解、泥化的岩层，则应用压风清扫岩面。受喷面有滴水、淋水时，喷射前应对有明显出水地点埋设导管排水。喷射作业按照自下而上的顺序分段分片依次进行，初次喷射厚度为100 mm[11]。

4.2.5 复喷成巷

滞后工作面20～30 m进行第二次喷射混凝土，喷射厚度为130 mm；二次喷射混凝土后，在工字钢外侧焊接金属网，给喷射混凝土提供支撑骨架；再次喷射100 mm混凝土成巷，最后喷射细沙素混凝土找平[12]。主斜井成巷效果如图15所示。

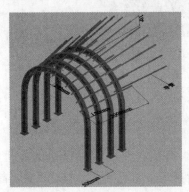

图14　导管布置方式图　　　　图15　主斜井钢棚网喷支护成巷效果图

4.3 支护施工注意事项

（1）主斜井的钢棚既要承受垂直压力，又要承受斜向下的推力。因此钢棚不能垂直于巷道顶底板的方向架设，而必须向上迎一个角度，钢棚迎山角是克服巷道斜向下的推力、防止钢棚向下倾倒的有效措施。巷道迎山角β等于巷道倾角α的1/6～1/8，即$\beta=(1/6\sim1/8)\alpha$，主斜井倾角为6°，规定迎山角为0.75°～1°。迎山角过大、过小都会降低支架的支撑能力，因此均不允许。

（2）初喷时，为确保钢棚与巷壁间形成50 mm的混凝土保护层，喷头不能垂直于钢棚喷射，必须倾斜喷射；当迎头采用爆破掘进时，应在迎头前3架钢棚腿部间支设撑木，以防止爆破崩倒钢棚；对于钢棚后部超挖严重的地方，必须用方木背严。

（3）井筒进入风化基岩段时，围岩条件相对表土段好，可根据实际情况增大钢棚间距，加快掘进速度；当巷道帮部较为破碎时，可按顶部参数布置超前导管，以防止发生片帮。

5　技术效果及经济效益分析

肖家洼煤矿主斜井井筒表土及风化基岩段采用钢棚网喷支护，提高了施工安全性，降低了工人劳动强度,加快了施工进度,减少了巷道成本。

5.1 技术效果

5.1.1 施工安全性显著增强

采用混凝土砌碹支护,必须单独架设超前支护,且存在质量大、强度低、工序复杂等缺点,无法及时为工人创造安全的作业环境。钢棚网喷支护采用打注导管作为超前支护,间距为 300 mm,导管一端位于钢棚顶梁,另一端插入迎头顶板 300 mm,在巷道拱部形成有效的掩护。钢棚网喷超前导管支护情况如图 16 所示。

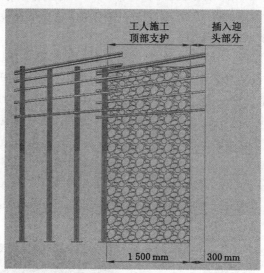

图 16 掘进超前支护示意图

由图 16 可知,工人一直在顶部导管保护区域内作业,充分保障了工人在巷道掘进和支护过程中的安全。临时支护结束后不必拆卸,作为永久支护的一部分,进一步提高了巷道支护强度。

5.1.2 施工进度明显加快

钢棚网喷支护充分发挥喷浆机高效作业的优点,后部喷浆不影响迎头工作面的正常掘进施工,减少支护在成巷过程中占用的时间,实现掘进和永久支护平行作业,而混凝土砌碹过程中不能进行其他作业。

混凝土砌碹支护每掘进 3 m 砌碹一次,每次花费时间为 36 h 左右,平均每掘进 1 m 巷道的支护时间在 12 h 左右,而采用钢棚网喷支护完成 1 m 巷道支护时间为 3 h 左右,仅为原设计的 1/4。

按照原有支护设计,混凝土砌碹支护每月进尺在 60 m 左右。而采用钢棚网喷支护方式,表土及风化基岩段掘进速度大大提高,主斜井开工后施工进度如图 17 所示。

由图 17 可以看出,采用钢棚网喷支护每月进度在 120 m 左右,为混凝土砌碹支护方案的 2～2.5 倍。

5.1.3 降低工人劳动强度

与钢筋混凝土砌碹支护相比,钢棚网喷支护采用喷浆机喷射混凝土,减少了模板支护、支撑、拆除等工序,减少超前支护的架设、拆卸和前移,有效提高了施工效率,大大降低了工人的劳动强度。

5.1.4 掘进工程量

主斜井采用钢棚网喷支护比采用混凝土砌碹支护掘进断面小 2.19 m²,每掘进 1 m 钢棚网喷要比混凝土砌碹少掘进岩土 2.19 m³,主斜井表土及风化基岩段总共少掘进岩土 1 149.75 m³。

5.2 经济效益

钢棚网喷支护与钢筋混凝土砌碹支护相比,在支护材料及工人工资等方面具有明显的经济

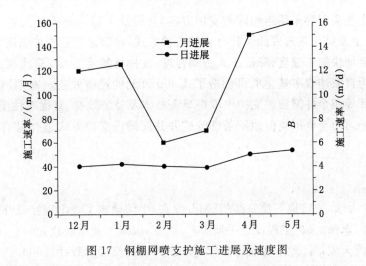

图17 钢棚网喷支护施工进展及速度图

效益。

5.2.1 支护材料及费用

主斜井混凝土砌碹与钢棚网喷支护支护材料及费用见表4。

表4 主斜井混凝土砌碹、钢棚网喷支护每米支护材料费用比较表

项目	计量单位	混凝土砌碹	钢棚网喷(表土段)	钢棚网喷(风化基岩段)
砌碹混凝土	m³	5.72		
砌碹钢筋	t	0.80		
钢棚	t		0.67	0.42
金属网	t		0.16	0.16
喷混凝土	m³		3.91	3.91
费用	元	13 955	12 800	10 303

由表4可知,钢棚网喷支护每米材料费在表土段及基岩段要比混凝土砌碹支护分别少1 155元和3 652元。

5.2.2 工人工资

主斜井双层钢筋混凝土砌碹支护按每3 m砌碹一次,每次所需时间24 h,8 h每班,每班12人计,共36工,每工工资150元计,混凝土砌碹1 m工人工资为1 800元;采用钢棚网喷支护每米支护时间3 h,每班12人,共4.5工,每米支护工人工资为540元。钢棚网喷支护每米工人工资比砌碹支护少1 260元。

5.2.3 总体经济效益分析

由上述分析可知,钢棚网喷支护与原设计支护方式相比,费用大为降低,由原支护设计3.8万元/m降为2.8万元/m,每米巷道节约近1万元,主斜井表土及风化基岩段采用钢棚网喷支护节约成本500多万元。同时副斜井、回风斜井、措施斜井表土及风化基岩支护也借鉴主斜钢棚网喷支护的成功经验。

肖家洼煤矿采用钢棚网喷支护巷道总长达1 627 m,因采用钢棚网喷支护节约成本共计1 300万元。

6 结语

通过对钢棚网喷支护结构进行内力合理计算及采用大型FLAC³ᴰ数值模拟软件进行数值分

析,最终确定了首先在主斜井采用钢棚网喷支护方案,并设计了对应的施工工艺。实践证明,钢棚网喷支护是斜井表土及风化基岩段的一种有效的支护方式,在满足巷道支护强度要求的同时,可以提高施工安全、明显加快施工速度、降低工人劳动强度;支护材料及工人工资大幅减少,巷道掘进速度明显加快,总计为肖家洼煤矿基建项目创造了1 300万元的经济效益。钢棚网喷支护在肖家洼煤矿主斜井、副斜井等四个井筒掘进支护中取得显著技术及经济效益,其优越性受到各施工单位的一致认可,对集团公司乃至全国类似地质条件的矿井井筒掘进支护方式选择具有重要的推广借鉴意义。

参考文献

[1] 同济大学,天津大学.土层地下建筑结构[M].北京:中国建筑工业出版社,1982.

[2] 张荣立,何国纬,李铎.采矿工程设计手册[M].北京:煤炭工业出版社,2003.

[3] 陈建平,吴立,闫天俊,等.地下建筑结构[M].北京:人民交通出版社,2008.

[4] 赵小屯,连国明.牛山煤业主斜井过表土层暗槽施工围岩控制及施工工艺研究[J].科学资讯,2012(25):88.

[5] 张小俊.表土段斜井井筒的支护设计[J].煤炭工程,2012(07):32-33.

[6] 夏永旭,王永东.隧道结构力学计算[M].北京:人民交通出版社,2004.

[7] 许保国,姚峰,黄玉诚,等.副斜井表土段支护设计及数值模拟研究[J].煤炭技术,2010(06):76-78.

[8] 连清旺.矿井顶板(围岩)状态监测及灾害预警系统研究及应用[D].太原:太原理工大学,2012.

[9] 陈琦,刘文彬,杨安红,等."测量误差预计"在窄间距立交井巷施工中的应用[J].科技创新导报,2012(17):95,97.

[10] 董维新.浅论常兴煤业主斜井井筒锚网索喷支护的应用[J].煤,2011(S1):18-20.

[11] 静玉涛.浅部基岩层下主斜井井筒支护设计[J].陕西煤炭,2011(03):50-51.

[12] 杨海平.大跨度复合顶板的支护研究与应用[J].中国煤炭,2011(08):53-55.

巷道交岔点双控锚索支护技术与应用

刘　黎

（永贵五凤煤业有限责任公司，贵州　大方　551600）

摘　要　煤矿井下地质条件复杂，巷道交岔点应力集中，破坏变形情况明显。通过现场调查和支护理论研究，总结巷道交岔点的破坏形式。提出在交岔点使用双控锚索，提高牛鼻子支撑强度，改善整体受力状态，实现交岔点整体稳定。并将研究成果应用于五凤煤矿中二采区以下巷道交岔点支护工程中，效果明显，为其他矿区交岔点施工提供技术依据。

关键词　交岔点；双控锚索

0　前言

煤矿井下巷道因需要多有交岔，交岔点往往是矿井运输、通风、行人等的咽喉部位，一般具有跨度大、围岩破坏程度高、服务年限长、支护强度要求高等特点。在以前的交岔点支护技术中，多用料石砌碹支护，锚网索喷浆支护，U型钢或工字钢棚加固支护或锚网索＋架棚＋喷浆双层支护等。随着煤矿开采深度的增加，煤矿井下地质条件的不确定，原有的支护方式已经不能满足巷道支护需求，巷道交岔点逐步出现浆皮开裂、顶帮变形、脱皮掉矸等现象，局部地段甚至严重影响巷道的行人、通风和运输。且巷道维修工程量增加、难度增大、周期变短，支护成本翻倍增加，还对煤矿整体工程质量标准化和安全生产造成很大的影响。

五凤煤业公司组织全矿技术人员，通过对中二采区及以下巷道交岔点地质特征、支护工艺、变形情况、维修工艺及维修周期的大量调查，分析研究交岔点的破坏特征和破坏机制，以及应力分布和支护机制，提出了交岔点双控锚索支护技术，并在1 400 m水平（埋深150～200 m）各交岔点成功应用。

1　交岔点特征

巷道交岔点存在巷道交岔、支护断面大、应力集中等特点，尤其是巷道向深部延伸时交岔点应力随开拓深度的增加而增加。下面以五凤煤业公司中二采区轨道下山与管子道交岔点为例进行研究。中二采区轨道下山巷道净宽4 400 mm，管子道净宽3 400 mm，设计牛鼻子宽1 000 mm，交岔点宽度自4 400 mm增大到8 800 mm，支护宽度增大一倍，渐变断面长度14 000 mm，牛鼻子应力集中，现场测试结果最大主应力平均为15.4MPa（与水平方向夹角约10°），垂直应力平均为11.8 MPa。

2　交岔点破坏特征

通过对五凤煤矿、五凤二矿以及周边小屯、富利等10对矿井交岔点变形破坏情况的现场调查，总结巷道交岔点的破坏特征。

巷道施工过程中交岔点牛鼻子承受两条或多条交岔巷道顶板卸压区和两帮的支撑应力区应力

相互叠加的影响,以及井下巷道本身存在的高地应力的作用,成为巷道交岔点区域应力最集中的部位。往往出现Ⅰ形裂纹或裂隙、X形裂纹或裂隙和沿巷道走向受压鼓出变形。详见图1。

交岔点牛鼻子受到破坏,变形严重,支撑能力降低,造成巷道顶板垂直应力二次分布,往往会造成顶板浆皮开裂,顶板下沉等现象,使牛鼻子承受更大的压力,进入恶性循环,如不及时处理最终造成交岔点完全破坏。详见图2。

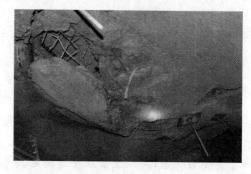

图1　牛鼻子变形图　　　　　　　　　　　　图2　交岔点顶板破坏图

3　交岔点破坏原理

根据五凤煤业公司等矿井井下交岔点变形破坏特征及破坏过程,通过定量分析和过程还原等手段对交岔点破坏原理进行分析。

3.1　牛鼻子破坏机制

在巷道交岔点支护体中,牛鼻子基本处于交岔断面的正中间位置,是交岔点大断面跨中支护的主要部分,对交岔点大断面提供支撑,抵抗顶板垂直下压应力作用,抑制顶板下沉。当牛鼻子抗压强度不足时,牛鼻子内部岩体和支护体易发生碎裂,碎裂岩体和支护体在竖向压力作用下形成竖向贯通的一级主裂缝,将完整岩体切割成各自独立的岩柱,产生Ⅰ形裂缝。同时由于牛鼻子内部上下围岩性质不同,抗压强度不同,形成不同的抗压面,在横向剪应力的作用下产生横向或斜向的二级裂缝,将岩柱切割成不同形状的块段,产生X形裂缝。详见图3。

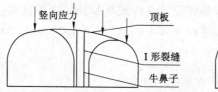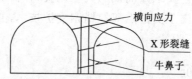

图3　牛鼻子力学模型图

3.2　交岔点顶板破坏机制

锚网喷支护的半圆拱巷道中,每根锚杆通过锚固剂的作用在锚杆杆体两端形成圆锥形分布的应力区,沿巷道周边安装锚杆时,各个锚杆形成的应力圆锥体相互交错,在岩体中形成承压拱,理论上说,只要锚杆间距足够小,在岩体中形成的承压拱的厚度将达到最大,且形成一个绝对的半圆拱支护体,共同承受其顶部的竖向载荷和帮部的横向载荷。在承压拱内支护体的径向及切向均匀受压,处于三向应力状态,其围岩强度得到提高,当支护体支护能力大于或等于三向应力要求时,达到一个应力平衡状态,巷道处于稳定状态。

但实际使用的锚杆长度为2 000 mm,对围岩加固范围有限,形成的承压拱厚度有限,承压拱的厚度也难以提高。在断面过大的巷道,会造成承压拱的支撑面积与厚度比值过大,出现支撑能力不足的现象,从而导致巷道支护体开裂、顶板下沉。

牛鼻子作为交岔点大断面的中间支柱,将主巷和支巷隔开形成两个承压拱,起到增强大断面承压拱支护的作用。如果中间岩柱支护强度不足,主巷和支巷连成一个更大断面的巷道,则可能造成更大巷道的承压拱面积远超过厚度,从而陷入顶板下沉—牛鼻子受压破坏—顶板下沉加剧这一恶性循环中。

3.3 交岔点破坏主控因素分析

根据以上分析,巷道施工过程中交岔点由于断面跨度大、围岩破坏程度高、应力集中程度高,中间支护体(牛鼻子)两侧分别支护、无横向约束、缺乏整体性易出现变形破坏,从而导致顶板破坏,变形下沉。因此,维持交岔点牛鼻子即中间支护体对顶板围岩的支撑能力就显得尤为重要,交岔点破坏的主控因素为:改善中间支护体的支护方法、加固中间岩柱,提高牛鼻子支护强度。

4 交岔点双控锚索支护技术

4.1 基本原理

巷道交岔点由于断面跨度大、围岩破坏程度高、应力集中程度高,中部压力几乎全部集中在牛鼻子(中间支护体)上,对牛鼻子支护强度要求高。但在施工过程中由于中间岩体受多次爆破破坏,岩体内部产生裂隙,且两边分别施工锚杆,缺乏整体性,造成支护强度低,在各向应力作用下牛鼻子破坏变形,顶板破坏下沉。

在交岔点牛鼻子两侧对穿锚索,两端通过锚索托盘同时施加预紧力,经过围岩与锚索及托盘的相互作用,将中间破碎岩体联合成一个整体,提高中间岩体的竖向支撑强度。同时牛鼻子一侧的变形相当于对另一侧的拉力的增加,将中间岩体的横向位移控制在一个很小的范围,形成一个双向相互控制的平衡状态,提高中间岩体的横向支撑强度。最终使交岔点牛鼻子达到应力平衡状态,顶板承压拱达到应力平衡状态,即交岔点实现整体稳定。

4.2 双控锚索载荷设计

巷道交岔点双控锚索支护技术的关键是确定双控锚索的载荷设计,若施加载荷过大,中间岩柱反而遭到再次破坏,且因中间岩柱的刚性过大而直接造成对顶板围岩的破坏,不能与顶板承压拱连成一个整体;若施加载荷过小,中间岩柱不能联合成一个整体,且因预留了足够大的横向位移空间而造成横向约束不够,不能阻止中间岩柱的横向位移,从而导致整个中间支护体的支护强度降低,甚至遭到破坏。

以 X 形剪切破坏为例,进行双控锚索支护下的力学分析,确定锚索预应力的强度设计,如图 4 所示。

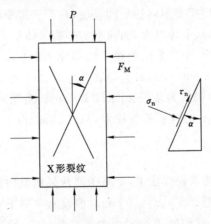

图 4　双控锚索支护模型

根据莫尔—库仑强度理论公式：

$$\tau_n = \sigma_n \tan \varphi + C$$

式中　τ_n——正应力 σ_n 作用下的极限剪应力，MPa；

　　　C——岩石的黏聚力，MPa；

　　　φ——岩石的内摩擦角，(°)。

假设 F_M 为双控锚索的预应力(kN)，R 为锚索的排距(m)，S 为锚索的间距(m)，则中间岩柱所受到的水平应力 σ_3 和垂直应力 σ_1 分别为：

$$\sigma_1 = K \frac{P}{\alpha L}$$

$$\sigma_3 = \frac{\eta P}{\alpha L} + \frac{F_M}{RS}$$

$$K = 1.079\,1 - 0.276\,8 \ln \frac{a+2b}{a}$$

式中　P——中间岩柱所承受的上覆岩层施加的载荷，kN；

　　　L——中间岩柱的加固宽度，m；

　　　K——中间岩柱应力集中系数；

　　　a——中间岩柱宽度，m；

　　　b——支巷的宽度，m。

根据岩石力学知识得：

$$\begin{cases} \sigma_n = \sigma_1 \sin \alpha + \sigma_3 \cos \alpha \\ \tau_n = \sigma_1 \cos \alpha - \sigma_3 \sin \alpha \end{cases}$$

推出：

$$F_M = \frac{RS}{\sin(\alpha+\varphi)} \left(\frac{AP}{aL} - C \cos \varphi \right)$$

其中：

$$A = K \cos(\alpha+\varphi) - \eta \sin(\alpha+\varphi)$$

即双控锚索两边施加的预紧力要达到 F_M。

5　工程应用及效果检验

5.1　工程概况

五凤煤业公司中二采区轨道下山沿 6 中煤层底板掘进，掘进过程中将穿过细砂岩、粉砂岩、泥质粉砂岩、粉砂质泥岩、泥岩和煤层等不同性质的岩层，与管子道交岔段地层岩性为粉砂质泥岩、泥岩和泥质粉砂岩，围岩松软、易碎，节理发育，为典型的碎裂岩体结构类型。

两条巷道均为直墙半圆拱形，中二采区轨道下山净宽 4 400 mm，管子道净宽 3 400 mm，牛鼻子 1 000 mm，交岔点最大净宽 8 800 mm，最大净高 3 600 mm(顶板施工成弧形)。

巷道支护均为锚网喷支护，锚杆为 $\phi20$ mm×2 000 mm 高强螺纹锚杆，间排距 800 mm×800 mm，标号 C20 混凝土喷厚 120 mm；顶板补打锚索，$\phi15.24$ mm×6 000 mm，间距 3 200 mm，在正顶和两肩窝各布置一根。

5.2　支护设计

根据交岔点双控锚索支护技术研究成果，牛鼻子两帮采用横向锚索代替锚杆，采用锚索＋钢筋网＋喷浆支护。按照锚索间排距 800 mm×800 mm(假设)，牛鼻子宽 1 000 mm(设计)，支巷宽 3.4 m(设计)，计算得 $K=0.511\,1$；饱和砂质泥岩内摩擦角取 36°，黏聚力取 2.16 MPa(取自地质报告)，裂纹中心角取 15°(现场测量资料)，计算得 $A=0.211\,1$；上覆岩层按照厚度 200 m 计算，计算

得 $P=1\,332$ MPa。代入公式得 $F_\mathrm{M}=18.545$ MPa。

  根据以上计算,牛鼻子采用 $\phi15.24$ mm 钢绞线,根据牛鼻子宽度截割成 $1\,550\sim6\,500$ mm,自底板往上 300 mm 起施工,间排距 800 mm$\times800$ mm,共施工 3 排,锚索张紧力 20 MPa(满足设计要求)。采用 W 钢带沿锚索布置方向铺设,钢带上根据锚索设计间距 800 mm 施工锚索眼,钢带内部钢筋网按作业规程铺设;锚索托盘采用 7 mm 厚钢板加工,规格 500 mm$\times500$ mm;喷浆厚度按作业规程施工。如图 5 所示。

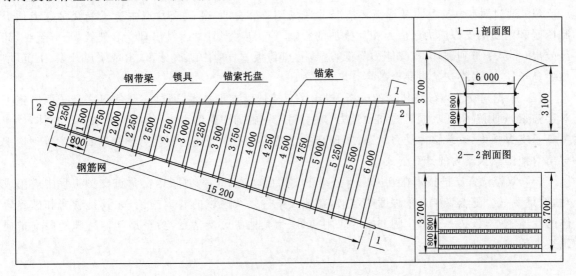

图 5 中二采区轨道下山与管子道牛鼻子支护示意图

5.3 支护效果

  中二采区轨道下山与管子道于 2011 年 12 月份施工结束,截至 2015 年 2 月份已 48 个月,从现场观测结果(图 6)看牛鼻子两帮表面在施工结束前 40 d 内有小范围变形,之后处于稳定阶段,牛鼻子表面及顶板均未出现裂纹。

  根据监测结果显示,交岔点施工结束后 18 天内为变形剧烈阶段,牛鼻子两帮表面位移量达到 50 mm,交岔点顶底板移近量达到 18 mm;$18\sim32$ d 内牛鼻子两帮表面位移量增加到 53 mm,交岔点顶底板移近量增加到 22 mm;32 d 后基本趋于稳定;之后连续观察到 100 d,牛鼻子两帮表面位移量稳定在 54 mm,交岔点顶底板移近量稳定在 24 mm,巷道变形得到控制。如图 6 所示。

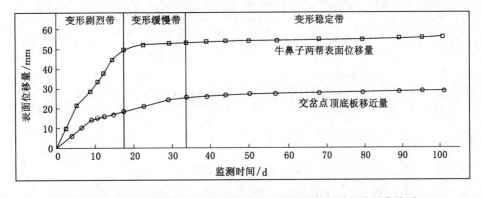

图 6 中二采区轨道下山与管子道交岔点变形情况与时间关系曲线图

6 结论

通过对五凤煤业公司等 10 对矿井井下交岔点变形破坏情况的现场调查及理论研究,分析了矿井巷道交岔点变形破坏的主要特征,利用定量分析和过程还原等手段对交岔点破坏原理进行分析,进而系统研究了交岔点双控锚索支护的技术原理及双控锚索预紧力的计算方法,同时以五凤煤业公司中二采区轨道下山与管子道交岔点工程为例进行应用效果定量分析。主要结论如下:

(1)通过对矿井交岔点变形破坏情况的现场调查和分析,巷道交岔点牛鼻子受交岔巷道顶板卸压区和两帮的支撑应力区应力相互叠加的影响,成为应力集中区,易出现 I 形裂纹、X 形裂纹,甚至鼓出;牛鼻子遭到破坏,支撑能力降低,造成巷道顶板垂直应力二次分布,出现浆皮开裂、下沉,增加牛鼻子压力,最终交岔点完全破坏。

(2)根据对交岔点破坏机制的分析,提出了双控锚索支护技术,通过在交岔点牛鼻子两侧施工对穿锚索,利用锚索托盘同时施加预紧力,对中间岩体施加横向约束力,使其联合成一个整体,提高牛鼻子支撑强度,改善整体受力状态,实现交岔点整体稳定。并通过工程力学和岩石力学等理论推导出双控锚索预紧力的计算公式。

(3)双控锚索支护技术在五凤煤业公司中二采区轨道下山与管子道交岔点支护工程中应用成功,效果明显。随着煤矿开采深度的增加,在地质条件复杂区域的巷道施工,尤其是软岩和破碎岩体的巷道施工,该技术有着广阔的推广应用前景,为其他矿区交岔点,甚至是其他特殊地段支护提供技术依据。

近距离煤层回采巷道布置方式与支护

张学斌,刘德利,孟　霄,刘海泉

(煤炭工业济南设计研究院有限公司,山东　济南　250031)

摘　要　近距离煤层上部煤层开采所形成的应力集中,影响下部煤层布置回采巷道。本文运用 FLAC[3D] 数值模拟软件对煤柱内应力分布及传递规律进行数值模拟计算,得出煤柱的宽度对下方底板应力传递及分布规律的影响,对近距离煤层回采巷道布置方式与支护有一定的指导作用。

关键词　FLAC[3D]模拟;近距离煤层;煤柱;集中应力;回采巷道

煤层群开采,煤层间距离较大时,上部煤层开采后对下部煤层的开采影响程度较小。随着煤层间距变小,下部煤层会受到上部煤层遗留煤柱的应力影响造成局部应力集中,上、下煤层间采动的相互影响会增大,成为影响下部煤层回采巷道布置和维护的重要因素[1,2]。

1　煤柱内集中应力分布状况分析

在工作面回采结束后,由于受到围岩应力的影响,在采空区边缘附近会出现塑性变形区,引起应力向围岩内部转移。煤柱宽度比较小时,基本没有弹性区,煤柱处于塑性状态,承载能力降低,煤柱内压力有一部分会转移释放,应力集中程度降低,其在底板煤(岩)层中的影响范围减小、影响程度降低,此种情况下对于近距离下部煤层回采巷道布置是有利的。

2　煤柱下底板岩层应力分布数值模拟

以贵州某煤矿工程地质条件为计算基础,应用 FLAC[3D] 数值模拟软件,对煤柱宽度为 5 m、10 m、15 m、20 m 时底板岩层应力分布进行数值模拟。以应力集中系数 $k=1$ 的曲线作为划分应力升高区和应力降低区的分界线,该线与煤柱边缘垂线之间的夹角即为煤柱内集中应力在底板煤岩层内的传递影响角,如图 1 所示。

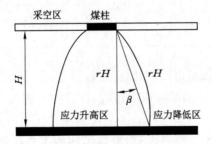

图 1　应力传递影响角 β 示意图

沿工作面方向底板岩层垂直应力等值线分布如图 2 所示,由数值模拟结果整理的应力传递影响角和应力最大集中系数见表 1、表 2。

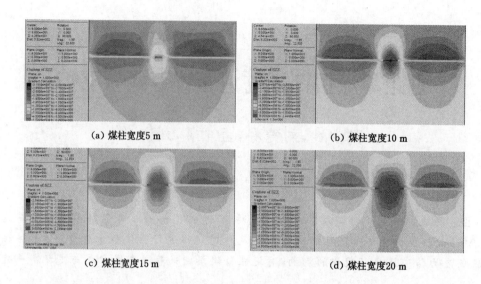

(a) 煤柱宽度5 m　　　　　　　　(b) 煤柱宽度10 m

(c) 煤柱宽度15 m　　　　　　　　(d) 煤柱宽度20 m

图2　沿工作面方向底板岩层垂直应力等值线分布图

表1		底板岩层不同位置处的应力传递影响角					
煤柱下方岩层与煤柱垂直距离/m　　煤柱宽度/m	5	10	20	30	40	50	
5	47.37°	34.99°	14.04°	—	—	—	
10	50.19°	38.66°	28.81°	26.57°	28.81°	29.24°	
15	45°	34.99°	27.70°	33.69°	34.02°	34.99°	
20	38.66°	30.96°	26.57°	28.07°	32.01°	32.61°	

表2		底板岩层不同位置处应力最大集中系数					
煤柱下方岩层与煤柱垂直距离/m　　煤柱宽度/m	5	10	20	30	40	50	
5	2.55	1.82	1.09	1.01	0.99	1.00	
10	3.12	2.53	1.55	1.24	1.12	1.10	
15	3.38	2.70	1.75	1.38	1.23	1.18	
20	2.83	2.45	1.74	1.47	1.27	1.21	

通过表1和表2中数据可以得出以下几点结论：

(1) 在底板岩层中，煤柱中心轴线处应力最大，远离中心轴线处应力逐渐减小，且在煤柱边缘范围附近衰减速率最大。

(2) 在底板岩层不同深度水平截面上，与煤柱之间的垂直距离越小，产生应力集中的范围越小，影响程度越大；反之，与煤柱之间的垂直距离越大，产生应力集中的范围越大，而影响程度越小。

(3) 煤柱内集中应力在下方底板岩层同一深度处的应力集中系数，随煤柱宽度的增大而增大；且煤柱宽度越大，煤柱内集中应力对下方底板岩层的影响深度也越大。

3 技术条件

3.1 概况

该煤矿 1、3 煤层平均间距为 12.31 m。1306 工作面开采 3 煤层,位于 1101 工作面下方、1302 工作面西北部和 1303 工作面东南部,目前 1101、1302、1303 工作面均已回采完毕。

巷道在掘进后不久,围岩开始出现变形破坏,巷道内的动压现象有明显的增大趋势。巷道顶板破碎严重,且下沉量较大;巷道底板出现了严重的底鼓,两帮外鼓、片帮严重,虽然采取锚索和架棚加强支护,仍然出现棚梁弯曲和两帮移近量增大、巷道底鼓等现象,不能有效控制围岩变形,顶板下沉量最大达到 1 m 以上,且变形量有继续增大的趋势,使得巷道高度远低于设计高度。因此,为了确保巷道的后续施工安全及工作面安撤断面的要求,在对巷道进行多次修复仍然不能控制巷道围岩变形的情况下,不得不停止继续掘进 1306 回风顺槽,将已经掘进出的巷道废弃,另外选择巷道掘进位置。

3.2 破坏原因分析

该煤矿 1306 工作面回风顺槽原位置与 1101 工作面顺槽呈外错式布置,位于煤柱下方,巷道中心线与煤柱边缘水平距离为 5.6 m。由数值模拟结果可知,巷道处于上部煤体造成的集中应力峰值区,巷道围岩应力过大,这是 1306 回风顺槽产生严重变形破坏的主要原因。

根据 1306 工作面生产地质条件,1306 回风顺槽应采用内错式布置方式,应力传递影响角取22°,则内错距离为 5 m。因此,在 1303 安撤联络巷开口 15 m 处重新布置 1306 回风顺槽,巷道空间位置关系如图 3、图 4 所示。新布置的 1306 回风顺槽巷道支护参数与原位置处的巷道支护参数相同,顶板采用锚网支护,两帮无支护。

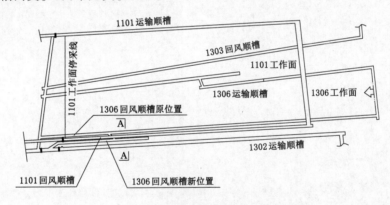

图 3 新 1306 回风顺槽空间位置关系平面图

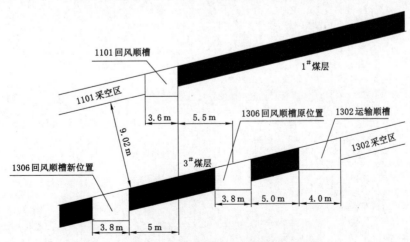

图 4 新 1306 回风顺槽空间位置关系剖面图

通过现场实测，新 1306 回风顺槽在 1101 采空区下方的部分从掘进到回采后的整个服务期间，巷道两帮累计最大移近量为 46 mm，巷道顶底板累计最大移近量为 58 mm，巷道围岩移近量小，巷道断面无明显变形，维护状况良好。

4 结论

原 1306 回风顺槽是采用外错式布置方式，由数值模拟结果可知巷道处于应力集中区，因此巷道破坏严重；新 1306 回风顺槽采用内错式布置方式，应力传递影响角取 22°，因而内错距离为 5 m，实践表明，巷道断面无明显变形，维护状况良好。本文通过理论计算和 FLAC^{3D} 数值模拟，得到了不同宽度的煤柱下方底板应力传递及分布规律，对近距离煤层下部煤层回采巷道的布置方式具有重要的指导作用。

参考文献

[1] 宋振骐.实用矿山压力控制[M].徐州:中国矿业大学出版社,1988.

[2] 陈炎光,陆士良.中国煤矿巷道围岩控制[M].徐州:中国矿业大学出版社,1994.

[3] 陆士良.岩巷的矿压显现与合理位置[M].北京:煤炭工业出版社,1984.

[4] 钱鸣高,石平五.矿山压力与岩层控制[M].徐州:中国矿业大学出版社,2003.

[5] 陆士良,姜耀东,孙永联.巷道与上部煤层间垂距 Z 的选择[J].中国矿业大学学报,1993,22(1):1-7.

[6] 陆士良.巷道与上部煤柱边缘间水平距离 X 的选择[J].中国矿业大学学报,1993,22(2):1-7.

千米深井马头门支护技术研究应用

段江维,周俊林

(冀中能源峰峰集团有限公司九龙矿,河北　邯郸　056200)

摘　要　针对大井深部大断面、高应力、高地温、软岩巷道围岩变形量大、流变性大、底鼓严重、支护困难等问题,磁西矿开展了锚网索喷与注浆加钢筋混凝土联合支护的研究,建立了大硐室动态系统监测,研究围岩开挖后每个阶段的动态响应,掌握围岩响应规律;围岩开挖、施工顺序、围岩稳定和围压释放时间之间的关系;大硐室破坏机理和开挖围岩动态响应规律,提出每阶段优化支护方案,确保马头门支护合理可靠,并提供一套合理支护方案。

关键词　深井支护;锚网索喷;钢筋混凝土;联合支护

0　前言

九龙矿东翼副井马头门开口处掘进宽度 8.2 m,掘进高度 6.6 m,摇台位置高达 9 m,马头门初步设计采用锚网索喷一次支护,钢筋混凝土砌碹二次支护。锚杆采用 ϕ22 mm×2 400 mm 高强预应力锚杆,间排距 700 mm;锚索采用 ϕ20 mm×10 000 mm 高强锚索,间排距 1 400 mm。

九龙矿东翼副井埋深 1 300 m、地温高,马头门属于典型深部大断面、高应力、高地温、软岩巷道,具有围岩变形量大、流变性大、底鼓严重等变形破坏特性。有必要对深井复杂条件下巷道破坏机理进行综合分析,研究提出九龙矿东翼副井马头门合理、有效支护方案。

1　深井巷道破坏机理分析

1.1　深井巷道围岩稳定性影响因素及破坏机理分析

影响巷道变形的因素很多,如围岩岩石物理力学特性、矿物组成、岩体结构和地质构造、温度、水、瓦斯等。而支护结构、施工工艺及质量等也是影响巷道稳定的因素。九龙矿东翼副井深部高应力、高温、软岩巷道围岩变形破坏的主要影响因素包括构造应力、地下水、高地温等方面。

（1）构造应力的影响

深部岩体处于垂直应力、构造应力、动压等相互构成的复杂的应力场中。随着开采深度的增加,深部软岩巷道受到上覆岩层的自重应力也越来越大,由于软岩本身的承载能力较差,一旦巷道支护体系破坏失效,巷道变形急剧加速;在地质构造活动强烈地区,残余构造应力更大,水平应力往往大于垂直应力,形成高水平地应力,这些都增加了软岩巷道地压显现及巷道围岩破坏的剧烈程度,造成深部高应力软岩巷道支护更加困难。

九龙矿东翼副井井底车场位于断层 CF16 和断层 CF17 形成的地堑中部,受两大断层构造影响,软岩巷道的破坏速度、破坏程度更为严重,破坏区域更大,加大了深部高应力软岩巷道的支护难度。这是引起巷道失稳、变形破坏的重要因素之一。

（2）地下水对岩体稳定性影响

九龙矿东翼副井是一座富水矿井,水对岩体及支护稳定性的影响是非常明显的。研究证明,含水量对沉积岩强度和变形特性的影响十分显著,对于泥岩和石英砂岩,从干燥到饱和,单轴抗压强度有50%的损失。Dyke等研究了三种强度介于34～74 MPa的砂岩的单轴抗压强度与含水量的关系,结果表明:岩石强度越低,对含水量反应越敏感,见表1。

表1   Dyke等提出的单轴抗压强度(UCS)试验结果

砂岩类型	UCS(干燥)/MPa	UCS(饱和)/MPa	强度损失/%
砂岩1	70	53	24
砂岩2	48	36	25
砂岩3	34	22.5	34

(3)温度应力的影响

大部分国有重点煤矿将进入1 000 m以上的开采深度,深部开采的趋势将不可避免。

在深部条件下,地温达到30～50 ℃。岩体在此种超出常温的环境下,所表现出来的变形特征和力学行为均与浅部的有着明显的区别。温度每变化1 ℃可以产生0.4～0.5 MPa的地应力变化,温度升高所产生的地应力变化对岩体的力学性质将产生较大影响。在深部条件下,许多坚硬的岩石往往会出现大的位移和变形,并且还具有明显的流变特征,温度在其中起着重要的作用。

① 温度变化对围岩变形的影响。

深井巷道围岩的地温一般随着开采深度的增加相应升高,从目前的资料来看,增温的梯度约为每100 m温度升高1.5～4.5 ℃。在一些深井巷道,温度的变化引起的岩石力学性质改变很明显。图1～图3给出了几种岩石在围压一定的情况下,不同温度下的应力差量与应变曲线。

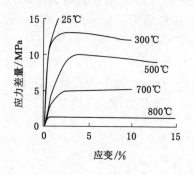

图1　玄武岩应力差量—应变曲线(围压500 MPa)　　图2　花岗岩应力差量—应变曲线(围压500 MPa)

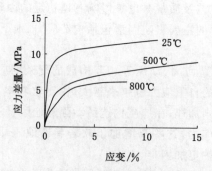

图3　白云岩应力差量—应变曲线(围压500 MPa)

由于地下巷道的开掘,围岩与外界产生一定程度的热交换,由于外界风流温度的变化,围岩必然形成一个变化的温度场分布区域,巷道围岩在这个变化着的温度场的长期作用下导致围岩体的膨胀或收缩,从而产生热应力。热应力在长时间内作用下,又可以改变围岩流变变形的速率。

② 深井热力耦合巷道围岩对围岩稳定性影响。

耦合理论最早起源于 20 世纪 50 年代美国水库诱发地震的分析,70 年代正式提出,直至 80 年代以后逐步完善发展。

1.2 深部巷道流变破坏特性的数值模拟研究

（1）数值模拟模型的建立

本数值模拟以九龙矿东翼副井井底车场的马头门为工程背景,建立模拟区域的长×宽×高＝50 m×50 m×40 m,共划分 128 800 个单元和 134 793 个节点,本模拟建立的 FLAC^{3D} 模型如图 4 所示,开挖后的 FLAC^{3D} 模型如图 5 所示。

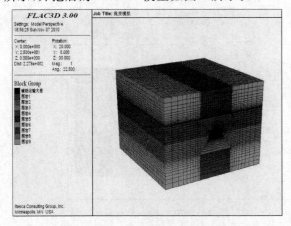
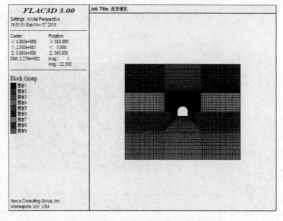

图 4　FLAC^{3D} 三维数值模拟模型　　　　　　　图 5　FLAC^{3D} 开挖三维数值模拟模型

本模型侧面限制水平移动,下表面固定;上表面施加 25 MPa 的荷载,模拟上覆岩体的自重边界;工程岩体的物理力学计算参数按照实验室岩石的三轴抗压试验及单轴抗压试验取值;并采用 Burgers 流变模型,揭示反映巷道围岩开挖过程中的流变特性,数值模拟参数详见表 2。

表 2　　　　　　　　　　　　　　　　　**Burgers 数值模拟参数**

名称	E_M/GPa	E_K/GPa	η_M/(GPa·h)	η_K/(GPa·h)
数值	1.473	0.334	11.355	0.465

（2）深部高应力软岩巷道流变破坏特性

为研究高应力软岩巷道围岩变形的流变特征,模拟巷道开挖后不同天数时的围岩位移,比较不同时间的围岩位移的变化,分析围岩位移变化规律,深入研究深部高应力软岩巷道变形破坏特性。

① 垂直位移云图如图 6 所示。

② 水平位移云图如图 7 所示。

从图 6、7 分析可知,在高应力的作用下,从软岩巷道开挖后的 10 d 到 110 d,巷道围岩的顶板、底板和两帮位移变化随时间的延续呈线性逐渐增大趋势,这表明软岩巷道围岩变形的流变特性十分显著;最大垂直位移、水平位移在位移云图中所占的面积比随时间的延续而不断扩大,并且最大位移区域是从巷道周边不断向围岩深部扩展,引起巷道围岩变形破坏的区域也随之增加,最终导致巷道围岩变形剧烈、两帮内挤、顶板和底鼓破坏严重。

1.3 地应力对巷道破坏机理的数值模拟研究

随着煤矿开采深度的不断增加,巷道及采场的原岩应力水平也不断升高,特别是在地质构造活动强烈的地区,残余构造应力更大,水平构造应力往往大于垂直自重应力,形成高水平地应力软岩巷道,这些都增加了软岩巷道地压显现及巷道围岩破坏的剧烈程度,造成深部高应力软岩巷道支护

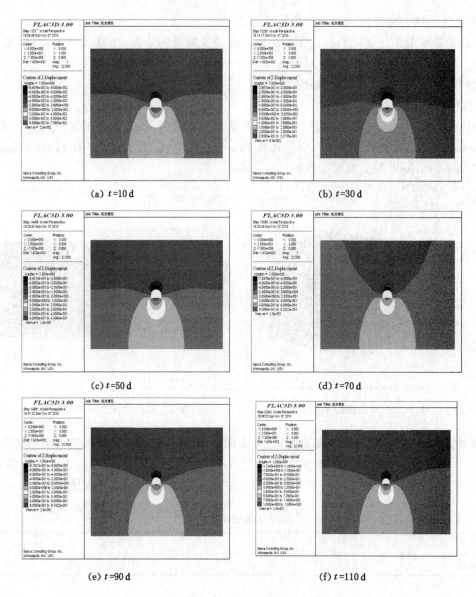

(a) $t=10$ d

(b) $t=30$ d

(c) $t=50$ d

(d) $t=70$ d

(e) $t=90$ d

(f) $t=110$ d

图 6 垂直位移云图

更加困难。

大量的地应力测量结果和研究表明,深部岩层中的水平构造应力基本上都大于垂直自重应力,而且水平应力具有明显的方向性,最大水平主应力明显高于最小水平主应力,最大水平应力一般为最小水平应力的 1.5~2.5 倍,甚至更大。最大水平应力理论认为,巷道顶底板的稳定性受水平应力的影响较大,并且具有以下三个特点:① 当巷道轴向与最大水平主应力的方向平行时,巷道受水平应力的影响最小,顶底板稳定性最好;② 当巷道轴向与最大水平主应力的方向有一定夹角时,巷道一侧会出现水平应力集中现象,顶底板的变形、破坏会偏向巷道的某一帮;③ 当巷道轴向与最大水平主应力的方向垂直时,巷道受水平应力的影响最大,顶底板稳定性最差。

水平构造应力是影响巷道顶底板稳定性的重要因素之一,但由于水平构造应力具有明显的方向性,因此,在原岩应力场一定时,研究巷道轴向与水平构造应力呈不同夹角时对深部软岩巷道围岩稳定性的影响具有重要意义。

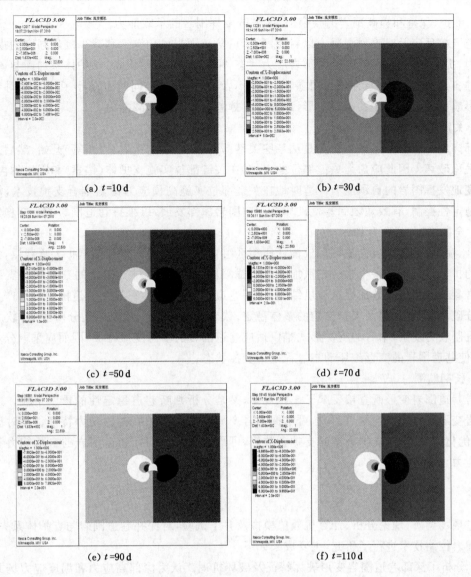

(a) $t=10$ d   (b) $t=30$ d

(c) $t=50$ d   (d) $t=70$ d

(e) $t=90$ d   (f) $t=110$ d

图7　水平位移云图

2　深部高应力软岩巷道控制原理

基于对深部高应力软岩巷道变形破坏特征与破坏机理研究及深部高应力软岩巷道围岩的力学特征分析,提出如下深部高应力软岩巷道控制原理:

(1)巷道开挖后要充分释放围岩变形能,以适应深部软岩巷道大变形的特点

巷道开挖后要充分释放赋存在围岩体内的变形能,使围岩最大限度地发挥塑性区承载能力而又不产生松动破坏,确定合理的二次支护时间。

(2)改善围岩性质,提高围岩强度

软岩巷道开挖后及时恢复巷道临空面上的径向应力,改善因巷道开挖导致恶化的围岩应力状态,从而提高巷道围岩的强度和模量,限制围岩沿巷道临空面的径向位移。采用高强支护及锚注支护技术等加固措施,可增大围岩的抗剪强度,限制围岩沿裂隙滑移面的剪胀变形,提高围岩在高应力作用下的抗剪切破裂的能力。对松动破裂区围岩进行加固,对塑性区围岩进行修复,可提高巷道围岩的完整性和整体强度。

（3）维护、保持和提高围岩的残余强度，充分发挥围岩的承载能力

巷道开挖后应及时喷射混凝土以封闭围岩，可防止围岩风化潮解和减少围岩强度的损失；增加支护抗力，提高围岩残余强度，改善围岩应力状态；采用高强锚杆（锚索）支护体系加固巷道围岩，提高围岩的自承载能力；注浆补强加固围岩，提高围岩的自身强度，同时也减小了地下水对巷道围岩的损伤影响以及巷道围岩的流变变形，以充分发挥巷道围岩的承载能力。

（4）关键部位加强支护

深部高应力软岩巷道破坏首先是从某些关键部位（如巷道的帮肩、底角等）开始，然后发展到整个巷道失稳破坏。因此应加强关键部位的支护，在关键部位实施支护体（锚索）和围岩的再次组合，最大限度地发挥围岩的自承能力。适时地在关键部位实施高预应力锚索耦合支护技术，加强关键部位的稳定性控制，有效地限制塑性破坏范围向围岩深部发展，以维持巷道围岩的长期稳定。

（5）全断面、分步联合加固

锚杆、喷网、锚索联合支护可形成锚杆压缩区组合拱、喷网组合拱和锚索扩大承载拱，锚注支护后浆液的扩散作用形成一个浆液扩散加固拱，"锚喷网—锚索—锚注"组合的三锚联合支护实现了加固软岩巷道的多层有效加固承载拱结构；采用巷道全断面支护，可避免巷道围岩局部产生应力集中和部分破坏，保证巷道及支护结构的整体稳定；软岩巷道围岩变形破坏是分阶段的，软岩巷道变形力学机制较为复杂，单一的支护形式难以适应巷道围岩的动态变形特征，因而应采取分步联合加固技术，使巷道围岩的变形破坏动态过程处于受控状态。

（6）长期监测

软岩巷道围岩变形既直接反映了矿压规律，又是分析判断巷道稳定性的重要手段。进行现场巷道围岩变形及支护结构受力监测，可掌握围岩变形状态及支护结构的受力特性。及时反馈监测信息，可优化施工工艺、支护方案和支护参数等，可最大限度地发挥巷道围岩的自承能力和支护体系承载能力。

3 结论

通过现场调研、理论分析、计算机数值模拟及井下试验，对深井巷道围岩与支护体系失效特性、机理及围岩控制技术进行了研究，主要成果如下：

（1）分析了深部巷道围岩变形破坏特征及破坏机理。认为深部高应力和温度应力场共同作用是巷道失稳的主要原因。高温作用下，岩石的延性加大，屈服点降低，强度也降低。深部高地温巷道开挖后，围岩与外界产生一定程度的热交换，由于外界风流温度的变化，围岩必然形成一个变化的温度场分布区域，巷道围岩在这个变化着的温度场的长期作用下导致围岩体的膨胀或收缩，促使围岩岩石力学性能劣化。

（2）采用 FLAC^{3D} 模拟了深部高应力软岩巷道的流变特性，分析了在高应力作用下，软岩巷道围岩的顶板、底板和两帮的流变变形规律，即在高应力作用下，软岩巷道围岩的顶板、底板和两帮的变形均随时间的延续呈线性增加。

（3）基于 Burgers 流变模型的黏弹性理论分析，提出深部高应力软岩巷道围岩表面位移及位移速率的表达式，并利用数学软件 Matlab 绘制了不同原岩应力、弹性模量和黏滞系数的巷道围岩表面位移及变形速率随时间的变化曲线。

（4）分析了九龙矿东翼副井地应力主应力方向，最大主应力为水平应力，与马头门夹角约 45°；采用 FLAC^{3D} 模拟了最大水平应力与巷道轴向呈不同夹角对深部高应力软岩巷道围岩的变形量及塑性区的影响规律：随着最大水平应力方向与巷道轴向夹角增大，巷道围岩的变形量和塑性区范围逐渐增大，巷道变形、破坏亦趋严重。

（5）运用弹塑性理论分析了锚注加固结构弹塑性区的发展规律，提出了锚注加固结构的极限

承载能力为 $p_{max} = \sigma_s \ln \dfrac{R_1}{r_0}$，可达到 $13.86 \sim 32.96$ MPa，远高于普通支护承载力，适应了深部高应力软岩巷道变形的要求。

（6）提出了两阶段精细注浆新工艺及其选择条件，可靠保证注浆效果。

（7）针对九龙矿东翼副井巷道围岩变形破坏特点，提出了深部巷道的控制对策：在考虑巷道支护和修复加固技术方案时，需解决卸压问题、控顶问题、强帮问题、固底问题；提出了以注浆锚杆为核心的"三锚"联合支护体系，即锚杆、锚索、锚注的"三锚"动态支护技术。

（8）井下实践和监测结果表明，采用"三锚"联合支护技术有效地控制了深部软岩巷道的大变形、强流变和底鼓，保证了巷道支护结构的整体稳定，取得了良好的技术经济效益。

羊东矿深部野青支护过断层锚杆支护研究

刁厚珍

(冀中能源峰峰集团有限公司羊东矿,河北　邯郸　056201)

摘　要　随着矿井开采深度的增加,野青工作面的开采难度逐渐增大,支护成本也逐渐增加,野青掘进工作面如何安全、快速、经济支护,已经成为羊东矿发展的重要课题。因为野青灰岩顶板坚硬,羊东矿正常支护是帮上打锚杆,顶上打锚索。但巷道过断层时尽管减小了排距、增加了锚索,但控制不了灰岩顶板开裂。使用顶锚杆支护,没增加锚索,控制不了底鼓及两帮收敛的问题。

为了解决深部野青巷道过断层支护的难题,结合以往施工中的经验教训,用顶锚杆、锚索联合支护才真正控制了巷道变形。新设计方案充分考虑了巷道在断层带中围岩强度的变化情况,依据巷道实际成型的外形,对巷道两帮(上盘、下盘)顶板进行受力分析,确定支护的载荷,设计合适的支护参数,在施工中得到验证。

关键词　深部野青支护;断层;悬吊理论;组合梁理论

1　问题的提出

随着矿井开采深度的增加,矿井地压进一步增大,我矿经过技术改造,成功地解决了正常情况下深部野青巷道的锚杆支护问题。但在生产实践中发现,在巷道掘进遇到断层,尤其是断层走向与掘进方向夹角小,需要掘进 10 m 左右才能通过的情况下,尽管采取了缩小支护间距、加大支护强度的措施,顺利掘出巷道。但在工作面回采期间,发现断层处及其附近巷道变形严重,底鼓、两帮收敛严重,灰岩顶板开裂,需要二次整修。针对这种情况,我们专门对深部野青巷道断层范围内支护进行了研究。

2　基本情况

2.1　野青煤层基本情况

羊东矿野青煤层为石炭系太原组 4 号煤,厚度为 1.21~1.74 m,工作面地面标高为 143~147 m,井下标高为 -608~-690 m。煤层结构简单,局部含少量夹石或结核。煤层顶底板岩性见表 1。

表 1　　　　　　　　　　　　　　　**野青煤层顶底板岩性**

顶底板名称	岩石名称	厚度/m	岩性特征
基本顶	页岩	3.2	深灰色,断口呈贝壳状,无层理
直接顶	石灰岩	0.9~1.3	浅灰色,底部深灰,质地坚硬
伪顶			
直接底	中粒砂岩	4.8	浅灰色,含石英、长石等,中间常有 0.2 m 煤线,有时相变为粉砂岩
基本底	细粒粉砂岩	3.0	深灰色,呈层状含白云母薄片

2.2 野青半煤岩巷道支护设计

羊东矿野青半煤岩巷道设计净断面：净宽×净高＝3.5 m×2.3 m，巷道顶部采用锚索支护，锚索采用直径 21.8 mm 高强度低松弛钢绞线，长度 6.5 m，锚固剂选用 CK2335 树脂锚固剂 2 卷、Z2335 树脂锚固剂 3 卷，配合高凸 T 型钢带支护。锚索间距为 1.0 m，每排 4 根锚索，排距为 1.4 m，锚索预紧力均为 150 kN。巷道两帮锚杆均采用长度 2.2 m，杆体直径 18 mm 的高强左旋无纵筋螺纹钢锚杆，配以钢托板和 W 钢带进行封帮。帮锚杆打设间距为 0.8 m，排距均为 0.7 m。锚固剂选用 Z2335 树脂锚固剂 2 卷。锚固力不小于 64 kN，螺母扭矩达到 120 N·m。全断面铺连 12# 金属菱形网。正常锚网索支护断面见图 1。

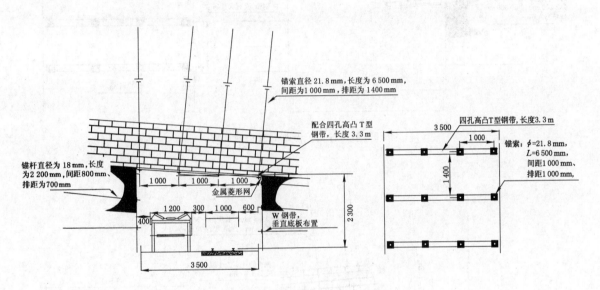

图 1　正常锚网索支护断面图

3 通过断层时三种支护方式及支护失效的原因分析

第一种支护方式：通过断层时，将原支护顶板锚索的排距由 1.4 m 缩小至 1.0 m，其他支护参数不变。通过后期对巷道的观察发现，该支护下巷道后期出现顶板开裂严重，但巷道底鼓、巷帮收敛、顶板下沉量相对较小。支护断面见图 2。

第二种支护方式：原支护参数不变，增加顶锚杆支护。在两排锚索中间加打一排锚杆，锚杆间距 0.8 m，排距 1.4 m。通过后期对巷道的观察发现，该支护下巷道后期顶板较完整，但巷道底鼓、巷帮收敛较严重。支护断面见图 3。

第三种支护方式：锚杆配合锚索支护顶板，锚杆间距 0.8 m，排距 0.7 m，垂直巷道方向打设，锚索间排距 1 m，垂直巷道方向打设。通过后期对巷道的观察发现，该支护下巷道后期顶板较完整，巷道底鼓、巷帮收敛也相对较小，支护成功。支护断面见图 4。

对以上三种通过断层支护的分析，第一种支护加强了顶板锚索的支护强度，通过灰岩顶板将巷道顶板压力分散到巷道两帮更远的范围，减少了断层带松塌区以上顶板岩石对巷道的影响，增强了巷道周围围岩的稳定性。但巷道顶板没有打设锚杆，顶板缺少组合梁，没有将煤层顶板上的岩层紧固成一个整体，导致顶板离层裂隙较多。第二种支护在原支护基础上增加了锚杆，紧固了顶板但锚索打设数量不足，减少了巷道围岩的稳定性，造成巷道帮缩、底鼓严重。第三种支护在锚索、锚杆数量上都有增加，符合断层带围岩实际，所以支护成功。

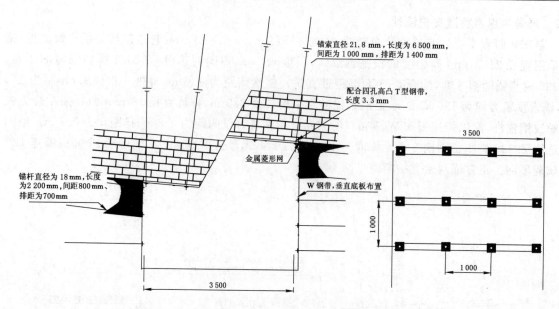

图 2　第一种支护修改后支护断面图

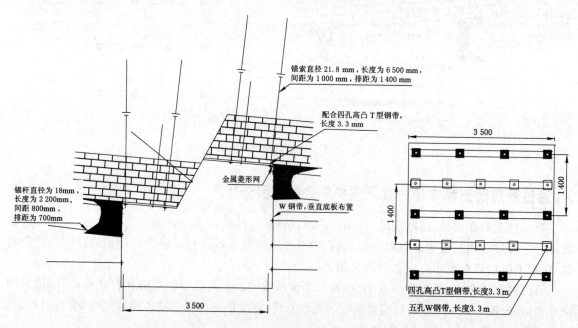

图 3　第二种支护修改后支护断面图

4　锚杆(索)支护参数设计

根据测定:煤层基本顶单轴抗压强度 68.2 MPa;煤层直接顶单轴抗压强度 37.8 MPa;煤层单轴抗压强度 15 MPa;底板单轴抗压强度 22 MPa;采动影响系数 0.7;巷道埋深−608~−690 m;经地质调查及围岩稳定性分类分析得知,该巷道围岩岩性分类为Ⅲ类。参照《煤矿锚杆支护技术》中组合梁及悬吊理论进行计算。

4.1　顶锚杆支护设计

(1)顶锚杆长度:$L=L_1+L_2+L_3$

式中　L_1——锚杆外露长度,$L_1=0.1$ m;

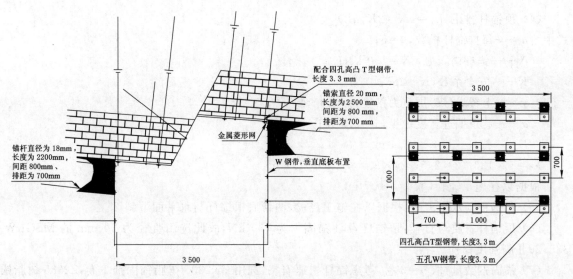

图 4　第三种支护修改后支护平面图

L_2——锚固端长度,初选 $L_2=3\times0.35\ \text{m}\times1.4=1.47\ \text{m}$;

L_3——锚固有效组合厚度;

$$L_3=0.612B\{K_1P/[\varphi(\delta_1+\delta_2)]\}1/2$$

K_1——与施工方法有关的安全系数,$K_1=6$;

B——巷道跨度,$B=4.2\ \text{m}$;

P——组合梁上均布载荷;

$$P=\gamma\cdot L=24\times2.2=52.8\ \text{kPa}=0.052\ 8\ \text{MPa}$$

γ——上覆岩层平均重力密度,$\gamma=24\ \text{kN/m}^3$;

L——初选锚杆长度,$L=2.2\ \text{m}$;

φ——与组合梁层数有关的系数,$\varphi=0.65$;

δ_1——组合梁最上一层抗拉强度,$\delta_1=0.378\ \text{MPa}$;

δ_2——原岩水平应力,$\delta_2=\lambda\gamma Z=0.3\times24\times809=5\ 824.8\ \text{kPa}=5.824\ 8\ \text{MPa}$;

λ——侧压力系数,$\lambda=0.3$;

Z——巷道最大埋深,取 809 m。

$L_3=0.612\times4.2\times\{6\times0.052\ 8/[0.65\times(0.378+5.824\ 8)]\}1/2\approx0.72\ \text{m}$

$L=L_1+L_2+L_3=0.1+1.47+0.72=2.29\ \text{m}$

根据以往施工经验,为保证施工安全,选锚杆长度 $L=2.4\ \text{m}$。

(2)顶锚杆锚固力:根据《峰局煤巷树脂锚杆支护技术规范》,锚杆锚固力为 130 kN。

(3)顶锚杆间距:$D\leqslant1.63m_1(\delta_1/KP_1)/2$

式中　m_1——组合梁最下一层岩层厚度,$m_1=0.5\ \text{m}$;

δ_1——最下一层岩层抗拉强度,$\delta_1=0.375\ \text{MPa}$;

K——安全系数,$K=10$;

P_1——本层自重均布载荷,$P_1=\gamma\cdot m=24\times1=24\times10^{-3}\ \text{MPa}$;

m——本层岩层厚度,$m=1\ \text{m}$;

γ——最下一层重力密度,$\gamma=24\ \text{kN/m}^3$。

$D\leqslant1.63\times0.5\times[0.375/(10\times24\times10^{-3})]1/2\approx1.0\ \text{m}$

根据以往施工经验,取 $D=0.8\ \text{m}$。

（4）顶锚杆排距：$L_0 = nN/(2K\gamma aL)$

式中　n——每排锚杆根数，$n=5$；

N——锚杆锚固力，$N=130$ kN；

K——安全系数，$K=2.5$；

γ——上覆岩（煤）层重力密度，$\gamma=24$ kN/m³；

a——巷道掘进宽度之半，$a=2.1$ m；

L——锚杆长度，$L=2.4$ m。

$L_0 = 5 \times 130/(2 \times 2.5 \times 24 \times 2.1 \times 2.4) \approx 1.1$ m

根据以往施工经验，取 $L_0 = 0.7$ m。

（5）角锚杆与水平夹角：根据以往施工经验，两帮底根锚杆与水平面下斜 25°。

（6）顶锚杆材质与直径：顶锚杆设计锚固力为 130 kN，故此选用直径为 20 mm 的 MSGLW-335/20Ⅱ高强度锚杆。

（7）锚固剂数量：取 $n=3$ 卷，考虑锚杆快速安装，选用 CK2335 树脂锚固剂 1 卷，Z2335 树脂锚固剂 2 卷。考核其锚固力：

$$P_{锚} = \pi \times \varphi_{孔} \times \delta_1 \times L_{锚} \times K$$

式中　$\varphi_{孔}$——锚杆孔直径，$\varphi_{孔}=28$ mm$=0.028$ m；

δ_1——锚固剂与孔壁间的黏结强度，$\delta_1=3.0$ MPa$=3\,000$ kPa；

$L_{锚}$——树脂锚固剂长度，$L_{锚}=3 \times 350=1\,050$ mm$=1.05$ m；

K——药卷长度充填系数，$K=1.4$；

$P_{锚}=3.14 \times 0.028 \times 3\,000 \times 1.05 \times 1.4 \approx 387.7$ kN >130 kN，满足要求。

（8）锚杆的初锚力及杆尾力矩

顶锚杆的初锚力达到设计锚固力的 60% 以上，即 63 kN，其扭矩应为：$X=Fd/5.12$。

式中　F——设计初锚力 kN，取 63 kN；

d——锚杆公称直径，取 20 mm。

$$X=Fd/5.12=63\,000 \text{ N} \times 0.02 \text{ m}/5.12 \approx 246 \text{ N} \cdot \text{m}$$

根据以往施工经验，为保证施工安全，螺母扭矩取 200 N·m。

4.2　帮锚杆支护设计

4.2.1　断层下盘帮锚杆支护设计

（1）断层下盘帮锚杆长度

砂岩帮潜在松区宽度 $L_1 = h\tan(45° - \varphi/2)$

式中　h——岩石帮掘进高度，$h=2.3$ m；

φ——内摩擦角，砂岩取 $\varphi=60°$。

$L_1 = 2.3 \times \tan(45° - 60°/2) = 0.6$ m

取帮锚杆长度 $L = L_1 + L_2 + L_3$

式中　L_2——锚固长度，取 1.0 m；

L_3——外露长度，取 0.2 m。

$L = L_1 + L_2 + L_3 = 0.6 \text{ m} + 1.0 \text{ m} + 0.2 \text{ m} = 1.8$ m，取 $L=2.0$ m

（2）煤帮潜在松动区宽度

$$L_2 = L + L_1'$$

$$L_1' = h\tan(45° - \varphi/2)$$

式中　h——煤帮掘进高度，$h=1.4$ m；

φ——内摩擦角，煤取 $\varphi=40°$。

$L_1 = 1.4 \times \tan(45° - 40°/2) = 0.65$ m

取上帮煤帮锚杆长度 $L_2 = L + L_1' = 1.8$ m $+ 0.65$ m $= 2.45$ m，取 $L = 2.5$ m

（3）断层下盘帮锚杆设计锚固力

巷道上帮侧压 $\qquad\qquad P_{zh} = S_x \gamma H$

式中　P_{zh}——巷道侧压，kN/m^2；

S_x——压力系数，取 0.5；

γ——岩石重力密度，取 24 kN/m^3；

H——顶板卸压高度，$H = 10$ m。

$P_{zh} = S_x \gamma H = 0.5 \times 24$ $kN/m^3 \times 10$ m $= 120$ kN/m^2

帮锚杆设计锚固力 $P_m = 120$ $kN/m^2 \times 0.8$ m $\times 3.7$ m$/5 \approx 70$ kN

（4）断层下盘帮锚杆材质

通过计算，选用 Q335 左旋无纵筋螺纹钢钢锚杆，杆体直径 $\phi = 20$ mm，屈服强度 $\sigma = 335$ MPa，屈服载荷 105 kN > 70 kN，故满足要求。

（5）断层下盘帮锚杆间排距

巷道煤帮中布置两排锚杆，在岩石帮中布置一排锚杆，煤帮采用长 2.5 m 锚杆，岩石帮采用长 2.0 m 锚杆，均配以 100 mm $\times$ 100 mm $\times$ 6 mm Q235 钢托板和 1 700 mm $\times$ 100 mm $\times$ 3 mm W 钢带，间距 0.7 m，排距 0.7 m。

4.2.2　断层上盘帮锚杆支护设计

（1）断层上盘帮锚杆长度

砂岩帮潜在松区宽度 $L_1 = h\tan(45° - \varphi/2)$

式中　h——岩石帮掘进高度，$h = 1.3$ m；

φ——内摩擦角，砂岩取 $\varphi = 60°$。

$L_1 = 1.3 \times \tan(45° - 60°/2) = 0.4$ m

取帮锚杆长度 $L = L_1 + L_2 + L_3$

式中　L_2——锚固长度，取 1.0 m；

L_3——外露长度，取 0.2 m。

$L = L_1 + L_2 + L_3 = 0.4$ m $+ 1.0$ m $+ 0.2$ m $= 1.8$ m，取 $L = 2.0$ m

断层上盘煤帮潜在松区宽度 $L_2 = L + L_1'$

$$L_1' = h\tan(45° - \varphi/2)$$

式中　h——煤帮掘进高度，$h = 1.4$ m；

φ——内摩擦角，煤取 $\varphi = 40°$。

$L_1 = 1.4 \times \tan(45° - 40°/2) = 0.65$ m

取上帮煤帮锚杆长度 $L_2 = L + L_1' = 1.4$ m $+ 0.65$ m $= 2.05$ m，取 $L = 2.2$ m

（2）断层上盘帮锚杆设计锚固力

巷道上帮侧压 $P_{zh} = S_x \gamma H$

式中　P_{zh}——巷道侧压，kN/m^2；

S_x——压力系数，取 0.5；

γ——岩石重力密度，取 24 kN/m^3；

H——顶板卸压高度，$H = 8$ m。

$P_{zh} = S_x \gamma H = 0.5 \times 24$ $kN/m^3 \times 8$ m $= 96$ kN/m^2

帮锚杆设计锚固力 $P_m = 96$ $kN/m^2 \times 0.8$ m $\times 3.5$ m$/3 = 89.6$ kN

（3）断层上盘帮锚杆材质

通过计算，选用 Q335 左旋无纵筋螺纹钢锚杆，杆体直径 $\phi=20$ mm，屈服强度 $\sigma=335$ MPa，屈服载荷 105 kN>89.6 kN，满足要求。

（4）帮锚杆间排距

巷道煤帮中布置两排锚杆，在岩石帮中布置一排锚杆，煤帮采用长 2.2 m 锚杆，岩石帮采用长 1.8 m 锚杆，均配以 100 mm×100 mm×6 mm Q235 钢托板和 1 700 mm×70 mm 的 W 钢带，间距 0.7 m，排距 0.7 m。

4.2.3 锚固剂

锚固剂采用 Z2335 树脂锚固剂 2 卷。

（1）校核煤帮锚杆锚固力

$$P_{锚}=\pi\phi_{孔}\ \sigma L_{锚}\ K$$

式中 $\phi_{孔}$——锚杆孔径，$\phi_{孔}=28$ mm＝0.028 m；

      σ——锚固剂与煤孔壁之间的黏结强度，$\sigma_{煤}=1.45$ MPa；

      $L_{锚}$——树脂锚固剂长度，$L_{锚}=0.7$ m；

      K——药卷长度充填系数，$K=1.4$。

$P_{锚}=3.14\times0.028\times1.45\times10^{6}\times0.7\times1.4=125$ kN>95 kN

满足要求。

（2）校核岩帮锚杆锚固力

$$P_{锚}=\pi\phi_{孔}\ \sigma L_{锚}\ K$$

式中 $\phi_{孔}$——锚杆孔径，$\phi_{孔}=28$ mm＝0.028 m；

      σ——锚固剂与岩孔壁之间的黏结强度，$\sigma_{岩}=3$ MPa；

      $L_{锚}$——树脂锚固剂长度，$L_{锚}=0.7$ m；

      K——药卷长度充填系数，$K=1.4$。

$$P_{锚}=3.14\times0.028\times3\times10^{6}\times0.7\times1.4=258\ \text{kN}>95\ \text{kN}$$

满足要求。

4.3 顶锚索支护设计

根据锚索支护机理（图 5）参数设计，参照锚杆悬吊理论进行计算：

（1）锚索长度

根据该处煤层厚度、直接顶厚度、伪顶厚度、将锚索固定到基本顶内 1.5 m 以上计算可知，断层上盘锚索长度初取为 6.5 m，断层下盘锚索长度初取为 6.5 m＋断层落差，施工时可以用打钻的方法测定现场基本顶厚度而确定锚索长度，保证施工时锚索锚固到基本顶内 1.5 m 以上。

（2）锚索的间排距

依据工作面处于深部野青断层带，临近采空区顶板压力大的特点，设计打设 4 排锚索，取锚索悬吊的重量为直接顶石灰岩和基本顶页岩塌陷范围内岩石的重量，并取 3 倍的安全系数设锚索的间排距为 L_0，则：$nP=3LB\gamma L_0$

推出：$L_0=nP/3LB\gamma$

式中 n——锚索根数，$n=4$；

      P——选用 $\phi21.6$ 锚索，$P=560$ kN；

      L——岩层厚度，$L=2.6+1.1=3.7$ m，由于断层范围顶板破碎，取悬吊岩层厚度 5 m；

      B——巷道潜在松动范围内宽度，$B=5.6$ m；

      γ——岩体重力密度，$\gamma=24$ kN/m³。

$L_0=4\times560/3\times5\times5.6\times24=1.11$ m

取锚索间排距 $L_0=1.0$ m。

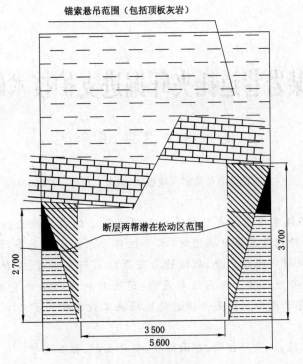

图 5　锚索支护机理

（3）锚索的材质

锚索采用直径 21.6 mm 低松弛钢绞线，破断载荷为 560 kN。

（4）锚固剂

锚固剂采用 K2360 树脂锚固剂一卷，Z2360 树脂锚固剂两卷，校核其锚固力：

$$P_{锚} = \pi \phi_{孔} \sigma L_{锚} K$$

式中　$\phi_{孔}$——锚索孔径，$\phi_{孔}=28$ mm＝0.028 m；

　　　σ——锚固剂与孔壁之间的黏结强度（岩），$\sigma=3$ MPa＝3×10^6 Pa；

　　　$L_{锚}$——树脂锚固剂长度，$L_{锚}=1.8$ m；

　　　K——药卷长度充填系数，$K=1.4$。

$P_{锚}=3.14\times0.028\times3\times10^6\times1.8\times1.4=665$ kN＞560 kN

满足要求。

（5）其他支护材料

托板：组合托板，配备 400 mm×400 mm×16 mm 和 150 mm×150 mm×12 mm 金属 Q235 钢托板。

网：两帮铺连 12# 金属菱形网。

（6）锚索预紧力 150 kN

5　结论

正确的理解和科学合理的应用锚杆、锚索的悬吊理论、组合梁理论，是支护成功的关键。对于深部野青断层带的支护，必须将悬吊理论和组合梁理论综合考虑，必须充分考虑巷道在断层带中围岩强度的变化情况，依据巷道实际成型的外形，对巷道两帮（上盘、下盘）顶板进行受力分析，确定支护的载荷，设计合适的支护参数，并在施工中逐步验证完善。

薄煤层半煤岩巷道托夹矸掘进支护技术研究及应用

张文义,孔凡军,马学民

(山东能源临矿集团军城煤矿,山东 鱼台 272350)

摘 要 薄煤层半煤岩巷道托夹矸掘进由于顶板泥岩的自稳能力较差,施工过程中破坏了直接顶泥岩的完整性,特别是在爆破掘进时,需要把部分未掘泥岩悬吊,增加了巷道掘进支护工作的难度。军城煤矿与科研院校联合,从理论与实践方面研究掘进、支护合理参数,确保巷道围岩变形能够满足生产、安全需要。研究结果表明:通过对托夹矸掘进支护技术优化、改进,使半煤岩巷托夹矸掘进获得了成功。托夹矸掘进使现场施工效率提高了20%,材料及矸石洗选费节约30%以上。

关键词 半煤岩巷道;托夹矸掘进;光面爆破;耦合支护;临时支护

0 前言

我国大部分中小型矿井所采煤层为薄煤层,矿井产量较低,生产成本较高。矿井在布置回采、准备巷道时,沿煤层掘进巷道高度不能满足生产要求,需要起底或破顶掘进。由于个别矿井地质条件比较复杂,煤层顶板赋存条件较差,在破顶掘进时往往造成支护困难,工作面发生冒顶、漏顶事故,影响施工安全及效率。本文以军城煤矿在半煤岩巷托夹矸掘进支护为例,采用理论分析、数值试验以及现场监测的综合性研究方法,优化巷道支护参数,在保证经济、安全的前提下,提高了巷道围岩稳定性。因此本课题研究在确保巷道掘进、支护参数合理及护顶挂网强度的前提下,薄煤层半煤岩巷道托夹矸掘进支护能够满足矿井生产、安全需要。

1 矿井托夹矸掘进支护技术研究背景

军城煤矿主采煤层为12下煤,煤层平均厚度为1.3 m,为中厚煤层,直接顶为夹矸和12上煤,夹矸厚度0.8~3.0 m,平均2.1 m,12上煤平均厚0.4 m;基本顶为七灰,底板为八灰。为便于顶板管理,在布置回采、准备巷道时均沿12煤顶底板七灰、八灰全断面掘进,巷道高度达到4.0 m以上。由于巷道高、断面大,出矸量多,掘进效率低,掘进及洗矸费用较高。矿井曾尝试在布置工作面顺槽时托夹矸掘进,但因支护参数选择不当,支护强度不够,造成巷道局部发生漏顶事故,影响施工安全。因此矿成立托夹矸支护技术攻关小组,与山东科技大学联合对半煤岩巷托夹矸支护进行研究,先后在矿井41201两顺槽进行了托夹矸掘进支护试验,对支护参数进行了优化调整,取得了一些成果。

2 半煤岩巷断面形状及断面尺寸确定

半煤岩巷托夹矸掘进巷道断面形状有矩形和拱形,根据巷道围岩受力、变形规律及夹矸破除量,确定采用直墙圆弧拱形断面。

托夹矸掘进巷道断面尺寸必须满足工作面通风、行人、运输的需要,同时必须考虑支护成本、施工效率及出矸量。经多次分析论证,将巷道断面规格确定为:净宽 2.6 m,净高 2.5 m,其中墙高为 1.5 m,圆弧拱高为 1.0 m。如图 1 所示。

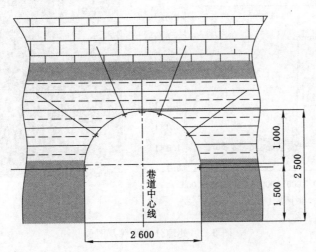

图 1　巷道断面图

3　理论分析托夹矸巷道围岩稳定性

影响半煤岩巷围岩稳定性的主要因素包括地应力、巷道断面形状和尺寸、巷道支护方式和参数(支护阻力)及巷道围岩的物理力学性质等,同时还要考虑断层、地下水、时间的影响。通过对影响巷道围岩稳定性因素分析探讨薄煤层托夹矸半煤岩巷稳定性控制机理,为半煤岩巷掘进及支护设计提供理论依据。

3.1　数值试验研究巷道围岩应力及变形分布规律

针对本项目研究内容与研究目标,拟采用 FLAC^{3D} 软件进行数值模拟,完成对薄煤层托夹矸半煤岩巷围岩应力分布特征及变形规律等相关研究工作。

3.2　数值模拟模型的建立

数值计算模型以围岩实际地质工程条件为依据建立,如图 2 所示。

图 2　巷道围岩稳定仿真分析模型

3.3　数值模拟结果分析

通过数值模拟及图像数据后处理软件处理,获得如图 3 所示的曲线及图像,然后分析其围岩应力、位移变化特征,为支护设计提供依据。

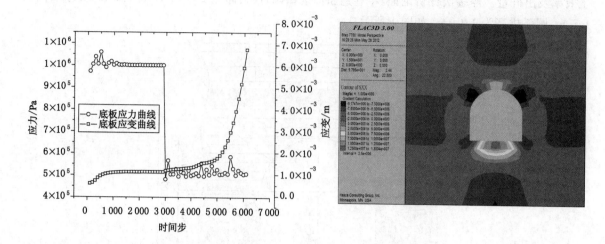

图3　后处理分析曲线及图像

4　优化掘进施工工艺,是保证托夹矸巷道顶板支护效果的先决条件

托夹矸掘进工作面,爆破、临时支护等工艺对夹矸顶板的完整性、稳定性影响较大,是对顶板进行有效控制的关键。因此优化调整爆破、临时支护等施工工艺是保证托夹矸掘进工作面支护效果的关键。

4.1　光面爆破技术应用

半煤岩巷托夹矸掘进工作面爆破后,夹矸完整性受到破坏。巷道顶板所留设的部分夹矸由于受爆破影响,内部裂隙增加,巷道成型较差,造成顶板支护困难。因此必须确定合理的光面爆破技术参数以利于巷道断面成型,并减少爆破对保留岩体的破坏。

巷道拱部周边眼直接保护夹矸围岩,其参数应严加控制。夹矸段周边眼应加空心眼不装药,炮眼间距为 200~250 mm。周边眼采用细药卷不耦合装药,炮眼直径为 32 mm,采用细药卷直径为 20 mm(原药卷为 27 mm),其不耦合系数为 1.6,不耦合系数值越大,周边眼留下半边眼痕越多,光爆效果越好。炮眼采用眼底集中空气柱装药,装药是先将药卷装入眼底,再装入小块炮泥,最后在眼口用长度不小于 300 mm 炮泥塞紧。同时为了减小爆破对留设岩体的震动,将拱部周边眼装药量调整为 200 g(1 卷)。

4.2　临时支护方式的优化

工作面爆破后,必须及时对顶部留设(夹矸)岩体进行控制,防止其冒落造成托夹矸失败。因此爆破后必须及时使用临时支护对顶板进行控制,同时减小循环进尺,将其调整为 1.6 m,缩小托夹矸顶板岩体的空顶距离及时间。

临时支护形式以使用方便,支护及时、有效为原则。托夹矸掘进时,临时支护方式的选择尤为重要。原前探梁(板)方式对拱部顶板支护效果不好,因此托夹矸掘进工作面临时支护形式采用单体液压支柱配合木板。单体液压支柱采用两棵轻型 DN28,柱距为 1.3 m,初撑力不低于 4 MPa;木板规格为长×宽×高=1 500 mm×250 mm×50 mm,木板敷设在金属网下方充分接实顶板,单体液压支柱必须打到实底、牢固有力。

5　锚网索耦合支护技术的应用

锚网索耦合支护就是针对不稳定巷道围岩由于塑性变形而产生的变形不协调部位,通过锚网—围岩以及锚索—关键部位支护的耦合而使其变形协调,从而限制围岩产生有害的变形损伤,实现支护一体化、荷载均匀化,达到巷道稳定的目的。巷道托夹矸掘进时,采用锚网索耦合支护可实现巷道围岩与支护体在强度、刚度及结构上的耦合,达到最佳支护效果。

5.1 锚网初次耦合支护

巷道托夹矸掘进后,首先实施初次耦合支护,即根据巷道围岩条件,选择与其相耦合的支护材料,对围岩施加锚网耦合支护。初次耦合支护应在充分释放巷道围岩变形能的同时,通过锚网与围岩在刚度、强度上实现耦合,从而最大限度发挥巷道围岩的自承能力。

初次耦合支护巷道围岩变形能的释放通过使用复合托盘来实现。复合托盘即铁托盘内加木托盘。木托盘面积大于铁托盘,厚度一般可取 20~60 mm。

根据理论计算及数值模拟分析,可以确定托夹矸掘进巷道初次耦合支护参数如下:

(1)锚杆:全螺纹锚杆,顶部为直径 18 mm、长度 2 100 mm,帮部为直径 18 mm、长度 1 700 mm,间排距为 800 mm。

(2)树脂锚固剂:树脂锚固剂直径为 25 mm,长度为 500 mm,锚固剂型号为 CK2550,每根锚杆配一块锚固剂。

(3)金属网:帮网采用 ϕ4 mm 钢筋编织的经纬网,金属网的规格为长×宽＝2 000 mm×900 mm,网孔为 70 mm×70 mm;顶网采用 ϕ5 mm 冷拔丝编织的焊网,焊网的规格为长×宽＝2 000 mm×900 mm,网孔为 60 mm×60 mm。交接处采用搭接,搭接宽度为 1 个网格,金属网扣连接使用 16# 镀锌铁丝双股双排扣菱形绑扎,联网扣间距不大于 200 mm。

(4)锚杆托盘:锚杆托盘为复合托盘,外托盘为 8 mm 厚的正方形钢板,中部压制成弧形,规格为长×宽＝150 mm×150 mm;内为木托盘,长×宽×厚＝170 mm×170 mm×25 mm。

5.2 锚索二次耦合支护

实施初次耦合支护后,通过巷道围岩的变形特征,巷道顶底板、两帮移近量以及锚杆应力的监测,确定支护的最佳时间(段)及关键部位,对巷道围岩关键部位施加高预应力的锚索,实施二次耦合支护。二次耦合支护通过调动深部围岩强度,使支护体与围岩在结构上达到耦合,从而使整个支护体与围岩达到最佳的耦合支护力学状态。

(1)关键部位确定。关键部位根据数值模拟结果及现场顶板变形情况确定,即巷道顶板产生剪应力集中的部位。根据施工现场观测,托夹矸巷道顶板锚索支护的关键部位为顶板中间位置。

(2)二次耦合支护参数。根据理论计算及数值模拟结果分析,可以确定托夹矸巷道锚索二次耦合支护参数如下:

① 锚索采用 ϕ15.24 mm 钢绞线,长度为 5 000 mm,外露长度 150~250 mm,采用树脂药卷端头锚固,每根锚索配 2 卷 CK2550 型树脂锚固剂。锚索间距为 3 000 mm,沿巷道走向单排布置。

② 锚索梁使用 11# 工字钢制作,长度 800 mm。

③ 由于半煤岩巷道产生高应力腐蚀现象不易观察,同时巷道顶板围岩变形量较小,因此在施工过程中,紧跟迎头实施锚索支护,其预应力为 100 kN。

巷道支护断面图如图 4 所示。

6 支护效果检测

托夹矸巷道支护参数确定后,必须及时通过检测设备对现场支护效果进行检测。通过检测结果信息反馈,不断对支护参数进行调整、优化,使现场支护能满足安全、经济的要求。

6.1 顶板离层检测

托夹矸掘进工作面如果支护强度不能满足要求,会造成顶板离层变形,发生漏顶、冒顶事故,因

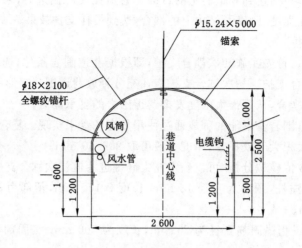

图 4　巷道支护断面图

此在托夹矸掘进工作面支护完成后,安设 KGE30B 顶板离层指示仪对顶板离层情况进行动态观测,顶板离层仪每 50 m 安设一组,每 5 d 观测一次,对每次观测结果进行记录分析,发现异常时必须及时对支护参数进行调整。顶板离层检测记录见表 1。

表 1　　　　　　　　　　　　　　　　顶板离层检测记录　　　　　　　　　　　　　　　单位:mm

编号时间/d	A_1		A_2		A_3	
	T 变化值	L 变化值	T 变化值	L 变化值	T 变化值	L 变化值
5	0	1	0	2	0	1
10	2	6	1	5	2	5
15	2	8	1	6	2	7
20	2	10	2	7	2	8
25	2	10	2	8	2	9
30	2	10	2	8	2	9
35	2	10	2	8	2	9
40	2	10	2	8	2	9

经观测结果分析可知,顶板变形量在 20～25 d 时达到最大值,在 25 d 后顶板变形趋于稳定。设计顶板变形量为 20 mm,实测顶板最大变形量 10 mm,顶板离层变形量在可控范围内,顶板支护强度满足支护要求。

6.2　锚杆工作阻力检测

托夹矸掘进工作面锚杆工作状态和安装质量的检测与监测是锚杆支护中的一项最基本的工作。检测目的是了解锚杆实际受力状态,判断其安全程度,以及是否会出现预应力松弛。锚杆工作阻力可以反映锚杆在各个不同时期的轴向力大小,用以评价锚杆的实际工作特性,判断设计预应力、初锚力及抗拔力的合理性。施工现场在顶板安设 MJ-40 锚杆测力计,测力计每 20 m 安设一组,每 3 d 观测一次,对每次观测结果进行记录分析,及时对锚杆支护参数进行优化、调整。锚杆工作阻力记录见表 2。

表2		锚杆工作阻力记录			单位:kN	
日期	编号	B_1	B_2	B_3	B_4	B_5
3		20	22	25	25	26
6		35	30	28	30	35
9		42	45	40	45	40
12		50	60	50	50	50
15		78	80	70	70	65
18		78	85	80	82	85
21		80	85	80	82	85
24		80	85	80	80	85

经观测结果分析可知,锚杆工作阻力在 15~18 d 时达到最大值,在 18 d 后锚杆轴向工作阻力趋于稳定。设计锚杆锚固力为 100 kN,实测最大工作阻力为 85 kN,锚杆支护强度能满足支护要求。

7 结论

本托夹矸掘进支护技术以数值试验研究为基础,对现场施工及支护工艺、支护参数进行优化调整。通过对岩层变形量、支护工作阻力等重要支护效果参数进行检测,支护强度能满足安全、经济施工要求。本支护技术的应用,为托夹矸掘进快速施工提供了保证,施工效率提高了 20% 以上;同时减少了掘进出矸量,提高了煤质,为矿创造效益 1 000 万元/年;该支护技术值得在相同或相近施工条件的矿井推广应用。

参考文献

[1] 陈大力.锚杆支护新技术与产品选型[M].北京:中国知识出版社,2005.

[2] 吕建青,等.井巷工程[M].徐州:中国矿业大学出版社,2009.

[3] 杜海卫.不稳定矿岩掘进支护技术的应用[J].山西煤炭,2014(1):70-71.

[4] 王金龙,张新涛.复杂条件下煤仓施工技术[J].科技风,2014(20):110-111.

[5] 韩君锋,李帅.沿空掘进巷道支护技术实践[J].煤矿支护,2009(1):43-45.

[6] 母泽民.论述复杂地质条件下煤矿掘进支护技术[J].中国科技纵横,2015(3):4-5.

差异化设计在井巷工程中的应用

王立国，云　明，谢绪晶

（陕西永明煤矿有限公司，陕西　延安　711300）

摘　要　井巷断面及支护设计是井巷工程施工的关键项目，合理地确定支护形式和选择支护参数不仅关系到巷道的安全使用，而且影响巷道的施工成本。本文以永明煤矿为例，说明了差异化支护在巷道施工中的应用及创造的经济效益。在当前煤炭经济形势下，根据巷道用途及服务年限实行巷道差异化支护，在保证安全的前提下有效地降低支护成本，具有良好的应用价值。

关键词　差异化设计；井巷工程；经济效益

差异化设计在市场经济下的各个行业都有广泛的应用，但在井巷工程中，国内学者虽然对巷道差异化设计多有研究[1,2]，但差异化设计尚未成为一项专业、系统的课题项目。本文根据永明煤矿5煤运输大巷服务用途及泥岩顶板具体特征[3]，在巷道断面差异化和支护参数差异化设计方面进行研究和实践，论证了差异化设计在井巷工程的广泛应用前景。

1　概述

永明煤矿位于子长矿区西南部，矿井构造为一由东向西倾伏的单斜构造伴有波状起伏，倾角1°~3°，未发现断层或褶皱，无岩浆活动迹象。

永明煤矿5煤位于瓦窑堡组第四段上部，底板标高在1 069~1 070 m之间，由东向西倾伏，地层倾角1°~3°。埋深10~275 m。煤厚1.2~1.4 m，平均厚1.3 m，厚度稳定。含夹矸2~4层，一般2层，结构较复杂，为可采的较稳定煤层。

5煤顶板岩性为灰色泥岩，底板为碳质泥岩及灰色泥岩，煤层顶底板岩层结构见表1。

表1　　　　　　　　　　　　　　　　　　顶底板岩性特征

顶底板名称	岩石名称	平均厚度/m	顶底板分类	普氏硬度系数	孔隙率/%	抗压强度/MPa	岩性特征
基本顶	粉砂岩	8	3类	5.4	10.9	54.7	灰色，中厚层状，具水平及波状层理
直接顶	泥岩	4	2类	1.8	19.6	18.4	黑色，团块状，富含植物化石。夹多层含铝土泥岩及粉砂岩薄层
伪顶	—	—					
直接底	泥岩	4	Ⅱ	1.8	19.6	18.4	黑色，团块状，含植物化石
基本底	粉砂岩	6	Ⅴ	5.4	10.9	54.7	灰色，泥钙质胶结，中层状，具水平及斜层理

巷道采用综合机械化掘进方式，使用 EBZ-160 型掘进机破、装煤（岩），经 DSJ80/40/2×75 型胶带输送机转运至 5 煤运输大巷主皮带进入 5 煤煤仓。

2 差异化设计

以永明煤矿 5 煤运输大巷、5103 及 5201 切眼为例，分别说明巷道断面差异化设计和支护差异化设计。

2.1 原巷道断面及支护参数

（1）巷道断面

5 煤运输大巷沿煤层施工，断面形状为三心拱形，净宽 4 m，净高 3.4 m（其中墙高 2.3 m，拱高 1.1 m），采用锚网喷支护，喷混凝土厚度 100 mm。具体支护参数见图 1。

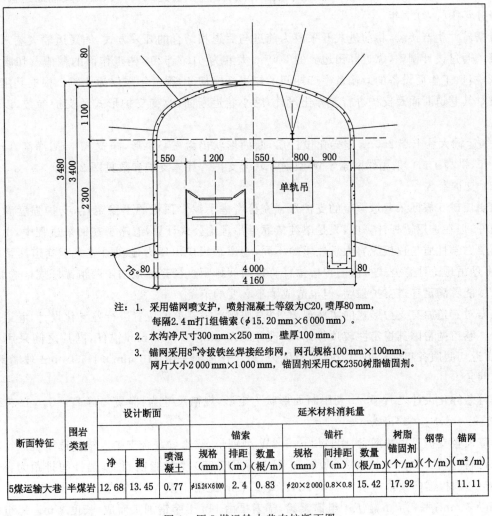

注：1. 采用锚网喷支护，喷射混凝土等级为C20，喷厚80mm，每隔2.4 m打1组锚索（ϕ15.20 mm×6 000 mm）。
2. 水沟净尺寸300 mm×250 mm，壁厚100 mm。
3. 锚网采用8#冷拔铁丝焊接经纬网，网孔规格100 mm×100mm，网片大小2 000 mm×1 000 mm，锚固剂采用CK2350树脂锚固剂。

断面特征	围岩类型	设计断面			延米材料消耗量								
					锚索			锚杆			树脂锚固剂	钢带	锚网
		净	掘	喷混凝土	规格（mm）	排距（m）	数量（根/m）	规格（mm）	间排距（m）	数量（根/m）	（个/m）	（个/m）	（m²/m）
5煤运输大巷	半煤岩	12.68	13.45	0.77	ϕ15.24×6 000	2.4	0.83	ϕ20×2 000	0.8×0.8	15.42	17.92		11.11

图 1　原 5 煤运输大巷支护断面图

（2）支护参数

5103 切眼断面形状为矩形，规格尺寸为：净宽×净高＝5.5 m×2.5 m，$S_{净}$＝13.75 m²，$S_{荒}$＝14.82 m²。

巷道顶板支护采用锚网索、BHW230-3.0W 型钢带、锚索梁联合支护。锚杆选型及间排距通过悬吊理论公式计算得到。锚杆选用全螺纹右旋金属锚杆，锚杆直径 ϕ20 mm，长度 2 000 mm，配 1 卷 CK2350 型树脂锚固剂，锚杆间排距为：800 mm×900 mm。每 2.7 m 配用 1 条 W 型钢带,钢带规格 3 500 mm×230 mm×3 mm。每 2.7 m 施工 1 组锚索梁,锚索梁由 11# 工字钢加工而成,长度 3 m。每组锚索梁配用 2 条锚索,锚索为 ϕ15.24 mm×6 000 mm 低松弛预应力左旋钢绞线。锚索间距 2 400 mm,排距 2.7 m。锚网采用 8# 冷拔钢丝编织的经纬网,锚网搭接 100 mm。

巷道两帮采用锚网支护,锚杆选用全螺纹右旋金属锚杆,锚杆直径 ϕ20 mm,长度 2 000 mm,配 1 卷 CK2350 型树脂锚固剂,锚杆间排距 800 mm×900 mm,锚网采用 8# 冷拔钢丝编织的经纬网,锚网搭接 100 mm。

2.2 差异化设计

(1)巷道断面

5 煤运输大巷全长约 1 650 m,服务于整个 5 煤水平,担负进风、行人、煤炭及辅助运输等任务,设计服务年限为 20.2 年。

根据矿井生产接续,将前进式开采改为前进与后退相结合的开采方式,缩短运输大巷末端的服务年限。通过设计调整,靠近井田边界的 200 m 大巷为 5107、5204 两工作面的顺槽及切眼的掘进服务,不担负工作面设备的运输及生产期间的煤炭运输任务,服务年限仅为 4 年。根据其用途及服务年限对其巷道断面及支护进行差异化设计,缩小巷道断面,改变支护形式及支护参数,以减少资金投入。

5 煤运输大巷末端 200 m 差异化设计后,断面形状仍为三心拱形,净宽 3.4 m,净高 3 m(其中墙高 2 m,拱高 1 m),采用锚网索+W 型钢带联合支护。具体支护参数见图 2。

(2)支护参数

永明煤矿 5 煤回采巷道原有的支护形式充分考虑了泥岩顶板的不稳定性,支护强度满足巷道使用条件,但在选用锚杆计算中,只是单纯依靠悬吊理论公式计算,忽略了在回采过程中,由于巷道两帮煤层力学性质与顶板泥岩力学性质的不同,巷道顶板矿山压力显现明显大于巷道两帮的实际情况,将悬吊理论计算公式得出的顶板锚杆直径与间排距直径笼统地用于两帮锚杆规格选取,这种做法虽然能够满足巷道支护强度,但也造成了不必要的浪费。

根据对巷道原有支护形式的实地观测分析,按照回采巷道的位置进行差异化设计,巷道顶板支护不变。巷道两帮因其稳定性较顶板略高,改用 ϕ16 mm×1 600 mm 锚杆,网片之间采用对接方式;在靠近切眼服务年限较短的 100 m 范围内,靠工作面侧采用 ϕ16 mm×1 600 mm 玻璃钢锚杆,挂塑料网片。

进行差异化设计之后,5201 切眼断面形状为矩形,规格尺寸为:净宽×净高=5.5 m×2.5 m,$S_{净}$=13.75 m²,$S_{荒}$=14.82 m²。

巷道顶板支护采用锚网索、BHW230-3.0W 型钢带、锚索梁联合支护。锚杆选用全螺纹右旋金属锚杆,锚杆直径 20 mm,长度 2 000 mm,配 1 卷 CK2350 型树脂锚固剂,锚杆间排距为:800 mm×900 mm,顶板锚杆预紧力不小于 80 kN。每 2.7 m 配用 1 条 W 型钢带,钢带规格 3 500 mm×230 mm×3 mm;每 2.7 m 施工 1 组锚索梁,锚索梁由 11# 工字钢加工而成,长度 3 m。每组锚索梁配用 2 条锚索,锚索为 ϕ15.24 mm×6 000 mm 低松弛预应力左旋钢绞线,锚索间距 2 400 mm,排距 2.7 m。锚网采用 8# 冷拔钢丝编织的经纬网,锚网搭接 100 mm。

巷道老空侧(顺槽为煤柱侧)一帮采用锚网支护,锚杆选用全螺纹右旋金属锚杆,锚杆直径 16 mm,长度 1 600 mm,配 1 卷 CK2350 型树脂锚固剂,锚杆间排距 1 000 mm×900 mm,锚网采用塑料锚网,锚网对接。巷道老空侧一帮采用锚网支护,锚杆选用玻璃钢锚杆,锚杆直径 16 mm,长度 1 600 mm,配 1 卷 CK2350 型树脂锚固剂,锚杆间排距 1 000 mm×900 mm,锚网采用塑料锚网,锚网对接。两帮锚杆预紧力不小于 49 kN。

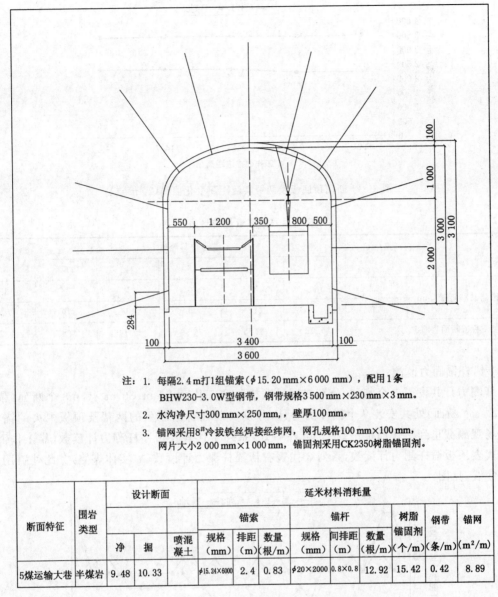

注: 1. 每隔2.4 m打1组锚索(φ15.20 mm×6 000 mm),配用1条
　　 BHW230-3.0W型钢带,钢带规格3 500 mm×230 mm×3 mm。
　 2. 水沟净尺寸300 mm×250 mm,,壁厚100 mm。
　 3. 锚网采用8#冷拔铁丝焊接经纬网,网孔规格100 mm×100 mm,
　　 网片大小2 000 mm×1 000 mm,锚固剂采用CK2350树脂锚固剂。

断面特征	围岩类型	设计断面			延米材料消耗量								
					锚索			锚杆			树脂锚固剂(个/m)	钢带(条/m)	锚网(m²/m)
		净	掘	喷混凝土	规格(mm)	排距(m)	数量(根/m)	规格(mm)	间排距(m)	数量(根/m)			
5煤运输大巷	半煤岩	9.48	10.33		φ15.24×6000	2.4	0.83	φ20×2000	0.8×0.8	12.92	15.42	0.42	8.89

图2　5煤运输大巷差异化设计断面图

3　应用效果

对永明煤矿5201工作面实施差异化设计支护之后,通过回采期间矿压观测,证明差异化支护在工作面回采过程中,能够保证工作面的生产安全。此外,差异化设计给矿井带来了良好的经济效益。

3.1　矿压观测

5201工作面回采期间进行了矿压观测,因观测数据较多,此处仅引用特征较明显的图表数据。

(1)巷道围岩表面移近量

在回风顺槽中共设置了5个断面位移测站,即1#~5#测站,分别布置在距离工作面10 m、20 m、30 m、40 m、50 m位置。每个测站采用十字布点法观测,使用矿用测枪或卷尺测量顶底板及两帮的距离。此处引用2#测站观测曲线和围岩总移近量统计表,见图3和表2。

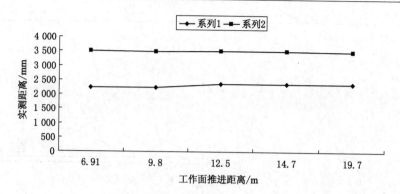

图 3　2#断面顶底板及两帮实测距离变化曲线(20 m点)

表 2　　　　　　　　　　　　　　巷道围岩总移近量统计表

项目		巷道位移测站					平均
		1	2	3	4	5	
巷道围岩总移近量/mm	顶底	1	33	6	1	28	13.8
	两帮	1	15	5	6	10	7.4
巷道断面收缩率/%		0.02	1.65	0.39	0.14	1.47	0.78

（2）锚杆锚固力监测

锚杆测力计共设了 3 个测站,分别在回风顺槽距离工作面 20 m、30 m、40 m3 个断面(依次标为 1#、2#、3#断面)处共安装 9 个锚杆测力计,分别安装在每个断面的两帮及顶板中央的锚杆上。其中现场观测截止到工作面推进到 40 m 左右处,系列 1 代表左帮锚杆测力计读数(靠工作面侧),系列 2 代表顶板锚杆测力计读数,系列 3 代表右帮锚杆测力计读数(靠实体煤侧)。此处引用 1# 测点观测曲线,见图 4。

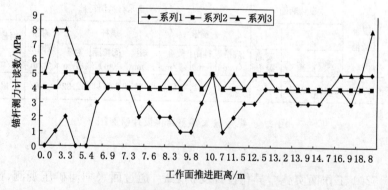

图 4　轨道顺槽 20 m(1#)锚杆测力计读数

1# 测点左帮初锚力为 5 MPa,顶板初锚力为 4 MPa,右帮初锚力为 5 MPa。由图 4 可知,由于采动的影响,当工作面推进至 5.4 m 时,左帮锚杆开始发生变化,顶板锚杆推进至 3 m 左右时开始发生变化,而右帮锚杆则在工作面刚刚开始推进时就增大。其中,左帮锚杆测力计最大读数为 6 MPa,比初锚力仅增加了 1 MPa;顶板锚杆测力计最大读数为 5 MPa,比初锚力仅增加了 1 MPa;右帮锚杆测力计最大读数为 9 MPa,比初锚力仅增加了 4 MPa。

3.2　经济效益

5 煤运输大巷原招标价格为 8 790 元/m,进行差异化支护后,招标价格为 4 930 元/m,进行差异化支护,不仅减少了施工工序,提高了施工效率,而且为矿井节省了施工费用 77.2 万元。

5103 切眼招标价格为 8 000 元/m，5201 切眼进行差异化支护后招标价格为 5 180 元/m，5201 切眼巷道长度 200 m，为矿井节省工程款 56.4 万元。

4 结论

以上仅是对永明煤矿差异化设计在井巷工程中的应用进行的简要总结。差异化设计在矿井的各个环节包括井上井下都有着较大的应用前景。充分考虑巷道的用途、服务年限、使用性质，按照巷道具体功用确定科学合理的断面规格、支护形式，合理地对支护参数进行调整，对巷道分类别、分区段的进行差异化支护，可以在保证支护安全的情况下大大降低支护成本投入，为矿井生产带来良好的经济效益，在多数矿井具有推广价值。

参考文献

[1] 张晓斌，冉辉，姚丙傲.差异化支护技术在新郑煤电公司的应用[J].企业技术开发，2013，32（17）.

[2] 王爱龙.差异化支护技术在"三软"煤层巷道的应用[J].现代矿业，2014（3）：156-157.

[3] 刘栋，阚磊，任松杰，等.厚层泥岩顶板巷道矿压规律研究及支护参数优化[J].中国煤炭，2011，37（9）：52-54.

从两起事故谈管状前探梁的缺陷与改进

孙瑜春

（临沂矿业集团新驿煤矿，山东　兖州　272100）

摘　要　本文从两起冒顶案例的分析出发，阐述了当前煤矿掘进巷道前探梁使用不规范的现状，论述了前探梁选型与验算对掘进巷道迎头顶板支护安全的重要性，提出了技术上可行的改进方法。

关键词　掘进前探梁；选型与验算；缺陷与改进

0　前言

笔者在煤矿掘进安全生产管理中发现，巷道掘进普遍使用的一种临时支护——管式前探梁，在掘进迎头发生局部冒顶后经常有被压弯的现象，甚至造成了不必要的人员伤亡事故。在此，针对甲、乙两个煤矿实际发生的掘进工作面比较近似的冒顶伤亡事故案例，对掘进迎头普遍作为临时支护使用的前探梁进行系统研究，供同行参考。

0.1　案例一

2006年3月13日夜班，甲矿掘二工区在某综掘工作面施工，因顶板由煤转为碳质泥岩，按作业程序移设前探梁，进行临时支护。悬吊左侧前探梁时，由于第一根锚杆丝外露短无法悬吊，就将前探梁第一道链子悬吊在第二根锚杆上，然后进行施工。由于巷道较高，锚杆机易发生倾倒，班长李某安排杨某与其余二人一起支护顶锚杆，7时20分左右支护第三锚杆眼时，顶板突然来压，班长叫快跑，瞬间顶板压弯并分开前探梁垮落，杨某避之不及被埋压，经抢救无效死亡。示意图见图1。

（1）事故的直接原因：

顶板整体冒落，压垮前探梁，致杨某被埋压死亡。

（2）事故的重要原因：

① 临时支护没有进行验算，支护方式存在缺陷；

② 前探梁材质差，管子锈蚀严重；

③ 前探梁悬吊位置不当，接顶不实。

（3）间接原因：

① 现场监督检查不严，工序组织不合理，纠正违规行为不力；

② 出现地质变化，认识不足，防范措施不到位；

③ 操作过程人员站位不当，后路不畅通。

甲矿"3·13"顶板事故的发生首先是因为前探梁钢管被压弯曲变形、接近折断，其次是顶部一块完整的石头沿滑面冒落，将工作面迎头完全覆盖。

根据事后对作业规程和临时支护更改措施的检查发现，临时支护的强度没有进行切合实际的验算，同时，更改临时支护方式和锚杆的锚固端形式较为随意，支护用品的检验、验收执行不到位，技术管理措施不力。

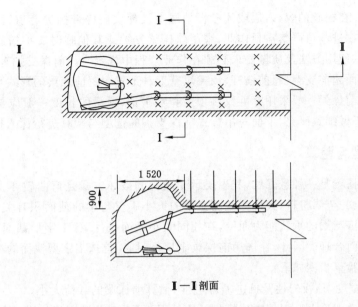

图 1 甲矿 "3·13" 顶板事故示意图

0.2 案例二

2011 年 7 月 12 日 7 时,乙矿掘一工区 1306 轨顺某班组在迎头用综掘机掘进并安装完前探梁准备进行永久支护时,顶板突然冒落(长约 2 m、宽 4 m、最大厚度约 0.6 m),将两根前探梁钢管砸弯,左边吊环断裂,迎头 4 名职工有 3 人跑出,其中于某在躲避时被综掘机截割部绊倒,冒落的矸石将其右腿砸伤,造成动脉破裂、截肢,属重伤。

(1)直接原因

①综掘机司机违章作业,严重违反了作业规程中规定的"顶板破碎时循环进尺为 1m"的规定;且停止作业没有把综掘机退到永久支护后,造成后路不畅通。

②现场队长、班长违章指挥,对局部顶板出现构造没引起重视,不执行短掘短支、敲帮问顶等规定,造成空顶距过大。

(2)间接原因

①工区管理人员思想松懈麻痹,安全意识淡薄,对职工安全教育不够,没有根据现场变化合理组织生产,为事故埋下隐患。

②职工自主保安意识差,违章现象严重。

③现场安检员监督检查不到位,对违章作业、违章指挥等现象制止不力。

④前探梁临时支护设施强度不够。

⑤现场后路不畅通,致使躲避人员被绊倒。

分析以上两起顶板事故案例不难发现,两煤矿巷道掘进临时支护均使用了管式前探梁,且都涉及前探梁的强度问题。在此,撇开其他因素,只研究管式前探梁的问题。

经调查,在我国掘进巷道目前广泛使用的吊梁式前探梁,吊梁材料的选取不外乎有如下三种:有采用外径不小于 75 mm 的管子制作的,有选用 9# 或 11# 工字钢加工的,有使用矩形截面 Ⅱ 型梁的,也有使用轻型钢轨加工的(注:《〈煤矿安全规程〉专家解读》说明:架棚巷道前探刹杆是用 2 根超过 3 架棚距的 24 kg/m 钢轨)。据调查,当前矿山上选用钢管或轻轨加工前探梁的居多,因可就地取材。而采用 φ76 mm、壁厚 4 mm 的压风管,其质量小、使用起来也方便,在煤矿上使用得最多。

总的来说,当前煤矿掘进对前探梁的选材随意性较大,而规程中既没有经过严格的科学验算,也没有统一的标准或规范,安全无保障。

有关规程规定:在松软的煤、岩层或流砂性地层中及地质破碎带掘进巷道时,必须采取前探支护或其他措施[1]。掘进巷道严禁空顶作业,采用前探梁支护或其他临时支护措施,其支护材料、结构形式、规格、数量、使用方法及质量要求必须在作业规程中规定[2]。前探支护有前探刹杆(简称前探梁)、鱼尾式工作面超前支架、超前锚杆、预挑煤壁四种形式[3]。前探梁的形式可分为铰接式和吊梁式两种。铰接式前探梁一般采用标准铰接顶梁和水平销,顶梁的长度一般应与掘进循环进度或棚距相匹配,在此不做细致研究,下面对吊梁式前探支护的选型与验算进行深入探究。

1 前探梁的选型与验算

掘进吊梁式前探梁是一种悬臂梁,其主要承受载荷的破坏方式是弯曲破坏。根据材料力学知识可知,用于加工梁的金属材料,其抗弯截面模量的大小不仅与梁的截面积有关,而且与其截面形状有关。就用料经济与梁的承载能力而论,在相同大小截面条件下,工字形截面比矩形截面合理,矩形截面比圆形截面合理。因此,在选用前探梁金属型材时,首选工字型截面的型钢比较合理。

前探梁选型及验算步骤如下:

(1)根据巷道宽度、顶板岩性及掘进循环进度,估算前探梁的载荷大小。

按照普氏破坏拱理论[4,5],根据数值模拟计算结果,可确定巷道围岩松动破坏区的范围。松动区的岩石可视为松散体,松动体的形状为抛物线形拱,拱高为 b,拱跨为 $2a+2c$。掘进迎头的前探梁需承载起巷道空顶范围内破坏区顶板煤岩的荷载,需不致使其弯曲破坏。

巷道一帮的破坏范围为:

$$C = (\frac{K_c \gamma H B}{1\,000 \sigma_m} - 1) h \tan\left(45 - \frac{\varphi}{2}\right)$$

式中　K_c——巷道周边挤压应力集中系数,其值按巷道形状和巷道高度比确定;一般取 $k_c = 2.5$;巷道宽高比为 $4/2.8 = 1.43$,取 $k_c = 3.0$;

γ——岩层平均质量密度与当地自由落体加速度之积,取 $\gamma = 25.48$ kN/m³;

B——采动影响系数,当两侧均为实体煤时,取 $B = 1$;非实体煤时按表 1 取值;

σ_m——帮部煤(岩)的单向抗压强度,煤取 15.5 MPa,中性岩层取 $\delta_m = 29.5$ MPa;强度高时取 33 MPa。

φ——两帮煤(岩)层的内摩擦角,$\varphi = \arctan(f)$,煤取 $\varphi = 45°$,中等岩层取 70°,高强度岩层取 80°;

h——巷道高度,m;

H——巷道埋深,m。

表 1　采动应力集中系数 K 取值表

条件	$\sigma_m > 20$ MPa	10 MPa $\leqslant \sigma_m \leqslant$ 20 MPa	$\sigma_m < 20$ MPa
受一侧采动影响 ($B < B_L$)	$K_1 = 1 + 3.04 e^{-0.000\,75H}$	$K_1 = 1 + 2.16 e^{-0.000\,68H}$	$K_1 = 1 + 1.16 e^{-0.000\,4H}$
受两侧采动影响 ($B \geqslant 2B_L$)	$K_1 = 1 + 3.04 e^{-0.000\,75H}$	$K_1 = 1 + 2.16 e^{-0.000\,68H}$	$K_1 = 1 + 1.16 e^{-0.000\,4H}$
($B < 2B_L$)	$K_2 = 1.317 K_1$	$K_2 = 1.317 K_1$	$K_2 = 1.317 K_1$
受上部采动影响 (上部煤柱尺寸 B_1), 巷道离煤柱 h 远处	$K_上 = 4.04 - 7.386 \times 10^{-3} B_1 - 5.61 \times 10^{-2} h$	$K_上 = 3.16 - 5.15 \times 10^{-3} B_1 - 4.39 \times 10^{-2} h$	$K_上 = 2.16 - 4.06 \times 10^{-3} B_1 - 3.09 \times 10^{-2} h$

注:B 为实际煤柱尺寸,B_L 为采动影响下的极限稳定煤柱宽度,按下式计算:$B_L = 15.43 + 0.098H$($\sigma_m < 10$ MPa);$B_L = 8.43 + 0.046H$(10 MPa $\leqslant \sigma_m \leqslant$ 20 MPa);$B_L = 5.34 + 0.032H$($\sigma_m > 10$ MPa)。

顶板最大松动范围可按下式预计：

$$b = \frac{a+c}{f}$$

式中　a——巷道的半跨距，m；

　　　b——顶板岩层松动高度，m；

　　　c——煤帮松动宽度，m；

　　　f——顶板岩（煤）层的平均坚固性系数。

每根前探梁需承受的来自顶板方向的压力为：

$$Q_d = \frac{2a\gamma bl\left[1 - \frac{1}{3}\left(\frac{a}{2a+2c}\right)\right]}{n}$$

式中　Q_d——来自顶板方向的压力，kN；

　　　l——掘进循环进尺，$l=d$ 或 $2d$（d 为巷道支护排距），m；

　　　n——掘进迎头所使前探梁的根数，根，一般取 2 根，宽断面取 3 根。

其他符号意义同上。

在松软的煤、岩层或流沙性地层中及地质破碎带掘进巷道时，作业规程中均有明确规定，必须采取短掘短支的措施，一般掘进循环进尺 l 等于一个支护排距 d（800 mm 或 1 000 mm）；在巷道中等稳定性以上的围岩掘进巷道，一般掘进循环进尺 l 等于 2 个支护排距 $2d$（1 600 mm 或 2 000 mm）。根据上面计算公式，不难算出不同循环进尺的顶板压力。

乙矿 1306 轨顺煤层直接顶顶板粉砂质泥岩厚度约 2.0 m，其上为基本顶砂岩，煤层单向抗压强度约 15.5 MPa，顶板岩层的普氏系数为中等为 4~5。直接顶有时较为完整、稳定，有时较为破碎。顶板岩层不完整时的内摩擦角 60°，完整时取 75°。巷道两侧均为未受采动影响的实体煤柱。巷道掘进高度 2.8 m，宽度 4 m。巷道最大埋深 440 m。顶板破碎、不完整时，循环进尺 $l=1$ m；顶板坚硬、完整性好时，循环进尺 $l=2$ m。使用长 4.5 m、直径及 $\phi 76$ mm、壁厚 4 mm 厚的两根钢管作为前探梁，根据上面公式不难算出每根前探梁需承受的来自顶板方向的压力分别约为：42 kN、43 kN。

（2）根据前探梁的规格、数量及悬臂梁力学模型，校核所选吊梁的强度。

（3）根据验算，适当调整前探梁的规格，使其满足安全要求[6]。

前探梁一般选用等截面的型钢加工。由掘进巷道前探梁力学模型（图 2），确定危险截面及危险点。

从前探梁的 M 图可见：最大负弯矩作用于 B 截面上。截面 A 的下边缘与截面 B 的上边缘的各点均受拉应力；截面 A 的上边缘与截面 B 的下边缘各点均受压应力。不难看出，截面 B 为危险截面，其上的最大负弯矩 M_{max} 值根据循环进尺等于一个支护排距或两个支护排距分别为：

$$M_{max} = \frac{Q_d d}{2} \quad \text{或} \quad M_{max} = Q_d d$$

根据下式验算前探梁的强度：

$$\sigma_{max} = \frac{M_{max}}{W} \leqslant [\sigma]$$

或

$$W_{max} = \frac{M_{max}}{[\sigma]} \leqslant W$$

式中　σ_{max}——所选前探梁金属材料危险截面上实际所受的最大应力，MPa；通过以上受力分析，应取金属材料的最大拉应力；

　　　M_{max}——所选前探梁所受的最大力矩，N·m；

$[\sigma]$——所选前探梁金属材料的许用抗拉屈服强度，MPa，$[\sigma] = \dfrac{\sigma}{n}$，考虑载荷的不均及冲击性，安全系数 η 取 $1.1 \sim 1.5$；

W——所选前探梁的抗弯截面模量，cm^3；一般来说，工字钢或钢轨的抗弯截面模量可从型钢技术参数表查出，钢管的抗弯截面模量需用如下公式进行计算：

$$W_x = W_y = \frac{\pi D^3}{32}(1 - \alpha^4) = \frac{\pi D^3}{32}\left[1 - \left(\frac{d}{D}\right)^4\right]$$

式中　W_x，W_y——钢管在 x、y 向的抗弯截面系数，cm^3；

　　　　D，d——钢管的外径、内径，cm。

不难算出 $\phi 76$ mm、壁厚 4 mm 厚的钢管的截面系数 $W \approx 15.48$ cm^3。常用来加工前探梁的型钢技术参数表见表 2，供参考。

表 2　　　　　　　　　　常用作前探梁的型钢技术参数表

钢材名称	W_x/cm^3	W_y/cm^3	理论重量/(kg/m)	钢号	屈服强度/MPa
矿用 9# 工字钢	62.5	16.5	17.69	16Mn	345
矿用 11# 工字钢	113.4	28.4	26.05	20MnK	355
矿用 12# 工字钢	144.5	37.5	31.18	Q275	275
热轧 10# 轻型工字钢	39.7	6.49	9.46	Q235	235
热轧 12# 轻型工字钢	58.4	8.72	11.5	Q235	235
热轧 10# 普通工字钢	49	9.72	11.261	Q235	235
热轧 12.6# 普通工字钢	77.5	12.7	14.223	Q235	235
普通钢管($\phi 76$ mm、壁厚 4 mm)	15.48	15.48	7.1	Q235	235
无缝钢管($\phi 76$ mm、壁厚 6 mm)	21.42	21.42	10.36	16Mn	345
9 kg 钢轨	19.1		8.91	55Q	685
15 kg 钢轨	38.6		15.2	55Q	685
22 kg 钢轨	69.6		22.3	55Q	685
24 kg 钢轨	91.6		24.95	55Q	685
30 kg 钢轨	108		30.1	55Q	685

乙矿 1306 轨顺掘进迎头采用短掘短支，使用两根 $\phi 76$ mm、壁厚 4 mm 厚的钢管前探梁时，前探梁实际需要的抗弯截面系数：

$$W_{max} = \frac{M_{max}}{[\sigma]} \times \eta = \frac{42 \times 1\,000}{235} \times 1.1 \approx 196.57\,(cm^3)$$

可以看出，计算出的值远比许用抗弯强度系数 15.48cm^3 大得多，因此，必须更换加工前探梁所用的型钢，才能满足安全要求。通过计算，采用 3 根加厚的无缝钢管都不能满足安全要求，采用 22 kg 以上的钢轨可以满足要求。《〈煤矿安全规程〉专家解读》中使用 24 kg/m 钢轨不无道理。如果选用大型号工字钢，单位质量太大，现场使用较为困难，一般不可取。

从以上计算分析可以看出，掘进选用工字形截面的型钢制作前探梁较为理想，而使用 $\phi 76$ mm 钢管材质的前探梁，其抗弯截面系数极小，无法满足安全要求。甲、乙两矿掘进迎头使用钢管制作的前探梁作临时支护，发生局部冒顶事故后，致使其折弯失效，造成了人员伤亡事故，也就不难理解了。

从煤矿安全生产理念上来说，"宁愿多流汗，也要保安全"。因此，掘进迎头使用安全可靠的工字型前探梁，质量虽然比钢管大些，但可有效地防止掘进迎头局部冒顶伤人事故的发生，对实现巷道掘进本质安全生产意义重大。

2 结论

(1)掘进巷道选用前探梁时,必须根据巷道的规格、围岩性质及掘进循环进度,合理确定前探梁的规格、数量,并需要验算,保证前探梁能够托住巷道易冒落的顶部岩(煤)层,而不至于使其弯曲破坏,造成局部冒顶伤人事故。

(2)掘进现场使用前探梁时,必须用木板、大木楔刹实顶板,防止前探梁受顶板冒落岩石多于其三倍重力的冲击载荷而导致破坏。

(3)采用综掘机掘进时,需优先选用与综掘机配套的超前液压式轻型钢支架作临时支护。

参考文献

[1] 国家安全生产监督管理总局,国家煤矿安全监察局.煤矿安全规程[M].北京:煤炭工业出版社,2011.

[2] 韩芳岐,赵日峰.煤矿安全技术操作规程[M].北京:煤炭工业出版社,2003.

[3] 刘洪.《煤矿安全规程》专家解读[M].徐州:中国矿业大学出版社,2006.

[4] 马念杰,贾明魁,等.煤巷锚杆支护新技术[M].徐州:中国矿业大学出版社,2006.

[5] 谭云亮.矿山压力与岩层控制[M].北京:煤炭工业出版社,2008.

[6] 邱家骏.工程力学[M].北京:机械工业出版社,2001.

大采深软岩大断面硐室的复合型支护技术研究及应用

苏礼冲,董勤凯,王来收

(山东东山王楼煤矿有限公司,山东 济宁 272063)

摘 要 本文主要结合大采深大断面软岩巷道的软弱围岩性质和深部地应力等影响,巷道掘进后变形量大,一般支护方式根本无法满足巷道布置设备所需尺寸,在返修困难的情况下,深入研究以更改巷道砌碹断面形状及碹体内添置让压木块以保证巷道成型。通过案例实践,为该技术的应用价值提供可靠依据。

关键词 大采深大断面;让压木块;巷道成型

0 前言

近年来,随着浅部煤炭资源日趋减少,我国许多大型矿井开采逐渐由浅部向深部延伸,进入了深部煤炭资源开采状态。由于深部与浅部在围岩赋存条件与应力环境上存在根本性差异,使得高地应力与低围岩强度之间的矛盾更加突出,造成深部巷道掘进后产生严重的变形破坏,常规的支护手段难以维持巷道围岩的稳定。深部巷道掘进与支护难题已成为影响煤炭深部资源开采的重要制约因素,探索研究深部巷道支护技术与对策将是软岩巷道工程支护技术的发展方向。由于深部巷道地质赋存条件的复杂性及受相邻巷道或硐室的掘进扰动影响,巷道围岩及支护结构受力情况较为复杂,难以采用经典力学理论准确分析计算巷道围岩变形和支护结构受力的大小及分布规律,但是可以对深部巷道围岩及支护结构进行研究,适当改变巷道断面、支护参数等方案有效地采取相应的巷道围岩支护与加固措施,保证深部巷道围岩与支护结构的长期稳定与安全。

王楼煤矿位于济宁煤田南部,矿井设计生产能力 0.9 Mt/a,矿井含水层富水性强,且煤层顶、底板多为页岩、泥岩,褶曲发育、断层多,地质构造复杂,井下巷道埋藏较深,岩石松软,多属于不稳定或极不稳定类型软岩巷道。本文结合山东能源临沂集团王楼煤矿-1 150 m泵房进行探讨研究大采深软岩大断面硐室的复合型支护技术。

1 远场地压

王楼煤矿泵房埋深 1 180 m,按围岩容重 25 kN/m³,则垂直地应力为 29.5 MPa。根据目前巷道软弱围岩性质和深部地应力一般规律,可初步认为水平地应力与垂直地应力近似相等。

2 岩石水理性质、岩石强度测试与围岩类型划分

2.1 岩石水理性质

对 $3_上$ 煤层顶底板岩石做岩石黏土矿物成分分析,岩石矿物成分见表1,黏土矿物成分见表2。由分析结果可以看出,$3_上$ 煤层顶板岩石黏土矿物含量为 70.8%,高岭石含量占黏土矿物总量的 65% 以上,围岩遇水软化崩解碎裂。$3_上$ 煤层底板岩石黏土矿物含量为 42.6%,高岭石含量占黏土矿物总量的 63% 以上,遇水整体软化表面有裂隙。

围岩浸入水中软化状态见图1,其中：$3_上$煤层顶板岩石发生崩解碎裂,$3_上$煤层底板岩石发生整体软化表面有裂隙,煤体整体软化。

表1　　　　　　　　　　　　　　矿物成分分析结果

编号	矿物种类和含量/%			黏土矿物总量/%
	石英	钾长石	方解石	
煤层顶板1	29.4	0.2	1.0	69.4
煤层顶板2	30.6	0.3	1.3	70.8
煤层底板1	53.4	4.0	—	42.6
煤层底板2	52.6	4.7	—	43.5

表2　　　　　　　　　　　　　　黏土矿物成分分析

编号	黏土矿物相对含量/%					混层比/%
	蒙脱石	伊蒙混层	伊利石	高岭石	绿泥石	伊蒙混层
煤层顶板1	—	17	5	68	10	30
煤层顶板2		16	6	65	13	30
煤层底板1	5	11	5	68	11	20
煤层底板2	6	10	7	63	14	20

注：S——蒙脱石,I——伊利石,K——高岭石,C——绿泥石,I/S——伊蒙混层,C/S——绿蒙混层。

(a) $3_上$煤顶板岩石　　　　(b) $3_上$煤底板岩石　　　　(c) $3_上$煤煤体

图1　岩石浸入水中软化状态

2.2　岩石强度测试

泵房巷道围岩岩石强度、岩石水理性质和载荷强度比等见表3。

表3　　　　　　　　　　　　　　$3_上$煤顶底板岩石强度

岩层名称	层厚/m	饱和吸水率/%	自然膨胀率/%	吸水软化性		抗压强度 σ/MPa
				干燥—吸水	自然—吸水	
煤层顶板	—	10.8	6.7	完全碎裂破坏,浸水后岩块碎裂物为碎岩屑		14.5
$3_上$煤	3.3	2.9	3.3	整体软化		20.3
煤层底板	4.0	1.1	2.8	整体软化,浸水后岩块表面有裂隙		28.9

2.3 巷道围岩类型

根据岩石抗压强度、水理性质和载荷强度比,将深井软岩巷道进一步细分为 3 种类型,其分类标准为:

深井中硬岩石巷道:岩石单轴抗压强度 30～50 MPa,岩石水理性质为吸水软化型,载荷强度比为小于 0.5。

软弱岩层巷道:岩石抗压强度 10～30 MPa,岩石水理性质为吸水碎裂型,载荷强度比为 0.5～1。

极软岩层巷道:岩石抗压强度小于 10 MPa,岩石水理性质为吸水泥化型,载荷强度比大于 1。

根据 $3_上$ 煤顶底板岩石性质和深井软岩巷道分类标准,位于 $3_上$ 煤层顶板中的泵房硐室属于"极软岩巷道"。泵房的煤层底板段可近似看做是"软岩巷道"。$3_上$ 煤顶底板岩石性质见表 4。

表 4　　　　　　　　　　　　　　$3_上$ 煤顶底板岩石性质表

岩层名称	地应力/MPa	抗压强度 σ/MPa	吸水软化状态	载荷强度比	巷道分类
煤层顶板	29.6	13.6	崩解碎裂	2.16	极软岩巷道
$3_上$煤	29.6	20.3	整体软化	1.45	极软岩巷道
煤层底板	29.6	28.9	整体软化,表面裂隙发育	1.02	近似软岩巷道

2.4 −1150 泵房围岩综合评估

−1150 泵房埋深 1 180 m,巷道穿过 $3_上$ 煤层。$3_上$ 煤层顶板岩石单轴抗压强度为 14.5 MPa,遇水崩解碎裂,煤层底板岩石单轴抗压强度为 28.9 MPa,遇水整体软化,表面裂隙发育。泵房作为深井软岩巷道的特征,同时考虑车场的服务长期性和正常使用的稳定性问题,支护尽可能一次成功,保证巷道长期稳定,尽量不出现返修影响使用、增加返修成本及影响安全问题。

3 泵房支护方案设计及施工步骤

泵房支护方案设计如下:

巷道掘进初次支护方式为:巷道顶部及帮部均采用 ϕ22 mm×2 500 mm 等强树脂锚杆,锚杆间排距均为 700 mm×700 mm,每根锚杆配 1 卷 K2370 树脂锚固剂;金属网采用 ϕ6 mm 钢筋编制的网孔 100 mm×100 mm 的经纬网,零搭接直连。在巷道正顶及沿巷道中心线向两侧均匀布置 1 排锚索进行加强支护,锚索使用 ϕ22 mm×8 000 mm 低松弛钢绞线,每根配 2 卷 K2370 树脂锚固剂。喷射混凝土标号 C20,喷厚 30 mm。二次支护方式为钢筋混凝土,砌碹厚度 450 mm。

(1)泵房断面形状:直墙半圆拱＋反底拱形。巷道支护断面如图 2 所示。

(2)碹体让压方式:在混凝土碹体环向设置四个让压木条,让压式钢筋混凝土碹体如图 3 所示,支护断面碹体让压局部放大如图 4 所示。

(3)泵房碹体结构设计:支护采用"让压型钢筋混凝土碹体＋锚索加固"。混凝土碹体厚度 450 mm,混凝土强度设计为 C30。混凝土内掺入 3%～5% 的钢纤维,碹体强度可提高 15% 以上。

(4)泵房底拱:设计为三心拱形反底拱,反底拱宽 4 600 mm,拱深 2 450 mm。

(5)钢筋混凝土碹体施工工艺:第一步,在现有巷道开挖形状基础上,对巷道进行开帮卧底;第二步,喷射 30 mm 厚混凝土喷层;第三步,按照配筋情况弯制钢筋,井下捆扎钢筋,固定让压木条;第四步,安装模板;第五步,浇筑钢纤维混凝土并振捣。

(6)锚索加固:碹体施工完毕,碹体肩部、两帮和底脚处打锚索加固碹体,锚索规格 ϕ22 mm×8 000 mm,间排距 1 300 mm×1 400 mm。

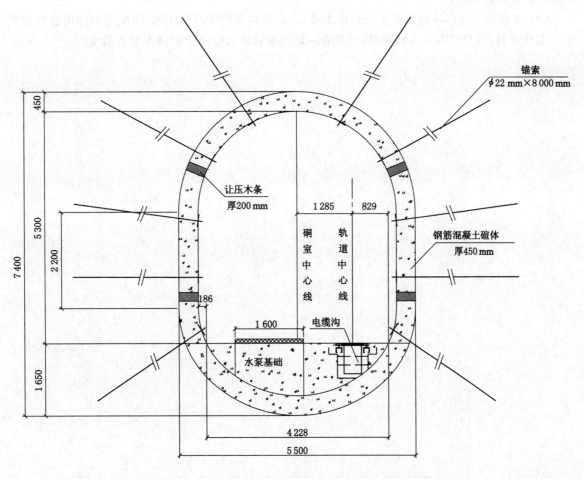

图 2 顶板段泵房可缩性钢筋混凝土碹体支护断面图

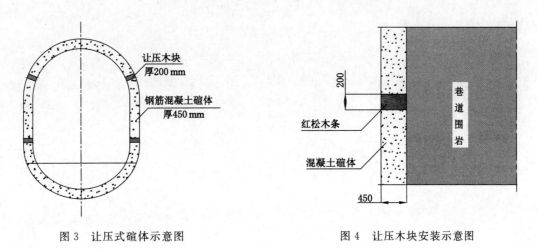

图 3 让压式碹体示意图   图 4 让压木块安装示意图

4 结论

（1）施工完毕后对其巷道进行了两帮收敛量、顶底板移近量等进行了观测，观测发现采用钢纤维混凝土替代普通混凝土后能有效控制碹体开裂、变形，减少巷道维护量，经济效益显著。

（2）由于钢纤维阻滞基体混凝土的微裂纹的扩展，从而使其抗拉、抗弯、抗剪强度等较普通混凝土显著提高。掺入钢纤维的钢筋混凝土物理性能比普通混凝土的物理性能有很大提高，抗压、抗折强度提高比较明显。

（3）在混凝土碹体环向设置4个让压木条，可以起到变形缓冲的作用，混凝土碹体由脆性材料变为柔性材料，当受周圈压力影响时，仍具有一定的承载能力以至于碹体不会开裂变形。

单向肋梁单元柔性支护原理在巷道交岔点的应用

长孙阿龙[1]，王　磊[2]，张晓震[1]，刘会彬[3,1]，蒲拴云[1]，尹润生[1]

(1. 陕西华彬雅店煤业有限公司，陕西　咸阳　713500；

2. 西安科技大学，陕西　西安　710054；

3. 中国矿业大学，江苏　徐州　221000)

摘　要　煤矿巷道交岔点服务年限长，质量保证体系要求程度高，是连接不同单位工程间的咽喉工程。在矿井建设期间，如何安全、经济、快速地完成大断面巷道掘进，历来都是巷道支护的重点和难点。为了更好地对交岔点进行支护，针对雅店煤矿辅助运输大巷交岔点数量多，集中程度高的特点，提出了单向肋梁单元柔性支护原理。工程应用结果表明，单向肋梁单元柔性支护是一种有效控制交岔点变形的支护方式，对彬长矿区及其邻近矿井的交岔点支护具有借鉴意义。

关键词　肋梁单元；柔性支护；交岔点

0　引言

巷道交岔点(又名：牛鼻子)是矿井建设二期工程中最重要的单位工程之一。交岔点的形式有 Y 型、T 型、直角型等多种形式，它比一般巷道断面大且多变，施工时围岩暴露面积大，支护难度大。随着开采水平的延伸，地质条件越趋复杂，受围岩特性和"一扰三高"的影响[1]，巷道交岔点的支护就显得尤为重要。传统的锚杆-锚索网联合支护原理应用于交岔点，受采掘扰动、高地应力以及围岩特性影响，造成交岔点支护不同程度破坏、失稳。不仅增加了翻修费用，而且危及矿井安全生产。单向肋梁柔性支护是根据实际地质情况而设计的一种能够有效控制软岩巷道交岔点形变的手段。

1　工程概况

雅店煤矿位于陕西省彬长矿区北部东侧，设计生产能力为 400 Mt/a。井底车场埋深 490.3 m，主要在三叠系上统延长组中掘进，顶底板均为灰白色细粒砂岩夹含泥岩。辅助运输大巷在井底车场范围从北向南 310 m 范围内共有 7 个交岔点，见图 1。由于辅助运输巷为永久性巷道，顶底板夹含泥岩且交岔点集中程度高，断面大，三号交岔点最大断面尺寸 22.459 m×14.629 m(图 2)，施工难度大。

2　巷道支护设计方案及支护参数

2.1　支护方案

雅店煤矿辅助运输大巷交岔点集中，开挖断面大，最大跨度达 22.459 m，应力集中程度高，直接顶岩性较差且强度较低。根据矿区附近矿井的支护形式并结合实际经济效益，交岔点采用了单向肋梁柔性支护方式，即锚杆＋钢筋梯子梁＋锚索＋托梁＋金属网＋混凝土联合支护。

2.2　力学模型

爆破开挖后巷道围岩变形主要以碎胀变形为主。单向肋梁柔性支护原理即锚杆起紧密加固碎胀围岩的作用，锚索采用悬吊理论，其中钢筋梯子梁⟷"次梁"，托梁⟷"主梁"，锚索⟷"拉力柱"。肋梁图见图3。

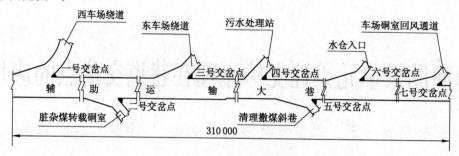

图1 辅助运输巷平面图

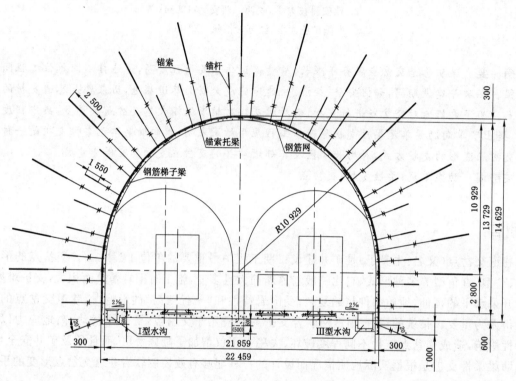

图2 三号交岔点最大断面图

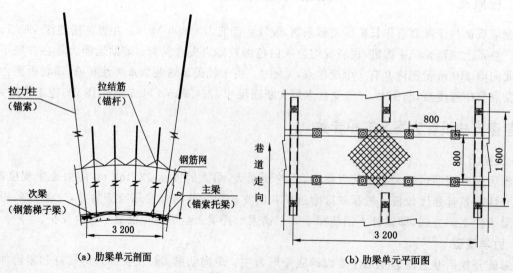

（a）肋梁单元剖面　　　　　　　　　（b）肋梁单元平面图

图3 肋梁单元图

2.3 受力分析

单向肋梁单元的受力主要由碎胀层自重及上覆岩层传来的荷载组成。

即：

$$p = \sum_1^n \gamma_i h_i + \gamma_t b \tag{1}$$

式中 γ_i——从上到下第 i 层岩层的体积力；

h_i——从上到下第 i 层岩层的厚度；

γ_t——碎胀层体积力；

b——碎胀层厚度。

碎胀层厚度 b 可用下式计算：

$$b = k'_\rho \frac{(B + 2c)}{2k_t f_t} \tag{2}$$

式中 k'_ρ——残余碎胀系数（表1）；

B——巷道宽度；

f_t——岩层坚固性系数；

k_t——岩层稳定性系数，取 0.5；

c——巷道围岩地压破坏值，由下式确定。

$$c = h\left(\frac{L\gamma H}{10\,000 f_t \sqrt{S}} - 1\right)\tan(45° - \varphi/2) \tag{3}$$

式中 h——巷道高度；

L——巷道周长；

S——巷道断面积；

H——巷道埋深；

φ——岩层表面内摩擦角。

表1 残余碎胀系数

黏土	煤	砂质泥岩	砂岩
1.03～1.07	1.05	1.10	1.1～1.15

2.4 柔性支护参数

交岔点断面为半圆拱形，支护设计（图2）如下：

（1）锚杆：采用 $\phi 22$ mm×2 400 mm 左旋无纵筋专用螺纹钢，间排距 800 mm×800 mm，矩形布置；采用一卷 K2335，一卷 Z2360 树脂锚固剂锚固，锚固力不小于 100 kN；采用 150 mm×150 mm×10 mm 带调心球垫高强度弧形托盘，预紧力矩不小于 200 N·m，锚固力不小于 100 kN。

（2）锚索：采用公称直径 18.9 mm 高强度低松弛预应力钢绞线，长 12 000 mm，间排距 1 600 mm×1 600 mm，矩形布置；采用 2 卷 K2335，2 卷 Z2360 树脂锚固剂锚固，锚固力不小于 300 kN，预紧力 200 kN；采用 100 mm×100 mm×16 mm 带调心球垫高强度弧形托盘，承载能力不低于 40 t。

（3）钢筋梯子梁：采用 $\phi 18$ mm 双钢筋焊接，宽度 100 mm，长度和空挡与巷道宽度、高度及锚杆眼位匹配，全断面布置。

（4）锚索托梁：采用 14b 槽钢，每根长度 2 m，纵向连接 2 根锚索。

（5）金属网：采用 $\phi 6.5$ mm 钢筋焊接而成，网孔 100 mm×100 mm，规格 1 000 mm×2 000 mm。

（6）混凝土：喷射采用 C25 混凝土。

3 应用效果

雅店煤矿辅助运输大巷交岔点采用了单向肋梁柔性支护技术,巷道形变量控制在允许范围内,巷道成型良好。为了对支护效果进行检验,分别在一号交岔点,三号交岔点各设了一组测站,分别检测巷道围岩的两帮变形,顶板下沉和底鼓,经过40天的检测,结果表明,一号交岔点的最大变形量为18 mm;三号交岔点的最大变形量为22 mm,目前已趋于稳定(图4)。

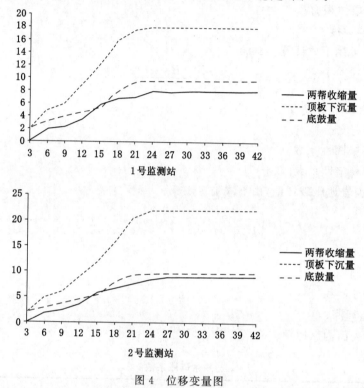

图4 位移变量图

4 结论

雅店煤矿辅助运输大巷的七大交岔点断面均较大,施工难度大,结合光面爆破对巷道围岩稳定性影响较小的特点,雅店煤矿首先在1~3号辅助运输巷交岔点采用了光面爆破下行台阶法施工方案,应用了单向肋梁柔性支护原理,巷道成型质量好,速度快,达到了节约成本、缩短建井工期的目的,并在4~7号交岔点得到了应用推广。工程应用结果表明,单向肋梁柔性支护技术施工工艺简单,是一种有效控制交岔点变形的支护方式,对邻近矿井乃至整个彬长矿区的大巷交岔点支护具有一定的借鉴意义。

参考文献

[1] 何满潮,李国峰,刘哲,等.兴安矿深部软岩巷道交岔点支护技术[J].采矿与安全工程学报,2007,24(2):127-131.

[2] 惠兴田.矿山建设工程[M].西安:西安地图出版社,2010.

[3] 何满潮,袁和生,靖洪文,等.中国煤矿锚杆支护理论与实践[M].北京:科学出版社,2004.

[4] 李广兴.锚杆锚索联合支护在巷道掘进中的应用[J].矿山压力与顶板管理,2003,(03):19-21.

[5] 何满潮,孙晓明.中国煤矿软岩巷道工程支护设计施工指南[M].北京:科学出版社,2004.

白庄煤矿深部膨胀性软岩巷道综合加固技术的研究与实践

纪雨良,安树河

(山东能源肥矿集团白庄煤矿,山东 泰安 271600)

摘 要 针对白庄煤矿-430 m 水平 8500 采区水仓(硐室)岩层地质构造情况,科学分析了造成巷道破坏变形的原因,经过科学论证和现场实践,有针对性的使用全断面喷锚网喷、预应力锚索、钢筋混凝土反底拱浇筑等综合技术修复加固,改变了岩体的受力结构,提高了黏结力和内摩擦角,封闭裂隙,使松散破碎软岩重新胶结形成再生人造岩体,提高了围岩强度,为高锚固力的树脂锚杆、锚索提供了着力点,使三者的作用得到有效发挥。巷道喷锚网喷支护、锚注、锚索、底板加固后,有效地抑制了巷道围岩变形。

关键词 松散;破碎;软岩巷道;综合加固技术

白庄井田位于肥城煤田内部,井田面积 15 km²,矿井于 1978 年 12 月 1 日正式投产,设计生产能力 30 万 t/a,设计服务年限 70 年。1991 年进行矿井改扩建后核定生产能力 140 万 t。通风方式为中央边界抽出式通风。矿井开拓方式为立井多水平、主要贯穿石门、采区上下山开拓,开拓水平三个:第一水平为-150 m 水平(已回采结束)。第二水平为-250 m 水平(正在生产),第三水平为-430 m 水平(正在生产与开拓)。-430 m 水平巷道 2002 年由集团公司设计院设计,设计主要工程有:-430 m 水平大巷,火药库、变点所、泵房、配水巷、水仓、主采区轨道巷、运输巷。

1 -430 m 水平工程地质概况

1.1 地质概况

-430m 水平 8500 采区水仓施工区域煤岩层整体呈向斜构造,该工程位于向斜轴北部,向斜轴向西方向倾伏。向斜轴北翼煤岩层走向在 67°～97°之间,倾向在 157°～187°之间;向斜轴南翼煤岩层走向在 75°～97°之间,倾向在 345°～7°之间;煤层倾角 0°～5°,平均 3°左右。根据 8500 轨道实际揭露资料表明,区域内地质构造较为复杂,断层较为发育,施工过程中可能揭露其他隐伏构造,它们的存在对巷道施工和支护将会造成不同程度影响。煤岩层岩性特征见表 1。

表 1　　　　　　　　　　　　　　　　煤岩层岩性特征

	煤层	顶板名称	岩石名称	厚度/m	岩性特征
煤层顶底板情况	9 煤层	直接顶	泥灰岩	0～1.5/1.0	灰褐色,局部存在,富含密集蜓蜾化石。$f=6～7$
		直接底	粉砂岩	0.8～2.5/1.2	深灰色,含泥质,性脆,致密均一,分选性好,无层理,顶部含植物根部化石。$f=4～5$
	10₂ 煤层	直接顶	粉砂岩	0.55～2.0/1.25	深灰色,含泥质,致密均一,分选性好,无层理,含植物根部化石。$f=4～5$
		直接底	黏土岩	1.8～3.0/2.4	浅灰色,含粉砂岩,致密,无层理,含植物根部化石。$f=2～3$

1.2 工程概况

－430 m 水平 8500 采区水仓设计长度为 300 m,断面形状为直墙半圆拱形,荒宽 3.4 m、荒高 3.2 m,$S_荒$＝9.64 m²,见图1。巷道初次支护方式为喷锚、锚网喷单层支护。锚杆采用 MSGLD-335/22 等强螺纹钢锚杆,锚杆间排距为 0.8 m×0.8 m。每根锚杆采用两卷 MSK2535 树脂锚固剂锚固。网为 ϕ6.3 mm 的钢筋网编制的方格网(网的规格为长×宽＝1.4 m×1.0 m),喷浆所用水泥为 425# 普通硅酸盐水泥,沙为纯净的河沙,石子直径不大于 15 mm,并用水冲洗干净,混凝土配合比为水泥:沙:石子＝1:2:2,喷浆厚度为 0.1 m。二次加固在初次支护的基础上进行,二次支护方式采用喷锚、锚网索喷单层支护。锚索采用直径为 17.8 mm 的钢绞线,长度为 5.2 m,以锚入稳定岩石 1.0 m 为准。水仓施工完毕后,要对水仓底板进行安设反拱梁,反拱梁安装完毕后,编制钢筋笼,再进行浇筑混凝土,混凝土浇筑强度等级不小于 C40。浇筑混凝土必须连续进行,如间隔时间超过 8 h,应预留好接茬面以保证筑体连续性、整体性。混凝土应使用振捣器捣固,每一位置的捣固标准,要达到混凝土不再下沉、不出现气泡并开始泛浆为止。分层捣固厚度以 0.2～0.3 m 为宜,振捣器插入深度不能超过分层厚度。混凝土砌体内不得留有木材、纸片等杂物。浇筑混凝土要均匀、捣实,做到拆模板后无"蜂窝"、"麻面"现象,混凝土表面平整光滑。浇筑厚度 0.5 m,浇筑后在进行抹底,抹底厚度 0.1 m,所用混凝土标号为 C_{25},石子粒径为 20～40 mm,配合比为水泥:沙:石子＝1:1.76:3.41。

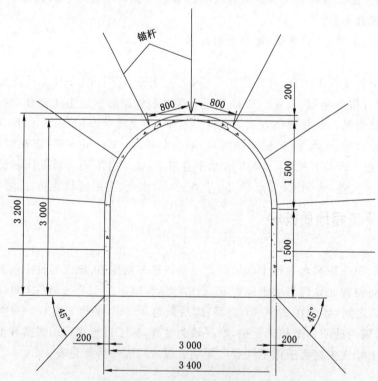

图 1 －430 m 水平五采区水仓初次支护断面图

2 －430 m 水平 8500 采区水仓变形破坏原因分析

巷道变形破坏是多种因素综合作用的结果,经分析主要原因有以下几点:

(1) 由于－430 m 水平 8500 采区水仓部分段处在 10_2 煤层底板的泥灰岩中,泥灰岩厚 2.4 m,呈深灰色,质细、性脆易碎,节理裂隙发育,亲水性强,遇水易软化膨胀,岩体自承能力差,自身强度低,硬度系数 f＜3,属不稳定的松软岩层,支护难度大。

（2）巷道开挖以前,围岩在重力应力和结构应力等作用下,处于一种相对平衡状态;巷道开挖后,围岩中初始应力将进行重新分布,根据围岩应力控制理论,二次支护时间应在围岩变形出现第一个拐点后进行。

（3）构造应力的影响。水仓处于F66断层,落差0.3～5 m,断层处围岩松散破碎,岩石强度小且处于向斜轴附近,应力集中。巷道开挖后构造应力释放,使巷道产生变形。这些断层加大了支护结构上的载荷和应力集中,造成支护结构的全面破坏。

（4）巷道底板和底脚没有采取有效的支护措施,当顶帮压力较大时,巷道底板成为变形自由面,造成巷道底板围岩出现应力集中,产生塑性变形而底鼓,支护失稳,直接加剧了巷道顶帮的变形。

3 综合加固技术方案

采用全断面喷锚网喷、预应力锚索、混凝土反底拱等综合技术进行二次加固。8500采区水仓二次加固断面见图2。

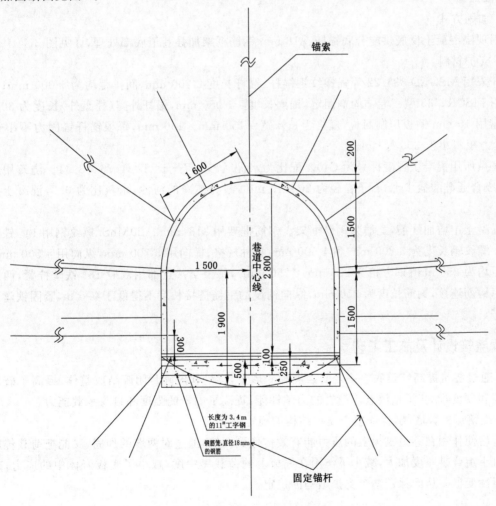

图2 水仓二次加固断面图

3.1 全断面锚网索喷二次加固

二次加固在初次支护的基础上进行,二次支护方式采用喷锚、锚网索喷单层支护。锚索采用直径为17.8 mm的钢绞线,长度为5.2 m,以锚入稳定岩石1.0 m为准。

采用喷锚网喷作为永久支护,选用 MSGLD-335/22 等强螺纹钢锚杆,锚杆长度 2.2 m,间排距均为 800 mm;采用树脂锚固剂加长锚固,锚固长度不小于 1.4 m,MSK2535 和 MSZ2535 型各两只配合使用,快速在孔底,锚固力不小于 64 kN/根,扭紧力矩不小于 300 N·m;托盘用 10 mm 厚钢板压制而成,规格为长×宽＝150 mm×150 mm;网为 ϕ6.3 mm 钢筋编制的方格网,网的规格为长×宽＝1.0 m×1.4 m,网要压茬连接,压茬不少于 0.1 m,用 14# 铁丝联结牢固,每 200 mm 一个联结点;喷层厚度设计 100 mm,喷浆所用水泥为 32.5 级普通硅酸盐水泥,沙为纯净的河沙,石子粒径小于 20 mm,混凝土配合比为水泥∶沙∶石子＝1∶2∶2,速凝剂型号为 J85 型,掺入量一般为水泥重量的 2%～3.5%,洒水养护时间不低于 28 d。

采用锚索加固,布置 ϕ17.8 mm×5.2 m 型锚索 7 根,排距 1.6 m。从巷道正拱顶向两侧各 1.6 m 分别安装一根,自第一根向下 850 mm 间距安装。采用树脂锚固剂锚固,锚固长度不小于 1 400 mm,MSK2535 和 MSZ2535 型各两只配合使用,快速在孔底,托盘用长×宽×厚＝300 mm×300 mm×15 mm 的钢板加工制作。

3.2 底板加固

（1）加固方式

采用现浇混凝土反底拱配合底锚杆、ϕ18 mm 钢筋框架加强巷道底部处理,详见图 2。

（2）支护材料

锚杆采用 MSGLD-335/22 等强螺纹钢锚杆,锚杆长度 2 200 mm,间排距均为 1 000 mm;每根锚杆均用 MSCK2535 型三卷锚固剂固定,锚固长度≥1 050 mm,锚杆外露（托盘外）长度为 30～50 mm,托盘用 10 mm 钢板压制而成,规格为长×宽＝150 mm×150 mm,每根锚杆锚固力不小于 70 kN,扭紧力矩不小于 300 N·m。

反底拱所用混凝土强度标号为 C40。配比为水泥∶沙∶石子＝1∶1.76∶3.41。浇筑用水泥为 32.5 级普通硅酸盐水泥,石子粒径为 20～40 mm,沙为纯净的河沙,水灰比为 0.5,混凝土要搅拌均匀。

在混凝土中增加配筋,配筋为钢筋框架。钢筋框架用 ϕ18 mm 的 20MnSi 螺纹钢用 14# 铁丝扭结而成。螺纹钢长度为 3 200 mm 和 4 500 mm 两种规格,横向用 3 200 mm,纵向用 4 500 mm,钢筋间排距均为 250 mm（即方格为 250 mm×250 mm）,每个交岔点都用双股 18# 铁丝拧紧,两层钢筋之间用钩筋连接,钩筋长度为 250 mm,纵向铺设的钢筋搭接长度不得低于 0.5 m,紧固铁丝不得低于 2 道。

4 底板浇筑设计及施工工艺

（1）通过浇筑提高巷道底板围岩的强度和变形量,将松软破碎封闭胶结成整体,提高了破碎围岩的刚度和硬度,改变了松散破碎围岩的力学性能,提高了围岩的强度和自身承载能力。

（2）浇筑可减轻底鼓,保证整个支护结构的稳定性

浇筑后使作用在巷道拱顶上的压力能有效传递到两墙,通过对两墙的加固,又能把荷载传递到底板。由于组合拱厚度加大,减小了作用在底板上的荷载集中度,减小了底板岩体中的应力,减弱底板的塑性变形。从而保证整个支护结构的稳定。

5 相对位移变形观测结果与分析

水仓施工结束后开始设点观测,观测时间为 180 d。共设观测点 5 个,每 10 d 测量一次数据。测点布置见图 3。

观测前后变化曲线和观测结果对照分别见表 2 和图 4。

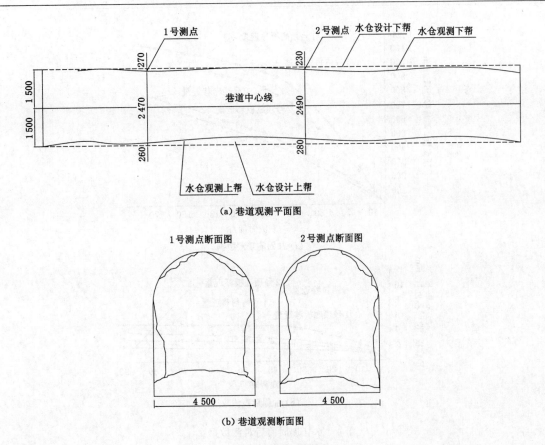

(a) 巷道观测平面图

(b) 巷道观测断面图

图 3　巷道观测图

表 2　　　　　　　　　　　　　　泵房、变电所加固前后相对位移观测结果

测点	位置	加固前位移		加固后位移	
		移近量/mm	变形速率/(mm/d)	移近量/mm	变形速率/(mm/d)
1号	两帮	1 030	5.7	5	0.06
	顶底板	1 130	6.3	4	0.04
2号	两帮	780	4.3	2	0.02
	顶底板	732	4.1	2	0.02

　　可以看出,巷道加固前巷道围岩相对移近速度达到5~10 mm/d,两帮和顶底板移近速度变化明显,没有趋向稳定的迹象,而且变化持续。巷道加固后,巷道围岩相对移近速度下降到0.1 mm/d以下并趋于稳定,巷道围岩变形速度有明显下降,巷道围岩的剧烈变形得到有效抑制,缓解了围岩对巷道支护的破坏状况。这说明上述加固技术对软弱破碎围岩巷道的支护作用是显著的。加固后的围岩强度和完整性得到提高,有效的遏制了巷道围岩变形速度,起到了减缓巷道围岩变形速度的作用。

6　主要结论

　　(1) 采用预应力锚索、混凝土反底拱等综合支护技术修复加固大断面、松散破碎围岩、受地质构造影响的巷道(硐室)的实践是成功的,不但在限制围岩变形方面效果明显,而且经济效益也非常明显,为困难巷道工程支护加固提供了新的途径。

　　(2) 处于松散、软弱、破碎岩层中的井巷工程应采用全断面封闭式支护,在治理顶帮的同时,也

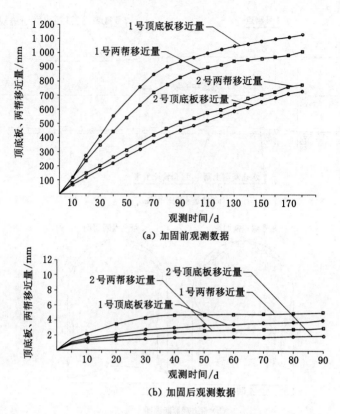

(a) 加固前观测数据

(b) 加固后观测数据

图 4 水仓加固前后观测数据

要治理底板,否则应力传递到支护的薄弱点必将导致支护破坏。

（3）根据围岩—支护共同作用原理及岩石强度理论,对围岩进行浇筑加固,可改变岩体的松散结构,提高黏结力和内摩擦角,封闭裂隙,阻止水对岩体的侵蚀,使松散的岩体重新胶结形成再生人造岩体,提高了围岩强度,同时又为高锚固力的树脂锚固锚杆、锚索提供了着力点,使三者的能力得到有效的发挥。二次加固支护后的水仓,围岩变形速度得到有效的控制,从原来未加固前的 3～10 mm/d,迅速下降到 0.1 mm/d 以下,且在整个服务期内能够满足生产的安全使用。

巷旁无支护沿空留巷技术实例分析及其适用性研究

冉星仕

（神木县隆德矿业有限责任公司，陕西　榆林　719302）

摘　要　巷旁无支护沿空留巷技术国内外研究成果较少，以国内某煤矿工程实例为背景对巷旁无支护沿空留巷效果进行了数值模拟研究和实测数据分析，并对该技术的适用条件进行探讨。

关键词　巷旁无支护；沿空留巷；数值模拟；现场实测；适用性

0　前言

沿空留巷技术已在全国多个矿区得到广泛应用，其理论研究和工程实践经验均趋于成熟。该技术可实现无煤柱护巷，具有提高资源回收率、降低巷道掘进率及维护成本、防止残煤自然发火等优点。巷旁无支护沿空留巷技术作为沿空留巷技术的一个分支，由于其应用条件更加苛刻，其在矿井工程实践中应用相对较少。在条件适宜的矿井实施巷旁无支护沿空留巷技术，既可简化工序、提高支护安全性、降低劳动强度，又可进一步降低设备和材料成本，技术经济效益显著。本文根据有关巷旁无支护沿空留巷技术的研究现状及相关工程实例分析，对该技术的适用条件进行探讨，以期该技术能得到更广泛的推广和应用。

1　巷旁无支护沿空留巷技术研究现状

根据矿山支承压力分布规律，工作面开采后，虽然沿空巷道处于采后应力重新分布的低应力区，但在支承应力重新分布的过程中保留巷道将经历覆岩的剧烈活动和变形。沿空留巷先后要经受两侧工作面的采动影响，因此矿压显现强烈，巷道维护难度大。

我国沿空留巷技术起步于 20 世纪 50 年代，随着 90 年代我国大力推行综合机械化采煤，采高不断增大，我国煤矿工作者在引进、吸收国外的沿空留巷技术的基础上，发展了巷旁充填护巷技术，但由于巷内支护大多为被动支护，加之巷旁充填技术还不完善，其技术难以满足大断面沿空留巷的要求。到目前为止，沿空留巷技术主要在条件较好的薄及中厚煤层工作面得到推广。

沿空留巷的支护一般包括巷内支护和采空侧的巷旁支护两部分。巷旁支护是沿空留巷支护的关键，先后由木垛、密集支柱、矸石带、混凝土砌块等传统支护方式发展到目前被广泛应用的胶结材料充填的支护方式；巷内支护主要有金属支架或木棚支架等被动支护方式，以及锚杆、锚索、锚网等主动支护方式。

巷旁无支护沿空留巷是指巷道采空侧不进行人为的加强支护，而是由采空区顶板垮落后的矸石自然堆积、充满巷道一侧并压实后支撑顶板，并在巷内支护的共同作用下实现留巷。与巷旁支护一样，巷旁无支护沿空留巷技术既要解决采空侧的顶板支护问题，又要解决采空区的密闭问题。然而有关巷旁无支护沿空留巷技术的研究相对较少，仅有少量工程实例可供参考。

2 工程实例分析

2.1 工程条件

国内某煤矿针对该区巷道围岩结构特点以及煤层薄、直接顶相对较厚的特殊条件,提出了采前巷内主动支护、采后单体支护强力切顶的支护方式,实现了巷旁无支护条件下的沿空留巷。

该矿煤层平均采厚 1.45 m,采深 450~500 m,倾角 3°~6°。煤层直接顶板为泥岩,厚 5.85 m,半坚硬,较完整;基本顶为七灰,厚 1.25 m,厚层状。伪底为 0.45 m 的黏土岩;直接底为 1.95/1.91 m 厚的砂质泥岩/八灰,性脆易碎;基本底为 2.9/11.5 m 厚的细砂岩/泥岩。

2.2 巷道支护形式

巷道支护形式为:成巷时巷内采用锚杆(索)主动支护,回采时超前支护采用单体支柱支护,采后继续采用单体支柱支护,并架工字钢棚,工作面推进时在留巷端头支架顶部铺设钢筋网,直接顶通过巷内单体支柱和顶板锚索沿巷道侧边切落,冒落矸石在端头钢筋网上沿棚腿逐渐堆积形成假帮,随着工作面的推进,矸石充满空区,自然成巷,如图 1 所示。

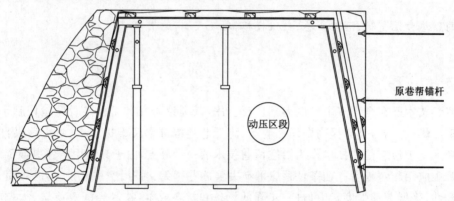

图 1 沿空留巷支护方案示意图

2.3 数值分析

根据该区的地质采矿条件,采用 FLAC^{3D} 有限差分数值模拟方法对该沿空留巷工程进行分析。三维分析模型如图 2 所示,模型尺寸为 150 m×30 m×30 m。模型共划分 57 492 个单元,70 301 个节点。

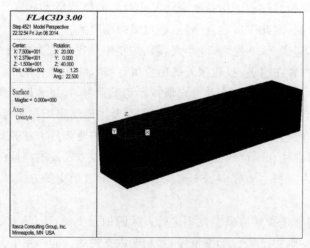

图 2 数值分析模型及单元划分

模型中对应的支护体结构形式如图3所示。

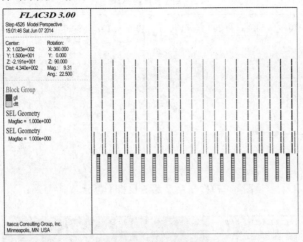

图3　模型中支护体结构单元

对巷道从经历初次采动影响前,到初次采动影响、初次采动影响结束,至二次采动影响、二次采动影响结束整个过程围岩应力变化状态、顶板下沉、围岩塑性区状态、切顶效果等进行了分析。

图4为巷道受初次采动影响后围岩垂直应力分布图。由图可知,工作面开采后,巷道采空区侧顶底板应力显著减小,实体煤侧出现明显的垂直应力集中,应力集中范围约23 m,垂直应力峰值34.2 MPa,垂直应力峰值距巷道右帮约7.5 m左右。

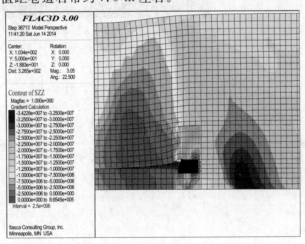

图4　初次采动后巷道围岩垂直应力分布图

图5为初次采动时巷道顶板下沉沿工作面推进方向分布曲线。可以看出,在一侧工作面采动影响下,随着工作面推进,巷道顶板下沉均逐步增大,初次采动超前影响距离约40 m,滞后影响距离约40 m。初次采动影响稳定后,顶板下沉值为68 mm,整体变形量较小。

图6为初次采动后巷道围岩塑性区分布。由黄色区域与洋红色区域的分界线可看出,在一侧工作面采动影响后,巷道顶板整体较为完整,直接顶切顶线恰好位于巷道采空区侧边界,顶板压力得到释放,有利于巷道后期维护。

图7为二次采动时巷道顶板超前下沉沿工作面推进方向分布曲线。在二次采动影响下,工作面超前影响距离约50 m,此范围内的巷道顶板下沉均比二次回采前明显增大,且靠近工作面推进位置处量值最大,顶板最大下沉值为126 mm,比初次采动时增加58 mm,但整体变形量可控。

由上述分析可知,沿空留巷顶板保持较好的完整性,巷道受两次采动影响后的围岩变形均较

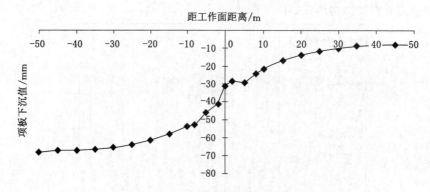

图5　初次采动后巷道顶板下沉分布曲线

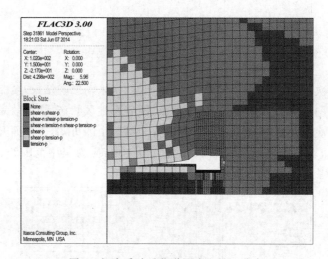

图6　初次采动后巷道围岩塑性区分布

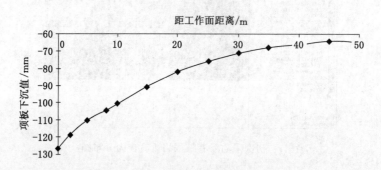

图7　二次采动后巷道顶板超前下沉分布曲线

小,围岩完整性好,巷道支护效果良好。

2.4　现场实测

该矿在某工作面顺槽进行了巷旁无支护沿空留巷试验,对巷道两帮移近量、顶板离层等进行了现场监测,部分监测结果如图8、图9所示。

从沿空留巷两帮移近量曲线可以看出,3#测区测得了较为完整的留巷后两帮变形数据,两帮移近量最大值分别为334 mm。初次采动后,巷道两帮距离逐渐增加,此时巷道矿压显现较剧烈,但该数值较小。从沿空留巷顶板离层曲线图可以看出,1#测区顶板离层为43 mm,2#测区顶板离层为1 mm,3#测区顶板离层为3 mm,留巷顶板局部有少量离层出现,大部分顶板离层量较小。

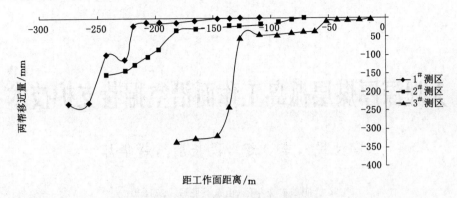

图 8   沿空留巷两帮移近量曲线

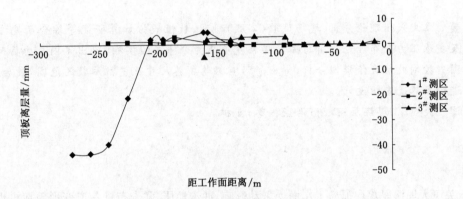

图 9   沿空留巷顶板离层曲线

综上所述,从巷道变形监测数据来看,巷旁无支护沿空留巷围岩位移总体不大,有效控制了围岩强烈变形,满足生产巷道的使用要求。

另外,留巷进出风量及各项气体含量指标的监测结果表明,采空区漏风率低,氧气 O_2、氮气 N_2、二氧化碳 CO_2 含量正常,一氧化碳 CO、乙炔 C_2H_2 等有毒有害气体含量为 0,可见巷旁铺网造帮密闭效果良好。

3   结论

由沿空留巷技术发展现状,以及对国内某煤矿巷内无支护沿空留巷工程实例的分析可知,在条件适宜、巷内支护形式合理的情况下应用巷内无支护沿空留巷技术可很好地控制巷道围岩变形,经济技术效益显著。该技术能够应用的关键在于巷旁采空区直接顶能及时垮落并填满采空区,同时保证及时切顶,由此总结得到巷内无支护沿空留巷技术的适用条件:

(1)煤层及直接顶板:煤层应为薄及中厚煤层,直接顶板厚度应大于煤厚,保证巷旁堆积的垮落矸石高度高于巷道高度并被压实,使巷旁形成完整密实的矸石墙体,使其既能发挥支撑顶板的作用,又能隔离密闭采空区。

(2)基本顶:基本顶岩层在巷内支护体的作用下应易于及时断裂,保证切顶效果,及时降低顶板压力,利于巷道维护。

(3)巷内支护:巷内支护宜采用锚杆、锚索、单体支柱等主动支护形式,且支护强度应满足切顶要求。主动支护形式能进一步提高巷道顶板岩层的整体性和完整性,有效防止顶板离层。

大埋深厚煤层孤岛工作面沿空掘巷支护技术

高法民[1]，李　超[2]，段长朋[2]，赵华炜[2]

（1. 肥城矿业集团，山东　肥城　271600；
2. 肥城矿业集团梁宝寺能源有限责任公司，山东　肥城　271600）

摘　要　本文采用理论分析、现场试验（实测）研究、数值模拟计算研究等综合研究方法，采用覆岩运动及支承压力分布理论分析与孤岛煤柱支承压力分布工程实测，得出了内应力场范围，根据沿空掘巷围岩控制效果数值模拟分析，得出了沿空掘巷留巷尺寸及支护参数的范围，最后根据现场具体情况进行了巷道支护设计。

关键词　大埋深；厚煤层；孤岛；沿空掘巷；支护

0　前言

目前，关于大埋深厚煤层孤岛工作面受采动影响、冲击地压、联合布置巷道变形破坏机理，还没有进行全面、系统的研究，其支护的关键技术问题还没有从根本上解决，采动、冲击地压、联合布置耦合作用下巷道支护难度增大，需要建立围岩结构力学模型，通过合理支护手段，达到结构的稳定性。

1　概述

梁宝寺煤矿投入生产后，为了保护地面村庄及其他设施的安全，避免地表下沉对建筑物等的破坏，采用条带开采方法。在村庄搬迁完毕以后，剩余的厚煤层条带工作面均为孤岛工作面，所以研究厚煤层孤岛工作面巷道的支护问题对梁宝寺煤矿的安全生产和经济效益尤为重要。

2　主要研究内容

在现场实测的前提下，建立工作面沿空掘巷结构力学模型，计算工作面侧向支承压力内应力场的范围，确定沿空掘巷的煤柱尺寸，然后选择合理的支护形式，计算正确的支护参数。

3　采区及工作面概况

3.1　3100 采区概况

3100 采区位于井田东南部，采区范围依据地质构造确定：东及北至 F8 断层，南至 F10 断层，西与二采区相邻。采区东翼南北宽平均 870 m，东西长 1 200 m，西翼东西长 1 170 m，南北平均宽 1 200 m，面积约为 2.8 km²。主要可采煤层 $3_上$ 煤层。开采上限 −550 m，开采下限 −805 m。3（$3_上$）煤层煤厚根据钻孔 2.12～4.4 m，平均厚度 3.06 m，西薄东厚。煤层结构简单，含夹石 0～4 层，煤层为稳定煤层。硬度系数 $f=1.8$，容重为 1.42。原设计条带开采方法为采 80 m 留 120 m。

3.2　3109 工作面概况

3109 工作面长 120 m，走向长度 950 m，以北为 3111 上分层综放工作面采空区，以南为 3107 综放工作面采空区，以左（西）为 3100 回风、皮带、轨道大巷，以右（东）无采掘活动。该工作面范围内，煤层赋存稳定,煤层厚度7.0~8.8 m,平均厚度7.8 m。基本顶为粗、细砂岩,厚度8.6 m,直接顶为粉砂岩,厚度5.0 m,直接底为泥岩、粉砂岩,厚度2.5 m,基本底为粉砂岩、细砂岩,厚度6.0 m。

工作面以北的原3111综放工作面,煤层厚度6.2~8.2 m,平均厚度7.2 m,基本顶为粗、细砂岩,厚度8.6 m,直接顶为粉砂岩,厚度4.2 m,直接底为泥岩,厚度1.1 m,基本底为粉砂岩、细砂岩,厚度7.5 m。工作面以南的原3107综放工作面,煤层厚度6.2~8.2 m,平均厚度7.2 m,基本顶为粗、细砂岩,厚度8.6 m,直接顶为粉砂岩,厚度4.2 m,直接底为泥岩,厚度1.1 m,基本底为粉砂岩、细砂岩,厚度7.5 m。

4 覆岩运动及支承压力分布理论分析

采后促使围岩向已采空间运动的力称为矿山压力,其中作用在工作面四周煤体上的部分为支承压力。采场上覆岩层的运动是采场支承压力分布规律发生变化的根本原因。采场支承压力分布规律不仅取决于上覆岩层的运动,而且与煤体的力学特性相关。通过大量的实验研究可以建立起采场支承压力三维结构力学模型(包含内应力场),为计算方便起见,可以将三维的模型结构简化为二维模型。

内应力场范围的计算公式为：

$$S_0 = \sqrt{\frac{LC_0 S_p \sum_i^n m_i}{(L+C_0)kH}} \tag{1}$$

式中　S_0——内应力场范围,m;

　　　L——工作面长度,m;

　　　M_i——基本顶岩梁厚度,m;

　　　C_0——基本顶岩梁初次来压步距,m;

　　　k——应力集中系数;

　　　H——采深,m;

　　　S_p——支承压力高峰位置距煤壁的距离,m;

　　　n——基本顶岩梁个数;

　　　γ——岩层重力密度,kN/m³。

由式(1),代入各项数据,可得到3107工作面内应力场为4 m,3111上工作面内应力场为3 m。

5 孤岛煤柱支承压力分布工程实测

5.1 工程实测概述

钻屑法测量围岩压力,是以钻进过程中单位长度钻孔所排除的煤粉量为主要依据进而推断围岩压力大小的一种围岩压力实测方法。钻孔钻进过程中排除的煤粉由两部分组成:钻进过程中与孔径相同的煤体被钻头磨碎为粉末排出孔外的煤粉及被围岩压力挤压出孔外的煤粉。后者为钻屑法测量支承压力范围提供了依据。

梁宝寺一号井一采区为矿井的首采区,3111上及3107工作面已回采完毕十年之久,两顺槽与采区上山相连部分均设密闭墙进行封堵。基于以上情况,项目团队研究在与两工作面情况相近且同为一采区工作面的3018工作面进行钻屑法测量。

5.2 钻屑法支承压力测量方案

本次测量共选点6个,分别编号A、B、C、D、E、F、G,其中A、B、C、D四点用于测量侧向支承压力分布范围,E、F两点用于测量超前支承压力范围。

A、B两点用于测量实体煤侧侧向支承压力范围,设计钻孔深度14 m;C、D两点用于测量煤柱支承压力分布情况,设计钻孔深度 4 m;E、F 两点用于测量煤壁超前支承压力范围,设计钻孔深度 15 m。

5.3　实测数据分析

在实体煤侧,距煤壁 3～5 m,煤粉量开始增加,煤粉的颗粒度参数也开始上升,表明在此范围出现压力小高峰。在钻孔的前 5 m,直径大于 2.3 mm 煤粉重量处于持续下降过程,表明塑性区的范围为煤壁向实体煤侧 4 m 左右。深度达到 10 m 后,煤粉量明显上升,煤粉颗粒度参数明显增大,并且现场施工过程中于 11 m 处出现吸钻现象,表明实体煤侧距煤壁 10 m 之后压力开始明显上升。

本次现场实测取得成功,根据现场实测所得数据可以推断,3107 工作面侧向支承压力内应力场范围应为煤壁向实体煤侧 0～5 m,结合理论分析,最终确定 3107 工作面内应力场范围为 0～5 m。

6　沿空掘巷围岩控制效果数值模拟分析

6.1　数值模拟模型及模拟方案

6.1.1　几何模型

3109 工作面位于 −708 m 水平,属于 3100 采区,地面标高为 +39.4～+39.9 m,井下标高为 −691.8～−769.4 m。根据 3109 综放工作面的生产地质条件,采用 FLAC3D 数值模拟软件对综放工作面沿空掘巷的围岩应力及位移分布规律进行相关模拟。

模型尺寸为:500 m×200 m×100 m(长×宽×高),模型共有 65 000 个单元体,沿空掘巷尺寸为:宽×高=5 m×3.8 m。模型四个侧面为水平位移约束,底面为竖向位移约束,顶面为载荷边界,载荷大小为模型上边界以上的上覆岩层自重。几何模型如图 1 所示。

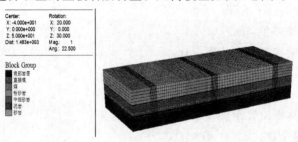

图 1　几何模型

6.1.2　围岩物理力学参数

模型所采用的煤层及其顶底板岩层物理力学参数如表 1 所列。由于工作面埋深较大,在煤层中开挖巷道及工作面开采时会引起应力重新分布,在巷道周围产生很大的应力集中,对巷道的稳定性影响较大。

表 1　　　　　　　　　　　　工作面岩层物理力学参数表

类别	岩性	厚度/m	弹性模量/GPa	泊松比	密度/(kg/m³)	内摩擦角/(°)	黏聚力/MPa	抗拉强度/MPa
顶板	砂岩	170	4.0	0.20	2 560	32	35	3
	细砂岩	8.9	2.8	0.26	2 480	31	5.5	1.6
	中细砂岩	8.6	2.5	0.25	2 560	31	30	2.5
	粉砂岩	6.4	3.6	0.235	2 480	31	6	3
煤层	3 煤	7.2	1.4	0.29	1 400	32	2	0.5
底板	泥岩	1.1	4.1	0.22	2 560	27	8	2.2
	细砂岩	7.5	5	0.20	2 560	28	27	2.1

6.1.3　数值模拟方案

为了获取综放沿空掘巷围岩应力和位移的分布规律,记录巷道顶底板和两帮表面数据并分析结果。数值模拟过程主要分以下步骤:(1)原岩应力平衡;(2)速度位移清零;(3)上区段工作面回采;(4)综放沿空巷道掘进及支护;(5)本工作面回采。

为便于分析,统一规定以下图形中压应力为正、拉应力为负,竖向位移向上为正、向下为负,水平位移向右为正、向左为负。在模拟方案选择时,根据煤柱尺寸以及支护参数的不同确定了以下模拟方案:小煤柱宽度取 3 m、4 m、5 m、6 m 四种;锚杆长度取 1.5 m、2 m、2.5 m、3 m 四种;帮锚索长度取 6 m、8 m、10 m 三种。

6.2　数值模拟分析

6.2.1　沿空巷道围岩变形规律

模型中上区段工作面开挖回采平衡后,留设不同尺寸煤柱时巷道在工作面回采过程中的变形情况各有不同。图2~图5为下工作面采动期后不同煤柱宽度下巷道水平位移云图及巷道围岩位移分布曲线。

图2　煤柱3 m时巷道水平位移云图

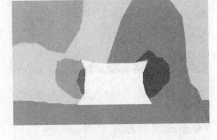

图3　煤柱4 m时巷道水平位移云图

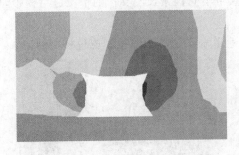

图4　煤柱5 m时巷道水平位移云图

图5　煤柱6 m时巷道水平位移云图

通过分析以上模拟结果,可以得出以下结果及讨论:巷道掘进及工作面采动期间巷道变形也随巷道宽度增大而变大,巷道支护将会变得更加困难。工作面采动期间巷道变形远大于巷道掘进期间,巷道掘进期间实体煤帮变形大于煤柱帮,采动期间实体煤帮变形略小于煤柱帮。考虑煤柱帮压缩变形因素,煤柱宽度减小时其本身压缩量增大,煤柱 3 m 时,煤柱竖向压缩量相比煤柱 4 m 时有明显增大。综合分析上述结果,并考虑到安全因素不宜选择过窄的煤柱,应在巷道变形不至于过大的情况下稍微增加煤柱宽度,故合理煤柱宽度应为 5 m 左右。

6.2.2　锚杆长度对巷道变形的影响

在煤柱宽度确定为 5 m 的前提下,下面模拟不同支护条件下巷道围岩变形规律,主要分析锚杆长度不同时对巷道变形的影响。图6~图9,不同锚杆长度时工作面采动期间巷道水平位移云图及最大位移变化曲线。

锚杆长 1.5 m 时巷道变形最大,杆长 2 m 时变形明显降低,杆长 2.5 m 和 3 m 时变形减小程度不明显。结合安全和经济因素可知,锚杆长 2 m 左右最为合理。

图6 锚杆1.5 m时巷道水平位移云图

图7 锚杆2 m时巷道水平位移云图

图8 锚杆2.5 m时巷道水平位移云图

图9 锚杆3 m时巷道水平位移云图

6.2.3 锚索长度对巷道变形的影响

通过巷道变形情况可知,仅采用锚杆支护时,巷道变形仍然较明显。为了进一步加强支护效果,拟采用在实体煤帮加长锚索的方法。下面对实体煤帮不同锚索长度支护的情况进行模拟,研究合理的锚索支护方式,主要是指合理的帮锚索长度。

图10～图12为工作面采动期间不同锚索长度时巷道水平变形云图及相应位移曲线。

图10 锚索6 m时

图11 锚索8 m时

图12 锚索10 m时

同掘巷期间类似，锚索 6 m 时巷道变形略小于无锚索时，锚索 8 m 支护效果有明显提升，而锚索 10 m 时的支护效果相比于 8 m 只略有提升。由此可知，合理的实体煤帮锚索长度应不小于 8 m。

6.3 数值模拟结论

（1）随着留设煤柱宽度增加，巷道顶底板和两帮变形也随之增加，由此可知煤柱宽度越小越好。但考虑到煤柱过窄时煤柱本身压缩量较大，煤柱的稳定性得不到保证，故应留设一定宽度的煤柱。所以从安全生产角度出发，合理煤柱宽度应为 5 m 左右。

（2）锚杆支护方法可以在一定程度上减小巷道变形，锚杆过长或者过短都存在一定的缺点，合理的锚杆长度应在 2 m 左右。

（3）实体煤帮长锚索可以在掘巷及采动期间有效控制巷道变形，合理的实体煤帮锚索长度应为 8.5 m。

7 巷道支护设计

根据理论分析、现场实测及数值模拟结果，设计巷道支护参数如下：

锚网支护：顶部选用 $\phi=22$ mm、长度 2 400 mm 的高强预应力锚杆；帮部选用 $\phi=22$ mm、长度 2 400 mm 的等强度螺纹钢锚杆，顶部锚杆间排距为 800 mm×800 mm，帮部锚杆间排距为 800 mm×800 mm。顶部两侧锚杆与水平成 75°角，其他锚杆与岩面垂直布置，锚深为 2 350 mm。两帮锚杆上部第一根锚杆必须布置与水平方向成 15°（±5°）仰角，底角锚杆与水平方向成 -15°角。帮部其他锚杆水平布置。

锚索支护：顶板选用长度为 8～10 m 的锚索。两顺槽两帮选用 8～16 m 锚索进行加固。顶部锚索直径为 22 mm，帮部锚索直径 17.8 mm。在 W 钢带空隙中间隔一排施工一根锚索即锚索排距为 800 mm，锚索每排布置三根布置。顶部锚索施工位置为，巷道中部及两侧对称方向与中部锚索间隔 1.1 m 处，垂直于巷道顶板岩壁。顺槽上帮锚索施工位置为巷道中线，邻近工作面侧与水平成 45°角打入顶板，其余各帮与水平成 30°角打入顶板。具体支护形式如图 13 所示。

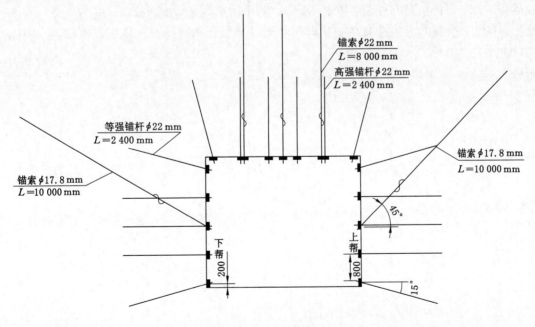

图 13　巷道支护断面图

8 结论

3109厚煤层孤岛工作面的支护成功,课题的成果,能应用于梁宝寺矿深部厚煤层孤岛工作面煤层的开采,取得了良好的经济效益和社会效益,为梁宝寺煤矿其他相似条件的工作面的开采提供了宝贵的经验,同时为其他深部矿井工作面巷道的支护提供了借鉴和参考。支护效果如图14所示。

图14 巷道支护效果图

参考文献

[1] 张东升,马立强,冯光明,等.综放巷内充填原位沿空留巷技术[J].岩石力学与工程学报,2005,24(7):1164-1168.

[2] 韩先进.孤岛工作面巷道围岩变形规律研究[J].能源技术与管理,2009(5):89-90.

[3] 钱鸣高,石平五.矿山压力与岩层控制[M].徐州:中国矿业大学出版社,2003.

[4] 徐仁海,徐乃忠.深井大采高孤岛工作面两巷支护参数合理选择[J].煤炭技术,2006,25(6):101-102.

[5] 张科学.孤岛工作面回采巷道围岩稳定性机理及控制技术[J].煤矿安全,2010(11):61-64.

采用超前导管注浆法过风积沙层的斜井井筒施工方法

赵 强

(内蒙古蒙泰不连沟煤业有限责任公司,内蒙古 鄂尔多斯 010030)

摘 要 斜井过风积沙是一个长期困扰建井的难题,不连沟煤矿在施工主副斜井的过程中,采用超前管棚、注浆联合临时支护的方法,顺利通过风积沙层。

关键词 风积沙;斜井施工;导管注浆

1 概述

井筒施工穿过风积沙层是一个矿建难题,目前立井通常采用冻结法凿井或预注浆等方法;斜井施工时,冷冻相对体积大,冷冻效果及费用太高,目前很少使用冷冻的方法,在离地表比较浅时,多数采用明槽开挖,但风积沙层太厚时,这种办法就不适用。不连沟矿井井口位置设计摆放在冲击沟壁上+1 180 m水平,沟顶地表标高在+1 220 m水平,因此采用开挖明槽的办法,工程量太大,成本太高,不连沟矿井采用超前管棚、注浆联合临时支护的方法,取得了很好的效果。

2 工程概况

2.1 工程特征

不连沟矿井设计生产能力1 000万t/a,采用斜立混合开拓,主副井筒特征见表1。

表1 **主副井特征表**

井筒名称/m	井筒全长/m	倾角/(°)	断面/m²	净宽/m	净高/m	支护形式
主井	2 446	5.5	13.3	4.5	3.45	钢棚、网喷、混凝土砌碹联合
副井	2 533	1.5~5.5	21.2	6	4.2	钢棚、网喷、混凝土砌碹联合

2.2 表土工程地质条件

井口表土层上部为风积沙,厚度为12 m;中部为黄色沙土段,易片帮、疏松、垂直节理发育厚度在15 m;下部为浅黄色黄土层,节理发育,含钙质结核,厚度在16.5 m左右。

3 支护方案

冲击层段原设计支护为I18工字钢、网喷及混凝土支护,网喷厚度为200 mm,混凝土厚度为300 mm。由于井口开口为风积沙,随掘随冒,按常规施工无法正常掘进,根据制订的方案,采用超前导管、注浆作为临时支护;钢棚、网喷及混凝土为永久支护的支护方法。

超前导管采用DN42无缝钢管(图1),长度3 m,前段为尖状,尖状长100 mm,间距200 mm,排距1 000 mm。

注浆压力在5~6 MPa之间,浆液设计扩散半径为200 mm。浆液材料采用水泥P.O42.5普

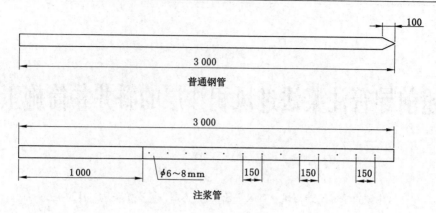

图 1　超前导管示意图

通硅酸盐水泥。水玻璃为浓度 35 波美度、模数 2.4。

浆液的配置为水泥浆水灰比 1∶0.5～1∶1，可在施工前通过现场实际情况实验具体确定。水泥浆与水玻璃的体积比为 1∶0.5。是否注浆及注浆量根据现场揭露的表土层的土质而定。

金属网的规格为 800 mm×800 mm、网孔 150 mm×150 mm、直径为 6.5 mm 的圆钢焊接，锚网喷厚度为 200 mm。

混凝土砌碹厚度为 300 mm。

4　施工工艺及施工方法

4.1　施工工艺

超前导管支护的工艺流程见图 2。

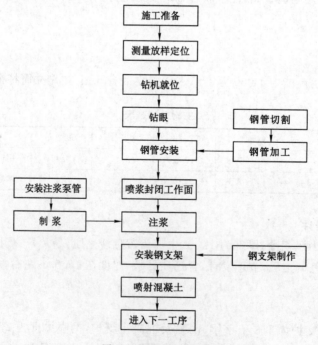

图 2　施工工艺流程图

4.2　施工方法

4.2.1　超前导管施工

导管施工采用 φ75 mm 的"一"字形合金钢钻头、气腿式凿岩机钻眼，水压支柱顶入。井筒上部导管间距为 200 mm,排距每隔 1 m(2 棚)进行下一排管棚施工,前后 2 排导管交错梅花形布置形成一组双层注浆导管(图 3),导管仰角与巷道夹角为 15°,浆液设计扩散半径为 200 mm。拱脚布管,在下部断面施工前,先对称打入 1# 与 2# 管,4# 管,其中,1# 管与水平方向成 10°角,2#、4# 管成 25°角。墙部根据现场的实际情况进行管棚注浆施工,如果墙部稳定可直接进行挂网喷浆,网喷与拱部网喷相同。

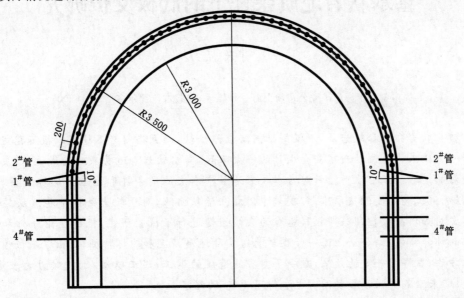

图 3　超前导管布置图

4.2.2　管棚注浆

采用单液水泥浆注浆,水泥—水玻璃双液封孔。注浆采用锦西产 2TGZ-210 型注浆泵,安好有孔钢管后即对孔内进行间隔注浆,每圈孔先行间隔孔注浆,然后再将其余孔注齐。水泥浆与水玻璃的体积比为 1︰0.5。

4.2.3　网喷支护

网喷采用双次支护,每棚架完之后,在棚的外侧进行金属网片安设,紧接着进行一次喷浆,厚度为 100mm;之后再将金属网片点焊在棚的内侧,进行第二次喷浆,厚度为 100mm。喷浆施工采用转子-7 型喷浆机,搅拌站集中拌料。

4.2.4　混凝土砌筑永久支护

永久支护采用金属碹胎,1.5m 长金属模板。混凝土制作采用地面集中搅拌,混凝土由 HBT-30 型混凝土输送泵经 DN159 mm 输送管输送到模板内,电动振动棒振捣。

5　应用效果

在表土段采用这种联合支护后,经过一段时间观察,巷道没有出现变形、开裂现象。利用超前导管及注浆作为临时支护,保证了施工安全,顺利通过风积沙段。同时加快了施工速度,每月成巷在 100~120 m。

6　结束语

采用超前导管施工,解决了斜井风积沙段的施工难题,避免了大面积开挖造成的经济不合理,同时也保证了施工的安全。该种施工方法,不仅在风积沙段取得了较好的应用效果,在过软岩、破碎带或冒落区也具有一定的推广借鉴价值。

富水软岩地质条件下的底板支护研究

刘兴强

(内蒙古上海庙矿业公司新上海一号煤矿,内蒙古 鄂尔多斯 016200)

摘 要 软岩亦称松软岩层,不仅是指围岩岩体松软,而且指围岩不稳定或极不稳定。侏罗系富水软岩一直以来都是制约我矿安全生产的一大难题,富水软岩巷道易底鼓造成返工、安全隐患的困难一直影响着我矿正常生产。针对富水软岩地层中水文地质条件和地应力环境复杂,巷道维修代价大、掘进施工速度慢的技术难题,我矿专门成立治软团队,对于软岩条件下巷道底鼓做了深入研究。本文对如何有效控制深部软岩巷道的底鼓问题进行了试验研究,根据理论分析和有限差分数值模拟的计算结果,结合新上海一号煤矿巷道实际地质情况和破坏特征,提出了底板喷浆铺网+锚杆锚注方法,取得了一定的效果,减小了因底鼓造成的返工、误工以及人力、财力的浪费,为矿井正常掘进、回采准备提供了帮助同时也取得了一定的经济效益。

关键词 富水软岩;巷道底鼓;底鼓机理;底鼓治理

0 前言

新上海一号煤矿属于典型的侏罗系富水软岩地层,在已揭露的煤层中,八煤顶板以泥岩、砂质泥岩为主,五煤顶板以泥岩、粉砂岩为主,十五煤顶板为细砂岩,均属于富水岩层,岩石遇水易膨胀。新上海一号煤矿目前正面临生产接续紧张问题,因此巷道施工工期比较紧张,如何对该巷道实施安全快速的掘进、支护,减少因底鼓影响而返工,保证生产接续正常,成为了新上海一号煤矿当前亟待解决的问题。底鼓治理目前在国内外均有机构及个人在进行研究,并取得了成果,但在西部侏罗纪富水软岩地层条件下,由于软岩地层的特殊性、岩石应力环境及地质环境的复杂性,要求支护技术不能生搬硬套。因此,开展富水软岩地层条件下底板治理的研究仍然非常必要。

1 工程背景

114采区胶带上山沿煤层顶板掘进(留500 mm厚煤层),顶板为十五煤,底板泥岩、细砂岩,岩石松软,114采区胶带上山主要在煤层和砂岩中施工。掘进过程中受15煤顶底板砂岩水影响,有突发涌水特点。巷道采用圆弧拱形断面,净宽4 000 mm,净高3 000 mm;掘进宽度4 100 mm,掘进高度3 050 mm,掘进拱高1 050 mm。拱部及墙部锚杆间排距700 mm×700 mm,选用ϕ22 mm×2 800 mm高强螺纹阻尼锚杆,锚索为加强支护,拱部布置3根,两墙各1根,锚索为ϕ17.8 m×7 000 m;钢筋梯规格为ϕ12 mm×80 mm×1 500 mm;掘进时底板无支护。

顺槽在掘进过程中,部分巷道底鼓严重,局部底鼓量超过1 m,严重影响了巷道的安全和使用。

2 底鼓原因分析

从现场破坏情况调查看,这种底鼓主要是因为巷道底板为泥岩(砂质泥岩),在底板没有任何支护的情况下,底板围岩变形表现为随时间变化的挤压流动状态,在没有多次拉底修复的情况下,两帮和顶板相对完好。

通过对新上海一号煤矿114采区胶带上山资料分析和现场调查,认为底鼓的因素包括围岩性质、围岩应力、水、支护强度等多个方面:

(1)巷道底板岩层稳定性差、无支护是主要原因

在114胶带上山中,巷道的底板岩层均为岩性较差的泥岩或含水砂岩(砂质泥岩)等,其主要特征是软弱,且软化和泥化现象显著,使得围岩的力学特性显著降低和弱化,承载能力极低,且没有实施任何支护手段(巷道底板处于敞开不支护状态),从而使得巷道的底板产生显著塑性变形和剪切破坏,出现碎胀、弯曲、流变等变形,表现出显著的底鼓现象。

(2)软岩剪切滑移

岩石是一种特殊的非连续非均质材料,当岩石材料的剪切应力超过材料抗晶体间的滑移、错位能力,使材料造成的破坏,称为剪切滑移破坏。围岩岩性较弱时,在无支护或支护阻力较小的情况下,围岩容易发生剪切滑移破坏,物理模拟试验结果如图1所示。

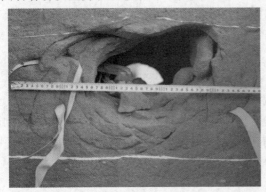

图1 剪切滑移破坏

当巷道顶板和帮部具有一定支护的情况下,底板受剪切力的作用容易产生楔形破坏(图2),从而发生大变形、底鼓,采取一定的方法来抑制巷道底板的楔形滑移是保障巷道底板稳定的重要措施。

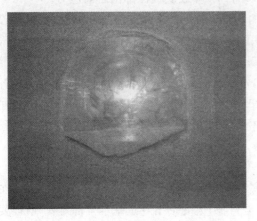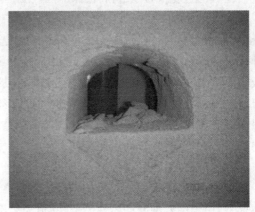

图2 底部楔形破坏

(3)水是加剧底鼓的重要因素

水的存在使得底鼓更加严重,主要表现在三个方面:一是岩石浸水后使巷道围岩强度降低,从而底板更容易破坏;二是底板为高岭石、伊利石和伊蒙混层等膨胀岩层,浸水后往往会泥化、崩解、碎裂,直至强度完全丧失,从而形成挤压流动型底鼓;三是含蒙脱石和伊蒙混层等膨胀岩层时会产

生膨胀性底鼓,底板积水时不仅与暴露的底板岩体发生接触,还要通过裂隙渗入到底板内部,从而加速底板围岩的强度丧失和体积膨胀,这又导致裂隙的进一步扩大,形成恶性循环。

（4）底板应力/强度比（围岩稳定性系数）决定了巷道处于不稳定状态

因埋深在 $500\sim550$ m 之间,则上覆岩层所产生的垂直主应力及水平主应力分别约为:

$$\sigma_1 = \gamma H = 2.5\times10^4\times(500\sim550) = 12.5\sim13.75 \text{ MPa}$$

$$\sigma_2 = K\gamma H = \frac{\mu}{1-\mu}\sigma_1 \approx 5.36\sim5.89 \text{ MPa}$$

式中　γ——巷道上覆岩平均容重,取 25×10^3 N/m³;

　　　　H——巷道埋深,m;

　　　　μ——泊松比,取 0.3;

　　　　K——侧压力系数。

由于巷道底板所处岩层的围岩强度较低,仅为 $10\sim20$ MPa,同时,因环境因素的作用造成的岩石软化和破坏,其实际抗压强度更低。根据以往的试验结果,饱水条件下砂岩的强度低于 5 MPa,而泥岩往往低于 3 MPa,因此,这里取围岩的单轴抗压强度 $R_c = 5.0$ MPa,其围岩稳定性系数 S 为:

$$S = \gamma H/R_c = 1.07\sim1.18 > 0.4\sim0.5$$

可见,即使在静压环境下,巷道围岩稳定性系数 S 已远大于极限值 $0.4\sim0.5$,因此巷道已处于不稳定状态之中。巷道在后期受回采影响,其动压影响系数可达 $2.0\sim3.0$,此时围岩稳定性系数 S 将显著大于 $0.4\sim0.5$,巷道将会处于极不稳定状态中,巷道必然会发生极其严重的变形破坏。

3　深部岩巷底鼓控制

3.1　控制巷道底鼓的途径及措施

从上述对巷道底鼓机理及底板岩层力学特征的分析可得出控制深井岩巷底鼓的途径为:

（1）改变顶板及两帮的支护措施并优化支护参数;（2）减小水对巷道底板的侵蚀作用;（3）增强底板围岩的强度;（4）限制底板深部围岩变形移动;（5）释放底板深部围岩高应力。

根据以上原则采取了以下具体措施:在原有的帮部、顶板锚杆索支护的基础上,底板喷设 C20 混凝土,铺设金属网,打设锚杆,锚杆采用锚杆选用 $\phi22$ mm $\times2$ 800 mm 高强螺纹阻尼锚杆,锚杆间排距为 700 mm $\times700$ mm 支护,使用 3 根 MSCK2550K 锚固剂。打好锚杆眼后提前进行灌浆,浆液为 PO42.5 普通硅酸盐水泥配置成的单液浆,水灰比控制在 $0.7\sim1.0$,通过底板施加锚杆和注浆可以加固底板岩体,控制深部岩体的竖向变形,改善巷道底板围岩力学性质和力学状态,并有效阻隔水对底板的侵蚀,加强了锚网支护体系的整体强度和抗变形能力,可以阻止由于底板滑移而产生的内挤,有效控制软岩巷道底鼓的发生。

3.2　底鼓控制效果的数值计算

方案一:巷道底板不进行支护;方案二:巷道底板采用底板喷浆铺网＋锚杆锚注方法。在无支护情况下,由于围岩本身的岩性特征,巷道完全不能自稳,大变形下巷道基本全部封死,所以要求施工过程中巷道开挖后应该及时采取支护措施;顶板和帮部锚杆、锚索支护下,位移变形得到相应的控制,与无支护相比,底板变形基本没有变化。

两种方案下具体位移数据如表 1、图 3 所示。方案一由于底部没有支护措施,底板表面位移达 1.17 m 左右;方案二顶底板位移量分别为 0.072 m 和 0.053 m,与无支护相比减小了 94.48% 和 96.08%,从根本上控制了围岩变形。

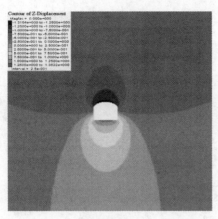

竖向位移 水平位移

(a) 方案一

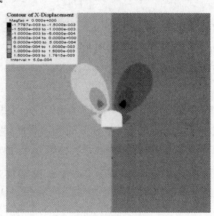

竖向位移 水平位移

(b) 方案二

图 3　位移云图

表 1　　　　　　　　　　　　　　　　各测点位移　　　　　　　　　　　　　　　　单位:m

测点	方案一	方案二
1	1.304	0.072
2	1.105	0.066
3	0.993 7	0.031
4	1.351	0.053
5	0.936	0.032
6	0.757 2	0.027
7	1.514	0.067 5
8	0.541 9	0.017
9	0.092 52	0.0187

　　由数值计算可以看出,方案二巷道底板采用底板喷浆铺网＋锚杆锚注方法可以有效地控制底板深部岩层的变形。

3.3　底鼓控制效果的现场测试

　　巷道施工后对巷道顶底板及两帮收敛进行现场观测,如图 4 所示。经过 90 d 的观测,巷道底

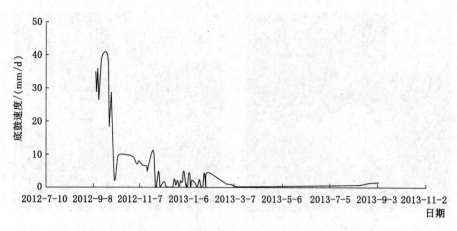

图 4 112052 皮带顺槽格栅反底拱段测站 1 底鼓速度曲线

板收敛量为 480 mm,并在 60 d 后变形趋于稳定,特别是控制巷道底鼓效果十分显著,底鼓量最大处仅 20 mm 左右,且在较长的时间内趋于稳定,保证了巷道的正常使用,减小了巷道维修量,取得了良好的技术经济效果。

3.4 结论

（1）围岩性质、水理作用、高应力和支护形式是引起深井岩巷底鼓的主要原因,这些因素导致巷道底鼓范围大,始动点深,底板下较深处的围岩具有持续较大的变形量,对于深井岩巷仅靠底角锚杆不能有效地控制底鼓的发生,必须采取合理的措施对巷道底板进行支护。

（2）对底板施加锚杆和注浆,加固底板岩体,控制深部岩体的竖向变形,最后回填较高强度的混凝土层,抵抗回填层下岩体大变形,改善巷道底板围岩力学性质和力学状态,并有效阻隔水对底板的侵蚀。

4 展望

本文由于受实验条件的限制,没有对所提出治理底鼓的方案进行相似模拟研究,只是针对在该地质条件下形成的底鼓以及治理方案进行了数值模拟的分析与研究,其不具有普遍适用性。由于只是理论上的模拟分析,没有在现场进行试验观测,具体效果如何,还需要下一步进行现场试验观测分析对比。另外,还需要锚杆、金属网参数进行进一步优化设计。除此之外,针对不同地质条件、不同底鼓类型、不同巷道断面形状下所产生的底鼓,该种治理方案效果是否明显也有待进一步研究,为以后该方法的推广应用作好铺垫。尤其是现在随着埋层的加深,底鼓的现象出现更为频繁,而对底鼓治理的研究工作还需要进一步加大,以便为以后的生产提供可靠的保障。

高预应力强力支护技术在厚煤层沿空掘巷中的应用

方玉翔

(河南大有能源股份有限公司千秋煤矿,河南 义马 472300)

摘 要 沿空掘巷由于留设煤柱小,且受到回采应力的影响,再加上采空区水的因素,对后期掘进支护提出更高的要求。目前,千秋煤矿特厚松软煤层巷道主要采用架棚、注浆和锚网联合支护,锚杆锚索支护,架棚和锚杆索联合支护;主要依据的理论有悬吊理论和松动圈理论,但悬吊理论认为锚索的锚固端一定要在稳定的岩层中;松动圈理论认为锚索的长度一定要大于巷道开挖后松动圈范围,尽管这些研究对松软特厚煤层巷道支护起到一定指导作用,但是研究成果还远不能满足松软特厚煤层条件下围岩控制的要求。通过高强度锚杆、锚索支护技术的试验,基本解决了综采放顶煤开采中遇到的巷道支护难题,扩大了锚杆支护使用范围和使用量,取得较大的经济效益和社会效益。

关键词 沿空掘巷;冲击地压;高预应力强力支护;高预应力强力锚杆支护

针对千秋煤矿井下巷道复杂的围岩条件,提出加长锚固高预应力锚杆支护理论。其显著的特点是大幅度提高锚杆支护的刚度与强度,采用高预应力锚杆支护系统,实现一次支护就能有效控制围岩变形与破坏,避免二次支护和巷道维修,能够有效的节约支护成本,提高掘进进尺,减少工人的劳动强度,在18220综掘工作面掘进施工中取得了良好的效果。

1 工作面概况

千秋煤矿属于冲击地压矿井。18220综放工作面位于矿井18采区西翼下部,东邻18采区轨道暗斜井煤柱,西邻F_{3-9}断层煤柱,南邻二水平西轨道大巷煤柱,北为18201工作面采空区。该工作面设计走向长度560 m,倾斜长度110 m,倾角14°~16°,平均煤厚为10 m,工作面工业储量为103.4万t,可采储量为69.2万t。18220上巷与18201采空区之间保护煤柱为6 m,巷道服务过程中多采用钻孔、爆破及注水卸压,再加上回采时超前应力的影响造成煤体完整性的破坏。在多种因素影响下,巷道支护难度很大。

2 巷道围岩变形破坏机理与特征分析

巷道围岩变形与破坏主要受三方面的因素影响:其一是巷道围岩地质条件,包括煤岩体物理力学性质,地质构造及节理、裂隙发育程度;其二是巷道工程赋存环境,主要包括应力环境、地下水环境和温度环境;三是巷道施工因素,包括巷道类型,巷道断面形状与尺寸,巷道开挖方式,以及巷道支护形式、支护参数等。

巷道开挖前,围岩处于三向受力状态。随着开挖,开挖面附近的围岩逐渐由三向应力状态向平面应力状态转变。除巷道表面外,围岩总是处在第三向应力较弱的三向应力状态,而不是绝对处于平面应力状态。第三向应力虽然较弱,但对围岩控制具有重要意义。支护的目的就是要提高第三向应力水平,从而使围岩保持较高的残余强度,实现自稳。

巷道围岩变形都从表面向内部逐渐降低。围岩内部变形与周边变形之间具有明显的相关性,其相关规律首先取决于巷道围岩应力的分布、变化及围岩性质,同时与巷道支护阻力,尤其是支护与围岩的相互作用,以及岩体的流变有关。要深入研究锚杆的支护机理,必须掌握巷道围岩周边位移与岩体深处位移的规律。巷道岩体深处任一点的径向位移与周边位移的比值称为深表比,是反映这一规律的主要指标:

$$\lambda_{(r)} = \frac{u_r}{u_0}$$

式中　　$\lambda_{(r)}$——距巷道周边 r 处的岩体径向位移与围岩周边位移的比值;

u_r——距巷道周边 r 处的岩体径向位移;

u_0——巷道围岩周边位移。

各类巷道的岩体位移及其深表比如图 1 所示,从中可以看出:

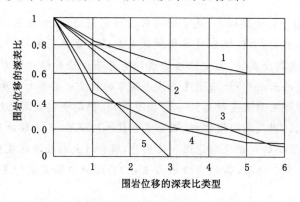

图 1　围岩位移的深表比类型

1——$k=0.6$;2——$k=1.6$;3——$k=0.39$;4——$k=0.46$;5——$k=0.35$

(1) 在原岩应力条件下,巷道深表比变化规律与掘巷引起的围岩应力分布基本一致。巷道周边位移量最大,在围岩深处按负指数曲线 $\lambda = e^{-br}$ 衰减。围岩周边位移的大小和衰减速度、深表比变化及最终影响深度,主要取决巷道围岩性质,同时还与巷道埋深、巷道断面积及支护阻力有关。巷道在岩体深处的影响范围,与围岩稳定性系数 $K(\gamma H/R_c)$ 有密切关系,在较软岩中($K=0.6$),b 值为 0.65;在极软岩中($K=1.6$),b 值为 0.45。围岩破碎带宽度一般为 $(0.5\sim1)B$(B 为巷道宽度),个别达 $2B$。中硬以上岩体,b 值一般都大于 0.9,围岩破碎带宽为 $(0.1\sim0.3)B$。

(2) 巷道受到采动影响后,不仅巷道周边,而且岩体都处于强烈的支承压力下,产生大范围的塑性变形而严重破坏。因此,不仅巷道周边的位移量很大,而且围岩变形的深表比衰减缓慢。受采动影响的巷道,由于围岩性质、开采深度、采动状况等不同,巷道周边位移量一般可达 $200\sim1\,000$ mm,巷道岩体显著位移的范围一般可达 $5\sim15$ m,锚杆锚固范围内围岩的位移差一般为总位移量的 $20\%\sim40\%$。

(3) 巷道周边和岩体的位移规律及周边位移和锚杆端部的位移差,对锚杆受力大小影响很大。深表比越小,锚杆受力越大,反之则受力越小。锚杆在锚固力较小,不能有效控制巷道围岩位移的情况下,常与被加固岩体一起作整体位移,这是锚杆支护在巷道围岩变形量较大而不被拉断的重要原因。

(4) 巷道围岩变形还与软弱煤岩层厚度有关,巷道周边附近软弱煤岩层越厚,围岩变形越严重。

3　巷道支护形式和参数选择原则

针对其特殊的地质生产条件,为了充分发挥锚杆、锚索支护的作用,应当遵循以下设计原则:

(1) 一次支护原则。锚杆支护应尽量一次支护就能有效控制围岩变形,避免二次或多次支护。

一方面，这是矿井实现高效安全生产的要求，为采矿服务的巷道和硐室等工程，需要保持长期稳定，不能经常维修；另一方面，这是锚杆支护本身的作用原理决定的。巷道围岩一旦揭露立即进行锚杆支护效果最佳，而在已发生离层、破坏的围岩中安装锚杆，支护效果会受到显著影响。

（2）高预应力和预应力扩散原则。预应力是锚杆支护中的关键因素，是区别锚杆支护是被动支护还是主动支护的参数，只有高预应力的锚杆支护才是真正的主动支护，才能充分发挥锚杆支护的作用。一方面，要采取有效措施给锚杆施加较大的预应力；另一方面，通过托板、钢带等构件实现锚杆预应力的扩散，扩大预应力的作用范围，提高锚固体的整体刚度与完整性。

（3）"三高一低"原则。即高强度、高刚度、高可靠性与低支护密度原则。在提高锚杆强度（如加大锚杆直径或提高杆体材料的强度）、刚度（提高锚杆预应力、全长锚固），保证支护系统可靠性的条件下，降低支护密度，减少单位面积上锚杆数量，提高掘进速度。

（4）临界支护强度与刚度原则。锚杆支护系统存在临界支护强度与刚度，如果支护强度与刚度低于临界值，巷道将长期处于不稳定状态，围岩变形与破坏得不到有效控制。因此，设计锚杆支护系统的强度与刚度应大于临界值。

（5）相互匹配原则。锚杆各构件，包括托板、螺母、钢带等的参数与力学性能应相互匹配，锚杆与锚索的参数与力学性能应相互匹配，以最大限度地发挥锚杆支护的整体支护作用。

（6）可操作性原则。提供的锚杆支护设计应具有可操作性，有利于井下施工管理和掘进速度的提高。

（7）经济合理性原则。在保证巷道支护效果和安全程度，技术上可行、施工上可操作的条件下，做到经济合理，有利于降低巷道支护综合成本。

4 高预应力强力支护方案及参数设计

支护设计是巷道锚杆支护中的一项关键技术。对充分发挥锚杆支护的优越和保证巷道的安全具有十分重要的意义。如果支护形式和参数选择不合理，就会造成两个极端：其一是支护强度太高，不仅浪费支护材料，而且影响掘进速度；其二是支护强度不够，不能有效控制围岩变形，出现冒顶事故。结合该地区的实际情况，确定采用高预应力强力支护方案。

4.1 18220 上巷支护设计方案

依据巷道生产的要求和巷道围岩变形预留量，设计 18220 上巷断面为拱形，掘进宽度 7.0 m，高 4.1 m，净宽 6.317 m，净高 3.8 m，掘进断面面积 22.7 m²，净断面面积 18.96 m²。经过数值模拟分析，结合井下实践经验，确定 18220 上巷采用高预应力加长锚固强力锚杆锚索组合支护系统和 6317 型 36U 型棚联合支护方式。巷道支护断面如图 2 所示。

4.2 支护参数

（1）高强度树脂锚杆。锚杆为 $\phi22$ mm × 2 400 mm 左旋无纵筋螺纹钢筋锚杆，钢号为 CRM600 号，杆尾螺纹为 M24，排距 900 mm，间距 850 mm，每排布置 14 根锚杆，锚固长度为 900 mm，锚固力不小于 228 kN。

（2）锚固方式：树脂加长锚固，采用两支树脂锚固剂，一支规格为 MSK2335，另一支规格为 MSM2360。

（3）锚杆配件为高强锚杆螺母 M24，配合高强托板调心球垫和尼龙垫圈，托板采用拱型高强度托板，高度不低于 36mm，托板尺寸不小于 150 mm × 150 mm × 10 mm，承载能力不低于 285 kN。

（4）W 钢护板厚度 5 mm，宽 280 mm，长度 450 mm；网片采用双层经纬网护顶，经纬网靠里，经纬网材料为 10# 铁丝，网孔规格 50 mm × 50 mm，网片规格 4 000 mm × 1 000 mm；采用 16# 铅丝连接，双丝双扣梳辫法孔孔相连。

（5）锚索材料为 $\phi22$ mm，1 × 19 股高强度低松弛预应力钢绞线，长度 6 300 mm。采用一支

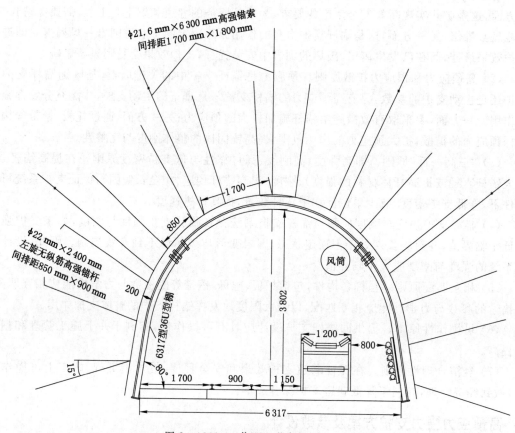

图 2　18220 工作面上巷断面图

MSK2335 和两支 MSZ2360 树脂锚固剂锚固，锚固长度 1 971 mm。每两排锚杆打设 5 根锚索，锚索间距均为 1 700 mm，排距均为 1 800 mm。锚索托板采用 300 mm×300 mm×16 mm 高强度可调心注浆托板及配套锁具，高度不低于 60 mm，承载能力不低于 550 kN。锚索角度：全部垂直拱顶布置。要求锚索初始张拉不低于 250 kN，预紧力损失后不低于 200 kN。

4.3　施工工艺及要求

（1）巷道顶板支护的施工工艺流程为：掘进→处理危岩出煤→铺金属网→上 W 钢护板→临时支护→钻顶板中部锚杆孔→清孔→安装树脂锚固剂和锚杆→用锚杆机搅拌树脂锚固剂至规定时间→停止搅拌后等待 1 min 钟左右→拧紧螺母至 400 N·m，禁止超过 550 N·m→从中向外依次安装其他顶板锚杆。

（2）帮锚杆施工工艺：挂网→钻孔、清孔→上 W 钢护板→安装树脂锚固剂和锚杆→搅拌树脂锚固剂→等待 1 min 左右→停止搅拌后拧紧螺母至 400 N·m，禁止超过 550 N·m→安装其他帮锚杆。

（3）18220 上巷采用综掘机掘进。要求按设计尺寸施工，保证成形质量。不得超挖或欠挖。巷道掘进尺寸超挖控制在 200 mm 以内。为保证巷道成形质量，掘进机割煤时应先由左帮开始，首先用炮头找到煤层底板，然后由左帮从下到上一次割出左帮轮廓，然后顶部由左到右割出顶板轮廓，右帮应由上至下割出右帮轮廓，一定要先按巷道尺寸将帮顶与中部煤体分离，并且掘进机炮头旋转方向应是压煤方向。割煤完成后，应尽可能将浮煤清理干净，特别是两帮附近的浮煤，以防造成帮钢护板安装困难和底脚锚杆安装困难。

5　支护效果监测

为了检验巷道支护效果，结合井下施工状况以及矿压仪器准备情况，在巷道掘进 100 m 和 200

m 左右各设置一个综合矿压测站,对巷道表面位移、顶板离层以及锚杆、锚索受力进行了监测,并对矿压测站监测数据进行分析。

矿压监测结果表明,掘进期间,顶板最大下沉量 80 mm,两帮最大移近量为 140 mm,靠采空侧帮最大变形量为 115 mm,实体煤侧帮最大移近量为 25 mm,底鼓量最大 155 mm;回采期间,顶板最大下沉量 160 mm,采空侧帮最大变形量为 261 mm,实体煤侧帮最大移近量为 90 mm,底鼓量最大 388 mm,巷道整体稳定,满足生产要求。相比于同类型其他巷道,围岩变形量大幅度减小,锚杆、锚索受力稳定,围岩稳定周期明显缩短,顶板和两帮煤体基本保持完整,巷道稳定。从上面的技术分析可以看出,高预应力强力锚杆支护技术能够较好地控制该类条件下围岩变形,提高了厚煤层沿空掘巷支护条件下巷道维护的可靠性。巷道面表位移变化曲线如图3、图4所示。

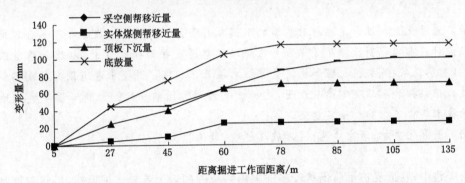

图 3　测站一处巷道表面位移变化曲线图

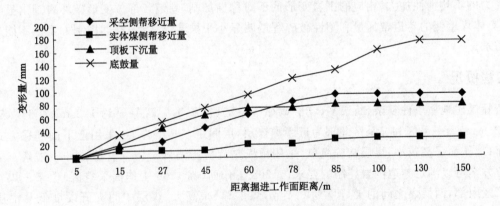

图 4　测站二处巷道表面位移变化曲线图

6　结语

采用高预应力强力支护系统,显著提高了锚杆、锚索支护的可靠性,大大降低了巷道的变形量,提高矿井的锚杆支护技术水平,取得了明显技术效果;从巷道支护材料、巷道维护费用和人工费用三个方面降低了支护成本,每米巷道支护材料成本降低 1 631.52 元,巷道掘进速度提高了 50%,实用性很强,对于该煤矿锚杆支护技术的应用和推广具有十分重要的意义,由此可带来很大的经济和社会效益。

参考文献

[1] 康红普,王金华等. 煤巷锚杆支护理论与成套技术[M]. 北京:煤炭工业出版社,2007.

[2] 王作棠,周华强,谢耀社. 矿山岩体力学[M]. 徐州:中国矿业大学出版社,2007.

基于差异化支护的沿空掘巷围岩控制技术研究

张　涛,赵德帅

(山东能源临矿集团新驿煤矿,山东　兖州　272100)

摘　要　差异化支护理念是指针对巷道的不同赋存条件、受力差异、服务年限等合理地进行巷道支护参数设计。本文以新驿煤矿3煤合并区煤层的巷道支护为研究背景,以改善巷道围岩控制现状为目的,对巷道破坏、失稳机理和巷道支护技术展开了研究。并提出巷道围岩控制措施和支护方案。经过数值模拟和矿压观测结果表明,支护效果达到了预期目标。为新驿煤矿类似地质条件下巷道支护技术提供了指导和借鉴意义。

关键词　差异化支护;沿空掘巷;围岩破坏机理;数值模拟

在现场实践中,巷道支护目前仍然较多的采用传统的围岩无差异支护模式,虽然对抑制巷道围岩变形有一定的效果,但沿空掘巷采场支承压力超前影响范围和强度较大,巷道受采动影响剧烈,巷道受力的不均衡性加大、相应的围岩变形的不对称性加剧,巷道各部位变形破坏表现出显著的差异性,实体煤壁侧的巷道帮涌量和塑性破碎程度明显小于护巷煤柱帮,均称控制方案已不能适应现场的需求。

1　工程概况

新驿煤矿地质条件复杂、断层多、煤层赋存不稳定,主采 $3_{\pm 1}$ 煤层(厚约 1.3 m)和 $3_{\pm 2}$ 煤层(厚 2.2~2.5 m)。一采区和二采区北部为近距离煤层,层间距在 6 m 左右,采用上下面同采方式布置工作面;工作面采高较小,煤层结构简单,采用顶板左旋树脂锚杆＋帮部管缝锚杆＋锚索＋金属网的支护方案可以满足巷道围岩控制的要求。1208 工作面(临 1206 工作面采空区)位于三煤合并区的二采区南部,两层煤之间的夹矸厚约 0.2 m,煤层厚、采高大、煤层中间夹矸硬度低易沿层面滑移,沿用非合并区煤层的巷道布置方式和支护方案导致巷道围岩控制困难。

新驿煤矿以往在进行回采巷道支护设计时根据经验或工程类比法来选择支护形式和支护参数,往往出现巷道围岩控制效果差、回采期间巷道维护困难、工作面推进难度加大等问题。为了解决这些问题,以新驿煤矿 1208 沿空胶带运输巷为例,开展沿空巷道围岩控制技术研究,通过研究实现沿空巷道支护设计的科学化、增强对巷道周围岩体的控制效果。

2　巷道围岩破坏特征分析

2.1　顶板破坏特征分析

1208 工作面煤层直接顶为 3.9 m 左右的泥岩,硬度较低。1208 胶带运输巷开挖后,掘进工作对围岩的扰动和本工作面回采时超前走向支承压力会对巷道顶板产生影响。易出现两种顶板破坏形式:

(1) 离层与挠曲破坏

巷道顶板岩层在水平应力作用下产生滑动,由于巷道的开挖使得顶板的约束力减小,顶板岩层会往开掘空间内发生挠曲变形,当上位岩层挠度小于下位岩层挠度时发生离层现象。如图1所示。

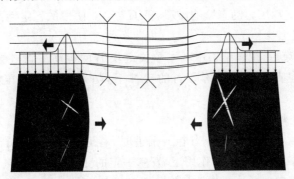

图1　顶板离层与挠曲破坏机理

（2）剪切破坏

巷道直接顶为强度较低、厚度较大的泥岩,且在巷道帮角处出现应力集中,发生剪切破坏并形成剪切破坏楔块。破坏发生后,如果应力仍大于顶板的残余支撑强度,顶板将出现严重破坏。如图2所示。

图2　巷道在顶角处发生破坏

2.2　巷道两帮破坏特征分析

在煤矿开采中,我们把巷道帮部存在软弱夹层的巷道,称为巷帮薄层弱结构[1];1208工作面煤层中间含有一层0.2 m左右的泥岩,硬度低、稳定性差。巷道两帮煤体的破坏分为两个阶段:

（1）巷道开掘后,两帮部侧向约束去除形成自由面,煤柱帮形成两个自由面,实体煤帮形成一个自由面。合并区煤层之间的软弱夹矸的存在使煤层内聚力减小、整体性降低。在围岩应力场作用下,巷道帮部煤体破坏首先沿 $3_{上1}$ 煤层底板和 $3_{上2}$ 煤层顶板(夹矸层上下面)产生不同程度的错动,将引起帮部煤体向巷道空间内移,伴随发生的是夹矸层进入峰后阶段,出现体积膨胀,并对 $3_{上1}$ 煤层、$3_{上2}$ 煤层产生拉应力,甚至会带动煤层产生滑动位移;当内移量超过围岩自身承载能力和支护结构的阻力时,表现为巷道两帮煤体自中间部位的大量涌出,影响巷道的正常使用。

（2）在顶板挠曲变形和围岩应力作用下,巷道两帮煤层发生不同程度的变形,当应变超过煤层抗压、抗拉极限值时,围岩将发生破坏,主要为剪切破坏。剪切破坏的发生条件可应用 Mohr 强度理论解释。Mohr 强度理论很好地反映了岩石抗压能力大于抗拉能力的特性。

3　巷道在不同时期的稳定性分析与围岩控制方案的提出

3.1　巷道在不同时期的稳定性分析

相邻区段回采结束后,随着采空区上覆岩层冒落,在采空区边沿形成稳定结构,在整个沿空巷道的服务期间,其稳定性变化过程为:掘进前的稳定阶段→掘进期间扰动阶段→掘进后的稳定状态阶段→工作面回采超前支承压力动态影响阶段,下面对各个阶段的稳定性及状态进行分析。

3.1.1 掘进前围岩的稳定性

1206 工作面回采结束后,围岩结构中基本顶关键块 B 的运动形态与受力状况如前述;当巷道掘进前,此时关键块 B 在直接顶和冒落矸石的支撑下,随采空区逐渐压实,关键块 B 逐渐趋于稳定。

3.1.2 掘进期间巷道围岩的稳定性

(1)巷道掘进期间的稳定性分析。当巷道掘进时,巷道围岩应力重新分布,产生新的应力集中,巷道围岩在地应力和支护体的共同作用下,发生一定的变形。

(2)巷道掘进后的稳定性分析。煤体的蠕变引起巷道的持续变形,但上覆岩层关键块 B 是稳定的,巷道在关键块 B 的保护下,巷道的变形量不大,并逐渐趋于稳定。

3.1.3 回采期间巷道围岩的稳定性

沿空掘巷围岩变形量主要是在本工作面的回采期间,围岩变形量主要是两帮移近量和顶底板移近量。巷道围岩由原来的静止状态变为运动状态,是导致该范围内的巷道围岩变形量大的主要原因,在超前工作面一定范围内巷道围岩的变形量随着与工作面距离的接近而呈逐步增大的趋势[2]。

沿空巷道无论是在回采过程中还是回采后,由于基本顶岩梁的断裂和采空区冒落的矸石组成的铰接链板小结构,围岩集中了很高的侧向支承压力,持续的集中应力和强烈的回采动压作用,使得巷道两帮煤体不断坍塌失稳[3~5]。假如单纯依靠巷道两帮的自身承载能力,不采取有效的加固措施将无济于事,巷道两帮将会很快失稳。同样在回采支承压力作用下,巷道两帮围岩弹性状态变为破碎状态,基本失去了支承能力和应力传递能力,当底板为软弱岩层时,在两帮煤体向巷道内移动时,会形成"二次水平应力",顶底板就会很快失稳。"小结构"一旦失稳,作用在巷道围岩上的力将向新的平衡转变,将导致严重的后果。

综合分析可以得出:沿空巷道在受本工作面回采影响时,上覆岩层结构不会发生失稳,但是一定程度的下沉变形是不可抗的,此时保持巷道的稳定性除了适应上覆岩层的必然下沉外,还应加强支护措施,使巷道支护系统保持稳定,进而满足安全生产的要求。

3.2 巷道围岩控制方案

巷道开掘后,弱结构部位(一般顶板、两帮角)在力的作用下首先发生变形破坏,变形量大,支护困难。依据差异化支护理念,需对巷道顶底板及两帮进行重点支护,改善弱结构体的力学性能与局部围岩应力状态,使其能够与巷道围岩整体协调变形,有效控制弱结构体的位移和围岩塑性区的发展,避免巷道围岩中的弱结构体过早破坏与失稳,以及由此而引起的巷道整体围岩的破坏与失稳。

3.3 1208 胶带运输巷支护方案

巷道顶板锚杆间距为 800 mm,排距为 1 000 mm,每排施工 6 根规格为 ϕ20 mm、长度 2 100 mm 的 MSGLW-500 左旋无纵肋螺纹钢锚杆,每根锚杆配合使用 MSCK2370 树脂锚固剂一根。巷道顶板每 2 m 布置一排锚索,距巷道中线 800 mm 各布置一根锚索。为优化煤柱受力,采用差异化的支护方式,锚索布置偏向采空区侧,距巷道中线 1 600 mm 处布置一根锚索,同时采空区侧的锚索设置 15°的倾角,以使锚索能够深入到煤柱上方的岩层中。锚索用钢绞线制成,尺寸为 ϕ17.8 mm×6 000 mm(锚索长度根据现场施工顶板条件变化适当调整,要求锚索深入顶板坚硬岩层 1.15 m)。

巷道右帮锚杆间距为 700 mm,排距 1 000 mm;每排安设 5 根规格为 ϕ20 mm、长度 2 100 mm 的 MSGLW-500 左旋无纵肋螺纹钢锚杆。其中第三根锚杆施工在夹矸中央。

巷道左帮锚杆间距为 900 mm,排距 1 000 mm;每排安设 4 根规格为 ϕ20 mm、长度 2 100 mm 的 MSGLW-500 左旋无纵肋螺纹钢锚杆。具体支护形式如图 3 所示。

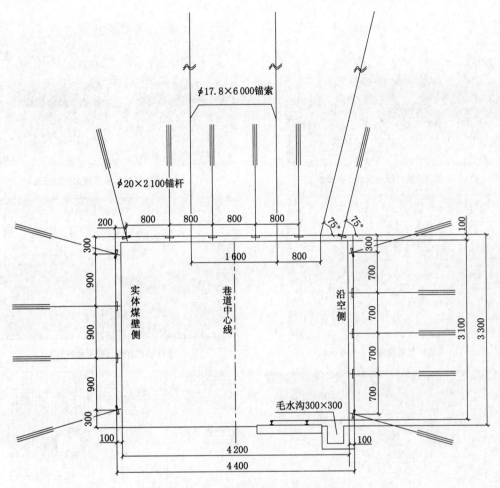

图 3   1208 胶带运输巷支护断面图

3.4   支护方案效果模拟

为了进一步评价上文提出的支护系统的合理性,对该支护方案下的巷道围岩应力场、位移场、塑性破坏情况进行数值模拟,数值模拟断面图如图 4 所示。

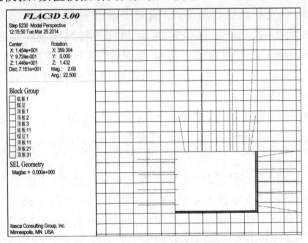

图 4   支护方案模拟断面图

数值模拟结果如图 5 所示。

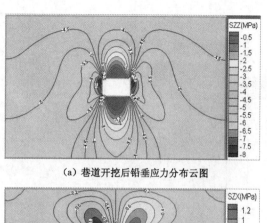

（a）巷道开挖后铅垂应力分布云图

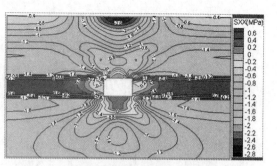

（b）巷道开挖后水平应力分布云图

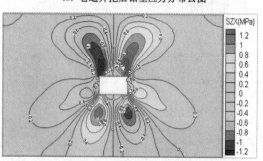

（c）巷道开挖后剪切应力分布云图

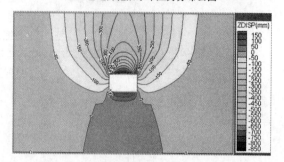

（d）巷道开挖后铅垂位移云图

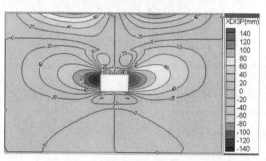

（e）巷道开挖后水平位移云图

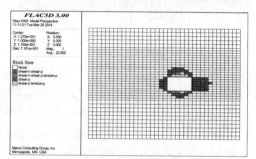

（f）巷道开挖后塑性区分布云图

图5　巷道变形破坏特征图

由图5（a）、（b）可知，在支护系统作用下，顶板卸压区范围明显减小，卸压范围在1 m左右，应力集中程度没有明显改善，集中应力为5～8 MPa，底板和两帮卸压范围没有明显改变。由此可知，现有顶板支护系统明显改善了现有顶板的工作状态，两帮、底板的变形破坏也在安全范围之内。

由图5（c）可以看出，在锚网索支护作用和非均称支护系统控制下，巷道顶底四角剪切破坏得到了有效控制，尤其是巷道顶角。

由图5（d）、（e）可知，在现有支护下，巷道顶板最大下沉量为500 mm，底板变形量为100 mm，两帮收敛值为110mm，与无支护状态下相比，分别降低了41.17%、33.33%、21.42%，巷道顶板变形控制效果最为明显。

由图5（f）可知，现有支护下，两帮塑性破坏范围没有明显改善，顶底板破坏范围由为2 m，底板破坏区为1.5 m，实体煤壁侧帮破坏区为1 m，采空区侧帮破坏区为2 m。

由上述分析可知，在现有支护强度下，巷道顶板、两帮、底板变形都得到有效控制，围岩变形量控制在安全范围之内，巷道维护状态较好，此支护方案具备进行现场试验的条件。

4　巷道支护效果监测分析

为了监测巷道实际支护效果，在巷道掘进期间在1208胶带运输巷中分别设置2个测站，对巷道表面位移进行监测,监测内容主要包括顶底板移近量、底鼓量、两帮移近量,并分析数据。

(1)1208 胶带运输巷掘进期间 1# 测站的实测数据统计整理绘制成曲线如图 6 所示。

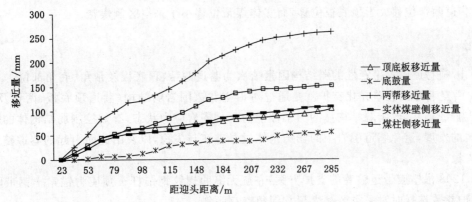

图 6　1# 测站巷道表面位移变化曲线

从图 6 可以看出:

① 顶底板最大相对位移为 108 mm,其中顶板最大下沉量 45 mm,在掘进迎头后方 160 m 处变形趋于稳定;最大底鼓量 63 mm,在掘进迎头后方 148 m 处变形趋于稳定。

② 在观测期间,两帮最大相对位移为 263 mm,其中实体煤帮最大位移 109 mm,煤柱帮最大位移 153 mm。

③ 巷道断面收缩率在 8.94% 左右,不影响正常使用和安全生产。

(2)1208 胶带运输巷掘进期间 2# 测站的实测数据统计整理绘制成曲线如图 7 所示。

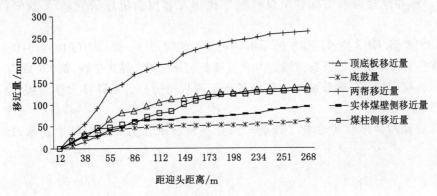

图 7　2# 测站巷道表面位移变化曲线

从图 7 可以看出:

① 在观测期间,顶底板最大相对位移为 137 mm,其中顶板最大下沉量 74 mm,在掘进迎头后方 173 m 处变形趋于稳定;最大底鼓量 61 mm,在掘进迎头后方 97 m 处变形趋于稳定。

② 在观测期间,两帮最大相对位移为 264 mm,其中实体煤帮最大位移 94 mm,煤柱帮最大位移 131 mm。

③ 巷道断面收缩率在 9.93% 左右,不影响正常使用和安全生产。

综合分析上述数据,可以得到 1208 沿空顺槽在掘进期间的变化规律如下:

① 巷道掘进期间,沿空巷道的表面位移随距迎头距离的增大而逐渐增大,最终趋于平稳。

② 巷道表面变形经历了从急剧升高到缓慢升高再到趋于稳定三个阶段,急剧升高段位于距离迎头约 90 m 以内,趋于稳定段位于距迎头 160 m 以外,底鼓变形稳定在 61～75 mm 范围内,顶底

板移近量稳定在 108～137 mm,实体煤帮移近量稳定在 94～109 mm,采空区侧帮移近量稳定在 131～153 mm。

③ 巷道两帮位移大于顶底板位移,而实体煤帮位移小于采空区侧煤帮。

5   结论

(1)影响巷道围岩稳定性的弱结构因素依次为巷道两帮、顶底板及帮角、底角部位。

(2)沿空巷道围岩差异化支护就是通过对沿空巷道围岩弱结构(巷道顶底板、两帮及帮角)进行重点支护或弱化,改善弱结构体的力学性能与局部围岩应力状态,有效控制弱结构体的位移和围岩塑性区的发展,避免巷道围岩中的弱结构体过早破坏与失稳,以及由此而引起的巷道整体围岩的破坏与失稳。

(3)1208 沿空胶带运输巷的支护方案:左旋无纵肋螺纹钢锚杆+预应力锚索+钢带联合支护方案,支护参数选择时对采空区侧煤帮及帮角略有倾斜。

(4)差异化支护技术是在保证技术可行、经济合理、安全可靠的前提下对现有支护形式进行优化创新,主要做好服务年限、层位岩性、顶底两帮、地压影响、特殊区域五个方面的差异化支护,使得支护形式和参数向"一巷一策、一巷多策"转变,在煤炭市场疲软的情况下,具有推广意义。

(5)矿压观测结果与数值模拟结果保持了一致,证明了支护方案的选择是合理的,支护效果达到预期目标,为类似地质条件下的巷道支护方案提供了参考。

参考文献

[1] 代进.综放回采巷道围岩裂纹扩展与类板结构及其非均称控制[D].青岛:山东科技大学,2007.

[2] 温克珩.深井综放面沿空掘巷窄煤柱破坏规律及其控制机理研究[D].西安:西安科技大学,2009.

[3] 彭林军,宋振骐.GPS 技术在煤矿开采沉陷观测中的应用[J].煤,2010(10):15-18.

[4] 杨科.煤柱宽度对综放回采巷道围岩力学特征影响分析[J].煤炭工程,2005(3):50-52.

[5] 张连勇,纵智,王连国.超长综放工作面矿压显现规律[J].山东科技大学学报(自然科学版),2002,21(3):114-117.

[6] 康立军.缓倾斜特厚煤层综放工作面矿压显现特征研究[J].煤炭科学技术,1996,24(11):39-42.

下沟矿简单地质条件下掘进巷道支护方式改进

史 锐

（彬县煤炭有限责任公司下沟煤矿，陕西 咸阳 713500）

摘 要 分析了当前煤矿掘进支护发展现状的同时，采用掘锚分离快速掘进支护技术，提高了掘进支护的水平，并针对下沟矿目前的支护方式提出了新的支护方案，促进煤矿安全、低成本生产。

关键词 掘进；锚固；支护

0 前言

井下开采，需要开掘大量的准备巷道，而煤层赋存条件多样、结构复杂，部分条件顶板结构异常复杂，软弱夹层和层理十分发育，稳定性很差，极易发生离层垮冒；即使在同一巷道内顶板赋存状态也是频繁变化，构造影响随处可见、随时可遇；煤层硬度系数普遍低于 1.0，煤体松散破碎，锚固性能差，变形强烈；结构复杂，多数煤层含有硬度系数仅为 0.2～0.5 的软弱煤线；采深普遍达到 500～600 m，部分进入 800 m 以下；区域构造应力十分突出。这些问题给巷道支护带来了诸多困难。

1 煤巷锚杆支护顶板的失稳机理

1.1 复杂条件下煤巷顶板离层失稳的原因

顶板的稳定性取决于锚固区内外的离层状况。采用高强树脂锚杆后，锚固区岩体得到有效加固，能有效限制锚杆长度范围内岩体的变形，但锚固区外的弱面离层是高强锚杆支护技术面临的一大挑战。

（1）松散变形的持续发展。大部分软弱煤层巷道在锚杆支护起作用前，都有 100～200 mm 的围岩变形量。

（2）锚杆支护的实际状态不良，工作载荷很低。锚杆实际工作载荷可分三种情况：安装时没有初锚力，工作载荷始终为零；安装时初锚力很小，低于 15 kN，工作载荷增长缓慢，稳定段载荷值较低；安装时提供超过 20 kN 的预紧力，工作载荷增长快，稳定段载荷值高。

（3）大变形后锚固力衰减，锚固失效。端锚时在围岩变形量达到 100 mm 时即开始失效，全长锚固时锚杆的可靠性虽大大提高，但围岩变形达到 200～300 mm 时锚固力也开始降低，达到 500 mm 时即完全丧失。

1.2 控制顶板离层的基本原理

（1）控制围岩弱化区的发展，消除松散变形

提供的高张拉力不仅完全克服了松动岩体的自重，并将该部岩体和更上部挤压在一起，阻止了围岩的进一步松动，消除岩体松散变形。

（2）改善锚杆受力状况，提高锚杆的支护效能

事实上，根据锚杆的实际受力状况和支护能效，在很多情况下可以适当降低锚杆规格。在淮北矿区大量采用杆体直径为 16 mm、18 mm 的高性能锚杆代替普通 ϕ20 mm 的高强锚杆，并取得了

更好的支护效果。

（3）削弱水平应力对顶板的破坏作用

在富含软弱夹层的薄层状顶板中，由于弱面和夹层强度很低，自重应力就可导致破坏，表现为随掘随冒，高地应力区的强水平应力必然作用于更大范围内顶板岩层，产生剪切破坏，诱发顶板离层。

加锚裂隙岩体的研究表明，锚杆的强度和对裂隙面产生的径向作用力可以极大地提高裂隙弱面的强度，增加锚杆布置密度、提高锚固力，可以有效地提高锚固体的强度和残余强度，从而在根本上改善裂隙岩体的承载性能，促使巷道顶板由不稳定向稳定转化。

（4）形成预应力承载结构

高强预应力支护改善顶板的应力状态，消除顶板中部的拉应力区，同时减弱两个顶角的剪切应力集中程度。通过强化顶板弱面，消除拉伸破坏，控制围岩弱化区的发展，使锚固区载荷趋于均匀并实现连续传递，从而形成预应力承载结构。当关键层距离巷道顶板较近时可以按关键岩梁结构模型分析，当关键层距离巷道顶板较远时可按顶板松散煤岩体的强化承载拱结构模型分析。

2　使用锚杆支护存在的问题

（1）锚杆使用密度很大，围岩变形仍十分剧烈，支护效果很不理想。变形量在 1 000～2 000 mm 以上，超出树脂锚固系统的极限，锚固失效，500～600 mm 以后的变形量失控。

（2）不能有效控制顶板离层，恶性冒顶事故时有发生。垮冒现象频繁出现，安全事故时有发生。

有些矿区在总结锚杆安全事故的教训时，单纯从提高锚杆的规格和加大使用密度的支护思想出发，成本增加很大，但事故仍不能避免。实际上，绝大多数煤巷支护失效表现为锚固区整体垮冒，其中锚杆受力很小，几乎没有杆体破断现象。因此锚固区外的弱面离层是高强锚杆支护技术面临的一大挑战，必须围绕确保大大减缓顶板离层或根本消除离层这一中心开展控制理论和技术研究，才可能取得突破。

3　下沟矿地质结构

3.1　煤层

矿井唯一开采的 4# 煤层，属中下侏罗统延安组，煤层大致为东西走向，向北倾斜，平均厚度 11.5 m，含四层夹矸，厚度在 0.25～0.4 m 之间，岩性为泥岩、碳质泥岩与泥质粉砂岩。煤的容重为 1.37 t/m³。

3.2　煤种、煤质

4# 煤为黑色，沥青-暗淡光泽，参差状断口，条痕黑褐染手，易燃，燃烧时浓烟，长焰不熔化，强度中等，块煤率约 50% 的低变质腐植煤。经过取样分析，4# 煤为低灰、低硫、特低磷，含油不黏煤。精煤挥发分平均 30.01%，是良好的动力、气化用煤和民用燃料。

3.3　顶底板岩性

（1）顶板

煤层直接顶为泥岩、砂质泥岩与细粉砂岩，平均厚度 5～7 m，基本顶为灰色粗砂岩、浅灰色，厚 7～9 m，属二级二类顶板，较易冒落，有时见 0.2 m 左右碳质泥岩伪顶。

（2）底板

煤层底板为铝土质泥岩与粉砂岩，平均厚度 3～10 m，有时见 0.2 m 左右碳质泥岩伪底，遇水易膨胀。

3.4 主要地质构造

煤层有裂隙,但无大的断层陷落,东西走向,向北倾斜,倾角0°~8°,构造简单,属单斜构造。

总之下沟矿煤质优越,开采条件良好,采用综采顶煤方法。巷道断面大,巷道的两帮和顶板都是强度比较低的煤层,支护难度大。从推行高强度锚杆支护技术的十多个顺槽和切眼,
取得了良好的技术经济效果。

4 目前 ZF2404 工作面运输顺槽巷道支护

4.1 巷道特征

ZF2404 工作面运输顺槽断面为矩形,宽 4.8 m,高 3.1 m,$S=14.88 \text{ m}^2$,支护形式为锚网与 W 钢带组合支护,锚索补强。

4.2 支护方案

由于煤层厚度为特厚煤层,根据煤巷锚杆支护顶板的失稳机理和相关安全规定以及设计要求,下沟矿目前采用以下支护方式:顶板采用高强度螺纹钢锚杆、铁丝网及 W 钢带组合支护,并用锚索补强;两帮也采用螺纹钢锚杆、铁丝网及 W 钢护板进行支护。

4.2.1 顶板支护

(1) 锚杆形式和规格:杆体为 22# 左旋无纵筋螺纹钢筋,长度 2.4 m,杆尾螺纹为 M24,螺纹长度 150 mm,配高强度螺母。

(2) 锚固方式:树脂加长锚固,采用两支锚固剂,一支规格为 K2335,另一支规格为 Z2360。

(3) 钻孔直径为 30 mm,锚固长度为 1 200 mm。

(4) W 钢带规格:厚度 3 mm,宽 280 mm,长度 4 400 mm。

(5) 托板:采用拱型高强度托盘,规格为 150 mm×150 mm×10 mm,配调心球垫和减摩垫圈。

(6) 锚杆角度:沿顶板法线方向。

(7) 网片规格:采用菱形金属网护顶,网孔 50 mm×50 mm ,材料为 8# 铁丝,网片规格为 5 200 mm×1 100 mm。

(8) 锚杆布置:锚杆排距 1 000 mm,每排 5 根锚杆,间距 1 000 mm。

(9) 锚杆预紧扭矩:达到 400 N·m 以上。

(10) 锚索形式和规格:锚索材料为 ϕ22 mm,1×19 股高强度低松弛预应力钢绞线,长度 7.3 m,树脂加长锚固,采用两支 K2335 和两支 Z2360 树脂药卷锚固,锚固长度 2 416 mm。

(11) 锚索布置:沿巷道中心线布置 1 排锚索,间距 3 000 mm。用 300 mm×300 mm×16 mm 拱形高强锚索托板,配调心球垫。

(12) 锚索张拉预紧力:200~250 kN。

巷道顶板支护见图 1。

4.2.2 巷帮支护

(1) 锚杆形式和规格:杆体为 22# 左旋无纵筋螺纹钢筋,长度 2.4 m,杆尾螺纹为 M24,螺纹长度 150 mm,配高强度螺母。

(2) 锚固方式:树脂加长锚固,采用一支 K2335 和一支 Z2360 锚固剂锚固。钻孔直径为 30 mm,锚固长度 1 200 mm。

(3) 护板规格:采用 W 型钢护板,厚度 5 mm,宽 280 mm,长度 450 mm。

(4) 托板:采用拱型高强度托盘,规格为 150 mm×150 mm×10 mm,配调心球垫。

(5) 网片规格:采用菱形金属网护帮,网孔 50 mm×50 mm ,材料为 8# 铁丝,网片规格为 3 000 mm×1 100 mm。

(6) 锚杆布置:锚杆采用 3 排布置,排距 1 000 mm,间距 1 000 mm。上排距顶板 500 mm,下排

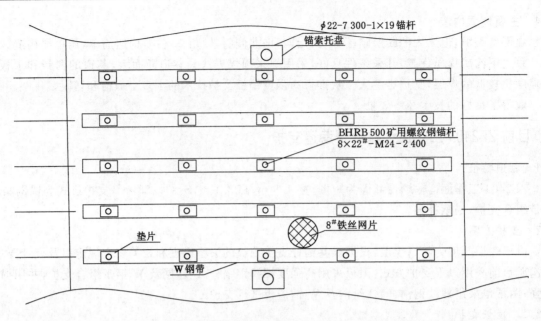

图 1　巷道顶板支护图

距底板 600 mm。

　　（7）锚杆角度：锚杆垂直巷帮。

　　（8）锚杆预紧扭矩：达到 400 N·m 以上。

　　巷帮支护见图 2。

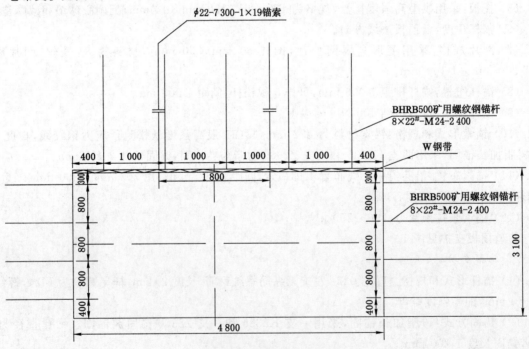

图 2　巷帮支护图

5　建议支护方式

　　采用此种支护方式，顶梁不能直接连续提供整条巷道上的支撑力，靠的是顶梁和锚索的应力扩散提供的支撑力，提供的这种支撑相对分散，整体上的支护显得分散；对复杂性地质结构支护显得整体性差，这种支护为可看做是四边形的支护，不如三角形支护的稳定性强，对复杂地形而言容易出现顶板离层；这种支护对巷帮顶端的支护显得比较薄弱；这种支护方式耗材料量大，成本比较大。因此探究采用三角形式上的支护。

顶板采用高强度螺纹钢锚杆、铁丝网及 W 钢带组合支护，并用锚索补强；两帮也采用螺纹钢锚杆、铁丝网及 W 钢护板进行支护。

5.1 顶板支护

（1）锚杆形式和规格：杆体为 22# 左旋无纵筋螺纹钢筋，长度 2.4 m，杆尾螺纹为 M24，螺纹长度 150 mm，配高强度螺母。

（2）锚固方式：树脂加长锚固，采用两支锚固剂，一支规格为 K2335，另一支规格为 Z2360。

（3）钻孔直径为 30 mm，锚固长度为 1 200 mm。

（4）W 钢带规格：厚度 3 mm，宽 280 mm，长度 55 430 mm。

（5）托板：采用拱型高强度托盘，规格为 150 mm×150 mm×10 mm，配调心球垫和减摩垫圈。

（6）锚杆角度：沿顶板法线方向。

（7）网片规格：采用菱形金属网护顶，网孔 50 mm×50 mm，材料为 8# 铁丝，网片规格为 5 600 mm×1 100 mm。

（8）锚杆布置：沿锚杆排距 1 000 mm，每排 6 根锚杆，垂直巷道排距 866 mm。

（9）锚杆预紧扭矩：达到 400 N·m 以上。

（10）锚索形式和规格：锚索材料为 ϕ22 mm，1×19 股高强度低松弛预应力钢绞线，长度 7.3 m，树脂加长锚固，采用两支 K2335 和两支 Z2360 树脂药卷锚固，锚固长度 2 416 mm。

（11）锚索布置：沿巷道中心线布置 1 排锚索，间距 5 000 mm，用 300 mm×300 mm×16 mm 拱形高强锚索托板，配调心球垫。

（12）锚索张拉预紧力：200～250 kN。

巷道顶板支护见图 3。

5.2 巷帮支护

（1）锚杆形式和规格：杆体为 22# 左旋无纵筋螺纹钢筋，长度 2.4 m，杆尾螺纹为 M24，螺纹长度 150 mm，配高强度螺母。

（2）锚固方式：树脂加长锚固，采用一支 K2335 和一支 Z2360 锚固剂锚固。钻孔直径为 30 mm，锚固长度 1 200 mm。

（3）护板规格：采用 W 型钢护板，厚度 5 mm，宽 280 mm，长度 450 mm。

（4）托板：采用拱型高强度托盘，规格为 150 mm×150 mm×10 mm，配调心球垫。

（5）网片规格：采用菱形金属网护帮，网孔 50 mm×50 mm，材料为 8# 铁丝，网片规格为 3 000 mm×1 100 mm。

（6）锚杆布置：锚杆采用 3 排布置，排距 1 000 mm，间距 1 000 mm。上排距顶板 500 mm，下排距底板 600 mm。

（7）锚杆角度：锚杆垂直巷帮。

（8）锚杆预紧扭矩：达到 400 N·m 以上。

巷帮支护见图 4。

这种支护优势集中体现在顶板支护上，支护同样 6 m 距离时，顶板所用锚索数量相同，而原来支护方式需用 30 根锚杆，而改进后只需要 19 根。随之所用的药卷、垫片等都减小了，并且降低了劳动强度，减少了生产成本。

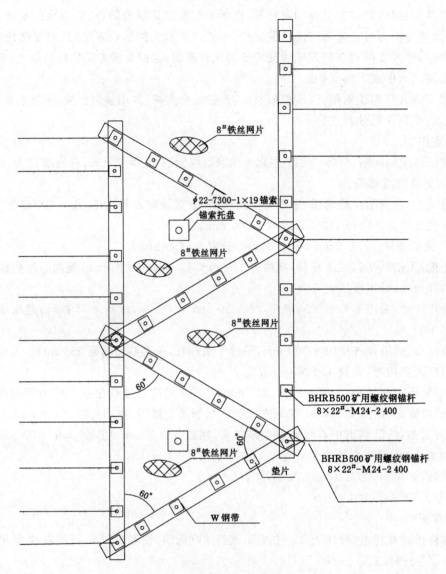

图 3　巷道顶板支护图

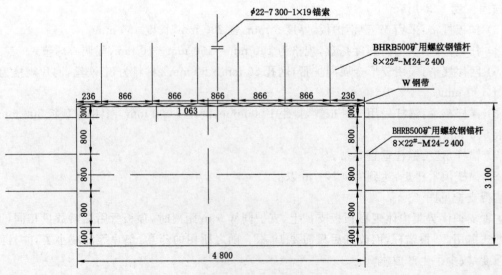

图 4　巷帮支护图

6 结论

（1）采用重新设计的支护方案，利用了三角形的稳定性，使上覆煤层具有整体性，加强了整体支撑能力。

（2）对于岩体较为破碎的岩层，具有较强的整体支护效果。

（3）采用改进后的支护技术，很大程度上减少了材料的消耗。

（4）对于带角度的断层、断层带范围广、断层带较为破碎的岩体支撑效果会更好。

参考文献

[1] 李殿国．高强度锚杆支护套技术在下沟煤矿的应用[J]．煤矿支护，2009(2)：45-47．

[2] 鞠文君，康红普，郑书兵，等．下沟煤矿综放工作面顺槽及大断面开切眼支护技术[J]．煤矿开采，2004(1)：36-38．

锚杆锚索预应力全长锚固技术的研究与实践

王振伟

(山东东山矿业有限责任公司古城煤矿,山东　兖州　272000)

摘　要　针对古城煤矿巷道压力大、变形严重的具体情况,提出了锚杆锚索预应力全长锚固技术加固巷道。通过对三种预应力全长锚固技术的对比分析,开发了一种新型的施工技术,确定了锚固注浆浆液配比并对其特性进行了分析。通过对全长锚固巷道和普通锚杆支护巷道的对比观测,可知全长锚固巷道两帮、顶底板的变形量远小于普通锚杆支护巷道,锚杆锚索预应力全长锚固效果明显。

关键词　深部动压;预应力;全长锚固

0　引言

随着开采深度的增加,越来越多的矿井进入了千米以下的深部开采。古城煤矿三水平采深为－1 200～－1 026 m,开拓水平在－1 030 m水平。全煤巷道主要为顺槽,一般沿3煤层底板布置,开拓巷道主要为穿层施工。随着开拓延深,地压增大,巷道变形加剧,巷道支护越来越困难。巷道围岩的回缩量达到700～1 100 mm,底鼓量为200～700 mm,返修周期为2～4个月。为了解决支护问题,古域煤矿先后采取了加大锚杆和锚索直径、提升支护材料材质、增加让压圈达到锚杆和锚索耦合支护等技术措施,但效果不明显。

现有的锚杆支护方式根据锚固长度,可分为端锚、加长锚和全长锚3种[1],端锚支护锚杆应力及应变沿锚杆长度方向上相等,锚杆对围岩的离层及变形并不敏感,支护刚度低。全长锚固锚杆,应力及应变沿锚杆长度方向分布,岩层滑动大及不均匀离层的杆体部位受力很大,杆体受力对围岩离层及变形都很敏感,能及时抑制围岩相对位移与离层,其支护刚度相对较高[2]。预应力锚固技术既具有端锚锚杆预应力扩散范围大的优点,又具有全长锚固锚杆对围岩变形和离层敏感的优点,大大提高了锚杆支护的刚度,可有效防止巷道围岩的变形[3]。基于以上考虑,选择预应力全长锚固支护技术控制巷道变形。

预应力全长锚固技术在煤矿需求较多,但是成本高或施工复杂等各种问题影响了技术的推广和应用。

预应力全长锚固技术,特别是顶板支护预应力全长锚固技术(钻孔孔口向下),目前国内外所见基本分为三种:① 使用控制快慢树脂药卷凝固速度,增加药卷数量来达到预应力全长锚固的目的;缺点是药卷外皮容易堵孔造成内部空洞且凝固时间不易控制易造成锚杆报废。② 单独通过机械装置或机械装置配合慢速药卷达到预应力全长锚固的目的;缺点是由于采用机械装置或特殊锚杆造成支护成本上升。③ 施工大孔或大小孔配合,安装锚杆后进行化学或水泥浆液注浆;缺点是需施工时需要打大孔,施工速度慢[3-10]。

针对目前现场施工的实际情况,古城煤矿开发出一种施工简单、成本低廉、有效的预应力全长锚固支护技术。

1 预应力全长锚固技术施工工艺

古城煤矿目前锚杆(锚索)施工工艺主要为:钻孔→利用锚杆(锚索)顶入树脂药卷→利用锚索钻机转动顶推锚杆(锚索)进行安装→安装完成进行锚杆紧固加压(锚索拉拔加压)。

古城煤矿预应力全长锚固锚杆试验使用 MSGLD355/22-2500 型普通等强螺纹钢树脂锚杆、CK2570 树脂锚杆锚固剂,锚索采用 SKP22-7/1860-8000 型树脂锚索,并用 MQT-120 型气动锚杆钻机(配 B19 锚杆钎子、φ32 mm 钻头)打眼,钻孔深度 2 550 mm。试验用锚杆注浆塞、锚索注浆塞、锚索防渗套注浆泵等均为本矿自主加工。

改进后全长锚固锚杆施工方法为:巷道顶部钻孔施工完成后,用注浆管将树脂药卷顶推至孔底[图 1(a)],注浆[图 1(b)];注浆泵将混合后的水泥浆压出至孔底,此时水泥浆将树脂药卷包围,锚杆止浆塞在水泥浆压力作用下后退至孔口,停止注浆,拔下注浆管,此时水泥浆呈现瞬时拟态稳定性挂在孔内不落,插入带锚杆止浆塞的锚杆[图 1(c)]并旋转顶入安装,药卷固结,施加预紧力[图 1(d)]。安装第二根锚杆时,随注浆泵开动,水泥浆瞬时实现高流通性,进行注浆。4~6 h 后水泥浆凝固,实现预应力全长锚固。固结后注浆充填体包围在锚杆杆体周围黏结锚杆杆体和岩体,具有高强度和高抗剪切能力。

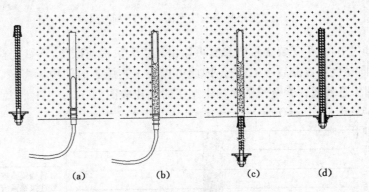

(a)　　　　(b)　　　　(c)　　　　(d)

图 1　预应力全长锚固锚杆支护顺序图

全长锚固锚索施工方法为:巷道顶部钻孔施工完成后,用安装了防渗套的锚索自由端将树脂药卷顶推至孔底[图 2(a)],开动钻机旋转安装锚索。锚索安装完成后在防渗套上安装锚索注浆塞、托盘、锁具将注浆管从锚索托盘上小孔中穿出[图 2(b)],加压锚索达到设计压力。将注浆塞注浆管和注浆泵注浆管连接,注浆[图 2(c)],4~6 h 后水泥浆凝固,实现预应力全长锚固。

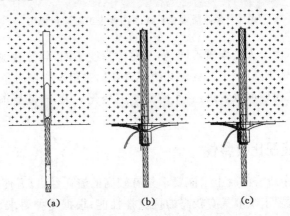

(a)　　　　(b)　　　　(c)

图 2　预应力全长锚固锚索支护顺序图

采用该技术需要增加锚杆注浆塞、锚索注浆塞、锚索防渗套,但施工工艺除增加注浆环节外基本不变。

在现场试验过程中,锚杆施工中顶推药卷采用普通锚杆施工系用锚杆直接顶入,相比使用注浆管封孔器顶入时间略短。注浆施工中由于注浆后需要浆液稳定时间,加上注浆时间共需增加 3.1 min/根。图 3 是普通锚杆全长锚固锚杆施工时间比较图。

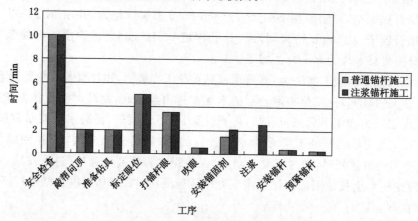

图 3 普通锚杆全长锚固锚杆施工时间比较图

在锚索施工过程中,由于安装锚索防渗套可以由施工人员提前准备,不影响整个工序和施工工艺时间,注浆时间同样也可以滞后施工进行,因此可以在工艺施工时间中不考虑,故锚索施工时间可以看作不变。图 4 是普通锚索全长锚固锚索施工时间比较图。

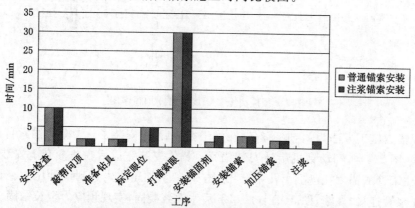

图 4 普通锚索全长锚固锚索施工时间比较图

在整个施工过程中,由于人员素质不同,施工熟练程度不同,导致现场施工时间和施工效率差距很大。但是针对同一施工群体,工艺变化和时间调整通过组织协调对整个施工基本没有影响。

针对锚杆、锚索施工比较可以看出:整个施工工艺变化不大,时间影响小,对现场施工影响小,现场工人能够接受。

2 全长锚固注浆浆液配比及特性

在整个试验过程当中所需混凝土浆液要求具有较高的流通性,以方便进行泵送;在注入钻孔后要求浆液不能流出,这就要求浆液具有较高的抗流挂性能;根据支护要求,浆液凝固后要有比较低的收缩率和比较高的抗压、抗剪、抗劈裂强度。而其中浆液的抗流挂性能和流通性又是矛盾的,基于此提出拟态瞬时稳定性原则,即所配浆液具有拟态瞬时稳定性。当浆液静止不受压力时具有假性凝固状态,能够挂在注浆孔中不掉落;当浆液受到压力时,能够瞬时恢复较高的流通性,使用注浆管输送时阻力基本忽略不计。

浆液的拟态瞬时稳定性试验采用流通法进行,用 ϕ3 mm PU 管(内径 2 mm,高度 1 000 mm)配合血压计橡皮球、直尺进行检测。把搅拌好的水泥浆接在 PU 管下方,握动橡皮球排出空气,松开橡皮球,观察浆液被吸附的上升高度检验其流通性。用 ϕ75 mm 筒形纸杯作为试验器具模拟钻孔。将浆液注入纸杯用刮刀抹平,然后停留 1 min,将纸杯倒转然后测量杯内浆液下沉量作为其抗流挂性指标。通过试验可以看出:普通混凝土浆液随着随水灰比的增大其黏度降低[11],流通性加大,无法兼顾抗流挂性和流通性。而全锚浆液[混凝土浆液采用 525 水泥,硅粉(3%~6%)、PVA 纤维(0.1%~0.22%)、有机改性砂浆增稠剂(0.4%~0.6%)、改性聚丙烯酰胺 YJ5010 增稠剂(0.2%~0.3%)、聚乙烯醇 PVA1799(0.25%~0.36%)、聚乙烯醇 PVA2088(0.3%~0.4%)]则在特定水灰比情况下,具备了拟态瞬时稳定性,能够兼顾抗流挂性和流通性两项指标。详见表1普通水泥浆液和全锚水泥浆液抗流挂性、流通性试验指标表。全锚浆液最优水灰比为 0.8~0.85。

表 1   普通水泥浆液和全锚水泥浆液抗流挂性流通性试验指标表

类别	水灰比	抗流挂性/mm	流通性/mm
普通混凝土	0.5:1	0	0
	0.6:1	25	0
	0.8:1	30	0
	1:1	—	0
	2:1		85
	3:1	—	1 000
	5:1	—	1 000
全锚注浆混凝土	3:5	8	1 000
	4:5		1 000
	5:5	0	85

由全锚注浆浆液试块和普通混凝土浆液试块抗压试验可以得出:由于 PVA 纤维的掺入,试件的抗压强度具有较好地提升,同时韧性增加,基本保持受压—开裂—破坏过程。而普通混凝土在达到极限载荷时,通常都是脆性破坏。

由于 PVA 纤维的掺入可以有效提高全锚浆液的抗折性能[12],因此相较素混凝土浆液可以有效地防止黏结破坏,全锚锚杆的抗剪能力相当于节理抗剪强度和锚杆抗剪强度之和,使锚固岩体的自承能力可以得到显著提高[13]。

3   全长锚固支护巷道的观测和分析

针对古城煤矿实际情况,选择在 31 采区皮带下山进行支护试验。试验段巷道为穿层布置,主要为顶板—底板—煤层。

3 煤在全区发育,为沥青~弱玻璃光泽,视密度为 1.35 t/m³,抗压强度为 18.5 MPa,厚层状,赋存稳定,结构简单。3 煤基本顶为中粒砂岩,有时相变为粉砂岩与中细砂岩互层,厚度在 4 m 左右。直接顶主要由粉砂岩、泥岩构成,厚度为 2~6 m,岩性变化较大,上部常出现细砂岩或粉砂岩互层,下部渐变为细粉砂岩,局部存在伪顶,以砂质泥岩和碳质泥岩为主。3 煤层直接顶砂质泥岩及粉砂岩的抗压强度为 55.10~94.80 MPa,孔隙率 1.9%~4.5%,泥岩的抗压强度为 48.14 MPa,属较稳定~稳定顶板。3 煤底板岩性以泥岩、粉砂岩为主,厚度 1 m 左右,抗压强度为 48.60

MPa,属较稳定底板。3 煤顶底板综合柱状图如图 5 所示。

煤岩名称	柱状 1:200	层厚/m	累厚/m	岩性描述
砂质泥岩		4.5	4.5	深灰色,块状结构,性脆,含植物化石及黄铁矿薄膜,具裂隙,充填方解石细脉,局部夹粉砂条带
粉砂岩		5.7	10.2	黑灰色~深灰色,块状结构,含丰富植物化石,具炭面、内夹砂质泥岩,黄铁矿薄膜
细砂岩		4.75	14.95	白色,以石英为主,含白云母碎片,泥质胶结较硬,具方解石细脉,缓波状层理,具炭面
中砂岩		18.7	33.65	灰白色,石英长石为主,夹有暗色矿物,泥质胶结,有炭化面,断续状水平层理底部为钙质砂岩
砂质泥岩		1.88	35.53	黑灰色,块状构造,性脆含植物化石,呈滑面
3 煤		8.60	44.13	黑色烟煤,半亮型为主,夹有镜煤条带,煤层结构呈条带状,夹黄铁矿薄膜
砂质泥岩		2.28	46.41	黑色,夹炭质条带,沿层面有黑色片状矿物
中砂岩		3.0	49.41	灰色,泥钙质胶结,坚硬,波状层理
砂质泥岩		2.30	51.71	黑灰色,含云母星点,层中含植物碎片,并充填细砂岩条带及团块,水平层理
中砂岩		1.90	53.61	白灰色,成分以石英为主,长石次之,含云母碎片,钙质胶结,坚硬,有炭线
砂质泥岩		2.3	55.91	深灰色,含云母碎片,层中充填细砂岩条带及团块,水平层理
细砂岩		0.9	56.81	灰白色,成分以石英为主,长石次之,含云母碎片,钙质胶结,水平层理
砂质泥岩		6.20	63.01	深灰色,含云母碎片,层中充填细砂岩条带,含植物化石,断续水平层理,性脆

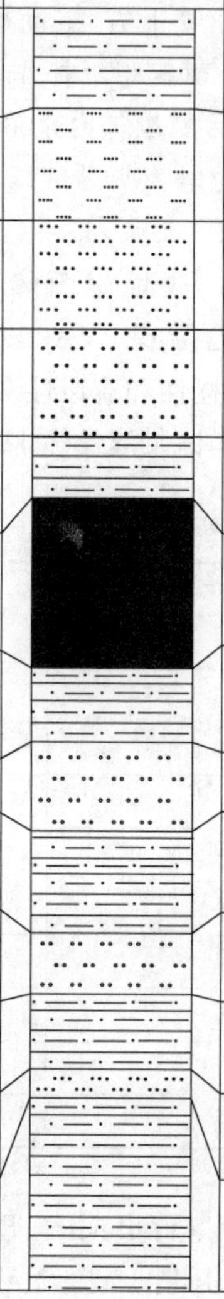

图 5　3 煤层顶底板综合柱状图

　　巷道断面形状为直墙半圆拱形,净尺寸为:墙高 1 800 mm,拱高 2 500 mm,净宽 5 000 mm。支护方式为:巷道采用 ϕ22 mm×2 800 mm 的高位让均压应力显示锚杆,底脚采用 ϕ22 mm×2 800 mm 高强蛇形锚杆;每套锚杆采用 2 卷 K2570 的树脂锚固剂,锚杆盘采用护顶面积较大的高强方形 200 mm×200 mm×10 mm 托盘;锚杆间排距为 1 700 mm×900 mm,巷道全断面使用 ϕ12 mm 圆盘加工而成的钢梯。顶板锚杆的安装应力为 8 t,帮部锚杆的安装应力为 4 t。金属网采用 ϕ6 mm 盘圆编织的钢筋经纬网,金属网规格:长×宽=2 000 mm×1 100 mm(网孔为 80 mm×80 mm),金属网搭接量为 80 mm,网扣间距不大于 160 mm,采用 1# 镀锌铁丝双股双排扣菱形绑扎,混凝土标号为 C20,喷厚为 100 mm。

　　锚索类型为 ϕ22 mm×5 000 mm 低松弛钢绞线锚索,每套锚索采用 3 卷 K2570 的树脂锚固剂,锚索托盘为 300 mm×300 mm×12 mm 的高强球形托盘,锚索间排距为 1 700 mm×900 mm,锚索的安装应力为 12 t。

　　锚杆、锚索的布置方式为:在巷道正中布置一根锚索,再分别向两侧 850 mm 处各布设一根锚杆,然后再依次向两侧布置锚索。锚杆、锚索要求间隔布置,间距为 850 mm,锚杆、锚索要尽量打在钢梯孔内,锚索外露长度不大于 250 mm。

共布置 8 个观测断面,观测断面间距 15 m,其中使用全长锚固技术巷道 4 个测点,未使用全长锚固巷道 4 个测点。在每个观测断面的正顶锚杆及两帮两根锚杆上,分别安装应力监测压力表一块,观测锚杆应力变化及巷道收敛变形情况,观测周期每 5 d 一次,共观测 60 d。

观测从 2014 年 8 月 10 日截止到 2014 年 10 月 15 日,共观测 65 d,记录锚杆应力表数据,及巷道收敛变形情况,并制作锚杆应力变形曲线及巷道收敛变形曲线。根据观测情况可以看出采用预应力全长锚固支护的巷道,在观测期内,锚杆应力变化不大,且各锚杆间应力大致平衡,观测 65 d 巷道最大两帮收敛变形量为 200 mm,最小变形量 160 mm,顶板最大下沉量为 200 mm,最小下沉量为 160 mm,巷道收敛变形较小,支护效果明显。图 6 为全长锚固段锚杆应力变化曲线图,图 7 为全长锚固段锚杆巷道收敛变形曲线图。

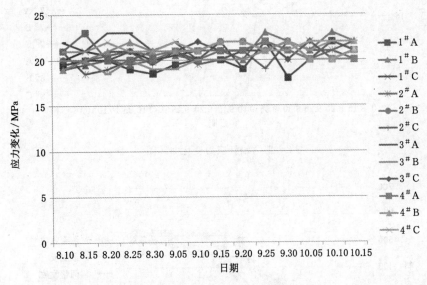

图 6　全长锚固段锚杆应力变化曲线图

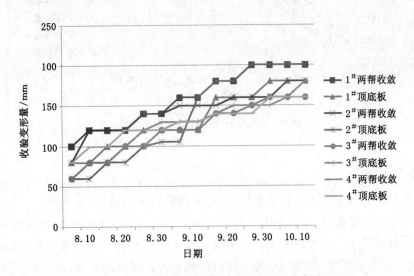

图 7　全长锚固段锚杆巷道收敛变形曲线图

未采用预应力全长锚固锚杆锚索支护的巷道,在观测期内,锚杆应力变化较大,锚杆受力情况不一,单根锚杆受力分散,其中6#测点顶部锚杆在9月10日、8#测点右帮锚杆9月20日观测时应力突然为零,经观察发现现场喷层开裂,锚杆断裂失效。观测65 d巷道最大两帮收敛变形量为580 mm,最小收敛变形量520 mm,顶板最大下沉量500 mm,最小下沉量为500 mm,巷道收敛变形较大,且存在明显的底鼓现象。图8为普通锚杆应力变化曲线图,图9为普通锚杆巷道收敛变形曲线图。

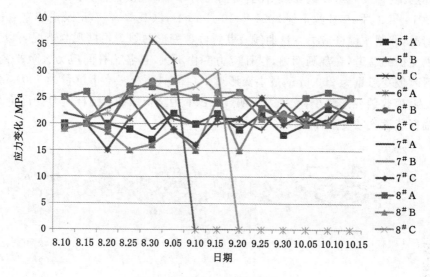

图8　普通锚杆应力变化曲线图

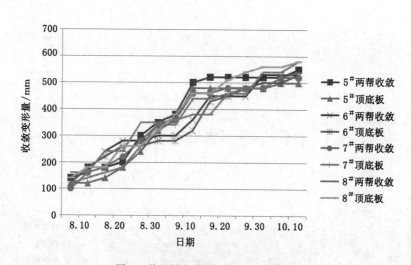

图9　普通锚杆巷道收敛变形曲线图

4　结论

通过对古城煤矿巷道预应力全长锚固试验,主要得到以下结论:

(1)预应力全长锚固锚杆、锚索的施工相较于煤矿原有锚杆、锚索施工,除增加注浆设备和工序外,其他设备、材料施工工艺变化不大。其中锚杆施工中只增加一道注浆工序,能在施工中影响时间;而锚索施工由于注浆可以滞后,对施工时间影响不大。现场施工,沿用原钻孔尺寸、钻具材料不变,工作量少,施工简单。

(2)通过在普通硅酸盐525水泥中掺入适量添加剂,在水化作用下形成无机—有机薄膜包围水泥分子,在周围形成网状结构,改变水泥浆液物理性质,形成高流通瞬时拟态稳定性水泥浆液。

当水泥浆液在注浆管中输送时具有高流通性，当浆液停止输送时具备瞬时稳定状态，表现为挂在注浆孔壁上不再流动，当再次启动注浆泵时，水泥浆液马上又转变为高流通性。浆液凝固时，浆液中掺加的硅粉和PVA纤维可以有效提高固结体强度，可以达到设计要求。

（3）从施工后观测结果可看出：使用全长锚固在观测期内，锚杆应力变化不大，且各锚杆间应力大致平衡，观测65 d巷道最大两帮收敛变形量为200 mm，顶板最大下沉量为200 mm，巷道收敛变形较小，支护效果明显。

综上所述，预应力全长锚固支护技术施工简单，成本低廉，能够满足大采深、高地压、高应力复杂条件下的软岩巷道支护。

参考文献

[1] 王金华.我国煤巷锚杆支护技术的新发展[J].煤炭学报,2007,32(2):113-118.

[2] 吴拥政.全长预应力锚固强力支护系统的应用研究[J].煤炭科学技术,2011(11):27-30.

[3] 万世林,李峰,王晓林.全长预应力锚固技术在强烈动压巷道的应用[J].煤矿开采,2011(1):57-59,107.

[4] 山西潞安环保能源开发股份有限公司常村煤矿天地科技股份有限公司.一种预应力全长锚固支护方法:中国,201010256155.3[P].2010-08-13.

[5] 中国矿业大学.一种预应力全锚挤压式锚固装置及方法:中国,201310025310.4[P].2013-01-23.

[6] 山东科技大学.全长粘结预应力锚杆及其施工方法:中国,201010515664.3[P],2010-10-16.

[7] 中国矿业大学.泵送膏体预应力全锚锚杆/索支护方法:中国,201310093673.1[P].2013-03-22.

[8] 淮南市顺辉锚固有限公司.预应力螺旋肋中空注浆锚索:中国,201210324189.0[P].2012-09-05.

[9] 中国矿业大学.一种基于膏体材料的先灌后锚预应力全长锚固支护方法:中国,201410010184.X[P].2014-01-09.

[10] 太原理工大学.巷道锚固支护中的"端部黏结、全长充填"的锚固方法:中国,201210341644.8[P].2012-09-06.

[11] 成云海.全预应力金属锚杆:中国,200320107096.9[P].2003-11-15.

[12] 单仁亮,杨昊,张雷,等.水泥稳定浆液配比及适用条件研究[J].煤炭工程,2014,46（12）:97-100.

[13] 钱桂枫,高祥彪,钱春香.PVA纤维对混凝土力学性能的影响[J].混凝土与水泥制品,2010(3):52-54.

[14] 陆士良.高阻力全长锚固锚杆围岩控制的机理和效果[J].煤炭科学技术,1999(07):41-43,57,4.

[15] 范基骏,陈日高,罗朝巍,等.水泥砂浆的PVA改性机理研究[J].广西大学学报,2009(4):513.

[16] 康红普,姜铁明,高富强.预应力在锚杆支护中的作用[J].煤炭学报,2007(7):680-685.

软底巷道变形机理与影响因素及维护治理技术

刘会彬[1,2,3]，何万盈[2,3]，姜　波[1]，于　峰[2,3]
尹润生[2,3]，蒲拴云[2,3]，张晓震[2,3]，李高峰[2,3]

（1. 中国矿业大学，江苏　徐州　221116；
2. 彬县煤炭有限责任公司，陕西　咸阳　712000；
3. 陕西华彬雅店煤业有限公司，陕西　彬县　713500）

摘　要　本文以蒋家河煤矿综放工作面顺槽掘进和回采期间巷道变形及治理为例，结合彬长矿区其他矿井巷道变形特点，初步分析了彬长矿区巷道变形机理，巷道变形主要诱导因素为底板淋水软化后的塑性变形应力重新分布，造成巷帮和顶底板的变形加剧。通过对变形影响因素的分析，认为地质条件和应力不均衡分布为控制因素，软岩底板、厚度不均、埋深较大和倾角较小为内在因素，矿山压力、顶板淋水和软岩遇水膨胀为直接因素，采动影响为间接因素。变形严重区位于褶皱轴部及两侧，对变形较大区域采取了补强支护和起底扩帮等措施，降低不连续变形向连续变形的转化，使应力逐渐予以释放。同时还加快推进生产工艺优化，结合实际生产过程中采取的巷道维护措施。作者认为合理规划采掘布局和采掘接替、合理留设护底煤、不同区段采取不同的支护措施、及时抽排工作面涌水等有力的治理措施能有效防止软底巷道变形，确保该工作面正常安全生产，具有一定的借鉴意义。

关键词　软底巷道；变形特征；影响因素；维护治理技术

0　概况

陕西省彬长矿区是国家规划的十三个煤炭基地—黄陇煤炭基地的主力矿区之一，位于鄂尔多斯盆地南缘的陕西省咸阳市西北部长武和彬县境内。目前已建成下沟、火石咀、亭南、大佛寺、胡家河和小庄等 6 对矿井，孟村、雅店矿井及同步建设的马屋电厂、亭口水库等矿区重大建设项目正陆续建设，随着西（安）～平（凉）铁路和福银高速的建成通车，为矿区开发建设提供了良好的内外围环境。

彬长矿区已建和在建矿井均受软岩巷道变形问题影响，本文针对蒋家河煤矿及相邻矿井工作面掘进和回采期间由于底板软岩造成的底鼓、垮帮、顶板下沉等变形问题[1]，结合目前关于软岩巷道治理的一些围岩控制技术和岩层失稳机理研究成果[2-15]，探讨分析了该矿区巷道变形机理和主要影响因素，对彬长矿区的软岩巷道维护具有借鉴意义。

1　工程基本情况

蒋家河矿井 ZF1404 工作面是该矿一采区布置的第二套综放试采工作面，主采 4 号煤层，工作面沿北偏东 56°方向布置，走向长度为 1 750 m，倾向长度为 151 m，可采走向长度为 1 610 m。运输、回风顺槽巷道设计断面均为矩形，巷宽 5.0 m，巷高 3.1 m，断面积 15.5 m²，掘进方法采用综合机械化掘进，锚网支护，锚索补强，采煤方法采用长壁综合机械化放顶煤开采，全部垮落法管理顶板。

ZF1404 工作面巷道地质剖面揭露的构造特征主要表现为一宽缓向斜褶皱构造，向斜的轴部距

1402 回风巷口约 1 210 m、1402 运输巷约 1 113.5 m(以一采区回风巷口为起点),其中工作面切眼长度 140 m,走向 56°,由式 1 得出巷道转折点连线与顺槽巷道的夹角为 55°25′,则该工作面通过的向走向为 0°35′。

$$\tan \alpha = \frac{140}{1210 - 1113.5} \rightarrow \alpha = 55°25′ \qquad (1)$$

向斜转折端高程差为 3.77 m,褶皱轴的倾伏角为北倾 1°16′18.24″,说明 ZF1404 工作面煤层受矿区近南北向赵坡向斜构造控制,而且在此区域褶皱枢纽向北倾斜。

巷道掘进揭露工作面区域煤层厚度和展布特征为中段厚,两端薄,最厚煤层为 9.9 m,最薄为 1.7 m,且较厚部位恰好在向斜的轴部,该区为差异沉降区,成煤有机质沉积之前该褶皱已经形成,说明该区域基底岩层褶皱形成时代早于侏罗纪下统延安组,为燕山运动的产物,此后又经历了喜山运动的进一步改造,形成了现有的褶皱构造体系。

2 巷道变形特征

ZF1404 工作面掘进、安装准备和回采期间,运输、回风顺槽和工作面切眼中部大部分区段,均出现了较大的变形,特别是巷道顶板淋水较大、护底煤较薄、底板岩层铝土质含量较高的区段变形尤为严重,回采工作面出现了支架压架,两巷端头超前支护段单体支柱插底,巷中底鼓、帮鼓等现象。2F1404 工作面巷道变形特征如表 1 所列。

表 1　　　　　　　　　　　　ZF1404 工作面巷道变形特征

阶段	时间间隔	巷道区段	变形量	变形特征
掘进期间	6 个月	两顺槽中部	460～1 450 m 区段最大帮鼓量 300 mm;最大底鼓量 350 mm	巷道片帮、底鼓、顶板下沉严重,轨道倾斜,巷道宽度不够,造成运输困难
准备期间	4 个月	两顺槽和切眼	回风顺槽(720～1 410 m)底鼓量为 900 mm;运输顺槽(820～1 340 m)底鼓量为 400 mm;切眼中部底鼓量 350 mm	底鼓、顶板下沉,巷道中部低洼地段尤为明显,帮部变形已经趋于稳定,造成局部巷道高度不够
回采期间	12 个月	回风顺槽	工作面推进至 450～730 m 区段,底鼓量最大 900 mm,帮鼓量最大 1 400 mm	底鼓、帮部煤体松动,片帮、帮部支护失效等,导致通风断面严重不足,安全出口受阻等
		运输顺槽	工作面推进至 740～1 010 m 区段,超前支护段底鼓量最大 600 mm,帮鼓量最大 1 200 mm	底鼓,顶板下沉,片帮,涌水增大,导致巷道断面严重缩小,行人间隙小,转载机推移困难
		切眼	中部变形严重	周期来压步距 30～50 m,来压期间煤壁片帮严重,支架阻力明显增加,出现油缸卸载和压架现象
		大断面处	顶板下沉,中部底鼓严重	顶板破碎、下沉,单体液压支柱承载泄压,设备布置空间不足

3 巷道变形机理及影响因素分析

3.1 巷道变形机理及原因分析

根据现场观测和地质勘探岩土测试分析,造成工作面巷道变形主要有以下几个重要原因:

(1)工程地质条件差,顶底板岩层稳定性差。4 号煤层伪顶为碳质泥岩、泥岩,厚度薄,稳定性差,随煤层开采而冒落,属不稳定岩体。直接顶为砂质泥岩属稳定性较差的岩体,基本顶砂岩一般为中等稳定岩体。4号煤层底板为砂质泥岩、铝土质泥岩及粉砂岩(见图1),为稳定性较差岩体,尤其是铝土质泥岩,遇水很容易膨胀,揭露后受风化、水侵蚀软化,抗压能力大大减弱。在采掘矿山压力显现和顶板淋水的影响下,巷道出现底板鼓起、巷帮鼓出、顶板下沉等严重变形现象。

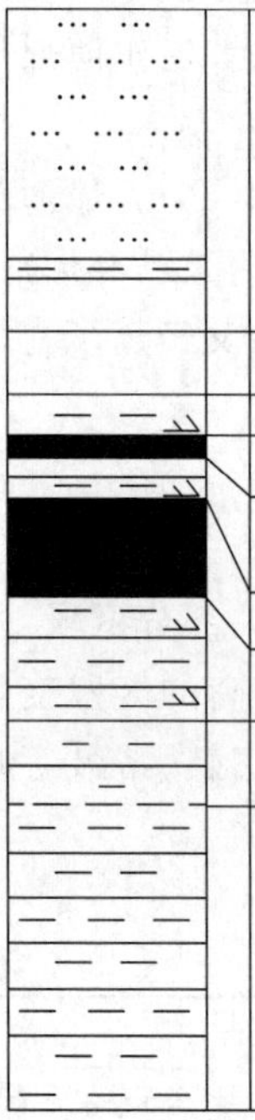

	厚度	深度	岩性描述
	21.00	743.00	灰色细粒砂岩,成分主要为石英、长石,次圆状,分选好,夹深灰色泥岩薄层。
	3.00	746.00	灰白色粗粒砂岩,次棱角状一棱角状,分选差,较坚硬。
	2.00	748.00	深灰色、黑灰色泥岩,砂质泥岩,致密,含植物化石碎片。
	1.00	749.00	4-1煤,半暗—半亮型煤,弱沥青光泽,参差状断口,条带状结构,内生裂隙发育。
	2.00	751.00	上部为灰色、浅灰白色细粒砂岩,厚约100 m,下部为深灰色、黑灰色泥岩和黑色碳质泥岩,含植物化石碎片。
	4.73	755.73	4煤,半亮—半暗型煤,沥青光泽,参差状、阶梯状断口,条带状结构,内生裂隙发育,结构简单。
	6.00	761.73	深灰色、黑灰色泥岩、砂质泥岩或碳质泥岩,含植物化石碎片。
	4.00	765.73	浅灰色、灰色铝质泥岩,质地细腻,具滑感,含鲕粒。
	15.00	780.73	紫色、紫杂色泥岩,团块状,含鲕粒,细腻,具滑动面,底部泥岩中常含砂质泥岩或砂岩角砾与下伏地层明显接触。

图1 4号煤地层柱状图

(2)水文地质条件间接影响底板岩层。两顺槽及切眼巷道在掘进期间,顶板均有淋水现象,淋水量约为 $4\sim5$ m³/h。工作面回采时,分别推进至216 m、229 m、252 m、360 m、465 m、506 m、859 m处,工作面支架的顶部及后部出现较大淋水,淋水量约 $10\sim60$ m³/h不等,导致铝土质泥岩膨胀软化,使得巷道直接底板强度大大降低,支护强度弱化非常严重,造成巷道底板和帮部均出现较大的变形。

(3)煤层埋藏深度,巷道围岩所受矿山压力相应较大,导致巷道的破坏影响就更加显著[6-8,10,13]。ZF1404工作面标高在+648.1~+573.3 m之间,地面标高在+1 002.6~+1 219.8 m之间,煤层埋深约354.5~646.5 m,大部分煤层埋深在600 m以下,垂直地应力超过12 MPa,表明巷道处于高应力环境中。掘进和回采期间形成了较大范围的巷道变形,严重影响了正常生产。

(4)煤层倾角平缓,导致围岩来压方向通常垂直于顶底板。蒋家河井田位于太峪背斜以北、彬县背斜以南,地层厚度、产状、煤层厚度及其起伏受南北两个背斜的控制,总体为一走向NE的向斜构造,北翼倾向SE,倾角 $2°\sim6°$,南翼倾向NW,倾角 $5°\sim11°$。ZF1404工作面基本位于井田中部,横穿蒋家河井田内部的赵坡向斜,其相关巷道圈定的煤层倾角较平缓,压力方向垂直于顶板和底板,掘进期间两顺槽均发生对称型底鼓和帮鼓。

(5)煤层赋存特征,导致回采期间两带高度存在较大差异。侏罗系中统延安组主采4号煤层的含煤地层,在向斜轴部较厚,厚度约为 $26.11\sim30.31$ m,向斜两翼逐渐变薄,西南角厚约 15.57 m,西北角厚 7.08 m。同时受基底岩层和区内赵坡向斜构造的控制,4号煤层沉积分布规律和赋存厚度与延安组地层特征基本吻合,向斜轴部较厚约 $10\sim11$ m,向两翼变薄 $2\sim3$ m,平均厚度 7 m左右。ZF1404工作面回采过程中,工作面中部采高 8 m左右,两翼 $2\sim3$ m左右,煤层厚度的不等,导致掘进和回采过程中扰动强度不一致[7],煤层较厚的中部区域受掘进和回采活动造成的扰动较大,在此区域引起较大的变形,而工作面两端头变化相对较小。因此,煤层厚度不均也是引起巷道中部区域变形较大的一个内在因素。

(6)矿区存在控制煤层赋存的向斜构造,导致应力场不均。向斜的轴部和近两翼区域为应力集中区,采矿活动导致应力重新分布,使得煤岩层的完整性进一步被破坏,稳定性和支撑力快速下降[11],ZF1404工作面掘进和回采至中部区段时,恰好位于赵坡向斜的轴部,巷道变形特别严重(见表1),说明区段内的赵坡向斜构造应力场严重影响该工作面应力分布,对巷道的变形起到制约作用。

(7)采矿活动影响了地层压力平衡,巷道围岩应力重新分布。巷道围岩均为强度较小的岩层,区域应力超过岩石强度,使岩体物性状态发生变化,巷道周围的岩石变形由不连续变形(弹性变形)转变为连续变形(塑性变形),并随着采矿扰动的不断增大而向岩层内部延伸,造成大范围长时间的变形影响。ZF1404工作面从掘进到回采结束均受到地应力变化和巷道变形的影响,加之ZF1404工作面为矿井穿越赵坡向斜构造的第一个综放工作面,地层原始压力还没有得到释放,造成矿山压力显现非常明显。

3.2 巷道围岩稳定性评价

井田内地层各岩体岩石RQD值、Z值、M值评价结果(表2)表明:以粗粒砂岩为主的块状结构岩体及以中~细粒砂岩为主的层状结构岩体,岩石质量中等,岩体中等完整;以砂质泥岩及泥岩岩组为主的薄层状结构岩体,岩石质量劣,岩体完整性差。

表2 岩体质量等级定量评价表

岩体结构分类	岩石饱和抗压强度 R_c/MPa	结构面摩擦系数 f	岩体质量等级评价					
			RQD值法		岩体质量系数法		岩体质量指标法	
			RQD值	岩体质量	Z值	岩体质量	M值	岩体质量
薄层状结构	15.54	0.35	40.99	完整性差、质量劣	2.23	一般	2.12	良
层状结构	23.83	0.40	51.70	中等完整、质量中等	4.93	特好	4.11	优
块状结构	25.55	0.50	59.41	中等完整、质量中等	7.59	特好	5.06	优

4号煤层底板主要为泥岩、页岩,特别是遇水泥化的铝土质泥岩,其物理力学性质试验结果如表3所列:单轴干燥抗压强度为27.1~48.44 MPa,属于稳定性较差岩体[12,15,17];坚固系数集中在0.9~1.2之间,属于Ⅶ软岩体[15];泥岩岩组RQD值为35.67~47.70,属于质量差的岩石[16];软化系数为0~0.35,为易软化岩石[17];泥岩的泥化比为1.51~3.35,属于遇水易泥化岩石。

表3 4号煤层底板铝土质泥岩物理力学性质试验成果表

孔号	样品编号	采样深度/m	岩石名称	干燥抗压强度/MPa	饱和抗压强度/MPa	弹性模量/10⁴MPa	泊松比	比重/(g/cm³)	孔隙率/%	含水率/%	软化系数	坚固系数
5-2	16	308.07~309.47	泥岩	27.1	9.76	0.95	0.16	2.60	8.5	1.66	0.35	
水D20	12	431.22~434.38	铝土质泥岩	32.96		1.16	0.09	2.68	5.7	1.54		8.41
	13	434.38~436.22	含鲕粒铝土质泥岩	48.44		1.57	0.11	2.64	2.6	0.82		12.4
水D9	4	316.60~317.65	铝土质泥岩	32.01				2.71	7.20	1.12		1.19
水D52	10	289.21~292.18	铝土质泥岩	44.29		3.96	0.10	2.68	2.96	0.96		1.13
水D30	11	336.88~338.81	铝土质泥岩	41.80	0	1.18	0.08	2.67	6.99	1.33	0	1.07
	12	338.81~340.36	铝土质泥岩	33.04	0	0.64	0.07	2.68	9.62	2.23	0	0.90

整体而言,4号煤层伪顶薄层状泥岩、碳质泥岩为完整性差、质量差的不稳定岩体,直接顶砂质泥岩属稳定性较差的岩体,基本顶砂岩一般为中等质量和完整的中等稳定岩体。4号煤层底板的泥岩、铝质泥岩及粉砂岩的稳定性很差,易膨胀软化,坚固性差,为强度低的岩层,这也是造成巷道变形的内在因素。

4 维护治理措施

根据巷道变形特征,对造成巷道变形的影响因素进行了系统分析,蒋家河煤矿制定了一系列行之有效的维护治理措施,取得了较为理想的巷道变形维护治理效果,保障了工作面的安全回采。

4.1 支护方案调整及效果

(1)顶板补强支护。ZF1404工作面运输顺槽、回风顺槽顶板均采用螺纹钢锚杆、铁丝网及钢筋托梁组合支护、锚索补强,两帮采用圆钢锚杆、铁丝网进行支护。减缓了巷道变形,保证了巷道断面和通风行人空间,为工作面回采提供了较长时间的安全支护保障。

(2)Π型梁配合单体液压支柱台棚超前支护。运输顺槽从端头架前至转载机头段均采用三排3.15 m单体液压支柱配合1.0 m金属铰接梁并配合Π型梁支护。排距从南帮至北帮依次为500 mm、2 100 mm、1 800 mm、600 mm;柱距为1 000 mm;均为一梁二柱支护,铰接梁逐个铰接,迈步前移。转载机上部采用3.6 mΠ型梁抬棚支护,行人侧利用一排铰接梁支护进行支撑,非行人侧利用铰接梁支护进行支撑,梁距1 000 mm。该段的Π型梁在端头架前随回采推进逐个进行回收,并不断向前延伸支护(见图2)。

(3)单体液压支柱配合铰接梁超前支护。运输顺槽超前支护长度定为30 m,采用四排3.15 m单体液压支柱配合金属铰接梁支护,单体排距从南帮至北帮依次为500 mm、2 100 mm、1 800 mm、600 mm;柱距为1 000 mm;均为一梁二柱支护,铰接梁逐个铰接,迈步前移。

回风顺槽超前支护长度定为30 m,采用四排3.15 m单体液压支柱配合金属铰接梁支护,单体柱排距从南帮至北帮依次为500 mm、1 300 mm、1 500 mm、1 000 mm、500 mm;柱距为1 000 mm;一梁一柱,铰接梁逐个铰接,迈步前移(见图2)。

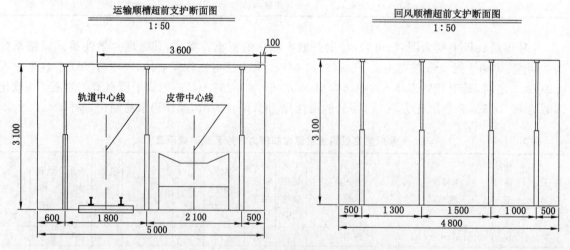

图2 ZF1404工作面超前支护布置示意图

(4)大断面处采用木垛充填支护。综放工作面在过运输顺槽泵站、二部驱动硐室等大断面处时,大断面段顺槽巷道采用单体支柱配合铰接梁"一梁两柱"支护,柱距为1 m;并采用1.2 m枕木压设双排木垛加强支护顶板,木垛间距为2 m(见图3)。

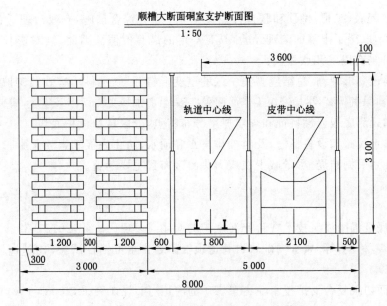

图 3   工作面顺槽大断面硐室处支护断面图

4.2   生产工艺优化调整

(1) 加快工作面推进度。为了甩掉工作面采空区的矿山压力,安排综采队加快工作面回采推进速度,每日割 9 刀煤,日推进达到 6 m,全月回采推进 154 m,次月共回采推进 165 m,第三个月共回采推进 146 m。经过 3 个月的快速推进,安全通过工作面应力集中段,使工作面生产条件得到好转。

(2) 加强排水。ZF1404 工作面相关巷道底板岩性均为碳质泥岩、铝土质泥岩,为稳定性较差岩体,遇水后易膨胀,且会进一步降低其硬度及稳定性。加强工作面两顺槽排水工作,使底板铝土质泥岩泥化率和膨胀率减小,增加底板强度和稳定性。

4.3   巷道维修措施

在支护互相配合的基础上,安排专门人员定期对巷道变形严重区域进行起底、扩帮、挑顶等维护,保证巷道断面能满足生产需求,也为工作面回采争取安全保障。

5   结论

(1) 地质条件变化及应力场不均衡分布是巷道变形的控制因素;煤层底板软岩厚度不均、埋深较大和倾角较小是巷道变形的内在因素;矿山压力显现、顶板淋水和软岩遇水膨胀是巷道变形的直接因素;煤层开采扰动影响为间接因素。

(2) 巷道严重变形机理主要是由初期的弹性变形转变为塑性变形,主要表现方式为底板淋水软化引起的塑性变形,如底鼓、断裂、区部反复软化等;还有顺槽和切眼巷帮的塑性软化,帮部鼓起,顶板反拱形下沉等。

(3) 应力集中段提前增加支护强度,避免由不连续变形(弹性变形)转化为连续变形(塑性变形)[12],有效控制围岩完整性,也应具有能适应围岩连续变形的延伸空间,使围岩内的高应力得以释放。

(4) 主要变形区分布在赵坡向斜应力集中的轴部及两侧区域,应该予以重点监测。

(5) 由于地应力的不均衡分布,在实际生产过程中应根据巷道所在区域特点制定不同的支护和维护措施,避免变形过大或者支护过密造成经济损失,同时也耽误了最佳的回采时间。

6   建议

软底巷道变形在彬长矿区的各个矿井具有普遍性[1,19-20],蒋家河煤矿在 ZF1404 工作面掘进和回采期间采取了起底、扩帮、挑顶和联合补强支护等一系列综合措施,有效治理了巷道变形,保证了工作面安全生产,取得了丰富的治理经验,具有一定的借鉴价值。因此,针对彬长矿区此类软岩巷道变形区煤炭开采有以下几点建议:

(1) 加强巷道变形观测,总结应力集中区巷道变形特征,制定科学有效的支护措施。

(2) 合理安排采掘接替,尽量缩短工作面回采准备时间,加快工作面回采速度,减少巷道维护时间。

(3) 总结和观测底板岩性特征和煤层厚度分布特点,分区域留设护底煤。

(4) 确保排水线路和设备畅通,及时抽排淋水和涌水,防止底板软岩软化膨胀。

(5) 合理规划采掘布局,尽量减少在应力集中区布置主要巷道。

参考文献

[1] 马冰.巷道底板锚固注浆技术在蒋家河煤矿的应用[J].现代矿业,2013,533(9):120-121.

[2] 胡滨,康红普,林健,等.风水沟矿软岩巷道顶板砂岩含水可锚性试验研究[J].煤矿开采,2011,16(3):67-70.

[3] 周宏.大断面切眼复合支护技术在枣泉煤矿的应用[J].煤矿开采,2008,13(4):68-69.

[4] 王其胜,李夕兵,李地元.深井软岩巷道围岩变形特征及支护参数的确定[J].煤炭学报,2008,33(4):364-367.

[5] 赵家伟,肖青林,施德军.煤巷锚带网及工字钢加强支护技术煤矿开采[J].煤矿开采,2008,13(4):58-60.

[6] 钱鸣高,石平五.矿山压力与岩层控制[M].徐州:中国矿业大学出版社,2003.

[7] 徐永圻.采矿学[M].徐州:中国矿业大学出版社,2003.

[8] 曾正良.巷道变形破坏的因素及控制方法[J].煤炭技术,2008,27(4):141-143.

[9] 吴学明,伍永平,张建华.富水软岩斜井局部失稳机理及治理对策[J].煤田地质与勘探,2010,38(6):48-53.

[10] 牛双建,靖洪文,张忠宇,等.深部软岩巷道围岩稳定控制技术研究及应用[J].煤炭学报,2011,36(6):914-919.

[11] 姚强岭,李学华,瞿群迪.富水煤层巷道顶板失稳机理与围岩控制技术[J].煤炭学报,2011,36(1):12-17.

[12] 周志利,柏建彪,肖同强,等.大断面煤巷变形破坏规律及控制技术[J].煤炭学报,2011,36(4):556-561.

[13] 袁亮,薛俊华,刘泉声,等.煤矿深部岩巷围岩控制理论与支护技术[J].煤炭学报,2011,36(4):535-543.

[14] 刘景河,赵术江,吕晓磊,等.软岩巷道顶板支护技术实践[J].煤矿开采,2012,17(3):63-65.

[15] 余伟健,王卫军,黄文忠,等.高应力软岩巷道变形与破坏机制及返修控制技术[J].煤炭学报,2014,39(4):614-623.

[16] 李巨龙.岩土钻掘工程学[M].徐州:中国矿业大学出版社,2005.

[17] 高玮.岩石力学[M].北京:北京大学出版社,2010.

[18] 吴继敏.工程地质学[M].北京:高等教育出版社,2006.

[19] 王洪涛,吕强,韩安国,等.强膨胀性泥岩巷道底鼓治理技术[J].煤炭科学技术,2010,38(9):54-56.

[20] 韩海潮,解兴智,富强,等.下沟煤矿综放工作面煤体支承压力分布规律研究[J].煤矿开采,2004,9(1):30-33.

复杂条件下掘锚一体机快速成巷技术研究

王中亮[1],刘海泉[1],梁　晗[2]

(1. 煤炭工业济南设计研究院有限公司,山东　济南　250031;

2. 中石化绿源地热能开发有限公司山东分公司,山东　德州　253600)

摘　要　为解决掘锚机组在高瓦斯、高应力、托顶煤等复杂地质条件下应用时存在的问题,本文以常村煤矿为工程背景,设计确定了掘锚机施工巷道的最优支护方案,优化了掘锚机截割作业工序,制定了快速成巷中瓦斯治理技术措施,同时针对施工中巷道冒顶、片帮问题优化了掘锚机施工工艺。现场应用结果表明:煤巷掘进月进尺由 300 m 增加为 600 m,提高了巷道掘进效率,且巷道围岩支护效果良好,使掘锚机组更好地适应了工程现场的复杂地质条件。

关键词　掘锚机;支护设计;瓦斯治理;施工工艺

0　前言

目前我国煤巷掘进的主要方式是采用悬臂式掘进机配合单体锚杆机,巷道掘进的机械化水平有了明显的提高。但是,在这种掘进方式中掘进、支护工序分离,支护用时过长,制约了巷道掘进速度的提高[1-3]。掘锚机组可以实现掘锚同步施工,解决了掘锚工序分离的问题,并且它配备了高阻力的临时支护和及时的永久支护系统,能够保证巷道成巷的速度及施工安全。在我国神东、平朔等煤层赋存条件较好的矿区,掘锚机已经得到大范围的推广,应用效果十分理想,解决了矿井采掘紧张的问题[4-5]。

但是,掘锚机组在高瓦斯、高应力、托顶煤等复杂地质条件下应用时,由于掘进断面大、掘进速度快,巷道易发生片帮冒顶、瓦斯超限甚至突出等问题,发挥不出机组掘锚同步作业的优势[6-9]。因此,以常村煤矿 S6-8 轨道顺槽为工程背景,研究确定巷道最优支护参数,提出巷道瓦斯治理技术,优化掘锚机施工工艺,使掘锚机组更好地适应了高瓦斯、高应力、托顶煤等复杂地质条件,对掘锚机组在复杂条件中的快速成巷技术进行研究。

1　工程地质概况

试验巷道为常村煤矿 S6-8 轨道顺槽。巷道沿 3# 煤煤层底板掘进,长度为 1 588.5 m,埋藏深度约为 420 m。巷道掘进尺寸为 5.2 m×3.5 m(宽度×高度),掘进断面积为 18.2 m²。3# 煤层厚度为 5.78～5.85 m,平均厚度为 5.81 m;含夹矸 1 层,平均厚度为 0.3 m。3# 煤层强度系数 f 为 1.5～2。煤层相对瓦斯涌出量为 5.27 m³/t,绝对瓦斯涌出量为 70.23 m³/min。

常村煤矿 S6 采区围岩地质条件复杂,若采用矿井原有的综掘施工方式,巷道进尺会更慢。为了缓解矿井采掘接替紧张的局面,常村煤矿特引进了山特维克 MB670 掘锚一体机(见图1),以期增加巷道掘进速度。但是,掘锚机一般适用于煤层赋存简单、地压小的矿区,在高瓦斯、高应力、托顶煤等复杂条件下的应用较少,巷道支护参数的选择、快速掘进下瓦斯治理方法、冒顶片帮防治、截割工序等方面均存在一定的技术问题,限制了掘锚机优势的发挥。因此,笔者就以上几个方面研究了掘锚机组在复杂煤岩条件中的快速成巷技术。

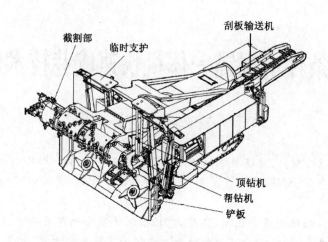

图 1　MB670 掘锚一体机结构示意图

2　试验巷道支护参数确定

巷道支护方式选择为"锚网索＋钢筋梯子梁＋钢护板"联合支护方式。根据掘锚机上机载锚杆钻机的支护范围，并通过理论计算和 FLAC 数值模拟等手段，确定了 S6-8 轨道顺槽最优的支护参数。

2.1　机载锚杆机支护范围

掘锚机组上自带 4 台顶板锚杆钻机和 2 台帮部锚杆钻机，钻机可以向各个方向摆动，且底部可以沿滑杆移动。1#、4# 顶板锚杆钻机的左右最大摆动角度分别为 8°和 18°，2#、3# 顶板锚杆钻机的左右最大摆动角度分别是 10°和 12°。帮部锚杆机可以上下移动 400 mm，上下最大摆动角度为22°和 32°。根据巷道掘进断面尺寸和各个机载锚杆钻机的支护角度，锚杆钻机的支护范围为：顶板中心线两侧的 2 个锚杆的最小距离为 980 mm，巷帮锚杆支护范围在 1 027～3 075 mm（自底板）。顶板、帮部锚杆钻机的支护范围见图 2。

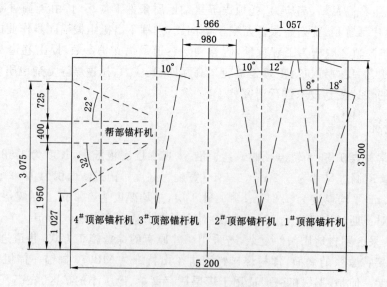

图 2　机载锚杆钻机支护范围图

2.2 巷道支护方案

2.2.1 锚杆

锚杆布置方式为"顶4帮3"，即每排打设顶锚杆4根、帮锚杆3根。锚杆选择为 ϕ22 mm×2 000 mm 高预应力让压锚杆，杆体为 CRM500 号钢，杆尾螺纹为 M24。钻孔直径为 30 mm。

（1）顶板

锚杆间排距 1 400 mm×1 000 mm，每排4根。自巷道帮部向巷道中线，两根锚杆的倾角分别为1°和6°。锚杆预紧扭矩 450 N·m，锚杆锚固力为 190 kN，采用两支 MSZ2335 树脂药卷加长锚固。配件规格：W 钢护板长×宽×厚为 450 mm×280 mm×4 mm，钢筋托梁长×宽为 4 900 mm×220 mm，网片为 5 600 mm×1 300 mm。

（2）巷帮

锚杆间排距 1 200 mm×1 000 mm，每排3根。自巷道顶板向下，锚杆倾角分别为18°、6°和0°。锚杆锚固力为 190 kN，采用 1 支 MSZ2360 树脂药卷加长锚固，钻孔直径 30 mm。配件规格：W 钢护板长×宽×厚为 450 mm×280 mm×4 mm，帮上部网为 2 500 mm×1 300 mm，帮下部网为 4 000 mm×1 000 mm。

2.2.2 锚索

锚索选用 ϕ22 mm×4 300 mm，1×19 股高强度低松弛预应力钢绞线。锚索间排距为 2 000 mm×1 000 mm，采用"2—2"矩形布置方式，每排2根锚索，垂直顶板打设。锚索初始预应力 300 kN，损失后应大于 250 kN。采用 2 支 MSCK2335 和 1 支 MSZ2360 树脂药卷加长锚固。巷道支护参数参见图3。

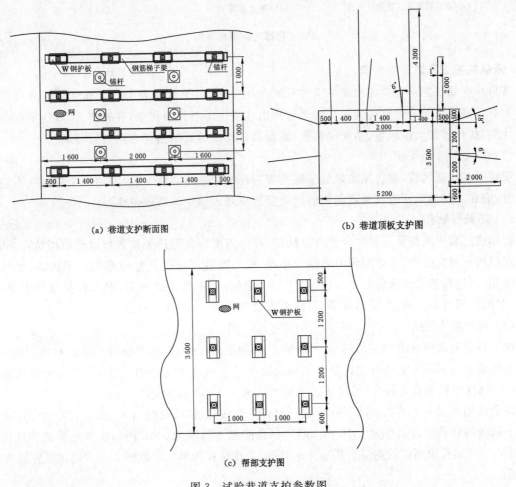

（a）巷道支护断面图　　　　　　　（b）巷道顶板支护图

（c）帮部支护图

图3　试验巷道支护参数图

3 掘锚机施工工艺改进

3.1 掘锚机截割工序改进

按照掘锚机原有截割工序,巷道最小空顶距约为 1.8 m。由于进行支护工作时前方空顶区不需要人员进入,所以可以在支护作业时将掘锚机截割滚筒降下并插入到前方煤墙中,巷道空顶距将会减小为 0.8 m 左右,即采用在巷道煤壁中部进刀,巷道上下分两次截割成形。

改进后的掘锚机截割工序:① 将掘锚机截割部调至巷道煤壁的中部,向前进尺 1.0 m,即进刀[图 4(a)、图 4(b)];② 自上向下截割,即割下半部分煤体[图 4(c)];③ 反复拉底使底板平整,即拉底[图 4(d)];④ 前移掘锚机,并将截割部放至最低处,进行支护作业[图 4(e)];⑤ 自下向上截割,即割上半部分煤体[图 4(f)];⑥ 清除预留的 200 mm 左右煤皮,即扫顶[图 4(g)]。

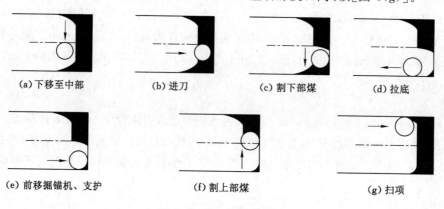

图 4　掘锚机截割循环图

3.2 掘锚机施工巷道瓦斯治理

常村煤矿煤层相对瓦斯涌出量为 5.27 m³/t,绝对瓦斯涌出量为 70.23 m³/min,为高瓦斯矿井。为有效防止试验巷道掘进期间瓦斯大量涌出或发生煤与瓦斯积聚,并根据 3# 煤层赋存条件和煤的性质,提出了加大供风量、超前探钻孔、巷帮抽放瓦斯等瓦斯治理方案,具体如下:

(1) 加大巷道供风量

安装大功率通风机,通过加大风量来稀释煤岩释放出来的瓦斯;当一路通风机的风量不能满足要求时,应在满足通风巷道风速限制的前提下安装双路大功率局部通风机。

(2) 超前探钻孔

若掘进过程中发现瓦斯涌出异常或过构造带时,需要在巷道迎头位置打设超前探钻孔。但是,由于掘锚机机身宽度大,巷道两侧的间隙较小,钻机不能直接运送到巷道迎头。因此,需要打设超前探钻孔时,应在巷道迎头后方 15 m 处施工一个毛硐,将钻机先放进去,然后将掘锚机退至 15 m 以外,取出钻机打钻。或者,拆卸皮带,将掘锚机退至联络巷,再进行打钻。

(3) 巷帮抽放瓦斯

由于试验巷道前进方向左侧的 S6-8 顺槽 2# 回风巷道已经掘出,与试验巷道的距离为 25 m,所以试验巷道的左侧不需要再开设钻场。钻场设置在巷道前进方向右侧的巷帮,相邻两个钻场距离为 80 m,钻场形状为直角梯形,其尺寸深×宽×高为 3.5 m×5.0 m×3.2 m。

每个钻场布置 6 个钻孔,分为两列,每一列有 3 个钻孔,钻孔直径为 89 mm、长度为 100 m。相邻两个钻场的钻孔搭接长度大于 10 m。两列钻孔的水平间隔为 1 m,相邻两排钻孔垂直间隔 0.5 m。最外 1 列钻孔距离试验巷道右帮 1.4 m,最下 1 排钻孔距离钻场底板 1 m。钻场及钻孔布置图见图 5。

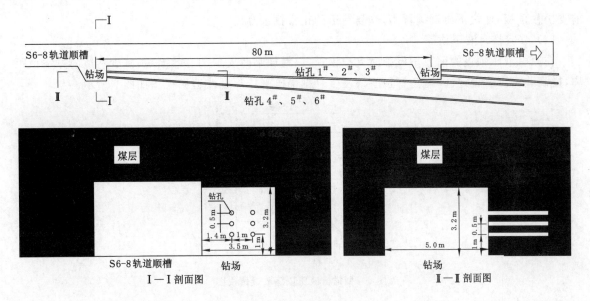

图 5　巷帮钻场及钻孔布置示意图

3.3　掘锚机施工巷道工艺优化

在掘锚机施工巷道过程中,由于巷道掘进断面大,且所处采区的地压大、煤层酥软及顶煤中存在夹矸等因素的影响,巷道片帮、冒顶问题严重,是影响巷道掘进速度的主要因素。针对工程现场的情况,提出了相应的技术措施。

3.3.1　巷道人行帮片帮

巷道围岩酥软,节理、裂隙发育,且由于巷道右帮煤壁为仰斜(约 7°),其受力条件差,易造成巷道右帮片帮;而且帮锚杆施工滞后顶锚杆 1 排,巷帮围岩不能及时支护,片帮更易发生。片帮后,机载帮锚杆钻机因钻进距离有限无法作业,需要人工操作风动锚杆机打设锚杆,极大地影响自动化作业。经研究,采取的技术工艺措施如下:

(1) 巷道进行破底掘进

破底掘进后,巷道底板可大致水平。巷道变平后,可以改善巷道右帮的围岩受力状态,缓解片帮现象。

(2) 防片帮装置设计

巷道破底施工变平后,若巷道的片帮问题仍较严重时,使用防片帮装置进行巷帮超前临时支护,以防巷帮围岩条件恶化。在掘锚机割煤进行支护作业时,及时前移增设的帮部前探梁,在永久支护之前对暴露的巷帮进行临时防护。

(3) 煤体注水

若防片帮装置的作用有限,可向煤体中注水。向煤体注水能够改善煤体的性质,增强煤体的塑性变形,使松软煤体黏结性变大,能有效预防松软煤层发生片帮事故。

3.3.2　巷道冒顶

巷道局部位置的顶煤中存在矸石夹层,分层现象明显。掘锚机掘进到分层位置时,矸石夹层下方的顶煤可能会发生整体冒落现象。顶煤冒落后,巷道的高度变为 4.4 m(原巷高为 3.5 m)。由于巷道高度太大,机载顶锚杆钻机不能进行作业,需要人工操作风动锚杆机打设顶板锚杆。受此影响,巷道掘进进尺降低为 10 m/d 左右,对巷道掘进速度影响严重。经研究,采取的技术措施如下:

(1) 人工强行留顶

发生顶煤冒落后,人工操作风动锚杆钻机进行顶板锚杆及锚索的支护作业,人工强行留顶,超前支护住顶板,使之不再继续冒落,恢复巷道的正常掘进高度。

（2）改造临时液压顶篷

在原有液压顶篷的前方增设临时支护钢板,以增加临时支护的有效面积,减少巷道前方空顶距离,提高巷道围岩稳定性,避免冒顶事故发生。掘锚机液压顶篷改造俯视图如图 6 所示。

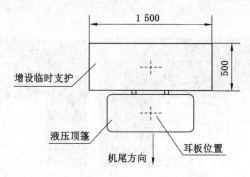

图 6　掘锚机液压顶篷改造俯视图

4　应用效果

井下实践证明,通过设计巷道支护参数、改进掘锚机截割工序及施工工艺、制定瓦斯治理方案等,克服了高瓦斯、高应力、托顶煤等复杂地质条件的不利影响,掘锚机组在常村煤矿得到了成功应用。掘锚机的应用取得了以下成效：

（1）实现了煤巷的快速掘进,提高了掘进工效

应用掘锚机组后,煤巷掘进速度由原来的 300 m/月提高到了 600 m/月,日均掘进进尺 20 m,最高日进尺可达 24 m。煤巷掘进效率由 0.22 m/工提高至 0.44 m/工,工效提升了一倍。

（2）巷道支护效果良好

通过巷道表面位移、顶板离层、锚杆（索）受力、钻孔窥视等手段,对试验巷道进行了矿压监测。结果表明：试验巷道在施工期间变形量较小、离层值较小且主要发生在锚固区外、锚杆（索）受力抽检均合格,巷道支护效果良好,能够满足施工要求。

（3）经济效益显著

掘锚机组可使煤巷掘进进尺达到 600 m/月以上,比普通综掘施工提高 300 m/月。单台锚杆机能多产原煤 9.17 万 t/a,增加效益 1 375.92 万元/a,经济效益十分显著。

5　结论

（1）根据掘锚机上机载锚杆钻机的支护范围,并通过理论计算和 FLAC 数值模拟等手段,设计了试验巷道的最佳支护方案。

（2）改进掘锚机截割作业工序,在巷道煤壁中部进刀,有效减小了巷道空顶距。针对巷道施工中冒顶、片帮及瓦斯超限等问题,制定了相应的治理方案,保证了掘锚机快速成巷。

（3）巷道月进尺由 300 m 增加为 600 m,且矿压监测结果表明巷道围岩支护效果良好,实现了掘锚机快速、安全成巷的目的。掘锚机在常村煤矿的成功应用,也为在高瓦斯、高应力、托顶煤等复杂地质条件下掘锚机组的推广提供了经验和参考。

参考文献

[1] 王金华.我国煤巷机械化掘进机现状及锚杆支护技术[J].煤炭科学技术,2004,32(1):6-10.
[2] 任葆锐,刘建平.煤巷快速掘进设备的使用与发展[J].煤矿机电,2003(5):52-54.

［3］杨壮.大断面煤巷综掘锚杆支护快速掘进关键技术研究［D］.淮南:安徽理工大学,2008.

［4］司志群,田军光,岳官禧.掘锚一体化实现煤巷快速掘进的几点思考［J］.煤矿开采,2006,11（4）:22-24.

［5］周志利.厚煤层大断面巷道围岩稳定与掘锚一体化研究［D］.北京:中国矿业大学（北京）,2011.

［6］康红普.煤巷锚杆支护成套技术研究与实践［J］.岩石力学与工程学报,2005,24（21）:3959-3964.

［7］张飞燕.高应力高突区域煤巷快速掘进灾害防治技术研究［D］.武汉:武汉理工大学,2010.

［8］高建良,徐昆伦,吴妍.掘进巷道瓦斯分布数值实验研究［J］.中国安全科学学报,2009,19（1）:18-24.

［9］申广君.煤巷掘进工作面瓦斯治理技术现状及存在问题分析［J］.煤矿安全,2012（05）:127-129.

龙口矿区海域极软岩层钢管混凝土支架
支护技术的应用与改进

王　涛[1],李恭建[1],高延法[2],袁成禄[1]

(1. 山东能源龙矿集团北皂煤矿,山东　龙口　265700;

2. 中国矿业大学(北京)力学与建筑工程学院,北京　100083)

摘　要　龙口矿区是全国著名的软岩支护难点地区,北皂煤矿海域扩大区地质条件更为复杂,各层位岩石物理、化学性质较陆地范围均有所弱化。海域扩大区采掘作业范围目前主要集中在煤2及其顶板含油泥岩中,该层位常用的支护形式为U36钢棚壁后浇注,但在局部应力集中区域如断层、地层破碎带附近以及工作面回采动压影响范围内仍无法满足支护强度要求。为增加支护强度,自2012年引进了由中国矿业大学(北京)研制的钢管混凝土支架进行了多段巷道的施工。通过合理确定支架型号,对支架结构进行适当改进后的实践证明:钢管混凝土支架的高强承载能力在软岩矿井支护中具有明显优势,是局部高应力集中区域稳定可靠的支护方案选择。

关键词　海域极软岩层;钢管混凝土支架;巷道支护;支架改进

0　引言

龙口矿区成煤于新生代古近系,含煤地层岩性多为泥岩、黏土岩、含油泥岩,碳质页岩和胶结松散的砂岩。北皂煤矿海域扩大区是由陆地向海域的自然延伸,海域的煤系地层基本上继承陆地的特征,但进入海域后,由于岩层性质发生了相应变化,致使支护条件及巷道支护状态都远不如陆地。通过这些年对海域地层揭露情况来看,软岩具有的松、散、软、弱四种属性在海域表现得极为突出,其重塑性高、崩解性快、流变性强、胀缩性大、触变性敏感,对井巷工程的损害与破坏十分严重,部分巷道变形严重,返修频繁,不但增加了支护投入,还直接影响了矿井正常的采掘接续。

从北皂煤矿近年来海域扩大区巷道的矿压显现特点及巷道支护经验来看,巷道围岩的稳定性主要与区域地质构造、巷道围岩性质和巷道支护强度三大因素有关。

(1)区域地质构造的复杂化程度,首先决定了巷道围岩应力的大小和构造对围岩强度弱化的程度,是影响巷道稳定性的首要因素。

(2)巷道围岩性质是影响巷道围岩稳定与否的决定性因素,对巷道维护影响极大。巷道围岩的力学性质不同,其破坏变形机理不同,而且十分复杂。即使在同一地质层位的上、下段岩层,其巷道稳定性也有较大的差异。

(3)在巷道位置选择受到地质和开采条件限制的情况下,则需采用加强巷道支护来控制围岩运动,提高支护体整体的承载能力才能发挥支护效能。

海域扩大区支护困难的层位集中在煤2及其顶板含油泥岩中,岩性测试结果表明海域含油泥岩单轴抗压强度在$8.1 \sim 16.95$ MPa之间,平均11.9 MPa。在该层位中巷道开掘后,由于周边应力解除,围岩自身强度低并向巷道自由空间移动,岩体中的原岩应力随之调整变化,通过在H2102运输巷实测,U36钢棚壁后充填300 mm混凝土支护体系实际平均承载能力占垂向围岩应力的

50.4%,巷道围岩承压拱只承担了围岩应力的49.6%。这与中硬岩层有着天壤之别,中硬岩层巷道围岩一般承担围岩应力的95%以上,支护体只需承担5%以下,即海域煤2层巷道支护能力至少要比中硬岩层提高10倍以上。由此可见,软岩巷道围岩稳定性差、自身承载力低是软岩支护困难的根本原因,因此,提高巷道支护强度和充分发挥围岩承载能力是解决煤2及其顶板含油泥岩层位中巷道支护的重要途径。

本文以北皂煤矿海域扩大区二采回风联络巷、H2304联络巷为研究对象,使用钢管混凝土支架支护技术,配合壁后充填混凝土,通过不同条件下不同支护参数的对比分析,为海域软岩动压显现强烈区域提供一套行之有效的支护方案。

1 二采回风改造联络巷应用

1.1 二采回风改造联络巷概况

二采回风联络巷长150 m,该掘进工作面北侧为SF-14、HDF-17、SF-7A断层,南侧为设计中的H2109工作面,西侧为-350回风大巷、轨道大巷、皮带大巷保护煤柱,东侧为采区边界。

该段巷道按原设计施工A—C段,施工层位位于煤2顶板上6~10 m含油泥岩中,支护形式为料石圆碹并套支U形钢棚。施工完不足1个月时间,原支护体出现剧烈变形,最终报废。修改方案为A′—B—C段(同层位),长度33 m,全部采用钢管混凝土支架支护。

1.2 地质条件分析

该段巷道位于煤2顶板上6~10 m,煤2顶部为灰褐色泥岩、含油泥岩,具水平层理,局部夹薄层泥灰岩。含油泥岩上部渐变过渡为棕褐色油页岩,水平层理发育。该范围从深150~300 m范围围内取芯进行岩石单轴抗压强度测试,单轴抗压强度一般在5~30 MPa。其中1~10 MPa的7块,10~20 MPa的5块,20~30 MPa的5块,30~40 MPa的1块,大于30 MPa的2块。煤2顶板岩层巷道围岩岩石强度为5.7~12.5 MPa,岩石强度低,属于软或极软岩层。煤2顶板含油泥岩参数如表1所列。

表1 煤2层顶板含油泥岩参数

深度/m	岩层名称	弹模/MPa	泊松比	单轴抗压强度/MPa	极限应变/%
243.54	含油泥岩	1351		6.5	0.576
243.91		16 579	0.297	95.6	0.825
262.54		1 172	0.274	6.0	0.847
273.34	油页岩	1296	0.183	10.9	1.298
274.05		2294	0.34	34.0	4.49
274.36		2407	0.25	43.0	4.32
283.95	含油泥岩	1431		12.5	1.12
285.57		1 041	0.21	5.7	0.80
293.58		993	0.36	10.7	0.97
293.73		1 441	0.25	5.7	0.76
298.23	煤2	2 910	0.3	14.9	0.35

岩石的吸水率在20%~50%,最大的为64.2%,平均为36.2%。岩石的膨胀性测试使用的是WZ-2型膨胀仪,岩石的膨胀性与其吸水率是密切相关的,岩石吸水率越大,膨胀性越强。测试结果表明:岩石的膨胀率一般为8%~18%,最大的为21.5%,平均为13.5%。X射线衍射测试表明:岩石中黏土矿物的含量一般在20%~60%,最高的达72.7%,平均为42.7%。在黏土矿物中,

蒙脱石一般占 $60\%\sim90\%$，蒙脱石矿物含量高，是龙口矿区泥岩具有高膨胀性的内在因素。

1.3　海域极软岩巷道支护理论依据

软岩巷道承压环强化支护理论是针对软岩巷道支护研究总结提出的新理论，是在软岩巷道支护时，围岩荷载超过岩石强度，围岩无法自稳，所以必须强化巷道周边围岩一定宽度范围内的岩体或新构造一个环形承载支护体，使其具有更高的承载能力，从而形成一个承压环，以控制承压环外部的围岩稳定，达到巷道稳定的目的。软岩巷道承压环强化理论的总体思路可以归结如下：

（1）软岩巷道围岩载荷大于围岩强度，围岩不能自稳，因此必须强化围岩自承载能力。

（2）软岩必须采用复合支护技术，在巷道开挖空间内，重新构筑一个"承压环"支护结构体，控制其外部围岩的稳定性。

圆形和椭圆形承压环形状如图1所示。

1.4　钢管混凝土支架型号选择与断面形状

鉴于该层位岩石强度低，巷道稳定性差。所以，设计采用支护反力强大的钢管混凝土支架进行支护。遵循先支住、后优化，成本合理、施工方便、稳定可靠的设计原则，满足断面尺寸与支护强度的要求。

支架设计采用 $\phi194$ mm$\times8$ mm 无缝钢管型号，钢管单位重量为 36.7 kg/m，钢管内灌注 C40 混凝土；支架间距设计为 0.8 m，支架为圆形，分为五段，套管连接；支架之间采用 $\phi76$ mm$\times5$ mm 的钢管混凝土短杆连接，能够有效防止支架受压后失稳。钢管混凝土支架的作用机理如图2所示。

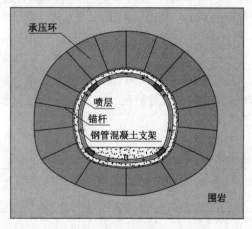

图1　圆形和椭圆形承压环形状图

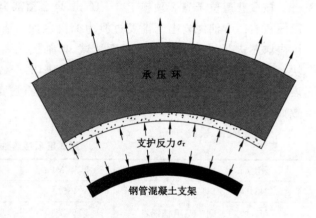

图2　钢管混凝土支架的作用机理

通过借鉴海域广泛采用的 U 形钢棚壁后浇注（喷浆充填）施工工艺，为增加支护体的承载能力，同时减弱、吸收一部分围岩应力，我们最终采用了钢管混凝土支架壁后浇注复合支护形式。

巷道断面尺寸要求：净宽 4.5 m，净高 3.45 m。二采回风联络巷支护断面形状见图3。

1.5　支架承载力计算

1.5.1　支架短柱承载能力计算

支架钢管型号为 $\phi194$ mm$\times8$ mm，钢管选用 20 号钢，钢材的屈服极限 $f_s=215$ N/mm²，钢管的横截面积 $A_s=4\,672$ mm²。设计混凝土型号 C40，混凝土轴心抗压强度 $f_c=19.1$ N/mm²，钢管内填混凝土横截面的净面积 $A_c=24\,872$ mm²。

根据《现代钢管混凝土结构（修订版）》，钢管混凝土结构轴压短柱极限承载力设计值为 N_0，N_0 可用下式表示：

$$N_0 = A_c f_c (1+\sqrt{\theta}+1.1\theta) \tag{1}$$

$$\theta \frac{A_s f_s}{A_c f_c} = \frac{4\,672\times215}{24\,872\times19.1}\approx2.1$$

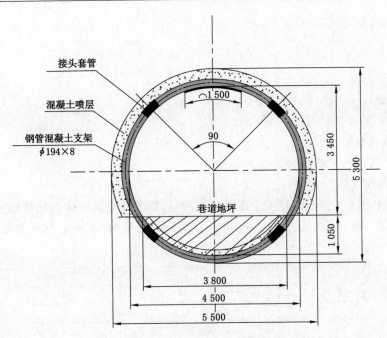

图 3　二采回风联络巷支护断面图

则

$$N_0 = A_c f_c (1 + \sqrt{\theta} + 1.1\theta) = 24\ 872 \times 19.1 (1 + \sqrt{2.1} + 1.1 \times 2.1) \approx 2\ 261\ (\text{kN})$$

1.5.2　支架承载能力计算

根据《钢管混凝土结构设计与施工规程》,考虑钢管支架在压弯时,受长细比与偏心率影响,因此计算钢管混凝土支架的极限承载力时需要乘上相应的折减系数,因此钢管混凝土支架的极限承载能力表示为:

$$N_u = \varphi_l \cdot \varphi_e \cdot N_0 = \varphi \cdot N_0 \tag{2}$$

式中　N_u——钢管混凝土支架的极限承载力;

　　　N_0——钢管混凝土轴压短柱承载力;

　　　φ——折减系数,考虑长细比和偏心率的影响,折减系数取 0.78。

支架上部半圆拱的极限承载平衡方程为:

$$N_u = \varphi_l \cdot \varphi_e \cdot N_0 = \varphi \cdot N_0 = 2\ 261 \times 0.78 = 1\ 763.58\ (\text{kN})$$

即:支架承载能力为 1 763.58 kN,约 176 t。

1.5.3　支架支护反力计算

巷道中钢管混凝土支架结构力学模型如图 4 所示。

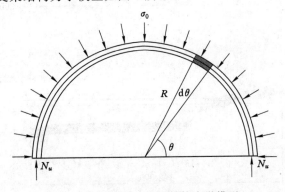

图 4　钢管混凝土支架结构力学模型

根据该力学模型,支架支护反力 σ_0 为:

$$S\int_0^{180}\sin\theta\cdot\sigma_0\cdot R\cdot\mathrm{d}\theta = S\cdot\sigma_0\cdot R\int_0^{180}\sin\theta\mathrm{d}\theta = 2N_u \quad (3)$$

式中　　S——支架间距,取 0.8 m;

　　　　R——巷道计算半径,取 2.25 m;

　　　　σ_0——支架的支护反力;

　　　　N_u——支架极限承载力。

若支架间距 0.8 m,支护反力为 0.83 MPa。

1.6　巷道支护实施效果

通过对该段巷道 4 个测点连续 2 个多月的观测,钢管混凝土支护体变化量远小于同层位下 U 形钢壁后浇注支护,观测最大内收量为 80 mm,顶底板移近量为 68 mm,支护效果良好,达到预期目的。

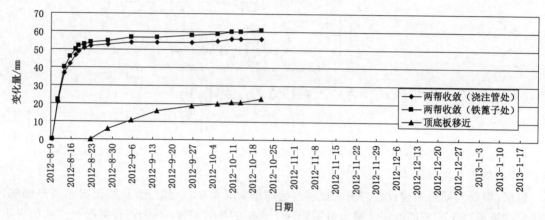

图 5　二采回风联络巷钢管混凝土支护巷道变化曲线图

2　H2304 联络巷应用

2.1　H2304 联络巷概况

H2304 联络巷自 A 点开门,施工顺序 A—B—C。掘进期间相邻的 H2303 工作面正在回采,A—B 段与工作面最短距离为 110 m。B—C 段需穿过两条落差较大的断层,其中煤 2 顶板含油泥岩层位施工距离为 80 m。该段巷道受多种因素影响,A—B 段为回采动压＋向斜轴部巷道,B—C 段为煤 2 顶板＋断层动压传导,预计动压显现剧烈,给支护带来一定的难度。H2304 联络巷地层剖面图如图 6 所示。

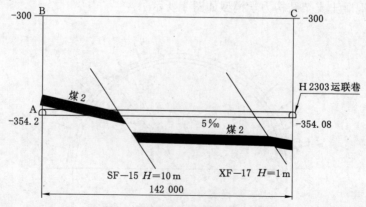

图 6　H2304 联络巷地层剖面图

2.2 支护方案的确定与改进

根据接续时间要求,H2304 联络巷必须在复杂动压影响条件下进行施工,还要确保一次支护成功避免返修,确定支护方案仍以钢管混凝土支架为主,对支护参数及支架结构进行调整。

2.2.1 抗弯早强型钢管混凝土支架

采用 ϕ194 mm×10 mm 无缝钢管型号,钢管单位重量 45.4 kg/m,支架间距设计为 0.6 m。支架抗弯强化:采用 ϕ40 mm 高强圆钢,圆钢抗拉强度 600 MPa,在钢管内焊接。支架间连接方式:将原顶杆更换为 20 mm 厚的卡揽钢带连接钢管混凝土支架。钢管混凝土支架连接装置改造对比如图 7 所示。

图 7 钢管混凝土支架连接装置改造对比图

2.2.2 早强型核心混凝土

支架灌注核心混凝土采用早强型 C40 混凝土,即在普通硅酸盐水泥中添加 8% 硫铝酸盐水泥,制成早强混凝土试验测试结果显示,混凝土初凝时间 2 h 左右,早强混凝土试块 8 h 龄期的抗压强度可达 24.7 MPa,24 h 强度可达 42.8MPa。施工期间缩短注浆泵和支架的距离,缩短支—注间隔,在支架出现变形前灌注混凝土达到设计强度。

2.2.3 巷道分段支护设计方案

H2304 联络巷掘进期间受多种因素影响,根据施工层位及动压影响范围分为 4 段,且分别制定了不同的支护方案(见表 2)。

表 2 巷道分段支护设计方案表

壁后浇注厚度	试验段长度	岩性	让压方式
300 mm	55 m,AB 段	煤 2 底板砂岩	全断面浇注不设卸压窗口
	50 m,BC 段北段	煤 2 底板砂岩、顶板含油泥岩	断层前后先导硐后支设钢管支架
	50 m,BC 段中段	煤 2 顶板含油泥岩	底板设卸压窗口
400 mm	35 m,BC 段南段	煤 2 顶板(近煤 1)	全断面浇注不设卸压窗口

预留卸压窗口:选择 50 m 试验段,每隔 2 架支架在巷道底板与两帮预留卸压窗口,即仅支护巷道断面周长的 1/3,底板和两帮的下半截留作"卸压窗口",如图 8 和图 9 所示。

2.3 施工进展情况及效果

目前 H2304 联络巷 A—B 段已施工完毕,未见明显变化。B 点前 50 m 采用导硐法卸压支设钢管混凝土支架后个别支架出现轻微收缩,目前正在持续观察之中。

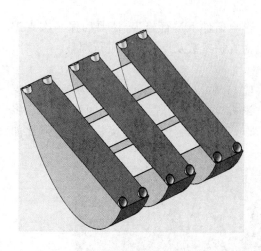

图 8　底板卸压窗口示意图

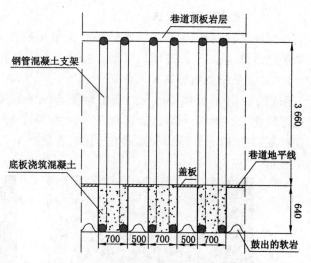

图 9　底板卸压窗口铅垂剖面图(沿巷道方向)

3　讨论

我们在海域煤 2 顶板含油泥岩层位下尝试过多种支护方式,在岩性相同的情况下,巷道周边动压显现规律往往是决定支护成败的关键因素。陆地浅部与海域深部同层位下矿压显现规律截然不同,这与围岩荷载增大有关,但目前业界一般不能准确地给出围岩荷载值,这给合理地选择支护体增加了困难。通过以上巷道在不同动压条件下钢管混凝土支架支护方案证明,合理确定钢管混凝土支架的应用范围,调整不同条件下的支护参数,钢管混凝土支架仍是软岩巷行之有效的支护途径。设计支护方案时,要把动压影响因素考虑全面,遵循"有限的让,适当的抗"这一原则,采取切实可行的卸压方法预留围岩变形空间,如壁后充填混凝土、导硐法、留设卸压槽等配合高强度支架,确保一次支护有效,降低返修率,使支护方案经济合理。

参考文献

[1] 高延法,王波,王军,等.深井软岩巷道钢管混凝土支护结构性能试验及应用[J].岩石力学与工程学报.2010(S1):22-27.

[2] 王波.软岩巷道变形机理分析与钢管混凝土支架支护技术研究[D].北京:中国矿业大学,2009.

[3] 王襄禹.高应力软岩巷道有控卸压与蠕变控制研究[D].北京:中国矿业大学,2008.

[4] 李学彬.钢管混凝土支架强度与巷道承压环强化支护理论研究[D].北京:中国矿业大学,2012.

[5] 蔡绍怀.现代钢管混凝土结构修订版[M].北京:人民交通出版社,2007.

刚柔多重合理组合破解软岩高应力区支护难题

姜作华,任尧喜,丁国利,倪兵义

(山东能源龙矿集团梁家煤矿,山东　龙口　265700)

摘　要　梁家煤矿为典型的软岩巷道,巷道开挖后围岩表现为自稳期短、压力显现快,单纯的锚网喷支护对于服务周期相对较长的巷道,其支护强度严重不足,因此传统上采取复合支护方式:一次锚网喷锚梁支护,二次混凝土碹带料石反底拱支护。这种复合支护形式在以往取得了好的效果,但是随着进入条件相对复杂的煤 4 六采区,这种传统常规的复合支护强度明显不足,在短期内就出现大的变形破坏,且顶板脱落大块混凝土,影响到安全,为此我们在混凝土碹体外锚网喷加固,并架设 U 型钢棚,但仍不能阻止其发生较大变形,通过对出现的问题进行分析和研究,找出问题的症结所在,经过精心的设计和探索试验,我们采用刚柔多重组合支护,取得了良好的支护效果,巷道变形得到控制,保证了安全使用。

关键词　刚柔多重组合支护;混凝土碹;混凝土浇筑底拱;软岩

龙口矿区梁家煤矿属于典型的三软地层,围岩自稳时间短,矿山压力显现明显,单纯的锚网喷支护在服务期相对较长巷道维护极其困难。针对这种特性,一般采用锚网喷混凝土灌注、反底拱的联合支护形式对准备巷道进行支护。该支护形式在围岩应力相对不高的区域巷道变形速率很小,支护状态稳定,在没有采动影响的情况下,能够满足生产需求。但随着煤 4 六采区轨道下山的延伸,已施工至 −602 m,为梁家煤矿建矿以来最深施工位置,条件复杂,矿山压力显现剧烈,为此梁家煤矿进行了艰难的软岩巷道支护技术探索,并积累了宝贵的经验。

1 梁家煤矿煤 4 六采区地质情况

梁家煤矿为典型的软岩巷道,巷道开挖后围岩表现为自稳期短、压力显现快、塑性变形大、持续时间长及强膨胀性、扰动性、崩解性、流变性。煤 4 六采区比该矿其他采区地质条件复杂,埋深大。

1.1 煤层赋存情况

煤 4 六采区煤层赋存较稳定,自西向东煤层走向由近东西向至 SEE 向,倾向由南倾至 SSW 向,倾角 8°~17°;煤层厚度变化大,自西向东煤层总厚度逐渐增大,结构更为复杂,夹矸厚度也逐渐增大,而纯煤厚度自西向东逐渐减小,煤层可采性指数为 0.78,变异系数为 24.16%。

煤 4 顶板为泥岩与粗砂岩互层,层位稳定,但厚度变化较大,无明显变化规律,抗压强度较低,平均为 33.9 MPa。煤 4 底板为油页岩、含油泥岩,抗压强度平均为 36.7 MPa。

1.2 地质构造情况

梁家井田煤 4 六采区东有洼里—王家背斜,西有北马向斜,煤 4 六采区处于中部;南有九里店断层和黄县断层(煤田边界断层),北有草泊断层(井田边界断层),煤 4 六采区处于中部;同时井田东南边界有 F31、F32、F59 三条临近的北西走向的断层同向(倾向东北)伸入。由于靠近南部煤田边界断层和北西走向断层的加入,因此煤 4 六采区构造是井田内断层最为发育的区域之一。

2 原设计及施工"一柔一强支护方式"的支护形式及工艺

2.1 原支护形式

煤 4 六采区中部车场一次支护锚网喷锚梁,全断面采用 5 组(10 支)$\phi18$ mm×2 250 mm 螺纹钢锚杆,间排距 650 mm×650 mm,采用 $\phi4$ mm 冷拔金属网,锚梁 1 m 一架,喷厚 120mm。

二次支护采用素混凝土浇筑支护,浇注厚度 500 mm,采用 16# 槽钢加工碹骨,碹骨 1.5 m 一架,碹板采用铁碹板;底板采用料石混凝土底拱,挖出荒断面后铺设 50 mm 厚砂浆,然后铺设料石,料石缝用砂浆充实。

2.2 原工艺简述

传统常规灌注工艺施工顺序为:支骨—校骨—浇注—凝固—撤骨—养护,这是一系列复杂的工序。因煤 4 六采压力大,碹骨除了正常的槽钢横撑外,另加两道截面 150 mm×150 mm 的方木横撑,再在木横撑上下加 3~4 道木撑柱。

3 传统的"一柔一强支护方式"支护存在的问题

3.1 混凝土碹体尚未终凝就已经变形破坏

浇注工艺完成后,一般 7 天撤骨,但在煤 4 六采轨道中部车场,一般需要延迟到半月后。在巷道混凝土尚未凝固形成强度,即开始比较严重的变形,7 天两帮累计收敛变形超过 100 mm,因此混凝土终凝后整体强度受到严重影响,严重影响支护效果。

3.2 槽钢碹骨虽然经过木撑等加固仍变形严重

浇注完成后 3 d 左右即能看到碹骨横撑受力变形,5~10 d 碹骨横撑打弯,木横撑劈裂或断裂,碹骨变形进一步加剧。

3.3 底部料石底拱支护薄弱,整体型差,破坏严重

料石底拱总厚度为 400 mm(含 50 mm 后砂浆),但是相对于此处的压力,其强度偏低,一般底拱成型两个月左右即开始破坏,局部料石碎裂,甚至料石底拱受挤压断错开。料石与料石之间是通过砂浆黏结起来,并通过拱形使料石相互挤压受力,料石底拱抵抗剪切力效果差。

3.4 单纯的混凝土浇筑底拱尚未凝固就开始变形破坏

在水仓等巷道采用混凝土浇筑底拱,这种底拱在初期强度低,而底板变形大,因此往往混凝土浇筑底拱尚未凝固就开始变形破坏。

3.5 拆碹骨后,混凝土碹受压大块脱落,往往需要二次锚网喷补强、架设 U 型钢棚加固

在煤 4 六采区下部,即使拆骨前巷道没有破坏,但是拆骨后巷道也会在三个月内发生破坏,混凝土碹顶部开裂,甚至大块混凝土脱落。为保证安全防止进一步破坏,往往都要进行二次锚网喷补强,后期还需要再架设 U 型钢棚进行加固。

4 问题原因分析

前述的复杂的地质构造、极松软的围岩、显现明显的矿山压力,使得一次锚网喷支护强度显得有点孱弱,变形持续较大,基本不稳定,因此造成混凝土碹体尚未终凝就已经变形破坏,进而槽钢碹骨虽然经过木撑等加固仍变形严重,拆掉碹骨后变形速率虽然明显变缓,但仍然持续,造成混凝土碹顶部开裂,甚至大块混凝土脱落。传统混凝土碹架 U 型钢棚支护破坏示意图如图 1 所示。

对于底板除了围岩本身的软弱,还受水等因素的影响,变形大、难支护,且在以往试验中,底板施工锚网喷支护交帮顶要困难很多且效果差,而料石底拱整体性差,混凝土浇筑底拱初期强度低,这些弱点造成以上问题的出现。

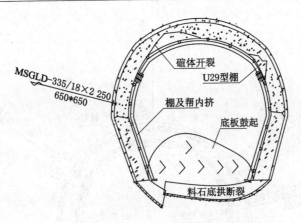

图1 传统混凝土碹架U型钢棚支护破坏示意图

5 问题解决思路

单一锚网喷锚梁支护应对这样的软岩条件,明显强度不足;锚网喷锚梁一次支护和混凝土二次支护除了强度还显不足,还有一个问题是混凝土形成强度需要一个过程,而由于持续的高应力作用,现实中没有这个时间。所以要创造条件,争取刚性支护形成所需的时间,并对刚性支护进行补强,在柔性支护泄压后,及时采取强化支护措施,尽可能阻止围岩以及支护的变形,并且与永久刚性支护形成一个整体共同作用,形成刚柔多重合理组合支护方式。

6 支护及工艺设计

一次支护仍采用锚网喷锚梁支护,二次采用了壁后浇注支护:一次锚网喷锚梁支护和底拱施工完成后,用U29型棚做碹骨,碹板选用木碹板,每侧棚腿底脚加50 mm外扎脚,灌注后碹骨不撤除,每架碹骨施打4组 MSGLD-335/20×2 500 mm螺纹钢锚杆,每侧底脚一组、腮部一组,完成后从混凝土底拱开始向上边放木碹板,边向上浇注混凝土,两帮同时向上边浇注边振捣直至顶板合龙门完成巷道浇注。

底板支护采用料石、混凝土双层底拱:在一次锚网喷锚梁支护完成后,先铺设料石底拱,料石底拱插进一次支护巷道两底角,料石底拱预埋 MSGLD-335/18×1 000 mm螺纹钢锚杆,锚杆外露出料石底拱上400 mm,料石上从中间向两侧浇注混凝土底拱,厚350 mm,混凝土上敷设 ϕ4 mm钢筋网,网格100 mm×100 mm,外上锚盘拧螺帽,混凝土及网浇敷至与料石底拱齐平,待混凝土初凝后复填矸石至地坪。底拱完成后再支设U型钢棚碹骨进行浇注施工。

这种刚柔多重组合支护(见图2)和传统混凝土浇筑支护是不同的,U型钢棚碹骨的间距一般为800 mm左右,传统浇筑一般为槽钢碹骨,间距一般为1 500 mm,刚柔多重组合支护的碹骨的密度和强度远大于传统混凝土浇筑支护,且传统混凝土浇筑支护的碹骨、碹板在混凝土凝固后要回撤,而刚柔多重组合支护的碹骨、碹板与混凝土浇筑为一体进行支护。

7 效果分析

传统煤4六采区轨道下山及中部车场的部分巷道一次支护为锚网喷锚梁,二次支护为灌注带料石底拱,巷道出现大面积破坏,主要表现为灌注体压碎、脱落,料石反底拱破坏巷道底鼓严重,架设U型钢棚仅防范了大块脱落,没有有效控制巷道变形。

中部车场采用刚柔多重组合支护后效果之一就是巷道无明显内挤,腮部完好,巷道收敛变形小,这一点从表1中可以明显看出来;效果之二是由于使用木碹板,灌注后不撤除,给巷道留出了一

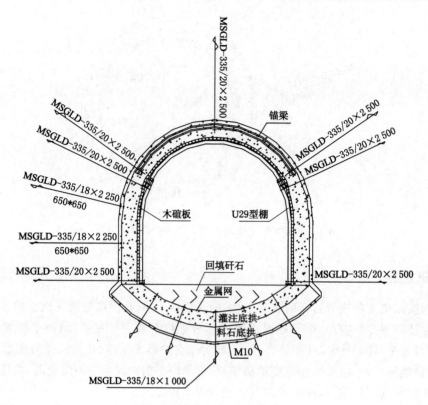

图 2   刚柔多重组合支护示意图

定的合理卸压空间;效果之三是采用刚柔组合方式省去了撤碹骨、敲喷、打补强等存在的安全隐患,安全性有了保障。

表 1   矿压观测对比表   mm

项目 \ 变形量	时间	10 天	20 天	一个月	两个月	三个月	半年
传统支护	顶底	101	177	271	358	467	776
	两帮	81	111	201	277	358	571
多重组合	顶底	23	45	71	86	101	122
	两帮	22	37	59	65	69	73
对比	顶底	78	132	200	272	366	654
	两帮	59	74	142	212	289	498

8   结论

从梁家煤矿煤 4 六采区中部车场看,在复杂高应力软岩条件下,以往传统混凝土浇筑支护方法无法满足巷道支护的需要,支护后短周期内就会出现巷道顶腮灌注体被压裂、巷道底脚内挤等情况,需浪费人力、物力进行返修加固。采用一次刚柔多重组合支护方式,巷道支护效果理想,安全性得到了保障,并且节约了工时费和材料费,对相似条件准备巷道的支护,具有很大的参考价值和推广价值。

"三软"岩层反采工作面切眼大断面施工技术应用

任尧喜,董华旭,丁国利,刘亚平

(山东能源龙矿集团梁家煤矿,山东 龙口 265700)

摘 要 梁家煤矿油页岩工作面属于反采,受下方煤2、煤4层位回采影响,顶板不完整。1108工作面切眼施工,通过采取模拟实验方案对比分析,制定合理的支护参数及施工方案。一次支护采用锚网喷梁,二次支护采用锚索补强加固的方式,施工切眼大断面226 m,一次性满足支架安装需求。该技术进一步创新优化了油页岩工作面切眼大断面施工工艺,缩短工作面安装工期,减少工作面安装期间切眼爆破扩刷的工程量,降低工人劳动强度,杜绝了切眼扩刷施工期间爆破隐患,该施工工艺适用于大断面一次性施工。

关键词 "三软"油页岩反采;不规则直墙切圆弧拱断面;锚网喷梁索联合支护;一次性施工

0 引言

龙口矿区蕴藏的油页岩是煤层伴生的重要资源。油页岩作为一种新型的原料,其中含有很高的油比重和矿物质成分,是一种经济、环保的绿色原料,是一种潜在的巨大能源,主要用于油页岩炼油和发电等。梁家煤矿为第三纪"软岩"矿区,矿井地质条件为中等,属新生代形成的含煤断陷盆地。大部分岩层中含有蒙脱石、高岭土膨胀性矿物,岩石易吸水崩解,岩层具有流变特性,是典型的"三软"地层,矿山压力显现较大。可采煤层自上向下煤1油2、煤2、煤4三个,煤1油2和煤2平均层间距18.88 m,煤4层距煤2层85.8 m。

本文主要介绍了煤1油2 1108工作面首次成功实施了切眼大断面(宽度7.5 m)一次性施工;首次成功实施了综掘机扩刷切眼大断面(宽度6.8 m)。在施工断面大、节理比较发育反采油页岩工作面取得了较好的支护效果。

1 工程概况

1108工作面位于煤1一采区中部,工作面走向长度822 m,倾斜长度为226 m,工作面标高341～394 m,切眼巷道施工坡度为0°～13°。下方为煤2、煤4多个工作面采空区,其中4114工作面回采结束9年。煤1油2结构简单,无夹石或偶含一夹石,煤1煤厚平均1.03 m。煤1直接顶板为含油泥岩～含油粉砂岩,局部为油1,岩性致密,较坚硬,韧性大,属中等冒落顶板。煤1直接底板为油2及含油泥岩,属稳定类型。油1～油2上1可采厚度平均为4.08 m,发热量为2 884 cal/g,含油率为15.63%。

2 传统油页岩工作面切眼施工

梁家煤矿传统切眼施工工艺:掘进施工期间使用综掘机掘进施工 $B \times H = 3\ 600\ mm \times 3\ 500\ mm$ 直墙三心拱断面。采煤支架安装期间边爆破二次扩刷切眼边安装支架,超前3～4 m将切眼扩至 $B \times H = 6\ 800\ mm \times 4\ 350\ mm$,再将支架安装到位。

2.1　传统切眼施工存在的问题

（1）掘进期间由于巷道断面限制，尤其切眼开口拐弯，需多次安撤机电设备，掘进效率低。

（2）扩刷切眼期间用人多，安装工期长，扩刷速度制约了安装速度；使用爆破扩刷，劳动量大，工艺落后；环节多，工艺复杂，管理难度大；环境条件差，且爆破可能造成煤矸崩倒已安装的支架。

由于以上传统切眼安装工艺的缺陷，梁家煤矿技术人员一直在探索切眼大断面支护和施工技术。鉴于大断面施工存在的技术上难题，通过进行分析和研究认为，切眼大断面施工的难题主要是支护，其次才是施工。

2.2　大断面切眼施工难点

（1）顶板跨度大，面积达 25.1 m²，支护难度大。锚喷梁棚支护、架棚支护影响综掘机施工，及时性差。支护困难，锚深达不到跨度要求。

（2）断面选择难。传统切眼平顶受力状态差，直墙三心拱断面利用率低，难以满足支架直接安装要求。

（3）断面超出综掘机标准要求断面范围。综掘机施工的跨度应在 5 m 以内，而切眼要求净断面跨度不小于 6.8 m。综掘机横向移动施工，影响切割速度。

3　切眼大断面支护方案数值模拟

3.1　模拟方案设计

本次方案采用 FLAC3D 数值模拟软件确定关键支护参数。围岩本构模型采用摩尔—库伦模型，计算模型尺寸高×宽为 25 m×40 m，切眼巷道断面为不规则直墙弧顶断面，$B \times H = 6\,800$ mm×4 350 mm。在 x 轴方向上，从巷道中心线向左侧取 20 m，右侧取 20 m；y 轴方向上向顶板取 9 m，底板岩层取 15 m，边界施加均布载荷。数值模型如图 1 所示，计算力学模型参数如表1 所列，数值模拟方案如表 2 所列。

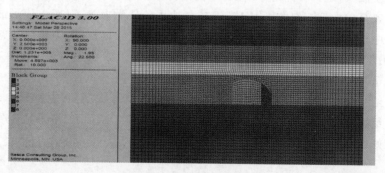

图 1　数值模型图

表 1　计算模型主要力学参数表

围岩类型	高度/m	弹性模量 E /MPa	抗拉强度 σ_t /MPa	泊松比 μ	黏聚力 C /MPa	摩擦角 φ /(°)
含油粉砂岩	5	1 000	0.24	0.31	0.27	25.2
含油泥岩	3	1190	0.36	0.26	0.531	28.5
含油粉砂岩	1	1000	0.24	0.31	0.27	25.2
煤1	1	1000	0.17	0.3	0.1	26.5
油页岩	5	1000	0.21	0.28	0.24	25.5
含油泥岩	10	1060	0.31	0.3	0.6	24.9

表 2 计算模型主要力学参数表

方案	锚索长度/mm	帮部锚杆长度/mm	顶板锚杆长度/mm
1	4 000	1 800	2 000
2	5 000	1 800	2 250
3	6 000	1 800	2 000
4	4 000	2 000	2 000
5	6 000	2 000	2 500
6	6 000	2 000	2 250

3.2 模拟结果分析

采用不同长度锚杆和锚索组合下的巷道围岩变形情况如图 2 和图 3 所示。

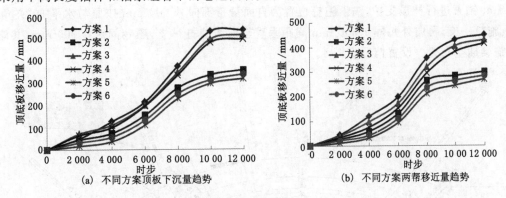

(a) 不同方案顶板下沉量趋势　　　　(b) 不同方案两帮移近量趋势

图 2 不同方案表面位移随运算时步变化规律

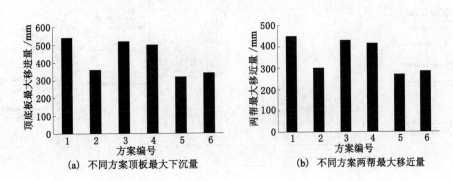

(a) 不同方案顶板最大下沉量　　　　(b) 不同方案两帮最大移近量

图 3 不同方案最大表面位移

(1) 由图 2、图 3 可知,随着开挖时步的增加,巷道表面位移一直增大,开挖进行到 12 000 时步时,基本上处于稳定状态;方案 2,5,6 整体巷道控制效果优于方案 1,3,4,顶板最大下沉量相差约 69%,两帮最大移近量相差约 67%。

(2) 由图 3 可知,方案 2 顶板锚索长度为 5 000 mm,方案 6 顶板锚索长度为 6 000 mm,顶板锚杆长度相同,对比可知两种方案的顶板下沉量相差较小,约为 8%,且两者均在允许值范围内;方案 1,4 顶板锚索长度为 4 000 mm,但是这两种方案顶板下沉量较大,与方案 2 相比,分别超出 50% 和 39%,从顶板控制效果出发,锚索长度选用 5 000 mm 和 6 000 mm 均比较合适,但是考虑到经济因素,确定锚索最优长度为 5 000 mm。

(3) 由图 3 可知,方案 2 帮部锚杆长度为 1 800 mm,方案 5,6 帮部锚杆长度为 2 000 mm,这三种方案帮部控制效果相对较好,最大移近量相差在 10% 以内;方案 1 帮部锚杆为 1 800 mm,但是顶板锚索为 4 000 mm,控顶效果较差,严重影响巷道帮部稳定性,移近量超出方案 2 约 50％。

综上所述,考虑到巷道围岩控制效果与经济合理性,确定最优方案为 2 号方案。

4 切眼大断面方案实施与效果评价

4.1 方案实施

1108 工作面切眼采用综掘机一次施工 $B×H＝5\,000\,mm×4\,350mm$ 的直墙三心拱断面。二次扩刷至 $B×H＝6\,800\,mm×4\,350\,mm$ 大断面。一次支护采用锚网喷锚梁支护,顶板、锚梁锚杆及非面帮部采用 MSGLD/18×2 250 mm 螺纹钢锚杆,面帮采用 MSGLD/18×1800 锚杆。顶板锚杆间排距@＝650 mm×650 mm,帮部锚杆间排距@＝650 mm×1 000 mm(顺向 1 000 mm)。顶板采用弧长 4 m U 型钢锚梁,每架锚梁采用 3 组 $\phi20\,mm\,L2\,500mm$ 螺纹钢锚杆固定,锚梁间距1 300 mm。喷浆厚度顶板 50～80 mm,两帮 30～50 mm。在综掘机前方迎头,采用 $\phi22\,mm×5\,000\,mm$ 锚索进行补强支护,锚索施打位置为自面帮帮部向外 500 mm 按照与水平 60°夹角向面帮顶板施打一支,再向外每隔 1 500 mm 间距垂直轮廓线施打一支,顺巷间距 1 300 mm,共施打 5 支,与锚梁插空布置。设置情况见图 4。

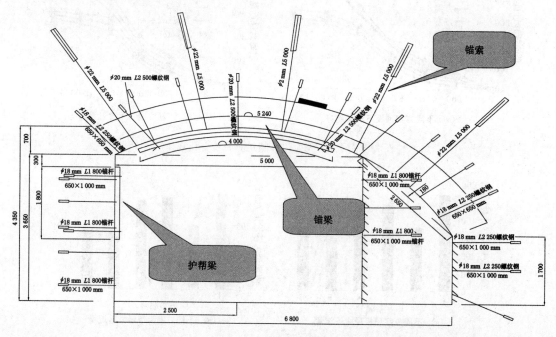

图 4　切眼大断面示意图

4.2 效果评价

在实施过程中,及时设点进行了观测,了解切眼大断面矿压显现规律,验证支护效果。

(1)累计巷道收敛变形

顶底板最大收敛变形量 797 mm,平均 602 mm;顶板下沉最大 185 mm,平均 86.6 mm;两帮最大收敛变形量 340 mm,平均 259 mm。

(2)大断面收敛变形规律

巷道顶底板变形速率在 6～16.5 mm 之间,平均 10.5 mm/d;两帮变形速率在 1～5.3 mm 之间,平均 3 mm/d。从观测情况看,扩刷到大断面后,巷道变形没有明显增加,底鼓平均比小断面要大 1.3 mm/d,两帮减少 1.6 mm/d。

(3)锚索受力情况分析

在切眼 112.3# 点、118.5# 点、127.3# 点各安装了一组锚索测力计,共 6 台。一是 112.3# 点顶板左腮处锚索受力由初始 105 kN 升至 111 kN；右腮部锚索由初始 150 kN 升至 187 kN；下腮部锚索由初始 70 kN 升至 140 kN。锚索受力增加幅度在 6%～25%；二是 118.5# 点顶板右腮锚索受力由初始 91.7 kN 升至 92.7 kN，锚索受力增加幅度 1%；三是 127.3# 点顶板左帮锚索受力由初始 67 kN 升至 85 kN；顶板中部锚索由初始 73.2 kN 升至 85.9 kN；下腮部锚索由初始 50 kN 升至 100 kN。锚索受力增加幅度在 17%～100%。

5 结论

本课题的成功实施开创了梁家煤矿矿井切眼大断面一次施工的先河,淘汰了落后工艺,简化了管理环节,创造了安全工作环境,取得良好的社会效益及经济效益,为今后的切眼大断面施工提供了理论基础和施工借鉴经验。

（1）切眼大断面施工锚索第一次成功应用,起到至关重要的作用。长锚梁(弦长 4 m)和锚索(长度 5 m)的配合使用对顶板的加固效果极为明显,优于单体棚或钢棚支护。

（2）采用不规则直墙切圆弧拱断面既保证了巷道受力状态合理又保证了有效空间,尽可能地降低了巷道高度。

（3）大断面人工投入相对较少,减少了采煤二次扩刷时的人工出矸的劳动量,降低了二次扩刷施工爆破风险。在掘进施工人数相同的情况下,采煤支架安装每班可减少扩刷施工人数、岗位工 15 人,同时总工时减少 15 天。

巷道围岩变形及支护失控机理研究

柳元伟，刘亚平，李冠军，马帝涛

（山东能源龙矿集团梁家煤矿，山东 龙口 265700）

摘 要 针对梁家煤矿煤4六采区围岩松动破坏范围大，锚喷梁棚不能起到应有支护作用，而造成巷道大变形、难支护等问题。本项目采用现场地质调查、岩石力学实验、理论分析、数值模拟和现场试验等多种研究手段相结合的研究方法，通过研究分析巷道围岩变形控制及支护控件失控机理，寻找巷道变形失控原因并提出整改措施，解决制约地层深部回采巷道支护的关键问题。

关键词 锚杆；锚索；注浆；立体支护

1 巷道围岩变形破坏机理研究

1.1 围岩强度低，自承能力弱，锚固支护构件可锚性差

由于现场围岩强度较弱，巷道围岩变形破坏范围较大，超过了锚杆长度，进而无法形成有效的自承载支护结构，无法为锚固支护构件提供稳定的锚固基础，使锚杆与围岩之间黏结能力较低，极易出现锚杆滑脱现象，体现为锚杆受力较小且出现受力下降现象，造成锚杆支护潜力不能充分发挥。同时，现场围岩具有明显的遇水软化膨胀特性及明显的流变特性，在受到外界水分及其他施工爆破、邻近采动干扰影响下，围岩强度极易减弱，也加剧了围岩变形破坏与支护构件的失效。当锚固支护构件失效时，将进一步加剧围岩变形破坏程度，使围岩呈现出明显的渐进破坏特征，表现为围岩破裂范围扩大，变形量持续增大，作用在 U 型棚上围岩压力增加，易造成 U 型棚过早出现屈曲破坏而失去承载能力。

1.2 围岩松动破坏范围大，无稳定岩层

为进一步明确围岩变形破坏特征，在原支护方案内选择典型监测断面，分别在左帮、左肩窝、正顶、右肩窝、右帮等部位均匀布置不同深度钻孔，并在巷道开挖后 15d 与 40d 后，利用 YTJ20 型钻孔窥视仪，进行围岩破裂范围探测分析，得到围岩破裂范围探测素描图，如图1所示。

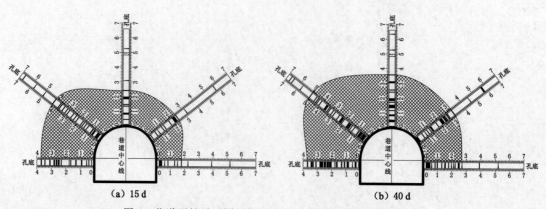

(a) 15 d　　　　　　　　　　(b) 40 d

图 1 巷道开挖后不同时期围岩破坏范围探测结果（单位 m）

通过图 1 可以看出,现场巷道围岩呈现出明显的非对称变形破坏特征,且破坏较为严重,沿空帮小煤柱侧探孔范围内围岩大部分处于松动破坏状态;围岩变形破坏具有一定的渐进性,巷道开挖 15 d 时顶板及实体帮侧围岩破裂范围分别为 2.4 m、1.8 m,而在开挖后 40 d 时,围岩破裂范围增加至 3.6 m、2.7 m,这与现场巷道围岩表面收敛持续增加、无明显趋稳阶段的变形特征是一致的。

1.3 锚固支护设计参数不合理,围岩主动支护效果不足

原支护方案中锚杆采用 1 根 MSK/23 600 树脂药卷进行锚固,计算锚固长度为 0.45 m(ϕ32 钻孔),接近于端部锚固。在现场软弱破碎围岩中,该种锚固方式所能提供的极限锚固力非常有限,存在锚固长度设计过短等问题。而且在现场锚固支护施工中,钻孔内围岩易出现塌孔、孔壁围岩脱落等现象,使锚杆、锚固剂与围岩之间填充不密实,进一步造成了锚杆锚固力降低,无法承受较大荷载。同时原支护方案在现场施工中,由于施工机具的限制及全螺纹锚杆螺纹间距较大、扭矩转化系数较低等原因,造成锚杆初始预紧力值较低,围岩主动支护效果不足,也是造成围岩变形破坏严重的一个重要原因。

1.4 岩层巷道围岩控制措施

综合上述分析,可将锚杆支护构件失效视为围岩承载体系失效的始发点,当锚杆失效破坏而不能充分发挥自身支护潜力时,将进一步加剧围岩变形破坏,使 U 型棚被动地承受较大围岩压力,过早产生屈服破断。结合长期现场支护实践经验,针对现场支护构件失效频繁、支护潜力无法充分发挥等现象,为进一步增强软弱地层中围岩锚杆支护作用,避免锚杆过早产生失效破坏,充分发挥杆体支护潜力,改善围岩控制效果,可采用以下有效措施:

(1)改善锚固段锚固工艺。

适当增加锚杆锚固长度,或采用含砂率较高或含碎石颗粒的锚固剂来提高锚固体界面剪胀系数,或采用机械式锚固方式等工艺措施,均可达到提高锚杆锚固力的作用。

(2)改善围岩软弱破碎特性。

对于较软弱破碎围岩,应通过注浆加固方式来填充围岩裂隙,提高围岩强度,一方面可改善围岩自承能力,让围岩成为支护承载的主体,避免支护构件受力过大,另一方面,也可为锚杆、锚索提供稳定锚固基础,增强锚固支护构件的可锚性。

(3)提高锚固主动支护效果。

在解决了锚固段锚固工艺问题,围岩自承能力提高后,可通过对锚杆施加高预紧力,并适当缩小锚杆间距,使锚杆与围岩形成有效的锚固围岩承载结构,以抵抗外部围岩的变形破坏,提高围岩控制效果。

(4)采用具有让压功能的支护构件。

当现场围岩极易产生大变形破坏时,通过采用让压型锚杆(索)或可缩性让压拱架等支护方式,可有效释放围岩变形能,避免支护构件受力过大而过早屈服破断。

2 锚杆、锚索失效机理研究

2.1 预应力锚杆(索)失效形式分析

预应力锚固技术最基本的要求就是锚固段必须提供足够的锚固力,且锚固力的大小主要取决于锚固段的失效形式。一般情况下,预应力锚固体的失效情况,不外乎有以下 4 种主要形式,见图 2。

(1)锚杆体的断裂。当拉拔荷载大于锚固体抗拉强度时,锚杆体产生断裂,使锚固失效。锚固体的断裂一般发生在锚固端头周围和以外部位,尤其是防腐处理的薄弱环节。另外,不合理的外锚结构,不平衡的张拉方法也容易引起锚固体断裂。

(2)锚杆体与锚固剂体产生滑脱。当岩体与锚固剂体的界面强度足够大时,这时如果荷载较

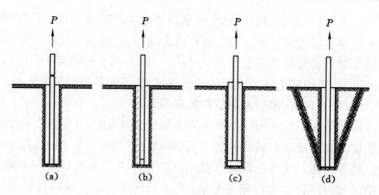

图 2　锚固体的破坏方式

高,可能出现锚固体与锚固剂体之间产生滑脱面使锚固失效,这种破坏形式一般是从锚固头开始,逐渐向深部扩展,具有渐进破坏特征。如果锚固体比较长,一般不会出现失稳性破坏。锚固体与锚固剂体的抗滑脱能力可以通过选择合理的锚固材料或采用合理的锚固体结构得以改善。

（3）岩体与锚固剂体界面的滑脱。岩体与锚固剂体界面是否滑脱主要取决于该界面的黏结强度,由锚固剂材料及岩体材料的特性所决定,这一界面往往是整个锚固体系的一个薄弱环节。如果岩体的强度大于锚固剂体的强度,则这一界面层发生在锚固剂体一侧,在锚固剂体柱上有明显的划痕现象,因此界面强度由锚固剂体的力学物理特性所确定。相反,如果岩体的强度小于锚固剂体的强度时,则这一界面层发生在岩体一侧,锚固剂体被拔出后,带出一层砂碎屑,因此,此时界面层的强度与岩体的力学特性有关。

（4）岩体破坏。这种情况一般指的是表面锚固型锚杆的情况,内部锚固型则不会出现这种现象。如果岩体为均质材料且强度较低,这时破坏形式表现为漏斗型,因此,此时锚固强度是由岩体的材料强度所决定。根据现场试验发现,随着荷载的增加,首先在锚固剂体周围的岩体表面出现微小的环状,随后出现放射状裂纹,最后形成漏斗状锥体拔出。对于非均质或裂隙发育的岩体,则破坏形式可能为不规则体。

2.2　锚杆（索）锚固体破坏的极限分析

根据极限分析定理,假设锚杆（索）锚固段周围岩体为均质的理想弹塑性介质,其变形破坏符合 Hoek-Brown 强度准则及其相关联流动法则。

2.2.1　滑脱破坏机构

当锚杆（索）锚固剂体界面黏结强度小于岩体强度时,锚固体将沿孔壁界面产生滑脱破坏。考虑锚固体界面与孔壁之间的剪胀现象,将锚固体与孔壁接触界面,视为具有一定厚度 w 的薄变形层。建立机动允许的速度场,速度大小为 $\dot{u}$,其方向与锚固体界面夹角为 φ_t,如图 3 所示。其中,锚杆（索）锚固段长度为 L,钻孔直径为 $2a$,锚杆（索）自由段岩体用超载 q_0 代替,大小为 γh,h 为锚固体埋深,P_u 为极限抗拔力。锚固体界面薄变形层材料参数分别为 A'、B'、σ_c'、σ_t',界面剪应力为 τ_n',正应力为 σ_n'。将锚固体界面正应力视为锚固段的灌浆压力,并假设其沿锚固体长度方向均匀分布。

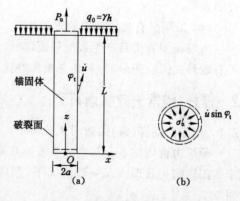

图 3　锚固体滑脱破坏机构

将锚固体视为刚性体,忽略其几何变形。由于考虑了锚固体界面的剪胀效应,故为满足变形的相容协调,锚固段周围岩体必然会产生横向扩张变形,如图 4（b）所示。因此,当锚杆（索）发生滑脱破坏时,内部能量耗散率应包括两部分:一部分由于锚固段周围岩体的扩张变形而引起,另一部分则产生于锚固体界面的薄变形层上。

2.2.2 岩体整体破坏机构

当锚固剂界面黏结强度大于岩体强度时,锚固体周围岩体将发生整体破坏。大量试验均证明,在铅直荷载作用下,锚杆(索)周围岩体破裂面为曲线型破裂面,根据锚固围岩破坏的这种性质,则可建立极限状态下锚固体破坏的机动许可速度场,如图 4 所示,速度矢量大小为 u,其方向沿 z 轴正向。将失稳破坏岩体与锚固体视为刚性块体,二者之间没有相对滑动,并关于 z 轴空间轴对称。设图 4(a)中锚固体三维破坏模型在 xoz 平面内对应的岩体破裂面曲线方程为 $f(x)$,锚固体顶端岩体破裂半径为 d,破裂面任意点处剪应力为 τ_n,正应力为 σ_n,并满足 Hoek-Brown 强度准则。

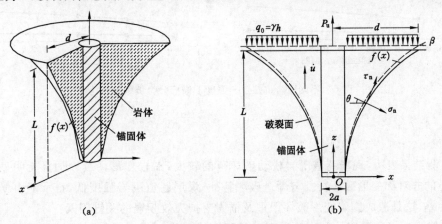

图 4　锚固体周围岩体整体破坏机构

2.3 机理分析

当预应力锚杆(索)发生滑脱破坏时,锚杆(索)极限抗拔力可根据式(13)进行计算。现取锚固体钻孔直径为 30 mm,锚固体界面薄变形层材料参数为:$A' = 0.2$,$B' = 0.6$,$\sigma_c' = 1.0$ MPa,$\sigma_t' = 0.1$ MPa。分别考虑锚固段长度为 1 m、2 m、3 m、4 m 时,进行计算,并绘制出锚索抗拔力 P_u 与围岩压力 σ_n' 的关系曲线,如图 5 所示。

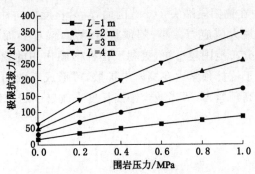

图 5　不同围岩压力下锚杆(索)极限抗拔力

从图 5 可以看出,在一定范围内,增加锚固段长度能够有效提高锚杆(索)的极限抗拔力,比如锚固段长度为 4 m 时的极限抗拔力大约是锚固段长度为 1 m 时的 5 倍,但需要指出的是,当锚固段长度超过一定值时,增加锚固段长度对于锚杆(索)极限抗拔力的提高却很有限。此外,随着锚固段围岩压力的增加,锚杆(索)极限抗拔力也不断提高。

当锚固段锚固剂与岩体界面黏结强度足够大、周围岩体发生整体破坏时,锚杆(索)极限抗拔力的大小主要取决于岩体质量的好坏。当锚固体钻孔直径为 30 mm,埋置深度为 3 m 时,为分析不同岩体力学参数,对锚杆(索)极限抗拔力的影响,取岩体经验参数 A 为 0.3,B 为 0.8,抗拉强度为 0.01~0.13 MPa,抗压强度为 0.5~2.5 MPa,岩体重度为 18~26 kN/m³,绘制出锚固段长度分别为 1 m、2 m、3 m、4 m 时,不同计算参数下的锚索极限抗拔力变化曲线,如图 6 所示。

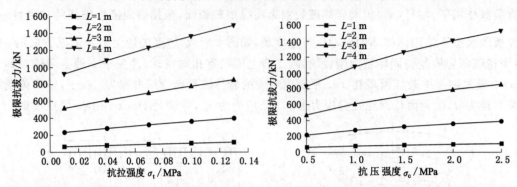

图 6　不同围岩抗拉(压)强度下锚杆(索)极限抗拔力

3　结论

(1) 监测结果表明:现场巷道围岩松动破坏范围较大,围岩变形持续增加且无明显趋稳阶段,呈现出明显的非对称变形破坏特征与渐进破坏特征;煤层巷道围岩强度低,自承能力弱,锚固支护构件可锚性差,这是造成围岩变形破坏严重及锚固支护失效频繁的关键因素。

(2) 当锚索锚固段灌浆体与岩体界面黏结强度小于岩体强度,锚索极限抗拔力应按锚固体界面产生滑脱破坏时进行验算,而当灌浆体与岩体界面黏结强度大于岩体强度,且锚固段长度不宜过长时,锚索抗拔力应根据周围岩体发生整体破坏时进行验算;增大锚固段长度在一定范围内可有效提高锚索极限抗拔力,而且当锚固段采用压力灌浆时,锚固体界面的黏结强度能够显著提高,锚索的极限抗拔力也不断增加;当锚固周围岩体发生整体破坏时,锚索极限抗拔力的大小主要取决于岩体质量的好坏。随着岩体经验参数 A、抗拉强度、抗压强度与重度的增加,锚索极限抗拔力不断增大;而随着参数 B 增加,锚索极限抗拔力则不断减小。

(3) 锚杆受力主要集中在锚固段端头 1/3 范围内,且沿长度方向杆体剪应力与轴力不断递减。随锚杆直径增加,杆体界面最大剪应力减小;随预紧力增加,锚杆界面剪应力与轴力均相应增大。在软岩中,锚杆界面剪应力分布范围较平缓,更利于锚杆锚固作用的发挥。通过施加高预紧力,并留设一定自由段长度,有利于锚杆预紧力在围岩中扩散,可形成有效的锚固围岩承载结构;当锚杆布设间距较大时,可通过提高预紧力、适当减少锚固长度来改善围岩控制效果。

饱和黄土层条件下斜井开掘及其围岩控制技术

曲祖俊,李修杰,高兆利,李为师

(龙矿集团大恒煤业有限公司,山西 朔州 036000)

摘 要 本文针对斜井穿越饱和黄土层时工程地质灾害难以控制的情况,基于饱和黄土失水变形机制,提出了饱和黄土条件下斜井开掘降水、疏干、减压支护理念,并通过对饱和黄土条件下斜井井内小井降水疏放与导硐降水疏干减压机理、导硐施工技术、导硐降水疏干卸压合理时间确定及其围岩控制技术的系统研究,确保了饱和黄土层条件下井筒施工安全,取得了良好的经济与社会效益。

关键词 饱和黄土层;斜井;导硐;降水疏干减压;疏干卸压时间

0 引言

山西朔州平鲁区龙矿大恒煤业有限公司位于管涔山脉东麓,地表呈中山丘陵地貌,大部为黄土覆盖,井田内黄土冲沟发育,地形比较复杂。根据初设,重组后矿井生产能力为 180 万 t/a,设计将新主斜井生产系统和配套洗煤厂布置在原工业场地以西 500 m 的沟凹中。

新主斜井井筒自地表井口设计按 −15° 下山,采用明槽施工 66.3 m,暗槽施工 80.7 m 后,井筒巷底距第四系底界 3.6 m 时,土层潮湿、松散、自稳性差、可塑性强,呈散体状态,土层中涌水渗出量为 0.8 m³/h。经非标测试,迎脸土层中含水量达到了 18%～23% 范围,所揭露黄土的含水状态临近饱和。由于土层含水量大、呈泥流状态,其工程地质灾害的突发性难以控制。

为此,在新主斜井井筒穿越饱和黄土期间,围绕饱和黄土变形致灾、控制理论与技术,进行了系统研究。

1 对饱和黄土工程地质特征的认识

大恒煤业新主斜井井筒在暗槽施工、初涉饱和黄土层期间,通过井筒开掘工程实践与相关测试,初步掌握了饱和黄土层的基本性质与工程特征。

(1)黄土的力学性质、变形性能对水极为敏感,不同含水量的黄土具有截然不同的力学性质与变形性能。当其含水量趋向饱和时,具有较大的触变性、液化势和流动破坏势。

当井筒施工距第四系底界 3.6 m 时,土层含水量增大、可塑性强,呈散体状态。开挖时土层自稳性极差,随挖掘,必须对暴露的土层及时维护,否则,便产生漏顶、两帮垮落现象。

(2)饱和黄土承载力与其含水量之间呈现典型的负相关关系,即当土中含水量增大至饱和,其承载力急骤下降。当黄土呈泥流状态、开挖一次支护后,饱和黄土呈液塑状从支护体缝隙中不断向井筒内空间流出,黄土的强烈蠕动对支护体产生了严重破坏,变形量可达 1 700 mm 以上,无法进行二次永久支护。一次支护不当时,其工程地质灾害的突发性难以控制。

(3)饱和黄土的另一特点是具有较好的渗透性,且具有失水变形稳定快的特点。根据临近饱和黄土层期间支护体变形观测,支护体初始变形剧烈,经初始变形后,逐渐趋向稳定变形,这一特点可为斜井穿越饱和黄土层提供有利条件。

2　施工存在的问题及技术难题

(1) 随土层含水量增大、土层变软,易于沉陷坍塌而失去稳定,有效控制一次支护顶板沉降垮塌是确保该项工程安全与否的关键。

(2) 由于井筒施工区外地下水源源不断补给区内,因此,当井筒开挖到该含水层底板以下时,井筒范围内的地下水将汇集到井筒中,使井筒内外地下水的水位差增加,同时因井筒开挖构成了一个宽广的地下水汇集场地而加速区外水向区内的补给。

(3) 当黄土含水趋于饱和状态时,黄土变软、液化,使颗粒间黏结力和内摩擦力减小,变成塑性或流动状态,当措施不当时,易发生不可预测的工程地质灾害。因此,制定技术可靠、操作可行的防治工程地质灾害方案是饱和黄土层条件下开掘的技术难题。

(4) 井筒穿越饱和黄土层,如采用冻结法施工工艺,则工艺复杂、费用高、冻结施工和冻结井筒需要时间至少4~6个月,施工工期较长。

(5) 如采用重新开挖明槽施工,对生态环境有较大破坏,且征地施工费用高,征地、开挖时间需要5个月以上,施工工期较长。

3　导硐降水疏干减压机理

依据黄土含水量与其力学性质及变形性能的关系,斜井井筒穿越饱和黄土层,采用导硐降水、疏干与减压支护技术,其机理是:

(1) 通过井点疏放降水,以降低井筒下部承压含水层的水头,防止井筒底板隆起或突水产生泥流等地质灾害。

(2) 通过井点疏放降水和导硐降水疏干,使用地下水形成区域性降落漏斗,避免施工过程中大规模突水、泥流突出,确保井筒开掘顺利施工。

(3) 通过导硐降水疏干,降低饱和黄土含水量,随着含水量降低,使饱和黄土失水而趋向原状黄土,恢复黄土原有的物理力学性能,发挥黄土的自稳性能,从而减弱液塑状黄土流动对井筒产生的压力。

(4) 通过导硐降水疏干与井点疏放降水结合,实现饱和黄土全断面失水风干,使导硐浅部围岩形成一个固化承载圈,如图1所示。随时间延续、降水疏干程度递增,固化承载圈向围岩深部扩展。固化圈的形成,不仅可以切断待疏干区内外水力联系,也可疏导地下水绕流。

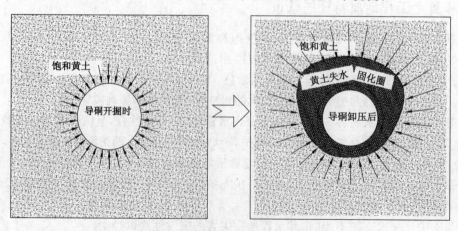

图1　失水、风干、固化承载圈形成

4 降水疏干减压法施工技术

4.1 斜井井内小井降水疏放

在井筒巷底距第四系底界 3.1 m,迎头后方 4 m 巷中,施工 1 个深 4.5 m 的小井,小井井底位于基岩以下 1.4 m。疏放降水井净孔径为 1 000 mm,井深 4.5 m,井壁采用方石砌垒,方石与井壁间填充粒径为 0.5~10 mm 的砾石。井内安装 10 m³/h 潜水泵,接通电源,保证水泵正常运行。

4.2 导硐降水疏干减压施工技术

施工降水小井完成后,依据导硐降水疏干减压机理,向前采用了导硐减压施工。导硐采用原暗槽一次支护的 $S=24.35 \text{ m}^2$ U_{29} 钢棚支护,棚距 0.5 m,全断面打设 2~3 m 长的 2 英寸钢管穿楔超前维护顶板及两帮,钢棚顶梁下支设单体液压支柱加强支护。如图 2 所示。

图 2 导硐支护

(1) 迎头向前施工,由原 $-15°$ 坡度改为 $-3°~+3°$ 坡度施工,以 U 钢棚下沉后,棚顶位于井筒顶板延长线为原则。

(2) 向前施工棚间采用 2 寸钢管或 15 kg/m 铁路焊接,钢棚每节焊接钢管不少于 2 根,钢管端头截成斜面与钢棚紧密接触后,再进行焊接。

(3) 每一循环开挖前,在迎头后第 1、2 架间向前打设 2 寸钢管,钢管长度不小于 2 m,间距 0.04~0.1 m。在超前穿楔的掩护下进行向前开挖施工。顶板穿楔上仰 24°,肩部及帮部穿楔与巷道轴线方向夹角为 25°。钢管后端露出第 2 架棚不大于 0.1 m。

(4) 向前自上而下挖掘迎脸时,每挖掘出 1~1.5 ㎡ 断面后,即在迎脸向前打设 2 寸钢管,钢管长度不小于 3 m,间距 0.3~0.5 m,钢管外端用 2 寸钢管焊接相连,配合木背板背紧刹牢堵住黄土,维护迎脸,然后逐渐向两侧及下部挖掘扩大断面。

(5) 采用导硐向前施工 10.5 m 后,巷底位于基岩顶界上 0.5 m,迎头支护状况有所好转。但导硐段巷帮及巷肩仍有大量黄土泥流渗入井筒内,如图 3 所示。

图 3 导硐泥流渗入井筒实照

5 导硐降水疏干减压时间确定

为确定合理的降水疏干卸压与永久支护时间,我们对导硐段每架 U_{29} 钢棚进行变形观测,共设测点 20 组。通过对导硐围岩变化速率 V 随时间 t 的变化进行非线性回归分析,得出单侧水平方向及垂直方向上的变化速率 V 与时间 t 变化呈负指数递减变化关系,回归曲线如图 4 所示,其回归方程式分别为:

$$V_x = 152.4 \times e^{-0.088\,9t}$$
$$V_y = 111.96 \times e^{-0.082\,8t}$$

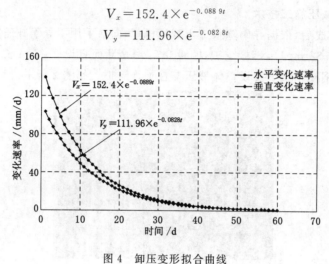

图 4 卸压变形拟合曲线

由拟合曲线分析得出,当 $t \geq 40$ d 时,顶板下沉变化速率及帮部内收速率明显减少,说明导硐可以达到降水疏干卸压的作用,因此,确定导硐降水疏干卸压时间为 40 d。

经观测,导硐开掘后 42 d 内,顶板下沉量为 1 230~1 780 mm 范围,单侧帮内收量为 960~1 300 mm 范围。导硐 0~3 m 段,巷底至巷顶全断面黄土已基本失水疏干稳定;3~10 m 段,起拱线以上部分黄土已基本失水疏干稳定。

6 固化圈外注浆堵水加固技术

导硐失水风干卸压后,在导硐扩刷、进行永久支护前,为防止因扩刷引起已疏干加固承载圈外液塑性饱和黄土对加固圈的扰动,对疏干固化承载圈外亚饱和黄土采取了水泥与水玻璃"双液"注浆加固,确保了永久支护施工的顺利进行,导硐扩刷永久支护施工工期仅为 14 d。

7 技术经济效益

大恒煤业新主斜井井筒穿越饱和黄土层,采用导硐降水疏干减压法施工,其技术经济优势在于施工工艺简单、易于实施,并有利于缩短工期。导硐与永久支护实际工期仅为 0.8 个月,比在地面打直孔冻结法施工缩短了 3.8 个月,并节省冻结费用 144 万元;比重新明槽施工至少缩短 4.2 个月,并节省征地、明槽开挖费用 400 万元。

8 结论

大恒煤业在新主斜井井筒穿越饱和黄土层期间,围绕饱和黄土变形致灾、控制理论与技术,进行了综合研究,通过采用导硐降水疏干减压、全断面超前钢管穿楔维护围岩导硐施工技术、失水风干卸压后注浆堵水加固等技术,避免了施工过程中突水、泥流突出,确保了饱和黄土层条件下井筒施工安全,取得了良好的经济与社会效益。

软岩地层小煤柱护巷机理研究及其应用

李修杰，高青宏，高兆利，谭忠海

(龙矿集团大恒煤业，山西 朔州 036000)

摘 要 本文针对龙口矿区岩层软弱、巷道围岩持续变形强烈、维护十分困难的实际状况，经过多年的研究探索，分析了软岩条件下小煤柱护巷保持稳定的基本条件，研究与实践了软岩小煤柱岩层结构损伤区内的护巷机理。实践表明，该支护机理在软岩控制方面具有较强科学性和先进性，对于其他软岩矿区的围岩控制具有一定的指导作用。

关键词 软岩；小煤柱护巷；压酥破坏；削弱变形压力

1 工程地质条件概况

龙口矿区是国内典型的软岩矿区，矿区现有梁家煤矿、北皂煤矿和洼里煤矿3对矿井。开采煤层为黄县煤田煤$_1$油$_2$、煤$_2$、煤$_4$三个煤层。煤系地层属下第三系，主要由泥岩、砂岩、黏土岩、碳质页岩、油页岩和煤组成。煤层的单向抗压强度为 5.94～14.97 MPa，不仅煤层本身软，顶底板岩层更为软弱，岩石具有重塑性高、崩解性快、流变性强、胀缩性大、触变性敏感的特点，属于典型的地质软岩。巷道的支护与维护一直是矿井生产的主要困难，沿空送巷更是制约矿井安全、高效生产的技术难题。几十年的生产实践表明，合理选择小煤柱巷道开掘的位置与时间，使其避开煤体压酥破坏区和残余支承压力作用期，最大限度地减轻支承压力作用，是改善煤柱巷道维护状况的基本措施。

2 护巷煤柱宽度的确定

2.1 小煤柱护巷保持稳定的基本条件

软岩回采工作面在煤柱边缘区会产生数倍于原岩应力的集中应力，由于岩性差，煤柱边缘区都会遭到不同程度的破坏，使集中应力向深部转移并逐步衰减，直至煤柱深部。随着支承压力的衰减变化，煤柱的承载强度与支承压力达到极限平衡时，煤柱才趋向稳定，并形成一定宽度的压酥破坏区 D_1，沿空巷道受开掘影响巷道浅部围岩则会形成一定范围破碎裂隙带 d。沿空送巷煤柱保持稳定的基本条件是：煤柱两侧边缘区产生压酥破坏区和破碎裂隙带后，中央煤柱必须处于非压酥破坏区，具有一定的承载能力。

实践表明，正常地质条件下中央煤柱承载区的宽度 L 应不少于工作面的机采高度 h，故煤柱保持稳定状态的宽度 B（如图1所示）为：

$$B = D_1 + L + d$$

如果 B 少于这个宽度，小煤柱表现的承压作用就会显著降低。随着中央煤柱承载区宽度的减少，主要是起到与采空区的隔离作用。

2.2 不同宽度煤柱的护巷效果

实践表明，在相邻工作面采空区稳定后送巷，煤柱尺寸的大小对巷道维护状况有明显的影响，但这种关系并非是简单的线性关系。在采动后巷道围岩应力高峰区内，随着护巷煤柱的加大，巷道

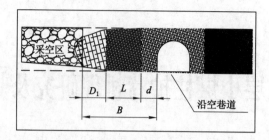

图 1　软岩煤柱保持稳定的基本条件

的维护状况反而恶化。只有在巷道围岩应力高峰区外继续加大煤柱尺寸,巷道维护状况才能有所改善。将巷道布置在应力高峰区外,巷道围岩变形量相对较小,但煤柱损失较大。

图 2 为不同宽度煤柱条件下,煤₂层巷道回采期间引起的水平变形比较曲线。

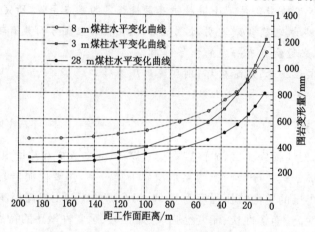

图 2　不同煤柱宽度回采期间围岩变化曲线

3　软岩小煤柱护巷机理分析

3.1　削弱围岩强烈膨胀压力对巷道稳定性的影响

软岩的膨胀性是在水的作用下或力的作用下体积增大的现象,根据产生膨胀的机理,可分为吸水膨胀和应力扩容膨胀。

(1) 吸水膨胀变形压力对巷道稳定性的影响

根据 1997 年 3 月中国矿业大学资源与环境科学学院对北皂矿观 3 孔岩石水理性质试验,北皂矿观 3 孔煤系地层岩块干燥饱和吸水率一般在 40%～90%,最大的为 150%,平均为 74.4%,这表明以泥岩为主的地层吸水率很高。岩石的膨胀性与其吸水率是密切相关的,吸水率大的岩石,膨胀性就强,愈能产生强大的膨胀力。

根据对黏土岩、杂色泥岩等膨胀性实验,泥质岩的膨胀力约为 1.3～1.5 MPa,无荷载膨胀量为41%～48%。可见泥质岩是一类膨胀变形量大、强度小的软弱岩层。

软岩地层采用小煤柱护巷,受已采动影响,压酥破坏区和结构损伤区内的围岩经吸水后,其含水量比原岩状态下要显著增大或趋向饱和。因此,软岩小煤柱护巷可以削弱了围岩吸水膨胀变形压力对巷道稳定性的影响。

(2) 应力扩容膨胀变形压力对巷道稳定性的影响

应力扩容膨胀,是软岩受力后其中的微裂隙扩展、贯通而产生的体积膨胀现象,是岩石微观结构内集合体间隙的受力扩容,是软岩变形的一种力学机制。

从软岩微观结构效应分析上来看,一般当外界应力条件改变时,泥质类岩石微观结构的变化极为明显。泥质类岩石结构要素(颗粒、集聚体)特征、相互间的连结和排列方式是影响巷道围岩破坏变形性质的重要因素,而连结和排列方式则是决定其水稳定性和强度的关键因素。

采场煤柱边缘区经采动支承压力作用后,围岩内的微裂隙已得到充分扩张,体积膨胀趋向稳定。因此,软岩小煤柱护巷削弱应力扩容膨胀变形压力对巷道稳定性的影响。

3.2 消除区域构造应力对巷道稳定性的影响

根据 2006 年 5 月中国矿业大学、山东科技大学联合对北皂煤矿海域扩大区地应力测量,矿区主控地应力为构造应力,且最大主应力接近水平方向。

从北皂煤矿海域三个地应力测点的地应力测量结果可以得出海域构造应力场有如下的规律:

(1) 最大主应力与水平面的夹角平均为 28.9°,实测最大主应力均大于垂向应力。

(2) 利用水平最大主应力与垂向应力的比值研究各测点构造应力场的特征,有 $\sigma_1/\sigma_s = 1.46$、1.45、1.76,平均为 $\sigma_1/\sigma_s = 1.56$,这说明北皂海域地应力场是以水平构造应力为主。

(3) 最大水平主应力的方位角为 34°~57°,平均为 44.5°。

在构造应力区域掘巷,由于岩层本身以变形的形式储存了一定的变形能,这些变形能以变形的方式向临空区释放,围岩的变形导致了支护体的宏观破坏,这是龙口矿区软岩巷道难以支护的一个重要原因之一。构造应力释放的程度与巷道围岩变形量的大小和时间有关,沿空小煤柱送巷,由于临空区围岩的充分变形、释放能量,消除了区域构造应力对巷道稳定性的影响。

4 影响沿空送巷位置的几个关键因素

4.1 采场侧向支承压力高峰区的位置

软岩采场侧向支承压力运动分布规律为:工作面推过期间,侧向支承压力峰值一般为 0~5 m,但支承压力分布是随着采动影响而发展变化的。采动影响阶段,当煤体边缘支承压力值超过煤体的抗压强度,随着煤体边缘发生塑性破坏,支承压力高峰不断地向煤体深部转移。采动影响后,随时间延续,覆岩弯曲→沉降→触矸→压实最后趋向稳定,压力峰值进一步逐渐外移且降低,并趋向原岩应力状态。因此,软岩采场后方侧向支承压力高峰区的位置至少在 14 m 以外。

从支承压力分布控制角度来看,留设 3~10 m 小煤柱护巷,可将巷道布置在峰值内侧。

4.2 煤柱的破坏程度

采用小煤柱护巷,将巷道布置在低应力区,可减轻支承压力作用,但在低应力区内,煤体曾受支承压力作用而产生塑性破坏,煤体的物理力学性质大为降低,宏观表现为采动裂隙发育(采动裂隙密度至少在 50 条/m 以上)甚至压酥,在此区域内送巷,围岩很难达到自稳,且顶板易于冒落,巷道施工比较困难。尤其是处于采动影响阶段,小煤柱几乎失去了支撑能力,巨大的二次采动支承压力必须由支护体来全部承担。

以北皂矿 4401 材料巷小煤柱护巷为例:4401 材料巷与上区段 4402 运输巷留设 4.8 m 煤柱,经矿压观测 4402 运输巷超前支承压力最大峰值处单体支柱受载强度为 1.45 MPa,峰值处平均受载强度为 0.97 MPa。而 4401 材料巷单体支柱受载强度在 1.93~2.18 MPa 范围,峰值处平均受载强度为 1.97 MPa,是相邻 4402 运输巷的 2 倍以上,同时,由于煤体的压酥破坏,水平变形压力巨大,U 棚腿所承受的水平侧向压力最大值为 2.57 MPa。

因此,采用小煤柱护巷,为了提高巷道的稳定性,必须避开煤体严重破坏区。

4.3 围岩性质及开采深度

北皂四采区煤$_2$、煤$_4$及其顶底板岩层主要物理力学性质见表1。

表1　　　　　　　　　　　　　　　　　岩石主要物理力学性质

层位	岩石名称	弹性模量 E/MPa	泊松系数 μ	单向抗压强度 R_c/MPa	凝聚力系数 c	内摩擦角
煤$_2$顶	含油泥岩	980.7	0.10	6.57	13	31°6′
煤$_2$	煤	2910	0.31	14.9		
煤$_2$底	粗砂岩	3 138.2	0.31	7.45	10	39°18′
煤$_4$顶	砂质泥岩	1 471.1	0.17	2.29	15	33°51′
煤$_4$	煤	2 760	0.31	14.2		
煤$_4$底	碳质泥岩	2 942.1	0.19	2.45	33	25°30′

当侧向支承压力峰值 σ 接近或高于煤岩柱的抗压强度时,岩石便会产生不同程度的结构损伤,甚至压酥破坏。侧向支承压力峰值 σ 为:

$$\sigma = K \times \gamma \times H$$

式中　　σ——煤岩柱上支承压力峰值;

　　　　K——回采引起的应力增高系数,单侧回采一般取 2~3;

　　　　γ——上覆岩层平均容重,γ 取 25 kN/m^2;

　　　　H——开采深度,m。

陆地四采区东部煤$_2$开采深度为 $-200 \sim -260$ m,回采工作面引起的支承压力增高系数 K 取 2.5,则侧向支承压力峰值 σ 为:

$$\sigma = K \times \gamma \times H = 12\,500 \sim 16\,250 \text{ kN/m}^2 \approx 12.5 \sim 16.3 \text{ MPa}$$

可见,四采区东部煤$_2$回采工作面侧向支承压力峰值 σ 是煤$_2$层顶底板岩层抗压强度的 2 倍,接近和超过煤$_2$层的抗压强度,势必造成煤柱边缘区前部围岩产生塑性变形,而被压酥破坏。

5　结论

(1)采场煤柱边缘区在受到支承压力的强烈作用后,都会发生强烈的变形,使边缘区内的煤体产生结构损伤和压酥破坏,压酥破坏区的宽度对选择沿空送巷的位置、巷道维护影响极大。

(2)龙口矿区煤层及其顶底板岩层力学性质差变形性能强,是煤柱产生压酥破坏区和结构损伤区的客观条件。沿空送巷煤柱保持稳定的基本条件是:煤柱两侧边缘区产生压酥破坏区和破碎裂隙带后,中央煤柱必须处于非压酥破坏区,具有一定的承载能力。

(3)实践研究表明,软岩地层采用小煤柱护巷,在煤体因采动影响而产生的结构损伤区内送巷,一是可以削弱围岩强烈膨胀变形压力对巷道稳定性的影响,二是可以消除区域构造应力对巷道稳定性的影响,在煤柱中央结构损伤区达到一定宽度,具有一定的承载能力后,其护巷效果要优于宽煤柱。

龙口矿区松软膨胀岩层巷道支护新途径

田昭军,刘明明

(山东能源龙口矿业集团有限公司,山东　龙口　265700)

摘　要　随着龙口矿区开采深度的增加,处于成岩松软、强度低、易风化、潮解遇水膨胀的软岩巷道,在高应力的作用下,稳定性变差,支护更加困难,严重影响了矿井的生产,因此探索一种解决软岩巷道支护的新途径,对龙口矿区具有积极的意义。

关键词　松软膨胀岩层;巷道支护;新途径

0　引言

随着龙口矿区开采深度的增加,处于成岩松软、强度低、易风化、潮解遇水膨胀的软岩巷道,在高应力的作用下,稳定性变差,支护更加困难,严重影响了矿井的生产,因此探索一种解决软岩巷道支护的新途径,对龙口矿区具有积极的意义。

1　地质情况

龙口矿区开采新生代第三系煤系地层,煤种为褐煤、长烟煤,煤系统地层总厚度 213 m,井田内两个主采煤层,煤厚 1.5～5.34 m,全井田稳定可采,煤$_4$ 位于煤$_2$ 之下,上距煤$_2$ 层 265～160 m,结构复杂,总厚度变化大。煤系地层主要由泥岩、含油泥岩、黏土岩、碳质泥岩、油页岩及砂岩组成。见图1。

2　煤层二次锚网梁喷支护新工艺应用

北皂煤矿 4403 外运自 3 月 10 日开始采用锚网喷二次支护,二次支护时间滞后一次支护 4～7 d,二次支护的锚杆由于巷道断面变化尺寸不同,以一次支护现有断面为基础重新布置,呈矩形垂直于巷道轮廓线布置,在一次支护两排锚杆中间居中打设,间排距为 600 mm×600 mm。锚喷支护段每 5 m布置一组长期矿压观测站,锚喷试验段共布置巷道表面位移观测站 42 组。

2.1　巷道表面位移观测

2.1.1　一次锚喷支护观测数据

掘巷时平均宽度为 4 403 mm,平均高度为 3 684 mm。一次锚喷支护至二次复喷前,两帮平均移近量为 357 mm,平均移近速率为 71.4 mm/d,最大移近量为 617 mm,最大移近速率为260 mm/d;顶底板平均累计移近量为 1 194 mm,平均移近速率为 238 mm/d,最大移近量为1 968 mm,最大移近速率为 760 mm/d。

2.1.2　二次锚喷支护观测数据

二次锚喷支护前,两帮移近速率为 45～80 mm/d,顶底板移近速率为 90～130 mm/d。

二次支护后,两帮移近速率前期为 4～20 mm/d 范围,后期为 0.7～2 mm/d 左右;顶底板移近速率为 10～20 mm/d 范围。

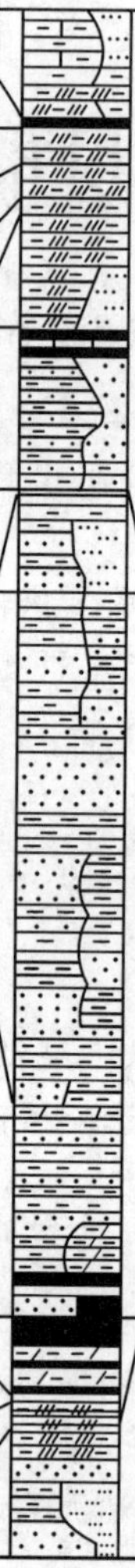

层名	厚度/m	累厚/m	柱状	岩性描述
	15.42	720.73		自上而下为:
煤₁	1.03	721.76		1. 灰、深灰色薄层状粉砂岩,局部夹泥岩,厚7 m;
油₂上	3.00	724.76		2. 灰褐色含油泥岩,富含介形虫,厚约20 m;
含油泥岩	2.83	727.59		3. 浅灰、灰色粗砂岩,分选性较好,成分以石英为主,含植物叶片化石夹黏土岩及泥岩,厚约13 m;
油₂下	0.63	728.22		含煤三层,油页岩一层,即煤₁、煤₂、煤₃、油₂;
含油泥岩	12.22	740.44		煤₁结构简单,煤层稳定,为主要可采煤层之一;
煤₂	3.50	743.94		油₂分油₂上₁、油₂上₂及油₂下三个油分层,结构均单一,较稳定;
粗砂岩	12.89	756.83		煤₂结构简单,夹石1～3层,煤层稳定,为主要可采煤层;
煤₃油₃	0.76	757.59		煤₃油₃结构简单,不稳定,仅局部可采
泥岩粗砂岩	62.26	819.85		自上而下为: 上部灰白、深灰、紫红等杂色黏土岩及粗砂岩,含砾石,夹含砾泥岩,由西北向东南砂岩增多。 中部灰白色粗砂岩,夹黏土岩及泥岩,西部黏土岩增多。 下部灰黑色粗砂岩与黏土岩互层,局部地段粗砂岩及泥岩增多。厚度变化总的趋势由西北向东南变厚。 含煤二层:煤₄上、煤₄及油页岩一层(油₄)。 煤₄上结构较简单,煤层极不稳定。
煤₄上	0.90	820.75		煤₄结构极为复杂,稳定性差,夹石0～18层,一般5～10层,厚度变化极大。大致可分为四煤组:上煤组结构简单,厚度小;二、三煤组区内较稳定,为主要可采煤组;顶板一般为碳质泥岩及泥岩,底板一般为泥岩。
	15.07	835.82		油₄结构简单,夹石1～2层,区内均有分布,西厚东薄
煤₄	13.52	849.34		
泥岩	0.64	849.98		自上而下为: 上部灰绿色,暗紫色粉砂岩夹粗砂岩及泥岩,含砾石。
油₄	2.32	852.30		下部杂色含砾粗砂岩,夹泥岩及黏土岩,砾石成分以石英为主,次为变质岩。
	94.00	946.30		东部砾岩增多,泥岩及黏土岩减少。

图 1 煤系地层综合柱状图

4403 外运联巷锚喷段(第 30 测点)围岩变化曲线、第 28 测点变化曲线分别见图 2、图 3。

2.1.3 锚杆承载观测

一次支护锚杆平均初锚力为 5.26 kN,平均轴向力为 39.8 kN,最大轴向力为 50.63 kN。

二次支护锚杆平均初锚力为 4.65 kN,平均轴向力为 30.76 kN,最大轴向力为 48.5 kN。

2.1.4 巷道深部围岩位移

根据锚喷段安装的 ACLY-Ⅱ顶板离层指示仪变化资料来看,巷道右帮 5 m 以内的围岩碎涨变形量占单侧帮(右帮)位移总量的 23%～39%;5 m 以外深部围岩碎涨变形量占单侧帮位移总量的 61%～73%。

巷道顶板 5 m 以内的围岩碎涨变形量占顶板下沉总量的 64%～87%;5 m 以外深部围岩碎涨变形量占顶板下沉总量的 13%～36%。顶板下沉量占顶底板移近总量的 2%～6%。

2.2 二次锚喷试验段支护效果分析

2.2.1 围岩表面位移对比分析

锚套 U36 段掘后 30 日内,两帮平均移近量为 820 mm,平均移近速率为 24 mm/d;顶底板累计移近量为 3 844 mm,平均移近速率为 128 mm/d。

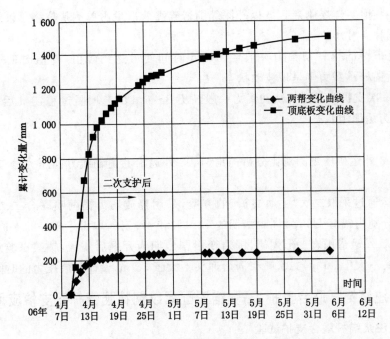

图2 4403外运联巷锚喷段(第30测点)围岩变化曲线

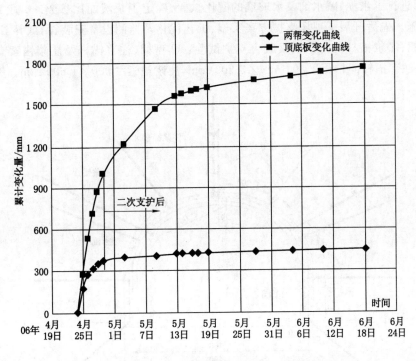

图3 4403外运联巷锚喷段(第28测点)围岩变化曲线

二次锚喷支护段掘后30日内,两帮平均移近量为457 mm,平均移近速率为15.2 mm/d,为锚套U36段的52.1%;顶底板累计移近量为1 680 mm,平均移近速率为56 mm/d,为锚套U36段的47.7%。

2.2.2 巷道深部围岩位移对比分析

通过对比锚套U36段与锚喷段安装的ACLY-Ⅱ顶板离层指示仪变化资料来看,不同特点是相同时间内锚喷段2.0 m(锚固范围)以内的围岩碎涨变形量小于U36段,为U36段的30%~

65%；相同特点是巷道实体煤侧帮 5 m 以外深部围岩碎涨变形量占单侧帮位移总量的 61% 以上。

2.2.3 锚杆承载特点对比分析

锚套 U36 段布置的锚杆初锚力一般经历 2 d 时间便可达到峰值，峰值时的平均轴向力为 25.86 kN，3 d 后锚杆承载力则呈现波动状态。

锚喷试验段一次支护中的锚杆从初锚力一般经历 3～6 d 的急增阻过程，3 d 后平均轴向力为 37.6 kN，其后则为缓增阻状态。

2.2.4 观测结论

（1）通过 4403 外运矿压观测对比分析得出，4403 外运沿巷道轴线方向压力分布的特点为：自西向东逐渐增大。

（2）4403 外运通过采取二次"主动支护"的方案，采用释放压力锚网喷联合二次支护后，两帮及顶底板变形量分别为锚套 U36 段同观测期的 52.1% 和 47.7%，取得了较好的支护效果。

（3）根据 4403 外运道围岩变形规律，围岩变形剧烈期为开掘后 4 天，锚喷试验设计二次锚杆打设要求滞后迎头不大于 30 m，二次喷浆滞后迎头不大于 36 m，设计释放压力的时间是合理的。

4 锚注锚索与注浆锚杆联合支护、高强锚索配螺纹钢补强锚杆新支护应用

4.1 锚注锚索与注浆锚杆联合支护试验

该项目在梁家煤矿 4606 材料巷进行，首先对 4606 材料巷地质构造、巷道破坏情况进行了研究分析，并在地面进行了水泥、减水剂及水玻璃的配比试验，确定了浆液配比参数。8 月 10 日开始支护试验现场实施。先后开展了现场支护方案实施、工艺优化及监测设备安装、测试等工作。

（1）U 型棚、注浆锚杆及注浆锚索联合支护试验：U 型棚、注浆锚杆及注浆锚索支护，U36 型棚间距 0.8 m，注浆锚杆间排距 1 200 mm×3 200 mm，注浆锚索 2 000×1 600 mm。见图 4。

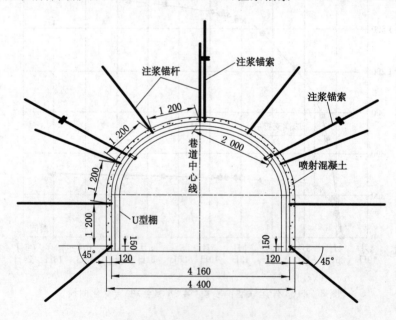

图 4　U 型棚、注浆锚杆及注浆锚索联合支护

（2）U 型棚、注浆锚杆联合支护试验：U 型棚配合注浆锚杆，U36 型棚间距 0.8 m，注浆锚杆间距 1 200 mm×3 200 mm。见图 5。

（3）注浆锚索与注浆锚杆联合支护试验：注浆锚索配合注浆锚杆，注浆锚索间距 @＝2 000 mm×1 600 mm，注浆锚杆间距 @＝1 200 mm×1 600 mm。见图 6。

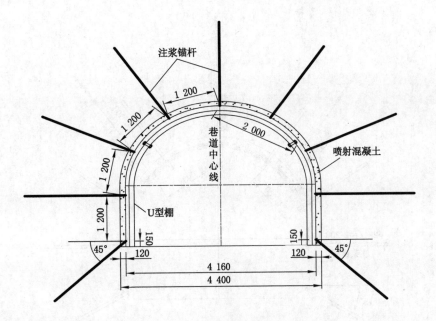

图 5 U 型棚与注浆锚杆联合支护

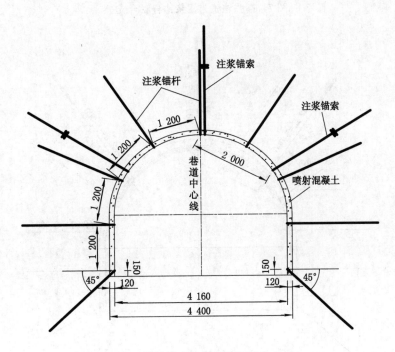

图 6 注浆锚索与注浆锚杆联合支护

(4)高强锚索与注浆锚杆联合支护试验:高强锚索与注浆锚杆联合支护,高强锚索间排距@＝2 000 mm×1 600 mm,注浆锚杆间排距@＝1 200 mm×1 600 mm。见图 7。

4.2 高强锚索配补强锚杆支护试验

7～12 月份先后在 4606 运输巷、4606 切眼、4606 改造材料巷(东)、4606 切眼上下四岔口掘进施工中以及 4606 运输巷(返修)、4606 材料巷(返修)多个掘进、返修地点进行了高强锚索配螺纹钢补强锚杆支护的试验。

支护参数:高强锚索与补强锚杆联合支护,锚索间排距@＝2 000 mm×800 mm,补强锚杆间排距@＝800 mm×800 mm。见图 8。

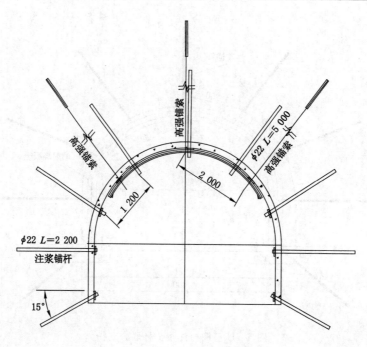

图 7　高强锚索与注浆锚杆联合支护

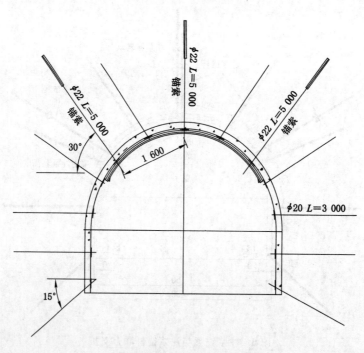

图 8　高强锚索配螺纹钢补强锚杆支护

4.3　支护材料相关参数

（1）注浆锚杆：注浆锚杆采用 MLX50-28/32Z 型中空注浆螺旋锚杆，长度 2 200 mm。（型号含义：M——锚杆；LX——螺旋式；50——杆体破断载荷 50 kN；28——钻孔直径 28 mm；32——杆体外径 32 mm；Z——注浆）

（2）注浆锚索：注浆锚索采用 SKZ22-1/1770 型注浆锚索，ϕ22 mm，长度 6 000 mm。每支锚索采用 2 支树脂药卷进行锚固，里端一支为 MSCKϕ28L500 mm 树脂药卷，其余一支为 MSϕ28L500 mm 树脂药卷。（型号含义：S——锚索；K——矿用；Z——中空锚注；22——锚索体直径 22 mm；

1——钢绞线根数为1；强度——1 770 MPa）

（3）高强锚索：采用 $\phi22$ 钢绞线加工而成，长度 5 m。每支锚索采用 3 支树脂药卷进行锚固，最里端一支为 MSCK$\phi28L500$ mm 树脂药卷，其余两支为 MS$\phi28L500$ mm 树脂药卷。

（4）无纵肋螺纹钢式树脂锚杆：采用 $\phi20L3~000$ mm 无纵肋螺纹钢式树脂锚杆，杆体内径均为 20 mm，杆体抗拉强度≥660 MPa，杆体屈服强度≥660 MPa。

（5）顶板支护锚杆 MSGLD-335/20×2 250 mm 螺纹钢锚杆，锚梁固定锚杆均采用 MSGLD-335/20×2 500 mm 螺纹钢锚杆，补强锚杆采用 MSGLD-335/20×3 000 mm 螺纹钢锚杆，其他支护锚杆采用 MSGLD-335/18×2 250 mm 螺纹钢锚杆。每支锚杆采用 1 支 MSK$\phi23L600$ mm 树脂药卷进行锚固。

（6）浆液及配比：单液浆水泥水灰比（水∶水泥，质量比）为 0.4∶1，不超过 0.6∶1，浆液水泥含量尽量高；高效减水剂加入量为水泥用量的 1.5% 左右，根据浆液流动性及注浆难度酌情增减，掺入量以 1.0% 和 2.0% 为下限和上限。

（7）注浆压力及注浆量：注浆过程中缓慢升压，采用注浆锚杆时注浆压力不大于 3 MPa，采用注浆锚索时注浆压力不大于 5 MPa。单孔注浆量以 2～4 袋为宜，不少于 1 袋，不多于 5 袋。

4.4 矿压观测及数据分析

4.4.1 矿压观测情况

巷道表面位移监测结果显示，试验方案的巷道围岩变形量明显小于原支护方案，原支护方案顶底板平均移近量 1 217.9 mm（其中顶下沉 130 mm），两帮平均移近量 583.4 mm；采用锚注支护方案后，顶底板平均移近量 765.8 mm（其中顶 57.6 mm），两帮平均移近量 459.4 mm。说明采用锚注支护方案取得了良好的巷道围岩控制效果。各支护方案的巷道表面位移监测结果见表 1。

表 1   **各支护方案的巷道表面位移监测结果统计表**

项目		巷道累计变形量					累计时间/d	各测点位置	备注
		顶底板移近			两帮移近				
测点		变形量/mm	速率/(mm/d)	顶沉量/mm	变形量/mm	速率/(mm/d)			
材料巷	1#	1213	9.9	186	623	5.1	122	84.6	原 U 型棚支护段
	2#	1 075	9.0	101	575	4.8	119	85.3	
	3#	1 182	9.9	168	560	4.7	119	85.6	
	4#	1227	10.3	32	510	4.3	119	86.7	
	5#	1 335	11.2	65	520	4.4	119	88.0	
	6#	1 077	9.7	43	528	4.8	111	89.2	
	7#	1416	12.8	315	768	6.9	111	90.2	
	8#	1 200	14.5	100	465	5.6	83	91.2	U 型棚与注浆锚杆联合支护
	9#	870	12.1	65	295	4.1	72	91.8	
	10#	1241	15.0	338	591	7.1	83	92.6	
	11#	637	8.8	155	430	6.0	72	93.5	
	12#	858	11.9	34	470	6.5	72	94.5	注浆锚索与注浆锚杆联合支护试验（不架棚）
	13#	709	9.8	65	243	3.4	72	94.8	
	14#	697	9.7	25	463	6.4	72	95.3	
	15#	772	10.7	100	471	6.5	72	96.5	
	16#	793	11.5	65	650	9.4	69	97.5	

续表 1

项目 测点		巷道累计变形量					累计时间/d	各测点位置	备注
		顶底板移近			两帮移近				
		变形量/mm	速率/(mm/d)	顶沉量/mm	变形量/mm	速率/(mm/d)			
改造切眼	17#	418	7.9	70	225	4:2	53	切眼 99.4	高强锚索与注浆锚杆联合支护试验（不架棚）
	18#	885	16.7	45	325	6.1	53	切眼 100.2	
	19#	750	14.2	88	328	6.2	53	切眼 101.1	
	20#	900	17.0	150	203	3.8	53	切眼 102.7	
	21#	435	9.7	125	180	4.0	45	切眼 104	
	22#	800	17.8	100	250	5.6	45	切眼 105.1	注浆锚索与注浆锚杆联合支护试验（不架棚）
	23#	580	14.9	115	310	7.9	46	切眼 106.5	
	24#	945	27.0	0	253	7.2	42	切眼 107.4	
	25#	1 040	29.7	185	400	11.4	42	切眼 108.4	
	26#	1 065	33.3	95	315	9.8	39	切眼 109.6	

4.4.2 简要分析结论

（1）常规矿压监测结果表明：U型棚＋注浆锚杆＋注浆锚索支护方案和注浆锚杆＋注浆锚索支护方案的围岩变形量整体相差较小，且变形量均在允许值范围内，采用注浆锚杆＋注浆锚索支护方案能够取得良好的巷道围岩控制效果；U型棚＋注浆锚杆＋注浆锚索支护方案中，拱架的受力最大值仅为 107 kN，远小于拱架的屈服强度，注浆锚杆＋注浆锚索方案能够有效地增强巷道围岩强度，使围岩作用于拱架上的力明显减少，而 U型棚对围岩地控制作用不明显。

（2）围岩松动破坏范围探测结果表明：注浆前后的围岩完整性相差较大，注浆前围岩松动破坏范围大于 8 m，注浆后围岩的松动破坏范围为 1～2 m，注浆提高了围岩的稳定性；现场对探孔进行观测，发现注浆前的探孔在 1～2 h 后出现较严重的塌孔现象，而注浆后的探孔在一周后仍然较完整，注浆对围岩具有较好的控制效果。

（3）锚杆拉拔力测试结果表明：普通锚杆和注浆锚杆在注浆前的锚固力均较小，初注浆 1～2 h 后和注浆 2～4 d 后锚杆的锚固力比注浆前分别提高 1.17～2.42 倍和 2～6.4 倍。这是注浆前围岩比较破碎，无法给锚杆提供有效的着力基础所致。注浆后围岩的稳定性增强，同时浆液将锚杆与围岩固结，形成全长锚固状态，极大地提高了锚杆的锚固力。

（4）使用的高强锚索长 5 m，试验范围均属实体围岩。顶板高强锚索受力由初始 22.5 kN 升至 48 kN；左腮部锚索由初始 65 kN 升至 232 kN；下腮部锚索由初始 83 kN 升至 215 kN。锚索受力增加幅度在 113%～256%。可以看出巷道一侧的腮部受力状态较差，但是总体受力较好。从观测看，高强锚索受力不超过 240 kN，接近这一数值后，迅速衰减，然后再上升，具体原因尚需要专题分析。

4.5 效果分析

4.5.1 锚注锚索与注浆锚杆联合支护试验段

（1）U型棚、注浆锚杆及注浆锚索联合支护试段与 U型棚、注浆锚杆联合支护试段，巷道状态良好。

（2）注浆锚杆及注浆锚索联合支护试段与高强锚索与注浆锚杆联合支护试验段，顶底板、两帮变形量都不超过锚网喷锚梁 U型棚联合支护段变形量，巷道没有出现大变形破坏的情况，注浆锚索最大受力值可达 257 kN、313 kN，目前支护效果较好。但由于注浆时间较短，还需进一步的矿压观测和分析。

4.5.2 高强锚索配螺纹钢补强锚杆支护试验

通过进行多段锚网喷锚梁与 $\phi22$ 高强锚索联合支护试验，结果显示目前巷道状态良好，锚索最大受力 230 kN、210 kN 左右，目前正在进行进一步的矿压观测和分析。

4.6 效益对比

各种支护形式经济效益测算，以原锚网喷梁 U36 型棚为基数进行对比考核，通过支护改革，共计节省材料费用 172.7 万元。

5 结论

（1）在龙口矿区煤层中要根据区域原始应力分布规律，因地制宜合理选择巷道支护形式，区域巷道采用二次锚网梁喷支护、锚注锚索与注浆锚杆联合支护、高强锚索配螺纹钢补强锚杆支护等，在技术上是可行的，经济上也是合理的，也为今后在类似区域应力条件下选择巷道支护形式创出了一条新路。

（2）在巷道过断层或临近断层施工时，要采用较强的支护方式，采用二次锚网喷支护时要加打锚梁，并且二次锚喷后要进行套明棚加强支护。

（3）顶板破碎无法进行锚喷支护时，可采用棚喷支护，但应及时在喷体外加打布置锚杆、护帮锚杆及棚腿固定锚杆等。

总之，不同岩性、不同深度、不同层位支护形式选择也不尽相同，要根据矿压观测参数，因地制宜，宜强则强，宜弱则弱，选择适用现场生产条件最优支护方式。

龙口矿区软岩支护技术研究与实践

徐永俊,姜作华,张世波

(山东能源龙口矿业集团有限公司,山东 龙口 265700)

摘　要　软岩巷道支护一直是制约煤矿安全、高效生产的瓶颈问题,随着煤炭开采向纵深发展,软岩巷道支护问题就越来越突出。通过深入研究龙口矿区井田软岩地质条件岩层属性及巷道开挖后矿压显现特性,在实践中摸索支护形式,认真分析总结多年来的工程实践,结合地质特征及巷道变形破坏规律,提出支护对策,并根据现场变化不断优化完善,逐渐形成了龙口矿区软岩巷道综合支护技术。

关键词　软岩特征;破坏状态;支护技术

1　概述

龙口矿区井田成煤于新生代第三系,含煤地层 145～213 m 的岩性多为泥岩、粘土岩、含油泥岩、碳质页岩和胶结松散的砂岩。岩层单轴抗压强度为 5.3～44.3 MPa,大部分小于 20 MPa。内摩擦角为 26.3°～ 32°;节理裂隙发育,松散破碎。大部分岩层中含有蒙脱石(最高为 68.4%)、高岭土膨胀性矿物,易吸水崩解,膨胀性强(最高为 24.5%)。围岩自稳时间短,具有显著的流变特性。

主要可采煤层为煤 2、煤 4 层位,其中煤 2 层煤层厚度为 2.0～5.34 m,平均为 3.5 m,煤层顶板为含油泥岩,厚度为 13 m 左右,岩层致密、韧性大、层位稳定,属于中等冒落顶板;底板为砂质泥岩、泥岩及黏土岩、粉砂岩及中粗砂岩,遇水膨胀泥化变软。煤 4 层煤总厚度在 10.7～11.8 m 之间,平均为 11 m,煤层结构复杂,含夹矸 20 层左右,夹矸总厚度在 3.5 m 左右,纯煤厚度在 7.5 m 左右。按夹矸的稳定性,煤层的厚薄和夹矸的厚度,煤 4 自上而下可划分为 8 个分层。其中,夹矸在全层上下两端多、中间少;煤层直接顶为泥岩,厚度一般在 1.8 m 左右,其上为泥岩砂岩互层,厚度为 61.3m,强度低、易冒落;直接底为泥岩,厚度在 0.56m 左右,强度低、具有遇水膨胀、泥化的特点。

根据多年来的井巷工程实践,煤 1 油 2 的工程稳定性最好,煤 2 层次之,煤 4 层底板 8 m 下碳质泥岩和断层破碎带最不稳定,一旦进入巷道极难维护。因此,煤 2 层巷道设计一般选择沿煤层底板施工,煤 4 层巷道一般选则在煤 4-6 底板上 500 mm 为巷道底板施工,留底煤是为避免巷道进入煤 4～7 中极易底鼓。在最初延深煤 4 层准备巷道时,由于巷道施工层位进入煤 4 底板或在煤 4 底板下极难维护的岩层掘进,造成巷道大量被压垮,多次返修后仍不能满足施工需求。

2　软岩巷道矿压显现特征

龙口矿区软岩地层具有如下特征:

(1)围岩强度低,煤体、顶底板围岩松散破碎不成层,自承能力差,自稳时间短,短时间内围岩就呈现出明显压力并失去自稳,巷道开掘后,2 h 内围岩便失去自稳,顶帮爆裂片落。因此也就决定了软岩支护必须及时、迅速,并达到对围岩的有效封闭,杜绝风化剥落的渠道,最大限度地保持围岩自身强度。

(2)围岩具有高饱和吸水率以及强烈的膨胀性和流变性,尤其以泥岩和碳质泥岩表现明显,一旦吸水即表现出强烈的膨胀性,并且具有渗透性,表层围岩吸水后向深层岩层传递,造成吸水越多膨胀越强烈。掘巷后必须进行迅速而又有一定强度的支护,及时封闭围岩,杜绝吸水膨胀,达到巷道支护的目的。

(3)围岩极具干扰性和崩解性,抗干扰性弱,爆破震动能导致围岩结构的变化,加大表层围岩的裂隙,造成表层围岩崩解,同时受扰动距离也相当远,通常煤2层位互扰距离为30~40 m,煤4层位互扰距离达60余米。因此为满足支护需求,巷道设计时必须合理布置,避免互扰。

(4)围岩的塑性变形大,持续时间长。开掘后至破坏一般分为三个阶段:

速变期(弹性变形期):通常为开掘后7~15 d,宽度变形为150~300 mm,高度变形为200~900 mm。

缓变期(塑性变形期):通常为巷道开掘15~70 d,特征是宽度变形大于高度变形。

剧变期(塑性变形期):由于围岩吸水潮解变软降低了自身强度,施加在支护体上的压力增加,围岩的膨胀变形促使了支护体的破坏,导致巷道变形破坏的加速。此时,巷道的高宽变形量都明显增加,为延长巷道使用寿命,满足生产需要,通常采用补强手段,即在巷道进入C段变形区域前,对巷道进行补强支护。

(5)围岩的松动性。根据超声波围岩探测仪及锚爪绞线重锤位移观测测得:巷道掘出后的围岩松动圈大致是椭圆形的,其长轴平行于围岩层理方向。矿井投产初期,由于开采深度浅,开采条件好,围岩松动的范围深达0.6~1.9 m不等,但随着矿井开采范围不断扩大,开采条件差,老空区逐渐变多,围岩的松动范围主要集中在1.0~2.5 m之间,局部离层松动达到3.5~4.0 m,回采巷道受采动超前压力影响可达5.0~6.0 m。靠近巷道轮廓线的一圈特别酥松,形成所谓的"松散破碎带",成为影响支护的重要原因。

3 龙口软岩巷道破坏状态

总结龙口矿区建井以来巷道破坏形态,主要表现为三种类型。

3.1 膨胀流变破坏型

这种破坏形式主要是以原下组煤暗斜井延深工程因设置-550 m辅助水平大巷为代表,共310 m巷道进入煤4底板中,其中118 m巷道进入煤4底板下8 m附近的极难维护的岩层中,造成暗斜井底部大量巷道被压垮,底板膨胀鼓起,拱顶下沉,两帮收敛,发生鞍形大变形,巷道几乎被压实堵死,即使采取了一次锚网喷、二次双层料石碹(或灌注)的复合支护方式,经多次加强翻修后仍无法正常使用,工程停滞不前。

3.2 近距离扰动破坏型

这种破坏类型是由于矿井开采延深不断加大,无法加大距离布置巷道,巷道密度过大而支护强度相对不足,造成近距离巷道交替破坏。如梁家煤矿-550 m辅助水平暗斜井井底车场、泵房、泵房通道、泵房管子道、大巷、电机车修理间均为近距离布置,巷道间距为20~28 m,近距离巷道施工时相互干扰,造成该区域岩层失稳,造成巷道难以支护;如北皂煤矿集中轨道上山、集中皮带上山顶部-313片巷道,部分巷道间距为10~35 m,局部巷道密度大,空间关系复杂,相互扰动;北皂矿集中上山底部巷道间距为15~40 m,局部巷道密度大,相互扰动;集中轨道上山、集中皮带上山间距为25 m,相互扰动。以上巷道支护困难,并且巷道极易破坏,多次进行了返修处理。

3.3 动压扰动破坏型

这种破坏类型是由于工作面开采过程中超前支承压力向巷道传播,留设巷道保护煤柱宽度不够(超前支承压力影响范围约150 m,而上山保护煤柱实际留设50~120 m),巷道支护强度相对不足引起的。如梁家矿集中轨道上山(沿煤 2 布置)、集中皮带上山(沿煤 3 油 3 布置)采用直墙半圆拱锚网喷锚梁支护,静压期巷道变形很少,基本保持完好,西侧工作面相继开采后,在动压的扰动下,巷道发生大变形破坏,影响提升运输,只得进行返修。北皂矿煤煤 2一采区、二采区轨道上山(沿煤 2 布置)、皮带上山(沿煤 2 布置)、回风上山(沿煤 1 油 2 布置)均受到两侧工作面超前支承压力的严重影响,进行了返修。

3.4 整体垮冒破坏型

发生在单一锚网喷支护的顺槽中或联合支护巷道的一次锚网喷支护中,局部巷道顶板岩层在重力的作用下整体冒落,并向上及两侧扩展,形成蘑菇状冒落区。其原因是由于局部围岩特别松散、胶结性差,或巷道掘进遇到断层或弱面,爆破震动致使顶板岩层松胀,锚杆锚固深度、角度不合适所致。

4 龙口矿区软岩巷道支护理念

根据新奥理论,结合龙口矿区软岩的基本特点:松软、吸水、膨胀。确定支护的基本要求是有限让、积极抗、抑制胀。确定支护的两个原则:一是让围岩有限卸压,从而降低支护所需强度,最大限度减少支护投入。二是一定限度地加强支护强度,防止围岩或煤体严重破碎,从而引发支护形式不能满足强度需求而形成巷道破坏。

同时应做到两个保证:一是要保证支护的及时性,及时禁锢围岩,形成挤压加固承压拱,提高围岩的自身承载能力,确保巷道安全;二是要保证支护体有足够的强度抵抗原岩应力,满足支护要求。

5 龙口矿区联合支护体系的确立

5.1 锚网喷锚梁支护形式

5.1.1 支护机理

在锚喷网锚梁联合支护形式中,锚杆是支护的主体,它将松动圈内的破裂围岩重新组合起来形成挤压加固组合拱,同时起到悬吊、围岩补强、减小跨度的作用;喷层起封闭围岩的作用。由于软岩巷道围岩变形明显,通常的刚性喷层不能适应大变形要求,因此增加金属网在锚喷网组合拱支护中显得非常重要,尤其是煤巷锚网组合拱支护中其作用更为明显。

金属网主要有以下几个作用:

(1)金属网同喷层结合在一起,提高了喷层强度和抗变形能力;

(2)金属网同锚杆组成一体,维护组合拱的稳定,调节锚杆受力状态;

(3)金属网同喷层一起防止锚杆之间破裂岩块的冒落。

锚梁是基于冒顶的原因分析提出来的,软岩巷道冒顶通常是因顶板岩层沿巷道两腮向斜上方产生两条剪切裂隙,以及较大离层大于锚杆锚固长度,而锚网喷形成的支护体不足以维持离层覆岩的自重,稍有外力影响,即造成顶板离层覆岩沿两条剪切裂隙冒落,冒落体多为倒楔状。锚梁的支护机理有以下几点:

(1)形成承压拱:由于锚杆的悬吊作用,固定锚梁的三组锚杆将巷道顶板沿锚梁及其固定锚杆锚固端之间形成一个整体的挤压承压拱,共同承压。

(2)多点平衡支承作用:锚梁为刚性,使锚固锚杆通过锚梁均匀受力;同时锚梁能阻止顶板的局部变形,从而改善顶板受力状况,使顶板支护体尽可能地均匀受压。

(3)板梁作用:根据上述巷道冒顶情况分析,冒落区通常为倒楔形,这样锚梁通过两端固定锚杆与水平呈 30°～45°夹角,深入上覆相对稳定岩层,从冒落区以外将锚梁两端进行固定,形成板梁,将巷道顶部抬起,阻止其下沉。

5.1.2 施工工艺

锚梁固定一般采用 3 组 6 根 $\phi18$ mm×2 250 mm 的 A3 圆钢锚杆配 $\phi35$ mm×400 mm 树脂药卷端头锚固,中间一组锚杆垂直于顶板,两肩锚杆与水平夹角为 30°～45°,锚梁施打间距为 1 000 mm,个别压力显现较大或顶板破碎巷道可适当将锚梁施打间距调整到 700 mm～800 mm。首先施打好中间一组固定锚杆,然后上梁。上梁时,必须在一名有经验的老工人的统一指挥协调下进行,两人抬梁,一人扶梁,一人上连板及螺丝;中间一组锚杆上好连板及螺帽后,临时固定住锚梁,然后根据中、腰线调整好锚梁间距与水平,最后施工两端的二组固定锚杆。

5.2 锚网喷锚梁支护形式的补充支护形式

5.2.1 架棚支护(可伸缩 U 型钢棚支护)

采用的棚的材质有木棚、工字钢梯形棚、槽钢棚、U 型棚。由于木材的强度低成本高,除了处理冒顶或加固待返修的锚喷巷道及一些临时支护外,很少再采用木棚支护。槽钢棚由于强度较低,不能有效支护巷道,现已逐渐被代替。工字钢梯形棚采用 11$^\#$ 矿用工字钢加工而成,多用于巷道加固支护,棚距视压力而定,由于工字钢棚加工方便,又便于回收整形复用,前几年使用较普遍。但近几年来发现,由于其顶梁为平的,受力后很快压弯,失去支护效果。U 型钢棚具有强度大、可缩性较好,能较好地适应软岩收敛变形的特点,并且架设方便,因此多用于锚网喷锚梁支护巷道压力显现较大时的加固及巷道开门口、贯通等的临时支护或加固,以及回采工作面临近停采线时的回采、准备巷道的加固,成为锚网喷锚梁支护的必要的补充。架设时首先必须保证卡揽螺丝的紧固力,并将棚后背实背严,保证棚与巷道顶帮全部实现面接触,避免点接触形成受力薄弱点。在钢棚受压收缩后,有足够支护强度,而不被压弯或压扭;同时为保证钢棚的稳定性,必须采用至少 3 组 6 根锚杆固定好排头棚,并将每 2 架钢棚用至少 3 道拉杆相连。

5.2.2 复合支护

复合支护是指采用一次支护锚网喷,二次支护料石碹或混凝土灌注支护,是服务年限较长的开拓或准备巷道常用的一种支护形式,巷道断面多设计为马蹄形,带返底拱。料石规格 350 mm×250 mm×(150+180)mm;灌注混凝土采用 C25～C30 混凝土,底拱均采用料石砌并铺抹 50mm 砂浆。该种支护形式多用于硐室、采区上下山、主要回风道及锚网喷锚梁支护不能满足要求的巷道,除此之外,绝大多数的巷道采用锚网喷或锚网喷锚梁就可满足支护需求。

5.2.3 双层锚网喷带返底拱支护技术的应用

为加快巷道掘进速度满足接续需求,我们将锚网喷锚梁支护技术拓展进入了原来一直采用复合支护的开拓巷道以及回采巷道开门口支护中,即一次支护锚网喷支护,采用双层 $\phi4$ mm 金属网、$\phi18$ mm×2 250 mm 麻花树脂锚杆,锚杆间排距为(800～900) mm×(800～900)mm,喷浆厚度为 70 mm。第二层采用 $\phi6$ mm 单层网、$\phi18$ mm×2 250 mm 麻花树脂锚杆,锚杆间排距为(800～900) mm×(800～900) mm,锚杆与第一层锚杆插花布置,喷浆厚度 80 mm。在第二层锚网完毕,复喷前施打锚梁,铺设反底拱后复喷至设计厚度。为防止巷道底板见水后底鼓,我们采取了加做料石底拱的方法。

5.3 棚拱喷支护在洼里煤矿深部支护的应用

龙矿集团洼里煤矿进入十二采区深部开采后,压力显现明显,通过探索试验,目前回采巷道采用的工字钢棚喷加料石底拱支护能够较好地适应深部地质矿压条件。

5.4 海域支护采用高强度 U36 棚浇支护

龙矿集团北皂煤矿海域回采巷道,属于极典型三软地层,矿压显现极为严重,通过多年的实践,我们一般采用高强度的 U36 钢棚壁后浇支护,虽然投入比较大,一米巷道仅定额材料费就接近一万元,但这种棚浇支护基本上能满足回采需要。

5.5 深部软岩锚网喷梁与锚注锚索（或高强锚索）、注浆锚杆（或补强锚杆）联合支护

龙矿集团梁家煤矿煤 4 六采区巷道延伸至 $-500\sim600$ m，进入深部复杂条件下软岩层，常规支护难以支护。在回采巷道为方便综掘机施工，一次支护采用锚网喷、锚梁复合支护，二次架设 U36 钢棚支护，巷道材料投入大，但效果并不好，巷道失修严重，特别是靠近采空区侧巷道支护极其困难，为此引入锚网喷梁与锚注锚索（或高强锚索）、注浆锚杆（或补强锚杆）联合支护，并取得了良好的效果。

5.5.1 支护机理

锚索支护目前普遍认为主要起到悬吊作用，锚索必须深入到稳定岩层进行锚固生根，通过锚索强大的拉力将离层、松动围岩拉起，但是梁家煤矿难以找到稳定岩层，因此我们将锚索的作用机理从另一个方面进行推演。

锚网喷支护控制表层围岩，形成一次承压的"组合拱"进行支护；中长度锚索将锚网喷支护形成的承压拱锚固于相对稳定岩层，同时形成新的加厚的承压"组合拱"，使之更趋于稳定，这种"组合拱"产生的连续压缩带，提高了围岩的整体性和内在抗力，能够有效地控制围岩破坏变形的发展。

注浆将松散围岩再次固结起来，将围岩缝隙用水泥混合浆充填起来，增强了围岩本身的强度，起到更好自主支撑的作用，有效阻止了水、气的侵蚀，更使周边的端头锚固锚杆变成了全锚，增强原锚杆锚固力和锚固效果。特别是靠近采空区的巷道，支护效果更为明显。

5.5.2 支护工艺

支护方式主要有两种：

第一种方式，锚网喷锚梁与锚注锚索、注浆锚杆联合支护（见图 1）。一次支护采用锚网喷、锚梁复合支护，一次支护在综掘机前进行即时支护，在综掘机后（即迎头后 15 m 左右）施打锚注锚索以及注浆锚杆，复喷后进行注浆。锚索施打在锚梁空中，间距为 1.5 m，排距为 1.6 m；注浆锚杆间距为 1.5 m，排距为 1.6 m，注浆时由下而上，隔排交替注浆（即先注 1、3、5…排，再注 2、4、6…排）。

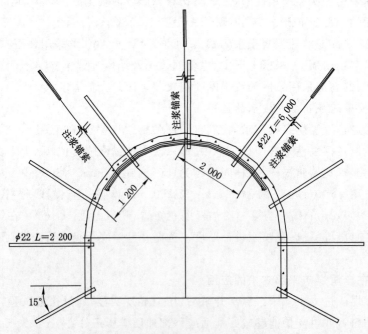

图 1 锚注锚索、注浆锚杆联合支护示意图

第二种方式，锚网喷锚梁与高强锚索、补强锚杆联合支护（见图 2）：一次支护同上，复喷后在综掘机后（即迎头后 18～20 m）施打高强锚索，锚索施打在锚梁空中，间距为 1.5 m，排距为 0.8 m；同

时施打补强锚杆,补强锚杆采用3 m长螺纹钢锚杆,间排距均为0.8 m。

综上所述,几年来通过深入研究龙口矿区软岩地质条件岩层属性及巷道开挖后矿压显现特性,针对巷道自稳期短、压力显现快、塑性变形大、持续时间长,同时围岩极具强膨胀性、扰动性、崩解性、流变性的特点,在实践中摸索支护形式,认真分析总结多年来的工程实践,结合巷道变形破坏规律提出支护对策,并通过反复实践,逐步建立了回采巷道锚网喷锚梁联合支护、锚网喷梁索联合支护、锚网喷梁索注浆联合支护,准备巷道复合支护(一次支护锚网喷、二次支护砌碹或灌注带底拱)、开拓巷道双层锚网喷带返底拱,动压影响下开准巷道采用U型棚加固、锚钉网喷加固等手段的支护体系,并根据现场变化不断优化完善,逐渐形成了龙口矿区独具特色的软岩巷道综合支护技术。

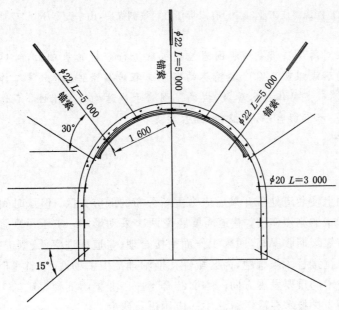

图2 高强锚索配螺纹钢补强锚杆支护示意图

6 结束语

龙口矿区通过在实践中开展软岩巷道综合支护技术研究与实践,确定了以锚网喷、锚网喷锚梁锚索为主要支护手段,工喷、U喷、砌碹、灌注为辅助的多种支护形式,在软岩巷道支护方面取得了较大成功,但仍缺乏系统的深入研究,还需进一步对围岩的松动圈、构造应力场进行实际测定,利用先进的围岩变形观测设备,对围岩深部及表层位移进行观测,进一步优化确定锚网喷支护的锚杆长度、间排距、喷层厚度等,仍需在支护形式和支护材料等方面进行进一步的改进和完善,减少支护投入,努力提高矿井经济效益,保持矿井可持续发展。

薄煤层沿空留巷围岩控制技术的研究与应用

竺晓兵,曹东京,单天琦

(山东能源枣庄矿业(集团)有限责任公司滨湖煤矿,山东　枣庄　277515)

摘　要　通过在对薄煤层沿空留巷围岩控制机理进行分析的基础上,针对山东能源枣庄矿业(集团)有限责任公司滨湖煤矿 12202 运输巷的实际工程地质条件,提出该工作面采用沿空留巷锚索梁联合支护的方式,确定具体技术参数,提高了围岩承载结构的整体性,有效控制了巷道的变形。

关键词　薄煤层;沿空留巷;围岩控制;锚索梁支护

0　引言

沿空留巷从空间上使巷道处于开采后应力重新分布的低应力区,但从时间上无法避免采动支承应力重新分布过程中的剧烈作用,巷道需要经受两次采动影响,矿压显现强烈,巷道维护难度大。但沿空留巷具有煤炭回收率高,回采工作面衔接合理、巷道掘进率低、掘进排矸少的优点,采用沿空留巷可以解决采掘接替紧张难题,为区域性瓦斯治理提供了场地、节省了时间。因而,沿空留巷一直是煤炭开采技术的重要发展方向。本文结合枣庄矿业集团滨湖煤矿的 12202 运输巷对锚索梁支护配合工字钢棚支护技术在沿空留巷中的应用进行研究。

1　工程概况

12202 工作面走向长度 1 460 m、倾斜长度 200 m,开采深度−518～−631 m。煤层可采厚度平均为 1.35 m,煤层倾角 4°～10°。12 下煤直接顶以泥岩为主,厚度为 1.05～5.65 m,平均厚度为 4.68 m,顶板岩石强度为 2～4,极易冒落;直接底(八灰)厚度为 0.83～4.18 m,岩石强度为 4～6,普含泥岩伪底,厚为 0.05～0.30 m。根据 12 煤的地质特点和 12202 工作面的具体情况,我们确定 12202 工作面运输巷留巷长度为 360 m,下一步作为与之相邻的 12206 工作面的运输巷使用。

2　沿空留巷围岩控制机理

根据岩层控制的关键层理论,对沿空留巷来说关键层主要指基本顶岩层,它破断后形成的"砌体梁"结构将直接影响沿空留巷的稳定性。巷旁支护必须具有一定的可缩量,以减小对支架的压力。为了保持巷道顶板的完整和减小顶板的下沉量,又要求巷旁支护具有一定的支护阻力。关键层在从破断到"砌体梁"平衡结构形成过程中,关键块的回转与下沉使沿空留巷煤帮作为"砌体梁"的一个支撑点,承受较为集中的支承压力。这将导致煤帮产生严重破裂变形,随着关键块回转角的增加,巷道顶板急剧下沉。直接顶的变形特征对锚杆支护特别重要,锚杆不必承受基本顶回转的给定变形,却要适应直接顶的变形特征。

巷旁支护上方顶板在工作面前方超前支承压力的作用下已比较破碎,其刚度和强度都比较低。如果巷旁支护前顶板已严重变形,则高强度锚杆支护不能将支承阻力传递给顶板岩层导致关键层回转下沉量加大,造成巷道顶板和煤帮严重变形。由此可见,控制煤帮位移和巷旁支护上方顶板完整性乃是控制沿空留巷巷道围岩大变形和沿空留巷成功的关键。

3 沿空留巷支护设计

经理论计算,进行了 12202 运输巷的支护设计(见图 1)。

图 1　支护设计图

3.1 顶板支护

巷道顶板采用锚网索梁联合支护形式。顶板锚杆选用规格为 ϕ18 mm×2 000 mm 的高强度树脂螺纹钢锚杆,排距为 1 m,每排 3 根;钢筋网采用 ϕ6.5 mm 的钢筋焊接的网,网目为 0.1 m×0.1 m;巷中每 2.0 m 布置一组锚索梁,锚索梁采用 16# 槽钢,长 3.0 m,一根锚索梁上面打三根锚索,锚索的长度为 6.0～8.0 m。

3.2 两帮支护

两帮选用规格为 ϕ16 mm×1 600 mm 的树脂锚杆、菱形网支护,锚杆间排距 800 mm×1 000 mm。为防止所留巷道顶部岩梁与上部岩层离层,边生产边采用"工字钢棚＋单体支柱"支护留巷;棚距为 1 m,材料选用 11# 矿用工字钢,梁长为 2.8 m,腿长为 2.3 m,棚腿与底板夹角为 79°,顶、帮背板背实(插花背实),背板规格为 1 200 mm×100 mm×50 mm(长×宽×厚)。每棚棚梁支设 2 棵单体支柱(1 棵戗柱、1 棵立柱)。根据矿压显现规律,留巷 80 m 后回撤老塘侧单体,交替使用。工作面每班推进速度为 4～5 m,同时扶棚 4～5 棚,下棚留巷支护与工作面推进同步进行,互不影响。

4 巷道监测

从留巷开始,我们就制定了留巷矿压观测方案,共进行了 3 组 4 个项目的观测。分别是顶板离层观测,顶底两帮收缩量观测,帮部应力观测,单体受力监测等四个项目。观测数据做到每天一统计、一分析,验证留巷效果。

5 留巷效果及效益分析

以留巷 1 m 计算,需要 3 m 长的工字钢棚梁 1 根,2.3 m 长的工字钢棚腿 2 根,2.6 m 长的锚索梁一根,并均匀布置锚索 3 根,撑棍 6 根,单体支柱 2 棵,长半圆木料 8～10 块,木楔、小半圆若干,合计沿空留巷成本费用 2 630 元/m。巷道投入使用后,工字钢棚梁、棚腿还可全部回出,费用会进一步降低。而正常掘进巷道,各类费用合计 5 400 元/m。沿空留巷比正常掘进节省支出 2 770元/m,12202 工作面运输巷沿空留巷 360 m,节省支出约 100 万元。

6 结论

沿空留巷采用锚索梁联合支护,回采时采用扶棚和点柱加强支护,能够有效控制巷道围岩的变形。巷道经卧底刷帮后,能够满足使用要求,并取得了良好的经济效益。

参考文献

[1] 钱鸣高,许加林,缪协兴. 煤矿绿色开采技术 [J]. 中国矿业大学学报,2003,32(4):343-347.

[2] 陈兴和. 深井断层破碎带煤巷锚网梁索支护的研究[J]. 煤炭科技,2007(1):14-15.

软岩巷道深部围岩移动与二次锚网喷支护技术

刘明明,高兆利,徐永俊,吕纯涛

(山东能源龙口矿业集团有限公司,山东 龙口 265700)

摘　要　通过实测分析软岩巷道深部围岩的移动规律,探讨了既定条件下巷道围岩运动难以控制的原因,提出了"控制应力变化、主动加固围岩承载圈、恢复围压"的支护理念,确定了二次支护恢复围压的最佳时间,研究实践了二次锚网喷支护技术,有效地控制了小煤柱护巷巷道围岩的大变形破坏,取得了最佳的技术与良好的经济效果。

关键词　软岩;小煤柱;深部围岩移动;巷道围压

0　引言

软岩小煤柱护巷在开挖后具有初始变形剧烈、持续变形难以稳定以及稳定后受到扰动又会继续加速变形的特点,其护巷技术是软岩巷道支护的关键技术之一。北皂煤矿在初涉 4403 运输巷小煤柱护巷期间,沿用原有的支护经验,不能满足巷道掘进施工支护的要求,更无法确保巷道后续使用所需要的状态。为此,通过对既定条件下巷道围岩运动破坏机理及其控制技术的研究,探索了新的支护理念与技术,确保了小煤柱巷道在服务期间达到了最佳的使用状态。

1　工程地质及初涉期间支护概况

1.1　工程地质概况

龙口矿区是国内典型的软岩地层。4403 工作面为北皂煤矿煤$_4$四采区回收采空区与断层之间的煤柱工作面。该工作面走向长度为 1 523 m,倾斜长度为 97 m。4403 运输巷与北侧 4402 采空区的护巷煤柱宽度为 4.7 m。

巷道采用掘进机施工,直接顶为煤$_{4-3}$,顶煤平均厚度为 3.14 m,含多层泥岩和碳质泥岩夹矸,单轴抗压强度平均为 14.96 MPa;其上为碳质泥岩及泥岩,单轴抗压强度平均为 2.29 MPa。巷道直接底板为煤$_{4-6}$,底煤平均厚度为 1.82 m,单轴抗压强度平均为 14.96 MPa;其下为碳质泥岩及泥岩,单轴抗压强度平均为 2.45 MPa。

1.2　初涉期间支护概况

巷道首先采用 U$_{25}$ 棚喷支护,施工了 242 m,接近 F$_{4-5}$ 断层尖灭带时,由于构造应力较大、压力显现明显,改为锚套 U$_{29}$ 钢棚支护,施工了 56 m,施工期间 U 棚变形、巷道断面收缩仍较明显,为提高巷道支护强度,采用了锚套 U$_{36}$ 钢棚支护,再滞后进行注浆补强,施工了 240 m。从围岩控制效果来看,支护强度提高后,围岩强烈的初始变形仍不能得到有效遏止。

通过对锚套 U$_{36}$ 支护段矿压测试,围岩运动在巷道开掘后 4 d 内比较剧烈,其中两帮移近速率为 53~220 mm/d,顶底板移近速率为 200~1 300 mm/d。4 d 后两帮移近速率为 10~45 mm/d,顶底板移近速率为 120~200 mm/d。30 d 后两帮移近速率为 3.5~15 mm/d,顶底板移近速率仍在 25~43 mm/d。

2 初涉期间巷道围岩深部移动测试与分析

2.1 巷道围岩深部移动测试方法

在锚套 U_{36} 支护段布置了 4 个测区,共安装 10 台 ACLY-Ⅱ深部围岩移动测试仪,在巷道揭露后 8 h 内安装。非煤柱侧巷帮安装 6 台,顶板安装 4 台。主要对巷道 0～2 m 和 2～5 m 范围的围岩移动情况进行对比测试。

2.2 0～1 m 范围围岩移动规律

图 1 为 1 m 深钻孔围岩移动随时间的变化曲线。由图 1 可以看出,巷道开掘支设 U 棚 1～4 d 内,曲线呈下伏形态,主要是由架后存在空洞所致或浅部破碎圈在支护体和深部围岩运动作用下压实,$U_1=-5.675\,5\ln t_1-1.990\,8$,架后空洞愈大或破碎圈的破碎程度愈大,曲线下伏程度愈大;4 d 之后曲线呈上翘形态,表明 0～1 m 范围围岩存在相对位移 U_2,$U_2=-1.329\,1t_2-16.286$;20 d 之后曲线呈稳定不变。

2.3 1～2.5 m 范围围岩移动规律

图 2 为 1～2.5 m 段围岩相对移动随时间的变化曲线。由图 2 可以看出,巷道开掘支设 U 棚 1～4 d 内,曲线上翘程度较大,说明此时间段内 1～2.5 m 段围岩相对位移较大,即碎胀扩容程度较大;4 d 之后曲线上翘开始变缓,25 d 之后曲线呈稳定不变。1～2.5 m 段围岩相对移动 U 随时间 t 变化遵循对数函数变化:$U=19.478\ln t-59.123$。

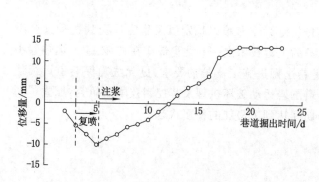

图 1 1 m 深钻孔围岩移动曲线

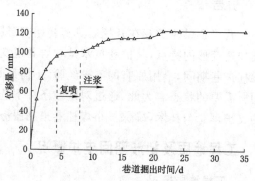

图 2 1～2.5 m 深钻孔围岩移动曲线

2.4 0～2 m 范围与 2～5 m 围岩移动规律及对比分析

测试表明:在巷道永久支护后,0～1 m 范围围岩的相对位移要远小于 1～2.5 m 范围的相对位移,因此,0～2.5 m 范围围岩总的运动趋势要遵循 1～2.5 m 范围围岩移动规律。

同 0～1 m 和 1～2.5 m 范围围岩移动规律一样,0～2 m 范围围岩的相对位移也要小于 2～5 m 围岩的相对位移。

掘后 3 d 内,0～2 m 范围内相对位移量是 2～5 m 范围内相对位移量的 31%;掘后 4～10 d 内,0～2 m 范围内相对位移量是 2～5 m 范围内相对位移量的 56%;掘后 11～30 d 内,0～2 m 范围内相对位移量是 2～5 m 范围内相对位移量的 67%。

2.5 5 m 以外围岩移动规律

5 m 以外围岩移动变化是根据测站单侧帮位移与 5 m 基点位移之差计算而得。巷道开掘后 3 d 以内,5 m 以外围岩变形量占单侧帮位移总量的 2.5%～27.4%;巷道开掘 4 d 后,巷道变形则以深部围岩位移为主,5 m 以外围岩变形量占同期单侧帮位移总量的 63% 以上。

2.6 大松动圈棚喷支护围岩难以控制的主要原因

(1)高强度棚架紧跟迎头一次支护施工,恰值围岩的剧烈变形期,围岩变形需要一段时间应力调整后方能趋于稳定,因此,立即永久支护不能适应该地质条件下的围岩变形规律。

(2)棚架支护,在围岩大变形后,U棚收缩、扭曲变形,混凝土与U棚分离、破碎,支护体整体承载能力大为降低。

(3)最关键的问题是围岩大变形之后,随着棚架支护体对围岩运动的抵抗能力逐渐降低和浅部围岩的松动破坏程度增大,巷道围压愈低,围岩三向受力的状态愈差,深部围岩运动受阻的程度愈低,围岩松动破坏的范围愈广,围岩稳定性就愈差,故很难达到稳定状态。

3 大松动圈巷道二次锚网喷支护机理及支护参数选择

3.1 大松动圈巷道二次锚网喷支护机理

大松动圈巷道围岩控制原则为:控制应力变化、主动加固围岩承载圈、恢复围压。其支护机理是:

(1)一次支护适度释放应力

一是适当地释放变形压力,以利于巷道围岩的长期稳定;二是"让压"的前提是保证浅部围岩在掘巷初期的稳定,以防止浅部围岩局部或大面积冒落失稳。

(2)选择二次支护的最佳时间

释放应力,但不能对围岩无约束地任其无限变形、无休止地松弛扩张,造成巷道围岩松动圈的扩大。根据围岩深部移动随时间变化规律分析,巷道开挖4 d以后,巷道变形以深部围岩位移为主。因此,巷道开挖后4 d是二次支护的最佳时间。

(3)二次主动支护控制围岩应力释放,恢复围压

二次主动支护控制围岩应力释放,恢复围压,使巷道围岩处于良好的应力环境,阻止围岩松动破坏范围的扩展和大变形的无限发展。只有恢复围压,才能使岩体由二向受力状态向三向受力状态转化,使围岩抵抗变形能力增强,提高巷道围岩的稳定性。

(4)二次锚杆主动支护,加固围岩承载圈

二次锚杆主动支护,将由初始剧烈变形引起的浅部围岩裂隙带岩体进行重新锚固,使锚固圈在巷道围岩中形成一个均匀压缩的连续加固承载圈,阻止因大变形而发生的结构损伤进一步发展,提高浅部围岩对深部围岩移动的抵抗能力,控制巷道深部围岩移动破坏。

3.2 支护参数

巷道按原层位施工,采用3.8 m×3.1 m(宽×高)的锚网喷联合支护,两次支护完成最终支护体。两次支护的锚杆均采用ϕ18 mm×2 250 mm金属麻花树脂锚杆,每根锚杆2块药卷,锚固力不小于6 t。

一次支护:锚杆呈矩形垂直于巷道轮廓线布置,间排距800 mm×800 mm,每排17根,底角锚杆在底角上100 mm与水平面呈20°夹角向下打设。每排挂设ϕ3.55 mm的冷拔铁丝网5块。在每排锚杆中间加打一根锚梁,锚梁错开布置,左帮锚梁与右帮锚梁间距0.8 m。24 h内必须初喷,厚度要达到50 mm。

二次支护:锚杆与第一次支护锚杆插花打设,每排16根,因巷道底鼓,要拉底到2.9 m后打设底角锚杆。二次支护滞后迎头不大于24 m,且不大于96 h。全断面挂设单层ϕ6 mm金属网。二次喷浆厚度100 mm,两次喷浆累计厚度150 mm,二次喷浆距离滞后迎头不大于36 m,二次喷浆时间滞后迎头不大于148 h。

4 围岩控制效果

同锚套U$_{36}$支护段一样,对二次锚网喷支护段进行了围岩深部移动量测,共安装10台ACLY-Ⅱ深部围岩移动测试仪。深部基点A设置为5 m,浅部基点设置在锚固端的界面以内,深2 m。

4.1 围岩深部移动控制效果

（1）锚固圈内 0～2 m 围岩移动控制效果

二次锚网喷支护，巷道开掘 10 d 后，锚固圈内相对径向位移基本趋向稳定，如图 3 所示。锚固圈内围岩在锚固圈外围岩运动作用下，整体向巷内空间产生绝对位移。30 d 内，锚固圈内相对径向位移平均为 43.3 mm，是锚套 U_{36} 棚喷支护同观测期 0～2 m 范围相对径向位移 60.7 mm 的 71.3%，这一效果是由锚杆支护来控制的。

（2）锚固圈外 2～5 m 范围围岩移动控制效果

巷道开掘 10 d 后，锚固圈外 2～5 m 范围围岩相对径向位移也基本趋向稳定，如图 4 所示。巷道开掘 30 d 内，锚固圈外 2～5 m 范围围岩相对径向位移平均为 76.3 mm，是锚套 U_{36} 棚喷支护同观测期 2～5 m 范围相对径向位移 144.5 mm 的 52.8%，这一效果是由围岩锚固承载圈来控制的。

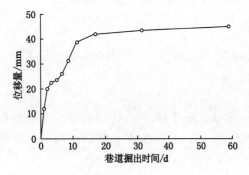

图 3　锚固圈内围岩相对位移曲线

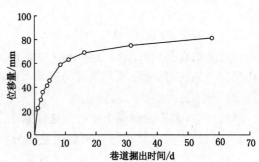

图 4　锚固圈外(2～5 m)围岩相对位移曲线

（3）5 m 以外围岩深部移动特点

巷道开掘 30 d 内，5 m 以外围岩深部移动相对径向位移平均为 83.4 mm，是锚套 U_{36} 棚喷支护同观测期 5 m 以外围岩相对径向位移 174.7 mm 的 47.7%，这一效果是由锚固承载圈和 2～5 m 范围围岩松动圈来共同控制的。

4.2 表面位移控制效果

二次锚喷支护段掘后 30 d 内，两帮平均移近量为 456 mm，平均移近速率为 15.2 mm/d，为锚套 U_{36} 段同期位移量 820 mm 的 52.1%；顶底板累计移近量为 1 680 mm，平均移近速率为 56 mm/d，为锚套 U_{36} 段同期位移量 3 844 mm 的 47.7%。

5　经济效益

4403 运输巷、材料巷采用二次锚网喷支护，共施工巷道 3 000 m，每米支护费用为 3 695 元，而锚套 U_{36} 棚喷支护每米支护费用为 5 967 元，每米节约资金 2 002 元，共节约资金 600.6 万元。

6　结束语

（1）北皂煤矿煤$_4$四采区小煤柱护巷，巷道围岩由于曾受一次或多次采动影响，岩石结构损伤劣化程度比较突出。在巷道开掘后，围岩松动破坏的范围比较大，根据实测，巷道围岩移动范围达 5 m 以上，属于大松动圈软岩巷道。

（2）实测、实践证明，在软岩大松动圈条件下，巷道围岩的持续变形和长期稳定主要取决于深部围岩的运动状态。采取二次锚网喷联合支护，一次支护适度释放应力、二次主动支护加固浅部围岩，恢复巷道围压，利用二次锚固承载圈抵抗深部围岩移动破坏，是大松动圈巷道围岩控制的可行技术。

参考文献

[1] 陆家梁.软岩巷道支护技术[M].长春:吉林科学技术出版社,1995.

[2] 蒋金泉.矿山压力监测及预报[M].北京:煤炭工业出版社,1996.

半圆拱形顺槽在采矿动压影响下二次支护技术研究

马健强，张国林

（神华宁夏煤业集团有限责任公司梅花井煤矿，宁夏　银川　750001）

摘　要　本文以某矿辅运顺槽为例，探讨了采矿动压对巷道围岩应力及应变的影响，确定了在采矿动压影响下的半圆拱顺槽二次支护方案，通过数值模拟和工程类比的方法，确定了二次支护的具体支护参数，从而为受采矿动压影响下的半圆拱顺槽二次支护提供了依据，保证了安全高效生产。

关键词　半圆拱形顺槽；采矿动压；二次支护

0　引言

随着科技和现代采煤工艺的发展，现如今很多现代化矿井综采工作面的辅助运输工作基本均由原先的轨道运输改为无轨胶轮车运输，大大提高了生产效率。由于该工艺的变革，导致许多煤矿采煤工作面除了回风顺槽、运输顺槽外，多布置了一条辅运顺槽，该顺槽一般与运输顺槽留设一定的煤柱，以尽量保护辅助运输顺槽少受采煤工作面采动影响，好继续利用该顺槽作为下一个工作面的回风顺槽。但是由于距离采煤工作面较近，辅运顺槽仍会受采矿动压的影响发生顶板下沉、鼓包、片帮、底鼓等现象。本文以梅花井煤矿 1106_106 工作面辅运顺槽为例，深入研究下半圆拱形顺槽在采矿动压影响下的二次支护技术。

1　基本概况

梅花井煤矿 1106_106 工作面辅运巷平均埋深 350 m，开口在三区段辅运石门，全长 5 300 m，南以鸳鸯湖背斜及 DF12 逆断层为界，北以二区段辅运石门为界，东临未开采的 1106_108 工作面，西邻 1106_106 工作面运输顺槽，间隔 30 m 宽的煤柱。其顶底板情况见下图表：

该顺槽设计为直墙半圆拱形，掘进宽度 5 200 mm，掘进高度 4 000 mm，半圆拱半径 2 600 mm，掘进断面积 17.89 m^2；净宽 5 000 mm，净高 3 700 mm，净断面积为 15.81 m^2。

原支护设计为锚、网、索、喷浆及混凝土地坪联合支护。巷道拱、帮部均使用 $\phi20$ mm×2 500 mm 的螺纹钢锚杆，每根锚杆使用 2 节 Z2370 树脂药卷锚固，矩形布置，拱部锚杆间排距为 800 mm×800 mm，帮部锚杆间排距为 700 mm×800 mm，帮部锚杆外加一个木托板，木托板规格为 400 mm×200 mm×40 mm；钢筋网由 $\phi6.5$ mm 钢筋加工而成，网孔规格为 150 mm×150 mm，全断面挂金属网，要求长边对接，短边搭接一格，使用 14$^\#$ 铅丝扣扣相连；钢带选用圆钢钢带，拱部每排锚杆压铺 1 条圆钢钢带；沿巷道中心及两侧各 1 400 mm 处打设 3 列锚索桁架，锚索规格为 $\phi21.6$ mm×5 500 mm，每组锚索桁架采用 2 400 mm 长 16 号热轧轻型槽钢托梁外加钢托板，每根锚索使用 Z2370 树脂药卷 3 节，锚索间排距为 1 800 mm×1 400 mm。喷浆厚度为 50 mm，喷浆混凝土强度为 C20。水沟规格为 300 mm×250 mm，水沟边沿和铺底厚度均为 100 mm，地坪、水沟混凝土强度为 C20。原支护断面见图 2。

地层	柱状 1:200	层序	厚度/m 真厚	厚度/m 累计	名称	产状	岩性描述
侏罗系中统延安组(J2y)		4	$\dfrac{3.81\sim24.5}{16.2}$	27.83	粗砂岩		浅灰白色，厚层状，以石英为主，含少量煤透镜体，上部含黄铁矿富集层面，坚硬
		5	$\dfrac{0.00\sim13.5}{4.81}$	32.64	细砂岩		灰色，中厚层状，钙质胶结，含大量炭屑，呈条带状分布，半坚硬
		6	$\dfrac{2.52\sim4.94}{3.7}$	36.34	粉砂岩		浅灰色，厚层状，含炭屑，半坚硬
		7	$\dfrac{4.68\sim5.4}{3.54(0.34)}$ 1.54	41.76	6煤	110°～113° ∠12.2°～18°	黑色，亮煤，半亮型，沥青光泽，断口平坦，半坚硬
		8	$\dfrac{4.8\sim12.5}{9.23}$	50.99	粉砂岩		浅灰色，厚层状，含炭屑，半坚硬

图1 1106₁06工作面辅运顺槽地质柱状图

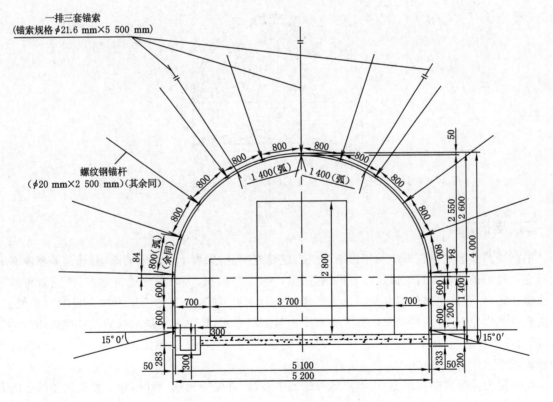

图2 1106₁06工作面辅运顺槽原支护断面图

1106₁06工作面辅运顺槽于2014年1月施工到位，1106₁06综采工作面于2014年2月开始回采，该综采工作面由南向北推进，采用走向长臂回退式回采方法，该工作面宽230 m、长4 600 m、煤层厚度3.7 m。在采矿围岩和高地应力的复合作用下，导致距离采区边缘30 m处的1106₁06工作面辅运顺槽逐渐显现出顶板下沉、肩窝浆皮网筋开裂、片帮、地坪底鼓等现象。

2 采矿动压对周边顺槽影响分析

研究认为,采矿动压对周围巷道影响有如下几方面的规律:

(1)采区工作面推进过程中,采场应力数值不断增加。应力集中区域自临空面向深部围岩扩展、向前推进、连续变化;巷道围岩应力在数值和影响范围上亦有自南向北不断增加和延伸的趋势。

(2)巷道两帮围岩垂直应力随工作面推进距离的增大而增大。同一开采进度下,下帮围岩应力数值和增加梯度大于上帮围岩;同一路径上,下帮围岩应力曲线呈阶梯状变化,而上帮的围岩应力呈规则状的曲线变化。

(3)采矿动压导致巷道下帮围岩的变形曲线较上帮围岩更不规则且变形量大。特别是沿巷道轴向中间部位,巷道下帮围岩的变形严重。

而半圆拱形巷道应力集中表现在上下肩窝位置和上下底角位置。

根据长时间的跟踪观察,1106$_1$06 工作面辅运顺槽基本符合以上规律,具体表现为:① 巷道南北两侧变形最小,无明显变形特征,矿压显现最为明显位置位于巷道中间位置,即 2 000~2 500 m 处。② 矿压显现比较严重的位置主要集中在上、下肩窝,上、下底角处。③ 顺槽自采煤工作面推进 100~150 m 后,动压情况最为活跃,之后急剧下降直至稳定。④ 巷道下肩窝变形情况较上肩窝更为严重,上肩窝变形呈无规律的点状分布,下肩窝变形呈连续的带状分布。典型情况如图 3 所示。

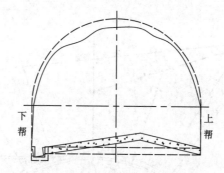

图 3 1106$_1$06 工作面辅运顺槽受采矿动压影响后的巷道变形情况示意图

3 二次支护方案

根据半圆拱形顺槽在采矿动压影响下应力显现规律,受采煤工作面采动影响,辅运顺槽原有的主动支护局部被破坏,锚杆、锚索组合拱、悬吊梁作用大打折扣,需对局部进行修复,使围岩重新处于稳定状态,以延长巷道使用寿命。巷修选择合理的支护方式,应充分考虑发挥围岩的自承能力,还应充分利用原有支护,尽量采取有效主动支护与加固方式,要提高支护结构的可靠性和加大承载力,保证巷道在静、动压下的长期稳定。根据该巷道特点,经过研究,确定选用锚、网、索、梁联合支护形式。

在选定支护形式的基础上,为确定合理的支护参数,首先采用理论计算和工程类比相结合的方法设计出几个关键支护参数的初始值,然后利用模拟软件 FLAC^{3D} 进行相应的模拟计算,最后根据各种参数组合的支护效果和经济性综合评判,选择确定最优的组合作为巷修的初步支护方案。

(1)锚杆参数的确定。

经过工程类比法和经验公式计算,对锚杆直径{18 mm,20 mm},锚杆长度{2 200 mm,2 500 mm}和锚杆间排距{800 mm,900 mm}这 3 组关键参数分别给出 2 个备选值,将其完全组合得 8 组参数组合方案,分别进行数值计算后得出各自的围岩位移情况,如表 1 所示。

表1			不同支护参数条件下围岩位移计算结果					单位:mm	
序号	锚杆长度	锚杆直径	锚杆间排距	左帮位移	右帮位移	两帮收敛	顶板位移	底板位移	顶底收敛
1	2 200	18	800	75.16	77.24	152.40	87.25	71.23	158.48
2	2 200	18	900	98.56	97.98	196.54	106.45	100.64	207.09
3	2 200	20	800	78.06	78.06	156.12	85.69	69.08	154.77
4	2 200	20	900	95.96	95.75	191.71	105.18	98.95	204.13
5	2 500	18	800	67.22	67.18	134.40	70.31	66.79	137.10
6	2 500	18	900	87.34	97.32	184.66	98.51	81.47	179.98
7	2 500	20	800	66.12	66.04	132.16	67.49	62.67	130.16
8	2 500	20	900	86.63	86.65	173.28	97.81	81.15	178.96

根据表中计算结果,确定选用方案7,即锚杆为20 mm×2 500 mm的左旋无纵肋螺纹钢锚杆,锚杆间排距为800 mm×800 mm。

(2)顶板锚索的确定。

原支护使用锚索为21.6 mm×5 500 mm钢绞线,考虑到顶板下沉、应力重新分布等多种因素的影响,锚索长度在原有基础上再加深,使锚索悬吊顶板厚度加大,更加加固了支护,故选用规格21.6×7 500 mm的锚索。

除此之外,顺槽二次支护在躲过采煤工作面采动影响最活跃区间段后再进行效果最好,1106_06工作面辅运顺槽在1106_06综采工作面回采后200 m之后进行巷修效果最佳。其最主要维修区域为2 000~2 500 m段。

4 结论

通过研究半圆拱巷道在采矿动压影响下的应力分布规律,分析了巷道破坏的失稳和控制机理,提出了支护对策和合理的技术方案,完善和总结了一套解决半圆拱形巷道在采矿动压影响下的支护难题的方法和技术,并得到了以下结论:

(1)巷修工作在绕过采矿动压影响后进行二次支护,效果最佳。

(2)锚网支护与锚索加固支护相结合,实现了主动支护,充分发挥了围岩的自承能力,并大大提高了支护结构的支护能力。

(3)锚杆、锚索相结合的复合支护结构,能较好地满足返修巷道的支护与加固要求,保证了巷道的长期稳定。

参考文献

[1] 杜晓丽,宋宏伟,陈杰.采矿动压对附近巷道围岩应力影响的分析[J].三峡大学学报:自然科学版,2011,33(1):51-54.

[2] 刘跃飞,田取珍,路全宽,等.综放工作面顺槽二次采动影响的支护技术研究[J].山西煤炭,2012(6):55-56,59.

[3] 李振顶,谢中强.深部高应力软岩巷道维修支护技术[J].煤矿开采,2011,16(4):63-65.

[4] 刘家东,陆文,路洪斌,等.半圆拱形巷道围岩应力分布规律的研究[J].矿业快报,2008(3):22-25.

[5] 高富强,高新峰,康红普.动力扰动下深部巷道围岩力学响应FLAC分析[J].地下空间与工程学报,2009,5(4):680-685.

大采高大断面沿空回采巷道稳定性
数值模拟分析与支护技术

崔庆林[1]，秦广鹏[2]

(1.兖州煤业股份有限公司济宁三号煤矿,山东　济宁　272069;2.山东科技大学,山东　青岛　430071)

摘　要　济宁三号煤矿 $53_{下}12$ 工作面为兖矿集团首个大采高工作面,设计回采高度5.8 m,设计回采巷道断面 5 m×4 m。运用 FLAC³ᴰ数值模拟软件对 $53_{下}12$ 工作面沿空巷道围岩稳定性进行了数值模拟。模拟结果表明,帮部锚索可有效提高大断面沿空巷道围岩稳定性,降低围岩变形量;锚索排距设置为2.4 m可从经济和技术层面满足巷道支护要求。通过计算分析,确定了该地质条件下煤层厚度大于6 m、5～6 m、4～5 m、3～4 m和小于3 m情况下的大断面沿空回采巷道支护方案和支护参数。

关键词　大采高;大断面;沿空巷道;稳定性

0　引言

济宁三号煤矿 $53_{下}12$ 工作面为兖矿集团公司第一个大采高综采工作面,回采 $3_{下}$ 煤层,区段内煤层厚度1.0～7.7 m,平均厚度5.96 m,采用综合机械化一次采全高开采方法,设计回采高度5.8 m,目前尚无该地质条件下大断面大采高回采巷道支护经验可供借鉴。因此,需要在分析大采高工作面上覆岩层运动规律和采场围岩稳定性特征的基础上,科学划分支护分区,确定合理支护方案与支护参数,实现兖矿集团首个大采高工作面安全、高效生产,具有十分重要的意义。

1　试验工作面开采技术条件

1.1　试验工作面地质条件特征

$53_{下}12$ 工作面位于济宁三号煤矿五采区辅助回风巷南侧,所开采 $3_{下}$ 煤层成分以亮煤镜煤为主,含有少量的丝炭,内生裂隙发育, $f=1\sim2$;工作面南部煤层局部含夹矸(碳质泥岩厚0～5.60 m),切眼靠近 $3_{下}$ 煤层风氧化带煤层厚度变薄至1.0 m左右。 $3_{下}$ 煤层厚1.00～7.70 m,平均厚度为5.96 m,煤层倾角一般为3°～6°,工作面南部煤层倾角较大,最大至19°,工作面上部大部分赋存 $3_{上}$ 煤层。 $3_{上}$ 煤与 $3_{下}$ 煤间距为28.93～29.25 m,平均29.09 m, $3_{上}$ 煤层厚0～2.17 m,平均厚度为1.82 m。工作面西邻 $53_{下}11$ 工作面采空区,东部靠近八里铺东断层,南部进入 $3_{下}$ 煤层风氧化带,工作面长度174.2～104.9 m,推进长度434.2～821.8 m。

1.2　工作面巷道布置

$53_{下}12$ 工作面辅顺留38 m煤柱沿八里铺东断层布置,为给无轨运输铺底,巷道断面沿煤层底板布置,巷道托顶煤掘进,顶煤厚度在0～3.7 m之间变化。工作面胶顺沿 $53_{下}11$ 工作面采空区边缘布置,留设3.5 m小煤柱,巷道留底煤沿煤层顶板布置。

2　数值模型建立

$53_{下}12$ 工作面胶顺巷道沿采空区掘进,因此巷道顶板与巷道帮部均需要加强支护,而帮部强化支护的最好手段就是施加帮部锚索。

利用数值模拟方法分析帮锚索在大断面沿空回采巷道支护中的作用,确定工作面沿空巷道支护方案与主体支护参数。数值模型尺寸为 150 m×208.5 m×80 m,共划分单元 487 425 个,网格结点 506 464 个,所建模型如图 1 所示。

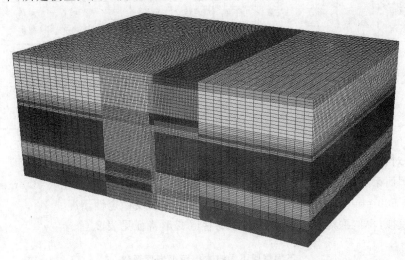

图 1 数值模拟模型

3 大断面沿空回采巷道稳定性特征

在支护方案数值模拟分析中,考虑胶顺沿空巷道在不同留底煤厚度情况下,分析有帮锚索支护和无帮锚索支护巷道围岩的稳定性状况。

3.1 巷道变形特征

不同煤层厚度有、无帮锚索时巷道变形特征见图 2 和表 1。

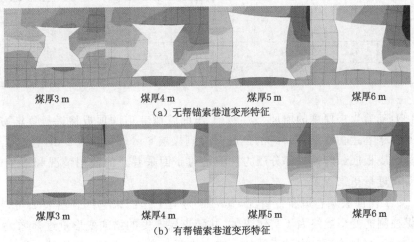

煤厚3 m   煤厚4 m   煤厚5 m   煤厚6 m
(a)无帮锚索巷道变形特征

煤厚3 m   煤厚4 m   煤厚5 m   煤厚6 m
(b)有帮锚索巷道变形特征

图 2 不同煤层厚度巷道变形特征

随着工作面煤层厚度的增加,巷道逐渐由卧底 1 m 变为留底煤 2 m。对于不同的巷道支护方案,巷道围岩的变形量也有很大差异。由图 2 和表 1 可知,无帮锚索支护时的巷道顶底板变形量以及两帮变形量要远大于有帮锚索的情况。无帮锚索支护时,巷道垂直变形发生在煤层厚度为 6 m 处,此时垂直变形为 1 210 mm,而相同地质条件下,有帮锚索支护时巷道垂直变形仅 492 mm。同样,对于水平位移,无帮锚索支护时两帮收敛最大为 2 510 mm,而有帮锚索支护时两帮收敛最大值近卫574 mm。所以在胶顺巷道掘进过程中,应该选择有帮锚索支护方案。

表1   有无帮锚索围岩变形特征表   单位:mm

煤层厚度/m	无帮锚索						有帮锚索					
	顶板下沉	底鼓	垂直变形	左帮移近	右帮移近	两帮收敛	顶板下沉	底鼓	垂直变形	左帮移近	右帮移近	两帮收敛
3	600	13.4	613.4	1033	1439	2472	675	12.8	687.8	232	252	484
4	520	30.6	550.6	1342	1168	2510	600	35	635	241	266	507
5	661	174	835	266	801	1067	305	162	467	255	283	538
6	977	233	1210	306	893	1199	303	189	492	270	304	574

3.2 锚索排距对巷道变形影响

在兖矿集团回采巷道现有支护体系中,锚杆的间排距选择常规800 mm×800 mm,分析锚索排距在800 mm、1 600 mm和2 400 mm条件下巷道围岩变形及稳定性情况。

通过数值模拟,不同底煤厚度不同锚索排距巷道变形特征见表2。

表2   不同煤厚不同锚索排距围岩变形量   单位:mm

煤层厚度/m	锚索排距800 mm				锚索排距1 600 mm				锚索排距2 400 mm			
	顶板下沉	底鼓	左帮移近	右帮移近	顶板下沉	底鼓	左帮移近	右帮移近	顶板下沉	底鼓	左帮移近	右帮移近
3	510	5.6	195	223	595	12.7	222	242	675	12.8	232	252
合计	515.6		418		607.7		464		687.8		484	
4	576	18.9	207	231	589	25.6	233	251	600	35	241	266
合计	594.9		438		614.6		484		635		507	
5	252	157	213	242	280	157	246	261	305	162	255	283
合计	409		455		437		507		467		538	
6	192	172	221	254	250	185	259	276	303	189	270	304
合计	364		475		435		535		492		574	

由表2可知,随着煤层厚度的增加,53下12工作面胶顺巷道的顶板移近量逐渐减小,底鼓量逐渐增大,主要是由于巷道由煤层3 m时的掘底1 m到煤层6 m时的留底2 m,巷道压力由两帮变形泄压,逐渐变为由底板底鼓卸掉一部分压力。但是对于回采巷道的使用情况和对生产的重要程度来说,两帮相对移近量更加重要。

根据53下12工作面胶顺巷道布置情况,其一侧为上工作面采空区。由表2可以看出,巷道开掘之后,巷道煤柱侧的变形始终大于实体煤侧,并随煤层厚度的增加变形量逐渐增大。对于不同锚索排距的支护方案,两帮移近量也是不同的。锚索排距为800 mm时,两帮最大位移量为475 mm;锚索排距为1 600 mm时,两帮最大位移量为535 mm;锚索排距为2 400 mm时,两帮最大位移量为574 mm。对于后期巷道的使用来说,巷道两帮位移量574 mm可以满足使用要求,并且从经济性考虑,选择2 400 mm的锚索排距也是经济合理的。所以,在53下12工作面胶顺巷道支护时,锚索排距选择2 400 mm。

综上所述,通过对不同方案进行模拟分析可得,在对53下12工作面胶顺巷道进行支护时,选择施工帮锚索、锚索排距2 400 mm支护方案可以满足巷道生产的需要。

4 大断面沿空回采巷道支护方案

4.1 沿空胶顺巷道断面设计

53$_{下}$12 工作面胶顺位于 53$_{下}$12 工作面下部,总长度 1514 m。根据工作面的生产需求,由通风要求来确定巷道断面时,一般断面就可以满足,大断面可使得巷道风速降低,避免扬起灰尘,改善工作环境,为了方便使用巷道断面采用矩形断面,巷道断面的高度为 4 m,宽度为 5 m。

为了减小采空区边缘煤壁峰值支承压力的影响,53$_{下}$12 工作面采用沿空掘巷方式掘进。巷道沿采空区边缘掘进,煤岩层受 53$_{下}$11 工作面采动影响较大,煤层较为破碎,为了减少托破碎顶煤的难度,将胶顺巷道沿着煤层的顶板掘进。

4.2 沿空胶顺支护方式选择

煤层的厚度大于 6 m 时,工作面的采高大于 6 m,巷道高度为 4 m。巷道位置的顶煤受 53$_{下}$11 工作面采动影响较大,整体性降低,因此将巷道沿煤层顶板掘进,巷道底板留设厚度大于 2 m 的底煤。此时巷道的直接顶为厚度 2.02 m 的泥岩顶板,该顶板岩石力学性能较差,受巷道支承压力作用时容易发生塑性破坏,是巷道顶板支护的主要对象。

煤层厚度为 5～6 m、4～5 m、3～4 m 和小于 3 m 时,巷道高度仍然为 4 m。与煤层厚度大于 6 m 相同,将巷道沿着顶板掘进,巷道泥岩直接顶是支护的主要对象,巷道底板是底煤或破底掘进。

泥岩顶板的上方是 9 m 厚的中砂岩,单向抗压强度较大,为 67.6 MPa。该工作面的最大采深为 560 m,最大采深时重力作用下的原岩应力为 14 MPa,最大采深下的采动支承压力为 42 MPa,该采动支承压力对中砂岩的损伤不大,当该中砂岩出露于巷道表面的受压区时,67.6 MPa 的强度能够承受采动产生的集中支承压力的作用。该中砂岩在采空区内有较大的悬顶能力,单臂悬顶状态能够悬露 10 m 左右,对于宽度为 5 m 巷道来说,巷道宽度远小于顶板的极限跨度,这表明该中砂岩出露于巷道表面受拉区时其抗拉强度能够承受采动产生的影响,是巷道下位顶板的悬吊基础。

为此,沿空胶顺支护思路为,中砂岩顶板为巷道顶板泥岩的悬吊基础,使用锚索将其悬吊在上面,泥岩顶板不但需要悬吊,而且需要有锚杆对其维护,以保护其完整性;两帮煤壁需要用锚杆维护其完整性和稳定性,同时实体煤帮需要用斜拉锚索将表层煤帮固定到深部煤帮中,沿空煤柱用斜拉锚索限制煤柱变形向巷道内侧发展;底板为底煤或煤层底板岩层,不做支护,作为应力释放的通道;由于巷道变形量较大,可能带动煤帮向巷道内部移动,引起巷道两帮不稳,为此将巷道两帮的底锚索下移,使锚固段进入到巷道底板位置,上下帮锚索用钢筋梯子拉紧。

4.3 不同煤厚沿空胶顺支护参数

根据济宁三号煤矿其他巷道实际支护经验,顶锚杆采用 ϕ22 mm T 型螺帽型单向左旋无纵筋螺纹钢树脂锚杆,杆体长 2.5 m;帮锚杆采用 ϕ20 mm T 型螺帽型单向左旋无纵筋螺纹钢树脂锚杆,杆体长 2.2 m;顶部采用 ϕ21.6 mm 锚索,帮部采用 ϕ17.8 mm 锚索,排距 2400 mm,布置在两排钢带中间;顶板锚杆配套使用 δ10 mm T 型钢压制成弧形的托盘,帮锚杆配套使用 δ10 mm 钢板压制成蝶形托盘;顶部钢带采用 4 850 mm U 型 7 孔钢带(UID140/5),帮部钢筋梯采用 ϕ10 mm 钢筋焊接加工制成;帮部锚索用钢筋梯采用 ϕ18 mm 钢筋焊接加工制成;断面顶、帮均铺设 8$^{\#}$ 铁丝编制的菱形网。

5 主要结论

随着煤层厚度的增大,巷道掘进围岩破坏范围逐渐增大,致使巷道围岩变形量急剧增加,围岩稳定性降低。此时,巷道帮部有帮锚索支护的巷道围岩塑性破坏的范围要比无帮锚索巷道小得多,巷道变形量迅速减小,利于实现巷道围岩的稳定。

上述支护方案及支护参数已在济宁三号煤矿 53$_{下}$12 工作面沿空巷道实施,目前工作面已经开始回采,巷道状态良好。

大断面高应力集中区巷道支护技术研究

陈亚东,张道福

(枣庄矿业集团有限公司,山东 薛城 277000)

摘 要 该文通过介绍付村煤业有限公司大断面高应力集中区巷道支护技术的研究与应用,为类似条件下的巷道支护提供了很好的依据和借鉴。

关键词 大断面;应力集中区;支护

0 引言

付村煤业有限公司矿井地质储量为 27 385.0 万 t,工业储量 23 483.0 万 t,目前原煤生产核定能力为 270 万 t/a。本矿井煤系地层中共含煤 18 层,山西组的 $3_上$、$3_下$ 煤层是井田的主采煤层,平均总厚度为 7.83 m,其中 $3_上$ 煤层为厚煤层,煤层厚度为 0.67~9.13 m;$3_下$ 煤层为中厚至厚煤层,煤层厚度为 0~6.9 m。多年来,付煤公司大力实施科技兴企战略,持续推进技术创新,使安全生产建设有了长足发展。

随着多年的开采,井下采场逐步向深部应力集中、地质条件复杂区域转移,不规则工作面逐渐增多,造成工作面调采频繁。为满足调采工艺的顺利实施,需要对影响转载机通过的三角区域刷帮处理,故形成了大断面高应力集中区,为实现特殊区域的顶板安全,经过长期探索实践,研究成功了一套较为科学合理的支护技术。

1 巷道概况

在 $3_上$ 402 运输巷位于东股闸下引河下方南 230~1 390 m,地表为昭阳湖沼泽区。里段位于 $3_上$ 403 工作面西侧,东为 $3_上$ 403 改 2 工作面采空区和 $3_上$ 403 工作面采空区。该巷主要用于 $3_上$ 402 工作面的运煤、行人、通风等。刷帮区位于 $3_上$ 402 运输巷与 $3_上$ 402 中间巷交叉位置,右临 $3_上$ 403 工作面采空区和一条落差 8 m 断层,应力较为集中。

2 巷道支护设计方案

根据实验测定的煤及顶板岩石力学性质和强度参数,参照付村煤业有限公司现场巷道支护的实际情况,$3_上$ 402 运输巷刷帮区巷道支护设计方案如下:

2.1 新扩帮部分巷道支护方案

(1)巷道顶、帮采用锚杆支护:锚杆杆体设计选用直径 18 mm 的高强 Q500 左旋无纵肋螺纹钢,滚丝长度为 120 mm,杆体屈服强度大于 150 kN,杆体抗拉强度大于 200 kN。巷道顶板锚杆长度设计不小于 2.5 m,帮部设计不小于 2.0 m,锚杆间排距为 800 mm×800 mm。每根锚杆使用 K2560 型树脂锚固剂 1 块,预紧力不小于 40 kN。

(2)巷道顶部采用快装预应力鸟巢锚索(见图 1):锚索由钢绞线和高强托盘、球形垫圈、锚索索具等附件组成,其性能执行标准 MT 146.2—2011,锚索索体由抗拉强度 1 860 MPa、国际标准钢绞线制成,头部压有保护套,尾部套有加强管,锚固端分布有 3 个鸟巢。直径选用 17.8 mm,锚索长度设计不小于 8.0 m，锚索间排距为 800 mm×800 mm。每根锚索使用 2 块 Z2560 型树脂锚固剂锚固，锚索打注 15 分钟后，安上锚索索具，并用张拉千斤顶将锚索张拉紧，保证其预紧力不小于 25 MPa。锚索托盘采用 300 mm×300 mm，厚 12 mm。

图 1　快装预应力鸟巢锚索示意图

（3）金属网支护（见图 2）：巷道顶部选用双层钢筋网支护，采用 φ6 mm 钢筋焊接加工制作，网格为 100 mm×100 mm。巷道帮部采用铁丝网支护，铁丝网为菱形金属网，10# 铁丝制作，网格为 60 mm×60 mm。网的压茬为 100 mm，连网间距为 100 mm。

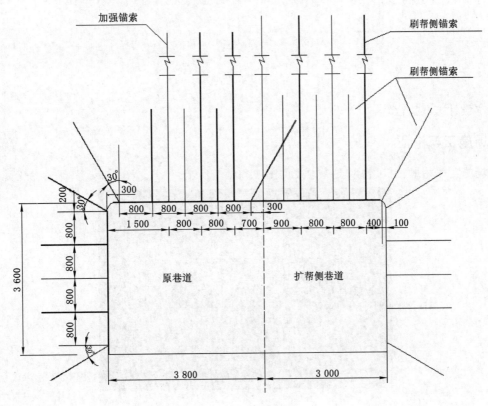

图 2　支护断面图

（4）钢筋梯支护（见图 3）：巷道顶部必须安装钢筋梯，钢筋梯采用直径 φ12 mm 的钢筋焊接加工制作，宽为 80 mm，长度根据现场确定。安装在金属网与锚杆盘中间，且随锚杆在巷道顶、帮同时安设。

2.2　原巷道支护方案

在巷道原有支护方案基础上，补打锚索加强支护。锚索规格、间排距与刷帮处相同，其长度不小于 6 m。

2.3　辅助支护设计方案

由于 3上402 运输巷刷帮区地质构造非常复杂，本设计方案在考虑锚杆、锚索、锚网支护前提下，为确保安全，在采取以上措施基础上，另需补打单体液压支柱配绞接顶梁支护，间排距为 1 000 mm×1000 mm，初撑力不小于 80 kN。

2.4　说明

本设计方案是按照巷道刷宽 3 m 考虑的，现场施工中扩帮宽度发生变化，其支护强度和密度

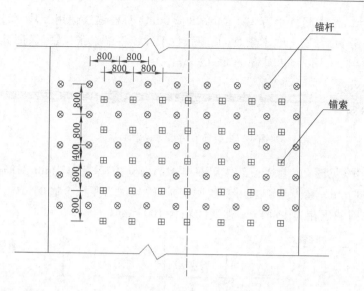

图 3　支护平面图

仍按照本设计方案执行。

3　现场施工与论证

现场施工采用的锚杆、锚网支护方式见图 4 和图 5 所示。

图 4

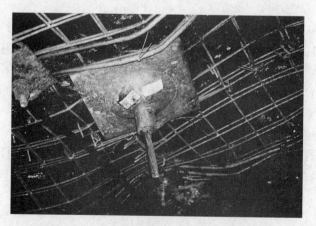

图 5

经过几个月的施工与实践表明，设计优化的支护方案控制变形好，现场变形量不超过 3～5 cm，属于小变形范畴。

4 结论

理论结果表明，在刷帮区补充 8 m 长锚索支护、原巷道采用 6 m 锚索加固后，刷帮岩体强度提高，可以改善应力集中现象，锚索将顶板岩体悬吊、将应力分散，从而可保持巷道帮部的稳定性。

在原有巷道支护基础上，顶部补充锚索加固，刷帮后引起的边帮位移最大 65 mm，降低约 3 cm。最大位移仍指向刷帮最大宽度处，而顶板位移仅有 2.5 cm，比仅采用锚杆支护可降低 3 cm，效果明显。

同时刷帮引起的塑性区范围降低，塑性区在煤层中的深度约 5 m，除帮部仍有塑性区外，顶板及待采煤层内塑性区基本消失。

工程实践表明，优化设计的支护方案应用于工程实例后，可以满足可靠性、实用性和安全性的要求，达到了控制巷道围岩变形量和稳定性的目的。

碎裂窄煤柱开采技术在羊场湾煤矿的应用

何维胜

(神华宁夏煤业集团有限责任公司羊场湾煤矿,宁夏 灵武 751410)

摘 要 羊场湾煤矿 2# 煤层全区赋存稳定,是羊场湾矿现阶段主要开采煤层。该矿以往采用双巷掘进,下区段回风顺槽受到多次采掘动压影响,致使相邻工作面煤柱留设宽度达到 40 m,影响煤炭资源的回收。本文以羊场湾煤矿 120209 工作面机巷与 120210 工作面风巷设计 10 m 窄煤柱为例,分析了 120210 风巷受到多次采掘动压影响失稳破坏原因,科学合理地确定巷道布置、支护参数及采掘接续关系,有效控制巷道的变形,支护效果较为明显,对类似条件下窄煤柱布置以提高资源回收率具有一定的借鉴意义。

关键词 窄煤柱;采动影响;锚杆支护;失稳破坏

0 引言

羊场湾煤矿回采巷道双巷掘进带来了一系列难题,下区段回风顺槽将受掘进过程中的开挖扰动影响、上区段采煤工作面的采动影响及本区段采煤工作面的超前动压影响,多次的动压叠加加剧了矿压显现的剧烈程度,导致羊场湾煤矿区段煤柱留设达到 40 m,影响了煤炭资源回收率。且上下顺槽均沿煤层掘进,煤体松软破碎,顺槽维护相当困难,需不断加固和频繁翻修,造成维护成本高,安全性差,严重制约了高产高效和本质安全矿井建设。

羊场湾 120210 综放区段回风顺槽与上区段 120209 综放面采空区设计保留 10 m 窄煤柱,120210 风巷在 120209 综放面采空区压力稳定后滞后采煤工作面掘进,可避免上区段回采动压影响。但是,10 m 宽煤柱条件下,该巷道在回采期间将始终处于动态多向应力状态,故煤柱、巷道两帮及顶底板岩体应力分布规律将直接影响巷道围岩稳定性、巷道支护形式及支护参数的选择。因此,有必要开展留窄煤柱护巷巷道围岩应力及其分布规律研究,为安全经济开采提供理论依据。

1 碎裂窄煤柱塑性区宽度理论计算

煤柱的宽度决定了巷道与回采空间的水平距离,影响到回采引起的支承压力对巷道的影响程度及煤柱的载荷。煤柱的极限承载能力,不仅取决于煤柱的边界条件和力学性质,还取决于煤柱的几何尺寸及形状。

煤柱内塑性区宽度和弹性核区宽度是评价煤柱稳定性的关键指标,现有理论认为:煤柱两侧产生塑性变形后,在煤柱中央存在一定宽度的弹性核 b,弹性核的宽度 b 应不小于煤柱高度的 2 倍。

结合弹性核理论计算示意图(图 1)可得采空区侧煤柱内塑性区宽度计算式为:

$$x_0 = \frac{M}{2\xi f} \ln \frac{K\rho g H + C\cot\phi}{C\cot\phi}$$

式中 f——煤柱与顶板摩擦系数;

C——煤体内聚力;

ϕ——煤体内摩擦角;

K——应力集中系数；

ξ——三轴应力系数，$\xi = \dfrac{1+\sin\phi}{1-\sin\phi}$

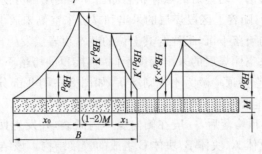

图1 弹性核理论计算原理图

120210综放工作面区段平巷侧煤柱内塑性区宽度为：

$$x_1 = \frac{\sqrt{2}M(1-3\alpha)}{f(1+3\alpha)}\ln\frac{K\rho g H + C\cot\phi}{\dfrac{(1-3\alpha)}{(1+3\alpha)}P + \dfrac{2k}{(1-3\alpha)} + C\cot\phi}$$

α、k 为 Mises 准则系数，其中，

$$\alpha = \frac{\sin\phi}{\sqrt{3}\sqrt{3+\sin^2\phi}} \qquad k = \frac{\sqrt{3}C\cot\phi}{\sqrt{3+\sin^2\phi}}$$

针对羊场湾煤矿120210综放工作面，根据煤岩力学参数实验结果及矿方提供相关参数：采煤机割煤高度 $M=3.2$ m；煤体内摩擦角 $\phi = 30.73°$；应力集中系数最大值为2.8；单轴强度 $C=8.782$ MPa；煤层埋藏深度 $H=450$ m；煤层间摩擦系数 $f=2.0$；煤体密度 $\rho = 1.3 \times 10^3$ kg/m³。计算得到120210综放区段煤柱内塑性区宽度为

$$d = x_0 + x_1 = 7.2 + 4.1 = 11.3 \ (\text{m})$$

计算结果表明，120210综放区段10 m宽煤柱全部处于塑性变形破坏区。窄煤柱护巷条件下，巷道处于相邻采空区残余支承压力的峰值区域，巷道承受巨大支承压力，巷道变形较为剧烈。尤其是煤柱帮侧，由于煤柱帮已经基本陷入失稳状态，其对于巷道小结构稳定性的辅助作用已受到极大限制。

2 综放区段窄煤柱护巷条件下顶板活动规律

综放沿空掘巷上覆岩体通过巷道顶煤与巷道发生作用，当上区段工作面的煤层采出后，上覆岩体的垮落特征、垮落后的赋存状态在一定程度上取决于基本顶岩层的断裂特征及其垮落后的赋存状态。为此认为，上区段工作面的回采造成综放沿空掘巷上覆煤岩体的断裂情况如图2所示。

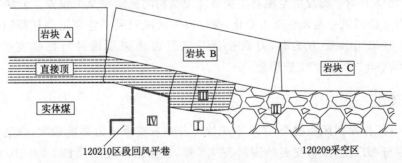

图2 上区段工作面的回采造成综放沿空掘巷上覆煤岩体的断裂情况

(1) 上区段(120209)工作面煤层采出时,工作面端头一般有 2~3 架支架不放煤,加上原来的巷道宽度,计有 7 m 左右的顶煤不放出,故在工作面支架推过后,这部分煤层因破坏严重而在支承压力和自重的作用下首先垮落。垮落后的赋存状态如图 2 中的 I 部分所示。

(2) 工作面支架推过后,随着上区段煤层的采出和靠近采空侧未放煤段煤体的垮落,直接顶岩层随之发生不规则或规则的垮落下沉,最终与其上位的基本顶岩层发生离层。在这个过程中,由于上区段工作面中部和靠近采空侧煤层的采出程度不同,直接顶的垮落下沉也是不同的。当煤层完全采出时(如工作面中部),直接顶一般为不规则垮落,如图 2 中的 II 部分;当煤层不是完全采出时(如工作面两端),直接顶可能是规则的垮落,如图 2 中的 III 部分。

(3) 基本顶岩层在直接顶垮落后,一般在侧向煤体内断裂,并发生回转或弯曲下沉,直至在采空侧形成如图 2 中所示的块体 A、块体 B、块体 C 组成的铰接结构。该结构的稳定与采空区充满程度及基本顶岩层的断裂参数密切相关。

(4) 在基本顶岩层垮落过程中,其上覆载荷岩层随之发生垮落。

由上可见,图 2 为综放沿空掘巷的大结构模型。据此可将综放沿空掘巷上覆岩体的垮落运动分为两组;其一是随煤层的采出而不规则、或者规则垮落的直接顶岩层;其二是基本顶岩层及其上部载荷岩层垮落后能形成平衡结构的岩层。

相应地,上覆岩体垮落稳定后,综放沿空掘巷在如图 2 中 IV 所示的位置掘进。该巷道与上覆岩体大结构的平面关系如图 3 所示,其中综放沿空掘巷位于关键块 B 的下方。

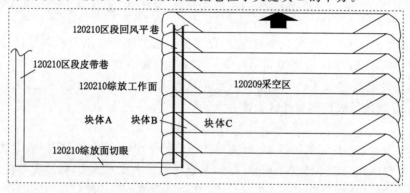

图 3　综放沿空掘巷上覆岩体结构平面关系图

对比图 2 和图 3 可见,块体 A 为本区段工作面上方的基本顶岩层,块体 C 为上区段工作面采场中的断裂块,块体 B 为上区段工作面采空侧的弧形三角板,因而该结构可称为"弧形三角块结构"。弧形三角块断裂在煤壁内部、旋转下沉,它的运动状态及稳定性直接影响下方煤体的应力和变形。

由此可见,块体 B 对于综放沿空掘巷上覆岩体大结构的稳定是至关重要。岩块 B 的回转运动直接导致煤柱及区段回风平巷顶板压力变化,煤柱内及区段回风平巷靠近煤柱侧顶板压力显著增加,要求在设计 120210 支护方案时,对煤柱帮及靠近煤柱侧顶板进行加强支护,由此提出了120210 区段回风平巷"非对称"支护理念。

3　支护方案提出

由于 120210 工作面回风顺槽受 120209 综放区段残余支承压力影响较大,靠近采空区侧巷道顶板剪切破碎带分布广泛,顶帮交界处围岩破碎严重,巷帮挤出变形明显。120210 综放区段回风平巷一侧为实体煤帮,一侧为煤柱帮,120210 巷道煤柱帮宽度由原来的 35 m 大幅度减小至 10 m,调研正在掘进的 120210 区段安全措施可知,煤柱与顶板交界处发生大范围的松动、破碎,网兜明显。120210综放区段回风平巷煤体节理裂隙发育，完整性差，使得基于连接器的锚索桁架系统在顶板支护系统中较难直接应用。原有支护中用于连接单体锚索的W钢带由于剧烈水平运动发生了强烈弯曲而失去功用。

基于以上工程地质条件，提出简式锚索桁架支护系统，其由预应力高强度钢绞线、高强度钢筋梯子梁、16[#]槽钢托梁、厚钢垫片组成，单体锚索之间以高强度钢筋梯子梁连接，同时煤柱帮侧锚索采用16[#]槽钢进行二次连接。其围岩控制机理叙述如下：

（1）采用不对称支护理念，加强煤柱侧支护，支护系统偏于煤柱帮侧布置，可对120210巷道相对较弱的煤柱帮侧顶板围岩进行重点支护，对偏煤柱帮侧顶板提供水平方向和垂直方向挤压应力，作用范围大，有利于高预应力对顶板易剪切破坏区域的控制，实现了围岩承载结构强化。

（2）支护系统之间用高强度钢筋梯子梁连接，除更好地接顶，增强对浅部围岩的控制作用外，还可避免出现高水平应力下W钢带易压弯失效问题；由于顶板围岩裂隙发育，围岩较破碎，所产生的膨胀与碎胀压力极为明显，造成较大的变形，靠近煤柱帮侧锚索采用16[#]槽钢连接，可提高煤柱帮侧顶板支护阻力，保证顶板稳定，同时考虑到高水平应力下，顶板整体水平挤压运动较为明显，为保证锚索桁架支护质量，增大槽钢向内侧开孔尺寸长度。

（3）高强高延伸率锚索斜穿过顶煤和直接顶不稳定岩层，锚固到深部稳定岩层上，不易受浅部围岩大变形影响，有效保障支护结构整体在围岩控制过程中的持续稳定，能有效调动深部岩体的承载能力，实现应力转移和承载圈扩大，使顶板浅部破碎围岩和深部围岩成为承载整体，有效控制顶板整体大变形。

4　确定支护参数

通过以上分析，120210综放区段回风顺槽采用"简式复合锚索桁架＋单体锚索＋锚杆＋网＋喷浆"的联合支护方式，见图4和图5，支护参数如下：

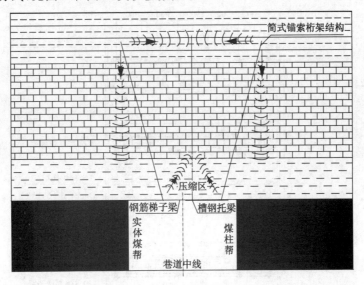

图4　简式锚索桁架支护结构原理图

（1）顶板支护

锚杆：$\phi22\times2\,500$ mm的左旋螺纹钢锚杆。锚杆间排距900 mm×900 mm，每排布置6根锚杆，靠煤帮侧的角锚杆与煤帮的距离为250 mm。靠近两帮处锚杆向外侧倾斜15°，其余锚杆垂直顶板布置。每根顶锚杆使用1卷Z2360树脂药卷和1卷CK2335树脂药卷，使用时Z2360在下，CK2335在上端。锚杆托盘使用满足强度要求的150 mm×150 mm×6 mm的碟形托盘或150 mm×

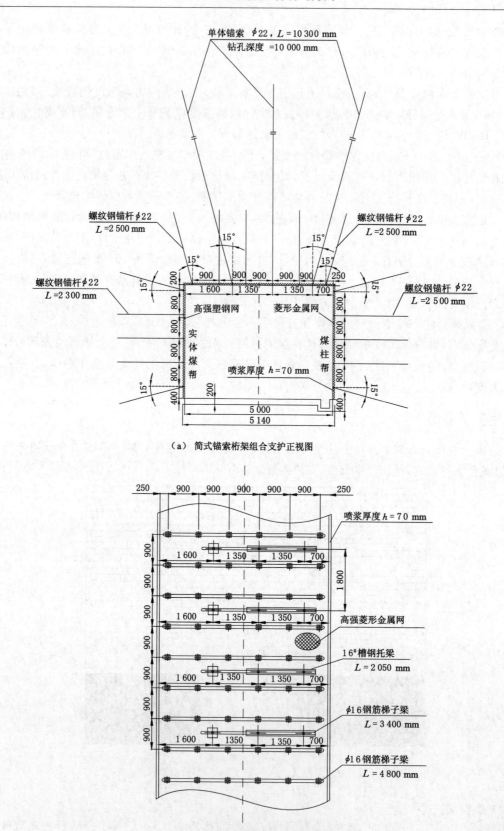

（a）简式锚索桁架组合支护正视图

（b）简式锚索桁架组合支护俯视图

图 5 120210 综放区段回风平巷简式锚索桁架组合支护方案

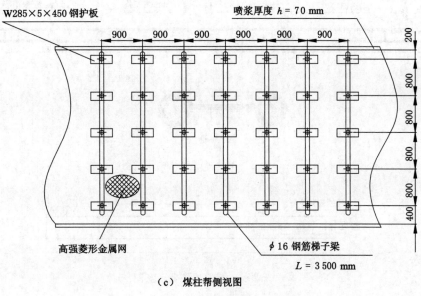

（c） 煤柱帮侧视图

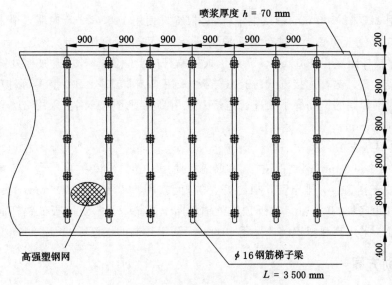

（d） 实体煤帮侧视图

续图 5 120210 综放区段回风平巷简式锚索桁架组合支护方案

150 mm×6 mm 的 Q235 钢板,采用高强菱形金属网。采用 ϕ16 mm 圆钢焊制的钢筋梁,长度 4 800 mm。

锚索:选用 ϕ22×10 300 mm 单体锚索。每个锚索使用一卷 CK2335 和两卷 Z2360 树脂药卷。间排距为 1 350 mm×1 800 mm,钻孔深度 10 000 mm,煤柱帮侧锚索距巷帮 700 mm。靠近煤柱帮的锚索钻孔与顶板垂线的夹角为 15°,中间的锚索垂直顶板布置。三根锚索用钢筋梯子梁连接,长度 2 050 mm×90 mm(长×外宽),内宽约 60 mm,采用整根 ϕ16 mm 的钢筋弯曲后,对距钢筋梯子梁端头 0～150 mm 范围内的搭接处(搭接长度 150 mm)进行高质量焊接加工;在距钢筋梯子梁左端头 975～1 075 mm、2 325～2 425 mm 处用厚 4 mm、宽 100 mm 的薄钢板进行包裹连接,如图 6 所示。巷道中部锚索和靠煤柱帮侧锚索用采用 16 号槽钢连接,长 2 050 mm,配合 300 mm×120 mm×16 mm 的厚钢垫片使用,钢垫片开孔直径为 ϕ30 mm,开孔尺寸如图 7 所示。

(2) 煤柱帮支护

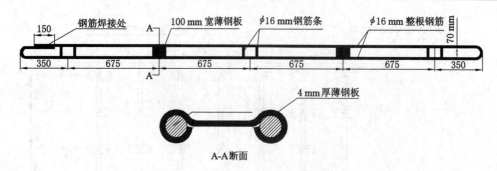

图 6   钢筋梯子梁结构示意图

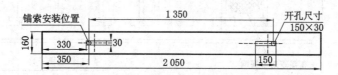

图 7   槽钢连接器示意图

锚杆选用 $\phi 22 \times 2\,500$ mm 螺纹钢锚杆，每根锚杆使用 1 卷 Z2360 树脂药卷和 1 卷 CK2335 树脂药卷，CK2335 位于孔底。一排布置 5 根锚杆，锚杆间排距 800 mm×900 mm，上部锚杆距顶板 200 mm，底部锚杆距底板 400 mm。靠近顶板处锚杆向上倾斜 15°，靠近底板处锚杆向下倾斜 15°，其余垂直巷帮布置。锚杆连接方式：托盘（挡板）采用 W285×5×4500 型 W 钢护板，并将 5 根锚杆用 $\phi 16$ mm 圆钢焊制的钢筋梯子梁进行连接。采用高强菱形金属网。采用 $\phi 16$ mm 圆钢焊制的钢筋梁，长度 3 400 mm。

（3）实体煤帮支护

选用 $\phi 20 \times 2\,300$ mm 螺纹钢锚杆，每根锚杆使用 1 卷 Z2360 树脂药卷和 1 卷 CK2335 树脂药卷，CK2335 位于孔底。一排布置 5 根锚杆，锚杆间排距 800 mm×900 mm，上部锚杆距顶板 200 mm，底部锚杆距底板 400 mm。靠近顶板处锚杆向上倾斜 15°，靠近底板处锚杆向下倾斜 15°，其余垂直巷帮布置。采用高强塑钢网。采用 $\phi 16$ mm 圆钢焊制的钢筋梁，长度 3 400 mm。

5   其他辅助方案

（1）羊场湾煤矿回采巷道受采动影响后难以控制的一个主要原因是下一区段风巷紧跟上区段机巷掘进，巷道的提前开挖导致风巷将受到两次采动影响。为了避免出现风巷受到二次采动影响，下区段风巷滞后上区段采煤工作面掘进，在工作面采动压力稳定后掘进可很大程度上减小巷道受上区段采动影响。

（2）高强锚注一体化支护。由于煤柱侧帮受到采动影响，碎裂程度高，裂隙发育，煤柱强度低，因此在煤柱侧施工一排注浆锚杆，增加煤体的自承能力。以往的注浆锚杆、锚索由于强度低，往往需要在正常支护之外补打注浆锚杆、锚索，并且注浆锚杆、锚索在稍微受到采动压力时即被拔断，影响正常注浆。高强度注浆锚杆可以替代正常支护的锚杆，只需将设计支护的锚杆替换成注浆锚杆即可，这样就可以在巷道掘进时一次施工。当围岩结构受到破坏后及时注浆即可。

6   结语

通过对 120210 风巷受到多次采掘动压影响失稳破坏原因的分析，科学合理地确定巷道布置、支护参数及采掘接续关系，有效控制巷道的变形，减少了巷道二次维护量，可以确保回采工作面安全生产。这对类似条件下窄煤柱布置以提高资源回收率具有一定的借鉴意义。

参考文献

[1] 樊克恭,翟德元.巷道围岩弱结构破坏失稳分析与非均称控制机理[M].北京:煤炭工业出版社,2004.

[2] 韩强,郑详举.锚注技术在巷道围岩加固中的应用[J].煤炭科技,2011:77-79.

[3] 袁亮.沉井巷道围岩控制理论及淮南矿区工程实践[M].北京:煤炭工业出版社,2006.

[4] 韩立军.不稳定巷道中锚注联合支护[J].矿山压力与顶板管理,1999(1):15-17.

[5] 钱鸣高,刘听成,等.矿山压力及其控制[M].北京:煤炭工业出版社,1984.

[6] 袁和生.煤矿巷道锚杆支护技术[M].北京:煤炭工业出版社,1997.

[7] 张建华,吕兆海,周光华,等.破碎围岩条件下开采扰动区 LSMA 动力失稳综合分析[J].西安科技大学学报,2007,27(4):544-549.

[8] 何满潮,袁和生.中国煤矿锚杆支护理论与实践[M].北京:科学出版社,2004.

非充分稳定覆岩下沿空掘巷窄煤柱稳定性控制技术研究

李付臣

(兖州煤业股份有限公司鲍店煤矿,山东 邹城 273500)

摘 要 针对非充分稳定覆岩条件下沿空掘巷窄煤柱受多次动压影响难以控制的问题,以鲍店煤矿103下03工作面为实际地质条件,模拟了窄煤柱变形特征,建立了沿空掘巷后围岩的结构模型;采用矿用钻孔窥视仪对非充分稳定覆岩下的沿空掘巷顶板岩层进行了钻孔摄像观测,并研究了裂隙分布及其演化规律;结合非充分稳定覆岩下沿空掘巷三位一体耦合支护技术提出了窄煤柱稳定性控制方案,并进行了煤柱多点位移监测,实测结果证实了支护技术维护煤柱整体稳定性的作用。

关键词 沿空掘巷;非充分稳定覆岩;数值模拟;钻孔窥视;支护设计

0 引言

随着开采强度的不断加大,采掘接替问题日益突出。非充分稳定覆岩下沿空掘巷围岩控制技术作为缓解煤矿生产接替紧张的有效手段,已经在我国许多矿井成功应用[1,2]。窄煤柱作为沿空掘巷围岩结构的一个重要组成部分,其稳定性对综放沿空掘巷的稳定性具有决定性作用[3,4]。研究表明[5],在非充分稳定覆岩下沿空掘巷前后,窄煤柱要经过5次扰动影响,一般在掘进期间即出现较大的变形,在本工作面开采时,受超前支承压力影响,其变形更为明显,以至于影响通风、行人和运输,甚至带来安全隐患。

从20世纪50年代开始,国内外对无煤柱护巷技术开展了大量研究。谢和平等[6]指出了非线性科学对煤柱稳定性的影响,万志军等[7]认为,煤层或软弱岩层中开掘的巷道,围岩一般处于峰后阶段,流变问题突出,是影响沿空掘巷围岩稳定性的重要因素之一。基于围岩大、小结构及稳定性控制原理[8,9],相关研究指出了沿空掘巷对围岩大、小结构的影响程度,提出了窄煤柱宽度的留设原则、影响因素和设计方法[10]。邹友峰[11]等分析了煤柱动力稳定性的影响因素,建立了煤柱不同是失稳形式的模型及判定准则和方法。张农等[12]对迎采动工作面沿空掘巷围岩稳定性做了分析,把迎采动工作面沿空掘巷围岩稳定过程分成3个阶段:掘巷阶段、邻工作面采动影响阶段和本工作面超前采动阶段。张源等[13]指出煤柱稳定性影响因素并就支护强度对煤柱塑性区限制作用及稳定性影响做了研究。

本文结合相关研究成果,基于兖州煤业股份有限公司鲍店煤矿103下采区实际地质条件,结合FLAC 3D数值软件分析了沿空掘巷过程中煤柱的水平位移演化特征,采用工业电子窥视仪对非充分稳定覆岩下的沿空巷道顶板岩层进行摄像观测,分析了非充分稳定覆岩下沿空巷道顶板岩层的破裂形式及其演化规律,对103下03工作面沿空掘巷窄煤柱进行了支护设计及监测,确保了工作面顺利接替,取得很好的经济效益和社会效益。

1 地质采矿条件

鲍店煤矿开采深度为$+44.7 \sim -775$ m。$103_{下}03$工作面位于矿井南翼的十采区中部,该采区为单翼采区。103$_{下}$03 工作面东起切眼,西至设计停采线,北与 103$_{下}$02 工作面相邻,南邻 103 下 04 工作面;上方相隔平均 11.61 m 为 103$_{上}$03 工作面,左上方为 103$_{上}$04 工作面,右上方为 103 上 02 工作面;103$_{下}$03 工作面井下标高约−420 m 左右,对应地面标高平均+42.7 m,所在 3 下煤层为近水平煤层,平均煤厚 3.26 m,煤层硬度 $f=3\sim4$,直接顶为厚 2.05 m、裂隙发育的粉砂岩;基本顶为厚 8.82 m、坚硬致密的中砂岩,其上为已回采压实后的 3 上煤采空区,层间距平均厚约 11.91 m。煤层特征见表1。

表 1   3$_{下}$ 煤层特征表

煤层厚度/m	倾角/(°)	煤层稳定性	煤层硬度 f	煤层顶板底板岩性			
				顶板		底板	
				直接顶	基本顶	伪底	基本底
3.26	2~14	稳定	3~4	粉砂岩	中砂岩	铝质泥岩	铝质泥岩

2 煤柱内水平位移及演化规律模拟分析

2.1 数值试验模型

数值试验所对应的物理模型如图 1 所示。模型中赋存 6 种岩性岩层。沿空巷道和靠近沿空巷道的上区段回采巷道均布置在煤层中,断面(宽×高)均为 5 m×3 m,两者之间的煤柱宽 5 m。数值计算模型的尺寸(宽×高×长)为 135 m×50 m×150 m,共划分约 2.1×10^5 个网格单元。模型上边界载荷按采深 500 m 计算,下边界垂直方向位移固定,前后和左右边界水平方向位移固定。

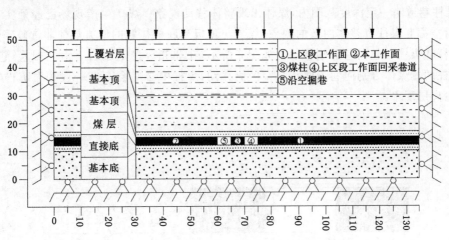

图 1   沿空掘巷数值计算物理模型(单位:m)

模拟了上区段巷道掘进扰动、上区段工作面采动影响、上区段采空区残余支承压力影响、沿空掘巷扰动和本工作面采动影响共五个阶段。数值模拟试验过程中,在煤柱内宽度方向上 $X=\{0,1,2,3,4,5\}$ m,高度方向上 $Y=\{0,1,2,3\}$ m,走向方向上 $Z=75$ m 交点共布置了 24 个历史变量监测点。监测内容水平位移。

本文图标中监测内容英文代号后的序号分别代表上区段回采巷道的开挖(阶段 1)、上区段工作面回采(阶段 2)、留小煤柱沿空掘巷(阶段 3)和本工作面回采(阶段 4)等过程。"+"代表掘进(或回采)工作面超前监测点,"−"代表滞后监测点,其后的数值代表超前或者滞后的距离。

2.2 煤柱内水平位移分布及其演化规律

煤柱 2 m 高度、不同监测点处的水平位移分布如图 2 所示。

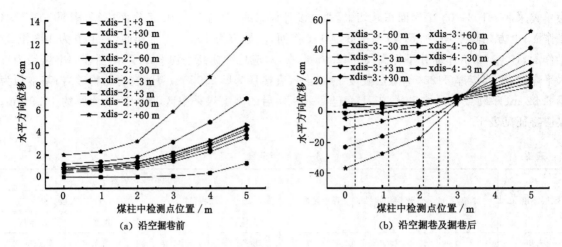

图 2　沿空掘巷煤柱内水平位移分布

由图 2 可见：

(1) 上区段巷道开挖和工作面回采过程中，煤柱均向上区段巷道方向移动，且随巷道开挖和工作面推进过程的持续，水平位移量不断增大，浅部位移量大于深部。上区段工作面回采过程对煤柱内水平位移影响较大。

(2) 在沿空掘巷和本工作面回采过程中，煤柱中出现一个相对稳定的"不动区"，大约在煤柱巷道侧 3/5 宽度处(3～3.5 m)，如图 2(b)所示，"不动区"的存在对于在沿空掘巷煤柱维护中采取锚杆或锚索支护方式具有重要意义。

(3) 煤柱巷道侧一定深度范围内，煤体出现整体移动现象。煤矿生产现场已经证实，非充分稳定覆岩下沿空掘巷煤柱有整体内敛的现象，煤柱与顶板和底板接触的地方煤体非常破碎，而且有划痕出现，锚杆随煤柱一起向巷道侧移动。如图 3 所示，在非充分稳定覆岩下沿空掘巷，巷道矿压显现明显，煤柱两侧煤体分别向巷道侧和采空区侧移动，煤柱中必然会存在一段相对疏松的区域，也就是会发生离层现象。

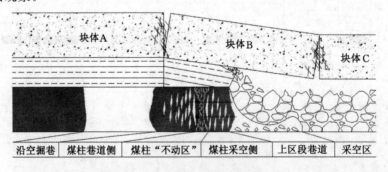

图 3　沿空掘巷以后围岩结构模型

3　沿空掘巷顶板钻孔观测研究

采用矿用钻孔窥视仪对非充分稳定覆岩下的沿空掘巷顶板岩层进行了钻孔摄像观测，基于"基本测量尺度—裂隙条数法"钻孔裂隙统计方法[5]，对沿空掘巷顶板岩层中的裂隙进行了统计分析，并研究了裂隙分布及其演化规律，为该条件下的沿空巷道窄煤柱稳定性控制技术提供必要的理论依据。

3.1　测站布置

为了研究上区段采空区顶板稳定程度对 103下03 工作面沿空掘巷窄煤柱的影响，在工作面轨道顺槽距开口 300 m,600 m,900 m 处各布置 1 组测站(见图 4),每 1 组测站沿巷道断面布置 2 个钻孔,2 个钻孔对称布置在巷道顶板中,如图 5 所示。3 个测站对应上区段采空区顶板稳定时间分别约 1.5,3,4.5 个月,相对应的稳定程度为非充分稳定、相对稳定和基本稳定。钻孔打好后即开始使用防爆型工业电子窥视仪进行摄像观测,第 1 周每天观测 1 次,以后每 3～5 d 观测 1 次,每个钻孔持续观测 1 个月。主要观测钻孔揭露裂隙的分布形式及其演化规律。

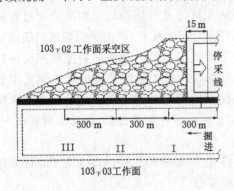

图 4 工作面采掘关系示意图

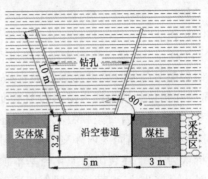

图 5 钻孔布置示意图

3.2 裂隙观测结果分析

3.2.1 岩层裂隙形式

通过对 3 个测站共 6 个钻孔的观测结果进行统计发现,顶板岩层中的裂隙形式主要有成对分布的纵向裂隙[简称纵向裂隙,见图 6(b)]和横向封闭裂隙[简称横向裂隙,见图 6(c)],以及由它们单独演化成的断裂破碎带、离层和错位,还有由这 2 种裂隙扩展和交叉演化成的破碎带,见图 7。由此可以认为,沿空巷道顶板岩层主要有纵向裂隙和横向裂隙两种基本的裂隙形式。

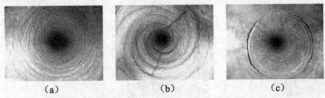

（a） （b） （c）

图 6 顶板岩层主要破裂形式

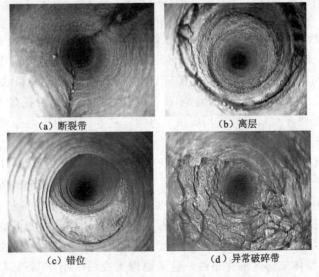

（a）断裂带 （b）离层

（c）错位 （d）异常破碎带

图 7 裂隙后期演化成的几种形式

3.2.2 岩层裂隙分布及演化规律

（1）裂隙重心位置分布规律

实体侧顶板钻孔中的裂隙重心位置普遍大于沿空侧，均处在基本顶岩层中。这说明实体侧顶板岩层裂隙偏向于岩层上方发育，而沿空侧偏向于岩层底部发育。

（2）两种形式裂隙的演化规律

为了研究沿空巷道上覆岩层的活动规律，对每一个钻孔持续进行顶板岩层裂隙演化过程的观测。300 m和900 m处的顶板钻孔观测结果表明，随着稳定时间的延长，小的纵向裂隙扩展成断裂带［见图7(a)］，小的横向裂隙演化成离层和径向错位［见图7(b)，(c)］，当横向裂隙周围出现较多小的纵向裂隙时就发育成大范围的异常破碎带。断裂带主要表现为裂隙长度的延长和宽度的增加，而离层和错位分别表现为横向裂隙宽度的增加和裂隙面的相对滑移错动。异常破碎带纵横裂隙较发育，破碎后的岩石呈颗粒状。观测还发现，纵向裂隙多出现在钻孔深部，即基本顶岩层中，而横向裂隙多出现在锚固区内外交界处和岩性分界面处。

分析认为[5]，上述裂隙的演化与基本顶的回转和滑移有关，顶板给煤柱施加垂直于煤柱方向压力的同时也会产生错动，两者共同作用导致煤柱顶部破碎膨胀。

4 煤柱稳定性控制的耦合支护技术及工业性试验

4.1 三位一体耦合支护技术原理

根据非充分稳定覆岩下沿空掘巷煤柱位移分布及其演化规律，以及钻孔观测分析，综合考虑从上区段巷道支护到沿空巷道支护直至本工作面开采全过程，提出非充分稳定覆岩下沿空掘巷煤柱稳定性控制的"强拉、短控、长注"三位一体耦合支护技术[14]，其原理如图8所示。

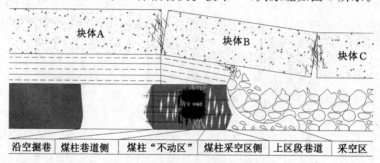

图8 沿空掘巷煤柱稳定性控制技术原理图

（1）高强预应力螺纹钢锚杆拉紧煤柱采空区侧煤体。在上覆岩层给定变形条件下，煤柱采空区侧大变形不可避免，支护结构也极有可能遭到破坏。在上区段巷道中采用高强预应力螺纹钢锚杆可以减小煤柱在倾向支承压力作用下产生破碎区的范围，防止煤柱失稳状态的恶化。锚杆锚固点周围煤体破碎可能会导致锚杆被拉脱，但是，高强锚杆可以保证锚杆托盘不会拉坏，杆体不会被拉断。这为沿空掘巷后锚杆重新发挥作用提供了可能。这和传统沿空巷道锚杆支护不重视实体煤帮支护强度的做法完全不同。

（2）短锚杆控制煤柱巷道侧整体位移区的完整性。煤柱的稳定性应该包括两部分，一是"不动区"巷道侧煤柱，另一个是"不动区"采空区侧煤柱。两个区域的煤体完整性都需要得到保证，尽可能保证两个区域内不再产生大的离层。沿空掘巷后，如果对煤柱支护的锚杆长度达到"不动区"，在上覆岩层给定变形条件下，锚杆必然受到很大的拉应力，当锚杆抗拉强度不足时很容易使托盘被拉脱或杆被拉断，进而导致支护失效。因此，非充分稳定覆岩下沿空掘巷煤柱的锚杆支护长度不宜过大，而应该注重维护整体位移区的完整性。这从原理上说明了沿空巷道煤柱侧锚杆支护不宜采用长锚杆的原因。

（3）长注浆锚索加固锚固点，限制整体位移区和"不动区"之间的离层。限制"不动区"和煤柱巷道侧煤体之间的离层对控制煤柱的稳定性有重要意义。在上覆岩层给定变形条件下，煤柱应力扩容很难阻止，锚杆的伸缩率相对锚索要小得多。因此，在沿空巷道受掘进扰动基本稳定以后，宜采取长（相对于锚杆）锚索对煤柱进行支护，锚固点深入到"不动区"内。

（4）煤柱中的"不动区"一般处于破碎区，而且受离层影响，该区域煤体相对松散。由于是在非充分稳定覆岩下进行沿空掘巷，上覆岩层关键岩块的活动会进一步破坏煤柱的完整性。因此，锚索锚固点不会十分坚固，有必要进行加固。选取中空注浆锚索来代替普通锚索可以解决这一问题。

（5）上区段回采巷道煤壁中的锚杆一般会遗留下来，对于 5 m 宽的煤柱，这些锚杆的锚固点正好处于"不动区"，而对于 3 m 宽的煤柱，锚固点处于沿空巷道煤柱破碎区范围内。总之，这些锚固点区域煤体破碎，锚固效果大大降低。短锚杆的锚固和长锚索的注浆加固作用，附带可以加固上区段回采巷道煤壁中遗留锚杆的锚固点，有利于发挥遗留锚杆的锚固力，共同维护煤柱稳定性。

4.2 支护方案及参数

结合鲍店煤矿 103下03 工作面煤层赋存特征及实际生产技术条件，确定沿空巷道即轨道顺槽支护参数如图 9 所示。

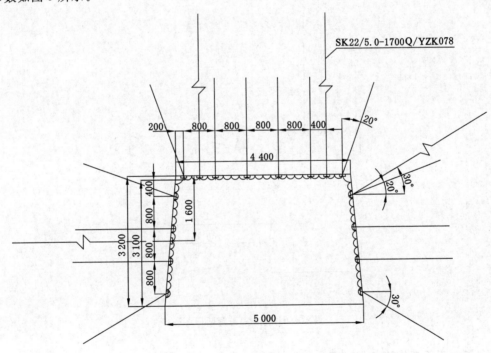

图 9　103下03 工作面轨道顺槽断面支护参数示意图

4.2.1 基本支护

顶板锚杆：采用杆体型号为 MSGLW-500；间排距初步定为 800 mm×900 mm；锚固方式为全长锚固，采用 4 卷 MS CK 25/60 Q/YZK 033 树脂锚固剂。

帮部锚杆：采用杆体型号为 MSGLW-500，规格为 ML Ⅳ 20/2000 Q/YZK 031 型锚杆进行锚固；间排距初步定为 800 mm×900 mm；沿空侧帮每根锚杆使用用 3 卷 MS CK 25/50 Q/YZK 033 树脂锚固剂，全长锚固；非沿空侧帮每根锚杆使用用 3 卷 MS CK 25/60 Q/YZK 033 树脂锚固剂，加长锚固。

钢带：顶部布置 GD Ⅱ T 140/20 Q/YZK 034 钢带，钢带垂直中心线，为增加锚杆孔处的强度，锚杆另加托盘。

钢筋梯子:帮部布置 GT 8/3300 Q/YZK 035 钢筋梯或 GT 16/2600 Q/YZK 035 圆钢钢筋梯,加工材质采用 ϕ16 mm 的光圆钢筋加工。

金属网:采用 LW 40/3-SZ-1×7.5(3) Q/YZK 037 菱形网顶部满背,两帮铺至帮部最下一根锚杆。

锚索:顶部采用杆体型号为 SKP22-1/1700、规格为 SK22/5-1700 Q/YZK 078 锚索,帮部采用杆体型号为 SKP22-1/1700、规格为 SK22/5(3.5)-1700 Q/YZK 078 锚索,顶部 5 m 长锚索锚固端采用 2 卷型号为 MS CK 25/60 Q/YZK 033 树脂锚固剂进行锚固,考虑到沿空掘巷窄煤柱宽度及煤柱破碎状况,帮部 3.5 m 长锚索锚固端采用 1 卷型号为 MS CK 25/60 Q/YZK 033 树脂锚固剂进行锚固。

4.2.2 加强支护

注浆锚索可采用兖矿集团应用较为成熟的双股笼形注浆锚索,单股锚索钢绞线公称直径15.24 mm,强度 1 860 MPa,破断载荷不低于 250 kN。锚索长 2 500 mm,锚深 2 200 mm,每隔 2 排锚杆打一排锚索,巷道沿空侧顶角及底角处各采用 1 根注浆锚索代替原有普通锚杆(索),上部孔仰角 10°,下部孔俯角 8°左右。注浆锚索布置如图 10 所示。

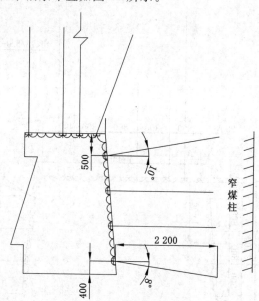

图 10　注浆锚索布置断面图

4.3 巷道煤柱侧深部位移监测方案及效果分析

通过安设深部位移测站对巷道窄煤柱帮深部围岩变形情况进行观测,在煤柱内内设 2 个多点位移计测站,设置在掘进 350～450 m 之间,均匀设置 3 个测点,各个测孔深及测点的安设位置根据现场情况稍加改动,如图 11 所示。

4.3.1 掘巷期间沿空帮深基点位移

由沿空帮深基点位移曲线图 12 可知:掘进期间沿空帮变形量和变形速度都比较大;窄煤柱 1 m 范围内破坏比较严重,离层主要发生在 0.5～1 m 之间,煤柱中部比较完整,煤体离层值小于锚杆最大允许伸长量。

4.3.2 回采期间沿空帮深基点位移

由沿空帮深基点位移曲线图 13 可知:沿空帮侧深基点位移规律与实体煤侧不同,在超前采动支承压力的作用下窄煤柱 1～2 m 范围内煤体向巷道内移量较大,2 m 以外煤柱内部稳定。

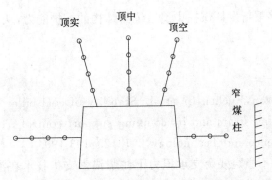

图 11　多点位移计测点布置示意图

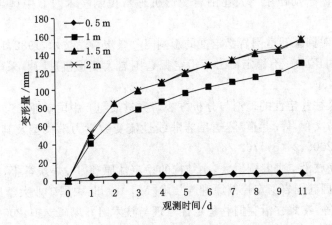

图 12　沿空帮深基点位移

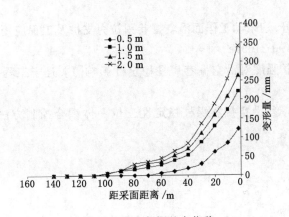

图 13　沿空帮深基点位移

5　结论

（1）非充分稳定覆岩下沿空掘巷，煤柱采空区侧大变形显著，沿空掘巷煤柱巷道侧浅部出现整体位移区，而深部存在相对稳定的"不动区"。限制"不动区"和煤柱巷道侧煤体整体位移区之间的离层对控制煤柱的稳定性有重要意义。

（2）基本顶的回转和滑移导致横、纵向裂隙的演化，顶板给煤柱施加垂直于煤柱方向压力的同时产生错动，两者共同作用导致煤柱顶部破碎膨胀。

（3）基于非充分稳定覆岩下沿空掘巷煤柱稳定性控制的"强拉、短控、长注"三位一体耦合支护技术，针对 103下03 工作面沿空掘巷窄煤柱支护设计及现场监测，这种支护技术能够有效避免煤柱支护结构的失效,而且能够重新发挥煤柱中遗留锚固结构的支护能力,从而达到共同维护煤柱稳定性的作用。

参考文献

[1] Yuan Zhang,Zhijun Wan,Fuchen Li,et al. Stability of coal pillar in gob-side entry driving under unstable overlying strata and its coupling support control technique[J]. International Journal of Mining Science and Technology,2013,23:193-199.

[2] 李仲辉,李付臣,李华.不稳定残余支承压力下注浆锚索支护技术在沿空掘巷的应用[J].中国煤炭,2012,38(9):51-54.

[3] 董宗斌.孤岛煤柱内采动作用下大巷围岩变形机理与控制技术[J].中国煤炭,2011,37(12):31-35.

[4] 李效甫.煤柱宽度对回采巷道围岩稳定性的影响[J].煤炭科学技术,1982,11(1):8-10.

[5] 张源,万志军,李付臣,等.不稳定覆岩下沿空掘巷围岩大变形机理[J].采矿与安全工程学报,2012,29(4):451-458.

[6] 谢和平,等.条带煤柱稳定性的理论与分析方法研究进展[J].中国矿业,1998,7(5):37-41.

[7] 万志军,周楚良,马文顶,等.巷道/隧道围岩非线性流变数学力学模型及其初步应用[J].岩石力学与工程学报,2005,24(5):762-767.

[8] 侯朝炯,李学华.综放沿空掘巷围岩大、小结构的稳定性原理[J].煤炭学报,2001,26(1):1-7.

[9] 李学华.综放沿空掘巷围岩稳定控制原理与技术[M].徐州:中国矿业大学出版社,2008.

[10] 李学华,姚强岭,等.窄煤柱沿空掘巷稳定性原理与技术[J].煤矿支护,2008,2:1-9.

[11] 邹友峰,柴华彬.我国条带煤柱稳定性研究现状及存在问题[J].采矿与安全工程学报,2006,23(2):141-150.

[12] 张农,李学华,高明仕.迎采动工作面沿空掘巷预拉力支护及工程应用[J].岩石力学与工程学报,2004,23(12):2100-2105.

[13] 张源,万志军等.支护强度对沿空掘巷煤柱稳定性影响[J].辽宁工程技术大学,2013,32(4):443-448.

[14] 张源,万志军,裴松,等.沿空掘巷煤柱稳定性三位一体耦合控制方法:中国,CN103244122A[P].2013-08-14.

急倾斜坚硬顶板工作面快速掘进支护技术及坚硬顶板下巷道快速掘进成套技术

许楼家

(山东能源新矿集团内蒙能源福城矿业有限公司,内蒙古自治区　鄂尔多斯　016217)

摘　要　本文综述了福城煤矿急倾斜开切眼施工工艺及巷道支护技术,总结了急倾斜大断面切眼实现安全快速施工及支护的难点。本文研究了急倾斜大断面切眼自下向上导硐贯通及由上向下刷帮成巷的施工方法,以及以人矸分离、防飞矸伤人、人行铁梯及迎头便捷拆装安全操作平台为核心的安全快速施工工艺,同时以切眼围岩基本参数为基础,提出了该类围岩内外承载结构控制原理,分析了顶板的需控范围及内外承载结构形成的力学基础,确定了以锚杆、"W"钢带、钢筋网、顶板高强度锚索梁及支柱的联合支护形式,形成了高强度锚杆、高锚固点及高承载结构的"三高"支护技术,实现了巷道围岩的稳定控制。

该切眼的安全快速施工及巷道围岩支护技术取得了显著的社会及经济效益,在同类巷道的安全施工及巷道支护中具有积极的推广意义。

关键词　急倾斜切眼;安全快速掘进;内外承载结构;"三高"支护技术;联合控制

0　前言

福城矿业有限公司 1902S 急倾斜切眼掘进采用光面爆破二次成巷的施工方式,即先导硐后扩刷。切眼导硐巷宽 4 m,施工从下部运输巷开始,向上巷的回风巷上山掘进,待导硐与上部回风巷贯通后,再由上向下进行扩刷达到设计断面要求。切眼导硐沿煤层顶板掘进,扩刷采用锚网索支护后,在扩后的切眼中部打一排带帽支柱进行加强支护。一方面采用光面爆破可以尽量减少对围岩的破坏,另一方面上下巷都采用胶带运输,可以利用搪瓷溜槽搭接胶带实现煤矸的运输,且巷道倾角大,爆破后煤矸可自溜至下巷胶带,减少工人劳动强度。

国内外无同类断面,相似顶板大断面急倾斜切眼安全快速施工及围岩控制成功经验可借鉴。

1　1902 南切眼施工技术难题及解决方案

1902 南切眼实测倾角平均 45°,局部倾角 53°,长 238 m,巷道设计净宽 8 m。一方面,顶板为灰岩,巷道施工、运料及人员上下非常困难,特别是由于切眼倾角大,爆破后煤矸自然滑落,无稳定工作平台、巷道易飞矸伤人;另一方面,厚层破碎顶板维护难度大。针对这些问题,制定了一系列解决方案。

(1) 解决人员行走困难:采用人矸分离的方法施工。人行道侧使用铁梯子作为行人时的台阶,铁梯子距离迎头不超过 15 m,15 m 以上使用钢丝绳编织的软梯;每隔 2 m 施工一个木支柱,使用棕绳作为防护绳,人行道一侧为钢梯扶手,另一侧为护绳。

(2) 解决掘进迎头施工困难:爆破作业时搭建工作平台(见图 1)。使用 2 根圆木、圆环链及木板搭建工作平台。首先,将链子一头拴至迎头顶板锚杆并加备帽,将圆木一头固定在链子上,一头埋入迎头预先掏出的柱窝内,保证圆木成水平状态,然后将木板横放在圆木上,并用铁丝固定牢固。

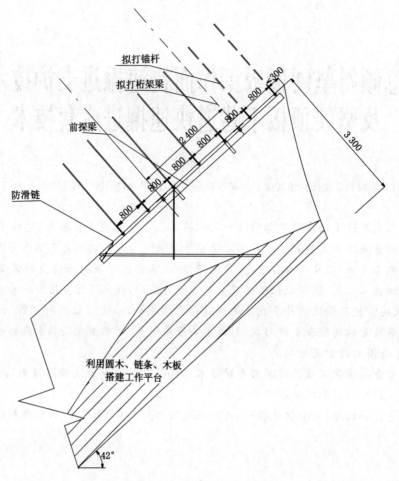

图1　快捷施工平台示意图

（3）防矸石伤人：为防止爆破后的煤矸顺人行道而下，自切眼下头往上每隔2.5 m打设一棵木点柱，打设方向沿巷道中线方向，打设角度有一定的迎山角，即木点柱上头往迎头方向偏7°~8°。木点柱采用直径20~40 cm的圆木，小头朝下，大头朝上。木点柱长度以大于巷道实际高度20 cm为准，1902S切眼设计高度3.2 m，现场高度3.3~3.4 m，所以制作木点柱的圆木长度在3.5~4.0 m之间。打设前，在巷道底板相应位置上挖设深约20 cm的腿窝，直径以刚好放进木点柱下头为准，量好该位置高度后选择长度合适的圆木，将超长部分锯掉，再运至指定位置开始安设；安设时，5~7人施工，1人在旁边安全区域排查施工隐患，1人在切眼下头站岗，施工期间严禁无关人员进入切眼。施工人员将木点柱小头朝下放进腿窝，慢慢将另一侧竖起，保证与之前打设的点柱在同一直线上。木点柱上头塞进木塞并砸实，确保木点柱接顶牢固；最后，用铁链拴住木点柱上头，另一端拴在前方的锚杆上，并上紧备用螺帽，确保木点柱失稳后不发生滑落。

拦挡设施的安设。在两棵木点柱之间，自巷道底板往上打设1.5 m高的木板，木板的规格为长×宽×厚=(2.5~3) m×30 cm×(6~8) cm，也就是需要打设5页这样的木板。固定木板的钉子采用15 cm长的钢钉，每页木板的一端至少采用3根钢钉固定。木板与木板之间尽量减少空隙，确保木板固定牢固严实。

防飞矸设施示意图见图2。

（4）防迎头片帮伤人：由于切眼倾角大，爆破后容易出现伞檐，为防止迎头片帮，采取敲帮问顶，去除伞檐，顶部超前底部0.8 m使底板与顶板呈铅垂状，避免片帮伤人。

（5）防爆破后矸石大面积下滑：切眼施工30 m后，在切眼下头设置缓冲煤仓（见图3），防止爆

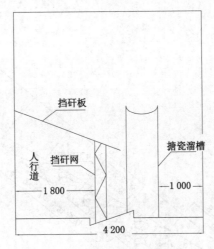

图2 防飞矸设施示意图

破后的煤矸大面积滑下,淤积于胶带机尾。利用圆木支柱、工字钢搭设,确保牢固可靠;下口留长0.5 m宽0.5 m的溜煤口,爆破前安设挡板,爆破后抽出放煤。

直接缓冲仓从切眼下头距切眼开门位置3～5 m位置开始往切眼内打设,采用胶带机尾直接沿至切眼下头,缓冲仓出矸口跟溜槽直接上胶带的方式出矸。

运输巷掘到位后,退综掘机到切眼开门点往外,采用炮掘法开始切眼开门掘进,掘进煤矸采用综掘机出矸上胶带,开门掘进15 m左右时,从切眼开门点往上3～5 m位置开始边掘进边施工缓冲仓。

(6)上山施工防物料下滑伤人及物料运输:

① 为防止液压支柱卸压后顺切眼滑下伤人,将液压支柱拴防倒绳固定在顶板上,防倒绳采用棕绳。

② 为防止煤矸及物料下滑在切眼每30 m设置一组挡矸栏,使用木板或木枇横于打设好的液压支柱上并固定牢固,挡矸栏高度不低于1 m。人行道侧重新敷设一根棕绳,置于打设牢固的液压支柱上,作为人员行走时的防滑扶手;为保证切眼施工安全,在1902南切眼下头以北15 m处必须设置"严禁入内"警戒牌,并安设专人站岗,安设专人排矸,严禁人员上下切眼。

③ 切眼施工时使用梭车运料,实现大切眼运输的机械化,避免人工运料,降低人力成本,减轻工人劳动强度,同时可避免人工运料时面对的飞矸等伤害。

(7)防飞矸弹射损伤顶板支护结构措施:由于切眼倾角大远远大于煤矸自然安息角,在重力作用下,煤矸爆破(人工出矸)后加速下滑,与阻挡物碰撞后弹射撞击顶板,损伤顶板锚固支护结构,使破碎顶板层理、节理结构面进一步发育,锚杆丧失锚固力,锚固结构失效;为防止飞矸损伤顶板支护结构,拟采用顶板吊挂废旧胶带的方式柔性抗冲击,吸收飞矸动能,阻止其弹射撞击顶板损伤支护结构。

(8)顶板岩石的稳定控制措施:在巷道跨度加大到8 m情况下,顶板的稳定控制无疑是一个棘手的问题。针对此特殊顶板情况提出厚层不稳定顶板巷道内外承载结构模型。内承载结构是指2.5 m长锚杆加固形成的围岩承载圈层,锚网带锚固加固体及木点柱支护在巷道周边破碎区及部分塑性区围岩中形成的支护结构体。外承载结构是指通过施工高承载力及强护表构件的锚索梁,锚索梁锚固范围超过围岩塑性区深入弹性区围岩,锚固端直达巷道围岩应力峰值点附近,以部分弹性区和全部塑性区煤岩体为主体组成的承载结构。

另外,对松散破碎范围大的煤体巷道使用锚杆锚索支护,通过锚杆支护作用对松散破碎区内的围岩进行组合梁加固和锚索的补强支护,将其锚固到深部围岩顶板,进一步强化了内承载结构的承载能力。

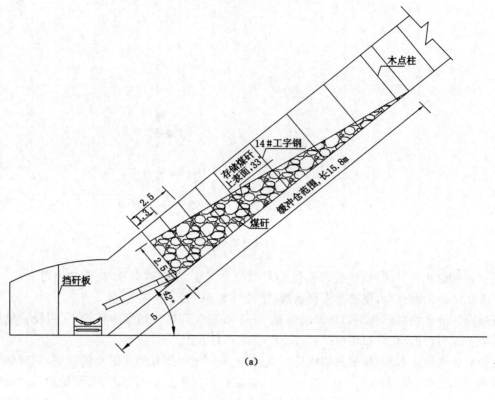

(a)

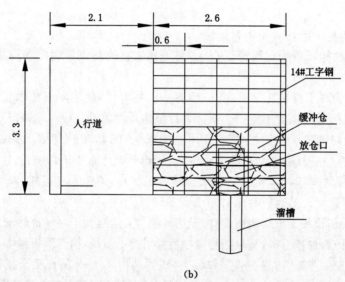

(b)

图 3 缓冲仓施工示意图

2 急倾斜大断面切眼支护参数确定

（1）临时支护

轻便玻璃钢单体作为临时支护：巷道临时支护采用 3 颗轻便玻璃钢单体做临时支护，玻璃钢单体重量在 25 kg 左右，采用防尘水注液，移动便捷，操作简单，支撑压力可靠。

（2）顶板永久支护

施工导硐时永久支护：

① 顶板采用锚带网支护,锚杆间排距为 1 000 mm×1 000 mm,钢带使用规格为 280 mm×5 mm 的 W 钢带,网使用一层钢筋网加一层双向拉伸塑料网,锚杆为 ϕ22 mm×2 500 mm 等强螺纹钢式树脂锚杆,每根锚杆配 3 节 MSZ2835 树脂药卷,锚固长度不低于 1 050 mm。

② 顶板打锚索梁加强支护,沿导硐中心线两侧各 1 000 mm 处,每隔 3.0 m 布置一架锚索梁,锚索梁为双页眼距为 2.0 m 的"W"钢带(280 mm×5 mm)叠加,锚索规格为 ϕ17.8 mm×6 200 mm 鸟巢式锚索,每根锚索配 5 节树脂药卷,锚固长度不低于 1 500 mm。打设锚索时,锚索外露长度为 150～200 mm,锚索外加 300 mm×300 mm×12 mm 锚索托盘贴紧钢带支护。安装完后进行张拉,紧固起锚具压紧托盘。锚索设计锚固力不小于 200 kN。锚索张拉预紧力控制在 80～100 kN,锚索梁紧跟迎头施工。

③ 老空侧巷帮采用锚带网支护,锚杆间排距为 1 000 mm×1 000 mm,钢带使用 280 mm×3 mm 的"W"钢带搭接支护,网使用一层双向可拉伸塑料网,锚杆为 ϕ22 mm×2 500 mm 等强螺纹钢式树脂锚杆,每根锚杆配 2 节 MSZ2835 树脂药卷,锚固长度不低于 700 mm。

④ 刷帮侧巷帮采用锚杆"W"托盘支护,锚杆间排距为 1 200 mm×1 200 mm,锚杆采用 ϕ20 mm×1 800 mm 全螺纹玻璃钢锚杆,每根锚杆配 2 节 MSZ2835 树脂药卷,锚固长度不低于 700 mm。

刷帮后永久支护:

① 刷帮后,顶板采用 5 根 ϕ22 mm×2 500 mm 等强螺纹钢式树脂锚杆配"W"(280 mm×3 mm)钢带网支护顶板(与导硐顶板钢带搭接一个眼),间排距为 1 000 mm×1 000 mm,顶板使用一层钢筋网加一层双向可拉伸塑料网支护。

② 顶板打锚索梁加强支护,切眼刷帮时沿刷帮断面巷道中心线每隔 3.0 m 布置一架锚索梁,锚索梁为双页"W"钢带(280 mm×5 mm)叠加,锚索规格为 ϕ17.8 mm×6 200 mm 鸟巢式锚索,每根锚索配 5 节树脂药卷,锚固长度不低于 1 500 mm。

③ 切眼刷帮后,在巷道中心线位置沿巷道走向支设木点柱支护顶板,柱距 1.2 m。

④ 推采巷帮采用 4 根 ϕ20 mm×1 800 mm 的全螺纹玻璃钢锚杆配 300 mm×300 mm×40 mm木托盘加双向可拉伸塑料网支护,锚杆间排距为 1 000 mm×1 000 mm。当巷道遇构造、煤体破碎松软或巷道有淋水时,及时缩小巷帮锚杆布置间距,提高巷帮支护强度。

3 巷道围岩控制效果分析

切眼掘进因经历导硐和刷大两个阶段,因此其围岩变形经历初掘影响、稳定、刷大影响和再稳定四个阶段。在导硐阶段,距迎头 20 m 范围内围岩运动相对剧烈,顶底、两帮的相对移近速度最大为 3.5 mm/d 和 3 mm/d,平均分别为 1.5 mm/d 和 0.7 mm/d,相对移近量分别为 90 mm 和 42 mm。在刷大阶段,掘进影响范围增至 95 m 时,在刷大初期顶底和两帮的变形速度平均分别为 4.5 mm/d 和 3.5 mm/d,稳定前的移近量分别为 150 mm 和 70 mm。

由顶板离层仪观测表明,围岩深部位移同样受初掘和刷大的影响,刷大时导致深部位移明显增大。由于锚网支护结构的整体性较好,加上中间支柱的支撑作用,虽然切眼跨度较大,但是应用内外承载结构控制原理,采用"三高"支护技术后,巷道顶板无明显离层,巷道围岩得到有效控制。

4 施工工艺流程

(1)炮掘工艺流程:交接班检查、准备→校对中线→洒水防尘(一炮三检)→打眼装药爆破→洒水防尘→爆破站岗→炮后撤岗(一炮三检)→敲帮问顶→临时支护→校对中线→永久支护→清理出煤→进入下一循环。

(2)临时支护工艺流程:安装工作平台→敲帮问顶清除伞檐→前移前探梁→固定防滑链→铺设并连接钢筋网、塑钢网、W 钢带。

（3）永久支护工艺流程：打顶部锚杆→打帮部锚杆。

（4）快速移动操作平台：由于切眼倾角大，为确保安全和施工方便，需人工支设操作平台，随着工作面不断向前推进，平台也需不断向前移动，平台前移的效率，对掘进速度有很大的影响。移动操作平台的传统方法是采用 40 t 链条、圆木、木板支设一个操作平台，进行临时支护、永久支护、打炮眼等操作，但是爆破后拆卸平台时，人员无可靠的操作空间，向上拖圆木时人容易滑倒，施工十分不便。为此，采用支设两个操作平台进行作业，随着工作面的推进，平台交替前移，实现了操作平台的快速移动。快速移动操作平台示意图见图 4。

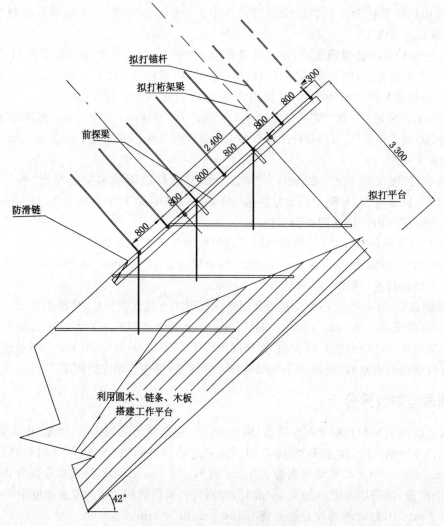

图 4　快速移动操作平台示意图

5　取得效果

（1）通过创新型安全操作平台，实现了工作平台的快速移动，降低了施工难度，为切眼安全快速施工奠定了基础。

（2）优化劳动组织，采用光面爆破二次成巷的施工方法，实现了急倾斜大断面切眼月进 120 m 的成绩，为工作面的安装争取了时间。

（3）采取人矸分流、工作面防飞矸等安全措施，为工作面安全顺利施工打好了基础。

（4）采用锚网、锚索加支柱的联合支护方式，有效控制了顶板下沉，降低了巷道维护成本。

管棚支护在软岩巷道施工中的应用分析

朱本斌

(兖矿集团贵州青龙煤矿,贵州 贵阳 550000)

摘 要 青龙煤矿主采煤层为 M16、M18 煤层,煤层及其顶底板松软破碎,断层多,破碎带多,揉皱及小挠曲极为发育,属于标准的"三软"煤层(即顶板、煤层、底板软),再加上突出矿井,水文地质复杂,给掘进支护及工作面回采顶板管理造成极大困难。经过多次实践应用,摸索出一套简易实用、成本低廉、易于操作的超前管棚支护技术。该支护技术在煤巷施工、过断层、破碎带、过四岔门、巷道立交、交岔点,以及揭煤、采煤工作面过破碎带等均取得了非常好的效果。

关键词 断层;破碎带;三软煤层;超前管棚;立交;揭煤;四岔门;综采工作面

0 前言

贵州黔西能源开发有限公司青龙煤矿是兖矿集团响应国家西部大开发的号召,抓住"西电东送,黔电送粤"历史发展机遇,进入贵州自己建设投产的第一对矿井。该矿井设计 120 万 t/a,为一单斜构造,采用一组 3 条斜井开拓,即主斜井、副斜井和回风斜井,平均间距为 40 m。

该矿井主采煤层为 M16、M18 煤层。现正在回采 M16 煤层,M18 煤层有两条巷道即运输顺槽及轨道顺槽已经各掘进 500 m 左右。根据地质勘探提供的资料及实际揭露情况,该井田构造复杂程度属中等偏复杂,煤层及其顶底板松软破碎,断层多,且正断层、逆断层交替成组出现,破碎带多,分叉尖灭现象普遍;小型断层、揉皱及小挠曲极为发育,尤其在较软弱的煤系地层中普遍存在;受构造影响,同一条巷道岩层倾角变化极大,有的近水平,有的达到急倾斜甚至直立;煤层瓦斯含量大,M16 瓦斯含量为 13.77 m^3/t,M18 煤层瓦斯含量为 14.13 m^3/t,根据煤炭科学研究总院重庆分院对青龙煤矿 18 煤层突出危险性的鉴定:青龙煤矿 18 煤层测定各项指标均已全部超过了煤层突出危险预测临界值,青龙煤矿 18 煤层为煤与瓦斯突出危险煤层,青龙煤矿也相应为煤与瓦斯突出矿井。水文地质类型为顶板进水的岩溶裂隙类中等偏复杂型。

M18 煤层平均厚度为 3.05 m,直接顶板以黑色碳质泥岩及舌形贝(海豆芽)化石为特征,底板主要为黏土岩及碳质泥岩,并含大量植物根部化石。煤层内生裂隙发育,机械强度小,性脆,易碎。

根据以上分析,青龙煤矿属于标准的"三软"煤层(即顶板、煤层、底板软),再加上突出矿井,水文地质复杂,给掘进支护及工作面回采顶板管理造成极大困难。

在松软破碎带及煤巷掘进中,最普遍的支护方式是架棚支护、混凝土砌碹支护或者锚网喷再套架棚支护。该几种支护方式施工劳动强度大,成本高,效率低,施工困难而且有时还造成棚后瓦斯积聚进而造成其他事故。掘进巷道冒顶事故中,一般为漏垮型冒顶,即先由小的冒顶,随着时间的推移冒顶范围逐渐增大,再造成大的冒顶,甚至出现长度达 20 m 以上的大范围的冒顶,从而出现人身事故及重大非人身事故,给矿井造成重大损失。要想杜绝冒顶事故发生,必须从根本上解决巷道小的冒顶引起巷道失去稳定性从而导致大冒顶发生的可能性。为此,经过多次实践应用,摸索出一套简易实用、成本低廉、职工易于操作的超前管棚支护技术。在煤巷施工、过断层、破碎带、过四岔门、巷道立交、交岔点,以及揭煤、采煤工作面过破碎带等均取得了非常好的效果,受到了职工及外来参观单位的好评,并在贵州能化公司所属各矿推广开来。

超前管棚直径为 40 mm 钢管,根据弯巷还是直巷使用地点不同,长度分为 3 m、6 m 两种规格,在弯巷中使用长度为 3 m 的钢管,在直巷中使用长度为 6 m 的钢管,管棚眼直径为 50 mm。

1 管棚支护在青龙煤矿应用实例

1.1 超前管棚支护原理

超前管棚支护属于超前撞楔支护的一种支护方式或者属于前探支架超前支护,用管棚将松软破碎顶板提前用管棚超前托起,形成一个整体,确保不出现小的冒落,进而不会出现大的冒顶事故,以实现安全生产。

当顶板非常破碎,稍有暴露就可能造成冒顶时,采用超前撞楔(即管棚)支护,根据巷道顶板情况,超前管棚间距为 200~400 mm 或密排,管棚与巷道前进方向一致,角度不超过 5°,管棚前端担在实体煤(岩)上长度不少于 1 m,后端担在钢带上长度不少于 0.5 m,每 4.5 m 打一次,确保巷道在管棚的掩护下掘进。

1.2 管棚支护在 11800 运输顺槽应用

11800 运输顺槽是青龙煤矿 M18 煤层第一条施工巷道,设计长度为 520 m,沿煤层顶板掘进。该巷道上部 M16、M17 两层煤层已经回采完毕,巷道顶板距离 M17 煤层间距 14 m 左右,距离 M16 煤层间距 23 m 左右,属于在保护层下开采。

巷道设计净尺寸为:宽×高＝4.3 m×2.8 m,支护方式为锚(索)网梯(钢带)或架 12♯ 钢棚支护。锚杆采用 φ20 mm×2 200 mm 树脂锚杆,间排距为 800 mm×800 mm,每根锚杆使用 2 块树脂药卷,其中 CKB2550 树脂药卷在前、Z2550 树脂药卷在后;托盘使用 8 mm×100 mm×170 mm 弧形钢板托盘,设计锚固力不小于 80 kN;金属网采用 10♯ 菱形铁丝金属网,规格:长×宽＝5 100 mm×1 000 mm,网格 50mm×50mm;钢筋梯为直径 10 mm 圆钢制作,宽×长＝90 mm×5 170 mm;锚索规格:φ17.8 mm×7 000 mm,预紧力为 100 kN,锚固力为 200 kN,间排距 1.6 m×2.4 m,锚入稳定岩层的长度必须大于等于 1 m;钢带使用 T 型钢带,规格:宽×长＝130 mm×4 300 mm。

由于 M18 煤层顶板松软破碎,施工过程中单存采用锚网梯支护不能很好地控制顶板,造成巷道冒落比较严重,再加上上部 M16、M17 煤层已经回采完毕,虽然对于瓦斯治理比较有效,但是受上部煤层采动影响,顶板压力较大,再加上采空区水的影响,虽然已经采取超前探放水措施,但是仍有少量水对顶板侵蚀,造成巷道难于控制。

当巷道施工到 85 m 即进入采空区时,出现了一次小的冒顶事故,为此参照《防治煤与瓦斯突出规定》经研究探索改进,采取打超前管棚进行超前控制顶板,真正实现了超前支护,取得了非常好的支护效果。

该巷道施工中,在巷道迎头顶板提前打深度为 5.5 m、直径为 50 mm 的钻孔,清扫干净孔内的煤(岩)粉,然后用铁锤打入长度 6 m 的钢管,外露 500 mm,在外露的钢管上用钢带打锚索吊挂将钢管拖住,紧紧贴在巷道顶板上,检查合格后再在管棚的掩护下进行打眼、爆破等进入正常巷道掘进工作;当掘进 4.5 m 时,再用同样的方式打第二次管棚,每次管棚外露 500 mm,用钢带拖住压紧,最前边担在实体煤(岩)顶板上为 1.0 m,依次交替进行直至全部将巷道破碎顶板施工完毕。

在 11800 运顺巷道施工中,使用超前管棚施工,取得了非常好的效果,也有非常明显的对比,即在巷道施工到施工到 116 m 时,现场职工看到顶板表面较好,随即将管棚取消,但是爆破之后随即出现了高 2 m、长 3 m 的顶板冒落,立即又恢复打超前管棚,再也没有出现冒落事故,直至该巷道施工完毕。

1.3 超前管棚在突出煤层揭煤中应用

青龙煤矿为高瓦斯突出矿井,在巷道掘进过程中经常出现揭煤,揭煤时,除按规定执行"四位一体"的防突措施外,在掘进中加强顶板管理,防止顶板冒落引起突出事故是工作面局部防突的重要措施。

巷道掘进过程中,接近煤层顶底板时,一般岩石都会变的松软破碎,不易支护,属于穿层施工,根据《防治煤与瓦斯突出规定》,在石门揭煤时,在巷道顶板打超前管棚配合喷浆并采用 $\phi6.5$ mm钢筋网加强支护,杜绝了因冒顶引发的瓦斯事故,而且超前管棚还起到超前探清煤层情况的作用,具体做法如下：

1.3.1 巷道顶板揭煤施工

巷道从顶板揭煤进入煤层施工采取如下加强支护措施,防治冒顶发生突出事故：揭煤期间采用放小炮施工,多打眼,少装药,循环进尺控制在 1.5 m。过煤层段采取超前管棚、钢筋网加锚索、喷浆等措施,在掘进过程中,岩柱小于 2.5 m 时,施工双排锚索,间排距为 1.6 m×2.4 m(可根据情况加密为 3 根),当岩柱为 1.5 m 时,开始施工超前管棚和钢带,管棚规格为 $\phi40$ mm×6 000 mm,每4.5 m 施工一次,管棚尾部搭载钢筋梯或钢带上不小于 500 mm,前端搭在实体煤(岩)层内不小于1.0 m,管棚间距为 200 mm,过煤段喷浆封闭,喷厚 50 mm,进入煤层段之后沿煤层顶板掘进,每根钢带 3 根锚索,其余孔施工锚杆。

1.3.2 巷道底板揭煤施工

巷道从底板揭煤进入煤层施工采取如下加强支护措施,防治冒顶发生突出事故：揭煤期间采用放小跑施工,多打眼,少装药,循环进尺控制在 1.5 m。过煤层段采取超前管棚、钢筋网加锚索、喷浆等措施,在掘进过程中,煤层进入巷道顶板时开始施工锚索、钢带和管棚,直至过煤后岩柱大于2.5 m 时取消锚索、钢带、管棚支护,当顶板破碎时根据情况继续施工锚索、钢带或管棚。

通过采用管棚施工,全部顺利揭煤层并顺利通过煤层段,从没有发生过冒顶事故。

1.4 超前管棚在过巷道立交及四岔门施工中的应用

1.4.1 过立交施工应用

青龙煤矿巷道设计一般没有超过 4.5 m 宽,最宽主斜井才 4.8 m 宽,联络巷一般宽度 3.2 m。当两条巷道上下之间立交且岩柱又小于 5 m,岩石又比较破碎时,一般对后掘进的下部巷道采用架棚加强支护措施。

11800 运顺联络巷设计宽度为 3.8 m,掘进时该巷道上部的一条宽度为 3.2 m 的巷道即 11700运顺已经掘进完毕且与本巷道呈十字立交状态,两条巷道之间的岩柱只有 4.6 m 且岩石又很破碎,再加上两条巷道均有不同程度的超挖现象,实际岩柱只有 4 m 左右。为此在施工 11800 运输联络巷到距离上部的 11706 运顺巷道边沿 1.5 m 时,开始沿巷道顶板按 0.3 m 间距打长度 6.0 m 的管棚,一次将立交范围内的上部 11700 运顺整体拖住,使上部的岩柱在管棚的支撑下爆破不发生冒落,然后在随着掘进随架 12#矿工钢棚施工,直至安全顺利通过立交。

1.4.2 管棚在过四岔门施工中应用

在 11802 运顺联络巷与 11802 运顺斜交四岔门施工时,由于巷道顶板松软破碎,又处于四岔门范围内,不及时将顶板拖住即可能造成冒顶,严重时可能发生大的冒顶甚至人身事故,为此,在施工该四岔门时,先打长度 6.0 m 管棚,间距 0.2 m 一个,一次将四岔门范围内巷道全部安设完毕,将顶板拖住形成一个整体,再按要求打锚索钢带等,安全顺利通过该四岔门。

1.5 超前管棚支护在松软破碎带及采煤工作面应用

1.5.1 管棚在采煤工作面应用

青龙煤矿 11609 综采工作面,采用综采支架支护,该工作面地质构造复杂,断层多,煤层缺失现象多,有时需要爆破过断层,所以该工作面经常出现漏顶、冒顶、压死支架、推进困难现象,虽然也采取了上 11#矿工钢梁、金属网、钢丝绳等加强顶板管理的措施,但在实际操作过程中,由于移架等不及时等均没有取得很好的效果,经常出现停止推进工作面处理冒顶的现象,为此参照掘进工作面打超前管棚的经验做法,在该工作面打超前管棚支护,一次将顶板控制住,工作面推进速度从过去的月平均 22 m 提高到了 50.6 m,取得了很好的效果,安全顺利地将该工作面推进完毕,受到了职工及各级领导好评。

1.5.2 管棚在斜井明槽施工进入暗槽过渡段应用

矿井斜井井筒表土明槽施工完毕进入暗槽基岩过渡段施工,有不具有可锚性的巷道时,必须打超前管棚并架棚施工,方可安全顺利进入基岩段;在及其破碎松软巷道施工中,也必须采用超前管棚并配合架棚施工,管棚前端担在实体煤岩及后端担在棚子上的长度应分别不小于 1.0 m 及 0.3 m,并保证外露管棚不影响巷道有效尺寸;当巷道压力很大,顶板开裂下沉严重,地板鼓起有冒顶危险时必须在施工超前管棚的基础上在套架 12# 矿工钢棚支护。

2 结束语

总之,超前管棚支护是一种很好的解决破碎顶板支护方式,很有推广及使用价值,在解决巷道冒顶、揭煤、过立交等均有很好的前景。目前在青龙煤矿已经全面推广使用该方法,该方法得到外来参观单位很好的评价。

超千米深井合理区段煤柱留设宽度及支护技术研究

张　辉,刘学征,孟昭增,王　峰,段元帅

(山东新汶矿业集团莱芜市万祥矿业公司潘西煤矿,山东　莱芜　271107)

摘　要　该文系统介绍了超千米深井合理区段煤柱留设宽度及支护技术的问题,以高精度微地震监测技术、钻孔窥视技术、钻孔应力监测、巷道表面位移观测、数值模拟、理论分析为手段,综合考虑巷道变形、防冲、防有害气体等多种因素,对这种条件下区段煤柱宽度的关键科学问题进行了系统研究。

关键词　合理区段煤柱;岩层运动;微地震技术;覆岩空间

1　区段煤柱留设宽度条件及意义

潘西煤矿 6196 工作面与 6197 工作面的合理区段煤柱宽度设计问题是关系到冲击地压、瓦斯异常、底板突水、煤层自燃等灾害防治的综合性课题。潘西矿埋深大,平均达 1 102.6 m;煤层强度低,单轴抗压强度仅有 2.2 MPa,属极软煤层。该矿现有煤柱宽度设计大多采用 12 m 的宽煤柱,不仅浪费了大量的煤炭资源,还对冲击地压防治带来了隐患。为此,开展合理区段煤柱宽度设计研究具有重要的意义。

小煤柱护巷技术已在华东地区的低瓦斯矿井普遍应用,一般煤柱宽度 3.5~4 m,采用"锚、网、索"联合支护,能够保证工作面回采期间沿空巷道的通风、行人和运输的需要,由此产生的整体效益非常明显。进行小煤柱宽度设计需考虑的因素有:是否利于巷道锚网支护;巷道变形是否满足通风、行人和运输的需要;煤柱是否能够形成贯通裂隙,致采空区有害气体和积水渗漏;是否利于采空区防火。

潘西煤矿 19 层煤具有瓦斯异常带,瓦斯含量较高,发生过多次瓦斯超限情况。6196 工作面与 6197 工作面之间的区段煤柱宽度设计除需考虑上述因素外,还必须考虑掘进和回采期间瓦斯异常带的瓦斯问题。

采用小煤柱护巷后,掘进和回采期间煤柱内将产生大量裂隙,若煤柱宽度留设不合理,这些裂隙会与采空区贯通,同时沿空巷道内采用负压通风,煤柱两侧形成压差,采空区瓦斯在压差和裂隙存在的条件下,极易渗透到 6197 工作面沿空巷道,造成危害。

探测工作面回采及两巷掘进期间围岩松动圈范围,研究侧向支承压力分布规律,找到工作面回采过程中覆岩空间结构运动特征,对指导和设计合理的区段煤柱宽度至关重要。为此,需开展 6197 工作面上巷沿空巷道合理区段煤柱宽度的研究。

2　综采工作面侧向岩层结构

通过采用理论分析、数值模拟以及现场实测的方法对 6196 工作面岩层运动规律进行了研究,以期为 6197 工作面采场控制及预防冲击地压等动力灾害提供依据。通过现场数据及理论分析工作面侧向岩层结构,得出侧向岩层结构发生变化的主要表现在以下几点:一是岩层运动范围扩大,侧向岩层断裂线向煤体深部偏移;二是煤柱受顶板断裂结构块回转影响,产生大变形,处于给定位移状态;三是沿空顺槽实体帮一定宽度处于屈服状态,沿垂直方向处于给定位移状态。此时工作面侧向岩层结构如图 1 所示。

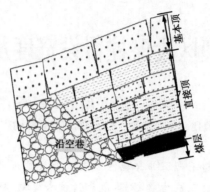

图 1   沿空面侧向岩层结构

3   侧向支承压力的钻孔应力监测

在 6196 工作面上、下两巷布置钻孔应力计,实时监测工作面推采过程中侧向支承压力的变化规律,如图 2 所示。

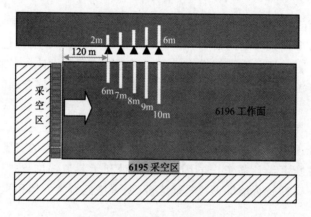

图 2   钻孔应力计监测方案

通过对 6196 工作面上下两巷进行了连续性监测得到如下结论:

(1)侧向支承压力峰值约为 9 m 位置。

(2)侧向低应力区范围约为 5 m。从图 3 可以看出,低应力范围约为 5 m,大于 5 m 后,侧向应力迅速增加。

4   基于微地震技术的覆岩空间结构及其运动特征

在潘西煤矿 6196 工作面安装 KJ551 微震监测系统,通过微地震波在岩体中的传播速度结构分析和波在地层中传播规律分析等得到以下结论:

(1)随着工作面的推进,多数微震事件一般超前工作面一定距离在前方显现。

(2)微震事件主要发生在煤层顶板中,在已监测到的 413 个有效事件中,有 359 个发生在底板以上岩(煤)层中,占总事件数的 86.9%,开采过程中顶板的破坏更为严重,最大破裂高度为 76 m,大部分在煤层上方 10~35 m 的位置,即顶板中砂岩和粉砂岩的位置,可认为正常采动条件下顶板破裂高度在 35 以内;有 54 个微震事件发生在煤层底板中,最大破裂深度为 25 m,54 个点破裂深度

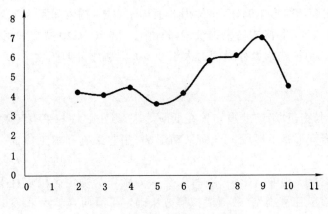

图3 侧向支承压力实测结果

大部分位于 $-10 \sim -20$ m 之间,即底板粉砂岩和黏土岩的位置。

(3)微震事件沿着整个工作面倾向长度分布比较均匀,说明顶板断裂位置能够贯穿整个工作面的范围。

(4)震级和能量大的微震事件(绿色圆点)基本上都位于煤层上部,说明顶板破裂释放的能量更大,是造成灾害的主要原因。

(5)工作面附近覆岩微震事件在煤层顶板中的破裂高度为 75 m,主要集中分布在 $0 \sim 60$ m 的顶板范围内,倾斜方向分布较均匀;煤层底板中的破裂深度为 25 m,倾斜方向上主要分布在上巷底板附近,运输巷处以及工作面中间部分相对较少。

(6)工作面上巷两侧微震事件分布宽度约为 71 m,集中分布区域为 11 m,顶板微震事件沿着整个工作面倾向长度都有分布,说明顶板断裂位置能够贯穿整个工作面的范围。底板微震事件主要集中在两顺槽侧,尤其在上巷附近集中程度较高,工作面距离顺槽较远的部分几乎没有微震事件。

(7)应用覆岩空间结构理论,6196 工作面将形成"S"形覆岩空间结构,从微地震事件平面图上也可以直观地看出工作面下巷的工作面附近的微震事件非常集中,煤岩层更加破裂,与理论分析相吻合。

由微地震监测结果可以看出,上巷侧向集中分布区范围为 11 m,影响区范围为 71 m,这与理论计算结果比较吻合。微地震事件的集中分布区内,侧向支承压力较低,集中破裂区边缘为高应力区域。因此,沿空巷道布置在集中破裂区内比较合理。此外,考虑到巷道断面宽度 3.5 m,因此,区段煤柱宽度以小于 7.5 m 为宜。

5 支护技术

基于实测技术确定 6197 工作面上巷合理支护技术为采用锚网索作为永久支护。拱部采用 5 根 MSGLW600/22×2 400 mm 无纵肋螺纹钢式树脂锚杆配高强锚盘、W 护板、W 钢带压金属菱形网、双向拉伸塑料网进行支护,两帮各采用 4 根 MSGLD600/22×2 400 mm(X)等强螺纹钢式树脂锚杆配高强锚盘、W 护板压金属菱形网、双向拉伸塑料网进行支护。锚杆间排距为 800 mm×800 mm,两帮底角锚杆使用异型锚盘。为防止上帮肩部煤层松软片帮造成坠网、锚杆失效,在上帮肩部煤层中"五花"补打 1 条 MSGLD600/22×2 400 mm(X)等强螺纹钢式树脂锚杆配高强锚盘、W 护板压金属菱形网、双向拉伸塑料网加强支护。采用 2 支 MSK28/500 型树脂锚固剂锚固;金属菱形网采用 8# 镀锌铁丝编结,规格为 8.0 m(长)、0.9 m(宽),其网孔规格为 50 mm×50 mm,网片之间采用专用串簧连网。锚索桁架排距为 2.4 m(围岩破碎或遇地质构造时,排距为 1.6 m),允许偏差±0.3 m。桁架采用25[#]U形钢制作，每架由3根锚索组成，锚索间距为1.4 m，锚索选用ϕ21.8 mm的高强度、低松弛、1×7黏接式鸟巢钢绞线，长度为8.0 m，每根锚索采用3支MSK28/500型树脂锚固剂进行锚固。单根锚索设计锚固力大于200 kN，锚索外露长度为150～250 mm。

6　结论

（1）结合工程实例，指出"沿空巷道布置在低应力区，以小煤柱与采空区隔离"最为有利。

（2）沿空巷道围岩变形是上区段工作面采动影响、掘巷影响和本工作面采动影响综合作用的结果。

（3）将避开侧向支承压力峰值影响、隔离采空区分别作为确定区段煤柱宽度上、下限的依据，采用理论计算、现场实测、工程类别、数值模拟等方法确定了潘西煤矿六采区6197工作面上区段煤柱合理宽度为5～8.1 m，以6 m为优选方案，泄水巷外煤柱宽度14 m为优选方案。

（4）基于实测技术确定6197工作面上巷合理支护技术为采用锚网索作为永久支护。

井筒高膨胀黏土层控制技术

唐文杰,赵生伟

(神华宁煤集团红石湾煤矿,宁夏 银川 750411)

摘 要 根据红石湾煤矿井筒高膨胀黏土层变形破坏状况,多方位分析了其变形破坏机理,选择了与高膨胀黏土层性状和矿压环境相耦合的"锚网喷索+注浆+反底拱+U29型钢棚"控制技术方案,并开发出了适用于高膨胀性黏土层的专用注浆材料及普通锚索的专用注浆工具,确保了井筒高膨胀黏土层的有效控制,并为类似井筒高膨胀黏土层的有效控制积累了经验及借鉴。

关键词 高膨胀性黏土层;注浆;井筒

0 前言

红石湾煤矿设计年产90万t,采用斜井水平开拓,于2008年7月主、副、风井筒相继破土施工,但施工完成之后,三条井筒在斜长520~600 m之间均发生了较为严重的变形破坏,后经二次修复加固均未取得有效控制。图1所示为副井变形段第二修复加固时帮部及拱部开挖变形量,其中拱部为1.52 m,每帮及底板近1 m。面对如此现状,为确保井筒的安全及矿井的正常建设,红石湾煤矿与山东科技大学合作,共同探讨了三条井筒在斜长520~600 m之间的控制技术。其设计方案实施后经近一年的矿压监测,其围岩变形量最大仅为12 mm,且未发现喷层开裂及底鼓现象,由此认为三条井筒均已取得了有效控制并将长期处于稳定状态。

1 井筒变形破坏机理及支护方案

1.1 井筒变形破坏机理

由于三条斜井其井口均位于工业广场内且相距30 m,按设计角度25°并朝统一方位施工,其支护采用了锚网喷索梁。根据地质报告提供的资料,三条井筒在斜长520~600 m之间为高膨胀性黏土层(颜色如图2所示),其自由膨胀率达54%,致使三条井筒施工完成后在该长度范围内均发生了较为严重的变形破坏,后经二次修复且第二次修复时采用了"锚带网喷索+20号槽钢棚"支护方案,该方案实施后在不到三个月的时间内,仍出现了两帮内挤及拱部压折,致使

图1 副井变形段第二次修复加固时
拱部及帮部变形开挖量

整个断面收缩了近50%。为了探讨其变形破坏机理,确保新的支护方案更符合围岩性状及矿压特点,课题组经现场取样,并进行了黏土层物相成分化验、力学性质试验及钻孔镜像探测,其化验和试验结果如表1和表2所示,而钻孔镜像探测的主、副、风井筒帮部的松动范围分别为3.86 m、18.1 m及6.27 m。图3所示为距帮部3 m处孔内坍塌破坏状况。

表1 高膨胀黏土层物相化验结果

成分	珍珠陶土	伊利石	绿泥石
含量/%	51.3	29.5	19.2

表2 高膨胀黏土层物理力学性质试验结果

序号	抗压强度/MPa	抗拉强度/MPa	弹性模量/MPa	黏聚力/MPa	内摩擦角/(°)
1	1.32	0.165	$0.231×10^4$	0.41	26
2	1.24	0.151	$0.198×10^4$	0.39	24
3	0.98	0.129	$0.177×10^4$	0.27	21
5	1.42	0.169	$0.251×10^4$	0.48	28
6	1.07	0.135	$0.186×10^4$	0.25	19
7	1.36	0.170	$0.264×10^4$	0.52	27
平均	1.056	0.131	$0.187×10^4$	0.33	20.7

图2 高膨胀黏土层颜色

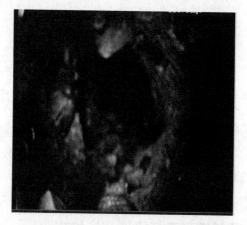

图3 距帮部3 m处窥视孔内坍塌破坏状况

由其化验及试验结果可知,三条井筒在斜长520～600 m之间的黏土层所含的物相成分遇水及吸湿后均具有很高的膨胀性,测得自由膨胀率平均为60%(地质报告提供的是54%),饱和膨胀压力平均为3.28 MPa;另外试验的抗压强度平均仅为1.056 MPa。所以分析三条井筒在520～600 m之间所发生的变形破坏其原因不外乎有四个,即物相成分的膨胀性、抗压强度、支承压力及支护强度,这与回采巷道相比,除了其抗压强度与一般煤体相近外,支承压力低于回采巷道,其支护强度却高于回采巷道,而回采巷道在未受到动压影响时也未出现过如此严重的变形破坏状况。可见三条井筒在520～600 m之间出现反复变形破坏的主要原因可归结为黏土层的膨胀性。

1.2 井筒支护方案

根据试验结果及机理分析,三条井筒在520～600 m之间出现反复变形破坏的主要原因是黏土层的膨胀性及所产生的膨胀压力所造成的。为此支护方案列举了三个:一是"锚带网索喷";二是"锚带网索喷+U29型钢棚";三是"锚带网索喷+注浆+U29型钢棚"。前两个方案已在前两次修复加固中使用过且均未取得控制效果,所以只有选择第三个方案。该方案是在第二个方案的基础上增加了注浆,其注浆材料并非传统意义上的纯水泥浆,而是根据黏土层所含的膨胀性物相成分,选择了425#的超细水泥、减水剂、速凝剂、石膏粉及微硅粉经反复试验得到了各成分的掺量,其试验抗压强度达71.3MPa,当水灰比为1:0.48时,浆液具有良好的可注性且胶凝时无逼水性,这样可避免了注浆后黏土层吸湿所发生了膨胀性变形，同时考虑到井筒黏土层段其破坏松动范围已较大，注浆时未采用专用注浆锚杆，而是采用直径 15.24 mm 的普通锚索，利用专门开发的工具并借助锚索孔自由段实施了注浆。

所以选择"锚带网索喷＋注浆＋反底拱＋U29 型钢棚"方案的支护机理主要体现在两个方面：一是注浆能将松动破坏的黏土层重新胶结起来，形成一个准混凝土结构，以重新发挥黏土层的自承能力；二是浆液充填到锚杆锚索孔自由段内，待其凝固后可变成全长锚固，从而提高了锚杆索的支护强度，同时也避免了锚杆索在孔内自由段的锈蚀，确保了锚杆索的长期有效性。但考虑到该支护方案主要由三部分组成，经研究后先以主斜井为试验对象，并采用"锚带网索喷＋注浆"方案进行修复加固，若该支护方式能确保其有效控制，可不再架设 U29 型钢棚进行补强，以降低支护成本。关于主斜井黏土层段的修复加固断面如图 4 所示。

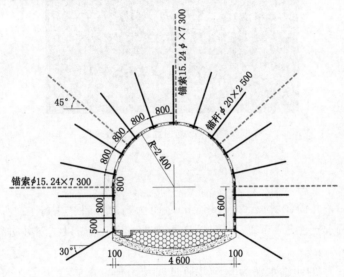

图 4 "锚带网索喷＋注浆"支护断面

1.3 矿压监测

根据主斜井的修复加固方案，并制定了相应的施工工艺尤其是注浆工艺，其浆液水灰比应为 1：0.48，且注浆终压控制在 2.5 MPa 之内。所以该方案在实施过程中及时设置了矿压监测断面，以检验其控制效果以及是否架设 U29 型钢棚支护提供依据。

矿压监测方案共设计了二个监测断面，其间隔为 30 m，主要监测每断面两帮及顶底板的收敛位移。为了提高其监测精度，采用了固定—数显式激光测距仪，其监测结果如图 5 所示。

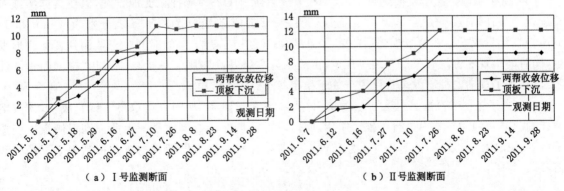

（a）Ⅰ号监测断面　　　　　　　　　　（b）Ⅱ号监测断面

图 5 主斜井收敛位移监测结果

从监测结果可以看出,Ⅰ号监测断面从 2011 年 5 月 5 日设置,共监测了 146 d,其两帮及顶底板收敛累计变形分别为 8 mm 和 11 mm,该变形量主要发生在前 66 d,之后 80 d 未监测到任何变形发生;Ⅱ号监测断面从 2011 年 6 月 7 日设置,共监测了 114 d,两帮及顶底板收敛累计变形分别为 9 mm 和 12 mm,该变形量主要发生在前 50 d,之后 64 d 未监测到任何变形发生。可见变形量主要发生在修复加固后的前两个月,从变形量上判断主斜井高膨胀性黏土层段修复加固后已基本处于稳定状态,同时肉眼观测也未发现喷层开裂及金属网外凸等现象,其现场效果如图 6 所示。

图 6　主斜井修复加固后现场效果图

3　结论

由于主、副、风三条井筒在斜长 520～600 m 之间为高膨胀性的黏土层,所以根据其变形破坏机理,选择了"锚网喷索＋注浆＋U29 型钢棚"作为支护方案,并先以主斜井进行了试验,其研究结果如下:

(1) 选用了以 425# 的超细水泥为基料并通过四种添加剂配置专用了注浆材料。该材料单轴抗压强度达 71.3 MPa。当试验确定的水灰比为 1 : 0.48 时,浆液具有良好的可注性且胶凝时无渗水性,从而避免了注浆后黏土层吸湿所发生的膨胀性变形,这对确保主斜井高膨胀性黏土层段的有效控制起到了重要作用。

(2) 由于主斜井黏土层段的松动破坏范围较大,为此设计并开发出了专用工具,并借助直径 15.24 mm 的普通锚索其安装后在孔内自由段的长度实施了注浆加固,提高了浆液的扩散范围及注浆效果,防止了黏土层的渗流或吸湿所发生的膨胀性变形,确保了高膨胀性黏土层围岩的稳定性。

(3) 由于主斜井黏土层段选择了"锚网喷索＋注浆＋U29 型钢棚"支护方案,但在具体实施时只进行了"锚网喷索＋注浆。"经矿压监测表明,两帮的收敛变形及顶板下沉分别为 9 mm 和 12 mm,该变形量仅发生在修复加固后的前 50 d,之后又经历了近 1 年的时间也未监测到任何变形发生,同时肉眼观测也没有喷层开裂等现象,由此认为主斜井高膨胀性黏土层段采用"锚网喷索＋注浆"已达到了预期的控制效果且已完全处于稳定状态。

(4) 由于主斜井高膨胀性黏土层段采用"锚网喷索＋注浆"加固方案取得了试验成功,该方案又在副斜井及回风斜井内进行了推广应用,同样取得了良好的控制效果。由此为红石湾煤矿创造了可观的技术经济效益,同时也为类似条件下井巷高膨胀层黏土层围岩的有效控制积累了经验和借鉴。

掘进层位与巷道顶板控制关系浅析

魏　巍,张海潮

(神华宁夏煤业集团有限责任公司梅花井煤矿,宁夏　银川　750001)

摘　要　巷道掘进中,顶板的控制和管理是首先考虑的要素,巷道断面的选择、支护参数的确定、掘进层位的选择等,均以顶板控制和管理为首要考虑因素。本文主要以掘进顺槽,采用锚网索喷支护形式巷道的围岩、掘进层位等方面对巷道顶板控制的影响,讨论煤巷掘进破煤层顶板施工、沿煤层顶板施工、留顶煤施工三种情况下顶板支护情况、巷道承压情况等,根据实际情况选择合适层位掘进,从掘进层位方面加强顶板管理

关键词　伪顶;沿顶掘进;破顶掘进;留顶煤掘进;顶板控制

0　引言

梅花井煤矿设计年产 1 000 万 t,现阶段主采 2－2 煤、6－1 煤、10－2 煤。其中,2－2 煤厚1.22～3.86 m,顶板岩性以粗砂岩、粉砂岩为主;6－1 煤厚 3.18～5.4 m,顶板岩性以泥岩、粉砂岩为主;10－2 煤厚 3.82～4.46 m,顶板岩性以粗砂岩为主。顺槽掘进过程中,设计断面均为半圆拱形断面,掘进宽度 5.4 m,掘进高度 4.0 m,采用锚网索喷联合支护。从地质资料可看出,巷道在掘进过程中,有必要选择合适的掘进层位,更好地控制顶板以及更好地为回采服务。本文将对巷道掘进层位与顶板控制的关系进行浅析。

1　巷道破坏形态及分析

锚杆支护巷道变形破坏的过程如下:顶板整体稳定性遭到掘进破坏而离层弯曲,巷道顶板发生初始位移,金属网下垂形成掉包;两帮在顶板岩层挤压下发生变形、片帮,上部锚网控制区内挤压成凸形,下部煤岩壁片帮,锚杆失效;顶板有初始位移,导致巷道围岩的松动圈逐渐扩大,最终造成巷道变形破坏。所以控制巷道顶板的重点在于如何限制巷道初始位移和围岩松动圈,如何控制巷道减少变形量,巷道变形量小则松动圈范围小,巷道变形量大则松则动圈必然扩大,最终造成冒顶等事故。控制巷道变形量的措施有:

(1)确保巷道成型,在设计断面为半圆拱的巷道,顶部圆拱部分要截割圆滑,将顶板截割成半圆,而非"椭圆",否则会造成顶板压力集中,压力集中处的巷道易变形。

(2)确保支护质量,锚杆、锚索锚固力符合要求,预紧及时,限制初始围岩运动,大大强化层间结构强度,防止围岩松动圈进一步扩大。

(3)根据巷道顶板岩性稳定性情况,选择合适的掘进层位。

下面就掘进层位与巷道顶板受力关系进行分析。

2　巷道受力分析

2.1　在均匀岩体内掘进时巷道受力情况

由于顶板成半圆形,顶板作用给围岩的作用力方向是与巷道设计轮廓线切线垂直,通过半圆周

反作用力的合力,与顶板压力达到平衡,受力分析如图1所示。

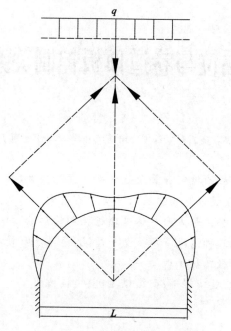

图1　均匀岩体内巷道受力示意图

从图1中可看出,圆拱顶板的中线两侧45°处顶板作用给围岩的力最大(即巷道肩窝处),中顶处虽然顶板与围岩的作用力与反作用力在同一方向上,但面积小,所以顶板给围岩的反作用力并不大,而两边肩窝处受力面积大,所以合力较大、相对集中。

2.2　在倾斜煤岩层中掘进时巷道受力情况

煤岩受垂直向下的重力,会根据煤层倾角将重力分解为垂直煤层的分力和平行于煤层的分力,受力分析如图2所示。

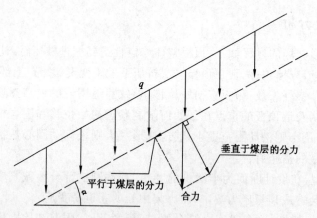

图2　倾斜煤层中岩重力分力示意图

巷道在该煤岩层中施工,收到垂直于煤层分力的影响,受力情况如图3所示。

从图3中可看出,因为受到垂直于煤岩层分力的影响,巷道下帮肩窝处承压明显比其他地方受力都大,这也就解释了掘进巷道下帮往往较上帮更破碎的原因,所以在掘进施工过程中,就要加强下帮肩窝处的顶板管理:在承压最大处增打锚杆、锚索可起到一定作用,但若围岩完整性差,补打的锚杆、锚索效果就不会太明显。本文将从巷道掘进层位方面限制巷道下肩窝处的初始位移。

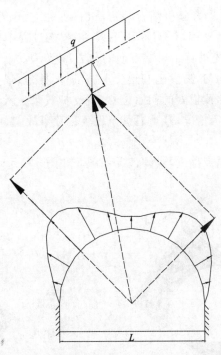

图 3　倾斜煤层中巷道受力分析示意图

3　巷道掘进不同层位与顶板控制关系

　　根据梅花井煤矿地质条件,煤层顶板有厚约 200 mm 的伪顶,直接顶、基本顶为粗砂岩、粉砂岩,为稳定顶板。

3.1　沿煤层顶板掘进

　　掘进时,巷道下肩窝处沿煤层顶板掘进,具体情况如图 4 所示。

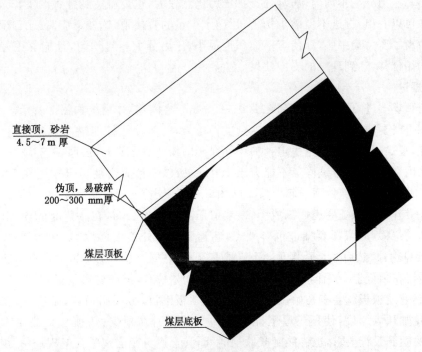

直接顶,砂岩
4.5~7 m 厚

伪顶,易破碎
200~300 mm厚

煤层顶板

煤层底板

图 4　沿煤层顶板掘进示意图

将图 4 中掘进层位与巷道受力分析结合后可看出：① 在巷道下肩窝处顶板将 $200\sim300$ mm 厚的伪顶揭露出来，该层伪顶易破碎，揭露面积不大，在截割过程中就会发生伪顶垮落，造成成型差。② 在巷道下肩窝处，巷道受垂直于煤层方向的分力，该处受力较大。该层位掘进的巷道，下肩窝处成型差，造成压力分配不均匀，易发生巷道变形、金属网掉包、煤岩交接处破碎等情况，巷道永久支护后，很难有效控制下肩窝顶板处的初始位移，使支护效果大大下降。因此，巷道随时间的推移，易发生顶板下沉、浆皮开裂等情况，严重时甚至发生冒顶事故。

3.2 破顶掘进

掘进时，下肩窝处破煤层顶板掘进，具体情况如图 5 和图 6 所示。

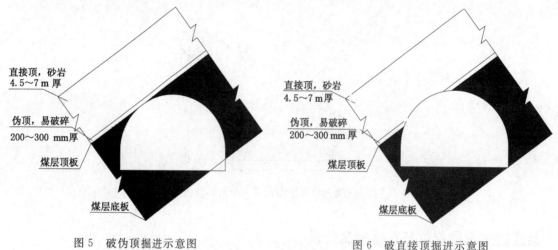

图 5 破伪顶掘进示意图   图 6 破直接顶掘进示意图

从图 5 中掘进层位与巷道受力结合分析，下肩窝处揭露出直接顶，直接顶为砂岩结构，整体稳定性较好、较坚固，等于加强了下肩窝处顶板稳定性，锚杆、锚索支护直接预紧在直接顶上也加强了支护强度，但下肩窝处揭露出的直接顶较少，反而揭露出的伪顶面积更大，揭露出伪顶的部分易垮落，造成成型差，压力分配不均匀，肩窝处支护压力仍然较大，也没有达到理想的支护效果。

从图 6 中可以看出，掘进不但破了伪顶，还破了少量的直接顶，这样下肩窝处直接顶面积大，伪顶面积小且脱离了压力集中区，即使垮落面积也很小，压力分配相对均匀，且能够更好地限制巷道下肩窝处的初始位移，达到理想的支护效果。

3.3 留顶煤掘进

掘进时留顶煤掘进，顶煤厚度控制在 $200\sim300$ mm 之间，具体情况如图 7 所示。

留顶煤掘进时要注意顶煤的厚度，为达到支护效果，既要使锚杆能锚固在稳定层中，也要保证顶煤越厚越好，顶煤越厚则顶板越稳定。梅花井煤矿顺槽巷高 4.0 m，煤厚普遍为 $3\sim5$ m，根据地质条件及回采因素限制，上帮破底量不能大于 1.0 m，所以下帮肩窝处顶煤厚度在 $200\sim300$ mm，低于 200 mm 时顶煤极易随伪顶一起垮落。从图 7 中可看出，下帮肩窝处未揭露伪顶和直接顶，在煤层中，顶煤不垮落，能保证巷道截割成型，使巷道压力能均匀分布，在一段时间内，可以有效防止巷道顶板的初始位移，但留顶煤掘进也有缺点，巷道下肩窝处顶板岩性为 $200\sim300$ mm 厚煤层、$200\sim300$ mm 厚伪顶，然后才是直接顶，而煤硬度较岩石更软，伪顶极易垮落，相当于将两层岩性不稳定的构造留在顶板上，在掘进过程中可限制巷道初始位移，但随着时间推移，所留顶煤、伪顶会与直接顶脱层，巷道顶板就会有初始位移，就会发生顶板下沉、金属网吊包、浆皮开裂脱层等现象。若条件允许，增加顶煤厚度，使顶煤厚度能够达到 500 mm，在顶煤、伪顶与直接顶脱层前及时支护，锚固预紧力达到设计要求，也许能延长脱层时间，甚至避免脱层现象。但现场中，煤层坡度起伏不定，顶板留顶煤厚度靠锚杆施工时掌握，想严格控制顶煤厚度存在一定困难，锚杆、锚索预紧力的

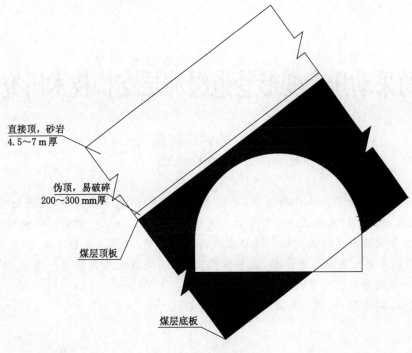

图 7 留顶煤掘进示意图

要求较高,施工过程中也存在困难,所以留顶煤掘进施工在理论支护方面和现场操作方面都存在一些问题。

4 结论

本文单从巷道掘进不同层位时顶板情况进行分析,参照梅花井煤矿顺槽掘进过程中及巷道变化情况,在相同地质条件、支护参数的前提下,以破顶掘进、沿顶掘进、留顶煤掘进三种情况进行分析,破顶掘进在巷道稳定性方面更优良;沿顶掘进巷道下肩窝成型不易保证,伪顶易脱层;留顶煤掘进虽能保证巷道成型,但随时间推移也会发生脱层,在施工过程中因顶煤厚度不好掌握等因素影响,使留顶煤掘进效果也不好。破顶掘进的巷道稳定性较好,究其原因就是在巷道受力较大的下肩窝处为较稳定的岩性,更好地限制巷道顶板初始位移,从而达到更好地控制巷道顶板的目的。

跨采动压大变形巷道缓冲层支护技术研究

邓小林,卞景强

(兖州煤业股份有限公司东滩煤矿,山东 邹城 273512)

摘　要　随着矿井开采条件日趋复杂,巷道围岩变形控制越来越困难,严重制约着矿井的高产、高效。针对东滩煤矿跨采动压大变形巷道围岩地质条件,提出了一种新的锚网喷—缓冲层—U型钢联合支护方案及其配套施工方法。现场实践与测试表明:采用本支护方案后,围岩变形最大值达到30 mm,而后其变形逐渐趋于稳定,且整体稳定性好,能满足生产和安全需要,对类似条件下的巷道支护有一定的推广应用价值。

关键词　巷道断面设计;控制围岩变形;支护技术

0　引言

煤炭作为世界主要能源,一直占据着非常重要的地位。我国每年的煤炭生产量和消费量均居于世界前列,在社会经济生活一次能源消费结构中,煤炭始终作为第一能源,是我国能源安全的重要保障。随着经济的高速发展,煤炭的需求量剧增,而且在很长一段时间内将继续占据着十分重要的地位,2009年我国原煤产量达到30.5亿t,居世界第一。与此相对应,中国煤炭行业每年的巷道掘进长度达6 000 km,其中10%以上为软岩巷道。我国30几个矿区存有软岩巷道支护问题,数百对矿井的生产和建设都遇到软岩巷道支护技术难题。

我国在可缩性金属支架的应用上取得了很大的发展,形成了U18、U25、U29、U36等一系列定型U型钢。由于U型钢可压缩支架特别适用于围压极为软弱地段,一些公路铁路隧道修建水平较高的国家,如瑞士等,广泛采用U型钢可缩性支架进行隧道开挖初期支护。在大变软岩隧道家竹箐隧道施工中,采用U29型可缩性支架作为初期支护,架设后先用薄层喷混凝土封闭,待围岩变形基本稳定后,再复喷混凝土限制支架变形,取得了良好的效果。与U型钢支架相配套的就是壁后充填技术,先后进行了有益的探索和尝试,进行过矸石、毛石、水泥砂浆、炉渣、粉煤灰袋装材料和高水灰渣材料等多种材料的巷道支架壁后充填试验,支架壁充填作用十分明显。但是存在如下问题:主要工序还没有实现机械化作业,劳动强度大,充填速度缓慢,充填材料力学性能不佳,充填效果不够理想等。因此,开发矿山跨采动压巷道的刚柔结合支护新支护技术及其配套施工方法具有重要的工程意义。

1　工程概况

东滩煤矿新北轨石门是十四采区主要运输线路,埋深在-700 m以下,顶底板岩层主要以泥岩为主。原设计为三心拱形,净宽5 m,净高4.3 m,采用锚网喷支护,受多次跨采影响,巷道变形严重,顶板浆皮开裂、下沉、出现网兜、两帮浆皮开裂、片帮、内移、底鼓等变化,帮部内移最大可达0.8 m,严

图1　巷道破坏变形图

重影响矿井的正常运输。巷道破坏变形如图1所示。

2 支护设计及施工工艺

2.1 支护设计

通过对高应力软弱跨采挤压巷道大变形特征分析,提出一种锚网喷—缓冲层—U型钢联合支护方案:在喷锚网支护的基础上,增设既有一定变形能力又能够提供稳定摩擦力的U型钢可压缩支架,为了更好地保证可压缩支架的缩动性能,在围岩和U型钢之间增设一种具有高压缩性能的泡沫混凝土材料。联合支护方案如图2所示。

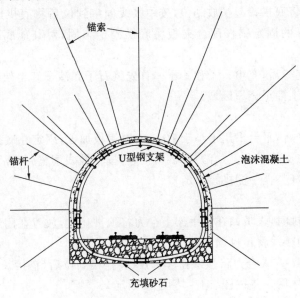

图2 锚喷—缓冲层—U型钢联合支护方案

各支护单元功能说明如下:

(1)锚网喷初次支护:采用树脂锚固剂锚杆+喷射混凝土+钢筋网+锚索组成锚(锁)网喷联合支护,封闭围岩,防止围岩力学性能劣化,同时需保证与软弱围岩紧密黏结。

(2)可缩型U型钢支架:全封闭U型钢可缩性支架,保证巷道支护结构的整体性。

(3)泡沫混凝土缓冲层:通过发泡机的发泡系统将发泡剂用机械方式充分发泡,并将泡沫与水泥浆均匀混合,然后经过发泡机的泵送系统进行现浇施工,经自然养护所形成的一种含有大量封闭气孔的新型轻质保温材料。泡沫混凝土的多孔性使其具有低容重、低弹模等特点,使其具有良好的变形能力和对冲击载荷具有良好的吸收和分散能力。

(4)碎石垫平层:使得底板U型钢也能保持缩动,保持U型钢整体稳定性。

2.2 施工工艺

2.2.1 锚网喷施工

锚杆间排距为800 mm×1 000 mm,误差±100 mm,挂设单层钢筋网,搭接为一个网格,喷厚为50 mm。材料规格如下:

(1)锚杆:规格为ϕ20 mm×2 500 mm的高强度全螺纹快速安装螺帽树脂锚杆。

(2)锚固剂:每根锚杆用两块CK2550。

(3)锚杆托盘:锚杆托盘采用厚10 mm钢板压成弧形,规格为150 mm×150 mm。

(4)钢筋网:ϕ6.5 mm的钢筋编织而成,规格为1 760 mm×1 160 mm,网格为120 mm×120 mm。

2.2.2　U型钢架设与底板回填

（1）打固定锚杆：U型钢棚首尾两棚要采用固定锚杆配合压板固定，固定锚杆有4组，每组两根锚杆，其中拱腰各1组，底拱2组。锚杆外露适当长度以便固定U型钢棚为宜，顶拱及拱腰固定锚杆可在卧底前打注。

（2）架棚：架U型钢棚，按照由下向上的顺序进行，首先集中铺设底拱，然后充填石子、沙子，之后架设拱腰，然后架设顶拱，铺设塑料网、塑料纸后腰帮、背顶。具体施工方案如下：

① 铺设底拱、充填石子、沙子。

人工将底拱运到位后，将两棚节搭接到位，搭接长度600 mm，采用卡缆配合螺栓将两棚节固定在一起，人员合力将底拱抬起摆放到位，按中腰线固定到位后将底拱固定牢固。对于第一、二棚底拱采用提前打注好的固定锚杆配合夹板将底拱固定牢固，对其他底拱采用拉杆与上一棚连接固定。

底拱全部铺设完毕后，充填石子和沙子。首先将石子和沙子卸至架棚区域以外底板上，然后将沙子、石子拌匀后人工攉至充填区域。

② 架设拱腰。

首先安装支撑平台，平台采用不小于10 mm厚钢板加工，固定在底拱上，然后人工站在脚手架上将拱腰下端放置在支撑平台上，合力将拱腰抬起，按中腰线调整到位后安装夹板固定（对第一、二棚以外拱腰，采用拉杆与上一棚拱腰固定）。

③ 架设顶拱。

架第一、二棚顶拱时，人员站在脚手架上合力将顶拱托起，放置在固定锚杆之间，然后及时安装夹板、螺帽，最后按中腰线将顶拱调整到位。

架剩余顶拱时，4～5人合力将顶拱托起，与拱腰搭接到位后（搭接长度573 mm），安装夹板，确保与拱腰固定牢固，然后安装拉杆与上一棚连接固定。

④ 腰帮、接顶。

U型钢棚架设后，顶、帮采用道木（木墩）配合背板、木刹与顶帮接实，中顶及两侧各2～2.5 m处布置一道。U型钢棚距顶、帮不超过350 mm时，采用木墩支撑在U型钢棚与顶、帮之间，并采用木刹刹实。当U型钢棚距顶、帮超过400 mm时，采用道木配合背板搭设木垛进行腰帮、接顶，纵向道木长1 200 mm，横向道木长800 mm，规格为：宽×厚＝160 mm×140 mm。

2.2.3　充填泡沫混凝土

架棚后，首先由下向上铺设双层塑料网、旧风筒布，塑料网、旧风筒布顺巷道方向铺设，一次铺设长度约20棚，最下排塑料网、旧风筒布深入底板约500 mm，依次向上铺设，相邻塑料网、旧风筒布之间搭接100 mm，两帮（肩窝）交替布置。

每铺设高度1～1.5 m，对U型钢棚与顶、帮之间空隙喷射泡沫混凝土，平均厚度200 mm。充填由下向上进行，先帮后顶，充填从下部向上部逐步进行，帮部及肩窝处充填时，棚体两侧交替喷浆充填，每次充填高度约1 m，以防止充填料物重力造成棚体移动。

充填中顶时，每3～4棚充填一次，先铺设塑料网、旧风筒布，然后人员站在充填区域下一棚棚挡内对充填区域进行充填，充填完毕后再进行下一区段充填。

现场施工情况如图3所示。

3　实施效果现场监测

3.1　监测方案

在北轨石门最大变形段布设多点位移计测试围岩深部位移，传感器布置如图4所示。具体操作步骤如下：

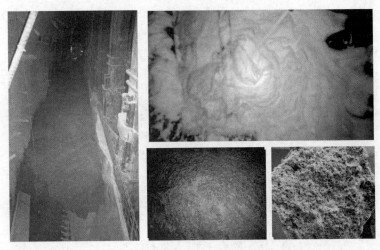

图 3　现场施工情况

(1) 按照地下工程原位观测仪器安装埋设与观测技术要求规定钻孔、孔位。采用金刚石或合金钢钻头,保证孔壁光滑。采用套芯钻头,取出岩芯。

(2) ϕ110 mm 钻头入孔 1 m 后,采用 ϕ90 mm 的钻头钻孔,其中一侧布设 2 个孔,孔深 28 m,另一侧布设 1 孔,孔深 10 m,安装多点位移计,分别在距离巷壁 1 m,2 m,5 m,10 m,25 m 的位置布设位移传感器。

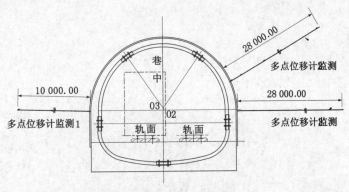

图 4　多点位移计布置图

3.2　监测结果分析

从图 5 可以看出:由于围岩处于跨采范围之内,在巷道开挖之后,经历了几次跨采,受跨采影响,巷道围岩比较破碎,蠕变特性明显,尤其巷道左侧的围岩处于两条巷道之间,受跨采影响更大,围岩变形更加严重。巷道开挖后,随着时间的推移,各监测点的位移都有不同程度的增加。在监测初期,巷道围岩深部位移变化较小,主要是因为多点位移计安装之后,钻孔中的浆液未凝固所致。在安装 5～20 d 之后,位移迅速增加,到 20 d 之后,围岩深部位移增加速率变缓,位移呈现缓慢增加的趋势。观察 3 个多点位移计监测曲线,孔口处围岩变形最大,最大值达到 30 mm,而后其变形逐渐趋于稳定。现场支护效果图如图 6 所示。经过近 3 年的检验,巷道基本无变形,支护体系整体结构保持完好。

6　结论

(1) 在深刻理解新奥法原理的基础上,提出了一种新的锚网喷—缓冲层—U 型钢联合支护方法,实现了软—硬组合支护的有机结合,经受了现场检验。

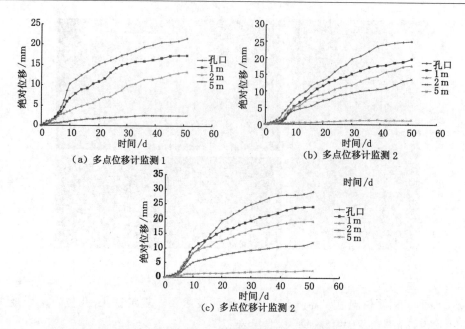

（a）多点位移计监测1

（b）多点位移计监测2

（c）多点位移计监测2

图5　围岩深部位移多点位移计监测曲线

图6　现场支护效果图

（2）提出了一套完整的锚网喷—缓冲层—U型钢联合支护施工方法。该方法保证了所提出的支护方案高效施工。

（3）现场监测结果表明，围岩变形在硐室开挖5～20 d之后，迅速增加，到20 d之后，围岩深部位移增加速率变缓，位移呈现缓慢增加的趋势。孔口处围岩变形最大，最大值达到30 mm，而后其变形逐渐趋于稳定。经过近3年的检验，巷道基本无变形，支护体系整体结构保持完好。

参考文献

［1］陈卫忠，谭贤君，吕森鹏，等．深部软岩大型三轴压缩流变试验及模型研究［J］．岩石力学与工程学报，2009，28（9）：1735-1744．

［2］陈晓坡，刘建庄，浑宝炬，等．过断层巷道修复技术研究与实践［J］．煤矿安全，2012，43（11）：

77-80.

[3] 张浩. 深井核心硐室"二次锚网注"围岩控制技术[J]. 煤矿安全,2011,42(2):45-48.

[4] 李刚. 层状结构顶板破坏机理及其规律研究[D]。阜新:辽宁工程技术大学,2005.

[5] 钱鸣高,缪协兴,许家林,等. 岩层控制的关键层理论[M]. 徐州:中国矿业大学出版社,2003.

[6] 钱鸣高,石平五. 矿山压力与岩层控制[M]. 徐州:中国矿业大学出版社,2003.

[7] 何满潮,孙晓明. 中国煤矿软岩巷道工程支护设计与施工指南[M]. 北京:科学出版社,2004.

[8] 董方庭,宋宏伟,郭志宏,等. 巷道围岩松动圈支护理论[J]. 煤炭学报,1994,,1(1):21-32.

[9] 孟金锁. 综放开采"原位"沿空掘巷探讨[J]. 岩石力学与工程学报,1999,18(2):205-208.

[10] 柏建彪,王卫军,侯朝炯,等. 综放沿空掘巷围岩控制机理及支护技术研究[J]. 煤炭学报. 2000,25(5):478-451.

[11] 李奎来,郑厚发. 综放开采沿空窄煤柱巷道支护技术研究[J]. 煤矿开采. 2007,12(3):53-54,62.

"锚架充"支护技术在深井软岩巷道的应用研究

杜库实,丁 锋,王素军,李冰冰

(国投新集能源股份有限公司口孜东矿,安徽 阜阳 236153)

摘 要 基于矿井开采逐渐向深部发展,巷道围岩呈现高地压、大变形、难支护的特点,常规锚梁网支护已难以控制巷道围岩变形。随着深井巷道不断延伸和增多,巷道间扰动效应影响逐渐扩大,从而进一步加剧了巷道围岩稳定性控制难度。口孜东矿井充分吸取国内外深井支护经验的同时,结合口孜东矿的实际条件,引进全自动建筑材料输送系统,实现物料全封闭式输送。在物料输送系统辅助基础之上开展"锚架充"支护技术的联合试验研究,该支护技术采用 36U 型钢支架联合壁后特殊充填层结构,同时特殊充填材料全断面向巷道深部围岩裂隙扩散后快速凝固,充分发挥围岩的自承能力和保证围岩整体性,较好实现强化巷道承压环,在实现巷道快速充填支护工艺基础之上,有效控制巷道围岩稳定性。该种支护技术的实践成功,为深井支护研究提出一种新的思路。

关键词 深井;软岩;充填料;支护技术;输送系统

0 前言

软岩巷道支护是我国许多矿区煤矿生产中的一大技术难题。随着矿井开采深度的不断增加,围岩显现出软岩特征,矿压显现也随之趋向复杂和恶化,同时巷道在构造应力、采动应力及其他复杂条件影响下,短期内即出现变形破坏现象,新掘巷道维护周期短、失修率高。大采深高地压软岩巷道支护成为矿区安全高效开采的瓶颈技术,直接影响煤矿的安全生产。这不仅是煤矿生产必须解决的技术难题,还是矿山岩体力学必须解决的理论课题。

随着采掘活动区域的不断加深,近年来专家、学者对深井支护问题越来越关注,提出了诸如高强预应力锚杆、锚索、围岩注浆加固、型钢支架及桁架等多种支护技术,并取得了一定的支护效果。但是随着开采深度的不断加大,进入千米后,地压大幅度增加,常规的支护技术已不能满足解决极软岩层巷道和千米深井巷道的支护难题,难以有效控制巷道围岩稳定性。因此,研究更合理、更大支护能力的巷道支护技术就显得尤为重要。

1 深部软岩巷道围岩工程力学特性变形破坏机理分析

1.1 围岩应力场的复杂性

浅部巷道围岩状态通常可分为松动区、塑性区和弹性区三个区域,而深部巷道围岩产生膨胀带和压缩带(或称为破裂区和未破坏区)交替出现的情形,而且其宽度按等比数列递增,使得深部巷道围岩应力场更为复杂,垂直应力超过 20 MPa,构造应力显现剧烈,岩石易风化,流变性增强、遇水软化崩解等特点。

1.2 围岩的大变形和强流变特性

研究表明,进入深部后岩体变形具有两种完全不同的趋势:一种是岩体表现为持续的强流变性,即不仅变形量大,而且具有明显的"时间效应",变形具有四周来压的特点,且变形持续时间长。例如,有的巷道 20 余年底鼓不止,累计底鼓量达数十米。另一种是岩体并没有发生明显的变形,但十分破碎,处于破裂状态,按传统的岩体破坏、失稳的概念,这种岩体已不再具有承载特性,但事实上,它仍然具有承载和再次稳定的能力,借助这一特性,有些巷道还特地将巷道布置在破碎岩(煤)体中,如沿空掘巷。

1.3　动力响应的突变性

浅部岩体破坏通常表现为一个渐进过程,具有明显的破坏前兆(变形加剧)。而深部岩体的动力响应过程往往是突发的、无前兆的突变过程,具有强烈的冲击破坏性,宏观表现为巷道顶板或周边围岩的大范围的突然失稳、坍塌,围岩的自承能力减弱,支护体由点至面的发展为整体的变形。

1.4　深部岩体的脆性—延性转化

岩石在不同围压条件下表现出不同的峰后力学特性,最终破坏时的应变值也不相同。在浅部(低围压)开采中岩石破坏以脆性为主,通常没有或仅有少量的永久变形或塑性变形,而进入深部开采以后,由于岩体处于"三高一扰动"的作用环境之中,岩石表现出的实际是其峰后强度特性,在高围压作用下,岩石可能转化为延性,破坏时其永久变形量通常较大。因此,随着开采深度的增加,岩石已由浅部的脆性力学响应转化为深部潜在的延性力学响应行为。

巷道开挖后,应力重新分布,趋于支护的薄弱区域集中,挤压性大变形发生在地应力高、强度应力比高的地方,表现为"无休止"的底鼓、侧墙内挤和冒顶等。强烈的变形使围岩破坏异常严重,如轻型或重型钢架的严重扭曲甚至折断、喷层开裂剥离、锚杆失效等现象。半圆拱型断面在巷道开挖一次锚网索喷支护后,巷道围岩在流变作用下破坏特征如图1所示。巷道底板为支护薄弱区域,应力相对集中,以底鼓的形式释放势能。在流变作用下,开挖后40 d模拟变形特征。

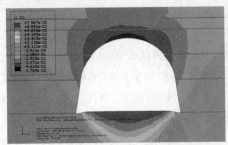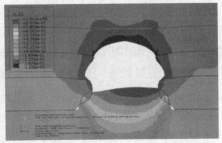

图1　巷道开挖后模拟破坏特征

2　国内外深井软岩巷道围岩稳定性控制技术

2.1　国外深井软岩巷道支护技术

针对深井软岩巷道压力大、变形量大的特点,分析国外(尤其是德国)深井软岩巷道支护技术,主要有:① 采用结构复杂的高强度复合支护系统;② 前期采用锚喷网联合支护系统;③ 后期采用特种钢和加大型钢质量加固支护系统;④ 采用硬石膏、水泥砂浆、聚氨酯或其他建筑材料壁后充填等。

总之,国外深井巷道支护都有一个共同点,即具有可缩装置或让压结构,允许支架或支护系统可缩,以适应深井巷道压力大、变形量大的特点;同时,巷道支护设计时预留大的变形空间。

2.2　国内深井软岩巷道支护技术

在矿井软岩巷道围岩稳定性控制设计研究上,国内也取得了较大的进展。各种研究主要是通过改善巷道围岩的力学性质,通过卸压改变巷道围岩的应力分布,从而达到改变深井软岩巷道围岩状态、提高深井软岩巷道稳定性的目的。近年来着重研究试验了锚网索喷、锚网索喷注浆加固、锚网索喷二次支护、U型钢支架、U型钢支架喷注、钢管支架、钢支架联合架后充填等支护形式及各种卸压方式组成的联合支护技术,并取得了一定的支护效果。

2.3 "锚架充"支护技术

"锚架充"支护技术是依附于软岩巷道承压环强化支护理论基础之上,是指在软岩巷道支护时,围岩荷载超过岩石强度,围岩无法自稳,而采取壁后充填的方式于巷道周边新构造一个环形承载支护体,使其具有更高的承载能力,从而形成一个承压环,同时充分发挥深部围岩的自承能力,达到控制巷道围岩稳定性的目的。

该支护技术建立在锚网索喷支护的基础上,滞后锚网索喷支护 15 d 左右架设 36U 型钢支架结构做二次支护,允许围岩适量变形,两次支护之间采取灌注初凝时间短的特殊乳状充填材料,使围岩与支护体形成整体结构,围岩压力比较均匀地施加在巷道支护体上,避免了巷道支护受力不均致使支护体变形破坏,充分强化承压环的承载能力。

3 "锚架充"支护技术应用及效果分析

3.1 工程概况

国投新集口孜东矿是年产 500 万 t 的大型智能化千米深井,深井高地应力软岩特征表现极为显著。煤层埋藏深,井下巷道处于高地应力、高地温环境下,加上巨厚表土层及薄基岩等诸多复杂地质因素的影响,致使围岩呈现出明显的软岩特性,巷道围岩变形、破坏已成为影响矿井安全生产的关键因素之一。口孜东矿巷道支护经过了一系列的试验、改革及创新,取得了一定的成果,但随着井下巷道的不断延伸和增多,巷道间的扰动影响也在逐渐扩大,形成应力叠加,从而造成巷道的进一步变形,"前掘后修"、"边掘边修"、"多次返修"等问题加剧,严重制约和影响矿井的安全生产。据统计,井下 90％巷道至少经过一次修护,部分巷道经过多次修护。

3.2 巷道围岩变形特征及分析

支护体与围岩的关系实质就是支护体的性能、结构对支护体及围岩运动的影响,以及在围岩运动状态下支护体的抗变形状态。当支护体的支撑力大于围岩平衡所需的极限力时,围岩处于相对稳定的状态,支护体变形不明显,当支撑强度过低或者有支护弱面时,则围岩受到破坏,并导致巷道两帮内移,巷道底鼓增大。因此,选择相适应的支护形式、加强弱面支护至关重要。

巷道的不稳定首先是表现在水平变形上,表现的形式是持续变形,即巷道的水平变形基本稳定在一定数值,这种持续变形给巷道的支护体造成了破坏性的影响。口孜东矿近年来采取了一次锚网索喷支护后,联合 36U 型钢支架、深浅孔注浆加固、密集锚索等多种支护方式。图 2 所示为口孜东矿巷道变形破坏状况。

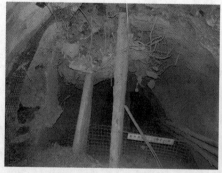

图 2　深井软岩巷道 36U 型钢支架及锚网索喷支护巷道变形破坏图

3.3 "锚架充"支护技术工程应用

自 2009 年进入井下巷道施工以来,口孜东矿不断开展深井支护探索和实践,支护形式采取锚网索喷,二次支护曾先后采用锚网喷加强支护、锚索支护、36U 型钢支架支护、混凝土碹及联合支护、注浆加固等多种支护形式联合方式,均不能有效控制围岩的强烈变形。

多种支护方式联合布置使用未取得效果后,经过多次实践与理论研究,2012年从德国引进全自动建筑材料输送系统技术。该系统由地面站、中转站、工作面站、管路和控制系统五个部分组成,其中,中转站根据矿井建设的延伸可分为一级中转站、二级中转站和三级中转站等,整个系统采用干燥后的压风作为输送建筑材料动力。

在物料输送系统基础之上,结合口孜东矿的实际条件,通过不断地摸索、实践和充分吸取国内外深井支护经验,选择了"外锚内架、中间充填"的"锚架充"支护形式。该支护技术应用于掘进及修护巷道,一次成巷采用正常的锚网索喷支护,滞后30~50 m架设36U型钢支架,两层支护之间为充填层。在U型钢支架内侧先铺设双层钢筋网,然后铺设特殊加工的抗阻燃塑料布,同时每隔10 m增设一个采用抗阻燃塑料布加工的ϕ300 mm隔断管。壁后充填先充填隔断管,然后自帮部向顶部充填,充填料采用初凝时间在20~30 min之间的粉状充填料。"锚架充"支护形式支护参数如图3所示。

自2013年以来,矿井系统不断升级,目前井下已形成了1213采区西翼轨道大巷(掘进)、1113采区轨道上山(巷修)、1111采区轨道上山(掘进)共计3条完整的物料输送作业线。现矿井已采用该种支护技术修护巷道400余米,掘进巷道近1 000 m。

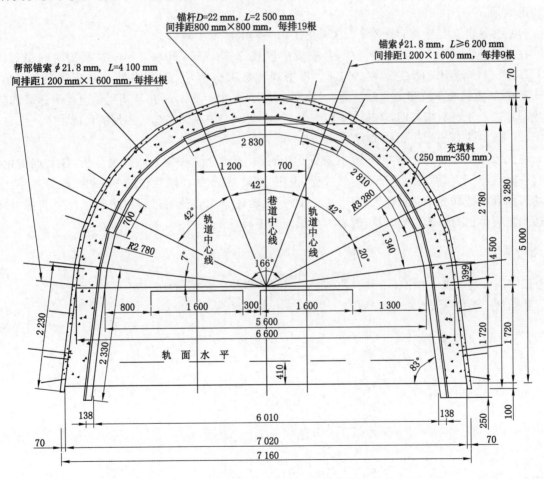

图3 "锚架充"支护方式支护结构图

3.4 "锚架充"支护技术效果分析

经过工程实践证明:对于深井高地应力软岩巷道,"锚架充"支护结构联合锚网索喷的复合支护技术是一种非常有效的支护形式,能有效控制巷道围岩稳定性。图4所示为"锚架充"复合支护支

图4 "锚架充"复合支护支护巷道效果

护巷道效果。

(1) 西翼轨道大巷及11-2煤采区轨道上山"锚架充"支护效果

在充填施工的近1 000 m巷道中,共安设矿压观测点17个,其中,1#至3#观测时间最长,为345 d;16#、17#观测时间最短,为171 d。根据观测数据分析,2#观测点两帮移近量最大,为80 mm,1#观测点顶板下沉量及底鼓量最大,分别为16 mm和166 mm,并且其变化速度呈递减趋势,已趋于稳定。观测数据表明,巷道处于稳定状态,锚架充支护效果完全达到预期目标。

(2) 1113采区轨道上山修护"锚架充"支护效果

在充填施工的近400 m巷道中,共安设矿压观测点15个。根据观测数据分析,各测点变化速度有一个从小到大、再逐渐趋于稳定的过程,说明"锚架充"支护在修复巷道中取得了较好效果。修护巷道的观测数据变形总量较大,原因是1113采区轨道上山在使用过程中进行了反复巷修,导致巷道围岩裂隙已向深部围岩转移,围岩的自承能力下降。

参考文献

[1] 钱鸣高,刘听成. 矿山压力及其控制[M].北京:煤炭工业出版社,1984.

[2] 蔡绍怀. 现代钢管混凝土结构[M].北京:人民交通出版社,2003.

锚索导水地层中井巷围岩控制技术研究

张传昌[1]，岳　宁[2]

(1.陕西未来能源化工有限公司;2.金鸡滩煤矿,陕西　榆林　719000)

摘　要　针对金鸡滩矿副斜井基岩段锚索施工时的"导水效应"问题,综合运用现场实测、室内试验和数值模拟等手段,研究了锚索导水地质中围岩的稳定性控制技术,得到以下主要结论:① 现场拉拔试验表明,钻孔内部有淋水时,锚杆和锚索锚固力较有淋水时分别降低了 27.0% 和 29.1%,水的存在使得锚杆锚索的锚固力得到大幅度下降;② 室内试验表明,水的存在弱化了围岩的强度力学参数,与干燥状态相比,淋水围岩中,细粒砂岩、中粒砂岩、粗粒砂岩、砂岩组等单轴抗压强度的降低率也都在 55% 以上;③ 松动圈测试结果表明,金鸡滩矿副斜井基岩段巷道松动圈厚度在 1.7 m 以下,总体属于中小松动圈围岩,支护主要以锚喷支护为主;④ 数值模拟结果表明,在控制围岩竖向位移方面,新方案顶板下沉及底鼓量分别为 13.9 mm 和 7.8 mm,分别占原方案的 15.8% 和 9.4%,工程应用表现良好。

关键词　导水效应;松动圈;关键部位;过程控制

0　前言

由于长期的沉积风化作用,岩石内部矿物成分也各不相同,彼此矿物间的空隙、裂隙等成为储水的主要空间,使得岩体强度得到不同程度的弱化,为巷道等井下空间的开挖稳定性控制带来了较大困难,成为众多学者研究的重点,近年来也取得了不少成果,但在煤矿巷道、井筒等方面的支护问题仍没有得到彻底的解决。

本文以金鸡滩井田基岩段副斜井为研究对象,基于松动圈支护理论,针对锚索支护施工时较深钻孔引起的"导水效应"问题,提出合理的支护措施,解决了由施工钻孔引起的井壁淋水问题,保持了井筒的稳定性,降低了支护成本。

1　工程概况

金鸡滩井田位于陕西省榆林市榆阳区境内,井田东南以神延铁路为界与杭来湾井田相邻,东北和西南分别自 S3、S4 向铁路引垂线构成井田的东北边界和西南边界,东北与曹家滩井田相邻,西南与海流滩井田、薛庙滩井田相邻,井田平均走向长 11.555 km,平均倾斜宽 9.337 km,面积约 107.888 km²,煤层埋深在 230~430 m 之间。

本区地表绝大部分被第四系沉积物覆盖,仅在万家小滩和三道河则长观站一带有小块基岩零星出露。据地质填图及钻孔揭露,井田地层由老至新依次为:三叠系上统永坪组(T_{3y})、侏罗系下富县组(J_{1f})、中统延安组(J_{2y})、直罗组(J_{2z})、安定组(J_{2a}),第三系上新统保德组(N_{2b}),第四系中更新统离石组(Q_{21}),上更新统萨拉乌苏组(Q_{3S})、全新统风积沙(Q_{4eol})。

根据矿井开拓部署和通风安全要求,本矿井共布置 3 个井筒,分别是主、副斜井和回风立井。目前,回风立井以及主斜井已经施工完毕,副斜井已经进入风化基岩段,施工长度为 660 m。副斜井的支护方案如图 1 所示,根据 3# 地质钻孔揭露的情况,副斜井穿越的地层的岩性以及物理力学参数见表1。

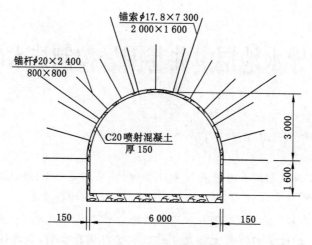

图 1　副斜井支护方案横断面图

表 1　　　　　　　　　　　副斜井正常地段各岩组岩石物理力学性质统计表

岩性	比重	天然容重 /(g/cm³)	天然含水率 /%	单轴抗压 强度/MPa	泊松 比	抗剪强度		抗拉强度 /MPa
						c/MPa	Φ/(°)	
粉砂岩	2.73	2.35	3.98	22.95	0.30	1.40	40.85	0.59
细粒砂岩	2.71	2.24	4.65	45.89	0.26	1.89	42.87	0.82
中粒砂岩	2.70	2.27	3.76	49.71	0.25	2.18	43.91	0.98
粗粒砂岩	2.68	1.93	4.76	39.29	0.27	1.9	45	0.79
砂岩组平均	2.70	2.15	4.39	44.63	0.26	1.99	43.93	0.86

　　根据已施工段井筒地质条件来看,井筒周围 3 m 左右范围以外围岩含水量较高,在此称为"富水区"。锚索施工时,由于钻孔深度达到 7.3 m,使得富水区内的水沿锚索钻孔流入"弱水区",如图 2 所示。受此影响,井壁施工过程中,出现淋水现象。此外,水的存在,弱化了围岩强度,增加和扩大了围岩内部的空隙和裂隙,为支护结构体的安全使用埋下了较大隐患。

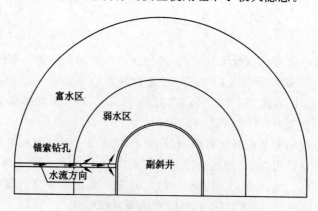

图 2　副斜井钻孔"导水效应"示意图

2 水对锚固体影响研究

2.1 水对锚固力影响的实测研究

锚固力是决定锚杆支护作用发挥程度的重要因素之一。工程中，通过树脂锚固剂的聚合固化反应使锚杆与围岩体锚固成一个整体，孔内水的存在，势必会在两者之间形成一定的润滑面，阻碍锚固力的发挥。为了研究水对锚固力的影响，在现场对无淋水区和有淋水区锚杆、锚索锚固力进行拉拔试验，测试结果见表2。

表2　　　　　　　　　　　　　有无淋水区锚杆锚索锚固力测试结果

名称	无淋水区锚固力/t				有淋水区锚固力/t			
	1#	2#	3#	平均	1#	2#	3#	平均
锚杆	12.1	11.4	11.7	11.7	8.1	8.9	8.7	8.6
锚索	43.7	42.2	41.8	42.6	31.4	30.7	28.5	30.2

由表2可知，钻孔内部有淋水时，锚杆锚固力为8.6 t，较无淋水时降低了27.0%；在水的作用下，锚索锚固力由平均42.6 t降低到30.2 t，降低率为29.1%。可见，水对支护结构锚固力的影响十分明显。

2.2 水对岩体强度影响的试验研究

水对岩体强度的影响主要表现在弱化作用方面，为了研究这一特性，在现场通过取芯机钻取岩芯，在实验室中加工成直径为50 mm、高为100 mm的标准岩样，利用电子万能压力机，进行单轴压缩试验，测试浸水后的软化系数，结果见表3。

表3　　　　　　　　　　　　　　　　软化系数测试结果

岩性	单轴抗压强度/MPa	淋水后抗压强度/MPa	软化系数
细粒砂岩	45.89	20.19	0.56
中粒砂岩	49.71	20.88	0.58
粗粒砂岩	39.29	16.5	0.58
砂岩组	44.63	19.19	0.57

由表3可知，干燥状态细粒砂岩单轴抗压强度为45.89 MPa，淋水其后抗压强度仅为20.19 MPa，降低了56%，中粒砂岩、粗粒砂岩、砂岩组等淋水后强度的降低率也都在50%以上。锚索导水作用下，围岩的强度得到了大幅度降低。

3 锚索导水地质围岩稳定控制技术研究

3.1 控制技术关键原则

（1）兼顾整体与局部原则

设计支护结构与参数时应将巷道顶、底板和两帮看成一个整体，通过支护的作用使巷道各个部位之间以及它们与支护结构之间协调变形和共同承载，从而保证巷道的整体稳定。

但由于巷道形状、围岩性质差异以及围岩应力分布等因素的影响，现实工程中的任何巷道围岩和支护体都存在相对较为薄弱的关键部位。在金鸡滩井田副斜井的支护控制方面，避免锚索钻孔的导水效应是决定其支护效果的关键环节。

（2）过程控制原则

巷道开挖后围岩不可避免地要发生变形破坏,浅部围岩破裂卸压,应力峰值内移,围岩发生由浅入深的渐进破坏,直至支护体、浅部和深部围岩的综合强度超过围岩压力,则围岩趋于稳定;反之,应力峰值继续向围岩内部迁移,围岩破裂范围增大,发生大范围松动破坏。有效的支护应根据围岩应力与变形的发展演化规律制定合理的支护时机、支护形式及支护强度。

3.2　基于围岩松动圈理论的锚索导水地质围岩稳定控制技术研究

围岩松动圈理论是在大量实践的基础上总结而来的一种支护理论。通过实时监测巷道支护后松动圈的量值,实现对整条巷道支护过程的控制。该理论得到了广泛的应用,并取得了良好的技术经济效果。本文基于松动圈支护理论,研究和设计锚索导水地质环境中副斜井的支护技术。

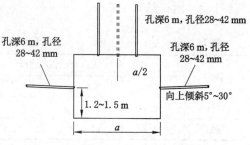

图 3　测试断面测孔布置示意图

首先,利用钻孔摄像技术在金鸡滩煤矿助运输联络巷、水仓以及总回风巷三处位置共进行了 5 个测试断面松动圈的测试点。每个测试断面的测孔布置如图 3 所示。

测试过程中,获得了大量形象、直观的钻孔图像数据,由于篇幅有限,在此呈现辅助运输联络巷 1# 断面测试的图像数据,如图 4 所示。其他断面测试结果见表 4。

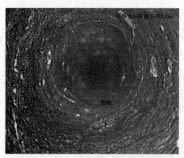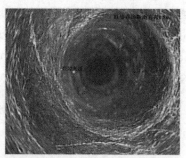

(a) 辅助运输联络巷1#断面帮部

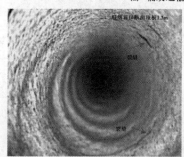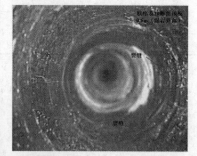

（b）辅助运输联络巷1#断面顶板

图 4　辅助运输联络巷 1# 断面测试结果

表 4　　　　　　　　　　　巷道围岩松动圈测试结果

测站位置		松动圈厚度/m		
		左帮	右帮	顶板
辅助运输联络巷	测试断面 1	1.0	0.5	1.3
	测试断面 2	1.4	0.2	1.4
水仓	测试断面 3	1.0	0.8	1.7

续表 4

测站位置		松动圈厚度/m		
		左帮	右帮	顶板
总回风巷	测试断面 4	1.3	1.7	1.0
	测试断面 5	0.9	1.6	0.7

测试结果表明:矿井巷道围岩松动圈厚度在 1.7 m 以下,总体属于中小松动圈围岩,支护主要以锚喷支护为主。为了增加支护结构的整体性,增设梯子梁进行加强支护。新支护方案的支护参数见图 5。

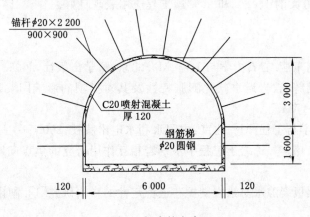

图 5 新支护方案

3.3 支护效果模拟研究

根据上述研究,本节利用 FLAC³ᴰ软件模拟研究在淋水地质环境中,金鸡滩井田副斜井原支护方案与新支护方案的支护效果,为工程应用的安全开展提供基础。不同方案支护后,副斜井的垂直变形云图如图 6 所示。

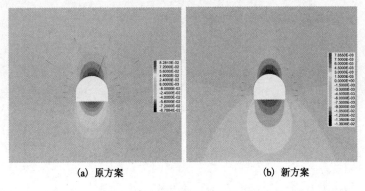

| (a) 原方案 | (b) 新方案 |

图 6 新旧方案支护井筒变形云图

由图 6 可知,原方案支护时,由于锚索钻孔的导水作用,锚固体范围内岩体强度弱化,锚杆锚索锚固力受水影响而降低,支护完成时,井筒垂直位移 87.8 mm,底鼓 82.8 mm,变形量较大。新方案支护后,由于保持了"弱水区"围岩的完整性,锚杆和围岩体形成了良好的锚固体,顶板最大沉降量为 13.9 mm,较原方案降低了 84.17%;在底鼓方面,顶板良好的承载结构承受了上部荷载,使之作用在底板上的挤压应力降低,新方案支护后,底板隆起量为 7.8 mm,还不到原方案的 1/10。

截止到目前,该副斜井基岩段巷道始终保持稳定,为煤炭的顺利开采,提供了有力保障。

4 结论

(1) 水的存在使得锚杆锚索的锚固力得到大幅度下降。金鸡滩矿拉拔试验表明,钻孔内部有淋水时,锚杆和锚索锚固力较水时分别降低了27.0%和29.1%。

(2) 水的存在弱化了围岩的强度力学参数。与干燥状态相比,淋水围岩中,细粒砂岩、中粒砂岩、粗粒砂岩、砂岩组等单轴抗压强度的降低率也都在55%以上。

(3) 松动圈测试结果表明,金鸡滩矿副斜井基岩段巷道松动圈厚度在1.7 m以下,总体属于中小松动圈围岩,支护主要以锚喷支护为主。

(4)数值模拟结果表明,在控制围岩竖向位移方面,新方案顶板下沉及底鼓量分别为13.9 mm和7.8 mm,分别占原方案的15.8%和9.4%,工程应用表现良好。

参考文献

[1] 蔡美峰,何满朝,刘东燕.岩石力学与工程[M].北京:科学出版社,2002.

[2] 刘光廷,胡昱,李鹏辉.软岩遇水软化膨胀特性及其对拱坝的影响[J].岩石力学与工程学报,2006,25(9):1729-1734.

[3] 张有天.岩石水力学与工程[M].北京:中国水利水电出版社,2005.

[4] 周翠英,彭泽英,尚伟,等.论岩土工程中水—岩相互作用研究的焦点问题[J].岩土力学,2002,23(1):124-128.

[5] 王志清,万世文.顶板裂隙水对锚索支护巷道稳定性的影响研究[J].湖南科技大学学报,2005,20(4):26-29.

[6] 许兴亮,张农.富水条件下软岩巷道变形特征与过程控制研究[J].中国矿业大学学报,2007,36(3):298-302.

[7] 曾佑富,伍永平,来兴平,等.复杂条件下大断面巷道顶板冒落失稳分析[J].采矿与安全工程学报,2009,26(4):423-427.

软岩巷道局部弱结构非对称变形补偿控制技术

马守龙

(国投新集能源股份有限公司设计研究院,安徽 淮南 232001)

摘 要 软岩巷道衬砌失稳通常是由对称支护抗力不足和局部弱结构所诱发。巷道局部弱结构是工程中的常见现象。文章根据对局部弱结构所诱发的非对称性破坏机理分析,提出了补偿支护技术。在巷道锚网喷支护的基础上,利用增加锚注和锚杆数量及长度等对巷道局部弱结构进行非对称补偿支护,使支护结构与围岩相互耦合,让围岩和支护结构的支护能力得到充分的发挥,最终保证巷道的整体稳定。

关键词 软岩巷;局部弱结构;非对称变形;补偿控制技

0 前言

随着开采深度的增加,软岩巷道采用全断面等强对称支护形式往往不符合围岩变形特点,巷道关键部位易产生较大的应力集中,导致巷道局部非对称性高应力存在而造成的支护失效。因此需要在工程中研究巷道局部弱结构特征及作用机理,有针对性地改进支护结构,对于完善软岩巷道衬砌结构设计具有重要意义。

1 巷道围岩局部弱结构失稳机理

巷道围岩的稳定性包括弱结构体自身的稳定性及围岩弱结构体的稳定性,并在此基础上调整不同岩层间的协调变形以保证整体的稳定性。

巷道开挖施工造成围岩结构"卸载",围岩"卸载"后首先在围岩局部弱结构中产生破坏。随着施工时间的不断推移,围岩应力重新分布,使围岩局部弱结构其他部位也造成破坏,但该破坏的"量"和"度"较局部弱结构要小得多,局部弱结构随时间推移在原生和新生破坏面上继续产生滑移、错动、剪胀变形破坏。受此破坏的影响,巷道围岩向开挖空间挤进使他部位围岩破坏加剧,从而造成围岩失稳。围岩局部弱结构失稳的力学本质就是局部弱结构体在峰后蠕变期的持续的变形破坏。

2 巷道围岩局部弱结构失稳分析

2.1 局部弱结构失稳破坏特点

由于巷道围岩是由多种岩体组成的复合结构,所以在非均衡或均衡的应力环境中,围岩的变形与破坏呈现不均衡的复杂现象。巷道的变形和破坏一般都是从弱结构体开始的,随着弱结构体变形和破坏的进一步扩展,可能引起巷道其他部位损伤和变形破坏的加剧,最终将导致巷道围岩整体稳定状态的恶化。

采用对称支护形式的巷道,巷道围岩产生顶沉、帮缩、底鼓等大变形破坏现象,特别是沿岩层倾斜方向,下帮顶板下沉、鼓出严重,上帮底板底鼓变形严重,表现出明显的变形非对称性。

2.2 对称支护巷道变形数值分析

为了掌握深部对称支护变形破坏特点,选取典型试验巷道为例,采用有限元差分程序对原支护条件下的巷道围岩变形破坏过程进行分析。

(1)工程概况

典型试验巷道原支护形式采用锚喷网喷支护,直径为 22 mm,长度是 2 400 mm,间排距为 700 mm×700 mm,喷层厚 150 mm。受压力的影响,巷道变形严重,后经多次整修,破坏严重段采用 U 型棚加固整修,但效果不明显。受两边工作面采动影响,加之围岩极为松软破碎,整体性差,该试验巷道变形破坏严重,严重影响了矿井的安全生产。

(2)结果分析

通过图 1 和图 2 可以看出,当支护结构是对称形式的时候,围岩应力分布呈明显的非对称性。巷道在左肩及底板处应力较大巷道左肩方向出现应力集中区,应力分布很不对称。

围岩变形是由于围岩的应力引起的,所以围岩位移也会出现非对称性。从图 3 中可以看出,右侧帮部变形比左侧要大,巷道顶部的位移变形也是右侧大于左侧。底鼓的变形主要发生在右侧,巷道位移变形有很明显的非对称性。从图 4 可以看出,在掘进开始之后,在右底板部位出现了多种塑性区破坏的特征,在巷道右下角的地方,随着弱结构体的破坏,岩体有很明显的剪切滑移的破坏变形,破坏变形呈现出了非对称性。

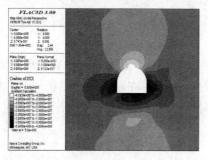

图 1 对称支护结构应力图

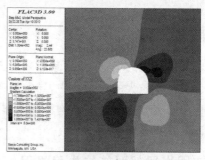

图 2 对称支护结构应力图

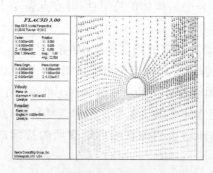

图 3 对称支护结构位移矢量图

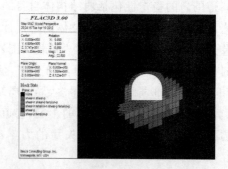

图 4 对称支护结构围岩塑性区分布

3 关键部位补偿支护技术

3.1 关键部位补偿支护机理

巷道围岩产生塑性大变形的过程就是巷道变形破坏的实质。关键部位补偿支护就是通过增强对关键部位的局部弱结构的支护,使支护结构和巷道围岩在刚度上保持耦合。同时留给围岩以一定的自由变形空间,防止巷道的围岩各种能量的积聚,使支护结构结构与围岩有着协调均匀的变形,限制住围岩继续产生更大的损坏变形,实现支护的均匀性,最终使巷道长期稳定。

3.2 关键部位补偿支护技术工程试验

3.2.1 支护方案

根据试验巷道数值计算结果可以看出,试验巷道围岩破坏的关键部位是巷道右帮的部位。所以,在普通锚网喷对称支护的基础上,利用锚注和增加锚杆数量及加长度对上述关键部位进行补偿支护,使围岩和支护结构相互耦合,最终实现巷道的长期稳定。

根据上所述分析,对试验巷道利用非对称补偿技术技术方案具体参数如下:

(1) 锚杆:直径 22 mm,长度 2 400 mm,间排距 700 mm×700 mm。其中,在巷道右肩加 3 根,长度 3 000 mm,间排距 700 mm×700 mm 的锚杆。

(2) 锚注:直径 25 mm,长度 2 600 mm,间排距为 1 800 mm×1 800 mm,注浆锚杆。其中,在巷道右侧底板及右帮加密锚注,间排距 800 mm×800 mm,同时在右帮加 3 根长度 3 000 mm 的注浆锚杆。

(3) 钢筋网:采用 6# 钢筋焊接网格尺寸 50 mm×50 mm 的网片。

(4) 混凝土喷层:初喷厚度 100 mm,复喷厚度为 50 mm,总厚度为 150 mm。混凝土喷层的强度等级是 C30。关键部位非对称补偿支护结构如图 5 所示。

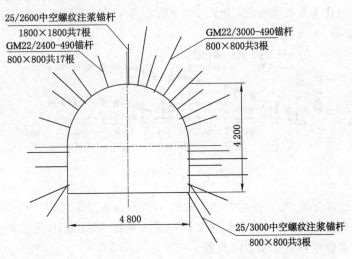

图 5　非对称补偿支护设计方案

3.2.2 效果评价

(1) 非对称补偿支护数值分析

通过图 6 和图 7 可以看出,采用非对称补偿支护结构后,支护体系与围岩相互耦合,使围岩应力分布均匀,关键部位应力集中现象显著减小。

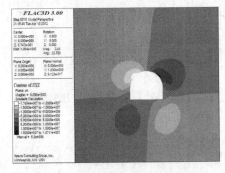

图 6　非对称补偿支护结构应力图

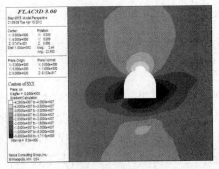

图 7　非对称补偿支护结构应力图

从图 8 可以看出,采用非对称补偿支护结构后,支护结构在关键部位实施了补偿支护,使支护体结构原来的非对称性变成了对称性,提高了支护结构的支护性能,降低了支护结构的受力。从图 9 可以看出,采用非对称补偿支护结构后,围岩塑性破坏范围比采用对称支护结构时显著减少。

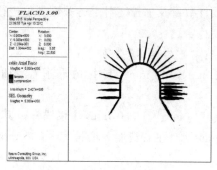

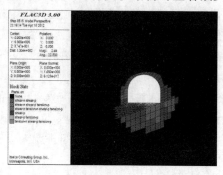

图 8　非对称补偿支护结构受力图　　　　　　图 9　非对称补偿支护结构围岩塑性区分布

（2）非对称支护现场监测

非对称补偿支护技术方案实施后,为了评价支护效果,设立了巷道变形测站,及时对巷道进行了位移观测,结果如图 10 所示。

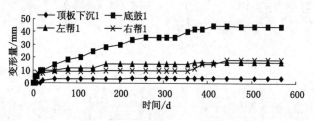

图 10　巷道位移监测

通过观测数据结果分析,支护技术方案实施后 570 d,顶板下沉相对变化量最大变化 3.8 mm,底鼓相对变化量最大变化 38 mm,左帮相对变形量最大变化 18 mm,右帮相对变形量最大变化 16 mm,巷道围岩的非对称变形有了明显的改善。

4　结论

在锚网喷普通对称支护的形式的基础上,利用增加锚注和锚杆数量及长度等对巷道局部弱结构进行非对称补偿支护,让围岩以及支护体的支护能力充分发挥,使围岩和支护结构相互耦合。通过对数值分析及围岩变形的监测,验证了此非对称补偿支护对策的可行性,消除了巷道围岩局部弱结构体关键部位所产生的不对称变形,最终实现巷道的长期稳定。与全断面高强支护相比,非对称补偿支护可以节约巷道支护成本,提高经济效益。因此关键部位补偿支护技术具有广阔的推广前景。

参考文献

[1] 何满潮,孙晓明.中国煤矿软岩巷道工程支护设计与施工指南[M].北京:科学出版社,2004.

[2] 蒋金泉.巷道稳定性与控制设计[M].北京:煤炭工业出版社,1999.

[3] 于学馥,郑颖人,等.地下工程围岩稳定性分析[M].北京:煤炭工业出版社.1983.

[4] 徐干成,白洪才,郑颖人.地下工程支护结构[M].北京:中国水利水电出版社.2002.

[5] 李明远,王连国,易恭猷,等.软岩巷道锚注支护理论与实践[M].北京:煤炭工业出版社,2001.

[6] 孙晓明,张国锋,蔡峰,等.深部倾斜岩层巷道非对称变形机制及控制对策[J].岩石力学与工程

学报,2009,28(6):1137-1143.

[7] 何满潮,景海河,孙晓明. 软岩工程力学[M]. 北京:科学出版社,2002.

[8] 彭文斌. FLAC 3D 实用教程[M]. 北京:机械工业出版社,2007.

[9] 马守龙. 新型半刚性网壳锚喷支护技术在软岩巷道中的适用性研究[J]. 安徽建筑工业学院学报,2010, 18(5):23-27.

[10] Kimitoshi Hayaho. Evalation of Time-Dependent Sedimentary Soft Rock and Their Constitutive Modeling[J]. Geotechnical Society,41(2): 21-38.

[11] 马守龙. 新型网喷衬砌结构力学试验研究[J]. 安徽建筑工业学院学报,2012,20(4):36-39.

上层煤柱对下伏巷道掘进的承压影响与支护对策

马翠元,孙明东

(山东能源枣矿集团付村煤业有限公司,山东 济宁 277605)

摘 要 付煤公司3下煤层401材巷在掘进过程中受采动应力影响,巷道顶底板移近量显著,巷道支护困难。文章分析了巷道受压变形的原因,提出的支护对策在施工现场得到了成功实施,保证了安全施工。

关键词 上层煤柱;下伏巷道;承压;支护对策

0 引言

付村煤业有限公司是一座设计生产能力270万t的大型矿井,矿井主采煤层为3上煤和3下煤。3上煤层平均厚5.4 m,3下煤层平均厚3.8 m。3下煤层的直接顶为砂质泥岩,厚0.6 m,性脆,水平层理明显,$f=4\sim6$;基本顶为细砂岩,细粒结构,硅质胶结,$f=6\sim8$,致密坚硬。3上煤层与3下煤层间距为$9.0\sim10.0$ m。随着矿井开采的不断深入,3上煤层开采对3下煤层的影响逐渐显露,对3下煤层巷道的掘进布置和受压变形影响较大。

3上煤层401工作面于2010年11月回采结束,3上煤层401小面于2011年12月开始回采。3下煤层401材巷设计沿F14断层煤柱布置,3下煤层401掘进工作面于2012年1月施工,3下煤层401材巷在掘进过程中受动压影响明显。

1 3下401材巷受压显现状况

3下401材巷自2012年1月开始综掘煤巷施工,施工至导14点前110 m煤体较为坚硬,巷道无动压显现。2012年2月26在导14点前$100\sim120$ m段逐渐有压力显现,表现为局部直接顶出现破碎,现场采取了补打锚索梁措施,锚索规格为$\phi15.24$ mm×5 000 mm,锚固长度为1.5 m,锚索间排距为1 400 mm×2 000 mm。补打锚梁及时减少了巷道变形速度,但未能阻止巷道变形的进一步发展。3月1日至3月4日,巷道变形量显著变化,顶底板移近量急剧增大,最大移近量达100 mm/d。迎头掘进时煤炮频繁。正确分析巷道的受压原因,采取针对性治理措施,对于确保巷道顶板安全及下一步掘进至关重要。为此,施工区队采取了紧急措施,暂停迎头掘进,对后部巷道采取了复合支护措施,并重新设计巷道的下一步支护方案。

2 3下401材巷受压显现原因分析

2.1 3上401工作面采动影响

3上401工作面于2010年11月7日回采完毕,3下401材巷掘进时3上401工作面的超前压力影响(1年零6个月)已趋于稳定。3上401工作面停采线以外煤柱应力在底板中传递到3下巷道。该段采取了锚网喷支护方式,巷道基本没有明显变形。

2.2 3上401小面采动影响

根据巷道掘进度与3上401小面推进度对比,2月28日3下401材巷平面位置与3上401小面相距 220 m,3 月 25 日巷道与 3 上 401 小面相距 80 m。按照采煤工作面超前压力影响规律,显然 2 月 26 日～3 月 5 日 3 下 401 材巷受压变形与 3 上 401 小面的推进无关。

2.3 3 上 401 煤柱的影响分析

分析 3 下 401 材巷的位置关系,其上部西侧为 3 上 401 面采空区,东侧为 3 上 401 小面,3 上 401 工作面与 3 上 401 小面之间留有 4 m 煤柱,3 上 401 面回采后在该煤柱上形成了较大的应力集中,应力在底板中传递作用到 3 下 401 材巷,即造成了 3 下 401 材巷的压力显现,且对巷道的破坏影响巨大。所以,3 下 401 材巷的受力变形根本原因是其上部的煤柱受压所致。

(1) 应力大小分析:根据上部煤层采动遗留煤柱引起底板岩层内应力分布规律可以看出,4～5 m 煤柱刚达到了应力最大值近 $(2～3)\gamma H$,应力在底板中的传播随深度增加逐渐减小,9～10 m 范围应力为 2.5σ。

(2) 应力影响范围分析:3 下 401 材巷方位 201°01′56″,与 3 上煤柱夹角 13°,巷道宽度为 4.0 m,计算下伏在煤柱下方的巷道长度哦 35.2 m,此段巷道受力较为明显。3 下煤层顶板与 3 上煤柱间距为 9～10 m,埋深−340～−390 m。根据支承压力在煤层底板中的传播规律分析:上部煤层一侧采动,靠采空区侧 0～10 m 范围底板岩层 0～10 m 内应力相对较小,应力增高系数仅为 0～0.5,对底板岩层影响几乎没有;而在靠煤柱侧 0～10 m 应力系数增高,尤其 5～10 m 内应力最高,应力增高系数达 2.5～3.0。所以,距 3 上煤柱 0～10 m 范围内底板岩层应力增高对 3 下巷道影响较大。根据计算,此段影响巷道长度为 66 m。由此,3 上煤柱对 3 下 401 材巷影响范围理论计算长度应为 35.2+66=101.2 m。

2.4 岩性分析

3 下煤层直接顶为厚度 0.6 m 的砂质泥岩,$f=4～6$,性脆,水平层理明显。因此,该直接顶承压能力较弱,受压后易产生碎裂。直接顶板碎裂后,使锚杆支护的效果大大降低,从而加剧了顶板的破坏变型。

2.5 巷道继续掘进受压分析

3 下 401 材巷继续掘进,在进入 3 上 401 小面底板前,受到 3 上 401 小面停采前煤柱的影响。3 上 401 小面于 2011 年 4 月 17 日停采,此时 3 下巷道正好进入 3 上煤柱的应力影响范围。由此,3 上 401 小面停采线前 30 m 应为叠加应力影响区,受压最大,巷道变形量亦应最大。而巷道进入 3 上 401 小面采空区范围后,巷道受压影响基本可以忽略。

3 巷道支护对策

(1) 根据 3 上 401 材巷的受压分析,巷道掘进期间主要受到 3 上 401 巷道煤柱和 3 上 401 小面停采煤柱应力集中的影响。根据受压程度不同,分段采取不同的加强支护措施。

(2) Ⅰ区:为垂直煤柱压力影响区,巷道受压变化较大,在加强高强度锚杆支护的基础上,采取架工字钢棚支护。工字钢采用矿用 12# 工字钢。工字钢支护的作用是刚性阻止巷道变形量的进一步扩大。

(3) Ⅱ区为 3 上煤柱侧下压力区影响区。其中,A 区为单纯巷道煤柱影响范围,B 区为巷道煤柱＋工作面停采煤柱复合影响区,C 区为工作面后方压力区影响区。根据受压分析,B 区受压最大,A 区次之,C 区最小。由此,A 区采用的支护方式为:高强度锚杆＋锚索＋工字钢对棚复合支护,锚杆排距为 0.8 m,架棚棚距缩小为 1.0 m;B 采用的支护方式为:高强度锚杆＋锚索＋工字钢对棚复合支护,锚杆排距缩小为 0.8 m,同时帮部锚杆长度增加至 2.0 m,架棚棚距缩小为 0.8 m;C 区采用的支护方式为:高强度锚杆＋工字钢单棚复合支护。

(4) 不同支护形式的作用分析:锚杆＋锚索＋架棚支护的形式,锚杆作为主动支护,起基本的承压作用,根据巷道受压较大的实际,选用 Q500 高强度螺纹钢锚杆。锚杆支护的关键是要确保锚杆必须锚固到围岩松动圈以外,且必须施加一定的预应力。锚索控制顶板的深部离层,其主要特征是预应力大,支护强度更高,起锚杆支护的辅助作用。工字钢棚作为一种被动支护形式,起抗压变形的作用,以满足巷道断面的使用要求。工字钢棚支护的关键是棚体必须支设在实底上,棚架稳定连体,腰帮背顶要实。

4 结论

(1)集中应力的上层煤柱对下层巷道的影响破坏严重,必须引起高度重视。3 下巷道布置应充分考虑 3 上煤层开采的影响,尽量避开煤柱压力区的影响。

(2)3 下巷道的掘进时间应根据接续实际,尽量在 3 上煤层动压稳定下施工。

(3)3 下煤层巷道的支护设计,必须充分分析巷道受压状况,采取可靠稳固的支护形式,避免巷道受压时因准备不足而影响安全和进度。

(4)根据施工后巷道变形分析,高强度螺纹锚杆+锚索+工字钢棚式刚性支护能基本满足强动压下的巷道支护,架棚支护后巷道顶帮移近量控制在 100 mm,支护较为方便,对今后类似巷道的支护设计具有积极借鉴作用。

埋深 1 300 m 深井高应力条件下巷道支护技术

纪新波,张 新

(山东省新汶矿业集团有限责任公司孙村煤矿,山东 新泰 271219)

摘 要 孙村煤矿随着开采深度的增加,地质条件越来越复杂,煤层倾角变大,地应力增大,巷道掘进期间,压力增大,支护困难,给矿井延深及深部开采造成极大困难。为解决深部巷道支护困难,进行了巷道综合支护技术研究,对掘进巷道采用了高强度让压锚杆及配合锚索等支护技术,取得了良好支护效果。

关键词 深井开采;支护技术;巷道加固;效益提升

1 孙村煤矿目前开采情况概况

孙村煤矿是新汶矿区最早开采的矿井之一,目前的开采最大深度达到 1 300 m。随着矿井开采深度的增加,地质条件越来越复杂,煤层倾角变大、地应力变大、断层密度增加。为了解决深部巷道的支护问题及提高掘进施工速度,积极研究深部巷道变形规律、特征,从合理选择巷道断面形式入手,采取一系列综合支护措施,在满足巷道设计要求和安全使用条件的前提下,提高了巷道的支护强度和掘进速度,减少了巷道修复工程量。下面以−1 100 m 水平 2422 运输巷掘进工作面为例,论述深部巷道支护技术研究。

2 2423 运输巷掘进工作面概况

2.1 地质条件

该巷巷道位于−1 100 m 水平二采区第三亚阶段四层煤中,设计长度 900 m。顶板为灰色粉砂岩,厚度约 6.0 m,自西向东逐渐变厚,层理发育,性脆易碎,抗压强度 11.2 MPa,上覆灰白色砂岩,厚度 3.0～9.0 m,厚层理,致密,坚硬,抗压强度 66.7 MPa。底板为灰色粉砂岩,厚度 1.8 m,层理发育,含植物碎屑化石,抗压强度 21.4 MPa。煤层稳定,结构简单,煤层厚度 1.85～2.4 m,平均厚度 2.1 m。煤层倾角 23°～31°,平均倾角 27°。

2.2 生产技术条件

2422 运输巷位于−1 100 m 二采区第三亚阶段四层煤中,该巷道以上的第一、二亚阶段工作面巷道采用等强全螺纹锚杆支护,断面为梯形,全螺纹等强锚杆的规格为 ϕ20 mm×2 000 mm,由于全螺纹等强锚杆的强度较低,在高地应力的作用下,造成巷道顶板下沉量大,两帮移近量大,底板鼓裂变形较严重,支护效果较差,特别是在破碎顶板、断层构造条件下,巷道支护更加困难。为了改善巷道的支护状况,提高巷道的支护强度,对 2422 运输巷从断面形式的选择入手,进行了支护技术的改进,取得了较好的效果。

2.3 支护方式

顶板岩性正常时,采用弧形巷道锚网梁支护方式。顶板采用"ϕ22 mm×2 200 mm 高强预应力锚杆＋金属菱形网＋钢筋梁＋高强托盘"支护方式。两帮采用"ϕ22 mm×2 200 mm 金属全螺纹钢等强锚杆＋阻燃塑料网＋W 型钢托板＋高强托盘"支护方式。

当出现顶板破碎、过断层、托顶煤、顶板层理发育,锚杆端部锚在煤中等情况时,采用半圆拱锚网带支护方式。拱顶采用"ϕ22 mm×2 200 mm 高强锚杆＋金属菱形网＋W 型钢托板＋高强托盘"支护;外加双排锚索加固支护,锚索布置在巷道顶板中部,锚索每隔 2.1 m 一对,间距 1.6 m,距离迎头不超过 3.2 m。两墙采用"ϕ22 m×2 200 mm 金属全螺纹钢等强锚杆＋金属菱形网＋W 型钢托板＋高强托盘"支护。锚索由原来的直径 17.8 mm 改为直径 22 mm,增大了支护强度。

3 2422 运输巷掘进支护技术

3.1 巷道断面形式

由于该巷道顶板倾角大,顺煤层走向掘进,如采用梯形断面施工,在巷道中部净高不变的情况下,上帮高度较大,下帮高度较小,下帮不能满足行人、运输要求,为了增加下帮的高度,导致巷道上帮需要起底,岩石量增大,且上帮高度增加,易涨帮伤人。在对梯形断面、半圆拱断面、弧形断面等断面的比较后决定,在巷道顶板正常情况下,采用顶板破顶掘进,巷道成弧形断面施工,增加了巷道有效断面,减少了上帮的高度,降低了上帮高度大涨帮威胁的安全隐患,使巷道承压均匀,整体变形变小。2422 运输巷永久支护弧形断面见图 1。

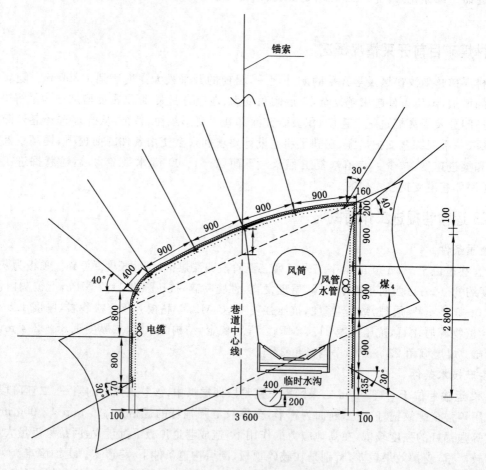

图 1 2422 运输巷永久支护弧形断面图

3.2 巷道施工工艺

掘进方式采用 EBZ160 掘进机截割破碎煤岩、排煤矸,胶带、溜子运输;巷道采用锚网梁支护方式。为了提高掘进速度,尽可能增加平行作业的时间,最大限度地减少巷道空顶时间,使巷道在掘出后第一时间得到可靠的支护。

3.3 巷道支护技术

深部巷道在高地压作用下,矿压显现加剧,巷道底鼓、变形破坏严重,顶板离层、破碎,破坏严重。浅部巷道支护使用的金属全螺纹钢等强锚杆,由于安装应力小,不适应深部巷道支护,由于该巷道埋深达到1 200多米,为适应高应力开掘条件,使用了高强度让压锚杆进行了巷道的支护,即起到了主动支护的作用,又具有一定的让压特性,有效地提高了巷道支护强度,减少了巷道受压破坏程度,减少了巷道维护与修复工作量。2422运输巷使用的高强度让压锚杆结构示意图见图2。

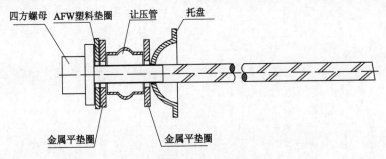

图2 高强让压锚杆示意图

(1)巷道顶板完整时支护技术

采用弧形断面。顶板采用"ϕ22 m×2 200 mm高强预应力锚杆+金属菱形网+钢筋梁+高强托盘"支护,肩角锚杆加长200 mm。两帮采用"ϕ22 m×2 200 mm金属全螺纹钢等强锚杆+阻燃塑料网+W型钢托板+高强托盘"支护。顶板采用单根锚索加固支护,锚索布置在巷道顶板中部,锚索每隔2.4 m一根,距离迎头不超过4.8 m。

(2)加强巷道支护技术

为提高巷道的支护强度,在原支护的基础上,顶板采用双排锚索加固进行加强支护,把巷道顶板的下位岩层、上位岩层利用锚索联系在一起,提高巷道的自身承压强度。双排锚索布置在巷道中心线两侧,锚索每隔2.1 m一对,间距1.6 m,距离迎头不超过2.8 m。由于该巷道上覆二、三两层煤,施工过程中,二、三、四层煤层间距变化较大,因此锚索长度及布置有以下变化:① 当三、四层煤层间距小于6 m,通过巷道放顶,进一步减少三、四层煤的间距,使用长度8 m锚索,把锚索穿过三层煤,使锚索端部锚在三层煤顶板中,锚索布置在巷道顶板中部,排距2.4 m一对,间距1.6 m,距离迎头不超过3.2 m。② 当三、四层煤层间距大于6 m,使用长度6 m锚索,锚索锚在三层煤底板中。锚索布置在巷道顶板中部,排距3.2 m一对,间距1.6 m,距离迎头不超过4.0 m。根据打锚索眼时,动态掌握三、四层煤的间距,现场备用规格为6.0 m和8.0 m两种长度的锚索钢绞线,确保锚索能够合理使用。

(3)两帮加强支护措施

巷道压力大地段两帮锚杆按五花布置。巷道压力大地段两帮肩角锚杆盘、底角锚杆盘采用高强锚杆盘。

4 结论

(1)该巷道通过选择使用弧形断面,与使用梯形断面相比,在煤层倾角较大的情况下,增加了巷道有效断面积,减少了巷道上帮的高度,降低了上帮高度大涨帮威胁的安全隐患,使巷道承压均匀,整体变形变小。通过使用高强让压锚杆支护,提高了巷道的支护强度,巷道承压能力增强,受压变形量小,受压破坏量更小,大大地减少了巷道修复、加固的施工工作量。

(2)该巷道在正常支护的前提下,再使用锚索进行深部加固,有效地控制了巷道浅部顶板位移,减少了巷道的变形量,提高了巷道的稳定性。

（3）实现了巷道安全快速掘进。该巷道通过实施高强让压锚杆支护技术、锚索加固技术、破碎顶板超前预控加固技术等安全技术措施，使巷道的掘进正规循环率达到 95％以上，最高月进进尺达到 460 m，提高了巷道的施工效率。

（4）该巷道成功的支护实践技术，为矿井深部开采提高了巷道支护效果，探索了技术实践经验，找出了深井复杂地质条件巷道支护技术的有效途径。

未稳定采空区下巷道变形机理及支护对策预分析

高化军,姬生华,姜继巧,刘子平

(枣庄矿业业集团公司,山东 枣庄 277600)

摘　要　根据高庄矿 $3_下$ 1109 运输巷的采掘条件判断巷道属于不稳定采空区下的掘进,会产生一定的支护困难。分析巷道可能产生大变形的原因为采空区的动载冲击、层间岩柱厚度对锚固性能的影响和回采超前支承应力的影响。对应提出应采取以地质力学测试为基础的动态信息设计法和高预应力一次支护理念,并对支护材料进行优化,实现经济、安全和高效的掘进。

关键词　近距离煤层;未稳定采空区;大变形;动态信息设计法;高预应力支护

0 引言

　　近距离煤层的开采在我国很多矿区都存在,由于采掘衔接和煤层间距的影响,不同程度的存在巷道支护的难题。比如,在上层煤已经回采的条件下,下层煤的巷道布置问题,可以有内错、外错和重叠三种形式,不同布置方式影响资源的回采率和巷道支护的难易程度。动压巷道的支护也是研究的热点和难点,特别是采掘动压下,应力场的持续变化使得难易准确确定应力变化的幅度,造成支护系统的适应性难以把握。近距离煤层的动压巷道分为两种:一种是邻近煤层回采完毕,已稳定,下一煤层开采下的动压问题,如沿空掘巷、留巷复用巷道等,其本质还是同一煤层的动压问题,关键点是上一层煤的留设煤柱的大小及与巷道的空间关系;另一种是上下两层煤在较短时间内同采,本煤层的掘进巷道受邻近煤层采掘活动的影响,关键点是采空区的稳定程度及其与受影响巷道的时空关系。

　　枣矿集团高庄煤业 $3_下$ 1109 运输巷的情况即属于第二种情况,巷道布置在刚刚回采结束的上层煤采空区下,煤层间距不稳定,整体较小。因此,巷道掘进受上覆采空区的影响较大,巷道掘进的应力环境不断变化,甚至在层间距较薄的区域可能出现不能自稳的现象。基于此,需对 $3_下$ 1109 运输巷的采掘条件进行细致分析,预估巷道可能出现的大变形及产生机理,并采取超前预案对巷道的支护进行改进,实现巷道的安全高效掘进和安全回采使用,为类似条件下的巷道支护工作提供借鉴。

2 巷道基本情况概述

　　高庄煤业 $3_下$ 1109 运输巷由于衔接紧张,只能在上覆 $3_上$ 1107 工作面刚刚回采结束时即进行掘进,采掘空间关系如图 1 所示。$3_上$ 煤层 1107 和 1109 工作面均已回采完毕,留设有 4 m 小煤柱,煤柱距离 $3_下$ 1109 运输巷的水平距离为 20 m。遗留煤柱可能会对 $3_下$ 1109 运输巷造成一定的影响,但影响不大。两层煤之间的岩柱厚度不均,厚度范围为 3~8 m。

3 巷道变形机理分析

　　通过以上巷道的概况分析,判定 $3_下$ 1109 运输巷属于可能会支护困难的巷道,原因及机理分析如下:

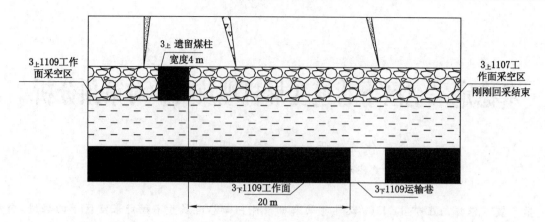

图 1 3下1109 运输巷采掘空间示意图

(1) 不稳定采空区的动压影响，顶板砂岩及以上岩层的破断和垮落会产生一定的冲击波。另外，巷道掘进煤层及顶板在上层煤的回采影响下会产生一定的应力集中，掘进扰动同样会产生一定的冲击动载荷。冲击波会产生附加的动载，会造成围岩中应力突变，破坏加剧；更会对已形成的支护结构造成冲击，支护体构件易破坏失效。

(2) 若层间距较薄，巷道顶板受上层煤回采影响遭到一定破坏，锚杆、锚索的锚固性能受影响，作用会打折扣。锚杆和锚索的锚固性能是支护的根基，特别是有老空水存在的情况下。要密切观测岩柱的厚度及钻孔的钻进响应，及时调整锚杆锚索的长度和锚固参数，保证锚固力，保障支护的可靠性。

(3) 因为上层煤的采空，下层煤回采造成的扰动空间更大，回采阶段超前支承压力的影响会更大，巷道在超前影响及工作面端头附近的压力显现会更大。上层煤回采后，下层煤巷道上部没有较大范围的自稳岩层结构，当回采超前支承压力开始影响时，两层煤之间的岩柱会承受较大的压力，巷道变形会剧烈增加。因此，要求支护的稳定性更高，要考虑回采时巷道变形的可控。

4 巷道变形支护对策

针对以上巷道地质及采掘条件的概述，应切实重视 3下1109 运输巷的支护问题，要改变传统观念，积极采用国内先进的、成熟的设计理念和方法进行支护改革。在保证巷道安全高效掘进的同时，降低巷道综合维护成本，为矿井的降本增效树立典型。拟采取的方法及对策如下：

(1) 进行地质力学参数测试

进行地质力学测试，获取地应力大小及方向、围岩强度和围岩结构等基础参数，为支护设计奠定基础。在进行巷道支护设计和施工及巷道变形破坏原因分析时应综合考虑区域应力场、煤岩体强度和煤岩体结构等综合因素。地质力学测试是进行巷道支护设计和施工的前期工作和必要手段。地质力学参数是保证设计和施工科学和安全的基础数据。高庄矿井下构造复杂，区域差异性较大，建议在今后生产过程中针对开采水平以及地质条件的变化，不断进行有针对性的测试工作，以期更详细和准确地掌握井下地质力学状况。

(2) 采用动态信息设计法

现有的锚杆支护设计方法很多，如基于以往经验和围岩分类的经验设计法，基于某种假说和解析计算的理论设计法，以现场监测数据为基础的监控设计法。大量实践经验证明，单独采用任何一种方法都不符合巷道围岩复杂性和多变性的特点，因而达不到理想的设计效果。只有采用包括试验点调查和地质力学评估、初始设计、井下监测和信息反馈、修正设计和日常监测的动态信息设计方法，才是符合井下巷道围岩特性的科学的设计方法。

动态信息设计法最重要的一环是进行矿压监测、数据分析并反馈。监测数据是进行设计动态调整的依据。因此,要切实加强巷道矿压的监测,并及时进行分析反馈,以便随时调整支护参数。一般,巷道矿压监测的主要内容有锚杆、锚索受力,顶板离层和表面位移。

(3) 采用高预应力强力一次支护技术

高预应力支护理论近年来得到了普遍的认可,已成功解决了诸如强烈动压、沿空留巷、千米深井、软岩等全国性支护难题。其要点包括以下面:

① 巷道围岩变形主要包括两部分:一是结构面离层、滑动、裂隙张开及新裂纹产生等扩容变形,属于不连续变形;二是围岩的弹性变形、峰值强度之前的塑性变形、锚固区整体变形,属于连续变形。合理的巷道支护形式是,大幅度提高支护系统的初期支护刚度与强度,有效控制围岩不连续变形,保持围岩的完整性,同时支护系统应具有足够的延伸率,允许巷道围岩有较大的连续变形,使高应力得以释放。

② 预应力锚杆支护主要作用在于控制锚固区围岩的离层、滑动、裂隙张开、新裂纹产生等扩容变形,使围岩处于受压状态,抑制围岩弯曲变形、拉伸与剪切破坏的出现,使围岩成为承载的主体。

③ 锚杆预应力及其扩散对支护效果起着决定性作用。根据巷道条件确定合理的预应力,并使预应力实现有效扩散是支护设计的关键。单根锚杆预应力的作用范围是很有限的,必须通过托板、钢带和金属网等构件将锚杆预应力扩散到离锚杆更远的围岩中。

④ 预应力锚杆支护系统存在临界支护刚度,即使锚固区不产生明显离层和拉应力区所需要支护系统提供的刚度。

⑤ 锚杆支护对巷道围岩石的弹性变形、峰值强度之前的塑性变形、锚固区整体变形等连续变形控制作用不明显,要求支护系统应具有足够的延伸率,使围岩的连续变形得以释放。

⑥ 对于复杂困难巷道,应采用高预应力、强力锚杆组合支护,应尽量一次支护就能有效控制围岩变形与破坏,避免二次支护和巷道维修。

(4) 优化支护材料

前面提到,预应力及预应力的扩散是高预应力强力支护的核心,好的支护构件可以起到事半功倍的效果,因此根据矿井实际情况进行支护材料的优化和优选是降本增效的关键。

高庄矿计划在 3下 1109 运输巷进行支护材料的改革试验,借鉴先进理念,优化调整部分支护材料,最大限度地降低支护密度。拟进行调整的支护材料包括:① 锚杆及锚杆托板。锚杆不一定是强度越高越好,关键是强度的利用率,要选取适合的杆体。淘汰右旋全螺纹锚杆,以实现高预应力的施加及增强锚固效果。左旋高强杆体可以根据情况实施调整直径和强度,实现效益最经济。锚杆托板要变更为可调心高强拱形托板,改善杆体受力,易于施加高预应力,减少锚杆的受剪破断。② 锚索及托板。锚索材料在不增加直径的情况下,可以改变钢绞线结构,既增大了极限载荷,又增大了延伸率。托板选用可调心托板,改善受力,易于施加预应力。③ 锚杆护表构件。传统的钢筋托梁在条件相对简单时,使用方便,成本较低,当条件复杂时,易开裂、拉断甚至失效。W 钢带的厚度较小时,易发生受剪撕裂和受拉的脆性断裂,且不能很好适应巷道成形。可以在 3下 1109 运输巷试验新型 W 钢护板,既扩大锚杆作用范围,实现预应力扩散,又不易撕裂破坏,适应成形好,成本相对较低。

最终在高预应力支护体系下,保持低支护密度和高可靠性,实现经济、安全的支护。

5 结论

(1) 近距离煤层的开采一直是国内外研究的热点和难点,高庄煤业 3上 及 3下 煤同采,采掘时空关系复杂,常有巷道维护的难题。

(2) 3下 1109 运输巷在不稳定的 3上 采空区下掘进,有不确定的因素会导致大变形,如采空区岩层断裂及掘进层位应力集中掘进扰动产生的动载冲击波、巷道顶板受上层煤回采影响破坏和本工作面回采时的巷道变形控制等。

（3）借鉴国内成功经验，拟在 $3_{\text{下}}$ 1109 运输巷进行地质力学测试，采用动态信息设计法和高预应力支护理念进行支护试验，以期实现安全、经济和高效掘进。

西部浅埋大断面煤巷支护方案优化研究

殷德威[1],丁书学[2],李 健[2],陈敏亮[2],潘 兵[2]

(1.转龙湾煤炭有限公司,内蒙古自治区 鄂尔多斯 017000；
2.中国矿业大学深部岩土力学与地下工程国家重点实验室,江苏 徐州 221116)

摘 要 针对转龙湾煤矿辅助运输大巷这一西部典型浅埋大断面煤巷支护强度偏高的问题,本文采用现场实测、理论分析与数值计算相结合的方法进行了综合研究。松动圈现场实测研究发现,该巷顶、帮松动圈分别属于中松动圈一般围岩和稳定围岩,为支护方案优化提供了依据；理论、数值计算与煤(岩)样试验表明,围岩应力小于其强度,可根据围岩强度—应力二元稳定机理进行支护方案优化；数值计算结果进一步表明,巷道围岩变形以顶底板变形为主、两帮变形为辅,且变形单一,优化方案可以保证巷道围岩稳定。据此,结合转龙湾煤矿辅助运输大巷具体工程地质条件进行了工业性试验,结果表明优化方案可以保证巷道满足安全与使用要求,提高施工速度、降低支护成本,具有显著的社会与经济效益。

关键词 浅埋；大断面煤巷；支护方案优化；理论分析；松动圈

0 引言

锚杆支护技术以其适应性强、掘进速度快、劳动强度度低、支护强度高、效果好、成本低等诸多优点,成为我国煤矿巷道的主要支护方式。悬吊理论、组合拱理论、松动圈支护理论等支护理论的提出,均不同程度深化了对锚杆支护作用机理的认识和促进了锚杆支护技术的发展。但是,西部浅埋大断面煤巷的大量涌现,给主要以中东部深部、中深部矿井为工程经验的锚杆支护技术与理论提出了新的挑战,如支护强度不合适带来的浪费与安全问题。为此,需进行西部浅埋大断面煤巷支护技术研究,为类似矿井支护提供经验借鉴。

1 工程概况

鄂尔多斯市转龙湾矿井位于内蒙古自治区鄂尔多斯市境内,行政区划隶属鄂尔多斯市伊金霍洛旗纳林陶亥镇管辖,位于东胜区南东约 30 km。该矿辅助运输大巷荒断面宽×高=5.8 m×4 m,荒断面 23.2 m²,埋深约 150 m,沿煤层底板掘进,两帮均为煤层,属于西部典型的浅埋大断面煤巷。煤层上下分别为粉砂岩和泥岩。巷道原初步设计采用锚网索喷支护。但巷道已施工部分及周边类似巷道维护情况表明,原方案强度偏高,存在一定程度的浪费。因此,本文结合转龙湾煤矿具体工程地质条件,进行西部浅埋大断面煤巷支护技术研究。

2 巷道围岩强度与松动圈实测研究

围岩强度是影响其稳定的主要因素之一。通过现场取煤(岩)样和室内试验,本文获得的粉砂岩、煤和泥岩单轴抗压强度分别为 29.77 MPa、13.83 MPa 和 9.65 MPa。

为进行支护方案优化,本文采用钻孔摄像测量系统在该矿辅助运输大巷进行松动圈实测研究,测试成果如图 1 所示。

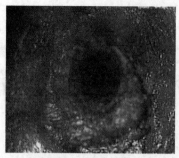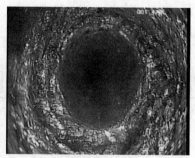

(a) 帮部破碎围岩(深度0.95 m)　　　　　(b) 顶板破碎围岩(深度1.46 m)

图1　巷道围岩松动圈测试结果

由图1可知:巷道顶板松动圈约为1.46 m,两帮松动圈约为0.92 m,分别属于中松动圈一般围岩和较稳定围岩,采用低强度锚网索喷支护即可。可见,原支护方案强度偏高,存在优化空间,且帮部优化空间更大。

3　浅埋大断面煤巷稳定性控制理论分析

由于巷道埋深较浅,采用普氏理论计算巷道围岩压力较为合理。

3.1　普氏理论基本假设

普氏理论又称自然平衡拱理论,其基本假设如下:

(1)岩体由于节理的切割,经开挖后形成松散体,但仍具有一定的黏结力。

(2)硐室开挖后,洞顶岩体将形成一自然平衡拱。在硐室的侧壁处,沿与侧壁夹角成$(45°-\frac{\varphi}{2})$的方向产生两个滑动面(图2),而作用在拱顶的围岩压力仅是自然平衡拱内岩体的自重。

(3)采用坚固系数f(又称普氏系数)来表征岩体的强度,其大小约为围岩单轴抗压强度的$1/10$。

(4)形成的自然平衡拱拱顶岩体只能承受压应力而不能承受拉应力。

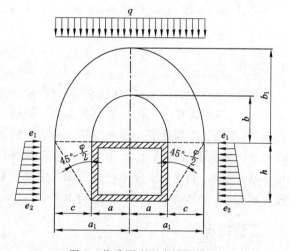

图2　普氏围岩压力计算模型

3.2　普氏理论的计算公式

根据普氏理论得出的围岩侧壁稳定时的拱顶压力集度计算公式如式(1)所示。

$$q = \frac{a}{f}\gamma \tag{1}$$

式中,q为顶压集度,MPa;γ为围岩容重,kN/m³;a为侧壁稳定时平衡拱的跨度(图2),m。

两帮上下端侧向压力e_1、e_2计算公式为:

$$\left.\begin{array}{l} e_1 = \gamma b \tan^2\left(45° - \frac{\varphi}{2}\right) \\ e_2 = \gamma(b+h)\tan^2\left(45° - \frac{\varphi}{2}\right) \end{array}\right\} \tag{2}$$

式中,e_1、e_2分别为帮部上端和下端侧向压力,MPa;b为侧壁稳定时平衡拱的矢高,$b = a/f$,m。

根据上述公式,可以很方便地求出自然平衡拱内的最大围岩压力值。

3.3 围岩压力计算

现场观察发现,该矿煤巷两帮比较稳定,可用式(1)、(2)进行计算。取顶板围岩容重 $\gamma_1 = 25$ kN/m³,坚固性系数 $f_1 = 2.98$,内摩擦角 $= 38°$,巷道荒断面宽×高 $= 5.8$ m×4 m。据此计算的拱顶最大压力为:

$$q = \gamma_1 \frac{a}{f_1} = 25 \times \frac{2.9}{2.98} = 0.024 \text{ MPa}$$

两帮为煤体,取煤体容重 $\gamma_2 = 15$ kN/m³, $f_2 = 1.38$,则两帮水平压力分别为:

$$e_1 = \gamma_1 b \tan^2\left(45° - \frac{\varphi}{2}\right) = 25 \times \frac{2.9}{2.98} \times \tan^2\left(45° - \frac{38°}{2}\right) = 0.006 \text{ MPa}$$

$$e_2 = e_1 + \gamma_2 h \times \tan^2\left(45° - \frac{38°}{2}\right) = 0.006 + 15 \times 4 \times \tan^2\left(45° - \frac{38°}{2}\right) = 0.02 \text{ MPa}$$

可见,巷道顶板和两帮压力均较小,而两帮压力更小。据此并结合围岩强度—应力二元稳定机理可进行支护方案优化,且两帮支护强度优化空间更大。

4 浅埋大断面煤巷稳定性数值模拟研究

数值计算是岩土工程稳定性分析的重要手段之一。本文采用该方法,从巷道围岩应力和塑性区分布规律入手,分析浅埋大断面巷道围岩稳定性及不同方案支护效果,为支护方案优化提供理论依据。

4.1 数值模拟研究方案

数值模拟研究内容主要包括无支护时巷道围岩位移、应力和塑性区分布规律以及采用原方案和优化方案一、优化方案二的支护。原方案、优化方案一、优化方案二支护参数如表1所示。

表 1   原方案及优化方案主要参数一览表

方案	主要支护参数
原方案	锚杆:$\phi20$ mm×2 200 mm 螺纹钢锚杆,间排距 800 mm×800 mm
	锚索:$\phi15.24$ mm×6 300 mm 钢绞线,排距 1.6 m,每排 2 根
优化方案一	顶锚杆:$\phi20$ mm×2 200 mm 螺纹钢锚杆,帮锚杆:$\phi16\times2$ 200 mm 螺纹钢锚杆,间排距 850 mm×850 mm
	锚索:$\phi15.24$ mm×6 300 mm 钢绞线,排距 1.6 m,每排两根
优化方案二	顶锚杆:$\phi20$ mm×2 200 mm 螺纹钢锚杆,帮锚杆:$\phi16$ mm×1 800 mm 螺纹钢锚杆,间排距 900 mm×900 mm
	锚索:$\phi15.24$ mm×6 300 mm 钢绞线,排距 1.6 m,每排两根

4.2 无支护巷道围岩稳定性分析

4.2.1 围岩位移分布规律

无支护状态下,围岩位移分布云图如图3所示。

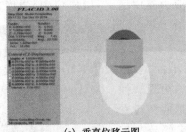 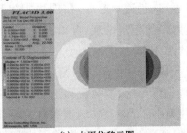

(a) 垂直位移云图   (b) 水平位移云图

图 3 围岩位移分布云图

由图 3 可知：

① 无支护状态下，围岩水平位移主要集中在巷道两帮，垂直位移主要分布在顶底板。巷道左、右两帮水平位移量分别为 4.69 mm 和 4.96 mm，而顶底板基本没有水平位移，可见顶底板没有水平错动。垂直位移主要集中在巷道顶底板，顶板最大下沉量为 6.26 mm，最大底鼓量为 6.85 mm；两帮围岩没有出现垂直压缩变形。

② 围岩变形以顶底板垂直位移为主，两帮水平位移为辅。顶底板垂直位移分别为 6.26 mm 和 6.85 mm，约为两帮最大水平位移（4.96 mm）的 1.26 倍和 1.38 倍；顶底板垂直位移中，底鼓量优于顶板下沉量，前者约为后者的 1.1 倍。

所以，巷道围岩变形相对比较单一，不需要复合和高强度支护，原方案存在进一步优化的空间。且支护方案优化时，应对顶板和两帮分别进行考虑，两帮参数优化强度适度大于顶板。

4.2.2 围岩应力分布规律

无支护状态下，围岩应力分布规律如图 4 所示。

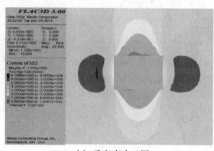
(a) 垂直应力云图

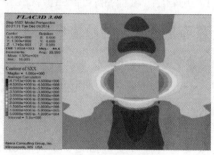
(b) 水平应力云图

图 4 围岩应力分布云图

巷道开挖后，原有的三向应力平衡状态被打破，应力进行重新调整，在巷道围岩中形成应力升高区和卸压区。由图 4 可知，开挖后，无支护状态下辅助运输大巷围岩应力分布规律如下：

（1）巷道顶底板出现水平应力集中区，两帮为其卸压区；而垂直应力则在巷道两帮形成应力集中区，在顶底板为卸压区。巷道顶板围岩约 2.5 m 和 5 m 深度处形成两个垂直应力集中区，应力集中系数分别约为 2.14 和 2.24；底板垂直应力集中区距底板表面约 1.6 m，应力集中系数与顶板的基本相同，约为 2.24。两帮为垂直应力卸压区，卸压后的垂直应力约为原岩应力的约 17%，卸压区深度约为 2.1 m。

两帮垂直应力集中区距巷帮表面约 2.1 m，应力集中系数约为 2～2.03；顶底板为垂直应力卸压区，顶板卸压区范围约为 4 m，底板卸压区范围约为 3.4 m。卸压后的垂直应力约为原岩垂直应力的 33%。

（2）由于巷道埋深较浅，巷道围岩应力总体较小。考虑集中应力的影响，围岩最大应力约为 6 MPa，只有实验室得出的煤样单轴抗压强度（13.83 MPa）的约 43%。围岩应力、强度比为 0.43。

有上述分析可知，巷道开挖后，在围岩中出现应力集中区，但围岩应力、强度比约为 0.43。根据围岩强度—应力二元稳定机理，可以进行支护方案优化。

4.2.3 围岩塑性区分布规律

无支护状态下，围岩塑性区分布规律如图 5 所示。

由图 5 可知，巷道开挖后，两帮和顶底板围岩均出现塑性区，塑性区深度约为 1.4 m 左右，为剪破坏。巷道顶底角没有出现塑性区。根据相关理论，可将巷道围岩塑性区等价为围岩松动破坏范围，即可认为围岩松动圈约为 1.4 m。这与巷道围岩松动圈现场实测结果基本吻合，为巷道围岩分级提供

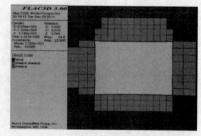

图 5 围岩塑性区分布云图

了参考。根据巷道围岩松动圈支护理论,该矿辅助运输顺槽为中松动圈一般围岩,采用锚网喷支护即可。

4.2 不同方案支护效果分析

不同方案支护时,围岩水平位移分布如图6所示,围岩位移量如表2所示。

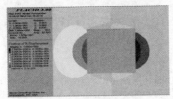 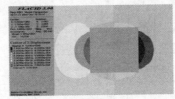 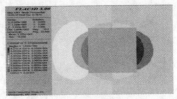

(a) 原方案　　　　　　　(b) 优化方案一　　　　　　　(c) 优化方案二

图6　不同方案支护时围岩水平位移云图

表2　　　　　　　　　　不同方案支护时辅助运输大巷围岩位移量表

围岩部位	位移量/mm		
	原方案	优化方案一	优化方案二
顶板	1.238	1.304	1.374
底板	1.451	1.526	1.614
左帮	0.759	0.799	0.844
右帮	0.745	0.784	0.828

由图6、图7及表2可知:

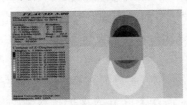  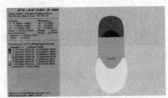

(a) 原方案　　　　　　　(b) 优化方案一　　　　　　　(c) 优化方案二

图7　不同方案支护时围岩垂直位移云图

(1) 原方案支护时,巷道左、右两帮位移量分别为0.759 mm和0.745 mm;优化方案一、优化方案二支护时,相应部位围岩位移量分别为0.799 mm、0.784 mm和0.844 mm、0.828 mm,较原方案支护时围岩位移量分别增大0.04 mm、0.085 mm和0.039 mm、0.083 mm,增大率分别为5.3%、5.2%和11.2%、11.4%。

(2) 原方案支护时,巷道最大顶板下沉量和底鼓量分别为1.238 mm和1.451 mm;优化方案一、优化方案二支护时,相应部位围岩位移量分别为1.304 mm、1.526 mm和1.374 mm、1.614 mm,较原方案支护时围岩位移量分别增大0.066 mm、0.075 mm和0.136 mm、0.163 mm,增大率分别为5.3%、5.2%和11.0%、11.2%。

由此可见,采用优化方案二支护时,顶板和两帮位移较原方案分别增加5%和11%左右,但绝对增加量并未超过2 mm,因此建议采用优化方案二支护。

5　工程实践

根据上述研究成果,结合转龙湾煤矿辅助运输大巷具体工程地质条件,进行工业性试验验证。

巷道支护断面图如图 8 所示。

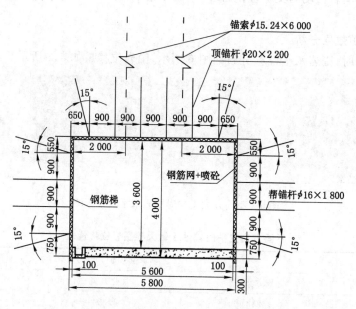

图 8　辅助运输大巷支护示意图（单位 mm）

顶板和两帮分别采用 ϕ20 mm×2 200 mm 和 ϕ16 mm×1 800 mm 螺纹钢锚杆,锚固力分别不低于 120 kN 和 80 kN,预紧力矩 100 N·m,间排距为 900 mm×900 mm;托盘采用规格 150 mm×150 mm×8 mm 的 Q235 钢金属托盘。钢筋网采用 ϕ6 mm 圆钢焊接的经纬网,钢筋梯采用 ϕ12 mm 圆钢焊接。底角锚杆与轨面夹角为 15°。喷射混凝土厚度 100 mm、强度等级 C20。锚索规格为 ϕ15.24 mm×6 000 mm,间排距 1 800 mm×1 800 mm。设计锚固力为 300 kN,施加预紧力 150 kN。锚索托盘采用 Q235 钢制作,规格为 280 mm×280 mm×20 mm。底板为 300 mm 厚 C30 混凝土。

矿压监测表明,优化方案二支护能够保证巷道满足安全和使用要求,巷道围岩基本没有发生变形,且可有效提高施工速度,加快矿井建设步伐。经济核算表明,该方案可节约支护材料 15%～32%,使工程成本降低约 5 800 元/m。可见,该优化方案具有显著的社会与经济效益。

6　结论

通过上述研究,可得出如下结论:

（1）松动圈现场实测结果表明,巷道顶板、两帮分别为中松动圈一般围岩和较稳定围岩;数值与理论计算和围岩强度实验室试验表明,围岩应力相对于其强度较低,为根据围岩强度—应力二元稳定机理进行支护方案优化提供了基础依据。

（2）数值计算结果表明,巷道顶底变形量优于两帮,且围岩变形单一,两帮没有垂直压缩变形、顶板没有水平错动,无需采用复合支护或高强支护;优化方案可以保证巷道满足安全与使用要求。

（3）工业性试验表明,优化方案能够保证巷道满足安全、使用要求,提高施工速度和降低支护成本,具有显著的社会和经济效益。

参考文献

[1] 靖洪文,李元海,赵保太,等. 软岩工程支护理论与技术[M]. 徐州:中国矿业大学出版社,2008.

[2] 勾攀峰. 深井巷道围岩锚固体稳定原理及应用[M]. 北京:煤炭工业出版社,2013.

[3] 何满潮,袁和生,靖洪文,等. 中国煤矿锚杆支护理论与实践[M]. 北京:科学出版社,2004.

[4] 董方庭,宋宏伟,郭志宏,等.巷道围岩松动圈支护理论[J].煤炭学报,1994,19(1):21-32.

[5] 许国安,靖洪文,张茂林,等.支护阻力与深部巷道围岩稳定关系的试验研究[J].岩石力学与工程学报,2007,26(增2):4032-4036.

[6] 何满潮.深部的概念体系及工程评价指标[J].岩石力学与工程学报,2005,24(16):2854-2858.

[7] 董方庭,宋宏伟,郭志宏,等.巷道围岩松动圈支护理论[J].煤炭学报,1994,19(1):21-32.

[8] 靖洪文,李元海,梁军起,等.钻孔摄像测试围岩松动圈的机理与实践[J].中国矿业大学学报,2009,38(5):645-649.

[9] 杨旭旭,王文庆,靖洪文.围岩松动圈常用测试方法分析与比较[J].煤炭科学技术,2012,40(8):1-5.

[10] 于德成.全景钻孔数字摄像测量围岩松动圈厚度值的研究与应用[D].徐州:中国矿业大学,2007.

[11] 贺永年,韩立军,王衍森.岩石力学简明教程[M].徐州:中国矿业大学出版社,2010.

新矿集团深井高应力软岩巷道支护技术研究

周　明,任勇杰,王庆伟,冯　刚

（山东能源新矿集团,山东　新泰　271233）

摘　要　本文重点针对新矿集团矿井埋深大、高地应力软岩特征带来的巷道支护难题,研究新矿集团深井高应力软岩巷道支护技术。首先通过地应力测试和围岩分类为选择合理的支护方式提供依据,通过选择合理的断面形状提高岩巷承载能力,通过优化巷道层位布置,研发高强锚杆、高强W钢带、锚索等深部巷道支护材料,采用高强锚杆一次支护、联合支护、让压支护、钢管混凝土支架强力支护、全断面封闭式强力支护与注浆加固等多种支护方式确保深井高应力岩巷及大断面硐室支护安全。

关键词　深井;高应力;岩巷;支护技术

0　前言

随着煤炭资源的不断开采,浅部煤炭资源储量逐渐减少,我国东部矿区煤矿开采深度以每年10～25 m的速度迅速增加,东部多数矿井已经进入深部开采时代。新矿集团目前有8对矿井采掘深度超过1 000 m,有4对最大采深超过1 200 m属超深井开采。新矿集团最大回采深度达到1 280 m,最大掘进深度达到1 501 m。目前新矿集团老区矿井有效可采储量有44%在千米以下。深部高地应力造成巷道支护困难。特别是深部岩巷,由于服务年限长,后期巷道围岩破坏严重,巷道失修率不断增加,给正常的生产带来影响。

1　深井高应力巷道支护困难

深部开采的特殊性主要取决于煤岩体所处的特殊地质环境,与浅部开采相比,深部煤岩体所处的地球物理环境更为复杂和特殊。深部开采的高地应力、高地温、高岩溶水压和开采扰动剧烈等特殊性,导致深井开采灾害愈发严重,深部巷道支护困难。同时,巷道服务期间围岩破坏严重,巷道失修率不断增加。

2　深井高应力巷道支护体系

2.1　深井高应力巷道围岩变形特征

由于深部围岩巷道开挖前处于高应力环境中的平衡状态,一旦巷道开挖,原平衡状态即遭到破坏,围岩需要寻找新的平衡点,主要表现为巷道围岩变形。通过现场实测发现,深部巷道开挖后具有巷道围岩变形量大、初期变形量大、围岩变形持续时间长、围岩变形易受扰动、围岩变形的冲击性等特点。

新汶矿区深部巷道围岩变形与破坏主要受三方面的因素影响:其一是巷道围岩地质赋存条件,包括煤岩体物理力学性质,节理、裂隙发育程度及地质构造;其二是巷道工程赋存环境,主要包括地下水环境、应力环境和温度环境;三是巷道施工因素,包括巷道类型,断面形状及尺寸,开挖方式以及支护形式、支护参数和支护时机等。

2.2 进行深部地应力测试和围岩分类

搞好深部支护,需搞清新汶矿区不同区域、不同煤岩层的地应力及煤岩层赋存情况,为此对开采深度较大的孙村矿、协庄矿、华丰矿、潘西矿选取 13 个地点进行了地应力测试,测出了各煤岩层的垂直应力、最大水平主应力、最小水平主应力、最大水平主应力方向,并进行了钻孔的窥视工作,得到了不同支护及不同岩层岩性及节理和裂隙情况,为深部巷道合理支护设计提供了依据,形成了新汶矿区深部高应力巷道合理支护参数选择方法,编制了《各类回采巷道合理的锚杆支护技术选择表》,根据 15 项锚杆支护设计必备的原始材料以及层理节理的判断选择合理的支护方式。

2.3 优化全岩巷道断面形状

提高巷道支护效果的重要手段之一是选择稳定的断面形状。一般认为圆形巷道四周受力均匀,能够适应于软岩或高地应力的条件。在围岩稳定的条件下,可选择形状简单的折线型巷道断面;在围岩不稳定的条件下,可选择形状复杂的曲线型巷道断面。根据不同的埋深、围岩条件、技术条件、用途、服务年限等选择不同的巷道断面形状。目前新矿集团深部岩巷一般选择马蹄形、椭圆、半圆拱、曲墙拱型断面。

2.4 优化巷道布置和降低围岩控制难度

根据矿井采掘状况,合理规划巷道布置层位、位置与开掘时间,将主要巷道布置在应力降低区域,降低巷道围岩控制难度,经过分析,相同煤柱时,最大水平主应力与巷道夹角为 90°时煤柱的变形量约为夹角 0°时的 1.3 倍,巷道底鼓量约为夹角 0°时的 2.2 倍,因此最大水平主应力与巷道轴线的夹角愈小愈有利于巷道围岩的稳定。依据测定的最大水平应力方向布置巷道,采取小煤柱送巷、零煤柱掘巷、负煤柱掘巷等巷道布置方式,确保巷道在低应力下掘进。

2.5 深部高应力岩巷支护方式

深部全岩巷道的支护方式先后经历了架棚支护、锚喷支护、锚网喷支护、锚网喷二次支护、高强锚杆锚喷一次支护等。高强锚杆锚喷一次支护工艺分为初期支护、锚网支护、喷浆三部分。深部煤巷半煤巷先后经历了架棚支护、等强锚杆支护、高强锚杆支护等。目前新矿集团深部巷道主流的支护方式为高预应力强力锚杆一次支护,实现一次支护有效控制围岩变形与破坏,避免二次支护和巷修,并以此为基础衍生了集多种支护方式于一体的复合型支护方式。

2.5.1 高强锚杆一次支护+钢棚让压加固

华丰煤矿−1 180 m 东岩巷埋深接近 1 300 m,所穿过的岩石大部分为粉砂岩、中砂岩,岩石倾角 30°~34°,自重应力 28 MPa,还存在着较高的水平构造应力,在 35~47 MPa 之间。围岩扩容碎胀变形量较大,围岩松动圈较大,一般大于 2 000 mm,锚杆很难深入到稳定坚硬岩层中,锚杆全长都锚固在松动围岩内,属典型的深部高应力软岩巷道。采用锚网喷支护作为永久支护,支护材料为一次支护顶部使用 MSGLD-600(X)等强螺纹钢树脂锚杆,其余使用 MSGLD-335 全螺纹等强锚杆,滞后迎头 10 m 范围正顶及下肩窝处各补打一根 $\phi22$ mm×6 300 mm 钢绞线锚索。一次支护后滞后迎头 40 m 内按间距 1 000 mm 支设 U29 型钢棚作加强支护。具体参数见图 1。

2.5.2 高强锚杆+钢筋网+锚索联合支护

潘西煤矿−1 100 m 西大巷开门处底板标高−1 101.1 m,巷道东部临近−1 100 m 胶带暗斜井,南部临近 6198 运输巷,西、北部为未开拓区,巷道埋深 1 320.6~1 339 m,垂深较大。巷道采用 MSGLW-600/22×2 400 mm 无纵肋螺纹钢式树脂锚杆配 150 mm×150 mm×10 mm 的高强托盘、450 mm×280 mm×8 mm 的强力 W 钢护板压 $\phi6$ mm 的钢筋网进行支护。喷层总厚度为 120 mm,巷道拱部及两帮采用点式锚索加强支护。锚索选用 $\phi22$ mm、19 股高强度低松弛预应力钢绞线,锚索长度为 4.3 m,采用 300 mm×300 mm×16 mm 高强度可调心锚索托板。

2.5.3 全断面封闭式强力支护与注浆加固

针对服务年限长、多次强烈动压影响的高地应力深部延深巷道,采取全断面封闭式强力支护与

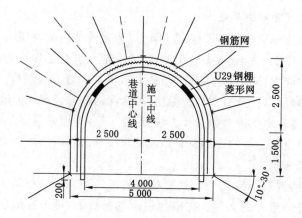

图 1 高强锚杆一次支护＋钢棚让压加固

注浆加固相结合的综合围岩控制技术。

巷道开挖后,采用高预应力强力锚杆锚索支护体系及时控制围岩初期变形。通过调整树脂锚固剂的凝固速度,对锚杆实行全长预应力锚固,在增加锚杆抗剪能力的同时,提高锚杆支护系统对岩层错动的敏感性,降低因岩层错动而造成的锚杆杆体剪切破断的几率。通过在锚索尾部预置注浆附件,对锚索自由段进行带压注浆,在满足锚索全长预应力锚固的同时,实现对复合岩层软弱夹层和破碎围岩的注浆加固。最终在巷道围岩中形成"集锚杆、锚索全长预应力锚固、注浆加固为一体"的全断面、完整、封闭式的强力承载结构(见图 2)。该技术在华丰、潘西、孙村的部分采区岩巷中得到应用,取得了良好的支护效果。

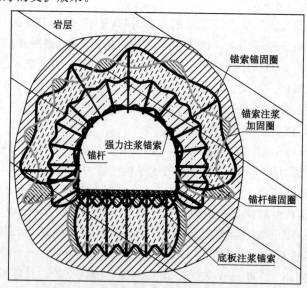

图 2 全断面封闭式强力支护与注浆加固支护

2.6 深部全岩大断面硐室支护技术

深部大断面硐室由于受高地应力、开采扰动、大断面的影响,普通的支护方式已不能有效进行支护,因此试验了钢管混凝土支架支护以及锚网喷＋锚索桁架联合支护两种支护方式。

2.6.1 钢管混凝土支架强力支护

华丰煤矿深部由于受高应力和工作面采动影响,-1 100 m 泵房周围岩体松动圈增大,部分U29 型可缩性支架被压坏,原有支护方式已不能满足需要。2012 年初,华丰煤矿同中国矿业大学合作,对-1 100 m 泵房进行扩修。支护方式采用喷锚喷、锚网喷支护,后续采用锚索进行补强支护，最后集中架设钢管混凝土支架加强支护。钢管混凝土支架是在钢管外壳内填装混凝土组成的构件。其工作原理是借助钢管外壳的约束作用，使混凝土处于三向受压状态，从而使夹心混凝土具有更高的抗压强度和抗变形能力，内填混凝土和钢管支架共同承受轴向压力，由于其有圆柱状外形，不仅具有惯性矩大的特点，而且无异向性，不易扭曲变形，承载能力是相同重量 U 型钢支架的 3～4 倍。一1 100 m 泵房采用斜墙半圆拱形钢管混凝土支架支护，墙腿外插以抵御两帮来压；钢管混凝土支架外部预留 0.5 m 的让压空间，保证支护效果；整个泵房内支架采用钢丝绳柔韧性穿背形成一个整体，提高安全系数。通过矿压观测资料看，该支护比 U 型钢支护效果明显，巷道收缩量小于 200 mm，底鼓量明显减小，能有效控制巷道变形，降低巷道修复率，为矿井深部大断面、高地应力支护提供了借鉴。目前在矿井深部大断面硐室和永久巷道等支护薄弱地点采用该支架 300余架。

2.6.2 锚网喷＋锚索桁架联合支护

潘西煤矿一1 100 m 中央泵房及管子道该位于一1 100 m 水平，自一1 100 m 变电所导 F 点以东 25 m 处开门，开门标高一1 099.9 m，东临一1 100 m 暗管子井，西接一1 100 m 变电所，南部为未开拓区，北临一1 100 m 通过线。巷道采用 φ22 mm×2 400 mm 抗冲击高强锚杆配高强托盘、W护板压钢筋网进行支护，锚杆间排距为 800 mm×800 mm，每根锚杆采用两支 MSK28/500 型树脂锚固剂锚固。钢筋网采用 φ6 mm 的钢筋焊接，喷浆到迎头的距离不大于 30 m。选用 φ17.8 mm 高强度、低松弛、黏结式 1×7 钢绞线，所用锚索长度为 6 m，按锚索桁架布置加强支护，锚索桁架排距为 1.6 m，锚索间距为 1.3 m。

2.7 深部巷道支护材料

为适应深部巷道支护的需要，先后研发了无纵肋螺纹钢式树脂锚杆、热轧细牙等强螺纹钢式树脂锚杆以及配套高强锚固剂、高强 W 钢带等支护材料，引进了美国捷马锚杆，研发了注浆锚索等支护材料。

3 支护效果

3.1 巷道变形得到有效控制

经实测，深部巷道表面位移和顶板离层比以往降低 50% 以上，巷道基本不需要大规模维修，满足了生产要求。局部地段如过断层、构造带初期围岩变形量仍较大，但通过补打锚杆、锚索，有效控制了围岩变形破坏，围岩稳定性和安全程度得到保证。

3.2 失修巷道明显减少

目前集团公司失修巷道长度 10 319 m，比 2010 年减少 50% 以上，严重失修巷道长度 1 118 m，巷道失修率 0.99%，巷道严重失修率 0.11%，同比巷道失修率减少 0.39%、严重失修率减少 0.05%。

4 结语

重点研究了深部高应力岩巷支护体系，进行地应力测试和围岩分类为选择合理的支护方式提供依据。选择合理的断面形状提高岩巷承载能力，通过高强锚杆一次支护、联合支护、钢管混凝土支架、全断面封闭式强力支护与注浆加固等多种支护方式确保了深井高应力岩巷支护安全。

兴隆庄煤矿炮掘工作面新型临时支护的应用分析

康红星,谢安军,雒玉飞

(兖州煤业股份有限公司兴隆庄煤矿,山东 兖州 272100)

摘 要 基于对矿山机械化水平的要求,特别是岩巷炮掘工作面,99％的岩巷工作面临时支护采用的仍然是前探梁的形式,费时费力,安全系数也比较低。新型临时支护即STXLZH5型迎头临时支护,是以气动单轨吊车为动力,推动迎头临时支护沿吊轨立面滚动,可随轨道水平、转弯、上下俯仰行进,支护效果非常好,实现了炮掘工作面机械化一次性支护,使得施工人员可以安全、连续地钻装锚杆,缩短了临时支护时间,提高了掘进效率。

关键词 岩巷炮掘工作面;新型临时支护;机械化一次性支护;安全可靠性;辅助运输物料

1 普掘工作面临时支护使用现状

炮掘工作面临时支护的安全可靠性差和使用效率低,从采矿至今一直影响岩巷掘进施工的安全性、生产进度和效率。曾经有不少煤矿企业都试图解决这一老大难的问题,但都因种种原因无功而返,目前国内还没有成熟的技术设备,可以实现机械化作业的炮掘临时支护。

但是临时支护又是掘进巷道施工中的一项重要施工工序。目前采用的临时支护形式主要是前探梁的形式,即先将吊环拧在最前排顶部锚杆上,然后将前探支护梁(一般为2英寸钢管)穿在吊环内,再用小杆、道木接顶背实。临时支护作业为纯人工操作,不仅作业时间长(支护时间30~40 min),支护强度低,基本无初撑力,而且钻装完锚杆后,还要人工拆卸整个支护,费时费力。因此有必要研制一套普掘迎头机械化临时支护装置,提高自临时支护至吊挂支护网阶段的安全性和效率,实现机械化一次性支护,使得施工人员可以安全、连续地钻装锚杆,缩短临时支护时间,提高掘进效率。

2 新型临时支护设备概况及支护原理

2.1 新型临时支护设备概况

该新型临时支护设备全称:STXLZH5型迎头临时支护,它是以气动单轨吊车为动力,推动迎头临时支护沿吊轨立面滚动,可随轨道水平、转弯、上下俯仰行进。该设备构成:① 气动单轨吊车,② 联接体,③ 上下支撑,④ 旋转框架,⑤ 气路控制系统,⑥ 起升机构等。

2.2 新型临时支护设备支护原理

STXLZH5型迎头临时支护采用压缩空气作为动力源,以气动单轨吊为基础平台,气动单轨吊推动临时支护移动至空顶区域,气缸作用剪刀叉竖直方向伸长,推动拱形支护框架与空顶区域接触,完成临时支护。工人钻装完顶部锚杆后,支护装置由气动单轨吊拖出工作区,整个支护完毕。

3 现场使用情况

该新型临时支护在兴隆庄煤矿炮掘工作面10307三联进行试验应用,掘进巷道断面情况:试验巷道全长210 m,斜巷段断面3.6 m×3.3 m,坡度＋12°,上下车场段断面4.8 m×3.6 m,施工采用侧卸式装岩机装矸,40 kW 绞车、电瓶车运输。此次试应用的新型临时支护主要适用于断面 3.6 m ×3.3 m 的巷道,后期车场段又试用了大断面巷道 4.6 m×3.5 m,以及验证该装置在巷道 90°、120°拐弯和+12°斜巷施工条件下的适应性和应用效果。使用该新型临时支护施工巷道 200 余米,使用期间对围岩起到了很好的支撑,施工期间没出现过顶板围岩冒落现象,尤其是煤岩结合段,巷道顶板不易控制,但使用新型临时支护后,对围岩稳定性有很好的控制。

新、老临时支护使用效果对比如下:

(1)支护使用过程对比

① 老式临时支护使用过程:老式临时支护采用前探梁的形式,即先将吊环拧在最前排顶部锚杆上,然后将前探支护梁(一般为 2 英寸钢管)穿在吊环内,再用小杆、道木接顶背实。临时支护作业为纯人工操作,不仅作业时间长,使用起来费力,还效率低,安全可靠性低。

② 新型临时支护使用过程:打眼爆破后,根据工字钢轨道距迎头的距离,选择 1 m 或 2 m 的工字钢轨道,在顶部打起吊锚杆,安装工字钢轨道,开动风动单轨吊,布置锚杆梯及铁丝网,支撑伞形支撑梁接顶,装渣,施工顶部锚杆,撤出风动单轨吊至迎头外 30 m,装净迎头矸石,施工帮部锚杆。新型临时支护自放完炮到支撑顶板,用时 20~25 min。很明显新型临时支护使用起来非常的省力,只需要按几个按钮就能完成,而且节约时间。

(2)支护强度的对比

新型临时支护的支撑伞采用槽钢及钢管焊接而成,自身强度大,支撑力大,最大支撑力达到 5 kN,能给围岩以很好的临时支护,遇到顶板冒落矸石自身不会变形受损,给施工人员提供可靠的安全保障。老式临时支护采用 2 英寸钢管穿在吊环内,再用小杆、道木接顶背实,临时支护作业为纯人工操作,具有个体施工的差异性,本身支护强度较新型支护临时支护强度要低。

从使用效果及对比情况可以看出:新型临时支护的使用,实现了炮掘工作面机械化一次性支护,使得施工人员可以安全、连续地钻装锚杆,缩短临时支护时间,提高掘进效率。另外,可以实现迎头物料搬运的机械化,正常施工时需要的锚杆、钢筋梯等支护材料以及铺轨时需要抬扛的水泥枕、铁路等重物不需再用人工抬运,可以由单轨梁气动拖车直接运送到迎头,将显著降低掘进工作面安全事故发生率,减少职工的劳动强度。

4 新型临时支护优缺点及改进措施

4.1 新型临时支护优缺点

(1)新型临时支护的优点

① 体积小,重量轻,主机 390 kg,支护机构质量 800 kg,工字钢轨道长度有 1 m 和 2 m 的,现场便于人工安装。

② 支撑伞采用槽钢及钢管焊接而成,自身强度大,遇到顶板冒落矸石自身不会变形受损。

③ 支撑力大,最大支撑力达到 5 kN,能给围岩以很好的临时支护,给施工人员提供可靠的安全保障。

④ 动力源为井下高压风,具有防爆性;设备结构简单,便于学习、操作、维护。

⑤ 原挑杆式临时支护,穿挑杆时,人员在没有支护的围岩下工作,危险性大,使用本新型临时支护后,将风动临时支护直接开至空顶区域,人员始终在有支护的情况下工作。

⑥ 该新型临时支护带有风动葫芦,便于现场起吊重物和拖运重物。例如,铺路时,原来需要人工扛运,现在用风动葫芦及风动单轨吊即可完成,省了职工体力。

(2)新型临时支护的缺点

① 气缸伸缩长度有限,当巷道成型不好时,伞形支撑梁无法接顶,要求光爆成形。

② 每天喷浆前须将风动单轨吊及轨道用塑料布保护好,喷完后还需拆除。

③ 对巷道成型要求高,当围岩破碎、巷道成型不易控制时,伞形支护梁无法较好地紧贴围岩。

④ 普掘工作面爆破时,需要对新型的临时支护设备进行一定的保护。

4.2 新型临时支护需要优化改进的地方

(1)新型临时支护的伞形支护梁前部,需要安装固定的保护胶带,起到爆破保护的效果。

(2)新型临时支护的支撑顶板起到稳定作用的气缸,伸缩度有限,须加大伸缩度,便于支撑顶板,更有效地对顶板进行支护。

(3)在现场进行其他相关作业时,新型临时支护的伞形支护梁下的临时支护框架占用空间较大,影响支钻施工锚杆,能否设计成移动式的,根据实际情况进行移动,方便其他作业。

5　结论

STXLZH5 型迎头临时支护装置研制试验成功后,不仅可以提高临时支护的强度,确保施工人员在临时支护区域的安全性,减少临时支护时间,而且总体上来说,该新型临时支护的试应用,在炮掘工作面临时支护的改进上走出了一大步,虽然有很多难点和问题需要解决,技术设备上需要改进,但是整体上能满足掘进过程中的使用要求,保障安全生产,给生产带来的利远远大于弊。在煤炭行业竞争日益激烈的今天,用机械化替代手工操作是发展的必然趋势。

主动承载引导卸压沿空留巷技术研究与应用

李景恒,于华兵,王思栋,陈亚东

(枣矿集团滨湖煤矿,山东 枣庄 277515)

摘 要 针对留设煤柱护巷引起的资源浪费、煤柱集中应力、采空区发火等问题,结合枣矿集团滨湖煤矿12下煤层12202工作面地质情况,进行"主动承载、引导卸压"沿空留巷技术研究。常规沿空留巷护巷时,成本高、工艺复杂、巷旁支护砌筑工作在采煤工作面后方采空区进行,存在较大的安全隐患。该研究使用"主动承载、引导卸压"沿空留巷技术,简化巷旁支护方式,防止采动应力对顶板破坏和离层,防止了老空区窜矸,消除了留巷的安全隐患,提升了安全系数,提高了作业环境安全度。该技术解决了滨湖煤矿生产接续紧张、沿空巷道顶板控制难题,提高了矿井资源回收率,对沿空留巷技术应用有着借鉴意义。

关键词 沿空留巷;主动承载;引导卸压

1 项目背景

沿空留巷可实现无煤柱开采,提高煤炭资源回收率,减少巷道掘进量,尤其是对广薄煤层矿井可从根本上改善采掘接替的紧张局面,提高矿井开采效益。沿空留巷技术是矿井支护技术发展的方向。

多年的沿空留巷实践中,存在如下几个缺点:① 成本高。传统的留巷工艺如木垛、矸石墙等强度大、施工复杂,而高水速凝材料和膏体材料等费用高。根据淮南、枣庄等矿区统计,巷旁砌筑费用达到5 000元/m以上。② 工艺复杂,影响工作面正常推进度。留巷工序工艺一般包括顶板的超前维护、砌筑过程、充填体凝固等,挤占了采煤时间。据统计,实施沿空留巷的工作面推进速度降低30%～50%,间接地增加了生产成本。③ 巷旁支护砌筑工作在采煤工作面后方采空区进行,存在较大的安全隐患。

枣矿集团滨湖煤矿现以12202工作面为工程背景,研发了"主动承载、引导卸压"沿空留巷技术,该沿空留巷技术简化了巷旁支护工艺,具有工艺简单、用人少、成本低、效率高、操作环境安全等特点。

2 技术内容

(1)主要采用锚杆和锚索主动支护承载留巷顶板,降低巷旁作用力,同时起到引导切顶卸压作用,从而实现简化巷旁支护方式。

(2)加强被动支护,防止采动应力对顶板破坏和离层。

(3)创新了铺网造帮技术,确保了留巷断面,防止了老空区窜矸,消除了留巷的安全隐患,提升了安全系数,提高了作业环境安全度。

2.1 强化留巷顶板支护、主动承载、引导卸压

12202运输巷断面为矩形,净高1.9 m,净宽3.4 m。针对12层煤顶板比较破碎的特点,在12202运输巷掘进前,设计选择了合理的支护参数,巷道采用锚网索梁联合支护形式。顶板锚杆选

用规格为 $\phi 18$ mm$\times 2\,000$ mm 的高强度树脂螺纹钢锚杆、排距为 1 m,每排 3 根;钢筋网采用 $\phi 6.5$ mm 的钢筋焊接的网,网目为 0.1 m$\times$0.1 m;巷中每 2.0 m 布置一组锚索梁,锚索梁采用 16$^{\#}$ 槽钢,长 3.0 m,一根锚索梁上面打三根锚索,锚索的长度为 6.0 m$\sim$8.0 m。两帮选用规格为 $\phi 16$ mm$\times 1\,600$ mm 的树脂锚杆、菱形网支护,锚杆间排距为 800 mm$\times 1\,000$ mm。通过留巷顶板高的支护强度达到主动承载的目的。利用留巷顶板支护的高强度、老空区顶板的破碎、软弱,造成在留巷侧顶板的剪切破断,从而达到留巷、老空冒落、引导卸压的目的。

2.2 铺网造帮

借鉴综采铺网造顶技术,根据预留巷道高度、顶板垮落高度、垮落角等参数,对靠近留巷老塘侧工作面内的 1$^{\#}$$\sim$3$^{\#}$ 支架,在回采时铺设双层菱形网,随工作面的推进和 1$^{\#}$$\sim$3$^{\#}$ 支架顶板冒落,从而在留巷老塘侧形成自然岩帮,能有效防止老塘侧顶板矸石外窜,达到留巷目的,提升了留巷安全系数,提高了作业环境安全度。

2.3 后扶加强棚,强抗采动应力影响

为防止在工作面生产期间采动应力对留巷的影响,所留巷道顶部岩梁与上部岩层离层,边生产边采用"工字钢棚＋单体支柱"支护留巷。棚距 1 m,材料选用 11$^{\#}$ 矿用工字钢,梁长 2.8 m,腿长 2.3 m,棚腿与底板夹角为 79°,顶、帮背板背实(插花背实),背板规格为长$\times$宽$\times$厚＝1 200 mm$\times$100 mm$\times$50 mm。每棚棚梁支设 2 棵单体(1 棵戗柱、1 棵立柱)。

根据矿压显现规律,留巷 16$\sim$67 m 是采动应力剧烈活动期,采用"工字钢棚＋2 颗单体支柱"支护留巷,80$\sim$120 m 后(时间 20$\sim$30 d)回撤留巷一颗单体;工作面采后 80$\sim$260 m 是留巷逐步稳定期,300$\sim$400 m(时间 80$\sim$90 d)后回撤第二颗单体支柱,交替使用。工作面每班推进速度为 4$\sim$5 m,同时扶棚 4$\sim$5 棚,下棚留巷支护与工作面推进同步进行,互不影响。老塘侧支护示意图如图 1 所示。

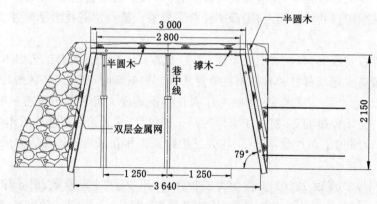

图 1 老塘侧支护示意图

3 推广应用情况

3.1 使用条件

针对主动承载引导卸压沿空留巷技术,提出了适用条件,包括:薄及中厚煤层;顶板软,垮落及时,能有效充填采空区;直接顶与煤层厚度应满足一定关系,基本顶保持稳定,补强支护时确保对直接顶有效支护。这是该种留巷工艺最为关键和核心的技术所在,彻底解决了传统留巷方式影响工作面正常推进的难题。

3.2 留巷成本费用低

以留巷 1 m 计算,需要 3 m 长的工字钢棚梁 1 根,2.2 m 长的工字钢棚腿 2 根,长 2.6 m 的锚索梁一根,并均匀布置 3 根锚索,撑棍 6 根,单体支柱 2 棵,长半圆木料 8$\sim$10 块,木楔、小半圆若

干,合计沿空留巷成本费用为 1 950 元/m。巷道投入使用后,工字钢棚梁、棚腿还可全部回出支护,费用会进一步降低。而正常掘进巷道,各类费用合计 5 400~6 500 元/m。沿空留巷比正常掘进节省支出 3 450~4 550 元/m。

3.3 超前留巷缓接续

在工作面顺序开采的前提下,前一个工作面边采边留巷期间,后一个工作面就可进行掘进施工,待前一个工作面全部推采完,后一个工作面生产系统就能形成,大大缩短了工作面接续时间。另外,还省去了以往掘进时停头打钻探放采空区积水的时间。与再掘一条巷道相比,可提前 1.5 个月形成工作面,为安装接续留下了足够的准备时间。

3.4 资源回收比率高

这一沿空留巷工艺大大减少了掘进工程量,降低了万吨掘进率,打破了传统工作面布置时留设煤柱的现象,真正做到了绿色开采、无煤柱开采,避免了资源浪费,提高了资源回收率。采区回收率提升 5% 左右。

4 结论与建议

4.1 结论

(1)锚索梁支护改变了锚索外端头对围岩的集中作用力为分布力,从而改善了围岩的应力状态,通过托梁等构件,把压力传给更宽的支护结构表面,提高了围岩的整体性、内在抗力和强度,有效控制了巷道围岩的变形,达到了主动承载的目的,保持了巷道的稳定。

(2)通过沿空留巷矿压观测,对采动应力采取了主动承载、泄压与被动承载相结合的方式达到留巷目的,要根据巷道围岩应力的变化规律,选择合理的支护方式,以达到改进、优化留巷的施工工艺的目的。

4.2 建议

在断层带、顶板破碎区在工作面留巷设计中,为使巷道满足二次利用,适当加大掘进巷道高度,满足预留留巷期间断面变形量,减少对留巷后期整修量,从而实现简化留巷后期施工工艺,降低留巷成本。

综放工作面过断层预掘巷道掏矸助采技术应用

刘中胜,陈亚东

(中国煤炭地质总局第四水文地质队,河北 邯郸 056001)

摘 要 该材料介绍了综放工作面巷道布置,在正常情况下采用轨道巷和胶带机运输巷平行,切眼与两巷垂直的布置形式。但由于工作面受大断层地质构造影响,造成工作面不得不采取跳切眼或割岩石的措施进行强推硬过,这不仅造成资源的浪费和设备的损坏,还对矿井的正常生产造成重大影响。针对上述问题,在西五采区 3_上1101 综放工作面过大断层的实践中,工程技术人员对工作面揭露断层特征、过断层方法和技术措施进行深入的分析和研究,提出了综放工作面过断层预掘巷道掏矸助采的新方法,通过实践应用获得了成功,并取得了很好的经济效益。

关键词 过断层;预掘巷道;掏矸助采

0 引言

综放工作面在开采过程中,受大断层(落差大于煤层厚度的断层)地质构造影响,造成工作面不得不采取跳切眼或割岩石的措施进行强推硬过,这不仅造成资源的浪费和设备的损坏,还对矿井的正常生产造成重大影响。针对上述问题提出了综放工作面过断层预掘巷道掏矸助采的新方法,通过实践应用获得了成功,并取得了很好的经济效益。

1 过断层预掘巷道掏矸助采技术要点简介

1.1 技术特点

传统的综放工作面过断层的方法有跳切眼和强推硬过法。跳切眼又分为整体跳、局部跳和旋转跳切眼三种方式。采用跳切眼的方式无论哪种方法,都会造成工作面的停产搬家,影响矿井正常生产,而且大多数断层不垂直于工作面走向。由于采煤工艺的限制,在跳切眼的过程中不得不留有大量煤柱,这不仅造成煤炭资源的浪费,而且对下层煤炭开采形成支承应力集中场,极大地增强了下层煤炭开采时的矿山压力,不利于安全生产。强推硬过的过断层方式,对采煤设备的损坏较大,造成工作面事故不断,使工作面不能正常生产。

近年来,随着我国高强锚杆和锚索支护技术的不断推广应用,克服了传统巷道支护难以适应大变形及无预应力等缺点,在此基础上提出了采煤工作面过断层预掘巷道掏矸助采新方法。该方法是在工作面没有推进到断层之前,在断层上下盘附近借助地质资料确定出工作面推采层位,在工作面推采的层位上过断层走向集中掘进矸石掏槽巷道,矸石掏槽巷道之间留设岩柱,由于矿山压力的作用变酥变碎,使煤机易于切割,使工作面达到正常生产的目的。

1.2 技术难点

(1)如何确定第一条矸石掏槽巷道方位及坡度

首先是第一条矸石巷道的方位设计,矸石巷道必须沿断层走向掘进,但由于工作面内的断层走向受地质勘探技术的限制,很难确定其具体的走向,在这种情况下,必须施工探巷,探明断层的走向方位,然后分析确定矸石掏槽巷道的方位。其次是矸石掏槽巷道的坡度设计,其掘进位置必须在预想的工作面推采层位上,如巷道设计过高或过低,都会对工作面的推采造成很大影响。因此如何确定第一条矸石掏槽巷道的方位及坡度是难点之一。

(2) 合理确定矸石掏槽巷道之间的岩柱宽度

采煤工作面揭露到矸石巷道时,由于该处有断层,基本顶的悬臂梁由于断层的切割而断裂,工作面至断层间的上覆岩层的压力分别落到了工作面支架、矸石掏槽巷道支护及矸石掏槽巷道之间的岩柱上,而矸石掏槽巷道之间的岩柱承载了上覆岩层的绝大部分压力,如矸石掏槽巷道之间的岩柱留设过小则有可能被压垮,随后将压力传递至采煤支架,而造成支架压死,预掘巷道垮落,工作面难以推进。如矸石掏槽巷道之间的岩柱留设过大,则可能由于岩柱硬度大,煤机割不动,在推进过程中不得不进行打眼放炮破矸,造成设备损坏,工作面推进速度慢等问题。因此合理确定矸石掏槽巷道之间的岩柱宽度也是其难点之一。

(3) 矸石掏槽巷道断面及支护形式

矸石掏槽巷道的断面及支护形式也是其研究的难点之一,其支护强度在满足上覆岩层的下沉而允许的变形量外,还应采用加强工作面超前支护等其他措施,使矸石掏槽巷道围岩结构保持整体稳定,进而保证工作面推进过程中对矸石掏槽巷道的尺寸要求。

1.3 技术关键

此技术是通过运用采动岩体关键层理论,建立断层掏槽巷道回采围岩结构力学模型,以掌握在回采过程中掏槽巷道变形机理的基础上得到的。过断层预掘巷道掏矸助采的关键技术有三个方面:一是在掏槽巷道施工过程中,对其层位及走向的控制,确保所掘巷道在工作面预想推进的层位上。二是选择合理的巷道断面、岩柱留设、支护强度,这一点极其重要。它关系到工作面是否能顺利推采过矸石掏槽巷道。三是工作面在推采过程中的走向倾角和倾向倾角的控制,控制工作面不上窜下滑,并与矸石掏槽巷道保持在相同的层位,并着重加强工作面前方的超前支护强度,严防冒顶现象的发生。

工作面过断层的技术方法可分3步进行:首先是收集资料。提前对该断层的产状、层位关系、顶底板岩性、附近工作面过该断层时的矿压观测报告等资料进行详细的分析和研究,尽可能地确定出各项合理的参数,对过断层预掘巷道掏矸助采进行方案设计。其次是确定合理的巷道施工时间。必须在工作面推采至此处前2～3个月的时间里,将所有的矸石掏槽巷道进行预先掘进出来,并采取复合支护,每天观察巷道的变形情况,发现问题及时处理。最后是回采推进。在回采的过程中,严格控制好层位,并带压移架,及时打开护帮板,持续加强各种支护,同时加强支矸石掏槽巷道的维护。

2 西十一采区 $3_上1101$ 综放工作面预掘巷道掏矸助采实践应用

2.1 $3_上1101$ 工作面概况

$3_上1101$ 工作面是高庄煤矿西十一采区第一个综放工作面,该工作面南面为 $3_上509$ 工作面,已回采完毕,北面为未开采区域,东部紧靠邵集断层,西部为 -430 m 内外环及西十一采区四条下山。工作面井下标高为 -330～-456 m。

2.1.1 开采技术条件

该工作面总体为一单斜构造,根据工作面两巷及切眼实际揭露,$3_上1101$ 工作面地质构造较发育,共揭露断层26条,落差大于2.0 m 的8条,其中F6断层落差最大13.5 m。其余断层落差均在2.0 m 以下。断层附近煤岩层破碎,易冒落,层理发育,原生裂隙,易片帮。

F6断层的产状:工作面运输巷揭露落差为13.5 m,与工作面推采方向呈87°夹角,向材料巷方向落差逐渐减少,在材料巷内没有揭露该断层。断层走向18°,倾向76°,倾角55°,预计会对回采过程的生产工作造成重大影响。

2.1.2　工作面生产条件

工作面采用走向长壁放顶煤开采方法,开采时,采用放顶煤开采工艺,作业方式为"四六制"。

2.2　工作面过F6断层方案比较确定

根据工作面运输巷揭露断层情况,F6断层与工作面推采方向呈87°夹角,基本上与工作面推进方向垂直,工作面内由于地质勘探程度低,三维勘探预计只有一条落差5 m的运7逆断层在130 m处与其斜交。

根据以上地质资料,通过对采煤工作面过断层各种方案的分析研究,最初确定采用工作面整体跳切眼法,即在运输巷内开门,沿F6断层上盘煤层底板,垂直工作面推进方向,小断面掘进补切眼导硐,并兼做探巷的作用,以便进一步摸清工作面内部断层的产状,如揭露地质情况与预计相同,然后对补切眼导硐进行扩刷,对工作面进行跳切眼回采。

但经过补切眼导硐揭露情况看,该巷道由开门点向前30 m、35 m、55 m处分别揭露落差5 m、1.2 m、2 m的断层,并且断层的产状与F6断层产状趋势基本相同,巷道在掘进中也没有揭露运7逆断层。根据以上情况公司组织技术人员认真研究,初步判断F6断层进入工作面后改变走向呈发岔式衰减,为进一步证明其可靠性,在补切眼导硐开门点向前60 m处,垂直于补切眼开掘了01号探巷,掘进40 m只揭露一条落差3 m的正断层。

用原整体跳切眼方案进行回采有如下缺点:① 造成工作面煤炭资源的丢失,预计损失8万t。② 工作面进行安装撤除至少需要3个月,工程工期长,影响矿井产量。③ 大量煤柱丢在采空区极易造成煤炭自燃,增加了矿井的防灭火难度。④ 大量煤柱的存在极易造成高应力集中区,给$3_下$煤层开采时的顶板管理造成很大困难。

鉴于以上原因,我们又提出了过断层三种开采方案,分别是留岩柱法预掘巷道掘矸助采方案、不留岩柱法预掘巷道掘矸助采方案和局部跳切眼开采方案,并进行方案比较如下:

(1) 方案一:留岩柱法预掘巷道掘矸助采方案,如图1所示。

在$3_上$1101工作面运输巷揭露断层(落差=13.5 m)岩石处,向工作面内沿切眼方向,进行穿掘巷道,将工作面过断层的大部分岩石穿掘出来,留设窄岩柱,即每掘进一条宽度4 m的巷道留设2 m的岩柱,并对巷道进行复合支护,确保工作面在整体推进过程中有足够的支撑强度。

优点:

① 此方案的实施,工作面机头至断层段设备不需要撤除安装,减少工作面撤、安、合茬工序,减少了辅助巷道的施工(约300 m),增加了煤炭资源的回收率。

② 工作面不需要撤除安装,一次性推进,并且推进速度对工作面影响不大,减少了过断层对产量的影响。

③ 巷道留设3 m岩柱作为支撑,减少了工作面推采过程中,超前压力对穿掘巷道的破坏。

④ 该方案对通过断层施工的穿掘巷道,采取复合支护安全系数高,在穿采巷道中用一字梁配双排单体足以满足支护强度要求。

缺点:

① 工作面在过断层中,需要采2 m的岩柱,工作面推过岩柱时,需采用爆出矸,增加了对工作面设备的损害。

② 工作面在过断层中,出现煤与矸石需要分离,有一定的难度,影响煤炭的质量。

(2) 方案二:不留岩柱法预掘巷道掘矸助采方案,如图2所示。

在$3_上$1101工作面运输巷揭露断层(落差=13.5 m)岩石处,根据工作面推采层位沿断层走向将断层处岩石全部掘出,形成12 m宽的无岩区,在无岩区内采用锚网梯索支护,配合使用单体配一字梁的复合支护方式,实现工作面正常整体推进。

优点:

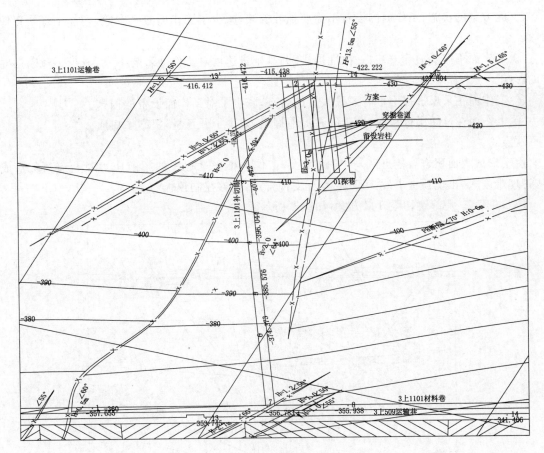

图 1 方案一

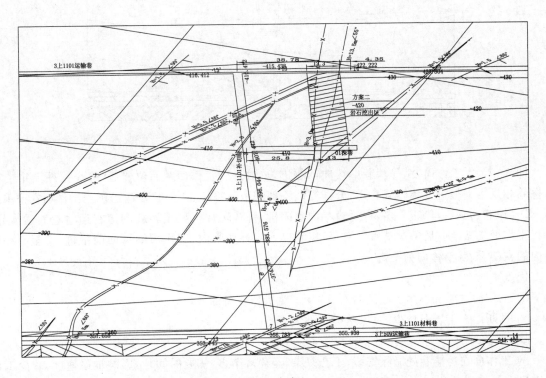

图 2 方案二

① 此方案的实施,工作面内设备不需要撤除安装,减少了工作面搬家次数,增加了煤炭资源的回收。

② 工作面不需要撤除安装,一次性推进,并且推进速度对工作面影响不大,减少了过断层对产量的影响。

③ 工作面在采煤过程中不需要采大量的岩石,减少了对工作面设备的损害。

④ 工作面在过断层过程中,由于矸石提前掘出,减少了矸石量,提高了煤质。

缺点:

由于形成大面积岩石挖出区,支护跨度大,工作面推采过程中的超前压力对巷道顶板造成破坏,管理难度大,出现顶板事故,可采取复合支护方式,能够控制顶板。

(3) 方案三:局部跳切眼开采方案,如图3所示。

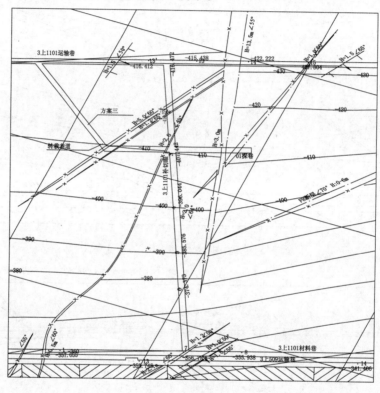

图 3　方案三

即 3上1101 工作面 01 号探巷继续向前掘进,待掘进到工作面跳面位置后,停止掘进。并在 01 号探巷相反方向掘进一条转载巷道,分别安装一部刮板运输机、一部胶带输送机。工作面在推采至与 01 号探巷透窝后,停止采煤,将运输巷内破碎机、桥式转载机拉至转载巷道在运输巷的透窝处,并将工作面支架及前后部溜槽撤至 01 号探巷以下的补切眼内,工作面继续向前推进,直至与补切眼内的支架合茬,整体向前推进。

优点:

① 工作面过断层不用爆破割岩石,减少了对机械设备的破坏。

② 过断层产生岩石量少,对煤质影响不大。

缺点:

① 工作面在运输巷处撤除安装,工艺复杂,运煤环节多,需要时间长,影响推采速度,减少工作面煤炭产量。

② 工作面设备与补切眼内设备合茬时,要求精度高,及难掌握合茬的间隙,且合茬工作费时

费工。

③ 需施工 300 m 巷道和撤除、安装通道 200～300 m。

④ 增加一部运输机、一部胶带输送机。

⑤ 大量煤柱丢在采空区极易造成煤炭自燃,增加了矿井的防灭火难度。

⑥ 由于补切眼导硐扩刷后跨度达 8m,并且处于采煤工作面超前压力影响范围,顶板管理困难。

通过以上三种方案优缺点的综合分析比较,方案一最符合采煤工作面过断层实际情况,因此选择方案一。

2.2.1 矸石掏槽巷道布置

为进一步摸清 01 号探巷与运输巷之间的地质构造情况,又在其之间平均距离 30 m 处掘进了 02 号探巷,探巷方位平行于运输巷,坡度与运输巷坡度相同。

经过 02 号探巷实际揭露,与预想的断层情况有较大差别,F6 断层走向发生明显的变化,根据揭露的最新地质资料,在原方案一设计的基础上,进一步修改完善了矸石掏槽巷的方位和坡度,最终形成矸石掏槽巷道布置图(图 4)。

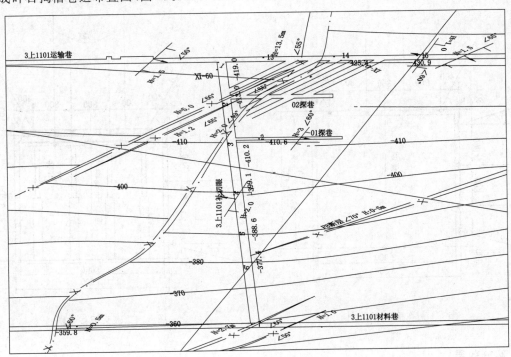

图 4 矸石掏槽巷道布置图

2.2.2 巷道参数确定

通过对断层上下两盘的岩性、硬度、节理发育、断层破碎程度等观察并取样分析,对该处伪顶、直接顶和基本顶的厚度探测,并结合深部开采矿压显现规律。经过反复计算和论证,确定掏槽巷道断面为矩形,设计尺寸为净宽 3 m、净高 3 m,掏槽巷道之间岩柱留设为 3 m。

2.2.3 巷道支护参数确定

(1)临时支护参数确定

采用 3 根吊挂前探梁作为临时支护,前探梁用 3 英寸(ϕ76.2 mm)钢管制作,长度不小于 4 m,用螺纹锚杆和吊环(吊挂链)固定,每根前探梁用 3 根吊环(吊挂链)固定,吊环(吊挂链)用配套的锚杆螺母与 6 英寸钢管焊接在一起。要求能承受 49 kN 拉力。

最大空顶距离 2.1 m，最小空顶距 0.5 m，前探梁上方用 4 块规格为：长×宽×厚＝2 000 mm×120 mm×100 mm 的小板梁接顶，并用木楔打牢。

（2）初次支护参数确定

通过支护参数设计，最终确定的初次支护如下：巷道顶部采用锚网梯支护，顶部高强金属螺纹钢锚杆规格为 ϕ20 mm×2 200 mm，锚杆间距为 800 mm，钢筋梯规格为 ϕ16 mm×90 mm×3 000 mm，钢筋梯排距为 800 mm，顶部金属菱形网规格为 900 mm×3 600 mm；帮部采用锚网支护，高强金属螺纹钢锚杆规格为 ϕ18 mm×1 800 mm，，锚杆间排距为 800 mm×800 mm，金属菱形网规格为 900 mm×2 300 mm，所有网的压茬为 100 mm，压茬处均用 14 号铁丝三花连接，铁丝间距 200 mm。具体参数见图 5。

（3）二次支护方式

该巷道掘进完成后进行复合二次支护，首先在顶板上打设由矿用 12 号双工字钢焊接而成的锚索梁，锚索梁长度为 2 800 mm，过巷道横向布置，其间距为 1 600 mm，每根锚索梁打设锚索三棵，锚索间距为 1 200 mm，锚索长度为 6 000 mm。然后再配合单体液压支柱进行支护，单体液压支柱过巷道方向打设四排，其间排距为 600 mm×700 mm，所有支柱穿鞋戴帽。具体参数见图 6。

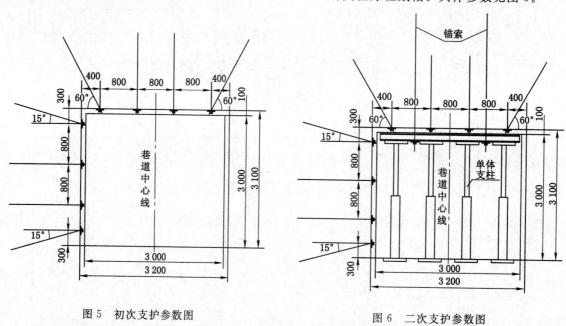

图 5　初次支护参数图　　　　　　　　图 6　二次支护参数图

2.3　实施效果

2.3.1　矿压观测结果

为了探索 $3_{\pm}$ 1101 工作面矸石掘槽巷道上下两侧断层支承压力在矸石掘槽巷道内的分布情况，我们在矸石掘槽巷道内每隔 10 m 设一测点，使用测尺、测枪及围岩变形仪，按照十字观测法原则，对每一个测点进行了连续的观测，将观测资料输入计算机进行处理后，通过对比分析，得出如下结果：

（1）两帮移近量。根据观测数据统计，矸石掘槽巷道在工作面推采过程中的两帮平均移近量为 0.12 m，最大移近量达到 0.31 m，但两帮支护体均无严重破坏现象发生。

（2）顶底板移近量。根据现场测得的技术数据统计分析，矸石掘槽巷道在工作面推采过程中的顶底板平均移近量为 0.15 m，最大移近量达到 0.21 m，并无冒顶现象的发生。

（3）巷道断面收缩率。由以上知：巷道平均剩余宽度为 2.88 m，剩余高度为 2.85 m，计算变形

后巷道断面积为 $S=8.2\ \mathrm{m}^2$。原巷道断面积为 $S=9\ \mathrm{m}^2$,则巷道断面收缩率为 8.8%。

矿压观测资料及现场情况表明,采用了"锚、网、梯"联合支护,较好地满足了工作面推采对巷道的支护要求,没有出现因掘矸掘槽巷道及补切眼动压显现剧烈、变形严重而影响生产的现象。

2.3.2　综采设备情况

在工作面过断层期间,支架杜绝"跑、漏、窜、渗"液现象,机械设备完好率达到 98% 以上,有效地保证了工作面的正常推采,没有出现因割岩石而造成机械设备损毁的现象。

3　结论

(1)通过此种技术过断层,多采出原煤 8.5 万 t,创造经济效益 8 500 万元。

(2)减少了工作面撤除、安装和设备上井检修费用,缓解了工作面的接续紧张局面,节省撤除安装费用 500 万元。

(3)消除了因撤安工作面停产,而造成的对矿井产量的影响。

(4)积累了过断层条件下的顶板管理经验,提高了综放工作面对地质条件的适应能力,对今后综放工作面过断层具有很好的借鉴作用。

合理选取软岩海域开拓巷道层位及
支护形式加快海域工程施工速度

吕承贤

(龙矿集团工程建设有限公司,山东 龙口 265700)

摘 要 文章详细阐述了梁家煤矿主要接续采区西海域开拓巷道在接续时间紧、支护难度大的情况下,通过合理选择巷道施工层位,优化巷道支护形式,尝试采用双层锚网喷锚梁带返底拱支护代替复合支护(一次支护锚网喷、二次支护砼灌注或料石碹),加快了巷道掘进速度,满足了接续需求,获得了良好的经济效益,是一种类似条件下创新的施工及支护技术。

关键词 软岩;海域;开拓巷道;层位;支护

0 引言

随着龙口矿业集团公司的提速发展,近年来梁家煤矿原煤产量大幅度提高,加快了矿井新采区的开拓和水平延深,根据长远接续,西部海域的开拓工程逐步展开,由于海域开拓巷道在龙口矿区梁家煤矿尚属首次,借鉴兄弟矿井及梁家煤矿开拓巷道支护经验,我们一方面认真学习专家教授的关于软岩支护的理论,提高对软岩支护的理性认识;一方面深入分析研究设计、施工中的问题,掌握对围岩属性的感性认识,找出巷道变形原因,结合已有的支护经验,有效控制围岩变形,增强支护效果,降低支护投入,提高矿井经济效益。

1 概述

1.1 西海域概况

龙口矿区梁家井田成煤于新生代第三系,含煤地层岩性多为泥岩、黏土岩、含油泥岩,碳质页岩和胶结松散的砂岩。主要可采煤层为煤$_2$、煤$_4$层位。西海域南北长 5.0 km,东西平均宽 1.6 km,可采煤层面积 8 km^2。共赋存煤$_1$、煤$_2$、煤$_4$三个可采煤层。煤$_1$层厚度中部较厚,向北、向南煤层厚度逐渐变薄。煤层厚度 1.5~2.25 m,平均 1.79 m,煤层中含一层 0.6 m 左右的油页岩。煤层上部含一层 0.15 m 左右的泥岩夹矸。煤$_2$层厚度自东北向西南逐渐变薄,煤层厚度 4.5~1.5 m,平均 2.35 m,煤层结构复杂,夹矸层数多,一般为 2~7 层,夹矸厚,累计厚度平均为 0.55 m,最大厚度为 0.87 m,纯煤厚度平均 1.8 m。煤$_4$层厚度自东北向西南逐渐变薄,煤层厚度 1.5~6.8 m,平均3.78 m,煤层结构复杂,夹矸层数多,夹矸厚,夹矸厚度平均 0.8 m,纯煤厚度 2.98 m。见表1。

1.2 龙口矿区软岩巷道矿压显现和岩层属性

根据陆地巷道施工实践和矿压观测及对岩性的化验,梁家煤矿软岩地层巷道的矿压显现和围岩属性有以下特点:

1.2.1 巷道围岩自稳期短,初期来压快,变形量大

软岩巷道一旦掘进巷道,围岩便明显地呈现出压力并且短时间内便失去自稳。掘巷后需要及时维护顶板,两帮煤壁片落,并且由于自稳时间短,需要迅速而有一定强度的支护,特别需要及时对围岩进行封闭,减少乃至杜绝风化、吸水的渠道,最大限度地保持围岩自身强度。

表1 岩石力学物理特征和工程稳定性

层厚/m	煤层及岩层名称	含水量/%	单轴抗压强度 R/MPa	自由膨胀率/%	蒙脱石含量/%	比表面积/(m²/g)	工程稳定性
0.66	煤₁						稳定
7.14	油₂	3.46	44.30				非常稳定
11.42	含油泥岩	1.83	21.06	160.70	29.86	364.16	不稳定
4.21	煤₂	3.50					较稳定
1.60	黏土岩	1.33	7.93	185.00	28.54	170.93	很不稳定
1.81	砂质泥岩	3.43	16.13	245.00	11.44	111.78	很不稳定
3.96	泥质细砂岩	1.71	19.91				很不稳定
6.18	砂质泥岩互层	0.84	19.71	187.70	9.42	88.36	很不稳定
	碳质泥岩		384.00	14.50	136.09		很不稳定
0.74	煤₃ 油₃						较稳定
5.48	含砾粗砂岩		38.84	133.30	11.07	106.82	较稳定
38.10	泥岩	1.48～1.98	17.24～19.52	66.89～87.62	16.10～14.83	160.80～142.92	不稳定
12.88	砂岩泥岩互层	3.69	15.86	210.00	13.84	125.37	不稳定
3.68	泥岩		22.50	19.01	19.32		不稳定
2.08	煤₄上碳质泥岩		11.60	65.00	7.99	111.33	不稳定
4.36	粗砂岩		16.58	160.00	17.15	185.63	不稳定
5.20	含炭泥岩		13.26	145.00	19.97	212.43	不稳定
9.09	煤₄	3.1	7.12	190.00	20.64	263.20	不稳定
1.70	油页岩	2.5	5.71		68.40		不稳定
5.25	含油泥岩	1.9	18.30	18～54	3.00	142.00	不稳定
	黑绿色泥岩	1.9	6.35	38.40	52.60	244.20	极不稳定
6.55	绿色泥岩	2.9	12.50	83.20		66.50	极不稳定
1.20	黑绿色泥岩	3.2	14.17	132.00	64.00	224.3	极不稳定

1.2.2 围岩的塑性变形持续时间长

软岩巷道开挖后的变形可分为三个阶段：速变期，从掘出后至20天左右；缓变期，即相对稳定期在开掘后的21～70天左右；聚变期，巷道的高、宽移近量明显增加，尤其以顶、底板移近更为显著，如不采取加固措施，巷道很快会压垮。巷道来压表现为环向受压，顶板变形易冒落，底板底鼓膨胀。

1.2.3 围岩的强膨胀性

掘进后围岩暴露于空气中或遇水后，体积增大膨胀，随着时间的延长膨胀量越来越来越大，吸水越充分的部位膨胀得越明显、越迅速。

1.2.4 围岩具有扰动性

相邻巷道施工时，已掘巷道围岩的稳定性受干扰非常明显，甚至破坏。巷道自身的围岩对爆破震动也特别敏感。

1.2.5 围岩具有崩解性和流变性

掘巷后围岩吸水变软并逐渐崩解、流变，即使不吸水，因井下环境湿度的变化，空气干燥时围岩也易崩解。

1.3 西海域巷道设计

鉴于上述软岩性质，并且由于梁家煤矿－450 m水平西翼轨道大巷已施工540 m，西副巷已施工1 260 m（该工程服务于煤₂五区）。在此基础上，西主巷Ⅱ段沿原方位延伸250 m，调向顺煤层走向沿3‰上坡布置西主巷Ⅲ段，长度3 020 m。西副巷Ⅱ段沿原方位延伸525 m，调向顺煤层布置西副巷Ⅲ段。向西间隔50 m沿煤₂布置两条大巷：一条为西翼轨道大巷，简称西大巷；一条为西翼皮带大巷，简称西副巷。根据可利用储量分布特点，西海域布置煤₂八采区和煤₄七采区两个采区，两个采区均为上山单翼采区。

根据多年来的井巷工程实践，油₂和煤₁的工程稳定性最好，油母页岩随着含油率的降低向不稳定发展，煤₂次之。因此梁家煤矿建井时期的开拓巷道如－450 m大巷等均布置在稳定性较好的煤₁油₂层位。已施工完毕的西翼轨道大巷和西副巷位于煤₁或煤₂底板层位中，因此支护形式选择了一次支护锚网喷、二次支护料石砌的复合支护形式。

但一方面由于近年来龙口矿区经济飞速发展，地面建筑建设速度加快，建下压煤数量增多；二是由于近年来龙矿集团迅猛发展，梁家煤矿作为龙矿集团的排头兵，产量增幅较大，上述两点原因造成海域接续相对紧张。为加快西部海域巷道掘进速度，同时为提高经济效益，经过论证，设计巷道的施工层位选择在相对稳定的煤₂层中。

锚喷支护是龙口矿区梁家煤矿软岩巷道在历经架棚、砼灌注或料石砌等支护形式后采用的一种与以往的支护形式完全不同的支护形式，充分利用围岩自身强度来支护围岩，彻底改变了其他支护形式的支护体被动待压现象。同时锚喷巷道的突出特点是迅速及时、方便易行，而且经济安全。成巷支护成本平均为砌料石砌的40%，施工效率为料石砌的3～4倍。

在施工实践中我们总结出软岩地层中巷道开挖后，由于围岩自身强度低，煤体、顶底板围岩松散破碎不成层，短时间内围岩就呈现出明显压力并失去自稳，同时由于围岩具有吸水膨胀、扰动性明显、极具崩解性、流变性的特点，掘巷后必须进行迅速而又有一定强度的支护，及时封闭围岩，达到巷道支护的目的。为寻求有效的支护形式，实现有效控制围岩变形，增强支护效果，降低支护投入，提出"海域开拓巷道锚网喷支护"课题，通过现场试验验证锚网喷支护开拓巷道方案的可行性，并寻求科学合理的支护参数与施工工艺，以期获得有效支护形式，提高矿井经济效益。

因此初步确定西海域主巷导线点S5前122～322 m、西副巷导线点C6前58～258 m为第一试验段，均采用双层锚网喷支护。其中，0～50 m段为双层锚网喷试验段，一次、二次支护均采用双层 ϕ6 mm的金属网，锚杆为 ϕ18 mm×2 250 mm的金属圆钢麻花锚杆，托盘采用 ϕ12.5 mm，δ=10 mm的铸铁锚盘。第51～100 m段为双层锚网喷W钢带支护试验段，一次、二次支护均采用双层 ϕ6 mm的金属网，锚杆为 ϕ18 mm×2 250 mm的金属圆钢麻花锚杆，托盘采用 ϕ12.5 mm，δ=10 mm的铸铁锚盘，W钢带间距700 mm，二次锚网喷支护时施工，采用二次支护锚杆固定。第101～150 m段为双层锚网喷锚索支护试验段，一次、二次支护均采用双层 ϕ6 mm的金属网，锚杆为 ϕ18 mm×2 250 mm的金属圆钢麻花锚杆，托盘采用 ϕ12.5 mm，δ=10 mm的铸铁锚盘，锚索排距2.3 m，间距2.6 m。第151～200 m段为双层锚网喷锚梁支护试验段，一次、二次支护均采用双层 ϕ6 mm的金属网，锚杆为 ϕ18 mm×2 250 mm的金属圆钢麻花锚杆，托盘采用 ϕ12.5 mm，δ=10 mm的铸铁锚盘，锚索间距1.0 m。为保证喷体整体强度，所有断面均严禁加挂木锚盘。第二试验段考虑第一层为双层 ϕ4 mm的金属网，第二层为 ϕ6 mm的金属网，如果有必要时，第三试验段考虑第一、二层均为 ϕ6 mm的金属网。

2 各种支护形式的实际施工情况

2.1 一次支护锚网喷、二次支护料石碹

西副巷Ⅰ段巷道全部、Ⅱ段部分巷道采用一次支护 ϕ4 钢筋网,ϕ14 mm×2 250 mm 麻花树脂锚杆,锚杆间排距@＝800 mm×800 mm,喷浆厚度 100 mm。二次支护采用料石砌碹支护,带料石底拱。

2.2 双层 ϕ4 钢筋网锚网喷 W 钢带支护

西主巷 S5 点前 122 m 开始试验双层 ϕ4 钢筋网锚网喷 W 钢带支护,第一、二层均采用双层 ϕ4 金属网,ϕ18 mm×2 250 mm 麻花树脂锚杆,锚杆间排距@＝800 mm×800 mm,C20 混凝土,喷浆厚度 70 mm。第二层 ϕ18mm×2 250 mm 麻花树脂锚杆,锚杆间排距@＝800 mm×800 mm,锚杆与第一层锚杆插花布置,C20 混凝土,喷浆厚度 80 mm。由于锚网喷后,顶板下沉较明显,因此直接在二次支护前施工 W 钢带;并且由于软岩矿压显现表现为环向受压,顶板变形易冒落,底板底鼓膨胀。因此所有支护试验均带料石底拱。

2.3 双层锚网喷加 W 钢带支护

自西副巷Ⅱ段 C6 导线点前 58 m 开始试验锚网喷复合支护形式的施工,通过现场施工看到,由于巷道初掘后,巷道局部片落,成型差,ϕ6 钢筋网硬度大,刚性强,挂 ϕ6 网困难,不易紧贴岩面,因此确定了第一层采用 ϕ4 双层网,ϕ18 mm×2 250 mm 麻花树脂锚杆,锚杆间排距@＝800 mm×800 mm,采用 C20 混凝土,喷浆厚度 70 mm。第二层采用 ϕ4 双层网,ϕ18 mm×2 250 mm 麻花树脂锚杆,锚杆间排距@＝800 mm×800 mm,锚杆与第一层锚杆插花布置,采用 C20 混凝土,喷浆厚度 80 mm。锚网喷后,顶板下沉较明显,因此直接在二次支护前施工 W 钢带。

2.4 双层锚网喷带锚索支护

双层锚网喷加 W 钢带支护试验 50 m 后,进行了双层锚网喷带锚索支护试验。第一层采用 ϕ4 双层网,ϕ18 mm×2 250 mm 麻花树脂锚杆,锚杆间排距@＝800 mm×800 mm,采用 C20 混凝土,喷浆厚度 70 mm。第二层采用 ϕ6 单层网,ϕ18 mm×2 250 mm 麻花树脂锚杆,锚杆间排距@＝800 mm×800 mm,锚杆与第一层锚杆插花布置,采用 C20 混凝土,喷浆厚度 80 mm,并带料石底拱支护。然后按间排距 2 600 mm 在巷道顶腮部施打两排锚索,锚索布置如下:沿巷道中向两侧各 1 300 mm 布置一排锚索,两排锚索交叉布置,锚索采用 ϕ15 mm,长 5 m,7 股钢丝锚索。锚索孔深 4.7 m。

2.5 双层锚网喷带锚梁支护

由于双层锚网喷 W 钢带、双层锚网喷锚索支护,均局部出现了顶板下沉现象,因此在双层锚网喷带锚索支护施工 50 m 后,进行了双层锚网喷带锚梁支护。第一层采用 ϕ4 双层网,ϕ18 mm×2 250 mm麻花树脂锚杆,锚杆间排距@＝800 mm×800 mm,采用 C20 混凝土,喷浆厚度 70 mm。第二层采用 ϕ6 单层网,ϕ18 mm×2 250 mm 麻花树脂锚杆,锚杆间排距@＝800 mm×800 mm,锚杆与第一层锚杆插花布置,采用 C20 混凝土,喷浆厚度 80 mm。在第二层锚网完毕,复喷前施打锚梁,铺设反底拱,后复喷至设计厚度。为解决锚梁后背设木材易造成喷层整体性差的情况,采取了狠抓巷道成型,确保锚梁接顶密实;为保证锚盘紧贴岩面,在局部空洞区锚杆锚盘及锚梁后采取了加装 2 英寸套管的办法。

3 各种支护形式的对比

3.1 一次支护锚网喷、二次支护料石碹

该种支护效果不错,但是砌碹施工速度慢,劳动强度大,单进水平低,不适用快速掘进,平均月单进水平为 50 m。由于西副巷设计工程量 3 900 多米,满足不了生产的需要,施工工期过长,并且

经济对比可以表明,成本相对较高,支护投入较大。

3.2 双层 φ4 金属网 W 钢带支护形式

由于双层锚网喷支护后,巷道顶板下沉较明显,因此双层锚网喷支护不能满足支护需求,所以只进行 W 钢带、锚索、锚梁支护试验。

双层锚网喷带 W 钢带支护形式,现场易于操作,施工速度快,巷道成型好。受压后巷道变形明显,但喷体整体性差,易于在 W 钢带处出现薄弱带,形成裂缝脱落,降低支护强度。不适于巷道服务周期长的巷道,同时巷道破坏后,返修过程中去除变形的 W 钢带比较困难。

3.3 双层锚网喷带锚索支护形式

从试验段巷道情况看,巷道基本无变化,此种支护形式能够满足现场要求。但是施工巷道顶板上方 3.8～4.2 m 处有一层 0.5 m 厚泥岩,该层泥岩黏性比较大,含少量水,施工过程中易于夹钻、糊钻,由于梁家煤矿软岩地层不易用水排岩尘,而锚索施工采用 φ26 的钻杆施工,钻孔较细,遇到该层泥岩后,岩粉不能排出,钻进非常困难,施工速度非常缓慢。一个小班只能施工 3～4 根锚索。因此该层位不适宜大范围内施打锚索。

3.4 双层锚网喷带锚梁支护形式

从试验段巷道情况看,现场施工便于操作,施工速度快,炮掘月单进水平 120 m,综掘机在西主巷施工在 240 m,施工工艺简单,支护上可靠,施工成巷后巷道基本无变化,此种支护形式能够满足巷道支护要求以及施工速度的需要。并且梁家煤矿有着成熟的锚网喷锚梁施工技术,虽然双层锚网喷即可满足巷道支护需求,但一是局部区域巷道压力显现明显,顶板下沉量较大,采取锚梁加固即可防止顶板继续下沉,发生顶板事故;二是针对局部地质构造应力区域,采取加长锚杆锚固段,使用废旧 u 型钢加工非锚盘等手段,满足了巷道中的需求。

4 巷道稳定性分析

在掘进锚网喷后,每段巷道都及时现场设点进行了观测。在掘进初期,两帮相对移近 50～70 mm,顶板下沉 30～50 mm;在局部压力大的区域两帮相对移近 70～150 mm,顶板下沉 50～120 mm;随着时间的延长,巷道测点变化逐渐趋于平稳,在巷道掘出大约在掘进 2～3 周内趋于平稳,后期其变形速度逐渐衰减到不大于 1 mm/d。通过对巷道设点观测数据显示,掘进初期巷道变形位移大,双层锚网喷复合支护结束后,巷道变化很小。通过现场设点观测,在长达 12 个月的时间里,两帮相对移近量 200～250 mm 左右;顶底板相对移近量 250～350 mm。实测观测结果说明双层锚网喷支护形式是成功的。

5 试验确定的支护形式

经过试验确定将锚网喷锚梁联合支护作为海域开拓巷道的主要支护形式,既可以满足开拓巷道服务时间长、符合支护强度的需求,又可以加快掘进速度,满足接续要求。在巷道施工过程中,进行了一系列的支护参数的改变和支护试验,成功地支护了 3 600 多米的巷道,为回采巷道开口处交岔点及大断面硐室施工中以双层锚网喷取代料石砌碹和砼灌注支护提供了借鉴依据。

软岩巷道施工支护是一个复杂的课题,在今后的现场施工中,及时总结现场的施工经验,不断优化双层锚网喷复合支护技术的施工参数,积极探索软岩巷道的施工及支护形式,为梁家煤矿的巷道支护提供理论依据。

Flowcable 全长锚固技术在清水营煤矿中的实践应用

黎劲东，杨雄国，温双武

(神华宁夏煤业集团清水营煤矿，宁夏 银川 751401)

摘 要 为实现对锚杆和锚索的全长锚固，提高锚杆(索)支护系统整体支护效果，引进了 Flowcable 全长锚固技术，介绍了其在清水营煤矿回采巷道中的实践应用。其中对帮锚杆采取先锚后注的方式，即按照标准作业流程进行帮部锚网支护，滞后工作面迎头一定距离再实施注浆；锚索采取先注后锚形式，即钻孔后先注 Flowcable 浆液，再将锚索插入孔中，以浆液完全取代树脂药卷达到锚索全锚。注浆过程摒弃传统注浆锚杆，直接在已有的支护体系中完成，降低了生产成本和劳动强度，通过抗拔力检验能够达到设计要求，为软岩巷道支护开辟了一条全新技术途径。

关键词 Flowcable；注浆；全长锚固

0 前言

清水营煤矿二煤底板以粗砂岩、泥岩为主且具有膨胀性，巷道开掘后由于围岩应力的影响，底鼓严重，该矿井下设计有多条措施巷道，运输转载环节多，不适宜引入掘锚机等大型设备，现阶段仍然采用锚杆钻机(煤电钻)人工操作安装锚杆(索)，使用树脂药卷对锚杆(索)进行锚固，帮部锚杆支护以及锚索支护没有实现全长锚固。根据海姆假说[1]：岩体中的初始应力大小与上覆岩石质量有关，其应力分布符合静水压力状态。就清水营煤矿的围岩富水条件和生产布局而言，已经进入井下 600 m 垂深水平，软岩巷道支护形势严峻。锚杆支护作为一种使用范围最广和最有效的基本支护方式，能够有效改善围岩受力结构，控制巷道变形。对于端锚(加长锚)锚杆，锚固剂的作用在于提供黏结力，使锚杆能承受一定的拉力，在锚固范围内，任何部位岩层的离层都均匀分散到整个杆体的长度上，同时由于锚杆与钻孔间有较大的空隙，锚杆抗剪能力只有在岩层发生较大错动后才能发挥出来，从而导致杆体受力对围岩变形和离层不敏感，未锚固部分容易与杆体脱离，进而引发围岩浅部离层，围岩一旦离层，锚杆支护即迅速实效，巷道变形加剧。对于全长锚固的锚杆，锚固剂可将锚杆杆体与钻孔孔壁黏结在一起，使锚杆随着岩层移动承受拉力；当岩层发生错动时，与杆体共同起抗剪作用，阻止岩层发生滑动[2]。因此，寻求一种全长锚固的技术方法是解决此类软岩巷道支护问题的有效途径，而注浆技术可以比较容易实现锚杆全长锚固，有效解决端锚问题。

现代岩石力学揭示，岩石破裂后具有残余强度，松动破裂围岩仍具有相当高的承载能力。支护的作用在于维护和提高松动围岩的残余强度，充分发挥围岩的承载能力，通过注浆可改善围岩的松散结构，提高岩体强度[3]。自 2009 年开始，清水营煤矿便大力推行注浆技术，但实践未能达到预期效果：一是浆液往往采用单一的水泥浆，不但强度较低，而且水泥硬化后具有一定的收缩性，使得看似注浆丰满的围岩体在浆液彻底硬化后会出现充填不实的现象，影响注浆效果；二是传统的注浆工艺繁琐，属于二次加强支护，需要重新打眼和安装注浆锚杆，增加生产成本和劳动强度并影响掘进效率。为了实现对锚杆和锚索的全长锚固，加强巷道弱面关键部位的支护强度，提高锚杆(索)支护系统整体支护效果，通过改进传统注浆工艺，采用了基于水泥基的 Flowcable 材料，设计并实践应用了一种全长锚固技术。

1 方案设计与试验

1.1 材料介绍

Flowcable 是一种多种特殊成分复配而成的用于水泥基灌浆材料的粉状添加剂。以设定的比例添加,可减少拌和水的用量,产生可流动的、可泵送的、不泌水的、同时又具有收缩补偿性和触变性的灌浆材料。

（1）材料特点

① 收缩补偿性,锚固效果佳,无收缩;

② 触变性,浆液不会流出孔洞外（见图1）;

(a) 实验　　　　　　　　　(b) 现场

图 1　浆液效果

③ 流动性好,适合很深的孔或管道灌浆;

④ 微结构密实性,防止水侵蚀,保护钢筋或锚杆;

⑤ 早期、后期强度高;

⑥ 可操作时间长,有足够的时间使浆液流入复杂的孔内。

（2）技术指标表（见表1）

表 1　　　　　　　　　　　　　　　材料技术指标表

水灰比 W/C	Flowcable 掺量（质量含量）/%	速凝剂掺量（质量含量）/%	初凝时间/min
0.25	6	0	357
0.25	4	3	20
0.25	6	4.5	32
0.25	6	5	16

测试温度:室温 30 ℃;养护温度:20 ℃;水泥类型:P.O 42.5;初凝时间测定方法:维卡仪;养护温度:20 ℃;水泥类型:P.O 42.5;水灰比:W/C=0.25。测试结果见图 2。

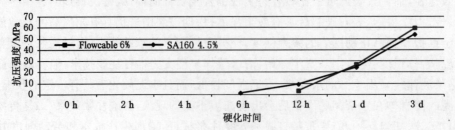

图 2　测试结果

（3）制浆和注浆设备

图 3　螺杆泵及搅拌机

制浆和注浆设备为一体式设备（见图 3）。采用气动马达，供气压力 0.4～0.5 MPa。该设备体积小、重量轻，移动方便灵活。制浆设备是强制式搅拌机，每次可制浆 15 L,注浆设备为螺杆泵。

技术参数如下：

最大出口压力：2 MPa。

泵送速度：≤15 L/min。

最远泵送距离：水平 20 m,垂直 15 m。

马达减速比：螺杆泵 15∶1,搅拌机 20∶1。

设备外形尺寸：长×宽×高为 1 400 mm×620 mm×1 120 mm。

1.2　方案设计

在清水营煤矿 110206 工作面皮带巷进行了 Flowcable 全长锚固技术试验。110206 工作面皮带巷原设计为锚网索喷联合支护方式，巷道净宽 5.4 m、净高 3.4 m,为圆弧拱形断面。采用 ϕ18 mm×2 100 mm 圆钢端头锚杆支护巷帮，充填 2 节 MSK35/35 树脂药卷，孔径 43 mm;锚索采用 ϕ17.8 mm 钢绞线，孔径 28 mm,每排布置 5 根，其中顶板 3 根（7.3 m 长），充填 5 节 MSK23/70 树脂药卷，上帮 2 根（5.4 m 长），充填 4 节 MSK23/70 树脂药卷。

任意选取一段巷道两帮锚杆、锚索进行试验。其中对帮锚杆采取先锚后注（图 4）的方式，具体做法是：当班每掘进一个循环，在临时支护掩护下人员进入巷帮，使用煤电钻打眼，按照正规作业流程进行帮部锚网支护，并将树脂药卷数量由原设计两节缩减至一节，提高了支护进度，同时也对巷帮起到临时支护效果，待完成锚杆支护即进入下一循环掘进作业，滞后工作面迎头一定距离再实施注浆;锚索采取先注后锚形式，即钻孔后先注 Flowcable 浆液，再将锚索插入孔中，以浆液完全取代树脂药卷达到锚索全锚目的。

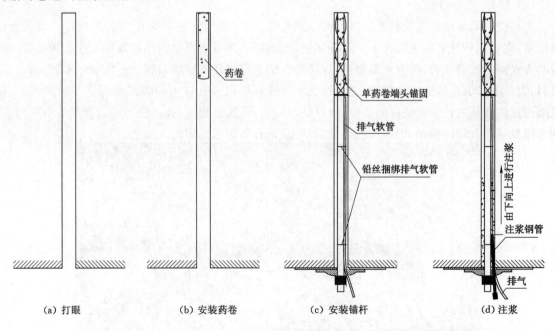

(a) 打眼　　　　(b) 安装药卷　　　　(c) 安装锚杆　　　　(d) 注浆

图 4　锚杆滞后注浆流程示意图

1.3　试验过程

试验前对现有支护材料进行自行设计，主要对锚杆钢护板及铁托板孔口进行加工（图 5），在原设计基础上把孔口由圆形加工成对口环形,即在托盘中心孔向一个方向外扩,长度30~40 mm,以便于注浆管插入。

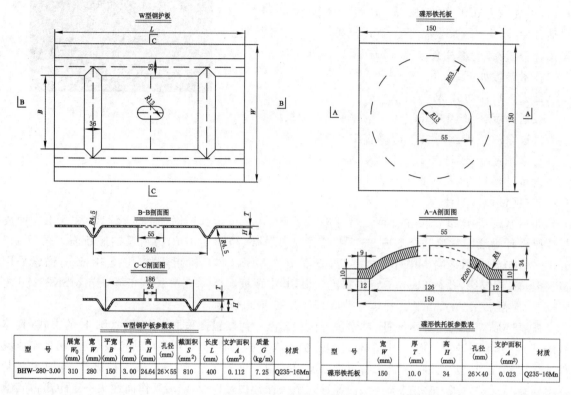

图5　托板加工图

W型钢护板参数表

型　号	展宽 W_0 (mm)	宽 W (mm)	平宽 B (mm)	厚 T (mm)	高 H (mm)	孔径 (mm)	截面积 S (mm²)	长度 L (mm)	支护面积 A (mm²)	质量 G (kg/m)	材质
BHW-280-3.00	310	280	150	3.00	24.64	26×55	810	400	0.112	7.25	Q235-16Mn

碟形铁托板参数表

型　号	宽 W (mm)	厚 T (mm)	高 H (mm)	孔径 (mm)	支护面积 A (mm²)	材质
碟形铁托板	150	10.0	34	26×40	0.023	Q235-16Mn

(1) 锚杆:先锚后注

先将锚杆和细小排气软管通过20#铅丝分段绑扎好,排气管距离锚杆里端头预留一节药卷锚固距离,在煤电钻打眼后先装入1节药卷实施端头锚固,然后把特制的钢护板和铁托板按照孔口对应的方式进行配套安装,接着上紧螺母,在螺母一侧预留出足够空间以利于注浆钢管顺利插入。注浆时,通过外扩的孔口插入注浆管(进入钻孔200 mm即可),孔口用棉纱或专用锲子封堵完好,料浆通过注浆管注入已安装锚杆的孔中,由外往里灌浆,灌浆过程中,孔内空气通过排气软管排出,直到水泥浆从排气管口溢出,说明孔内已灌满,完成该孔的灌浆。如图6所示。

图6　注浆全过程

(2) 锚索:先注后锚

用锚杆钻机钻孔至设计深度,插入注浆管至孔底进行注浆,通过预先计算控制注浆至 2/3 孔深后再将锚索插入孔中,以浆液替代树脂药卷实现锚索全长锚固。

1.4 结果检验

110206 工作面皮带巷采用由 Q235 钢材加工而成的 ϕ18 mm×2 100 mm 圆钢端头锚杆,其屈服强度为 240 MPa(屈服载荷 61 kN),抗拉强度为 380 MPa(拉断载荷 96.7 kN)。如图 7 所示,注浆完成 3 d 后对帮锚杆进行随机抽检,拉拔力平均 55 kN(达到杆体材质屈服强度的 90%),7 d 后平均 65 kN(超出杆体材质屈服强度 6%),15 d 后平均 73 kN(达到杆体材质拉断载荷的 75%),均大于原设计端头锚固的平均抗拔力 50 kN;注浆完成 2 d 后对锚索张紧力进行检测,张紧力可达到 200 kN,与原设计 5 节树脂药卷锚固力一致。随着 Flowcable、水泥混合浆液硬化强度逐步发展,预计 28 d 后锚杆(索)的锚固力将会达到峰值,能够大大补强支护效果,控制巷道变形。

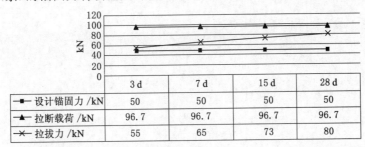

	3 d	7 d	15 d	28 d
设计锚固力 /kN	50	50	50	50
拉断载荷 /kN	96.7	96.7	96.7	96.7
拉拔力 /kN	55	65	73	80

图 7　锚杆荷载检测结果

2　结语

(1) Flowcable 全长锚固技术能够实现软岩巷道对锚杆(索)全长锚固的要求。当围岩破碎时,灌浆不仅会灌满锚杆(索)孔,部分浆液还会渗透到孔四周裂隙中,改善围岩结构,提高围岩整体稳定性,进而大大提高锚杆、锚索的支护效果,最大限度地避免工程返修,保障了采掘关系正常。

(2) 支护成本显著下降。首先不必投入专用注浆锚杆,其次 Flowcable 材料价格低廉(单价 2 元/kg)。就帮部锚杆计算:单孔用量不足 1 kg,可以取代 1 节 35/35 树脂药卷(单价 2.97 元/节);就顶部锚索计算:单孔用量不足 4 kg,可以取代 5 节 23/70 树脂药卷(单价 2.56 元/节);就帮部锚索计算:单孔用量约 3 kg,可以取代 4 节 23/70 树脂药卷(单价 2.56 元/节)。综合计算后,在 110206 工作面皮带巷内采用 Flowcable 材料配合 P.O42.5 水泥浆液作为锚固剂的生产成本延米单价较原树脂锚固设计成本减少 50%(37.7 元),按照巷道设计长度 2 700 m 计算,全部采用注浆支护预计节省材料成本 101 790 元。

(3) 满足了当前矿井生产对安全高效、精益化管理的要求。清水营煤矿采用 Flowcable 材料,自行设计加工托板,改进传统注浆工艺,在现已形成的锚杆支护体系中直接注浆,不再另外打眼。该技术操作方便快捷,保障了单进水平,也为实现宁东矿区软岩巷道锚杆全长锚固提供了一种新思路。

参考文献

[1] 李凤仪.岩体开挖与维护[M].徐州:中国矿业大学出版社,2003.

[2] 康红普.预应力锚杆支护参数的设计[J].煤炭学报,2008,33(7):721-726.

[3] 曹慧.钻孔灌注桩桩端后压浆技术作用机理研究[D].昆明:昆明理工大学,2010.

[4] 黄明华,周智,欧进萍.全长黏结式锚杆锚固段荷载传递机制非线性分析[J].岩石力学与工程学报,2014,33(A02):3992-3997.

4 采场技术

隆德煤矿工作面利用周期来压预裂顶板技术的应用研究

马清水

(神木县隆德矿业有限责任公司,陕西 榆林 719302)

摘 要 隆德煤矿205综采工作面顶板较为坚硬,节理不发育,整体性较好,因此采空区顶板不能及时垮落,造成大面积悬顶。当顶板悬顶跨度过大时,采空区顶板会突然垮落,瞬间压缩采空区空气,形成飓风,易造成人员伤害和设备损坏。为降低回采期间顶板悬顶跨度,对205综采工作面实行强制放顶技术,预破裂工作面顶板,使其尽早垮落。实际应用过程中,爆破以后顶板完整性被破坏,但是大块岩石较多,为更好地压碎岩石,需要依靠工作面周期来压期间的压力来破碎岩石,达到采空区顶板充分冒落以充填采空区的效果。要达到这一效果需要取得周期来压的步距和强度等关键数据。

关键词 强制放顶;预裂爆破;矿压规律;周期来压步距;周期来压强度

0 前言

周期来压是指随着煤矿煤炭资源的回采,工作面支架周期性地承受较大的压力,两个压力峰值之间工作面推进的距离称为周期来压步距,峰值强度称为周期来压强度。实际应用过程中,工作面顶板岩层具有相对稳定运动过程和显著运动过程两个阶段。在岩层相对稳定运动过程中,岩梁的运动幅度小,对采场矿压的影响不明显,支架上的压力显现也就不明显。而在岩层显著运动过程中,岩梁的运动幅度较大,对采场矿压显现的影响极为明显,相应的支架上的压力显现就明显。岩梁经过一次相对稳定运动和显著运动的全过程后,就完成了一个运动周期。

综采205工作面顶板较为坚硬,完整性好,单纯通过预裂爆破技术仍然达不到破碎工作面顶板岩石的效果,需要通过分析支架循环工作压力曲线,准确判断采场上覆岩层的运动变化情况,借助周期来压强度碎裂顶板岩层。准确地掌握顶板周期来压步距是该技术应用的关键程序。

1 工程概况

205综采工作面为2^{-2}煤西翼首采面,面长300 m,可采长度3 604.9 m。工作面南、北、西方向均为未采区,东面是2^{-2}煤大巷及保护煤柱。工作面范围内局部有0.1~0.6 m砂质泥岩伪顶,随采随落,直接顶是1.4~3.4 m粉砂岩,基本顶是11~18.6 m细砂岩及粉砂岩。工作面整体赋存稳定,靠近切眼处含1~2层夹矸,整体成宽缓的单斜构造,平均倾角小于1°。煤层平均厚度4.0 m,最厚4.8 m,最薄3.3 m。煤层在靠近切眼处较薄,靠近停采线处相对较厚。

205辅运顺槽、胶运顺槽、回风顺槽均采用锚网索联合支护。顶板锚杆规格为ϕ18 mm×2 100 mm左旋螺纹钢锚杆,间排距为900 mm×1 000 mm;顶板锚索规格为ϕ17.8 mm×8 000 mm,间排距为2 000 mm×3 000 mm。

表1   煤层顶底板岩性

	顶底板	岩石名称	厚度/m	岩 性 特 征
煤煤层顶底板情况	基本顶	细砂岩、粉砂岩	11～18.6	深灰色,泥质胶结,波状层理,夹有泥岩及细粒砂岩薄层,层面可见少许植物化石,硬度中等
	直接顶	粉砂岩	1.4～3.4	灰色,泥质胶结,波状层理发育,含植物叶片化石,具劈理面,夹砂质泥岩薄层
	伪顶	砂质泥岩	0.1～0.6	灰色,含少许植物化石,可见微斜层理,断口具滑面,硬度小,遇水软化,易垮落(工作面内局部区域分布)
	直接底	粉砂岩	8.0～12.2	灰色,水平层理及波状层理,含植物化石,岩心完整,硬度中等

2   矿压监测方案

205综采工作面采用长壁后退式一次采全高全部垮落法综合机械化采煤工艺、全部垮落法管理顶板。为摸清205综采工作面矿山压力变化规律,对205综采工作面回采期间的矿山压力显现的信息、支架工作阻力等仪器的监测数据进行分析,掌握顶板活动规律和巷道矿压显现规律。

205综采工作面支架载荷和巷道矿山压力显现监测设备,采用尤洛卡矿业安全股份有限公司生产的KJ216煤矿顶板动态监测系统。该监测系统是主要对综采支架工作阻力等矿山压力显现进行监测。该监测系统将计算机监测技术、数据通信技术和传感器技术融为一体。液压支架设置有压力和位移传感器、电磁阀,可以实现手动和联动动作,具有支护阻力大、操作方便等特点。该监测系统实现了复杂环境条件下采场矿山压力运移规律等的在线监测,能够对可能的顶板灾害进行预测预警。

205综采工作面液压支架采用郑煤ZY12000/25/50D双柱式掩护支架,支护范围2.5～5.0 m,工作阻力12 000 kN,工作面倾斜长300 m,工作面总架数176台。其中,ZY12000/25/50D型中间架168架,ZYT12000/25/50D型端头架机头3架、机尾3架,ZYG12000/25/50D型过渡架2架。布置监测仪器的支架共计17架,分别在1#、11#、21#、31#、41#、51#、61#、71#、81#、91#、101#、111#、121#、131#、141#、151#、161#支架上布置压力监测分机,对工作面回采期间的顶板来压对工作面支架工作阻力情况进行连续监测。

3   工作面矿压监测数据分析

3.1   周期来压理论计算

基本顶岩层是一块(或者由于断层切割而形成多块)板,基本顶断裂后的形式如图1所示。当基本顶达到极限跨距后,随着工作面的继续推进,基本顶即发生初次断裂。

显然,根据基本顶的"X"形破坏特点,可用将工作面分为上、中、下三个区。破断的岩块由于相互挤压形成水平力,从而在岩块间产生摩擦力。工作面的上、下两区是弧形破坏,岩块间的咬合是一个立体咬合关系;而对于工作面中部,可能形成外表似梁、实质是拱的裂隙体梁的平衡关系。这种结构称之为"砌体梁"。

经过上述分析可知,当工作面推进距离远小于工作面长度时,可在工作面中部利用平面变形问题加以处理,基本顶初次破断步距的理论计算结果如下所示。

按固支梁计算,

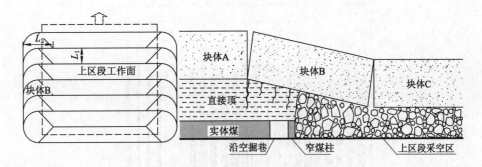

图1 基本顶板断裂后的形式

$$L_1 = h\sqrt{\frac{2R_t}{q_1}} = 46.48 \text{ m}$$

按简支梁计算,

$$L_1 = 2h\sqrt{\frac{R_t}{3q_1}} = 37.95 \text{ m}$$

考虑最大剪应力,

$$L_1 = \frac{4hR_s}{3q_1} = 80.0 \text{ m}$$

式中　h——需控岩层的厚度,13.5 m;

　　　R_t——抗拉强度,MPa,取 2 MPa;

　　　R_s——抗剪强度,MPa,取 1.5 MPa;

　　　q_1——基本顶本身的载荷,$q_1 = \gamma h = 0.025 \times 13.5 = 0.34$ MPa。

通过计算可知,基本顶断裂的步距有三种可能值,分别为 46.48 m、37.95 m 和 80.0 m。具体的数值还需要通过分析支架的监测曲线来确定。

3.2 周期来压曲线分析

基本顶呈"X"破坏将工作面分为上、中、下三个分区,因此需要分别分析各个监测分站的工作面初次推进过程中的监测数据。详细的监测数据如图2～图4所示。通过分析支架工作阻力随推进步距关系曲线来推断基本顶周期来压步距。

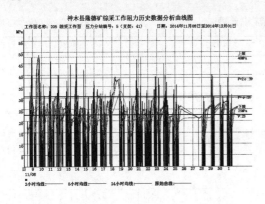

图2 工作面上部支架历史工作阻力曲线

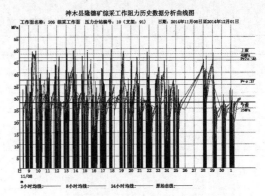

图3 工作面中部支架历史工作阻力曲线

据每个监测分站监测到的工作面支架工作阻力曲线,基本顶周期来压期间的支架工作阻力强度及来压步距如表2和表3所列。

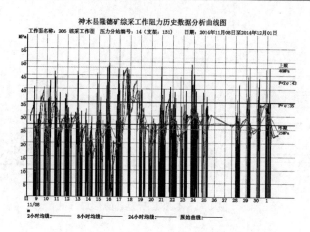

图 4　工作面下部支架历史工作阻力曲线

表 2　周期来压步距统计表

来压次数	上部	中部	下部
一次	24.5	14.6	14.6
二次	31.47	24.05	9.9
三次	16.98	17.32	14.15
四次	15.7	32.68	34.3
五次	16.2	16.2	31.9
六次	20.5	14.3	14.3
七次	26.35	18.8	32.55
平均值	21.67	19.71	21.67
基本顶周期来压步距	21.02		

　　根据表 2 可知,工作面上部周期来压步距 15.7~31.47 m,平均周期来压步距 21.67 m;工作面中部周期来压步距 14.3~32.68 m,平均周期来压步距 19.71 m;工作面下部周期来压步距 9.9~34.3 m,平均周期来压步距 21.67 m。工作面整面周期来压步距 9.9~34.3 m,平均周期来压步距 21.02 m。

表 3　基本顶周期来压强度统计表

来压次数	上部	中部	下部
一次	48.3	48.9	40.7
二次	46.1	41.2	46.5
三次	48.1	46.8	38.1
四次	42.3	50.5	46
五次	37.4	49.1	45.8
六次	31.7	47.8	49.5
七次	39	49.5	47.5
八次	46.9	48.6	48.3
平均值	42.48	47.80	45.30
基本顶周期来压强度	45.19		

　　根据表 3 可知,工作面上部周期来压强度 31.7~48.3 MPa,平均强度 42.48 MPa;工作面中部周期来

压强度41.2~50.5 MPa,平均强度47.80 MPa;工作面下部周期来压强度38.1~49.5 MPa,平均强度45.30 MPa;基本顶周期来压强度31.7~50.5 MPa,平均周期来压强度45.19 MPa。

4.3 工作面支架载荷频度

从图5中可以看出,液压支架工作阻力分布区间在20 MPa以上的占64.42%以上;支架工作阻力位于0~10 MPa之间的,约占17.99%;支架工作阻力位于10~20 MPa之间的,约占17.59%;支架工作阻力位于20~30 MPa之间的,约占48.84%;支架工作阻力位于30~45 MPa之间的,约占15.58%。由此看出,支架工作阻力大多分布20~30 MPa,支架的工作阻力分布状态成正态分布。这说明支架富裕系数较大,支架工况良好,符合强制放顶的技术要求。

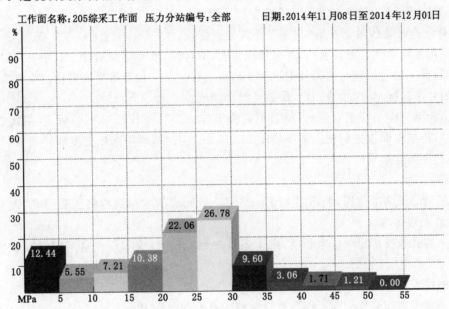

图5　整面压力监测分站载荷频度分析统计柱状图

4　爆破强制放顶技术方案

4.1　需控岩层厚度

采空区完全充填需要岩层厚度为:

$$m_z = \frac{h}{K_A - 1} (K_A 与 S_A 相适)$$

式中　m_z——工作面需控岩层厚度(含伪顶),m;

　　　h——采高,4.05 m;

　　　K_A——岩梁触矸处已冒落岩层的碎胀系数。

由于205综采工作面设计采高为4.05 m,因此,$h=4.05$ m,$K_A=1.25\sim1.35/1.3$,分别代入式中,求得工作面需控岩层厚度为:

$$m_z = 11.57 \sim 16.2 / 13.5 \text{ m}$$

根据煤层顶底板岩性可知,顶板上方直接顶厚度1.4~3.4 m,以粉砂岩主,该层岩层冒落后不能完全充填采空区;基本顶厚度11~18.6 m,以细砂岩、粉砂岩为主,基本顶垮落后,约11 m能用来充填采空区。

工作面需控顶板的范围大约为13.5 m,由粉砂岩和细砂岩组成,工作面顶板需要松动爆破最小距离为13.5 m。

4.2 强制放顶时机及措施

（1）时机

初次来压步距37.95m，周期来压步距21.02 m，强制放顶预裂施工要在初次来压和周期来压之前，施工结束后顶板来压，周期来压强度45.19 MPa，充分利用来压期间的压力破碎工作面顶板岩层，炮眼布置呈"一"字形分布，距切眼中心线1.65 m，炮眼间距8 m，按照17 m、20 m、23 m为一组循环布置，垂深8.5 m、10 m、11.5 m，共布置37个炮眼。另在205回风顺槽处布置一组加强孔，孔距8 m，孔深24 m、16 m、8 m，垂深12 m、8 m、4 m。

炸药采用矿用二级水胶炸药，药包规格为 $\phi70$ mm×500 mm。雷管采用煤矿许用毫秒延期电雷管，连线方式为并联，起爆方式采用延期雷管导爆索起爆，起爆器型号为QL2000型。装药系数约为0.6，每米炮眼装药量3.6 kg，炮泥采用黄泥制作。

炮眼采用连续不偶合方式装药，并采用双雷管、双母线、双导爆索引爆。其中，一根导爆索延伸至炮眼底部，另一根导爆索与炮眼外侧第一个药包连接。每一根导爆索均采用雷管起爆，两个雷管在孔口采用并联连接，并用木塞固定，爆破母线必须绝缘。

在工作面推进4 m后进行装药，预裂顶板将工作面破坏工作面简支梁端部，使其能顺利冒落充填采空区，待工作面推进到初次来压步距37.95 m左右时，利用来压强度破碎顶板，达到降低炸药使用量，提高破煤效果的作用。

（2）措施

① 装药前必须清净炮眼，装药用 $\phi70$ mm×1 500 mm的木制炮棍将装有药卷、炮泥和导爆索的PVC管装入炮孔内。

② 根据炮孔长度确定导爆索长度，由于炮眼内药量较大，要求警戒距离和爆破安全距离不小于500 m。

③ 严格按照设计要求施工炮眼，并采取湿式打眼。

④ 装药和爆破前必须切断工作面及两顺槽所有电器设备电源。

5 结论

经过分析205综采工作面矿山压力监测数据、顶板岩石组成和支架载荷等，表明支架满足强制放顶的要求，掌握利用周期来压破碎顶板的时机，得到以下结论：

（1）工作面需控顶板的范围大约为13.5 m，工作面顶板需要松动爆破最小距离为13.5 m。

（2）经实测研究表明，基本顶初次断裂的步距37.95 m，整面周期来压步距9.9～34.3 m，平均周期来压步距21.02 m。基本顶周期来压强度31.7～50.5 MPa，平均周期来压强度45.19 MPa，来压强度较大，能够达到破碎煤层顶板的作用。

（3）支架富余系数较大，能够承受较大的周期来压，经过预裂爆破，工作面顶板产生裂隙，抓住周期来压的时机，利用周期压力破碎顶板，达到了很好的破碎顶板的效果，采空区充填密实，为工作空间提供了安全的环境。

综采工作面回撤搬家技术分析

李江波,张　磊,杨守国,李永胜,刘小刚,周玉金

(内蒙古蒙泰不连沟煤矿,内蒙古　准格尔旗　010030)

摘　要　随着机械化水平的不断提高,工作面专用搬家设备已经相当成熟,且有专门的搬家公司。对于条件比较好的综采矿井,针对不同矿井的实际开采条件、管理经验和习惯,一般有三种较成熟的搬家技术,即辅巷多通道快速搬家、单通道回撤搬家及无预留通道搬家技术。

关键词　综采工作面;辅巷多通道;单通道回撤;无预留回撤通道;搬家技术

0　前言

综采工作面搬家倒面是综采生产矿井的重要生产准备工作,它不仅是矿井实现安全生产的重要环节,而且也直接制约着综采工作面单产水平的提高。在我国,绝大多数矿井的辅助运输方式为轨道运输,因此,综采设备的运输也只能采用轨道运输方式,工作面安装普遍采用"后退式掩护支架安装法",利用绞车、平板车、卸车三角架、铁板等辅助装置实现综采设备的卸车、调向与安装;工作面回撤普遍采用采煤机自做回撤空间的方法,在工作面停采线附近进行最后几刀煤的截割时,通过采煤机与运输机整体前移实现正常截割而液压支架则保持不动,以形成足够的设备调向及回撤空间。传统搬家倒面由于受回撤安装工艺、辅助运输方式等因素的制约,难以实现快速搬家倒面,一般地,回撤安装一个综采工作面约需 35 d 左右,需投入 15 000 个工时,难以保障综采工作面实现单产 800 万 t 以上的集约化生产目标。

1　综合机械化采煤工作面辅巷多通道快速搬家方法

神华集团有限责任公司普遍采用综合机械化采煤工作面辅巷多通道快速搬家方法,可以实现工作面安全高效快速回撤的目的。

综采工作面辅巷多通道快速搬家方法,包括以下步骤:

在回采工作面停采线位置,沿煤壁开掘出至少两条基本平行、相隔一定距离的辅助巷道,使至少一条辅助巷道为工作面撤架的回撤通道,另一条辅助巷道为支架撤出的运输通道,然后在两条辅助巷道之间再掘出若干条联络巷。

回撤通道的作用在于当工作面采到停采线时,不需要在支架前专门切割支架回撤时的调向空间,不会因为维护这一空间而延期刮板输送机、采煤机及液压支架的回撤,也不会因工作面推进速度的放慢,恶化顶板管理条件,从而达到缩短搬家时间的目的。

与回采工作面相贯通的回撤通道采取锚网支护。回撤通道还配以单体液压支柱、矿用工字梁、液压支架。液压支架为垛式支架,纵向支设在回撤通道中。回撤支架的运输通道和联络巷均采用砼固化底板。

运输通道采用锚杆支护,联络巷采用锚杆及单层金属网联合支护。

采取预掘辅巷的措施,充分利用连续采煤机快速掘进的优势,以掘代采,预先形成工作面支架回撤的调向通道,从而免除了回采工作面为形成撤架的调向空间,自己切割煤壁的工序和所需要的

时间；超强支护此通道，改善了工作面支架回撤时支架与围岩的相互关系，有利于支架的回撤作业。

辅运多通道新工艺的采用，使神东矿区搬家倒面的速度达到了世界先进水平。其主要效果为：

① 工艺简单，操作方便。

② 安全通道多，避灾路线短，从而增加了职工的安全感。

③ 工作面顶板易于管理，实现了回撤支架多头平行作业，分段放顶，从而最大限度地减少了工作面集中应力的产生与显现的强度，使工作面剩余的支架免受明显的集中应力，改善了支架的承载状况，为快速搬家倒面创造了良好的作业环境。

④ 由于预掘出工作面架前的回撤通道，并挂高强度网，从而缩短了撤架前的准备时间。

该技术在补连塔、哈拉沟、唐公沟、布尔台等千万吨级煤矿都得到了较好的应用。

神东分公司采高大于5 m的煤矿情况见表1。这些煤矿在工作面回撤时均采用回撤辅巷多通道，回撤速度较快，一般在7～18 d左右。

表1   神东分公司采高5 m以上工作面

煤矿名称	工作面名称	采高/m	工作面长度/m	推进长度/m
上湾煤矿	51203	5.6	301	4466
补连塔煤矿	32301	6	300	5220
哈拉沟煤矿	02209	5.2	320	2271
十坨台煤矿	71206	5.2	300	1877
乌兰木伦煤矿	61201	5	367	612

2 综采工作面单通道回撤搬家技术

该技术的实现步骤为：

（1）在综采工作面停采线处掘进一条垂直于两运输顺槽的回撤通道，形成单通道回撤巷道布置系统，回撤通道断面多为矩形，宽2.8～3.4 m，高3.4～3.7 m。

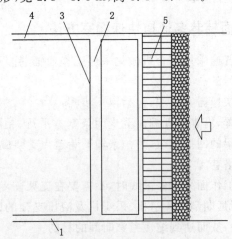

图1   综采工作面单通道回撤搬家巷道布置图

1——皮带顺槽；2——回撤通道；3——停采线；4——材料顺槽；5——综采工作面

（2）对回撤通道进行支护。巷道支护采用锚杆、锚索、金属网联合支护顶板及煤帮。

（3）当综采工作面距离回撤通道38～42 m时，将综采工作面调斜，使得综采工作面与回撤通道夹角为6°～8°；当综采工作面超前回撤通道8～12 m时，完成调斜工作，进行综采工作面与回撤通道的逐段贯通,具体做法是每循环有 6～7 架液压支架贯通。

(4) 综采工作面收尾时,在液压支架顶梁上铺设金属网和半圆木;综采工作面与回撤通道贯通后,在每个液压支架上设置插梁,插梁一端支设在液压支架的顶梁上,另一端支设在回撤通道的单体支柱上。

(5) 待综采工作面与回撤通道全面贯通后,回撤工作面设备。首先人工将回撤通道中的浮煤清理干净,顺槽中安装回撤用临时泵站系统;其次在工作面上端头安装回柱绞车,在材料顺槽中安装回撤用临时泵站系统;之后开始回撤工作面设备车→刮板输送机机尾→采煤机→转载机→破碎机→胶带输送机,最后为液压支架。液压支架采用自下而上逐架拆除的方法进行回撤,回撤时采用掩护架和单体支柱联合支护的方法进行顶板支护。具体步骤如下(见图 2):

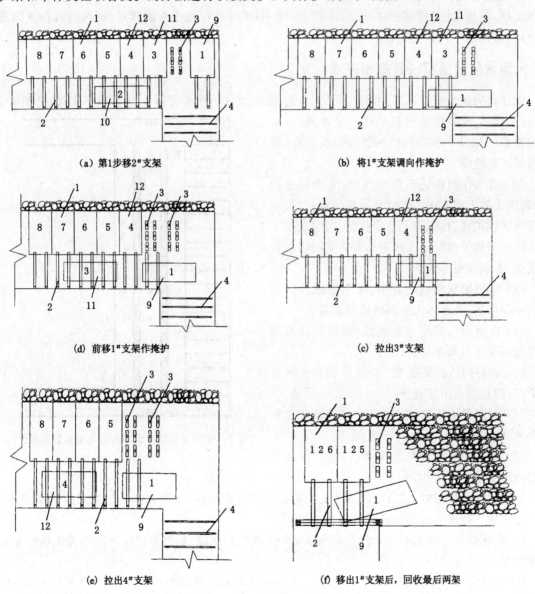

图 2　单通道搬家技术方法步骤

① 如图 2(a)所示,首先抽出机头 2# 支架,在抽出的空间支设单体支柱。

② 如图 2(b)所示,将机头 1# 支架调向后平行于回撤通道支设作为掩护架,掩护架挑起 3# 支架顶上的插梁。

③ 如图 2(c)所示,在 3# 支架前方,用单体支柱固定工字钢架子做支撑点,利用支架的推移千斤顶,前移 3# 支架,调向拆出后,在拆出的 3# 支架空间支设单体支柱进行临时支护。

④ 如图 2(d)所示,前移掩护架,使掩护架挑起 4# 支架的插梁。

⑤ 如图 2(e)所示,在 4# 支架前方,用单体支柱固定工字钢架子做支撑点,利用支架的推移千斤顶,前移 4# 支架,调向后拆出。

⑥ 以此类推,向机尾方向逐架拆除。

⑦ 如图 2(f)所示,在机尾剩余两个支架时,先将掩护架前移拆出,然后彼此相为掩护架前移并撤出。

⑧ 顶板的支护方法:在待拆支架旁,距待拆支架 200 mm,在支架顶梁的圆木下支设两排六根单体支柱,单体支柱的间距 800 mm,排距 400 mm;单体支柱在支架前移后及时回收,在支架调向拉出后,支设在下一个支架旁。

3 无预留回撤通道快速撤出技术

无预留回撤通道综采工作面搬家工艺方法,支架及通道布置见图3,包括以下步骤(见图4):

(1)当工作面推进至停采线一定距离时,开始用锚索+锚杆+钢筋(丝)网加强顶板支柱,保证顶板不再垮落。

(2)当工作面推进至停采线时,支架停止前移,利用支架上的液压油缸推移刮板运输机,带动采煤机继续割几刀煤,直至预定位置,同时采用锚索+锚杆+钢筋(丝)网+槽钢的方式支护刚暴露的顶板,形成回撤通道。

(3)支护回撤通道过程中,即在合适的位置安装 2 条滑道,滑道用工字钢或钢轨制成。

(4)在滑道上安装起吊装置(液压马达),用于将液压支架吊离地面。

(5)将待回撤液压支架从原来位置移至两滑道中间,固定在起吊装置上。

(6)利用起吊装置(液压马达)吊起液压支架离开地面。

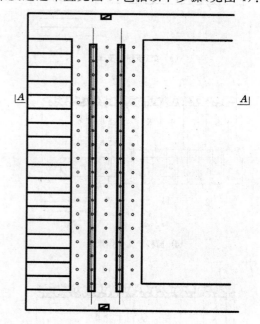

图 3 无预留通道技术回撤前支架及通道布置图

(7)用工作面两端的绞车牵引,将被吊离地面的液压支架运出工作面。

如果底板条件较好,或者解决液压支架搬运车的行走问题,也可以不采用悬吊式拆架技术,同样可以实现工作面无预留回撤通道搬家的目标。

例如:平朔地区安家岭二号井工矿井田位于宁武煤田北端,矿井核定生产能力为 1 000 万 t/a,支架型号 ZFS8000/23/37。

B902 综放工作面基本顶为粉砂岩,约 4.64~8.25 m;直接顶为砂质泥岩,2.36~5.83 m;伪顶为碳质泥岩,0.07~0.94 m;直接底为灰色泥岩,约 0.91~5.13 m。煤层厚度为 12.96~13.45 m,平均 13.14 m,采高 3.2 m,平均放煤高度 9.94 m,采放比 1:3.1。该面割煤步距为 0.8 m,每割煤一刀放煤一次。

当工作面推至距回撤通道 6.7 m 时,回撤通道顶板整体下沉,用于密集支护的几百根单体、20多架木垛全部摧倒,工作面 30 多台液压支架压死;工作面推进距回撤通道 1.6 m 时,回撤通道完全

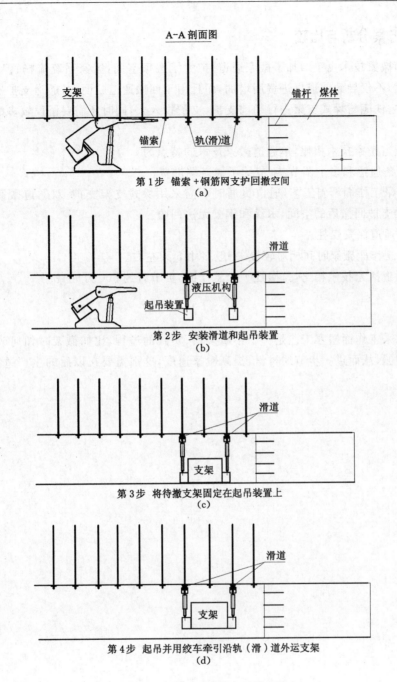

图4　无预留通道技术回撤步骤

堵塞而报废。回撤通道搬家方案失败。

在此情况下,工作面被迫尝试无回撤通道技术。

工作面继续推进,推过原回撤通道后,重新进入收面程序,并采用采煤机扩帮自开回撤通道,即采用无预留回撤通道法,进行工作面撤除,12天完成工作面倒面。

B902重型综放面无预留回撤通道快速撤出技术,采用无轨胶轮车与无预留回撤通道技术,集成了神东矿区与大屯矿区快速撤出技术之精华,成功实现了重型综放工作面快速撤出。

4 三种搬家方案分析与比较

辅巷双通道搬家技术由于增加了搬家通道,扩大了搬家空间,搬家系统流畅;但由于需要多施工搬家辅助通道,不仅导致巷道掘进费用增加,而且由于回撤通道断面大,通道支护费用大,需要大量采用单体支柱、铁棚与垛式支架进行超前支护,支护投入大,同时还需要留设较多的保安煤柱,煤量损失量也大。

与辅巷双通道搬家技术相比,单通道搬家技术的特点为:

(1)少掘 1 条通道和多个调节巷,节约了通道掘进费。

(2)采用综采工作面调斜工艺,通道贯通时不需采用垛式支架支护;双通道搬家回撤支架时,采用木垛和钢梁支护回撤后的空间,木垛和钢梁无法回收。

(3)节省了通道保安煤柱。

(4)本方法工作面搬家时间相对较慢,一般多用 5 天左右。

与辅巷双通道搬家技术相比,每搬迁一个工作面,可节省约 500 万元费用。

5 结论

高产高效综采工作面搬家工艺是一个不断摸索、实践的过程,比如撤架时如何改进顶板维护,如何解决通风问题,从而进一步节约材料,提高搬家速度,这都需要在以后的生产过程中继续探索和实践。

厚煤层分幅开采综采工作面自动铺网技术的研究与应用

杨清成[1],董　磊[2],陈　刚[2]　郭洪峰[1]

(1. 辽宁省铁法能源公司生产技术部,辽宁　调兵山　112700;

2. 辽宁省铁法能源公司大明煤矿,辽宁　调兵山　112700)

摘　要　本文介绍了综采工作面自动铺网与传统的人工铺网相比存在的优势。对于铺设人工假顶分幅开采的综采工作面,改造后的自动铺网支架既满足了分幅开采的铺网要求,又解决了传统的人工铺网存在的铺网质量差以及不利于安全的问题。

关键词　自动铺网;分幅开采;铺网质量;安全生产

0　前言

铁法煤业集团大明煤矿由原大明斜井和大明立井合并而成。如今由于煤炭资源枯竭,斜井已经停产封闭,立井处于残复采阶段,主要回采工业广场煤柱,矿井核定能力 60 万吨/年。由于工业广场煤柱赋存浅煤层厚,经沈阳煤炭科学研究所论证,如果采用一次性回采工艺可能与地表水或第四系含水层等导通,为了实现安全开采,需采用铺设金属网分幅开采。传统的分幅回采工艺在铺网过程中存在铺网质量差、不利于安全等问题,通过对支架的成功改造,既解决了传统的人工铺网工艺所存在的问题,又提高了回采速度,保证了安全生产。

1　自动铺网支架的设计理念

对于残复采矿井,煤炭资源显得尤其重要,大明立井广场煤柱煤层平均厚度 9 m,为了保证安全回采,经论证,需采用分幅开采的方式。自动铺网支架利用原有的 ZFS7200/17/29 型液压支架进行改造,将其改造成 ZFS7200/20/32 型液压支架并在支架底座尾部增加网托装置(图 1),把网托装置高低错落地安设在液压支架底座尾部。工作面回采时将金属网放在网托上,随着液压支架的拉移,金属网自动铺设在工作面底板上,随着顶板的自然垮落,将金属网压住,作为下幅工作面的人工假顶。自动铺网支架的使用保证了铺网质量满足设计要求。

2　自动铺网支架的使用

自动铺网支架将带有转动轴的金属网放置在网托装置上,网托装置安装在液压支架底座尾部,随着支架的前移将金属网自动铺设在采空区的底板上,金属网每捆长度 12 m,宽度 1.6 m,随着回采的推进,当一捆金属网用完后,重新换上下一捆带有转动轴的金属网连接好后即可,与传统的铺网工艺相比人员不需要到支架的前梁处换金属网。网托装置错落安设在单号液压支架(图 2)与双号液压支架(图 3)的底座尾部,不会导致液压支架挤坏网托装置,还能够保证铺网均匀,避免出现压网过多和网间距过大等现象。随着回采推进,顶板冒落后,将金属网压在采空区的底板上,避免了顶板垮落后压网不均匀和损坏金属网现象,从而达到了预期的效果。

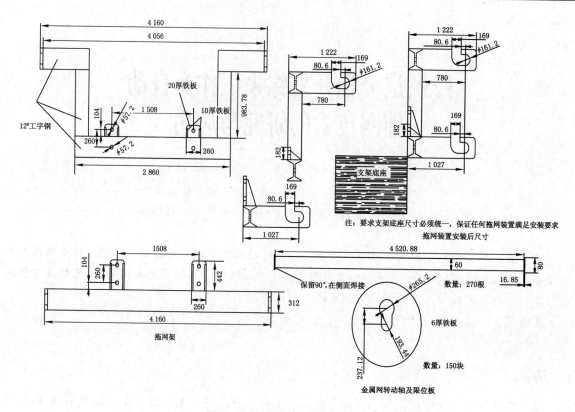

图 1　自动铺网支架网托装置图

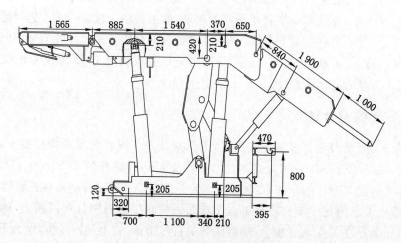

图 2　自动铺网支架 单号架图

3　传统的人工铺网工艺及缺点

传统的人工铺网工艺采用的是将金属网打开后一片片铺设在液压支架的前梁上，前梁下面的金属网吊挂在支架的前梁和护帮板上，随着回采的推进，依靠液压支架前移，将金属网随着顶板带入采空区。拉移支架过程中，如遇到顶板不平整时，会造成金属网被搓破和撕坏的现象，而且回采过程中采煤机滚筒容易把前梁下面的金属网割破。同时随着回采的推进，顶板形成悬臂梁，工作面顶板周期来压时，直接顶和基本顶垮落把金属网压在采空区的底板上，顶板垮落不均匀时，会造成局部地点金属网铺设不均匀或无金属网，致使人工假顶不能达到理想效果。金属网用完后，还需要人员到支架前梁下进行续网作业，不利于安全生产。

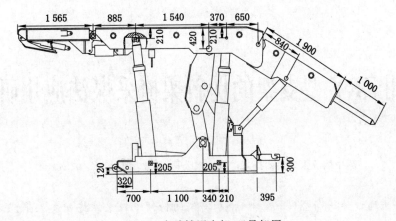

图 3   自动铺网支架 双号架图

4   自动铺网支架工艺及优点

自动铺网支架将金属网网托装置设在液压支架底座尾部,随着支架的前移将金属网自动铺设在工作面的采空区底板上。此装置的应用杜绝了回采过程中采煤机滚筒刮坏金属网和拉移液压支架搓坏、撕坏金属网现象。此装置不会因顶板垮落不均匀而导致金属网在采空区底板上铺设不均匀或者局部无网现象的发生,使人工假顶能够达到设计的理想效果。此支架的使用又能提高回采率、节约施工成本、降低工人劳动强度,既解决了人员铺网时在支架前梁下作业的危险,又杜绝了回采过程中液压支架、采煤机滚筒、顶板垮落对金属网造成损坏的现象,能够达到设计的铺网质量要求。

5   经济效益分析

使用自动铺网支架与使用未改造的液压支架采用传统的人工铺网工艺相比,采高提高 0.3 m,可多出煤炭 3.6 万 t,按照售价 210 元/t 计算,增加效益 756 万元;每幅可减少工时 30 天,三幅节约人工费 37.8 万元;每幅可减少耗电 150 000 kW·h,每度电按照 0.8 元计算,三幅可降耗 36 万元。三项计和,在经济效益上可节资、降耗、提效 829.8 万元。

6   结论

通过在广场煤柱三段综采工作面的使用,改造的自动铺网支架与传统的人工铺网工艺相比,具有铺网质量高、不易损坏金属网、工人的劳动强度低、安全程度高、回采速度快等优点,同时为下幅的开采在顶板管理方面创造了良好的条件,为厚煤层分幅开采综采工作面在铺网工艺方面探索出了一条新途径。

采用 ZRY 型支架的伪斜柔掩采煤法应用研究

孙志祥

(冀中能源张矿集团怀来矿业有限公司,河北　张家口　075431)

摘　要　本文通过使用新型(ZRY 型)掩护支架的伪倾中斜柔性掩护支架采煤方法应用研究,总结出适合这种采煤法的工作面巷道布置方法、掩护支架的安装方法、采煤与掩护支架的下放方法、掩护支架的回收方法、合理工作面布置的参数、正规循环表、回采工作面主要技术经济指标等,以及工艺实施过程中的安全注意事项,进而总结出了一套适应怀来矿煤层开采条件的采煤方法,同时和"残采"工艺进行效益对比,建设性地提出了柔性掩护支架采煤法的发展和研究方向。

关键词　柔掩支架;伪斜;采煤法;应用研究

0　前言

怀来矿煤层赋存多以急倾斜为主,多年来一直采用"残柱式"非正规采煤方法,资源回收率低,工作面不能形成全风压通风,安全无保证,也不符合现行的产业政策。为了矿井的生存,2014 年怀来矿试验伪倾斜柔性掩护支架采煤法,彻底改变采煤方法。因为这种采煤方法是新生事物,怀来矿没有经验,所以将试验过程列为科研项目,组织课题小组进行攻关。此次试验使用的掩护支架,是北京诚田恒业煤矿设备有限公司研制生产的 ZRY 新型柔性掩护支架。该支架为多段"7"字形的设计结构,由液压系统控制,支架尾梁能实现左右摆动,可使支架顺利通过煤层厚度变化频繁的地质构造带,同时在煤层变厚时,利于侧放煤;在支架主梁靠近导向梁位置设有柱位,可加挂单体液压支柱,实现辅助支撑或调整支架。该支架具有拆装方便、适应一定的煤层厚度变化的特性。支架结构见图 1。该支架在全国其他矿井还有新疆托克逊煤矿和宏元煤矿使用,但是它们支架规格和煤层开采技术条件与怀来矿都不一样。为此,必须通过该项采煤方法的实践应用研究,总结出一套适合怀来矿的合理的工艺流程、工作面参数、经济技术指标等,为今后生产进行理论指导。

1　研究步骤

1.1　前期准备

2013 年 4 月 27 日张矿集团公司副总经理赵云佩、副总师李士军带领相关技术人员到新疆拜城县峰峰焦煤有限公司托克逊煤矿、宏元煤矿柔性掩护支架采煤工艺现场进行实地调研。2013 年 7 月怀来矿取得张矿集团关于《SS3W422 采区设计》和《SS3W42201 柔采工作面设计》审查批复,2013 年 11 月与生产厂家完成支架定做工作。

1.2　项目实施

(1)研究、总结工作面巷道布置方法

运输巷、回风巷、切眼、溜煤及行人小眼的布置方法。

(2)研究、总结掩护支架的安装方法

通过生产实践,总结出安全、简便、合理的安装方法。

(3)研究、总结落煤与掩护支架的下放方法

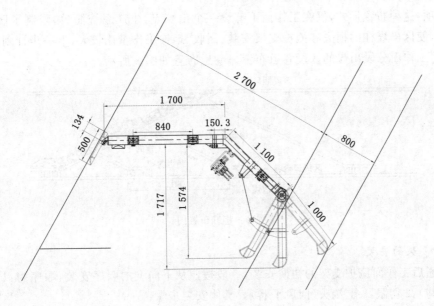

图 1　支架结构图

通过实际实践,确定合理的工作面长度、落煤与掩护支架下放方法。

(4) 研究、总结掩护支架的回收方法

通过实际生产实践,确定掩护支架安全、简便、合理的回收方法。

(5) 研究、总结工作面参数及正规循环后的主要技术经济指标

通过几个月的生产,总结出工作面参数及正规循环后工作面主要技术经济指标。

2　研究过程及总结

2.1　研究范围

从第一个工作面巷道布置开始,到第二个工作面形成正规循环作业各工序工艺流程、技术经济指标。

2.2　研究对象

第一个(SS3W42201)工作面,2014 年 1 至 2 月进行巷道布置,总工程量 203 m;3 月 1 日至 31 日进行第一个(SS3W42201)工作面支架安装,总工程量 126 架;5 月 1 日通过集团公司验收,5 月 4 日至 7 月 20 日工作面推采结束,走向推进 85 m,面长平均 25 m,平均产煤 4 498 t/月。

第二个(SS3W42202)工作面 7 月 21 日至 8 月 5 日进行支架拆卸安装,总工程量 156 架;8 月 6 日至 11 月 6 日推采,走向推进 90 m,面长平均 35 m,平均产煤 5 187 t/月。

2.3　研究总结

2.3.1　工作面巷道布置

运输巷、回风巷:为满足行人、通风、运输的要求,断面规格要选取不低于 1.8 m×2.2 m—11# 梯形(巷道净断面 4.16 m²)矿工钢支护;这类巷道掘进时必须沿煤层顶板掘进,即梯形棚梁一端要紧靠煤层顶板。

切眼:断面规格选取要符合支架规格参数,即考虑掩护支架的上宽、下宽、高度;巷道掘进时必须沿煤层顶板掘进。

溜煤(行人)小眼:规格不低于 1.5 m×1.5 m×0.14 m 木垛棚,沿煤层真倾斜方向布置,沿顶板或距顶板法线距离不大于 2 m。为满足行人、通风、运料的方便,工作面后小眼的数量应该保持三个。

注意事项:这种布置形式,仅在工作面下部设一个出煤点,生产系统简单,限制了区段的垂高,工作面单产,使区段煤柱的损失和掩护支架安装、回收、运输工作量比较大;下一步计划试验加大区段垂高,采用工作面分段出煤的区段巷道布置。巷道布置如图2所示。

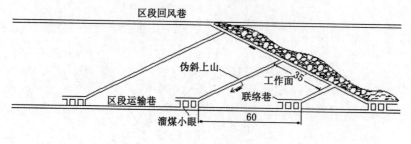

图2　巷道布置图

2.3.2　掩护支架的安装

切眼贯通后工作面掩护支架的初期安装,一般按照从下向上的顺序安装,顺序为:1下端头(小眼上部的平巷),2切眼,3上端头(回风平巷)。具体安装步骤:

第1架安装,先拆除巷道中的1架棚子,留出0.5 m的空隙。安装过程分4步,第1步安装主梁和掩护梁,在空隙上部设置1根矿工钢梁,吊挂1个3 t手动葫芦,将其吊到大于1.5 m高度的位置,利用2根液压支柱调整到安装高度;第2步安装尾梁,利用插销将主梁、掩护梁及尾梁连接成一体,上卡固定;第3步在尾梁部装液压缸;第4步在顶板一侧主梁下部安装单体液压支柱,调整支架高度及方向。第2架安装分6步,第1步将主梁和掩护梁连接好;第2步在安装好的第1架掩护支架的主梁上固定1个导向滑轮;第3步在安装点一侧4 m处固定1个3 t手动葫芦;第4步用钢丝绳穿过导向滑轮,将连接好的主梁和掩护梁一体吊到大于1.5 m位置,利用2根单体液压支柱调整到合适位置;第5步安装与第一架连接的3个三环链(主梁2个,掩护梁1个),去掉导向滑轮;第6步安装尾梁、装液压缸,在顶板一侧主梁下部安装液压支柱,调整支架高度和方向。第3架以后所有的支架安装和第2架相同。3架安装完成为一组,安装双向锁、操作阀、连接液压小管等小件,进行给液试验。

正常生产要在工作面下端头拆除支架,在上端头补接支架。补接支架的安装方法和前面的讲到的第2架支架的安装方法相同,同时要求上端头必须保证不少于8 m,即24架以上的支架。

注意事项:一是第1架安装利用手动葫芦近距离垂直起吊,安装人员必须协调好,注意起吊过程中的磕碰伤害;二是切眼(斜坡)段安装,选择起吊固定点必须在安装点下部。

2.3.3　采煤与掩护支架的下放调整

(1)采煤:采煤包括炮眼布置、装药、爆破、铺溜槽出煤及调整支架等项工作。炮眼布置要根据架宽和煤的硬度来定。开采煤厚2.7～3.5 m的煤层,选择的支架空顶距离在2.7～3.5 m的范围。工作面采煤采用自下而上分段爆破的方式。一次爆破4～5 m。炮眼布置采用4～5排眼,眼距0.8～1.0 m,排距0.8～1.0 m,眼深1.0～1.2 m,炮眼方向水平俯角5°～10°。其中靠近顶板的帮眼离顶板0.2 m布置,而靠近尾梁的帮眼布置是尾梁下放后的位置。见炮眼布置图3。每个眼装药200～300 g,帮眼适量多些。打眼爆破需要约1 h,一次起爆20～25个炮眼。铺设溜槽出煤,时间需要约0.5 h。溜槽采用树脂溜槽,光滑轻便。

(2)掩护支架的下放调整:爆破后掩护支架会自动下落。当爆破段的煤炭经过铺设溜槽走完后,就开始调整爆破段落下的架子,将支架的顶梁和尾梁调整成一线。顶梁利用单体液压支柱调整,尾梁使用液压操作阀调整,可以边出煤,边调整支架,时间0.5～1 h。

注意事项:一是一次爆破段不能大于5 m,否则爆破后崩落的煤炭会堵塞工作面回风,爆破段支架变形严重,调架困难,占用时间长;二是爆破的眼深不能大于2.0 m,爆破后落差太大,掩护支

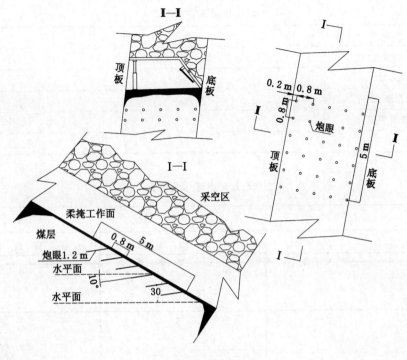

图 3　炮眼布置图

架受拉容易变形损坏。

2.3.4　掩护支架的回收

随着工作面的推进要不断地回收下端头平巷的掩护支架到上端头补接。

(1) 端头掩护支架的回收方法:① 拆除本支架 3 个三环链、主梁和掩护梁的 2 个连接螺栓、液压控制阀和双向锁,去掉单体支柱。② 将手拉葫芦固定 3 m 处使用支架的主梁靠近导向梁的位置,将手拉葫芦的链端拴在要回收的支架尾梁下部,拉紧。③ 操控液压控制阀,使支架不断伸缩,同时配合拉紧手拉葫芦,主梁拉成俯角状态(以前呈仰角),支架整体缩低。④ 利用手拉葫芦(或回柱绞车)将支架整体从矸石中拉出来。⑤ 拆除本支架控制阀与双向锁之间的 2 根液压管,人工拉动葫芦到安全位置进行分解。

(2) 过小眼拆架:在拆架距小眼口 2 m 时,应将小眼填实、支护好后再进行拆架作业,如果是最后一个小眼时,必须先送风再进行填眼拆架。

(3) 斜坡拆架:首先加强上端头支架的稳定性,利用液压支柱戗住支架主梁,利用两根直径 15.5 mm 钢丝绳进行加固,一端固定在坡头支架,一端与后面工字钢进行连接防止支架下窜,然后遵照平巷拆架工序进行拆架。

2.3.5　工作面参数及正规循环后的主要技术经济指标

(1) 工作面参数:当煤层赋存条件比较适宜时,采区一翼(工作面)走向长度 400～500 m;阶段垂高一般为 30 m,工作面长度 45～55 m;当煤层赋存稳定,地质构造简单时,区段高度可加大到 50 m,工作面长度 70～80 m,巷道布置时要考虑 2 个以上的出煤点。区段煤柱尺寸留设 4～5 m。

(2) 正规循环后的的主要技术经济指标:劳动组织采用"三八制"作业。工作面采用分段爆破的作业方式,一次爆破 5 m,每班放三茬炮,爆破 15 m,三班爆破 45 m。一次爆破出煤的工序是:打眼—爆破—摆煤—调整支架,约 2.5 h。每班拆装各 1 副掩护支架。合理工作面长度是 45 m,回采工作面的劳动组织表、正规循环作业表、主要技术经济指标表分别见表 1、表 2 和表 3。

表 1
小班工作面劳动组织表

工种	定员数	备注
组长	1	
打眼爆破工	2	
攉煤、调整支架工	2	
拆装支架工	2	
合计	7	

表 2
工作面正规循环作业图表

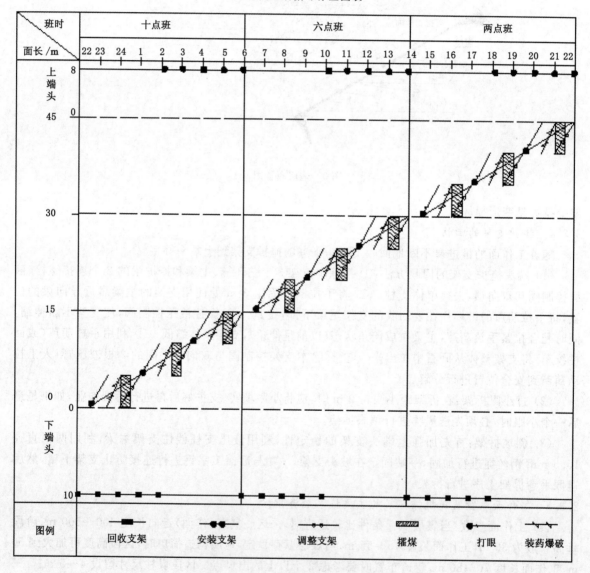

表 3
工作面主要技术经济指标表

序号	项　目	单位	数量
1	工作面长度	m	平均 45
2	工作面采高（开采煤层厚度）	m	平均 3.5

序号	项　　目	单位	数量
3	工作面伪斜角度	(°)	25～30
4	煤层倾角	(°)	45～80
5	日正规循环个数	个	1
6	日走向方向推进度	m	1
7	循环产量	t	211
8	平均日产	t	211
9	工作面工效	t/工	10.0

3　结论

采用新型掩护支架的伪倾斜柔性掩护支架采煤法在怀来矿取得了成功,总结出一套切实可行的理论。这种采煤方法革新了怀来矿传统的"残采"非正规工艺,实现了全风压通风和两个安全出口,在掩护支架下采煤保证了生产安全,最大的特点是工作面的高度、宽度也比传统的"柔掩地沟法"有极大的改善,作业环境舒适。通过此次应用研究,初步总结出一套适合怀来矿煤层开采条件的采煤方法,即巷道布置、工艺流程、工作面参数、经济技术指标等,随着不断地生产实践,需要继续完善总结。

3.1　与非正规"残柱"采煤法相比的优点

(1)煤炭回收率由原来的 50% 提高到 95% 以上。

(2)降低掘进率,由原来的 420 m/万 t 降到 360 m/万 t。

(3)减少了"残柱"回采前替换工字钢棚的工序,减少 111.14 m/万 t。

(4)坑木消耗降低了,万吨降低 95.6 m³。

(5)工作面煤炭采用溜槽自流,减少运输设备,降低机械故障对生产造成的影响。

(6)利用掩护支架把工作空间和采空区隔开,能够三班连续出煤,为安全生产创造了良好条件。

(7)煤质得到控制,煤质显著提高,由原来的 4 000 kcal 提高到 5 500 kcal。

3.2　存在的问题

(1)工作面基本上是单点出煤,限制了各项技术经济指标的提高。

(2)在含有夹矸的煤层中使用这种采煤法,无法排除矸石。

(3)落煤尚待实现机械化。

(4)对煤层赋存条件有要求:厚度适应 2～6 m,埋藏稳定、厚度变化不大。

矸石充填对地表变形的影响

李建峰

（冀中能源股份有限公司邢台矿，河北　邢台　054026）

摘　要　建筑物下压煤量较大，同时矸石对环境也有较大的污染和破坏，本文针对这种情况，以邢台矿为例研究了建筑物下采煤的矸石充填技术对地表变形的影响。通过对建筑物下煤层全部开采及充填后的变形规律进行比较分析，说明矸石充填技术在建筑物下采煤中的可行性，为其他类似的建筑物下煤层开采提供了一定的参考，具有一定的推广价值和社会效益。

关键词　煤矿；矸石充填；地表变形；巷采

我国建筑物下、水体下、铁路下（称为"三下"）压煤量大，其中以村庄建筑物下压煤量最大[1]。据不完全统计，建筑物下压煤量约为 78.18 亿 t 左右[2]，开采这些煤层将不可避免地使建筑物受损。

解决建筑物下压煤的传统方法包括迁村开采、条带开采等。迁村开采虽不需要改变采煤方法，煤炭采出率高，但存在迁村成本高、选址难，涉及部门较多、难度大的问题，且工农关系很难协调；条带开采能够有效地控制地表变形，但煤炭资源回收率低，随着采出率的增加，其地表下沉显著增大。

而煤矿开采的另一个问题就是煤矸石的堆放。据不完全统计，目前全国累计堆放的煤矸石约 45 亿 t，规模较大的矸石山有 1 600 多座，占用土地约 1.5 万 hm²，而且堆积量每年还在以 1.5 亿～2.0 亿 t 的速度增加，对人类生存环境带来了很大威胁。

针对上面的情况，研究矸石充填技术，这样既可以解决煤矿生产矸石的井下处置问题，避免矸石提升上井带来的矿井运输紧张、地面环境污染和占地问题，又可以实现对地表沉陷的有效控制，保护地面建筑物安全。同时采取井下矸石充填，能减少地面排矸量，降低吨煤成本。目前地面排矸方式采用汽车运输，可减少大量矸石上井，减少矸石运输费用。经过多年的研究，邢台矿矸石充填技术可以做到尽可能把巷道填实，充填率高，巷道利用率高，顶板及覆岩移动量小，地面沉降量小，地面建筑物比较安全。

但矸石充填在不同的条件下对地表变形的影响究竟有多大，这就需要根据实际的充填工艺和地理环境进行分析。本文以邢台矿为例，在一定的充填工艺下对充填后的地表变形进行分析，并与未充填前的预测变形值进行比较，得出该条件下矸石充填后地表变形的改善效果。该结果对条件类似的建筑物下煤层开采有一定的参考价值。

1　邢台矿地理条件介绍

邢台矿位于邢台市三环以内，2# 煤层为该矿的主采煤层，在井田范围内大小村庄 11 个，村庄及工业广场煤柱压煤量占全矿井地质储量的 82.8%。

邢台矿计划将工业广场和先于村保护煤柱范围作为矸石充填试验规划区域。该区域位于 -760 m 大巷东侧，南邻主副暗斜井，北邻 F21 断层，东面是邢台矿深部采区。规划区南北平均长 455 m，东西平均宽 680 m，面积 30.94 万 m²。该区域煤层走向 NW29°～NE2°。2# 煤层厚度充填区域煤层厚度平均 4.35 m，倾角 10°，煤层赋存深度 842～975 m。区内构造简单，煤层赋存稳定。

2#煤顶底板岩性描述如图 1 所示。

2 矸石充填的工艺

现在邢台矿矸石充填技术相对比较成熟,充填巷道宽度为 5 m,通过 CTS37.5/83 型井下巷道矸石充填输送机使矸石抛与 650 皮带机较好地配套使用。其中 CTS37.5/83 型井下巷道矸石充填输送机具有矸石抛填功能、行走和转向功能、卸载滚的调偏、调平和调向功能,整机操作采用液压和电器控制,自动化程度较高,是一台技术综合性较强的大型设备。矸石充填输送机抛填

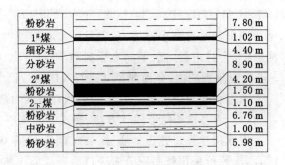

粉砂岩	7.80 m
1#煤	1.02 m
细砂岩	4.40 m
分砂岩	8.90 m
2#煤	4.20 m
粉砂岩	1.50 m
2下煤	1.10 m
粉砂岩	6.76 m
中砂岩	1.00 m
粉砂岩	5.98 m

图 1 2#煤顶底板岩性描述

皮带左右可摆动角度 14.5°,摆动最大宽度 4.5 m,带速 2.5 m/s,摆动高度在 2.8～4.0 m 之间,移动速度 0.5 m/s,移动步距 0.5 m,矸石充填输送机抛填皮带及行走机构为电驱动,液压驱动矸石充填输送机姿态,充填时,可前后左右上下移动。

该充填方式用工少,工人劳动强度大大降低,整体充填效率高,充填效果好,使用较为方便。在一般情况下,建筑物的倾斜、曲率和水平变形的允许变形值分别为 ± 3 mm/m,$\pm 0.2 \times 10^{-3}$/m,± 2 mm/m,如果超过变形的允许值,则会直接影响建筑物的安全,造成一定的财产损失。允许地表变形的煤层可采厚度可见图 2。

但在实际村庄下采煤工作中,往往在同样的变形值作用下,村庄建筑物的损坏程度要大于《建筑物、水体、铁路及主要井巷煤柱留设与压煤开采规程》(以下简称《规程》)的损坏等级,这是由于我国农村房屋质量普遍较差,抵抗变形能力较低。因此生产采区控制地表拉伸变形在 0.9 mm/m 的范围之内。

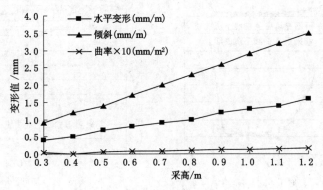

图 2 允许地表变形的煤层可采厚度

根据分析可知,为了保证地表拉伸变形在 0.9 mm/m 的范围之内,充填巷除了矸石充填还需要留设煤柱。填巷两侧煤柱宽度设计为 5 m,矸石充填巷、矸石充填配巷巷道断面规格分别为 5.0 m×(3.5～4.35 m)(宽×高)、4.5 m×3.5 m(宽×高),锚梁网联合支护。

3 地表变形的分析

在矸石充填开采巷道上部布设 A、B、C、D 四条观测线,其大致分布情况为:沿先于村中部偏北的东西向街道和先于小学北面的东西向乡村路布设 A 观测线,在邢台矿工业广场南侧的东西向乡村路和先于村南部东西向街道布设 B 观测线,沿先于村中部南北向街道布设 C 观测线,沿先于村东的南北向乡村公路布设 D 观测线。地面沉降观测站的埋设应选择在交通方便、通视良好、视野

开阔的位置，其点名称按由北至南、从西到东依次增大的顺序，依次编为 A01～A27、B01～B38、C01～C21、D01～D34，共计 120 个点。邢台矿先于村地面沉降观测全面测量包括各观测站的平面坐标测量和水准高程测量，在项目开始之初进行一次全面测量，然后每 3 个月进行一次水准高程观测、每 6 个月进行一次平面坐标观测，项目结束后进行一次全面测量。在先于村地面沉降观测项目 3 年的观测周期内，全面测量共进行 8 次，水准测量约为 14 次。

未进行充填前的地表移动变形预计方法、模式及基本参数确定如下：

（1）地表移动变形预计方法、模式

根据拟建煤矿井田地质、煤层赋存条件、采煤方法等开采技术条件，以及《规程》中所列预计方法，本次评价采用概率积分法进行地表变形预测，按半无限开采缓斜倾煤层进行地表变形的计算。

（2）地表移动变形预计参数见表 1。

表 1　　　　　　　　　　　全部开采时的地表移动变形预计参数

序号	参数	符号	单位	参数值	备注
1	下沉系数	q	/	0.85	重复采动增加 15%
2	主要影响角正切	$\tan\beta$	/	2.0	
3	水平移动系数	b	/	0.35	
4	拐点偏移距	S	m	0.02H	H 为采深
5	影响传播角	θ	(°)	90°～0.6α	α 为煤层倾角

现将观测线上的实际观测值与地表变形预测值进行对比，结果如图 3 所示。

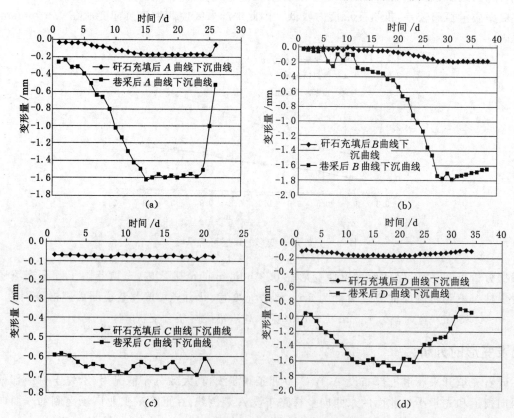

图 3　观测站实际观测值与地表变形预测值

4　结论

从图3的数据比较计算可以看出,使用矸石充填工艺比未充填前的地表预计变形值有很大的客观改变,充分满足了《规程》的损坏等级。虽然我国农村房屋质量普遍较差,抵抗变形能力较低,但采用充填工艺后拉伸变形几乎为零,很好地保护了地表及建筑物。从图形可以看出,该工艺可以保证变形值在一定的安全范围内,这样就保证了建筑物的安全,增加了经济效益。矸石填充技术能够有效地改善地表的变形,减小了煤矸石对环境的影响,保证了采煤工作的顺利进行。本文介绍了邢台矿的充填工艺,并对充填前后的地表变形进行了计算比较,该研究对条件类似建筑物下煤层的开采具有一定的参考价值并创造一定的经济效益。

参考文献

[1] 冯涛,等. 建筑物下采煤技术的研究现状与发展趋势[J]. 中国安全科学学报,2006,16(8)119-123.

[2] 姜德义,任松,刘新荣,等. 某建筑物下煤层开采可行性分析[J]. 矿山压力与顶板管理,2000(3):26-28,31.

[3] 王戈,等. 综采工作面矸石充填技术探讨[J]. 现代矿业,2009(5):110-111.

[4] 张文海,等. 矸石充填采煤工艺及配套设备研究[J]. 采矿与安全工程学报,2007,24(1):79-83.

[5] 何国清,杨伦,凌赓娣,等. 矿山开采沉陷学[M].徐州:中国矿业大学出版社,1990.

[6] 钱鸣高,许家林,缪协兴. 煤矿绿色开采技术[J]. 中国矿业大学学报,2003,32(4):343-348.

[7] 张普田. 煤矿矸石充填开采地表变形规律分析[J]. 矿山测量,2009(4):29-30,40.

不连沟煤矿特厚煤层末采工作面围岩
控制及快速贯通技术

李永胜,杨守国,李江波,张　磊,刘小刚,周玉金

(内蒙古蒙泰不连沟煤业有限责任公司,内蒙古　鄂尔多斯　010030)

摘　要　在工作面回采推进逐步与主回撤巷道贯通的过程中,超前压力对主回撤巷道顶板的影响逐步加强,致顶板受力逐渐增大,两帮变形严重,极易发生冒顶事故,严重影设备回撤速度和矿井工作面的正常接替。为此,通过对综放工作面回撤过程中,不同停止放煤距离、不同稳定时间下围岩变形情况、主回撤巷道变形情况分析,得到巷道顶板岩层运动、压力分布和矿压显现特征,为进一步优化回撤通道提供理论依据。

关键词　特厚煤层;末采工作面;围岩控制;快速贯通技术

0　前言

能否实现综采工作面的快速安全回撤,关键在于工作面收尾时的贯通质量。如果收尾时的贯通质量差,不仅回撤支架困难,减慢回撤速度,而且更重要的是会造成主回撤通道顶板支护质量下降,顶板破碎下沉,回撤支架时稍有不慎就会发生冒顶事故,严重威胁人员安全。因此,搞好收尾时的贯通质量,是实现工作面安全快速回撤的前提和基础。贯通的理想标准:贯通后的通道顶板没有明显下沉,顶板完整;贯通后的工作面顶板略低于主回撤通道顶板,支架前梁上部刚好与主回撤通道的工字钢梁下平面一致,支架前梁托住工字钢梁后,工作面顶板不下沉;贯通后的工作面底板略高于主回撤通道底板,便于回撤支架。

1　末采期间主回撤巷道矿压观测

1.1　观测目的和测点布置方案

(1)测点布置方法

在主回撤巷道内布置测站,测站采用"十"字布点法布设测点,见图1。为保证数据的可靠性,每隔 40 m 布置一个监测断面,两端测站分别距两顺槽副帮 20 m。监测断面内,在两帮中部水平方向贴有红色反光纸。巷道顶板用红漆在锚杆托盘上做标记。

(2)观测方法及周期

观测方法为:由于巷道比较高,在 B、C 之间拉紧测绳,A、O 之间用 5 m 塔尺 0 刻度朝上立直,在塔尺上读出 AO 值和 OD 值;在 B、C 之间拉紧钢卷尺,测读 BC 值。测量精度要求达到 1 mm。采用皮卷尺测量监测断面距掘进工作面的距离。同时记录前后立柱变化情况。

观测周期为:在 F6201 工作面距主撤通道 100 m 开始观测,工作面距主撤通道 50 m 后每天观测一次数据。

(3)垛式支架压力观测

对于主回撤巷道垛式支架压力采取每天观测一次,一次记录所有垛式支架前后立柱压力并准确记录。

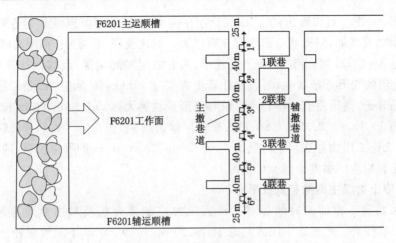

图 1　测站布置示意图

2　不同条件下主回撤巷道变形数值模拟分析

2.1　工作面停在不同位置时的巷道变形分析

采用 FLAC 3D 数值模拟软件,对综采作面距离主回撤巷道 40 m,30 m,20 m,10 m 四种情况进行分析,模拟了对应开采条件下不同稳定时间(计算时步)对回撤巷道的变形和应力分布规律,模拟结果见图 2~图 5。

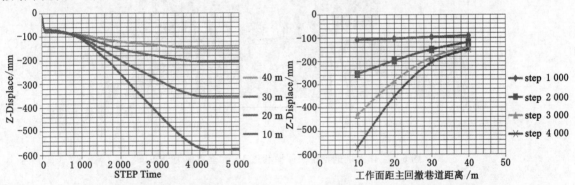

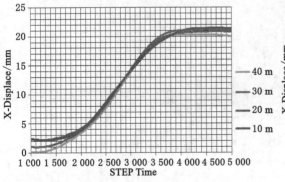

图 2　不同稳定时间对主回撤
巷道垂直位移影响规律

图 3　工作面停在不同位置对主回撤
巷道垂直位移影响规律

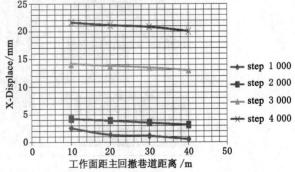

图 4　不同稳定时间对主回撤
巷道水平位移影响规律

图 5　工作面停在不同位置对主回撤
巷道水平位移影响规律

通过对比图 2～图 5 可以看出，工作面无论停在哪个位置，顶板下沉量和巷道两帮变形量均随着稳定时间的增加而增加，回撤巷道的变形逐渐增大。对比发现，不同工作面距离回撤巷道距离下，数值计算步数为 0～1 000 时，巷道的变形量较小；随着稳定时间增加，当数值计算步数为 1 000～4 000时，回撤巷道的变形逐渐增大；当数值计算步数超过 4 000 时，巷道变形趋于稳定。同时工作面距离回撤巷道越近，巷道垂直位移和水平位移变形量也越大；40 m、30 m、20 m 和 10 m 时的最大水平位移比值为 1∶1.38∶2.39∶3.88，最大垂直位移比值为 1∶1.04∶1.06∶1.08。

可以看出，无论工作面停在距主撤通道 40 m、30 m、20 m、10 m 的哪个位置，随着时间的增加，顶板运移依然会影响主回撤巷道的变形情况。

2.2　不同位置停止放煤主回撤巷道变形分析

为确定末采期间工作面何时放煤对工作面压力控制最有利及对主撤通道影响最小，采用 FLAC 数值模拟软件对工作面距主回撤巷道 10 m、20 m、30 m、40 m 不同位置停止放煤对主回撤巷道垂直应力分布、水平位移计垂直位移进行数值模拟，模拟结果见图 6～图 9。

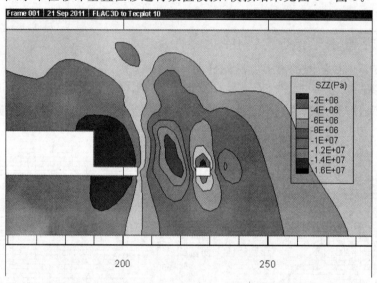

图 6　工作面推进至距主回撤巷道 10 m 垂直应力分布

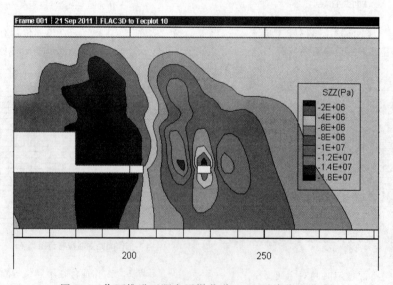

图 7　工作面推进至距主回撤巷道 20 m 垂直应力分布

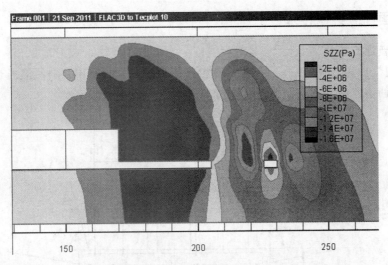

图 8　工作面推进至距主回撤巷道 30 m 垂直应力分布

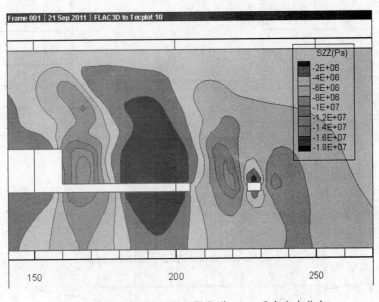

图 9　工作面推进至距主回撤巷道 40 m 垂直应力分布

通过对比图 7~图 9 所示不同回撤条件下巷道水平变形和垂直应力分布可得:在工作面末采期直到贯通的过程中,巷道顶板下缩量持续增大,由 150 mm 增大到 560 mm。由此可见,在观测期内通道受超前支承压力影响,巷道围岩持续变形,当工作面距通道越近时,顶板下沉量迅速增加,两帮移近量增大,巷道围岩变形破坏严重,矿压显现剧烈。通过数值模拟与对回撤通道进行系统而全面的现场矿压监测对比,得到了一些基本结论:主回撤通道顶板受采动影响较大,顶板纵向超前破裂和层间错动、顶板整体下沉、煤壁片帮严重;联络巷局部煤壁片帮,辅回撤通道局部地段煤壁片帮。采动对回撤通道的影响可划分为 3 个阶段,分别为采动影响相对稳定阶段、采动影响突变阶段和采动影响显著阶段。工作面贯通后,围岩变形持续增加。支架压力处于最大阻力,并保持恒阻。

分析可知:工作面停止放煤距离应做到让主回撤巷道避开应力集中范围,结合工作面最后挂绳挂网的需要,工作面在距主撤通道 25~30 m 处停止放煤最为合理,但不能低于 25 m。

3 末采工作面围岩控制技术

3.1 回撤通道普通支护

主回撤通道支护形式：锚杆＋双层网＋锚索＋H 型钢梁，见图 10。副回撤通道及联络巷支护形式：锚杆＋钢筋塑料网＋锚索＋喷厚 50 mm，见图 11。

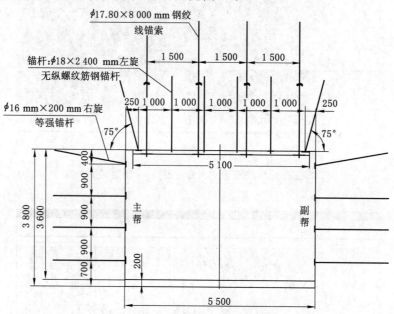

图 10　主回撤通道支护断面图

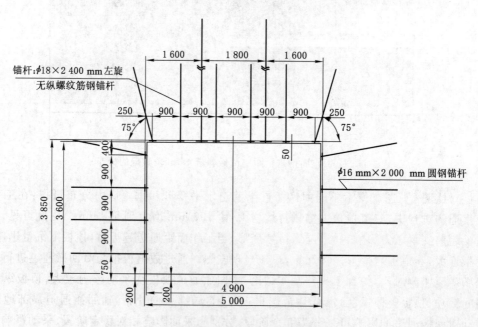

图 11　副回撤通道巷道支护断面图

锚索加强支护：

（1）主回撤通道、联络巷加强支护段：锚索间排距 1 800 mm×3 000 mm，每排布置 2 根 ϕ15.24 mm×8 000 mm 锚索，锚索托盘 300 mm×300 mm×14 mm。

（2）副回撤通道、调车硐及联络巷不加强支护段使用 ϕ15.24 mm×8 000 mm 锚索，使用规格

300 mm×300 mm×14 mm 托盘及配套锁具,锚索间距 1 800 mm,排距 3 000 mm,每排 2 根。

(3)锚索均使用 Z2350 树脂锚固剂,每根锚索使用 3 支。

3.2 主回撤通道补强支护

在工作面距主回撤通道 100 m 时,需完成对主回撤通道的补强支护。主回撤通道共架棚 274 架,一梁四柱,单体支柱型号为 DW40-250/110L,最大支撑高度为 4 m,工作阻力为 250 kN。主回撤通道与回撤辅巷之间的 4 个联络巷各架棚 17 架,前 12 架一梁四柱,并排支设 4 台垛架加强支护,后 5 架一梁六柱。联络巷口架 8.5 m 的大抬棚,两顺槽各架棚 14 架,一梁五柱;机头侧往辅运顺槽超前架棚 10 架,一梁五柱。从机头开始,靠辅巷一侧依次安装 48 台垛式支架,与此平行靠贯通侧依次安设 47 台垛式支架。使用 ZZ12000/20/40 型和 ZZ12000/20/40 型垛式支架,ZZ12000/20/40 型垛式支架支设在 1 联巷与 4 联巷之间,回撤通道与回撤辅巷中间的 4 个联巷内每个联巷安设 4 台 ZZ10000/20/40 型垛式支架,共安设 16 台垛式支架。此次回撤通道支护共设计使用垛式支架 111 台,架棚时棚腿使用型号为 DW40-250/110L4.0m 的单体液压支柱,棚梁均为 11# 矿用工字钢。见图 12。

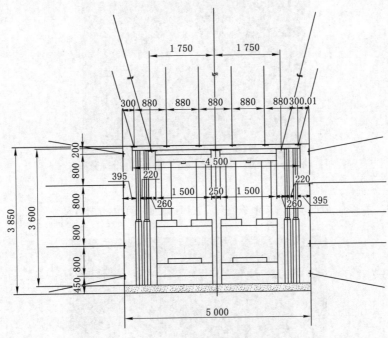

图 12 主撤通道补强支护断面图

3.3 F6201 面与 F6102 面主回撤巷道变形对比分析

F6201 工作面于 2011 年 7 月 17 日与主回撤通道贯通,顶底板最大下沉量为 460 mm,两帮最大移近量为 880 mm,在主回撤巷道内,没有发生任何一个单体柱压折现象,各测点巷道变形量见表 1。

表 1   F6201 面主回撤巷道变形量

变形量　　　　测点	1#	2#	3#	4#	5#	6#	均值
顶底板移近量/mm	330	192	351	443	460	379	359
两帮变形量/mm	292	552	765	880	660	379	588

F6201 面主回撤巷道顶底板移近量平均为 359 mm，最大移近量在 5# 测点；两帮变形量平均为 588 mm，最大变形量在 4# 测点。

F6102 面与 F6201 面贯通前后单体及巷道变形照片见图 13 和图 14。

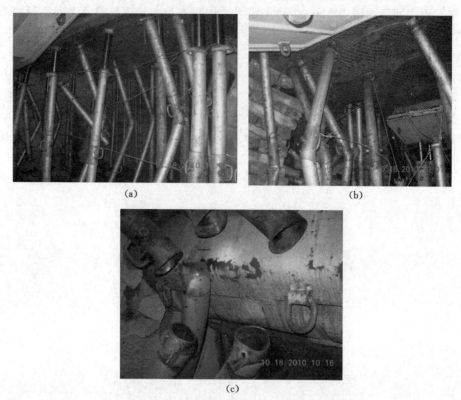

图 13　F6102 面贯通前后主回撤通道内单体折断情况

图 14　F6201 面工作面贯通前后巷道变形情况

从图 13 和图 14 可以看出，F6102 面贯通前后巷道剧烈变形，单体有折断现象，统计表明在贯通后单体柱超过 80% 被压折；F6201 工作面贯通前后单体无折断现象，巷帮虽有变形，但并不严重。

表 2 为 F6201 面与 F6102 面主回撤巷道矿压现象对比表。

从两工作面主回撤巷道变形等矿压现象可以看出，F6102 面主回撤巷道顶底板平均移近量较 F6201 面主回撤巷道顶底板移近量大 205 mm，最大达 788 mm；F6102 两帮移近量较 F6101 平均大

151 mm,最大达 457 mm;F6102 安全阀开启率是 F6101 的 4 倍,F6102 面垛式支架安全阀开启率高达 36.2。两工作面条件相似,出现这种情况的主要原因是 F6102 面主回撤巷道的支护强度比 F6201 低,因此提高主回撤巷道的支护强度才是控制其变形的主要手段。

表 2　　　　F6201 面与 F6102 面主回撤巷道矿压现象对比

对比项目	F6201 面主回撤巷道	F6102 面主回撤巷道
顶底板平均移近量/mm	359	564
顶底板最大移近量/mm	460	1248
两帮平均移近量/mm	588	739
两帮最大移近量/mm	880	1 337
垛式支架额定阻力/kN	12 000、10 000	10 000
垛式支架安全阀开启率/%	9.2	36.2
支护强度/MPa	1.20	0.92

4　末采快速贯通技术

末采工作面与主回撤巷道贯通的快慢影响着主回撤巷道的变形,贯通质量影响着搬家倒面工作能否顺利开展,而影响工作面贯通速度的因素主要有:工作面推进速度;工作面挂绳挂网速度及质量;工作面调底能否使工作面贯通时工作面底板高于主回撤巷道 200～300 mm,使支架在回撤的过程中易于拉出。

4.1　末采工作面挂绳工序及工艺

当工作面回采至距停采线 20 m 时,沿工作面开始正式铺网,前 4.8 m 铺设单层金属网、后 15.2 m 铺双层金属网,直至贯通。金属网的规格为 1 000 mm×10 400 mm/卷、网格为 50 mm×50 mm 菱形网,网丝为 10# 铁线。

4.2　调整工作面底板技术

一般调整工作面底板标高常采用如下三种方法的一种或综合使用。

(1) 贯通调节孔法

示意图见图 15。

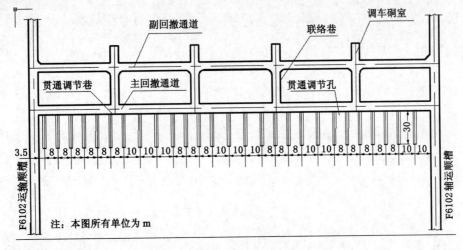

图 15　贯通调节孔示意图

（2）钻孔标志法

钻孔标志法即是在主回撤通道正帮每隔 10 m 朝煤壁打 30 m 钻孔，注入白灰，作为标志，使煤机司机根据白灰位置调整煤机滚筒位置，从而调整工作面底板高程。

（3）高程测量法

生产技术科地测组技术人员测量工作面高程，通过计算与主回撤巷道对应底板高程来调整工作面高程。

5 结语

对末采期间矿压现象进行观测、分析，观测主回撤巷道变形以及垛式支架压力变化情况，采用数值模拟分析工作面停止在不同位置时主回巷道变形情况以及工作面合适停止放煤距离的确定，对比分析 F6102 面与 F6201 面末采矿压现象，提出合理支护强度，配合综采队制定工作面末采贯通技术。得出的主要结论有：

（1）工作面在距主回撤巷道 38.8 m 之前变形并不明显，随着工作面距主回撤巷道距离的减小，其巷道变形量、压力均呈增大的趋势；工作面在距主撤 10.6 m 之后，支架的活柱下缩量较大，安全阀开启，顶板急剧下沉；工作面在距主回撤巷道约 40 m 之前，主回撤巷道压力并不大，多数在 8 700 kN 左右，亦能看出其增大的趋势；随着工作面邻近主回撤通道，压力上升明显，17 日、19 日整个主回撤巷道压力均有所上升，平均在 11 000 kN，安全阀有明显开启现象，之后压力继续增大。

（2）通过数值模拟发现，工作面停止放煤距离应让主回撤巷道避开应力集中范围，结合工作面最后挂绳挂网的需要，工作面在距主回撤通道 25～30 m 处停止放煤最为合理，但不能低于 25 m。

（3）F6201 面主回撤巷道支护强度为 1.20 MPa，基本能满足要求，顶板控制较好，贯通前后单体柱无压折现象，安全阀开启率为 9.2%。若能进一步提高其支护强度至 1.35 MPa 则能更有效控制贯通前后主回撤巷道的变形，建议主回撤巷道中可全部布置阻力在 12 000 kN 及以上的垛式支架。

（4）配合综采队制定工作面末采挂网技术措施，针对不连沟煤矿矿压大、矿压显现强烈，建议在提高主撤支护强度的条件下，可在主回撤通道内每隔 10m 打设一组贯通调节孔代替目前的大断面调节巷，确保不连沟煤矿特厚煤层末采工作面围岩控制及快速贯通技术更加科学合理。

海下开采综放工作面支护管理技术实践

邢同昊,张清忠,郑学军

(山东能源龙矿集团北皂煤矿,山东 龙口 265700)

摘 要 龙口北皂海域煤系地层为典型的"三软"地层,海域煤系地层具有岩性松软、胶结程度差、强度低、具有较强的膨胀性和蠕变现象等特点。而海下开采的一个重要问题就是防止海水溃入矿井。因海水是常年性的巨大地表动态水体,如采取不适当的开拓方式、采煤方法或采取的防治措施不得当,则会因采矿活动而改变地层的透水性,从而沟通与地表水的联系,使得海水成为定水头的强大补给水源,造成矿井稳定涌水,难于疏干。因此对于海下开采,采煤工作面回采期间采场的支护管理、顶板控制具有至关重要的意义。针对这一课题,北皂煤矿在海域回采期间积极开展了海下综放工作面采场支护顶板控制技术研究,通过回采顶板支护管理实践,总结了矿压分布及显现规律,探索出一套适应大型水体下综放工作面顺槽的超前支护及采场的顶板支护管理技术,并将研究成果在海下开采的七个回采工作面进行了实践,取得了较好的效果。

关键词 海下开采;"三软"地层;支护技术;顶板管理;技术实践

0 前言

龙口煤田处于不完整的龙口—黄县断陷盆地内。其海域煤田是陆地煤田向渤海海域的自然延伸。煤系地层为古近系,主要由钙质泥岩、泥岩、含油泥岩、黏土岩、碳质页岩、油页岩和煤组成。岩石具有重塑性高、崩解性快、流变性强、胀缩性大、触变性敏感的特点,属于典型的地质软岩,也是典型的松软膨胀岩层。

北皂煤矿是龙口矿区一对大型矿井,矿井设计生产能力 90 万 t/a,1983 年 12 月投产。通过矿井改扩建 2006 年矿井核定生产能力为 225 万 t/a。2005 年 6 月 6 日海下首采面 H2101 工作面投产,实现了我国首次海下采煤,到目前已回采海下工作面 7 个,现在正在回采第 8 个工作面,已采出煤炭 770 多万吨。矿井通过 10 年的回采实践,不断对海下开采的顶板管理技术经验进行分析、总结,并积极开展技术研究,对回采工作面支护设备、回采顺槽巷道支护方式进行升级、革新,通过不断地探索、研发、实践最终形成了适应海下典型"三软"地层条件下综放工作面顺槽支护及采场顶板控制、管理技术,为海下安全、高效回采提供可靠的技术保障。

本文简要介绍海下开采"三软"煤层采用放顶煤开采条件下的覆岩运动和支撑压力分布规律、采场支承压力分布规律,及采场顶板控制实践研究及回采顺槽巷道支护研究应用情况。

1 海下开采的地质条件

1.1 煤层赋存条件

海下开采面主要可采煤层为煤 2 层,海域扩大区内全区分布,顶板为含油泥岩,底板为黏土岩或砂质泥岩,有时含粉砂质泥岩夹矸。煤层厚度 3.96～4.94 m,平均 4.44 m,可采系数 100%,厚度稳定、变化很小。煤层倾角 9°,倾向近 N。煤层埋深约 360 m,其中,海水深 5 m,第四系厚 83 m。

1.2 覆岩及顶底板条件

覆岩顶底板条件包括第四系岩土层结构组成及厚度、岩层结构组成及厚度和煤层顶底板条件（采厚10倍范围覆岩组成厚度及岩性强度）等。

煤2顶底板泥质岩的含黏量70%～85%，黏土矿物以蒙脱石为主，且以黏结性、分散性和膨胀性能很强的钠基蒙脱石为主。同时，泥质岩天然含水量高、固结程度低、结构强度不大，因此，一般表现为膨胀性强、易崩解泥化的特性，属强膨胀型软岩。但是局部块段，煤2顶板黏土岩受有机质和结构构造的影响，表现出相对较弱的膨胀性，甚至比煤2底板高岭石黏土岩稳定性还要好。有机质含量高、尤其是含油量多、与粘粒胶合程度高、微层理发育、结构中集聚体平行紧密叠置的黏土岩，具有水稳定性强，膨胀性弱的特性。

2 海下采煤采场支护研究与实践

2.1 采场支护设备选择

2.1.1 建立支架选型计算结构力学模型

基本顶下位岩梁厚度：$m_z = 3.87$ m

基本顶下位岩梁第一次垮落步距：$C_{oz} = 23$ m

基本顶下位岩梁周期垮落步距：$C_z = 7$ m，$l_k = 5$ m

支护宽度取决于顶煤破碎度。一般不超过1.5 m，最大以1.5 m为限（防止顶煤露空）。

控顶距选择由基本顶结构组成特征和"岩梁"第一次裂断步距决定。

单岩梁构成的基本顶"岩梁"裂断步距小时，在保证足够支架初承力超过顶煤及直接顶作用力的情况下，常采用小控顶距控制方案，相反控顶距来压步距大、强度高、多岩梁结构的基本顶，则在保证活柱缩量不超限的前提下，应加大控顶距，以便把基本顶来压可能的动压冲击降到最低限定。

针对北皂煤矿煤层强度不高、基本顶来压第一次步距23～33 m的实际，支架支护宽度控顶距和支护面选择范围为：

$B_T = 1.5$ m

$l_k = 4.5～5.0$ m

$S_T = B_T \times l_k = 6.75～7.5$ m²

针对工作面煤层顶板条件和相应矿井综放实践，选择双排双柱四柱式支撑掩护式放顶煤支架。

2.1.2 采场支护设备布置

采场支护采取支撑掩护式支架，其型号为：

（1）基本支架型号为 ZF7200/17/32 型。

（2）过渡支架型号为 ZFG7600/17/32H 型。

（3）运输巷端头支架型号为 ZTZ12500/18/28。

（4）材料巷端头支架型号为 ZTZ10000/18/28。

2.2 工作面顶板管理

海下开采工作面的顶板管理采用全部垮落法。

采用追机移架的方式对顶板进行及时支护。在采煤机割煤后，先移支架，再移刮板输送机，即割煤—移架—移刮板输送机；采用带压擦顶移架的方式移架。正常移架要滞后采煤机滚筒3～5架，不得超过6架。顶板破碎时要及时拉超前架，再进行其他操作，工艺为：移架—割煤—移运输机。移架步距0.8 m，支架最大5 416 mm，最小控顶距4 619 mm。

2.3 工作面端头的支护管理

2.3.1 端头支护方式

采用端头架（一组二架）维护顶板，端1和端2的宽度均为0.55 m，分别布置在巷道的两侧，中间的控顶距为 1.1 m,巷道顶板压力较大时,采用每循环前移完端头架时,在端头架上方加设一根长 2.4～2.6 m 的工字钢顶(或Ⅱ型钢)的方法来加强端头顶板的维护,工字钢顶(或Ⅱ型钢)到达端头架后回出,进行循环使用。端头架与过渡架间距大于 0.7 m 时,必须加Ⅱ型钢挑板梁维护架窝;小于 0.7 m 且大于 0.4 m 或架窝处顶板破碎时,采用在过渡架和端 2 间挑支板梁或背板的方法进行维护。

2.3.2 端头无架区的顶板支护

随着工作面的推进,由于溜子上窜下滑造成溜头出现无架空顶区且超过 0.7 m 时,在空顶区内支设成对的Ⅱ型钢(前面为一对 3.6 m Ⅱ型钢,后面为一对 2.4～2.6 m Ⅱ型钢支设时采用单悬臂的方式进行支护)迈步跨前溜头,一梁三柱进行顶板支护,Ⅱ型钢与顶板之间用板梁及背板进行背顶。

2.4 工作面上下顺槽超前支护

2.4.1 回采准备巷道支护方式

在海域松软岩层大地压、大变形的地质条件下,既不能无约束地任其变形释放能量,又不能纯刚性支护限定变形,只有采取给定变形的支护形式,支护才能适应围岩变形规律,即采取适度让压、及时高阻限制的支护方法,为达到在保持支架本身不受损的情况下,控制围岩移动的目的。最终海域回采巷道选取以 11.36 m² 封 U36 型钢棚直墙半圆拱支护,局部为 ϕ4.5U36 钢棚支护,壁后充填混凝土厚度 0.3 m,U 型钢棚棚距 0.8 m,设计净宽 3.8 m,净高 3.1 m,壁后浇注混凝土为主的回采巷道支护方式。

2.4.2 回采工作面顺槽支护

两巷均采用单体液压支柱配合 π 钢上挑木板梁刹顶,支柱下穿铁鞋的支护方法。

(1)材料巷支护形式

材料巷采用 2.2～2.6 m Ⅱ型钢配合 2.5 m 单体液压支柱支护,"一梁六柱",即:在Ⅱ型钢两侧和中部均支设对柱,柱下穿双柱窝铁鞋;支护长度为 150 m,棚距为 0.4 m±0.1 m,支护净高度 ≥1.9 m。为保证支护空间及支护强度,增加单体液压支柱的对底板比压,现场采取对底板卧底后铺设横巷底板梁,并每隔 0.8～1.0 m 在底板梁上加铺一对工字钢,并对巷帮钢棚腿补打固定锚杆,钢棚空内打设护帮板梁,进行加固。

(2)运输巷支护形式

运输巷采用 2.8～3.0 m Ⅱ型钢配合 2.8 m 单体液压支柱支护,"一梁六柱",即:在Ⅱ型钢两侧及中柱支设对柱,柱下穿双柱窝铁鞋;支护长度为 180 m,棚距为 0.4 m±0.1 m,支护净高度≥2.4 m。为保证支护空间及单体液压支柱的对底板比压强度,采取卧底后底板铺设横巷底板梁,并每隔 0.8～1.0 m 在底板梁上加铺一对工字钢。同时,为降低巷帮内收量,避免出现巷帮内收挤柱现象,采取对巷帮钢棚腿补打固定锚杆,对钢棚空内打设护帮板梁的方式进行加固,确保支护效果。

3 海下采煤采场矿压观测

3.1 扩刷期间围岩变化情况

通过对支架缩量柱状图、曲线图、压力分布图等的分析,在实施矿山活动的过程中,岩体应力随活动开展,不断进行着从打破平衡到重新找到新的平衡的过程,应力处于动态的平衡状态。由于软岩具有显著的流变性,固体中的力的传导与液体中力的传导有相同的特点,在力的分布上存在"趋弱避强"原则,即一旦力的平衡被打破,支撑点越弱,遭受的应力破坏越强烈。

3.2 工作面正常回采期间来压步距观测

工作面正常生产期间,随工作面推进,采空区岩体正常垮落,工作面及两巷压力呈周期性变化,来压期间工作面显现为煤壁片帮,顶板破碎及后排老塘出水等现象。通过对工作面回采期间在线监测观测线压力曲线图对工作面周期来压进行分析研究，可以得出工作面周期来压步距约为 6～18 m 范围，周期来压时间段约为 2～5 天。来压期间，工作面主要表现为：煤壁片帮较重，断层段顶板破碎加剧及后排老塘出水量增多等现象。工作面回采期间，工作面来压特征不明显，这与北皂矿"三软"地质构造密切相关。

3.3 工作面顺槽观测

根据观测，工作面正常生产期间，两巷压力显著升高的范围为超前工作面 100～150 m 左右。为形象反映工作面正常回采期间两巷超前支护范围内支撑压力分布，对两巷超前支护范围单体柱进行实测，两巷超前支护支撑力分布有以下特点：

（1）运输巷支撑压力显著升高的范围为超前工作面 120 m 左右，材料巷支撑压力显著升高的范围为超前工作面 135 m 左右。在支撑压力显著升高区内，压力显现为护帮锚杆的铁锚盘受压开始弯曲变形和支柱内压上升等。

（2）两巷支撑强度显著升高范围（单体支撑力接近或超过 15 MPa）：运输巷为出口外 150 m 范围，材料巷为出口外 135 m 范围。

通过掘采期间观测数据及曲线图对比分析，可将掘采期间围岩变形主要划分为三个时期：失稳期、稳定期和回采扰动期。

（1）失稳期：从掘进活动实施至围岩及钢棚承压稳定，失稳期一般时间较短，该期间钢棚及围岩变形速率较大。

（2）稳定期：从围岩及钢棚承压稳定至工作面采动影响开始的一段时间，时间跨度较长，稳定期内钢棚及围岩变形速率相对稳定。

（3）回采扰动期：受回采扰动影响，巷道围岩及钢棚变形速率明显加快，离工作面越近，变形程度越剧烈。

4 结论

（1）对海域底板比压进行了实际测量，充分说明理论计算与实际情况存有较大的差别，以实际测定的海域底板最小极限底板比压为依据选择支架是比较符合海下实际情况的。

（2）工作面支撑压力显著升高的范围为超前工作面 130～150 m 左右。在正常地质、支护条件下，运输巷超前支护的长度不应小于 150 m。对支撑压力显著升高区范围的围岩运动进行有效控制，可以满足安全生产和巷道后续使用状态的需要。

（3）运输巷侧采动影响初期波及的范围为超前工作面 500～600 m。距工作面 80～120 m 左右时，围岩及巷道收缩变形程度最剧烈，围岩进入急剧破坏变形期，回采期间为保证支护强度需对该范围内超前支护进行套棚等加强支护。

（4）材料巷采动影响范围约为距工作面 450～520 m，其中受回采扰动变形破坏剧烈范围约为100～150 m。材料巷变形程度明显较轻，超前支护长度应不小于 150～180 m。

（5）工作面回采前期，由于后方采空区顶板垮落范围较小，直接顶、基本顶等下沉对两巷的拉伸及剪切效应不明显，因此距工作面较近的测站受采动影响的时间及距离均较短。生产期间对两巷出口外 30～50 m 超前支护范围，可不采取打设护帮板梁及固定锚杆方式进行加固。同样套棚加固工作也可适当让出一定的距离。

（6）海下开采采场顶板支护技术，在技术上是可行的，经济上是合理的，其支护方式适应海下开采地质条件，有效解决海下开采复杂地质条件下顶板管理要求，为海下工作面安全高效开采提供技术保障。

（7）通过多年的回采实践，解决了海下典型的"三软"地质条件下开采采场支护、顶板管理问题和围岩大变形巷道的支护问题，满足了矿区安全生产的需要。

软岩综放采场撤面空间的围岩运动规律

高兆利,吕纯涛,徐永俊,谭忠海

(龙矿集团大恒煤业有限公司,山西 朔州 036000)

摘　要　为了解决软岩综放采场撤面空间支护以及两巷维护的技术难题,确保回撤通道的稳定性和安全程度,本文以北皂矿 H2106 工作面撤面矿压显现为研究对象,实测研究了撤面期间顶板、底板、煤壁和未采区段巷道围岩运动变形规律,可为软岩采场停撤面期间围岩控制设计、施工管理提供依据。

关键词　软岩采场;撤面空间;围岩运动;非线性变形

软岩回采工作面停撤面期间的支架安全问题、顶板支护与稳定以及两巷的维护等问题,都与采场顶板运动变形和未采区段的地质状况有着密切关系,顶底板、煤壁以及两巷的维护效果直接关系到回撤通道的稳定性和安全程度,是软岩采场及巷道围岩控制的技术难题。

1　工程地质概况

1.1　工作面概况

H2106 工作面为北皂煤矿海域第二个回采工作面,开采煤层为煤2。该面南北两侧均为待设计工作面,西侧为回风大巷保护煤柱,东侧为 SF-7 断层煤柱。煤2层平均厚度 4.25 m,顶板为含油泥岩,平均厚度 15.87 m,底板为含泥沙岩,平均厚度 12.4 m。工作面切眼净长 146.6 m,推进度 1 442 m,采用 ZF5200/17/32 型综放支架管理顶板,支架设计支护强度为 0.75 MPa。

1.2　工作面未采区段地质概况

H2106 工作面未采区段煤层总体呈北高南低的单斜构造,受 HF-17 断层限制,工作面推进 1 442 m 后停采。HF-17 断层走向 135°,倾向 45°,倾角 50°,落差 11 m,HF-17 断层附近次生的毛细断层较多。

2　撤面空间的围岩控制措施

2.1　顶底板运动控制主要措施

(1) 工作面推进距停采线 20 m 时,开始调整工作面层位及采高,使采高达到 3 m,以保证工作面停采后支架有足够的下缩"让压"高度。

(2) 从距停采线 14.4 m 开始,工作面开始铺金属网,三排单网后,铺双层金属网,直到停采,金属网沿煤壁垂直铺到底板为止,并紧贴煤壁在金属网外打贴帮柱。

(3) 工作面距停采线 9.6 m 时,平行工作面方向上,在金属网上铺设钢丝绳,每隔 0.6 m 铺设一根,先铺设 $\phi21.5$ 钢丝绳 8 根,再铺设 $\phi18.5$ 钢丝绳 6 根,共 14 根。

(4) 面前割最后一刀时,在每部支架前梁上方顺架布置两根长 2.2～2.6 m 的Ⅱ型钢,并在每部支架前梁下方打设 2 棵单体加强支护。

2.2　煤壁运动控制措施

面前割最后一刀时,机组每割一段,在工作面煤壁打固定锚杆,配合用木板梁、铁锚杆盘锚固。

每根护帮木板梁上打设两根锚杆，锚杆采用 $\phi 16$ mm$\times 1\,850$ mm 金属麻花锚杆，2 块 3540 树脂药卷锚固。

2.3 两巷围岩运动控制措施

材料巷超前加强支护长度 100 m，并对材料巷停采线里外各 10 m 巷道进行返修处理。

运输巷超前加强支护长度 180 m，在底板铺设木板梁的基础上每 1 m 铺设 2 根 Ⅱ 型钢。将拆架硐室布置在运输巷内，距停采线 60 m 的位置。在硐室施工后，受采动影响，U 棚内收、压力显现明显。对应措施一是采取补打固定锚杆和喷浆加固；二是提前支设对柱配合 3.5 m Ⅱ 型钢加强支护，在 Ⅱ 型钢上挂起吊葫芦进行拆架。

3 顶板压力及沉降规律

3.1 顶板压力变化规律

根据顶板载荷变化监测数据非线性回归分析得出，在停面期间，顶板压力随着时间变化不断变化升高，大致可分为：强烈升高、渐缓递增和持续增长三个阶段。

强烈升高阶段：本阶段对应的是支架初撑阶段，支架到位后升起顶梁支护顶板，但初撑阶段支护能力较小，支架对顶板的作用是"护"要大于"阻"，顶板沉降变化高速发展，促使支架压力强烈上升。本阶段支架增阻速率一般为 45 kN/min 以上，持续时间一般为 10～30 min。阶段内，顶板压力 P 与时间变量 t 之间遵循多项式函数变化，$P=-1.157t^2+58.809t+2\,625.4$。

渐缓递增阶段：当支架承载强度升高到 0.48 MPa 之后，其支护能力不断地提高，支架对顶板的下沉运动能够起到一定的抑制作用，顶板下沉变缓。阶段内，$P=1\,633.3+551.13\ln t$。

持续增长阶段：当支架承载强度达到 0.56 MPa 之后，支架对顶板的下沉运动能够起到一定的阻止作用。但由于软岩采场顶板载荷 P 是随时间 t 延续而不断变化的蠕变函数，而支架设计的工作阻力是一定的，顶板压力 P 与时间变量 t 之间以 $P=3\,592.5+301.36\ln t$ 持续变化。顶板压力增加的速率一般为 0～0.6 kN/min 范围，支架表现为恒阻下缩"让压"。

3.2 顶板沉降、活柱变化规律

顶板下沉规律：停面期间，顶板下沉变化观测共设 5 个观测站，分别设在 5#、20#、37#、44# 和 70# 架处。每个测站沿工作面推进方向设置两个观测剖面，分别位于煤壁处和支架底座前端架间。各测站顶板下沉变化见表 1。

表 1　　　　　　　　　各测站顶板下沉变化表

测站编号	支架编号	ΔH_1/mm	ΔH_2/mm	$\Delta H_1/\Delta H_2$/%	备　注
1	5#	185	265	69.8	
2	20#	151	220	68.6	ΔH_1 为煤壁处顶板下沉量；
3	37#	153	198	77.3	ΔH_2 为支架顶梁前端顶板下
4	44#	193	304	63.5	沉量。
5	70#	156	295	52.9	
平均		167.6	256.4	65.4	

活柱变化规律：支架到位后，至支架回撤结束，98 部支架前立柱平均缩量为 242.2 mm，最大缩量为 346 mm；后立柱平均缩量为 264.8 mm，最大缩量为 333 mm。

4 底板运动变形规律

4.1 底板压力显现

经观察,H2106 面在停面期间,ZF5200/17/32 型支架并无压入底板的现象。反而,支架在底板隆起的作用下整体上升。当底座下方受力不均时,底座边缘与底板之间原来压实的接触上面逐渐出现缝隙。

4.2 底板岩层运动规律

为了解 H2106 工作面停撤面期间底板岩层随时间变化的规律,选取具有代表性的 20# 支架处底板变化曲线进行回归分析,得出底鼓量 y 与时间 t 的回归方程 $\frac{1}{y}=0.007\,6+\frac{0.014\,9}{t}$。采场底板运动 y 随时间 t 变化的拟合曲线,如图 1 所示。

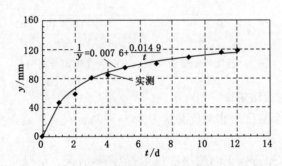

图 1　撤面期间底鼓与时间变化关系拟合曲线

5 煤壁运动变形规律

软岩采场条件下,邻近采场未采区段的煤层在工作面矿山压力及顶底板运动的影响下,一般都发生明显的塑性变形。其运动是比较复杂的过程,不仅在垂直方向上受到强烈的压缩,而且在水平方向上向采空区发生位移。

5.1 煤壁在垂直方向上的压缩变形规律

经监测,H2106 面停撤面期间,煤壁在垂直方向上的压缩量为 166~231 mm。根据停面后的不同时期与影响因素,煤壁在垂直方向上变化分为停面后—撤架影响前和撤架影响两个阶段。

工作面停采后—撤架影响前,未采空间煤层变形随上覆岩层运动趋向稳定而逐渐稳定。在垂直方向上的压缩量 U_y 与距停面时间 t 呈双曲线函数变化,其数学表达式为:$\frac{1}{U_y}=0.000\,7+\frac{0.013\,7}{t}$。其拟合曲线,如图 2 所示。

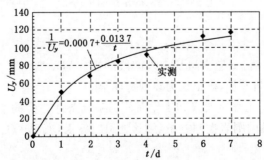

图 2　撤架影响前煤壁在垂直方向上变化拟合曲线

撤架影响阶段:工作面撤架,回采空间闭合带来的上覆岩层小面积沉降运动,对未撤段围岩的运动状态的影响十分明显。据观测,在工作面停采 1 周后,采场围岩逐渐趋向稳定,当工作面撤架时,在影响范围内,围岩又重新失稳,撤架影响距离在 74 m 以上,随回撤空间的临近,围岩运动速率又缓缓升高。本阶段内,煤壁在垂直方向上的压缩量 U_{y2} 与距回撤空间的距离 x 呈指数函数变化,数学表达式为:$U_{y2}=233.96\mathrm{e}^{-0.01x}$。其拟合曲线,如图 3 所示。

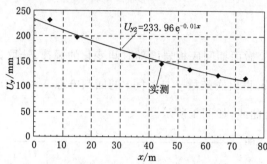

图 3　撤架影响煤壁在垂直方向上变化拟合曲线

5.2　煤壁在水平方向上的运动规律

煤壁在水平方向上向采空区内相对位移量为 68～199 mm,与垂直方向变化一样,分撤架影响前和撤架影响两个变化阶段。

撤架影响前阶段,在水平方向上的位移量 U_x 与距停面时间 t 呈双曲线函数变化,其数学表达式为:$\dfrac{1}{U_x}=0.006+\dfrac{0.043\,8}{t}$。

撤架影响阶段,煤壁在水平方向上的位移量 U_{x2} 与距回撤空间的距离 x 呈指数函数变化,$U_{x2}=155.53\mathrm{e}^{-0.009\,9x}$。

6　未采区段巷道围岩运动变化规律

工作面停采结束后,材料巷、运输巷内各个矿压观测站的围岩运动变化速率随时间延续逐渐降低。

材料巷侧巷道围岩在水平方向上的位移量 U_x 和垂直方向位移量 U_y 与距停面时间 t 均呈双曲线函数变化,其数学表达式分别为:$\dfrac{1}{U_x}=0.005\,3+\dfrac{0.054\,2}{t}$、$\dfrac{1}{U_y}=0.007\,6+\dfrac{0.063\,6}{t}$。

运输巷侧巷道围岩在水平方向上的位移量 U_x 与距停面时间 t 呈幂函数变化

$$U_x=7.219t^{0.6975}$$

在垂直方向上的位移量 U_y 与距停面时间 t 呈对数函数变化

$$U_y=29.93\times\ln t+13.485$$

7　结语

(1) 软岩综放采场停采后,回撤空间及未采区段的围岩运动变形都是随时间的延续呈现非线性的函数关系,撤除工作时间愈长,矿山压力显现愈明显。

(2) 在 H2106 工作面压力显现明显和工作面外围系统条件恶劣的情况下,北皂煤矿通过超前预测、精心策划,采用针对性的围岩控制方案,细致地组织施工,实现了工作面快速高效的撤除。

含硫化铁结核薄煤层不规则工作面顶板控制技术

王延春,许 利,刘 强,高 波,王建沪,孙念昌,王 伟

(兖州煤业股份有限公司杨村煤矿,山东 济宁 272018)

摘 要 杨村煤矿薄煤层综采工作面含有大量的硫化铁结核,采煤机截割速度受限,截齿磨损速度加快,损耗量增大;薄煤层不规则工作面两端头易出现大面积空顶现象,顶板支护困难。通过让压措施,适当降低工作面液压支架初撑力,将采场上覆岩层压力更集中地作用在煤壁上,可以起到将坚硬煤层压酥、易于截割的效果;调整工作面内排头支架与顺槽内两端头支架之间的位置关系,可使两端头出现的空顶得到有效支护。

关键词 薄煤层;硫化铁结核;端头支护;让压

0 前言

兖州煤业股份有限公司杨村煤矿主采的薄煤层16$_上$及17煤中均含有分布不均的硫化铁结核及夹矸层,工作面生产过程中,采煤机正常割煤受到影响,且截齿消耗量大、煤机故障率高;此外,受地质条件和煤层边界的影响,薄煤层工作面多为不规则工作面,顺槽与工作面非垂直布置,增加了端头区域的支护困难。通过减小工作面液压支架的初撑力,将部分顶板压力转移给煤壁,压酥煤壁,减小煤机截割阻力,降低截齿消耗和煤机故障率;合理调整工作面两端头支架与排头、排尾支架的位置关系,对端头区域的顶板支护起到重要的作用。

1 让压措施对工作面内硫化铁结核的作用

1.1 硫化铁结核在工作面内的分布

含硫化铁硬结核薄煤层综采工作面的开采在兖州煤业股份有限公司杨村煤矿试验以来,先后经历了2708、4701、4602、6601、6603、4603、4702七个工作面[1]。工作面内硫化铁结核的分布情况及其与煤层的关系见图1。

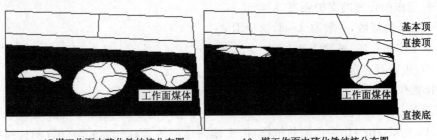

17煤工作面中硫化铁结核分布图　　16$_上$煤工作面中硫化铁结核分布图

图1 薄煤层工作面硫化铁结核的分布情况示意图

通过图1可以看出,17煤中硫化铁结核主要集中于工作面的中部,16$_上$煤中硫化铁结核主要集中于工作面的顶部和上部。

1.2 硫化铁结核的传统剥离方式

根据硫化铁结核在煤层中的位置,对其采取不同的剥离方式:

(1)硫化铁结核位于煤层的上部或顶部:采煤机在截割过程中,先割下部煤层,使上部煤层失去支撑力,然后缓慢截割上部或顶部煤层。此种方式严重降低了生产效率。

(2)硫化铁结核位于煤层的中部:由于采高的限制,采煤机无法先截割上部或下部煤层,只能进行缓慢地试触性截割,这既影响生产效率,又对设备磨损严重。

(3)当硫化铁的分布致使采煤机无法对其截割时,采取放震动炮的措施,使煤体松软以后,再进行截割。

1.3 让压措施的提出与计算

两个煤层的矿压观测资料见表1。

表1　　杨村煤矿 $16_{上}$ 煤、17 煤层矿压观测资料

序号	项	目		单位	同煤层观测
1	顶底板条件	直接顶厚度		m	5.38
		基本顶厚度		m	14.45
		直接底厚度		m	0.81
2	直接顶初次垮落步距			m	24
3	初次来压	来压步距		m	30
		最大平均支护强度		kN/m²	210
		最大平均顶底移近量		mm	120
		来压程度			不明显
4	周期来压	来压步距		m	13～14
		最大平均支护强度		kN/m²	185
		最大平均顶底移近量		mm	100
		来压程度			一般
5	平时	最大平均支护强度		kN/m²	150
		最大平均顶底移近量		mm	85

(1)采用经验公式计算工作面合理的支护强度

$$P_t = N \times H \times \gamma = 8 \times 1.21 \times 25 = 242 \ (kN/m^2)$$

式中　P_t——工作面合理的支护强度,kN/m²;

　　　　N——采高的倍数,一般取 6～8,这里取 8;

　　　　H——工作面采高,选取 1.21 m;

　　　　γ——顶板岩石容重,取 2.5 t/m³(25kN/m³)。

(2)选择工作面支护强度

以根据经验公式计算的支护强度(242 kN/m²)与同煤层矿压观测得出的最大平均支护强度(取最大值 210.0 kN/m²)作为选取的依据,而工作面选用的 ZY2600/6.5/16D 两柱掩护式液压支架,支护强度为 360～440 kN/m²,所以工作面支护强度选为 2 600 kN 满足要求。

(3)工作面顶板下沉量与液压支架初撑力的关系

液压支架初撑力 F_0 是支架对顶板的主动支撑力。初撑力的主要作用是缓解顶板的早期下沉,保持顶板稳定。足够的初撑力能够增强基本顶破断块体之间的挤压力及摩擦力,缓解或消除顶板的离层量,改善顶板结构[2]。顶板下沉量 S_d 可以用下式计算:

$$S_d = \frac{(F_m - F_0)L_d}{KL}$$

式中　F_m——液压支架工作阻力，kN；

　　　L_d——顶梁长度，m；

　　　L——循环进尺，m；

　　　K——支架—煤—底板串联整体的抗压缩刚度，kN/m。

从上式可以看出，在支架额定工作阻力不变的情况下，支架初撑力减小后，顶板下沉量增大，同时将部分压力转移给煤壁，将其压酥，有利于硫化铁结核的剥离。

（4）工作面初次来压与周期来压时顶板压力的计算

① 以顶板初次来压最大平均支护强度 210 kN/m²，循环进尺为 0.55 m，最大控顶距为 4.24 m 计算顶板压力：

$$Q = 210 \times L \times H = 210 \times 1.5 \times 4.24 = 1\ 335.6\ (kN)$$

式中　Q——顶板压力；

　　　L——支架间距，取 1.5 m；

　　　H——工作面最大控顶距，取 4.24 m。

② 在周期来压时，以最大平均支护强度 185 kN/m²，循环进尺为 0.55 m，最大控顶距为 4.24 m 计算顶板压力：

$$Q = 185 \times L \times H = 185 \times 1.5 \times 4.24 = 1\ 176.6\ (kN)$$

式中　Q——顶板压力；

　　　L——支架间距，取 1.5 m；

　　　H——工作面最大控顶距，取 4.24。

（5）让压数据的选取

由上述推导计算过程可以得出，采取让压措施时工作面支护强度定为 1500kN 较为合理。

1.4　工作面采取让压措施后所取得的效果（见表 2）

表 2　　　　　　　　　　　　　4603 工作面让压前后数据统计

日期	作业循环平均用时	万吨截齿消耗 /（把/万 t）	采煤机故障次数/次	处理故障所影响时间 /h
4 月（让压前）	2 小时 10 分	198	16	27
5 月（让压前）	1 小时 58 分	201	18	32
6 月（让压后）	1 小时 21 分	150	8	12
7 月（让压后）	1 小时 19 分	147	7	13

由表 2 可以看出，工作面采取让压措施后取得了明显的效果。

让压期间需补充的措施：

（1）加强工作面支护质量监测。

（2）采取让压措施期间要注意观察架间顶板，及时调整超宽的架间距，架间顶板破碎有悬煤（矸）时，要及时找掉。

（3）注意观察梁端顶板，如梁端顶板受让压试验影响出现破碎、冒顶等情况时，要及时将支架初撑力恢复至 2 600 kN，以满足现场顶板支护要求。

（4）工作面采取让压措施期间，人员确需进入刮板输送机前作业时，要先执行"敲帮问顶"制度，找掉影响安全作业的顶、帮上的活煤（矸），并在作业地点附近采取架棚、支设贴帮柱等措施确保作业安全。

（5）受让压措施的影响,割煤过程中大块夹矸容易整体被煤机滚筒剥落。当大块夹矸或结核不能正常通过采煤机时,需提前将采煤机、刮板输送机停机、闭锁,并人工将大块矸石或结核搬出。

2 薄煤层不规则工作面端头区域顶板支护

薄煤层不规则工作面巷道内使用端头支架进行支护时,当顺槽与工作面非垂直布置时,易造成工作面排头支架与巷道内端头支架(支护)间距超宽,需及时采取措施加强支护,以有效管理端头区域内的顶板。

工作面排头支架与巷道支护间距不应大于 0.5 m[3],超宽时必须采取措施加强支护。在实际生产过程中,工作面排头支架与端头支架之间往往因底板松软而不利于加强支护,在这种情况下,可以采取调整端头支架与工作面支架间距的方式支护顶板,调整方式如下:

（1）最大限度地向工作面方向调整端头支架,使端头支架与工作面排头支架的间距尽量减小(小于 0.5 m),在端头支架与非工作面侧巷帮之间采取支设单体液压支柱等方式加强支护。

（2）将工作面排头支架向端头架侧调整,使端头支架与工作面排头支架的间距尽量减小(小于 0.5 m),在工作面支架架间超宽处采取支设单体液压支柱等方式加强支护。

3 结论

（1）采取让压措施可以将含硫化铁结核的煤层压酥,对硫化铁结核的剥离有着良好的效果。

（2）调整端头支架与工作面排头支架间距,在利于加强支护的区段进行支护,对端头区域的顶板管理能够起到有效的作用。

参考文献

[1] 张崇宏.兖州矿区含硫化铁硬结核体薄煤层工作面综合机械化开采成套装备研究与应用[J].山东煤炭科技,2010(2):144-145.

[2] 万峰,张洪清,韩振国.液压支架初撑力与工作面矿压显现关系研究[J].煤炭科学技术,2011(6):18-20.

[3] 煤矿安全质量标准化基本要求及评分办法(试行)[M].北京:煤炭工业出版社,2013.

大倾角采煤自流多次充填的实践

魏佑山,郭成海,吴　克

(山东华泰矿业有限公司,山东　莱芜　271106)

摘　要　阐述了大倾角采煤运用膏体自流充填的一种方法。华泰矿业公司 32 上山区东翼采煤工作面沿走向水平布置,按倾向仰采后退式采煤,充填膏体直接进入采空区。工作面实现了"采煤—充填—凝固"正规循环作业,采空区实现了"充填—凝固—充填—凝固"的多次充填效果,有效地增加了采空区的充填体积和密实度。充填法采矿既提高了煤炭资源回收率,又有利于保护地表建(构)筑物,经过三年的充填实际连续监测,地表最大下沉值为 0.126 m,地表建筑物没有影响,避免了地下采矿引起地表移动和塌陷等地质灾害。

关键词　大倾角;倾向采煤;自流;多次充填;密实;保护环境

1　概况

山东华泰矿业有限公司(以下简称"华泰公司")是莱芜市煤炭主力矿山企业之一,煤炭可采储量 500 万 t 左右。32 采区是华泰公司主要生产采区,位于井田东北部,现主要开采二层和十五层煤。传统地下矿山采矿活动,往往会引起上覆岩层甚至地表的变形,对地表建(构)筑物造成严重破坏。华泰公司 32 采区开采范围内地表为村庄,铁路和公路东西横贯矿区,属典型的"三下"(建筑物下,铁、公路下,水体下)资源。

为最大限度地回收矿产资源,保护地表环境及地面建筑物。近些年来,华泰公司采用膏体充填开采,开采 32 采区"三下"压煤,充填技术不断完善,成本不断降低,充填效率不断提高,其优势日渐突出。

另一方面,由于多年开采,华泰公司在地表堆积了大量煤矸石,不仅占用大量宝贵的土地资源,而且造成环境和地下水污染。将煤矸石、粉煤灰作为充填骨料,添加少量水泥形成胶结充填料浆充入井下采煤工作面,不仅彻底解决了华泰公司"三下"资源的安全开采技术难题,而且为煤矸石提供一条新的处理途径,经济效益、环境效益和社会效益显著。

目前,华泰公司 32 上山区东翼采煤工作面沿走向水平布置,按倾向仰采后退式采煤,充填膏体直接进入采空区。工作面实现了"采煤—充填—凝固"正规循环作业,采空区实现了"充填—凝固—充填—凝固"的多次充填效果,有效地增加了采空区的充填体积和密实度。

2　采区煤层赋存情况

二层煤赋存较稳定,最大煤厚 1.53 m,最小煤厚 0.74 m,平均煤厚 1.10 m,最小倾角 15°,最大倾角 25°,平均 22°。

二层煤直接顶板一般为厚度 2~8 m 的粉砂岩(局部为细砂岩),抗压强度平均为 95.4 MPa,不易冒落。基本顶为灰白色中细砂岩,一般厚度为 7 m 左右,抗压强度为 148.5~178.3 MPa,平均 163.4 MPa,坚硬不易冒落。

3 倾斜长壁工作面布置

自 32 采区运输上山开门做 3206 疏水巷,掘进 400m 到达采区边界,方位角 208°,掘进 200m 的 3206 轨道巷与 3206 上平巷相贯通,形成大的充填工作面。后由 3206 疏水巷内距离采区边界 120m 开门,方位角 208°,掘进 3206 的运输巷与 3206 上平巷相贯通,形成 3206 充填工作面。3206 的运输巷留巷,下一步作为 3205 轨道巷。其他的采煤工作面按倾斜长壁布置,由东向西依次布置 120 m 的 3205 面、60 m 的 3205 面、120 m 的 3203 面、120 m 的 3202 面、60 m 的 3201 面,这样把大的充填工作面分割成了 6 个按倾斜布置平行的工作面。

3206 采煤工作面采用,倾斜长壁后退式采煤法推采,随工作面的推采,采空区采用充填处理。采煤工作面的煤炭采用上运的方式为切眼到 3206 运输巷皮带机经 3206 上平巷、32 采区上山运输机直接进入 32 煤仓。

4 膏体自流充填的可行性

根据国内外充填矿山经验。管道自流输送的标准是管路系统几何充填倍线小于 5～6。几何充填管路倍线 N 按式(1)计算:

$$N = \frac{\sum L}{\sum H} \tag{1}$$

式中 $\sum H$ ——管道起点和终点的高差,华泰公司三采区充填钻孔预定位置标高＋209 m,至首采－300 m 充填水平垂直高差约为 509 m;

$\sum L$ ——包括弯头、接头等管件的换算长度在内的管路总长度。首期充填范围水平管道长度 500 m,三二轨道上山斜长 647 m,－100 m 水平钻孔硐室 23.5 m,加上－120 绞车平巷 48.5 m 和 309 m 垂直段长度(＋209～－100 m),$\sum L$ 为 1 528 m。

计算得出华泰公司 32 采区充填范围内充填倍线仅为 3.0,完全可以实现自流输送充填。因此,华泰公司膏体充填采用自流输送方式。

华泰公司膏体充填工艺流程如图 1 所示。

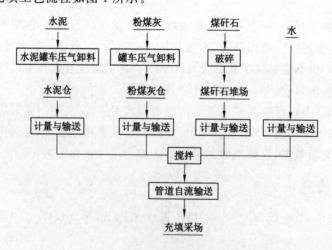

图 1　充填工艺流程

5 采煤工艺

在大倾角煤层倾向长壁工作面施工中，根据地质条件变化及时采取多点充填与块段充填相结合的方法，实现"采煤—充填—凝固"正规循环作业。

采用倾向长壁区内后退式采煤法，全部充填法管理顶板；采用 MG160/360-BWD 型采煤机落煤、装煤，SGZ-630/264-W 型刮板输送机运煤，ZY3200/7.5/16 型支架支护顶板；采高 1.3 m，循环进度为 0.6 m。双滚筒采煤机自开缺口，采煤机采用端头斜切式进刀方式，吃刀距离不小于 25 m，进刀深度为 0.6 m，采煤机牵引方式为有轨无链牵引；采煤机以 3～4 m/min 的速度割煤，直至割透两端头煤壁。

6 工作面充填工艺

6.1 挡浆墙的砌设

（1）工作面每推采一个循环 0.6 m，砌设一次挡浆墙，进行充填一次。

（2）由于上巷留巷后维护，工作面在靠近采空区钢带端头下砌设挡浆墙，挡浆墙由下向上砌设；采用尼龙布加干膏浆矸石袋进行砌设。

（3）上巷下帮底板挖出一条"U"形水沟，便于疏水。

（4）挡浆墙的砌设要求

① 挡浆墙的砌设材料：尼龙布、干膏浆矸石袋、黄泥、木枕（规格 0.1 m×0.05 m×1.0 m）、木楔、摩擦支柱等。

② 施工人员进入施工地点，必须对施工范围内的隐患进行排查、处理，确认安全后方可施工。

③ 砌设挡浆墙前，必须准备好砌设挡浆墙的各种材料，既能保证充填骨料沉淀，又能滤出多余的水分。

④ 下巷的超前支护滞后工作面切顶线 30～50 m 回撤。

⑤ 挡浆墙的砌设要随回撤支柱，依次向上砌设。将底板清理到硬底，将尼龙布铺设在底板，与矸石袋的压茬长 0.2 m，开始砌放干膏浆矸石袋，层间要互相错茬，在砌放至距顶板 0.05 m 时，将尼龙布由矸石袋上方包过，尼龙布上方用黄泥捣实接实顶板，挡浆墙宽度不小于 1.5 m。

⑥ 在靠近挡浆墙的外侧，支设一排摩擦支柱配柱帽，作为留巷段加强支护措施，将剩余的尼龙布与顶板封网相连，摩擦支柱同巷道顶板钢带支护同步。

6.2 工作面充填

（1）工作面的充填管路，根据现场的实际情况，充填管路铺设在工作面上巷、下巷靠近第一个支架处，以及工作面铺设一趟 4 寸钢编胶管，随工作面推采前移，每隔 30 m 安设一个充填管口，保证工作面充填效果，根据支架间底座间距，使用钢编胶管能够满足要求；管路与各阀门之间用螺栓连接牢固、可靠。

（2）工作面在缩至最小控顶距后开始充填，膏体充填至支架底座位置（采空区侧）后停止，严禁膏体淹、埋支架。充填后，膏体与顶板接茬处距支架顶梁后端不大于 3.3 m，推采两循环后不大于 4.5 m。

（3）充填时，采用一次将挡矸墙段充填满的方法。充填出口各管节要连接牢固可靠。工作面充填管路各连接处，必须使用尼龙绳或油丝绳进行固定，确认安全无误后，方可进行充填。

（4）当膏体凝固 8 h 后，方可进行第二个循环充填。

（5）当充填全部完成后方可进行采煤，严禁充填与出煤同步进行。

（6）为了保证充填过程的顺利进行，在井上下要配置直通电话，确保充填期间通讯及专用电话畅通。

6.3 充填料的输送

在煤矸石山附近建立粗碎站,破碎后5 mm以上煤矸石进入建材厂中碎工序,5 mm以下煤矸石通过汽车运输至充填站煤矸石堆场。充填时由装载机将堆场中的煤矸石铲装至稳料仓,经安装在稳料仓底部的圆盘式给料机向皮带运输机供料,计量后输送至 $\phi2.2\ m\times2.4\ m$ 搅拌桶。

水泥、粉煤灰用散装罐车运送,通过压气卸入立式水泥仓和粉煤灰仓内,经仓底插板阀、星形给料机、冲板流量计计量后通过单螺旋输送机输送至同一个搅拌桶内。

高位水池中的充填用水通过计量后,加入搅拌桶中。

上述各种充填物料在同一个搅拌桶内强力搅拌形成质量浓度为40%~74%左右的膏体料浆,沿充填钻孔和井下充填管道自流输送至待充采场。

7 结论

二层煤直接顶板一般为厚度2~8 m的粉砂岩(局部为细砂岩),抗压强度平均为95.4 MPa,不易冒落,采空区实现了"充填—凝固—充填—凝固"的充填效果,煤层顶板不冒落,就会实现多次充填,直至充填密实。

(1)充填骨料煤矸石来自井下掘进工作面和电厂的废弃物,水泥配比一般在5%~10%之间(体积比),回填井下不会恶化井下工作环境。

(2)膏体呈碱性,不会恶化地下水质,也不会对井下设备产生腐蚀破坏。

(3)膏体体积浓度范围在40%~70%之间,只要能够自流至工作面便可,易于操作,膏体各物料混合均匀,不会产生细颗粒随泌水流出采场而污染井下环境的现象。

(4)煤矸石回填井下,有利于清除矸石山和环境保护,回收土地资源。

(5)通过该充填法,华泰矿业近三年时间累积开采煤炭资源52万t,增加了矿井经济效益,延长了矿井服务年限。

(6)充填法采矿既提高了煤炭资源回收率,又有利于保护地表建(构)筑物,经过三年的充填实际连续监测,地表最大下沉值为0.126 m,地表建筑物没有影响,避免了地下采矿引起地表移动和塌陷等地质灾害,以及因地下开采引起的地企之间的工农矛盾。

近浅埋大采高顶板破断矿压显现规律研究

刘化立[1],徐修立[1],彭林军[2]

(1.陕西未来能源化工有限公司 金鸡滩煤矿,陕西　榆林　719000;

2.大连大学 院士创业园,辽宁　大连　116622)

摘　要　近浅埋特厚煤层开采在我国陕北地区最为丰富,综采大采高工作面初采时坚硬顶板极易形成大面积悬顶,对安全生产造成严重威胁。本文以金鸡滩煤矿12⁻²上101工作面为研究背景,建立大采高力学结构模型并进行理论计算和现场观测,得出近浅埋大采高工作面上覆岩层的来压步距和矿压显现规律,为榆神矿区类似条件开采提供了可靠的理论支持,保证了矿井的安全高效开采。

关键词　近浅埋煤层;大采高综采;周期来压;矿压显现规律

1　矿井工作面条件

金鸡滩煤矿12⁻²上101工作面为矿井首采工作面,位于一盘区东南部。工作面西南方向为辅助运输联络巷;西北方向为辅助运输顺槽、输送机顺槽;东北方向为切眼;东南方向为1#回风顺槽、2#回风顺槽。首采面主采2⁻²及2⁻²上煤,煤层厚度为8.79~12.49 m,平均为9.40 m;分层开采,设计上分层采厚为5.5~5.8 m。煤层倾角为0.3°~0.8°,平均为0.5°;工作面标高为+991.7~+1 010.4 m,平均为+1 001.0 m;整体西南高,东北低。地面标高为+1 229.8~+1 263.7 m,平均为+1 246.7 m。2⁻²(2⁻²上)煤层的顶板类型,以直接顶岩性以粉砂岩、细砂岩为主要特征,厚度一般为1~3 m,平均为1.77 m,局部大于6.0 m(BK11钻孔)。伪顶分布于工作面南部。基本顶巨厚砂岩体厚度在5~25 m之间。12⁻²上101工作面BK11钻孔柱状如图1所示。

序号	图例	岩石名称	深度/m	厚度/m	累厚/m	岩性特征
14		细粒砂岩	211.17	1.40	48.71	灰白色,细粒砂状结构,成分以石英、长石为主,含少量云母,钙质胶结,块状构造
13		粉砂岩	212.60	1.43	47.31	灰色,粉砂状结构,成分以石英为主,次为厂石,含植物化石,分选好,半坚硬
12		煤	212.70	0.10	45.88	黑色,暗煤,弱沥青光泽
11		细粒砂岩	214.80	2.10	45.78	浅灰色,细粒砂状结构,成分以石英、长石为主,次为岩屑,半坚硬
10		粉砂岩	221.60	6.80	43.68	灰色,粉砂状结构,成分以石英、长石为主,含少量云母,钙质胶结,分选较好,多为次圆状,半坚硬,夹煤线和泥岩薄层
9		细粒砂岩	223.30	1.70	36.88	灰色,细粒砂状结构,成分以石英、长石为主,含植物碎屑化石,钙质胶结,半坚硬
8		粉砂岩	226.30	3.00	35.18	灰色,粉砂状结构,成分以石英为主,钙质胶结,具水平层理,分选好,夹煤线
7		泥岩	228.80	2.50	32.18	深灰色,含植物碎屑化石,具滑面,夹煤线,破碎
6		细粒砂岩	231.40	2.60	29.68	灰白色,细粒砂状结构,成分以石英、长石为主,分选好,多为圆状,坚硬
5		粉砂岩	243.41	12.01	27.08	浅灰色,粉砂状结构,成分以石英为主,含少量云母和植物碎屑化石,钙质胶结大量交错层理,局部水平层理,具滑面,巨厚层状
4		细粒砂岩	247.01	3.60	15.07	灰白色,细粒砂状结构,成分以石英、长石为主,少量云母
3		粉砂岩	252.52	5.50	11.47	灰白色,局部灰黑色,粉砂状结构,成分以石英、长石为主,次为岩屑,含大量植物碎屑化石,偶见白云母,交错层理,分选好
2		细粒砂岩	253.31	0.80	5.97	灰白色,细粒砂结构,成分以石英、长石为主,含少量岩屑和云母,夹煤线
1		粉砂岩	258.48	5.17	5.17	灰白色,粉砂状结构,钙质胶结,成分以石英、长石为主,含少量云母,较夹煤线
		2⁻²上煤	267.73	9.25		黑色,以暗煤为主,夹亮煤条带,近平坦状断口,弱沥青光泽,属半暗型煤

图1　BK11钻孔柱状图

本工作面上覆主要为延安组五段，厚度为 45.38～74.48 m，平均为 57.48 m。岩性以灰白色中细粒长石岩屑砂岩为主，节理裂隙不发育。据 BK11 和检 3 号孔抽水资料，距切眼 600～1 300 m 处和距顶板 15～120 m 均有含水层，其中距切眼 600～900 m 处靠近 2# 风巷侧距顶板 15～40 m 处有较富水区。距切眼 2 500～3 500 m 处距顶板 40～120 m 处有富含水区，水量较大。并防止工作面充分采动后顶板导水裂隙带产生导水，对工作面的生产安全产生影响。

2 大采高力学结构模型建立

2.1 大采高基本顶初次来压步距

大采高裂断岩层建模所解决的关键参数主要有裂断拱累计高度、工作面基本顶岩梁的范围、工作面基本顶岩梁的初次突变失稳步距、裂断拱内传递岩梁的数目、工作面基本顶岩梁的结构、工作面基本顶顶岩梁的周期突变失稳步距，其中，裂断拱累计高度、工作面基本顶岩梁的范围与基本顶岩梁的

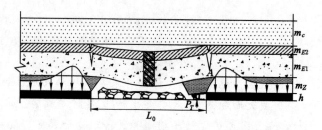

图 2　基本顶岩梁初次突变失稳力学模型

初次裂断步距和周期突变失稳步距是其主要参数。基本顶岩梁初次裂断力学模型如图 2 所示。

基本顶岩梁的初次来压步距可由公式(1)求出：

$$L_0 = \sqrt{\frac{2 \cdot m_{E1}^2 \cdot [\sigma_t] \cdot 100}{(m_{E1} + m_c) \cdot \gamma_{E1}}} \tag{1}$$

式中　m_{E1}——岩层(支托层)的厚度，m；

　　　m_c——岩层随动层的厚度，m；

　　　$[\sigma_t]$——支托层的单向抗拉强度，MPa；

　　　γ——岩层的容重，kN/m³。

2.2 大采高基本顶周期来压步距

显然，基本顶岩梁的突变失稳步距随支托层厚度增加、支托层抗拉强度增大而增大，而随动层厚度、平均容重将导致突变失稳步距向反方向变化之间的关系。基本顶周期来压步距如图 3 所示。

基本顶岩梁的周期来压步距可由公式(2)求出：

$$L_i = -\frac{1}{2}L_{i-1} + \frac{1}{2}\sqrt{L_{i-1}^2 + \frac{4M_s^2[\sigma_s]}{3\gamma(M_s + M_c)}} \approx \frac{1}{3}L_0 \tag{2}$$

式中　M_s, M——岩梁下部(支托)岩层和上部(随动)岩层厚度；

　　　$[\sigma_s]$——下部(支托)岩层允许拉应力；

　　　γ——岩梁平均容重；

　　　L_i, L_{i-1}——本次周期来压步距及与之关联的上一次周期来压步距。

2.3 导水裂隙带(砌体梁带)高度

导水裂隙带的高度是随着采场的推进而逐渐扩展的，当工作面推进距离大约为工作面长度时，导水裂隙带高度发展到最大，"裂隙拱"扩展到最高，此时，拱高约为工作面长度的 40%～50%。当煤岩双硬条件下一般取 0.4L_0。因此，导水裂隙带高度为：

$$m_{LX} = (0.4 \sim 0.5)L - m_z \tag{3}$$

式中　m_{LX}——导水裂隙带高度，m；

　　　L——工作面长度，m；

　　　m_z——冒落带高度，m。

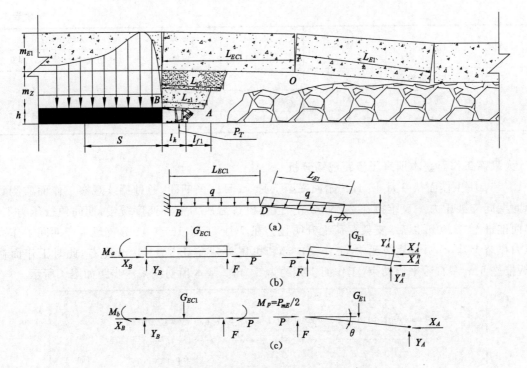

图 3   基本顶岩梁周期突变失稳力学模型图

3   大采高覆岩破断矿压显现规律

3.1   大采高矿压显现规律理论计算

通过上述大采高力学模型的建立,对 $12^{-2\pm}101$ 工作面进行计算,可知采场矿压显现有明显影响的有 2 个岩梁,第 I 岩梁是由 5.5 m 厚的粉砂岩和 3.6 m 厚的细粒砂岩组成,总厚度为 9.1 m,其初次突变失稳(初次运动)步距为 52 m 左右,周期突变失稳(周期运动)步距为 20 m。第 II 岩梁是由 12.1 m 的粉砂岩、2.6 m 的细粒砂岩、2.5 m 泥岩、3 m 粉砂岩和 1.7 m 细粒砂岩共同组成,其初次突变失稳(初次运动)步距为 86 m,周期突变失稳(周期运动)步距为 34 m。导水裂隙带高度预测为 120 m 左右。通过 BK11 钻孔柱状图分析,当裂断高度达到 M_{30}(22.8 m 厚的粉砂岩)时,裂断拱将达到最大,所以无论工作面推进多远,裂断高度不会发生大的变化。 $12^{-2\pm}101$ 工作面顶板岩梁结构组成见表 1。

表 1   101 工作面顶板岩梁结构组成及来压步距图

岩梁结构	岩石名称	编号	岩层厚度/m	岩梁厚度/m	来压步距/m	
					初次	周期
裂断高度	粉砂岩	M_{30}	22.80	22.80		
基本顶第二岩梁	细粒砂岩	M_9	1.70	21.90	86	34
	粉砂岩	M_8	3.00			
	泥岩	M_7	2.50			
	细粒砂岩	M_6	2.60			
基本顶第一岩梁	粉砂岩	M_5	12.10	9.10	52	20
	细粒砂岩	M_4	3.60			
	粉砂岩	M_3	5.50			

续表1

岩梁结构	岩石名称	编号	岩层厚度/m	岩梁厚度/m	来压步距/m	
					初次	周期
直接顶	细粒砂岩	M₂	0.80	5.97	32	9
	粉砂岩	M₁	5.17			
煤层	2⁻²煤	M₀	9.25			

3.2 大采高工作面基本顶来压步距现场分析

12⁻²上101工作面从6月18日开始回采至7月15日回采期间,通过持续观察工作面监测数据显示此期间支架压力一直维持在27 MPa左右,煤机过后压力上升速度缓慢,期间顶板压力不大。工作面推进至82.9 m以后,支架载荷上升明显。在7月15日16点04分夜班生产期间工作面支架压力显著上升,有明显片帮现象,工作面中部和机尾片帮在0.5~1.0 m左右,此时工作面初次来压,推进5 m左右后来压结束,工作面步距约为84 m。基本顶初次来压步距如图4所示。

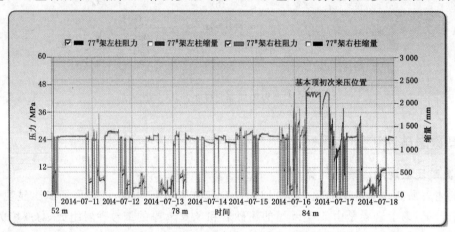

图4 基本顶初次来压连续观测曲线图

中部测站77#支架测点在2014年7月16日23:02至2014年7月20日0:51,工作面从102.35 m推进到137.2 m,基本顶完成了第一次周期来压,步距为34.85 m;在7月20日6:33至7月23日7:49,工作面从142.7 m推进到175.7 m,基本顶完成了第二次周期来压,步距为33 m;在7月23日23:47至7月25日15:05,工作面从181.8 m推进到203 m,基本顶完成了第三次周期来压,步距为21.2 m;在7月25日21:47至7月27日16:05,工作面从207.9 m推进到230.7 m,基本顶完成了第四次周期来压,步距为22.8 m;在7月28日1:51至7月30日22:00,工作面从235.5 m推进到259.1 m,基本顶完成了第五次周期来压,步距为23.6 m;在7月31日3:30至8月1日22:00,工作面从263.1 m推进到276.7 m,基本顶完成了六次周期来压,步距为13.6 m;在8月2日3:22至8月4日6:44,工作面从279.1 m推进到304 m,基本顶完成了七次周期来压,步距为24.9 m。基本顶周期来压步距如图5所示。

根据现场矿压观测和理论计算分析,12⁻²上101大采高工作面顶板属于近浅埋多岩梁结构,直接顶初次来压步距为31 m,周期来压步距为10 m,因为大采高工作面推进速度较快,直接顶周期来压不明显。基本顶初次来压步距为86 m,基本顶周期来压呈现一大一小周期,大周期平均来压步距为35 m,小周期平均来压步距为17 m。现场观测和理论预测的周期来压基本吻合。通过BK11钻孔柱状岩梁划分可清楚看出,小周期来压主要是基本顶的第一岩梁裂断来压,而大周期来压主要是基本顶的第二岩梁裂断来压。当工作面推过300 m见方后,工作面裂断拱高达到最大,

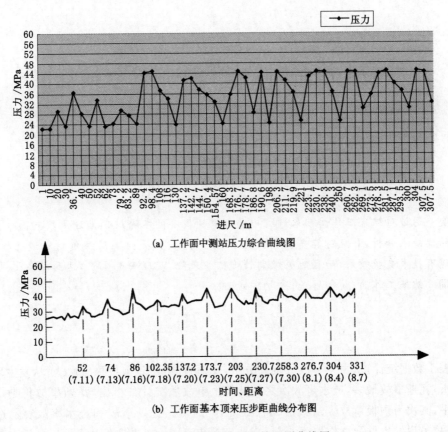

图 5　基本顶周期次来压连续观测曲线图

周期来压规律也基本趋于稳定。基本顶在开切眼处进行爆破切顶处理后,基本顶初次来压步距为 84 m,周期来压步距平均为 27 m 左右。

4　主要结论

（1）$12^{-2上}101$ 工作面属于近浅埋多岩梁有内应力场结构,直接顶属于 3 类稳定直接顶;基本顶属于来压显现非常强烈的 IV 级基本顶,顶板采取切眼强制放顶措施。

（2）$12^{-2上}101$ 大采高工作面上覆岩层对采场矿压显现有明显影响的 2 个岩梁:第一个岩梁（下位岩梁）平均厚度为 9.1 m,其初次来压步距为 52 m,周期来压步距为 20 m;第二个岩梁（上位岩梁）平均厚度为 21.9 m,其初次来压步距为 84 m,周期来压步距为 27 m。

（3）当进入正常推进阶段时,周期来压步距在推过工作面（300 m）见方时,第一次来压阶段完成,导水裂隙带高度达到最大约为 120 m 左右,支承压力分布范围也基本达到最大。上覆岩层破坏高度达到顶板上端,再往前推进破坏区只在推进方向向前延伸,导水裂隙带高度不会发生变化。

参考文献

[1] 钱鸣高,缪协兴.采动岩体力学基础研究与展望[J].岩土力学,1997,18(8):14-18.

[2] 宋振骐,蒋宇静,彭林军,等.煤矿重大事故预测和控制的动力信息基础的研究[M].北京:煤炭工业出版社,2003.

[3] 姜福兴.矿山压力与岩层控制[M].北京:煤炭工业出版社,2004.

综采工作面回采过程中局部冒顶支护
方案应用与研究

蒋学明,薛志明

(神华宁夏煤业集团石槽村煤矿,宁夏 银川 750400)

摘 要 通过对综采工作面回采过程中局部冒顶现有的木垛绞顶处理和填充高分子化学材料处理方式的优缺点分析,并且对其支护原理及工艺进行研究,提出采用廉价材料进行填充处理,同样可实现现有技术支护效果,而且能够做到较少作业风险,实现安全生产,达到精益化生产的目的。

关键词 综采工作面;局部冒顶;支护方式

0 前言

根据表1数据统计,从发生事故数统计分析,瓦斯事故最多,顶板事故次之;从发生事故死亡人数统计分析,瓦斯事故最多,透水事故次之。从发生事故数统计分析出,瓦斯事故仍是煤矿安全生产头号杀手,其次为顶板事故。从人员死亡数统计分析出,瓦斯事故和透水事故容易造成群死群伤,顶板事故虽说发生群死群伤概率小,但发生起数却不少,如果把发生1~3人死亡事故统计在内,顶板事故发生数则超过瓦斯事故。加强顶板管理、减少或杜绝顶板事故的发生仍然是降低百万吨死亡率,扭转煤矿安全生产形势的重点工作之一。

表 1 2014年上半年全国各大煤矿发生的安全事故统计

事故类型	发生起数	事故发生占比/%	死亡人数	事故发生死亡人数占比/%
煤与瓦斯突出或瓦斯爆炸事故	10	40	75	52.40
顶板事故	7	28	14	9.80
透水事故	2	8	5	16.80
运输事故	2	8	24	3.50
其他事故	4	16	25	17.50
合计	25	100	143	100

近年来,随着煤矿机械化水平的提高,统计数据中出现人员伤亡的顶板事故高发地点从采煤工作面转向掘进巷道,但并不意味顶板冒顶发生的频次出现转移,回采工作面两巷及工作面中部容易出现局部地质构造区仍然是冒顶事故的高发区。冒顶事故的发生既有管理上的原因,也有技术方面的原因,如采煤工作面煤帮附近的局部冒顶,通常是由于采煤动压而造成的,也有因为机道和上下出口支护不及时或是有地质构造导致煤岩松散,造成局部冒落,更多的是受本身地质原因的影响,而技术管理跟不上,未控制住顶板离层,也会使顶板失稳,造成事故损失。本文就如何经济、高效、安全处理综采工作面回采过程中局部冒顶的支护方式进行分析与研究。

1 局部冒顶的原因

冒顶一般指在底下开采中,上部矿岩层自然塌落的现象,是由于原先平衡的矿山压力遭到破坏而造成的。在实际生产中,如果顶板冒落高度大于 300 mm 就视作冒顶,因其容易引发严重的顶板事故。

目前大部分矿井岩巷都采用了锚网喷索联合支护,采用悬吊理论验算支护强度和可靠性,并且在永久巷道或是服务期限较长的巷道都采用喷浆技术,一方面通过增加喷浆厚度,形成组合拱,提高支护强度,另一方面将裸露的围岩进行封闭,防止围岩风化,逐渐使锚网支护失效。煤巷也采用锚网索支护,确保锚索能够锚入Ⅰ类、Ⅱ类、Ⅲ类稳定岩层中,采煤工作面支护也基本实现了现代化设备支护,采场内采用液压支架支护,顺槽巷道内除原有锚网索支护外,采用液压单体支柱配合Ⅱ型钢梁加强支护,局部冒顶往往是由于支护缺失或是顶板失稳后采取支护措施强度不够或是无效而导致的。

局部冒顶的原因主要有两类:一类是因煤岩应力发生变化,应力重新分配后使直接顶压碎,失去有效支护的已破碎的直接顶发生局部冒落;另一类是受周期压力影响,基本顶承压下沉迫使直接顶破坏支护系统而造成的局部冒落。

根据局部冒顶位置可将冒顶大致分为煤帮附近局部冒顶、上下出口局部冒顶、放顶线附近局部冒顶、地质构造破坏带局部冒顶。现分述如下:

(1)地质构造产生的附加水平应力强烈,易受强烈的采动影响,应力相应提高 3~5 倍,煤质因松软而片帮,扩大无支护空间,也可能导致局部冒顶。

(2)局部岩石侵入冲刷,在直接顶中形成"鸡窝"型游离岩块的镶嵌型顶板支护不及时造成局部冒落。

2 几种综采工作面局部冒顶的日常维护方法

在实际生产中,一般大于 300 mm 的冒顶就必须进行处理,因其冒顶松散面容易破碎,岩面继续塌落,引起大型冒顶。局部冒顶现有的日常维护方法包括两类:一类是绞顶,另一类是填充。现分述如下:

(1)可采用掏梁窝挑钢梁或支悬臂梁的方法处理。首先要观察顶板动态,加强冒顶区上下部位支架管理,防止冒顶范围扩大,再掏梁窝、挑梁和挂梁。棚梁顶上的空隙要刹严或架小木垛接顶,然后再清除煤浮矸,打好贴帮柱,支好棚梁。掏梁窝挑钢梁支护方法如图 1 所示。

(2)采用高分子化学材料填充冒顶空顶区域的方法处理。首先要观察顶板动态,架设棚梁,棚住冒顶下口,从空隙向空顶区域注入高分子化学材料,待高分子材料经化学反应膨胀后充填满冒顶空顶区域。充填化学材料支护方法如图 2 所示。

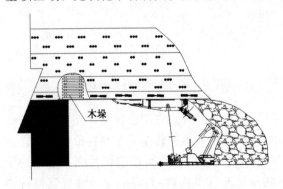

图 1 掏梁窝挑钢梁支护方法

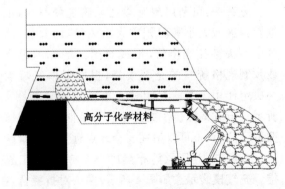

图 2 充填化学材料支护方法

3 石槽村煤矿 1102206 综采工作面冒顶处理方法探索与研究

3.1 石槽村煤矿 1102206 综采工作面顶板情况介绍

石槽村煤矿 1102206 综采工作面为 2-2 煤工作面,煤层伪顶为 0.5～1.0 m 的碳质泥岩,直接顶为 1.2～5.17 m 厚的砂质泥岩,摩氏硬度为 3～4。基本顶为细中粒砂质泥岩与砂岩互层(以砂岩为主),岩石由层状结构的岩体组成,以发育较多的水平层理、小型交错层理、节理裂隙和滑面等结构面为特点。

3.2 新支护方案的研究与探索

3.2.1 石槽村煤矿 1102206 综采工作面顶板管控情况

石槽村煤矿 2-2 煤顶板的直罗组下段强含水层裂隙发育、易导水,而 2-2 煤综采工作面伪顶和直接顶泥岩类岩石由于黏土矿物亲水性强,水稳定性差,遇水容易软化,造成工作面回采过程中顶板极难管理,容易发生冒顶、漏矸事故。针对该工作面顶板碳质泥岩伪顶较厚、直接顶也不稳定的特点,凡是在液压支架前方或支架顶梁上出现 300 mm 以上的漏矸情况必须维护处理,防止软化岩石继续冒落,造成事故扩大。

3.2.2 对支护原理及传统支护方式的优缺点分析

通过对目前普遍采用的支护方法原理进行分析,无论是掏梁窝挑钢梁然后顶上架设木垛还是在棚梁上口充填高分子膨胀材料,其目的都是保证现有支护措施能和冒顶后新形成的顶板接顶严实,防止空顶时间过长,应力集中,破坏新顶板的完整性,导致继续冒落。

两种方法都需要在冒顶区域下口从外向里逐步架设棚梁,先把下口棚住,然后进行后续作业。如果在空顶区域内架设木垛的话,因液压支架前方或顶梁上架设木垛空间小,必须降架处理,而且需要作业人员进入空顶区域作业,没有任何防护,但卸压降架会带来冒顶范围扩大,作业人员很容易受到二次冒顶伤害;如果采用填充高分子化学膨胀材料处理方式,一般根据冒落区域大小选择用量,化学材料都是两种液体混合后,保持几分钟,开始发泡,逐渐充满空间,此种方法,在未发泡前容易撒漏,而且化学材料费用较高。

从原理上分析,最好是人员不用进入冒顶的空顶区域作业,而且使用较少的费用就可以顺利、安全通过冒顶区域;从施工工艺上分析,都是起到填充的作用,可以采用封闭式充填空间或用其他经济实惠的材料填充而达到充填支撑作用。

3.2.3 新支护方案的研究与应用

根据支护原理分析,可提出两种试验方案:一是制作封闭式的充填模袋,充填高分子化学膨胀材料;二是制作充气模袋。

方案一:可利用现有柔性风筒现场制作,根据冒顶区域大小裁剪相应大小风筒,两头缝合,其中一头绑扎充填管,形成封闭式的充填模袋或预制规格统一的充填模袋,根据冒顶区域大小决定使用个数。封闭式充填模袋示意如图 3

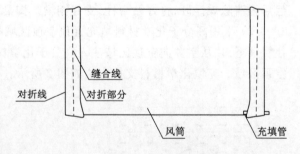

图 3　封闭式充填模袋示意图

所示。该方案跟传统的方法较为相似,都是充填化学膨胀材料,其优点在于液体材料充填过程中成型不乱流,人员可以站在安全地点远程控制管路充填,其缺点是充填的化学膨胀材料价格昂贵。

方案二:利用风筒布漏风小的特点,加工成充气模袋。同样可现场制作或预制统一规格的模袋。充气模袋示意如图 4 所示,两头对折缝合,在一端安装充气单向阀,另设一个可释放气体的卸压阀。使用过程中,通过充气单向阀一端连接压风气体充气,通过模袋将冒顶区域临时稳固,在移架后,可利用卸压阀释放气体。该方案优点是充填气体为压风,充填成本低;其缺点是强度不够,容易划破,而且漏气,需要在使用过程中不断充气。

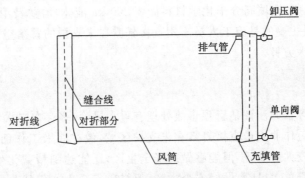

图 4 充气模袋示意图

3.2.4 可行性方案展望

结合以上两个方案,必须兼顾其优点,既可以满足远程操作要求,又要使用成本低;还要避其缺点,提出制作橡胶气囊用于支撑。通过理论分析及考虑用于汽车轮胎的内胆橡胶材料性能,为保证气囊具有一定的支撑强度及韧性,气囊壁厚设计不小于 0.5 cm,承受不小于 5 MPa 气体压力,并在气囊上设计两条导气管,一条上安装单向阀用于充填气体用,并设置压力表,另一条用于释放气体卸压用。气囊充填支护方法如图 5 所示。

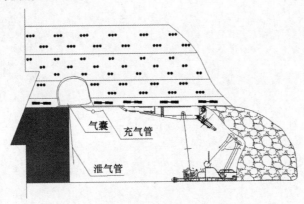

图 5 气囊充填支护方法

3.2.5 施工工艺

如果发生冒落高度超过 800 mm 的冒顶事故,必须先观察环境,撬除危岩活石,再由外向里架设抬棚,棚住下口,人员站在支护完好的地方将气囊从抬棚缝隙放置于空顶区域内,随后开始利用井下压风充填气囊,充填过程中适当调整气囊位置,防止锋利岩石划破气囊,并注意充填气体压力,避免充气量过大,充爆气囊。充填过程中可以根据冒顶区域大小,选择充填气囊数量。当充填完毕并没有碎石继续冒落后,可进行拉架割煤,拉架过程中保证支架擦顶移架,并适当保证支架支撑力,待顺利通过冒落区域后,及时利用卸压管将气囊气体释放,防止基本顶下沉压迫气囊,造成采空区爆炸。

如果冒落高度仅为 300~800 mm,且在工作面上方,则可不用棚住下口,直接在支架上方进行充填。

3.2.6 效果评估

如果利用气囊填充综采工作面局部冒顶后的空顶区,再利用液压支架及时移架,钻入稳定、完整煤岩层中,能够起到和架设木垛抬棚方式、充填高分子化学材料同样的支护效果,同样能够安全顺利通过冒顶区域,而且减少了支护成本的投入。以 1 m³ 冒顶区域为例,木垛支护需要 0.8 m³ 木头,需要 1 500 元木材费用,充填高分子化学材料需要 200 kg 液体,需要费用 4 000 元,而用充填气囊支护成本不到千元,最主要的是施工人员不用直接暴露在未支护的冒落空顶区域,兼顾了精益化生产管理和安全生产两大方针。

4　结论

　　根据安全生产风险评估办法评估冒顶事故处理有重大风险,多存在二次冒顶伤人风险,所以在处理冒顶时应尽可能避免作业人员直接暴露在未支护区域,像在综采工作面局部冒顶事故处理过程中从设计到工艺均有较大进步,不但能够做到安全生产,还能达到精益化生产的目的,可以通过采取可靠的处理方法规避重大风险,做好安全生产,但煤矿安全生产仍然是一个艰巨的可研课题,需要不断攻克。

参考文献

[1] 钱鸣高,刘听成.矿山压力及其控制[M].北京:煤炭工业出版社.1991.

[2] 刘小平,孙玉民.采用灌注工艺处理综采工作面贯通时冒顶实践[J].神华科技,2013(4):24-26,45.

[3] 蒋耀忠,关进.石槽村煤矿首采工作面疏放水问题及研究[J].神华科技,2011,9(5):34-36.

5 冲击地压防治

大采深强冲击"刀把形"孤岛采煤面冲击地压防治技术

刘国兴,王　东,孙　健

(山东能源肥城矿业集团有限责任公司,山东　肥城　271608)

摘　要　介绍了山东能源肥城矿业集团梁宝寺煤矿 3201 下孤岛工作面冲击地压防治技术。3201 下孤岛工作面开采深度大于 700 m,煤层具有强冲击倾向,为孤岛、厚煤层、不规则、构造复杂工作面,基于防冲安全需处理"刀把区"煤柱的合理留设,工作面严重受冲击地压威胁,冲击地压防治难度较大。工作面开采过程中,通过精心研究特定开采条件,进行了防冲设计、监测、卸压、解危、检验等针对性技术研究与实践,进行全过程监测、卸压、解危开采,对"刀把区"煤柱采取了安全论证与合理留设,为其他相似条件下受冲击地压严重威胁孤岛工作面安全开采提供了参考与借鉴。

关键词　大采深;强冲击;孤岛工作面;防冲技术

1　概述

1.1　矿井概况

梁宝寺煤矿位于济宁市嘉祥县梁宝寺镇境内,2006 年 1 月正式投产。井田东西宽约 9 km,南北长约 11 km,面积约 95.27 km²,地质储量 575 Mt。矿井设计生产能力 1.80 Mt/a,核定生产能力 3.0 Mt/a,主采煤层为 3 煤层,目前开采水平为 −708 m 水平。矿井开拓方式为立井开拓。通风方式为中央并列抽出式通风。采煤方法为走向长壁后退式开采,采煤工艺为综采、综放。

1.2　冲击地压情况

冲击倾向性鉴定结果是:3 煤层属于Ⅲ类,为强冲击倾向性煤层;顶板属于Ⅱ类,为弱冲击倾向性岩层;底板属于Ⅲ类,为强冲击倾向性岩层。

2012 年 3 月 31 日 20 时 31 分,3301 工作面轨道巷由停采线向外 180～310 m 范围发生冲击地压,导致 2 人遇难。经专家分析,认为是由地震诱发的矿震自然灾害事故。梁宝寺煤矿为冲击地压矿井。

1.3　3201 下工作面概况

1.3.1　地质条件

3201 下工作面位于 −708 m 水平 3200 采区上部,工作面以南为 3201 综采工作面、以北为 3202 综采工作面,3201、3202 两个工作面均已回采完毕,致使 3201 外工作面形成孤岛,如图 1 所示。

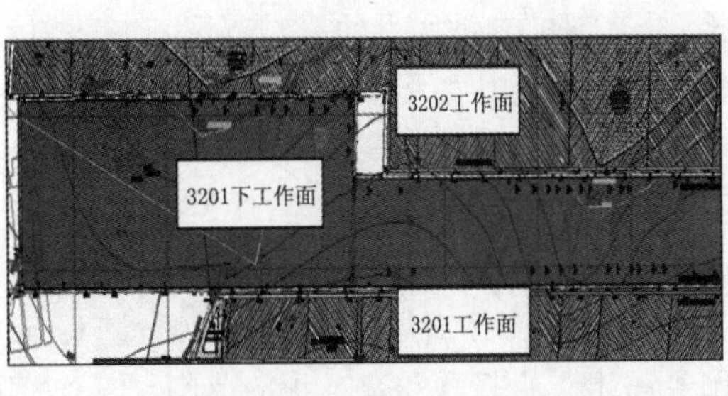

3201 下工作面走向长 918 m,倾斜长 140 m,可采储量 76 kt;地面标高 +36.4～+39.5 m,工作面标高 −555.4～−616.5 m。工作面煤层厚 2.4～3.4 m,平均 2.73 m,结构复杂,岩石坚固性系数 f 值为 1.8;煤层倾角 5°～13°,平均 8°。直接顶为粉砂岩,厚 0～4.3 m,平均 1.0 m;基本顶为中砂岩,厚 4.1～30.76 m,平均 22.1 m;直接底为粉砂岩,厚

图 1　3201 下工作面位置平面示意图

0.45～11.95 m,平均 6.1 m;老底为中砂岩,厚 6.1 m（如图 2 所示）。工作面构造以褶曲为主,自东向西依次为:梁宝寺向斜、黄河李背斜、申庄向斜。

1.3.2 冲击危险评价

工作面煤层具有强冲击倾向性。

（1）工作面冲击危险综合指数评价

工作面地质因素影响下的冲击危险性指数 W_{t1} 为 0.84,具有强冲击危险;工作面开采技术条件影响下的冲击危险性指数 W_{t2} 为 0.54,具有中度冲击危险。冲击危险指数 W_t 为 0.84,具有强冲击危险。

（2）工作面冲击危险可能性指数评价

工作面平均开采深度 650 m 左右,两侧为采空区,工作面移动支承压力应力集中系数为 2.5,最大应力为 39.375 MPa,煤层单向抗压强度为 19～24 MPa,其比值达到了 2.07,已远远大于发生冲击地压的基本应力允许。煤层的弹性能指数 W_{ET} 为 5.97～10.07,具有强冲击倾向性。工作面发生冲击地压的可能性指数 U 为 1.0,具有冲击危险。

1.3.3 回采工艺及装备

工作面采用综采工艺,一次采全高,全部陷落法管理采空区顶板。"三机配套"型号:MGTY400/930-3.3D 型双滚筒电牵引采煤机;ZZG6800/23/35 型液压支架;SZG800/800 型中双链刮板输送机。

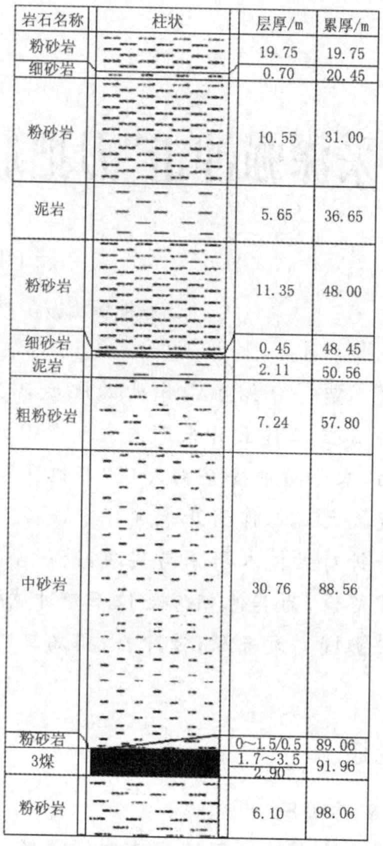

岩石名称	柱状	层厚/m	累厚/m
粉砂岩		19.75	19.75
细砂岩		0.70	20.45
粉砂岩		10.55	31.00
泥岩		5.65	36.65
粉砂岩		11.35	48.00
细砂岩		0.45	48.45
泥岩		2.11	50.56
粗粉砂岩		7.24	57.80
中砂岩		30.76	88.56
粉砂岩		0～1.5/0.5	89.06
3煤		1.7～3.5 2.90	91.96
粉砂岩		6.10	98.06

图 2　3201 下工作面综合柱状图

2 冲击地压诱发因素分析

2.1 煤岩结构

根据 3201 下工作面综合柱状图分析,3 煤层顶板组合存在坚硬厚岩层,即中砂岩,平均厚度为 22.1 m;且直接顶厚度变化较大,局部煤层直接顶即为基本顶坚硬中砂岩层。因此,在工作面开采过程中,存在顶板易形成悬顶进而聚积大量弹性能的可能,有突然释放导致顶板发生冲击的隐患。

2.2 地质构造

工作面构造以褶曲为主,自东向西依次为:梁宝寺向斜、黄河李背斜、申庄向斜,且有三条较大断层（ZF2-28、29,ZF3-30,落差均为 0～3 m）。一般在向斜的翼部附近会造成煤、岩应力局部集中。在一定开采条件下,褶曲构造附近易发生冲击地压事故。断层活化是岩层运动的一种特殊形式,断层处岩层的不连续性导致断层本身不稳定,在高应力作用下,断层较完整岩层先行运动,随工作面推进,其超前支承压力的影响范围不断向前发展,当到达断层影响区域后,断层本身构造应力与工作面超前支承压力形成叠加,使断层附近的支承压力增高,重新分布,当满足冲击条件时,可以诱发冲击地压。根据一般实践经验,在工作面前方存在断层的情况下,当工作面距离断层 20～40 m 时,最容易诱发冲击地压。

2.3 覆岩空间结构

3201 下工作面最大开采深度超过 700 m,工作面周围影响矿山压力显现程度的岩层运动空间已经超出了直接顶和基本顶的范围。工作面推进过程中,随着覆岩空间结构的变化（如出现应力叠加而产生应力集中）,可能诱发冲击。由于 3201 下工作面两侧为采空区,因此工作面在推采一段距离后,三个采空区会形成典型的"C"型覆岩空间结构,该结构会随着工作面的推进而向前方不断移动,在特定条件下可发生冲击地压。在工作面坚硬基本顶初垮、初压,采空区一次、二次见方过程中极易诱发冲击。

2.4 煤柱分布

分析工作面平面图可知,当工作面推采到 3202 和 3201 工作面采空区附近时,受采空区的影响,导致该煤柱应力集中,在回采到该区域时,如果不采取卸压措施,很容易发生应力集中,可能诱发冲击。在"刀把"位置处的巷道,会形成孤岛中的孤岛,造成开采过程中的高应力叠加(如图 3 所示)。

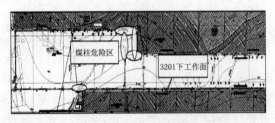

图 3　煤柱危险区示意图

3　工作面防冲技术重点

肥矿集团、梁宝寺煤矿与北京科技大学联合,对 3201 下孤岛工作面进行了冲击倾向性评价及专题防冲技术措施研究。

3.1　工作面沿空送巷设计

按照防冲临界设计原则,综合工作面煤层厚度、开采深度及巷道宽度,计算确定 3201 下工作面两顺槽与两侧采空区留设净煤柱宽为 4.5 m。实践证明,该煤柱设计较为合理,既能最大限度发挥支撑能力,又合理避免了冲击隐患。为增加沿空煤柱的支撑能力,在煤柱一侧帮部采用了注浆锚杆加固支护技术。

3.2　工作面切眼断顶

工作面开采前,在切眼内施工 2 排断顶孔,距切眼两帮 2 m 各施工 1 排。断顶孔直径 75 mm,孔深 12 m,仰角 60°,间距 4.5 m。断顶爆破采用水胶炸药,每 3 卷水胶炸药绑扎为 1 捆,沿爆破孔顺序装填,每 0.5 m 放置一雷管,段号一致,每孔装药长度 6 m,每孔共计装药量 13 500 g(90 卷×150g/卷);封孔采用水炮泥配合黏土炮泥。首次爆破 1 孔(靠近顺槽 1 号孔),其它依次爆破,每 3 个孔为一组爆破。通过深孔爆破,有效释放了工作面悬顶造成的顶板能量积聚。

3.3　工作面煤柱区防冲

3201 工作面初次来压步距为 59 m,周期来压步距为 27～30 m,超前支承压力影响范围约 90～110 m,峰值影响区位于工作面前约 30～45 m。因此,受超前支承压力影响,预留煤柱宽度应大于 90 m(3202 工作面采空区西侧 45m 与 3201 工作面东侧 45 m),考虑 1.2 倍的安全系数和中间巷影响(巷宽 4.5 m),预留煤柱宽度应大于 112.5 m。同时考虑侧向支承压力影响范围,根据计算,3202 采空后侧向支承压力影响范围为 90～110 m,峰值影响范围约 50 m,因此,3201 工作面开采后,会导致整个中间巷均处于侧向应力影响范围内。尤其在中间巷轨顺以里 50 m 附近应力达到最大,矿压显现明显。综合分析,最终确定"刀把"区煤柱留设 120 m。同时研究制定了严密监测、预卸压、解危措施及应急预案,重点:

(1) 在线监测预警。在工作面轨顺、新开轨顺、中间巷埋设应力计,当发生黄色或红色预警时,采取必要卸压措施;反复卸压仍不能降低应力值时,停止推采。

（2）动力显现。推采过程中出现明显的动力现象，如震顶、大煤炮、锚杆（索）崩断、巷道大变形，降低工作面推采速度，必要时停止推采。

（3）巷道支护。在进入 160 m 煤柱区后，新开轨道巷、轨道巷、中间巷位置应加强支护，确保足够的支护强度。

（4）停采缩面。工作面到达停采线后，局部撤面期间，强矿压观测，发现异常及时进行卸压处理，必要时立即撤人。

（5）严格限员。制定严格的限员管理措施，尤其在工作面割煤和停采撤面期间，对轨道巷、新开轨道巷和中间巷实行严格限员。

3.4 工作面超前卸压

超前工作面 300 m，施工两顺槽卸压孔；超前工作面 400 m 对"刀把"煤柱区施工卸压孔。钻孔直径 110 mm，顺煤层倾角，布置于底板以上 1.2～1.5 m。卸压孔间距按"1、2、3"原则施工，即：未划入危险区域块段和一般危险区内卸压孔间距 3 m，钻孔深度 18 m；中度危险区内孔间距 2 m，钻孔深度 18 m；高度危险区内孔间距 1 m，钻孔深度 20 m。同时超前 500 m 对过断层等留底煤巷道段进行底板充分卸压，卸压孔进入直接底板至少 0.5 m，并进行注水浸润。

3.5 监测监控

安装冲击地压在线监测系统及微震监测系统，保持对工作面前方 300 m 范围内实施有效监测。为确保给卸压解危留有安全施工时间，对黄色及红色预警值均降低一个量级设定，提升一个级别预警，切实做到"重点于防"——黄色预警必须解危。同时，缩短煤粉钻监测时间间隔，提高监测检验时效。

3.6 预警解危

在工作面推采至"刀把"煤柱区附近时，监测系统显示应力明显集中、叠加，冲击危险程度上升。随机列举解危实例如下。

（1）2013 年 4 月 5 日 23：40，工作面推采至 626 m（含切眼），工作面轨顺在线监测第二组 8 m 应力计距工作面 20 m，压力上升至 10.00 MPa，黄色预警，压力有持续上升迹象。遂安排在轨顺在线监测第二组 8 m 应力计两侧预警区域施工卸压孔进行解危，孔间距 0.8 m，孔深 18 m，并适时进行注水处理，安全解危。

（2）2013 年 4 月 7 日 23：31，工作面推采至 631 m（含切眼），工作面轨顺在线监测第二组 8 m 应力计距工作面 15 m，压力上升至 10.34 MPa，黄色预警，压力有持续上升迹象。遂安排在轨顺在线监测第二组 8 m 应力计两侧预警区域施工卸压孔进行解危，孔间距 0.8 m，孔深 18 m，并适时进行注水处理，安全解危。

（3）2013 年 4 月 8 日 7：40，工作面推采至 631 m（含切眼），工作面新轨顺在线监测第十四组 8 m 应力计距工作面 23 m，压力上升至 10.05 MPa，黄色预警，压力有持续上升迹象。遂安排在新轨顺在线监测第十四组 8 m 应力计两侧预警区域施工卸压孔进行解危，孔间距 0.8 m，孔深 18 m，并适时进行注水处理，安全解危。

4 结论

截止 2014 年 3 月 31 日，3201 下孤岛工作面已安全回采完毕，生产原煤约 450 kt。在工作面煤层具有强冲击倾向，且开采条件含大采深、孤岛、不规则、"刀把"煤柱、褶曲及断层等特殊性，安全管理尤其是防冲面临极大压力的条件下，通过深入研究论证开采条件，依靠科学监测解危技术，严格制定切合实际的防冲技术措施等有效手段，实现了防冲安全。

（1）结合实际，深入研究工作面地质与技术条件，联合北京科技大学防冲技术团队认真研究制定 3201 下孤岛工作面冲击倾向评价及技术研究报告，为分析、排查工作面冲击地压诱发因素与发生条件奠定了基础。

（2）基于防冲评价与防冲安全进行工作面安全开采论证及设计，在巷道布置、切眼断顶、煤柱留设、强化支护、底煤处理、匀速推采等方面，研究制定了具有针对性的详细措施，为防冲工作提供先决条件。

（3）研究制定工作面冲击地压防治设计，特别针对"刀把"煤柱、褶曲构造等高度危险区进行了多次研究与论证，措施针对性较强，发挥了关键作用。

（4）扩大监测范围，始终保持对工作面前方 300 m 范围内实施有效在线监测。对黄色及红色预警值均降低一个量级设定，提升一个级别预警，切实做到立足于防，坚持黄色预警必须卸压解危，为安全卸压留出时间和空间，大大降低了解危过程面临的冲击风险。

（5）高度重视对留底煤巷道的超前卸压。坚持超前工作面 500 m 对过断层等留底煤巷道段进行了充分卸压，有效消除了底煤冲击重大隐患。

（6）重视构建完善的矿井防冲体系，严格制定各项防冲制度和措施，实现防冲管理标准化、流程化、精细化，夯实防冲基础。

参考文献

[1] 钱鸣高，石平五．矿山压力与岩层控制[M]．徐州：中国矿业大学出版社，2003．

[2] 钱鸣高，刘听成．矿山压力及其控制[M]．北京：煤炭工业出版社，1991．

[3] 窦林名．煤矿冲击矿压新理论与新技术[M]．徐州：中国矿业大学，2010．

[4] 肥城矿业集团，梁宝寺煤矿，北京科技大学．3201下工作面冲击倾向性评价及防治技术研究报告[R]，2011．

急倾斜特厚煤层顶板垮落型冲击
地压防治技术

林爱芳

(华电煤业集团有限公司新疆分公司,新疆　乌鲁木齐　830063)

摘　要　针对急倾斜特厚煤层顶板垮落产生冲击地压问题,结合其发生机理,采用并提出有效的监测预警方法及防治方案。试验结果表明,通过工作面超前顶板预裂爆破、巷帮煤岩体卸压爆破、煤层注水卸压等,基本减弱和消除了冲击地压危险,得以安全生产。

关键词　顶板垮落;冲击地压;技术研究

1　矿井概况

众兴煤矿位于准噶尔盆地南缘,地处淮南煤田东南段,行政区划属米泉市铁厂沟镇管辖。井田地处八道湾向斜的南翼,总体为一单斜构造。地层走向为62°~70°,倾向北西,倾角在74°~84°。井田内出露的煤层总计2层(从上到下依次为:43号、45号煤层),煤层平均有益厚度为83 m,其中43号煤层平均厚度为59 m,45号煤层平均厚度为34 m,层间距18 m,属急倾斜近距离煤层群;在该矿区所属的八道湾向斜的南翼。西部及周边分布有神华新疆能源有限责任公司(以下简称"神新公司")的苇湖梁煤矿(120万 t/a)、碱沟煤矿(180万 t/a)、乌东煤矿(600万 t/a)和米东区20余对9万 t/a小矿井,多为开采急倾斜煤层,瓦斯矿井,煤尘有爆炸性,煤层为自燃煤层,自然发火期40~60 d,最短发火期为27 d。

煤层顶底板岩性:煤层顶底板岩性为粉砂岩、细砂岩,局部为泥岩和碳质泥岩。顶底板一般随开采而自行垮落,属中等稳定顶底板。

采煤方法:均为水平分段液压支架放顶煤采煤方法。

采煤工艺流程:打眼→装药→爆破→推移前部刮板输送机→进刀割煤装煤→移架→放顶煤→检修。

顶板管理方式:工作面正常状况下采用自行陷落方式管理顶板。特殊情况下采用爆破强制放顶方式管理顶板。

急倾斜煤层放顶煤采煤方法的主要缺点是:① 放顶煤时,瓦斯涌出量增加,加大了瓦斯和通风管理的难度;② 回采率较分层开采低;③ 若顶板的可冒性差,则易造成大面积悬顶,带来顶板事故。

由于多数煤矿在开采期间存在浅部小窑火区或采空区煤炭氧化自燃,矿井安全生产管理的重中之重是防止自燃和采空区顶板大面积冒落造成事故。

冲击地压造成煤岩体振动和破坏,将煤岩抛向井巷,并发出强烈声响,造成支架、设备、井巷的破坏和人员的伤亡等。冲击地压还可能引发其他矿井灾害,尤其是瓦斯、煤尘爆炸、火灾以及水灾,干扰通风系统,强烈的冲击地压还会造成地面建筑物的破坏和倒塌等。

2013年12月13日,新疆呼图壁县白杨沟煤矿采用国家明令禁止的架间打眼爆破的方式放顶,引起重大瓦斯爆炸事故,共造成22人死亡、1人受伤,直接经济损失4 094.06万元。

2014 年 10 月 24 日,新疆东方金盛工贸有限公司米泉沙沟煤矿 615 m 45$^{\#}$ 煤层综放面上部存在小窑采空区大面积悬顶,违规放顶煤开采,导致采空区顶板大面积冒落,压出大量有毒、有害气体,造成 16 人死亡、11 人受伤,直接经济损失 1 586 万元。

2 顶板垮落型冲击地压防治

急倾斜特厚煤层开采矿压显现具有明显的不均匀性,这与煤层开采过程中顶板岩层移动的不均匀性和应力场分布的不均匀性密切相关。在自然垮落条件下,需经历多个水平分段开采后才开始出现离层、垮落;分层垮落到一定高度,顶板侧岩层形成悬顶;悬顶的夹持作用易造成开采水平的煤体应力集中,且悬顶增大到一定程度,采空区不是平铺开来而是在垂直方向不断叠加,容易发生大面积破断,顶板突然断裂产生的动载也是引发这类冲击地压发生的主要因素之一。

2.1 冲击地压监测预警方法

冲击地压监测预警方法复杂多样,并不断推陈出新,根据监测原理可将其分为岩石力学方法和地球物理方法。岩石力学方法主要以监测冲击地压发生前围岩变形、离层、应力变化、动力现象等特征为主,属于直观接触式监测方法,主要包括煤粉钻屑法、钻孔应力计法、支架载荷法、围岩变形测量法等。实际上,煤岩体在采动影响下,其产生裂隙,发生破坏时向外发射出振动波、电磁辐射等信号,通过对这些地球物理信号的远程响应分析,可以间接地辨识出冲击地压危险源及其发展趋势。地球物理方法主要根据煤岩破坏时会释放出的弹性波、地音、电磁波等信号,通过捕捉这些信号来预警冲击地压,属于非接触式、远程监测方法。地球物理方法主要有微震法、地音法、电磁辐射法等。因地质条件和投入的不同,冲击地压灾害防治效果也不同。不同类型冲击地压所需的主要监测手段和各矿监测设备分别见表 1 和表 2。

表 1 不同类型冲击地压所需的主要监测手段

冲击地压类型	发生矿井	主要致灾源	主要监测及探测手段
工作面坚硬顶板悬顶型冲击地压	宽沟煤矿	坚硬顶板	微震、支架压力监测
45°急斜煤层顶板垮落型冲击地压	乌东煤矿北采区	煤层顶板	微震、支架压力监测
87°急斜煤层岩柱撬动型冲击地压	乌东煤矿南采区	两煤层间岩柱	微震监测、煤层 CT 探测

表 2 各矿监测设备

名称	序号	设备名称	设备型号	数量
乌东北采区	1	地音监测系统	ESG	1 套
	2	支架压力在线监测系统	KJ377-F	1 套
乌东南采区	1	微震监测系统	Aramis M/E	1 套
	2	地音监测系统	KJ623	1 套
	3	支架压力在线监测系统	KJ377-F	1 套
	4	电磁辐射仪	KBD-5	1 套

对于急倾斜综放工作面,主要实行顶板爆破放顶和定期观测制度,做到随采随冒;对于高阶段综采工作面,采取降低分段高度的技术措施。

2.2 神新公司主要做法

(1) 宽沟煤矿根据"坚硬顶板悬顶造成工作面前方煤壁应力集中形成冲击"这一致灾因素,结合冲击地压监测预警系统监测数据分析,采取顶板超前深孔预裂爆破、上下端头切顶爆破措施处理上部坚硬巨厚顶板。

（2）乌东煤矿北采区针对"急倾斜煤层顶板不易垮落造成煤体应力集中和动载型冲击地压"，采用"上—中—下"三位一体的综合治理方法，即采用地面爆破、上分层施工爆破工艺巷、本分层顶板深孔爆破的措施解决 45°煤层顶板垮落困难这一难题。

（3）乌东煤矿南采区针对"近直立两侧采空岩柱对煤体产生的撬杆效应"这一致灾机理，采取了有针对性的综合治理措施：采用地面爆破、岩层注水＋爆破重点处理两煤层之间的岩柱，采用顶底板预裂爆破和煤体超前预裂爆破措施释放顶底板及煤层中聚集的应力。

2.2.1 顶板超前深孔预裂爆破

（1）掘进工作面迎头距巷道底板 1 m 向前施工钻孔爆破卸压，钻孔深度 50 m。

（2）掘进工作面每隔 50 m 施工一个顶板侧硐室，用以顶板超前预报钻孔的施工。

（3）回采工作面：

打眼：打眼机具采用岩石电钻。炮眼布置平行煤层倾角向上打眼。放顶煤炮眼间距一般为 3 m，打眼高度一般比分段高度低 2 m 左右，孔径一般为 100 mm。

装药：采用 2# 煤矿许用硝铵炸药。装药采用正向装药方式，每 5 节直径 90 mm 的炸药加一组引药。

通过超前爆破释放顶板中积聚的能量，也为回采过程中顶板的及时垮落打下基础。通过多次实践，此方法受到钻孔设备及装药设备的影响，并考虑到装药末端爆轰波对巷帮的影响，具体施工参数的确定是此项卸压措施的难点和重点。

2.2.2 巷帮煤岩体卸压爆破

巷帮煤岩体卸压爆破是一种对已监测到具有冲击危险性的区域进行钻爆卸压的破坏性爆破。预裂卸压爆破首先诱发弹性势能的释放，其次在煤岩体形成大量的次生裂隙，增大压力释放空间，改变煤体的结构及力学性质，降低弹性模量和抗压强度，使煤岩体失去积聚能量的特性，之后在爆破区域加强支护，形成一种"弱力—强护"的空间形态和冲击地压危险阻隔带，使冲击能量向煤岩体深部积聚，以此降低对工作面巷道的破坏。

2.2.3 煤层注水卸压

工作面迎头超前注水，随着工作面的推进，在工作面迎头中线距巷道底板 1.5 m 位置开口，方位角沿煤层走向、仰角 4°、长度 30 m、封孔长度 6 m。

工作面后方穿层注水，巷道每掘进 20 m 在巷帮向煤体侧施工钻场硐室，硐室内距巷道底板 1.5 m 位置开口，方位角垂直煤层走向、仰角 19°、长度 27 m，终孔控制高度距底板 10 m、距另一巷帮 10 m，封孔长度 8 m 进行注水。

为避免注水与爆破卸压的干扰，炮眼布置时应避开注水孔布置，错距必须大于 5 m。动压注水时必须时刻观察注水压力变化，在保压的前提下，待压力上升到煤体的抗压、抗剪强度之上后可停止注水。

2.3 冲击地压防治效果检验

采取多种手段对各项解危卸压措施的效果进行检验，从而确定卸压效果，为方案措施的优化调整提供依据。目前各矿井主要采用以下方法对解危、卸压措施效果进行检验，详见表 3。

表 3   主要解危及效果检验方法

解危方法	目的	效果检验方法	应用矿井
工作面架间切顶爆破	针对 B4-1 煤层坚硬厚层顶板条件，及时切断顶板，消除悬顶影响	微震、钻孔窥视、电磁辐射	宽沟
工作面端头顶板预裂爆破	对坚硬厚层顶板进行提前预裂，使之能及时垮落	微震、钻孔窥视、电磁辐射	宽沟、乌东北采区

续表 3

解危方法	目的	效果检验方法	应用矿井
煤层大孔径钻孔卸压	对煤体应力集中区域进行卸压,释放或转移煤体应力	钻孔窥视、煤层CT、电磁辐射	宽沟、乌东
煤体注水	软化煤体,降低其冲击倾向性,对煤体应力集中区域进行卸压,转移或释放煤体应力	煤层CT、电磁辐射	宽沟、乌东南采区、碱沟
岩层高压注水	软化和预裂岩体,对岩柱应力集中区域进行卸压	岩层CT、电磁辐射	乌东南采区
岩柱爆破	及时切断岩柱,消除"撬杆"效应	微震、岩层CT	乌东南采区

3 冲击地压防治现场管理

3.1 现场防冲流程管理

3.1.1 冲击危险预警

冲击地压矿井利用各类监测系统(微震监测系统、地音监测系统等)对矿井进行全方位监测监控,并对划分出的危险区域进行重点监测。

由冲击地压监控室整理、分析监测预警系统的监测数据,对矿井冲击危险性进行分类定级,按危险等级启动相应处理预案,并将危险区域及危险程度报总工程师和相关职能科室。

3.1.2 冲击地压解危措施

冲击地压防治办公室根据矿压监测办公室提供的冲击地压危险区域及危险程度制定专项解危、卸压方案,并报总工程师审核;重大解危方案报公司冲击地压防治管理小组审核后,方可实施。

专项卸压解危方案由冲击地压防治队负责实施;冲击地压防治办公室负责卸压解危工程质量管理;安全科负责全过程安全管控;生产指挥中心负责卸压解危工程进度管理;公司、矿井定期组织开展冲击地压防治专项检查,确保解危、卸压工程严格按照设计落实到位。

3.1.3 防治效果检验

冲击地压监控室通过对卸压解危工程实施前后各类监测系统数据进行对比,由冲击地压防治办公室根据对比结果,结合现场效果检验(钻屑法、窥视法等),综合分析确定卸压解危措施实施效果,并进行冲击危险性评估。经评估达到降低冲击危险性的目的,报总工程师审核同意后,方可取消预警,恢复正常生产活动;若评估未达到预期目的,则优化卸压解危工程参数,继续实施,直至危险解除。

3.2 防冲施工质量管理

建立冲击地压卸压解危工程质量管理制度。由冲击地压防治办公室、安全科、生产指挥中心组成工程质量管理小组,实行施工、检验、监管现场三同时现场管理制度;在重点危险区域施工时,由相关矿领导、职能科室现场进行技术督导;安排专人负责防冲工程的施工质量检验和现场监督,并填写施工验收记录,记录由施工人员、现场监管人员共同签字确认。

建立健全工程技术资料档案制度,防治工程施工队伍安排专人负责整理工程质量技术资料,根据工程进度及时做好自检记录和工程验收记录,将自检资料和工程质量控制资料分类存档备查。

钻孔工程参数(钻孔长度、钻孔角度)严格按照设计施工,工程质量验收人员在钻孔工程施工完毕后,采取钻杆拆卸计数、炸药使用量核算等方式,检验钻孔长度;使用罗盘、坡度规等测量仪器,检验钻孔角度;工程质量管理小组不定期对已施工完毕并经验收合格的钻孔进行工程质量抽查。对违反工程质量管理制度的管理、施工、验收等相关人员,将按严重程度进行考核,并追究其责任。

4 结语

　　根据冲击地压防治范围的不同,可分为区域性防治和局部性防治;根据冲击地压发生原因和形成条件,可分为降低煤岩的应力集中程度和改变煤岩的力学性质两类方法。主要方法有保护层开采、煤层爆破卸压、切顶爆破卸压、大直径钻孔卸压、煤层注水等。然而,由于煤层地质赋存条件的复杂和开采技术条件的参差不齐,在冲击地压发生机理尚未明确的前提下,往往一种防治技术很难达到理想的防冲效果。

倾斜厚煤层掘进工作面冲击地压
发生机理及防治技术

刘殿福,张　宇,孙邵华

(兖矿新疆矿业有限公司硫磺沟矿,新疆　昌吉　831114)

摘　要　本文以新疆硫磺沟矿(4-5)04 工作面掘进期间的冲击地压研究为工程背景,分析得到冲击地压的发生机理为掘进迎头前方煤体隐伏相变带、构造形成的集中应力与掘进超前应力叠加,在掘进扰动下发生强震进而诱发冲击;通过对掘进迎头、巷道两帮及底板进行大直径钻孔卸压或爆破卸压,优化巷道断面并采用合理支护方法,现场的冲击危险性得到有效控制。

关键词　冲击地压;发生机理;防治技术

0　前言

冲击地压是我国煤矿的主要灾害之一,造成了大量的人员伤亡和财产损失。理论和实践研究表明,由于地质及开采条件不同,冲击地压机理复杂、类型多样。其中,煤层相变带易形成应力集中,在采掘期间极易形成冲击地压。

新疆硫磺沟矿主采煤层属特厚煤层,煤层夹矸多,软硬煤交叉分布,导致相变带较多。采掘期间具有较强的冲击危险性。本文以硫磺沟矿(4-5)04 工作面掘进期间的冲击地压研究为工程背景,分析了诱发冲击的机理,以此为基础,制定了掘进期间合理的卸压及支护方案,有效控制了现场的冲击危险性。

1　工程概况

1.1　(4-5)04 工作面地质概况

硫磺沟矿位于乌鲁木齐西部淮南煤田头屯河区,头屯河中游之西侧,硫磺沟矿区中部。井田地形为西北高、东南低,海拔高程 1 200～1 500 m,相对高差 300 m,紧靠头屯河西岸阶地,为中山～河流阶地地形。井田范围内地表为山地和丘陵地带,无村庄和房屋。

硫磺沟矿含煤地层为中侏罗统西山窑组下段(J2x1),煤层主要集中于西山窑组底部,含煤 3～7 层,煤层总厚度为 36.13～49.18 m;其中可采煤层 3 层,即 4-5,7,9-15 号煤层,可采煤层总厚 35.74～48.20 m。煤层间由细砂岩、泥质粉砂岩、粉砂质泥岩为主组成,其次局部夹薄层碳质泥岩,其层间接触均为整合接触。

(4-5)04 工作面为硫磺沟矿(4-5)02 工作面的接续工作面,走向长度 2 750 m,面长 180 m,目前轨道顺槽已掘进到位,预掘切眼,皮带顺槽剩余 680 m。(4-5)04 工作面位于矿井西翼,布置在 4-5煤层中,(4-5)02 工作面北部,与(4-5)02 工作面水平距离 36.8 m,切眼距矿区边界约 150 m。各采掘工作面相对位置图如图 1 所示。

工作面井下标高＋700～＋777 m,迎头埋深在 435～505 m。皮带顺槽沿 4-5 煤层底板掘进(倾角－10°～10°),综合机械化掘进;切眼沿 405 煤层顶板掘进(倾角－25°),炮掘掘进。4-5 煤层稳定,煤层平均厚度为 6.15 m,顶板以粉细砂岩为主,富水性强,底板多为泥岩、粉砂岩。工作面总体为一单斜构

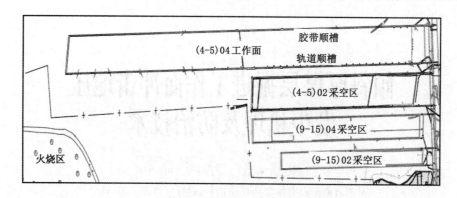

图1 硫磺沟矿各采掘工作面相对位置图

造,倾向北西,煤层倾角25°,掘进期间共揭露14条断层,均为逆断层,落差0.9~8.8 m。

1.2 (4-5)04工作面皮带顺槽掘进期间冲击地压概况

自2011年6月份(4-5)04工作面顺槽开工以来,工作面掘进期间动力现象显现较为频繁,煤炮声音剧烈,炸帮、片帮、底鼓现象时有发生,严重影响矿井安全生产。2013年1月30日15时50分,皮带顺槽掘进到2 046 m位置时,伴随一次较大煤炮,迎头发生冲击,造成2死1伤事故,顶板冒落尺寸为:长×宽×高=5 m×4.2 m×3 m,冒落体积约21 m³,工作面停止掘进。2014年11月24日约04时10分,皮带顺槽恢复掘进后施工12.6 m,掘进时伴随着一次大煤炮,迎头发生冲击,冒落尺寸为:长×宽×高=2.7 m×4.5 m×1.7 m,冒落体积约4.2 m³。2014年12月25日23时55分,切眼掘进14.4 m后掘进迎头发生一次大煤炮,迎头冲出煤量约2 m³,冲击发生时均伴随着瓦斯涌出量增高以及大量的煤尘。由此可见,冲击地压危害日趋严重。

2 (4-5)04工作面冲击地压发生机理

经鉴定,4-5煤层及顶底板均具有弱冲击倾向性,同时根据煤层地质资料及现场情况分析可知,诱发历次冲击的原因如下:

通过研究硫磺沟矿的地质条件,将冲击地压发生机理分为"外力场"诱发机理和"内力场"诱发机理两大类,且"外力场"通过"内力场"起作用。如图2所示。

硫磺沟矿"外力场"诱发冲击的因素:

(1)自重应力:(4-5)04工作面发生的冲击现象表明,工作面已经达到甚至超过了发生冲击地压的临界深度。

(2)相变带集中应力:硫磺沟矿煤层总厚度为36.13~49.18 m,属特厚煤层,煤层经常出现夹矸、软硬煤相间等复杂赋存结构,称之为"特厚夹矸煤层","夹矸区域"应力分布不均,易诱发冲击地压。

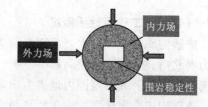

图2 硫磺沟矿"内外应力场"诱发机理

(3)构造应力:矿区内构造发育并分布复杂,存在构造应力诱发的冲击。

上述大范围作用的外力单独或相互作用,构成了(4-5)04工作面的"外力场",该场将作用于采掘工作面的围岩,形成"内力场"。

"内力场"中应力与煤岩相互作用的结果,是决定是否诱发冲击的关键。

硫磺沟矿"内力场"诱发冲击的因素:

(1)特厚高弹性地层的能量积聚型冲击:硫磺沟矿煤层厚度大,积聚大量的弹性能,在"外力场"的扰动作用下,极易发生冲击地压。

(2)夹矸带剪切冲击:特厚夹矸煤层"外力场"应力分布不均,导致煤体处于强剪切作用下,从而发生冲击地压。

（3）蠕变膨胀型冲击:特厚煤层围岩强度较低,在高应力作用下,形成滑移线场,容易在扰动作用下发生运动,形成冲击地压。

（4）底板屈曲型冲击:底板内压杆应力屈曲破坏而发生的冲击,(4-5)04开采煤层较厚,顺槽及切眼存在底煤,且4-5煤与7煤之间的夹层为厚度约2 m的粉砂岩,具有屈曲型冲击的力学性能。

由上述分析可知,硫磺沟矿3类"外力场"因素将导致"内力场"内围岩发生4类冲击,且3类"外力场"因素中,任何一个因素单独作用也可能导致冲击。

3 (4-5)04工作面冲击地压防治方案

根据上述分析及现场实际情况,认为(4-5)04掘进工作面具有高度冲击危险,应严格按照高度冲击地压危险区进行管理,从卸压及支护两个方面对(4-5)04工作面的冲击危险性进行防治。

3.1 (4-5)04工作面皮带顺槽掘进卸压方案

3.1.1 超前卸压方案

在工作面超前施工大直径钻孔卸压,孔深25 m,直径120～150 mm,超前钻孔不小于3组,当迎头施工大直径钻孔过程中存在动力现象时,应继续施工大直径卸压钻孔直至无动力现象。工作面掘进时应预留10 m卸压保护带进行第二轮超前预卸压工作。

3.1.2 两帮卸压方案

在工作面两帮进行大直径钻孔卸压,按照大于3.5倍煤层厚度的数据设计大直径钻孔卸压参数。本掘进工作面两帮大直径钻孔卸压参数为:上帮孔深25 m,考虑到下帮应力不集中,下帮设计孔深18 m,孔间距1 m,直径120～150 mm,钻孔卸压滞后迎头不超过5 m。钻孔布置图如图3～图5所示。

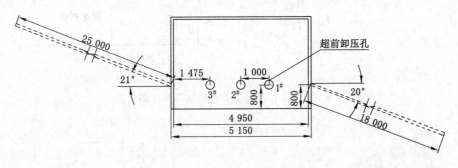

图3 掘进工作面大直径钻孔卸压剖面图

3.1.3 底板断底卸压方案

（1）底板倾向断底方案

由于皮带顺槽底板为两层薄弱岩层,薄弱底板在高应力及强烈扰动下易诱发底板冲击,因此采取断底措施切断底板,使应力向深部转移,并形成楔形防冲结构,增加底板稳定性。对皮带顺槽底板岩柱实际探测,钻孔探测得到底板岩柱平均厚度超过6 m,具有较高的稳定性,因此掘进工作面只需对4-5煤层底煤进行处理。

断底采用一排大直径钻孔,由于皮带顺槽左帮破底掘进,因此只需对右帮底煤进行处理。施工大直径钻孔孔径120～150 mm,间距1 m。为了防止钻孔闭合保护卸压空间,钻孔后向孔内放入一根配合孔径的PVC管,每隔2～3天灌水一次,钻孔卸压滞后迎头不超过5 m。钻孔卸压布置图如图6、图7所示。

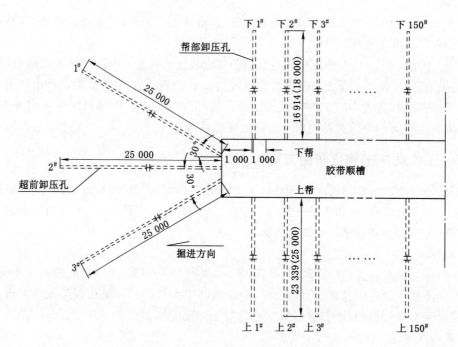

图 4　掘进工作面大直径钻孔卸压平面图

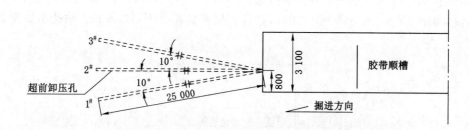

图 5　掘进工作面迎头大直径钻孔卸压侧视图

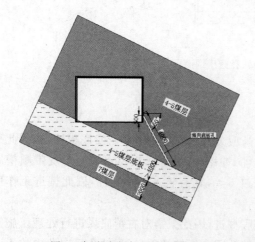

图 6　倾向底板卸压钻孔剖面图

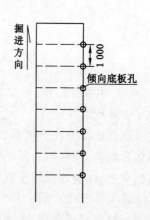

图 7　倾向底板卸压钻孔平面图

（2）底板走向断底方案

由于皮带顺槽采取倾向断底措施后，底板被切割成沿走向长条岩板，此时底板存在沿走向冲击的危险,因此还需在走向方向上对底板进行断底。断底孔垂直巷道底板打入至坚硬岩层,排距为7~8 m(钻孔实际长度以揭露 4-5 煤底板为准),钻孔卸压滞后迎头不超过 5 m。钻孔布置图如图8、图9所示。

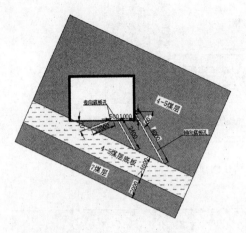

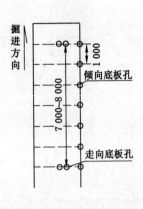

图 8 底板走向断底剖面图   图 9 底板走向断底平面图

(3) 底板爆破卸压

根据上述分析,仅需对巷道底煤进行处理。断底采用一排爆破钻孔,在巷道右底角沿走向方向进行断底,孔间距 5 m,钻孔倾角为−65°,爆破孔孔径 42 mm,单孔装药量 0.6 kg,正向起爆,孔内并联、孔外串联连线,一次装药一次起爆。钻孔实际长度以见 4-5 煤层底板为准,钻孔位置根据现场实际情况定,但距离下帮不得超过 1 m。钻孔布置图如图10~图12所示。

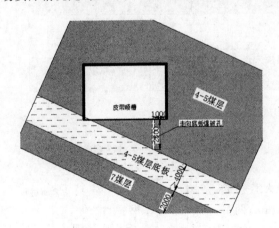

图 10 皮带顺槽底板爆破卸压钻孔剖面图   图 11 底板爆破卸压钻孔平面图

3.2 (4-5)04 工作面切眼掘进卸压方案

切眼沿煤层顶板掘进,巷道底板以下底煤厚3~4 m,厚底煤沿煤层倾向及走向均有发生冲击的危险,因此切眼掘进过程中应及时对底板及两帮进行预卸压,使应力向深部转移。根据巷道附近地质钻孔显示,切眼掘进区域内底板岩柱厚度大于 6 m,因此仅需对巷道底煤进行处理。由于切眼导硐宽度为 3.2 m,二次扩刷宽度为 4.8 m,切眼断底分为两个阶段,即切眼导硐期间和二次扩刷期间。如图13 和图14 所示。

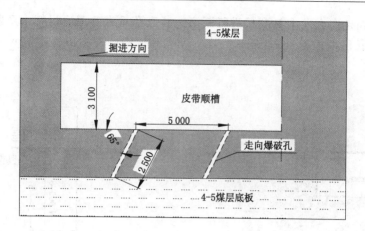

图 12　底板爆破卸压钻孔侧视图

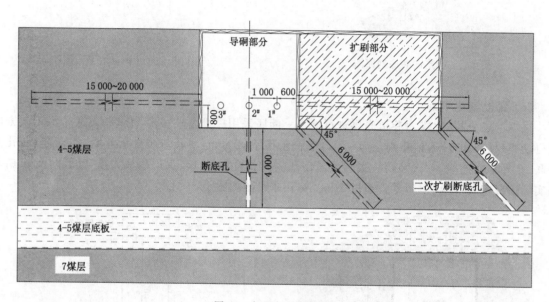

图 13　切眼卸压剖面图

3.2.1　导硐施工期间

（1）迎头及两帮大直径钻孔卸压方案

迎头卸压方案同皮带顺槽卸压方案,巷道两帮大直径卸压钻孔长度 15～20 m,孔间距 3 m,孔径 120～150 mm,两帮钻孔垂直煤壁施工。

（2）底煤卸压方案

切眼导硐断底采用 2 排爆破钻孔卸压,防止厚底煤沿煤层倾向或走向发生冲击。

① 走向断底方案:在巷道右侧底角布置一排爆破钻孔,孔径 42 mm,孔间距 2 m,钻孔方向垂直于巷帮,钻孔角度 -45°,长度以见 4-5 煤层底板为准。

② 倾向断底方案:在巷道中部布置一排爆破钻孔,孔径 42 mm,钻孔间距 5 m,钻孔方向平行于巷道,垂直于煤层倾角施工(-65°),长度以见 4-5 煤层底板为准。

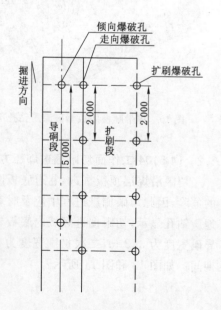

图 14　切眼底板爆破孔平面图

3.2.2 二次扩刷期间

巷道扩刷后沿扩刷帮右侧底角布置一排爆破钻孔,孔径 42 mm,孔间距 2 m,长度以见 4-5 煤层底板为准。

3.3 (4-5)04 工作面掘进支护方案

3.3.1 (4-5)04 皮带顺槽掘进支护方案

优化巷道断面,在保证巷道各项条件满足的前提下,将巷道原净宽 4 950 mm 缩小至 4 300 mm,净断面由 16.48 m² 缩小至 13.33 m²。由于目前皮带顺槽仅在顶板打锚索,两帮采用 ϕ22 mm× 2 200 mm 的锚杆支护,根据(4-5)04 工作面情况,由于煤层倾角较大,皮带顺槽两帮均存在发生塑性滑移的危险,而锚杆长度较短,难以满足支护要求。因此需要在顺槽两帮补打锚索,加强帮部煤体稳定性,锚索长度在 7.3 m,排距 1.6 m。当顺槽发生冲击时,锚网索能够悬吊顶煤及两帮垮落煤体,避免发生冒顶和片帮造成二次灾害,当锚索无法将煤体托住时,采用锚索梁支护方式。两帮锚索施工应在帮部钻孔卸压完毕后施工。支护断面图如图 15 所示。

3.3.2 (4-5)04 切眼掘进支护方案

顶板采用锚杆、锚索、W 型钢带配金属网联合支护方式。左帮采用金属锚杆、钢筋梯配金属网联合支护方式。右帮采用玻璃钢树脂锚杆、金属网联合支护,右帮破碎时使用钢筋梯。支护断面图如图 16 所示。

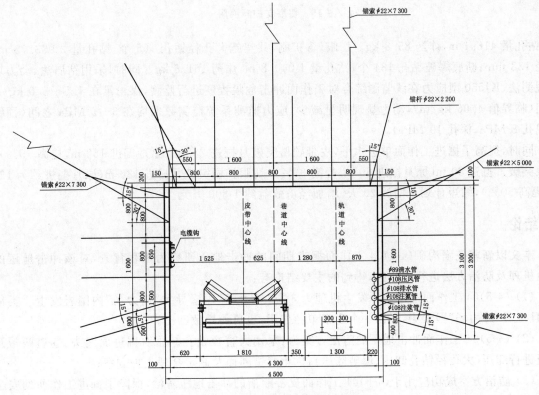

图 15 (4-5)04 皮带顺槽支护断面图

4 防治效果

截至 2015 年 4 月 7 日,(4-5)04 工作面皮带顺槽已安全掘进 470 m,切眼已安全掘进 360 m(含扩刷 180 m),期间未监测到冲击危险区域,未发生冲击事故。期间皮带顺槽共实施大孔径钻孔 370个,钻孔量 5 757.75 m;断底卸压钻孔 113 个,钻孔量 623.8 m,孔径 133 mm;断底爆破钻孔 123

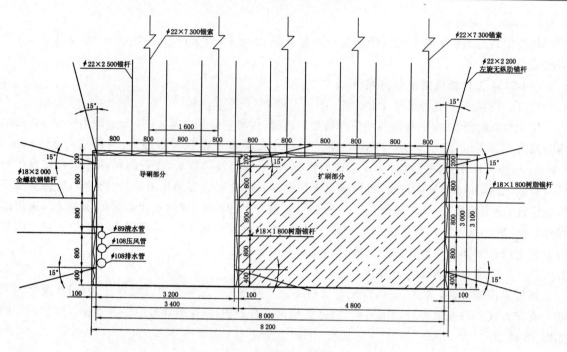

图 16　切眼支护断面图

个,钻孔量 418.1 m,炸药 85.8 kg。切眼(含扩刷)共实施大孔径钻孔 165 个,钻孔量 2 983.75 m,孔径 133 mm;断底爆破钻孔 184 个,钻孔量 1 040.8 m,炸药 161.6 kg。同时,采用钻屑法、动力现象观测法、KJ550 型应力在线监测综合对工作面冲击危险程度进行监测,煤粉量在 1.5～3.0 kg/m 之间(临界值 4.06 kg/m),动力显现明显减少,应力监测系统监测数据均在 3～5 MPa 之间(预警值浅孔 8 MPa、深孔 10 MPa)。

同时,提高了掘进工作面单进水平,皮带顺槽突破月掘进 232 m(原月掘进 160 m,提高 45%),切眼突破月掘进 80 m(原月掘进 60 m,提高 33%),切眼扩刷突破月掘进 180 m(原月掘进约为 120 m,提高 50%),缩短计划工期约 25 天,增加经济效益约 1 800 万元。

5　结论

本文以新疆硫磺沟矿(4-5)04 工作面掘进期间的冲击地压研究为工程背景,对该冲击地压的发生机理及防治方法进行了研究,得到的主要结论有:

(1)(4-5)04 工作面冲击地压发生机理为 3 类"外力场"因素导致"内力场"内围岩发生 4 类冲击,且 3 类"外力场"因素中,任何一个因素单独作用,也可能导致冲击。

(2)(4-5)04 工作面冲击地压的防治方案为:采用大直径钻孔卸压对掘进面迎头、巷道两帮及底板进行卸压(大孔径钻孔卸压、爆破卸压),优化巷道断面及制定合理支护方案;

(3)防治方案成功应用于(4-5)04 工作面皮带顺槽的冲击地压防治,保障了掘进工作面的安全生产,并为同类冲击地压的防治工作提供经验和参考。

大埋深掘进头构造区煤层冲击危险性
分析与防治浅析

张凤奎,陈建平,谭洪山

(肥城矿业集团梁宝寺能源有限责任公司,山东 济宁 272404)

摘 要 梁宝寺煤矿 3426 掘进工作面埋深超过 900 m,掘进过程中经过梁宝寺向斜,同时揭露断层 F21,在构造区域存在发生冲击地压的可能。本文对该掘进工作面冲击地压诱发因素分析及冲击诱发机理进行了浅析,并提出针对性防冲措施,为该区域冲击地压防治提供了保障。根据对掘进头构造区煤层冲击危险性分析,为下一步高复杂应力条件下煤层巷道具有一定的指导意义。

关键词 煤层冲击;静载荷;卸压孔

0 前言

冲击地压是指发生在采掘空间周围煤岩体中动力失稳,强烈造成人员伤亡和采掘空间损坏的现象。随着煤矿开采条件的恶化,冲击地压发生强度和频次明显增加。从数量上来看,掘进巷道冲击地压事故占冲击地压事故总数的 70% 以上。

肥矿集团梁宝寺公司 3426 掘进工作面煤层埋深超过 900 m,煤层总厚 1.25～9.24 m,平均7.3 m,煤层倾角 4°～14°。煤层普氏硬度系数 $f = 1.8$。具有强冲击倾向性,邻近断层及向斜轴部,局部区域留底煤,受构造应力影响现场压力较大,具有很强的冲击危险,现场通过采取一系列措施,保证了掘进至构造区域的防冲安全。

1 3426 掘进工作面进入构造区域压力显现

3426 掘进工作面掘进至梁宝寺向斜轴部,靠近断层 F21 时,现场出现明显动力现象,煤炮数量增加,后部巷道出现锚杆翻盘及锚索脱锚现象,帮部钢带局部开裂,局部区域底板出现沿巷道走向方向的裂缝。

2 冲击危险性影响因素分析

(1)煤层具有强冲击倾向性

经煤科总院北京开采研究所煤样测定,判定梁宝寺公司 3 煤层属于 3 类,为强冲击倾向性煤层,在一定的围岩条件与应力条件下,发生冲击矿压的危险性较大。

(2)埋深较大

随着开采深度的增加,上覆岩体的自重在煤岩体中形成的应力随之增加,煤岩体中聚积的弹性能也随之增加,同时由于应力的增加,煤体更容易达到发生冲击矿压的极限应力,由此发生冲击矿压的可能性增大且冲击发生时释放的能量也随之增加,冲击强度增强。统计分析表明,开采深度越大,冲击矿压发生的可能性也越大。

开采深度与冲击矿压发生的概率成正比例关系,3426 掘进工作面断层 F21 处埋深超过 900 m,已经形成很高的自重应力。

（3）断层构造应力影响

正断层体内没有能量积聚，其诱发冲击地压机理主要是应力叠加，如图1所示，即断层形成的支承压力与采掘形成的支承压力叠加。

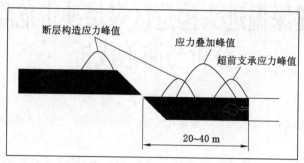

图1　断层构造应力与采动应力叠加示意图

3426轨道顺槽掘进至断层F21前后40 m，即进入断层前后20～40 m范围，断层残余构造应力与采掘支撑压力叠加，断层前后20～40 m区域出现应力集中。

（4）梁宝寺向斜残余弹性能

如图2所示，Ⅰ区铅直为拉力，水平为压力，采掘工程布置在该位置时易发生片帮；Ⅱ区铅直为压力，水平为拉力，采掘工程布置在该位置时易发生冒顶和冲击地压；Ⅲ区水平和铅直均为压力，采掘工程布置在该位置时易发生冲击地压。

由于褶皱是受水平挤压应力作用形成的，褶皱区岩体内部将存有残余应力和弹性能。弹性能的进一步释放，也是造成冲击地压的一个重要因素。

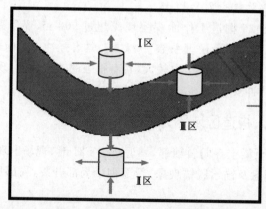

图2　褶曲构造应力分布示意图

3426掘进工作面位于梁宝寺向斜内，由翼部进入轴部再进入翼部，因掘进工作面沿煤层底板掘进，因此，处于梁宝寺翼部时，存在水平及垂直方向压应力，工作面容易出现两帮及顶底板移近；进入梁宝寺向斜轴部时，煤层底板受到垂直压应力及水平拉应力，巷道容易出现底鼓。同时梁宝寺向斜的存在，有部分残余弹性能，掘进活动可能诱发残余弹性能释放。

（5）过断层留底煤

由于开采煤层活动的扰动作用，高垂直应力向巷道两侧转移形成水平应力，使底板两侧和底部三个方向受力，此时，可以将底板受力状态简化为"压杆模型"，如图3所示。由于底板为煤体，强度较低，在水平应力的作用下，"压杆"失稳破坏，形成底鼓和底板中部拉伸破坏现象。

3426轨顺因过断层F21留底煤，且厚度多在4 m以上，根据上述原理，高垂直压力作用会形成水平力作用。巷道顶板、两帮已采用高强度锚杆支护，但受水平力作用，巷道两脚处容易产生底煤

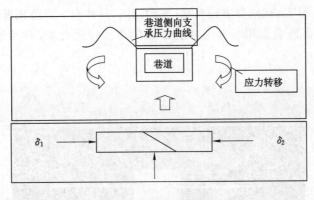

图 3　压杆模型示意图

冲击。

3　3426 工作面冲击地压诱发机理分析

3426 掘进工作面 3 煤层具有强冲击倾向性，具备了发生冲击地压的基本条件；静载作用与动载作用叠加，是诱发冲击地压发生的根本原因，静载作用包括地压与支承压力之和，地压包括自重应力场与构造应力场，3426 掘进头最大埋深超过 900 m，形成很高的自重应力，断层 F21 与梁宝寺向斜构造形成构造应力，支承压力主要是开挖巷道形成的超前支承压力与侧向支承压力。动载作用包括来压和矿震，3426 掘进工作面动载作用主要来源于矿震中的断层活化，宏观方面，由梁宝寺向斜及断层 F21 的走向，可大体判断出工作面受构造应力作用方向，最大主应力方向与巷道方向斜交。如图 4 所示。

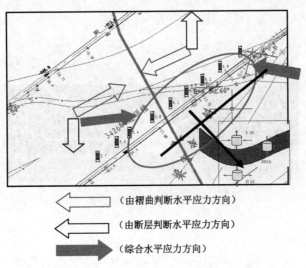

⟸　（由褶曲判断水平应力方向）

⟸　（由断层判断水平应力方向）

➡　（综合水平应力方向）

图 4　3426 掘进工作面区域构造应力分布图

微观方面，当掘进迎头掘进至梁宝寺向斜轴部时，两帮煤体受到构造产生的水平拉应力和垂直压应力作用，容易产生冒顶等事故；而进入向斜翼部时，两帮受到水平压应力与垂直拉应力作用，加之翼部存在强剪切力的作用，煤层容易产生片帮及冒顶事故，煤层诱发冲击的可能性也随之增大。

沿巷道走向方向，迎头超前为支承压力区，迎头后部约 20～150 m 为塑性演化区，后部为塑性稳定区，塑性演化阶段压力分布处于不稳定阶段，为动态区，易冲击。

沿巷道倾斜方向，施工大直径卸压孔后，侧向支承压力向深部转移（图 5），但后方厚煤层发生蠕变(图6),应力恢复(图7),向煤壁方向转移,是动态区,易冲击。应力积聚到一定程度、范围且滞后迎头到一定距离后,高静载作用与断层活化形成的动载作用叠加,容易诱发帮部煤体冲击(图8)。

图5 大直径钻孔后侧向支承受压力向深部转移示意图

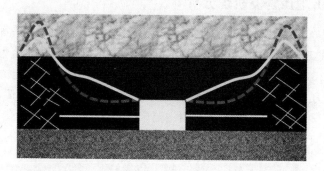

图6 煤体蠕变示意图

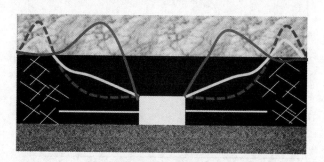

图7 煤体应力恢复示意图

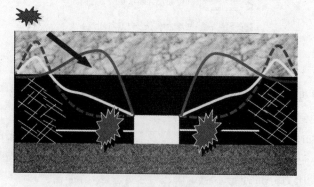

图8 动静载荷叠加诱发冲击示意图

高垂直应力向巷道两侧转移形成水平应力，使底板两侧和底部三个方向受力，因过断层F21，巷道留底煤，底板煤体强度较低，在水平应力的作用下，"压杆"失稳破坏，形成底鼓和底板中部拉伸破坏现象。

4 工作面冲击地压防治措施

（1）帮部煤粉监测

后部巷道进行钻屑法监测，按照矿井煤粉监测经验预警值，对现场压力显现情况进行摸底，根据监测结果及时采取卸压措施。

（2）留底煤区域支设木点柱

掘进头因过断层留底煤，在底煤区域间距10～20 m支设一棵木点柱，进行支护同时充当压力信号柱。

（3）优化支护参数

顶板采用ϕ22 mm的高强预应力锚杆、W钢带和锚索支护，两帮采用ϕ22 mm的高等强锚杆配合锚索支护，W钢带采用2根2.0 m钢带配合搭接使用。

（4）留底煤区域断底

留底煤区域超过1 m，施工大直径底板卸压孔卸压，消除底煤隐患。超前卸压及帮部卸压迎头每天施工一次超前卸压孔，孔深16 m，保证3个班次的掘进在卸压保护带内。

（5）帮部及迎头超前卸压

帮部及迎头施工大直径卸压孔卸压，掘进迎头始终在卸压保护带中掘进，帮部卸压。

5 结论

冲击地压是一种复杂的矿井动力灾害现象。煤层本身具有冲击倾向性，是发生冲击地压的基本条件；静载作用与动载作用叠加，是诱发冲击地压发生的根本原因。在高静载荷作用下，断层活化造成的动力载荷与之相互叠加，同时受多种残余构造应力和弹性能的突然释放，特别容易在巷道薄弱点发生冲击，特别是巷道留底煤区域。

冲击地压防治是一项复杂的系统工程。应高度关注复杂地质条件下的冲击地压防治，坚持"强监测、强卸压、强支护、强防护"等四强原则，结合对各工作面进行的冲击危险性评价，划定冲击危险区，并按照不同参数超前工作面施工卸压孔卸压及超前工作面煤层注水，同时安设在线实时监测及钻屑检测、重复卸压与效果检验，加强个体防护及巷道支护，就能最大限度做到"有震无灾"、"有灾无伤"，保证矿井的安全生产。

梁宝寺公司通过深入研究3426掘进工作面冲击地压发生机理，严格落实了各项监测、卸压、防护、支护措施，杜绝了工作面邻近停采期间冲击地压灾害的发生，确保了工作面安全回采。本文对类似生产、地质条件下的工作面冲击地压防治工作具有较强的理论研究及实践参考价值。

参考文献

［1］齐庆新，李宏艳，潘俊锋等.冲击矿压防治的应力控制理论与实践［J］.煤矿开采，2011，16(3)：114-118.

［2］潘一山，耿琳，李忠华.煤层冲击倾向性与危险性评价指标研究［J］.煤炭学报，2010，35(12)：1976-1978.

［3］李春林，章兵.冲击地压预测和防治［J］.化工矿产地质，2006，28(2)：101-104.

［4］宋权.浅谈冲击地压的危害和防治［J］.科技创新导报，2012(7)：243.

微震监测技术在深部开采矿井的探索应用

赵相岭,谭洪山,陈建平

(肥城矿业集团梁宝寺能源有限责任公司,山东 济宁 272404)

摘 要 微震监测技术作为最普遍、最实用的煤矿地球物理法,可以对矿井物理场岩体的动态变化实现有效监测。梁宝寺煤矿煤层赋存为$-500\sim-1\,200$ m,深部开采导致采场内矿山压力显现明显,微震监测技术的应用为及时预测预报矿山压力分布情况和集中程度提供重要依据。本文首先介绍了微震监测技术的概念及其特点,然后结合 SOS 微震监测技术在深部开采矿井的应用情况总结分析了岩层运动的普遍规律,最后对微震监测技术在矿井深部开采的探索应用进行展望。

关键词 微震监测;冲击地压;岩层运动

0 前言

微震监测技术在矿井的广泛应用为冲击地压的预测预报提供了重要依据,但其应用仍没有形成科学统一的数据分析定论。本文论述了业界广为推崇的 SOS 微震监测系统在深部开采矿井的应用情况,总结了监测数据分析的经验规律。

1 微震监测技术的概念及其特点

1.1 微震监测技术的概念

根据声发射同时产生震动的原理,采用某种仪器去监收岩体破裂时的微震频度,确定发生微震位置,以预报岩体发生破坏的可能性与发生时间的方法。

1.2 微震监测技术的特点

(1)微震活动密集区即矿压活动剧烈的地区。

(2)微震发生频次与冲击地压发生可能性呈线性关系。如果某一阶段时间小能量震动事件次数较多,则发生冲击地压可能性减小;如果某一阶段时间中等以上能量震动事件次数较多,则发生冲击地压可能性增加。

(3)通过分析研究,SOS 微震监测系统可准确计算出能量大于 100 J 的震动及冲击地压发生的时间、能量及空间三维坐标,利用这些信息源对矿井冲击地压危险程度进行评价。

2 微震监测技术在深部开采矿井的具体应用

2.1 围岩物理力学性质是影响采场震动事件频次的重要原因

梁宝寺公司 3 煤层顶、底板主要由泥岩、粉砂岩、细砂岩组成,局部有中砂岩和粗砂岩,岩样测试结果见表1。从表中可以看出,中砂岩的抗压强度最高,细砂岩和粗砂岩次之,位于此类岩组中的巷道较为稳定。粉砂岩和泥岩的抗压强度值变化比较大,其强度主要取决于胶结成分、层理、节理的发育程度以及黏土性矿物的膨胀性,所以位于此类岩组中的巷道为较稳定至不稳定。

表 1 　　　　　　　　　　　　　　　　岩石力学性质测试结果表

岩石名称	粗砂岩	中砂岩	细砂岩	粉砂岩	泥 岩
抗压强度/MPa	35.5～99.7	62.7～123.3	40.2～136.9	17.6～67.14	22.9～52.2
平均值	50.6	83.67	76.6	38.1	37.7

　　梁宝寺公司目前采掘活动主要在一采区至五采区,各采区间煤层厚度变化较大,围岩物理力学性质差异也较大,见表2。根据统计数据,2015 年 1 月 1 日至 3 月 1 日全矿累计接收有效震动3 387次,各采区震动频次分别为 50 次、42 次、1 446 次、579 次、1 270 次。

表 2 　　　　　　　　　　　　　　　　各采区主要工作面煤层围岩情况

3108 工作面		3214 工作面		3308 工作面		3422 工作面		3501 工作面	
顶底板情况	岩石名称	厚度/m	岩石名称	厚度/m	岩石名称	厚度/m	岩石名称	厚度/m	岩石名称	厚度/m
基本顶	细砂岩	7.5	中细砂岩	$\frac{0\sim13.0}{6.7}$	中砂岩	16.1	中砂岩	19.63	细砂岩	5.5
直接顶	粉砂岩	1.17	粉砂岩	$\frac{0\sim2.9}{1.17}$	粉砂岩	1.5	粉砂岩	$\frac{0\sim15}{2.0}$	粉砂岩	2.3
煤层	煤	3.7	煤	3.3	煤	6.56	煤	6.76	煤	5.6
直接底	粉砂岩	4.6	粉砂岩	4.15	粉砂岩	3.8	粉砂岩	5.94	粉砂岩	2.6
基本底	细砂岩	9.91	细砂岩	11	中砂岩	7.05	细砂岩	8.58	细砂岩	19

　　相比而言,三采区、四采区、五采区煤层稳定性好,煤巷变形小;三采区、四采区煤层顶板为抗拉强度较高的中砂岩,五采区煤层顶板为稳定性较好的细砂岩,加之三采区大量岩浆岩的侵入和四采区坚硬的中砂岩底板,三个采区的采场围岩稳定好,从物理力学性质上分析,即围岩体抗拉强度高。

　　煤层的采出导致上覆岩层运动,梁宝寺公司采用整层开采的采煤方法,煤层厚度决定了采出空间的大小,也就直接影响了上覆岩层的运动。三采区、四采区、五采区煤层平均厚度 5.56～6.76 m,一采区、二采区煤层平均厚度 3.3～3.7 m,所以,煤层厚度越大,上覆岩层运动越剧烈,符合震动频次越高的统计结果。

　　由此得出结论,煤层厚度、围岩抗压强度与采场微震事件的频次呈正相关关系。

2.2　各采区工作面震动事件分布规律

　　从各采区震动事件的分布情况(图1～图4)来看,三采区震动事件在工作面周围分布较均匀,多数发生在工作面前后 300 m 范围内,集中在超前 100 m 范围内;四采区震动事件在工作面采空区分布较多,多数发生在超前 150 m 至面后 150 m 范围内,集中在超前 50 m 和面后 130 m 范围内;五采区震动事件在工作面前方分布较多,多数发生在超前 150 m 至面后 100 m 范围内,集中在超前 100 m 和面后 50 m 范围内。由于震动事件的分布范围与支承压力的影响范围相辅相成,所以采动影响下采场支承压力的影响范围不一而足,压力峰值位置也相差甚远,工作面周围应力的分布与集中程度受诸多因素影响。

　　3501 工作面采深大、地质构造简单;3308 工作面周围断层复杂、岩浆岩侵入影响大;3422 工作面煤层倾角变化大,处于构造复杂区域,断层错综复杂,向斜构造横穿工作面。对比分析地质因素发现,地质构造简单的工作面由于稳定性强,积蓄弹性变形能的能力强,应力向超前工作面方向延伸距离远,震动事件超前工作面距离远,但采深大导致原岩应力大,表现为两巷超前 100 m 范围煤炮频繁,短时间内出现支护破坏等矿压显现现象。由于构造应力和残余构造应力都将影响原岩应

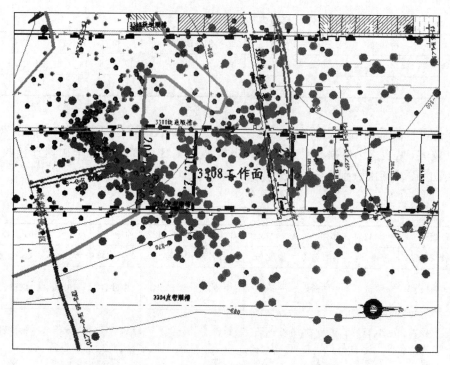

图1　三采区3308工作面主要微震事件分布平面图

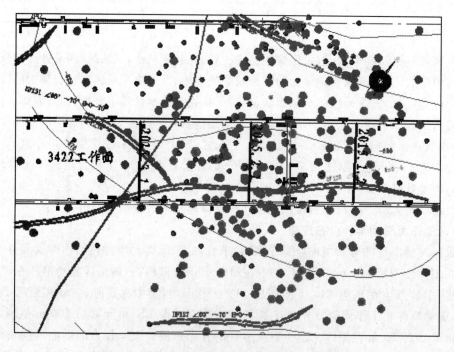

图2　四采区3422工作面主要微震事件分布平面图

力场的分布和应力的大小,断层构造结构面的存在使得岩体强度降低,一方面岩体蓄能能力减弱,另一方面该类煤岩体围岩所能承受的极限强度压力值降低,容易引发断层冲击地压。由此可见,采深越大导致原岩应力增加,断层构造及褶曲构造对应力分布的影响范围具有两面性。

2.3　工作面初采、复采和停采对岩层运动的扰动效应

由于初采期间受初压影响,顶板压力大,上覆岩层活动频繁、剧烈,微震事件通常相对较多。

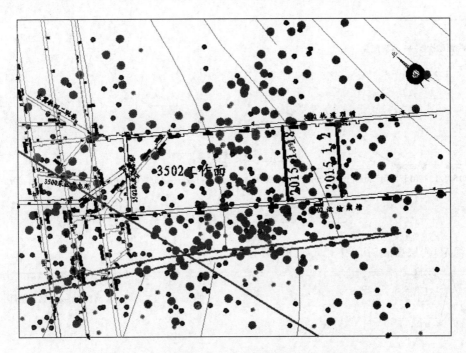

图 3　五采区 3502 工作面主要微震事件分布平面图

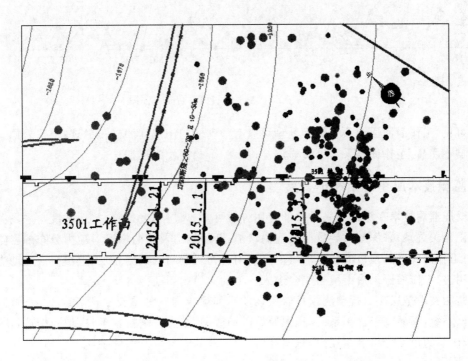

图 4　五采区 3501 工作面主要微震事件分布平面图

3108 工作面初采期间微震事件接收较少,主要是因为采动前对切眼顶板进行的超前预裂效果好,随着工作面推进,顶板垮落及时充分。

3501 工作面 1 月 15 日复采后震动事件频次逐渐呈增加趋势,至 26 日前后累计进尺约 30 m,震动次数达到峰值后下降,分析峰值出现即周期来压到来,与工作面正常推采差别不大,所以以复采对工作面上覆岩层的影响是不明显的。如图 5 所示。

3502 工作面 1 月 22 日停采后震动事件频次立即减少,并迅速维持在较少的水平,但由于上覆

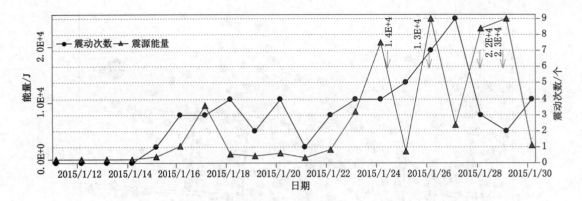

图 5　3501 工作面主要微震事件分布平面图

岩层仍不稳定,岩层破裂时有发生。如图 6 所示。

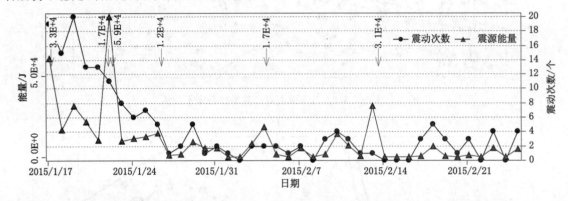

图 6　3502 工作面主要微震事件分布平面图

由此可见,工作面回采前顶板的预处理可以有效削弱初压期间的矿压显现;上覆岩层运动受临时停采影响不明显;工作面停采后上覆岩层会进入一个趋向稳定周期。

3　微震监测技术应用总结和前景展望

根据微震监测技术在深部开采矿井的应用分析可知:煤层厚度、围岩抗压强度与采场微震事件的频次呈正相关关系;采深越大导致原岩应力增加,断层构造及褶曲构造对应力分布的影响范围具有两面性;工作面回采前顶板的预处理可以有效削弱初压期间的矿压显现;上覆岩层运动受临时停采影响不明显;工作面停采后上覆岩层会进入一个趋向稳定周期。

微震监测技术是煤矿分析预测预报岩层运动迁移规律的一种重要手段,梁宝寺公司将进一步充分利用该系统,不断完善优化系统,积累原始震动数据,结合开采技术条件、地质构造,从微震学、地质学、采矿学的角度分析潜在规律,积累经验,为矿井的安全生产保驾护航。

参考文献

[1] 谭云亮.矿山压力与岩层控制[M].北京:煤炭工业出版社,2011.

[2] 张寅.强冲击危险矿井冲击地压灾害防治[M].北京:煤炭工业出版社,2010.

[3] 窦林名.煤矿冲击矿压新理论与新技术[M].徐州:中国矿业大学出版社,2010.

[4] 潘立友.冲击地压预测与防治使用技术[M].徐州:中国矿业大学出版社,2006.

钻屑检测法在煤矿冲击地压防治中的应用分析

丁传宏,刘 军,杨岁寒,吴 凯,王士超

(河南能源化工集团义煤公司防冲处,河南 义马 472300)

摘 要 通过采用钻屑检测法中钻屑量与煤体应力变化的理论研究,根据钻孔在检测冲击危险程度过程中的存在煤体中水平应力与垂直应力不相等原理,结合义煤公司跃进煤矿冲击地压工作面钻屑检测法应用实际,建立钻屑量和煤体应力之间的定量关系,找出冲击地压工作面煤体应力变化,确立了冲击地压工作面超前应力集中分布区域和钻屑检测临界值,从而为矿井针对性地制定冲击地压防治措施,最大限度地降低因冲击地压造成的危害,提供技术支撑。

关键词 钻屑;检测;冲击地压;煤体应力

0 前言

跃进煤矿 23070 工作面位于钱大池村西北部的低山丘陵地带,地面标高+523～+565 m,工作面标高-175～-230 m,工作面上巷长 1 250 m,下巷长 1 129 m,倾斜长 215 m。北为 23050 工作面(已采),南为 23090 工作面(已采),东为矿井边界煤柱及常村矿井田(未采),西为 23 区上山煤柱。

煤层走向 116°～140°,倾向 206°～230°,倾角为 10°～15°,平均 12°。煤层总厚 5.2～8.0 m,平均厚度 6.5 m,含夹矸 1～5 层,其中煤层中下部位的夹矸互选层总厚 0.2～1.2 m,单层厚 0.1～0.6 m,岩性一般为碳质或砂质泥岩,结构复杂,下部煤质较差。

1 钻屑法理论研究情况

1.1 钻屑法检测的基本理论

钻屑法是通过在煤层中钻小直径(直径 42～50 mm)钻孔,根据排出的煤粉量及其变化规律和有关动力效应,来鉴别冲击危险的一种方法。其理论基础是钻出煤粉量与煤体应力状态具有定量的关系,对于其他条件相同的煤体,当应力状态不同时,其钻孔的煤粉量也不同。根据钻孔时在不同深度排出的煤粉量及其变化规律,可以确定支承压力带峰值的大小和位置,峰值愈大、距煤壁距离愈近,冲击危险程度就愈大。打钻过程钻屑量异常增多,钻屑粒度增大,响声和微冲击强度升高,也说明冲击危险的程度在增加。应用钻屑法预测冲击地压的关键在于确定冲击危险指标。

对煤体打钻至一定深度后,钻孔周围将逐渐过渡到极限应力状态,如图 1 所示,孔壁部分煤体可能突然挤入孔内,并伴有不同程度的声响和微冲击,此过程可能出现吸钻或卡钻等情况,出现变化的原因是钻孔周围煤体变形和脆性破碎所致。煤体的应力越大,脆性破碎越严重。在钻孔 B 段,孔周围煤体处于极限应力状态,打钻过程中钻屑量异常增多、钻屑粒度增大,响声和微冲击强度升高,孔径扩大,这就是钻孔效应。在打钻过程中,若出现上述显现,表明钻孔应力集中出现,也将预示着钻孔冲击发生的可能增大,伴随着钻孔周围的破碎带亦将不断扩大。

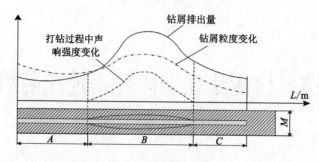

图 1　钻孔效应示意图

1.2　钻屑检测法的钻屑量与煤体应力关系的损坏模型

为了建立钻屑量与煤体应力之间的定量关系,不少学者进行了研究。均假设钻孔前煤体为均质各向同性的弹性体,视为具有圆孔的无限大平面应变问题进行处理。

但是通过近年来的实践表明,对采用相同钻头施工的钻孔成孔后,由于受煤体各向应力和钻孔施工的影响,常会出现钻孔孔壁破损失稳现象,每米钻屑量也将不同程度地增加。考虑煤的应变软化、非弹性变形等特性,结合损伤理论,建立临界状态下煤体与钻屑量之间的函数关系如下:

$$G_{cr} = \frac{\rho\pi\phi^2}{4}\left[1 + \frac{\sqrt{3}\sigma_c}{E}\left(1 + \frac{E}{\lambda}\right)\right] \tag{1-1}$$

式中　G_{cr}——临界状态的钻屑量指标,kg/ m;

σ_c——煤的单轴抗压强度,MPa;

ρ——煤的密度,kg/ m³;

ϕ——钻孔直径,m;

E——煤体弹性模量,GPa;

λ——系数,为煤样实验室测定的正应力与正应变的比值,即煤样应力应变全曲线峰后段直线的斜率的绝对值,MPa。

2　钻屑检测法在冲击地压工作面的具体应用

2.1　23070 采煤工作面钻屑检测法钻屑量指标的理论计算

通过上述理论研究,结合义煤公司跃进煤矿 23070 采煤工作面实际,对其临界状态下煤体的钻屑量 G_{cr} 进行计算,过程如下:根据跃进煤矿 23070 采煤工作面煤样实验室实际检测值,取 $E = 2\,270$ MPa、$\sigma_c = 28.6$ MPa、$\phi = 0.042$ m、$\rho = 1\,350$ kg/ m³、$\lambda = 30.88$ MPa,其中 λ 值根据中国矿业大学煤炭资源与安全开采国家重点实验室为跃进煤矿所做的《跃进煤矿煤岩样冲击倾向性测定》中"冲击能量指数计算图"计算而来。代入公式(1)中,计算得 $G_{cr} = 4.908\,9$ kg/ m。

2.2　23070 工作面钻屑量监测孔布置

(1)监测地点:23070 采煤工作面危险性高的地点。量测钻孔中的煤粉量,分析应力的大小并确定冲击危险的程度。

(2)监测孔布置:监测孔参数及布置如图 2 所示。工作面每推进 10 m 对工作面煤壁进行一次钻屑量监测。同时,当工作面微震等监测设备监测数据异常时,必须停止工作面生产,对工作面进行钻屑量监测。监测范围如下:自工作面上端头以下 25 m,下端头以上 15 m,即工作面中部 175 m 范围内均匀布置 5 个测点进行取煤粉工作。测试钻孔用具有较大扭矩的电钻打眼,插接式麻花钻杆,每节钻杆长 1.0 m,钻杆和钻头直径为 42 mm,钻孔深度 15 m,钻孔距离底板高度为 1.0～1.3 m,单排布置,钻孔方向平行于煤层。用胶结袋对收集煤粉用 20 kg 量程的弹簧秤进行称量,前 3 m 舍弃,以后每钻进 1 m 测量一次,如果达到煤粉量临界值,或出现卡钻、吸钻、异响等动力现象,就可认为处于临界危险状态,必须立即采取解危措施。

图 2　23070 采煤工作面监测孔布置

2.3　23070 采煤工作面钻屑检测法检测数据分析

图 3 为跃进矿 2013 年 8 月、9 月在工作面煤墙侧测量的钻屑监测情况,测点选择为工作面上部四处 110 架、103 架、94 架、90 架,中部四处 83 架、73 架、70 架、63 架,下部两处 30 架、50 架。测点选择时,工作面推进度如下:第一阶段为 8 月 8 日工作面推进到 78 m 时 30、50 架;第二阶段为 8 月 9 日工作面推进到 79 m 时 63、73、83 架,第三阶段为 8 月 10 日工作面推进到 80 m 时 94、103 架,第四阶段为 9 月 4 日工作面推进到 89.5 m 时 110、90、70、50、30 架。分析考虑两种方法,一是以不同测量位置相同钻杆测量段煤粉量的变化情况(图 3);二是以相同钻杆测量不同测量位置煤粉量的变化情况(图 4)。

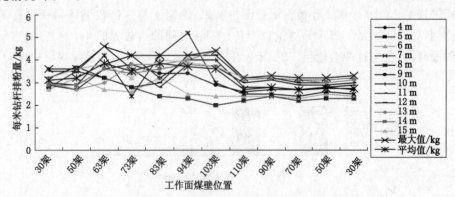

图 3　不同测量位置相同钻杆测量段煤粉量的变化情况

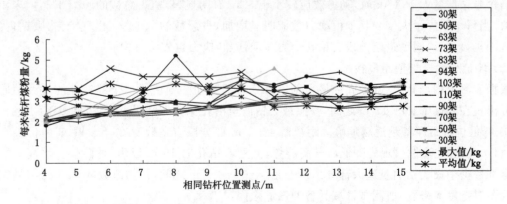

图 4　相同钻杆测量段不同测量位置煤粉量的变化情况

从图 3 看以看出,以不同测量位置显示整个工作面沿巷道走向剖面每个测点叠加后工作面随着工作面推进(日均 1 m)工作面超前应力分布情况。在当前工作面匀速推进的情况下,通过钻屑检测,按照钻屑检测临界值 $G_{cr}=4.9089$ kg/m 考虑,工作面超前应力分布应为下部低、中部逐渐升高、上部逐渐下降,上部与中部相比较为下部高于上部,随着工作面的推进,超前应力影响将逐渐向中部集中,应加强对工作面中部顶板管理,并结合矿压监测数据分析周期来压影响。由于相测时间间隔短,不能有效地反映连续段工作面煤壁应力情况,但基本可以判定短期内变化趋势不大,工作面前方煤壁应力集中程度不会明显上升。

从图 4 可以看出,在相同钻杆测量段不同测量位置(4～15 m)煤粉量,自第 4 m 开始至第 15 m,钻孔应力逐渐升高,说明在钻屑检测过程中,随着孔深度的增加,工作面超前应力也趋于集中,至第 8～11 m,集中程度明显。这也说明了工作面超前应力集中主要在超前 8 m 向里,应做好工作面超前 8 m 向里的循环卸压解危工作,确保工作面在推进过程中始终保持 8 m 的安全距离。

从钻屑检测法收集的数据和分析结果并结合井下现场矿压显现情况看,跃进煤矿 23070 工作面钻屑检测每米排粉量临界值定为 $G_{cr}=4.9089$ kg/m 较为合理。

2.4 23070 采煤工作面最大钻屑量与其峰值位置距工作面煤壁距离之间的关系

钻屑量变化曲线与支承压力分布曲线十分接近,冲击地压发生的必要条件之一是有到达或超过煤体极限强度的支承压力,而钻屑量的变化反映了支承压力的变化。因此,用钻屑量的变化情况确定冲击危险程度是直接、可靠的预测方法。而峰值位置等的变化也是综合判断冲击危险等级的重要指标。

(1)钻屑量指标

通过跃进煤矿 23070 采煤工作面钻屑量测得结果,绘制了每一区段钻屑量所占比例和最大钻屑量所占比例,如图 5 所示。每米钻屑量位于 2～3 kg 之间的占总数的 45.14%,而当每米钻屑量位于该区间段时,未发生过冲击地压,几乎未发生过任何动力效应,表明该段煤层内压力较低,冲击危险性程度小。

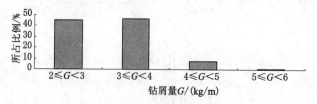

图 5　23070 采煤工作面钻屑检测钻屑量分布情况

当每米钻屑量大于 3 kg 时,动力效应较小于 3 kg 有明显显现,占总数的 46.53%,但未出现冲击现象;当每米钻屑量大于 4 kg 时,动力效应明显增加,占总数的 7.64%,出现卡钻、吸钻现象,但未出现冲击显现,说明钻进至该段后钻孔应力显现强烈,应力也较为集中。

(2)峰值位置至煤壁距离指标

根据实测数据,确定全部钻孔的最大钻屑量分布情况如图 6 所示。全部钻孔的最大钻屑量绝大部分出现在距煤壁 10～11 m 之间,参照最大钻屑量沿孔深分布情况,可以得到以下结论。

① 峰值位置距煤壁越近越危险。距煤壁 4～5 m 部分段有危险存在,8～11 m 内仍处于危险状态,11 m 以后危险性呈现先降低后升高趋势,但随着钻孔向 15 m 以里,危险性又增高。本次所统计全部数据中最大钻屑量绝大部分出现在距煤壁 8～11 m 之间,约占总数的 43.59%,从钻屑峰值位置距煤壁距离来看,所测试区域具备冲击危险因素。

② 随着应力峰值距煤壁距离的增加,深处煤体形成冲击地压所需的能量也加大,相应的最大钻屑量也增多。超过 11 m 以后,即使发生冲击,由于距煤壁远,阻力大,只是深部冲击,其动力效应多表现为深部的声响和震动。

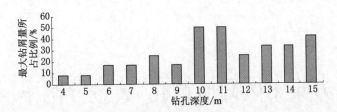

图 6　最大钻屑量所占比例的分布情况

3　主要结论

（1）通过引用目前煤矿对冲击地压钻屑检测方法的计算公式，确立了跃进煤矿23070采煤工作面钻屑检测临界值，并根据计算结果，与现场钻屑结果对比分析了临界值计算的合理性。

（2）找出了钻屑量与工作面煤体超前应力之间的峰值关系，确立了23070采煤工作面超前应力集中分布区域，为工作面安全回采起到了一定的指导作用。

（3）通过对比分析，得出了23070采煤工作面最大钻屑量G与其峰值位置距工作面煤壁距离之间的关系公式，由于本次数据量少，该公式仍需要进一步修正，但是通过公式的推导，对工作面回采超前应力集中分布区域有了较为直观的指导意义。

（4）钻屑检测法可以较为直观地反映冲击地压危险区域的分布位置，但由于在实际施工过程中，存在钻孔在钻进过程中由于反复刷孔造成的钻屑量局部增多等人为因素的影响，仍需进一步完善。

参考文献

[1] 曲效成,姜福兴,于正兴,等.基于当量钻屑法的冲击地压监测预警技术研究及应用[J].岩石力学与工程学报，2011,V30(11):2346-2351.

[2] 窦林名,何学秋.冲击矿压防治理论及技术[M].徐州:中国矿业大学出版社,2001.

[3] 刘晓斐,王恩元,赵恩来,等.孤岛工作面冲击地压危险综合预测及效果验证[J].采矿与安全工程学报,2010,27(2):215-219.

[4] 姜福兴.采场覆岩空间结构观点及其应用研究[J].采矿与安全工程学报.2006,23(1):30-33.

[5] 王存文,姜福兴,孙庆国,等.基于覆岩空间理论的冲击地压预测技术及应用[J].煤炭学报，2009,34(2):150-155.

高度应力集中区卸压钻孔"黄金分割率"布置法

曹允钦,魏振全,李　刚,张金彪,张作武,沈　伟,姜　鹏,公凡旺

(枣矿集团田陈煤矿,山东　滕州　277523)

　　摘　要　$3_下512$残采块段位于北五采区行人下山右翼,其块段二运输巷靠近510采空区,轨道巷靠近$3_下512$采空区,切眼在$H=3.5$ m正断层处,块段一轨道巷靠近$H=2$ m正断层,切眼靠近$3_下514$采空区。$3_下512$残采块段前期属于孤岛工作面开采,后期属于沿空开采。根据相邻矿井类似工作面回采经验,$3_下512$残采块段回采过程中面临冲击地压威胁。冲击危险区分为静态危险区和动态危险区。静态危险区是指通过冲击危险性评价获得的危险区,是一种潜在的危险区。动态危险区是指通过监测获得的危险区,是一种已经显现的危险区。

　　静态危险区处理思路:在受工作面采动影响之前,对危险区进行预卸压处理,通过改变煤体的物理性质,降低冲击倾向指标,从而达到消除冲击危险的目的,其特点是预卸压。

　　动态危险区处理思路:在显现危险信息后,对危险区进行解危处理,通过改变煤体的物理性质,促使应力向深部转移,从而达到解除冲击危险的目的,其特点是解危。

　　关键词　冲击地压;钻孔卸压;安全生产

1　工作面概况

　　块段二左侧为$3_下510$采空区,中间煤柱宽度为3.5 m,右侧为$3_下512$采空区,中间煤柱宽度为3.5 m;块段一左侧为$3_下510$工作面停采线外侧的三角煤柱,宽度为15~75 m,右侧为$3_下516$采空区,中间煤柱宽度为19.5 m,南侧为$3_下514$采空区,中间煤柱宽度为6 m,北侧为北五采区下山。地面相对位置及邻近采区开采情况如图1所示。

　　据矿井地质条件分类评定,$3_下$煤层顶底板条件均为Ⅱ类。基本顶为中、细砂岩,厚66~100 m,平均80 m,灰白色、坚硬、钙质胶结、具斜层理,$f=8$~12;直接顶为粉砂质泥岩,厚0.1~4.0 m,平均2.0 m,厚层状、深灰色、砂泥质结构,$f=3$~4;直接底为粉砂质泥岩,厚2.5~3.8 m,平均3.0 m,深灰色、砂泥质结构,煤层底板有0.2 m的碳质泥岩,$f=3$~4;基本底为细砂岩,厚20~35 m,平均25 m,浅灰色、质纯、致密、具水平层理,$f=6$~8。

　　工作面整体呈一单斜构造,外段以断裂和褶皱构造为主,整体为一单斜构造形态,周围分布的断层见表1。

表1　　　　　　　　　　　　　　　断层情况表

断层名称	走向/(°)	倾向/(°)	倾角/(°)	断层性质	断层落差/m	对回采的影响
F1	268	358	85	正	0.8	影响较小
F2	232	322	70	正	2	影响不大
F3	265	355	70	正	1.0~3.4	影响较大
F4	265	355	70	正	3.0	影响不大

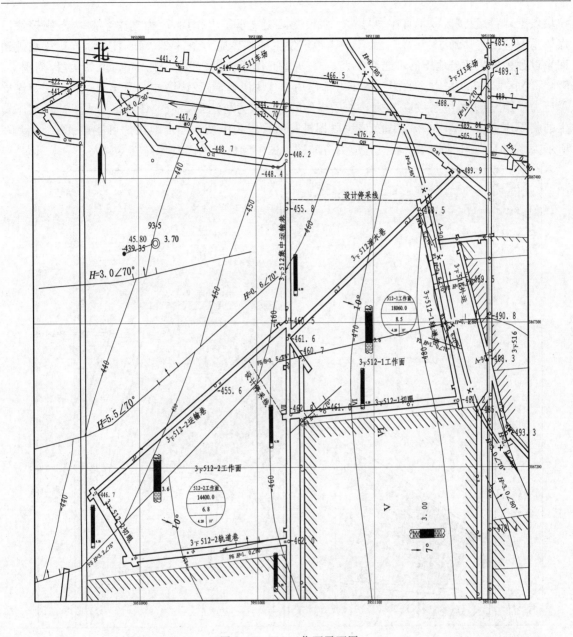

图1 3下512工作面平面图

2 冲击地压危险性评价的范围

3下512工作面面积约为34 394 m²，平均采深为514 m。受埋深、邻近采空区影响，推采过程中，工作面煤体局部出现应力集中，可能满足冲击地压发生的力学条件，加之煤层、顶板具有弱冲击倾向，工作面回采过程中可能发生冲击地压。3下512工作面块段二靠近采空区，切眼中间存在3 m断层，工作面煤体上的垂直应力较大，发生冲击地压的可能性较大，块段一右侧为采空区，左侧为实体煤柱，受区段煤柱及三角煤柱影响，发生冲击地压的可能性也较大。因此，3下512工作面两顺槽都是防冲的重点。

3 应力环境分析

3下512工作面块段二属沿空开采，周围3下512采空区、3下514采空区的侧支承压力都作用于该块段上,将导致该区域垂直应力异常。假设受两侧支承压力作用,应力集中系数取 3,则该块段煤体垂直应力将达到 38.5 MPa,大于冲击地压发生的临界应力条件 24 MPa,因此,该块段掘进和回采过程中发生冲击地压的可能性很大。3下512 工作面块段一属 2 侧沿空的孤岛块段,周围 3下514 采空区、3下516 采空区的侧支承压力都作用于该段上,导致该区域应力异常。假设受两侧支承压力作用,应力集中系数取 3,则该块段煤体的垂直应力将达到 38.5 MPa,也远大于冲击地压发生的临界应力条件 24 MPa,因此,该块段掘进和回采过程中发生冲击地压的可能性也很大。图 2 所示为 3下512 工作面回采块段垂直应力分布图。图中颜色越深代表垂直应力越大。

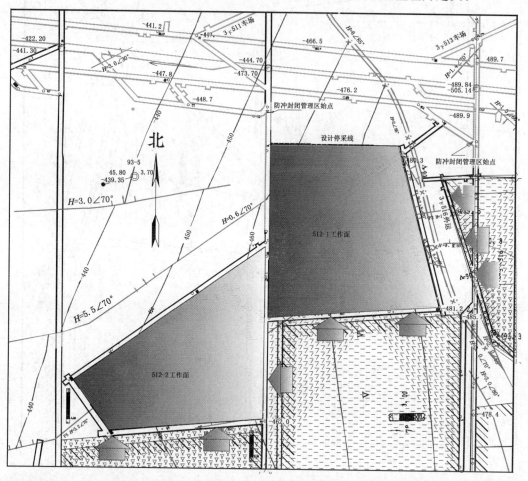

图 2 3下512 工作面回采块段垂直应力分布

4 黄金分割法施工卸压钻孔

根据卸压钻孔施工情况及应力计监测数据分析,对存在高度应力集中区的地点,组织人员利用 ZQJC-420/10.0 架柱式气动钻机从低应力区向高应力区逐步施工卸压钻孔。由于应力较集中,在施工过程中"煤炮"频繁,出现了"抱钻"现象,造成钻杆丢失,对人身安全造成威胁。为了对高应力区有效地实施卸压解危,根据"黄金分割线法则"确立了"浅孔-深孔"交替施工方法,即先施工浅孔对高应力集中区进行浅部卸压,使最外部的集中应力得到释放卸压,同时缓解分散深部应力的集中,使高应力区变成低应力区,然后根据"黄金分割线"法则,平行钻孔(间距 0.5 m)再施工一个深孔进行再一次的卸压,最终达到卸压解危的作用。

5 结论

512工作面切眼和两巷应力比较集中,巷道变形量较大,冲击危险程度较高。通过使用"黄金分割线法则"布置卸压钻孔,不断地打钻卸压,降低了工作面和两巷的应力,确保工作面和两巷保护带的有效宽度符合规定,实现了安全推采。

上解放层开采卸压防冲关键参数研究

王春耀[1],桂　兵[1],张士斌,吴修光[1]

(兖州煤业股份有限公司 济宁三号煤矿,山东　济宁　272069)

摘　要　存在冲击地压危险的煤层开采的基本原则是首先开采无冲击危险或冲击危险小的煤层作为解放层,且优先开采上解放层。但对上解放层开采,对解放范围和解放程度以及解放层开采防冲卸压的关键参数还需做深入研究,为矿井战略性防治冲击地压提供技术支持。本文结合兖州煤业集团济宁三号煤矿的实际开采条件,运用数值模拟和现场实测方法,对上解放层工作面开采过程进行研究,结合现场实测结果分析上解放层开采对下煤层的卸压作用。研究结果表明:开采解放层后下方煤岩层发生膨胀变形,破坏其完整性,释放了大量弹性能,被解放层煤层应力得到释放,被解放煤层垂直应力和水平应力均经历采前应力升高、采后应力降低和应力逐渐恢复三阶段,最大应力释放率19.2%,起到了良好卸压效果,实测结果计算可得工作面走向卸压角为77°,倾向卸压角为79°。研究成果为工作面开采布置提供了依据。

关键词　冲击地压;解放层;卸压;关键参数

0　引言

研究与现场实践均表明,合理的开拓布置和开采方式与避免应力集中和叠加,防止冲击地压关系极大。开拓开采方式一经形成就难于改变,临到煤层开采时,如果存在冲击地压危险,只能采取局部措施,而且耗费很大,效果有限。故合理的开拓布置和开采方式是防治冲击地压的根本性措施[1]。

存在冲击地压危险的煤层开采的基本原则是首先开采无冲击危险或冲击危险小的煤层作为解放层,且优先开采上解放层。划分采区时,应保证合理的开采顺序,最大限度地避免形成煤柱等应力集中区。煤柱承受的压力很高,特别是岛形或半岛形煤柱,要承受几个方面的叠加应力,最易产生冲击地压。解放层开采技术是最有效的战略性措施。有冲击地压的主要国家,如苏联、波兰等,对这种方法的原理和实施参数进行了深入广泛的研究,取得了显著的应用效果[2]。我国于1958年开始试用并成功地解决了部分瓦斯突出煤层的开采问题。此外,门头沟矿等进行了用于防治冲击地压的试验,积累了一定的经验。解放层开采应用于防治瓦斯突出的问题相对较为成熟[3-10],但对上解放层开采,降低煤层冲击危险性的卸压关键参数与效果综合评价研究较少。本文结合兖州煤业集团济宁三号煤矿的实际开采条件,运用数值模拟和现场实测方法,对解放范围和解放程度以及解放层开采防冲卸压的关键参数做深入研究,为相似条件矿井战略性防治冲击地压提供技术支持。

1　工程概况

自2003年12月以来,济宁三号煤矿(简称济三煤矿)在巷道掘进期间多次发生矿震、冲击地压等动力现象,特别是2004年11月30日6303辅助顺槽发生的强烈冲击地压掀翻7个车盘、堵塞30多米巷道、迫使工作面停产近1个月,造成了巨大的经济损失。之后,该工作面频繁发生片帮、矿震等动力现象,6304工作面开采期间,也出现了明显的冲击地压威胁,给安全生产造成了严重的影响。随着开采深度及开采范围的扩大、地质构造日趋复杂，原岩应力及围岩移动释放的能量强度增大，矿井冲击危险性逐年升高。而即将布置开采的十二采区煤层的埋深更大，地质条件相当复杂，为确保十二采区煤炭安全采出，拟利用开采解放层技术提前释放高位岩层弹性能，优先开采部分 $3_上$ 煤，有效降低冲击危险程度，再合理布置 $3_下$ 煤开采。$3_下$ 煤层直接顶为粉砂岩及细粉砂岩互层，直接底为泥岩，基本底为坚硬中砂岩及细粉砂岩互层；$3_下$ 煤厚度为 5.80～7.36 m，平均为 6.86 m，$3_上$ 煤、$3_下$ 煤间距为 32.33～41.79 m，平均为 34.27 m。

2 上解放层开采围岩应力变形演化规律研究

2.1 数值模拟方案

选取十二采区 $3_上$ 工作面 $123_上04$ 作为研究对象。为确定 $123_上04$ 工作面开采扰动前后的围岩应力分布变化情况以及 $3_上$ 解放层开采后对 $3_下$ 煤层卸压效果分析，运用 FLAC5.0 数值模拟软件对其进行数值模拟，网格范围为 350 m×150 m，垂直于工作面走向，左边界距西侧胶顺 46 m，顺槽宽 4 m，高 3 m，工作面长 150 m。模型上部岩层质量采用均匀分布载荷代替，$123_上04$ 工作面开采深度取 -610 m，原岩应力按 16.4 MPa 计算，左右及下部边界为固定边界，从巷道中部煤体取点进行应力分析。

2.2 结果分析

2.2.1 上解放层开采后围岩应力分布规律

在上解放层掘进阶段，$3_下$ 煤层垂直应力基本维持在原岩应力水平，未受 $123_上04$ 工作面顺槽掘进影响；当上解放层开采后，$123_上04$ 工作面采空区的顶底板煤岩层应力得到释放，采空区两端煤壁支承压力的作用使煤层底板周围的煤岩层开始向已形成的采空区产生移动和变形，从而引起被解放层 $3_下$ 煤层中部得到了很大程度的卸压。而上部解放层采空区两端煤岩体周围区域内形成较高的应力集中，受其影响，$3_下$ 煤层相应位置形成应力集中。监测距离开切眼 60 m 的 $3_下$ 煤层中部点及其上覆顶板 5 m 处的垂直应力，垂直应力随工作面推进距离变化曲线如图 1 所示。沿工作面走向，解放层 $3_上$ 煤层开采过程中，被解放层垂直应力分布情况如图 2 所示。

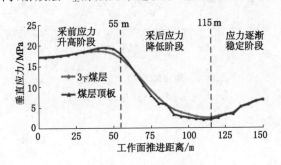

图 1　被解放层监测点垂直应力随解放层回采距离的变化

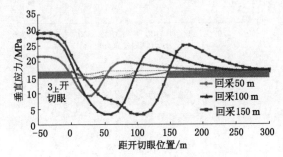

图 2　被解放层垂直应力随解放层回采距离的分布规律

随解放层工作面的推进，$3_下$ 煤层及其顶板中的垂直应力经历了采前应力升高、采后应力降低和应力逐渐稳定三个阶段。解放层的开采范围对被解放层有一定影响。解放层开采初期，解放层开采对被解放层煤体垂直应力影响较小。当回采 50 m 时，$3_下$ 煤层垂直应力有所降低，煤层卸压程度与范围都较小，卸压效果不是很明显，说明解放层开采对被解放层影响很小。随着工作面向前推进，由于 $3_上$ 煤层下伏岩层的移动，采空区下方一定范围内被解放层垂直应力进一步降低，被解放层卸压效果逐渐增强并趋于稳定，这也大大降低了煤层开采过程中发生冲击地压等动力灾害的危险性。当卸压范围进一步增大，由于下伏岩层进一步移动，解放层采空区后部重新被压实，被解放层的垂直应力有所升高,并且最后稳定在 6.8 MPa 左右。

同时由于 3$_上$煤层下伏岩层的应力传递作用,使得解放层开切眼煤柱区下方和解放层工作面下方 40 m 范围内形成应力集中区,3$_下$煤层对应上解放层开切眼内侧 10～15 m 范围,垂直应力降至原岩应力水平,因此在 3$_下$煤层开采设计中,开切眼要与 3$_上$煤层开切眼内错 10～15 m,保证生产安全。

2.2.2 上解放层开采后围岩变形分布规律

当 3$_上$煤层开采后,煤层顶板应力得到释放,其煤层顶板岩层出现下沉弯曲变形;而煤层底板岩层出现膨胀变形,且这一区域范围较大,被解放煤层处于膨胀变形区域内。如图 3 所示,由于上解放层开采使上覆岩层应力重新分布,被解放层的应力得到释放,被解放层一定范围内出现了明显的膨胀变形,降低被解放层的弹性能,有效降低了冲击危险性,从而使被解放层得到充分保护,其中被解放层中部位置的膨胀变形最大,卸压最充分。随着解放层开采距离增大,膨胀变形区也随之变大。同时,被解放层一定范围内煤层被压缩,解放层开切眼后方 30 m 的被解放层煤柱,解放层工作面前方 10～20 m 被解放层煤体压缩变形最大。

图 4 为被解放层水平位移随解放层采煤工作面推进距离的变化关系图。其中,纵坐标为被解放层水平变形位移值,大于 0 表明煤层移动方向与开采方向一致,反之与开采方向相反。如图 4 所示,随着解放层的开采,被解放层卸压区煤层水平变形出现两个区域,切眼前方一定距离煤层的水平移动方向与回采方向一致;工作面后方一定距离煤层的水平移动方向与回采方向相反,两侧煤体水平移动不对称,此时卸压区煤层受到水平拉伸和挤压作用,使该区域煤体机械破坏增加,有利于被解放层次生裂隙的发育,降低了被解放层的弹性潜能。

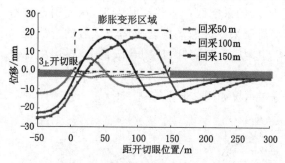

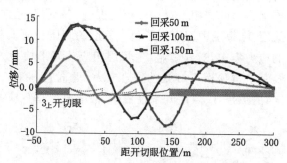

图 3　被解放层垂直位移随回　　　　　　　　图 4　被解放层水平位移随回
采距离的变化规律　　　　　　　　　　　　采距离的变化规律

2.2.3 上解放层开采保护角确定

保护层沿倾斜的保护范围,可以按照卸压角来划定。煤层为近水平开采,模型左右完全对称,故以采空区一侧为研究对象即可。以原岩应力为临界点,3$_上$煤层保护范围距胶顺和辅顺层面均为 4.5 m,通过计算可得 3$_上$煤层卸压保护角为 82°,如图 5(a)所示。当上解放层开采后,在上解放层开切眼对应的被解放层位置的内侧产生了一定程度的卸压,同样以原岩应力为临界点,可以判定解放层采煤工作面倾向中部的走向解放范围边界为解放层工作面内退 10.5 m 处,得到的走向卸压角大小为 73°;解放层采煤工作面倾向中部的走向解放范围边界为解放层工作面内退 5 m,得到的走向卸压角大小为 81°,如图 5(b)所示。

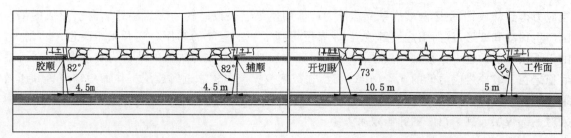

（a）倾向卸压保护角计算图　　　　　　　（b）走向卸压保护角计算图

图5　上解放层开采保护角确定

3　现场观测结果

为分析解放层开采过程中上煤层扰动对下层煤岩体的影响，通过在3下煤层泄水巷中安装钻孔应力计，监测123上04工作面采动期间下方煤层的应力分布变化情况，共布置5组应力计。如图6所示，为123上04工作面开采对被解放层123下03工作面应力分布的影响。123上04工作面下方煤体应力受采动影响出现3个变化阶段：采前应力升高阶段，采后应力降低阶段和应力逐渐稳定阶段。7月15日，各应力计读数开始明显上升，工作面回采710 m，距离应力计安装位置90～100 m，由此可知，回采3上煤层，超前支承压力通过下伏岩层传递作用对3下煤层影响范围达90～100 m；由各应力计测得应力峰值位置可知，3下煤层受上部工作面回采影响，3下煤层最大压力出现在与工作面水平距离15～20 m的范围内，此后应力显著下降，3下煤层得到充分卸压；8月11日，解放层采过应力计安装位置70～80 m，随着工作面回采距离的增加，顶板跨落，采空区重新压实，使得3下煤层应力有部分回升，最终稳定在一个相对较原岩应力低的水平，为3下煤层的安全开采提供了有力保障。

解放层开采过后，被解放层3下煤层得到了一定程度的卸压效果，其卸压效果见图7，图中的应力释放率采用下式计算：

$$R = \frac{\sigma - \sigma'}{\sigma} \times 100\,\%$$

式中：R为应力释放率；σ为煤层的初始应力，MPa；σ'为煤层卸压后的应力，MPa。

由图7可以看出，被解放层3下煤层应力得到了释放，最大释放率为19.2%，且越靠近工作面中部位置，卸压效果越理想。而安装在工作面倾向20 m位置的3号应力计，测得应力释放率偏低的原因是其靠近HF75断层，煤岩破裂，初始地应力就相对较小。

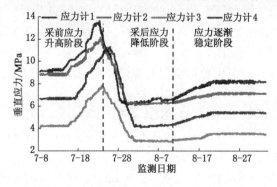

图6　123下03工作面煤体应力实测结果

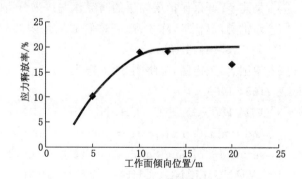

图7　123下03工作面应力监测点的应力释放率

上解放层开采后，造成解放层工作面采空区两端煤壁周围区域应力集中，采空区的顶底板煤岩层应力得到释放,采空区两端煤壁支承压力的作用使煤层底板周围的煤岩层开始向已形成的采空区产生移动和变形,从而引起被解放层3下煤层得到了一定程度的卸压。当开采距离进一步增大,由于下伏岩层的进一步移动,解放层采空区后部重新被压实,被解放层的地应力有所升高,并且最后稳定在了较原岩应力低的5.4 MPa附近,在被解放煤层中越靠近解放层工作面中部位置卸压效果越好,应力释放率可达到19.2%,工作面走向卸压角为77°,倾向卸压角均为79°,3上解放层的回采对下部煤层起到了很好的卸压效果。

4 结论

(1) 数值模拟和实测结果显示解放层开采对被解放层有良好的卸压保护作用。计算可得解放层工作面开采后,倾向卸压保护角为79°~82°,走向卸压角为73°~81°之间,实测结果计算可得工作面走向卸压角为77°,倾向卸压角为79°。3上解放层回采,在下部煤层形成了较大卸压保护范围,为下部煤层安全高效回采提供了有利条件。

(2) 上解放层开采后,下方煤岩层发生膨胀变形,应力降低,起到了卸压效果。开采过程中,被解放煤层垂直应力和水平应力均经历采前应力升高、采后应力降低和应力逐渐恢复三阶段。

(3) 123上04工作面开采后,对应被解放层煤体应力得到释放,最大应力释放率19.2%,工作面外侧煤体处在增压区,外侧20 m位置应力变化最明显,因此下方工作面布置要合理,应尽量布置在解放层卸压保护范围内。

(4) 123上04工作面,破坏了3下煤层上覆厚层坚硬顶板的完整性,释放顶板中大量弹性能,同时在3下顶板岩层中形成裂隙,易形成拉应力而断裂破坏,降低煤层上方坚硬顶板整体活动引发冲击地压的危险性。

参考文献

[1] 窦林名,赵从国,杨思光,等.煤矿开采冲击地压灾害防治[M].徐州:中国矿业大学出版社,2006.

[2] 齐庆新,窦林名.冲击地压理论与技术[M].徐州:中国矿业大学出版社,2008.

[3] 杨大明,俞启香.缓倾斜下解放层开采后岩层地应力变化规律的研究[J].中国矿业大学学报,1988(1):35-41.

[4] 欧聪,李日富,谢向东,等.被保护层保护效果的影响因素研究[J].矿业安全与环保,2008,35(4):8-10,13,91.

[5] 张士环.薄煤层开采作为保护层消突技术[J].煤矿安全,2008(3):32-36.

[6] 吴建亭.开采保护层煤层的防突作用效果分析[J].煤炭科学技术,2010,38(5):66-69,128.

[7] 谢世勇,赵伏军,陈才贤.开采解放层预防煤与瓦斯突出的断裂力学分析[J].煤炭科学技术,2007,35(4):22-25,28.

[8] 胡国忠,王宏图,范晓刚.邻近层瓦斯越流规律及其卸压保护范围[J].煤炭学报,2010,35(10):1654-1659.

[9] LIU HONGYONG, CHENG YUANPING, ZHOU HONGXING, et al. Fissure evolution and evaluation of pressure-relief gas drainage in the exploitation of super-remote protected seams[J]. Mining Science and Technology,2010(20):178-182.

[10] WANG LIANG, CHENG YUAN-PING, LI FENG-RONG, et al. Fracture evolution and pressure relief gas drainage from distant protected coal seams under an extremely thick key stratum[J]. Journal of China University of Mining & Technology, 2008(18):182-186.

6 工程监测

槽波地震勘探技术在采煤工作面的实践与应用

段明道

(陕县观音堂煤业公司,河南 三门峡 472123)

摘 要 随着煤矿安全工作要求和采掘机械化程度的提高,采掘工作面内部隐伏地质构造对矿井安全生产的影响越来越大,对一些可能影响生产的断层、褶曲、变薄带、老空等的探测精度越来越高。槽波地震探测技术分辨率高、探测距离大,能够探明煤层的不连续性,如断层破碎带、煤层厚度变化、矸石层分布、剥蚀带、古河床冲刷带和岩墙等构造,是一种有效的小构造探测方法。

关键词 槽波地震;地质构造;分析

观音堂煤业公司矿井开拓方式为立斜井双水平上、下山开拓,开采的煤层为二叠纪山西组的二$_1$煤层,属"三软"极不稳定煤层。煤层倾角 8°~14°,平均煤厚 3.24 m。顶板岩性为碳质泥岩伪顶 0.2~2 m,直接顶为中粒砂岩 5~18 m,直接底板为砂、泥岩互层。在工作面回采中,地质条件变化快,生产困难,为安全带来极大隐患,为保证安全,引进使用了槽波地震探测技术,以指导原煤生产。

1 基本原理及方法

槽波是一种地震波,又称煤层波或导波。槽波地震勘探是利用在煤层中激发、形成和传播的槽波来探查煤层不连续性的一种新的地球物理方法。

在煤系地层中,煤层与围岩相比,具有速度低、密度小的特点。在地质剖面中,煤层是一个典型的低速夹层,在物理上构成一个"波导"。因此,煤层与顶底板岩层界面均是高波阻抗。当煤层中激发的体波(包括纵波与横波)的部分能量由于顶底界面的多次全反射被禁锢在煤层及其邻近的岩石中(简称煤槽),不向围岩辐射,在煤层中相互叠加、相长干涉,形成一个强的干涉扰动,即槽波。

根据勘探目的与布置方式不同,槽波勘探方法分为透射法槽波勘探和反射法槽波勘探。透射法主要用于探测煤层的地质构造和内部异常,包括煤层厚度变化、夹矸石分布、大小断层、陷落柱、剥蚀带、古河床冲刷、岩墙、老窑等,在某些情况下判断煤层背部压力相对变化,探测距离是煤层厚度的 300 倍左右。反射法主要用于探测煤层内的各种大、小正断层和逆断层以及侵入体和岩墙等。反射法最大探测距离为煤层厚度的 100 倍左右。

考虑到工作面长度较长(300 m 左右),内部地质构造复杂,走向断层发育可能较多,透射法效果不佳,本次采用在工作面上下巷分别进行反射法槽波勘探,探测工作面内部构造情况。如图 1、图 2 所示,反射法槽波勘探炮点和检波器点布设在同一条巷道中进行探测,检波器接收的是反射槽波信号。当震源激发的槽波沿煤层向远处传播中遇到不连续体,即遇到地震波的波阻抗(速度与密度的乘积)的分界面时,将产生反射槽波信号。利用布设在巷道壁或工作面壁上的检波器,就可以接收到这些反射槽波信号。通过识别和分析这些反射槽波信号,就能判断煤层中不连续体的所在位置。

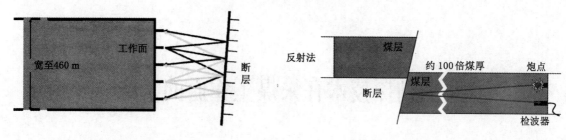

图 1　反射法勘探原理平面示意图　　　　　　图 2　反射法勘探原理剖面示意图

2　勘探区概况

本次勘探区为观音堂煤业 25050 工作面地处豫西陕渑煤田的工作面,该面所采煤层为二叠系下统山西组二₁煤层,煤层厚度为 0~8.54 m,平均为 3 m。煤层倾向 SE,倾角为 10°~15°,平均为 13°。煤层呈黑色粉末、碎块状,属半亮型煤。工作面煤层厚度变化较大,结构简单。

二₁煤层伪顶为灰黑色薄层状泥岩,厚度为 0~1.0 m;基本顶为灰白色、灰色细~中粒长石石英砂岩(大占砂岩),厚度为 10~18 m,主要由长石、石英组成,泥、硅质胶结,致密坚硬。二₁煤层直接底板为灰黑色碳质泥岩、泥岩及泥砂岩互层,厚度为 1.0~3.6 m,水平层理,滑面发育,上部较松软;基本底为灰色片状细砂岩,厚度为 20~30 m,成分以石英为主,硅质胶结,含植物化石。

25050 工作面外段地质构造相对简单,掘进过程中在上巷揭露一条小断层;下巷在地面三维地震勘探出的断层位置有一个滑动面,但断层特征不明显,上巷在向下开切眼的过程中揭露 4 条沿工作面走向延伸的断层,其中落差最大的一条断层落差推测为 20~25 m,表明该工作面里段地质构造较复杂,对工作面正常回采影响较大,需探明断层在工作面内部走向,为工作面科学合理回采提供依据。

3　槽波勘探应用

本次槽波地震勘探使用的是德国 DMT 公司研制的新一代 Summit Ⅱ Ex 防爆槽波地震仪,依据探测目的,25050 工作面上、下巷反射法槽波勘探工作布置如图 3 所示。

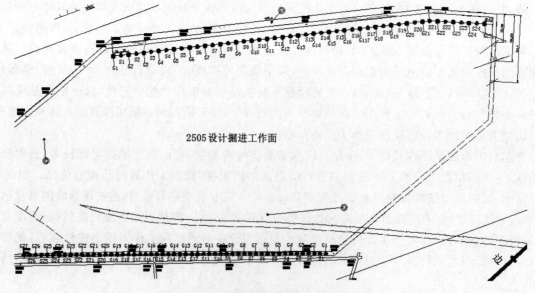

图 3　25050 工作面槽波地震勘探布置示意图

25050 工作面下巷内帮,设计勘探长度为 390 m。设计炮点为 26 个,炮点距为 15 m,药量为 200g/炮;设计检波点为 27 个,道间距为 15 m,G1 距离下巷里段拐点下 10 m 实际勘探过程中,检波点为 27 个,炮点为 26 个,激发顺序为 S1~S26。

25050 工作面上巷内帮,设计勘探长度为 480 m。设计炮点为 24 个,炮点距为 20 m,药量为 300g/炮;设计检波点为 25 个,道间距为 20 m,G25 距离切眼为 9 m。在实际勘探过程中,检波点为 24 个,炮点为 23 个,激发顺序为 S23~S1。

现场勘探均采用共炮点接收方式,即每一炮所有检波器均进行接收信号。

4 应用效果与检验

图 4 为 2505 工作面下巷反射法槽波地震勘探包络叠加剖面图,图中横坐标为巷道相对位置(左边为巷道里段),纵坐标为探测距离。

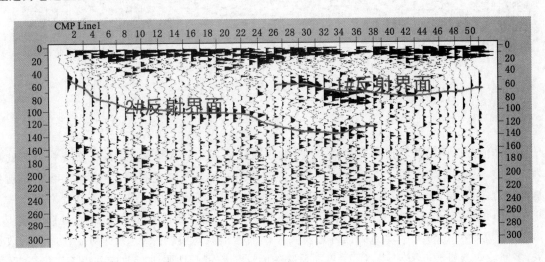

图 4 25050 下巷包络叠加剖面

下巷数据处理使用速度参数为 1 050 m/s,横坐标原点位于 S1(下巷里段)点。从图上看明显存在 2 个反射界面,分别为 1#、2# 反射界面。其中,1# 反射界面位置为下巷向上 60~70 m 区域,沿工作面走向展布,如图 4 所示为 25050 下巷包络叠加剖面,受 2# 界面影响较大,可能为假异常;2# 反射界面里端在下巷里段拐点往里 40~50 m 位置,大致与工作面走向一致,并逐渐向工作面内部偏移,其外端距下巷大约 120~140 m。从其展布形态分析为一落差大于 1/2 煤厚的断层,推测可能为下巷里段所揭露的断层。

图 5 为 25050 工作面上巷槽波地震勘探反射法包络叠加剖面图,图中横坐标为巷道相对位置(右边为巷道里段即切眼位置),纵坐标为探测距离。

上巷数据处理使用速度参数为 1 050 m/s,横坐标原点位于 G24(上巷里段)点。从图上看明显存在 2 个反射界面,分别为 3#、4# 反射界面。其中,3# 反射界面位于工作面内距上巷 50~60 m 位置,沿工作面走向展布,从其展布形态分析为一落差大于 1/2 煤厚的断层,推测其可能为切眼所揭露落差为 20~25 m 的断层;4# 反射界面位于工作面内距上巷 100~110 m 位置,沿工作面走向展布,从其展布形态分析可能为一落差大于 1/2 煤厚的断层,但由于 3# 反射界面的屏蔽作用,4# 反射界面能量较小,形态不够清晰,其可靠性较低。

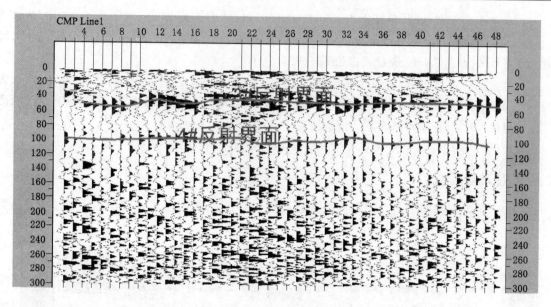

图5　25050上巷包络叠加剖面

5　结论

据工作面实际回采及巷道改造揭露，1#反射界面并未揭露较大落差的断层，与资料分析的可能为假异常，基本吻合；在距工作面下巷100 m左右揭露一落差6 m左右的走向断层，与2#反射界面基本吻合，该断层在回采过程中落差逐渐变小；在距工作面上巷60 m和90 m处分别揭露一落差6～10 m的断层，与3#、4#反射界面基本吻合，同时3#所对应断层在图5中14点处向外逐步尖灭，4#所对应断层在图5中31点处向外逐步尖灭。根据槽波地震勘探3#界面对工作面进行改造回采，多回收煤炭资源6万多吨，对2#界面反映的断层提前重开切眼进行改造并提前压杆下起，为工作面顺利回采打下了坚实的基础。

综上分析，槽波地震探测技术在观音堂煤业25050工作面应用效果较好，异常带单一、特征明显，误测率低，为工作面正常回采及合理改造提供了重要的科学依据，具有较强的适用性和可操作性，在矿井隐伏地质构造的探查和分析中具有较大的应用和推广价值。

固体充填顶、底分层工作面矿压显现数据对比分析

王喜博

（冀中能源股份有限公司 邢台矿，河北　邢台　054026）

摘　要　国内外对煤矿井下固体充填开采进行了一定的研究，但关于建下分层固体充填开采厚煤层技术研究甚少。位于邢台矿工业广场下的7608（底）工作面为首个底分层充填综采面，其直接顶板为顶分层开采后形成的约3m厚矸石、粉煤灰充填体假顶。开采期间，假顶散碎易掉落给矿压显现观测带来一定困难。邢台矿通过选取矿压观测方案，全方位、全时段观测矿山压力变化分析顶板活动规律，在对底分层工作面矿压显现数据进行分析基础上，对比分析了顶、底分层矸石充填综采面矿压显现规律，为充填工作面顶板管理、地表沉陷控制提供科学的依据。

关键词　固体充填；分层开采；数据收集；矿压显现；对比分析

0　前言

针对煤炭资源开采过程中存在的大量"三下"压煤问题，煤矸石排放、环境损害及土地资源问题，邢台矿成功开发应用了矸石（固体废物）充填采煤技术，已成为邢台矿解放建下压煤、实现绿色开采与可持续发展的关键技术。目前，运用此项技术开采底分层煤炭资源成为此项技术的一项重大延续开发。

位于邢台矿工业广场下的7608（底）工作面为首个底分层充填综采面，其直接顶板为顶分层开采后形成的约3m厚矸石、粉煤灰充填体假顶，开采期间，假顶散碎易掉落给矿压显现观测带来一定困难。本文以底分层充填综采为例，采用现场实测与理论分析方法对比分析了顶、底分层矸石充填综采面矿压显现规律。

1　工作面概况

7608（底）工作面位于地面工业广场下，井下六采区南部，埋深360～450m，本工作面所采煤层为2#煤，为1/3焦煤，平均煤厚为6.34m，顶分层煤厚平均为3.14m已回采完毕，底分层剩余煤厚平均为3.2m，工作面走向长度652m，倾斜长度67.2m，圈定储量25.7万t。

工作面充填开采对地面建筑设施的影响预计为：① 救护大队新建办公楼可能出现轻微裂隙，预计损坏程度不超过Ⅰ级，不影响正常使用。② 矿铁路专线会出现轻微下沉，采煤期间应加强巡视维护，维护后不影响正常使用。③ 矿至工人村公路有轻微下沉。

2　顶、底分层矿压对比分析

2.1　支架压力监测

2.1.1　数据采集

工作面支架通过安装采集式数字压力计和普通压力计监测立柱压力，工作面每隔4架布置一个YHY60（B）型采集式数字压力计，其余支架安装普通压力计，数据定期采集。

2.1.2 由充填支架分析矿压显现规律分析

将 7608(底)工作面支架的前柱、后柱的工作阻力在沿煤层的走向同一位置作柱状图(见图1)。

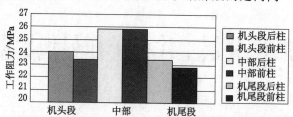

图1 底分层工作面不同分段支架阻力柱状图

① 从图1可以看出工作面两端头的支架工作阻力小于中部。随着顶板下沉移动,部分压力已被充填体的支撑作用转移,而两端头由实体煤起支撑作用,中部形成弧三角形高压力区,充填体不能起到很好的刚性作用,弧三角形板悬空距离较长,致使顶板压力持续向中部支架转移,当顶板裂隙发育至断裂时出现压力猛增,从而出现了中部支架压力升高的现象。

底分层工作面两端头支架平均工作阻力相较顶分层明显偏低,两巷占巷支架的平均工作阻力仅 14 MPa 左右,表明底分层采场周围煤柱支撑作用较顶分层明显。

② 充填开采工作面支架压力整体偏低,底分层平均工作阻力为 1 680~3 851 kN,顶分层工作面平均工作阻力为 2 657~3 252 kN。数据说明充填开采工作面充填体承担了工作面顶板的大部分压力,支架承载载荷减小,并且底分层充填支架加强了后梁支护强度,控制顶板效果较好,减少了顶板下沉(见3.4)。

③ 工作面最大平均工作阻力分布在工作面两巷 10~15 m 左右的附近压力较大,平均压力值约为 26 MPa,最大压力峰值为 36 MPa,出现近工作面两巷区域部分支架压力高于工作面中部现象,此处与顶分层对比情况类似。

④ 经分析,底分层充填工作面的初次来压(或称基本顶初次弯曲下沉)步距约为 15 m,底分层工作面没有明显的周期来压,当工作面每推进 30~60 m 时,支架工作阻力会有缓慢增高的现象,增值只有常规开采的 30% 远小于常规垮落法。且中部压力增高较频繁,约 30~40 m 左右出现一次,来压步距规律性及来压强度较顶分层要差,分析原因一方面为充填体假顶起到了缓冲作用,另一方面是由于在约 40 m 左右时为基本顶的极限跨距,此时基本顶下沉将加快,其一部分载荷由支架承担,架后充填体承担顶板部分压力,来压较顶分层紊乱。

⑤ 工作面来压期间,底分层支架工作阻力增高较顶分层要缓慢,工作面假顶受压下沉不明显,此处与支架改进有关,支架立柱直径由 $\phi230$ mm 增至 $\phi250$ mm,支架工作阻力由 5 400 kN 增至 6 700 kN,对顶板起到了更好的支撑效果;且由于顶分层充填体假顶起到了很好的缓冲作用,工作面采场的顶板岩层矿山压力与支架承担载荷能够抵消,并逐步压实了充填体。

⑥ 工作面两端头(1#~9#架和35#~43#架段),左前柱平均压力约为 20 MPa,右后柱约为 21 MPa,工作面后柱较前柱的平均压力值要大 1 MPa 左右;中部(10#~34#架段),前、后柱平均压力均约为 25 MPa,工作面前、后柱平均压力值相差不大。

2.2 两巷超前支护矿压观测

2.1.1 数据采集

工作面超前支护压力监测采用数字单体测力计进行监测,在工作面两巷煤壁前 20 m、25 m 超前支护段分别设置一个 YHY60(C)型号单体压力监测计,随工作面推进至煤壁处后摘除,数据定期采集。

2.2.2 超前支承压力实测结果分析

如图2所示为充填开采上下层煤两巷超前支护单体支撑力变化。

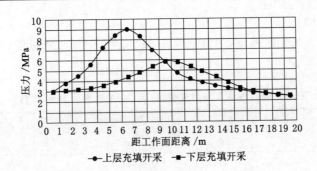

图 2 充填开采上下层煤两巷超前支护单体支撑力变化

由图 2 可知,底分层与顶分层相比较,两巷顶板压力显现较弱,具体显现为:

① 超前工作面 0～6 m 范围内,超前压力略有下降。

② 超前工作面 6～10 m 范围内,超前压力迅速增加,峰值出现在距离煤壁 6～10 m 的位置,最大压力值为 17 MPa,较顶分层压力值明显偏小(顶分层最大 28.3 MPa)。

③ 超前工作面 10～20 m 范围内,超前压力缓慢增加,立柱初撑力较大(大于 13 MPa)时,压力增加不明显。

④ 超前工作面 20 m 以外,立柱初撑力较大(大于 13 MPa)时,压力缓慢降低。

在充填开采上下分层时,两巷超前支护单体平均工作阻力,都呈现出低压力区、压力增高区、压力降低区、压力平稳区 4 个区的特征。

在压力增高区内,开采上层煤要比开采下层煤单体平均支撑力略高;在应力增高区内,开采上层煤与开采下层煤对比,单体支柱平均工作阻力的增幅快,峰值置前;在压力降低区内,开采上层煤与开采下层煤对比,单体支柱的平均工作阻力要低;平稳区基本相同。

通过两巷超前支护单体的平均工作阻力的对比分析,二次充填开采时,单体支柱工作阻力峰值在距离工作面 10 m 左右处,比上层开采时前移了 4 m 左右,最大值为 5.9 MPa,比开采上层时降低了 3.1 MPa。压力峰值向煤壁内部深移,进一步说明上层充填体形成的人工顶具有良好的力学特性。

2.3 充填体压力监测

2.3.1 数据采集

工作面每推进 60 m,在工作面安装一组充填体数字压力传感器,每组 4 台(共安装了 3 组),分别安装在 5#、20#、25#、38# 架后,随工作面推进埋设在充填体内,通过引出的数据线将数据传输至工作面外的数据监测分站,数据定期采集。见表 1。

表 1　　　　　　　　　　　　　充填体数字压力传感器分布

点　号	第一组(5 架)		第二组(20 架)		第三组(38 架)	
	红 1	白 1	红 2	白 2	红 3	白 3
基础数据(架前)	−333.838	−333.737	−334.660	−334.578	−336.088	−335.988

2.3.2 充填体压力数据对比分析

① 工作面推进 5 m 后,充填体传感器压力值开始增加至 0.1 MPa。

② 工作面推进 20 m 左右,充填体传感器压力值增加 1.0 MPa 左右,之后传感器全部压坏。

③ 与顶分层相对比,顶分层在工作面后方 13～15 m 的范围内压力增到 1.0 MPa 左右,而底分层需在工作面后方 20 m 范围才达到 1.0 MPa,顶分层在工作面后方 40 m 处达到 5.5 MPa。

2.4 顶板下沉观测分析

工作面推进期间,在工作面机头 5 架、中部 20 架、机尾 38 架处分别建工作面采场顶板下沉观测站,数据记录如表 2 所示。

表 2　　　　　　7608 底层顶板下沉观测成果(日期:2014 年 5 月 26~27 日)

点　号	第一组(5 架)		第二组(20 架)		第三组(38 架)	
	红 1	白 1	红 2	白 2	红 3	白 3
观测数据(架后)	−333.736	−333.627	−334.456	−334.38	−335.925	−335.835
下沉值	0.102	0.11	0.204	0.198	0.163	0.153

通过分析工作面采场顶板下沉数据,发现架后顶板较架前顶板平均上升了 161 mm,分析原因为充填体再生顶板在采场充填支架反复支撑作用下,进行了二次压实的过程,压实量抵消了上覆岩层顶板的下沉量。

由上分析,充填体下二次充填开采进一步弱化了工作面的矿压显现,充填体有效地控制了顶板运动。

2.5 顶板离层变化规律分析

在 7608(顶)回采过程中,经过在距工作面 80 m 处,两巷安设的顶板离层仪数据收集显示,可根据数据汇总出如图 3 所示的曲线图。

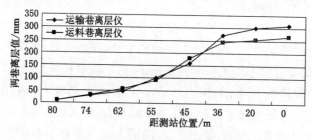

图 3　两巷离层与推进关系曲线图

(1)工作面推进距测站 60 m 以外的两巷范围内的离层值基本稳定,变化缓慢,变化幅度占总变形量的 11%~15%左右;最大移近为 48~56 mm。分析认为该段基本不受采动影响。

(2)当工作面推进距测站 30~60 m 范围时,由于受工作面采动及范围值(相对回采推进度)达到 25~50 m,两巷离层值变形迅速增大,变化幅度占总变形量的 70%左右;分析认为相对推进度达到 35~44 m 时,此阶段达到离层最大峰值,说明此处顶板出现基本顶周期来压,在矿山压力作用下发生了离层。

(3)当测站距离工作面 30 m 范围时,变形量小,变化幅度占总变形量的 14%~19%左右。离层缓慢,分析认为巷道进入超前支护阶段,支护能力增强,顶板下沉缓慢。

在 7608(底)工作面进行回采同时,分别在两巷安装 16 台顶板离层仪,分析可知,距工作面 39 m 范围内,顶板弯曲稳定,变化缓慢。当工作面推过 20~30 m 时,7 号顶板离层仪突至 50 mm,工作面推过 50 m 以后,顶板离层逐渐闭合。说明此处顶板岩层受充填体的压实变形增大,顶板岩层发生了较大的弯曲下沉,随着充填体最终压密,伪顶破碎膨胀后又充分压实闭合。

根据以上可知,7608(底)工作面顶板离层情况要明显小于 7608(顶)工作面的离层情况。分析可知二次充填工作面的超前压力影响范围比常规分层开采要小,充填体需要压实压密,在此过程中产生的作用力也会传递到顶板,尤其是工作面上层充填体人工假顶和煤层伪顶,随着工作面推进,伪顶先后经历离层、破碎、膨胀、闭合的过程。

3　结论

本项目的研究成功,对底分层充填工作面进行压力变化观测、顶板活动规律分析,通过对顶、底分层工作面矿压显现规律对比分析,充分揭示邢台矿分层固体充填开采的矿压显现规律,为邢台矿今后分层固体充填开采及地表沉陷控制提供科学依据,为其他类似条件矿井分层固体充填开采提供了经验。

参考文献

[1] 刘建功,赵庆彪.煤矿充填法采煤[M].北京:煤炭工业出版社,2011:26-32,130-196.
[2] 陈炎光,钱鸣高.中国煤矿采场围岩控制[M].徐州:中国矿业大学出版社,1994:593-599.

下沟矿特厚煤层综放工作面矿压监测与分析

张　博,戚鹏博,李德仁,第五海江

(陕西华彬煤业股份有限责任公司下沟矿,陕西　咸阳　713500)

摘　要　目前彬长矿区开采实践已经证实,综采放顶煤液压支架完全能够平衡采场上覆岩层载荷。综合机械化开采技术的运用对于预防顶板事故就像"安全箱"一样可靠,但是这必须建立在设备的合理选型并保证良好的运行状况的基础上。下沟矿的煤层赋存条件、支护、采高以及井型等方面与邻近的煤矿有较大的差异。如果不加研究而盲目地套用其他煤矿综放工作面的矿压规律方面的数据,将会存在严重的安全隐患,甚至导致事故的发生,进而造成巨大的经济损失。下沟矿ZF2817工作面其顶板运动及矿压显现规律具有一定的代表性。通过对ZF2817工作面进行系统的矿压监测,获得了基本顶初次来压步距、来压强度、支架阻力的动载系数等参数,总结出ZF2817工作面的矿压显现规律,提出了合理的支护改善措施。这不仅能指导ZF2817工作面安全生产,而且对于研究工作面顶煤,顶板运移规律、支架选型、支护质量及实现矿井安全、高产、高效等都具有重要的现实意义。

关键词　特厚煤层;综放工作面;矿压监测;支架适应性

0　前言

下沟矿位于陕西省咸阳市彬县。矿井设计生产能力300万 t/年,开采 4# 特厚煤层,煤层赋存平缓,底板平缓,倾角为 0°～5°,4# 煤层属中下侏罗统延安组,煤层大致为东西走向,向北倾斜,平均厚度为 11.5 m,含夹矸 4 层,厚度为 0.25～0.4 m,岩性为泥岩、碳质泥岩与泥质粉砂岩。煤层直接顶为泥岩、砂质泥岩与细粉砂岩,平均厚度为 5～7 m,基本顶为灰色粗砂岩、浅灰色,厚度为 7～9 m,属二级二类顶板,较易冒落,有时见 0.2 m 左右碳质泥岩伪顶。煤层底板为铝土质泥岩与粉砂岩,平均厚度为 3～10 m,有时可见 0.2 m 左右碳质泥岩伪底,遇水易膨胀。煤层有裂隙,但无大的断层陷落,东西走向,向北倾斜。4# 煤层煤尘具有爆炸性,且属于自燃煤层,其发火期为 3～5 月。

1　工作面概况

ZF2817 工作面位于下沟矿 401 采区西二水平,东为实体煤,西为 ZF2816 采空区,北为矿井边界保护煤柱,南为 401 西二水平三条大巷保护煤柱。工作面井下标高为 +514 m,对应地面标高为 +835 m。工作面倾斜长度为 90 m,走向长度为 865 m。采用走向长壁综合机械化放顶煤一次采全高,全部垮落法管理顶板的采煤方法。工作面基本架采用 ZF920000/18/33 型放顶煤液压支架支护顶板并同时放煤,过渡架采用 ZFG9200/19/33H 支架支护。两巷超前支护采用 DW32 型单体液压支柱和 DJB-1200 型金属铰接顶梁,一梁一柱支护方式,运顺超前支护距离不小于 30 m,回顺超前支护距离不小于 20 m。

2　矿压监测方案

工作面总长 90 m,沿工作面共布置了 3 个测点。1 号和 3 号测点各布置在距离运输和回风巷的距离为 10 m,2 号测点布置在工作面的正中部位。在运输和回风巷相邻间距 10 m 各布置 2 个超前支护压力监测站 A1、A2 和 B1、B2。与此同时,在两巷各布置 2 个监测站 A3、A4 和 B3、B4,相邻监测站间距为 20 m,如图 1 所示。支架工作阻力的压力传感器在 3 个测站中 2 号测站布置 8 架,每隔 3 架支架监测 1 架。1 号测站和 3 号测站布置 4 架,每隔 3 架支架监测 1 架。实际一共监测 12 架支架。

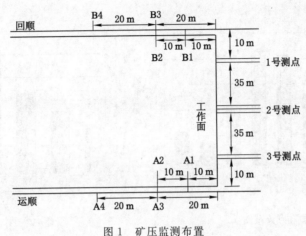

图 1　矿压监测布置

3　矿压规律分析

3.1　总体矿压特征

矿压监测时间历时近 52 天,工作面推进了 137 m。在推进过程中,工作面采空区内直接顶从 4# 液压支架到 57# 液压支架范围内逐渐垮落,由于垮落岩层基本充填满采空区冒落空间,此时,可以确定为直接顶初次冒落阶段。工作面推进到 25 m 时,工作面支架阻力普遍增加,持续时间约 1 天[1]。此时顶底板移近速度出现峰值,活柱下缩量也达最大,主要是基本顶断裂下沉所造成,巷道监测表明超前支护压力和巷道变形在此时也有明显变化,这是工作面来压前的预兆[2]。在进一步分析支架阻力及巷道移近变形的基础上,得出的基本顶初次来压步距为 25 m 左右,在初次来压之后每推进一定距离发生周期来压。

3.2　液压支架载荷分析

根据各观测支架的载荷随工作面推进的变化特点,可以判断出基本顶来压的强度和步距,从而绘制出基本顶来压判据,如图 2 所示。依据来压判据,结合工作面来压特征可知,基本顶的初次来压步距大约为 25 m。周期来压中最大步距为 15.7 m,最小为 9.6 m,平均为 12.5 m。由支架的平均工作阻力变化规律可知,支架普遍处于额定工作阻力以下,这说明基本顶运动不够强烈,来压强度相对较小[3]。

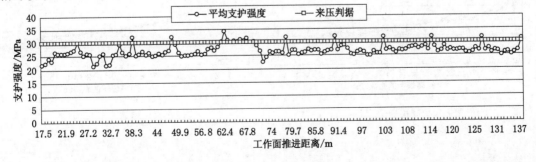

图 2　工作面来压判据

3.3 支架运行状况

在整个观测过程中,对支架阻力进行了统计分析,得到了工作面阻力频率分布图(图3)和工作面初撑阻力频率分布图(图4)。由图可知,支架的初撑力达到额定初撑力80%以上(25.25 MPa)的架次只占到测试架次的14%,而支架的初撑力达到额定初撑力31.5 MPa的架次只占到测试架次的5%,支架的初撑力达在15 MPa以下的占40%,工作面支架的初撑力存在不足现象,必须加强操作管理[4]。

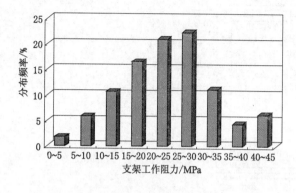

图3 工作阻力分布图

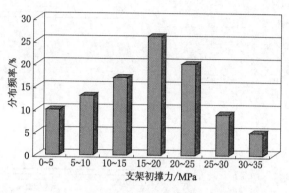

图4 初撑力分布图

工作阻力大于31.5 MPa的架次占测试架次的26%,其中达到额定工作阻力42.2 MPa的架次占测试架次的8%,在非来压期间绝大部分架次的工作阻力在额定初撑力以下,而处于额定工作阻力附近的架次基本都处于顶板来压时。总体来说,工作面来压强度相对较小,顶板比较容易管理[5]。

4 巷道表面观测

回风巷的顶底板移近速度随工作面推进距离的变化规律如图5所示。巷道围岩移近速度曲线的波动规律与顶板运动具有一定的对应关系,顶底板或两帮移近量小,表明顶板运动不剧烈,回风巷的现有支护方式比较安全,工作面的采动对它的扰动影响不大。运输巷的顶底板移近速度随工作面推进距离的变化规律表明,围岩位移速度变化较小,其变化大多在3.0 mm/d以内。总体上巷道在工作面前方35 m开始收敛,6~15 m阶段顶底板移近速度较快,在其他范围内巷道高度变化则较为平缓,巷道累计移近量小[5]。超前支护压力分析表明,支承压力峰值在煤壁前方3~6 m,支承压力影响范围在工作面前方35 m范围内,其分布规律如图6所示。超前支护压力影响范围较小,支承压力值也不大,巷道矿压显现比较缓和,现有30 m超前支护距离足以满足巷道支护要求。

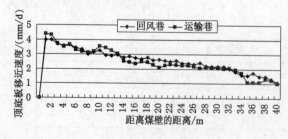

图5 巷道移近速度

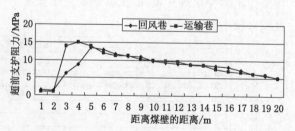

图6 超前支承压力

5 结论

（1）工作面支架的实际工作阻力普遍不高，基本顶初次来压之前大部分在额定初撑力之下工作，初次来压之后一般在周期来压期间支架阻力变化明显。综放支架基本满足 ZF2817 工作面顶板管理的需求。在观测期间，虽然有支架大幅度活柱下缩、安全阀开启、冒顶、片帮、采动裂隙发生，实际上是支架实际初撑力太小、工作面推进速度太慢等原因所致。因此，应提高初撑力，加强工作面支护质量管理，在来压期间加快工作面的推进速度。

（2）工作面基本顶的初次来压步距为 25 m，周期来压步距最小为 9.6 m，最大为 15.7 m，平均为 12.5 m，周期来压步距为基本顶初次来压步距的 1/3～2/3。直接顶属 2 类中等稳定顶板，基本顶属于Ⅱ级。在来压前后应分别管理，以防止动压冲击和切顶事故发生。

（3）基本顶来压时支架上动载系数平均为 1.5，有明显的周期来压，顶板管理难度中等。随着工作面的推进，基本顶的周期破断可能存在大的周期来压，应当加强支护阻力的管理，在推进过程中如果遇到比较大的来压，应采用单体支柱进行加强支护，避免由于支撑力不足而导致安全事故。

参考文献

[1] 钱鸣高，石平五. 矿山压力与岩层控制[M]. 徐州：中国矿业大学出版社，2003.
[2] 李龙清，荆宁川，苏普正，等. 大采高综采支架工作阻力综合分析与确定[J]. 西安科技大学学报，2008，28(2)：254-258.
[3] 王国彪，高秋捷. 液压支架模型试验的研究[J]. 东北煤炭技术，1995(1)：36-42.
[4] 钱鸣高. 煤炭的科学开采[J]. 煤炭学报，2010，35(4)：529-534.
[5] 张杰. 厚土层覆盖浅埋煤层支架适应性分析[J]. 西安科技大学学报，2009，29(4)：396-399，409.

钻孔电视探测巷道围岩松动圈技术在邱集煤矿的应用

徐庆国,李俊楠,邵珠娟

(临沂矿业集团邱集煤矿,山东　德州　253000)

摘　要　根据邱集煤矿生产实际情况,在井下采用钻孔电视的方法对巷道围岩松动圈进行了测试,使巷道支护设计有了依据,并根据探测情况对支护设计进行了改进,补强了巷道支护,保证了矿井安全生产。

关键词　钻孔电视;探测;围岩松动圈;应用

临沂矿业集团邱集煤矿位于山东省德州市,是黄河北煤田第一对进行生产的试验型矿井。该矿为保证矿井采掘工作的安全生产工作,对掘进巷道的围岩松动情况采用钻孔电视进行了探测,为矿井巷道支护设计提供了依据。经过实际验证,取得了较好的效果,保证了矿井安全生产。

1　钻孔电视仪器简介及工作原理

1.1　钻孔电视仪器简介

YTJ20型岩层探测记录仪是由徐州中矿华泰科技开发有限公司和中国矿业大学经过多年实际勘探经验攻关研制的具有国内领先水平的专利产品,是矿山开采、隧道工程等煤岩层状态探测的新型测试仪器。

1.1.1　YTJ20型岩层探测记录仪简介

YTJ20型岩层探测记录仪硬件系统是由全景摄像头、深度测量轮、钻孔摄像主机和计算机组成,此外还包括绞车及专用电缆等。其中,全景摄像探头内部包含有可获得全景图像的截头锥面反射镜、探测照明光源、定位磁性罗盘及微型CCD摄像机。作为定位设备的深度脉冲发生器,它由测量轮、光电转角编码器、深度信号采集板以及接口板组成。深度是一个数字量,有两个作用:一是确定探头的准确位置,二是系统进行自动探测的控制量,如图1、图2所示。

图1　全景数字钻孔摄像系统组成

图2　YTJ20型岩层探测记录仪实物图

1.1.2 主要工作参数

摄像头直径:ϕ25 mm,长 100 mm

探测深度:0~14.5 m

主机尺寸:长×宽×高＝240 mm×190 mm×83 mm

连续工作时间:8 h

录像存储容量:2 G

1.1.3 特点及用途

该仪器图像清晰(分辨率可达 0.1 mm)、颜色逼真,能探测孔内整体情况,并可录像,具有防爆功能,且体积小、质量轻,操作简便。可用于矿井井下采掘巷道和回采工作面的地质勘探,测量巷道围岩产状、裂隙宽度,以及描述巷道围岩离层、破裂、错位、岩性变化等情况。具体实例如图3所示。

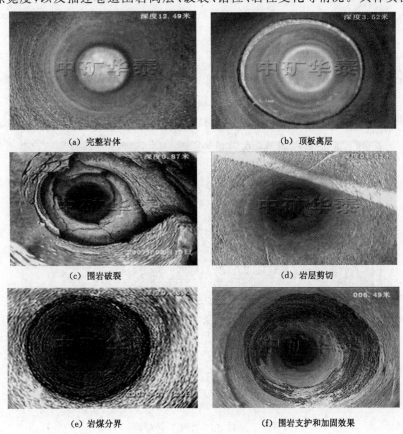

(a) 完整岩体 　　　　(b) 顶板离层

(c) 围岩破裂 　　　　(d) 岩层剪切

(e) 岩煤分界 　　　　(f) 围岩支护和加固效果

图 3　钻孔电视应用实例

1.2　钻孔电视工作原理

1.2.1　探测步骤

(1) 将仪器探头、导线和导杆按图4所示进行连接,注意将导线卡紧在深度计数器导轮;

(2) 将摄像头用导杆缓慢推进测孔,并通过主机液晶显示屏时刻关注孔内摄像情况,在有地质现象部位推进稍停,便于加强探测;

(3) 当遭遇孔内事故或由于导线长度的限制,摄像头无法进一步向下探测时,停止摄像,利用导杆和导线从孔内收回摄像头;

(4) 收拾仪器,前往下一个测点进行探测,现场探测如图5所示。

图4　仪器连接示意图　　　　　　　　　　图5　井下操作示意图

1.2.2　探测数据处理

　　井下摄像采集的视频文件都被存入在岩层探测记录仪主机中的硬盘上,通过通信数据线从主机箱上的插口连接到 PC 上,所摄视频即可回放到微型计算机用于探测分析,通过"岩层裂缝可视测量系统 2.0"即可播放视频并进行图像处理,软件界面如图6所示,打开文件的界面如图7所示。

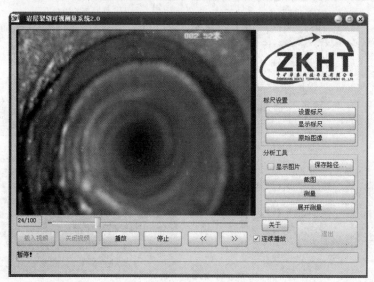

图6　摄像视频处理软件界面

1.2.3　现场探测注意事项

　　(1)考虑导线及孔径变化影响,钻孔直径最好应大于 28 mm;

　　(2)测孔钻好后,应待孔内的水淋尽,温度降低后再进行探测,避免水或雾气使镜头模糊,影响探测效果;

　　(3)在进行探测前,应根据钻孔直径,使其尽量沿着钻孔轴心推进,避免孔壁岩屑可能粘在摄像头的镜头上,使得摄像画面比较模糊;

　　(4)在探测过程中若遇到缩孔、塌孔等事故,不能贸然将摄像头继续向前推进,应通过主机屏幕仔细观察所遇情况,以免摄像头被卡住而无法收回;

　　(5)主机箱内多为电子元件,在搬运过程中应尽量避免震动和碰撞,轻拿轻放,注意保护。

1.3　围岩破裂分区探测结果分析

　　岩层探测记录仪能清晰地分辨出巷道围岩破裂的深度、破坏程度和形式,以及煤岩、岩岩分界

图 7 打开文件对话框

线。根据巷道围岩破坏程度和形式可分为完全破碎、松动破碎、裂隙、裂缝和离层等多个区域,然后根据不同破坏情况提出不同支护方式。

2 邱集煤矿井下探测情况

本次破裂分区探测地点选择在 7800 轨道下山。

2.1 7800 轨道下山概况

7800 轨道下山位于东八采区的深部,南接 7800 采区中部上车场,北至七煤−565 m 底板等高线。地面位于副井口东北 2 670~3 300 m 处,地面均为农田,无建筑物及其他设施,地面标高为+28 m。

2.2 地质及水文地质概况

2.2.1 煤岩层赋存特征

7800 轨道下山位于 7 煤及 7 煤底板黏土岩及粉砂岩中,7 煤层平均厚度为 1.28 m,为块状~粉末状,以亮煤为主,次为暗煤,夹少量镜煤、丝炭条带。条带状结构,层状构造,有细小方解石脉顺外生裂隙穿切。煤层赋存比较稳定,黏土层厚度为 0.5 m,强度低,遇水膨胀,硬度系数 $f = 2\sim4$,粉砂岩呈致密状,硬度较大,硬度系数 $f = 2\sim4$。

2.2.2 地质构造

根据地震三维勘探资料分析,掘进巷道构造相对简单,掘进期间没有落差较大的断层揭露。但 7 煤层落差在 1~2 m 左右的正断层较发育,有待于在巷道掘进中进一步证实。掘进巷道东翼侧是一向斜构造,构造轴呈北西西转北北东走向,不会对巷道掘进产生较大影响。

2.3 7800 二阶段轨道下山围岩破裂分区探测及结果分析

2.3.1 测点布置

在 7800 采区二阶段轨道下山导线点中点 8 后 10 m 和前 21 m 选取两个断面进行围岩破裂分区探测,断面具体位置如图 8 所示。

设计每个断面在顶板和两帮共选取 5 个测点打钻孔,钻孔深度 3 m。各断面具体钻孔布置见图 9。

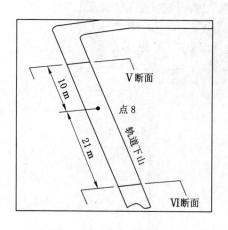

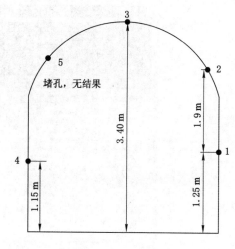

图8 7800轨道下山二阶段探测断面布置

图9 断面测点布置

2.3.2 探测结果分析（以Ⅴ断面测点情况进行分析）

（1）1号钻孔：深度2.50 m。根据探测录像，孔口至孔深0.6 m之间，围岩松动破坏较严重；1.8 m附近有松动裂隙发育；其他区段整体性较好。不同深度围岩破坏情况见图10。

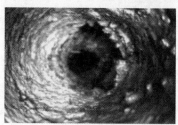

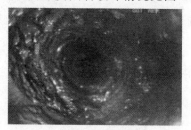

（a）孔口松动破坏严重　　　　　　　（b）1.78处破碎情况

图10 不同深度围岩破坏情况截图

（2）2号钻孔：深度2.85 m，位于顶板岩层中。探测结果表明：该孔只在孔口至0.3 m处围岩具有松动破坏，而在其他区段（包括岩岩交界面处）未见明显裂隙发育。不同深度围岩破坏情况见图11。

（3）3号钻孔：深2.85 m，位于顶板岩层中。在0~0.3 m出现松动破裂情况，其余围岩完整性良好。不同深度围岩破坏情况见图12。

（4）4号钻孔：深2.80 m，位于顶板岩层中。在0~0.35 m之间，围岩松动破坏严重。在1.63 m处出现离层裂隙。其余区段完整性好。不同深度围岩破坏情况见图13。

（5）5号钻孔：孔深2.73 m，位于煤层中。由于塌孔，未探测。

根据以上不同钻孔探测揭露的围岩分区破裂、破坏情况，钻孔不同深度破裂分区描述见图14。

2.4 探测巷道破裂分区统计及分析

根据探测地点、边界条件的不同，对探测结果进行了统计。统计结果见表1。

由此可见：东区7800二阶段轨道下山顶板裂隙发育较好，但在1.1~2.3 m之间存在较大范围的完整区域，同时探测到2.3 m以深具有裂隙离层现象。

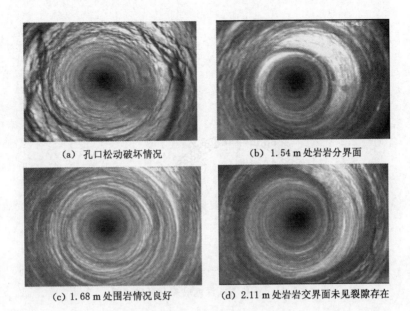

(a) 孔口松动破坏情况　　　　　　　(b) 1.54 m 处岩岩分界面

(c) 1.68 m 处围岩情况良好　　　　　(d) 2.11 m 处岩岩交界面未见裂隙存在

图 11　不同深度围岩破坏情况截图

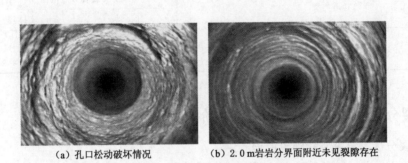

(a) 孔口松动破坏情况　　　　　(b) 2.0 m岩岩分界面附近未见裂隙存在

图 12　不同深度围岩破坏情况截图

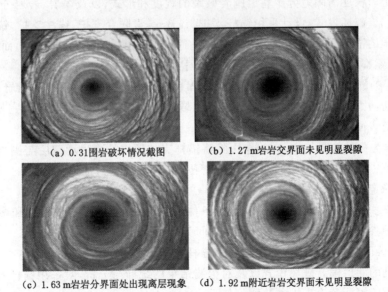

(a) 0.31围岩破坏情况截图　　　　(b) 1.27 m岩岩交界面未见明显裂隙

(c) 1.63 m岩岩分界面处出现离层现象　(d) 1.92 m附近岩岩交界面未见明显裂隙

图 13　不同深度围岩破坏情况截图

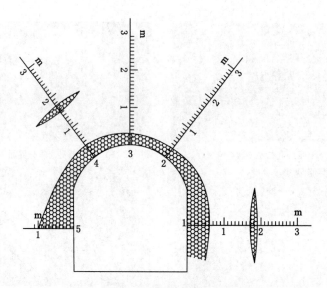

图 14　钻孔不同深度破裂分区描述图

表 1 探测巷道破裂分区统计表

巷道类型			主要破裂分区范围/m		备注
			顶　板	实体煤	
准备巷道	7800 轨道下山	断面 V	0.9～1.1 2.3～2.7	0.9～1.2 2.6～2.8	

3　基于破裂分区探测的锚杆支护参数评价研究

3.1　基于破裂分区的锚杆支护评价原理

根据巷道围岩破坏程度和形式,钻孔内围岩破坏可分为完全破碎、松动破碎、裂隙、裂缝和离层。岩层探测记录仪能清晰地分辨巷道围岩破裂的程度和形式,以及煤岩、岩岩分界线。

根据巷道围岩破坏模式,设计采用锚杆支护、锚杆-锚索联合支护、锚注支护、锚杆-锚索-架棚支护等方式。科学的锚杆、锚索支护参数评价,不是简单地在顶板安装锚杆、锚索,而是应该使每一根安装的锚杆、锚索都能发挥其最大作用。锚杆-锚索支护系统的设计原则是:

(1) 在破碎的围岩中,锚杆的长度应保证锚固在松动圈外的稳定(相对)围岩中。通过锚杆提供的轴向力与切向力,提高不连续面的抗剪强度,增加破碎煤岩体的整体强度、完整性与稳定性,使破碎岩体在巷道表面形成次生承载层。

(2) 锚索作为一种补强技术,它的作用除将锚杆支护形成的次生承载层与围岩的关键层相连,还需控制锚固范围内的顶板离层,充分调动深部围岩的承载能力,使更大范围的岩体共同承载,提高支护系统的稳定性。

(3) 在支护参数评价中,应根据巷道围岩条件,采用合理的锚杆支护形式和参数,选择与之相匹配的锚索支护参数,这是锚杆-锚索联合支护的关键。

3.2　基于破裂分区支护设计原理的探测巷道锚杆支护参数评价

根据探测到的巷道围岩破坏模式以及对探测结果的统计与分析,对采用锚杆支护、锚杆－锚索联合支护等方式的探测巷道支护参数评价如下:

(1) 7800 轨道下山原支护参数

采用直径 18 mm,长度 1 800 mm 的树脂螺纹钢锚杆,锚杆间排距均为 800 mm。

喷射 C_{20} 级混凝土,用 425$^{\#}$ 硅酸盐水泥,纯净的中砂,5～7 mm 石子,其配合比(质量比)为水泥∶砂子∶石子＝1∶2∶2,水灰比为 0.45,速凝剂型号为 J85 型,掺入量一般为水泥质量的 3％～4％,喷碹拱时取上限,喷淋水区时,酌情加大速凝剂掺入量。

(2)原支护参数评价

7800 轨道下山顶板裂隙发育较好,但在 1.1～2.3m 之间存在较大范围的完整区域,同时探测到 2.3 m 以深具有裂隙离层现象。因此,原设计锚杆端头大部分或全部能锚固在未有裂隙的稳定岩层中,顶板和帮部锚杆间排距较合理。

(3)改进建议

由于探测到巷道 2.3 m 以深具有裂隙离层现象,同时巷道为准备巷道,服务年限较长,建议适当增加锚索补强支护。

4　结论

通过采用钻孔电视进行巷道围岩松动圈测定,发现锚杆支护长度以外的岩石有离层,通过采用锚索进行补强支护,保证了巷道支护的安全,实现了安全生产。

基于声波测试的围岩松动圈影响因素分析

王竹春[1],渠成堃[2],汤计念[1]

(1.兖矿集团济宁三号煤矿,山东 济宁 272069;

2.中国科学院武汉岩土力学研究所,湖北 武汉 430071)

摘 要 声波测试是当前测试深井巷道围岩松动圈范围的一种比较准确的方式。随着深井巷道的推进,巷道附近一定范围内的围岩,由于前期爆破和后期围岩内部应力调整过程,会产生较多的裂隙和形变。而围岩的岩性、裂隙发育程度、应力分布情况,都会显著影响声波在围岩中的传播速度。本文通过监测迎头推进过程中的围岩波速变化情况,分析了岩性、巷道位置、推进距离等对于围岩松动圈的影响。

关键词 声波测试;岩性;巷道位置;推进距离

0 引言

围岩松动圈,通常是指岩体开凿后由于地压大小和岩石性质的不同,原有的受力状态改变,在开挖区周围形成的不同大小的破裂带。确定巷道围岩松动圈[1, 2]的范围,可以为设计和施工过程中的围岩支护提供重要的依据,对支护方案的提出起到决定性的作用,同时为使用过程中的日常维护的工作提供方便[3]。

当前对于深部围岩的松动圈范围确定,有许多监测方法。目前运用于现场的比较熟练的测试方法有钻孔摄像监测、声波测试以及多点位移计监测[4]。

依靠钻孔成像法[5, 6]确定围岩松动圈的范围,主要依据采集图像中,裂隙的衍生和发展。然而钻孔成像仪的使用对于现场的要求较高,对于确定松动圈的范围存在一些弊端:① 对于煤巷等岩性较差的巷道,在迎头的推进过程中,成孔困难,易塌孔,监测孔中存在大量崩落的岩屑和矸石不利于监测孔壁的裂隙衍生和发育情况;② 裂隙的发育和衍生仅仅是衡量松动圈一个方面的因素,检测孔中不存在裂隙的位置,孔周围岩石也可能存在塑性变形,仅仅通过裂隙分布,不能确定松动圈的范围;③ 当前后处理软件对于现场采集视频的分析精确度有待提高,实际裂隙产状与处理得到的结果存在较大误差,精度不足。

多点位移计监测[5],由于具有操作简单、采集方便、获取数据量大等优点,在现场监测过程中,被广泛使用,然而多点位移计监测依然存在一些不足之处,例如:① 对测量精度的要求较高,否则易出现较大误差;② 一个监测孔中测点的数量有限,只能定性地确定松动圈的范围在哪两个相邻测点之间。

采用声波测试[7,8]的方法监测松动圈范围[9],原理在于推进过程中,松动圈范围内的岩石会产生较多的裂隙,因而密度降低,而声波在松散破碎的岩体中的速度也会明显降低,由此确定一定范围内围岩的波速即可得到松动圈的范围。采用声波测试存在以下优点:① 依据波速变化情况,能准确测量松动圈的位置;② 声波测试的探头普遍较小,可以忽略岩屑和矸石的影响,对于监测孔的要求相对较低。

1 监测方案及原理

1.1 监测方案

选取山东省济宁市 3# 井煤矿西部辅运巷和西部回风巷为监测对象。此处岩性主要以中砂岩和细砂岩为主,并夹杂有部分泥岩。迎头推进方式为爆破推进。

如图 1 所示,布置两个监测断面,第一断面岩性主要以中砂岩为主,第二断面岩性主要为细砂岩。每一个监测断面安置两组监测钻孔,一组位于西部回风巷左右两帮的滞后监测钻孔,一组为由西部辅助巷道向西部回风巷监测的超前监测钻孔。巷道断面尺寸如图 2 所示。

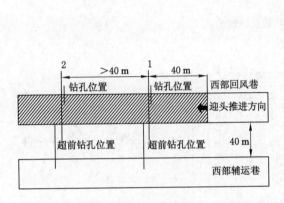

图 1 监测钻孔分布图

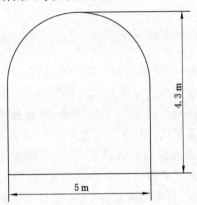

图 2 巷道断面尺寸

1.2 监测原理

采用单孔测试法,使用武汉中岩科技有限公司 SR-RCT 松动圈测试仪。工作原理如图 3 所示,实际工作中采用一发双收的方式,发射换能器 F 发射的声波,通过直线 FS_1S_2 和折线 $FABS_1$、$FACS_2$ 到达接收换能器 S_1 和 S_2,而声波仪测读到沿岩壁滑行的折射波首波。这样,BC 段的岩体波速即可按下式计算:

$$v_p = \frac{\Delta L}{t_{FS_1} - t_{FS_2}}$$

式中　ΔL——两接收换能器间距;

　　　t_{FS_1}、t_{FS_2}——两接收换能器接收到滑行波的时间。

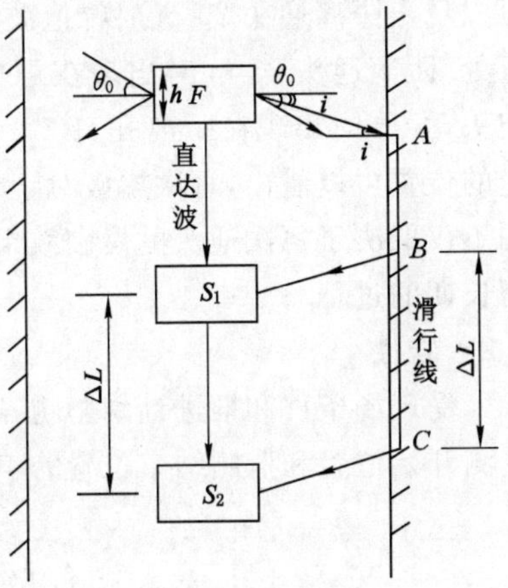

2 监测结果分析

图 3 一发双收声波测试原理图

根据 SL 326—2005《水利水电工程物探规程》,波速在孔口位置处较小,后沿孔轴向增大,经历一个波峰后又逐渐降低,最后趋于稳定。据此,将围岩应力变化分为应力松弛区、应力集中区和原岩应力区[4]。

2.1 波速随着迎头距离变化

为避免迎头爆破作用导致的部分距离迎头较近位置钻孔塌孔,选取迎头后方 5 m 的位置布置监测钻孔。随着迎头的推进,采集监测钻孔波速的变化情况,绘制图 4。

从图 4 可以看出,所得监测结果具有先上升后缓慢下降最终趋于稳定的特点。在迎头推进的过程中,围岩的应力松弛区范围始终保持在距离孔口 2 m 的范围之内,尽管波速出现了明显的下降,但是应力松弛区的范围并没有随着爆破作用而出现明显的增大。这是由于在爆破之后,及时的

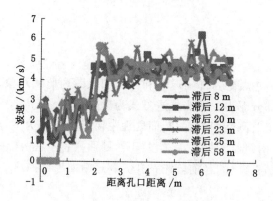

图 4 迎头位置与钻孔波速曲线

支护机制,有效地抑制了应力松弛区的扩大。

考虑到围岩应力松弛区的范围为 2 m。计算不同时间距离孔口 2 m 内的平均波速,绘制迎头位置与平均波速的关系曲线(图 5)。如图 5 所示,爆破过程虽然并没有明显的增大应力松弛区的范围,却增大了应力松弛区内岩体的破碎程度。随着迎头的推进,应力松弛区的波速逐渐降低,直至距离迎头 25 m 之后才逐渐趋于稳定。

如图 4 所示,围岩应力集中区的范围主要在距离孔口 1.8~3 m 的位置,然而对峰值波速的位置进行分析,可以看出距离迎头 20 m 时峰值波速出现在距离孔口 2.6 m 处,距离迎头 25 m 时出现在距离孔口 2.4 m 处,距离迎头 58 m 时出现在距离孔口 2.2 m 处。从 3 个峰值波

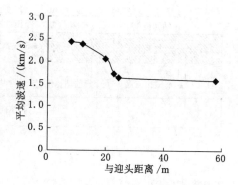

图 5 迎头距离与平均波速关系曲线

速的位置可以看出,每次爆破对于松动圈的影响具有随机性[1],没有简单的规律可循,松动圈的范围不仅取决于每次迎头的爆破效果,还与爆破后围岩应力的调整过程有关,而这一过程是一个缓慢而长期的过程。

2.2 岩性

受现场条件和推进计划影响,第二阶段监测时间与第一阶段略有差别,因此仅仅取两监测断面监测开始位置和监测结束位置的声波曲线进行对比(图 6)。

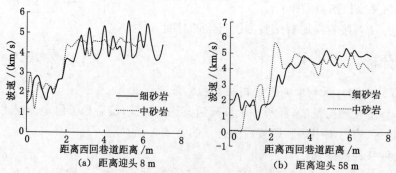

(a) 距离迎头 8 m   (b) 距离迎头 58 m

图 6 两监测断面波速对比

分析图 6,可以看到以中砂岩为主的第一监测断面的应力松弛区范围始终比以细砂岩为主的第二监测断面小。从图 6(a)可以看出,距离迎头 8 m 位置,第一监测断面应力松弛区范围仅仅为 1.8 m,而第二监测断面则为 2.4 m。受迎头爆破影响,第二监测断面在应力松弛区范围之外的区

域也出现了波速波动较大的情况。从图 6(b)可以看出,距离迎头 58 m 位置时,第一断面的松弛区范围变为 2 m,而第二断面范围则为 2.4 m。第一断面的峰值波速明显大于第二断面的峰值波速。

计算不同时间,距监测孔口 2 m 以内的平均波速,见表 1。分析表 1,距离迎头 8 m 位置中砂岩波速显然要比细砂岩大,依据图 6(b)第一监测断面临近孔口位置时,由于并没有良好地与水耦合,导致部分测点波速为 0。这样一来,在表 1 中,距离迎头 58 m 位置的中砂岩波速要略小于细砂岩,但是可以推断若第一监测孔口波速监测正常,得到的平均波速必然大于第二监测孔。

表 1   两断面波速对比

迎头距离/m	波速/(km/s)	
	中砂岩	细砂岩
8	2.413	2.321
58	1.579	1.614

2.3 巷道不同位置

在距离迎头位置相同,且岩性相同的情况下,同一监测断面的不同位置采集的松动圈范围也会出现一些差距。从图 7(a)、图 7(b)可以看出,距离迎头同样的位置,西部回风巷道的左右两帮波速也出现了较大的差异。具体体现为,左帮的平均波速较之右帮低,左帮的应力松弛区范围小于右帮,且左帮的峰值波速位置早于右帮出现。由于左帮后期受到爆破作用导致监测孔塌孔,选择迎头距离较远,巷道尺寸、岩性均相同的西部辅运巷的波速进行对比[图 7(c)],可以看出西部辅运巷的应力松弛区范围明显小于西部回风巷,并且峰值波速的位置也明显小于后者。

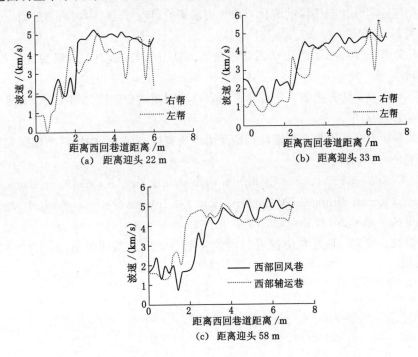

图 7   不同监测位置波速对比

3   结论

通过现场的声波测试试验,对影响围岩松动圈范围的因素进行分析,得到了如下结论:

（1）沿洞径方向，围岩的应力松弛区范围约为 2 m，围岩的应力集中区大约在 2～3 m 位置，3 m 之外为原岩应力区。

（2）由于爆破之后的及时支护机制，围岩的应力松弛区范围并没有明显地增大。然而随着迎头的推进，应力松弛区内的围岩破碎程度增加，波速降低，直至距离迎头 25 m 之后才逐渐趋于稳定。

（3）松动圈的范围是爆破作用和后期围岩应力调整共同作用的结果。爆破作用对松动圈的影响具有一定的随机性，而应力调整的作用则是一个缓慢而长期的过程。

（4）岩性对于松动圈的范围有重要的影响。距离迎头同样的位置，中砂岩的应力松弛区范围明显小于细砂岩。沿洞径方向同样的距离，中砂岩的平均波速明显大于细砂岩。

（5）岩石作为一种非均质体，其内部的应力调整具有一定的随机性。在同样岩性、相同断面形状的情况下，两监测巷道同一位置的波速也会出现差别。在同一巷道的同一监测断面，巷道两帮的波速情况也会出现明显差别。

参考文献

［1］ 肖建清，冯夏庭，林大能. 爆破循环对围岩松动圈的影响［J］. 岩石力学与工程学报，2010，29（11）：2248-2255.

［2］ 孙有为. 地下硐室的几何性质对松动圈的影响［D］. 哈尔滨：中国地震局工程力学研究所，2006.

［3］ 王学滨，潘一山，李英杰. 围压对巷道围岩应力分布及松动圈的影响［J］. 地下空间与工程学报，2006，2（6）：962-966，970.

［4］ 李占海. 深埋隧洞开挖损伤区的演化与形成机制研究［D］. 武汉：中国科学院研究生院（武汉岩土力学研究所），2013.

［5］ 杨旭旭，王文庆，靖洪文. 围岩松动圈常用测试方法分析与比较［J］. 煤炭科学技术，2012，40（8）：1-5，54.

［6］ 王敏，王凯，侯振功. 钻孔成像方法在巷道围岩松动圈测试中的应用研究［J］. 矿业安全与环保，2012，39（4）：31-33，92.

［7］ 胡善超. 深井巷道层状围岩变形破坏特征及机理研究［D］. 武汉：中国科学院研究生院（武汉岩土力学研究所），2014.

［8］ LI S, FENG X-T, LI Z, et al. Evolution of fractures in the excavation damaged zone of a deeply buried tunnel during TBM construction［J］. International Journal of Rock Mechanics and Mining Sciences, 2012(55):125-138.

［9］ 刘泉声，时凯，黄兴. 临近巷道掘进扰动效应下巷道变形监测分析［J］. 煤炭学报，2011，36（6）：897-902.

7 井巷爆破技术

深井高应力岩巷快速钻爆法施工技术探讨与实践

李登月,孙立田,王建亭

(肥城矿业集团杨营能源有限责任公司,山东 济宁 272622)

摘 要 在地应力测试结果的基础上,结合杨营煤矿高应力坚硬围岩条件下的巷道快速掘进受限现状,对爆破参数进行了针对性调整,应用双空孔楔形—筒形复式掏槽代替楔形掏槽,减少了钻孔数量,提高了炮眼利用率,增加了循环进尺和掘进效率,实现了深井高应力岩巷的快速掘进。

关键词 高应力;岩巷;钻爆;断裂爆破;复式掏槽

0 前言

杨营煤矿为新建矿井,设计生产能力45万t/a,矿井主采3煤,开采深度为−450～−1 300 m,煤层埋藏深,地应力较大,区域内断裂结构分布较多,且煤层内存在火成岩侵蚀区,造成了煤层赋存很不稳定,巷道围岩条件更加复杂。由于岩石较硬、工作面走向长度较短,难于实现机械化,当前普遍采用浅孔爆破,月度单头进尺一般为60～65 m,单进水平较低,且巷道成形不理想,支护费用较高。为改变这一状况,以高应力岩巷掘进为切入点,积极探索了能适应该复杂开采条件的一整套巷道坚硬围岩快速爆破技术,为高应力岩巷快速掘进提供了保障。

1 矿区快速钻爆施工难点分析

1.1 地应力测试

地应力测试是确定工程岩体力学属性、进行围岩稳定性分析以及实现地下工程开挖设计科学化的必要前提。在巷道爆破掘进之前,需弄清楚矿区巷道围岩的地应力情况。

结合井下施工条件,本次实测布置了3个原岩应力测试点。原岩应力测量结果表明最大主应力为水平应力,最大水平应力的方向为190.7°～243.2°,水平应力大于垂直应力,最大水平应力、最小水平应力、垂直应力以及三者之间的关系列于表1。

表1 原岩应力测试结果

测点	σ_{hmax}/MPa	σ_{hmin}/MPa	σ_v/MPa	σ_{hmax}/σ_v	$\sigma_{hmax}/\sigma_{hmin}$
YY-1	29.7	11.8	23.7	1.25	2.51
YY-2	22.5	9.4	16.5	1.42	2.39
YY-3	25.8	8.7	16.4	1.27	2.97

1.2 快速钻爆技术难点分析

由表1可见,杨营煤矿巷道围岩呈现高应力特点,因此,快速钻爆技术难点为:

(1)由于杨营煤矿开采深度较深,地质条件较复杂,巷道围岩呈现高应力特点,使得井下以往使用凿岩成孔和爆破技术及其对应机械设备和装置已不能适应深部高应力巷道的快速钻爆需要。

（2）深部巷道的高应力特性，使得巷道围岩变形剧烈，甚至出现前掘后修的现象。因此，在选择岩石巷道布置层位时，一般均选择岩性较好的坚硬岩层，以提高巷道围岩的承载能力，改善巷道的维护状况，避免灾害事故的发生，但又会使巷道的掘进难度大大增加。

（3）由于杨营煤矿井下深部巷道水平地应力相对较大，常规的炮眼楔形掏槽方式受水平地应力影响较大，已不能满足井下掘进工作面的快速钻爆施工要求，必须创新一种新的炮眼掏槽方式。

2 深部高应力岩巷快速钻爆施工技术

随着开采深度的不断增加，巷道凿岩成孔和爆破的难度不断增加，呈现出钻孔效率低、爆破效果差、循环进尺小的现状，原有的掘进钻爆技术已不能满足生产需求，严重影响了巷道掘进速度。

2.1 新型定向断裂成形控制技术

该技术采用岩石定向断裂爆破装置，如图1所示。把圆柱形工业炸药卷装入内壁轴线方向有对称 V 形突起 1 的无毒塑料管 2，药卷自身结构发生改变变为异形药包 3，沿轴向被压制成聚能穴 4。将该装置装入巷道岩体开挖轮廓线上的钻孔中，使聚能穴朝向炮孔连心面方向，炮孔与炮孔之间的距离为传统爆破方法的 1.5～2.0 倍。爆破后，聚能穴处的爆轰产物向其对称轴线的方向集中，汇聚成速度和压力很高的射流。该高速高压射流直接作用到孔壁上，使对应于聚能穴方向的炮孔孔壁上形成优势裂缝，而后爆生气体迅速涌入裂缝，促进裂缝扩展，形成沿炮孔连心面的光滑断面。

相比于传统的爆破技术，新型定向断裂成形控制技术减少了钻孔数量和炸药消耗，巷道成形质量好，有效减轻了劳动强度，提高了作业效率。

2.2 多向聚能爆破技术

该技术采用如图 2 所示的多向聚能爆破装置，把圆柱形炸药药卷装入内壁带有 5～8 个 V 形突起 1 的塑料管 2，塑料管长度略大于装药长度，外径小于炮孔直径。药卷因受挤压作用而变为异形药包 3，在 V 形突起部位形成聚能穴 4。在装置引爆后，爆炸能量沿聚能穴方向产生汇聚，形成高速聚能射流作用到炮孔周围岩石上，使孔壁上预先形成多条具有扩展优势的径向裂纹，随后爆生气体迅速涌入裂纹，进一步推动裂纹扩展。而在聚能穴方向以外的其他方向上，塑料管对爆炸产物的阻碍作用和裂纹扩展的择优特性使原生裂隙的扩展受到抑制。同时，由于爆破装置使爆炸能量发生转化，部分能量用于射流侵彻作用，大大降低了爆炸冲击波对孔壁的冲击，因而可避免或减小压碎区的形成。

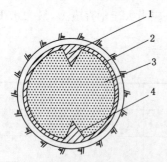

图 1　定向断裂爆破装置示意图

1——V 形突起；2——塑料管；
3——异形药包；4——聚能穴

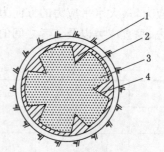

图 2　多向聚能爆破装置

1——V 形突起；2——塑料管；
3——异形药包；4——聚能穴

相比于传统爆破技术，多向聚能爆破技术可大大减少炮孔数量和装药量，减少一次起爆药量，避免发生爆破危害，减轻对保留岩体的扰动，提高爆破施工效率并减轻劳动强度。

2.3 高效复式掏槽技术

高效复式掏槽技术主要工艺流程如下:

(1)在巷道对称轴上按设计钻取双空掏槽眼;

(2)以空孔为对称中心,钻凿较浅的一阶楔形掏槽眼;

(3)在楔形掏槽形成的空腔为自由面,均匀布置大深度的二阶筒形掏槽。

复式掏槽技术结合上述多向聚能爆破技术,可充分利用空孔空间、楔形掏槽和筒形掏槽的各自优点,更易于形成新的可靠的自由面。

2.4 中深孔光爆技术

光面爆破是一种先进、科学的爆破方法,可使掘出的巷道轮廓平整光洁,便于采用锚喷支护,围岩裂隙少,稳定性高,超挖量小,是一种成本低、工效高、质量好的爆破方法。

在岩巷掘进中,增加炮眼深度,采用中深孔爆破技术,可以增加循环进尺,增加一次爆破岩石量,减少打眼装药等工序的辅助时间,有利于提高掘进速度和工效。

3 工程应用及效果分析

3.1 工程概况与施工工艺

杨营煤矿 3100 扩区胶带下山,井下标高为 $-750 \sim -1\,000$ m,属于典型深部巷道,巷道围岩以中砂岩为主,巷道断面积: $S_{荒} = 12.41$ m^2, $S_{净} = 10.49$ m^2,巷道原掘进方式采用光面爆破法施工,上下分层掘进,分次打眼,分次起爆。一掘一喷一锚,耙装机出矸,初喷作临时支护(顶板破碎时,采用木点柱或 U 形棚作临时支护),锚网索喷作永久支护(顶板破碎时,采用钢筋梯或槽钢棚加强支护),拱部机前成巷,平墙机后成巷。巷道掘进主要受顶底板砂岩含水层和底板三灰含水层的威胁。顶底板砂岩含水层水量小、富水性差,以静储量为主易疏干。三灰含水层富水性中等,以静储量为主但富水性不均。

巷道施工工艺流程为:7655 型气腿凿岩机打眼→装药、爆破→临时支护(拱部初喷)→打设拱部锚杆、挂网→打拱部锚索→拱部复喷成巷→P—60B 耙斗式耙装机出矸至掘进断面→临时支护(帮部初喷)→打设帮部锚杆、挂网→帮部复喷成巷。

3.2 钻爆设计

3100 扩区胶带下山原掘进爆破设计炮眼深度为 1 800 mm,采用楔形掏槽,掏槽眼深 2 000 mm,炮眼总个数为 77 个,爆破采用规格为 $\phi 27 \times 150$ g 二级煤矿许用水胶炸药。Ⅰ~Ⅴ段毫秒延期电雷管,最后一段延期时间不超过 130 ms。采用 FD-200D 型发爆器起爆,炮眼采用正向连续装药,连线方式为串联联线,表 2 为原爆破参数表,图 3(a)为原炮眼布置图。

改进后的钻爆设计:爆破方式为一次装药,一次爆破。将原来的楔形掏槽方式改为双空孔楔形一筒形复式掏槽,加大炮孔间距,减少炮孔数量;应用定向断裂控制爆破技术进行成形控制;对炮孔布置重新设计,对原爆破参数进行调整。表 3 为调整后的爆破参

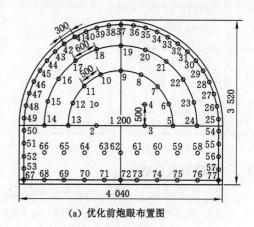

(a)优化前炮眼布置图

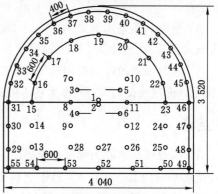

(b)优化后炮眼布置图

图 3　优化前后炮眼布置对比图

数表,图 3(b)为优化后的炮眼布置图。

表 2　　　　　　　　优化前 3100 扩区胶带下山爆破参数表

层号	眼号	名称	眼深/m	眼数/个	角度/(°)	装药量 单孔/块	装药量 长度/m	装药量 封泥长度/m	装药量 小计/kg	装药结构	起爆顺序	联线方式
上分层	1~4	掏槽眼	2.0	4	79	2	0.5	1.5	1.2	正向连续	Ⅰ	串联
	5~24	辅助眼	1.8	20	90	1.5	0.375	1.425	4.5		Ⅱ	
	25~49	周边眼	1.8	25	87	1	0.25	1.55	3.75		Ⅲ	
	小　计		89	49					9.45			
下分层	58~66	辅助眼	1.8	9	90	1.5	0.375	1.425	2.025	正向连续	Ⅰ	串联
	50~57	周边眼	1.8	87	87	1	0.25	1.55	1.2		Ⅱ	
	67~77	底眼	2.0	11	−3	2	0.5	1.5	3.3		Ⅲ	
	小　计		52.6	28					6.525			
	合计		141.6	77					15.975			

表 3　　　　　　　　优化后 3100 扩区胶带下山爆破参数表

	眼名号称	眼深/m	眼数/个	角度(°)	装药量 单孔/块	起爆顺序	联线方式	装药结构
1~2	空眼	2.2	2	90	1	1		
3~6	一阶掏槽眼	1.2	4	75	2	1	串联	正向连续
7~12	二阶掏槽眼	2.2	6	87	3	2	串联	正向连续
13~28	辅助眼	2.0	16	90	2	3	串联	正向连续
29~48	周边眼	2.0	30	87	1.5	4	串联	正向连续
49~55	底眼	2.0	7	87	2.5	5	串联	正向连续

3.3　爆破效果分析

(1)巷道开挖后,拱部断面和直墙部分均较平整,从现场来看,半孔率可达到 75%。

(2)巷道超欠挖部分明显降低,基本控制在 −50~100 mm,围岩较好的地段超挖平均在 50 mm 左右。

(3)炮眼利用率由原来的 78%~85% 提高至 90%~95%,同时减少了打设炮眼数量,炮眼数量由原来的 77 个减少为 55 个,缩短了打眼时间。

(4)通过现场跟踪调查,与原爆破方式相比,每班循环进尺可提高至 1.6 m,月平均进尺 84.5 m,较原掘进速度提高 23%,每米巷道掘进成本较原爆破方式降低 12% 左右。

4　结论

(1)杨营煤矿地应力测试结果表明,井下深部巷道水平地应力相对较大,常规的炮眼楔形掏槽方式受水平地应力影响较大,已不能满足井下掘进工作面的快速钻爆施工要求。

(2)结合地压大,尤其是水平应力大的特点,对炮眼布置做了适当优化,加大了炮孔水平间距,使之适应地应力差的变化,有利于岩石均匀破碎,取得了良好效果。

(3)双空孔楔形-筒式复式掏槽技术对于岩层的适应性较强,可有效降低工人的劳动强度,提高炮眼利用率,保证爆破效率。

(4)在杨营煤矿3100扩区胶带下山进行工业性试验,结果表明应用该套快速钻爆技术,巷道成形效果较好,可有效提高循环进尺,月进尺由原来的60~65 m提高至月平均进尺84.5 m,实现了深部高应力岩巷的快速掘进。

参考文献

[1] 张炜,张东升,邵鹏,等.深部高应力岩巷快速钻爆施工技术[J].煤炭学报,2011,36(1):43-48.

[2] 邵鹏,东兆星.控制爆破技术[M].徐州:中国矿业大学出版社,2004.

[3] 王汉军,杨仁树,李清.深部岩巷爆破机理分析和爆破参数设计[J].煤炭学报,2007,32(4):373-376.

[4] 孙慧民,周明,马立强,等.深部高应力大断面岩巷快速钻爆成套技术[J].煤炭工程,2011(8):31-33,36.

高瓦斯突出矿井岩巷掘进中深孔爆破技术研究

许宝金丹

(神华宁夏煤业集团乌兰煤矿,内蒙古　阿拉善盟　750324)

摘　要　在煤矿掘进过程中,一般采用的爆破手段为中深孔爆破技术,尤其是在地下采矿过程中,得到了广泛应用,并为企业带来了可观的经济效益。中深孔爆破技术的成本价格低廉,掘进的效率也比较高,可以保证施工质量和施工速度。本文从介绍中深孔爆破技术的概念出发,详细介绍了乌兰煤矿中深孔爆破技术参数设置过程及其在岩巷掘进作业过程中的一些具体应用,进而介绍了一些中深孔爆破技术施工时的注意事项以及下一步该矿在中深孔爆破技术上的研究。

关键词　高瓦斯突出;岩巷掘进;中深孔爆破;研究

1　概述

在煤矿掘进过程中,中深孔爆破技术占有很重要的地位,尤其是在地下采矿过程中,得到了广泛应用,并为企业带来了可观的经济效益。中深孔爆破技术能适用于各种规模、地形地貌的煤矿。它与其他开采技术相结合,不但减少了生产事故,提高了安全生产条件,而且提高了掘进单进水平,使企业的效益有显著提高。受自然条件制约,直到 2014 年,乌兰煤矿才逐步开始采用中深孔爆破技术。

1.1　矿井概况

乌兰煤矿位于内蒙古阿拉善左旗宗别立镇,行政隶属于神华宁夏煤业集团有限责任公司,属高瓦斯及煤与瓦斯突出矿井。井田呈单斜构造、南北走向长 5.3 km,东西倾斜宽 3.04 km,面积 16.12 km²。矿井围岩多以灰黑色或深灰色粉砂岩和细砂岩为主,部分煤层直接顶板为石灰岩,岩性较硬,硬度普氏系数 f 一般为 4～6。以往岩巷掘进炮眼深度一直为 1.6m(掏槽眼深度 1.8m),这是一直影响乌兰煤矿岩巷掘进单进水平提高的重要因素。为了进一步提高岩巷掘进单进水平,2014 年开始,乌兰煤矿开始研究中深孔爆破技术,并逐渐成熟。

1.2　中深孔爆破技术概述

中深孔爆破技术对爆破质量的改善表现为在爆破过程中岩石的破碎效果好,减少了爆破飞石,而且石块的大小基本都符合工程的要求,很少出现超出规格的大石块。较好的爆破效果就是无底根,且爆堆集中又具有一定松散度便于设备高效率地装载,这就要求在爆破的时候能够合理地控制最小抵抗线,有效地降低其产生的有害效应,减少因爆破产生的各种危害。爆破技术的经济指标指的是爆破产量、炸药单耗以及后续工序能否发挥其效率,还有工程的成本等。合理选择支护爆破参数,对爆破技术的优化是取得良好爆破效果的必要措施。

2　中深孔爆破技术研究

2.1　中深孔爆破的参数设置

首先,要确定乌兰煤矿中深孔爆破炮眼的深度。根据乌兰煤矿井下围岩的性质、巷道断面尺寸、打眼设备类型等确定炮眼直径,乌兰煤矿现掘进的岩巷(平巷)全部使用凿岩机打眼,炮眼直径为 45 mm。待炮眼直径确定后,结合中深孔爆破技术要求,炮眼深度一般设定为 2~2.5 m 比较适宜。炮眼深度不宜过大,若深度过大将会造成爆破冲击,增大排粉的难度,使爆破掘进不能正规循环进行。因此,乌兰煤矿先将炮眼深度确定为 2 m,即掏槽眼施工 2.2 m,周边眼及辅助眼施工 2 m,将 2 m 以上深度的炮眼作为下一步中深孔爆破试验的参数。

其次,要确定最小抵抗线。它的确定对巷道掘进的影响很大,假如抵抗线设定得过大,就会导致抛掷效果差,出现强烈的后冲、拉裂现象;反之,若抵抗线设定得过于小,不仅会浪费炸药、增加作业时间,还会出现飞石,对施工人员的安全有很大威胁,无形中增加了工程成本。因此,最小抵抗线的确定需要根据井下岩石硬度、炸药威力、炮径以及炮孔角度等复杂的因素进行计算,而且要不断地进行调整,以保证良好的爆破效果。乌兰煤矿技术人员根据实践总结出计算炮眼最小抵抗线的公式:$W = a/m$,其中 W 代表最小抵抗线,a 是炮眼间距,m 是炮眼的密集系数(一般情况下,m 大于1.0;炮眼孔径较小时,m 取 1)。乌兰煤矿炮眼间距最小的为周边眼,间距为 300 mm,因此,计算得出炮眼最小抵抗线 $W = 0.3$ m。

再次,要确定单位体积岩石使用的药量系数,即炸药单耗,通常我们用 Q 表示。乌兰煤矿岩巷掘进全部采用直墙半圆拱形断面,而巷道断面大小、每循环施工的炮眼数量、装药方式、起爆方法、岩石硬度、最小抵抗线等因素对 Q 值均有影响。因此,通过大量实验和实践经验证明,乌兰煤矿将此次 2 m 深度炮眼掘进的岩巷炸药单进确定为 1.51 kg/m³。

2.2 巷道掘进爆破

巷道中的爆破效果直接影响巷道掘进其他工序的进行,决定着工程进度。其爆破范围不大,用药不多,爆破夹制作用在一个自由面上很明显。因此,合理布置各种炮眼,确定好的方式方法、参数等显得十分重要。巷道掘进中,炮眼有以下四种分类:第一种是掏槽眼,掏槽眼是所有炮眼中至关重要的,它是为后续炮眼创造新的自由面;第二种是崩落眼即辅助眼,它的爆破主炮眼能在上方形成大体积破碎形漏斗;第三种是周边眼,它能保证爆破后断面的形状、大小和轮廓符合设计要求;第四种是底眼,底眼能够平整巷道底面,不留底根。

乌兰煤矿岩巷最大掘进断面为 17.3 m²,以往掘进时炮眼总数为 70 个,包括 3 组掏槽眼、1 圈周边眼、2 圈辅助眼及 1 排底眼,炮眼间距为周边眼 400 mm,辅助眼和底眼 500 mm。采用炮眼深度为 2m 的中深孔爆破技术后,通过大量试验,乌兰煤矿将周边眼眼距缩小为 300 mm,增加一组掏槽眼,炮眼总数增加为 82 个,这样不仅提高了掘进单进水平,而且爆破后巷道成形也较以往好了不少。详见图 1。

乌兰煤矿属高瓦斯及煤与瓦斯突出矿井,装药方式为正向装药,岩巷揭穿煤层掘进过程中需要采用远距离爆破方式,一次性起爆。因此,受此条件制约,乌兰煤矿使用毫秒延期电雷管和煤矿许用炸药,采用毫秒微差起爆。即用毫秒来计算炮眼之间或各排炮眼之间的时间间隔,按照一定顺序要求起爆。这个方法能减少爆破震动,减少爆破的危害,同时还能提高岩石的破碎质量,降低爆破成本。

3 中深孔爆破技术注意事项

在实施岩巷掘进中深孔爆破作业中,应该全面地了解本矿的地质条件,合理谨慎地选择爆破区域,尽可能缩短空顶的时间,在实施爆破前做好应该准备的工作。在中深孔爆破中,爆破会产生一些裂隙。这些裂隙的发展方向很难控制,而且在爆破后爆炸产生的威力可能破坏煤矿中的一些岩体。因此,在煤矿掘进生产中一定要注意自身的安全,做好相应的防护工作。

在中深孔爆破时,一定要保证打眼的质量,确保炮眼的抵抗线一致,炮眼在一个平面内要等距分布,避免矿井在后期掘进时的巷道太窄影响作业。在井下作业时,还应注意井下的供电运输,确保井下有良好的通风环境,使生产作业能够顺利进行。

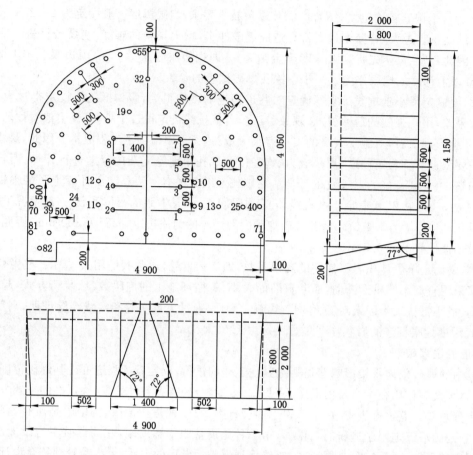

图1 炮眼布置三视图

4 结语

中深孔爆破技术不仅能够大幅度提高掘进单进水平,而且使矿井开采过程中成本降低。乌兰煤矿采用2 m深度炮眼的中深孔爆破技术后,岩巷掘进单进由2013年的76.69 m/月·个提高至2014年的82.23 m/月·个,提升幅度达到7%,创造几年来的新高。因此,2015年开始,乌兰煤矿计划进一步对中深孔爆破技术进行研究,特别是在2.5 m左右深度炮眼的中深孔爆破技术上进行研究,一方面提高岩巷掘进单进水平,另一方面降低掘进材料成本,使矿井更进一步受益,企业的效益再上一层楼。

为了提高煤矿生产的效率,采用中深孔爆破技术的矿井应根据煤矿实际情况确定相应的爆破参数,严格按照煤矿爆破的安全规程进行作业,这样才能有效提高煤矿的开采效率,提高企业的效益。

参考文献

[1] 刘晓刚.浅论煤矿掘进中深孔爆破技术[J].中国高新技术企业(综合版),2012(7):145-147.
[2] 宗琦,刘菁华.煤矿岩石巷道中深孔爆破掏槽技术应用研究[J].爆破,2010(4):35-39.

突出矿井智能爆破系统的研发与应用

张军颖,马磊磊

(神华宁夏煤业集团乌兰煤矿,宁夏 银川 750021)

摘 要 突出矿井爆破作业采用普通发爆器起爆,面临远距离爆破不能一次全断面起爆甚至根本不能起爆,普通发爆器产生短路电火花引爆瓦斯,以及设岗撤人、盲炮等一系列管理和技术难题。现场工人甚至只能采用近距离爆破、高压电爆破等违法违章作业,重大隐患丛生,效率低下,严重制约爆破的作业安全和效率。鉴于爆破是神华煤矿全部三起重大以上事故的主因,因此选择在灾害严重的乌兰矿进行"突出矿智能爆破系统研发与应用的研究"。相关研究成果解决了突出矿井的爆破安全装备问题,使爆破安全管理技术发生了革命性的变革和提高,具有推广到其他爆破作业矿井的极高价值。

关键词 爆破安全;智能系统;突出矿井;远距离;全断面

0 前言

神华所属煤矿历史上的全部两起重大以上事故都是爆破事故。这些事故是:神华宁煤大峰煤矿 2008 年"10·16"爆破事故,死亡 16 人、伤 53 人;大峰煤矿 2009 年"10·14"爆破事故,死亡 14 人伤 7 人。这两起事故也是神华煤矿发生的所有重大以上事故,可见爆破是神华煤矿安全相对薄弱的环节、最大的安全隐患。此外,神华相关煤矿还有其他爆破事故,例如,2003 年"10·21"骆驼山煤矿(神华骆驼山煤矿的前身)爆破引起煤尘爆炸事故,死亡 6 人、重伤 1 人。神华宁煤乌兰矿 2012 年"9·3"瓦斯事故,原因是爆破后,瓦斯大量涌出,通风处理不当,造成瓦斯集聚,2 名瓦斯检查工遇难,等等。

1 突出矿井爆破隐患分析

乌兰煤矿是神华 5 个突出矿井、10 个高突矿井之一。始建于 1966 年,1975 年建成投产,原设计生产能力为 90 万 t/a,现核定生产能力为 190 万 t/a。自 1987 年 1 月 11 日,北一 1350 石门揭 2# 煤层时发生了第一起煤与瓦斯突出事故(突出煤岩 90 t,瓦斯 15 000 m³)后,又发生多次突出、倾出、喷孔等事故和瓦斯动力现象。随着开采深度的增加,突出强度和危险性,快速增加。2#、3#、7#、8# 和 10# 煤层核定为突出煤层。+1 350 m 水平以下所有煤层均按突出煤层进行管理,现乌兰煤矿采掘生产活动均在 +1350 水平以下。

现有的爆破装备、管理方法等已经严重制约着安全水平的提高和生产效率的提高,成为安全的重大隐患,成为提高生产效率的重大障碍。在安全方面:一是现有发爆器根本不能进行远距离爆破。突出矿井爆破距离常常达到 500 m、1 000 m,甚至 2 000~5 000 m 以上,因此,常常不能达到全段面一次起爆、高压电违章爆破等,带来巨大安全隐患。二是普通发爆器起爆时,极易引起接线柱之间短路电火花和母线短路电火花,该电火花温度可达 4 000 ℃。仅 2013 年,国内煤矿就发生多起此类电火花引起的重大、较大瓦斯爆炸事故。而且历史上更是有多起特别重大瓦斯爆炸事故就是此类电火花引起的。三是突出矿井远距离爆破,人员警戒地点多,范围广,需要大量人员监控,容易出现人员误入爆破警戒区域。四是大量出现盲炮、微风无风爆破、三人连锁不到位爆破等安全隐患。在生产效率方面,一是老式发爆器起爆距离稍微远一点爆破时,只能多次起爆,比一次起爆的效率低很多,有时多达 70% 以上;二是警戒点多,面广,"去二回一"的设岗方法,延误大量的作业时间,还不能保证一定有人站岗,人员浪费严重,效率低;三是盲炮的产生与处理造成严重的无效劳动和大量财务浪费,经常一个班没有掘进进尺,还给下一个班带来巨大安全隐患。为消除爆破安全的重大隐患威胁,集团公司决定在乌兰煤矿开展突出矿井智能爆破系统的研发与应用研究,以便于向全集团煤矿推广。

2 课题需要解决的主要技术问题

2.1 研发智能远距离发爆器,使之实现如下功能

一是实现远距离爆破,达到 500 m,5 000 m 甚至 10 000 m 以上,实现石门揭煤、煤岩巷道掘进的远距离爆破,实现全部井下人员全部撤离到地面后的无人爆破,并实现全断面一次爆破成功,彻底解决困惑行业的远距离爆破难题。二是研发不产生接线柱、母线电火花的发爆器,彻底避免由此造成的安全隐患,杜绝此类瓦斯爆炸事故。三是实现发爆器冲能自动控制,节省电能,同时避免老式发爆器由于冲能过大或者不足引起瓦斯爆炸、盲炮等相关事故。四是具有盲炮预防功能,避免产生盲炮,提高生产功效,保障安全。五是具有多人员闭锁功能,确保人员连锁必须执行。

2.2 研发突出矿井的智能爆破系统,全方位解决突出矿井爆破安全的重大技术难题

突出矿井智能爆破系统,除了应支持上述智能发爆器的功能以外,还应实现起爆安全地点闭锁,设岗与警戒撤人闭锁、瓦斯闭锁与一炮三检闭锁、风速风量闭锁、动力供电闭锁等突出矿井爆破所需要的本质安全功能。

3 主要技术路线与创新点

3.1 智能远距离起爆器

现在普遍使用的发爆器是 20 世纪 50 年代引进的苏联的技术生产的发爆器,半个多世纪以来,没有明显的技术进步。例如,2013 年"3·1"云南邵通凉水沟死亡 8 人的较大瓦斯爆炸事故,2013 年"12·5"江西丰城煤矿较大瓦斯爆炸事故,2013 年"6·2"湖南邵阳司马冲煤矿,死亡 10 人的重大瓦斯爆炸事故等都是发爆器质量问题引起接线柱或者爆破母线短路电火花引爆瓦斯的结果。再早些,1993 年 10 月 11 日,黑龙江鸡东县保合煤矿,爆破母线裸露,短路产生电火花,引爆瓦斯,死亡 70 人。1999 年 11 月 5 日,辽宁煤矿,爆破母线与发爆器虚接产生火花,引爆瓦斯,死亡 60 人,等等。所有这些事故的发生都是发爆器质量造成的恶果,但是,在历次的事故调查分析中,各级监管部门、煤矿管理者等,却没有对引爆事故的核心问题——发爆器的质量进行追究和改进。而据统计,62% 的爆破事故与发爆器质量有关。因此,本次研发的目的在于彻底地解决此类安全隐患,使发爆器技术产生革命性的变革。

智能远程发爆器采用"互联网+"相关信息技术和控制技术,实现智能控制。其结构如图 1 所示,首先有一个大脑 CPU,然后有射频识别、生物识别、精密电阻测量、电压测量、外来数据收集等信息收集的传感器或者信号接口,再次有进行判断的短路检测模块、冲能检测模块等,最后,具有能够进行控制操作的按钮模块。在大脑 CPU 的统一指

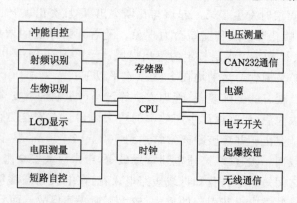

图 1　智能远程发爆器结构示意图

挥下，就形成了一个信息收集、判断分析和快速执行系统，以实现各项功能。智能远程发爆器的功能与老式发爆器的主要区别，如表1所示。

表1 智能远程发爆器与老式发爆器对比表

序号	项目	智能发爆器	普通发爆器
1	起爆距离	10 000 m以上	100～200 m
2	全断面起爆	一次	分次
3	是否产生短路电火花	否，不曾引起瓦斯爆炸	是，并引起大量瓦斯爆炸事故
4	冲能自动调节	能	不能，因此产生电火花和盲炮事故
5	自动预测盲炮	能	不能
6	开关	电子开关，寿命达到机械开关的10 000倍以上，稳定可靠	机械开关，造成误起爆等事故
7	多功能闭锁	实现位置、瓦斯等10个以上参数闭锁	不能闭锁，隐患多，事故多
8	起爆电压	500～2 500 V	2 500～3 000 V，电压高，易损坏，寿命短
9	使用人员唯一性	设定专门人员使用，其他人员不能使用	随意混用
10	起爆时间控制	只在规定时间起爆	随意起爆

3.2 智能爆破系统

智能爆破系统由主机、区域控制器、接收器、智能发爆器以及位置测定、人员识别、警戒设岗、一炮三检、人员闭锁仪、瓦斯、风速、供电、喷雾等主要设备设施组成（可以借用安全监控系统数据）。其目的是自动监控爆破相关的安全环境参数，并实现对监控数据的自动分析自动闭锁。工作原理是，爆破时，主机自动收集各个传感器的检测信息，并向相关信息传到智能发爆器，智能发爆器进行分析对比（与设定的标准值对比），合格的通过，超限就自动闭锁，不能爆破。爆破后，系统自动检测网络电阻、相关气体浓度，综合判断起爆效果，不合格的报警，如图2所示。

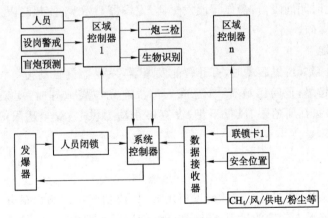

图2 智能爆破系统示意图

4 试验与应用情况

系统研发完成后，2014年6月份开始在北翼1080边界回风石门试验，并逐步扩大试验范围，2015年4月开始在全矿应用。试验和应用证明，各项功能和技术参数达到设计要求，系统稳定可靠，达到了如下效果。

4.1 实现了远距离全断面一次爆破无盲炮

在现场应用时,700 m 远距离全断面一次起爆 63~65 发雷管,无盲炮。1 000~10 000 m 以上更远距离的试验,由于暂时没有这么远的爆破地点,因此采用模拟布设爆破母线和模拟爆破母线方式试验,全断面一次起爆,无盲炮。井下无人爆破试验,采用地面主机控制控制的模拟起爆试验,一次全断面起爆,无盲炮。

4.2 电火花、冲能自动调节试验,在地面管理室进行

电火花试验方法为,在接线柱之间连接电阻、铜线等,爆破操作时,没有温度升高等反应,不产生任何火花。针对普通发爆器,短路产生的强大电火花或者将铜丝击断,或者将电阻击爆炸,并伴有刺耳、恐怖的爆炸声音。冲能自动调节试验,采用发爆器参数测定仪进行模拟试验,不论雷管 5 发、50 发、100 发、200 发,冲能都在 9~12 $A^2 \cdot ms$ 之间。老式发爆器 5 发时,冲能为 215 $A^2 \cdot ms$,200 发时,冲能为 9.9 $A^2 \cdot ms$,差别巨大。现场爆破使用时,无论 1 发、30 发或 65 发,冲能都在规定的 8.7~12 $A^2 \cdot ms$ 之间。

4.3 电子开关试验

电子开关主要用于自动控制起爆和闭锁,以及精确控制起爆放电时间等。试验时,在控制软件上给出起爆或者闭锁命令,电子开关自动执行。给出放电时间 1~10 ms(可以更多)的任何一个数据,都可以自动执行,并采用参数测定仪可以测得。老式发爆器机械开关无法进行自动控制。

4.4 自动预测盲炮试验与应用

在地面试验时,采用数十发模拟雷管,故意将脚线连接不好,发爆器显示"网络电阻超标,可能有盲炮",并自动闭锁。反之,将脚线、爆破母线按照标准接好,显示"下一步",可以继续操作。井下应用时,按照同样的方法接线、检测,避免盲炮产生。

4.5 发爆器使用人员、时间、连续起爆时间间隔闭锁试验

将发爆器设定为甲使用、乙方操作时,刷识别卡识别后,发爆器显示"对不起,您没有权使用";设定为 2014 年 10 月 15 日 9~10 时或者其他时间使用的智能发爆器,不在规定时间内,操作时显示"不在设定应用时间不能使用";连续起爆的间隔时间闭锁试验,采用系统软件设定连续起爆时间间隔为 30 分钟,在此时间间隔内,操作智能发爆器,发爆器显示"不能超时限连续爆破"。现场操作时,不能超时限连续爆破。

4.6 多因素闭锁功能

不在规定的安全起爆位置起爆时,打开智能发爆器,发爆器就自动搜寻设定的安全起爆位置,找不到,就闭锁不能起爆;危险区域有人、警戒人员没有到位警戒好时,闭锁不能起爆;不执行三(多)人连锁、一炮三检、瓦斯超限、风量不足、没有停止动力供电、煤尘超限等,任何一个条件不达标,就自动闭锁不能起爆。

5 结论

突出矿井智能爆破系统在乌兰矿的研发应用成果,成功解决了突出矿井爆破中的远距离全断面一次起爆、地面遥控无人起爆的远距离起爆难题,解决了短路电火花引起瓦斯爆炸的巨大安全隐患,解决了不在安全位置起爆、危险区域有人起爆、没有警戒好起爆、有盲炮起爆、人员不连锁起爆、一炮三检没有做好起爆、瓦斯超限起爆、风量不足起爆、没有停动力电起爆、没有喷雾起爆等一系列违法违章起爆的难题,确保爆破必须在安全条件下起爆,从而,极大地促进了爆破安全、爆破管理水平。同时,突出煤矿智能爆破系统,还解决了长期困扰现场的不能一次全断面起爆、设岗占用人员多等低效率、用人多的难题,对于提高生产效率具有十分重要的意义。

8 支护产品研发

掘进临时支护配套技术研究与应用

李 伟,曹淑良,李善飞

(新汶矿业集团公司 翟镇煤矿,山东 新泰 271204)

摘 要 传统的临时支护施工工艺为"一掘一支",工序烦琐、工时占用时间长,严重制约掘进综合单进的提升;由于临时支护工艺的落后,导致了临时支护安全系数低,职工劳动强度大,同时严重危及施工人员的自身安全。通过3年多努力,翟镇煤矿成功探索出了一套不同条件下的掘进临时支护配套设备及支护技术,通过井下试验应用,实现了临时支护技术规范化、主动化,促进掘进巷道施工自动化、机械化、高效化、本质安全化。

关键词 不同生产条件;配套临时支护;主动支护;自动化;机械化

0 前言

翟镇煤矿为年生产能力 2.2 Mt 的大型矿井。由于翟镇矿地质条件差,围岩不稳定,普掘、机掘巷道仍采用传统的吊环式前探梁作临时支护工艺[1],该工艺使用工序烦琐、工时占用时间长,而且临时支护安全系数低,职工劳动强度大,同时严重危及施工人员的自身安全。为了提高临时支护的安全程度,减少工人进入迎头空顶作业的概率,提高井下作业的安全系数,保证安全高效生产,通过3年多的努力,成功探索出一套不同生产条件下临时支护配套工艺。

1 机载临时支护

为解决煤矿巷道掘进时使用的临时前探梁所存在的缺点,对空顶区进行安全、可靠、快速支护,由翟镇煤矿与新汶矿业集团公司焱鑫公司共同设计制造 YJZH-160 型机载临时支护装置[2]。装置采用机载方式,配装在 EBZ160TY 掘进机、ZMC-75 型装煤机的上部,无需对掘进机、装煤机进行改制,不干扰掘进机、装煤机的运动和截割、装载作业功能。掘进机、装煤机司机在支护区域内进行操作,简便快捷,及时支护空顶区。

1.1 结构及工作原理

机载临时支护装置主要由顶架、升降缸、伸缩缸、高压油管路、分流集流阀、换向阀等组成。

利用综掘机或装煤机自身的液压系统,操作液压阀使液压油切换到支护装置的油路。将支护用的钢带、网放在顶架上。综掘机司机推动换向阀使液压油通过分流集流阀进入伸缩缸和升降缸,将顶架到达所需要的角度和位置时,松开操作手柄;再推动升降缸操作手柄使顶架升起达到巷道顶板高度,钢带和网被压紧不滑动,然后进行顶板支护作业。以上动作通过反向拉动换向阀相应的手柄完成。支护作业完成后,推动液压阀切换到综掘机工作所需的油路,继续进行其他作业。掘进机机载式临时支护装置如图 1 所示。装煤机机载式临时支护装置如图 2 所示。

1.2 支护参数

① 适用巷道高度:≥2.3~4.2 m。

② 支撑最大宽度:按掘进机体最小宽度,不需外探。

③ 液压支护板规格:长 1.6 m、宽 2.0 m、厚 0.2 m。

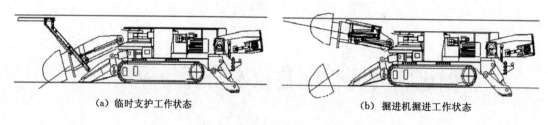

（a）临时支护工作状态　　　　　　（b）掘进机掘进工作状态

图 1　掘进机载临时支护

④ 最大支撑力：1.5 t。

⑤ 截割头落地状态下，支护应超出最前端，不大于 0.5～1 m。

⑥ 支护适应顶板斜肩角度 20°内工作。

⑦ 额定压力：16 MPa。

⑧ 支护重量控制在 1 t 左右，支护在使用过程中不影响司机的视线。

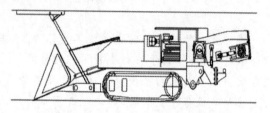

图 2　装煤机载临时支护

⑨ 要安装锚网、钢带防滑脱装置，每个油缸必须安装闭锁装置。

1.3　临时支护工艺

（1）液压支护板临时支护形式

用顶架直接托钢带作临时支护，大循环每次托 2 排钢带，小循环每次托 1 排钢带；首先安设钢带两端的第二根锚杆、肩角锚杆。当两端的锚杆安设完毕，并确保打设的锚杆预紧力符合质量要求后，落下支护板，再安设中间的锚杆，并确保质量符合质量标准。

（2）临时支护顺序

① 割煤（爆破）、装煤完毕；

② 操作液压阀，使液压油切换到支护装置的油路；

③ 用长把工具（≥2 m）敲帮问顶，摘除迎头悬矸危岩；

④ 往顶架上放钢带、铺网；

⑤ 升顶架，使钢带接顶不滑动；

⑥ 综掘机（装煤机）停电、闭锁；

⑦ 打钢带两端的第二锚杆、肩角锚杆，锚杆预紧力达到要求；

⑧ 降顶架，使顶架脱离顶板，安设顶板中间锚杆。

2　掘进移动支架

随着翟镇煤矿开采深度的增加及地质条件的复杂性，巷道布置不规则，综掘机拐弯、调向频繁，严重影响综掘机开机率及使用率。为此，与山东立业装备有限责任公司共同研制掘进普掘模式下的超前支护的掘进移动支架，并优化配套施工模式，以此减少从业人员进入空顶下施工的概率，实现迎头打眼、后部永久支护平行作业。

2.1　结构及工作原理

2.2.1　掘进移动支架结构

掘进移动支架由前架梁、后架梁、底座、架间连杆、推移机构和液压系统构成。掘进移动支架结构如图 3 所示。

2.1.2　工作原理

（1）临时支护作业

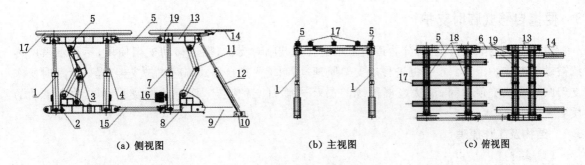

图 3　掘进移动支架结构图

1——前架前立柱;2——前架底座;3——铰接柱;4——前架后立柱;5——前架梁;6——前后架上连接件;
7——后架立柱;8——后架底座;9——斜柱连接件;10——斜柱底座;11——后架铰接柱;12——斜柱;
13——后架梁;14——尾梁;15——前后架下连接件;16——油路控制器;
17——伸缩支护梁;18——前架横梁;19——后架支护梁

迎头爆破后,摘除迎头危岩悬矸,掘进移动支架的伸缩式前支护梁伸至空顶区域,前支架立柱上升接实顶板,实现临时支护。

(2) 移架作业

前架移架:后支架立柱、斜柱升柱,使后架接实顶底板,前支架立柱降柱,前、后架的上下连接件伸出,将前支架向前推移。

后架移架:前支架立柱升柱,使前支架接实顶底板,后支架立柱、斜柱降柱,前、后架上下连接杆收缩,实现后支架前移。

2.2　支护参数

① 适用巷道高度:2.05~3.2 m。

② 支撑最大宽度:3.65 m。

③ 最小长度:6.72 m,最大长度:9.72 m。

④ 最大支撑力:485 kN。

⑤ 移动步距:1.5 m。

⑥ 支护适应顶板斜肩角度18°内工作。

2.3　临时支护工艺

(1) 临时支护方式

爆破前,先移架至迎头;爆破后,联网,轻微降架,伸伸缩梁,人员在伸缩梁的掩护下铺钢带,安设锚杆进行顶板支护;迎头顶板锚杆可安设2根锚杆便于挂网,其余顶部锚杆拖后前架或架后与迎头平行作业施工,帮部支护拖后跟支架施工;在煤体松软、易片帮时,可在迎头进行帮上部安设2根锚杆支护,短钢带压网护帮。

(2) 临时支护顺序

① 迎头爆破后,检查支架完好状态;

② 洒水降尘;

③ 用长把工具(≥2 m)摘除迎头影响伸缩梁移动范围内的悬矸危岩;

④ 在顺梁掩护下联网;

⑤ 收护壁板、轻微降架,前伸伸缩梁;

⑥ 伸伸缩梁接住顶板,完成临时支护;

实现掘进(打眼爆破)→无支护→临时超前支护→永久性支护的衔接过渡,可实现掘进与永久性支护并行作业。

3 便携自移式临时支护

由于煤层的赋存情况，部分巷道施工不适合机载临时支护、掘进移动支架使用，不得不采用传统被动临时支护工艺。根据掘进移动支架原理，研制了便携自移式临时支护支架，爆破后及时操作支架减少迎头空顶时间，淘汰炮掘传统的吊环式临时支护工艺，实现临时支护由被动到主动的质变。

3.1 结构及工作原理

（1）结构

便携自移式临时支护装置由支护架接顶横梁（整体接触顶板，同时固定支架防止爆破打出支架）、前探臂（连接支护架，起到调整支护架的高度）、推动油缸（连接支护架，起到调整支护架前探的长度）、收缩油缸（连接支护架及立柱油缸，起到调整支护架前倾或后倾角度）、侧收缩油缸（控制斜巷支架控顶砌度）、操作平台（控制支架自移、前探臂前探、升降）、自移油缸（实现支架的自动前移）支架底座、限位器（防止侧收缩油缸操作时导致支架严重前倾）横梁、支架横梁加固梁、横梁万能联接装置（可前后倾斜10°，上下倾斜12°）组成，如图4所示。

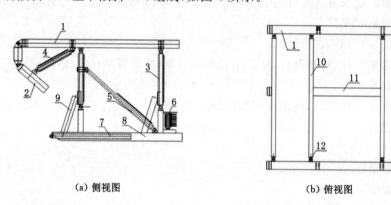

（a）侧视图　　　　　　　　　　（b）俯视图

图4　便携自移式临时支护装置结构图

1——支护架接顶横梁；2——前探臂；3——推动油缸；4——收缩油缺；5——侧收缩油缸；6——操作平台；
7——自移油缸；8——支架底座；9——限位器；10——横梁；11——支架横梁加固梁；12——横梁万能联接装置

（2）工作原理

工作时，由液压泵站提供动力，使液压油进入立柱油缸（升高支护架）、收缩油缸（调整支护架前后倾角）使支护架升起，推动油缸使支护架前探，通过三组油缸协调操作使支护架调整到所需位置、高度、角度，并达到所需的支撑力，起到支撑空顶顶板的作用。

3.2 支护参数

① 适用巷道高度：2.0～2.95 m。

② 支撑宽度：3.7 m。

③ 支架长度：3.15 m。

④ 前探臂长度：1.0 m。

⑤ 前移油缸长：1.5 m。

3.3 临时支护工艺

（1）临时支护形式

爆破前，将伸缩迁移油缸伸缩固定在帮底部支护上，同时操作升降油缸让接顶横梁离开顶板，通过迁移油缸将支架移至迎头；操作伸缩油缸将前探臂回缩，并操作升降油缸让接顶横梁结实顶板
爆破后，操作伸缩油缸将前探臂前探，同时在前探臂上放置钢带及支护网，直至前探臂接顶停止，进

行支护作业。

　　(2)临时支护顺序

　　① 迎头爆破后,检查支架完好状态;

　　② 洒水降尘;

　　③ 用长把工具(≥2 m)摘除迎头便携自移式临时支护装置移动范围悬矸危岩;

　　④ 伸前探臂,在支架掩护下联网;

　　⑤ 前探臂接住顶板,完成临时支护。

4 应用效果

　　① 实现了掘进工作面自动支撑临时支护,提高了掘进面作业的安全度;淘汰了传统的Ⅱ型钢前探梁被动临时支护工艺,实现了自动化、主动性、机械化临时支护。

　　② 节约了循环作业时间,能快速、有效支护顶板,最大限度减少空顶时间,降低工人劳动强度。

　　③ 实现掘进工作面无空顶化作业,尤其是支护臂自由伸缩,解决巷道施工变坡临时支护无法使用的弊端。

　　④ 加快了掘进速度,提高了掘进效率。

　　⑤ 临时支护工艺配套模式既起到"护"的作用,又解决了"支"的难题,把"支"与"护"紧密结合。

参考文献

[1] 李俊峰. 掘进工作面不同支护条件下临时支护技术[J]. 煤炭开采,2005(5)62-63.

[2] 邹用贵,黄初,杜长龙. 煤巷掘进工作面的临时支护[J]. 矿山压力与顶板管理,1990(4)29-33.

安全型气动锚杆钻机的研究分析与设计

刘福新,宋月辉,范要辉

(石家庄煤矿机械有限责任公司,河北 石家庄 050031)

摘 要 经过我们对国内煤矿瓦斯爆炸事故的研究,发现国内许多煤矿瓦斯爆炸事故是由气动锚杆钻机在打孔过程中,因各种原因造成的钻头未通水,温度超过井下瓦斯引爆温度导致的,这种事故隐蔽性极强,防范起来也极其困难。

针对此问题,我们根据气动锚杆钻机多年生产经验,结合现场锚杆钻机施工工艺过程,设计开发了一种安全型气动锚杆钻机。该钻机能够保证钻机在高瓦斯煤矿井下巷道施工始终在安全的情况下作业,避免人为产生危险源,彻底杜绝钻机在施工过程中因人为缺水造成钻头温度超过瓦斯引爆温度引起煤矿瓦斯爆炸事故的危险。

关键词 安全;锚杆钻机;巷道支护;瓦斯爆炸

0 前言

煤矿井下瓦斯火灾、爆炸事故一直是困扰煤矿安全生产的顽疾,瓦斯灾害防治一直是煤矿安全工作的重点,在我国煤矿的重大灾害事故中70%以上是瓦斯事故。瓦斯事故的原因主要有以下两个方面:一是安全措施不到位,二是人为违反安全操作规程。针对人为违反安全操作规程的瓦斯事故我们做了重点研究,并针对气动锚杆钻机提出了安全型气动锚杆钻机的设计思路,彻底杜绝工人违反气动锚杆钻机操作规程引起瓦斯事故的危险。

1 市场现状

气动锚杆钻机作为煤矿巷道支护设备中的一种主要工具,经过多年发展,技术已经趋于成熟。但所有的这些发展,都局限于锚杆钻机本身性能、钻孔效率、生产成本等的研究,锚杆钻机在巷道施工过程中引起安全问题,尚未引起人们的重视。

目前气动锚杆钻机在井下的施工过程如下:

(1) 检查各零部件是否齐全,紧固件是否松动。

(2) 开机前所有操作开关应处于关闭状态,并检查动作是否灵活、回位是否准确。

(3) 油雾器内应注入 20# 或 30# 机械油或气体润滑剂。

(4) 连接好进气管路和进水管路。压缩空气一定要清洁且压力应控制在 0.4～0.63 MPa 之间。

(5) 打开马达阀,使马达从低速到高速运转两分钟,将消音器内油珠排出。

(6) 打开水阀,水从钻杆接头孔喷出。

(7) 运转正常后方可钻孔作业。

(8) 将六方钻杆插入钻杆接头的六方孔中。将马达控制扳机旋开一小角度,让钻杆缓慢转动。同时将支腿控制扳把旋开一小角度,使钻头和顶板逐渐接触。然后将水阀转到开的位置,将马达控制扳机全压下,开始钻孔作业。钻进过程中适当调节支腿控制扳把的角度,即可调节钻进速度。

（9）钻完一根钻杆后关闭支腿和水阀,使锚杆钻机在慢转下带着钻杆下降,然后关闭马达风源。从钻杆接头中取出短钻杆,并将另一已装有钻头的长钻杆插入钻杆接头的六方孔内,继续进行钻孔作业。

（10）钻孔完成后,人工装入药卷,安装锚杆锚索,安装锚网和托盘,用气动锚杆钻机安装螺母固定锚杆或锚索。

（11）安装完一根锚杆锚索后,进行下一个锚杆或锚索的作业过程,直至完成全部锚杆锚索的安装。

经过研究分析,以上气动锚杆钻机在井下的施工过程存在以下安全隐患:

（1）工人操作锚杆钻机钻孔时,先开动锚杆钻机进行钻孔,再打开水阀,或者两者同时打开,因水从控制阀体流动到钻头需要的时间比动力气体从控制阀体到马达的时间长,在这个时间段钻头处于干打孔状态,发热量较大,容易使钻头温度超过井下瓦斯引爆温度导致安全事故。

（2）锚杆钻机在钻孔过程中,因水压太小或流量太小致使钻头出水孔堵塞。此时虽然水阀处于打开状态,但钻头处于干打孔状态,发热量较大,容易使钻头温度超过井下瓦斯引爆温度导致安全事故。

（3）冬天巷道气温较低,锚杆钻机在钻孔过程用水容易将工人衣服溅湿,一旦工人不愿意用水,此时钻头就处于干打孔状态,发热量较大,容易使钻头温度超过井下瓦斯引爆温度导致安全事故。

（4）巷道供水管理发生故障,没有水流,工人为了完成任务不用水进行钻孔作业,此时钻头处于干打孔状态,发热量较大,容易使钻头温度超过井下瓦斯引爆温度导致安全事故。

以上四个安全隐患,第（3）、（4）两条安全隐患通过加强管理、坚强检查还能够避免,但第（1）、（2）两条安全隐患,尤其是第（2）条安全隐患隐蔽性极强,防范起来也极其困难。

2　功能分析

为彻底解决气动锚杆钻机(原理示意图见图1)在施工过程中存在的安全隐患,需要满足以下几个方面:

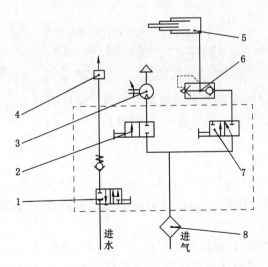

图 1　气动锚杆钻机原理示意图

1——水阀;2——马达控制阀;3——齿轮马达;4——锚杆锚索安装器;5——支腿;

6——排气阀;7——支腿控制阀;8——油雾器

（1）保证钻头温度始终保持在瓦斯引爆温度 650 ℃ 以下。为此需要钻头始终在有水流的情况下钻孔作业。

（2）锚杆钻机与钻杆连接处不应漏水，保证水流顺利到达钻头处。

（3）锚杆钻机要有水气闭锁功能，以保证只有在有水流的情况下，钻机才能工作，停水时钻机自动关闭。

（4）在锚杆机总进水处应有缺水闭锁装置，当钻头堵塞水流不能流动时，自动切断锚杆机动力源。

针对上述四种情况，我们设计了一种适用于高瓦斯煤矿井下作业的安全型气动锚杆钻机（原理示意图见图 2）。该钻机可以保证钻杆钻头温度始终保持在瓦斯引爆温度 650 ℃ 以下；具有水气闭锁功能以保证只有钻头在有水流动的情况下，钻机才能工作，停水或缺水时钻机不能启动；在锚杆钻机总进水处有缺水闭锁装置，当钻头堵塞水流不能流动时，自动切断锚杆钻机动力源。该系统能够保证钻机在高瓦斯煤矿井下巷道施工时始终在安全的情况下作业，不人为产生危险源，彻底杜绝钻机在施工过程中因人为缺水造成钻头温度超过瓦斯引爆温度引起煤矿瓦斯爆炸事故的危险。

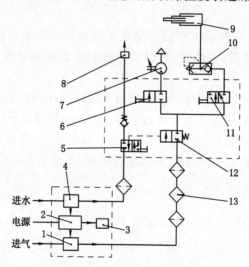

图 2　安全型气动锚杆机原理示意图

1——电磁阀；2——控制箱；3——报警装置；4——水流传感器；5——水阀；6——马达控制阀；7——齿轮马达；
8——锚杆锚索安装器；9——支腿；10——排气阀；11——支腿控制阀；12——闭锁阀；13——油雾器

安全型锚杆钻机是通过以下方式来实现其目的的。煤矿用安全型气动锚杆钻机由电控箱组立、气动锚杆钻机组成，锚杆钻机中安装有水气闭锁阀。

3　具体实施方式

如图 2 所示，水流传感器 4 与进水口连接，电磁阀 1 与进气口连接，然后再分别通过水阀 5 和油雾器 13 与锚杆钻机连接，控制箱 2 控制电磁阀 1、水流传感器 4 和报警装置 3 之间的协调和开关，并提供电源。

当水流传感器检测到水流时，电磁阀 1 打开，系统通水、通风，当水压大于或等于 0.6 MPa 时，锚杆钻机的闭锁阀 12 打开，进而马达控制阀 6、支腿控制阀 11 和排气阀 10 可以正常工作，锚杆钻机的齿轮马达 7 可以旋转，支腿 9 可以升降，钻杆钻头通水旋转，开始正常工作。当水压小于 0.6 MPa 时，锚杆钻机的闭锁阀 12 关闭，马达控制阀 6 和支腿控制阀 11 不能通风，进而锚杆钻机不能正常工作。

当锚杆钻机在钻孔过程中，钻杆钻头堵塞时，水路系统无水流动或有水流但水流小于设置值，水流传感器 4 给控制箱 2 发出信号,控制箱 2 关闭电磁阀 1,切断系统动力源,并且给报警装置 3 发出信号使之发出警报。

锚杆锚索安装器 8 在锚杆钻机正常钻孔时不需要安装,只在锚杆钻机安装锚杆锚索时使用。因为此时没有钻杆钻头需要通水,但锚杆钻机系统需要有水流动,故锚杆锚索安装器 8 带有排水装置,能够保证锚杆钻机完成安装锚杆锚索。

4 结语

安全型气动锚杆钻机的设计能够实现钻头始终在有水流的情况下钻孔作业,停水或钻头堵塞水流不能流动时,自动切断锚杆机动力源,彻底杜绝钻机在施工过程中因人为缺水造成钻头温度超过瓦斯引爆温度引起煤矿瓦斯爆炸事故的危险,彻底解决煤矿巷道施工的一大安全隐患。

安全型气动锚杆钻机目前已经取得国家专利。我们将在此基础上进一步设计开发安全型液压锚杆钻机、安全型坑道钻机等设备并申请国家专利,不断提高设备的安全等级,以便使其更好地为煤矿服务。

参考文献

[1] 成大先.机械设计手册:轴及其联接[M].单行本.北京:化学工业出版社,2006.

[2] 何满潮,袁和生,靖洪文,等.中国煤矿锚杆支护理论与实践[M].北京:科技出版社,2004.

新型掘进机机载超前支护的研制

高启章,孙　强,李　琳

(兖矿东华重工有限公司采掘装备制造分公司,山东　济宁　273500)

摘　要　掘进机机载超前支护装置能降低巷道支护成本,减轻工人劳动强度,简化掘进工作面端头支护和超前支护工艺,显著提高支护效果,为掘进工作面快速推进和煤炭产量的大幅度提高创造良好条件,在国内外得到广泛应用。本文通过对目前普遍使用的传统型机载超前支护装置优缺点进行分析,重新设计制造一种新型机载超前支护装置。在继承传统型机载超前支护优点的同时,优化支护装置的结构,使其满足支护强度、长度、高度的要求,优化设计支护装置的液压系统,使之操作灵活、方便。应用 ANSYS 软件对主要结构件进行有限元强度校核,确保支护装置满足使用要求。新型机载超前支护的使用能够弥补传统机载超前支护的不足,为煤矿井下巷道安全快速掘进提供了进一步保障。

关键词　掘进机;超前支护;液压系统;ANSYS

0　前言

在煤矿巷道掘进中,支护是不可缺少的一个重要环节。从木支护、砌碹支护到型钢支护、锚杆支护,巷道支护的发展经历了一次次技术革新,经过多年来国内外实践检验证明,当前,经济而有效的支护技术是机载式超前支护技术。它能在保证煤矿巷道安全生产的同时,降低支护成本,减轻工人劳动强度,进一步简化采煤相关超前支护工艺,实现了机械自动化,大幅度提高了煤矿生产产能,因而在国内外各煤矿中得到推广应用[1]。

然而现今普遍使用的机载式超前支护装置也存在一定的缺陷,比如支护超出炮头距离较近、最大支撑力较低、对掘进机司机视线影响较为严重等问题,因此研制一种支护距离较长、支撑力较大、对司机视线影响相对较小的新型机载超前支护装置,将对煤矿井下巷道安全高效掘进起到重要的作用。

1　传统机载超前支护装置

如图 1 所示为某厂家生产的传统型机载超前支护装置。该超前支护装置使用时,截割头落地,操控超前支护阀组使各油缸分别伸出,主架打开升起至所需高度和角度时停止,对顶板起到初撑作用。从实际使用情况看,此种支护装置快捷高效,能够对顶板起到有效支撑,在一定程度上对快速安全掘进起到积极作用。但由于结构限制,此种支护最大支撑力相对较小,对施工人员的安全保障系数较小;支护超出炮头距离较短,预留空间小,对施工人员打锚杆作业带来不便,需要退机后第二次打剩余的锚杆;支护高度相对较低,在巷道高度较高时需要升起截割部来配合使用,违反掘进作业规程,同时给施工人员的安全带来隐患。因此,需要在机载设备的基础上对超前支护装置结构进行重新设计,使之满足快捷高效的同时,能够给施工人员带来更好的安全保障及作业空间。

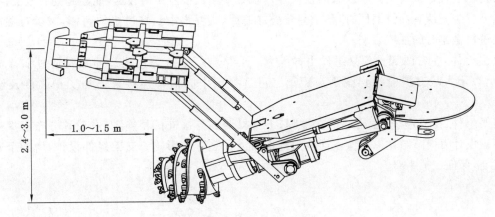

图1 传统超前支护装置

2 新型超前支护装置的研制

2.1 新型超前支护机械结构及工作原理

如图2所示,新型机载超前支护为解决传统机载超前支护存在的技术问题,所使用的方案采用"顶天立地"结构,使最终受力位置作用到地面,而不是掘进机本身。装置主要由螺旋摆动油缸、下支撑油缸、架体升降油缸、翻转油缸、前探油缸、支架组件、顶梁组件及液压系统等组成。在使用时,先打开翻转架,整个装置通过液压摆动油缸及下支撑油缸相互协作把装置摆动到掘进机前部,前探油缸的伸出可增加支护前端到截割头的距离,为工作人员提供有效的临时工作空间。支架通过爪盘连接触地,当把翻转油缸及架体升降油缸伸出时,两侧架体分别形成两个稳定的"三角形"结构,

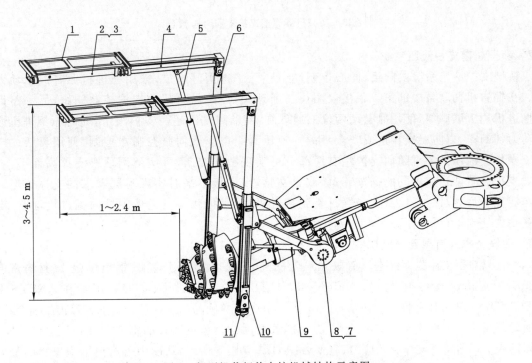

图2 新型机载超前支护机械结构示意图

1——翻转架;2——前探梁;3——前探油缸;4——主梁;5——翻转油缸;6——升降油缸;7——螺旋摆动油缸;
8——下支撑腿;9——下支撑油缸;10——支架;11——爪盘

增强结构稳定性。翻转油缸与顶梁的铰接点离顶梁末端铰接点距离较远,能够起到有效支撑,增加支撑强度。当把所有油缸缩回时,整个装置叠加缩回,主要集中到掘进机的两侧,减少对掘进机司机在掘进机截割时的视线影响。

顶梁组件:左右两部分顶梁组件由伸缩梁、顶梁、前探油缸等构成。伸缩梁通过前探油缸伸出时,可以增大从支护前端到截割头距离。可选择用中间横梁连接来增加支护强度及结构稳定性。

支架组件:由支座、爪盘通过下支撑腿、下支撑油缸与掘进机相连,左右对称分布于掘进机两侧。爪盘设计万向节结构以适应不同巷道地面对支护装置的影响。支架组件设计,增加了支护装置的强度,保证支护距离。

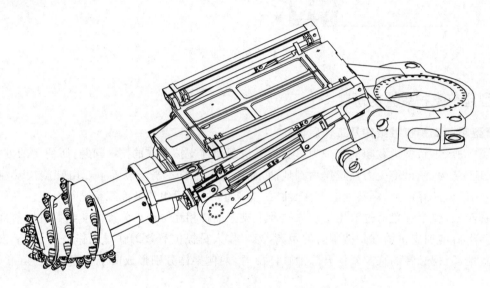

图 3　新型机载超前支护缩回时的状态

2.2　新型超前支护液压系统

新型支护液压系统由阀组、伺服控制阀、油管、平衡阀等组成,采用掘进机原有液压动力驱动。在掘进机两联泵中的第二联接入两位三通球阀,一路供给超前支护控制阀组,另一路供给原掘进机用五联阀组,使用时摆动两位三通球阀,使油路供给超前支护阀组,此时原掘进机液压路动力切断[2],以防误操作造成安全事故。液压阀组由双轴伺服控制器控制,使用灵活、方便、易于操作。液压系统对超前支护左右两部分可实现独立控制,可使两侧顶梁支撑高度不一致,实现支护装置能适应不同的掘进巷道,或是在顶板、底板不平时实现不同需求的支撑。当锚＋网作业完毕后,收回油缸,支护装置折叠到掘进机两侧,把两位三通球阀推向掘进机油路,支护装置动力切断,不再工作。

2.3　关键结构件有限元强度校核

本文只对下支撑腿部件进行有限元强度校核,下支撑腿采用 Q345 钢板焊接,其材料密度为 7.85E-6 kg/mm³、弹性模量为 2.06E5 N/mm²、泊松比 0.28、屈服强度 345 MPa,在 ANSYS 中采用 SOLID185 单元对模型进行有限元网格划分,在下支撑腿与螺旋摆动油缸的连接出施加全约束,施加载荷点位于下支撑腿与支座销孔连接处,载荷大小为单侧装置的重力 5.2 kN,运行 ANSYS 计算模块[3]。所得下支撑腿的应力、应变云图如图 4、图 5 所示,从图中可看出下支撑腿的最大应变为 1.4 mm,最大应力为 51 MPa,小于材料屈服强度,结构件能够满足使用要求。

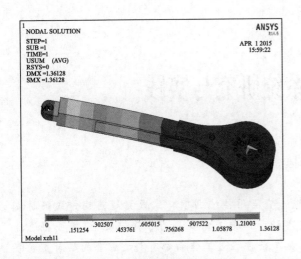
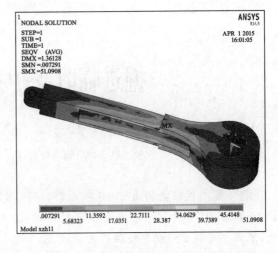

图 4 下支撑腿应变云图　　　　　　图 5 下支撑腿应力云图

3 关键技术及创新点

3.1 关键技术

（1）在保证传统型机载超前支护方便快捷的前提下对整体结构重新设计,使之具有更高的初撑力及更长的支护距离,以保证工作人员的安全性及工作空间。

（2）在保证截割头落地的情况下达到支撑高度,支撑后可一次性进行锚＋网,不用二次退机后再作业。

（3）应用掘进机原液压系统,通过两位三通阀,对掘进机液压系统和超前支护液压系统分别控制,独立工作。

（4）应用 ANSYS 软件对关键结构件进行有限元强度校核,使之满足强度设计要求。

3.2 创新点

（1）新型机载超前支护采用"顶天立地"结构,上支撑顶板,下和地面直接接触,力的作用位置为地面,支撑强度较高;单侧支护在支撑时形成两个稳定的三角形结构,增加结构的稳定性。

（2）整个架体通过安装在掘进机上的螺旋摆动油缸摆动到前面或缩回到掘进机上,螺旋摆动油缸输出扭矩大,占用空间较小。

（3）新型机载超前支护采用双轴伺服控制器控制,灵活、方便、易于操作;左右两部分可分别控制操作,以满足巷道两侧顶板或地面不平的需求。

（4）爪盘的万向设计可保证新型超前支护装置在地面不平的情况下的稳定性。

4 结语

目前,新型机载超前支护装置已在井下进行了工业性实验。从工业性实验的使用情况看,新型机载超前支护弥补了传统型机载超前支护的不足,其能够达到更高的支护强度,所支护的距离更长,能够腾出有效的空间供工作人员完成锚网作业,为煤矿井下巷道安全、快速掘进提供了有效保障。

参考文献

[1] 李红勇.机载式超前支护在煤矿掘进巷道中的应用[J].科协论坛(下半月),2013(9):60-61.

[2] 蔡璐,孟凡雷,李舒驰,等.掘进机机载临时支护技术[J].煤矿机械,2013(6):189-191.

[3] 秦宇.ANSYS 11.0 基础与实例教程[M].北京:化学工业出版社,2009.

掘进临时支护系统研究与实践

杨玉龙,张树滨,郭宏峰

(铁法煤业(集团)有限责任公司生产处,辽宁 铁岭 112700)

摘 要 铁煤集团在 2010 年以前,井下掘进一直沿用传统别顶杆式或打超前锚杆式临时支护,支护费力、费时、费料,安全程度低,不能满足各种条件施工需要。为了保证安全,提高掘进速度,集团公司提出研制新型临时支护装置,使各种施工条件掘进工作面都有与之配套的临时支护装置,从而构建铁煤集团掘进临时支护系统。经过不懈努力,从 2011 年初至 2014 年末,相继研制出 ZLJ-1.5 型机载式临时支护装置、LTQM 通用型机载超前支护装置、MJZ2×880/27/37 型交错式掘进超前支护装置、轻便单体独立型临时支护装置,在铁煤集团各矿井应用,取得了良好的效果。目前铁煤集团已建立了拥有 6 种以上临时支护装置的掘进临时支护系统,该支护系统已成为本矿区掘进临时支护选型的技术指南。

关键词 临时支护;研究;实践

0 前言

2010 年,铁法矿区浅部煤炭资源已近枯竭,深部煤炭资源开采势在必行。现在本矿区有 8 个生产矿井和 1 个在建矿井,煤炭生产能力 1 800 万 t/年采煤机械化程度 100%,年掘进量达 8 万 m,综掘程度达 70%以上水平。

随着掘巷深度增加,施工中的临时支护仍沿用金属前探梁、打锚杆等措施,甚至有的矿井施工条件特殊还没有合适的临时支护。相对落后的临时支护措施与保障深部井巷单进之间的矛盾格外突出,掘巷顶板管理的风险不断增加,施工期间冒顶事故偶有发生。

1 研制概况

为杜绝顶板事故,推进本质安全型矿井建设,从 2011 年初我们就着力研制煤矿掘巷临时支护装置,使各种支护条件的掘进施工都能找到与之相适应的临时支护装置。直至 2014 年,经过不懈的研究和试验,先后试制出具有主动施力护顶、降低围岩三轴应力差值、增强巷道顶板抗载能力及有效预防冒顶的功能的 4 种临时支护装置,投放在深部掘巷工程用于临时支护,获得了良好效果。

1.1 基础研究分析

研究工程地质特征,是考察围岩变形力学机理和研究临时支护的前提与基础。我们对矿区煤系地层工程地质特征进行了较系统的调查分析,获取了临时支护装置设计的重要依据。

在铁法矿区铁法煤田范围内,6 个矿井所开采的煤层赋存于侏罗纪地层,井巷围岩多为泥质胶结,具有不同程度的膨胀性,在地质结构上为层状、互层状,孔隙及滑面较发育。煤层顶板结构自北向南由一元结构、二元结构渐变为三元结构直至复杂多元结构。康平煤田及康北煤田范围内,3 个矿井均为高应力强膨胀软岩矿井。

在矿区各矿井工程地质特征调查的基础上,结合历年实践经验,我们绘制出岩体结构与井巷断面尺寸之间的相对关系图(图 1),得出了巷道断面越大越难支护的判断。

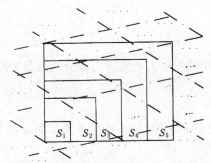
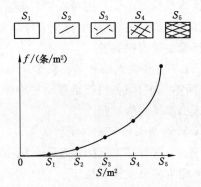

图 1 岩体结构与井巷断面尺寸之间的相对关系

S_1——整体结构;S_2——板裂结构;S_3——块裂结构;S_4——断裂结构;S_5——碎裂结构

1.2 掉顶机理分析

通过探究掘巷期间掉顶机理,我们发现掉顶是集中应力和重力作用的结果。一般经历三个阶段:第一阶段,工程开挖致使围岩应力边界条件的动态变化;第二阶段,引起围岩工程应力集中及其塑性变形,当应力大于围岩强度则发生破坏;第三阶段,遭到破坏的围岩块体受重力驱动而掉落。参见图 2。当岩体为松散破碎结构时,则伴随工程开挖,不经过前两个阶段,直接受重力驱动而发生脱落。

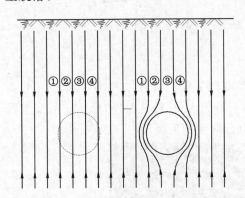
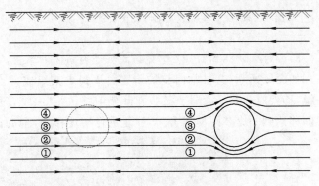

图 2 工程开挖应力场变化

左——垂向应力场的变化;右——水平应力场的变化

1.3 设计理念

我们盯住围岩变形、冒顶前的工程属性与实质,运用主动施力措施,尽早缩小围岩三轴应力值之差,补给或恢复部分原始受力,增强有强度介质对集中应力的抗衡能力,既阻止顶板的物理力学性能衰退,又保持不损伤、不冒顶,为现场作业创造安全条件。

主动施力措施的力学意义在于:对顶板施力较早,力度大至 10 kN 以上。如图 3 所示,主动施力措施,给其顶板提供锥体状托力,能提高顶板内"八"字形分布的斜面 N、N' 上所受挤压应力 σ 值水平。根据岩石抗剪强度 $[\tau]$ 公式:

$$[\tau] = \sigma \tan \varphi + C$$

式中:σ——挤压应力;φ——内摩擦角;C——黏结应力。

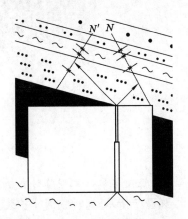

图 3 主动施力支护提供锥体托力

可知,锥体状托力范围内的顶板抗剪强度$[\tau]$骤然高倍提升;围岩介质体的三轴应力值之差缩小,其安全性大大得到改善,从而防止了冒顶发生。

1.4 几种新型临时支护装置

1.4.1 ZLJ-1.5型机载式临时支护装置

如图4所示,依靠综掘机行走移动支护框架,利用综掘机上的液压系统为动力源实现支护框架的起落,由人工操纵阀柄控制。

1.4.2 LTQM通用型机载超前支护装置

如图5所示,这种临时支护装置是在综掘机上安设一个伸缩臂,然后在伸缩臂上安装2~3个伸缩缸,靠伸缩缸伸出支撑顶板。

图4　ZLJ-1.5型机载式临时支护装置

图5　LTQM通用型机载超前支护装置

1.4.3 MJZ2×880/27/37型交错式掘进超前支护装置

如图6所示,这种临时支护装置由4组支架组成,4组支架分成2组,1、3号为一组,2、4号为一组,移架时先将2、4号支架收腿降架前移,达到一个步距(不超1 m)后升起,然后1、3号支架降架前移达到一个步距时再升架,往复进行实现移动,全部升起时支护顶板。

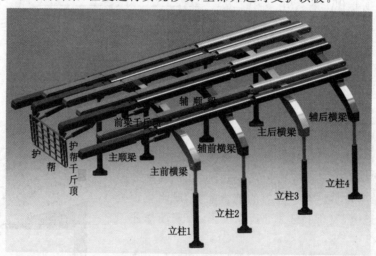

图6　MJZ2×880/27/37型交错式掘进超前支护装置

1.4.4 轻便单体独立型临时支护装置

如图7所示,这种临时支护装置是由液压单体缸、控制阀、上托板、底座、配管等组成。依靠井下供水为动力源,通过控制阀控制起降。

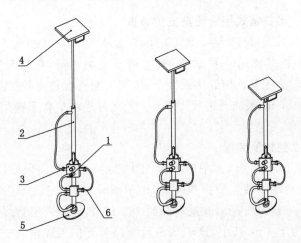

图 7　轻便单体独立型临时支护装置

1——动力源;2——液压单体缸;3——液压控制阀;4——上托板;5——底部支座;6——配管

现场应用如图 8 所示。破岩完毕后,人工将装置放在工作面平整好的货堆上,扶直单体,操纵控制阀门人员立即开启供液阀门升起单体顶住顶板,起到临时护顶作用。

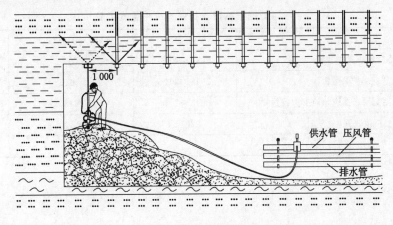

图 8　现场应用示意图

2　现场应用情况

2.1　ZLJ-1.5 型机载式临时支护装置

自 2011 年 9 月 1 日至 9 月 30 日,将 ZLJ-1.5 型机载式临时支护装置装配在 S-150 综掘机上,一并投放在大隆矿 S_1-901 工作面回风顺槽巷道,用于掘巷及临时支护。此巷道为矩形断面,规格尺寸为 5 000 mm×3 500 mm,巷道埋深约 475 m,顶板岩性为粗砂岩。历经 1 个月试用,该装置伴随巷道掘进竣工,累计完成临时支护量 380 m,杜绝了顶板事故。施工月进水平高于探梁临时支护条件下的月进水平。

2.2　LTQM 通用型机载超前支护装置

自 2013 年 5 月 8 日至 8 月 6 日,本装置投入大兴矿 S_5-705 工作面运输顺槽,用于掘巷临时支护。此道为矩形断面,规格尺寸为 5 500 mm×3 500 mm,巷道埋深约 550 m,其顶板岩层为泥质胶结的细砂岩,结构简单、较完整。历经 2 个月试用,该装置伴随巷道掘进竣工,临时支护累计完成量 540 m,杜绝了顶板事故,平均巷道月进尺 270 m,最高月进尺 340 m。施工月进水平高于探梁临时支护条件下的月进水平。

2.3 MJZ2×880/27/37型交错式掘进超前支护装置

自2013年11月23日至2014年1月20日,首台MJZ2×880/27/37型装置投放大兴矿S_2-902运输顺槽施工,用于掘巷临时支护试验,其巷道断面为矩形,规格尺寸为5 800 mm×3 600 mm,顶板为砂岩顶板,较为完整。历经接近2个月,完成服务掘进支护工程573 m,实现零起顶板事故,完成平均月进尺287 m、最高月进尺306 m。施工月进水平高于探梁临时支护条件下的月进水平。

2.4 自制轻便单体独立型护顶装置

2014年3月5日至3月15日,大平矿S_2S_8工作面运输顺槽、回风顺槽同期掘巷施工,这两条巷道各配置2台自制轻便单体独立型护顶装置,用于临时支护试验。大平矿S_2S_8运、回顺均为圆形巷道,规格尺寸为$\phi4.6$ m、$\phi4.4$ m,巷道埋深约788 m,其顶部岩层为煤、油母页岩。通过10天的使用,掘进工程总量为103 m,其中,该矿S_2S_8运顺临时支护工程量为55 m,回顺临时支护工程量为48 m,在保持无顶板事故的条件下,施工日进水平高于探梁临时支护条件下的日进水平。

自2011年9月至2014年12月这4种装置服务铁法矿区(8个生产矿、1个在建矿)及域外巷道临时支护总量为67 914 m,如果同铁法矿区2014年掘进总量73 718 m相比,可知已达到其年总量的92%。这4种装置的相对应用量,详见表1。

表1　　　　　　　　　　　4种新型掘进临时支护装置应用量展示表

装置名称	年份	临时支护总量/m	比例/%
ZLJ-1.5型机载式临时超前支护装置	2011~2014	53 126	78
LTQM通用型机载超前支护装置	2013~2014	8 640	13
MJZ2×880/27/37型交错式掘进超前支护装置	2013~2014	848	1.2
自制轻便单体独立型护顶装置	2014	5 300	7.8
合计		67 914	100

3 系统建立

通过研究、实践认为,超前锚杆式临时支护,适合工程地质条件极差巷道;吊环前探梁临时支护适合特殊地点巷道和工程地质条件较好的巷道;轻便单体独立型适合巷道;其他三种临时支护适合工程地质条件较好的锚杆支护巷道。结合矿区工程地质条件、巷道形状、永久支护、埋深等数据参数,研究制定出"掘进临时支护系统"架构,见表2。

表2　　　　　　　　　　　　　铁法矿区掘进工程临时支护系统架构

类别	名称	措施(装置)或做法	意图与目的	适用巷道条件	
				埋深/m	工程地质条件
I	超前挤压控制技术	采用超前支护锚杆	在掘进工作面迎头最小空顶距范围内,向顶板内打2~3根倾斜锚杆,与顶板的倾斜角度30°~45°,对爆破暴露的顶板起提前斜拉挤压作用	350~1 200	不良
II	弱力补给支护技术	采用吊环前探梁	利用良好工程地质条件中的围岩顶板强度	<550	良好

类别	名称	措施(装置)或做法	意图与目的	适用巷道条件	
				埋深/m	工程地质条件
Ⅲ	强力补给支护技术	采用机载式框架护顶装置	初撑力不低于 1 t;施力及时;装置跟机移动	<600	良好
		采用机载式放射状液压缸护顶装置	初撑力不低于 1 t;施力及时;对顶板要害部位可加强施力;装置可跟机移动	>600	不限
		采用框架、液压立柱组合型护顶装置(亦即"迈步支架")	初撑力不低于 1 t;均匀护顶,全面改善顶板受力状态	>600	良好(近水平较宽巷道)
		采用轻便单体独立型护顶装置	初撑力不低于 1 t;轻便、灵活;对顶板要害部位可加强施力	300~1 000	不良(圆棚巷道)

目前该支护系统已成为本矿区掘进临时支护选型的技术指南。

4 结论

通过"掘进临时支护系统"在铁煤集团的实施,我们可得到如下结论:

(1)长期的工程实践及本系统的实施,揭示了工程尺寸与围岩结构间存在的相对关系,提出巷道尺寸和埋藏深度是影响掘巷临时支护难易程度的重要因素的观点,是实践经验升华为理论的成果,又一次证明了"知识来源于实践,理论指导实践"论断的科学性和真理性。

(2)研制成功的机载式框架护顶装置、机载式放射状液压缸护顶装置和迈步支架及轻便单体独立型护顶装置等 4 种装置,都具有主动施力护顶、降低围岩三轴应力差值、增强巷道顶板抗载能力及预防冒顶的功能,适用于深部掘巷临时支护,具有推广利用价值。

(3)"系统"中四种新型临时支护装置共同的特点是以液压方式实现主动支护,初撑力大(10 kN),移动方便,减轻体力劳动,提高支护速度。特别是交错式掘进临时支护装置可实现多循环破岩、一次性支护,减少了掘支工序转换时间,在顶板等施工条件较好的情况下有利于组织快速掘进,是未来发展方向。

采煤工作面液压支架安装调架装置的设计与应用

曹允钦,李昭水,曹东京,司德山

(枣矿集团田陈煤矿,山东 枣庄 277523)

摘 要 采用千斤顶通过阀组控制实现远距离液压支架的卸车、调整,设计制作回转台,与切眼轨道相连,支架进入回转台后,利用较小外力实现装支架车辆90°整体旋转,设计制作过渡台,实现车辆与工作面底板落差之间的过渡,方便卸车;通过自移实现往复循环,满足工作面液压支架安装要求。通过设计,集多功能于一身,整体性强,为满足井下运输、安装要求,回转台、过渡台、推移底座可拆卸。

关键词 采煤工作面;液压支架;安装;调架装置;设计应用

0 前言

综采(放)采煤工作面液压支架是采煤工作面的重要设备之一,起到支护顶板的作用,根据工作面条件的不同,决定了支架的型号多种多样,以满足不同工作面的生产要求。支架的一个共同特点就是外形尺寸大、吨位重,它决定了在采煤工作面安装过程中,支架的安装是整个安装任务的重点、难点,分析其安装过程,不难发现支架在进入切眼后的卸车、调架严重制约着支架的安装进度,而且在施工过程中存在很大隐患。

1 传统做法

一直以来,田陈煤矿综采(放)采煤工作面液压支架的安装做法是:切眼提前铺设轨道,切眼端头安装绞车,装有支架的车辆由绞车牵引进入切眼安装位置后,先用木料将车辆底部垫实,支架两侧打上单体,防止绞车牵引卸车时歪架,卸车后,再使用绞车配合单体调架,使支架旋转90°,相邻支架靠近,接通液压管路,升起支架,接实顶板,连接运输机,通过调整支架,保持支架直线性,完成支架的安装。此项工作需要4~5人配合完成,每个小班完成支架安装2~3架。

传统支架安装缺点比较突出:

(1)绞车牵引支架卸车,配合单体调架,绞车牵引阻力大、易断绳,人员操作单体,单体支设存在不牢固现象,操作人员近距离接触支架,对人威胁极大,存在重大隐患。

(2)调架人员反复支设单体、摘挂绞车钩头,劳动强度大。

(3)工作效率低,严重制约工作面安装进度。

2 设计初衷

(1)田陈煤矿使用 ZY2400、ZZ4400、ZF7000、ZF9000 四种型号液压支架,工作面安装频繁,每年4~6次安装任务,安装工期紧、任务重,传统切眼调架工艺严重影响安装进度,必须进行改革。

(2)重点解决支架进入切眼后旋转、卸车、调节方面存在的突出问题,改变绞车配合单体的调架方式。

(3)有效降低职工劳动强度,操作人员远离移动的支架,消除安全隐患,同时提高劳动效率,保证支架顺利安装。

3 设计原理

采用千斤顶通过阀组控制实现远距离液压支架的卸车、调整;设计制作回转台,与切眼轨道相连,支架进入回转台后,利用较小外力实现装支架车辆90°整体旋转;设计制作过渡台,实现车辆与工作面底板落差之间的过渡,方便卸车;通过自移实现往复循环,满足工作面液压支架安装要求。通过设计,集多功能于一身,整体性强,为满足井下运输、安装要求,回转台、过渡台、推移底座可拆卸。

4 设计过程

本装置为左右对称结构,主要由底盘、回转台、过渡台、过渡台导向槽、推移座、连接轨道和液压系统组成。

(1)底盘是主要承载部件,宽度2.8 m,长度3.3 m,采用厚度为20 mm钢板加工成箱体,采用分体结构,便于装车下井,前端连接过渡台导向槽,后端两侧分别焊接推移座,中部安装轨道、回转台。

(2)回转台直径1.5 m,布置在底盘中前部,包括上盘、下盘、圆柱滚动体、保持架、直径100 mm芯轴,上盘焊接轨道保证车辆顺利进入回转台,轨道前端焊接阻车器,防止车辆窜出,设计2个定位销有效保证回转台轨道与连接轨道平直,上盘围绕芯轴能够自由旋转,下盘放置在底盘槽内,保证回转台位置不变;回转台主要作用是满足支架车辆能够旋转90°。

(3)过渡台是装有液压支架的车辆和工作面底板之间的过渡装置,主要是为了支架平稳卸车到工作面底板,它采用厚度20 mm的钢板加工,长度2.1 m,宽度2 m,为方便运输,可拆分两件,采用5条M30螺栓连接;过渡台通过千斤顶可前后移动,满足车辆旋转、卸车要求。

(4)过渡台导向槽布置在过渡台下方,为过渡台前后移动起到导向作用,它与底盘采用2个鱼口Ⅰ和ϕ70 mm销轴连接,从而保证了分体底盘的整体性;采用厚度20 mm的钢板加工,长度2.1 m,宽度2.2 m,槽内宽度2.02 m,槽高40 mm。

(5)两个推移座在底盘后端两侧,呈方形,外筒焊接在底盘上,内筒可伸缩,上方加工ϕ38 mm孔。伸缩千斤顶下方采用固定座与底盘相连,上方缸体焊接一固定盘,确保伸缩千斤顶不在筒内自由转动。固定盘中间加个M36丝孔,采用M36螺栓连接内筒与伸缩千斤顶,卸架千斤顶连接鱼口水平设计,可方便卸架千斤顶向外水平移动。当支架旋转前,内筒降到最低高度不超过平板车,两卸架千斤顶水平外移,防止支架车辆旋转干涉,卸车前升高内筒,外移卸架千斤顶复位,保证卸架千斤顶超过车辆高度能够顶到支架,高度最大/最小为730/580 mm,中间留有1.5 m空间,便于车辆通过。

(6)连接轨道布置在底盘中后部,长度1.7 m,与3道11#工字钢焊接成一体,工字钢两端使用6条M30螺栓与底盘相连,使分体底盘成一整体,连接轨道的作用是连接工作面切眼轨道与回转台。

(7)液压系统包括卸架千斤顶、过渡台推移千斤顶、推移座伸缩千斤顶、稳车千斤顶、操作阀组、双向锁、管路等,均采用成熟的液压元件。重点是卸架千斤顶和过渡台推移千斤顶的选用,根据最大支架质量35 t,确定选用普通双作用千斤顶,卸架千斤顶缸径为125/85 mm,推力为385/207 kN(P=31.5 MPa),行程为900 mm;过渡台推移千斤顶缸径为145/85 mm,推力为519/341 kN(P=31.5 MPa),行程为1 500 mm,满足支架推移卸车、移架要求。阀组采用FHS200型七联阀组,双向锁采用SSF4型,单向锁采用FFD80/40型,管路全部使用ϕ10 mm高压胶管。各千斤顶作用为:① 卸架千斤顶:支架在回转台旋转后,千斤顶活塞杆伸出,将支架顶出达到卸车目的。② 过渡台推移千斤顶：千斤顶活塞杆伸出，顶出过渡台，为支架车辆进入回转台留出足够空间，千斤顶活塞杆回缩，拉回过渡台接触车辆保证支架经过渡台卸到工作面底板。③ 推移座伸缩千斤顶：通过活塞杆回缩，降低推移座高度，保证支架旋转不受干涉，活塞杆伸出，推移座内筒升高，卸架千斤顶也随之升高，保证卸架千斤顶推到支架实现卸车目的。④ 稳车千斤顶：支架车辆在回转台上旋转后，稳车千斤顶伸出接实车辆，卸架时，保证车辆平稳。

液压系统由 WRB-200/31.5 液压泵站提供 31.5 MPa 高压液源，通过操作阀组实现各千斤顶动作。

模型图如图 1 所示。

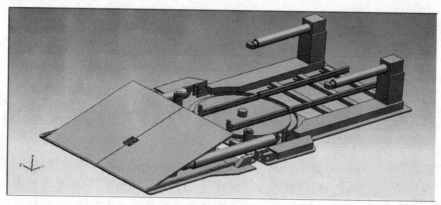

图 1　模型图

5　工作原理

该装置提前安装于工作面切眼，连接轨道与工作面切眼轨道相连，接通液压管路，开启 WRB-200/31.5 液压泵站，高压液进入七联阀组，操作过渡台推移千斤顶控制阀，千斤顶活塞杆伸出，过渡台前移，远离回转台，为支架车辆进入回转台并旋转留出足够空间，安装好回转台定位销保证回转台轨道与连接轨道平直，推移座内筒降到最低，卸架千斤顶水平外移，准备工作完毕，等待支架进入。绞车牵引支架车辆经连接轨道进入回转台，接触到阻车器后绞车停止牵引，车辆后端车轮使用木楔塞牢，拆除定位销，使用绞车、改向滑轮连接支架，启动绞车，牵引支架，支架在回转台上旋转（此时回转阻力很小），大约旋转 90°后，停止绞车，拆除封车用具，操作过渡台推移千斤顶控制阀，千斤顶活塞杆收回，过渡台接触车辆，操作稳车千斤顶控制阀，稳车千斤顶活塞杆伸出，接实车辆底部，操作推移座伸缩千斤顶控制阀，千斤顶活塞杆伸出，推移座内筒升高，卸架千斤顶随之升高，外移卸架千斤顶水平复位，操作卸架千斤顶控制阀，卸架千斤顶活塞杆伸出顶支架底座，从而使支架与车辆发生位移，达到卸车目的，支架慢慢滑向过渡台，最后达到工作面底板，完成卸车。通过过渡台千斤顶伸缩调整支架达到安装位置，支架接通液压管路升高接实顶板，过渡台伸出后，空车在回转台上旋转安装定位销后返回，完成一架支架卸车、调架任务。拆除工作面切眼 1.5 m 轨道，通过过渡台千斤顶伸出顶住已接实顶板的支架实现本装置后退自移，沟通切眼轨道后等待下一架支架进入，重复循环，完成整个工作面液压支架安装任务。

6　优点及推广应用

当装有支架的车辆进入本装置轨道后，过渡台推移千斤顶伸出，推动过渡台远离回转台，支架车辆顺利进入回转台，借助较小外力实现支架旋转 90°，收回过渡台推移千斤顶，过渡台接触支架车辆，升起稳架千斤顶稳住车辆，通过 2 个卸架千斤顶同步操作，推移支架底座，使支架与平板车发生位移，直到接触过渡台并滑向底板。通过过渡台来回伸缩，调整支架位置，到位后，操作支架升起接实顶板，拆掉与本装置相连轨道，通过过渡台顶住支架，使本装置实现自移，连好轨道，为下一架支架安装做好准备。

底盘、过渡台采用分体结构方便拆装下井使用，回转台承载能力大，使用较小外力即可满足支架回转要求，过渡台使用推移千斤顶来回移动，既可实现支架平稳卸车又能满足推移支架和本装置自移要求，操作人员远离支架，仅操作阀组完成各千斤顶动作，安全、方便、快捷。

该装置适应各种型号的液压支架安装，具有较高的使用价值，值得推广。

7 创经济效益情况

该装置的使用是工作面液压支架安装工艺的一次变革，由过去的绞车生拉硬拽变成千斤顶平稳推移，最大限度降低现场工人劳动强度，提高了工作效率，年创经济效益 200 万元以上。最重要的是它的使用能够实现远距离平稳操作，可创造出更大的安全价值。

高可靠性 φ530 mm 立柱的研制

赵　峰,常文涛,刘安锋,冯　川

(兖矿东华重工机电装备制造分公司,山东　邹城　273500)

摘　要　φ530 mm 缸径双伸缩立柱的研制,满足工作阻力为 21 000 kN 两柱掩护式液压支架的需求,为研制超大采高、高工作阻力、高可靠性液压支架解决了关键性的问题。φ530 mm 缸径双伸缩立柱的设计在材料选用、活塞及导向套密封的设计选型、制造过程中的工艺设计、工装设计等都有更高的要求。其关键技术是力学强度分析、矩形螺纹连接设计及密封的设计选型、缸筒内径加工、缸口及导向套矩形螺纹的加工。通过研制 φ530 mm 缸径的立柱,能够掌握该规格立柱的设计及制造工艺,为大采高、高工作阻力支架的研制奠定基础。

关键词　大缸径立柱;密封设计;材料选用;力学强度分析

0　前言

我国将煤层厚度在 3.5 m 以上一次采全厚式综合机械化开采方法称为大采高综采。其中,煤层最大厚度在 7 m 以上的一次采全厚综采称为超大采高综采。

目前,随着许多现代化矿井的大量建设,大采高液压支架的需求日益增加。为适应高端液压支架市场竞争的需要,进一步提高液压支架设计与制造方面的技术水平及能力,研制超大采高液压支架成为亟待解决的问题,而大缸径双伸缩立柱的设计是研制高端支架的关键问题之一。

φ530 mm 缸径双伸缩立柱的设计在材料选用、活塞及导向套密封的设计选型、制造过程中的工艺设计、工装设计等都有更高的要求。其关键技术是力学强度分析、矩形螺纹连接设计及密封的设计选型、缸筒内径加工、缸口及导向套矩形螺纹的加工。通过研制 φ530 mm 缸径的立柱,能够掌握该规格立柱的设计及制造工艺,为超大采高、高工作阻力支架的研制奠定基础。

1　立柱的结构设计

根据 MT/T 94—1996《液压支架立柱、千斤顶内径及活塞杆外径系列》合理设计中缸外径、内径及活柱直径的匹配关系,立足于该公司 φ400 mm、φ420 mm 大缸径立柱成熟的结构设计,进行 φ530 mm 双伸缩立柱的结构设计。为增强立柱可靠性连接及加工工艺性能,采用矩形螺纹导向套连接。结构简图如图 1 所示,结构参数表如表 1 所示。

2　立柱密封沟槽的设计及密封形式的选用

作为矿山综采设备重要组成部分的液压支架,在恶劣的工作条件及工作环境下,应具备良好的性能可靠性。而立柱作为液压支架的重要组成部分,其性能可靠主要保障因素就是活塞及导向套密封和导向带的合理设计,同时对密封材料性能提出了更高的要求。液压缸的介质采用乳化液(乳化油和水的比例 5∶95),其对密封件提出了更高要求,需要耐高压、耐水解等。在本次 φ530 mm 双伸缩立柱研制过程中,对立柱密封沟槽的设计及密封形式的选用做了充足的研究分析。

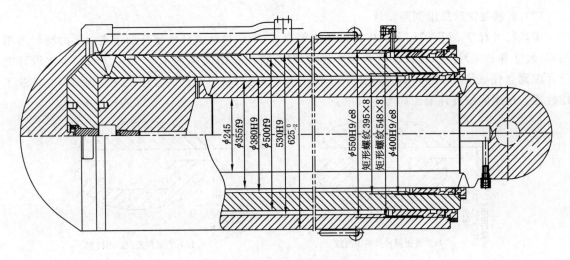

图 1 立柱结构简图

表 1 **ϕ530 缸径立柱结构参数表**

序号	内 容	ϕ530 mm 立柱技术参数	备 注
1	型式	双伸缩式	
2	大缸内径/mm	ϕ530	壁厚:47.5 mm
3	大缸外径/mm	ϕ625	
4	中缸内径/mm	ϕ380	壁厚:60 mm
5	中缸外径/mm	ϕ500	
6	活柱外径/mm	ϕ355	壁厚:55 mm
7	活柱内径/mm	ϕ245	
8	活塞导向环/个	3	
9	导向套导向环/个	3	
10	导向套螺纹长度/mm	75	9.35 扣

2.1 活塞处密封沟槽设计及选型

(1) 沟槽设计

为提高立柱密封可靠性,简化活塞组件结构,活塞沟槽设计成整体封闭式沟槽,加工尺寸精度高,避免多件组装带来的累计误差问题,密封采用复合密封(HPU＋NBR＋POM),目前这种复合密封都是采用进口聚氨酯材料,工艺分为切削加工和模具成形两种,对比两种工艺密封的性能,采用进口注塑密封产品。如图 2 所示。

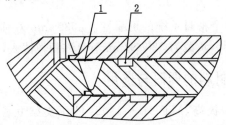

图 2 ϕ530 mm 缸径立柱活塞处密封设计简图
1——进口酚醛夹布树脂导向环;2——模具类复合密封(HPU＋NBR＋POM)

（2）活塞处密封挤出间隙设计

煤炭行业标准 MT/T 576—1996《液压支架立柱、千斤顶活塞和活塞杆用带支承环的密封沟槽型式、尺寸和公差》规定，在设计活塞处密封时，要求密封挤出间隙为 1.5～1.7 mm。本次设计充分考虑到立柱缸径大、工作压力高，立柱的密封形式和密封挤出间隙的合理设计直接影响立柱的工作性能。挤出间隙设计简图如图 3 所示。

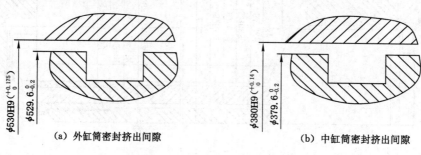

（a）外缸筒密封挤出间隙　　　　　　（b）中缸筒密封挤出间隙

图 3　活塞处密封挤出间隙设计简图

（3）密封选型

为提高立柱密封可靠性，简化活塞结构，活塞沟槽设计为整体封闭式沟槽，加工尺寸精度高，避免多件组装带来的累计误差问题，密封采用复合密封（HPU＋NBR＋POM），表 2 是两种工艺密封性能对比。

表 2　两种工艺密封性能对比

	模具（注塑）	车削加工
温度	−45 ℃的低温下也可保持良好的弹性，低温密封性能好	加工件抗寒能力不强，−20 ℃适用
抗拉	同样材料生产的注塑件与车削件相比，拉伸强度更高	
光洁度	表面平滑度很高，密封性能更好	表面为车削刀口，凹痕明显
表面硬度	在注塑压力作用下表面密实度更佳，抗磨性能好	表面车削面为材料本身
尺寸稳定	注塑成型，尺寸稳定性极高，在多批次多产量生产时此项优势尤为明显	因胚料安装、刀具、人工操作等客观条件，每批次甚至每件工件的加工误差都不相同
独特工艺设计	工件加工形状由模具决定，可以满足车削不能加工的独特设计要求	车削无法实现产品表面有凹槽、加强筋等独特设计
寿命	由精度、耐磨、设计工艺综合决定，注塑产品在使用寿命上具有明显优势	产品使用寿命比模具短；

综合以上对比，采用进口模具密封产品。

（4）导向环的选用

导向环的性能直接影响整个密封系统的可靠性。φ530 mm 双伸缩立柱用导向环选用材料为进口酚醛夹布树脂，吸水率为 0，负载为 320 N/mm²；允许颗粒嵌入，耐磨性能优秀。

3　立柱中缸筒、柱管等原材料的调研与选用

（1）随着立柱调定压力的提高，MT 313—1992《液压支架立柱技术条件》规定的缸筒材料 27SiMn 已经不能满足高端液压支架立柱设计需求，现行国家标准 GB 25974.2—2010《煤矿用液压支架 第 2 部分：立柱和千斤顶技术条件》将缸筒材质限定 27SiMn 此项取消，新标准规定材料的选用应满足设计安全系数要求。根据这一要求并考虑焊接及加工性能，通过调研郑煤机、平煤机及大

型钢厂的新材料情况,缸筒材料选为 30CrMnSi(30CrMnSiA),中缸底为 30CrMnSi。

（2）对选取的新材料 30CrMnSi 做力学性能试验,拉伸试样按图 4 加工。

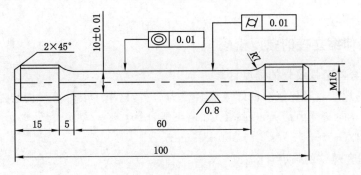

图 4 拉伸试样加工图

试验数据见表 3(检验方法:GB/T 228—2002)。

表 3 试验数据表

样品编号	屈服强度 Re_1/(N/ mm²)	抗拉强度 R_m/(N/ mm²)	断后延伸率 A/%	断后记录冶金缺陷
1	880	1 070	15.5	未发现缺陷
2	870	1 070	15.5	未发现缺陷
3	880	1 060	15.5	未发现缺陷

综合以上性能对比,选用 30CrMnSi 较 27SiMn 性能有较大提高,能够有效提升设计安全系数。按照此立柱外缸筒及中缸筒原材料型号规格采购,钢管的成品化学成分允许偏差应符合表 4 的规定。

表 4 钢的牌号和化学成分要求(质量分数) 单位:%

牌号	C	Si	Mn	P	S	Cr	Nb	AI	B	Ti	Cu
30CrMnSi	0.27~0.24	0.90~1.2	0.80~1.1	≤0.025		0.8~1.1	0.03~0.05	0.02~0.05	0.000 5~0.003 5	0.02~0.05	≤0.25

根据图纸设计及工艺选取材料规格见表 5。

表 5 材料规格表 单位:mm

序号	名称	材料规格	下料尺寸	材料型号	备注(加工后)
1	外缸筒	$\phi630\times58$	2 935	30CrMnSi	$\phi625/\phi530$
2	中缸筒	$\phi510\times73$	2 937	30CrMnSiA	$\phi500/\phi380$
3	柱管	$\phi365\times61$	2 601	27SiMn	$\phi355/\phi245$

（3）热处理方案的研究确定

首先调研了解了钢厂对此种材料的推荐热处理,根据推荐的热处理工艺参数对截取的材料小件进行热处理,测试不同热处理参数的硬度及拉伸强度,最终确立了热处理工艺。热处理工艺以"淬火温度 860 ℃±10 ℃,保温 25 min,水冷;回火温度 560 ℃±10 ℃,保温 60 min,空冷"为佳。

（4）导向套在活柱升降时起密封导向作用

$\phi 530$ mm 缸径立柱设计采用矩形螺纹连接结构,以便于拆卸。为保证螺纹连接强度,通过查找各种资料,设计出合理的结构并进行强度校核。导向套采用 42CrMo 圆钢经磨具锻造毛坯,数控精车加工成型。

4 $\phi 530$ mm 双伸缩立柱的强度校核

4.1 缸口螺纹和导向套螺纹处的强度计算

由于导向套的螺纹底径比缸口的螺纹底径受力恶劣,这里主要计算导向套螺纹的强度。

立柱顶空时,导向套受力最大,现按 1.25 倍泵压计算:

导向套材料:42CrMo $\quad [\delta s]\geqslant 9\,300$ kgf/cm^2

(1) 对大导向套螺纹的强度计算:

导向套螺纹:外径 $D=54.5$ cm,内径 $d=54$ cm,齿宽 $H=0.38$ cm,$z=9.35$ 扣。

齿根部的环形面积 $F=398.38$ cm^2。

立柱下腔的压力 $p=31.5$ MPa$\times 1.25=39.38$ MPa。

齿根部所受的剪切力 $\tau=1\,568.8$ kgf/cm^2。

安全系数 $n=[\tau]/\tau=4\,650/1\,568.8\approx 2.96$。

(2) 小导向套螺纹的强度计算:

导向套螺纹:外径 $D=39.5$ cm,内径 $d=39$ cm,齿宽 $H=0.38$ cm,$z=7.5$ 扣。

齿根部的环形面积 $F=349.01$ cm^2。

立柱中缸下腔的工作压力 $p=31.5$ MPa$\times 1.25=39.38$ MPa。

齿根部所受的剪切力 $\tau=2\,379$ kgf/cm^2。

安全系数 $n=[\tau]/\tau=4\,650/2\,379\approx 1.95$。

4.2 立柱三维建模及有限元分析

有限元分析主要解决 $\phi 530$ mm 双伸缩立柱三维建模及受力分析,依据国内的有关液压支架立柱技术条件的相关标准,选取 $\phi 530$ mm 双伸缩立柱 1.5 倍额定轴线载荷强度分析及 1.1 倍额定载荷、偏心 25 mm 屈曲分析 2 种方法进行计算机仿真分析,不仅得出 $\phi 530$ mm 双伸缩立柱的应力和变形分布,而且得出该立柱的模拟状况,为立柱的设计得出理论依据。

(1) ANSYS Workbench 是在 ANSYS 基础上开发的协同仿真平台。利用 ANSYS Workbench 软件可模拟支架在各种工况下的受力情况,准确、全面地分析支架受力状况。首先利用 Pro ENGINEER 建立掩护梁三维模型,设置零件材料类型为结构钢,杨氏模量为 2.0×10^5 MPa,泊松比为 0.3。

简化模型设置缸底位置约束固定形式为 fixed support,缸体上部简化模型,设置缸口位置封堵并施加 1.5 倍立柱工作阻力 15 750 kN,在缸体内壁施加 1.1 倍额定压力 52.3 MPa,细化网格进行应力应变计算。外缸筒应力应变图如图 5 所示。

以同样方式对中缸进行受力分析,在缸口位置施加 1.5 倍立柱工作阻力 15 750 kN,在缸体内壁施加 1.1 倍额定压力 101.8 MPa,进行计算分析得出应力应变图如图 6 所示。

根据 ANSYS Workbench 分析得出,油缸外缸在实验条件下,其综合应力最大为 370 MPa,材料许用应力为 738 MPa,安全系数为 1.99,中缸在实验条件下,其综合应力最大为 417 MPa,材料许用应力为 738 MPa,安全系数为 1.77。(材料许用应力≈材料屈服强度/1.2)

(2) 利用液压支架设计软件,输入油缸技术参数及材料弹性模量、许用应力如图 7 所示,计算得出立柱 A、B、C、D、E 点相应位置的安全系数及综合应力情况,结果见表 6。

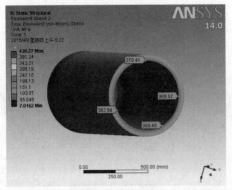

（a）外缸筒应力图   （b）外缸筒应变图

图5　外缺筒应力、应变图

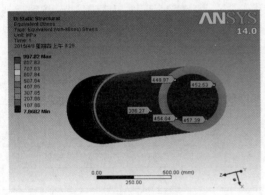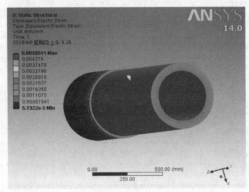

（a）中缸筒应力图   （b）中缸筒应变图

图6　中缸筒应力、应变图

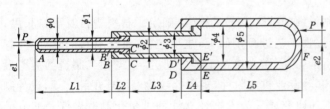

$L1=1\ 597$ mm　$L2=480$ mm
$L3=1\ 277$ mm　$L4=590$ mm
$L5=1\ 400$ mm　$\phi0=260$ mm
$\phi1=355$ mm　$\phi2=380$ mm　活柱弹性模量$=206$ GPa
$\phi3=500$ mm　$\phi4=530$ mm　中缸弹性模量$=206$ GPa
$\phi5=625$ mm　$e1=30$ mm　外缸弹性模量$=206$ GPa
$e2=30$ mm　$P=10\ 500$ kN　活柱许用应力$=696$ MPa
$\phi1$间隙$=1$ mm　中缸许用应力$=738$ MPa
$\phi2$间隙$=0.5$ mm　中缸许用应力$=738$ MPa
$\phi3$间隙$=1$ mm　外缸许用应力$=738$ MPa
$\phi4$间隙$=0.5$ mm

图7　ZY1支架立柱校核参数图

表6　　　　　　　　　　　　　　　　　　　　计算结果表

说明	位置	弯矩/(kN·m)	弯曲应力/MPa	正应力/MPa	径向应力/MPa	周向应力/MPa	合成应力/MPa	安全系数
A点	A点	315	100.69	101	214.24	0	278.76	2.5
AB段弯矩最大处（活柱外）	距A点1 597 mm	391.41	125.11	125	214.24	0	297.43	2.34
AB段弯矩最大处（活柱内）	距A点1 597 mm	391.41	91.63	91.9	306.83	92.58	399.05	1.74
B点	B点	387.07	34.03	34.1	161.21	92.58	230.19	3.21
B'点活柱	B'点	387.07	17.7	17.8	102.38	33.75	128.89	5.4
B'点中缸	B'点	387.07	17.7	17.8	102.38	33.75	128.89	5.73

说明	位置	弯矩/(kN·m)	弯曲应力/MPa	正应力/MPa	径向应力/MPa	周向应力/MPa	合成应力/MPa	安全系数
BC 段弯矩最大处(中缸)	距 B 点 230 mm	387.25	34.05	34.1	68.63	0	90.64	8.14
BC 段弯矩最大处(活柱)	距 B 点 230 mm	387.25	17.7	17.8	161.21	92.58	225.88	3.08
C 点	C 点	387.04	47.33	47.5	253.2	0	279.96	2.64
C′ 点活柱	C′ 点	387.04	35.97	36.1	345.78	92.58	413.03	1.69
C′ 点中缸	C′ 点	387.04	35.97	36.1	345.78	92.58	413.03	1.79
CD 段弯矩最大处(中缸外)	距 C 点 0 mm	387.04	47.33	47.5	253.2	0	279.96	2.64
CD 段弯矩最大处(中缸内)	距 C 点 0 mm	387.04	35.97	36.1	345.78	92.58	413.03	1.79
D 点	D 点	376.99	18.22	18.3	108.59	0	118.79	6.21
D′ 点中缸	D′ 点	376.99	15.45	15.5	139.13	30.54	162.68	4.54
D′ 点外缸	D′ 点	376.99	15.45	15.5	139.13	30.54	162.68	4.54
DE 段弯矩最大处(外缸外)	距 D 点 0 mm	376.99	18.22	18.3	108.59	0	118.79	6.21
DE 段弯矩最大处(中缸内)	距 D 点 0 mm	376.99	11.08	11.1	201.18	92.58	262.68	2.81
E 点	E 点	360.38	31.14	31.3	243.68	0	260.72	2.83
E′ 点中缸	E′ 点	360.38	26.4	26.5	291.28	47.59	328.84	2.24
E′ 点外缸	E′ 点	360.38	26.4	26.5	291.28	47.59	328.84	2.24
EF 段弯矩最大处(外缸外)	距 E 点 0 mm	360.38	31.14	31.3	243.68	0	260.72	2.83
EF 段弯矩最大处(外缸内)	距 E 点 0 mm	360.38	26.4	26.5	291.28	47.59	328.84	2.24
F 点	F 点	314.81	27.2	27.3	243.68	0	258.43	2.86

以上各种校核受力危险点在中缸筒上,安全系数都大于 2,满足设计使用要求。

5 加工工艺研究、各工序所需工装的设计

根据图纸的设计结构,与工艺人员编制详细的综合工艺过程卡,确定了材料规格及下料长度,制定了机加工的质量控制点。同时对特殊过程工艺进行了研究,主要包括:缸体材料的热处理,焊接工艺参数的确定,外缸筒和中缸筒增加珩磨工序,激光熔覆工艺的研究,根据加工制造的需要设计制造了粗、精滚压镗头,深孔镗床用导向套等专业机床附件,矩形螺纹检测用环规和塞规,设计制造了组装用导向套及异形扳手、吊具等。上述研究成果为大缸径立柱的批量化制造做好了充分的技术储备。

6 结语

本文通过对立柱结构、密封结构形式、导向套矩形螺纹结构、新型材料的选用及热处理工艺等方面的研究,严谨的强度校核计算以及激光熔覆工艺研究,掌握了该规格立柱的设计及制造工艺。ϕ530 mm 双伸缩立柱的研制,提高了我公司液压支架立柱设计与制造方面的技术水平及能力,为研制超大采高液压支架奠定了重要基础。

参考文献

[1] 国家安全生产监督管理总局. 煤矿安全规程[M]. 北京:煤炭工业出版社,2011.

炮掘迎头履带式临时支护装置设计研究

徐锁庚

（煤炭科学研究总院南京研究所，江苏 南京 210018）

摘 要 为提高炮掘巷道掘进速度以及迎头作业安全性，提高炮掘巷道支护机械化程度，通过分析炮掘迎头临时支护技术现状，设计研究一种在炮掘迎头使用的履带式临时支护装置。该装置成功地解决了炮掘迎头临时支护机械化的难题。本文介绍该装置的结构组成、液压系统设计、行走速度设计以及使用工艺研究。

关键词 炮掘；履带式；临时支护；设计研究

0 前言

目前，我国煤矿煤巷掘进有综合机械化掘进法（简称综掘）和钻眼爆破掘进法（简称炮掘）。在煤矿锚网支护施工中使用的临时支护主要分在综掘巷道中使用的临时支护和在炮掘巷道中使用的临时支护。煤巷掘进过程中的临时支护，是保证安全生产、提高掘进效率的一个重要因素，临时支护的护顶效果直接关系顶板安全效果。只有操作简单、方便、安全可靠的临时支护方法，在生产过程中才能被有效地使用，才能在确保安全高效的前提下，节约成本并提高单日推进度。

1 国内炮掘巷道临时支护技术现状分析[1]、[2]、[3]、[4]

目前在我国推行锚杆支护的炮掘巷道中主要使用的临时支护有前探梁式临时支护和轻型单体支柱式临时支护两种临时支护方式。

1.1 前探梁式临时支护

在割煤或爆破后，安排人员站在已支护好的顶板下进行"敲帮问顶"工作，将顶板及两帮上的活矸活石放掉。待"敲帮问顶"工作结束后，将吊环安装到工作面最前端两排钢带居中的锚杆上，把前探梁从吊环中串过，伸向空顶下，然后用背板背到钢管上，与顶板接顶。前探梁采用长 3.5 m 的 $\phi57$ mm×6 mm 无缝钢管 3 根。吊环采用特制一端带扣，另一端可以上下调节的方环 6 个。背板为长 2 000 mm、宽 200 mm、厚 40 mm 的松木板若干块。

该临时支护方式的优缺点为：这种临时支护使用的材料质量轻，操作工序简便，但背上木板后钢管是倾斜的，板梁容易滑落；初撑力无法保证；超前支护的距离受限制。

1.2 轻型单体支柱式临时支护

（1）使用材料：内注式单体液压支柱 4～6 根，钢梁（由 II 型梁加工而成）2～3 块。

割煤或爆破后，进行敲帮问顶工作，将顶板及两帮上的活矸活石放掉。将已准备好的网片挂连在永久支护好的顶网上，为避免人员在空顶区域作业，连网只需暂时连接两道，保证与永久支护处的顶网连接好即可；顶网连好后，由 2 名职工各手持长度不小于 2.0 m 的长柄工具站在永久支护下将网片托起；另外 2 名职工在距已支护好的最后一排顶锚杆 600 mm 的位置托起钢梁，升柱人员用注液枪将掘进工作面使用的压力水注入单体液压支柱内使 2 根单体支柱升起，将钢梁及顶网托起，使其紧贴顶板。该临时支护方式采用了内注式单体液压支柱 4～6 根，钢梁（由 II 型梁加工而成）

2～3块。

该临时支护方式的优缺点为：单体液压支柱升降方便，节省时间效率，不受顶板永久支护锚杆质量的影响，不受支护距离的限制。炮掘施工时，不能及时将迎头浮煤清净，支柱不能马上支设好。

在煤巷炮掘巷道中，锚网支护施工安全技术不外乎以上两种方式，普遍存在以下不足：① 点或线接触，支护效果不好；② 机械化程度低，劳动强度大，效率低。通过本项目的研究应用，可以使炮掘巷道锚网支护施工安全得到保障。该设备能够快速进入空顶区作业，对顶板施加一定护顶力，变被动护顶为主动护顶。该技术应用可以减轻劳动强度，提高劳动效率，从根本上避免出现锚网支护施工作业时根本不进行任何安全措施而发生顶板事故。

2 履带式临时支护装置设计

2.1 装置总体结构设计

该临时支护装置由护顶梁、主臂、后支撑、泵站系统、行走系统以及电气控制系统等几部分组成。该装置采用全液压传动。行走系统由行走装置、泵站、冷却装置和操作总成四部分组成。该机的行走方式为履带式，行走装置是护顶部件的安装基础和整机行走机构，主要由左右履带和底盘架组成。行走履带由柱塞马达驱动，驱动轮将马达上的转矩和旋转运动转变为钻机工作与行驶所需的驱动力和前、后移动及位置调整。左右两条履带包绕在驱动轮、支重轮和引导轮上，由张紧装置对履带进行张紧调节，保证履带的正常运转。底盘架是钻机泵站、冷却装置、操作总成和主臂部件的安装基础，泵站的电机、泵、油箱等均固定安装在底盘架平台上。护顶梁由左、中、右三部分组成，前后左右两部分能手动拉出，护顶梁是框架式，开孔尺寸完全满足打锚杆孔和上托板的位置。整体总体设计如图1所示。

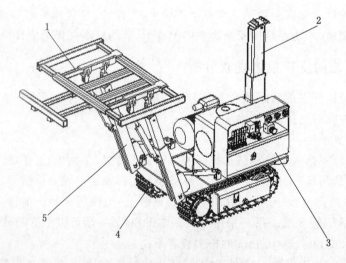

图1 装置结构布置图

1——护顶梁；2——后支撑；3——泵站系统；4——行走系统；5——主臂

2.2 装置技术参数设计

根据煤矿炮掘巷道要求，提出具体设计参数一览表如表1所示。

2.3 履带行走机构的技术设计

该装置采用履带式行走机构，具有行走平稳、爬坡能力强、故障率低和维修方便等优点。左右履带行走机构呈对称布置。每个行走机构均由液压马达提供动力，带动驱动链轮，使履带链行走。液压马达和减速器合为一体，从而减少空间，提高了设备可靠性。减速器内设有摩擦式制动器，制动器为弹簧常闭式，从而避免在装载机停机时履带板滑动等不正常现象的发生。当泵站向液压马达供油的同时,液压马达控制油口的压力将摩擦式制动器的弹簧打开,制动器接触制动,液压马达带动履带行走。为了适应井下狭窄空间,该装置的宽度设计目标值为 1 m,对履带底盘结构进行紧凑性设计,实现了设计目标。

表 1   主要技术参数表

名称	单位	数值
初撑力	kN	15
工作阻力	kN	20
展开支护面积(长×宽)	m×m	2.0×2.5
泵站额定压力	MPa	16
电机功率	kW	15
电机额定电压	V	660/1 140
行走速度	m/min	12~18
爬坡能力	(°)	0~12
接地比压	MPa	0.14

2.4 支撑系统的设计

该装置采用双臂式前支撑结构和后支撑稳定结构,前支撑结构由支撑臂、护顶梁、油缸等组成。支撑臂采用双伸缩套筒,内藏油缸,带动护顶梁运动,满足巷道临时支护的需要,护顶梁采用框架式结构,梁上带有伸缩机构,满足了加大护顶面积需要。为防止在使用时护顶梁受力,整机发生倾翻,该装置在后部设置了后支撑稳定机构,采用双伸缩套筒,内藏油缸,带动支撑板直接支撑在巷道顶板上,通过履带机身达到整机平衡。

2.5 液压系统的设计

该装置采用防爆电机带动双联齿轮定量泵供油。双联泵中的大泵用于给行走机构和油缸供油,通过分流阀将流量均分为两部分,分别供给双侧的行走机构。行走换向阀采用液控先导式,可以允许工人离开主机一段距离进行换向操作。并且,行走换向阀为带过桥的型式,当不行走即换向阀处于中位时,一边的油液供给油缸的多路换向阀作为动力,另一边暂时直接回油箱卸载。油缸的多路换向阀也采用中路带过桥的型式,各手柄处于中位时,油液暂时直接回油箱卸载。系统中小泵的压力油除给行走先导阀供油外,还给行走马达的快慢速切换供油。

2.4 行走速度核算设计

选择某厂行走减速机马达 IGY7000T-7000。该行走马达可以获得两种速度,具备机械刹车机构,液压马达排量为 34.9/22.7 mL/r;传动比为 53.706,总排量为 1 874.34/1 219.1 mL/r。该装置设计了碟刹抱死机构,便于在坡道上可靠驻车。

首先确定行走驱动轮节圆直径为 ϕ344.7 mm。

设计选用 40 mL/r 油泵驱动双边履带行走,则理论慢速行走速度 v_1 为:

$$v_1 = \frac{40 \text{ mL/r} \times 1460 \text{ r/min}}{2 \times 1874.34 \text{ mL/r}} \times 3.14 \times 344.7 \text{ mm} \times 0.001 \text{ m/mm}$$

计算结果为:$v_1 = 16.86$ m/min,即:1.01 km/h。

理论快速行走速度为:

$$v_2 = \frac{40 \text{ mL/r} \times 1460 \text{ r/min}}{2 \times 1219.1 \text{ mL/r}} \times 3.14 \times 344.7 \text{ mm} \times 0.001 \text{ m/mm}$$

计算结果为:$v_2 = 25.82$ m/min,即:1.56 km/h。

3 使用工艺研究

进行掘进作业时,将装置的各部件收回至最小状态。操作履带行走机构,将设备回撤至迎头后方适当位置。掘进完成后,进行支护前的准备工作;具备支护作业条件时先连网,根据支护要求将梯子梁、W 钢带与网固定;操作设备行走至迎头,操作后撑可靠接顶,操作前撑可靠接地;交互操作翻转油缸和调平油缸,使主臂向前伸出,带动护顶梁升起将锚网托起至与顶板良好接触。此时,装置将空顶区进行了支护,工人可以至护顶梁下部进行锚杆钻孔、锚固作业,完成后依次向两边扩展。如此,则可以避免顶板垮落对工人带来的伤害,提高作业的安全性。装置的支护状态如图 2 所示。

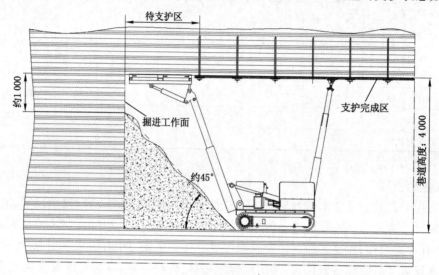

图 2 支护装置工作状态

4 结论

设计研究的炮掘履带式临时支护装置着重解决了炮掘巷道临时支护落后的难题,提高了临时支护机械化程度,推进了掘进进尺。该装置具有以下创新点:

(1) 研究煤巷炮掘中锚网支护施工安全技术,采用一种自移履带行走式超前支护机,实现炮掘巷道掘进中临时支护机械化,能加快掘进速度,同时为锚杆支护作业提供安全保障。

(2) 研究设计一种结构紧凑、体积小的履带式行走系统和泵站系统,满足煤巷炮掘空间需要,实现快速行走,提高掘进速度。

(3) 研究设计一种适用于煤巷炮掘使用的可靠护顶支撑系统。该支撑系统采用主臂结构和框架伸展式护顶梁结构,可将护顶梁及时送入迎头,及时护顶,减少顶板裸露时间。护顶梁采用轻型高强度材料,更好地适应了巷道顶板。

参考文献

[1] 李刚.复采综掘面临时支护系统的应用与研究[J].煤矿机械,2015(3):195-198.

[2] 陈加胜,张强,邓海顺.掘进巷道临时支护装备的现状及发展趋势[J].煤矿机械,2014(5):4-7.

[3] 董红光.锚喷巷道施工中几种临时支护方法[J].煤炭技术,2006(5):78-79.

[4] 冯书兵,王红亮,李强.简述煤矿井下掘进临时支护装置的变革[J].煤,2014(3):74-76.

吊轨自移式前探支护装置驻车机构的设计 *

石修灯,魏 群

(煤炭科学研究总院南京研究所,江苏 南京 210018)

摘 要 吊轨自移式前探支护装置是一种悬吊于巷道顶板的机械化临时护顶装置,兼具短距离物料运输功能。本文对吊轨自移式前探支护装置的两种驻车机构方案进行了设计,得到了两种方案下所需的驻车压力,分析了两种方案的特点。经过综合比较,认为方案一结构紧凑安全、可靠,确定其作为支护装置的最终驻车方案。

关键词 吊轨;支护;驻车;安全

0 引言

吊轨自移式前探支护装置是基于煤矿巷道顶部钢轨行走的一种机械化快速护顶装置,同时兼具近距离物料运输功能。装置的安全驻车对防止其在运输物料中途紧急停车时的溜车、斜坡上的跑车以及临时支护时整机滑移具有重要作用。

1 吊轨支护装置的结构构成

巷道顶板上悬挂有工字钢轨道,支护装置悬吊于该轨道上,如图1所示。驻车机构设置于主机部的上部,其作用是抱紧轨道,实现刹车作用。

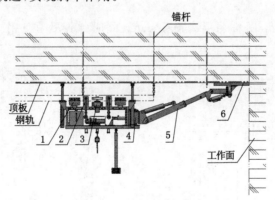

图1 装置总体布置

1——承载小车;2——驻车机构;3——驱动装置;4——回转装置;5——主臂;6——护顶梁

2 驻车机构设计

驻车机构采用双边连杆框架结构,如图2所示。其中驻车架固定在吊轨支护的主机框架上,两

基金项目:科技部科研院所技术开发研究专项资金支持项目,编号:2013EG122198

边的连杆机构可以随铰接点运动。驻车原理是采用吊轨支护行走时制动油缸供油,油缸收回,并依靠液压力克服弹簧弹力,带动制动闸块松开,与钢轨分离;驻车时,制动油缸泄压,靠弹簧弹力带动伸出,并推动制动闸块抱合,闸块与钢轨贴合抱紧并产生摩擦力使装置停车。驻车机构功能的发挥对整机的安全起到决定性的作用。

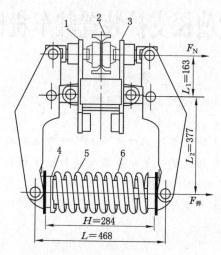

图 2　驻车机构(状态 1)

1——闸块;2——钢轨;3——驻车架;4——耳座;5——弹簧;6——驻车油缸

2.1　方案一

如图 2 所示,方案一采用驻车油缸与弹簧组合的形式。该形式下驻车机构有以下 3 个极限工作状态[1]。

状态 1:正常行车状态,驻车油缸缩回,弹簧压紧,闸块与钢轨距离为 10 mm,弹簧处在工作时最大弹力时的状态,即图 2 状态。

状态 2:原始制动状态(即闸块未磨损),驻车油缸伸出,弹簧压紧,闸块端部正好与钢轨接触,如图 3 所示。

状态 3:磨损制动状态,闸块端部磨损 5 mm。此时弹簧处在工作时最小弹力状态,如图 4 所示。

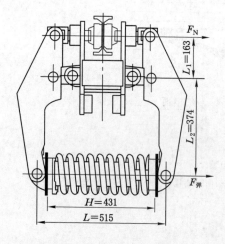

图 3　驻车机构(状态 2)

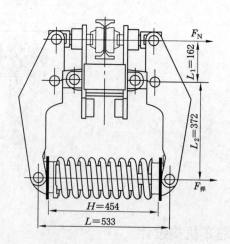

图 4　驻车机构(状态 3)

根据以上 3 种状态可知,弹簧的最小变形量为 $\Delta\lambda=454-384=70$ mm。

（1）弹力的计算

根据力矩平衡[2]，由状态 3 可得：

$$F_N L_1 = F_{弹 min} L_2$$
$$F_{弹 min} = 13\ 494\ N$$

式中，$F_N = 30\ 987\ N$

状态 1 为弹簧最大压缩状态，此时驻车油缸需克服弹簧弹力，进而实现闸块与钢轨的分离。初步选择缸径为 80/40 的油缸，设计工作压力为 5 MPa，则油缸产能产生的最大拉力为：

$$F_{拉1} = P_1 \pi (R^2 - r^2) = 18\ 840\ N$$

油缸所能产生的拉力即为弹簧所产生的弹力，因此有：

$$F_{弹1} = F_{拉1} = 18\ 840\ N。$$

（2）弹簧的有关计算[3]

弹簧为压缩弹簧，材料为 60Si2Mn-硅锰弹簧钢，Ⅲ类弹簧钢丝。

弹簧丝的直径计算：

$$d \geqslant 1.6 \sqrt{\frac{F_{弹1} KC}{[\tau]}} = 1.6 \times \sqrt{\frac{18840 \times 1.25 \times 6}{800}} = 21.3\ mm$$

圆整，取 $d = 25\ mm$，反推弹簧极限载荷 $F_{弹 lim} = 26\ 042\ N$。

根据公式 $F_{弹 max} \leqslant 0.8 F_{弹 lim}$，取：

$$F_{弹\ max} = 0.8 F_{弹 lim} = 20\ 834\ N$$

验算驻车验算油缸所需压力。状态 1 时弹簧的弹力为：

$$F_{弹\ max} = F_{拉2} = 20\ 834\ N$$
$$F_{拉2} = P_2 \pi (R^2 - r^2) = 20\ 834\ N$$
$$P_2 = 5.5\ MPa$$

系统设计最大压力为 10 MPa，故满足驻车要求。

方案一采用可以联动的连杆结构，动作灵活可靠，结构设计合理；另外采用油缸套在弹簧内部的安装方式，不仅可以节省布置的空间，而且弹簧不会随着连杆的运动和弹力的增加而脱落；油缸克服弹簧工作状态最大弹力所需的压力也比较小，不会给系统带来太大负担。此方案油缸的进出油口必须设在端部，因此导致油缸的结构复杂，加工制造的难度较高。

2.2 方案二

驻车方案二采用驻车油缸与弹簧分开的形式，如图 5 所示。

同样驻车方案二也有 3 个极限工作状态。根据方案一中求得弹簧工作状态的最大弹力为 $F_{弹 max} = 20\ 834\ N$。

根据力矩平衡可得，

$$F_{拉} \times L_2 = F_{弹\ max} \times L_3$$
$$F_{拉} = 37\ 420\ N$$

式中，$L_2 = 210\ mm$，$L_3 = 377\ mm$，验算驻车油缸所需压力为：

$$F_{拉} = P \pi (R^2 - r^2)，P = 9.9\ MPa$$

该值虽然小于系统设计压力的要求，但是由于系统损耗等原因的存在，认为液压系统并不能持续提供 9.9 MPa 的稳定压力。如果要降低克服弹簧弹力所需的最大压力，只有通过增大油缸缸径和减小活塞杆直径的方法。但为了避免与弹簧干涉，随着油缸体积的增大，驻车机构尺寸也会加大，进而影响支护装置整体的外形尺寸。此外，弹簧两端套在可以转动的耳座上，随着驻车机构的运动及弹簧弹力的增加，极易脱落出现安全事故。然而方案二由于油缸和弹簧分开，油缸结构简单，油口不需要通过端部进出油，制造难度低。

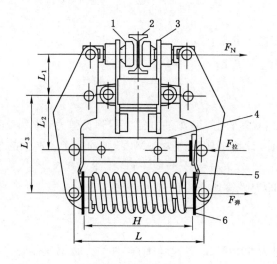

图 5　驻车方案二

1——闸块；2——钢轨 3——驻车架；4——驻车油缸；5——弹簧；6——耳座

2.3　方案比较

　　方案一中油缸成本较高，但驻车机构的整体外形尺寸较紧凑；油缸与弹簧组合的方式不仅无需消耗系统过大的压力，而且动作灵活可靠，能够确保可靠驻车。综合比较后，选择方案一作为最终的驻车方案。

3　总结

　　通过两种不同驻车机构方案在结构、系统压力、成本及使用安全等方面的比较，认为方案一更为合理，选定其作为吊轨临时支护的驻车机构形式。

参考文献

［1］褚言军.煤矿井下单轨吊制动系统的设计及性能研究［D］.青岛:山东科技大学,2011.

［2］哈尔滨工业大学理论力学教研室.理论力学Ⅰ［M］.1版.北京:高等教育出版社,2009.

［3］濮良贵,纪名刚,西北工业大学机械原理及机械零件教研室. 机械设计［M］.7版.北京:高等教育出版社,2001.

基于有限元方法的 ZLL-15Y 型履带式临时支护装置内方套的分析与改进*

魏 群

（煤炭科学研究总院南京研究所,江苏 南京 210018）

摘 要 履带式临时支护装置是应用于煤矿炮掘巷道的机械化临时护顶装备,主臂是其装置的重要受力部件。主臂设计采用双层矩形套管结构。在有限元软件 ANSYS 环境下,对初始设计的内方套进行了受力分析。基于分析结果,对初始设计进行了修改,确保了结构的可靠性。

关键词 履带式;临时支护;内方套;有限元;优化

0 引言

ZLL-15Y 型履带式临时支护装置是一种机械化快速护顶装置,适用于炮掘巷道迎头,为锚杆支护作业提供临时保护,防止顶板垮落给施工人员带来伤害。装置各部件必须具备足够的强度和可靠性,防止结构破坏带来的安全隐患。

1 主臂的设计及内方套受力情况

主臂是连接护顶梁和底盘的部件,是整个设备受力的关键部件,其强度和结构设计得合理与否对整个支护过程的安全状况有至关重要的作用。在支护状态下,主臂需要有足够的长度,以便将护顶梁送至空顶区下;在非支护状态时,主臂应该缩小至尽量小的尺寸,便于整机总体外形尺寸的收缩。同时,护顶梁承受的载荷,通过主臂传递至底盘,因此主臂的受力较大。设计主臂截面为矩形,内外套筒结构,中间置油缸带动内方套伸缩,实现长度的可调。主臂构成如图 1 所示。

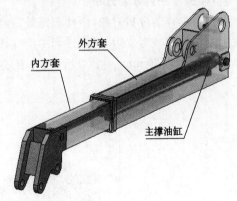

图 1 主臂结构

在履带支护正常工作时,内方套要分别受到护顶梁、主撑油缸和外方套的作用力。根据实际承载结构,对内方套进行受力分析,如图 2 所示。假定内方套与外方套之间有 2 个条形接触面,即图 2 中 F_4 和 F_5 的位置,称之为中部底面和下端顶面。对此两个接触面处分别施加固定约束进行分析。通过受力计算,内方套的载荷情况如表 1 所示。

基金项目:科技部科研院所技术开发研究专项资金项目,编号:2012EG122197

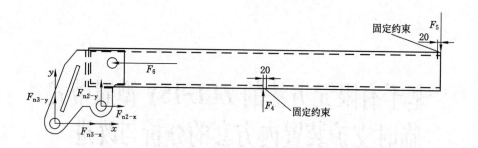

图 2　模型受力情况

表 1　　　　　　　　　　　　　　　内方套载荷情况

序号	力	符号	值/kN	压力/MPa
1	护顶梁作用力-x	F_{n3-x}	117	43.29
2	护顶梁作用-y	F_{n3-y}	49	18.03
3	调平缸作用力-x	F_{n2-x}	61	22.65
4	调平缸作用力-y	F_{n2-y}	120	44.46
5	外方套作用力	F_4	50	固定约束
6	外方套作用力	F_5	42	固定约束
7	主臂油缸作用力	F_6	24	8.22

2　内方套的有限元分析与改进

在有限元软件 ANSYS 环境下对内方套进行受力分析,研究其受力情况。分析工作基于 Win7 操作系统,使用 ANSYS10.0 版本。

2.1　不同壁厚的内方套分析

以内方套作为分析对象,因此假定外方套具有足够的强度以保证内方套在外方套里面的部分不发生过大位移或者变形,对内方套中部底面和下端顶面施加 X、Y、Z 三方向位移为零约束,假设约束面的宽度为 20 mm。初始设计内方套设计壁厚为 12 mm,材料为 Q235。等效应力云图如图 3 所示。

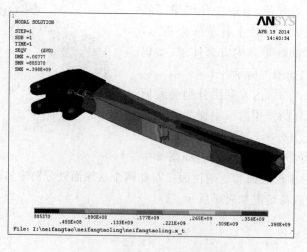

图 3　壁厚 12 mm 应力云图

通过图 3 应力云图可以看出,整体最大应力集中在中部底面,最大值为 398 MPa,超过设计材料 Q235 的屈服极限。将内方套中部底面所在面的厚度由 12 mm 改为 18 mm,其他表面的厚度不变,计算结果的等效应力云图如图 4 所示。

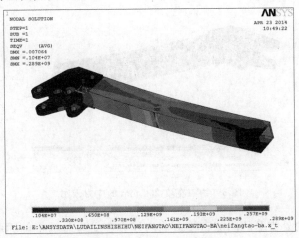

图 4 中部底面壁厚 18 mm 内方套应力云图

通过图 4 应力云图可以看出,修改底面壁厚的内方套整体最大应力同样分布在中部底面,最大应力出现的范围增大,应力集中情况减小。最大应力值为 289 MPa,大于设计材料 Q235 的屈服极限,但比修改壁厚前减小很多。由此可看出改变内方套底面壁厚可以有效改善应力集中情况,且能减小最大应力值。

将内方套两侧面厚度由 12 mm 改为 14 mm,其他表面的厚度不变,进行计算结果如图 5 所示。

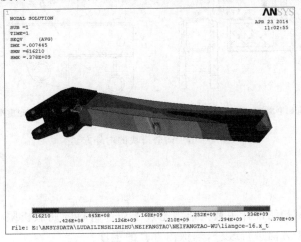

图 5 侧面壁厚 18 mm 应力云图

通过图 5 应力云图可以看出,修改两侧壁厚的内方套整体最大应力同样分布在中部底面,应力集中情况较修改壁厚前有所改观,但最大值为 286 MPa,大于材料 Q235 的屈服极限。

2.2 内方套改变固定约束面大小的分析

以上分析固定约束面均是宽度为 20 mm 的情况。对原设计壁厚 12 mm 的模型改变固定约束的宽度,由 20 mm 增加至 200 mm,进行分析后的结果如图 6 所示。

通过图 6 应力云图可以看出,整体最大应力同样分布在中部底面,且最大值为 387 MPa,相对于固定约束的宽度为 20 mm 的时候最大应力值有所减少。并且内方套下口的应力减少到 43.1 MPa 以下。由此可见,约束宽度越大,内方套的受力情况越有利。约束宽度实际上即为内外方套

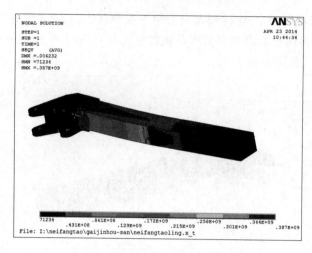

图6 约束宽度200 mm的应力云图

受力时的接触面积,而内外方套的间隙直接影响内外方套受力时的接触面积,间隙越大,接触面积越小,则应力值也越大,反之最大应力值也相对减少。但是由于内外方套间隙不能过小,否则会出现相对运动时出现卡阻现象。

2.3 基于分析结果的改进设计

通过以上分析,发现初始设计选择的Q235材料不能满足要求。基于该结果,将内方套的侧面壁厚由12 mm增加至14 mm,更换材质为Q390,则保证了内方套不会出现破坏。同时,采取在内外方套端部加耐磨滑块的方式增加内外方套接触面积进而改善受力情况,如图7所示。

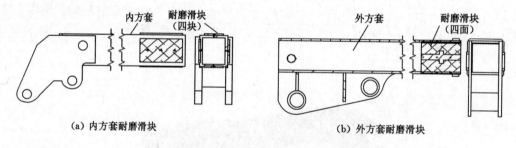

(a) 内方套耐磨滑块   (b) 外方套耐磨滑块

图7 增加耐磨滑块的内外方套

3 结论

通过分析可以发现,初始设计中最大应力超过了初选材料的屈服极限,可能导致结构的破坏。基于该分析,在以下几个方面进行改进,确保内方套的强度:

(1)增加内方套中部底面所在面的厚度;

(2)内外方套接触位置增加耐磨滑块,以减小间隙,进而增大受力接触面积,并防止内外方套相对运动时出现卡阻现象,使液压系统中负载保护起作用;

(3)提高内方套的设计材料强度等级,选用屈服强度更高的材料Q390。

参考文献

[1]张洪信,赵清海,等.ANSYS有限元分析完全自学手册[M].北京:机械工业出版社,2008.

[2]余伟炜,高炳军.ANSYS在机械与化工装备中的应用[M].北京:中国水利水电出版社,2006.